U0235116

ELECTROPLATING WORKSHOP
PROCESS DESIGN MANUAL

电镀车间工艺
设计手册

傅绍燕 编著

化学工业出版社

·北京·

减少电镀公害、提高电镀质量、降低电镀成本一直是电镀技术发展的主题。本手册的内容正是围绕这三个主题展开的。本手册共6篇、35章，内容包括第1篇常用资料（数理化、电化学及电镀基础资料）、第2篇电镀工艺（电镀单金属、电镀合金、特种材料上的电镀、化学镀及金属转化膜处理等）、第3篇电镀设备（前处理、镀槽、滚镀及电镀自动线、电镀电源、电镀配套以及化验、工艺试验等的设备仪器）、第4篇清洁生产及职业安全卫生、第5篇电镀污染治理（废水、废气处理及废液、废渣、污泥治理等）、第6篇电镀车间工艺设计（车间平面布置、车间人员、材料及动力消耗、电镀车间设计阶段、内容和方法，以及建筑、公用工程等）。

　　手册内容全面，重点突出，实用性强，提供大量数据及图表，可供从事与电镀技术领域有关的设计、生产、科研等的工程技术人员、管理人员、院校师生以及相关的工程技术人员参考。

图书在版编目（CIP）数据

电镀车间工艺设计手册/傅绍燕编著 . —北京：化学
工业出版社，2017.1
ISBN 978-7-122-28506-5

Ⅰ.①电⋯　Ⅱ.①傅⋯　Ⅲ.①电镀-工艺设计-手册
Ⅳ.①TQ153-62

中国版本图书馆 CIP 数据核字（2016）第 274245 号

责任编辑：赵卫娟　仇志刚　　　　　　　　　　　装帧设计：刘丽华
责任校对：宋　玮

出版发行：化学工业出版社（北京市东城区青年湖南街 13 号　邮政编码 100011）
印　　装：三河市航远印刷有限公司
787mm×1092mm　1/16　印张 57½　字数 1595 千字　2017 年 4 月北京第 1 版第 1 次印刷

购书咨询：010-64518888（传真：010-64519686）　售后服务：010-64518899
网　　址：http://www.cip.com.cn
凡购买本书，如有缺损质量问题，本社销售中心负责调换。

定　　价：268.00 元

前言

电镀是对基体金属及非金属等表面进行防护、装饰以及获得某些特殊功能的一种工艺方法，广泛地广用于国民经济各工业部门及国防工业部门。电镀工程技术已经发展成为国家经济建设中一个重要的组成部分，随着科学技术和现代工业的高速发展，我国电镀工业经历了一个较大变化和发展过程，现已成为我国工业发展中不可缺少的重要行业。

电镀工程与涂装工程相结合，所形成的复合表面处理技术，大大提高了制品的耐蚀性、装饰性和功能性，提高制品的应用价值。而更重要的是要减少或防止对环境的污染，为人类生产创造一个无害的优美环境，这是金属表面处理科学发展的必然趋势。

电镀车间设计是工程建设的主要组成部分，是电镀工程中的一个重要环节。它要求全面贯彻国家的方针政策，力求按照科学性、经济性的原则，做到"先进、可靠、经济、节能、环保"，实现电镀作业的"清洁生产、优质、高产、无公害或少公害"的最佳的整体设计。

作者依据电镀作业生产的实践，国内先进、成熟、实用的经验，吸收的国外先进技术，收集及积累的专业资料，并结合自身 50 多年的设计实践，编写了这本《电镀车间工艺设计手册》。手册的编写力求完整性、规范性、实用性并重。规范性，取材力求标准、规范，资料数据尽量准确可靠，充分应用国内标准、规范。手册突出实用性，根据电镀技术特点，比较全面、系统地对电镀工艺设备，特别对电镀车间设计过程的各个环节，所涉及到的基本问题逐一具体介绍，努力做到层次分明，对一些专门性的技术问题，也作提示，并提供大量数据及图表，以供查阅。

本手册较系统、全面地介绍了电镀车间设计各阶段的设计内容、深度、方法以及编制设计文件、绘图等的格式和方法，内容系统完整、实用性强。此外，还介绍了电镀车间有关的建筑（包括结构）、给水排水、采暖通风、热力供给、电气照明等专业的设计要求和设计一般做法。

本手册还系统地介绍了电镀清洁生产、节能、减排，三废治理，电镀职业安全卫生等的要求、技术措施及处置方法等。电镀车间设计应为实现上述的清洁生产等创造条件，提供技术支持。

电镀生产高能耗、强腐蚀、重污染，电镀车间设计技术复杂、牵涉专业较多。电镀车间设计不但要做好工艺设计，还要做好有关的建筑及公共工程的设计。所以本手册还介绍了工艺与有关各专业协同设计的方法、要求及一般做法。电镀车间设计应能充分体现先进、合理、经济、安全、可靠、节能、环保，以取得设计任务所期望的经济效益和社会效益。

本手册由范国清、赵松鹤等同志校对。在编写过程中收到一些工厂提供的信息资料并得到有关单位的支持和帮助，在此表示感谢。

本手册引用了有关手册、专著、期刊等的许多资料（数据、图表、公式等），在此谨向有关文献的作者和单位表示衷心感谢！

由于手册涉及面较广，编写时间仓促和编者水平所限，错漏和不妥之处在所难免，恳请读者批评指正，提出宝贵意见。

编著者

2016 年 10 月

目录

第1篇　常用资料

第2篇 电镀工艺

第3篇 电镀设备

第4篇 清洁生产及职业安全卫生

第5篇　电镀污染治理

第6篇　电镀车间工艺设计

附录

参考文献

第1篇 常用资料

第1章

数学物理资料

1.1 数学资料

1.1.1 计量单位

计量单位见表1-1。

表 1-1 计量单位

类别	代号	名称	对主单位的比	折合市制	类别	代号	名称	对主单位的比	折合市制
长度	μm	微米	0.000001 米		容量	mL	毫升	0.001 升	
	cmm	忽米	0.00001 米			cL	厘升	0.01 升	
	dmm	丝米	0.0001 米			dL	分升	0.1 升	=1 市合
	mm	毫米	0.001 米	=3 市厘		L	升	主单位	=1 市升
	cm	厘米	0.01 米	=3 市分		daL	十升	10 升	=1 市斗
	dm	分米	0.1 米	=3 市寸		hL	百升	100 升	=1 市石
	m	米	主单位	=3 市尺		kL	千升	1000 升	
	dam	十米	10 米	=3 市丈	体积	mm³	立方毫米	0.000000001 立方米	
	hm	百米	100 米			cm³	立方厘米	0.000001 立方米	
	km	千米	1000 米	=2 市里		dm³	立方分米	0.001 立方米	
质量	mg	毫克	0.000001 千克			m³	立方米	主单位	
	cg	厘克	0.00001 千克		面积	mm²	平方毫米	0.000001 平方米	
	dg	分克	0.0001 千克	=2 市厘		cm²	平方厘米	0.0001 平方米	
	g	克	0.001 千克	=2 市分		dm²	平方分米	0.01 平方米	
	dag	十克	0.01 千克	=2 市钱		m²	平方米	主单位	
	hg	百克	0.1 千克	=2 市两		km²	平方千米	1000000 平方米	
	kg	千克	主单位		土地面积	ca	公厘	0.01 公亩	
	q	公担	100 千克	=2 市担		a	公亩	主单位	
	t	吨	1000 千克			hm²	公顷	100 公亩	

1.1.2 常用单位换算

常用英制与米制单位换算见表 1-2。
常用单位换算见表 1-3。
温度单位换算见表 1-4。
电流密度单位换算见表 1-5。

表 1-2 常用英制与米制单位换算

英制	米制	英制		米制
1 密耳(mil)	=0.002540 厘米(cm)	1 磅(lb)		=453.5924 克(g)
	=25.4 微米(μm)	1 盎司(oz)	(常衡)	=28.3495 克(g)
1 英寸(in)	=2.540 厘米(cm)		(金衡)	=31.1035 克(g)
1 英尺(ft)	=30.480 厘米(cm)	1 盎司/加仑	美,常衡	=7.489 克/升(g/L)
1 码(yd)	=91.440 厘米(cm)	(oz/gal)	英,常衡	=6.236 克/升(g/L)
1 英寸^2(in^2)	=6.4516 厘米^2(cm^2)	1 磅力(lbf)		=0.4536 千克力(kgf)
1 英尺^2(ft^2)	=9.2903 分米^2(dm^2)	1 磅/美加仑(lb/USgal)		=0.1198 克/毫升(g/mL)
1 加仑(美加仑 USgal)	=3785.4 厘米^3(cm^3)	1 磅/英加仑(lb/UKgal)		=0.0998 克/毫升(g/mL)
	=3.7854 升(L)	1 磅/英寸^3(lb/in^3)		=27.68 克/毫升(g/mL)
1 加仑(英加仑 UKgal)	=4546 厘米^3(cm^3)	1 磅/英尺^3(lb/ft^3)		=0.016 克/毫升(g/mL)
	=4.546 升(L)	1 安/英尺^2(ft^2)		=0.1076 安/分米^2(A/dm^2)

表 1-3 常用单位换算

单位换算	单位换算
1 达因(dyn)=10^{-5}牛顿(N)	1 标准大气压(atm)=1.0133×10^5 帕(Pa)
1 英寸(in)=0.0254 米(m)	1 毫米水柱(mH$_2$O)=9807 帕(Pa)
1 英里(mile)=1.609 千米(km)	1 千卡(kcal)=4.1868 千焦(kJ)
1 公顷(hm^2)=15 市亩=10000 平方米(m^2)	1 千焦(kJ)=0.2388 千卡(kcal)
1 市亩=666.7 平方米(m^2)	1 英热单位(Btu)=1.055 千焦(kJ)
1 英寸^3(in^3)=0.0164 升(L)	1 英热单位(Btu)=0.252 千卡(kcal)
1 英尺^3(ft^3)=28.32 升(L)	1 英加仑/秒(UKgal/s)=4.546 升/秒(L/s)
1 英吨(UKton)=1016 千克(kg)	1 美加仑/秒(USgal/s)=3.785 升/秒(L/s)
1 美吨(USton)=907.2 千克(kg)	1 英尺^3/秒(ft^3/s)=28.32 升/秒(L/s)
1 千克力(kgf)=9.8067 牛顿(N)	1 立方码/秒(yd^3/s)=764.5 升/秒(L/s)

表 1-4 温度单位换算

热力学温度(K)	摄氏度(℃)	华氏度(℉)	列氏度(°Re)
K	℃+273.16	5/9(℉-32)+273.16	5/4°Re+273.16
K-273.16	℃	5/9(℉-32)	5/4°Re
9/5(K-273.16)+32	9/5℃+32	℉	9/4°Re+32
4/5(K-273.16)	4/5℃	4/9(℉-32)	°Re
备注	换算计算示例:已知摄氏温度(℃),计算热力学温度(K),则按下式计算:K=℃+273.16		

表 1-5 电流密度单位换算

单位换算	单位换算
1A/dm^2(安/分米^2)=0.01A/cm^2(安/厘米^2)	1A/in^2(安/英寸^2)=15.5A/dm^2(安/分米^2)
1A/cm^2(安/厘米^2)=100A/dm^2(安/分米^2)	1A/dm^2(安/分米^2)=0.0645A/in^2(安/英寸^2)
1A/m^2(安/米^2)=0.01A/dm^2(安/分米^2)	1A/ft^2(安/英尺^2)=0.1076A/dm^2(安/分米^2)
1A/dm^2(安/分米^2)=100A/m^2(安/米^2)	1A/dm^2(安/分米^2)=9.29A/ft^2(安/英尺^2)

1.1.3 几何图形的面积和体积计算

平面几何图形的面积计算见表 1-6。

表面积及体积的计算见表 1-7。

表 1-6　平面几何图形的面积计算

几何图形	计算公式(F——面积)	几何图形	计算公式(F——面积)
正方形图	正方形 $F=a^2$	等边三角形图	等边三角形 $F=\dfrac{ah}{2}=0.433a^2$ 或 $F=0.578h^2$
长方形图	长方形 $F=ah$	圆形图	圆形 $F=\dfrac{\pi}{4}D^2=0.7854D^2$ 或 $F=\pi r^2=3.1416r^2$
平行四边形图	平行四边形 $F=ah$	抛物线弓形图	抛物线弓形 $F=\dfrac{2}{3}bh$
梯形图	梯形 $F=\dfrac{a+b}{2}\times h$	菱形图	菱形 $F=\dfrac{Dd}{2}$
三角形图	三角形 $F=\dfrac{ah}{2}$	等边多边形图	等边多边形 $F=\dfrac{ak}{2}\times n$ a——边长，k——弦距，n——边数
椭圆形图	椭圆形 $F=\pi\times$长轴半径×短轴半径 $=\pi ab$	圆环图	圆环 $F=\dfrac{\pi}{4}(D^2-d^2)$ 或 $F=\pi(R^2-r^2)$
扇形图	扇形 $F=\dfrac{\pi r^2\alpha}{360}=0.008727r^2\alpha$ 或 $F=\dfrac{r}{2}\times L$	圆的内接正方形图	圆的内接正方形 $F=0.6366\pi r^2$
圆的外切正方形图	圆的外切正方形 $F=1.273\pi r^2$	任意四边形图	任意四边形 $F=$两个三角形面积之和
圆弓形图	圆弓形（割圆） $F=\dfrac{Lr}{2}-\dfrac{c(r-h)}{2}$		

表 1-7　表面积及体积的计算

图形	计算公式(F——表面积、F_m——侧面积、V——体积)	图形	计算公式(F——表面积、F_m——侧面积、V——体积)
	正立方体 $F = 6a^2$ $V = a^3$		长立方体 $F = 2(ah + bh + ab)$ $V = abh$
	圆柱体 $F_m = 2\pi rh$ $F = F_m + 2\pi r^2$ $V = \pi r^2 h$		柱体 $F_m = Lh$ $F = F_m + 2f$ $V = fh$ L——底面周长，f——底面积
	斜截圆柱体 $F_m = \pi r(h_1 + h_2)$ $F = F_m + f_1 + f_2$ $V = \dfrac{\pi r^2}{2}(h_1 + h_2)$ f_1——顶面积，f_2——底面积		空心圆柱体 $F_m = \pi h(D + d)$ $F = F_m + 2f$ $V = \dfrac{\pi h}{4}(D^2 - d^2)$ f——圆环面积
	圆锥体 $F_m = \pi rL = \pi r\sqrt{r^2 + h^2}$ $F = F_m + \pi r^2$ $V = \dfrac{h}{3}\pi r^2$		平截圆锥体 $F_m = \pi(r_1 + r_2)L$ $F = F_m + \pi r_1^2 + \pi r_2^2$ $V = \dfrac{\pi h}{3}(r_1^2 + r_2^2 + r_1 r_2)$
	角(棱)锥体 $F_m = $ 各三角形面积的总和 $F = F_m + $ 底面积 $V = \dfrac{1}{3} \times $ 底面积 $\times h$		平截角(棱)锥体 $F_m = $ 各梯形面积的总和 $F = F_m + f_1 + f_2$ $V = \dfrac{h}{3}(f_1 + f_2 + \sqrt{f_1 \times f_2})$ f_1——顶面积，f_2——底面积
	球体 $F = 4\pi r^2 = \pi D^2$ $V = \dfrac{4}{3}\pi r^3 = 4.1888 r^3$ $V = \dfrac{1}{6}\pi D^3 = 0.5236 D^3$		球层体 $F_m = 2\pi rh$ $F = \pi(2rh + r_1^2 + r_2^2)$ $V = \dfrac{\pi h}{6}(3r_1^2 + 3r_2^2 + h^2)$
	楔体 $F_m = 2$ 个梯形面积 $+ 2$ 个三角形面积 $F = F_m + $ 底面积 $V = \dfrac{bh}{6}(2a + a_1)$		平截角(棱)锥体 $F_m = 4$ 个梯形面积之和 $F = F_m + $ 顶面积 $+ $ 底面积 $V = \dfrac{h}{6}(2ab + ab_1 + a_1 b + 2a_1 b_1)$
	球面扇形体 $F_m = \pi r_1 r$ $F = \pi r(2h + r_1)$ $V = \dfrac{2}{3}\pi r^2 h$		球缺体 $F_m = 2\pi rh = \pi(r_1^2 + h^2)$ $F = \pi(2rh + r_1^2)$ $V = \pi h^2\left(r - \dfrac{h}{3}\right)$ $V = \dfrac{1}{6}\pi h(3r_1^2 + h^2)$

图形	计算公式(F——表面积、 F_m——侧面积、V——体积)
	圆环 $F=4\pi^2 rr_1=39.478rr_1=\pi^2 Dd=9.8696Dd$ $V=\dfrac{1}{4}\pi^2 Dd^2=2.4674Dd^2=2\pi^2 rr_1^2=19.739rr_1^2$
	平截空心圆锥体 $F_m=\dfrac{\pi}{2}[L_2(D_2+d_2)+L_1(D_1+d_1)]$ $F=F_m+$顶圆环面积+底圆环面积 $V=\dfrac{\pi h}{12}(D_2^2-D_1^2+D_2 d_2-D_1 d_1+d_2^2-d_1^2)$

1.2　物理资料

1.2.1　某些元素的物理性质

某些元素的物理性质见表 1-8。

表 1-8　某些元素的物理性质

名称	元素 符号	密度 /(g/cm^3)	熔点 /℃	沸点 /℃	比热容 (20℃) /[kJ/(kg·℃)]	线膨胀系数 (20℃时) /(×10^{-6}/℃)	热导率 /[W/(m·℃)]	电阻率 /(×10^{-8}Ω·m)
铝	Al	2.6984	660.1	2500	0.899	23.6	222	2.655
银	Ag	10.49	960.8	2210	0.234	19.7	418	1.5
金	Au	19.32	1063	2966	0.130	14.2	297	2.065
钡	Ba	3.5	710	1640	0.284	19.0	—	50
铍	Be	1.84	1283	2970	1.881	11.6	146	6.6
铋	Bi	9.80	271.2	1420	0.123	13.4	8.4	106.8
硼	B	2.34	2300	3675	1.292	8.3	—	1.8×10^{12}
镉	Cd	8.65	321.03	765	0.230	31.0	92	7.51
钙	Ca	1.55	850	1440	0.649	22.3	126	3.6
碳	C	2.25(石墨)	3727	4830	0.691	0.6~4.3	24	1375
铬	Cr	7.19	1903	2642	0.461	6.2	67	12.9
钴	Co	8.9	1492	2870	0.415	12.4	69	5.06
铜	Cu	8.9	1083	2580	0.385	17.0	394	1.67~1.68
铁	Fe	7.87	1537	2930	0.461	11.76	75	9.7
汞	Hg	13.546	−33.87	356.58	0.138	182	0.08	94.07
铟	In	7.31	156.61	2050	0.239	33.0	23.8	8.2
铱	Ir	22.4	2443	5300	0.134	6.5	58.5	4.85
钾	K	0.87	63.2	765	0.741	83	100.3	6.55
镁	Mg	1.74	650	1108	1.026	24.3	153.4	4.47
锰	Mn	7.43	1244	2150	0.482	37	5.0(−192℃)	185(20℃)
钼	Mo	10.22	2625	4800	2.763	4.9	142.1	5.17
钠	Na	0.9712	97.8	892	1.235	71	133.8	4.27
镍	Ni	8.9	1453	2732	0.44	13.4	92.0	6.84

名称	元素符号	密度 /(g/cm³)	熔点 /℃	沸点 /℃	比热容 (20℃) /[kJ/(kg·℃)]	线膨胀系数 (20℃时) /(×10⁻⁶/℃)	热导率 /[W/(m·℃)]	电阻率 /(×10⁻⁸Ω·m)
钯	Pd	12.16	1552	≈3980	0.245	11.8	70.2	9.1
铂	Pt	21.45	1769	4530	0.135	8.9	69.0	9.2~9.6
铅	Pb	11.34	327.3	1750	0.130	29.3	34.7	18.8
磷	P	1.83	44.1	280	0.741	125	—	$1×10^{17}$
铑	Rh	12.44	1960	4500	0.247(0℃)	8.3	87.8	6.02
硅	Si	2.329	1412	3310	0.677(0℃)	2.8~7.2	83.6	10
锡	Sn	7.298	231.91	2690	0.226	23	62.7	11.5
锑	Sb	6.68	630.5	1440	0.205	8.5~10.8	18.8	39.0
硫	S	2.07	115	444.6	0.732	64	0.26	$2×10^{23}$(20℃)
钽	Ta	16.67	2980	5400	1.421	6.55	54.3	13.1
钛	Ti	4.508	1677	3530	0.518	8.2	5	42.1~47.8
钒	V	6.1	1910	3400	0.531	8.3	30.9	24.8~26
钨	W	19.3	3380	5900	0.142	4.6	165.9	5.1
锌	Zn	7.134	419.505	907	0.387	39.5	112.9	5.75

1.2.2　物质的密度、比热容、热导率

(1) 物质的密度

液体的密度见表 1-9。

非金属材料的密度见表 1-10。

金属材料的密度见表 1-11。

表 1-9　液体的密度

液体名称	温度/℃	密度/(g/cm³)	液体名称	温度/℃	密度/(g/cm³)
汽油	15	0.68~0.74	乙醇	15	0.79
煤油	15	0.820	甲醇	15	0.96
松节油	15	1.15	苯酚	15	1.26
煤焦油	15.5	0.794	甘油	15	1.26
重油	15	0.89~0.92	海水	15	1.03
熟亚麻油	15	0.97	石油	15	0.76~0.95
菜籽油	15	0.92	汞	0	13.596
丙酮	20	0.79	液体二氧化硫	16	1.45
苯	20	0.88	二硫化碳	15	1.272
甲苯	15	0.871	氨水(30%)	—	0.89
二甲苯	15	0.85	氢氧化钠溶液(20%)		1.222
三氯乙烯	—	1.465	硫酸亚铁溶液(20%)		1.213
四氯化碳	20	1.63	氯化铁溶液(30%)		1.291
四氯乙烷	20	1.60	氯化钠溶液(3%)		1.020
乙酸	20	1.049	碳酸钠溶液(10%)		1.103
乙醚	12.5	0.723	石灰乳[(CaOH)₂ 含量 21%]		1.133

表 1-10　非金属材料的密度

材料名称	密度/(g/cm³)	材料名称	密度/(g/cm³)	材料名称	密度/(g/cm³)
木材	0.4~1.33	赛璐珞	1.4	干砂砾	1.8
软木	0.22~0.26	云母	2.8~3.2	干黏土	1.52
木炭	0.27~0.58	砖渣	1.4~2.2	玻璃钢	1.7~1.9
电木(胶木)	1.15	矿渣	2.0~3.9	有机玻璃	1.16~1.20

续表

材料名称	密度/(g/cm³)	材料名称	密度/(g/cm³)	材料名称	密度/(g/cm³)
夹布胶木	1.3～1.4	石墨	1.9～2.3	聚丙烯	0.9～0.91
木质胶木板	1.3	花岗岩	2.51～3.05	聚苯乙烯	0.91～0.92
纸张	0.7～1.15	辉绿岩	2.9～3.0	硬聚氯乙烯	1.35～1.60
防水纸	1.0～1.1	大理石	2.52～2.85	软聚氯乙烯	1.16～1.35
油漆布	1.15～1.3	玄武岩	2.7～3.2	氯化聚醚	1.4
橡胶	1.0～2.0	硅石	2.6～3.2	石棉聚氯乙烯塑胶	1.5～1.6
硬橡胶	1.8	高岭土	2.2		
生橡胶	0.92～0.96	白垩	1.8～2.6	聚氯乙烯硬塑胶板	1.38
皮革	0.86～1.02	干石膏	0.97		
毛毡	0.24～0.88	石灰石	2.68～2.76	聚全氟乙丙烯（F-46）	2.14～2.17
石棉	2.0～2.28	玻璃	2.4～2.7		
石棉板	1.2	石英玻璃	2.0～2.2	呋喃玻璃钢层压板	1.7
石棉水泥板	1.7～1.8	石英	2.5～2.8		
水泥	1.25～2.3	干砂	1.20～1.65	聚酯玻璃钢层压板	1.7～1.8
混凝土	1.8～2.45	金刚砂	4.0		
耐酸陶瓷	2.2～2.3	石蜡	0.9～0.93	煤炭	1.2～1.5
耐酸耐温陶瓷	2.1～2.2	蜂蜡	0.96	焦炭	0.27
耐酸搪瓷	2.0～2.5	沥青	1.1～1.5	干泥煤	0.51
耐火黏土砖	1.85～2.2	雪	0.125	食盐	2.15～2.17
砖	1.4～1.6	冰	0.88～0.92	焦炭	1.4
熟石灰	1.2	胶合板	0.7～0.85	环氧树脂	1.15
电石	2.22	刨花板	0.4	酚醛呋喃树脂	1.12～1.18
天然浮石	0.4～0.9	竹材	0.9	—	—

表 1-11　金属材料的密度

材料名称	密度/(g/cm³)	材料名称	密度/(g/cm³)	材料名称	密度/(g/cm³)
工业纯铁	7.87	硅青铜	8.47～8.6	变形镁	1.74～1.8
灰口铸铁	6.6～7.4	铍青铜	8.8	铸镁	1.8
白口铸铁	7.4～7.7	镉青铜	8.9	工业纯钛	4.5
可锻铸铁	7.2～7.4	锰青铜	8.6～8.8	钛合金	4.4～4.84
压延铁	7.6～7.8	铸锡青铜	8.62～8.8	铸锌	6.86
铁丝	7.6～7.75	纯铝	2.7	铸锌锭	7.15
普通碳素钢	7.85	防锈铝	2.64～2.73	铸锌铝合金	6.75～6.9
铸钢	7.8	硬铝	2.73～2.84	压延锌	7.13～7.2
不锈钢	7.52～8.5	超硬铝	2.85	铸镉	8.85
纯铜	8.9	压延铝	2.6～2.8	铸金	19.25
压延铜	8.93～8.95	铸铝	2.56	铸银	10.42～10.53
电解铜	8.9～8.95	锻铝	2.65～2.75	压延银	10.5～10.6
铸铜	8.6～8.9	纯镍	8.85	铸铬	6.9
黄铜	8.5～8.8	阳极镍	8.85	电解铬	7.1
铅黄铜	8.5～8.7	铸镍	8.7	铸铂	21.15
锡黄铜	8.54～8.8	镍铬合金	8.72	压延铂	21.3～21.5
铝黄铜	8.28～8.6	镍铜合金	8.85	铅和铅合金	11.37
镍黄铜	8.5	镍硅合金	8.85	阳极铅	11.33
青铜	7.4～7.8	压延镍	8.85	硬质合金（钨合金）	13.9～14.9
铝青铜	7.46～7.8	压延锡	7.3～7.5		
锡青铜	8.75～8.9	铸锡	7.2	硬质合金（钛钨合金）	9.5～12.2
磷青铜	8.8	工业纯镁	1.74		

（2）物质的比热容

某些材料的平均比热容见表 1-12。

电镀溶液的比热容见表 1-13。

某些液体（在 100℃）的比热容见表 1-14。

表 1-12 某些材料的平均比热容

材料名称	平均比热容/[J/(g·℃)]	温度范围/℃	材料名称	平均比热容/[J/(g·℃)]	温度范围/℃
石棉	0.816	0～100	醋酸	2.625	1～8
沥青	0.922	18	皮	1.495	18
混凝土	1.130	0～100	焦炭	0.837	0～100
青铜	0.396	18	冰	2.362	−20～0
康铜	0.407	18	石蜡	3.245	18
黄铜	0.388	18～100	砂	0.795	20～100
铜镍锌合金	0.366	18	软木	2.052	18
石膏	0.837	0～100	橡胶	1.130～1.968	15～100
石墨	0.837	0～100	甲醇	2.554	12
木材（云杉松）	2.721	0～100	乙醇	2.428	18
辉绿岩	0.858	0～100	玻璃	0.833	18～100
煤	1.298	0～100	瓷	0.754	15～200
煤油	2.085	18～100	铸铁	0.544	0～100
砖	0.921	0～100	毛	1.721	18
硝酸（58%）[1]	2.742	21～52	钢	0.473	18～100
硫酸（50%）[1]	2.483	0～22	矿渣棉	0.754	0～100
盐酸（16%）[1]	3.136	18	镁铝合金	1.005	18

[1] 为质量分数。

表 1-13 电镀溶液的比热容

镀液名称	比热容/[J/(g·℃)]	镀液名称	比热容/[J/(g·℃)]
快速镀镍	4.1031	镀银	4.1031
镀镍	4.1449	碱性镀锡	4.1031
酸性镀铜	4.6055	酸性镀锌	4.2287
氰化镀铜	4.1449	镀铬	4.1868
镀黄铜	3.9775	电解除油	4.5635
镀镉	3.9356	弱腐蚀	4.1868

表 1-14 某些液体（在 100℃）的比热容

液体名称	比热容		液体名称	比热容	
	/[kcal/(kg·℃)]	/[kJ/(kg·℃)]		/[kcal/(kg·℃)]	/[kJ/(kg·℃)]
液氧	0.48	2.0097	松节油	0.42	1.7585
硫酸	0.66	2.7633	石油	0.4～0.5	1.6747～2.0934
氨	1.0	4.1868	氯仿	0.23	0.9630
汽油	0.44	1.8422	乙醚	0.33	1.3816
丙酮	0.53	2.2190	甲苯	0.42	1.7585
苯	0.41	1.7166	三氯乙烯	1.465	6.1337
植物油	0.5	2.0934	醋酸乙酯	0.478	2.0013
轻汽油	约 0.5	2.0934	95%乙醇	0.61	2.5540
醋酸丁酯	0.505	2.1143	硝基苯	0.33	1.3816
丁醇	0.61	2.5539	二氧化硫	0.32	1.340
甲醇	0.50	2.0934	乙醇	0.68	2.8470
乙烷	0.6	2.5121	白醇	约 0.42～0.45	1.7585～1.8841
煤油	0.5	2.0934	重汽油	约 0.42～0.45	1.7585～1.8841
机油	0.4	1.6747	二甲苯	0.40	1.6747

(3) 物质的热导率

某些材料的热导率见表 1-15。

空气层的热导率见表 1-16。

表 1-15　某些材料的热导率

材料名称	热导率/[kJ·(m·h·℃)]	材料名称	热导率/[kJ·(m·h·℃)]
石棉	0.795	毛毡	0.134~0.226
沥青	2.512	水	2.010~2.093
苯	0.502	冰	6.280
混凝土	2.931~5.024	石膏	1.047
青铜	230.274	石墨	17.668
康铜(铜镍合金)	83.736	辉绿岩	4.605~10.048
黄铜	314.01~418.68	煤	0.670
锰铜	83.736	碳化硅	0.754
德银(铜镍锌合金)	104.67	砖	1.424~1.884
低碳钢	217.714	皮	0.574
高碳钢	175.85	汽锅水垢	4.1868~12.560
铸铁	226.087	干砂	1.172
漆布	0.670	湿砂(水分6.9%)	4.061
变压器油	0.461	软木	0.159
煤油	0.536	橡胶	0.703
乙醇	0.636	玻璃	2.093~3.349
甲苯	0.502	玻璃丝	0.142
硬化水泥	3.768	瓷	3.771
大理石	7.536~12.560	棉花	0.138
石蜡	0.900	赛璐珞	0.754
空心砖	1.130	硅酸盐搪瓷	0.603

表 1-16　空气层的热导率　　　　　　　　　kJ/(m·h·℃)

温度/℃	空气层厚度/mm				
	5	20	40	80	120
0	0.209	0.461	0.837	1.465	2.053
100	0.452	0.754	1.758	3.308	4.815
200	0.544	1.675	3.266	6.364	9.420
400	1.256	4.605	9.211	18.003	26.796
600	2.512	9.630	16.747	38.519	57.778

1.3　水的主要物化常数和硬度

(1) 水的主要物化常数

分子式：H_2O

分子量：18.016

冰点：0℃

沸点：100℃（在 $1.013×10^5Pa$ 的压力下，一般近似为 0.1MPa）

最大密度：$1g/cm^3$（最大密度时的温度：3.98℃）

水的比热容：4.1868J/(g·℃)（0.1MPa，15℃）

蒸汽的比热容：2.052J/(g·℃)（100℃）

冰的密度：$916.8kg/m^3$（0℃）

冰的比热容：2.135J/(g·℃)（-20~0℃）

冰的溶化热：333.687J/g（0℃）

水的热导率：2.068kJ/(m·h·℃)（10℃，0.1MPa）

$2.156kJ/(m \cdot h \cdot ℃)$（20℃，0.1MPa）

$2.282kJ/(m \cdot h \cdot ℃)$（40℃，0.1MPa）

$2.374kJ/(m \cdot h \cdot ℃)$（60℃，0.1MPa）

$2.428kJ/(m \cdot h \cdot ℃)$（80℃，0.1MPa）

$2.458kJ/(m \cdot h \cdot ℃)$（100℃，0.1MPa）

水的汽化热：2453.465kJ/kg（20℃，0.1MPa）

水的表面张力：72.8dyn/cm（20℃）

理想纯水的理论电阻率：$26.3 \times 10^{6} \Omega \cdot cm$（20℃）

水的离子积：$[H^+][OH^-] = 1.000 \times 10^{-14}$（24℃）

(2) 水的硬度及其换算

水的硬度是溶解于水中的钙、镁等盐含量的标志，通常以"毫克当量/升"或"度"来表示。暂时硬度（碳酸盐硬度）取决于碳酸氢盐的含量，水沸腾时碳酸氢盐即分解成不溶于水的碳酸盐，例如 $Ca(HCO_3)_2 \longrightarrow CaCO_3 + CO_2 + H_2O$，水即软化。永久硬度系由硫酸盐、氯化物和其他盐类的含量而定，水沸腾时它们仍保持于水中。

根据硬度不同，水可分为：

① 很软水　　　　0～4 德国度

② 软水　　　　　4～8 德国度

③ 中等硬水　　　8～16 德国度

④ 硬水　　　　　16～30 德国度

⑤ 很硬水　　　　＞30 德国度

1L 水中硬度为 1 德国度的化合物含量见表 1-17。

钙、镁等离子浓度折算成硬度的系数见表 1-18。

水的各种硬度单位见表 1-19。

水的硬度单位换算见表 1-20。

表 1-17　1L 水中硬度为 1 德国度的化合物含量

化合物名称	化合物含量/(mg/L)	化合物名称	化合物含量/(mg/L)
CaO	10.00	MgO	7.19
Ca	7.14	MgCO₃	15.00
CaCl₂	19.17	MgCl₂	16.98
CaCO₃	17.85	MgSO₄	21.47
CaSO₄	24.28	Mg(HCO₃)₂	26.10
Ca(HCO₃)₂	28.90	BaCl₂	37.14
Mg	4.34	BaCO₃	35.20

表 1-18　钙、镁等离子浓度折算成硬度的系数

离子名称	系数	
	折合成毫克当量/升	折合成德国硬度
钙(Ca^{2+} mg/L)	0.0499	0.1399
镁(Mg^{2+} mg/L)	0.0822	0.2305
铁(Fe^{2+} mg/L)	0.0358	0.1004
锰(Mn^{2+} mg/L)	0.0364	0.1021
锶(Sr^{2+} mg/L)	0.0228	0.0639
锌(Zn^{2+} mg/L)	0.0306	0.0858
备注	将水中测得的各种离子浓度值(mg/L)乘以系数后相加即为总硬度	

表 1-19 水的各种硬度单位

名称	化合物含量
德国度	1 度相当于 1L 水中含有 10mg CaO
英国度	1 度相当于 0.7L 水中含有 10mg $CaCO_3$
法国度	1 度相当于 1L 水中含有 10mg $CaCO_3$
美国度	1 度相当于 1L 水中含有 1mg $CaCO_3$

表 1-20 水的硬度单位换算

毫克当量/升	德国度	法国度	英国度	美国度
1	2.804	5.005	3.511	50.045
0.35663	1	1.7848	1.2521	17.847
1.9982	0.5603	1	0.7015	10
0.28483	0.7987	1.4285	1	14.285
0.01898	0.0560	0.1	0.0702	1

1.4 电工资料

1.4.1 功率换算

功率单位换算见表 1-21。

表 1-21 功率单位换算

千瓦(kW)	马力(Ps)	英马力(hp)
1	1.36	1.341
0.7353	1	0.9863
0.7457	1.0139	1

1.4.2 材料的电阻率

电绝缘材料的电阻率见表 1-22。
溶液的电阻率见表 1-23。

表 1-22 电绝缘材料的电阻率

材料名称	电阻率 $\rho(\Omega \cdot cm^3)$	材料名称	电阻率 $\rho(\Omega \cdot cm^3)$	材料名称	电阻率 $\rho(\Omega \cdot cm^3)$
纯水	10^9	云母	2×10^{12}	虫胶漆	10×10^{15}
煤油	10^{18}	大理石	$2 \times 10^8 \sim 6 \times 10^8$	火漆	8×10^{15}
醇	2×10^{10}	页岩	$1 \times 10^5 \sim 100 \times 10^5$	蜂蜡	2×10^{15}
润滑油	10^{18}	钢纸	5×10^9	石蜡	10×10^{12}
橡胶	$10^{14} \sim 10^{20}$	瓷	2×10^{15}	象牙	200×10^6
玻璃	$10^{12} \sim 10^{18}$	硫	100×10^{15}	水泥	5×10^3

表 1-23 溶液的电阻率 ρ Ω/cm^3

溶液浓度/%	硫酸铜	硫酸锌	碳酸钠	氯化钠	氯化铵	硫酸	硝酸	盐酸	氢氧化钾
5	52.9	52.2	22.2	14.9	10.9	4.79	3.88	2.53	5.81
10	31.3	31.2	14.2	8.26	5.64	2.55	2.17	1.59	3.18
15	23.8	24.1	12.0	6.1	3.87	1.84	1.63	1.34	2.35
20	—	21.3	—	5.1	2.98	1.53	1.47	1.31	2.00
25	—	20.8	—	4.67	2.48	1.40	1.30	1.38	1.85
30	—	22.7	—	—	—	1.35	1.27	1.51	1.85
35						1.38	1.30	1.69	1.97
40						1.47	1.36	1.94	2.24

续表

溶液浓度/%	硫酸铜	硫酸锌	碳酸钠	氯化钠	氯化铵	硫酸	硝酸	盐酸	氢氧化钾
50	—	—	—	—	—	1.85	1.59	—	—
60	—	—	—	—	—	2.68	1.95	—	—
70	—	—	—	—	—	4.63	2.55	—	—
80	—	—	—	—	—	9.01	3.75	—	—

注：溶液浓度（%）为质量分数。

1.4.3 导电材料特性

导电材料特性见表 1-24。

表 1-24 导电材料特性

材料名称	密度/(g/cm³)	熔点/℃	抗拉强度极限/10MPa	电阻率(20℃)/(Ω·mm²/m)	电阻温度系数/(10⁻³/℃)
铜	8.9	1083	25～40	0.0175	4
黄铜	8.4～8.7	960	40	0.05	2
青铜	8.8～8.9	900	50～60	0.021～0.04	4
康铜	8.8	1200	40	0.40～0.51	0.05
锰铜	8.14	960	55	0.42	0.015
铜镍合金	11.2	1060	—	0.4～0.44	0.3
铝	2.7	659	14～22	0.029	4
铝镁硅合金	2.8	1100	30～34	0.031～0.035	3.6
镍	8.8	1452	30～50	0.09～0.12	0.006
锡	7.3	232	3～5	0.12	4.4
锌	7.1	419	15～20	0.06	0.0039
镉	8.6	321	—	0.76	4
镁	1.74	650	20	0.04	3.8
钨	18.7	3500	415	0.056	4.6
钢	7.85	1500	45～150	0.13～0.30	5
铅	11.3	327	1.2～2.3	0.217	4.11
锑	6.67	630	—	0.41	3.7
银	10.5	961	28～30	0.016	4
水银	13.6	−38.9	—	0.95	0.27
白金	21.2	1770	21～35	0.09～0.11	2.47
镍铬	8.2	1375	70	1.10	0.3
铬合金	7.1	1500	80	1.30	0.04
铸铁	7.2	1200	12～20	0.50	0.9
石墨	1.9～2.3	—	—	13.5	8

第2章

化学资料

2.1 元素符号及原子量

元素符号及国际原子量见表 2-1。

化合物的某些重要基团见表 2-2。

表 2-1 元素符号及国际原子量

原子序数	元素名称	拉丁名	元素符号	原子量	化合价
1	氢	Hydrogenium	H	1.0079	1
2	氦	Helium	He	4.0026	0
3	锂	Lithium	Li	6.941	1
4	铍	Beryllium	Be	9.01218	2
5	硼	Borum	B	10.811	3
6	碳	Carboneum	C	12.0107	2,4
7	氮	Nitrogenium	N	14.0067	3,5
8	氧	Oxygenium	O	15.9994	2
9	氟	Ftorum	F	18.9984	1
10	氖	Neon	Ne	20.1797	0
11	钠	Natrium	Na	22.9897	1
12	镁	Magnesium	Mg	24.3050	2
13	铝	Aluminium	Al	26.9815	3
14	硅	Silicium	Si	28.0855	4
15	磷	Phosphorus	P	30.9737	3,5
16	硫	Sulphur	S	32.065	2,4,6
17	氯	Chlorum	Cl	35.453	1,3,5,7
18	氩	Argon	Ar	39.948	0
19	钾	Kalium	K	39.0983	1
20	钙	Calcium	Ca	40.078	2
21	钪	Scandium	Sc	44.9559	3
22	钛	Titanium	Ti	47.867	3,4
23	钒	Vanadium	V	50.9415	3,5
24	铬	Chromium	Cr	51.9961	2,3,6
25	锰	Manganum	Mn	54.938049	2,3,4,6,7
26	铁	Ferrum	Fe	55.845	2,3,6
27	钴	Cobaltum	Co	58.93320	2,3
28	镍	Niccolum	Ni	58.6934	2,3
29	铜	Cuprum	Cu	63.546	1,2
30	锌	Zincum	Zn	65.39	2
31	镓	Gallium	Ga	69.723	2,3
32	锗	Germanium	Ge	72.64	4
33	砷	Arsenicum	As	74.92160	3,5
34	硒	Selenium	Se	78.96	2,4,6
35	溴	Bromum	Br	79.904	1,3,5,7

续表

原子序数	元素名称	拉丁名	元素符号	原子量	化合价
36	氪	Krypton	Kr	83.80	0
37	铷	Rubidium	Rb	85.4678	1
38	锶	Strontium	Sr	87.62	2
39	钇	Yttrium	Y	88.90585	3
40	锆	Zirconium	Zr	91.224	4
41	铌	Niobium	Nb	92.90638	3,5
42	钼	Molybdaenum	Mo	95.94	3,4,6
43	锝	Technetium	Tc	(97.99)	6,7
44	钌	Ruthenium	Ru	101.07	3,4,6,8
45	铑	Rhodium	Rh	102.90550	3
46	钯	Palladium	Pd	106.42	2,4
47	银	Argentum	Ag	107.8682	1
48	镉	Cadmium	Cd	112.411	2
49	铟	Indium	In	114.818	3
50	锡	Stannum	Sn	118.710	2,4
51	锑	Stibium	Sb	121.760	3,5
52	碲	Tellurium	Te	127.60	2.4.6
53	碘	Iodum	I	126.90447	1,3,5,7
54	氙	Xenon	Xe	131.293	0
55	铯	Casium	Cs	132.90545	1
56	钡	Barium	Ba	137.327	2
57	镧	Lanthanum	La	138.9055	3
58	铈	Cerium	Ce	140.116	3,4
59	镨	Praseodymium	Pr	140.90745	3
60	钕	Neodymium	Nd	144.24	3
61	钷①	Promethium	Pm	(147)	3
62	钐	Samarium	Sm	150.36	2,3
63	铕	Europium	Eu	151.964	2,3
64	钆	Gadolinium	Gd	157.25	3
65	铽	Terbium	Tb	158.92534	3
66	镝	Dysprosium	Dy	162.50	3
67	钬	Holmium	Ho	164.93032	3
68	铒	Erbium	Er	167.259	3
69	铥	Thullium	Tm	168.93421	3
70	镱	Yttrium	Yb	173.04	2,3
71	镥	Lutetium	Lu	174.967	3
72	铪	Hafnium	Hf	178.49	4
73	钽	Tantalum	Ta	180.9479	5
74	钨	Wolfram	W	183.84	6
75	铼	Rhenium	Re	186.207	
76	锇	Osmium	Os	190.23	2,3,4,8
77	铱	Iridium	Ir	192.217	3,4
78	铂	Platinum	Pt	195.078	2,4
79	金	Aurum	Au	196.96655	1,3
80	汞	Hydrargyrum	Hg	200.59	1,2
81	铊	Thallium	Tl	204.3833	1,3
82	铅	Plumbum	Pb	207.2	2,4
83	铋	Bismuthum	Bi	208.98038	3,5
84	钋	Polonium	Po	(209.210)	
85	砹	Astatine	At	(210)	1,3,5,7
86	氡	Radon	Rn	(222)	0

原子序数	元素名称	拉丁名	元素符号	原子量	化合价
87	钫	Francium	Fr	(223)	1
88	镭	Radium	Ra	(226)	2
89	锕	Actinium	Ac	(227)	
90	钍	Thorium	Th	232.0381	4
91	镤	Protactinium	Pa	231.03588	
92	铀	Uranium	U	238.0289	4,6
93	镎	Neptunium	Np	(237)	4,5,6
94	钚	Plutonium	Pu	(239.244)	3,4,5,6
95	镅①	Americium	Am	(243)	3,4,5,6
96	锔①	Curium	Cm	(247)	3
97	锫①	Berkelium	Bk	(247)	3,4
98	锎①	Californium	Cf	(251)	
99	锿①	Einsteinium	Es	(252)	
100	镄①	Fermium	Fm	(257)	
101	钔①	Mendelevium	Md	(248)	
102	锘①	Nobelium	No	(259)	
103	铹①	Lawrencium	Lr	(260)	

① 是人造元素。

注：括号内数据是天然放射性元素较重要的同位数的质量数或人造元素半衰期最长的同位数的质量数。

表 2-2　化合物的某些重要基团

基团名称	符号	基价	基团名称	符号	基价
羟基	—OH	1	氨基	—NH$_2$	1
硫酸基	=SO$_4$	2	羟基	—OH	1
硝酸基	—NO$_3$	1	烷基	R—	1
磷酸基	≡PO$_4$	3	甲基	CH$_3$—	1
碳酸基	=CO$_3$	2	乙基	CH$_3$CH$_2$—	1
氰基	—CN	1	苯基	C$_6$H$_5$—	1
硝基	—NO$_2$	1	羰基	=C=O	2
磺酸基	—SO$_3$H	1	羧基	—COOH	1
酰基	RCO—	1	醛基	—CHO	1

2.2　电镀常用物质的溶解度

电镀常用物质是无机化合物。无机化合物包括：酸、碱、盐及氧化物等。

凡是能溶解其他物质的液体称为溶剂。凡是能溶解在溶剂中的物质称为溶质。

在一定温度下，某种物质在 100g 溶剂里达到饱和状态，所能溶解的克（g）数，叫作这种物质在这种溶剂里的溶解度。

各物质在水中的溶解度是不同的，这是由溶质的性质决定的。一般把在室温（20℃）时的溶解度作如下分类：

溶解度在 10g 以上的物质，称为易溶物质；

溶解度在 1g 以上的物质，称为可溶物质；

溶解度在 1g 以下的物质，称为微溶物质；

溶解度在小于 0.01g 的物质，称为难溶物质。

电镀常用物质的溶解度见表 2-3。

表 2-3 电镀常用物质的溶解度

名称	分子式	相对分子质量	颜色、晶形、物理状态	相对密度	溶解度(每 100mL 水中溶解的克数)/g		
					冷水	热水	其他溶剂
硫酸	H_2SO_4	98.08	无色黏性液体	1.84	∞	∞	在乙醇中分解
硝酸	HNO_3	63.02	无色液体	1.51	∞	∞	
盐酸	HCl	36.5	发烟液体	1.19	∞	∞	
磷酸	H_3PO_4	98.04	无色稠厚液体	1.87	548	易溶解	
硼酸	H_3BO_3	61.84	白色、三斜	1.44	6.35^{20}	27.6^{100}	
氢氟酸	HF	20.01	无色液体	1.15	∞	∞	
硅氟酸	H_2SiF_6	144.08		1.3	溶解	溶解	
铬酐	CrO_3	100.01	红色、正交	2.7	162^0	199^{100}	
过氧化氢	H_2O_2	34.02	无色液体	1.46	∞	—	
氨	NH_3	17.03	无色气体	0.77g/L	531g/L	230g/L^{50}	
氢氧化钠	$NaOH$	40.0	白色、潮解	2.13	43.2^0	341^{100}	易溶于乙醇、甘油
碳酸钠	Na_2CO_3	106.00	白色粉末	2.53	21.5^{20}	45.5^{100}	不溶于乙醇
碳酸钠	$Na_2CO_3 \cdot 10H_2O$	286.14	白色、单斜	1.46	21.52^0	421^{104}	不溶于乙醇
磷酸氢二钠	$Na_2HPO_4 \cdot 12H_2O$	358.14	无色、单斜	1.52	1.63^0	104.1^{100}	不溶于乙醇
磷酸二氢钠	$NaH_2PO_4 \cdot 2H_2O$	156.01	无色、正交	1.91	易溶解	易溶解	
氯化钠	$NaCl$	58.44	无色、立方	2.16	35.7^0	39.12^{100}	
氰化钠	$NaCN$	49.01	白色、立方	1.59	48^{10}	82^{35}	微溶于乙醇
氟化钠	NaF	42.00	四角	2.79	4^0	5^{100}	
磷酸三钠	$Na_3PO_4 \cdot 12H_2O$	380.12	白色结晶	1.62	25.8^{20}	157^{70}	
焦磷酸钠	$Na_4P_2O_7$	265.90	白色	2.45	3.16^0	40.3^{100}	酸中分解
焦磷酸钠	$Na_4P_2O_7 \cdot 10H_2O$	446.06	单斜	1.82	5.41^0	93.11^{100}	不溶于乙醇
硫酸钠	Na_2SO_4	142.04	无色、正交	2.7	19.4^{20}	42.5^{100}	不溶于乙醇
硫酸钠	$Na_2SO_4 \cdot 10H_2O$	322.19	白色、单斜	1.46	11^0	192^{80}	不溶于乙醇
硫代硫酸钠	$Na_2S_2O_3 \cdot 5H_2O$	248.18	单斜棱柱	1.73	79.4^0	291.1^{45}	
硫化钠	Na_2S	78.06	玫瑰色或白色、无定形	1.86	13.6^{10}	57.3^{90}	
硫化钠	$Na_2S \cdot 9H_2O$	240.18	无色结晶、潮解	2.47	47.5^{10}	96.7^{100}	
重铬酸钠	$Na_2Cr_2O_7 \cdot 2H_2O$	298.00	红色、单斜	2.52	238^0	508^{80}	
硅氟酸钠	Na_2SiF_6	188.05	潮湿	2.67	0.65^{20}	2.46^{100}	
钨酸钠	Na_2WO_4	293.91	白色、正交	4.179	57.0^0	96.9^{100}	
硅酸钠	Na_2SiO_3	122.06	无色结晶	2.4	溶解	溶解、分解	
硅酸钠	$Na_2SiO_3 \cdot 9H_2O$	284.20	正交		易溶解	易溶解	
铬酸钠	Na_2CrO_4	162.01	黄色、正交	2.72	79.6^{20}	131.5^{100}	
硝酸钠	$NaNO_3$	84.99	无色、菱面体	2.26	92.1^{25}	180^{100}	微溶于甘油
亚硝酸钠	$NaNO_2$	69.00	苍黄色、正交	2.17	81.5^{15}	163^{100}	易溶于氨水
碳酸氢钠	$NaHCO_3$	84.01	白色、单斜	2.16	9.6^{20}	16.4^{60}	
亚硫酸钠	Na_2SO_3	126.06	六角棱柱	2.63	14.2^0	26.6^{100}	
亚硫酸钠	$Na_2SO_3 \cdot 7H_2O$	252.18	单斜	1.56	溶解		
焦磷酸二氢钠	$Na_2H_2P_2O_7 \cdot 7H_2O$	330.03	无色、单斜	1.85	6.9^0	35^{40}	
草酸钠	$Na_2C_2O_4$	134.00	白色结晶	2.27	3.7^{20}	6.33^{100}	
偏硼酸钠	$Na_2B_2O_4$	131.63	六角棱柱	2.46	26^{20}	36^{35}	
乙酸钠	$NaCH_3COO$	82.04	白色、单斜	1.53	119^0	170^{100}	
乙酸钠	$NaCH_3COO \cdot 7H_2O$	136.09	白色、单斜	1.45	76.2^0	138.8^{50}	
柠檬酸钠	$Na_3C_6H_5O_7 \cdot 2H_2O$	294.06	白色		77^{25}	170^{100}	
硫氰酸钠	$NaCNS$	81.09	正交、潮解		110^{10}	225^{100}	
亚磷酸二氢钠	$NaH_2PO_3 \cdot H_2O$	106.04	无色、单斜		100^{25}	667^{100}	
亚磷酸氢二钠	$Na_2HPO_3 \cdot 5H_2O$	216.06	正交、潮解		400^0	1100^{43}	
酒石酸钾钠	$Na_2KC_4H_4O_6 \cdot 4H_2O$	282.23	正交	1.79	26^0	66^{26}	

续表

名称	分子式	相对分子质量	颜色、晶形、物理状态	相对密度	溶解度(每100mL水中溶解的克数)/g		
					冷水	热水	其他溶剂
钼酸钠	Na_2MoO_4	205.94	白色		44.3^0	83.8^{100}	
高铼酸钠	$NaReO_4$	272.31	无色、薄片		25^{20}	溶解	
硫代硫酸钠	$Na_2S_2O_3$	158.12	单斜	1.67	52.5^0	266^{100}	
硒酸钠	Na_2SeO_4	188.95	正交	3.10	83.5^{25}	72.8^{100}	
	$Na_2SeO_4 \cdot 10H_2O$	369.11	单斜	1.61	29.8^0	340^{100}	
锡酸钠	$Na_2SnO_3 \cdot 3H_2O$	266.74	六角、薄片		$61.3^{15.5}$	50^{100}	溶于稀氢氧化钠
氯酸钠	$NaClO_3$	106.45	白色、立方	2.49	80.5^0	204^{100}	
高氯酸钠	$NaClO_4$	122.45	正交、潮解		167^0	324^{100}	
氢氧化钾	KOH	56.1	白色、正交、潮解	1.52	107^{15}	178^{100}	易溶于乙醇
碳酸钾	K_2CO_3	138.2	白色粉末、潮解	2.3	112^{20}	156^{100}	
氰化钾	KCN	65.11	白色、立方、潮解	1.52	50	100	
氯化钾	KCl	74.56	无色、立方	1.988	34.7^{20}	56.7^{100}	
焦磷酸钾	$K_4P_2O_7 \cdot 3H_2O$	384.4	潮解	2.33	溶解	易溶解	不溶于乙醇
铬酸钾	K_2CrO_4	194.2	黄色、正交	2.73	62.9^{20}	79.2^{100}	
重铬酸钾	$K_2Cr_2O_7$	294.21	橙红色、三斜	2.69	4.9^0	103^{100}	
硝酸钾	KNO_3	101.11	无色、正交	2.11	21.2^{10}	245^{100}	
氟化钾	KF	58.10	无色、立方	2.48	92.3^{18}	150^{80}	
高锰酸钾	$KMnO_4$	158.04	紫红色、正交	2.7	6.38^{20}	25^{65}	
硫酸钾	K_2SO_4	174.27	无色、立方	2.66	11.1^{28}	24.1^{100}	
柠檬酸钾	$K_3C_6H_5O_7 \cdot H_2O$	324.40	无色、结晶	1.98	167^{15}	200^{31}	
碳酸氢钾	$KHCO_3$	100.11	单斜	2.17	22.6^0	60^{60}	
硫酸钾铝(钾明矾)	$KAl(SO_4)_2 \cdot 12H_2O$	474.38	无色、单斜	1.75	11.4^{20}	易溶解	
银氰化钾	$K[Ag(CN)_2]$	199.01	无色、六角	2.36	25^{20}	100	
亚金氰化钾	$K[Au(CN)_2]$	288.10	无色、正交	3.45	14.3	200	
金氰化钾	$K[Au(CN)_4] \cdot 1.5H_2O$	367.10	无色、结晶		溶解	易溶解	
亚铁氰化钾	$K_4Fe(CN)_6 \cdot 3H_2O$	422.41	黄色、单斜	1.85	27.8^{12}	$90.6^{96.3}$	
碘化钾	KI	166.01	白色、立方	3.13	127.8^0	208^{100}	
铁氰化钾	$K_3Fe(CN)_6$	329.26	红色、单斜	1.89	33^4	77.5^{100}	
过硫酸钾	$K_2S_2O_8$	270.33	白色、三斜	2.48	1.75^0	5.3^0	
硫氰酸钾	$KCNS$	97.18	白色、单斜、潮解	1.89	177.2^0	217^{20}	
锡酸钾	$K_2SnO_3 \cdot 3H_2O$	298.94	无色、菱面体	2.197	106.7^{10}	110.5^{20}	
亚硝酸钾	KNO_2	85.10	棱柱	1.915	281^0	413^{100}	
氯化铵	NH_4Cl	53.5	白色、立方	1.52	29.7^0	77.3^{100}	
硝酸铵	NH_4NO_3	80.05	无色、正交或单斜	1.73	118.3^0	871^{100}	
硫酸铵	$(NH_4)_2SO_4$	132.14	无色、正交	1.77	70.6^0	103.8^{100}	
碳酸氢铵	NH_4HCO_3	79.02	单斜或正交	1.57	21^{20}	43^{60}	
重铬酸铵	$(NH_4)_2Cr_2O_7$	252.06	橙色、单斜	2.15	30.8^{15}	89^{30}	溶于乙醇
氟化铵	NH_4F	37.04	白色、六角	1.315	100^0		溶于乙醇
氟化氢铵	NH_4HF_2	57.04	白色、正交	1.21	易溶解	易溶解	
氢氧化铵	NH_4OH	35.05	只存在于溶液中		溶解		
偏钒酸铵	NH_4VO_3	116.99	无色、结晶	2.326	0.44^{18}	3.05^{70}	
硫酸亚铁铵	$(NH_4)_2SO_4 \cdot FeSO_4 \cdot 6H_2O$	392.14	蓝绿色、单斜	1.864	26.9^{20}	73.0^{80}	
磷酸氢二铵	$(NH_4)_2HPO_4$	132.05	无色、单斜	1.619	68.06^{20}	97.6^{60}	
硫氰酸铵	NH_4CNS	76.12	无色、单斜	1.305	115^0	347^{60}	
钼酸铵	$(NH_4)_2MoO_4$	196.01	单斜	2.27	溶解		
硫酸镍铵	$(NH_4)_2SO_4 \cdot NiSO_4 \cdot 6H_2O$	395.00	浅绿色、单斜	1.923	10.4^{20}	30^{80}	
过硫酸铵	$(NH_4)_2S_2O_8$	228.18	白色、单斜	1.98	58.2^0	易溶解	
硫代硫酸铵	$(NH_4)_2S_2O_3$	148.21	无色、单斜		溶解	103.3^{100}	

续表

名称	分子式	相对分子质量	颜色、晶形、物理状态	相对密度	溶解度(每100mL水中溶解的克数)/g		
					冷水	热水	其他溶剂
酒石酸氢铵	$NH_4HC_4H_4O_6$	167.12	无色、正交	1.636	2.35^{15}	3.24^{25}	
乙酸铵	NH_4CH_3COO	77.08	白色三角结晶	1.073	148^4		
碳酸钡	$BaCO_3$	197.37	白色、正交	4.4	0.0022^{18}	0.006^{100}	
硫酸钡	$BaSO_4$	233.43	无色、正交	4.5	难溶解	难溶解	
氯化钡	$BaCl_2 \cdot 2H_2O$	224.31	无色、单斜	3.054	44.6^{20}	76.8^{100}	微溶于盐酸、硝酸
氢氧化钡	$Ba(OH)_2$	171.36	无色、单斜	4.5	3.89^{20}	101.4^{80}	
硝酸钡	$Ba(NO_3)_2$	261.38	无色、立方	3.24	4.95^0	34.2^{100}	微溶于酸
氧化钡	BaO	153.36	无色、立方	5.72	1.5^0	90.8^{80}	
氯化锌	$ZnCl_2$	136.29	白色、菱面体、潮解	2.91	432^{25}	615^{100}	
氧化锌	ZnO	81.38	白色、六角	3.5	难溶解		溶于酸、碱、氰化钠、氯化铵
磷酸二氢锌	$Zn(H_2PO_4)_2 \cdot 2H_2O$	295.4	三斜				
硫酸锌	$ZnSO_4 \cdot 7H_2O$	287.55	正交	1.97	96.5^{20}	663.6^{100}	
焦磷酸锌	$Zn_2P_2O_7$	304.72	结晶粉末	3.76	不溶解	不溶解	溶于酸、碱、氨水
硝酸锌	$Zn(NO_3)_2 \cdot 7H_2O$	297.49	无色、四角	2.065	184.3^{20}	极易溶解	
氰化锌	$Zn(CN)_2$	117.41	无色、正交		难溶解	微溶解	溶于氰化钾、碱
氢氧化锌	$Zn(OH)_2$	99.38	无色、正交	3.053	微溶解		溶于酸、碱
氧化镉	CdO	128.41	棕色、立方或无定形	7(无定形)8.1(晶体)	难溶解	难溶解	溶于酸、铵盐
氯化镉	$CdCl_2 \cdot 2.5H_2O$	228.36	无色、单斜	3.33	168^{20}	180^{100}	
硫酸镉	$3CdSO_4 \cdot 8H_2O$	769.50	无色、单斜	3.09	113^0	溶解	
氢氧化镉	$Cd(OH)_2$	146.43	白色、六角	4.79	难溶解		溶于酸、铵盐
碳酸镉	$CdCO_3$	172.41	白色、菱面体	4.258	不溶解	不溶解	溶于酸、氰化钾、铵盐
氰化镉	$Cd(CN)_2$	164.44			1.7^{15}	溶解	溶于酸、氰化钾、氨水
硝酸镉	$Cd(NO_3)_2 \cdot 4H_2O$	308.47	无色针状体	2.455	易溶解		
硫酸铜	$CuSO_4 \cdot 5H_2O$	249.71	蓝色、三斜	2.29	31.6^0	203.3^{100}	
氢氧化铜	$Cu(OH)_2$	97.56	蓝色、胶状	3.368	不溶解		溶于酸、氨水、氰化钾
氰化铜	$Cu(CN)_2$	115.58	黄绿色		不溶解		溶于酸、碱、氰化钾
氰化亚铜	$CuCN$	89.56	无色、单斜	2.9	不溶解	不溶解	溶于盐酸、氰化钾、氨水
氯化铜	$CuCl_2$	134.44	棕黄色、粉末	3.054	70.6^0	107.9^{100}	
碱式碳酸铜	$CuCO_3 \cdot Cu(OH)_2$	221.17	深绿色、单斜	4.0	不溶解		溶于酸、氨水、氰化钾
乙酸铜	$Cu(CH_3COO)_2 \cdot 2H_2O$	199.67	深绿色、单斜	1.882	7.2	20	
氯化银	$AgCl$	143.34	白色、立方	5.56	难溶解	难溶解	溶于氨水、硫代硫酸钠、氰化钾
氰化银	$AgCN$	133.84	白色	3.95	难溶解		溶于氨水、硫代硫酸钠、氰化钾

续表

名称	分子式	相对分子质量	颜色、晶形、物理状态	相对密度	溶解度(每 100mL 水中溶解的克数)/g		其他溶剂
					冷水	热水	
碘化银	AgI	234.80	黄色、六角	5.67	难溶解	难溶解	溶于氨水、硫代硫酸钠、氰化钾
硝酸银	$AgNO_3$	169.87	无色、正交	4.35	122^0	952^{100}	
氟化银	AgF	126.88	黄色、立方、潮解	5.85	$182^{15.5}$	$205^{20.8}$	
溴化银	$AgBr$	187.80	苍黄色、立方	6.473	难溶解	难溶解	溶于氨水、氰化钾、硫代硫酸钠
硫代硫酸银	$Ag_2S_2O_3$	327.87	白色、粉末		微溶解		溶于硫代硫酸钠、氨水
氯化金	$AuCl_3$	303.57	红色、潮解	3.9	68	易溶解	
氰化亚金	$AuCN$	223.22	黄色、结晶	7.12	难溶解	难溶解	溶于氰化钾、氨水
氯化亚金	$AuCl$	232.42	黄色、结晶	7.4	难溶解		溶于盐酸
氰化金钾	$KAu(CN)_2$	288.33	无色、正交	3.45	14.3	300	
硫酸亚铁	$FeSO_4 \cdot 7H_2O$	278.01	蓝绿色、单斜	1.9	15.65	48.6^{50}	
三氯化铁	$FeCl_3 \cdot 6H_2O$	270.31	棕黄色结晶、潮解		91.9^{20}	极易溶解	
氯化亚铁	$FeCl_2$	126.77	绿灰色、六角	2.98	62.4	78.3^{60}	
氢氧化亚铁	$Fe(OH)_2$	89.87	淡绿色	3.4	难溶解		溶于酸、氯化铵
氢氧化铁	$Fe(OH)_3$	106.87	红棕色	2.4~3.9	难溶解		溶于酸
氧化亚铁	FeO	71.84	黑色	5.7	不溶解	不溶解	溶于酸
硫酸亚铁铵	$FeSO_4 \cdot (NH_4)_2SO_4 \cdot 6H_2O$	392.16	蓝绿色、单斜	1.864	溶解	溶解	
硝酸铁	$Fe(NO_3)_3 \cdot 9H_2O$	404.02	苍紫色、单斜、潮解	1.684	极易溶解	极易溶解	
三氧化二铁	Fe_2O_3	159.68	红或黑色、菱面体	5.24	不溶解		溶于酸
碱式碳酸铅	$2PbCO_3 \cdot Pb(OH)_2$	775.67	白色、六角	6.14	不溶解	不溶解	溶于乙酸
硫酸铅	$PbSO_4$	303.25	白色、单斜或正交	6.2	难溶解	难溶解	溶于铵盐
乙酸铅	$Pb(CH_3COO)_2 \cdot 3H_2O$	379.35	白色、结晶	3.251	19.7^0	221^{50}	
二氧化铅	PbO_2	239.21	棕色、四角	9.375	不溶解	不溶解	溶于乙酸、热碱水
氧化铅	PbO	223.21	黄色、四角	9.53	难溶解		溶于碱、酸
硝酸铅	$Pb(NO_3)_2$	331.24	无色、立方	4.53	36.4^0	127.3^{100}	
氯化镍	$NiCl_2 \cdot 6H_2O$	237.7	绿色、单斜、潮解		254^{20}	599^{100}	
硫酸镍	$NiSO_4 \cdot 7H_2O$	280.86	绿色、正交	2.0	$75.6^{15.5}$	475.8^{100}	
硫酸镍铵	$NiSO_4 \cdot (NH_4)_2SO_4 \cdot 6H_2O$	394.99	浅绿色、单斜	1.923	$2.5^{3.5}$	39.2^{85}	
乙酸镍	$Ni(CH_3COO)_2 \cdot 6H_2O$	248.84	绿色	1.744	溶解		
碱式碳酸镍	$2NiCO_3 \cdot 3Ni(OH)_2 \cdot 4H_2O$	587.58	浅绿色		不溶解		溶于酸、碱
氯化亚锡	$SnCl_2 \cdot 2H_2O$	225.63	白色、结晶	2.71	118.7^0	极易溶解	
四氯化锡	$SnCl_4$	260.53	无色发烟液体	2.226	溶解		
硫酸亚锡	$SnSO_4$	214.75	白色、结晶		33^{25}		
氧化亚锡	SnO	134.70	黑色、立方	6.45	不溶解	不溶解	溶于酸
硫酸钴	$CoSO_4 \cdot 7H_2O$	281.12	红色、单斜	1.95	易溶解	易溶解	
碳酸钴	$CoCO_3$	118.95	红色、菱面体	4.13	不溶解	不溶解	溶于酸
氯化钴	$CoCl_2 \cdot 6H_2O$	237.95	红色、单斜	1.924		易溶解	
硫酸钴铵	$CoSO_4 \cdot (NH_4)_2SO_4 \cdot 6H_2O$	395.24	红色、单斜	1.901	20.5^{20}	45.4^{80}	
乙酸钴	$Co(CH_3COO) \cdot 4H_2O$	249.09	红紫色、单斜	1.705	溶解	溶解	
硫酸铬	$Cr_2(SO_4)_3 \cdot 15H_2O$	662.46	紫色、无定形	1.867	溶解		
氢氧化铬	$Cr(OH)_3$	103.4	紫或蓝色、胶状		不溶解		溶于酸
氯化铬	$CrCl_3$	158.38	玫瑰紫色、六角	2.757	不溶解	不溶解	
硫酸铝	$Al_2(SO_4)_3 \cdot 18H_2O$	666.41	无色、单斜	1.69	86.9^0	1104^{100}	

名称	分子式	相对分子质量	颜色、晶形、物理状态	相对密度	溶解度（每100mL水中溶解的克数）/g		
					冷水	热水	其他溶剂
硫酸铵铝（铵明矾）	$Al(NH_4)(SO_4)_2 \cdot 12H_2O$	453.32	无色、结晶	1.64	15^{20}	易溶解	
氢氧化铝	$Al(OH)_3$	77.99	白色、单斜	2.42	难溶解	不溶解	溶于酸
氧化砷	As_2O_3	197.84	无色、单斜或立方	3.87	3.7^{20}	10.14^{100}	溶于碱、盐酸
硫酸镁	$MgSO_4 \cdot 7H_2O$	246.49	无色、正交	1.68	71^{20}	91^{40}	
氯化镁	$MgCl_2 \cdot 6H_2O$	203.31	白色、单斜、潮解	1.56	167	367	
氧化镁	MgO	40.32	无色、立方	3.65	难溶解		溶于酸、铵盐
氯化亚汞	$HgCl$	236.07	无色、四角	7.15	难溶解	难溶解	溶于王水、盐酸
氯化汞	$HgCl_2$	271.52	白色、正交	5.42	6.9^{20}	48^{100}	
硝酸汞	$Hg(NO_3)_2 \cdot H_2O$	342.65	白色		溶解	溶解	微溶于硝酸
硫酸汞	$HgSO_4$	296.67	白色、正交	6.47	溶解	溶解	
氧化汞	HgO	216.61	黄或红色、正交	11.14	微溶解	微溶解	溶于酸
氰化汞	$Hg(CN)_2$	252.65	白色、四角	4.0	$9.3^{13.5}$	53^{100}	
硝酸亚汞	$HgNO_3 \cdot H_2O$	280.63	白色、单斜	4.785	溶解	溶解	
氯化钙	$CaCl_2$	111.00	白色、立方、潮解	2.51	59.5^0	159^{100}	
	$CaCl_2 \cdot 6H_2O$	219.08	无色、六角	1.68	279^0	536^{20}	
硫酸钙	$CaSO_4$	136.14	无色、正交或单斜	2.96	0.176^0	0.067^{100}	溶于酸、铵盐
碳酸钙	$CaCO_3$	100.09	无色、正交或六角	2.93	微溶解	微溶解	溶于酸、氯化铵
氢氧化钙	$Ca(OH)_2$	74.09	无色、六角	2.348	0.185^0	0.077^{100}	溶于酸、铵盐
氧化钙	CaO	56.08	无色、立方	340	0.13^0	0.052^{100}	溶于酸
硫酸锰	$MnSO_4 \cdot H_2O$	169.02	苍玫瑰色、单斜	2.95	78.5^{25}	41.4^{100}	
碳酸锰	$MnCO_3$	114.94	玫瑰色、菱面体	3.125	微溶		溶于稀酸
二氧化锰	MnO_2	86.94	黑色、正交	5.026	不溶解	不溶解	溶于盐酸
	$MnO_2 \cdot 4H_2O$	197.91	玫瑰色、单斜、潮解	2.01	极易溶解	∞	
双氧水	H_2O_2	34.01	无色液体	1.438	极易溶解		
碳酸锶	$SrCO_3$	147.63	白色、正交	3.70	难溶解	0.065^{100}	溶于酸、铵盐
硫酸锶	$SrSO_4$	183.68	无色、正交	3.96	0.0113^0	0.014^{32}	微溶于酸
二氧化钛	TiO_2	79.90	无色、四角	4.26	不溶解	不溶解	溶于硫酸、碱
四氯化铂	$PtCl_4$	337.06	棕色		140^{25}	极易溶解	
三氯化锑	$SbCl_3$	228.13	无色、正交、潮解	3.14	601.6^0	∞^{72}	
三氯化铟	$InCl_3$	221.13	白色薄片	4.0	溶解	极易溶解	
硫酸铟	$In_2(SO_4)_3$	517.72	白色结晶、潮解	3.438	溶解	极易溶解	
二氯化钯	$PdCl_2 \cdot 2H_2O$	213.7	红褐色、棱柱		溶解	溶解	
氢氧化铑	$Rh(OH)_3$	153.93	黑色(黄色)、胶状		不溶解		极易溶于酸
二氧化硒	SeO_2	110.96	白色、四角	3.954	38.4^{14}	82.5^{65}	
硒酸	H_2SeO_4	144.98	六角、棱柱	2.95	1300^{30}	∞^{60}	
亚硒酸	H_2SeO_3	128.98	六角	3.0	90^0	400^{90}	
三氯化铋	$BiCl_3$	315.37	白色结晶	4.75	分解		
三氧化二铋	Bi_2O_3	466.00	黄色、正交或四角	8.55	不溶解	不溶解	溶于酸
二氧化碳	CO_2	44.01	无色气体	1.97g/L	$8.8(cm^3)^{20}$	$4.4(cm^3)^{50}$	

注：1. 晶型：三斜——三斜晶型，三角——三角晶型，四角——四角晶型，六角——六角晶型，正交——正交晶型，立方——立方晶型，单斜——单斜晶型。

2. 溶解度一栏中数字右上角注的数值，如 0、10、20、100 等均表示在此温度下的溶解度。"∞"表示可按任何比例（混和）溶解。

2.3　常用金属化合物的金属含量和性质

常用金属化合物的金属含量和性质见表 2-4。

部分盐类的分类见表 2-5。

表 2-4　常用金属化合物的金属含量和性质

名称	分子式	相对分子质量	金属含量（质量分数）/%	颜色	溶解性能		
					水	酸	碱
锌	Zn	65.38					
氯化锌	$ZnCl_2$	136.29	47.9	白	溶		溶
氰化锌	$Zn(CN)_2$	117.39	55.7	白	不		
氧化锌	ZnO	81.38	80.4	白	难	溶	溶
硼氟酸锌	$Zn(BF_4)_2$	239.02	27.4	—	溶		
硫酸锌	$ZnSO_4 \cdot 7H_2O$	287.56	22.8	无	溶		
铝	Al	26.97					
无水三氯化铝	$AlCl_3$	133.34	20.3	无	溶		
三氯化铝	$AlCl_3 \cdot 6H_2O$	241.43	11.1	无	溶		
三氧化二铝	Al_2O_3	101.94	52.9	白	不		
无水硫酸铝钾	$AlK(SO_4)_2$	258.19	10.4	无	溶		
硫酸铝钾	$AlK(SO_4)_2 \cdot 12H_2O$	474.38	5.7	无	溶		
	$AlK(SO_4)_2 \cdot 24H_2O$	690.57	3.9	无	溶		
无水硫酸铝	$Al_2(SO_4)_3$	342.12	15.8	白	溶		
硫酸铝	$Al_2(SO_4)_3 \cdot 18H_2O$	666.41	8.1	无	溶		
镉	Cd	112.41					
氰化镉	$Cd(CN)_2$	164.43	68.4	白	不		溶 CN
硼氟酸镉	$Cd(BF_4)_2$	296.05	37.9	—	溶		
硝酸镉	$Cd(NO_3)_2 \cdot 4H_2O$	308.49	36.4	无	溶		
氧化镉	CdO	128.41	87.5	褐	微	溶	溶
硫酸镉	$CdSO_4$	208.47	54.0	无	溶		
金	Au	197.2					
金氯酸	$HAuCl_4 \cdot 4H_2O$	412.10	47.9	黄			
氯化金	$AuCl_3$	303.57	65.0	黄褐	溶		
氰化金	$AuCN$	232.66	84.8	黄	不		溶 CN
无水氰化金钾	$KAu(CN)_2$	288.33	68.3	白	溶		
氰化金钾	$KAu(CN)_2 \cdot 2H_2O$	324.36	60.7	无	溶		
氰化金钠	$NaAu(CN)_2$	272.21	72.5	无	溶		
银	Ag	107.88					
氯化银	$AgCl$	143.34	75.3	白	不	不	溶 CN
氰化银	$AgCN$	133.90	80.5	白	不		溶 CN
硝酸银	$AgNO_3$	169.89	63.5	无	溶		
银氰化钾	$KAg(CN)_2$	199.01	54.2	无	溶		
银氰化钠	$NaAg(CN)_2$	182.91	58.9	无	溶		
铬	Cr	52.01					
铬酐	CrO_3	100.01	52	红	溶		
氢氧化铬	$Cr(OH)_3$	103.04	50.5	紫	不	溶	
硫酸铬	$Cr_2(SO_4)_3 \cdot 15H_2O$	662.46	7.9	紫	溶		
钴	Co	58.94					
硫酸钴铵	$Co(NH_4)_2(SO_4)_2 \cdot 6H_2O$	395.24	14.9	深红	溶		
碳酸钴	$CoCO_3$	118.95	49.5	淡红	不	溶	
氯化钴	$CoCl_2 \cdot 6H_2O$	237.95	24.8	深红	溶		
硫酸钴	$CoSO_4 \cdot 7H_2O$	281.11	21.0	红	溶		
汞	Hg	200.61					

名称	分子式	相对分子质量	金属含量（质量分数）/%	颜色	溶解性能		
					水	酸	碱
氯化亚汞	Hg_2Cl_2	472.09	84.4	白	溶		
硝酸亚汞	$HgNO_3 \cdot H_2O$	280.63	71.5	白	溶		
硫酸亚汞	Hg_2SO_4	497.28	80.5	无	溶		
氯化汞	$HgCl_2$	271.52	47.0	白	溶		
氰化汞	$Hg(CN)_2$	252.65	79.4	无	溶		
硝酸汞	$Hg(NO_3)_2 \cdot H_2O$	342.65	58.6	白	溶		
氧化汞	HgO	216.61	92.7	橙红	微	溶	
硫酸汞	$HgSO_4$	296.67	67.7	无	溶		
锡	Sn	118.70					
锡酸钾	$K_2SnO_3 \cdot 3H_2O$	298.94	39.7	无	溶		
锡酸钠	$Na_2SnO_3 \cdot 3H_2O$	266.74	44.5	无	溶		
氯化亚锡	$SnCl_2 \cdot 2H_2O$	225.65	52.7	无	溶		
氧化亚锡	SnO	134.70	88.1	灰	不	溶	
硫酸亚锡	$SnSO_4$	214.76	55.3	白黄	溶		
铁	Fe	55.85					
硫酸亚铁铵	$FeSO_4 \cdot (NH_4)_2SO_4 \cdot 6H_2O$	392.16	14.2	淡绿	溶		
氯化亚铁	$FeCl_2 \cdot 2H_2O$	144.78	38.6	无	溶		
亚铁氰化钾	$K_4Fe(CN)_6$	422.39	13.4	黄	溶		
硫酸亚铁	$FeSO_4 \cdot 7H_2O$	278.03	20.1	淡绿	溶		
氯化铁	$FeCl_3$	162.22	34.4	灰黑	溶		
硝酸铁	$Fe(NO_3)_3 \cdot 9H_2O$	404.02	13.8	淡紫	溶		
铁氰化钾	$K_3Fe(CN)_6$	329.25	16.9	红	溶		
氢氧化亚铁	$Fe(OH)_2$	89.86	62.2	白	不	溶	
氢氧化铁	$Fe(OH)_3$	106.86	52.3	红褐	不	溶	
氧化亚铁	FeO	71.84	77.7	黑	不	溶	
三氧化二铁	Fe_2O_3	159.68	70.0	红	不	微	
铜	Cu	63.57					
氧化亚铜	Cu_2O	143.1	88.8	红褐	不	溶	溶
氢氧化亚铜	$CuOH$	80.58	78.9	黄	不	溶	溶 CN
氯化亚铜	$CuCl$	99.03	64.2	白	溶	溶	溶
氰化亚铜	$CuCN$	89.59	70.9	白	不		溶
氧化铜	CuO	79.57	80.0	黑	不	溶	溶
氢氧化铜	$Cu(OH)_2$	97.59	65.1	蓝绿	不	溶	溶
碱式碳酸铜	$CuCO_3 \cdot Cu(OH)_2$	221.17	67.4	绿	不	溶	溶 CN
乙酸铜	$Cu(CH_3COO)_2 \cdot H_2O$	199.67	31.8	蓝绿	溶		
氯化铜	$CuCl_2$	134.48	47.3	蓝绿	溶		
硝酸铜	$Cu(NO_3)_2 \cdot 3H_2O$	241.63	26.3	蓝	溶		
焦磷酸铜	$Cu_2P_2O_7 \cdot 3H_2O$	355.15	35.8	淡蓝	溶		
硫酸铜	$CuSO_4 \cdot 5H_2O$	249.71	25.4	蓝绿	溶		
铅	Pb	207.21					
乙酸铅	$Pb(CH_3COO)_2 \cdot 3H_2O$	379.35	54.6	白	溶		
碱式碳酸铅	$2PbCO_3 \cdot Pb(OH)_2$	775.67	80.1	白	不		
二氧化铅	PbO_2	239.21	86.6	褐	不	溶乙酸	
氧化铅	PbO	223.31	92.8	黄	不	溶	溶
硝酸铅	$Pb(NO_3)_2$	331.24	62.6	白	溶		
硫酸铅	$Pb(SO_4)_2$	399.39	51.9	—	溶		
氟硅酸铅	$PbSiF_6$	463.27	44.7	无			
镍	Ni	58.69					
硫酸镍铵	$NiSO_4 \cdot (NH_4)_2SO_4 \cdot 6H_2O$	394.99	14.9	绿	溶		
乙酸镍	$Ni(CH_3COO)_2 \cdot 4H_2O$	248.84	23.6	绿	溶		

续表

名称	分子式	相对分子质量	金属含量 (质量分数)/%	颜色	溶解性能		
					水	酸	碱
氯化镍	$NiCl_2 \cdot 4H_2O$	237.70	24.7	绿	溶		
碱式碳酸镍	$2NiCO_3 \cdot 3Ni(OH)_2 \cdot 4H_2O$	587.58	50.0	绿	不	溶	溶
氰化镍	$Ni(CN)_2 \cdot 4H_2O$	182.79	32.1	淡绿	不	不	溶
甲酸镍	$Ni(HCOO)_2 \cdot 2H_2O$	184.76	31.8	淡绿	溶		
氢氧化镍	$Ni(OH)_2$	92.71	63.3	淡绿	不	溶	溶
	$Ni(OH)_3$	109.70	53.5	淡绿	不	溶	溶
氧化镍	NiO	74.69	78.6	灰	不	溶	
三氧化二镍	Ni_2O_3	165.36	71.0	黄	不	溶	溶 CN
四氧化三镍	Ni_3O_4	240.04	73.4	黑	不	溶	
硫酸镍	$NiSO_4 \cdot 6H_2O$	262.85	22.3	蓝绿	溶		
硫酸镍	$NiSO_4 \cdot 7H_2O$	280.87	20.9	绿	溶		

注：溶解性能中，不——不溶；微——微溶；难——难溶；溶——溶解；溶 CN——溶于氰化钾。

表 2-5　部分盐类的分类

类别		中性盐		酸性盐		碱性盐
非氧化性	氯化钠	NaCl	氯化铵	NH_4Cl	硫化钠	Na_2S
	氯化钾	KCl	硫酸铵	$(NH_4)_2SO_4$	碳酸钠	Na_2CO_3
	硫酸钠	Na_2SO_4	氯化镁	$MgCl_2$	硅酸钠	Na_2SiO_3
	硫酸钾	K_2SO_4	氯化锰	$MnCl_2$	磷酸三钠	Na_3PO_4
	氯化锂	LiCl	二氯化铁	$FeCl_2$	硼酸钠	Na_3BO_3
	—		硫酸镍	$NiSO_4$	—	
氧化性	硝酸钠	$NaNO_3$	三氯化铁	$FeCl_3$	次氯酸钠	NaClO
	亚硝酸钠	$NaNO_2$	二氯化铜	$CuCl_2$	次氯酸钙	$Ca(ClO)_2$
	铬酸钾	K_2CrO_4	氯化汞	$HgCl_2$		
	重铬酸钾	$K_2Cr_2O_7$	硝酸铵	NH_4NO_3		
	高锰酸钾	$KMnO_4$	—			

2.4　酸、碱和盐的溶解性能

酸、碱和盐的溶解性能见表 2-6。

酸、碱、空气和水对金属的作用见表 2-7。

表 2-6　酸、碱和盐的溶解性能

项目		氢	铵	金属									
		H^+	NH_4^+	K^+	Na^+	Ba^{2+}	Ca^{2+}	Mg^{2+}	Al^{3+}	Mn^{2+}	Zn^{2+}	Cr^{3+}	Fe^{2+}
氢氧根	OH_3^-		溶,挥	溶	溶	溶	微	微	不	不	不	不	不
酸根	NO_3^-	溶,挥	溶	溶	溶	溶	溶	溶	溶	溶	溶	溶	溶
	Cl^-	溶,挥	溶	溶	溶	溶	溶	溶	溶	溶	溶	溶	溶
	SO_4^{2-}	溶	溶	溶	溶	不	微	溶	溶	溶	溶	溶	溶
	S^{2-}	溶,挥	溶	溶	溶	微	溶	≠	不	不	不	≠	不
	SO_3^{2-}	溶,挥	溶	溶	溶	不	不	微	≠	不	不	≠	不
	CO_3^{2-}	溶,挥	溶	溶	溶	不	不	不	≠	不	不	≠	不
	SiO_3^{2-}	微	挥	溶	溶	不	不	不	不	不	不	不	不
	PO_4^{3-}	溶	溶	溶	溶	不	不	不	不	不	不	不	不
	$P_2O_7^{4-}$	溶	溶	溶	溶	溶	≠				不		
	CN^-	溶挥	溶	溶	溶	≠	溶	溶			不		溶
	CrO_4^{2-}	溶	溶	溶	溶	不	不	溶		微	微		
	$Cr_2O_7^{2-}$	溶	溶	溶	溶	≠	不				不		
	CNS^-	溶	溶	溶	溶	溶	溶	溶	溶	溶	溶	溶	溶
	SnO_3^{2-}	不		溶	溶	≠	≠	不			≠		

续表

项目		Fe³⁺	Ni²⁺	Sn²⁺	Sn⁴⁺	Pb²⁺	Cu⁺	Cu²⁺	Ag⁺	Hg⁺	Hg²⁺	Bi³⁺
氢氧根	OH_3^-	不	不	不	不	不		不	不	—	—	不
酸根	NO_3^-	溶	溶	溶	溶	溶		溶	溶	溶	溶	溶
	Cl^-	溶	溶	溶	溶	微	不	溶	不	不	溶	—
	SO_4^{2-}	溶	溶	溶	溶	不		溶	微	微	溶	溶
	S^{2-}	≠	不	不		不		不	不	不	不	不
	SO_3^{2-}	≠	不	≠		不		不	不	不	不	不
	CO_3^{2-}	不	不	≠	不	不		不	不	不	不	不
	SiO_3^{2-}	不	不	≠		不		不	不	≠	≠	≠
	PO_4^{3-}	不	不	≠		不		不	不	不	不	不
	$P_2O_7^{4-}$			不	不	≠		不	溶			
	CN^-					≠	不	不	不			
	CrO_4^{2-}	溶	不			不		微	溶			
	$Cr_2O_7^{2-}$					≠			微			
	CNS^-	溶	溶		溶	微	不	不	不			
	SnO_3^{2-}					≠						

注：1. "溶"——能溶于水；"不"——不溶于水；"微"——微溶于水；"挥"——挥发；"≠"——不存在该物质或该物质碰到水就分解了。

2. 在 100g 水中溶解度在 1g 以上的列为"可溶"物质；溶解度在 10g 以上的列为"易溶"物质；溶解度在 1g 以下的列为"微溶"物质；溶解度在 0.1g 以下的列为"难溶"或"不溶"物质。绝对不溶的物质是不存在的。

表 2-7　酸、碱、空气和水对金属的作用

金属名称	盐酸		硝酸		硫酸		王水	氢氧化钠或氢氧化钾		空气和水
	浓的	稀的	浓的	稀的	浓的	稀的		浓溶液	稀溶液	
铝	速溶解	速溶解	不溶解	溶解	慢慢溶	慢慢溶	速溶解	溶解	溶解	被覆保护膜
铁	溶解	慢慢溶	慢慢溶	速溶解	慢慢溶	慢慢溶	速溶解	溶很慢	溶很慢	生锈
金	不溶解	不溶解	不溶解	不溶解	不溶解	不溶解	溶解	不溶解	不溶解	不变化
钢	不溶解	不溶解	不溶解	不溶解	溶解	慢慢溶	溶解	不溶解	不溶解	不变化
镉	溶解	溶解	速溶解	速溶解	溶解	溶解	不溶解	不溶解	不溶解	慢慢变化
铜	不溶解	不溶解	速溶解	速溶解	加热溶解	溶很慢	速溶解	溶很慢	不溶解	被覆保护膜
镍	慢慢溶	溶很慢	溶解	溶解	溶解	慢慢溶	速溶解	不溶解	不溶解	几乎不变化
锡	加热溶解	慢慢溶	溶解	慢慢溶	加热溶解	慢慢溶	速溶解	慢慢溶	慢慢溶	几乎不变化
铂	不溶解	不溶解	不溶解	不溶解	不溶解	不溶解	慢慢溶	不溶解	不溶解	不变化
铑	不溶解	不溶解	不溶解	不溶解	溶解	不溶解	—	不溶解	不溶解	不变化
铅	溶解	溶很慢	溶解	慢慢溶	溶很慢	不溶解	溶解	溶很慢	溶很慢	被覆保护膜
银	不溶解	不溶解	溶解	溶解	不溶解	溶很慢	速溶解	不溶解	不溶解	不变化
锌	速溶解	速溶解	溶解	溶解	慢慢溶	速溶解	速溶解	溶解	溶解	被覆保护膜
铬	速溶解	速溶解	不溶解	不溶解	不溶解	不溶解	速溶解	不溶解	不溶解	不变化

2.5　pH 值与酸和碱的浓度关系

通常用氢离子浓度的对数的负值来表示溶液的酸碱性，这个值叫做 pH 值。即：$pH = -\lg [H^+]$。

pH 值与酸和碱的浓度关系，如表 2-8 所示。

表 2-8　pH 值与酸和碱的浓度关系

pH 值		H^+(pH<7)或 OH^-(pH>7)的摩尔浓度/(mol/L)	酸溶液浓度/(g/L)			
			H_2SO_4	HCl	HNO_3	HF
0	酸性	1.0	49.00	36.5	63.01	20.0
1		0.1	4.900	3.650	6.301	2.000
2		0.01	0.490	0.365	0.6301	0.2000
3		0.001	0.049	0.0365	0.06301	0.0200
4		0.0001	0.0049	0.00365	0.006301	0.0020
5		0.00001	0.00049	0.000365	0.0006301	0.00020
6		0.000001	0.000049	0.0000365	0.00006301	0.000020
7		中性	碱溶液浓度/(g/L)			
			NaOH	KOH	NH_4OH	$Ca(OH)_2$
8	碱性	0.000001	0.00004	0.0000561	0.00003501	0.00003704
9		0.00001	0.0004	0.000561	0.0003501	0.0003704
10		0.0001	0.004	0.00561	0.003501	0.003704
11		0.001	0.04	0.0561	0.03501	0.03704
12		0.01	0.4	0.561	0.3501	0.3704
13		0.1	4.0	5.610	3.501	3.704
14		1.0	40.0	56.10	35.01	37.04

(酸性增强↑)(碱性增强↓)

2.6　金属氢氧化物及氧化物沉淀的 pH 值

金属氢氧化物及氧化物沉淀的 pH 值[1]见表 2-9。

表 2-9　金属氢氧化物及氧化物等的沉淀的 pH 值

氢氧化物及氧化物	pH 值				
	开始沉淀		沉淀完全（残留离子浓度<10^{-5}mol/L）	沉淀开始溶解	沉淀溶解完全
	离子起始浓度				
	10mol/L	0.01mol/L			
$Sn(OH)_4$	0	0.5	1	13	15
$TiO(OH)_2$	0	0.5	2.0	—	—
$Sn(OH)_2$	0.9	2.1	4.7	10	13.5
$ZrO(OH)_2$	1.3	2.25	3.75	—	—
HgO	1.3	2.4	5.0	11.5	—
$Fe(OH)_3$	1.5	2.2	4.1	14	—
$Al(OH)_3$	3.3	4.0	5.2	7.8	10.8
$Cr(OH)_3$	4.0	4.9	6.8	12	15
$Be(OH)_2$	5.2	6.2	8.8	—	—
$Zn(OH)_2$	5.4	6.4	8.0	10.5	12~13
Ag_2O	6.2	8.2	11.2	12.7	—
$Fe(OH)_2$	6.5	7.5	9.7	13.5	—
$Co(OH)_2$	6.6	7.6	9.2	14.1	—
$Ni(OH)_2$	6.7	7.7	9.5	—	—
$Cd(OH)_2$	7.2	8.2	9.7	—	—
$Mn(OH)_2$	7.8	8.8	10.4	14	—
$Mg(OH)_2$	9.4	10.4	12.4	—	—
$Pb(OH)_2$		7.2	8.7	10	13

氢氧化物及氧化物	pH 值			
	开始沉淀	沉淀完全	沉淀开始溶解	沉淀溶解完全
	离子起始浓度	（残留离子浓度		
	10mol/L	0.01mol/L	$<10^{-5}$mol/L)		
Ce(OH)$_4$	0.8	1.2	—	—
Th(OH)$_4$	0.5	—	—	—
Tl(OH)$_3$	约0.6	约1.6	—	—
H$_2$WO$_4$	约0	约0	—	约9
H$_2$WoO$_4$	—	—	约8	约9
稀土氢氧化物	6.5~8.5	约9.5		
H$_2$UO$_4$	3.6	5.1		

2.7 难溶物质的溶度积

在难溶物质的饱和溶液中，溶解和结晶（沉淀析出）两个可逆过程达到相对平衡时，称为溶解平衡。在一定温度下，难溶物质的溶液，达到饱和状态时，溶液中各离子浓度的乘积是一个常数，这个常数称为该物质在该温度时的溶度积，也称为溶度积常数，用符号 L 表示。

例如：在 BaSO$_4$ 的饱和溶液中，达到溶解平衡时，其反应式如下：

$$BaSO_4 \rightleftharpoons Ba^{2+} + SO_4^{2-}$$

则溶度积 L 为：$L_{BaSO_4} = [Ba^{2+}][SO_4^{2-}]$

式中　L_{BaSO_4}——为 BaSO$_4$ 的容度积；

$[Ba^{2+}]$——溶液中 Ba^{2+} 浓度，g/L；

$[SO_4^{2-}]$——溶液中 SO$_4^{2-}$ 浓度，g/L。

如果溶解方程式中各离子的系数不等于1，则在溶度积的式中，应把该系数作为离子浓度的指数。

例如：

$$Mg(OH)_2 \rightleftharpoons Mg^{2+} + 2OH^-$$

$$Fe(OH)_3 \rightleftharpoons Fe^{3+} + 3OH^-$$

则溶度积 L 为：$L_{Mg(OH)_2} = [Mg^{2+}][OH^-]^2$

$$L_{Fe(OH)_3} = [Fe^{3+}][OH^-]^3$$

在一定温度下，溶度积数值的大小，表示在该温度下某难溶物质溶解度的大小，溶度积数值大的，则溶解度也大。

根据溶度积可以判断沉淀的生成和溶解的规则，称为溶度积规则。其规则是，在难溶电解质 MA 的溶液中：

$$MA \rightleftharpoons M^+ + A^-$$

① 当溶液中 $[M^+][A^-] > L_{MA}$ 时，溶液处于过饱和状态，将有固体沉淀析出。

② 当溶液中 $[M^+][A^-] = L_{MA}$ 时，溶液达饱和状态，沉淀既不生成也不溶解。

③ 当溶液中 $[M^+][A^-] < L_{MA}$ 时，溶液尚未饱和，无固体沉淀析出；若原来有沉淀存在，则沉淀将溶解。

难溶物质的溶度积见表 2-10。

在电镀生产中，经常利用沉淀平衡反应，除去镀液中的杂质离子。例如要去除镀铬溶液中过多的 SO$_4^{2-}$，可在镀铬溶液中加入 BaCO$_3$，使过多的 SO$_4^{2-}$ 和 Ba^{2+} 的浓度乘积大于 BaSO$_4$ 的溶度积（L_{BaSO_4}），生成固体 BaSO$_4$ 沉淀出来，从而去除过多的 SO$_4^{2-}$。

在弱电解质 MA 的饱和溶液中，加入一种与弱电解质含有相同离子（M$^+$ 或 A$^-$）的强电解质时，则 M$^+$ 与 A$^-$ 两离子的浓度乘积必大于 MA 的溶度积（L_{MA}），这时，MA 就会从溶液中沉淀出来。弱电解质的电离度由于加入具有相同离子的强电解质而降低的现象，称为同离子效应。这也在电镀溶液的化学分析中得到了广泛应用。

表 2-10　难溶物质的溶度积（25℃）

化学式	溶度积	化学式	溶度积	化学式	溶度积
氯化物		MgS	2.0×10^{-15}	$Ca_3(PO_4)_2$	1×10^{-25}
$AgCl$	1.78×10^{-10}	ZnS_α	1.6×10^{-24}	$CaHPO_4$	5×10^{-6}
Hg_2Cl_2	1.3×10^{-18}	ZnS_β	2.5×10^{-22}	氢氧化物	
$PbCl_2$	1.6×10^{-5}	Fe_2S_3	1×10^{-88}	$Al(OH)_3$	1×10^{-32}
溴化物		As_2S_3	4×10^{-29}	$AgOH$	1.6×10^{-8}
$AgBr$	5.3×10^{-13}	硫酸盐		$Bi(OH)_3$	3.2×10^{-40}
$HgBr$	5.8×10^{-23}	Ag_2SO_4	1.6×10^{-5}	$Ca(OH)_2$	5.5×10^{-6}
$PbBr_2$	9.1×10^{-6}	$BaSO_4$	1.1×10^{-10}	$Cd(OH)_2$	2.2×10^{-14}
$CuBr$	5.25×10^{-9}	$CaSO_4$	2.37×10^{-5}	$Co(OH)_2$	6.3×10^{-15}
碘化物		$SrSO_4$	3.2×10^{-7}	$Cr(OH)_3$	6.3×10^{-31}
AgI	8.3×10^{-17}	$PbSO_4$	1.6×10^{-8}	$Cu(OH)_2$	5.0×10^{-20}
Hg_2I_2	4.5×10^{-29}	碳酸盐		$Fe(OH)_2$	1×10^{-15}
PbI_2	1.1×10^{-9}	Ag_2CO_3	8.2×10^{-12}	$Fe(OH)_3$	3.2×10^{-38}
CuI	1.1×10^{-12}	$BaCO_3$	5.1×10^{-9}	$Mg(OH)_2$	6.0×10^{-10}
NiS_α	3.2×10^{-19}	$CaCO_3$	4.8×10^{-9}	$Mn(OH)_2$	4.5×10^{-13}
NiS_β	1×10^{-24}	$CdCO_3$	5.2×10^{-12}	$Ni(OH)_2$	2.0×10^{-15}
PbS	2.5×10^{-27}	$FeCO_3$	3.47×10^{-11}	$Zn(OH)_2$	7.1×10^{-18}
碘酸盐		$NiCO_3$	1.35×10^{-7}	$Pb(OH)_2$	1.1×10^{-20}
$AgIO_3$	3.0×10^{-8}	$CuCO_3$	2.36×10^{-10}	$Sb(OH)_3$	4×10^{-42}
$Ba(IO_3)_2$	1.50×10^{-9}	Hg_2CO_3	8.9×10^{-17}	$Sn(OH)_2$	6.3×10^{-27}
$Pb(IO_3)_2$	2.6×10^{-13}	$MgCO_3$	4.0×10^{-5}	$Tl(OH)_3$	6.3×10^{-46}
$La(IO_3)_3$	6.2×10^{-12}	$PbCO_3$	1.0×10^{-13}	氟化物	
$Cu(IO_3)_2$	7.4×10^{-8}	$ZnCO_3$	1.45×10^{-11}	BaF_2	1.1×10^{-6}
$Hg_2(IO_3)_2$	2.45×10^{-14}	$SrCO_3$	1.1×10^{-10}	CaF_2	4.0×10^{-11}
$Ca(IO_3)_2$	7.0×10^{-7}	草酸盐		PbF_2	2.7×10^{-8}
$Ce(IO_3)_3$	3.2×10^{-10}	$Ag_2C_2O_4$	1×10^{-11}	$PbClF$	2.8×10^{-9}
$Ce(IO_3)_4$	5×10^{-17}	BaC_2O_4	1.1×10^{-7}	SrF_2	2.5×10^{-9}
溴酸盐		CaC_2O_4	2.3×10^{-9}	MgF_2	1.1×10^{-20}
$AgBrO_3$	5.5×10^{-5}	CdC_2O_4	1.5×10^{-8}	硫氰化物	
$Ba(BrO_3)_2$	5.5×10^{-6}	MgC_2O_4	8.6×10^{-5}	$AgCNS$	1.1×10^{-12}
$Pb(BrO_3)_2$	3.2×10^{-4}	PbC_2O_4	8.3×10^{-12}	$CuCNS$	4.8×10^{-15}
$TlBrO_3$	3.89×10^{-4}	SrC_2O_4	5.6×10^{-8}	$Hg_2(CNS)_2$	3.0×10^{-20}
硫化物		ZnC_2O_4	1.5×10^{-9}	$TlCNS$	1.7×10^{-4}
Ag_2S	6.3×10^{-50}	$Ce_2(C_2O_4)_3$	2.5×10^{-29}	其他盐类	
Bi_2S_3	1×10^{-97}	CuC_2O_4	3×10^{-8}	Ag_3AsO_3	1×10^{-17}
CdS	7.9×10^{-27}	FeC_2O_4	2×10^{-7}	Ag_3AsO_4	1×10^{-22}
CoS_α	4.0×10^{-21}	$Hg_2C_2O_4$	1×10^{-13}	$AgBO_2$	4×10^{-1}
CoS_β	2.0×10^{-25}	铬酸盐		$AgC_2H_3O_2$	4×10^{-3}
CuS	6.3×10^{-36}	Ag_2CrO_4	1.1×10^{-12}	$AgCN$	2.3×10^{-16}
Cu_2S	2.5×10^{-48}	$BaCrO_4$	1.2×10^{-10}	$Ag_2Cr_2O_7$	1×10^{-1}
FeS	5×10^{-18}	$CaCrO_4$	7.1×10^{-4}	$Ag_3Fe(CN)_6$	1×10^{-22}
HgS(黑色)	1.6×10^{-52}	$PbCrO_4$	1.8×10^{-14}	$Ag_4Fe(CN)_6$	1.5×10^{-41}
HgS(红色)	4.0×10^{-53}	$SrCrO_4$	3.6×10^{-5}	$AgNO_2$	1.6×10^{-4}
Hg_2S	1×10^{-47}	Hg_2CrO_4	5.0×10^{-9}	$BaMnO_4$	2.5×10^{-10}
MnS	2.5×10^{-13}	磷酸盐		$KClO_4$	1.1×10^{-2}
Sb_2S_3	1.6×10^{-93}	Ag_3PO_4	1.3×10^{-20}	K_2PtCl_6	1.4×10^{-6}
SnS	1×10^{-25}	$MgNH_4PO_4$	2.5×10^{-13}	HgO	3.0×10^{-26}
Tl_2S	5.0×10^{-21}	$Pb_3(PO_4)_2$	7.9×10^{-43}	Hg_2O	1.6×10^{-23}

2.8 配离子的不稳定常数

配离子在水溶液中较难离解，不同的配离子有着不同的离解能力。配离子离解达到平衡时的平衡常数，称为配离子的不稳定常数，用符号"$K_{不稳}$"表示。其数值的大小可以用来表示配离子的离解能力。

【例】 配离子 $Zn(NH_3)_4^{2+}$ 的离解，其离解平衡方程式如下：

$$Zn(NH_3)_4^{2+} \rightleftharpoons Zn^{2+} + 4NH_3$$

$$K_{不稳} = \frac{[Zn^{2+}][NH_3]^4}{[Zn(NH_3)_4^{2+}]}$$

$K_{不稳}$ 的数值越大，表示这种配离子越不稳定，越易离解；$K_{不稳}$ 的数值越小，表示这种配离子越稳定，越不易离解。

某些配离子的不稳定常数列入表 2-11，供参考。

表 2-11　某些配离子的不稳定常数

配离子	不稳定常数($K_{不稳}$)	常用配位剂	配离子	不稳定常数($K_{不稳}$)	常用配位剂
$[Ag(NH_3)_2]^+$	9.31×10^{-8}	氨水	$[AuBr_2]^-$	4×10^{-13}	KBr
$[AgBr_2]^-$	7.8×10^{-8}	KBr	$[Au(CNS)_2]^-$	10^{-23}	KCNS
$[Ag(CNS)_2]^-$	2.7×10^{-8}	KCNS	$[Au(CNS)_4]^{3-}$	10^{-42}	KCNS
$[Ag(CNS)_4]^{3-}$	9.3×10^{-1}	KCNS	$[AuCl_2]^-$	5×10^{-22}	NaCl
$[AgI_4]^{3-}$	1.8×10^{-14}	KI	$[AuCl_4]^{3-}$	10^{-9}	HCl
$[Ag(SO_3)_2]^{3-}$	4.5×10^{-3}	Na_2SO_3	$[Au(CN)_4]^-$	5×10^{-39}	KCN
$[Ag(CSN_2H_4)_2]^+$	7.0×10^{-14}	CSN_2H_4	$[Cd(NH_3)_2]^+$	7.56×10^{-3}	氨水
$[Ag_3(S_2O_3)_2]^{3-}$	3.5×10^{-14}	$K_2S_2O_3$、$(NH_4)_2S_2O_3$	$[CdBr_4]^-$	2×10^{-4}	KBr
			$[CdOH]^+$	5×10^{-3}	NaOH
$[AgCl_4]^{3-}$	4.8×10^{-6}	HCl	$[CdI_4]^{2-}$	8×10^{-7}	KI
$[Ag(CN)_2]^{3-}$	2.1×10^{-21}	KCN	$[CdP_2O_7]^{2-}$	2.7×10^{-6}	$K_4P_2O_7 \cdot 3H_2O$
$[Ag(en)_4]^+$	1.45×10^{-8}	乙二胺	$[Cd(CNS)_4]^{2-}$	1.6×10^{-2}	KCNS
$[Cd(en)_2]^+$	8.5×10^{-13}	乙二胺	$[Cd(CN)_4]^{2-}$	1.4×10^{-19}	NaCN
$[Cd(ox)_2]^{2-}$	4.2×10^{-3}	$H_2C_2O_4$	$[CuNTA]^-$	2.1×10^{-13}	氨三乙酸
$[CdcitOH]^{2-}$	5×10^{-10}	柠檬酸	$[CuEDTA]^{2-}$	1.38×10^{-19}	EDTA-2Na
$[CdNTA]^-$	2.9×10^{-10}	氨三乙酸	$[CrF_3]$	5.1×10^{-11}	HF
$[CdEDTA]^{2-}$	3.3×10^{-7}	EDTA-2Na	$[Fe(OH)_2]^+$	2.04×10^{-22}	NaOH
$[Co(NH_3)_6]^{2+}$	7.75×10^{-3}	氨水	$[FeF]^{2+}$	5.2×10^{-6}	NaF
$[Co(NH_3)_6]^{3+}$	3.1×10^{-33}	氨水	$[FeF_3]$	8.7×10^{-13}	NaF
$[Co(en)_3]^{2+}$	8.15×10^{-13}	乙二胺	$[Fe(CN)_6]^{3-}$	10^{-42}	NaCN
$[Co(ox)_3]^{4-}$	1.1×10^{-3}	$H_2C_2O_4$	$[In(C_5H_8O_2)_3]$	10^{-8}	
$[CoNTA]^-$	2.46×10^{-11}	氨三乙酸	$[InEDTA]^-$	10^{-25}	EDTA-2Na
$[CoEDTA]^{2-}$	7.9×10^{-17}	EDTA-2Na	$[Ni(NH_3)_2]^{2+}$	9.3×10^{-6}	氨水
$[Cu(NH_3)_4]^{2+}$	2.1×10^{-18}	氨水	$[Ni(NH_3)_4]^{2+}$	1.12×10^{-8}	氨水
$[Cu(NH_3)_2]^+$	1.35×10^{-11}	氨水	$[Ni(NH_3)_6]^{2+}$	1.86×10^{-9}	氨水
$[Cu(OH)_4]^{2-}$	7.6×10^{-17}	NaOH	$[Ni(P_2O_7)_2]^{6-}$	6.5×10^{-8}	$K_4P_2O_7$
$[CuI_2]^-$	1.75×10^{-9}	KI	$[Ni(ox)_2]^{2-}$	2.3×10^{-8}	$H_2C_2O_4$
$[Cu(P_2O_7)_2]^{6-}$	1.0×10^{-9}	$K_4P_2O_7$	$[NiEDTA]^{2-}$	3.5×10^{-19}	EDTA-2Na
$[Cu(CNS)_2]^-$	7.8×10^{-13}	KCNS	$[PbBr_4]^{2-}$	3.0×10^{-21}	KBr
$[Cu(CNS)_3]^-$	6.5×10^{-6}	KCNS	$[PbI_4]^{2-}$	1.42×10^{-4}	KI
$[Cu(SO_3)_3]^{4-}$	3.1×10^{-9}	Na_2SO_3	$[Pb(S_2O_3)]^{3-}$	4.48×10^{-7}	$Na_2S_2O_3$
$[Cu(CSN_2H_4)_4]^{2+}$	4.1×10^{-16}	硫脲	$[Zn(NH_2)_2]^{2+}$	3.46×10^{-10}	氨水
$[Cu(S_2O_3)]^{3-}$	6.0×10^{-13}	$K_2S_2O_3$	$[Zn(OH)_2]$	4.3×10^{-15}	NaOH
$[Cu(CN)_2]^-$	1.0×10^{-24}	NaCN	$[Zn(OH)_4]^{2-}$	3.6×10^{-16}	NaOH
$[Cu(CN)_4]^{2-}$	5.0×10^{-32}	NaCN	$[Zn(P_2O_3)_4]^{8-}$	3.4×10^{-7}	$K_4P_2O_7$

续表

配离子	不稳定常数($K_{不稳}$)	常用配位剂	配离子	不稳定常数($K_{不稳}$)	常用配位剂
$[Cu(en)_2]^{2+}$	2.52×10^{-20}	乙二胺	$[Zn(CN)_4]^{2-}$	1.3×10^{-17}	NaCN
$[Cu(ox)_2]^{2-}$	9.1×10^{-9}	$H_2C_2O_4$	$[Zn(en)_3]^{2+}$	8.12×10^{-13}	乙二胺
$[Cusal]$	2.2×10^{-11}	水杨酸	$[Zn(ox)_2]^{2-}$	2.5×10^{-8}	$H_2C_2O_4$
$[Cu(OH)_2tart]^{2-}$	7.3×10^{-20}	酒石酸钾钠	$[ZnOHtart]^{2-}$	2.4×10^{-8}	酒石酸钾钠
$[CuOHcit]^{2-}$	4.5×10^{-17}	柠檬酸	$[ZnNTA]^{-}$	3.55×10^{-11}	氨三乙酸
$[Cu(OH)_2cit]^{8-}$	1.7×10^{-19}	柠檬酸	$[ZnEDTA]^{2-}$	2.63×10^{-17}	EDTA-2Na

2.9 各种金属离子可供选择的配位剂

各种金属离子可供选择的配位剂见表 2-12。

表 2-12 各种金属离子可供选择的配位剂

金属离子	可供选择的配位剂
银 Ag	NH_3、Cl^-、Br^-、I^-、CN^-、CNS^-、SO_3^{2-}、$S_2O_3^{2-}$、乙二胺、多烯多胺、甘氨酸、硫脲、氨基硫脲、丙氨酸、巯基乙酸、磺基水杨酸
铝 Al	F^-、Ac^-、OH^-、草酸盐、酒石酸盐、柠檬酸盐、葡萄糖酸盐、乳酸盐、水杨酸盐、磺基水杨酸盐、甘油、三乙醇胺、EDTA、半胱氨酸、钛铁试剂
金 Au	CN^-、Br^-、I^-、$S_2O_3^{2-}$、SO_3^{2-}、硫脲
硼 B	F^-、羟基酸、乙二醇(或多元醇)
铋 Bi	Cl^-、I^-、NTA、EDTA、酒石酸、柠檬酸、二羟乙基甘氨酸、硫脲、三乙醇胺、三聚磷酸钠、二巯基丁二酸钠、钛铁试剂、磺基水杨酸盐
镉 Cd	I^-、CN^-、CNS^-、$S_2O_3^{2-}$、NTA、EDTA、酒石酸、柠檬酸、二羟乙基甘氨酸、磺基水杨酸盐、半胱氨酸、氨基乙硫醇、邻菲罗啉
钴 Co	F^-、CN^-、CNS^-、$S_2O_3^{2-}$、NH_3、乙二胺、三乙烯四胺、多烯多胺、NTA、EDTA、二羟乙基甘氨酸、丙二酸、酒石酸、柠檬酸、三聚磷酸钠、六偏磷酸钠、钛铁试剂
铬 Cr	焦磷酸、三聚磷酸盐、Ac^-、F^-、NTA、EDTA、三乙醇胺、甘油(或多元醇)、酒石酸、柠檬酸、磺基水杨酸盐、钛铁试剂
铜 Cu	NH_3、I^-、CN^-、CNS^-、$S_2O_3^{2-}$、乙二胺、三乙烯四胺、多烯多胺、NTA、EDTA、焦磷酸盐、硫脲、氨基硫脲、三乙醇胺、二羟乙基甘氨酸、磺基水杨酸盐、半胱氨酸、邻菲罗啉
铁 Fe	F^-、PO_4^{3-}、$P_2O_7^{4-}$、CNS^-、CN^-、$S_2O_3^{2-}$、草酸盐、六偏磷酸盐、多聚磷酸钠、NTA、EDTA、二羟乙基甘氨酸、酒石酸、葡萄糖酸、磺基水杨酸盐、钛铁试剂、甘油、三乙醇胺、丙二醇、多元醇、半胱氨酸、硫代乙醇酸、邻菲罗啉
铟 In	草酸、甘油或多元醇、酒石酸、柠檬酸、磺基水杨酸盐、巯基乙酸
铱 Ir	CNS^-、硫脲、酒石酸、柠檬酸
锰 Mn	F^-、CN^-、$P_2O_7^{4-}$、草酸、NTA、EDTA、二羟乙基甘氨酸、酒石酸、柠檬酸、磺基水杨酸盐、三聚磷酸钠、多聚磷酸钠、钛铁试剂
钼 Mo	CNS^-、F^-、草酸、酒石酸、柠檬酸、NTA、EDTA、钛铁试剂、三聚磷酸钠、H_2O_2
铅 Pb	I^-、Ac^-、$S_2O_3^{2-}$、SO_4^{2-}、PO_4^{3-}、酒石酸、柠檬酸、NTA、EDTA、巯基乙酸、三聚磷酸钠、六偏磷酸钠、二羟乙基甘氨酸
镍 Ni	F^-、NH_3、CNS^-、CN^-、NTA、EDTA、乙二胺、三乙烯四胺、多烯多胺、氨基乙硫醇、半胱氨酸、酒石酸、磺基水杨酸盐、柠檬酸、丙二酸、草酸、三聚磷酸钠、对氨基苯磺酸
钯 Pd	NO_2^-、CN^-、I^-、CNS^-、$S_2O_3^{2-}$、NH_3、NTA、EDTA、二羟乙基甘氨酸、酒石酸、柠檬酸、三乙醇胺
铂 Pt	I^-、CN^-、CNS^-、NO_2^-、$S_2O_3^{2-}$、NH_3、NTA、EDTA、二羟乙基甘氨酸、酒石酸、柠檬酸
铑 Rh	Cl^-、硫脲、柠檬酸、酒石酸
钌 Ru	硫脲、NH_3、Cl^-
锑 Sb	I^-、F^-、乳酸、草酸、酒石酸、柠檬酸、S^{2-}、$S_2O_3^{2-}$、EDTA
硒 Se	I^-、F^-、S^{2-}、SO_3^{2-}、$S_2O_3^{2-}$、酒石酸、柠檬酸
锡 Sn	F^-、OH^-、I^-、PO_4^{3-}、六偏磷酸钠、乳酸、草酸、三乙醇胺、柠檬酸、酒石酸、甘油或多元醇
钛 Ti	F^-、OH^-、SO_4^{2-}、PO_4^{3-}、H_2O_2、NTA、EDTA、草酸、乳酸、苹果酸、苦杏仁酸、丹宁酸、磺基水杨酸盐、葡萄糖酸钠、三聚磷酸钠、二羟乙基甘氨酸、钛铁试剂、三乙醇胺

金属离子	可供选择的配位剂
钨 W	F^-、CNS^-、PO_4^{3-}、H_2O_2、酒石酸、柠檬酸、钛铁试剂、三聚磷酸钠、六偏磷酸钠
锌 Zn	F^-、CN^-、CNS^-、OH^-、NH_3、NTA、EDTA、乙二胺、二羟乙基甘氨酸、酒石酸、柠檬酸、乙二醇、甘油、三乙烯四胺、多烯多胺、半胱氨酸、邻菲罗啉、磺基水杨酸盐、三聚磷酸钠、硫代乙醇胺

注：表中列出的配位剂，能够同各种金属离子形成较稳定的配合物。但必须指出，表中列出的仅是"能与该金属离子较好配合的配位剂"，并不一定都适用于电镀，因为作为电镀用的配位剂还必须满足以下几个条件：①它所形成的配合物要能溶于水，即要以离子形式存在于溶液中；②配位剂本身不干扰阳极、阴极的氧化还原反应；③所形成的配离子要有一定的稳定性与极化值等。故表中所提供的资料仅供参考，是否适用以实践来确定。

2.10 电解质溶液

(1) 电解质及其电离度

① 电解质。在水溶液中或熔融状态下能导电的物质称为电解质，酸、碱、盐都属于这一类。在水溶液中或熔融状态下不能导电的物质称为非电解质，如乙醇、蔗糖等。

在水溶液中能够完全电离的电解质称为强电解质；仅仅部分电离的电解质称为弱电解质。强酸、强碱和大多数盐类都属于强电解质，如硫酸、盐酸、硝酸、氢氧化钠、氯化钠等。弱酸、弱碱和极少数共价键盐是弱电解质，如乙酸、氢氧化铵、氯化汞等。

② 电离度。弱电解质在溶液中达到电离平衡时（即它的分子电离成离子的速率与离子重新结合成分子的速率相等时），已电离的电解质分子数（或浓度）与弱电解质分子总数（或起始浓度）的比值，称为电离度。电离度常用百分数表示，符号为 α。

$$\alpha = \frac{\text{已电离的电解质分子数}}{\text{未电离时电解质分子总数}} \times 100\%$$

或用浓度表示：

$$\alpha = \frac{c_{\text{电离}}}{c_{\text{起始}}} \times 100\%$$

【例】 25℃时，在 0.1mol/L 的乙酸溶液中，有 1.33×10^{-3} mol/L 的乙酸电离成离子，则其电离度：

$$\alpha = \frac{1.33 \times 10^{-3} \text{mol/L}}{0.1 \text{mol/L}} \times 100\% = 1.33\%$$

对于相同浓度的不同弱电解质，α 越大，说明该弱电解质越易电离。

(2) 弱电解质的电离常数

弱电解质溶于水中达到电离平衡时，溶液中已电离的各种离子的乘积（以电离方程式中各离子前系数为指数）与未电离的分子的浓度的比值，称为弱电解质的电离常数。电离常数用符号 K_i 表示，弱酸的电离常数常用 K_a 表示，弱碱的电离常数常用 K_b 表示。

【例 1】 乙酸溶液达到电离平衡时，反应式如下：

$$CH_3COOH \Longrightarrow CH_3COO^- + H^+$$

其电离常数 K_a 为：

$$K_a = \frac{[CH_3COO^-][H^+]}{[CH_3COOH]}$$

式中，$[CH_3COO^-]$、$[H^+]$ 分别表示 CH_3COO^- 和 H^+ 的浓度；$[CH_3COOH]$ 表示乙酸分子的浓度。

【例 2】 氨水达到电离平衡时，反应式如下：

$$NH_3 \cdot H_2O \Longrightarrow NH_4^+ + OH^-$$

其电离常数 K_b 为：

$$K_b = \frac{[NH_4^+][OH^-]}{[NH_3 \cdot H_2O]}$$

式中，$[NH_4^+]$、$[OH^-]$ 分别表示 NH_4^+ 和 OH^- 的浓度，$[NH_3 \cdot H_2O]$ 表示氨水分子的浓度。

不同的弱电解质，其电离常数也不同，一些电镀中常用弱电解质在水中的电离常数[1]见表 2-13。

表 2-13　一些电镀中常用弱电解质在水中的电离常数

电解质	电离平衡	温度/℃	电离常数(K_a 或 K_b)
乙酸(醋酸)	$HAc \rightleftharpoons H^+ + Ac^-$	25	1.76×10^{-5}
硼酸	$H_3BO_3 \rightleftharpoons H^+ + H_2BO_3^-$	25	5.8×10^{-10}
碳酸	$H_2CO_3 \rightleftharpoons H^+ + HCO_3^-$ $HCO_3^- \rightleftharpoons H^+ + CO_3^{2-}$	25	$K_{a1}:4.30 \times 10^{-7}$ $K_{a2}:5.61 \times 10^{-11}$
铬酸	$HCrO_4^- \rightleftharpoons H^+ + CrO_4^{2-}$	25	3.2×10^{-7}
氢氟酸	$HF \rightleftharpoons H^+ + F^-$	25	3.53×10^{-4}
次氯酸	$HClO \rightleftharpoons H^+ + ClO^-$	18	3.0×10^{-8}
氢氰酸	$HCN \rightleftharpoons H^+ + CN^-$	25	4.93×10^{-10}
磷酸	$H_3PO_4 \rightleftharpoons H^+ + H_2PO_4^-$ $H_2PO_4^- \rightleftharpoons H^+ + HPO_4^{2-}$ $HPO_4^{2-} \rightleftharpoons H^+ + PO_4^{3-}$	25	$K_{a1}:7.52 \times 10^{-3}$ $K_{a2}:6.23 \times 10^{-8}$ $K_{a3}:4.40 \times 10^{-13}$
氢硫酸	$H_2S \rightleftharpoons H^+ + HS^-$ $HS^- \rightleftharpoons H^+ + S^{2-}$	18	$K_{a1}:1.3 \times 10^{-7}$ $K_{a2}:7.1 \times 10^{-15}$
氨水	$NH_3 \cdot H_2O \rightleftharpoons NH_4^+ + OH^-$	25	$K_b:1.77 \times 10^{-5}$

2.11　溶液浓度的表示方法

一种物质溶解（分散）到另一种液体中，形成的澄清、透明、稳定的均匀液体混合物，称为溶液。被溶解（分散）的物质称为溶质，起溶解（分散）作用的液体称为溶剂。一般溶剂是水，以水作为溶剂的溶液称为水溶液。电镀、化学表面处理及前、后处理等的溶液，就是固体溶质和液体溶质溶解在水中而形成的，例如，镀铬溶液是铬酐（固体）、硫酸（液体）等溶质与水（溶剂）形成的溶液。

一定量的溶液或溶剂中，所含溶质的量称为溶液的浓度。在电镀、化学表面处理等的溶液中常用的溶液浓度表示方法有：体积比浓度、质量浓度、质量分数、体积分数、物质的量浓度（摩尔浓度）以及溶液密度等。

(1) 体积比浓度

体积比浓度是指溶质（或浓溶液）体积与溶剂体积的比值。

【例 1】　1∶5 的硫酸溶液是由 1 体积浓硫酸与 5 体积水配制而成的溶液；1∶2 的盐酸溶液是由 1 体积浓盐酸与 2 体积水配制而成的溶液。但在表示体积比浓度时，一定将溶质体积写在前面，溶剂体积写在后面。

【例 2】　1 份硝酸与 2 份硫酸配制而成的混酸，可写成：

硝酸∶硫酸＝1∶2（体积比）。

体积比浓度表示方法和配制比较简单，对浓度精度要求不高的情况下，可采用这种浓度表示。

(2) 质量浓度

溶质的质量与溶液的体积之比称为质量浓度，其常用单位为 g/L，即以 1L 溶液中所含溶质的克数来表示的浓度。这种浓度是电镀工艺中最常用的浓度表示方法。

【例】 200g/L 的硫酸镍溶液，是指在 1L 溶液中含有硫酸镍 200g。

这种浓度表示方法在配制溶液时很方便，若已知槽液的总体积（以 L 表示），则以槽液浓度乘以体积，即得出配槽时所需物料的质量。

(3) 质量分数

溶质的质量占全部溶液质量的百分数称为质量分数，以％表示，即：

$$质量分数(\%)=\frac{溶质质量}{溶液质量}\times100\%$$

$$或\quad质量分数(\%)=\frac{溶质质量}{溶质质量+溶剂质量}\times100\%$$

【例1】 20％（质量分数）的硫酸溶液，是指 100g 的水溶液中含有 20g 硫酸。

【例2】 将 25g 固体苛性钠（NaOH）溶于 100g 水中，所得溶液的质量分数浓度为：

$$\omega(NaOH)=\frac{25}{25+100}\times100\%=20\%$$

即所得溶液中苛性钠（NaOH）的质量分数为 20％。

表 2-14、表 2-15 所列是配制质量分数浓度时所需溶质的量。

表 2-14 配制质量分数浓度时所需溶质的量（1）

质量分数/%	0	1	2	3	4	5	6	7	8	9
0	0.00	1.01	2.04	3.09	4.17	5.26	6.43	7.53	8.70	9.89
10	11.11	12.36	13.63	14.94	16.28	17.65	19.05	20.48	21.95	23.46
20	25.00	26.58	28.21	29.87	31.58	33.33	35.14	36.99	38.89	40.84
30	42.85	44.94	47.05	49.25	51.52	53.85	56.25	58.74	61.29	63.94
40	66.67	69.49	72.41	75.44	78.57	81.81	85.19	88.67	92.30	96.07
50	100.00	104.08	108.33	112.77	117.39	122.22	127.27	132.56	138.10	143.90
60	150.00	156.41	163.16	170.27	177.78	185.71	194.12	203.03	212.50	222.58
70	233.33	244.83	257.14	270.37	284.62	300.00	316.67	334.78	354.55	376.19
80	400.00	426.32	455.56	488.24	525.00	566.67	614.29	669.23	733.33	809.09
90	900	1011	1150	1329	1566	1900	2400	3234	4900	9900

注：如欲配制 25％（质量分数）的 NaOH 水溶液，每 100 份重量的水应取 33.3 份重量的 NaOH。

表 2-15 配制质量分数浓度时所需溶质的量（2）

质量分数/%	0.0	0.1	0.2	0.3	0.4	0.5	0.6	0.7	0.8	0.9
0	0.000	0.1001	0.2004	0.3009	0.4016	0.5026	0.604	0.705	0.8065	0.908
1	1.010	1.112	1.215	1.317	1.420	1.523	1.626	1.730	1.833	1.937
2	2.041	2.145	2.250	2.354	2.459	2.564	2.669	2.775	2.881	2.987
3	3.097	3.200	3.305	3.413	3.520	3.712	3.735	3.824	3.950	4.059
4	4.167	4.276	4.384	4.494	4.603	4.712	4.823	4.932	5.042	5.156
5	5.264	5.374	5.485	5.598	5.709	5.821	5.932	6.046	6.156	6.270
6	6.428	6.495	6.610	6.724	6.838	6.952	7.071	7.181	7.296	7.411
7	7.527	7.644	7.759	7.882	7.991	8.110	8.221	8.343	8.461	8.576
8	8.696	8.815	8.939	9.051	9.171	9.290	9.410	9.528	9.649	9.770
9	9.890	10.01	10.13	10.25	10.38	10.50	10.62	10.74	10.88	10.98

注：如欲配制 5.5％（质量分数）的 Na_2CO_3 水溶液，每 100 份重量的水应取 5.821 份重量的 Na_2CO_3。

(4) 体积分数

溶质的体积占全部溶液体积的百分数称为体积分数，以％表示，即：

$$体积分数(\%)=\frac{溶质体积}{溶液体积}\times100\%$$

【例】 40％（体积分数）的硝酸溶液，是指 100mL 的水溶液中含有 40mL 的硝酸。

（5）物质的量浓度（摩尔浓度）

1L 溶液中所含溶质的物质的量（摩尔数）称为物质的量浓度，简称摩尔浓度，常用符号 c 表示，其单位为 mol/L，即：

$$c = \frac{n}{V}$$

式中　c——物质的量浓度，mol/L；

$\quad\quad n$——物质的量，mol；

$\quad\quad V$——溶液的体积，L。

【例】　在 200mL 稀盐酸中含有 0.73g 的 HCl，则该溶液中 HCl 的物质的量浓度，按下式计算：

$$c(\text{HCl}) = \frac{n_{\text{HCl}}}{V_{\text{溶液体积}}}$$

$$V(\text{溶液}) = 200\text{mL} = 0.2\text{L}$$

$$n(\text{HCl}) = m/M = 0.73\text{g}/36.5(\text{g/mol}) = 0.02\text{mol}$$

则 $c = 0.02\text{mol}/0.2\text{L} = 0.1\text{mol/L}$

（6）溶液密度

溶液密度也是溶液浓度的一种表示方法。使用比重计可以直接测量溶液的比重。溶液密度以 g/cm^3 表示。

2.12　溶液浓度的换算

（1）溶液浓度换算公式

溶液浓度换算公式见表 2-16。

表 2-16　溶液浓度换算公式

质量浓度 $G/(\text{g/L})$	质量分数 $A/\%$	体积分数 $Q/\%$	物质的量浓度（摩尔浓度）$c/(\text{mol/L})$
G	$G = 10Ad$	$G = 10Qd_1$	$G = cM$
$A = \dfrac{G}{10d}$	A	$A = \dfrac{Qd_1}{d}$	$A = \dfrac{Mc}{1000d}$
$Q = \dfrac{G}{10d_1}$	$Q = \dfrac{Ad}{d_1}$	Q	$Q = \dfrac{cM}{10d_1}$
$c = \dfrac{G}{M}$	$c = \dfrac{1000dA}{M}$	$c = \dfrac{10Qd_1}{M}$	c

注：d——溶液的密度，d_1——溶质的密度，M——溶质的摩尔质量。

（2）液体波美度与相对密度的换算

液体波美度与相对密度的换算公式见表 2-17。

重于水的液体的波美度（合理标度）与相对密度的换算见表 2-18。

表 2-17　液体波美度与相对密度的换算公式

标度名称	温度/℃	密度与波美度换算公式	
		重于水的液体	轻于水的液体
波美度 （合理标度）	15	相对密度 $= \dfrac{144.3}{144.3 - 波美度}$ 波美度 $= \dfrac{(144.3 \times 密度) - 144.3}{相对密度}$	相对密度 $= \dfrac{144.3}{144.3 + 波美度}$ 波美度 $= \dfrac{144.3 - (144.3 \times 相对密度)}{相对密度}$

续表

标度名称	温度/℃	密度与波美度换算公式	
		重于水的液体	轻于水的液体
波美度 (美国)	15.56	相对密度$=\dfrac{145}{145-\text{波美度}}$ 波美度$=\dfrac{(145\times\text{相对密度})-145}{\text{相对密度}}$	相对密度$=\dfrac{140}{130+\text{波美度}}$ 波美度$=\dfrac{140-(130\times\text{相对密度})}{\text{相对密度}}$

表 2-18 重于水的液体的波美度（合理标度）与相对密度的换算[4]

波美度	相对密度	波美度	相对密度	波美度	相对密度
0	1.000	24	1.200	48	1.498
1	1.007	25	1.210	49	1.515
2	1.014	26	1.220	50	1.530
3	1.022	27	1.231	51	1.546
4	1.029	28	1.241	52	1.563
5	1.039	29	1.251	53	1.580
6	1.045	30	1.263	54	1.597
7	1.052	31	1.274	55	1.615
8	1.060	32	1.285	56	1.635
9	1.067	33	1.297	57	1.650
10	1.075	34	1.308	58	1.671
11	1.083	35	1.320	59	1.690
12	1.093	36	1.332	60	1.710
13	1.100	37	1.345	61	1.731
14	1.108	38	1.357	62	1.753
15	1.116	39	1.370	63	1.775
16	1.125	40	1.383	64	1.795
17	1.134	41	1.397	65	1.820
18	1.142	42	1.410	66	1.842
19	1.152	43	1.424	67	1.865
20	1.162	44	1.438	68	1.891
21	1.171	45	1.453	69	1.916
22	1.180	46	1.468	—	—
23	1.190	47	1.483	—	—

注：液体密度是在 15℃测定的。

（3）主要酸、碱溶液等的浓度换算关系

主要的酸、碱溶液的质量分数、密度、质量浓度的关系见表 2-19～表 2-28。

表 2-19 几种常用酸和氨水等的浓度和密度

名称	质量分数/%	密度/(g/cm³)	质量浓度/(g/L)
硫酸	98	1.8365	1836
盐酸	38	1.189	451.6
硝酸	72	1.422	1024
磷酸	85	1.778	1512
乙酸	98	1.0549	1033.7
氨水	30	0.89	267
双氧水	30	—	—

表 2-20　盐酸溶液（15℃）的质量分数、密度、质量浓度的关系

质量分数/%	密度/(g/cm³)	质量浓度/(g/L)	质量分数/%	密度/(g/cm³)	质量浓度/(g/L)	质量分数/%	密度/(g/cm³)	质量浓度/(g/L)
1	1.003	10.03	14	1.068	149.5	28	1.139	319.0
2	1.008	20.16	16	1.078	172.4	30	1.149	344.8
4	1.018	40.72	18	1.088	195.8	32	1.159	371.0
6	1.028	61.67	20	1.098	219.6	34	1.169	397.5
8	1.038	83.01	22	1.108	243.8	36	1.179	424.4
10	1.047	104.7	24	1.119	268.5	38	1.189	451.6
12	1.057	126.9	26	1.129	293.5	40	1.198	479.2

表 2-21　硫酸溶液（15℃）的质量分数、密度、质量浓度的关系

质量分数/%	密度/(g/cm³)	质量浓度/(g/L)	质量分数/%	密度/(g/cm³)	质量浓度/(g/L)	质量分数/%	密度/(g/cm³)	质量浓度/(g/L)
1	1.005	10.05	34	1.252	425.5	67	1.576	1056
2	1.012	20.25	35	1.260	441.0	68	1.587	1079
3	1.018	30.55	36	1.268	456.6	69	1.599	1103
4	1.025	41.00	37	1.277	472.5	70	1.611	1127
5	1.032	51.59	38	1.286	488.5	71	1.622	1152
6	1.038	62.31	39	1.294	504.7	72	1.634	1176
7	1.045	73.17	40	1.303	521.1	73	1.646	1201
8	1.052	84.18	41	1.312	537.8	74	1.657	1226
9	1.059	95.32	42	1.321	554.6	75	1.669	1252
10	1.066	106.6	43	1.329	571.6	76	1.681	1278
11	1.073	118.0	44	1.338	588.9	77	1.693	1303
12	1.080	129.6	45	1.348	606.4	78	1.704	1329
13	1.087	141.4	46	1.357	624.2	79	1.716	1355
14	1.095	153.3	47	1.366	642.2	80	1.727	1382
15	1.102	165.3	48	1.376	660.4	81	1.738	1408
16	1.109	177.5	49	1.385	678.8	82	1.749	1434
17	1.117	189.9	50	1.395	697.6	83	1.759	1460
18	1.124	202.4	51	1.405	716.5	84	1.769	1486
19	1.132	215.0	52	1.415	735.7	85	1.779	1512
20	1.139	227.9	53	1.425	755.1	86	1.787	1537
21	1.147	240.9	54	1.435	774.9	87	1.795	1562
22	1.155	254.1	55	1.445	794.9	88	1.802	1586
23	1.163	267.4	56	1.456	815.2	89	1.809	1610
24	1.170	280.9	57	1.466	835.7	90	1.814	1633
25	1.178	294.6	58	1.477	856.5	91	1.819	1656
26	1.186	308.4	59	1.488	877.6	92	1.824	1678
27	1.194	322.4	60	1.498	899.0	93	1.828	1700
28	1.202	336.6	61	1.509	920.6	94	1.8312	1721
29	1.210	351.0	62	1.520	942.4	95	1.8337	1742
30	1.219	365.6	63	1.531	964.5	96	1.8355	1762
31	1.117	380.3	64	1.542	986.9	97	1.8364	1781
32	1.235	395.2	65	1.553	1010	98	1.8365	1799
33	1.243	410.3	66	1.565	1033	—	—	—

表 2-22 硝酸溶液（15℃）的质量分数、密度、质量浓度的关系

质量分数 /%	密度 /(g/cm³)	质量浓度 /(g/L)	质量分数 /%	密度 /(g/cm³)	质量浓度 /(g/L)	质量分数 /%	密度 /(g/cm³)	质量浓度 /(g/L)
1	1.004	10.04	33	1.200	396.1	65	1.391	904.3
2	1.009	20.18	34	1.207	410.4	66	1.396	921.3
3	1.015	30.44	35	1.214	424.9	67	1.400	938.3
4	1.020	40.80	36	1.221	439.4	68	1.405	955.3
5	1.026	51.28	37	1.227	454.0	69	1.409	972.3
6	1.031	61.87	38	1.234	468.7	70	1.413	989.4
7	1.037	72.58	39	1.240	483.6	71	1.418	1006
8	1.043	83.42	40	1.246	498.5	72	1.422	1024
9	1.049	94.37	41	1.253	513.6	73	1.426	1041
10	1.054	105.4	42	1.259	528.8	74	1.430	1058
11	1.060	116.6	43	1.266	544.2	75	1.434	1075
12	1.066	127.9	44	1.272	559.6	76	1.438	1093
13	1.072	139.4	45	1.278	575.2	77	1.441	1110
14	1.078	150.9	46	1.285	591.0	78	1.445	1127
15	1.084	162.6	47	1.291	606.8	79	1.449	1144
16	1.090	174.4	48	1.298	622.8	80	1.452	1162
17	1.096	186.4	49	1.304	639.0	81	1.456	1179
18	1.103	198.5	50	1.310	655.0	82	1.459	1196
19	1.109	210.7	51	1.316	671.2	83	1.462	1214
20	1.115	223.0	52	1.322	687.4	84	1.466	1231
21	1.121	235.5	53	1.328	703.7	85	1.469	1248
22	1.128	248.1	54	1.334	720.1	86	1.472	1266
23	1.134	260.8	55	1.339	736.6	87	1.475	1283
24	1.120	273.7	56	1.345	753.1	88	1.477	1300
25	1.147	286.7	57	1.351	769.8	89	1.480	1317
26	1.153	299.9	58	1.356	786.5	90	1.483	1334
27	1.160	313.2	59	1.361	803.2	91	1.485	1351
28	1.167	326.6	60	1.367	820.0	92	1.487	1368
29	1.173	340.3	61	1.372	836.9	93	1.489	1385
30	1.180	354.0	62	1.377	853.7	94	1.491	1402
31	1.187	367.9	63	1.382	870.5	95	1.493	1419
32	1.193	381.9	64	1.387	887.4	96	1.495	1434

表 2-23 磷酸、乙酸溶液（15℃）的质量分数、密度、质量浓度的关系

质量分数/%	H₃PO₄ 密度/(g/cm³)	质量浓度/(g/L)	CH₃COOH 密度/(g/cm³)	质量浓度/(g/L)	质量分数/%	H₃PO₄ 密度/(g/cm³)	质量浓度/(g/L)	CH₃COOH 密度/(g/cm³)	质量浓度/(g/L)
1	1.0038	10.04	0.9996	10.00	52	1.357	706	1.0590	550.7
2	1.009	20.2	1.0012	20.02	54	1.374	741	1.0604	572.4
4	1.020	40.8	1.004	40.24	56	1.392	781	1.0618	594.7
6	1.031	61.9	1.0069	60.41	58	1.410	818	1.0631	616.6
8	1.042	83.4	1.0097	80.78	60	1.426	855.6	1.0642	638.5
10	1.053	105.3	1.0125	101.25	62	1.447	898	1.0653	660.3
12	1.065	127.8	1.0154	121.9	64	1.467	939	1.0662	682.4
14	1.075	150.7	1.0182	142.6	66	1.488	982	1.0671	704.2
16	1.086	174.1	1.0209	163.3	68	1.508	1026	1.0678	726.2
18	1.101	198.1	1.0236	184.3	70	1.526	1068	1.0685	747.9
20	1.113	222.7	1.0263	205.3	72	1.550	1113	1.0690	769.7
22	1.126	247.8	1.0288	226.3	74	1.571	1162	1.0654	777.4
24	1.140	273.5	1.0313	247.5	76	1.592	1209	1.0698	813.1
26	1.153	299.8	1.0338	268.8	78	1.618	1257	1.0700	834.9
28	1.167	326.6	1.0261	290.1	80	1.637	1306	1.0700	856.0
30	1.181	354.2	1.0384	311.5	82	1.659	1361	1.0698	877.2
32	1.196	382.0	1.0406	333.0	84	1.681	1414	1.0693	897.4
34	1.211	411.0	1.0428	354.6	86	1.705	1467	1.0685	918.9
36	1.225	441.0	1.0449	375.2	88	1.726	1518	1.0675	939.4
38	1.241	471	1.0469	397.9	90	1.746	1571	1.0661	959.4
40	1.257	502	1.0488	419.6	92	1.770	1628	1.0643	979.2
42	1.273	532	1.0507	441.4	94	1.974	1686	1.0619	998.2
44	1.288	568	1.0525	463.3	96	1.819	1749	1.0588	1016.5
46	1.306	602	1.0542	484.9	98	1.844	1807	1.0549	1033.7
48	1.319	631	1.0559	509.6	100	1.870	1870	1.0498	1049.5
50	1.335	667.5	1.0575	528.8	—	—	—	—	—

表 2-24 硅氟酸溶液（17.5℃）的质量分数、密度、质量浓度的关系

质量分数/%	密度/(g/cm³)	质量浓度/(g/L)	质量分数/%	密度/(g/cm³)	质量浓度/(g/L)	质量分数/%	密度/(g/cm³)	质量浓度/(g/L)
1	1.008	10.80	13	1.110	144.30	25	1.223	305.87
2	1.016	20.32	14	1.119	156.66	26	1.233	320.71
3	1.024	30.72	15	1.128	169.21	27	1.243	335.77
4	1.032	41.30	16	1.137	181.97	28	1.254	351.03
5	1.041	52.03	17	1.146	194.92	29	1.264	366.53
6	1.049	62.95	18	1.156	208.06	30	1.272	382.26
7	1.057	74.03	19	1.165	221.41	31	1.284	398.22
8	1.066	85.29	20	1.175	234.96	32	1.295	414.43
9	1.075	96.72	21	1.184	248.72	33	1.305	430.85
10	1.083	108.24	22	1.194	262.70	34	1.316	447.51
11	1.092	120.14	23	1.204	276.81	—	—	—
12	1.101	132.13	24	1.213	291.26	—	—	—

表 2-25　氢氟酸溶液（20℃）的质量分数、密度的关系

质量分数/%	密度/(g/cm³)	质量分数/%	密度/(g/cm³)	质量分数/%	密度/(g/cm³)	质量分数/%	密度/(g/cm³)
1	1.003	14	1.052	27	1.095	40	1.130
2	1.007	15	1.055	28	1.098	41	1.133
3	1.011	16	1.059	29	1.101	42	1.136
4	1.014	17	1.062	30	1.104	43	1.138
5	1.018	18	1.066	31	1.106	44	1.141
6	1.023	19	1.069	32	1.109	45	1.143
7	1.027	20	1.072	33	1.112	46	1.146
8	1.030	21	1.076	34	1.114	47	1.149
9	1.035	22	1.079	35	1.117	48	1.152
10	1.038	23	1.082	36	1.120	49	1.154
11	1.041	24	1.086	37	1.122	50	1.157
12	1.045	25	1.089	38	1.125	—	—
13	1.046	26	1.092	39	1.127	—	—

表 2-26　苛性碱和氨溶液的质量分数、密度、质量浓度的关系

质量分数/%	NaOH(20℃)		KOH(15℃)		NH₄OH(20℃)	
	密度/(g/cm³)	质量浓度/(g/L)	密度/(g/cm³)	质量浓度/(g/L)	密度/(g/cm³)	质量浓度/(g/L)
2	1.021	20.41	1.018	20.4	0.990	19.79
4	1.043	41.71	1.039	41.4	0.981	39.24
6	1.056	63.89	1.054	63.3	0.973	58.88
8	1.087	86.95	1.073	85.8	0.965	77.21
10	1.109	110.9	1.092	109.2	0.958	95.75
12	1.131	135.7	1.111	133.3	0.950	114.0
14	1.153	161.4	1.130	158.2	0.943	132.0
16	1.175	188.0	1.149	183.9	0.936	149.8
18	1.197	215.5	1.169	210.4	0.930	167.3
20	1.219	243.8	1.188	237.7	0.923	184.6
22	1.241	273.0	1.208	265.8	0.916	201.6
24	1.263	303.1	1.229	294.8	0.910	218.4
26	1.285	334.0	1.249	324.7	0.904	235.0
28	1.306	365.2	1.270	355.5	0.898	251.4
30	1.328	398.4	1.291	387.2	0.892	267.6
32	1.349	431.7	1.312	419.7	—	—
34	1.370	465.7	1.333	453.3	—	—
36	1.390	500.4	1.355	487.8	—	—
38	1.410	535.8	1.377	523.2	—	—
40	1.430	572.0	1.399	559.6	—	—
42	1.449	608.7	1.422	597.0	—	—
44	1.469	646.1	1.444	635.0	—	—
46	1.487	684.2	1.467	675.0	—	—
48	1.507	723.1	2.491	715.5	—	—
50	1.525	762.7	1.514	757.2		

表 2-27 铬酸酐溶液（15℃）的质量分数、密度、质量浓度的关系

质量分数/%	密度/(g/cm³)	波美度(合理标度)/°Be′	质量浓度/(g/L)	质量分数/%	密度/(g/cm³)	波美度(合理标度)/°Be′	质量浓度/(g/L)
1	1.006	0.86	10.06	22	1.181	22.12	259.8
2	1.014	1.99	20.28	24	1.200	24.05	288.0
4	1.030	4.20	41.20	26	1.220	26.02	317.2
6	1.045	6.21	62.70	28	1.240	27.93	347.2
8	1.060	8.17	84.80	30	1.260	29.78	378.0
10	1.076	10.19	107.6	35	1.313	34.40	459.6
12	1.093	12.28	131.2	40	1.371	39.05	548.4
14	1.110	14.30	155.4	45	1.435	43.74	645.8
16	1.127	16.26	180.3	50	1.505	48.42	752.5
18	1.145	18.27	206.1	55	1.581	53.03	869.6
20	1.163	20.22	232.6	60	1.663	57.53	997.8

表 2-28 石灰乳的质量分数、密度、质量浓度的关系

密度/(g/cm³)	CaO含量 质量分数/%	CaO含量 质量浓度/(g/L)	Ca(OH)₂质量分数/%	密度/(g/cm³)	CaO含量 质量分数/%	CaO含量 质量浓度/(g/L)	Ca(OH)₂质量分数/%
1.009	0.99	10	1.31	1.119	14.30	160	18.60
1.017	1.96	20	2.59	1.126	15.10	170	19.95
1.025	2.93	30	3.87	1.133	15.89	180	21.00
1.032	3.88	40	5.13	1.140	16.67	190	22.03
1.039	4.81	50	6.36	1.148	17.43	200	23.03
1.046	5.74	60	7.58	1.155	18.19	210	24.04
1.054	6.65	70	8.79	1.162	18.94	220	25.03
1.061	7.54	80	9.96	1.169	19.68	230	26.01
1.068	8.43	90	11.14	1.176	20.41	240	26.96
1.075	9.30	100	12.29	1.184	21.12	250	27.91
1.083	10.16	110	13.43	1.191	21.84	260	28.96
1.090	11.01	120	14.55	1.198	22.55	270	29.80
1.097	11.86	130	15.67	1.205	23.24	280	30.71
1.104	12.68	140	16.67	1.213	23.92	290	31.61
1.111	13.50	150	17.84	1.220	24.60	300	32.51

第3章

电化学及电镀基础资料

3.1 电化学资料

3.1.1 电化当量

(1) 常用金属及某些元素的电化当量

根据法拉第电解定律,电极上每析出(或溶解)1摩尔(mol)任何物质所需的电量为96500库仑(C)或26.8安培·小时(A·h),这个常数,一般称为法拉第常数。物质的量(mol)就是物质原子量(M)与其化合价数(n)之比,即M/n。

电化当量表示电解时每通过单位电量(库仑C或安培·小时A·h)所析出物质的质量,单位为g/C或g/(A·h)。按下式计算:

$$k = \frac{M}{nF}$$

式中 k——电化当量,g/C或g/(A·h);

M——物质的原子量;

n——物质的化合价数;

F——法拉第常数,96500C或26.8A·h。

电化当量的单位可用mg/C或g/(A·h)表示。在电镀计算时,电化当量的单位一般采用g/(A·h)。

某些元素的电化当量列于表3-1。

表3-1 某些元素的电化当量

元素名称	元素符号	相对原子质量	原子价	化学当量	电化当量	
					mg/C	g/(A·h)
银	Ag	107.88	1	107.88	1.118	4.025
金	Au	197.2	1	197.2	2.0436	7.357
			3	65.7	0.681	2.452
铍	Be	9.013	2	4.507	0.0467	0.168
镉	Cd	112.41	2	56.21	0.582	2.097
氯	Cl	35.457	1	35.457	0.367	1.323
钴	Co	58.94	2	29.47	0.306	1.100
铬	Cr	52.01	3	17.34	0.180	0.647
			6	8.67	0.0898	0.324
铜	Cu	63.54	1	63.54	0.658	2.372
			2	31.77	0.329	1.186
铁	Fe	55.85	2	27.93	0.289	1.0416
			3	18.62	0.193	0.694
氢	H	1.008	1	1.008	0.010	0.0376
汞	Hg	200.61	1	200.61	2.079	7.484
			2	100.31	1.0395	3.742

续表

元素名称	元素符号	相对原子质量	原子价	化学当量	电化当量	
					mg/C	g/(A·h)
铟	In	114.76	3	38.25	0.399	1.429
钾	K	39.100	1	39.100	0.405	1.459
钠	Na	22.991	1	22.991	0.238	0.858
镍	Ni	58.69	2	29.35	0.304	1.095
氧	O	16.00	2	8.00	0.0829	0.298
铅	Pb	207.21	2	103.61	1.074	3.865
钯	Pd	106.7	2	53.35	0.557	1.99
铂	Pt	195.23	2	97.62	1.0116	3.642
			4	48.81	0.506	1.821
铑	Rh	102.91	3	34.30	0.331	1.28
锑	Sb	121.76	3	40.6	0.421	1.514
锡	Sn	118.7	2	59.35	0.615	2.214
			4	29.68	0.307	1.107
钨	W	183.92	6	30.65	0.318	1.145
锌	Zn	65.38	2	32.69	0.339	1.220

注：表中数值均按电流效率100%计算的。

(2) 金属合金的电化当量

金属合金的电化当量，按下式计算（以合金质量100g为基准）：

$$k_{\text{a-b-c}} = \frac{100}{\left(\dfrac{m_a}{k_a} + \dfrac{m_b}{k_b} + \dfrac{m_c}{k_c} \right)}$$

式中　$k_{\text{a-b-c}}$——a-b-c 合金的电化当量，g/(A·h)；

k_a——a 金属的电化当量，g/(A·h)；

k_b——b 金属的电化当量，g/(A·h)；

k_c——c 金属的电化当量，g/(A·h)；

m_a——合金中 a 金属的质量，g；

m_b——合金中 b 金属的质量，g；

m_c——合金中 c 金属的质量，g。

计算示例：焦磷酸盐电镀 Zn、Ni、Fe 三元合金，其中 Zn 含量85%、Ni 含量10%、Fe 含量5%（均为质量分数）。Zn 的电化当量为 1.220g/(A·h)、Ni 的电化当量为 1.095g/(A·h)、Fe 的电化当量为 1.0416g/(A·h)。则 Zn、Ni、Fe 三元合金的电化当量按下式计算：

$$k_{\text{Zn-Ni-Fe}} = \frac{100}{\left(\dfrac{85}{1.220} + \dfrac{10}{1.095} + \dfrac{5}{1.0416} \right)} \text{g/(A·h)} = 1.196 \text{g/(A·h)}$$

3.1.2　电极电位

电极电位：金属与电解质溶液界面之间的电位差称为该金属的电极电位。

平衡电极电位：金属浸在只含该金属盐的溶液中达到平衡时所具有的电极电位称为该金属的平衡电极电位。

标准电极电位：当温度为25℃，金属离子的有效浓度为1mol/L（即活度为1）时，测得的平衡电极电位，称为标准电极电位。

平衡电极电位的计算公式——能斯特方程式如下：

$$\varphi_b = \varphi^{\ominus} + \frac{RT}{nF} \ln a$$

式中 φ_b——该电极在不通电时所具有的电极电位，即平衡电极电位，V；

$\varphi^{\ominus}$——标准电极电位，V；

R——气体参数；

n——参加电极反应的电子数；

T——绝对温度，等于 $273+t$（℃）；

F——表示 1 个法拉第电量，即 96500C；

a——离子的平均活度（有效浓度）。

上式简化后可写成为：

$$\varphi_b = \varphi^{\ominus} + \frac{0.0591}{n}\ln a$$

由上式可知，当 $a=1$ 时，$\varphi_b = \varphi^{\ominus}$，即活度等于 1 时的平衡电极电位就是标准电极电位。

【例】 25℃时，把铜放入铜离子浓度为 0.1mol/L 的溶液，其平衡电位可用能斯特方程式计算：

$$\varphi_b = \varphi^{\ominus} + \frac{0.0591}{n}\ln a$$

$$\varphi_b = \varphi^{\ominus} + \frac{0.0591}{2}\ln 0.1$$

$$= (+0.34V) + 0.0296 \times (-2.30)V$$

$$= +0.272V$$

金属的电极电位的绝对值无法测量，所以测量时以氢的标准电极电位为零，与氢的标准电极电位比较得出的电极电位作为金属的电极电位。

将标准电极电位按次序排列，叫做"电化序"。电化序反映了金属氧化、还原的能力。凡标准电极电位的数值较正的电极（金属），容易发生还原反应；而标准电极电位的数值较负的电极（金属），则容易发生氧化反应。对于电镀，电位越正的金属，如金（Au）、银（Ag）、铜（Cu）等，越易在比它电位负的金属如铁（Fe）的阴极上被还原析出（镀出）；而电位越负的金属，如铝（Al）、镁（Mg）、钛（Ti）等，则越不易镀出。

金属在 25℃时水溶液中的标准电极电位见表 3-2。

常用金属在海水中的电化序见表 3-3。

表 3-2 金属在 25℃时水溶液中的标准电极电位

酸性溶液		碱性溶液	
电极反应	标准电极电位 $\varphi^{\ominus}$/V	电极反应	标准电极电位 $\varphi^{\ominus}$/V
$K^+ + e \rightleftharpoons K$	-2.925	$H_2AlO_3^- + H_2O + 3e \rightleftharpoons Al + 4OH^-$	-2.35
$Ca^{2+} + 2e \rightleftharpoons Ca$	-2.870	$Zn(CN)_4^{2-} + 2e \rightleftharpoons Zn + 4CN^-$	-1.26
$Na^+ + e \rightleftharpoons Na$	-2.714	$Zn(OH)_2 + 2e \rightleftharpoons Zn + 2OH^-$	-1.245
$Mg^{2+} + 2e \rightleftharpoons Mg$	-2.370	$ZnO_2^- + 2H_2O + 2e \rightleftharpoons Zn + 4OH^-$	-1.216
$Al^{3+} + 3e \rightleftharpoons Al$	-1.670	$WO_4^{2-} + 4H_2O + 6e \rightleftharpoons W + 8OH^-$	-1.05
$Ti^{2+} + 2e \rightleftharpoons Ti$	-1.630	$MoO_4^{2-} + 4H_2O + 6e \rightleftharpoons Mo + 8OH^-$	-1.05
$V^{2+} + 2e \rightleftharpoons V$	约-1.18	$Cd(CN)_4^{2-} + 2e \rightleftharpoons Cd + 4CN^-$	-1.03
$Mn^{2+} + 2e \rightleftharpoons Mn$	-1.18	$Sn(OH)_6^{2-} + 2e \rightleftharpoons HSnO_2^- + H_2O + 3OH^-$	-1.03
$Se + 2e \rightleftharpoons Se^{2-}$	-0.78	$Zn(NH_3)_4^{2+} + 2e \longrightarrow Zn + 4NH_3$	-0.96
$Zn^{2+} + 2e \rightleftharpoons Zn$	-0.763	$HSnO_2^- + H_2O + 2e \rightleftharpoons Sn + 3OH^-$	-0.91
$Cr^{3+} + 3e \rightleftharpoons Cr$	-0.740	$SO_4^{2-} + H_2O + 2e \rightleftharpoons SO_3^{2-} + 2OH^-$	-0.90
$Fe^{2+} + 2e \rightleftharpoons Fe$	-0.440	$2H_2O + 2e \rightleftharpoons H_2 + 2OH^-$	-0.828
$Cd^{2+} + 2e \rightleftharpoons Cd$	-0.403	$AsO_2^- + 2H_2O + 3e \rightleftharpoons As + 4OH^-$	-0.68
$In^{3+} + 3e \rightleftharpoons In$	-0.342	$AsO_4^{3-} + 2H_2O + 2e \rightleftharpoons AsO_2^- + 4OH^-$	-0.67

续表

酸性溶液		碱性溶液	
电极反应	标准电极 电位 $\varphi^{\ominus}$/V	电极反应	标准电极 电位 $\varphi^{\ominus}$/V
$Co^{2+}+2e \Longrightarrow Co$	-0.277	$SbO_2^-+2H_2O+3e \Longrightarrow Sb+4OH^-$	-0.66
$Ni^{2+}+2e \Longrightarrow Ni$	-0.250	$Cd(NH_3)_4^{2+}+2e \Longrightarrow Cd+4NH_3$	-0.597
$Mo^{3+}+3e \Longrightarrow Mo$	-0.22	$S+2e \longrightarrow S^{2-}$	-0.48
$Sn^{2+}+2e \Longrightarrow Sn$	-0.136	$Ni(NH_3)_6^{2+}+2e \Longrightarrow Ni+6NH_3$	-0.47
$Pb^{2+}+2e \Longrightarrow Pb$	-0.126	$Cu(CN)_2^-+e \Longrightarrow Cu+2CN^-$	-0.43
$Fe^{3+}+3e \Longrightarrow Fe$	-0.036	$Ag(CN)_2^-+e \Longrightarrow Ag+2CN^-$	-0.31
$2H^++2e \Longrightarrow H_2$	0.000	$CrO_4^{2-}+4H_2O+3e \Longrightarrow Cr(OH)_3+5OH^-$	-0.13
$[Ag(S_2O_3)_2]^{3-}+e \Longrightarrow Ag+2S_2O_3^{2-}$	$+0.01$	$Cu(NH_3)_2^++e \Longrightarrow Cu+2NH_3$	-0.12
$S+2H^++2e \Longrightarrow H_2S$	$+0.141$	$NO_3^-+H_2O++2e \Longrightarrow NO_2^-+2OH^-$	$+0.01$
$Sn^{4+}+2e \Longrightarrow Sn^{2+}$	$+0.15$	$Ag(SO_3)_2^{3-}+3e \Longrightarrow Ag+2SO_3^{2-}$	$+0.30$
$Cu^{2+}+e \Longrightarrow Cu^+$	$+0.153$	$Ag(NH_3)_2^++e \Longrightarrow Ag+2NH_3$	$+0.373$
$HAsO_2+3H^++3e \Longrightarrow As+2H_2O$	$+0.247$	$O_2+2H_2O+4e \Longrightarrow 4OH^-$	$+0.401$
$BiO^++2H^++3e \Longrightarrow Bi+H_2O$	$+0.320$	$MnO_4^-+2H_2O+3e \Longrightarrow MnO_2(s)+4OH^-$	$+0.57$
$Cu^{2+}+2e \Longrightarrow Cu$	$+0.34$	—	—
$Cu^++e \Longrightarrow Cu$	$+0.521$		
$H_3AsO_4+2H^++2e \Longrightarrow HAsO_2+2H_2O$	$+0.559$		
$O_2+2H^++2e \Longrightarrow H_2O_2$	$+0.682$		
$Fe^{3+}+e \longrightarrow Fe^{2-}$	$+0.771$		
$Hg_2^{2+}+2e \Longrightarrow 2Hg$	$+0.789$		
$Ag^++e \Longrightarrow Ag$	$+0.799$		
$Rh^{3+}+3e \Longrightarrow Rh$	约$+0.80$		
$Hg^{2+}+2e \Longrightarrow Hg$	$+0.854$		
$NO_3^-+3H^++2e \Longrightarrow HNO_2+H_2O$	$+0.94$		
$NO_3^-+4H^++3e \Longrightarrow NO+2H_2O$	$+0.96$		
$Pd^{2+}+2e \Longrightarrow Pd$	$+0.987$		
$Pt^{2+}+2e \Longrightarrow Pt$	$+1.19$		
$O_2+4H^++4e \Longrightarrow 2H_2O$	$+1.229$		
$Cr_2O_7^{2-}+14H^++6e \Longrightarrow 2Cr^{3+}+7H_2O$	$+1.33$		
$Cl_2+2e \Longrightarrow 2Cl^-$	$+1.359$		
$Au^{3+}+3e \Longrightarrow Au$	$+1.42$		
$MnO_4^-+8H^++5e \Longrightarrow Mn^{2+}+4H_2O$	$+1.51$		
$Au^++e \Longrightarrow Au$	$+1.68$		
$MnO_4^-+4H^++3e \Longrightarrow MnO_2+2H_2O$	$+1.695$		
$H_2O_2+2H^++2e \Longrightarrow 2H_2O$	$+1.77$		
$S_2O_8+2e \Longrightarrow 2SO_4^{2-}$	$+2.10$		
$F_2+2e \Longrightarrow 2F^-$	$+2.87$		
$F_2+2H^++2e \Longrightarrow 2HF$	$+3.06$		

表 3-3　常用金属在海水中的电化序

金属	电位/V	金属	电位/V	金属	电位/V
镁	-1.45	灰铸铁	-0.36	钛(工业用)	$+0.10$
锌	-0.80	铅	-0.30	银	$+0.12$
铝	-0.53	锡	-0.25	钛(碘化法)	$+0.15$
镉	-0.52	镍(活化)	-0.12	铂	$+0.40$
铁	-0.50	铜	-0.08	—	—
碳钢	-0.40	镍(钝化)	$+0.05$	—	—

3.2 电镀基础资料

3.2.1 电流效率

电解时通过电流，在电极上实际析出（或溶解）物质的质量与理论计算应析出（或溶解）物质的质量之比，称为电流效率。

电流效率有阴极电流效率和阳极电流效率。电镀的阴极电流效率要小于100%，这是由于在阴极上除了析出金属外，还存在着副反应，如析出氢气等的缘故。阳极电流效率有时小于100%，有时大于100%，这是由于阳极上除了发生电化学溶解外，还进行着化学溶解的缘故。

电流效率是评定镀液性能的重要指标之一。电流效率高，加快镀层沉积速度，减少能耗。一般情况下，酸性镀液如酸性镀铜、酸性镀锌、镀镍等，电流效率接近100%；焦磷酸盐镀液的电流效率较高，一般大于90%；铵盐镀液的电流效率也较高，一般近大于90%；氰化镀液的电流效率则较低，一般为60%～70%；镀铬溶液的电流效率更低，一般为12%～18%。

电镀溶液的阴极电流效率见表3-4。

表 3-4　电镀溶液的阴极电流效率

电镀溶液	电流效率/%	电镀溶液	电流效率/%
普通镀铬	13	氰化镀银	95～100
复合镀铬	18～25	氰化镀金	60～80
自动调节镀铬	18～20	氯化物镀铁	90～95
快速镀铬	18～20	硫酸盐镀铁	95～98
镀镍	95～98	氟硼酸盐镀铅	95
硫酸盐镀锡	90	镀铂	30～50
碱性镀锡	60～75	镀钯	90～95
硫酸盐镀锌	95～100	镀铑	40～60
氰化镀锌	60～85	镀铼	10～15
锌酸盐镀锌	70～85	镀铋	100
铵盐镀锌	94～98	硫酸盐镀铟	50～80
硫酸盐镀铜	95～100	氯化物镀铟	70～95
焦磷酸盐镀铜	95～100	氟硼酸镀铟	80～90
酒石酸盐镀铜	75	氰化镀黄铜	60～70
氟硼酸盐镀铜	95～100	氰化镀低锡青铜	60～70
氰化镀铜	60～70	氰化镀高锡青铜	60
硫酸盐镀镉	97～98	镀铅锡合金	100
铵盐镀镉	90～98	镀锡锌合金	80～100
氟硼酸盐镀镉	100	镀锡镍合金	100
氰化镀镉	90～95	镀镉锡合金	70

3.2.2 镀层硬度

各种镀层硬度见表3-5。

镀铬层硬度见表3-6。

表 3-5　各种镀层硬度

镀层名称	制取方法	硬度(HB)	镀层名称	制取方法	硬度(HB)
镀锌层	电镀法	50～60	镀铅层	电镀法	3～10
镀锌层	喷镀法	17～25	镀银层	电镀法	60～140
镀镉层	电镀法	12～60	镀金层	电镀法	40～100
镀锡层	电镀法	12～20	镀铑层	电镀法	600～650
镀锡层	热浸法	20～25	镀铂层	电镀法	600～650

镀层名称	制取方法		硬度(HB)	镀层名称	制取方法	硬度(HB)
镀铜层	电镀法	酸性镀铜	60~80	镀铬层	电镀法	400~1200HV
		氰化镀铜	120~150			
	喷镀法		60~100	镀铁层	电镀法	在热氯化物溶液中	80~150
镀黄铜层	喷镀法		60~110			在冷氯化物溶液中	150~200
镀镍层	电镀法	在热溶液中	140~160			在硫酸溶液中	250~300
		在酸性高的溶液中	300~350	镀铝层	喷镀法	40~50
		在光亮镀镍溶液中	500~550	—	—	—

表 3-6 镀铬层硬度

电流密度 /(A/dm²)	溶液温度/℃						
	20	30	40	50	60	70	80
	镀铬层硬度(HV)						
10	900	1050	1100	910	760	450	435
20	695	670	1190	1000	895	570	430
30	670	660	1145	1050	940	755	435
40	670	690	1030	1065	985	755	440
60	695	690	840	1100	990	780	520
80	695	700	725	1190	1010	955	570
120	750	705	700	1190	990	990	630
140	—	795	795	1280	1160	970	—
200	810	—	950	—	—	1010	—

注：溶液成分为 CrO_3 250g/L，H_2SO_4 2.5g/L。

3.2.3 电镀基本计算

(1) 沉积金属质量的计算

在阴极上沉积金属的质量按下式计算：

$$m = \frac{CD_k st \eta_k}{60}$$

式中 m——沉积金属层的质量，g；

  C——电化当量，g/(A·h)；

  D_k——阴极电流密度，A/dm²；

  s——电镀面积，dm²；

  t——电镀时间，min；

  η_k——阴极电流效率，%。

(2) 镀层厚度的计算

镀层厚度按下式计算：

$$d = \frac{100CD_k t \eta_k}{60r}$$

式中 d——镀层厚度，μm；

  C——电化当量，g/(A·h)；

  D_k——阴极电流密度，A/dm²；

  t——电镀时间，min；

  η_k——阴极电流效率，%；

  r——镀层金属的密度，g/cm³。

（3）电镀时间的计算

镀层时间按下式计算：

$$t = \frac{60rd}{100CD_k\eta_k}$$

式中　t——电镀时间，min；

　　　r——镀层金属的密度，g/cm^3；

　　　d——镀层厚度，μm；

　　　C——电化当量，g/(A·h)；

　　　D_k——阴极电流密度，A/dm^2；

　　　η_k——阴极电流效率，%。

（4）阴极电流密度的计算

阴极电流密度按下式计算：

$$D_k = \frac{60rd}{100Ct\eta_k}$$

式中　D_k——阴极电流密度，A/dm^2；

　　　r——镀层金属的密度，g/cm^3；

　　　d——镀层厚度，μm；

　　　C——电化当量，g/(A·h)；

　　　t——电镀时间，min；

　　　η_k——阴极电流效率，%。

（5）阴极电流效率的计算

阴极电流效率按下式计算：

$$\eta_k = \frac{60rd}{100tD_kC}$$

式中　η_k——阴极电流效率，%；

　　　r——镀层金属的密度，g/cm^3；

　　　d——镀层厚度，μm；

　　　t——电镀时间，h；

　　　D_k——阴极电流密度，A/dm^2；

　　　C——电化当量，g/(A·h)。

3.2.4　镀层沉积速率的计算

镀层沉积速率是指单位时间所镀上的镀层厚度，通常所采用的单位为 μm/h。沉积速率按下式计算：

$$v = \frac{60d}{t}$$

式中　v——镀层沉积速率，μm/h；

　　　d——镀层厚度，μm；

　　　t——电镀时间，min。

金属铬的沉积时间与阴极电流密度的关系见表 3-7。

金属的沉积时间与阴极电流密度的关系见表 3-8。

合金的沉积时间与阴极电流密度的关系见表 3-9。

表 3-7　金属铬的沉积时间与阴极电流密度的关系

（当镀层厚为 $10\mu m$、电流效率为 13％时）

阴极电流密度/(A/dm²)	5	10	15	20	30	40	50	60	70	80
沉积时间/min	200	100	67	50	34	25	20	17	15	13

表 3-8　金属的沉积时间与阴极电流密度的关系

（当镀层厚为 $10\mu m$、电流效率为 100％时）

金属名称（括号内为相应离子）	阴极电流密度/(A/dm²)											
	0.10	0.25	0.50	1.0	1.5	2.0	2.5	3.0	4.0	5.0	10	20
	沉积时间(t)/min											
锌(Zn^{2+})	355	142	70	35	23	18	14	12	9	7	4	2
镉(Cd^{2+})	247	99	50	25	17	13	10	9	6	5	3	
锡(Sn^{2+})	200	80	40	20	15	10	8	7	5	4	2	1
锡(Sn^{4+})	400	160	79	40	27	20	16	13	10	8	—	2
铜(Cu^{2+})	451	180	90	45	34	23	18	15	11	9	5	
铜(Cu^+)	226	90	45	23	17	12	9	8	—	—	—	
镍(Ni^{2+})	485	192	97	49	32	25	20	16	12	10	5	
铁(Fe^{2+})	452	182	92	46	30	23	18	15	11	9	5	
银(Ag^+)	157	63	31	16	11	8	6					
金(Au^+)	160	64	32	16	10	8	6	—	—			
铅(Pb^{2+})	176	70	36	18	12	9	7	6	4.5	4	2	1

注：如果阴极电流效率（η_k）不等于 100％，则金属的沉积时间 $t' = \dfrac{t100}{\eta_k}$。

表 3-9　合金的沉积时间与阴极电流密度的关系

（当镀层厚为 $10\mu m$、电流效率为 100％时）

合金名称	阴极电流密度/(A/dm²)								
	0.2	0.4	0.6	1.0	2.0	3.0	4.0	5.0	6.0	10
	沉积时间(t)/min								
铜-锡(90Cu10Sn)	224	112	75	45	22.3	14.9	11.2	8.9	7.5	4.5
铜-锡(90Cu10Sn①)	124	62	41	25	12.4	8.2	6.2	4.9	4.1	2.4
铜-锡(55Cu45Sn)	155	77	52	31	15.5	10.3	7.7	6.2	5.2	3.1
铜-锌(70Cu30Zn)	138	69	46	27.7	13.8	9.2	6.9	5.5	4.6	2.8
锌-铜(70Zn30Cu)	167	83	56	33.3	16.7	11.1	8.4	6.7	5.6	3.3
锡-锌(80Sn20Zn)	193	96	64	39	19.3	12.9	9.6	7.7	6.4	3.9
银-镉(95Ag5Cd)	81	41	27	16	8.1	5.4	4.1	3.2	2.7	1.6
铜-镍(75Cu25Ni)	231	115	76.9	46	23.1	15.4	11.5	9.2	7.7	4.6
铅-锡(93Pb7Sn①)	89.7	44.8	29.9	17.9	8.97	5.9	4.4	3.58	2.97	1.79
铅-锡(50Pb50Sn①)	94.8	47.4	31.6	19	9.5	6.3	4.7	3.8	3.2	1.9
锡-镍(65Sn①35Ni)	145	72	48	28.9	14.5	9.6	7.2	5.8	4.8	2.9
银-锑(95Ag5Sb)	84	42	28	16.8	8.1	5.6	4.2	3.4	2.8	1.7
镉-锡(70Cd30Sn①)	116	58	38.7	23.2	11.6	7.7	5.8	4.6	3.9	2.3
镍-铁(78Ni22Fe)	238	119	79.4	47.6	23.8	15.8	11.8	9.5	7.9	4.8
钴-镍(80Co20Ni)	243	122	81	48.6	24.3	16.2	12.1	9.7	8.1	4.9
锌-铁(85Zn15Fe)	182	91	61	36.4	18.2	12.1	9.1	7.2	6.1	3.6

① 金属的原子价均为二价。

注：1. 未加标记的铜为一价；锡为四价。

2. 如果阴极电流效率（η_k）不等于 100％，则金属的沉积时间 $t' = \dfrac{t100}{\eta_k}$。

3. 合金中的各组分含量，均为质量分数。

3.2.5　镀层金属的质量

　　$1\mu m$ 厚度的镀层质量见表 3-10。

表 3-10　1μm 厚度的镀层质量

金属镀层	符号	镀层质量		金属镀层	符号	镀层质量	
		mg/cm²	g/dm²			mg/cm²	g/dm²
银	Ag	1.05	0.105	铱	Ir	2.24	0.224
铝	Al	0.27	0.027	锰	Mn	0.72	0.072
金	Au	1.94	0.194	镍	Ni	0.89	0.089
铋	Bi	0.98	0.098	铅	Pb	1.13	0.113
镉	Cd	0.87	0.087	钯	Pd	1.20	0.120
钴	Co	0.89	0.089	铂	Pt	2.14	0.214
铬	Cr	0.71	0.071	铼	Re	2.06	0.206
铜	Cu	0.89	0.089	铑	Rh	1.25	0.125
铁	Fe	0.79	0.079	锑	Sb	0.67	0.067
镓	Ga	0.59	0.059	锡	Sn	0.73	0.073
锗	Ge	0.54	0.054	钛	Ti	1.19	0.119
铟	In	0.73	0.073	锌	Zn	0.71	0.071

3.2.6　电镀零件面积的计算

由板材模压制成、线材制成、带材制成的镀件，如已知镀件的质量和厚度，则可用下列公式计算出镀件的表面积。而其他类型的镀件，应按其几何形状计算出各表面的面积（计算式参见数学资料），然后将各表面的面积加在一起，即得出镀件表面积。

(1) 由板材模压制成镀件的表面积计算

这类镀件的表面积（考虑到板材的端面积）按下式计算：

$$S=\frac{23m}{hr}$$

式中　S——镀件表面积，cm²；

m——镀件质量，g；

h——镀件厚度，mm；

r——镀件金属密度，g/cm³。

(2) 由线材制成镀件的表面积计算

这类镀件的表面积按下式计算：

$$S=\frac{40m}{dr}$$

式中　S——镀件表面积，cm²；

m——镀件质量，g；

d——线材直径，mm；

r——镀件金属密度，g/cm³。

(3) 由带材制成镀件的表面积计算

这类镀件的表面积按下式计算：

$$S=\frac{20m(a+b)}{abr}$$

式中　S——镀件表面积，cm²；

m——镀件重量，g；

a——带材厚度，mm；

b——带材宽度，mm；

r——镀件金属密度，g/cm³。

（4）螺栓、螺帽、垫圈零件的概略表面积计算

这些种类零件的概略表面积计算，可以利用比例面积（零件的面积与其质量之比，dm^2/kg）来计算。螺栓、螺帽、垫圈零件的比例面积见图 3-1。

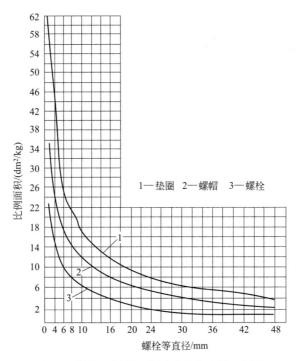

图 3-1　螺栓、螺帽、垫圈零件的比例面积图

例如：计算 22mm 螺帽的表面积，由图得出 1kg 螺帽约有 $6dm^2$ 面积。

第4章

镀覆层选择和标识方法

4.1 金属的防护方法

防止金属腐蚀的方法大致可以分为表面保护层防腐蚀、阴极保护和腐蚀介质的处理等三种方法。

4.1.1 表面保护层防腐蚀

表面保护层的作用在于将金属表面与周围介质隔离，从而可以防止或减少金属制品腐蚀，达到保护的目的，这是最普遍而最重要的金属防腐蚀方法。

根据构成表面保护层物质的不同，可以把保护层分为三类，如表 4-1 所示。

表面防腐蚀保护层的分类见图 4-1。

电镀层的种类见图 4-2。

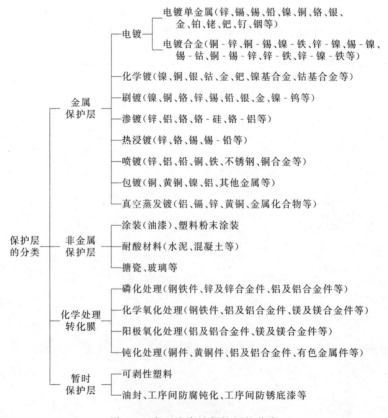

图 4-1　表面防腐蚀保护层的分类

表 4-1　表面保护层分类

保护层类别	防护方法
金属保护层	在金属制件上镀覆一层薄薄的另一种金属,使里面金属与腐蚀介质隔开,这是一种有效的防止腐蚀的方法。这种保护层的制备方法有电镀、化学镀、渗镀、热镀、喷镀、包镀等。金属保护层最普遍使用的、主要的制备方法是电镀
非金属保护层	非金属保护层即以非金属物质(包括有机和无机的)涂覆(或包覆)在金属表面上形成的,包括涂覆涂料、塑料、树脂、衬橡胶、搪瓷釉以及其他耐酸物质等,其中应用最广的是涂覆涂料及塑料粉末涂装
化学转化膜保护层	在金属制件上用化学或电化学处理的方法,在制件表面上形成转化膜层,来防止金属制件的腐蚀,如钢铁件的磷化处理和氧化处理;有色金属的氧化处理和钝化处理。其中应用最广的是磷化处理

图 4-2　电镀层的种类

4.1.2　阴极保护

阴极保护即电化学保护,阴极保护方法既可以用外电源通电来实现,也可以在被保护的金属上连接一个电位更负的金属来实现。阴极保护有两种方法,见表 4-2。

表 4-2　阴极保护方法

保护方法	保护作用及其做法
第一种阴极保护的方法(外加电流阴极保护法)	这种保护方法,是用外电源通电来实现。此方法是取一块导体接电源的正极(阳极),被保护的金属设备接电源的负极(阴极),然后导入直流电,阳极被腐蚀,而接阴极的金属设备得到保护
第二种阴极保护的方法(保护器保护法)	这种保护方法,不需从外面导入电流,只选择一块被保护金属电位低得多的金属作为阳极,把它和要保护的金属连在一起就行。所连接的阳极金属称"保护器",这种保护方法称为保护器保护法。一般金属设备多为钢铁制的,阳极选择锌、镁或铝。因锌比铁电位低,就形成一个自发的电池,钢铁设备为阴极得到保护,锌为阳极被腐蚀。在保护过程中,作为保护器的阳极不断被腐蚀消耗掉,所以这种阳极又称为"牺牲阳极"

4.1.3　腐蚀介质的处理

腐蚀介质的处理实质上可以归纳为两个方面,见表 4-3。

表 4-3　腐蚀介质的处理方法

保护方法	腐蚀介质的处理方法
改变介质的性质	在介质中除去对金属有腐蚀作用的有害成分,改变介质的性质。例如:采用 Na_2SO_3 或联胺(NH_2NH_2)等去氧剂除去锅炉用水中溶解的氧,从而降低锅炉内壁的腐蚀作用;干燥器中用氯化钙去掉干燥器空气中的水分;热处理加热炉使用保护气体;以及石灰处理酸性土壤来防止土壤腐蚀等。这些都是属于去掉介质中有害成分,改变介质性质以防止腐蚀的实例
加入抑制腐蚀作用的缓蚀剂	加入抑制腐蚀作用的缓蚀剂,降低或消除周围介质对金属的腐蚀。在周围腐蚀介质中,添加少量某些物质,并能大大降低腐蚀作用的速度。这些物质一般称为"缓蚀剂"。缓蚀剂的作用机理在于它们吸附在金属表面,从而减滞了金属溶解时的阳极过程和阴极过程,延缓金属的腐蚀。例如,金属强浸蚀溶液中加入缓蚀剂,浸蚀溶液能很好地溶解氧化皮和腐蚀产物,却几乎不溶解金属基体,还能减少浸蚀时的"氢脆"作用;为防止前处理后的钢铁制品在空气中锈蚀,将制品浸在稀碱液中待镀,以防锈蚀

4.2 镀层要求和分类

(1) 电镀目的

① 保护金属零件表面，防止腐蚀。

② 装饰制品表面，使外表美观。

③ 提高零件表面的硬度和耐磨性能。

④ 提高零件表面的功能性性能，如导电性、导磁性、耐热性、减磨性、钎焊性、反光能力、防反光能力、抗氧化及耐酸性等功能。

⑤ 节约及代替有色金属或贵金属。

⑥ 修复磨损零件。

⑦ 热处理时的局部保护，如防止局部渗碳的镀铜、防止局部渗氮的镀锡等。

(2) 镀层要求

不同的制品，对镀层的要求也不同，但就其共性来说，对电镀层、化学转化膜有下列要求。

① 镀层与基体、镀层与镀层之间，应有良好的结合力。

② 镀层应完整、平整、结晶细致紧密、孔隙尽可能少。

③ 镀层具有规定的厚度，并在制品的主要表面上，厚度应比较均匀。

④ 镀层、化学转化膜应具有规定的各项指标，如光亮度、色彩、硬度、耐蚀性等化学、物理性能。

(3) 镀层的分类

从目前应用于生产中的金属镀层有单金属镀层、合金镀层、化学镀层等。镀层分类的方法很多，一般分类如表 4-4 所示。

表 4-4 镀层的分类

类别		分类的具体内容
按镀层作用分类	防护性镀层	应用于大气或其他环境下防止金属腐蚀的镀层，例如，钢铁件镀锌、镀镉或镉-钛合金等
	防护装饰性镀层	应用于大气条件下，使基体金属既能防腐蚀又具有装饰性的镀层，例如，钢铁件的镀铜/镍/铬、镀镍/铜/镍/铬或镀铜-锡合金/镀铬等
	修复性镀层	应用于已经被磨损的零件(如轴承、轧辊等)局部或整体加厚修复的镀层，例如，镀硬铬、镀铁或镀铜等
	功能性镀层	应用于某些有特殊要求的制品表面上的镀层。功能性镀层主要包括： 1. 耐磨镀层：如镀硬铬、化学镀镍、复合镀等 2. 减磨镀层：如镀锡、镀钴-锡合金、银-锡合金等 3. 导电镀层：如镀银、镀金、镀金-钴合金等 4. 磁性镀层：如镀镍-铁合金、镍-钴合金、镍-钴-磷合金等 5. 反光镀层：如镀银、镀装饰铬等 6. 防反光镀层：如镀黑镍、镀黑铬等 7. 热处理的局部保护镀层：如防止局部渗碳的镀铜、防止局部渗氮的镀锡等 8. 抗氧化镀层：如镀铬、镀铂-铑合金等 9. 耐酸镀层：如镀铅等
按镀层性质分类	阳极镀层	在一定的条件下，镀层的电位比基体金属的电位负，形成电池时，基体金属为阴极得到保护，镀层为阳极被腐蚀。例如，大气条件下的钢铁制品表面镀锌；海洋条件下的钢铁制品表面镀镉；有机酸环境下的钢铁制品表面镀锡等
	阴极镀层	在一定的条件下，镀层的电位比基体金属的电位正，镀层为阴极，基体金属为阳极会被腐蚀。例如，大气条件下的钢铁制品表面镀铜、镍、铬、金、银等。这种镀层只有隔离效果，起机械保护作用，所以防护作用较差

4.3　镀覆层选择

电镀层和化学转化膜的选择，必须考虑的因素：

① 零件的工作环境、储存和使用条件以及使用期限。

② 镀覆层的使用目的和要求。

③ 镀覆层与被镀零件材质、性能的适应性。

④ 镀覆层及其镀覆工艺不应降低基体材料的力学性能。

⑤ 被镀零件的种类、材料，前面加工的状态和性质。

⑥ 被镀零件的结构、形状、加工方法、表面粗糙度和尺寸公差。

⑦ 电镀层、化学处理转化膜层的特性和应用范围。

⑧ 与镀层、化学转化膜相接触的金属（接触偶）的材料、性质。

⑨ 带有螺纹连接、压合、搭接、铆接、点焊、单面焊等的组件，因存在缝隙，原则上不允许在溶液中镀覆。

4.3.1　互相接触的金属或镀层的选择

不同金属、镀层互相接触时，在有腐蚀性的环境中就会发生接触腐蚀，即活性较高的金属（阳极金属）加速腐蚀，而活性较低的金属（阴极金属）减缓腐蚀。故在选择互相接触的金属或镀层时，必须注意到不同金属接触腐蚀的影响。选择互相接触的金属、镀层可参考表 4-5。

不同金属材料的防护方法也有所不同，根据材料特性及所要求的防腐、装饰、特殊功能等，来选择其防护体系。

表 4-5　选择互相接触的金属、镀层的建议

接触材料	1 金银铂铑钯	2 铜,黄铜,青铜	3 铜镀镍	4 铜镀锡	5 铜镀银	6 铜镀镉	7 铜镀锌钝化	8 不锈钢	9 钢镀铬①	10 钢镀镍②	11 铅	12 锡（焊料）	13 钢③和铸铁	14 钢镀镉钝化	15 钢镀锌钝化	16 铝	17 铝氧化处理	18 锌合金钝化	19 镁合金钝化	20 硬铝氧化	21 铝镀锌钝化	22 铝镀镉铜④	23 钛及其合金	24 炭刷	25 涂装覆盖层
1 金、银、铂、铑、钯	0	1	0/1	1	0	1/2	2	0	0	1	2	2	2	2	2	2	2	2	2	—					
2 铜、黄铜、青铜	1	0	0	1	0	2	2	0/1	1	0/1	1	1	1	1/2	2	2	2	2	2	2	2	0	0	—	0
3 铜镀镍	0/1	0	0	0/1	0	2	2	0	0	1	1	1/2	1/2	2	1/2	2	1	1	2	1	—	—	0	—	0
4 铜镀锡	1	1	0/1	0	1	—	1/2	2	0	0/1	0/1	0	2	2⑦	2⑥	0/1	0/1	0/1	0/1	—		0		1	0
5 铜镀银	0	0	0/1	0	0	2	2	0	0/1	0	0	0/1	2	2	2	2	2	2	2	—			0	—	0
6 铜镀镉	1/2	2	2	—	2	0	—	2	2	1/2			1/2			0/1	0/1	1	1/2	—			2	—	1
7 铜镀锌钝化处理	2	2	2	1/2	2	—	0	2	2	1/2	2	1	2	—	0	0/1	0/1	1	1	—					
8 不锈钢	0	0/1	0	0/1	0	2	2	0	0	1	1	1	1/2⑤			2	2	2	2	—			0	—	0
9 钢镀铬①	0	0/1	0	0/1	0	2	2	0	0	0/1	0/1		1/2		1/2	1/2	2	1	2	1/2	0/1		0	—	0
10 钢镀镍②	1	0/1	0	0/1	0	0/1	2	2	0/1	0	0/1	0/1	1/2	1/2	1/2	2	1	1/2	2	1/2	0		0	—	0

续表

接触材料	1 金银铂铑钯	2 铜,黄铜,青铜	3 铜镀镍	4 铜镀锡	5 铜镀银	6 铜镀镉	7 铜镀锌钝化	8 不锈钢	9 钢镀铬①	10 钢镀镍②	11 铅	12 锡(焊料)	13 钢③和铸铁	14 钢镀镉钝化	15 钢镀锌钝化	16 铝	17 铝氧化处理	18 锌合金钝化	19 镁合金钝化	20 硬铝氧化	21 铝镀锌钝化	22 铝镀铜④	23 钛及其合金	24 炭刷	25 涂装覆盖层
11 铅	2	1	1	0/1	1	1	2	1	1	0/1	0	0	1	1	1	1/2	1	1	1	—	—	—	—	—	—
12 锡(焊料)	2	1	1	0/1	0/1	0/1	1	1	1	0/1	0	0	1/2	0/1	0/1	0/1	0	0	0/1	—	—	—	—	—	—
13 钢③和铸铁	2	1	1/2	2	2	1/2	2	2	1	1/2	1/2	1	1/2	2	2	2	2	2	2	—	—	—	—	—	—
14 钢镀镉钝化处理	2	1/2	1/2	2⑦	2	0	—	1/2⑤	2	2	1	1/2	0	2⑦	0				0/1				2	2	1
15 钢镀锌钝化处理	2	2	2	2⑥	2	—	0	2	2	1/2	1	2	2⑦	0			1	1	1				2		
16 铝	2	2	1/2	0/1	2	0/1		2	2	1/-	1/2	1/2	2/1	0/1	1	1/2	1		1/2		1	2	2		0
17 铝氧化处理	2	2	1	0/1	2	0/1			1	0/1			1		0/1								1		
18 锌合金钝化处理	2	2	1	0/1	2	0/1		2	0/1		1/2	1	2		0/1										
19 镁合金钝化处理	2	2	2	0/1		1/2	2	2			1		2				1		0/1						
20 硬铝氧化处理	—	2	1	0/1	2			1		0/1						0				0			1		0
21 铝镀锌钝化处理	—	2														1					0	2			
22 铝镀铜④	—	0														2					2	0			
23 钛及其合金	—	0	0	0	0	2		0	0				2		2	1				1			0		0
24 炭刷				1										2	2										0
25 涂装覆盖层	—	0	0	0	0	1		0	0	0					1	0				0			0		

备注	等级:0——不引起接触腐蚀(可安全使用);1——引起接触腐蚀,但影响不严重(在大多数的场合下可以使用,热带海洋条件例外);2——引起严重的接触腐蚀,如热带海洋环境条件下(在人工气候调节的干燥室内或设备密封良好的条件下可以使用)

① 铜、镍、铬复合镀层。
② 铜、镍复合镀层。
③ 碳素钢和低合金钢。
④ 锌、铜复合镀层。
⑤ 1Cr18Ni9Ti 的不锈钢。
⑥ 沿海地区(无工业大气影响)属1级。
⑦ 沿海地区(无工业大气影响)属0-1级。

4.3.2 防护性镀覆层

防护性镀覆层的主要作用是保护零件防止其遭受腐蚀。钢铁件的防护性镀覆层有:镀锌、镀镉、镀锡、镀锡-锌合金、镀镉-钛合金、镀锌-镉合金、镀铅-锡合金等镀层;钢铁件的磷化处理、氧化处理。铝及其合金件的氧化处理,镁合金件氧化处理,铜及其合金件钝化处理等化学处理转化膜。

防护性镀覆层的选择以及它的特性和用途见表 4-6。

表 4-6 防护性镀覆层的选择以及它的特性和用途

防护层种类	特性	用途
镀锌层	锌层对钢铁基体在一般情况下是阳极镀层,对钢铁件保护性能好。在干燥空气中很稳定,在潮湿大气中容易腐蚀,并生成白色的碱式碳酸盐或氧化物 在含有二氧化硫和硫化氢的大气以及在海洋性潮湿的空气中,它的耐蚀性较差。在高温高湿空气中以及在封闭包装容器中的有机酸气氛里也容易被腐蚀 镀锌后经过铬酸盐等处理,能提高光泽改善外观,延缓白色腐蚀产物的生成,并能大大增强锌层的抗蚀能力 镀锌对钢铁基体有产生氢脆的倾向,高强度钢、经过淬火的弹簧钢等对氢脆尤其敏感,这些材料在镀前要经调质处理,消除内应力,镀后要进行除氢处理	锌的价格低廉,适用于在各种大气条件下使用;也适用于防止淡水、自来水、汽油和煤油的腐蚀 在机械工业、国防工业、仪器仪表、轻工、农机工业等广泛采用镀锌层来防止钢铁件的大气腐蚀
镀镉层	镀镉层对钢铁件的防护性能随使用环境而变化,在一般情况下或在含硫化物的潮湿大气中,镀镉层属阴极镀层,而在海洋和高温大气环境中,镀镉层属阳极镀层 镉在室温干燥的空气中,几乎不发生变化,但在潮湿的空气中则容易氧化。在潮湿大气或海洋性大气中,镉的防护性能比锌高。但在一般大气中,尤其是在工业大气中,镉的防护性能明显低于锌 镉在包装储存条件下,与塑料、涂料、木材等有机物释放的挥发物接触也会遭受明显腐蚀,而且产生长细丝状的单晶(长毛) 镉的腐蚀产物比锌少,但有毒,镉的蒸气和可溶性盐都有毒,必须严格防止镉的污染 镉质软,可塑性比锌好,润滑性能好。镀镉对钢铁基体产生氢脆倾向较小。比锌容易钎焊	适用于航空、航海及电子工业中的零件电镀。弹簧、易变形和受力的零件、精密零件的螺纹紧固件和配合件的滑动部分、电气零件的某些导电部分等也宜采用镀镉。由于镉的污染危害很大,价格昂贵,故通常采用镀锌或合金层来取代镀镉层
镀锡层	锡具有较高的化学稳定性,在硫酸、硝酸、盐酸的稀溶液中几乎不溶解。在加热的条件下,锡缓慢地溶解于浓酸中。在浓、热的碱溶液中溶解并生成锡酸盐 镀锡层对于很多有机酸的耐蚀性能很好,而且没有毒性。镀锡层在大气中很稳定,与硫及硫化物几乎不起作用 镀锡层对钢铁而言是属于阴极镀层,只有当锡层有足够的厚度和无孔隙(或减少孔隙率)时才能有效地保护钢铁零件。锡层对铜而言属于阳极镀层,要求抗蚀性较高的钢铁件镀锡,可采用镀铜或镀铜合金打底 锡质地柔软,具有高的延展性。此外,锡同锌、镉一样,在高温、潮湿的条件下,从锡镀层表面能产生出锡晶须	广泛用于食品工业中容器的电镀,与火药及橡胶接触零件也常采用镀锡 锡钎焊性好,也用于电气和电子工业 锡在低温下会转变成灰色粉末状的无定形锡,不适用于寒冷地区
锡-锌合金镀层	在钢铁的防护性镀层中,锡-锌合金镀层占有重要地位。这种合金镀层对钢铁基体来说是阳极镀层,其化学稳定性、耐蚀性、氢脆性和焊接性等都优于或相当于镉镀层。这种合金镀层的耐蚀性比镉镀层有显著提高;镀层还可以抛光,并能保护长久不变;它也容易钎焊;不产生长"白毛"现象。在与铝件接触时,不易形成腐蚀电偶,也是比较理想的防护装饰性合金镀层 锌含量为 20%~30%(质量分数)的锡-锌合金镀层,耐蚀性最高。该镀层结晶细致、无孔隙,在二氧化硫气氛中也具有很好的耐蚀性。镀层经铬酸盐钝化后,可提高其耐蚀性	锡-锌合金镀层可作为代镉镀层,用于高强度钢、弹性件的电镀层。也可代替镀锡层用于容器(特别适用于盛装有腐蚀性流体容器),还可用于石油化工产品、饮食用具等容器
镉-钛合金镀层	镉-钛合金镀层对钢铁基体是属于阳极镀层,具有很好的防护性。特别是在海洋气候条件下和海水中,具有优异的耐蚀性,且氢脆性很小。主要用于航空航天工业	可代替镀镉层。特别适用于作高强度钢的防护性镀层
锌-镍合金镀层	锌-镍合金镀层是一种优良的防护性镀层,具有高的耐蚀性、良好的焊接性和可机械加工等优良特性 适合在恶劣的工业大气和严酷的海洋环境中使用。其耐蚀性是镉镀层的 3 倍以上。特别是经 200~250℃加热后,其钝化膜仍能保持良好的耐蚀性。合金层熔点较高,可达 750~800℃	由于合金层耐高温性好,可适用于汽车发动机零部件镀层;氢脆性很小,适合在高强度钢上电镀;可作为良好的代镉镀层
钢铁件磷化处理膜	磷化膜与基体金属结合牢固,但膜的硬度低,机械强度低,有脆性。磷化膜在一般大气条件下较稳定,耐蚀性比钢铁件氧化处理膜高。磷化膜在动物油、植物油、矿物油、苯及甲苯的燃料中均有抗蚀能力。但在酸、碱、海水、氨气及蒸汽的浸蚀下不能防止基体金属的锈蚀。磷化膜具有显微孔隙结构,对油类、涂料有良好的吸附能力。磷化后经重铬酸盐填充处理、浸油或涂漆,能大大提高耐蚀性	广泛用于机械制造、汽车、船舶以及国防工业等的黑色金属零件作保护层。也被广泛用作涂料的底层

防护层种类	特性	用途
钢铁件氧化处理膜	钢铁件的氧化处理膜主要由磁性氧化铁(Fe_3O_4)组成。氧化膜厚度薄($0.5\sim1.5\mu m$),氧化处理不影响零件精度 氧化膜的硬度低、不耐磨,易溶于酸及碱液中,耐蚀性能远比磷化膜低。氧化处理不会产生氢脆。氧化处理后,经过肥皂溶液或重铬酸钾溶液或涂油处理后,能提高氧化膜的耐蚀能力和润滑能力	广泛用于机械工业、国防工业、光学仪器仪表等的钢铁件作保护层。也常用于弹簧、细钢丝及薄片等零件的保护层
铝及铝合金阳极氧化处理膜	普通阳极氧化处理膜厚度一般为$5\sim20\mu m$,有较高的化学稳定性。防护能力取决于膜层厚度、松孔程度以及基体的合金成分。纯铝或包有纯铝材料上的氧化膜的耐蚀能力优于铝合金。用硫酸溶液获得阳极化膜经重铬酸钾填充处理后的耐蚀性能力,要比铬酸阳极化获得的氧化膜好。氧化膜多孔,有较强吸附能力,也可作为涂料良好的底层	广泛应用于航空工业、电气工业、机械工业和轻工业等的铝及铝合金零件表面的防护层
铝及铝合金化学氧化处理膜	化学氧化处理所获得的氧化膜比较薄($0.5\sim4\mu m$),膜质软不耐磨,耐蚀能力低于阳极化膜,很少单独使用。但膜层具有较好的吸附能力,作为涂料良好的底层,经氧化后再涂漆,可大大提高零件的耐蚀能力	用于航空、电气、机械及等的铝及铝合金零件涂料的底层
铜及铜合金钝化处理膜	铜及铜合金经钝化处理,能提高其耐蚀能力,在干燥空气中比较稳定,是短时间内防腐的一种简便方法。一般较长期储存的制品,经钝化处理后,均涂清漆或虫胶漆,提高其防腐性能	应用于仪器制造业、日用品、国防工业等的零件的表面防护
镁合金氧化处理膜	化学氧化处理所获得的氧化膜薄($0.5\sim3\mu m$)而软,阳极氧化处理所获得的氧化膜厚(为$10\sim40\mu m$)较脆而多孔。镁合金氧化膜具有一定的耐蚀性,很少单独使用,因膜层与涂料结合力较好,所以一般在氧化后都要进行涂漆,以提高其防腐能力	用于航空工业镁合金件的表面防护

4.3.3 防护-装饰性镀覆层

防护-装饰性镀覆层主要目的是使零部件的外表美观,并应具有较好的耐蚀性,以保证产品在有腐蚀性和摩擦的环境中,能保持一定的光亮外观。

装饰性镀层广泛采用镀铜/镍/铬、铜-锡合金/铬、锌-铜合金/铬等各种多层镀层。此外,光亮镀锌、镀镉经铬酸盐钝化和着色后,也越来越多地用作装饰镀层。

防护-装饰性镀覆层的选择以及它的特性和用途见表4-7。

表 4-7 防护-装饰性镀覆层的选择以及它的特性和用途

防护-装饰性镀覆层种类	特性	用途
铜/镍/铬镀层	铜镀层结晶细致、结合力好,质地柔软,容易抛光,也能从镀液中直接镀出光亮铜层。铜镀层用作底层 镍镀层外观好,结晶细致,容易抛光。硬度高,有很好的耐蚀性能。在防护-装饰性多层电镀中,镍镀层可有不同含硫量的双层镍、三层镍,能有效地提高防护性能。镍镀层用作中间层 铬镀层外观呈微带蓝色的银白色光泽,反光能力强,在大气中很稳定,能长期保护其光泽,有装饰性光亮外观。铬镀层可以单独作为装饰性镀层使用,但绝大多数用作防护-装饰性多层电镀层的外层。外层铬镀层厚度一般为$0.3\sim0.5\mu m$,根据多镀层组织结构的需要,有微孔铬层及微裂纹铬层可供选用	广泛应用于日常生活用品、国防工业、航空、航天、自行车、摩托车、汽车、家用电器等制品的防护-装饰性镀层 铬镀层单独作为防护-装饰性镀层,要有足够镀层厚度,以防止有针孔
铜-锡合金/铬镀层	低锡青铜(锡含量$10\%\sim15\%$,质量分数)镀层呈金黄色,具有良好的抛光性能,孔隙少,耐蚀性好,在大气中容易氧化变色,必须套铬,铬镀层厚度达到$0.8\mu m$。低锡青铜是较好的代镍镀层,适合于作防护-装饰性镀层的底层和中间层 高锡青铜(锡含量$40\%\sim50\%$,质量分数)镀层呈银白色,硬度介于镍与铬之间;具有良好的导电性和钎焊性;经抛光后,其反光率仅次于银;在大气中不容易失去光泽;能耐弱酸、弱碱和食品中有机酸的侵蚀。具有良好的防护-装饰性能	低锡青铜套铬后,可作机械、轻工业和日用五金的防护-装饰性镀层 高锡青铜代替银、铬,作为反光镜、仪器仪表、日用五金、餐具、乐器等的防护-装饰性镀层

续表

防护-装饰性 镀覆层种类	特性	用途
锌-铜合金/铬镀层	锌-铜合金镀层具有良好的外观和较高的耐蚀性能,也可作为钢铁件上电镀锡、镍、铬、银等金属的中间镀层。白色锌-铜合金(含铜 20% 左右,质量分数)对钢铁是阳极镀层,防护性能好,可作为装饰性镀铬的底层(代镍镀层)。黄色锌-铜合金(含铜 70% 左右,质量分数)可作为仿金镀层	白色锌-铜合金套铬后,可作为轻工、日用五金及建筑五金件、文教用品等的防护-装饰性镀层
镍-铁合金/铬镀层	镍-铁合金镀层色泽比亮镍白,镀层与基体结合牢固,可在钢铁基体上直接镀出全光亮镀层。结晶细致、紧密,韧性好,整平性能好,镀层硬度比纯镍层高,耐蚀性能好。容易套铬,可作为防护-装饰性镀层中的代镍镀层	应用于汽车、自行车、缝纫机、家用电器、日用五金、文化用品等的防护-装饰性镀层
锌-镍-铁合金/铬镀层	锌-镍-铁合金[一般镍含量为 10% 左右,铁含量 3%～5%(质量分数),其余为锌]具有银白色外观,对钢铁件是阳极镀层,防腐性能好,但在潮湿环境下,容易生产白色腐蚀点。镀层结晶细致,容易抛光。可以代替锌-铜合金镀层、镍镀层作为装饰性铬的底层	套铬后用作一般室内产品的防护-装饰性镀层
锡-镍合金镀层	锡-镍合金镀层具有类似不锈钢并略带粉红色的幽雅色泽,其外观一般随镀层含镍量的增加,由青白色变为粉红色直至黑色,如含锡 65%、镍 35%(质量分数)的合金镀层,外观光亮微带玫瑰色。耐蚀性和抗变色性能好,明显优于单金属锡或镍镀层。有适度的硬度和耐磨性。内应力小,镀层不会发生裂纹、剥落等现象,但镀层略带脆性,镀后不宜进行形变加工。具有良好的焊接性能。结构稳定,镀层在 300℃ 以下性能不会发生变化	主要作为装饰性代铬镀层;其次作为电子、电器、汽车、机械、光学仪器、照相器材以及化学器具等的防护-装饰性镀层
锡-钴合金镀层	锡-钴合金镀层的外观色泽主要取决于合金的钴含量,随钴含量的提高,镀层外观依次呈光亮银白色→青白色→灰黑色→褐色,白色柔和的合金镀层已开始流行。合金镀层硬度比高锡青铜高,近似于镍层。在双层镍上镀 0.2μm 锡-钴合金镀层的耐蚀性能,不亚于在双层镍上镀 0.2μm 铬的组合镀层 锡-钴合金镀层在空气中不会改变外观色泽,若经铬酸盐钝化处理,可改善镀层的耐蚀性和抗变色性能 为提高锡-钴合金镀层的硬度、耐磨性及抗变色性能,在镀液中加锌等金属盐时,获得锡-钴-锌合金镀层,可改善镀层性能	用作装饰性镀层。因耐磨性及抗变色性能等均不及铬镀层,所以只能部分取代装饰性铬镀层
黑铬镀层	黑铬是目前最佳的黑色镀层,外观有均匀黑色光泽,耐磨、防护以及装饰等方面都能满足质量要求。黑铬镀层硬度可达 HV370～540,结合力和耐蚀都较好。其电镀工艺与装饰性铬相似,可采用双层镍或三层镍等高耐蚀性工艺 为提高黑铬镀层的耐蚀性能和外观品质,按照需要,镀后可进行浸油、上蜡、喷涂透明清漆等操作	主要作为降低反光性能的防护-装饰性镀层。用于航空、武器、光学仪器、医疗器械、照相机、日用品等所需零件的防护-装饰性镀层
黑镍镀层	黑镍镀层外观黑色光亮,镀层较脆,一般镀层厚度约为 2μm 左右,若镀层太厚,脆性会增大。镀层防护性较差,厚度又薄,因此不能在钢铁上直接镀黑镍,一般是将镍镀层作为底层;如镀层对耐磨性没有要求,则零件可先进行镀锌,这样不仅可提高耐蚀性,而且镀黑镍后黑度会更好	用作机械、光学仪器、日用五金等的装饰性镀层。或对有特殊要求(如不反光性能)的零件电镀
枪色镍镀层	枪色镍镀层的色泽不同于黑镍,外观不是纯黑色,而是一种铁灰色闪烁着寒光略带褐色的黑,接近枪械的颜色,被称为枪色。这是一种典雅的色泽,流露出高贵的气质,很受人们喜爱 枪色镍-锡合金镀层比枪色镍镀层有更好的性能,其结晶细密、硬度高、耐磨性和耐蚀性好,而且不易变色	用作钟表、打火机、箱包、家用电器、日用五金的装饰性镀层
金、金合金镀层	金是贵重金属,金镀层外观为金黄色,硬度低,延展性好,易于抛光,有很高的装饰性能。金镀层及金合金镀层(含金量的质量分数为 75%～80%,其余为银、镍或铜等)有很高的化学稳定性,抗变色能力强,色泽美观、持久。装饰性镀金和金合金,包括镀厚金和金合金(镀层厚度大于或等于 0.175μm)和闪镀金(镀层厚度为 0.05～0.125μm)	用作首饰、装饰品、工艺品等贵重制品的装饰。闪镀金常用于低档的首饰、装饰品、摆件等的电镀

防护-装饰性镀覆层种类	特性	用途
仿金合金镀层	由于金价昂贵,用于制品装饰价格太高,而仿金镀层则调节了价格与装饰要求的矛盾,故很多饰品或制品都采用装饰性仿金电镀 仿金镀层既保持了金黄色的外观,又大大降低了成本。仿金合金镀层包括:铜-锌合金、铜-锡合金、铜-锌-锡合金、铜-锌-锡-镍合金等。这些仿金镀层都具有良好的外观和较高的耐蚀性能。仿金镀层镀后必须经过严格的水洗、钝化和浸(喷)有机涂料(清漆)等工序 仿金电镀存在的问题:在批量生产中要达到纯正一致的仿金色泽比较困难,色泽稳定性不高;经过一段时间后会褪色、变色;电镀工艺及控制要求较严格	目前仿金电镀已广泛用于首饰、工艺制品、灯具、纽扣、手表、打火机、制笔等的装饰性电镀
铝及铝合金件阳极氧化处理膜	硫酸阳极氧化处理获得的氧化膜孔隙多,吸附能力强,容易染色。纯铝、包铝、铝镁和铝锰合金经阳极氧化后,氧化膜可染成各种鲜艳夺目的颜色。铝硅合金或其他元素含量较高的合金,因膜层发暗,只能染成深色至黑色。铝及铝合金件如经过化学抛光或电解抛光后,进行阳极氧化处理再染色,其色彩更加光泽鲜艳 瓷质阳极氧化处理可以获得外观类似瓷釉和搪瓷的防护-装饰性氧化膜。染色后可以得到塑料似的外观。瓷质阳极氧化膜具有较高的硬度和耐磨性、良好的绝缘性,抗蚀性高于硫酸普通阳极氧化膜,膜层还可以遮盖表面加工上的缺陷,降低对表面机械加工的要求	用于机械工业、轻工业、仪器、仪表、日用品等的防护-装饰性。染色后也可用于图案、仪表的刻度盘等作为区别不同用途的标记
钢铁件氧化处理膜	氧化膜结晶细致紧密、色泽美观,颜色取决于零件表面状态、基体材料和氧化处理工艺规范,一般呈黑色和蓝黑色,膜层具有一定的防护能力。氧化后经浸油处理,能提高防护性能和光泽性	广泛用于机械工业、精密仪器、仪表、武器及日用品等的防护-装饰层
铜及铜合金件氧化处理膜	氧化膜薄($1\sim2\mu m$)而紧密,色彩一般为深蓝、蓝黑、黑褐色。膜层的硬度和耐磨性均比金属本身高。氧化膜有较好的抗水分作用,具有一定的防护能力,经涂油或涂透明清漆能提高氧化膜的防护性能和光泽性	应用于光学仪器、仪表、无线电工业、国防工业、日用品等的防护-装饰层

4.3.4　高硬度的耐磨镀覆层

属于这一类的镀层有镀硬铬、化学镀镍、镀铁、镀铑、镀合金以及铝及铝合金的硬质阳极氧化处理等。

选择提高镀层的表面硬度、耐磨性,可参见表4-8。

表 4-8　高硬度和耐磨镀层的特性和用途

镀层类别	特性	用途
硬铬镀层	硬铬镀层硬度很高,可达到 HV700～1000,耐磨性能好,能提高工件使用寿命。镀硬铬,渗氢严重,镀后应进行除氢处理。镀硬铬的基体金属必须有足够的硬度	用于工具、模具、量具、刃具及其他要求提高硬度和耐磨性的零件的电镀
松孔镀铬层	松孔铬亦称网纹铬,其硬度可达到 HV800～1000。松孔铬是对已镀的铬层进行阳极处理(松孔处理)即得松孔镀铬层,使铬镀层原有的网状裂纹加深加宽,这样的松孔铬层具有很好的吸油(储油)性能,可改善工作面的润滑性能,降低摩擦系数,从而提高铬镀层的耐磨能力	主要用于耐热、耐蚀、耐磨、承受重负荷的机械摩擦状态下工作的零件。如内燃机活塞环及气缸套和转子发动机内腔等
化学镀镍层	化学镀镍层结晶细致、外观光亮、孔隙少,硬度略低于硬铬层。沉积速度快,对于复杂零件能获得较均匀的镀层,除氢容易。耐磨性和耐蚀性能好。化学镀镍层含磷量在 3%～5%(质量分数),硬度随含磷量增加而提高,在400℃下热处理1h,可提高硬度,但化学镀镍层的脆性较大	作为受摩擦零件,特别是铝、钛、铍等轻金属零件的抗磨镀层。也可用作耐腐蚀镀层
镀铁层	镀铁层质软,容易机械加工。电镀后经渗碳、渗氮处理可提高硬度。 采用一种不对称交-直流氯化亚铁低温镀铁,所获的铁层结晶细致、结合力好、硬度高、耐磨性好、沉积速度快,但有脆性	用于印刷工业中,在铝版、铜版、活字版上镀覆,可提耐磨性
镀铑层	镀铑层呈银白色并有光泽,在大气中对硫化物及二氧化碳,在室温下对酸、碱均有较高的化学稳定作用。镀层硬度高、耐磨性好、接触电阻小。但镀层容易产生内应力和脆性	用于电器和电子工业比较重要的触头镀层,印刷线路板上插接件的耐磨镀层

4.3.5 功能性镀覆层

属于这一类的镀层有很多，选择各种功能性镀覆层，参见表 4-9。

表 4-9 各种功能性镀覆层

要求功能特性		适用的镀层种类
机械特性	耐磨损性	镀硬铬、镀铑、镀铅-铟合金、化学镀镍、镀镍-碳化硅合金复合镀层、镀镍-磷合金复合镀层、镀铁-磷合金复合镀层、化学镀镍-磷/碳化硅合金复合镀层、化学镀铁-磷/三氧化二铝合金复合镀层等
	减摩性	镀锡、镀钴-锡合金、镀铅-锡合金、镀银-锡合金、镀铅-锡-铜合金、镀镍-磷合金复合镀层等
	润滑性	松孔镀铬；聚四氟乙烯、氟化石墨、二硫化钼与铜或镍的复合镀层、镀镍-磷/氮化硼合金复合镀层(即氮化硼分散在镍-磷合金中)等
	堆焊性	镀铬、镀镍、镀铜、镀铁和镍-铁的电铸等
光学特性	反光性	镀银、装饰性镀铬、镀铟等
	防反光性	镀黑镍、镀黑铬等
电的特性	导电性	镀铜、镀银、镀金、镀锡、镀金-钴合金、化学镀铜等
	超导电性	镀铌、镀铌-锡合金、镀铋等
	电接触性	镀金、镀银、镀钯、镀铑、镀银-锑合金、镀锡＋镀镍＋镀金、铜基复合镀层、银基复合镀层、金基复合镀层等
	焊接性	镀锡、镀铬-锡合金、镀锡-铅合金、镀锡-铋合金、镀锡-铈合金、化学镀镍等
	电阻性	镀铬、化学镀镍-磷合金、化学镀镍-钨-磷合金等
磁的特性	软磁性	镀镍-铁合金、镀镍-铁-钴合金等
	硬磁性	镀钴-磷合金、镀镍-钴-磷合金、镀钴-铁-磷合金等
	顺磁性	镀铬等
热的特性	耐热性	镀铬、镀镍-钨合金、镀镍-钼合金等
	吸热性	镀黑镍、镀黑铬、镀黑色铬-钴合金、铜的黑色氧化、镀锌发黑等
物理化学特性	键合(搭接)性	镀金、镀银、化学镀镍等
	不溶性	镀白金、镀钌等
	粘接性	镀铜-锌合金(对橡胶)、镀锌钝化
	不粘接性	镀铬(对非金属材料、橡胶、塑料、胶木等)
	抗氧化性	镀铬、镀铂-铑合金、镀钴-碳化铬(Cr_3C_2)复合镀层
	高温抗氧化性	化学镀镍-磷/三氧化二铝合金复合镀层
	耐有机气氛	镀铬、化学镀镍、镀镍、镀镉-钛合金、镀锌-钛合金
	耐酸性	镀铅
其他特性	热处理的局部保护	防止局部渗碳的镀铜、防止局部渗氮的镀锡
	修复性	修复性镀铁、修复性镀铬

4.4 各种金属零件防护体系的选择

各种金属零件，如铁基合金、铝及铝合金、镁合金、铜及铜合金及钛合金等，在大气环境中工件的机械零件，需要有保护层，有时还需要具有特殊功能。下面介绍各种金属零件在大气环境中的各种条件下防护体系的选择，供参考。

4.4.1 钢铁零件防护体系的选择

碳钢、合金钢、铸铁、铸钢及含铬 18% 以下的耐蚀钢等，抗蚀能力不强，在大气、水、海水及海洋环境中容易腐蚀，除在液压油中工作外，通常需要防护层。含铬 18%（质量分数）以上的耐蚀不锈钢除有特殊要求外，一般不需要防护层，为增加抗蚀能力，需进行钝化处理。钢铁零件除防护、装饰外，有时还需具有特殊功能，如硬度、耐磨、导电、反光、防反光、磁性、耐酸以及热处理的局部保护等。

钢铁零件防护体系的选择见表 4-10。

表 4-10　钢铁零件防护体系的选择

防护层用途		防护层
防腐蚀	大气中(常温)	镀锌、热浸锌、喷锌、镀镉、离子镀铝、双层镀镍、镀乳白铬、镀锡-锌合金(代镉)、镀镉-钛合金(代镉)、磷化处理后经钝化涂油等
	大气中(<500℃)	镀镍、镀黄铜、镀乳白铬、镍镉扩散层、镀锌-镍合金
	油中	氧化处理(发蓝)
	水中(>60℃)	镀镉
	海水和海雾中	镀镉、镀锌-镍合金、镀镉-钛合金(代镉)、镀锡-锌合金(代镉)等
	低脆性	镀镉-钛合金、松孔镀镉
防护装饰		镀铜/镍/铬、镀镍/铬、镀铜-锡合金/铬、镀锌-铜合金/铬、镀镍-铁合金/铬、镀锌-镍-铁合金/铬、镀锡-镍合金、镀锡-钴合金、镀黑镍、镀枪色镍、镀黑铬、镀银、镀铑、镀金及其合金、镀仿金合金、光亮镀锌和镀镉经铬酸盐钝化和着色、钢铁件氧化处理后浸油等
高硬度、耐磨		镀硬铬、松孔镀铬、化学镀镍、镀铁(镀后渗碳)、镀铑、镀铬-钼合金、镀锡-镍合金、镀银-锑合金等
高温耐磨		镀铬-镍合金
减少摩擦		镀硬铬、镀铅-锡合金、镀锡-铜合金、镀锡-铜-锑合金、镀铅-锡合金、镀银、镀银-铅-铟合金等
导电		镀铜、镀锡、镀银、镀金、镀金-钴合金等
可焊接性		镀锡、镀铅-锡合金、镀锡-铈合金、镀锡-铈-锑合金、镀锡-铋合金、镀锡-银合金、镀锡-锌合金
便于钎焊		镀铜、镀锡、镀镍、镀银、镀铅-锡合金
磁性		镀镍、镀镍-铁合金、镀镍-钴合金、镀镍-磷合金、镀镍-钴-磷合金
反光		镀银、镀装饰铬、镀铟、镀铑、镀高锡青铜、镀铝(真空蒸发获得)等
防反光		镀黑镍、镀黑铬等
防粘接		镀铜、镀银、磷化
抗氧化		镀铬、镀铂-铑合金
耐酸		镀铅等
食品工业中的容器		镀锡(与食品接触的表面镀锡,镀锡层耐有机酸且无毒)
氧气系统防护		镀锡、镀锡-铋合金
便于橡胶粘接		镀黄铜
油漆底层		磷化可作油底层
润滑层		磷化膜经浸肥皂液处理,可用作钢件冷挤压、引伸的润滑层
绝缘		磷化
防渗碳、防渗氮保护		局部防止渗碳的镀铜、局部防止渗氮的镀锡
轴承表面镀层		镀铅-锡合金、镀铅-锡-铜合金(用作轴瓦、轴套等减摩)
修复镀层		修复磨损件的镀铬、镀铁
标志		镀黑铬、镀黑镍、黑色磷化、氧化

4.4.2　铝及铝合金零件防护层的选择

铝及铝合金的表面处理方法及镀覆层的选择见表 4-11。

表 4-11　铝及铝合金的表面处理方法及镀覆层的选择

防护层用途	表面处理方法及镀覆层
防腐蚀(大气环境)	硫酸阳极氧化处理并封闭
染色	硫酸阳极氧化处理后着色
装饰	瓷质阳极氧化、微弧阳极氧化、缎面阳极氧化或沙面阳极氧化、铝件经过化学抛光或电解抛光及硫酸阳极氧化处理后着色、镀铜/镍/铬镀层
保持较高的抗疲劳性能	铬酸阳极氧化、化学氧化或硫酸、硼酸复合阳极氧化
耐磨	硬质阳极氧化、镀硬铬、松孔镀铬、化学镀镍
润滑性	镀铜＋镀锡、镀铜＋热浸锡、镀铜/锡-铅合金
绝缘	草酸阳极氧化、硬质阳极氧化

续表

防护层用途	表面处理方法及镀覆层
胶接	磷酸阳极氧化、铬酸阳极氧化、薄层硫酸阳极氧化
导电	镀铜、镀锡、镀铜/银、镀铜/金、镀铜/镍/铑、化学氧化等
便于(改善)钎焊	化学镀镍、化学镀铜、镀锡、镀锡-铅合金、镀镍、镀铜/镍
提高与橡胶粘接力	镀黄铜
消光	黑色阳极氧化、喷砂后阳极氧化
电磁屏蔽	化学镀镍
涂装底层	化学氧化、铬酸阳极氧化、硫酸阳极氧化或阿罗丁处理
识别标记	硫酸阳极氧化后着色

4.4.3　镁合金零件防护层的选择

镁合金的表面处理方法及防护层的选择见表 4-12。

表 4-12　镁合金的表面处理方法及防护层的选择

防护层用途	表面处理方法及防护层
防腐蚀、防护装饰	磷化、化学氧化、阳极氧化、微弧阳极氧化等,处理后进行涂装(涂油漆)、化学镀镍-铜-磷合金
高硬度、耐磨	镀硬铬、化学镀镍
导电	镀铜、镀锡
导电、耐蚀、抗磨蚀	通信卫星遥测、遥控全向天线镁合金镀金(多层电镀:铜/银/金镀层)
涂装底层	磷化、化学氧化、阳极氧化

4.4.4　铜及铜合金零件防护层的选择

铜及铜合金零件防护层的选择见表 4-13。

表 4-13　铜及铜合金零件防护层的选择

防护层用途		表面处理方法及防护层
防腐蚀	大气中(常温)	镀锌、镀镉、镀铬、钝化(或再涂清漆、虫胶漆)
	油中	钝化
防护装饰		镀镍、镀镍/铬、化学氧化(或再经涂油或涂清漆)
减缓接触腐蚀		镀镉、镀锌
提高硬度、耐磨		镀硬铬、化学镀镍
减少摩擦		镀铅、镀银、镀铅-锡合金、镀铅-铟合金、镀铅-锡-铜合金、镀锡-铜-锑合金、镀银-铅-铟合金
导电		镀锡、镀银、镀金、镀金-钴合金等
消光		黑色氧化、镀黑镍、镀黑铬
便于钎焊		镀锡、镀银、镀铅-锡合金、镀锡-铋合金、化学镀锡
插拔耐磨		镀银后镀硬金、镀银后镀钯、镀铑
氧气系统防护		镀锡、镀锡-铋合金
防烧伤、防粘接		镀银后镀金
涂装底层		化学氧化、钝化

4.4.5　钛合金零件防护层的选择

钛合金零件防护层的选择见表 4-14。

表 4-14　钛合金零件防护层的选择[5]

防护层用途	表面处理方法及防护层
耐磨	镀硬铬
防止接触腐蚀	阳极氧化、离子镀铬、无机盐中温铝涂层
防止缝隙腐蚀	镀钯、镀铜、镀银

防护层用途	表面处理方法及防护层
防止气体污染	阳极氧化
防止热盐应力腐蚀	化学镀锡
防着火	镀铜、镀镍、离子镀铝、钝化
阻滞吸氢脆裂	阳极氧化

4.4.6 其他金属零件防护层的选择

其他金属零件防护层的选择见表 4-15。

表 4-15　其他金属零件防护层的选择

金属零件	防护层用途	表面处理方法及防护层
锌合金压铸件	防护装饰	镀铜/镍/铬、镀金、仿金电镀、镀黑色珍珠镍、镀缎面镍、镀铜/锡-钴合金、亚光镀层(铜/光亮镍/铬镀层)
	装饰	镀金、仿金电镀、镀枪色镍、镀缎面镍、滚镀铜/锡-钴合金
	涂装底层	磷化
粉末冶金铁基制品	防护	镀锌、镀镉等(后进行涂覆油漆层)
	防护装饰	镀铜/镍/铬、镀镍/铬、镀黑铬、氧化发黑
钕铁硼磁性材料零件	防护	镀锌、镀锌-铁合金、磷化
	防护装饰	镀暗镍/亮镍、镀半亮镍/亮镍、镀暗镍/铜/亮镍、碱性化学镀镍、酸性化学镀镍
	装饰	镀镍/金
	外观和改善焊接	镀暗镍/焦磷酸盐镀铜/酸性镀锡、镀暗镍/焦磷酸盐镀铜/镀亮镍/酸性镀锡、镀镍/银

4.5 镀覆层厚度系列、应用范围及其特性

各种镀层厚度取决于使用环境条件、使用寿命以及镀层类型等因素。各种镀层厚度系列中所涉及的镀层类型及服役环境条件等，分别叙述如下。

(1) 镀层类型

① 铜镀层类型　铜镀层用下列符号表示：

a 表示从酸性溶液中镀出的延展、整平性铜。

② 镍镀层类型　镍镀层的种类用下列符号表示：

b 表示全光亮镍；

p 表示机械抛光的暗镍或半光亮镍；

s 表示非机械抛光的暗镍，半光亮镍或缎面镍；

d 表示双层或三层镍；

dp 表示从预镀溶液中电沉积延展性镍。

双层或三层镍电镀层的有关要求见表 4-16。

表 4-16　双层或三层镍电镀层要求

层次 (镍层类型)	延伸率/%	含硫量[①] (质量分数)/%	厚度占总镍层厚度的百分数/%	
			二层	三层
底层(s)	>8	<0.005	≥60	50~70
中间层(高硫)	—	>0.15	—	≤10
面层(b)	—	>0.04 且 <0.15	10~40	≥30

① 规定镍层的含硫量是为了说明所用的镀镍溶液种类。

③ 铬镀层类型　铬镀层的类型和厚度用下列符号表示：

r 表示普通铬 (常规铬)，厚度为 0.3μm；

mc 表示微裂纹铬，厚度为 $0.3\mu m$；

mp 表示微孔铬，厚度为 $0.3\mu m$。

生产微裂纹铬时，某些工序为达到所必需的裂纹样式，要求坚硬、较厚（约 $0.8\mu m$）的铬镀层。在这种情况下，镀层标识应包括最小局部厚度：Cr mc（0.8）。

（2）镀层服役环境条件

镀层的各类服役环境条件的环境举例。

5——极其严酷。在极严酷的室外环境下服役，要求长期保护基体。

4——非常严酷。在非常严酷的室外环境下服役。

3——严酷。在室外海洋性气候或经常下雨潮湿的室外环境下服役。

2——中度。在可能产生凝露的室内环境下服役。

1——温和。在气氛温和干燥的室内环境下服役。

（3）表示基体金属的化学符号

表示基体金属（或合金基体中的主要金属）的化学符号，后接一斜线"/"，如下：

Fe/表示基体为钢铁；

Zn/表示基体为锌或锌合金；

Cu/表示基体为铜或铜合金；

Al/表示基体为铝或铝合金；

Mg/表示基体为镁或镁合金；

Ti/表示基体为钛或钛合金；

PL/表示基体为塑料。

4.5.1　锌镀层厚度系列及应用范围

（1）锌镀层厚度

锌镀层厚度取决于使用条件。在 GB/T 9799—2011《金属及其他无机覆盖层　钢铁上经过处理的锌电镀层》（本标准使用翻译法等同采用 ISO 2081：2008《金属及其他无机覆盖层　钢铁上经过处理的锌电镀层》）的附录 C（资料性附录）中表示出锌镀层厚度与制品使用条件的关系，见表 4-17。

表 4-17　锌电镀层＋铬酸盐转化膜中性盐雾试验的耐蚀性

镀层标识(部分)	使用条件号	使用条件	中性盐雾试验持续时间/h
Fe/Zn5/A			
Fe/Zn5/B	0	完全用于装饰性	48
Fe/Zn5/F			
Fe/Zn5/C			
Fe/Zn5/D			
Fe/Zn8/A	1	温暖、干燥的室内	72
Fe/Zn8/B			
Fe/Zn8/F			
Fe/Zn8/C			
Fe/Zn8/D			
Fe/Zn12/A	2	可能发生凝露的室内	120
Fe/Zn12/F			
Fe/Zn12/C			
Fe/Zn12/D			
Fe/Zn25/A	3	室温条件下的户外	192
Fe/Zn25/F			

续表

镀层标识（部分）	使用条件号	使用条件	中性盐雾试验持续时间/h
Fe/Zn25/C	4	腐蚀严重的户外 （如海洋环境或工业环境）	360
Fe/Zn25/D			

说明：表 4-17 中给出了各种使用条件下达到防护要求的厚度值（即锌电镀层经铬酸处理后的最小局部厚度）。

① 对于某些重要的应用，使用条件为 3 时，锌电镀层的最小厚度建议由 $14\mu m$ 代替 $12\mu m$。

② 对于直径不到 20mm 的螺纹件，镀层的最小厚度建议为 $10\mu m$；对于铆钉、锥形针、开口销和垫片之类的工件，其镀层的最小厚度建议为 $8\mu m$。

③ 漂洗和烘干：对于六价铬转化膜，为防止六价铬酸盐的溶解，如果铬酸盐处理后用热水漂洗，则漂洗时间应尽可能短。为防止铬酸盐膜脱水产生裂纹，工件的干燥温度应与所采用的铬酸盐类型保持一致（通常最高干燥温度为 60℃）。

④ 表 4-17 中的中性盐雾试验持续时间为基体金属腐蚀（红锈）开始时，锌＋铬酸盐转化膜的中性盐雾的耐蚀性。

⑤ 锌电镀层腐蚀（白锈）开始时铬酸盐转化膜的耐蚀性，见表 4-18。

表 4-18　锌电镀层腐蚀（白锈）开始时铬酸盐转化膜的耐蚀性

铬酸盐转化膜代号	中性盐雾试验时间/h	
	滚镀	挂镀
A	8	16
B	8	16
C	72	96
D	72	96
F	24	48

注：铬酸盐转化膜代号见表 4-19。

（2）铬酸盐转化膜和其他辅助处理的标识

① 铬酸盐转化膜标识　表 4-19 列出了铬酸盐转化膜代号（标识）及每类铬酸盐转化膜按 ISO 3892 测出的大致表面密度（单位面积的质量）。

表 4-19　铬酸盐转化膜的类型、外观和表面密度（GB/T 9799—2011）

类型		典型外观	膜层表面密度 $\rho_A/(g/cm^2)$
代号	名称		
A	光亮膜	透明，透明至浅蓝色	$\rho_A \leqslant 0.5$
B	漂白膜	带轻微彩虹的白色	$\rho_A \leqslant 1.0$
C	彩虹膜	偏黄的彩虹色	$0.5 < \rho_A < 1.5$
D	不透明膜	橄榄绿	$\rho_A > 1.5$
F	黑色膜	黑色	$0.5 \leqslant \rho_A \leqslant 1.0$
备注	1. 表中对铬酸盐涂层的描述不一定是指色漆和清漆附着的改善。铬酸盐膜可能含有或不含六价铬离子 2. B 类型的漂白膜为两步骤工艺		

转化膜的封闭：为了进一步提高耐蚀性，铬酸盐转化膜可以进行封闭处理。封闭是在铬酸盐膜上涂上有机物或无机物，这样可以增强铬酸盐膜在高温下的耐蚀性。转化可以通过在转化膜上浸或喷聚合物的水溶液来实现，也可以通过在铬酸盐转化液中加入合适的有机物来进行。

② 其他辅助处理的标识　如果需要进行其他辅助处理（非转化后处理），其代号标识见表 4-20。

表 4-20 非转化后处理 (GB/T 9799—2011)

代号	处理类型	代号	处理类型
T1	涂覆涂料、粉末涂层或类似材料	T3	有机染色
		T4	涂动物油脂或其他润滑剂
T2	涂覆有机或无机封闭剂	T5	涂蜡

(3) 锌电镀层标识示例

锌电镀层标识，按以下顺序明确指出基体材料、降低应力的要求、底镀层的类型和厚度（有底镀层时）、锌电镀层的厚度、镀后热处理要求、转化膜的类型和/或辅助处理。

① 基体材料的标识　应用其化学符号标识，如果是合金，则应标明主要成分。例如，Fe 表示铁或钢、Zn 表示锌合金、Cu 表示铜及铜合金、Al 表示铝及铝合金。

② 热处理要求的标识　SR 表示电镀前消除应力的热处理、ER 表示电镀后降低氢脆敏感性的热处理；在圆括号中标明最低温度（℃）；热处理持续时间用小时（h）计。

【例】　SR(210)1，表示电镀前消除应力热处理，在 210℃ 下处理 1h。

③ 锌电镀层标识示例

【例 1】　铁或钢（Fe）上厚度为 12μm 的锌电镀层（Zn12），镀层经彩虹色化学转化处理（C），其标识为：

电镀层 GB/T 9799-Fe/Zn12/C

【例 2】　铁或钢（Fe）上厚度为 25μm 的锌电镀层（Zn25）；为降低氢脆，镀后在 190℃ 下热处理 8h[ER(190)8]；镀层经过不透明铬酸盐处理（D），并用有机封闭剂进行封闭（T2），其标识为：

电镀层 GB/T 9799-Fe/Zn25/ER(190)8/D/T2

【例 3】　同示例 2，但工件在镀前进行降低应力热处理，200℃ 下持续最短时间为 3h，其标识为：

电镀层 GB/T 9799-Fe/SR(200)3/Zn25/ER(190)8/D/T2

4.5.2　镉镀层厚度系列及应用范围

(1) 镉镀层厚度

镉镀层厚度取决于使用条件。在 GB/T 13346—2012《金属及其他无机覆盖层　钢铁上经过处理的镉电镀层》（本标准使用翻译法等同采用 ISO 2082：2008《金属及其他无机覆盖层　钢铁上经过处理的镉电镀层》）的附录 C（资料性附录）中表示出镉镀层厚度与制品使用条件的关系，见表 4-21。

表 4-21　镉加铬酸盐转化膜耐中性盐雾腐蚀性

镀层标识（局部的）	使用条件编号	使用条件	中性盐雾试验时间/h
Cd5/A	0	纯装饰性	48
Cd5/F			
Cd5/C	1	温暖、干燥的室内环境	72
Cd5/D			
Cd8/A			
Cd8/F			
Cd8/C	2	可能会出现凝露的室内环境	120
Cd8/D			
Cd12/A			
Cd12/F			

续表

镀层标识（局部的）	使用条件编号	使用条件	中性盐雾试验时间/h
Cd12/C			
Cd12/D	3	在良好的户外条件下使用	192
Cd25/A			
Cd25/F			
Cd25/C	4	在室外严重腐蚀条件下使用	360
Cd25/D		（例如海洋或工业环境）	

说明：如果进行铬酸盐处理，表 4-21 中给出了所需镉镀层的最小厚度。镉镀层的厚度取决于使用条件的严酷程度，以确保所需的耐蚀性。

① 对于一些重要的应用，建议最低按使用条件 3，镉镀层局部厚度为 $14\mu m$。

② 对于螺纹直径 20mm 以下的零件，推荐的最小厚度为 $10\mu m$。

③ 对于铆钉、锥形针、开口销和垫圈，推荐的最小厚度为 $8\mu m$。

④ 清洗和烘干：如果在铬酸盐处理后用热水作最终清洗，则为防止六价铬的溶解，清洗时间尽可能短。为防止铬酸盐转化膜脱水而开裂，干燥温度应与所采用的铬酸盐类型保持一致（通常最高干燥温度不超过 60℃）。

⑤ 表 4-21 中的中性盐雾试验时间，为基体金属腐蚀（红锈）开始时，镉加铬酸盐转化膜的中性盐雾的耐蚀性。

（2）镉镀层上的铬酸盐转化膜的耐腐蚀性

镉镀层上的铬酸盐转化膜的耐腐蚀性见表 4-22。

表 4-22　镉镀层上的铬酸盐转化膜的耐腐蚀性

铬酸盐转化膜代号	中性盐雾试验时间/h	
	滚镀	挂镀
A	8	16
C	72	96
D	72	96
F	24	48

注：铬酸盐转化膜代号见表 4-23。

（3）铬酸盐转化膜类型、外观和表面密度

铬酸盐转化处理溶液通常呈酸性，并含有六价铬或三价铬盐以及能够改变转化膜外观和硬度的其他盐类。镉镀层通过不同溶液的处理可以获得光亮、彩虹色、橄榄绿色和黑色的钝化膜。彩虹膜也可在碱性或磷酸溶液中褪色得到透明薄膜。表 4-23 根据 ISO 3892 测量给出了各种类型铬酸盐转化膜近似表面密度（单位面积的质量）。

表 4-23　铬酸盐转化膜类型、外观和表面密度 （GB/T 13346—2012）

类型		典型外观	表面密度 $\rho_A/(g/cm^2)$
代号	名称		
A	光亮	透明,浅蓝	$\rho_A \leqslant 0.5$
C	彩虹	黄色彩虹	$0.5 < \rho_A < 1.5$
D	不透明	橄榄绿色	$\rho_A > 1.5$
F	黑色	黑色	$0.5 \leqslant \rho_A \leqslant 1.0$
备注	1. 表中对铬酸盐涂层的描述不一定是指色漆和清漆附着的改善 2. 表中铬酸盐涂层可能含有或不含六价铬离子		

（4）铬酸盐转化膜的其他后处理

① 封闭　为了提高防腐蚀性能，可通过有机或无机产品对铬酸盐转化膜进行封闭处理。可用聚合物水溶液浸渍或喷涂对转化膜进行封闭。

② 转化膜的后处理　转化膜后处理的处理类型和代号，如表 4-24 所示。

表 4-24　转化膜后处理的处理类型和代号（GB/T 13346—2012）

代号	处理类型
T1	采用涂料、清漆、粉末涂层或类似的涂层材料
T2	采用有机或无机密封剂
T3	采用有机染料
T4	采用油脂、油或其他润滑剂
T5	采用蜡

（5）镉镀层标识示例

镉镀层标识，应按照下列顺序排列：基体金属、时效处理要求、底镀层厚度和类型、表面镉镀层厚度、电镀后热处理要求、转化膜类型和/或后处理。

① 基体金属材料的标识　应用其化学符号标识，例如，Fe 表示铁或钢。

② 热处理要求的标识　SR 表示电镀前降低应力热处理、ER 表示电镀后消除氢脆的热处理；在圆括号中标明最低温（℃）；热处理持续时间用小时（h）表示。

【例】　SR(210)1，表示电镀前在 210℃下进行 1h 降低应力的热处理。

③ 镉镀层标识示例

【例 1】　在铁或钢上电镀 12μm 厚度的镉及彩色钝化膜（C）处理。

其标识为：电镀层 GB/T 13346-Fe/Cd12/C

【例 2】　在铁或钢上电镀 25μm 厚度的镉，电镀后在 190℃下进行 8h 消除氢脆的热处理，标识为 ER(190)8，增加不透明铬酸盐转化膜（D）及有机封闭剂封闭的后处理（T2）。

其标识为：电镀层 GB/T 13346-Fe/Cd25/ER(190)8/D/T2

【例 3】　同示例 2，但要在电镀前于 200℃下进行至少 3h 降低应力的热处理，标识为 SR(200)3。

其标识为：电镀层 GB/T 13346-Fe/SR(200)3/Cd25/ER(190)8/D/T2

4.5.3　铜镀层厚度系列及应用范围

工程用铜电镀层的厚度主要取决于应用范围及使用条件。在 GB/T 12333—1990《金属覆盖层　工程用铜电镀层》中，规定了铜电镀层的厚度系列。该标准适用于工程用途的铜电镀层，例如在热处理零件表面起阻挡层作用的铜电镀层；拉拔丝加工过程中要求起减磨作用的铜电镀层；作锡镀层的底层防止基体金属扩散的铜电镀层等。但不适用于装饰性用途的铜电镀层和铜底层及电铸用铜镀层。

工程用铜电镀层的最小厚度要求及应用实例，如表 4-25 所示。

表 4-25　铜电镀层的厚度系列

要求的最小局部厚度/μm	应用实例
25	热处理的阻挡层
20	渗碳、脱碳的阻挡层；印制电路板通孔镀铜；工程拉拔丝镀铜
12	电子、电器零件镀铜；螺纹零件密合性要求镀铜
5	锡覆盖层的底层，阻止基体金属向锡层扩散
按需要规定	上述类似用途或其他用途

注：1. 引自 GB/T 12333—1990《金属覆盖层　工程用铜电镀层》。

2. 螺纹零件镀铜时，应避免螺纹的牙顶上镀的太厚。为了使牙顶上的镀层厚度不超过允许的最大厚度值，可以允许其他表面上镀层的厚度比规定值略小。

4.5.4　锡镀层厚度系列及应用范围

锡镀层按厚度分类，并分别用于不同的使用条件时，各类最小厚度值的规定，见表 4-26。

表 4-26 锡镀层最小厚度

使用条件号	铜基体金属[①]		其他基体金属[②]	
	镀层分级号（部分的）	最小厚度/μm	镀层分级号（部分的）	最小厚度/μm
4——极严酷。例如在严酷腐蚀条件的户外使用，或同食物或饮料接触，在此条件下必须获得一个完整的锡镀层以抗御腐蚀和磨损	Sn30	30	Sn30	30
3——严酷。例如在一般条件的户外使用	Sn15	15	Sn20	20
2——中等。例如在一定潮湿的户内使用	Sn8	8	Sn12	12
1——轻度。例如在干燥大气中户内使用，或用于改善可焊性	Sn5	5	Sn5	5

① 锌铜合金基体材料上的底镀层的要求。当存在下列的任一原因时，某些基体表面可要求底镀层：a. 防止扩散；b. 保持可焊性；c. 保证附着强度；d. 提高耐蚀性。

② 特定基体材料上底镀层的要求：a. 难清洗的基体材料。某些基体材料，如磷-青铜、铍-青铜合金和镍-铁合金，由于其表面氧化膜特性，镀锡均难于作化学清洗前处理，如果要求锡镀层可焊性能，加镀最小局部厚度为 2.5μm 的镍层或铜底层可能是有益的。b. 铝、镁和锌合金。这些合金容易受到稀酸或碱的侵蚀，因此，在制品电镀以前，需要特殊处理，包括沉积一层厚度为 10～25μm 的厚铜或黄铜或锌底镀层。

注：引自 GB/T 12599—2002《金属覆盖层 锡电镀层技术规范和试验方法》。

4.5.5 镍镀层厚度系列及应用范围

镍镀层厚度系列引自 GB/T 9798—2005《金属覆盖层 镍电沉积层》（本标准等同采用 ISO 1458：2002《金属覆盖层 镍电沉积层》）。该标准规定了在钢铁、锌合金、铜和铜合金、铝和铝合金上装饰性和防护性镍电镀层的要求，以及在钢铁、锌合金上铜＋镍电镀层的要求。

无铜底层、有铜底层及无铬面层的装饰性镍镀层，适用于防止使用中的摩擦或触摸导致镀层变色或取代铬作面层的镀件。也适用于对变色要求不同的镀件。耐蚀性取决于覆盖层的种类和厚度。一般来说，相同厚度的多层镍比单层镍防护性能更好。

下列各表给出了不同厚度和种类镀层的标识，以及镀件暴露于相应服役条件下镀层选择的指南。

钢铁上镍和铜＋镍镀层的厚度规定见表 4-27。

锌合金上镍和铜＋镍镀层的厚度规定见表 4-28。

铜或铜合金上镍镀层的厚度规定见表 4-29。

铝或铝合金上镍镀层的厚度规定见表 4-30。

表 4-27 钢铁上镍和铜＋镍镀层的厚度规定

服役环境条件	镀层标识	镀层类型		镀层厚度/μm	
		铜（Cu）	镍（Ni）	铜（Cu）	镍（Ni）
3——严酷	Fe/Ni30b	—	光亮镍	—	30
	Fe/Cu20a Ni25b	延展、整平性	光亮镍	20	25
	Fe/Ni30p	—	机械抛光的暗镍或半光亮镍	—	30
	Fe/Cu20a Ni25p	延展、整平性	机械抛光的暗镍或半光亮镍	20	25
	Fe/Ni30s	—	非机械抛光的暗镍或半光亮镍	—	30
	Fe/Cu20a Ni25s	延展、整平性	非机械抛光的暗镍或半光亮镍	20	25
	Fe/Ni30d[①]	—	双层或三层镍	—	30
	Fe/Cu20a Ni25d	延展、整平性	双层或三层镍	20	25

续表

服役环境条件	镀层标识	镀层类型		镀层厚度/μm	
		铜(Cu)	镍(Ni)	铜(Cu)	镍(Ni)
2——中度	Fe/Ni25b	—	光亮镍	—	25
	Fe/Cu15a Ni20b	延展、整平性	光亮镍	15	20
	Fe/Ni20p		机械抛光的暗镍或半光亮镍	—	20
	Fe/Cu15a Ni20p	延展、整平性	机械抛光的暗镍或半光亮镍	15	20
	Fe/Ni20s	—	非机械抛光的暗镍或半光亮镍		20
	Fe/Cu15a Ni20s	延展、整平性	非机械抛光的暗镍或半光亮镍	15	20
	Fe/Ni15d	—	双层或三层镍	—	15
	Fe/Cu15a Ni15d	延展、整平性	双层或三层镍	15	15
1——温和	Fe/Ni10b	—	光亮镍	—	10
	Fe/Cu10a Ni10b	延展、整平性	光亮镍	10	10
	Fe/Ni10s	—	非机械抛光的暗镍或半光亮镍		10
	Fe/Cu10a Ni10s	延展、整平性	非机械抛光的暗镍或半光亮镍	10	10
备注	钢铁件电镀前通常用氰化物镀铜作最底层，厚度应为 5～10μm，以避免其后酸性镀铜时，使结合力变差。用铜作最底层(闪铜)时，氰化物镀铜不能被表中规定的延展酸性铜代替				

① GB/T 9798—2005 表的 "3——严酷" 中原是 Fe/Ni30s，但 Fe/Ni30s 已经有了，是否应为 Fe/Ni30d（表中所注的①为编著者所加）。

表 4-28　锌合金上镍和铜＋镍镀层的厚度规定

服役环境条件	镀层标识	镀层类型		镀层厚度/μm	
		铜(Cu)	镍(Ni)	铜(Cu)	镍(Ni)
3——严酷	Zn/Ni25b	—	光亮镍	—	25
	Zn/Cu15a Ni20b	延展、整平性	光亮镍	15	20
	Zn/Ni25s	—	非机械抛光的暗镍或半光亮镍	—	25
	Zn/Cu15a Ni20s	延展、整平性	非机械抛光的暗镍或半光亮镍	15	20
	Zn/Ni25d	—	双层或三层镍		25
	Zn/Cu15a Ni15d	延展、整平性	双层或三层镍	15	15
2——中度	Zn/Ni15b	—	光亮镍	—	15
	Zn/Cu10a Ni15b	延展、整平性	光亮镍	10	15
	Zn/Ni15s①		非机械抛光的暗镍或半光亮镍		15
	Zn/Cu10a Ni15s②	延展、整平性	非机械抛光的暗镍或半光亮镍	10	15
1——温和	Zn/Ni10b	—	光亮镍	—	10
	Zn/Cu10a Ni10b	延展、整平性	光亮镍	10	10
	Zn/Ni10s	—	非机械抛光的暗镍或半光亮镍		10
	Zn/Cu10a Ni10s	延展、整平性	非机械抛光的暗镍或半光亮镍	10	10
备注	锌合金必须先镀铜，以确保连续镀镍的结合力。最底层通常为氰化物镀铜，也有用无氰碱性镀铜。铜最底层最小厚度为 8～10μm。如是复杂零件，最小厚度需增加到 15μm 左右，确保覆盖主要表面外的低电流密度区。当规定的铜层厚度大于 10μm 时，通常需要在氰化物镀铜后从酸性溶液中电镀延展性、整平性铜镀层				

① GB/T 9798—2005 表的 "2——中度" 中原是 Zn/Ni15b，但 Zn/Ni15b 已经有了（重复），是否应为 Zn/Ni15s。

② GB/T 9798—2005 表的 "2——中度" 中原是 Zn/Cu10a Ni15b，但 Zn/Cu10a Ni15b 已经有了（重复），是否应为 Zn/Cu10a Ni15s。

表 4-29　铜或铜合金上镍镀层的厚度规定

服役环境条件	镀层标识	镍镀层（Ni）	
		类型	厚度/μm
3——严酷	Cu/Ni20b	光亮镍	20
	Cu/Ni20p	机械抛光的暗镍或半光亮镍	20
	Cu/Ni20s	非机械抛光的暗镍或半光亮镍	20
	Cu/Ni20d	双层或三层镍	20
2——中度	Cu/Ni10b	光亮镍	10
	Cu/Ni10s	非机械抛光的暗镍或半光亮镍	10
	Cu/Ni10p	机械抛光的暗镍或半光亮镍	10
1——温和	Cu/Ni5b	光亮镍	5
	Cu/Ni5s	非机械抛光的暗镍或半光亮镍	5

表 4-30　铝或铝合金上镍镀层的厚度规定

服役环境条件	镀层标识	镍镀层（Ni）	
		类型	厚度/μm
3——严酷	Al/Ni30b	光亮镍	30
	Al/Ni30s	非机械抛光的暗镍或半光亮镍	30
	Al/Ni30p	机械抛光的暗镍或半光亮镍	30
	Al/Ni25d	双层或三层镍	25
2——中度	Al/Ni25b	光亮镍	25
	Al/Ni25s	非机械抛光的暗镍或半光亮镍	25
	Al/Ni25p	机械抛光的暗镍或半光亮镍	25
	Al/Ni20d	双层或三层镍	20
1——温和	Al/Ni10b	光亮镍	10
备注	在铝或铝合金上，电镀本表规定的镍镀层前，需浸渍锌或锡、电镀铜和其他底镀层作为前处理部分，确保结合强度		

4.5.6　工程用铬镀层厚度系列及应用范围

一般把维氏硬度[1]在 6865MPa 以上的铬镀层定为功能性镀铬中的工业镀铬，也称工程镀铬。而在实际中是用铬镀层厚度来区分的，一般认为大于 5μm 厚度时为工程镀铬。

工程用铬镀层常在基体金属上直接电镀，以提高耐磨性，增强抗摩擦、腐蚀能力，减小静摩擦力或摩擦力，减少"咬死"的黏结，以及修复尺寸偏小或磨损的工件。为防止严重腐蚀，电镀铬前可采用镍或其他金属底层，或采用合金电镀来提高铬镀层的耐蚀性，如镀铬-钼合金。工程用铬镀层的厚度见表 4-31。

表 4-31　工程用铬镀层的典型厚度

铬镀层典型厚度/μm	应用
2～10	用于减小摩擦力和抗轻微磨损
10（不含）～30	用于抗中等磨损
30（不含）～60	用于抗黏附磨损
60（不含）～120	用于抗严重磨损
120（不含）～250	用于抗严重磨损和抗严重腐蚀
＞250	用于修复

注：引自 GB/T 11379—2008《金属覆盖层　工程用铬镀层》。

4.5.7　镍＋铬和铜＋镍＋铬电镀层厚度系列

电镀装饰性的镍＋铬和铜＋镍＋铬电镀层，可用于增强零件外观装饰和防腐性能，而防腐性能取决于镀层的厚度和类型。

本电镀层厚度系列，引自 GB/T 9797—2005《金属覆盖层 镍＋铬和铜＋镍＋铬电镀层》。该标准规定了在钢铁、锌合金、铜和铜合金、铝和铝合金上，提供装饰性外观和增强防腐性的镍＋铬和铜＋镍＋铬电镀层的要求，规定了不同厚度和种类镀层的标识，提供了电镀制品暴露在对应服役环境条件下镀层厚度选用的指南。

镍＋铬和铜＋镍＋铬电镀层根据暴露环境条件，所规定的厚度系列见以下各表。

钢上的镍＋铬镀层的厚度规定见表 4-32。

钢上的铜＋镍＋铬镀层的厚度规定见表 4-33。

锌合金上的镍＋铬镀层的厚度规定见表 4-34。

锌合金上的铜＋镍＋铬镀层的厚度规定见表 4-35。

铜和铜合金上的镍＋铬镀层的厚度规定见表 4-36。

铝或铝合金上的镍＋铬镀层的厚度规定见表 4-37。

表 4-32　钢铁上的镍＋铬镀层的厚度规定

服役条件	镀层标识	镀层类型		镀层厚度/μm	
		镍（Ni）	铬（Cr）	镍（Ni）	铬（Cr）
5——极其严酷	Fe/Ni35d Cr mc	双层或三层镍	微裂纹	35	0.3
	Fe/Ni35d Cr mp		微孔	35	0.3
4——非常严酷	Fe/Ni40d Cr r	双层或三层镍	普通	40	0.3
	Fe/Ni30d Cr mp		微孔	30	0.3
	Fe/Ni30d Cr mc		微裂纹	30	0.3
	Fe/Ni40p Cr r	机械抛光的暗镍或半光亮镍	普通	40	0.3
	Fe/Ni30p Cr mc		微裂纹	30	0.3
	Fe/Ni30p Cr mp		微孔	30	0.3
3——严酷	Fe/Ni30d Cr r	双层或三层镍	普通	30	0.3
	Fe/Ni25d Cr mp		微孔	25	0.3
	Fe/Ni25d Cr mc		微裂纹	25	0.3
	Fe/Ni30p Cr r	机械抛光的暗镍或半光亮镍	普通	30	0.3
	Fe/Ni25p Cr mc		微裂纹	25	0.3
	Fe/Ni25p Cr mp		微孔	25	0.3
	Fe/Ni40b Cr r	光亮镍	普通	40	0.3
	Fe/Ni30b Cr mc		微裂纹	30	0.3
	Fe/Ni30b Cr mp		微孔	30	0.3
2——中度	Fe/Ni20b Cr r	光亮镍	普通	20	0.3
	Fe/Ni20b Cr mc		微裂纹	20	0.3
	Fe/Ni20b Cr mp		微孔	20	0.3
	Fe/Ni20p Cr r	机械抛光的暗镍或半光亮镍	普通	20	0.3
	Fe/Ni20p Cr mc		微裂纹	20	0.3
	Fe/Ni20p Cr mp		微孔	20	0.3
	Fe/Ni20s Cr r	非机械抛光的暗镍或半光亮镍	普通	20	0.3
	Fe/Ni20s Cr mc		微裂纹	20	0.3
	Fe/Ni20s Cr mp		微孔	20	0.3
1——温和	Fe/Ni10b Cr r	光亮镍	普通	10	0.3
	Fe/Ni10p Cr r	机械抛光的暗镍或半光亮镍	普通	10	0.3
	Fe/Ni10s Cr r	非机械抛光的暗镍或半光亮镍	普通	10	0.3

表 4-33　钢铁上的铜＋镍＋铬镀层的厚度规定

服役条件	镀层标识	镀层类型			镀层厚度/μm		
		铜（Cu）	镍（Ni）	铬（Cr）	铜（Cu）	镍（Ni）	铬（Cr）
5——极其严酷	Fe/Cu20a Ni30d Cr mc	延展、整平性	双层或三层镍	微裂纹	20	30	0.3
	Fe/Cu20a Ni30d Cr mp		双层或三层镍	微孔	20	30	0.3

服役条件	镀层标识	镀层类型			镀层厚度/μm		
		铜(Cu)	镍(Ni)	铬(Cr)	铜(Cu)	镍(Ni)	铬(Cr)
4——非常严酷	Fe/Cu20a Ni30d Cr r	延展、整平性	双层或三层镍	普通	20	30	0.3
	Fe/Cu20a Ni25d Cr mp			微孔	20	25	0.3
	Fe/Cu20a Ni25d Cr mc			微裂纹	20	25	0.3
	Fe/Cu20a Ni30p Cr r	延展、整平性	机械抛光的暗镍或半光亮镍	普通	20	30	0.3
	Fe/Cu20a Ni25p Cr mc			微裂纹	20	25	0.3
	Fe/Cu20a Ni25p Cr mp			微孔	20	25	0.3
	Fe/Cu20a Ni30b Cr mc	延展、整平性	光亮镍	微裂纹	20	30	0.3
	Fe/Cu20a Ni30b Cr mp			微孔	20	30	0.3
3——严酷	Fe/Cu15a Ni25d Cr r	延展、整平性	双层或三层镍	普通	15	25	0.3
	Fe/Cu15a Ni20d Cr mc			微裂纹	15	20	0.3
	Fe/Cu15a Ni20d Cr mp			微孔	15	20	0.3
	Fe/Cu15a Ni25p Cr r	延展、整平性	机械抛光的暗镍或半光亮镍	普通	15	25	0.3
	Fe/Cu15a Ni20p Cr mc			微裂纹	15	20	0.3
	Fe/Cu15a Ni20p Cr mp			微孔	15	20	0.3
	Fe/Cu20a Ni35b Cr r	延展、整平性	光亮镍	普通	20	35	0.3
	Fe/Cu20a Ni25b Cr mc			微裂纹	20	25	0.3
	Fe/Cu20a Ni25b Cr mp			微孔	20	25	0.3
2——中度	Fe/Cu20a Ni10b Cr r	延展、整平性	光亮镍	普通	20	10	
	Fe/Cu20a Ni10p Cr r		机械抛光的暗镍或半光亮镍	普通	20	10	
	Fe/Cu20a Ni10s Cr r		非机械抛光的暗镍或半光亮镍	普通	20	10	
1——温和	Fe/Cu10a Ni5b Cr r	延展、整平性	光亮镍	普通	10	5	0.3
	Fe/Cu10a Ni5p Cr r		机械抛光的暗镍或半光亮镍	普通	10	5	0.3
	Fe/Cu10a Ni20b Cr mp		光亮镍	微孔	10	20	0.3
备注	钢铁表面电镀酸性延展铜前，通常先进行氰化镀铜(5～10μm)作为最底层铜镀层，以防浸渍沉积铜，降低其结合力。这种最底铜镀层不能被表中规定的延展酸性铜取代						

表 4-34 锌合金上的镍＋铬镀层的厚度规定

服役条件	镀层标识	镀层类型		镀层厚度/μm	
		镍(Ni)	铬(Cr)	镍(Ni)	铬(Cr)
5——极其严酷	Zn/Ni35d Cr mc	双层或三层镍	微裂纹	35	0.3
	Zn/Ni35d Cr mp		微孔	35	0.3
4——非常严酷	Zn/Ni35d Cr r	双层或三层镍	普通	35	0.3
	Zn/Ni25d Cr mc		微裂纹	25	0.3
	Zn/Ni25d Cr mp		微孔	25	0.3
	Zn/Ni35p Cr r	机械抛光的暗镍或半光亮镍	普通	35	0.3
	Zn/Ni25p Cr mc		微裂纹	25	0.3
	Zn/Ni25p Cr mp		微孔	25	0.3
	Zn/Ni35b Cr mc	光亮镍	微裂纹	35	0.3
	Zn/Ni35b Cr mp		微孔	35	0.3
3——严酷	Zn/Ni25d Cr r	双层或三层镍	普通	25	0.3
	Zn/Ni20d Cr mc		微裂纹	20	0.3
	Zn/Ni20d Cr mp		微孔	20	0.3
	Zn/Ni25p Cr r	机械抛光的暗镍或半光亮镍	普通	25	0.3
	Zn/Ni20p Cr mc		微裂纹	20	0.3
	Zn/Ni20p Cr mp		微孔	20	0.3
	Zn/Ni35b Cr r	光亮镍	普通	35	0.3
	Zn/Ni25b Cr mc		微裂纹	25	0.3
	Zn/Ni25b Cr mp		微孔	25	0.3

续表

服役条件	镀层标识	镀层类型		镀层厚度/μm	
		镍(Ni)	铬(Cr)	镍(Ni)	铬(Cr)
2——中度	Zn/Ni15b Cr r	光亮镍	普通	15	0.3
	Zn/Ni15p Cr r	机械抛光的暗镍或半光亮镍	普通	15	0.3
	Zn/Ni15s Cr r	非机械抛光的暗镍或半光亮镍	普通	15	0.3
1——温和	Zn/Ni8b Cr r	光亮镍	普通	8	0.3
	Zn/Ni8p Cr r[①]	机械抛光的暗镍或半光亮镍	普通	8	0.3
	Zn/Ni8s Cr r[②]	非机械抛光的暗镍或半光亮镍	普通	8	0.3
备注	锌合金必须先镀铜以保证后续镍镀层的结合强度。最底铜镀层通常采用氰化镀铜,无氰碱性镀铜也可用。最底铜镀层的最小厚度应为 $8\sim10\mu m$。对于形状复杂的工件,这种铜镀层最小厚度需要增加到 $15\mu m$,以保证充分覆盖主要表面外的低电流密度区域。当规定最底铜镀层厚度大于 $10\mu m$ 时,最底铜镀层上通常采用从酸性溶液获得的延展、整平铜镀层				

注：在表中服役条件"1——温和"中的"镀层标识"中有 3 个同样的 Zn/Ni8b Cr r,可能有笔误。如①原标准中为 Zn/Ni8b Cr r,是否应为 Zn/Ni8p Cr r;②原标准中也是 Zn/Ni8b Cr r,是否应为 Zn/Ni8s Cr r。表中所注的①、②为编著者所添加的,本注仅供参考。

表 4-35　锌合金上的铜＋镍＋铬镀层的厚度规定

服役条件	镀层标识	镀层类型			镀层厚度/μm		
		铜(Cu)	镍(Ni)	铬(Cr)	铜(Cu)	镍(Ni)	铬(Cr)
5——极其严酷	Zn/Cu20a Ni30d Cr mc	延展、整平性	双层或三层镍	微裂纹	20	30	0.3
	Zn/Cu20a Ni30d Cr mp		双层或三层镍	微孔	20	30	0.3
4——非常严酷	Zn/Cu20a Ni30d Cr r	延展、整平性	双层或三层镍	普通	20	30	0.3
	Zn/Cu20a Ni20d Cr mp			微孔	20	20	0.3
	Zn/Cu20a Ni20d Cr mc			微裂纹	20	20	0.3
	Zn/Cu20a Ni30p Cr r	延展、整平性	机械抛光的暗镍或半光亮镍	普通	20	30	0.3
	Zn/Cu20a Ni20p Cr mc			微裂纹	20	20	0.3
	Zn/Cu20a Ni20p Cr mp			微孔	20	20	0.3
	Zn/Cu20a Ni30b Cr mc	延展、整平性	光亮镍	微裂纹	20	30	0.3
	Zn/Cu20a Ni30b Cr mp			微孔	20	30	0.3
3——严酷	Zn/Cu15a Ni25d Cr r	延展、整平性	双层或三层镍	普通	15	25	0.3
	Zn/Cu15a Ni20d Cr mc			微裂纹	15	20	0.3
	Zn/Cu15a Ni20d Cr mp			微孔	15	20	0.3
	Zn/Cu15a Ni25p Cr r	延展、整平性	机械抛光的暗镍或半光亮镍	普通	15	25	0.3
	Zn/Cu15a Ni20p Cr mc			微裂纹	15	20	0.3
	Zn/Cu15a Ni20p Cr mp			微孔	15	20	0.3
	Zn/Cu20a Ni30b Cr r	延展、整平性	光亮镍	普通	20	30	0.3
	Zn/Cu20a Ni20b Cr mc			微裂纹	20	20	0.3
	Zn/Cu20a Ni25b Cr mp			微孔	20	25	0.3
2——中度	Zn/Cu20a Ni10b Cr r	延展、整平性	光亮镍	普通	20	10	0.3
	Zn/Cu20a Ni10p Cr r		机械抛光的暗镍或半光亮镍	普通	20	10	0.3
	Zn/Cu20a Ni10s Cr r		非机械抛光的暗镍或半光亮镍	普通	20	10	0.3
1——温和	Zn/Cu10a Ni8b Cr r	延展、整平性	光亮镍	普通	10	8	0.3
	Zn/Cu10a Ni8p Cr r		机械抛光的暗镍或半光亮镍	普通	10	8	0.3
	Zn/Cu10a Ni8s Cr r		非机械抛光的暗镍或半光亮镍	普通	10	8	0.3

服役条件	镀层标识	镀层类型			镀层厚度/μm		
		铜(Cu)	镍(Ni)	铬(Cr)	铜(Cu)	镍(Ni)	铬(Cr)
备注	锌合金必须先镀铜以保证后续镍镀层的结合强度。最底铜镀层通常采用氰化镀铜,无氰碱性镀铜也可用。最底铜镀层的最小厚度应为 $8\sim10\mu m$。对于形状复杂的工件,这种铜镀层最小厚度需要增加到 $15\mu m$,以保证充分覆盖主要表面外的低电流密度区域。当规定最底铜镀层厚度大于 $10\mu m$ 时,最底铜镀层上通常采用从酸性溶液获得的延展、整平铜镀层						

表 4-36　铜和铜合金上的镍十铬镀层的厚度规定

服役条件	镀层标识	镀层类型		镀层厚度/μm	
		镍(Ni)	铬(Cr)	镍(Ni)	铬(Cr)
4——非常严酷	Cu/Ni30d Cr r	双层或三层镍	普通	30	0.3
	Cu/Ni25d Cr mc		微裂纹	25	0.3
	Cu/Ni25d Cr mp		微孔	25	0.3
	Cu/Ni30p Cr r	机械抛光的暗镍或半光亮镍	普通	30	0.3
	Cu/Ni25p Cr mc		微裂纹	25	0.3
	Cu/Ni25p Cr mp		微孔	25	0.3
	Cu/Ni30b Cr mc	光亮镍	微裂纹	30	0.3
	Cu/Ni30b Cr mp		微孔	30	0.3
3——严酷	Cu/Ni25d Cr r	双层或三层镍	普通	25	0.3
	Cu/Ni20d Cr mc		微裂纹	20	0.3
	Cu/Ni20d Cr mp		微孔	20	0.3
	Cu/Ni25p Cr r	机械抛光的暗镍或半光亮镍	普通	25	0.3
	Cu/Ni20p Cr mc		微裂纹	20	0.3
	Cu/Ni20p Cr mp		微孔	20	0.3
	Cu/Ni30b Cr r	光亮镍	普通	30	0.3
	Cu/Ni25b Cr mc		微裂纹	25	0.3
	Cu/Ni25b Cr mp		微孔	25	0.3
2——中度	Cu/Ni10b Cr r	光亮镍	普通	10	0.3
	Cu/Ni10p Cr r	机械抛光的暗镍或半光亮镍	普通	10	0.3
	Cu/Ni10s Cr r	非机械抛光的暗镍或半光亮镍	普通	10	0.3
1——温和	Cu/Ni5b Cr r	光亮镍	普通	5	0.3
	Cu/Ni5p Cr r	机械抛光的暗镍或半光亮镍	普通	5	0.3
	Cu/Ni5s Cr r	非机械抛光的暗镍或半光亮镍	普通	5	0.3

表 4-37　铝和铝合金上的镍十铬镀层的厚度规定

服役条件	镀层标识	镀层类型		镀层厚度/μm	
		镍(Ni)	铬(Cr)	镍(Ni)	铬(Cr)
5——极其严酷	Al/Ni40d Cr mc	双层或三层镍	微裂纹	40	0.3
	Al/Ni40d Cr mp		微孔	40	0.3
4——非常严酷	Al/Ni50d Cr r	双层或三层镍	普通	50	0.3
	Al/Ni35d Cr mc		微裂纹	35	0.3
	Al/Ni35d Cr mp		微孔	35	0.3
3——严酷	Al/Ni30d Cr r	双层或三层镍	普通	30	0.3
	Al/Ni25d Cr mc		微裂纹	25	0.3
	Al/Ni25d Cr mp		微孔	25	0.3
	Al/Ni35p Cr r	机械抛光的暗镍或半光亮镍	普通	35	0.3
	Al/Ni30p Cr mc		微裂纹	30	0.3
	Al/Ni30p Cr mp		微孔	30	0.3

服役条件	镀层标识	镀层类型		镀层厚度/μm	
		镍（Ni）	铬（Cr）	镍（Ni）	铬（Cr）
2——中度	Al/Ni20d Cr r	双层或三层镍	普通	20	0.3
	Al/Ni20d Cr mc		微裂纹	20	0.3
	Al/Ni20d Cr mp		微孔	20	0.3
	Al/Ni25b Cr r	光亮镍	普通	25	0.3
	Al/Ni25b Cr mc		微裂纹	25	0.3
	Al/Ni25b Cr mp		微孔	25	0.3
	Al/Ni20p Cr r	机械抛光的暗镍或半光亮镍	普通	20	0.3
	Al/Ni20p Cr mc		微裂纹	20	0.3
	Al/Ni20p Cr mp		微孔	20	0.3
	Al/Ni20s Cr r	非机械抛光的暗镍或半光亮镍	普通	20	0.3
	Al/Ni20s Cr mc		微裂纹	20	0.3
	Al/Ni20s Cr mp		微孔	20	0.3
1——温和	Al/Ni10b Cr r	光亮镍	普通	10	0.3
备注	对浸镀锌或锡的铝或铝合金，按本表采用镍镀层时，为了保证结合强度，应先用电镀铜或其他底镀层作预处理				

4.5.8　塑料上镍＋铬电镀层厚度系列

塑料上镍＋铬电镀层厚度系列，引自 GB/T 12600—2005《金属覆盖层 塑料上镍＋铬电镀层》。该标准规定了塑料上有或无铜底层的镍＋铬装饰性电镀层的要求，该标准允许使用铜或者延展性镍作为底镀层，以满足热循环试验要求。该标准不适用于工程塑料的电镀层。

塑料上的电镀层根据暴露环境条件，所规定的厚度系列见以下各表。

塑料上镍＋铬镀层的厚度规定见表 4-38。

塑料上铜＋镍＋铬镀层的厚度规定见表 4-39。

表 4-38　塑料上镍＋铬镀层的厚度规定

服役条件	部分镀层标识	镀层类型			镀层厚度/μm		
		镍（Ni）（底层）	镍（Ni）	铬（Cr）	镍（Ni）（底层）	镍（Ni）	铬（Cr）
5——极其严酷	PL/Ni20dp Ni20d Cr mp(或 mc)	延展性	双层或三层镍	微孔(或微裂纹)	20	20	0.3
	PL/Ni20dp Ni20d Cr r	延展性	双层或三层镍	普通	20	20	0.3
4——非常严酷	PL/Ni20dp Ni20b Cr mp(或 mc)	延展性	光亮镍	微孔(或微裂纹)	20	20	0.3
	PL/Ni20dp Ni15d Cr r	延展性	双层或三层镍	普通	20	15	0.3
3——严酷	PL/Ni20dp Ni10d Cr r	延展性	双层或三层镍	普通	20	10	0.3
1——温和	PL/Ni20dp Ni7d Cr r	延展性	双层或三层镍	普通	20	7	0.3

表 4-39　塑料上的铜＋镍＋铬镀层的厚度规定

服役条件	部分镀层标识	镀层类型			镀层厚度/μm		
		铜（Cu）	镍（Ni）	铬（Cr）	铜（Cu）	镍（Ni）	铬（Cr）
5——极其严酷	PL/Cu15a Ni30d Cr mp(或 mc)	延展、整平性	双层或三层镍	微孔(或微裂纹)	15	30	0.3
	PL/Cu15a Ni30d Cr r	延展、整平性	双层或三层镍	普通	15	30	0.3
4——非常严酷	PL/Cu15a Ni25d Cr mp(或 mc)	延展、整平性	双层或三层镍	微孔(或微裂纹)	15	25	0.3
	PL/Cu15a Ni25d Cr r	延展、整平性	双层或三层镍	普通	15	25	0.3
3——严酷	PL/Cu15a Ni20d Cr mp(或 mc)	延展、整平性	双层或三层镍	微孔(或微裂纹)	15	20	0.3
	PL/Cu15a Ni15b Cr r	延展、整平性	光亮镍	普通	15	15	0.3
2——中度	PL/Cu15a Ni10b Cr mp(或 mc)	延展、整平性	光亮镍	微孔(或微裂纹)	15	10	0.3
1——温和	PL/Cu15a Ni7b Cr r	延展、整平性	光亮镍	普通	15	7	0.3

4.5.9 铅镀层厚度系列及应用范围

铅镀层均匀、细致、柔软、延展性好，多用于减摩部位，可改善磨合。由于铅在空气中能形成一层致密的氧化保护膜，所以有良好的抗氧化侵蚀作用。在含有硫的工业气氛中，以及周围有水的环境里，性能稳定。铅镀层厚度系列及应用范围见表4-40。

表4-40 铅镀层厚度系列及应用范围[5]

零件材料	使用条件	镀层厚度/μm	应用范围
钢、不锈钢、铜及铜合金	除要求防护和装饰外，还要求具有某些特殊功能	8～12	温度较低情况下起改善零件磨合和封严的作用，以防止润滑油氧化产物的腐蚀
		18～25	在含硫物中工作的零件；要求减摩和耐润滑油氧化产物腐蚀的零件

4.5.10 铁镀层厚度系列及应用范围

镀铁作为一种模具制造、磨损件的尺寸修复和表面强化等的手段，在机械、交通运输、印刷制板等领域获得广泛应用。镀铁的应用范围及镀层厚度见表4-41。

表4-41 镀铁的应用范围及镀层厚度[1]

镀铁的用途	铁镀层单面厚度/μm	镀铁的用途	铁镀层单面厚度/μm
提高活字铅板的耐磨性和使用寿命	10～100	高合金钢在氧化前镀铁	5～10
保护铜板免受印刷染料的腐蚀	10～100	提高防护-装饰性镀铬性能（镀铜前镀铁）	5～10
恢复磨损和腐蚀严重的钢零件的尺寸	100～2000	提高零件表面硬度（硬质镀铁）	30～200
改变铸铁镀锡、镀锌、镀铬的结合力	5～15	电烙铁头镀铁（软质镀铁）	500～1000

4.5.11 银镀层厚度系列及应用范围

由于银比较昂贵，银镀层一般不适用于作防护，除少量作为装饰镀层（如乐器、首饰、装饰品、工艺品等）外，大多利用其高导电性、高反光性及防粘接等功能在特殊条件下使用。银镀层厚度的要求见表4-42。在日本工业标准（JIS）H0411《镀银层检验方法》中，将银镀层厚度分为7个等级，现列入表4-43中，供参考。

表4-42 银镀层厚度及应用范围

零件材料	使用条件		镀层厚度/μm	应用范围
铜及铜合金	装饰品		≥2	适用于轻工行业标准 QB/T 4188—2011《贵金属覆盖层饰品 电镀通用技术条件》中说明的范围。也适用于锡合金、锌合金、铝合金等金属基材
	室内		8	符合我国电子行业军用标准 SJ 20818—2002《电子设备的金属镀覆及化学处理》对铜上镀银层厚度的要求。铝和铝合金、塑料上的银镀层的厚度要求与铜基一样，只是根据不同的基体材料和使用环境，对底镀层有不同的要求
	室外		15	
	良好环境		5～8	提高导电性，稳定接触电阻和高度反射率的零件；要求插拔、耐磨性能的零件
	一般环境		8～12	
	恶劣环境		12～18	要求导电且受摩擦较大的零件；要求高频导电的零件

续表

零件材料	使用条件	镀层厚度/μm	应用范围
钢	良好环境	3～5	螺距≤0.8mm 的螺纹零件;防高温黏结
	一般环境	5～8	螺距＞0.8mm 的螺纹零件;防高温黏结
	恶劣环境	8～15	
	良好环境	Cu3～5＋Ag5～8 总厚度 8～13	需要高温钎焊、高频焊接或导电的零件
	一般环境	Cu5～8＋Ag8～12 总厚度 13～20	
	恶劣环境	Cu8～12＋Ag12～19 总厚度 20～30	
铝及 铝合金	一般环境	12～18	要求高频导电的零件
	恶劣环境	18～25	

表 4-43　镀银层厚度分级参数［日本工业标准(JIS)H0411］

级别	镀层厚度/μm	镀层单位质量/(g/cm^2)	耐磨性试验	用途	适用环境
1	0.3	0.033	＞30s	光学、装饰	良好、封闭
2	0.5	0.067	90s	光学、装饰	良好
3	4	0.4	4min	餐具、工程	良好
4	8	0.8	8min	餐具、工程	一般室内
5	15	1.6	16min	餐具、工程	室外
6	22	2.4	24min	工程	恶劣环境
7	30	3.2	32min	工程	特别要求

注:耐磨性试验采用落砂法。让 40 目左右的砂粒从管径为 5mm 的漏斗落到 45°角放置的试片上,露出底层为终点,落砂量为 450g,落下距离为 1000mm,测量所需时间。测量第 1、2 级别的镀层时,所用管径为 4mm,落砂量为 110g,落下距离为 200mm。

4.5.12　金镀层厚度系列及应用范围

金镀层具有优异的耐高温、耐蚀性和化学稳定性,能长期保持其光泽和永久接触电阻。但硬度低,含有银、铜、锡、钴、镍等的金合金镀层,硬度比纯金镀层高 2～3 倍,被称为硬金镀层。金镀层和金合金镀层厚度系列及应用范围见表 4-44。

表 4-44　金镀层和金合金镀层厚度系列及应用范围

零件材料	使用条件	镀层	镀层厚度/μm	应用范围
铜及 铜合金	装饰镀层	薄金镀层	0.05～0.5	引自轻工行业标准 QB/T 4188—2011《贵金属覆盖层饰品 电镀通用技术条件》。也适用于锡合金、锌合金、铝合金等金属基材
		金镀层	≥0.5	
	除要求防护和装饰外,还要求具有某些特殊功能[①]	金镀层及金合金镀层	1～3	常用于电气上使用的减少接触电阻的零件
			3～5	用于波导管和多导线接线柱的接点
			5～8	耐磨导电零件,如电器回路条等
			8～12	用于防蚀和耐磨条件下导电和抗磨的零件

① 引自参考文献 [5]。

4.5.13　锌合金铸件防护装饰性镀层的厚度

锌合金铸件防护装饰性(镀铜＋镍＋铬)镀层厚度要求,根据零件使用环境,可参考表 4-45 所列的镀层厚度系列选用。

表 4-45 锌合金铸件镀铜＋镍＋铬镀层厚度系列[1]

使用条件	最小镀层厚度/μm			
	铜(Cu)		镍(Ni)	铬(Cr)
良好(干燥的室内条件)	5		光亮镍 10	普通铬 0.13
中等(常有凝露的室内条件,如厨房、浴室)	5		光亮镍 10	普通铬 0.25
	5		光亮镍 15	微裂纹铬 0.25
	5		光亮镍 15	微孔铬 0.15
恶劣(常有雨水、露水或清洗液的室外条件,如自行车零件、医院用具)	1	5	暗或半光亮镍 40	普通铬 0.25
		5	暗或半光亮镍 30	微裂纹铬 0.25
		5	暗或半光亮镍 30	微孔铬 0.25
	2	5	多层镍 30	普通铬 0.25
		5	多层镍 25	微裂纹铬 0.25
		5	多层镍 25	微孔铬 0.25
较恶劣(除处于室外大气条件外,还受到磨蚀作用,如汽车外表零件、海洋船只)	5		多层镍 40	普通铬 0.25
	5		多层镍 30	微裂纹铬 0.25
	5		多层镍 30	微孔铬 0.25

4.5.14 化学镀镍-磷合金镀层厚度系列

化学镀镍-磷合金镀层可改善防腐蚀性能和提高耐磨性能。一般而言,当镀层中磷含量增加到 8%(质量分数)以上时,耐腐蚀性能将显著提高;而随着镀层中磷含量减少至 8%以下时,耐磨性能会得到提高。通过适当的热处理,将会大大提高磷含量镀层的显微硬度,从而提高了镀层的耐磨性。

(1) 耐磨性镀层的厚度

为了以最小的化学镀镍-磷合金镀层厚度,获得最佳耐磨性,基体材料的表面应平整无孔。在粗糙或多孔的工件表面,为了将基体材料对镀层特性的影响减到最小,镍-磷镀层应更厚一些。

满足耐磨性使用要求的最小化学镀镍-磷合金镀层厚度见表 4-46。

表 4-46 满足耐磨性使用要求的最小化学镀镍-磷合金镀层厚度

使用环境条件	种类	最小镀层厚度/μm	
		铁基体材料	铝基体材料
5 (极度恶劣)	在易受潮和易磨损的室外条件下使用,如油田设备	125	—
4 (非常恶劣)	在海洋性和其他恶劣的室外条件下使用,极易受到磨损,易暴露在酸性溶液中,高温高压	75	—
3 (恶劣)	在非海洋性的室外条件下使用,由于雨水和露水易受潮,比较容易受磨损,高温时会暴露在残性盐环境中	25	60
2 (一般条件)	在室内条件下使用,但表面会凝结水珠,在工业条件下使用会暴露在干燥或油性环境中	13	25
1 (温和)	在温暖干燥的室内环境中使用,低温焊接和轻微磨损	5	13
0 (非常温和)	在高度专业化的电子和半导体设备、薄膜电阻、电容器、感应器和扩散焊中使用	0.1	0.1

注:引自 GB/T 13913—2008《金属覆盖层 化学镀镍-磷合金镀层规范和试验方法》。

可以通过控制化学镀镍-磷沉积过程,来获得具有能够满足不同使用要求特性的镍-磷镀层。表 4-47 列出不同使用条件下镀层的种类和磷含量。

表 4-47　不同使用条件下推荐采用的镍-磷镀层的种类和磷含量

种类	磷含量(质量分数)/%	应用
1	对磷含量没有特殊要求	一般要求的镀层
2(低磷)	1～3	具有导电性、可焊性(如集成电路、引线连接)
3(低磷)	2～4	较高的镀层硬度,以防止黏附和磨损
4(中磷)	5～9	一般耐磨和耐腐蚀要求
5(高磷)	>10	较高的镀层耐腐蚀性,非磁性,可扩散焊,具有较高的延展柔韧性。如,用于硬磁盘的含磷 12.5% 的镀层

注：引自 GB/T 13913—2008《金属覆盖层 化学镀镍-磷合金镀层规范和试验方法》。

(2) 修复性镀层的厚度

用于修复磨损的工件和挽救超差的工件,采用的化学镀镍-磷修复性镀层的厚度为 $\geqslant 125 \mu m$。

高磷含量（$\geqslant 10\%$,质量分数）的镀层,比低磷或中磷的镀层,具有较低的内应力、较高的延展性和较高的耐腐蚀性,更适合于修复磨损或超差工件的修复性镀层。

当镀层厚度超过 $125 \mu m$ 时,有时在化学镀镍-磷之前,采用预电镀镍底层。

(3) 提高可焊性镀层的厚度

提高诸如铝以及其他难焊接的合金的可焊性,采用的化学镀镍-磷镀层的厚度为 $2.5 \mu m$。

(4) 预镀底层

电镀底层的目的是减少沉积过程中,那些会降低沉积效率的元素的污损危害。另外,电镀金属底层能阻止杂质从基体金属扩散到化学镀镍-磷镀层,并有助于提高结合力。

① 含微量镁和锌的基体金属,可电镀 $2～5 \mu m$ 厚的镍或铜底层。

② 含微量铬、铅、钼、锡、钛或钨的基体金属,可电镀 $2～5 \mu m$ 厚的镍底层。

③ 可以在钢底层和化学镀镍-磷镀层之间闪镀镍层。

4.5.15　铜-锡合金镀层厚度系列

由于铜-锡合金镀层具有良好的耐蚀性和优良的钎焊性能。广泛用于电子、电器制品的防腐蚀和改善焊接性能,也用于其他制品的防护装饰镀层（作中间镀层）。

铜-锡合金镀层厚度系列,引自 JB/T 10620—2006《金属覆盖层 铜-锡合金电镀层》,该标准规定了在不同环境条件下对铜-锡合金镀层厚度的要求和镀层的标识。

(1) 铜-锡合金镀层厚度

将铜-锡合金镀层按锡含量高低和不同的使用环境条件分类,表 4-48 中规定了每种使用环境对应的最小厚度值。

表 4-48　不同使用环境条件下对应的铜-锡合金镀层厚度要求

使用环境条件	高锡的铜-锡合金镀层 (锡含量 30%～50%,质量分数)	低锡的铜-锡合金镀层 (锡含量 5%～20%,质量分数)
	最小厚度/μm	
室外湿热环境	30	15
室外干燥环境	15	8
室内湿热环境	8	5
室内干燥环境	5	2

注：1. 通常情况下,高锡铜-锡合金镀层硬度高、耐蚀性好,宜用于装饰性镀层,但镀层较脆,不能经受变形。低锡铜-锡合金镀层孔隙率低、耐蚀性较好,也具有良好的钎焊性,宜用于电子电气产品的电镀保护层。

2. 引自 JB/T 10620—2006《金属覆盖层 铜-锡合金电镀层》。

(2) 铜-锡合金镀层标识示例

铜-锡合金镀层标识由基体金属（或合金基体中主要成分）、镀层组成的化学符号（Cu_x-

Sn，x 表示合金镀层中铜的平均含量）、镀层最小厚度值（μm）等三部分组成。其镀层标识按以下示例中的顺序明确指出基体金属、镀层组成和镀层厚度。

【例1】 在钢基体（Fe）上电镀 $5\mu m$ 厚度的铜含量为 90%（质量分数）的铜-锡合金镀层。

其标识为：电镀层 JB/T 10620-Fe/Cu(90)-Sn5

【例2】 在黄铜基体（Cu-Zn 合金）上电镀 $3\mu m$ 厚度的铜含量为 85%（质量分数）的铜-锡合金镀层。

其标识为：电镀层 JB/T 10620-Cu-Zn/Cu(85)-Sn3

4.6 金属镀覆及化学处理标识方法

国家标准 GB/T 13911—2008《金属镀覆和化学处理标识方法》，适用于金属和非金属制件上进行电镀、化学镀及化学处理的标识。铝及铝合金表面化学处理的标识方法可参照本标准规定的通用标识方法。对金属镀覆和化学处理有的在该标准中未予规定的要求时，允许在有关的技术文件中加以说明。现将该标准摘略如下。

4.6.1 标识的组成部分

标识通常由下列 4 部分组成：

第 1 部分：包括镀覆方法，该部分为组成标识的必要元素。

第 2 部分：包括执行的标准和基体材料，该部分为组成标识的必要元素。

第 3 部分：包括镀层材料、镀层要求和镀层特征，该部分构成了镀覆层的主要工艺特性，组成的标识随工艺特性的变化而变化。

第 4 部分：包括每部分的详细说明，如化学处理的方式、应力消除的要求和合金元素的标注。该部分为组成标识的可选择元素（见本章 4.7 典型镀覆层的标识示例）。

金属镀覆和化学后处理的通用标识见表 4-49。

表 4-49 单金属及多层镀覆及化学后处理的通用标识

基本信息					底镀层			中镀层			面镀层			
镀覆方法	本标准号	-	基体材料	/	底镀层	最小厚度	底镀层特征	中镀层	最小厚度	中镀层特征	面镀层	最小厚度	面镀层特征	后处理
备注	典型标识示例：电镀层 GB/T 9797-Fe/Cu20a Ni30b Cr mc													
	该镀覆标识表示：在钢铁基体镀覆 $20\mu m$ 延展并平整性铜＋$30\mu m$ 光亮镍＋$0.3\mu m$ 微裂纹铬													

4.6.2 标识方法的排列顺序

金属镀覆及化学处理标识方法的排列顺序说明：

① 镀覆方法应用中文表示。为便于使用，常用中文电镀、化学镀、机械镀、电刷镀、气相沉积等表示。

② 本标准号为相应镀覆层执行的国家标准号或者行业标准号；如不执行国家或行业标准，应标识该产品的企业标准号，并注明该标准为企业标准，不允许无标准号产品。

③ 标准号后连接短横杠 "-"。

④ 基体材料用符号表示，见表 4-50 常用基体材料的表示符号，对合金材料的镀覆必要时还必须标注出合金元素成分和含量。

⑤ 基体材料后用斜杠 "/" 隔开。

⑥ 当需要底镀层时，应标注底镀层材料、最小厚度（μm），底镀层特征有要求时，应按

典型标识（见本章 4.7 节典型镀覆层的标识示例）规定，注明底镀层特征符号，如无要求，允许省略。如果不需要底镀层，则不需标注。

⑦ 当需要中镀层时，应标注中镀层材料、最小厚度（μm），中镀层特征有要求时，应按典型标识（见本章 4.7 节典型镀覆层的标识示例）规定，注明中镀层特征符号，如无要求，允许省略。如果不需要中镀层，则不需标注。

⑧ 应标注面镀层材料及最小厚度标识。面镀层特征有要求时，应按典型标识（见本章 4.7 节典型镀覆层的标识示例）规定，注明面镀层特征符号，如无要求，允许省略。

⑨ 镀层后处理为化学处理、电化学处理和热处理，标注方法见本章的有关章节的各类镀层标识规定。

⑩ 必要时需标注合金镀层材料的标识，二元合金镀层应在主要元素后面加括号注上主要元素含量，并用一横杠连接次要元素，如 Sn(60)-Pb 表示锡-铅合金镀层，其中锡质量含量为 60%；合金成分含量无需标注或不便标注时，允许不标注。三元合金标注出两种元素成分的含量，依次类推。

4.6.3　金属镀覆方法及化学处理常用符号

金属材料用化学元素符号表示，合金材料用其主要成分的化学元素符号表示，非金属材料用国际通用缩写字母表示。常用基体材料的表示符号见表 4-50。典型镀覆层的标识见下面各种镀层的标识示例。

表 4-50　常用基体材料的表示符号

材料名称	符号
铁、钢	Fe
铜及铜合金	Cu
铝及铝合金	Al
锌及锌合金	Zn
镁及镁合金	Mg
钛及钛合金	Ti
塑料	PL
其他非金属	宜采用元素符号或通用名称英文缩写

4.7　典型镀覆层的标识示例

4.7.1　金属基体上镍＋铬和铜＋镍＋铬电镀层标识

金属基体上镍＋铬、铜＋镍＋铬电镀层的标识，见 GB/T 9797《金属覆盖层　镍＋铬和铜＋镍＋铬电镀层》标识的规定。铜、镍、铬镀层特征标识符号见表 4-51。典型标识示例如下，非典型标识见 GB/T 9797。

【示例 1】　电镀层 GB/T 9797-Fe/Cu20a Ni30b Cr mc

该标识表示：在钢铁基体上镀覆 20μm 延展并整平铜＋30μm 光亮镍＋0.3μm 微裂纹铬的电镀层。

【示例 2】　电镀层 GB/T 9797-Zn/Cu20a Ni20b Cr mc

该标识表示：在锌合金基体上镀覆 20μm 延展并整平铜＋20μm 光亮镍＋0.3μm 微裂纹铬的电镀层。

【示例 3】　电镀层 GB/T 9797-Cu/Ni25p Cr mp

该标识表示：在铜合金基体上镀覆 25μm 半光亮镍＋0.3μm 微孔铬的电镀层。

【示例 4】 电镀层 GB/T 9797-Al/Ni20s Cr r

该标识表示：在铝合金基体上镀覆 $20\mu m$ 缎面镍＋$0.3\mu m$ 常规铬的电镀层。

表 4-51　铜、镍、铬镀层特征标识符号

镀层种类	符号	镀层特征
铜镀层	a	表示镀出延展、整平铜
镍镀层	b	表示全光亮镍
	p	表示机械抛光的暗镍或半光亮镍
	s	表示非机械抛光的暗镍、半光亮镍或缎面镍
	d	表示双层或三层镍
铬镀层	r	表示普通铬（即常规铬）
	mc	表示微裂纹铬
	mp	表示微孔铬
备注		mc 微裂纹铬，常规厚度为 $0.3\mu m$。某些特殊工序要求较厚的铬镀层（约 $0.8\mu m$），在这种情况下，镀层标识应包括最小局部厚度，如：Cr mp(0.8) 　r 普通铬（即常规铬），一般厚度为 $0.3\mu m$ 　mp 微孔铬，一般厚度为 $0.3\mu m$

4.7.2　塑料上镍＋铬电镀层标识

塑料上镍＋铬、铜＋镍＋铬电镀层的标识，见 GB/T 12600《金属覆盖层 塑料上镍＋铬电镀层》标识的规定。铜、镍、铬镀层特征标识符号见表 4-51。标识示例如下。

【示例 1】 电镀层 GB/T 12600-PL/Cu15a Ni10b Cr mp（或 mc）

该标识表示：塑料基体上镀覆 $15\mu m$ 延展并整平铜＋$10\mu m$ 光亮镍＋$0.3\mu m$ 微孔或微裂纹铬的电镀层。

【示例 2】 电镀层 GB/T 12600-PL/Ni20dp Ni20b Cr mp

该标识表示：塑料基体上镀覆 $20\mu m$ 延展镍＋$20\mu m$ 光亮镍＋$0.3\mu m$ 微孔铬的电镀层。

示例 2 中的 dp 表示从专门预镀溶液中电镀延展性柱状镍镀层。

4.7.3　金属基体上装饰性镍、铜＋镍电镀层标识

金属基体上镍、铜＋镍电镀层的标识，见 GB/T 9798《金属覆盖层 镍电沉积层》标识的规定。铜、镍、铬镀层特征标识符号见表 4-51。标识示例如下。

【示例 1】 电镀层 GB/T 9798-Fe/Cu20a Ni25s

该标识表示：钢铁基体上镀覆 $20\mu m$ 延展并整平铜＋$25\mu m$ 缎面镍的电镀层。

【示例 2】 电镀层 GB/T 9798-Fe/Ni30p

该标识表示：钢铁基体上镀覆 $30\mu m$ 半光亮镍的电镀层。

【示例 3】 电镀层 GB/T 9798-Zn/Cu10a Ni15b

该标识表示：锌合金基体上镀覆 $10\mu m$ 延展并整平铜＋$15\mu m$ 全光亮镍的电镀层。

【示例 4】 电镀层 GB/T 9798-Cu/Ni10b

该标识表示：铜合金基体上镀覆 $10\mu m$ 全光亮镍的电镀层。

【示例 5】 电镀层 GB/T 9798-Al/Ni25b

该标识表示：铝合金基体上镀覆 $25\mu m$ 全光亮镍的电镀层。

4.7.4　钢铁上锌电镀层、镉电镀层的标识

钢铁基体上锌电镀层、镉电镀层的标识，见 GB/T 9799《金属及其他无机覆盖层　钢铁上经过处理的锌电镀层》和 GB/T 13346《金属及其他无机覆盖层　钢铁上经过处理的镉电镀

层》标识的规定。标识中有关锌电镀层、镉电镀层化学处理及分类符号见表 4-52。标识示例
如下。

　　【示例 1】　电镀层 GB/T 9799-Fe/Zn25c1A

　　该标识表示：在钢铁基体上电镀锌层至少为 $25\mu m$，电镀后镀层光亮铬酸盐处理。

　　【示例 2】　电镀层 GB/T 13346-Fe/Cd8c2C

　　该标识表示：在钢铁基体上电镀镉层至少为 $8\mu m$，电镀后镀层彩虹铬酸盐处理。

表 4-52　电镀锌和电镀镉后铬酸盐处理的表示符号

后处理名称	符号	分级	类型
光亮铬酸盐处理	c	1	A
漂白铬酸盐处理			B
彩虹铬酸盐处理		2	C
深处理			D

4.7.5　工程用铬电镀层标识

　　工程用铬电镀层的标识见 GB/T 11379《金属覆盖层 工程用铬镀层》的规定。标识中工程
用铬电镀层的特征符号见表 4-53。为确保镀层与基体金属之间的结合力良好，工程用铬在镀
前和镀后有时需要热处理。镀层热处理特征符号见表 4-54。标识示例如下。

　　【示例 1】　电镀层 GB/T 11379-Fe//Cr50hr

　　该标识表示：在低碳钢基体上直接电镀厚度为 $50\mu m$ 的常规硬铬的电镀层。

　　【示例 2】　电镀层 GB/T 11379-Al//Cr250hp

　　该标识表示：在铝合金基体上直接电镀厚度为 $250\mu m$ 的微孔硬铬的电镀层。

　　【示例 3】　电镀层 GB/T 11379-Fe//Ni10sf/Cr25hr

　　该标识表示：在钢基体上电镀底镀层为 $10\mu m$ 厚的无硫镍＋$25\mu m$ 厚的常规硬铬的电镀层。

　　【示例 4】　电镀层 GB/T 11379-Fe/[SR(210)2]/Cr50hr/[ER(210)22]

　　该标识表示：在钢基体上电镀厚度为 $50\mu m$ 的常规硬铬电镀层，电镀前在 210℃下进行消
除应力的热处理 2h，电镀后在 210℃下进行降低脆性的热处理 22h。

　　标识时有以下两点需要注意。

　　① 铬镀层及面镀层和底镀层的符号，每一层之间按镀层的先后顺序用斜线（/）分开。镀
层标识应包括镀层的厚度（以 μm 计）和热处理要求。工序间不作要求的步骤应用双斜线
（//）标明。

　　② 镀层热处理特征标识，如 [SR(210)1] 表示在 210℃下消除应力处理 1h。

表 4-53　工程用铬电镀层特征符号

铬电镀层的特征	符号	铬电镀层的特征	符号
常规硬铬	hr	微孔硬铬	hp
混合酸液中电镀的硬铬	hm	双层铬	hd
微裂纹硬铬	hc	特殊类型的铬	hs

表 4-54　热处理特征符号

热处理特征	符号
表示消除应力的热处理	SR
表示降低氢脆敏感性的热处理	ER
表示其他的热处理	HT

4.7.6　工程用镍电镀层标识

　　工程用镍电镀层标识见 GB/T 12332《金属覆盖层　工程用镍电镀层》的规定。标识中工

程镍镀层类型、含硫量及延展性标识见表 4-55。为确保镀层与基体金属之间的结合力良好，工程用镍在镀前和镀后有时需要热处理。镀层热处理特征符号见表 4-54（见工程用铬电镀层的热处理特征符号表）。标识示例如下。

【示例 1】 电镀层 GB/T 12332-Fe/Ni50sf

该标识表示：在钢基体上电镀最小局部厚度为 $50\mu m$、无硫的工程用镍电镀层。

【示例 2】 电镀层 GB/T 12332-Al//Ni75pd

该标识表示：在铝合金基体上电镀最小局部厚度为 $75\mu m$、无硫的、镍层含有共沉积的碳化硅颗粒的工程用镍电镀层。

【示例 3】 电镀层 GB/T 12332-Fe/[SR(210)2]/Ni25sf/[ER(210)22]

该标识表示：在高强度钢基体上电镀的最小局部厚度为 $25\mu m$、无硫的工程用镍电镀层，电镀前在 210℃下进行消除应力的热处理 2h，电镀后在 210℃下进行降低脆性的热处理 22h。

注意，镍或镍合金镀层及底镀层和面镀层的符号，每一层之按镀层的先后顺序用斜线（/）分开。镀层标识应包括镀层的厚度（以 μm 计）和热处理要求。工序间不作要求的步骤应用双斜线（//）标明。

表 4-55 不同类型的镍电镀层的符号、硫含量及延展性

镍电镀层的类型	符号	硫含量(质量分数)/%	延展性/%
无硫	sf	<0.005	>8
含硫	sc	>0.04	—
镍母液中分散有微粒的无硫镍	pd	<0.005	>8

4.7.7 化学镀（自催化）镍-磷合金镀层标识

化学镀镍-磷镀层的质量与基体金属的特性、镀层及热处理条件有密切关系（见 GB/T 13913《金属覆盖层 化学镀镍-磷合金镀层 规范和试验方法》的说明和规定）。所以化学镀镍-磷镀层的标识包括所规定的通用标识外，必要时还包括基体金属特殊合金的标识、基体和镀层消除内应力的要求、化学镀镍-磷镀层中的磷含量。双斜线（//）将用于指明某一步骤或操作没有被例举或被省略。

化学镀镍-磷镀层应用符号 NiP 标识，并在紧跟其后的圆括弧中填入镀层磷含量的数值，然后再在其后标注出化学镀镍-磷镀层的最小局部厚度（μm）。

典型标识示例如下，非典型的化学镀层的标识参见 GB/T 13913。

【示例 1】 化学镀镍-磷镀层 GB/T 13913-Fe⟨16Mn⟩[SR(210)22]/NiP(10)15/Cr0.5[ER(210)22]

该标识表示：在 16Mn 钢基体上化学镀含磷量为 10%（质量分数），厚 $15\mu m$ 的镍-磷镀层，镍-磷镀层前要求在 210℃温度下进行 22h 的消除应力的热处理，化学镀镍后再在其表面电镀 $0.5\mu m$ 厚的铬。最后在 210℃温度下进行 22h 的消除氢脆的热处理。

【示例 2】 化学镀镍-磷镀层 GB/T 13913-Al⟨2B12⟩//NiP(10)15/Cr0.5//

该标识表示：在 2B12 铝合金基体上化学镀含磷量为 10%（质量分数），厚 $15\mu m$ 的镍-磷镀层，化学镀镍后再在其表面电镀 $0.5\mu m$ 厚的铬。

【示例 3】 化学镀镍-磷镀层 GB/T 13913-Cu⟨H62⟩//NiP(10)15/Cr0.5//

该标识表示：在铜合金基体上镀覆与【示例 1】相同的镀层，不需要热处理。

4.7.8 工程用银和银合金电镀层标识

工程用银和银合金电镀层的标识见 ISO 4521 标识的规定。银和银合金镀层常用厚度见表

4-56。典型标识示例如下，非典型标识参见 ISO 4521。

　　【示例 1】　电镀层 ISO 4521-Fe/Ag10

　　该标识表示：在钢铁金属基体上电镀厚度为 10μm 的银电镀层。

　　【示例 2】　电镀层 ISO 4521-Fe/Cu10 Ni10 Ag5

　　该标识表示：在钢铁金属基体上电镀厚度为 10μm 的铜电镀层＋10μm 的镍电镀层＋5μm 的银电镀层。

　　【示例 3】　电镀层 ISO 4521-Al/Ni20 Ag5

　　该标识表示：在铝或铝合金基体上电镀厚度为 20μm 的镍镀层＋5μm 的银电镀层。

表 4-56　银和银合金镀层常用厚度

银和银合金镀层厚度/μm	银和银合金镀层厚度/μm
2	20
5	40
10	—

注：必要时，银和银合金镀层的厚度也可采用 2μm 的倍数。

4.7.9　工程用金和金合金镀层标识

　　工程用金和金合金镀层的标识见 ISO 4523 标识的规定。如果需要表示金的金属纯度时，可在该金属的元素符号后用括号（ ）列出质量分数，精确至小数点后一位。金和金合金镀层常用厚度见表 4-57。标识示例如下。

　　【示例 1】　电镀层 ISO 4523-Fe/Au(99.9)2.5

　　该标识表示：在钢铁金属基体上电镀厚度为 2.5μm 纯度为 99.9%（质量分数）的金电镀层。

　　【示例 2】　电镀层 ISO 4523-Fe/Cu10 Ni5 Au1

　　该标识表示：在钢铁金属基体上电镀厚度为 10μm 的铜镀层，再电镀厚度为 5μm 的镍镀层后，电镀 1μm 的金电镀层。

　　【示例 3】　电镀层 ISO 4523-Al/Ni20 Au0.5

　　该标识表示：在铝或铝合金基体上电镀厚度为 20μm 的镍镀层后，电镀 0.5μm 的金电镀层。

表 4-57　金和金合金镀层常用厚度

金和金合金镀层厚度/μm	金和金合金镀层厚度/μm
0.25	2.5
0.5	5
1	10

4.7.10　金属基体上锡和锡合金镀层标识

　　金属基体上锡电镀层、锡-铅合金电镀层、锡-镍合金电镀层的表面特征，在某些情况下与镀层的使用要求有关（见 GB/T 12599、GB/T 17461、GB/T 17462 的说明）。锡和锡合金镀层的标识应包括镀层表面特征内容（见表 4-58），合金电镀层应在主要金属符号后用括号标注主要元素的含量。非典型标识参见 GB/T 12599、GB/T 17461、GB/T 17462，典型标识示例如下。

　　【示例 1】　电镀层 GB/T 12599-Fe/Ni2.5 Sn 5f

　　该标识表示：在钢或铁基体金属上，镀覆 2.5μm 镍底镀层＋5μm 锡镀层，镀后应用熔流处理。

【示例 2】 电镀层 GB/T 17461-Fe/Ni5 Sn60-Pb 10f

该标识表示：在钢或铁基体金属上，镀覆 $5\mu m$ 镍底镀层＋$10\mu m$ 公称含锡量为 60%（质量分数）的锡-铅合金镀层，并且镀后经过热熔处理。

【示例 3】 电镀层 GB/T 17462-Fe/Cu2.5 Su-Ni 10

该标识表示：在钢或铁基体金属上，镀覆 $2.5\mu m$ 铜底镀层＋$10\mu m$ 锡含量无要求的锡-镍合金电镀层。

表 4-58 锡和锡合金镀层表面特征符号

镀层表面特征	符号
无光镀层	m
光亮镀层	b
熔流处理的镀层	f

第2篇 电镀工艺

第5章

电镀前处理

5.1 电镀前处理方法

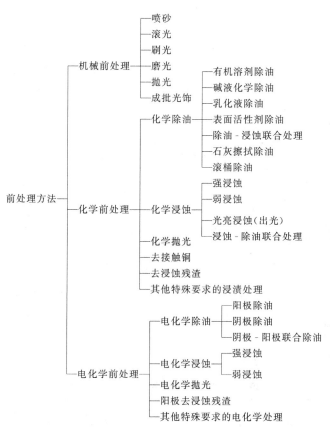

图 5-1　电镀前处理方法

电镀、化学和电化学转化处理前，对零件表面进行清除油污、铁锈、氧化皮以及为适应镀覆层的特殊要求而对基体金属表面进行的特殊处理等任何准备工作，统称为电镀前处理。电镀前处理方法如图 5-1 所示。

5.2 机械前处理

机械前处理是以机械清理的方法，清理镀件表面的铁锈、氧化皮和缺陷，并赋予被镀零件表面平整、光亮及一定的粗糙度等性质的加工过程。机械前处理方法有喷砂、滚光、刷光、磨光、抛光、成批光饰等。

5.2.1 喷砂

电镀、化学和电化学转化处理工件的机械前处理，常采用喷砂。喷砂的种类和应用见表 5-1。

表 5-1 喷砂的种类和应用

喷砂的种类	喷砂清理的应用
干喷砂：除锈效率高，加工表面较湿，喷砂粗糙，磨料破碎率高，并且粉尘较大，劳动条件差	1. 清除铸件、锻件、热处理等的表面上的型砂、氧化皮、熔渣 2. 清除零件表面氧化皮、锈斑、毛刺、焊渣、旧漆层或干燥(固)了的油类污物 3. 用于不能用酸浸蚀法来去除氧化膜或在去除氧化膜时容易引起过度浸蚀的零件 4. 提高零件表面的均匀粗糙度，以提高磷化、涂漆及喷镀等涂层的附着力
湿喷砂：在磨料中加入一定配比的水和防锈剂，再进行喷砂，以减弱磨料对零件表面的冲击作用。湿喷砂常用于较精密零件的加工，并且粉尘污染较小	5. 对零件进行特殊无光泽(或消光状态)电镀时，使其获得均匀无光泽表面 6. 各种铸件镀硬铬时常使用喷砂预处理，一些机床零件镀乳白铬前也多用喷砂来消光 7. 非金属零件表面电镀前的机械粗化等

喷砂用的磨料有钢砂、氧化铝、石英砂、河砂、碳化硅等，其中使用氧化铝砂较好，因其不易粉化，可改善操作人员的劳动条件。但现在生产中使用较多的仍然是石英砂，也用河砂。喷砂清理灰尘大，污染严重，应尽量采用其他工艺替代。喷砂清理尽可能采用湿喷砂。喷砂的工艺条件（即不同材料的零件与使用砂粒、压缩空气压力的关系）参见表 5-2。

表 5-2 零件材料与使用的砂粒大小、空气压力的关系

零件材料	砂粒尺寸(直径)/mm	压缩空气压力/MPa
厚度>3mm 的大型钢铁件	2.5～3.5	0.3～0.5
厚度1～3mm 的中型钢铁件及中型铸件	1～2	0.2～0.4
薄壁铁钢件及小型铁钢件	0.5～1	0.05～0.1
厚度<1mm 的薄片及有螺纹的钢铁件	0.05～0.15	0.03～0.05
黄铜零件	0.5～0.1	0.15～0.25
铝及铝合金件	<0.5	0.1～0.15
塑料零件	0.08～0.16	约 0.03～0.05

5.2.2 滚光和刷光

滚光和刷光的加工方法及应用见表 5-3。

表 5-3 滚光和刷光的加工方法及应用

类别	加工方法及应用
滚光	滚光是将零件放入盛有磨料和含有化学品溶液的滚筒中，利用滚筒的低速旋转，使零件与磨料、零件与零件相互摩擦以达到清理零件表面、滚磨出光的过程

类别	加工方法及应用
滚光	滚光一般适用于大批量生产的小零件表面清理,整平和去掉零件上的毛刺和少量的油和锈,使零件获得光泽的表面。滚光可以部分代替机械磨光、抛光和刷光,改善劳动条件,提高生产率,降低生产费用 滚筒及滚光工艺条件见表 5-4 滚光有湿法滚光和干法滚光两种。一般采用湿法滚光,干法滚光只用于提高小零件表面光洁度,将小零件经除油除锈后放在滚光桶中进行干法滚光 滚光常用磨料有浮石、石英砂、皮革角、贝壳、陶瓷碎片、铁屑等。磨料尺寸一般应大于或小于滚光零件的 湿法滚光溶液,一般达滚筒体积的 90%。零件材料和表面状况不同时,可采用不同的滚光溶液,如表 5-5 所示
刷光	刷光是用刷光轮或刷光刷在刷光机上或用手工,对零件表面进行加工以清除表面上残存的附着物等,并使表面呈现一定光泽的过程。一般用于清除零件表面的毛刺、锈、氧化物、残余油污和浸蚀残渣等。刷光也可以在镀层上进行,以获得光亮、平滑、外观均一的镀层。刷光生产效率低,适用于小批量零件的镀前或镀后处理,可以部分替代滚光 刷光轮金属丝的材料和直径见表 5-6,刷光操作规范见表 5-7

表 5-4　滚筒及滚光工艺条件

项目		内容
滚筒	形状	滚筒形状有圆形、多边形(六边、七边、八边),多边形滚筒较圆形滚筒优越 由于多边形滚筒内壁与轴的半径不等和零件随筒壁运动有较大角度变化,使零件在筒中易于变动位置,使得相互碰撞机会增多,因而缩短了滚光时间和提高了滚光质量
	尺寸	滚筒直径一般在 300～800mm 之间,长度在 600～800mm 和 800～1500mm 之间 滚筒的内切圆直径大小与滚筒全长之比一般为 1:(1.25～2.5) 加大滚筒体积可以提高产量,但主要是加长滚筒长度而不是加大直径,这样可以防止由于加大滚筒容积而引起零件的划伤
滚光工艺条件	零件装载量	滚筒的零件装载量一般占滚筒体积的 75%,最少不要少于 35%,否则会影响滚光的时间以及处理零件的表面粗糙度
	滚筒转速	转速一般在 45～65r/min。在滚筒直径大、零件重或零件为薄壁件时转速应慢一些

表 5-5　湿法滚光溶液成分及工艺规范

溶液成分及工艺规范	钢铁零件			铜及铜合金	锌及锌合金	塑料粗化
	1	2	3			
氢氧化钠(NaOH)/(g/L)	20～30	—	—	—	—	贝壳(预先滚去尖角)
硫酸含(H_2SO_4)/(g/L)	—	15～25	20～40	5～10	0.5～1	轻质碳酸钙
皂荚粉/(g/L)	3～5	3～10	—	2～3	2～5	水(适量)
六次甲基四胺[$(CH_2)_6N_4$]/(g/L)	—	—	2～4	—	—	
OP 乳化剂/(g/L)	—	—	2～4	—	—	
滚筒转速/(r/min)	40～65	40～65	40～65	40～65	30～40	20～30
时间/h	1～2	1～3	1～1.5	2～3	2～3	4～12

表 5-6　刷光轮金属丝的材料和直径

零件材料	刷光轮金属丝材料	金属丝直径/mm
铸铁、钢、青铜	钢	0.05～0.4
镍、铜	钢	0.15～0.25
锌镀层、锡镀层、铜镀层和黄铜镀层	黄铜、铜	0.15～0.2
银和银镀层	黄铜	0.1～0.15
金和金镀层	黄铜	0.07～0.1
备注	刷光轮常用钢丝、铜丝、黄铜丝、青铜丝以及合成纤维丝或动物毛丝等材料制作。金属丝依其形状,有经过适度弯曲成波浪形并具有一定弹性的波纹金属丝和直金属丝两种。波纹金属丝比直金属丝弹性大、使用寿命长。根据不同零件材料来选用金属丝直径	

表 5-7　刷光操作规范

项目	操作规范
刷光轮转速	转速依刷光轮直径确定： 直径为 130～150mm 时,转速一般为 2500～2800r/min;直径为 300mm 时,转速一般为 1500～1800r/min
刷光液	刷光基体金属时,采用碳酸钠或磷酸三钠稀溶液(3%～5%,质量分数)、肥皂水、石灰水等刷光液 刷光镀层时可用干净的自来水

5.2.3　磨光

磨光是借磨轮对金属制件进行抛磨,以提高制件表面平整度和光洁度的机械加工过程。钢铁件前处理一般只进行磨光(因钢铁件硬度高);而铜及铜合金、铝及铝合金等,磨光后常需要再进行抛光(因其表面硬度低,可以抛得很亮)。

(1) 磨光轮及磨光的应用

磨光轮及磨光的应用见表 5-8。

表 5-8　磨光轮及磨光的应用

磨光轮	磨光轮分为硬质磨轮和软质磨轮两种。 1. 硬质磨轮(如毡轮):一般用于材料表面较硬、形状简单、粗糙度大,切削量大的表面磨光 2. 软质磨轮(如布轮):布轮弹性较大,一般用于材料表面较软、有色金属、零件形状复杂及切削量小的表面抛光 在磨光轮上涂覆润滑剂可延长其使用寿命,防止软金属与磨料黏合,降低被磨表面粗糙度。磨光轮用的润滑剂一般由动物油、脂肪酸和蜡制成,其熔点较高。有时也可用抛光膏代替
磨光的应用	1. 去掉零件表面的各种宏观缺陷、腐蚀痕、划痕、毛刺、焊瘤、焊渣、砂眼、气泡、氧化皮及锈蚀等 2. 提高零件表面的平整度和光洁度,以减少后来镀层抛光损耗量和提高零件耐蚀性 3. 磨光适用于加工各种金属材料。磨光质量主要取决于磨料、磨料粒度、磨光轮的刚性和磨光速度。精磨后零件表面粗糙度的 Ra 值可达 $0.4\mu m$ [4]

(2) 磨光用的磨料

磨光用的磨料及其用途见表 5-9。

表 5-9　磨光用磨料及其用途

磨料名称	粒度/目	用途
人造金刚砂(碳化硅)	24～320	主要用于低强度金属如黄铜、青铜、铝以及硬而脆的金属如铸铁、碳化物、工具钢和高强度钢
人造刚玉(氧化铝)	24～280	主要用于有一定韧性的高强度金属,如淬火钢、可锻铸铁和锰青铜的晶粒
天然金刚砂(杂刚玉)	24～240	用于一般金属的磨光
石英砂	24～320	通用磨光、抛光材料,也用于滚光、喷砂等
硅藻土	240	通用磨光、抛光材料,用于抛光软金属及其合金
浮石	120～320	用于磨光、抛光软金属、木材、皮革、橡胶、塑料、玻璃等

(3) 磨光规范

① 磨料粒度选择。磨料粒度直接影响生产效率、加工精度及表面粗糙度。除表面状态较好或质量要求不高的零件可一次磨光外,一般采用磨料颗粒逐渐减小的几次磨光。磨光一般分为粗磨、中磨和精磨,磨光的磨料粒度选用参见表 5-10。

表 5-10　磨光的磨料粒度选择

磨光分类	粒度/目(mm)	用途
粗磨	12～20(0.850～1.700)	磨削量大,除去厚的旧镀层,严重锈蚀等
	24～40(0.425～0.750)	磨削量大,除去氧化皮、锈蚀、毛刺,磨光很粗糙的表面
中磨	50～80(0.191～0.300)	磨削量中等,磨去粗磨后的磨痕
(细磨)	100～150(0.101～0.150)	磨削量较小,为精磨做准备

续表

磨光分类	粒度/目(mm)	用途
精磨	180～240(0.063～0.090)	磨削量小,可得到比较平滑的表面
	280～360(0.025～0.050)	磨削量很小,为镜面抛光做准备

② 磨光速度。磨光时采用的磨光轮圆周（线）速度，取决于金属材料、零件形状及表面状态等因素。一般情况下，零件形状简单或钢铁件粗磨时，采用较大的圆周速度；零件形状复杂或磨光有色金属及其合金时，采用较小的圆周速度。磨光不同材料适宜的磨轮圆周速度及允许的磨轮转速，如表 5-11 所示。

表 5-11　磨光不同材料适宜的磨轮圆周速度及允许的磨轮转速

零件材料	磨轮圆周速度/(m/s)	磨光轮直径/mm				
		200	250	300	350	400
		允许转速/(r/min)				
铸铁、钢、镍、铬	18～30	2864	2292	1910	1637	1432
铜及铜合金、银	14～18	1720	1375	1500	982	859
铝、锌、锡、铅及其合金	10～14	1337	1070	892	764	668
塑料	10～15	1432	1146	955	819	716
备注	塑料件磨光,应考虑到塑料件硬度低、耐热性差等特点。一般注塑成型的塑料零件,表面平滑,不需进行磨光,只对表面质量要求很高的零件或去除零件上的浇口、飞边等时才进行磨光。热固性塑料件既可干磨也可湿磨,而热塑性塑料件因耐热更差,一般采用湿磨。去除塑料件上的浇口、飞边,一般采用碳化硅磨光带进行磨光,磨光速度为 15～20m/s。使用磨光轮磨光时,速度应低一些,约 10～15m/s					

(4) 磨光带磨光

① 磨光带加工的优点

磨光带磨光也称带式磨光或砂带磨光。这种磨光是用磨光带作为磨光工具，把它安装在磨光带磨光机上，靠磨光带高速运行并与工件接触而进行磨削的加工方法。磨光带磨光可以部分替代磨光轮的磨光工序，与磨光轮相比，具有以下优点：生产效率高；磨光带磨削面积大，工作时冷却较快，工件变形可能性小；可对不同零件及复杂零件进行磨光；选用合成树脂胶黏剂粘接磨料的磨光带，可以带水湿磨等。磨光带磨光时也要添加润滑剂。润滑剂由动物油、脂肪酸和蜡制成，也可使用抛光膏。

② 磨光带磨光参数的选择

使用磨光带磨光时，应根据材料种类、磨光类型选择磨光带的参数。磨光带磨光参数的选择见表 5-12。

表 5-12　磨光带磨光参数的选择

材料	磨光类型	磨料	粒度/mm	磨带速度/(m/s)	润滑剂	接触轮	接触轮硬度[①]
普通钢	粗磨	ZrO_2、Al_2O_3	0.256～0.850	4～7	干磨	轮齿、锯齿	70～95
	中磨	ZrO_2、Al_2O_3	0.101～0.191	4～7	干磨或稀油润滑	平面橡胶、帆布	40～70
	细磨	Al_2O_3	0.013～0.086	4～7	稠油或抛光油润滑	平面橡胶、帆布	软
不锈钢	粗磨	ZrO_2、Al_2O_3	0.256～0.492	3～5	干磨	轮齿、锯齿	70～95
	中磨	ZrO_2、Al_2O_3	0.101～0.191	3～5	干磨或稀油润滑	平面橡胶	40～70
	细磨	Al_2O_3、SiC	0.065～0.086	3～5	稠油或抛光油润滑	平面橡胶、帆布	软
铸铁	粗磨	ZrO_2、Al_2O_3	0.256～0.750	2～5	干磨	轮齿、锯齿	70～95
	中磨	ZrO_2、Al_2O_3	0.101～0.191	2～5	干磨	轮齿、平面橡胶	40～70
	细磨	ZrO_2、Al_2O_3	0.065～0.106	2～5	稀油润滑	平面橡胶	30～50
铝	粗磨	ZrO_2、Al_2O_3	0.191～0.750	4～7	稀油润滑	轮齿、锯齿	70～95
	中磨	ZrO_2、Al_2O_3	0.086～0.150	4～7	稀油润滑	平面橡胶	40～70
	细磨	Al_2O_3、SiC	0.013～0.069	4～7	稀油或稠油润滑	平面橡胶、帆布	软

续表

材料	磨光类型	磨料	粒度/mm	磨带速度/(m/s)	润滑剂	接触轮	接触轮硬度[1]
铜	粗磨	Al_2O_3、SiC	0.191~0.492	3~7	稀油润滑	轮齿、锯齿	70~95
	中磨	Al_2O_3、SiC	0.101~0.150	3~7	稀油润滑	平面橡胶、帆布	40~70
	细磨	Al_2O_3、SiC	0.013~0.086	3~7	稀油或稠油润滑	平面橡胶、帆布	软
非铁金属模铸件	粗磨	ZrO_2、Al_2O_3	0.191~0.750	5~7	稀油润滑	锯齿、平面橡胶	70~95
	中磨	Al_2O_3、SiC	0.086~0.150	5~7	稀油润滑	平面橡胶、帆布	40~70
	细磨	Al_2O_3、SiC	0.013~0.069	5~7	稀油或稠油润滑	平面橡胶、帆布	软
钛	粗磨	ZrO_2、Al_2O_3	0.256~0.492	1~2.5	干磨	轮齿、锯齿	70~95
	中磨	SiC	0.128~0.191	1~2.5	稀油润滑	轮齿、平面橡胶	40~70
	细磨	SiC	0.065~0.101	1~2.5	稀油润滑	平面橡胶、帆布	软

[1] 为测量橡胶的钢轨硬度计的测量值。

5.2.4 抛光

机械抛光是借助高速旋转的抹有抛光膏的抛光轮抛磨，以提高金属制件表面平整度、光亮度的机械加工过理。抛光一般用于镀层的抛光，也可用于镀前的有色金属如铜及铜合金、铝及铝合金等的抛光（经过磨光后进行抛光）。抛光的分类、特点及其应用见表 5-13。

表 5-13　抛光的分类、特点及其应用

抛光种类及抛光轮	各类抛光的特点及其应用
粗抛	用硬轮对经过磨光或未经过磨光的零件表面进行抛光，对基材有一定的磨削作用，能除去粗的磨痕
中抛(细抛)	用较硬的抛光轮对经过粗抛的表面作进一步抛光，它能除去粗抛留下的划痕，能获得中等光亮的表面
精抛	抛光的最后工序，用软轮抛光能获得镜面光亮的表面。精抛光对基体磨削作用很小，若镀后对镀层抛光，其金层的磨耗一般约占镀层质量的 5%~20%
抛光轮	抛光轮是由粗布、细布、绒布或无纺布以及特种纸等软材料叠合起来，再在其中心的两边各用一小块牛皮用钉子钉合起来而制成的。抛光轮由不同的布料制作而成，其制作方法有：缝合式、非缝合式、折叠式、皱褶式等。 1. 粗抛光用的抛光轮：多用粗布等缝合拼接起来的，并经过上浆处理，质地较硬。根据缝合密度和布料的不同，可制得不同硬度的抛光轮。 2. 精抛光用的抛光轮：由整块白色细布等剪裁制成的

① 抛光速度。即抛光轮圆周（线）速度，取决于被加工金属材料、零件形状及抛光要求等因素。抛光时抛光轮圆周速度及抛光轮转速参见表 5-14。一般在粗抛时可选用较大的抛光轮圆周速度；精抛时可选用较小的抛光轮圆周速度。

表 5-14　抛光不同金属材料适宜的圆周速度及抛光轮转速

零件材料		抛光轮圆周速度/(m/s)	抛光轮直径/mm			
			300	350	400	500
			允许转速/(r/min)			
钢	形状简单零件	30~35	2228	1910	1671	1337
	形状复杂零件	20~25	1592	1364	1194	955
铸铁、镍、铬		30~35	2228	1910	1671	1337
铜及其合金、银		20~30	1910	1637	1432	1146
锌、铅、锡、铝及其合金		18~25	1592	1364	1194	955
塑料		10~15	955	819	716	573
备注	一般注塑成型的塑料零件不需抛光，只有对表面质量要求很高的零件或有特殊要求时才进行抛光。抛光应选用白色抛光膏或含磨料细而软的抛光液。抛光轮应选用软轮并最好采用有风冷作用的皱褶式抛光轮。宜采用低速抛光，以防塑料过热					

② 抛光膏。抛光轮上涂抛光膏的主要作用是增加其切削力。常用抛光膏颜色有棕黄色（俗称黄油）、白色（俗称白油）、绿色（俗称绿油）和红色（俗称红油）。常用抛光膏的成分和用途见表 5-15。

表 5-15　常用抛光膏的成分和用途

名称	成分	质量分数/%	用途
棕黄色抛光膏(黄油)	氧化铁 硬脂酸 混脂酸 精制地蜡 石蜡	73.0 18.5 1.0 2.0 5.5	1. 磨光、精磨光 2. 钢铁基体、铬的磨光 3. 铜和铜合金件电镀前粗抛光 4. 铝及铝合金件粗抛光
白色抛光膏(白油)	抛光用石灰 精制地蜡 硬脂酸 牛油 松节油	72 1.5 23.0 1.5 2.0	1. 抛光表面硬度较低的金属 2. 铜和铜合金、铝、锌、银及其他有色金属的粗抛光 3. 镍和铜-锡合金镀层抛光 4. 塑料及有机玻璃等的抛光
绿色抛光膏(绿油)	氧化铬 硬脂酸 油酸	73.0 23.0 4.0	1. 抛光表面硬度较高的金属 2. 硬质合金钢,较硬金属,镍、铬镀层,不锈钢等的抛光

③ 抛光液。抛光液在室温条件下呈液态油状或水乳剂。构成组分中所有的磨料和润滑剂与固态的抛光膏相同,但胶黏剂不得用易燃的溶剂。其供料是连续不间断地少量添加,可减慢抛光轮的磨损速度;还由于其均匀喷注,不会在零件表面上留下过多的抛光液。但这种抛光液一般只适用于自动抛光机。

5.2.5　成批光饰

成批光饰是将被处理的零件与磨料、水或油和化学促进剂一起放入专用的容器内,通过容器的振动和旋转使零件与磨料进行摩擦,以达到去除毛刺、倒锐角、棱边倒圆、表面整平、降低粗糙度、提高零件表面光亮度、除锈和除油等表面精饰的加工过程。

成批光饰的特点是一次能处理很多小型零件,省工省时,质量稳定,成本较低。适合于多种形状的小型金属或非金属零件的光饰加工。成批光饰可以采用湿态加工和干态加工。根据光饰加工形式的不同,成批光饰可分为普通滚光(在本章滚光和刷光章节中介绍过)、振动光饰、离心光饰、离心盘光饰和旋转光饰等。

(1) 光饰加工方法

光饰加工方法见表 5-16,其中普通滚光已在本章滚光和刷光章节中介绍过。

表 5-16　光饰加工方法

成批光饰	光饰加工方法
振动光饰	将零件和一定比例的磨料和磨液装入碗形(碗形振动光饰机)或筒形(筒形振动光饰机)开口容器内,将该容器安装在基座的弹簧上,通过振动装置使容器产生上下或左右振动。零件装在具有螺旋升角的碗形容器中,通过振动,零件与磨料循着螺旋轨迹翻转前行,产生碰撞和摩擦,达到零件表面光饰的目的。碗形振动光饰机与筒形振动光饰机相比,其振动磨削作用比较柔和,可以获得表面粗糙度更低一些的洁净表面,但生产效率不如筒形机高。振动光饰机的容器是开口的,在加工过程中可以检查零件表面加工状况 振动光饰的工艺参数:一般频率要求为 20～30Hz,振幅为 3～6mm 振动光饰不能获得表面粗糙度值很低的表面,不适宜加工精密的、表面硬度低的和脆性的零件
离心光饰	它是在一个转塔内的周围放置一些装有零件和磨料介质的转筒,转塔高速旋转,而转筒与转塔旋转方向相反的速度低速旋转。转塔旋转可产生 0.98N 的离心力[1],从而使转筒中的零件压在一起,转筒的旋转又使磨料介质对零件产生滑动摩擦,从而起到光饰的效果

成批光饰	光饰加工方法
离心光饰	离心光饰生产效率高，零件与零件之间碰撞力小，对材质较脆的零件也可用此法进行光饰加工。离心光饰可以保持零件较高的尺寸精度和高的光饰质量。可以通过采用不同的磨料介质和改变转塔和转筒的旋转速度，来达到所要求的光饰效果。例如，用硬而低磨损的磨料介质在高速旋转时，可起去毛刺作用；而在低速旋转时，则起到表面光饰的效果
离心盘光饰	离心盘光饰机主要由圆柱筒、碗形盘和驱动装置组成。这种光饰是在一个固定的圆柱筒下面装有高速旋转（线速约10m/s）的碗形盘，将零件和磨料介质放入碗形盘中进行光饰加工。工作时由于盘的旋转，使装入的零件和磨料沿筒壁向上运动，而后靠零件自重而从筒的中心滑落到离心盘中间，如此反复使装载物上下（呈圆筒形）运动，从而对零件产生磨削光饰作用。这种光饰方法的特点是速度快，与离心光饰相当。由于是敞开式的，所以在光饰过程中可对加工质量进行检查
旋转光饰[3]	把要加工的零件固定在转轴上，并浸入盛有磨料的旋转筒内，零件表面受到快速运动的磨料介质的磨削作用，而达到光饰表面的效果。由于被加工零件是固定在转轴上加工，零件之间不会碰撞，所以这种方法适用于加工曲轴、齿轮、轴承保持架等精度较高的零件，能获得较高的表面质量 旋转光饰加工，可以进行干态光饰（可用细磨料和玉米芯、胡桃壳等碎料混合组成的磨料），也可进行湿态光饰（使用适宜粒度的氧化铝矿砂，加入适量水或磨光液）。旋转光饰加工速度快，零件不发生碰撞，但零件尺寸和形状受到限制，每次加工零件的数量有限，生成成本高

（2）磨削介质[4]及其选择

成批光饰大都采用湿态加工，采用的磨削介质包括磨料、化学促进剂和水。有时也用干态加工，这时只用磨料。磨削介质及其选择见表5-17。

表5-17　磨削介质及其选择

磨削介质		磨削介质材料
磨料	天然磨料	天然磨料中用的最多的是金刚砂，其硬度高、切削力强。其他的天然磨料有花岗岩、大理石和石灰石的颗粒等，因易破碎、寿命短、易造成堵塞，故用的不多
	烧结磨料	主要有氧化铝和碳化硅，其磨削力比天然磨料强，可获得光饰质量高的表面
	预成型磨料	有烧制的陶瓷磨料和用树脂粘接的磨料两种。其形状有圆形、方形、三角形、圆锥形、圆柱形等。每种形状的磨料均有大小不同的多种规格
	钢材磨料	常用的钢材磨料有：硬质钢珠、铁钉头和型钢头等。它们在使用中不易破碎，光饰质量好
	动植物磨料	常用的有玉米芯、胡桃壳、锯末、碎毛毡和碎毛革。主要用于干法热滚磨，即对已光饰过的零件进行最后出光干燥。有时也和前面那些磨料混合使用
化学促进剂		通常是呈中性或弱碱性的清洗剂。湿态光饰时，在磨料中加入化学促进剂，其主要作用是：清洁零件和磨料；润滑零件和磨料表面，防止磨料黏结成团；防止零件和磨料生锈
磨削介质的选择	磨料	依据被加工零件的材料和光饰质量要求，来选择磨料的类型、形状和尺寸大小，往往需要通过试验才能确定。金属零件一般使用硬质磨料；塑料零件则常使用动植物磨料和硬质磨料的混合物；对光饰质量要求高的零件表面，应使用形状比较圆滑的磨料；磨料大小应小于零件内孔孔径的1/3，但也不应过小，以防造成孔的堵塞
	化学促进剂	化学促进剂可选用肥皂、皂角粉、表面活性清洗剂等，也可以根据零件不同的材料选用相应的除油溶液

5.3　除油

5.3.1　概述

除油是镀前处理的一项重要工序。在进行电镀、化学和电化学转化处理前，必须彻底清除零件表面的油污、固态及液态污垢，以保证镀覆层与零件基体金属的牢固结合，从而获得良好的镀覆层质量。

常用的油脂可分为皂化性油和非皂化性油两类。

常用除油方法的特点及适用范围，如表5-18所示。

表 5-18　常用除油方法的特点及适用范围

除油方法	特点	适用范围
有机溶剂除油	对皂化油脂和非皂化油脂均能溶解,一般不腐蚀零件,除油快,但不够彻底,需用化学或电化学除油进行补充除油。有机溶剂易燃、有毒、污染环境、成本较高	对油污严重的零件及易被碱液腐蚀的零件,作初步除油
化学除油	除油方法简便,设备简单,成本低,但除油时间较长	一般零件的除油
电化学除油	除油速度快而彻底,能去除零件表面的浮灰、浸蚀残渣等机械杂质。但阴极除油时零件易渗氢,深孔内油污去除较慢。且需直流电源	一般零件的除油或阳极去除浸蚀残渣
擦拭除油	设备简单,操作灵活方便,不受零件限制,但劳动强度大,工效低	大、中型零件或其他方法不易除油的零件
滚筒除油	工效高、质量好。但不适用于大零件和易于变形的零件	精度不太高的小型零件
超声波除油	对零件基体腐蚀小、除油效率高、净化效果好。复杂零件的边角、细孔、不通孔以及内腔内壁等都能彻底除油	形状复杂的、特殊的零件
备注	对金属表面存在重油脂的零件,可先用有机溶剂或乳化液进行粗除油,然后采用以表面活性剂为主的除油剂除油或碱液除油,最后采用电化学方法补充除油。为了将油脂彻底去除,往往将上述除油方法联合使用,可取得更好的除油效果。用超声波作用于清洗溶液(超声波除油),可以更有效地除去零件表面油污及其他杂质,可以提高除油速度和除油质量	

5.3.2　有机溶剂除油

有机溶剂对各种油脂(皂化及非皂化性油)都有很强的溶解能力,如能溶解重质油、老化变质的油和抛光膏中的硬脂酸油脂,除油效率高、速度快。

常用的有机溶剂有:汽油、煤油、丙酮、甲苯、氯甲烷、氯乙烷、三氯乙烯、三氯乙烷和四氯化碳等。用的较多的是汽油。

近年来国内外对非溶剂型高效除油剂的开发取得了很大进展,为逐步取代有机溶剂除油创造了条件。有机溶剂除油方法的特点及适用范围见表 5-19。

表 5-19　有机溶剂除油方法的特点及适用范围

除油方法	特点及适用范围
擦拭除油	这种除油方法,是用刷子或抹布蘸溶剂后手工擦洗工件表面除油。小型零件可用擦洗方法除油,大中型零件或局部除油的零件,一般也采用溶剂擦拭除油
浸渍除油	将零件装入吊篮(筐)内或装上挂具,直接浸泡在带有搅拌或不带搅拌的溶剂槽中进行清洗,一般在室温下进行除油,有时亦采用超声波和溶剂联合清洗除油,以去除工件表面难于除去或深槽、缝隙中的油污。一般用于中小型零件的除油
溶剂蒸气除油	这种除油一般是将浸渍除油与蒸气除油相结合进行除油。常用的方法是将工件先浸泡在溶剂槽中进行除油,然后将工件提起停留在槽上部的溶剂蒸气中,使溶剂蒸气在工件表面冷凝进一步溶解油污,冷凝下来的溶剂落回槽下部的溶剂液中。所用是碳氢氯化物或氟化物溶剂,常用的是三氯乙烯、三氯三氟乙烷等。这种除油方法特别适用于除去油污、脂和石蜡。但三氯乙烯毒性大,而在紫外线照射下,受光、热、氧、水的作用,会分解出剧毒的碳酰氯(即光气)和强腐蚀的氯化氢。若在铝、镁金属的催化下,其分解作用更剧烈。故三氯乙烯除油,应避免日光照射和带水入槽,铝、镁零件不宜采用三氯乙烯除油。由于新型水基低碱性清洗剂的出现,这种除油方法现在已经很少使用了

5.3.3　化学除油

化学除油包括有:碱溶液除油、乳化液除油、酸性溶液除油和表面活性剂除油、碱液除蜡等。

(1) 碱溶液除油

常用的碱溶液除油的溶液组成及工艺规范见表 5-20。

表 5-20　常用的碱溶液除油的溶液组成及工艺规范

溶液成分及工艺规范	钢铁		铜及其合金	铝及其合金	锌及其合金	镁及其合金	锡、铅及合金
	1	3					
氢氧化钠(NaOH)/(g/L)	50~100	40~60	10~15	—	—	—	—
碳酸钠(Na₂CO₃)/(g/L)	20~40	25~35	20~30	40~50	10~20	10~20	25~30
磷酸三钠(Na₃PO₄)/(g/L)	30~40	25~35	50~70	40~50	10~20	10~20	25~30
硅酸钠(Na₂SiO₃)/(g/L)	5~15	—	10~15	20~30	10~20	10~20	—
OP 乳化剂/(g/L)	—	—	—	—	2~3	1~3	—
YC 除油添加剂/(g/L)	—	10~15	—	—	—	—	—
温度/℃	80~95	60~80	80~95	60~70	50~60	60~80	80~90

注：1. YC 除油剂为非离子型和阴离子型的混合型除油添加剂。

2. 除油依据零件表面油脂、污物情况，除净为止。

(2) 乳化液除油及酸性溶液除油

乳化液除油是用含有有机溶剂、水和乳化剂（搅拌均匀后）的液体，去除制件表面油污的过程。该方法有较强的除油能力，除油速度快、效果好，能除去重油脂、黄油、抛光膏等。但乳化液除油只能除脱重油，除油不够彻底，电镀前还需再进行电化学除油。

酸性溶液除油是在硫酸或盐酸溶液中加入适量合适的表面活性剂组成的酸性除油溶液，习惯称为"二合一"除油除锈处理。

乳化液除油及酸性溶液除油的溶液组成及工艺规范见表 5-21。

市售的酸性清洗剂（适用于钢铁件的除油除锈"二合一"）见表 5-22。

表 5-21　乳化液除油及酸性溶液除油的溶液组成及工艺规范

溶液成分及工艺规范	乳化液除油		酸性溶液除油(钢铁件)			铜及铜合金或铜-铁组合件
	1	2	1	2	3	
煤油/(g/L)	89	90	—	—	—	180~220
粗汽油/(g/L)	—	—	—	—	—	—
三乙醇胺/(g/L)	3.2	7.5	—	—	—	—
油酸/(g/L)	—	15	—	—	—	—
表面活性剂/(g/L)	10	—	—	—	—	—
硫酸(H₂SO₄)/(g/L)	—	—	200~250	200~250	—	—
盐酸(HCl)/(g/L)	—	—	3~5	—	600~980	—
硫脲[(NH₂)₂CS]/(g/L)	—	—	10~15	—	—	—
PC-2 铁件除油除锈剂/(g/L)	—	—	—	12~15	—	—
NA-1 常温酸洗除油添加剂/(g/L)	—	—	—	—	10~12	—
PC-3 铜件除油除锈剂/(g/L)	—	—	—	—	—	35
温度/℃	20~40	20~50	65~75	65~75	15~40	65~75
时间/min	—	—	1~3	0.5~2	2~10	0.5~2

注：PC-2 铁件除油除锈剂、NA-1 常温酸洗除油添加剂、PC-3 铜件除油除锈剂是上海永生助剂厂的产品。

表 5-22　市售的酸性清洗剂（适用于钢铁件的除油除锈"二合一"）

商品名称	主要成分及施工方法	使用工艺参数			适用范围
		含量	温度/℃	时间/min	
623 型除油除锈液（固体粉末）	以磷酸、磷酸盐及其他助剂组成的除油、除锈溶液(二合一)产品 pH=0.5~1.5 浸渍	相对密度 1.1~1.2	45~55	10~30	适用于带有中等锈蚀、薄氧化皮及中等油污的冷、热轧低碳薄钢板制件的前处理
729 型酸性金属清洗剂	为非离子和离子混合型酸性溶液，低泡 pH=2~4 浸渍	3%~5%	45~55	除净为止	清洗带有各种油污的金属制品工件及非金属工件。浸渍、喷淋、擦洗、超声波清洗均可

续表

商品名称	主要成分及施工方法	使用工艺参数			适用范围
		含量	温度/℃	时间/min	
KRB-4 除油除锈二合一	无色透明液体 pH=1～1.5 浸渍	1:（4～5） 配比	室温 ～50	2～15	适用钢铁件除油除锈,轻锈清洗时间 2～5min,重锈清洗时间 4～6min
BD-E601 型除油除锈剂(液体)	浸渍	—	30～60	—	适用于钢铁件及铜件。除油、除锈二合一的清洗溶液
GH-9019 除油除锈剂(液体)	浸渍	50%～100%	室温	10～20	对钢铁上的油污和氧化皮铁锈的去除,有较好的效果
祥和牌 XH-16C 常温除油除锈添加剂	浮白色至浅黄色液体 pH=2～3 浸渍	5%	室温、加温均可	5～20	与盐酸、硫酸复配或单独与盐酸、磷酸配制成除油除锈二合一的添加剂

（3）表面活性剂除油

　　表面活性剂除油是用含有表面活性剂、碱性盐、助剂和水等组成的液体除去零件表面油污的过程。是用多种表面活性剂复配在一起,而配制成的新型除油溶液,其特点是除油速度快,效果好。水基金属清洗剂除油,就是表面活性剂除油的一种。表面活性剂具有良好的润湿、渗透、乳化、加溶、分散等性能,利用这些特性能有效地除去油污。因而,这类清洗剂清洗是目前广泛应用的一种除油方法。

　　市售金属清洗剂牌号很多,部分市售的金属清洗剂、脱脂剂列入表 5-23 内。

表 5-23　市售的金属清洗剂、脱脂剂

名称型号	类型或 pH 值	处理方法和工艺参数			特点及适用范围
		处理方法及含量	温度/℃	时间/min	
PK-4910N 清洗剂	表面活性剂	喷淋、浸渍	20～70	0.5～3	精密清洗。 洗净效果好,可防锈 3～6d
PK-5640L 清洗剂	表面活性剂	浸渍、超声波	30～60	3～10	精密清洗。 洗净效果好,可防锈 3～6d
SP-8330 清洗剂	表面活性剂	喷淋	30～50	2～4	精密清洗 洗净效果好,可防锈 3～8d
SP-8380 清洗剂	表面活性剂	喷淋、浸渍	40～70	2	精密清洗。 洗净效果好,可短期防锈
8501 高效金属清洗剂	pH=9	喷、浸,含量 1%～2%（质量分数）	50～70	2～4	非离子型表面活性剂、络合剂、防锈剂、助剂
814 型碱性金属清洗剂	pH=9～12	浸、喷、擦洗、超声波清洗,含量 3%～7%（质量分数）	50～60		非离子和离子混合型碱性溶液,低泡沫、效果优良
816 型金属洗净剂	pH=7	喷、浸,含量 1%～2%（质量分数）	50～60	2～3	阴离子、非离子型表面活性剂。适用钢、铝
PA30-Q 金属清洗剂	pH=8～12	喷、浸,含量 2%～5%（质量分数）	室温～80		由多种表面活性剂及防锈剂组成
PA30-SM 中温高效复合脱脂剂	pH=9～10	喷淋,含量 2.5%～3%（质量分数）	50～70		由多种表面活性剂和弱碱组成
C-1 金属清洗剂	表面活性剂	5%（质量分数）	室温		能代替汽油、煤油,对有厚重防锈油脂的零件进行除油清洗。对钢铁件有 3～4 天的防锈作用

　　注：PK、SP 为沈阳帕卡濑精有限公司产品。

（4）碱液除蜡

当零件进行磨光、抛光时，因摩擦而产生大量的热，导致抛光膏十分牢固地黏附在零件表面上，而蜡（如石蜡、地蜡、白蜡、羊毛脂蜡等）是抛光膏的主要成分之一。黏附抛光膏的残余物，仅使用有机溶剂、碱液化学的方法很难将其彻底清除。因此，在磨光、抛光后，除油工序前先进行除蜡。除蜡溶液大多可从市场上购买除蜡剂（除蜡水），加水配制而成。除蜡溶液组成及工艺规范见表5-24。

表5-24　除蜡溶液的组成及工艺规范

溶液组成	含量（质量分数）	工艺规范	备注
PC-1 抛光膏清洗剂（除蜡水）	2%～4%	温度：65℃	除去钢铁件、铜、铝及铝合金件上的抛光膏及除油
GH-1001 除蜡水	6%～8%	温度：40～80℃ 时间：3～5min	浸泡。能有效除去零件表面的蜡质
DZ-1 超力除蜡水 DZ-2 超力除蜡水	热浸：30mL/L	温度：70～90℃ 时间：1～5min	DZ-1 适用于锌基合金、铜及铜合金、钢铁、不锈钢工件。DZ-2 适用于钢铁锌基合金、铜及铜合金、铝合金工件。广州美迪斯新材料有限公司的产品
	超声波除蜡：20mL/L	温度：70～90℃ 时间：1～5min	

5.3.4　电化学除油

（1）电化学除油方法和特点

电化学除油特点是除油彻底、效率高，一般作为零件的最终除油。

电化学除油方法的特点和适用范围见表5-25。

表5-25　电化学除油方法的特点和适用范围

除油方法	特点	适用范围
阴极除油	阴极上析出氢气，气泡小而密，数量多（要比阳极除油析出的氧气多一倍），除油快、效果好，不腐蚀零件。但易渗氢，不适合用于高强度钢、高强度螺栓、弹簧、弹簧垫圈和弹簧片等一些弹性零件 当溶液中含有少量锌、锡、铅等金属时，零件表面将有海绵状金属析出，从而影响镀层与基体金属之间的结合力，这时，可加入螯合剂来处理	适用于在阳极上容易溶解的有色金属如铝、锌、锡、铅、铜及其合金等零件的除油
阳极除油	基体金属（钢铁零件）无氢脆，能去除零件表面的浸蚀残渣和某些金属薄膜如锌、锡、铅、铬等。但除油速度比阴极除油速度低；有色金属（如铝、锌、锡、铅、铜及合金等）在阳极电化学腐蚀大，不宜采用阳极除油	对于硬质高碳钢、弹性材料零件如弹簧、弹簧薄片等，为避免渗氢，一般采用阳极除油。但不适用于有色金属等化学性能较活泼材料的除油
阴极-阳极联合除油	联合除油是交替地进行阴极和阳极除油，发挥两者的优点，克服其缺点，是较有效的电化学除油方法。根据零件材料性质，选用先阴极除油而后转为短时的阳极除油，也可以选用先阳极除油而后转为短时的阴极除油	一般用于无特殊要求的钢铁零件的除油

（2）电化学除油溶液组成及工艺规范

常用电化学除油溶液组成及工艺规范见表5-26。

表5-26　常用的电化学除油溶液组成及工艺规范

溶液成分及工艺规范	钢铁		铜及铜合金		锌及锌合金		铝及铝合金		镁及镁合金	
	1	2	1	2	1	2	1	2	1	2
氢氧化钠（NaOH）/(g/L)	10～20	40～60	10～15	—	—	—	—	—	—	—
碳酸钠（Na_2CO_3）/(g/L)	20～30	60	20～30	10～20	5～10	5～10	20～40	5～10	25～30	15～20
磷酸三钠（Na_3PO_4）/(g/L)	20～30	15～30	50～70	20～30	10～20	15～25	20～40	10～20	25～30	25～30

续表

溶液成分及工艺规范	钢铁		铜及铜合金		锌及锌合金		铝及铝合金		镁及镁合金	
	1	2	1	2	1	2	1	2	1	2
硅酸钠(Na$_2$SiO$_3$)/(g/L)	—	3~5	10~15	—	5~10	—	3~5	—	—	—
三聚磷酸钠(Na$_5$P$_2$O$_{10}$)/(g/L)	—	—	—	5~10	—	5~10	—	15~25	—	5~10
YC 除油剂/(g/L)	—	—	—	0.5~1	—	0.5~1	—	0.5~1	—	0.5~1
温度/℃	70~80	70~80	70~90	40~50	40~50	40~50	70~80	40~50	70~80	40~50
电流密度/(A/dm^2)	5~10	2~5	3~8	5~8	5~7	5~8	2~5	5~8	2~5	2~3
阴极除油时间/min	5~8	—	5~8	1~1.5	0.5~1	1~1.5	1~3	1~1.5	1~3	1~1.5
阳极除油时间/min	0.2~0.5	5~10	0.3~0.5	—	—	—	—	—	—	—

注：YC 除油剂为非离子型和阴离子型的混合型除油添加剂。

5.3.5　超声波清洗除油

超声波清洗除油，是用超声波作用于除油清洗溶液，以更有效地除去制件表面油污及其他杂质的方法。它是将振荡的超声波场引入化学除油溶液中，由于超声波振荡所产生的机械能，可使溶液内产生大量真空的空穴，而这些真空的空穴在形成和闭合时，能使溶液产生强烈的振荡，从而对零件表面的油污产生强有力的冲击作用，强化了除油过程，可缩短除油时间，降低除油溶液的浓度和温度。

超声波清洗除油特点及适用范围如表 5-27 所示。

表 5-27　超声波清洗除油特点及适用范围

除油特点	适用范围
1. 可除去难溶的油污，如抛光膏、研磨膏(磨光膏)、钎焊剂、蜡类、指纹及金属碎屑等 2. 可以使形状复杂的零件(以及多孔隙的铸件、压铸件)、细孔、不通孔中的油污彻底清除。清洗速度快，效果好，提高除油质量 3. 超声波清洗除油可适当降低除油溶液的浓度和温度 4. 设备价格较高	1. 适用于去除难溶的油污(如抛光膏、钎焊剂、蜡类、金属碎屑等) 2. 有狭缝、细孔、盲孔(不通孔)、细螺纹等形状复杂的零件 3. 压铸件、精加工零件等

5.3.6　擦拭除油和滚筒除油

擦拭除油和滚筒除油的工作方法、特点及适用范围见表 5-28。

表 5-28　擦拭除油和滚筒除油的工作方法、特点及适用范围

除油方法	工作方法及特点	适用范围
擦拭除油	擦拭除油是用毛刷或抹布蘸上一些除油物质，如有机溶剂、石灰浆、氧化镁、肥皂液、碳酸钠等，在零件表面上进行擦拭，去除表面油污 擦拭除油的特点是方便灵活，不受零件大小、形状、材质等条件限制，能保持零件的光洁度，不腐蚀零件，但使用人工操作，工效低	主要用于不便用其他方法除油的批量不大、形状复杂的零件除油，也有用于镀铬或工具镀铬等的除油
滚筒除油	滚筒除油是将零件放入滚筒内，加上适合和适量的除油液，通过滚筒转动，使除油液擦拭零件表面进行除油。除油介质可用弱碱性溶液、木屑或皂荚等。要求除油液不易产生泡沫。滚筒除油的转速一般约为 100r/min。滚筒除油后可以在滚筒内用水进行清洗 滚筒除油效果好，操作方便，成本低	适用于批量大的小型而质量轻的零件，或空心件。不适用于太薄的和可套在一起的零件，或表面忌划伤而又带有夹角、锐边以及易变形的零件

5.4 浸蚀

5.4.1 概述

浸蚀也称为酸洗，是将金属零件浸在一定浓度和一定温度的浸蚀液中，以除去其上的氧化物和锈蚀物等的过程。

不锈钢、铝及铝合金、锌及锌合金等零件的浸蚀工艺，将在本篇第 11 章特种材料上电镀的各有关章节中加以介绍。浸蚀可按其性质和用途、浸蚀处理方法等分类。浸蚀的分类和对浸蚀的要求见表 5-29。

表 5-29　浸蚀的分类和对浸蚀的要求

浸蚀的种类		性质和用途
按浸蚀性质和用途分类	一般浸蚀（酸洗）	除去金属零件表面上的氧化皮和锈蚀产物等
	强浸蚀（强酸洗）	将金属零件浸在较高浓度和一定温度的浸蚀液中，溶解除去金属零件表面上的厚层氧化皮或不良的表层组织，如硬化表层、脱碳层、疏松层等，并粗化零件表面
	弱浸蚀（弱酸洗）	溶解金属零件表面上极薄的氧化膜、钝态膜，并使表面活化，以保证镀层与基体金属的牢固结合
	光亮浸蚀（光亮酸洗）	溶解金属零件表面上的薄层氧化膜或其他化合物（如去除浸蚀残渣即挂灰等），并提高零件表面的光泽（呈现光亮）
	碱浸蚀（碱洗）	对两性金属如铝、锌及其合金等，将其零件浸在一定浓度和一定温度的碱浸蚀液中，溶解除去金属零件表面上的氧化膜或其他化合物
按浸蚀方法分类	化学浸蚀	将金属零件浸泡在浸蚀溶液中，借助化学反应的溶解作用，以清除制件表面的氧化物和锈蚀的过程
	电化学浸蚀	将金属零件作为阳极或阴极在电解质溶液中进行电解以清除制件表面的氧化物和锈蚀的过程
对浸蚀的要求		1. 浸蚀只除去氧化膜、锈斑等化合物，不腐蚀其基体金属 2. 不渗氢或少渗氢 3. 不产生或少产生浸蚀残渣（挂灰） 4. 为了达到抑雾和缓蚀（防止基体金属过腐蚀）等效果，要在浸蚀溶液中加入一些添加剂，特别是加入缓蚀剂时，除锈效率不应减慢，应能防止基体金属过腐蚀和减轻对基体金属的渗氢量

5.4.2 钢铁零件的化学浸蚀

钢铁零件容易被氧化和腐蚀，其表面一般都存在氧化皮和铁锈。常见的氧化物有灰色的氧化亚铁（FeO）、赤色的三氧化二铁（Fe_2O_3）、橙黄色含水的三氧化二铁（$Fe_2O_3 \cdot nH_2O$）和蓝黑色的四氧化三铁（Fe_3O_4）等。

钢铁零件因大气腐蚀产生的锈蚀，一般是氧化亚铁和氢氧化铁。铁的氧化物、氢氧化物与酸作用都容易被溶解而去除。

钢铁零件常用的化学浸蚀溶液的组成和工艺规范见表 5-30。

表 5-30　钢铁零件常用的化学浸蚀溶液的组成和工艺规范

溶液成分及工艺规范	氧化物不多的零件		厚氧化皮或冲压件	厚氧化皮或锻压件	经淬火后厚氧化皮零件	光亮、少锈、有氧化皮碳钢件,合金钢件,弹簧或高强度拉力钢	铸件	合金钢零件		光亮浸蚀	已除锈需光亮浸蚀零件	弱浸蚀
	1	2						预浸	浸蚀			
硫酸（H_2SO_4, $d=1.84$）/(g/L)	100~200	—	—	200~250	200 mL/L	—	75%①	230	—	600~800	0.1~1.0	5%~10%
盐酸（HCl, $d=1.18$）/(g/L)	—	500~1000	500~900	—	480 mL/L	100~200	150~360	270	450	5~15	—	或50~100

续表

溶液成分及工艺规范	氧化物不多的零件		厚氧化皮或冲压件	厚氧化皮或锻压件	经淬火后厚氧化皮零件	光亮少锈有氧化皮碳钢件,合金钢件,弹簧或高强度拉力钢	铸件	合金钢零件		光亮浸蚀	已除锈需光亮浸蚀零件	弱浸蚀
	1	2						预浸	浸蚀			
硝酸(HNO₃,$d=1.41$)/(g/L)	—	—	—	—	—	—	—	—	50	400~600	—	—
40%氢氟酸(HF)	—	—	—	—	—	25%	—	—	—	—	—	—
草酸(H₂C₂O₄)/(g/L)	—	—	—	—	—	—	—	—	—	—	25	—
过氧化氢(H₂O₂)/(mL/L)	—	—	—	—	—	—	—	—	—	—	15	—
硫脲[CS(NH₂)₂]/(g/L)	—	—	—	2~3	—	—	—	—	—	—	—	—
六亚甲基四胺[(CH₂)₆N₄]/(g/L)	—	3~5	—	—	—	—	—	—	—	—	—	—
YS-1 添加剂/(mL/L)	—	—	50~100	—	—	—	—	—	—	—	—	—
磺化煤焦油/(mL/L)	—	—	—	—	—	—	—	10	10	—	—	—
温度/℃	室温	10~35	20~35	50~60	室温	室温	30~40	50~60	30~50	≤50	10~35	室温
时间/min	除净为止	1~5	1~15	除净为止	10	除净为止	1~5	1	0.1	3~10s	3~5	0.5~2

注：1. 溶液成分中的 d 为密度，单位为 g/cm³，例如硫酸(H₂SO₄) $d=1.84$，即 $d=1.84$ g/cm³，下同。

2. YS-1 添加剂是上海永生助剂厂的产品。

3. 表中浓度含量的百分数（％）为质量分数。

5.4.3　铜及铜合金零件的化学浸蚀

铜及铜合金零件的化学浸蚀，一般情况下要进行两道连续的浸蚀工序，即先进行一般浸蚀（预浸蚀），后进行光亮浸蚀。当铜及铜合金件表面有厚的黑色氧化皮时，在预浸蚀前，可在 10%~20%（质量分数）硫酸溶液中（50~60℃）进行疏松氧化处理。经过机械抛光的铜及铜合金件，一般只需弱浸蚀即可。

铜及铜合金零件化学浸蚀溶液的组成和工艺规范见表 5-31。

表 5-31　铜及铜合金零件化学浸蚀溶液的组成和工艺规范

溶液成分及工艺规范	一般浸蚀（预浸蚀）			光亮浸蚀					弱浸蚀	
	一般铜及铜合金件	铍青铜件	铸件	一般铜及铜合金件	铜、黄铜、铍青铜件	铜、黄铜、低锡青铜、磷青铜件	铜、黄铜、铜锌镍合金件	铜、铍青铜件	薄壁铜材及合金件	一般铜及铜合金件
硫酸(H₂SO₄,$d=1.84$)/(g/L)	150~250	25%	200~300	1份体积	—	—	600~800	10~20	100	5%~10%
盐酸(HCl,$d=1.18$)/(g/L)	—	—	100~200	0.02份体积	—	—	10%~15%	—	—	10%~20%
硝酸(HNO₃,$d=1.41$)/(g/L)	—	12.5%	750	1份体积	600~1000	300~400	—	—	—	—
氢氟酸(HF)/(g/L)	—	—	1000	—	—	—	—	—	—	—
氯化钠(NaCl)/(g/L)	—	—	20	—	0~10	3~5	—	—	—	—
铬酐(CrO₃)/(g/L)	—	—	—	—	—	—	—	100~200	—	—

续表

溶液成分及工艺规范	一般浸蚀（预浸蚀）			光亮浸蚀					弱浸蚀	
	一般铜及铜合金件	铍青铜件	铸件	一般铜及铜合金件	铜、黄铜、铍青铜件	铜、黄铜、低锡青铜、磷青铜件	铜、黄铜、铜锌镍合金件	铜、铍青铜件	薄壁铜材及合金件	一般铜及铜合金件
磷酸(H_3PO_4,$d=1.7$)	—	—	—	—	—	—	50%~60%	—	—	—
醋酸(CH_3COOH)	—	—	—	—	—	—	25%~40%	—	—	—
重铬酸钾($K_2Cr_2O_7$)/(g/L)	—	—	—	—	—	—	—	—	50	—
温度/℃	40~60	室温	80~100	室温	≤45	≤45	20~60	室温	40~50	室温

注：1. 在一般浸蚀（预浸蚀）中，也可采用盐酸（HCl）100~360g/L，室温。

2. 表中浓度的百分数（%）均为体积分数。

3. 浸蚀时间依据零件表面氧化皮状态而定，除净为止。

5.4.4　其他金属零件的化学浸蚀

镉、锡、镍及其合金件化学浸蚀溶液的组成及工艺规范见表5-32。

铅、钛、钼、钨及其合金件化学浸蚀溶液的组成及工艺规范见表5-33。

表 5-32　镉、锡、镍及其合金件化学浸蚀溶液的组成及工艺规范

溶液成分及工艺规范	镉及其合金			锡及其合金		镍及其合金	
	1	2	3	1	2	1	2(活化)
硫酸(H_2SO_4,$d=1.84$)/(g/L)	50~100	—	2~4	—	—	—	50~150 mL/L
硝酸(HNO_3,$d=1.41$)/(mL/L)	—	10~20	—	—	—	—	—
盐酸(HCl,$d=1.18$)/(g/L)	—	—	—	100~300	—	100~300	—
铬酐(CrO_3)/(g/L)	—	—	100~150	—	—	—	—
氢氧化钠(NaOH)/(g/L)	—	—	—	—	50~100	—	—
温度/℃	室温	室温	室温	室温	60~70	室温	室温
时间/min	<1	<1	0.5~1	1~3	0.5~5	1~3	0.2~1

注：镍（配方1）经过浸蚀后，接着在硫酸200g/L、铬酐20~30g/L、60~80℃的溶液中进行光亮浸蚀。

表 5-33　铅、钛、钼、钨及其合金件化学浸蚀溶液的组成及工艺规范

溶液成分及工艺规范	铅及其合金		钛及其合金		钼及其合金		钨及其合金
	1	2	1	2	1	2(出光)	
硝酸(HNO_3,$d=1.41$)/(mL/L)	50~100	—	3份体积			25~34	
硫酸(H_2SO_4,$d=1.84$)/(mL/L)					150		
盐酸(HCl,$d=1.18$)/(mL/L)			—		150		
氢氟酸(HF,$d=1.13$)/(g/L)			1份体积	50mL/L			50~70
铬酐(CrO_3)/(g/L)					60~100	90~100	
氢氧化钠(NaOH)/(g/L)		50~100					
重铬酸钠($Na_2CrO_7 \cdot 2H_2O$)/(g/L)				250			
温度/℃	室温	60~70	室温	50~70	室温	室温	室温
时间/min	<1	0.5~5	至冒红烟	10~30	5~10	1~3	1~2

5.4.5　电化学浸蚀

电化学浸蚀也称为电解浸蚀（或电解酸洗）。即将金属制件作为阳极或阴极在电解质溶液中进行电解以清除制件表面氧化物和锈蚀的过程。

电化学浸蚀通常用于有较厚氧化皮或较致密氧化皮的钢铁零件。电化学浸蚀的特点如下。

① 优点：浸蚀能力强，速度快，生产效率高，浸蚀溶液消耗量少，而且使用寿命较长；电解液浸蚀能力受溶液中铁含量影响小。

② 缺点：电解液分散能力较低；形状复杂的零件不宜使用；零件装挂比较麻烦，且装载量少于化学浸蚀。

电解浸蚀方法的特点及适用范围见表 5-34。

钢铁件及不锈钢件电解浸蚀溶液的组成及工艺规范见表 5-35。

钛、钨、镍等金属及其合金电解浸蚀溶液的组成及工艺规范见表 5-36。

表 5-34　电解浸蚀方法的特点及适用范围

除油方法	特点	适用范围
阳极电解浸蚀	零件装挂在阳极上进行浸蚀。阳极浸蚀能力较弱，对氧化皮有一定的剥蚀能力，但要防止零件的过度腐蚀	主要用于去除零件表面的不良表层组织。形状复杂零件不宜采用阳极电解浸蚀，因为凸起部分容易发生过度腐蚀
阴极电解浸蚀	零件装挂在阴极上进行浸蚀。阴极浸蚀主要是依靠氢的还原作用和机械剥离作用而去除较厚的氧化皮，去除氧化皮效率高。阴极电解浸蚀不易腐蚀零件的基体金属，不会引起过度腐蚀，但基体金属会渗氢	适用于钢铁、不锈钢、钨及其合金等零件。不适用于弹簧等高强度抗力零件
交流电电解浸蚀	具有阳极电解浸蚀和阴极电解浸蚀的特点，腐蚀比较均匀，不需直流电源	适用于钢铁、不锈钢、钛及其合金等零件
阴极-阳极联合电解浸蚀	一般先进行较长时间的阴极浸蚀，而后再进行短时间的阳极浸蚀。这样可利用阴极浸蚀效率高的特点，而且不会因金属基体发生溶解而改变零件外形尺寸。而转为阳极浸蚀后，可将阴极浸蚀过程中沉积在零件表面上的杂质除去，还可以消除阴极浸蚀时的渗氢现象，减轻氢脆	对于形状复杂而几何尺寸要求较严格的零件，为防止过浸蚀又减少氢脆，往往采用这种电解浸蚀方法

表 5-35　钢铁件及不锈钢件电解浸蚀溶液的组成及工艺规范

溶液成分及工艺规范	钢铁件								不锈钢电解浸蚀	
	阳极电解浸蚀				阴极电解浸蚀			交流电解浸蚀		
	1	2	3	4	1	2	3		1	2
硫酸(H_2SO_4, $d=1.84$)/(g/L)	200～250	150～250	—	—	100～150	40～50	—	120～150	5%～10%	—
盐酸(HCl, $d=1.18$)/(g/L)	—	—	320～380	—	—	25～30	30～40mL/L	30～50	—	50～500 mL/L
40%氢氟酸(HF)/(g/L)	—	—	0.15～0.30	—	—	—	—	—	—	—
氯化钠(NaCl)/(g/L)	—	30～50	—	—	—	20～22	40～50	—	—	—
氢氧化钠(NaOH)/(g/L)	—	—	—	120～150	—	—	—	—	—	—
高锰酸钾($KMnO_4$)/(g/L)	—	—	—	50～80	—	—	—	—	—	—
十二烷基硫酸钠($C_{12}H_{25}SO_4Na$)/(g/L)	—	—	—	—	—	—	0.1	—	—	—
温度/℃	20～60	20～30	30～40	60～80	40～50	60～70	室温	30～50	50	室温

续表

溶液成分及工艺规范	钢铁件								不锈钢电解浸蚀	
	阳极电解浸蚀				阴极电解浸蚀			交流电解浸蚀		
	1	2	3	4	1	2	3		1	2
阳电流密度/(A/dm²)	5~10	2~5	5~10	5~10	—	—	—	交流电流密度	20~30	—
阴电流密度/(A/dm²)	—	—	—	—	3~10	7~10	2~3	3~10	—	2
时间/min	5~15	10~20	1~10	5~15	10~15	除净为止	0.5	4~8	除净为止	1~5
电极材料	阴极采用铅或铁板			阴极,铁板	阳极,铅或铅锑合金(含锑6%~10%)		阳极,铁板	—	阴极,铅或铁板	阳极,石墨

注：1. 表中溶液浓度百分含量（%）为质量分数。

2. 阴极电解浸蚀配方1适用于非弹性、非高强度零件，浸蚀后的零件，需在氢氧化钠（85g/L）、磷酸钠（30g/L）的溶液中进行阳极去铅膜，阳极电流密度为5~8A/dm²，温度50~60℃，时间8~12min，阴极材料为铁板。

3. 阴极电解浸蚀配方3为镀前弱浸蚀溶液。

4. 为了防止零件的过浸蚀，可向阳极电解浸蚀和阴极电解浸蚀溶液中添加缓蚀剂。

5. 对于形状复杂而几何尺寸要求较严格的零件，为防止过浸蚀又减小氢脆，可采联合电解浸蚀，先进行阴极电解浸蚀，后进行短时间的阳极电解浸蚀。

6. 不锈钢电解浸蚀配方2，用于电镀前的预处理阴极活化。石墨阳极必须套上阳极套。

表5-36　钛、钨、镍等金属及其合金电解浸蚀溶液的组成及工艺规范

溶液成分及工艺规范	钛及其合金		钨及其合金		镍及其合金	
	1	2	1	2	1	2
48%氢氟酸(HF)/(mL/L)	125	—	—	—	—	—
71%氢氟酸(HF)/(mL/L)	—	125	—	—	—	—
硫酸(H₂SO₄,d=1.84)/(g/L)	—	—	—	—	70%(质量分数)	165
冰醋酸(CH₃COOH)/(mL/L)	875	875	—	—	—	—
磷酸(H₃PO₄,d=1.7)/(g/L)	—	—	—	160	—	—
醋酸酐[(CH₃CO)₂O]/(mL/L)	—	100	—	—	—	—
氢氧化钾(KOH)/(g/L)	—	—	300	—	—	—
温度/℃	>50	>50	48~60	40~50	40	20~25
阴极电流密度/(A/dm²)	—	—	3~6	0.07	—	见附注
阳极电流密度/(A/dm²)	—	—	—	—	10	见附注
交流电流密度/(A/dm²)	2	2	—	—	—	—
交流电压/V	40	40	—	—	—	—
时间/min	10	10	2~5	10	0.2~1	见附注
电极材料	—	—	阳极:钢	阳极:铅	阴极:铅或铁板	

注：1. 钛及其合金的配方1的操作方法：先用化学浸蚀10~15min，再进行交流电浸蚀。用于纯钛，后续镀铬。

2. 钛及其合金的配方2的操作方法：先用化学浸蚀10~15min，再进行交流电浸蚀。用于6Al-4V钛合金，后续镀镍、铬。

3. 钨及其合金的配方1，处理后需在100g/L的硫酸溶液中浸10min。

4. 镍及其合金的配方2的操作方法：先在2A/dm²下阳极浸蚀10min，再在20A/dm²下钝化2min，最后在20A/dm²下阴极活化2~3s，这种处理方法结合力好。

5.5　去接触铜、除浸蚀残渣

钢铁件去接触铜及除浸蚀残渣溶液的组成及工艺规范见表5-37。

表 5-37 钢铁件去接触铜及除浸蚀残渣溶液的组成及工艺规范

溶液成分及工艺规范	化学去接触铜		阳极电解去接触铜	化学除浸蚀残渣		阳极电解除浸蚀残渣
	1	2		1	2	
铬酐(CrO_3)/(g/L)	150～250	140～170	—	200～250	—	—
硫酸(H_2SO_4, $d=1.84$)/(g/L)	30～50	30～50	—	30～50	1 份(体积)	—
硝酸(HNO_3, $d=1.41$)/(g/L)	—	20～30	—	—	1 份(体积)	—
硝酸钠($NaNO_3$)/(g/L)	—	—	80～120	—	—	—
氢氧化钠($NaOH$)/(g/L)	—	—	—	—	—	50～100
氯化钠($NaCl$)/(g/L)	—	—	—	—	10	—
温度/℃	室温	室温	室温	室温	室温	70～80
阳极电流密度/(A/dm²)	—	—	2～4	—	—	2～5
时间/min	除净为止			0.1～0.2	0.2～1	5～15

5.6 工序间防锈

工序间防锈处理,是对经过除油除锈后,不能立即进行电镀或化学和电化学转化处理的零件,提供短时间工序间的防锈。工序间防锈溶液的组成及工艺规范见表 5-38。

表 5-38 工序间防锈溶液的组成及工艺规范

溶液成分及工艺规范	钢铁件				铜及铜合金件		铝及铝合金件
	1	2	3	4	1	2	
氢氧化钠($NaOH$)/(g/L)	20～100	—	—	—	—	—	—
碳酸钠(Na_2CO_3)/(g/L)	—	—	3～5	30～50	3～5	—	3～5
亚硝酸钠($NaNO_2$)/(g/L)	—	—	30～80	—	—	—	—
六次甲基四胺[$(CH_2)_6N_4$]/(g/L)	—	—	20～30	—	—	—	—
重铬酸钾($K_2Cr_2O_7$)/(g/L)	—	—	—	—	30～50	50～100	30～50
磷酸(H_3PO_4, $d=1.7$)/(g/L)	—	15～30	—	—	—	—	—
温度/℃	室温至80	80～100	室温	室温	室温至80	70～90	室温至80
时间/min	3～5	0.5～2	3～5	3～5	3～5	2～5	1～3

5.7 化学抛光

化学抛光,是金属零件在一定的溶液中和特定的条件下进行化学浸蚀处理,以获得平整、光亮表面的处理过程。

金属的化学抛光适用范围很广,如钢铁(包括不锈钢)、铜和铜合金、铝和铝合金、镍、锌、镉以及其他金属等的化学抛光。

5.7.1 钢铁件的化学抛光

钢铁件化学抛光溶液的组成及工艺规范见表 5-39。

表 5-39 钢铁件化学抛光溶液的组成及工艺规范

溶液成分及工艺规范	低碳钢		低、中碳钢	低、中碳钢和低合金钢	高碳钢
	1	2			
磷酸(H_3PO_4, $d=1.7$)	—	—	—	60%	—
硫酸(H_2SO_4, $d=1.84$)/(g/L)	—	0.1	—	30%	—
硝酸(HNO_3, $d=1.41$)/(mL/L)	75	—	—	10%	—
铬酐(CrO_3)/(g/L)	—	—	—	5～10	—
40%氢氟酸(HF)/(mL/L)	175	—	—	—	—
30%过氧化氢(H_2O_2)/(g/L)	—	30～50	70～80	—	100mL/L

续表

溶液成分及工艺规范	低碳钢		低、中碳钢	低、中碳钢和低合金钢	高碳钢
	1	2			
草酸[(COOH)$_2$·2H$_2$O]/(g/L)	—	25～40	—		3
氟化氢铵(NH$_2$HF$_2$)/(g/L)	—	—	20		10
尿素[(NH$_2$)$_2$CO]/(g/L)	—	—	20		10
苯甲酸(C$_6$H$_5$COOH)/(g/L)	—	—	1～1.5		1
润湿剂/(g/L)	—	—	0.2～0.4		0.05
温度/℃	60～70	15～30	15～30	120～140	室温
时间/min	2～3	2～30	0.5～2	<10	至光亮为止
备注	—	pH=1.4～3，采用搅拌	pH=2.1，需要搅拌	—	pH=2～3

注：1. 表中溶液浓度百分含量（％）为体积分数。

2. 表中低、中碳钢和低合金钢的化学抛光，抛光前的零件，必须在干燥并加热至同溶液温度接近后再进槽。

3. 润湿剂：低、中碳钢可用6501、6504洗净剂或聚乙二醇等；高碳钢配方采用海鸥洗涤剂。

4. 高碳钢化学抛光配方，工作时温度会升高，应进行冷却。

5.7.2 不锈钢件的化学抛光

不锈钢如要达到镜面光亮，就需要机械抛光。但大多数不锈钢不需要镜面光亮，只要一般光亮就行，这样采用化学抛光或电化学抛光方法就能达到。常用的化学抛光溶液的组成及工艺规范见表5-40。

由于不锈钢牌号很多，其含镍、铬、钛等成分不一样，因此究竟选用何种溶液配方，需先作小样试验来确定。

表 5-40　不锈钢件化学抛光溶液的组成及工艺规范

溶液成分及工艺规范	1	2	4	5	6
盐酸(HCl,d=1.18)	120～180mL/L	67mL/L	60g/L	55mL/L	200mL/L
硝酸(HNO$_3$,d=1.41)	15～35mL/L	40mL/L	132g/L	—	—
磷酸(H$_3$PO$_4$,d=1.7)	25～50mL/L	—	—	180mL/L	—
硫酸(H$_2$SO$_4$,d=1.84)	—	227mL/L	—	—	—
40%氢氟酸(HF)	—	水 660mL/L	25g/L	—	—
草酸(H$_2$C$_2$O$_4$)/(mL/L)	—	—	—	40	—
36%过氧化氢(H$_2$O$_2$)/(mL/L)	—	—	—	—	400
六次甲基四胺[(CH$_2$)$_6$N$_4$]/(g/L)	—	—	2	—	—
OP-10 乳化剂/(mL/L)	—	—	—	4	—
聚乙二醇(M=6000)/(mL/L)	—	—	—	—	2
复合缓蚀剂/(g/L)	1～5	—	—	—	—
光亮剂/(g/L)	3～5	—	—	—	—
水溶性聚合物/(g/L)	20～40	—	—	—	—
温度/℃	15～40	50～80	<40	70～85	15～35
时间/min	12～48	3～20	3～10	0.5～1	2～10

注：1. 配方1中的添加剂：复合缓蚀剂采用若丁和有机胺等；光亮剂采用氯烷基吡啶、卤素化合物和磺基水杨酸；水溶性聚合物为黏度调节剂，采用纤维素醚和聚乙二醇的混合物等。

2. 配方1抛光时要抖动零件，避免气泡在表面停滞。加入适量甘油，可改善抛光质量。

3. 硝酸型溶液的抛光作用较强，其缺点是有大量氮氧化物（黄烟）产生。

5.7.3 铜及铜合金件的化学抛光

铜及铜合金件化学抛光溶液的组成及工艺规范见表5-41。

表 5-41　铜及铜合金件化学抛光溶液的组成及工艺规范

溶液成分及工艺规范	1	2	3	4	5
磷酸(H_3PO_4,$d=1.7$)/(g/L)	500～600	160～170	40～50	—	70%～94%（质量分数）
硝酸(HNO_3,$d=1.41$)/(g/L)	100	30～40	6～8	45～50 mL/L	6%～30%（质量分数）
冰醋酸(CH_3COOH)/(g/L)	300～400	110～120	35～45	—	—
硫酸(H_2SO_4,$d=1.84$)/(g/L)	—	20～30	—	260～280mL/L	—
盐酸(HCl,$d=1.18$)/(mL/L)	—	—	—	3	—
铬酐(CrO_3)/(g/L)	—	—	—	180～200	—
30%过氧化氢(H_2O_2)/(g/L)	—	15～20	—	—	—
8-羟基喹啉(8-$C_9H_7NO_4$)/(g/L)	—	少量	—	—	—
温度/℃	40～60	30～50	40～60	20～40	25～45
时间/min	3～10	1～3	3～10	0.2～3	1～2

注：1. 配方 1、2 适用于铜和黄铜的抛光。配方 1 的温度降至 20℃时，可以抛光白铜。

2. 配方 3 的酸含量低，适用于铜及黄铜的抛光，当温度降至 20℃时，可用于抛光白铜。

3. 配方 4 适用于抛光精密、表面粗糙度低的零件。

4. 配方 5 适用于铜铁组合体的抛光。

5.7.4　铝及铝合金件的化学抛光

铝及铝合金件的化学抛光溶液有两种类型，即酸性抛光溶液和碱性抛光溶液，其性能如表 5-42 所示。

铝及铝合金件的化学抛光溶液的组成及工艺规范见表 5-43。

表 5-42　铝及铝合金件的化学抛光溶液类型及其性能

化学抛光溶液类型	化学抛光溶液性能
酸性化学抛光溶液	传统的酸性抛光液有磷酸-硝酸，磷酸-硫酸-硝酸等体系 传统的酸性抛光处理过程中产生大量氮氧化物气体（黄烟），污染严重。目前，国内已研制开发出多种组合添加剂，取代硝酸，无硝酸抛光液适用于 Al、Al-Mg 合金及 Al-Mg 低硅合金
碱性化学抛光溶液	碱性抛光溶液是利用铝及铝合金零件在碱性溶液中的选择性自溶解作用，整平和抛光零件表面 由于碱比酸对铝及铝合金有更强的溶解能力，故采用碱性抛光溶液，使铝及铝合金零件质量损失较酸性抛光溶液更多，同时碱性抛光溶液工艺控制比酸性抛光溶液工艺控制更困难

表 5-43　铝及铝合金件的化学抛光溶液的组成及工艺规范

溶液成分及工艺规范	酸性抛光溶液							碱性抛光溶液
	1	2	3	4	5	6	7	
磷酸(H_3PO_4,$d=1.7$)/%	77.5	70	75	70～80	50	—	250～300 mL/L	—
硫酸(H_2SO_4,$d=1.84$)/%	15.5	25	8.8	10～15	6.5	—	700～750 mL/L	—
硝酸(HNO_3,$d=1.41$)/%	6	—	8.8	10～15	6.5	13	—	—
冰醋酸(CH_3COOH)/%	—	—	—	—	6	—	—	—
硼酸(H_3BO_3)/%	0.4	—	—	—	—	—	—	—
硫酸铵[$(NH_4)_2SO_4$]/%	—	—	4.4	—	—	—	—	—
硫酸铜($CuSO_4$)/%	0.5	—	0.02	—	—	—	—	—
硝酸铜[$Cu(NO_3)_2$]/(g/L)	—	—	—	—	3	—	—	—
氟化氢铵(NH_2HF_2)/%	—	—	—	—	—	10	—	—
尿素[$(NH_2)_2CO$]/%	—	—	3.1	—	其余为水	其余为水	—	—
WP-98 添加剂/(g/L)	—	5～15	—	—	—	—	—	—
糊精/%	—	—	—	—	—	—	1	—
AP-1 无黄烟添加剂(抛光剂)/(mL/L)	—	—	—	—	—	—	8～10	—

续表

溶液成分及工艺规范	酸性抛光溶液							碱性抛光溶液
	1	2	3	4	5	6	7	
铝离子/(g/L)	—	≥10	—	—	—	—	—	—
氢氧化钠(NaOH)/(g/L)	—	—	—	—	—	—	—	350~650
亚硝酸钠(NaNO₂)/(g/L)	—	—	—	—	—	—	—	100~250
磷酸三钠(Na₃PO₄)/(g/L)	—	—	—	—	—	—	—	10~40
氟化钠(NaF)/(g/L)	—	—	—	—	—	—	—	20~50
温度/℃	100~105	90~110	100~120	90~120	90~95	50~57	100~120	110~130
时间/min	1~3	1~3	2~3	0.2~0.4	0.2~0.4	0.2~0.4	1~2	0.1~0.25

注：1. 配方 1 适用于纯铝和含铜量较低的铝合金。

2. 配方 2 不含硝酸的抛光溶液，适用于 6063 及 6061 等型号的铝型材抛光。磷酸、硫酸的含量应为：磷酸（85%）：硫酸（95%~98%）=70:25（质量比）。WP-98 添加剂由武汉材料保护研究所研制。

3. 配方 3 适用于纯铝和铝镁合金。

4. 配方 4 适用于含铜、锌较高的高强度铝合金。

5. 配方 5 适用于铝锌镁合金、铝镁铜合金、含锌不超过 7%含铜不超过 5%的其他铝合金。

6. 配方 6 适用于含硅大于 2%的铝合金、高纯铝。

7. 配方 7 对于 1060 纯铝和 5356 铝镁合金有很好的抛光效果，对铝的腐蚀量比含硝酸的配方碱少 2/3。AP-1 无黄烟添加剂（抛光剂）是上海永生助剂厂的产品。

8. 碱性抛光溶液，应注意防止过腐蚀。碱性化学抛光后应迅速在 50℃左右的温水清洗，清洗后再用 250~300mL/L 的硝酸溶液进行中和出光，在室温下，处理 10~30s，经水洗后，进入下一道工序。

9. 经含有铜离子抛光溶液抛光过的零件，应在 400~500g/L 的硝酸溶液中，在室温下浸渍数秒至十多秒，以除去表面的接触铜。

5.7.5 其他金属件的化学抛光

其他金属件的化学抛光溶液的组成及工艺规范见表 5-44。

表 5-44 其他金属件的化学抛光溶液的组成及工艺规范

溶液成分及工艺规范	镍		锌和镉		锌合金压铸件	钛及某些钛合金
	1	2	1	2		
磷酸(H₃PO₄,d=1.7)	10%	60%	—	—	—	—
硝酸(HNO₃,d=1.41)	30%	20%	—	—	40mL/L	400mL/L
硫酸(H₂SO₄,d=1.84)	10%	20%	2~4g/L	3mL/L	10mL/L	—
冰醋酸(CH₃COOH)	50%	—	—	—	—	—
铬酐(CrO₃)	—	—	100~150g/L	—	100g/L	—
40%氢氟酸(HF)	—	—	—	—	30mL/L	—
30%过氧化氢(H₂O₂)	—	—	—	70mL/L	—	—
氟化氢铵(NH₃HF₂)	—	—	—	—	—	100g/L
氟硅酸(H₂SiF₆)	—	—	—	—	—	200mL/L
温度/℃	85~95	80~85	室温	室温	20~40	20~26
时间/min	0.5~1	1~3	0.2~1	0.3~0.4	0.5~1.5	至光亮为止

注：镍的配方 2 适用于镍镀层的抛光。含量百分数（%）为体积分数。

5.8 电化学抛光

电化学抛光在一些场合下，虽然可以用来代替机械抛光，尤其是对形状比较复杂的零件，但是，电化学抛光方法不能去除或掩饰粗糙度较大、深划痕、深麻点等表面缺陷。同机械抛光相比，电化学抛光具有的特点如表 5-45 所示。

表 5-45　电化学抛光与机械抛光的特点比较

电化学抛光	机械抛光
电化学抛光是通过电化学溶解使被抛光零件表面得到整平的过程,表面没有变形层产生,也不会夹杂外来物质。但在电解过程中阳极上有氧析出,会使被抛光表面形成一层氧化膜	机械抛光是对零件表面进行磨削变形而得到平滑表面的加工过程。这在零件表面会有一层冷作硬化的变形层,同时还会夹杂一些磨料
电化学抛光多相合金时,因各相溶解不均而可能形成不平整的表面;铸件夹杂物多而难以抛光;粗糙度大、深的划痕不能被抛光平整	机械抛光对基材要求低得多 机械抛光能抛去细小、深的划痕。能使零件表面抛光平整
对形状复杂零件、细小零件、薄板及线材等,用电化学抛光比较容易	这类零件用机械抛光比较困难
电化学抛光操作方便、生产效率高	机械抛光手工操作,劳动强度大,生产效率低

5.8.1　钢铁件的电化学抛光

钢铁件的电化学抛光溶液的组成及工艺规范见表 5-46。

表 5-46　钢铁件的电化学抛光溶液的组成及工艺规范

溶液成分(质量分数)及工艺规范	1	2	3	4	5	6	7
磷酸(H_3PO_4,$d=1.7$)/%	65~70	380~400 mL/L	45~60	66~70	70~80	50~10	60~62
硫酸(H_2SO_4,$d=1.84$)/%	12~15	60~70 mL/L	20~40	—	—	15~40	18~22
铬酐(CrO_3)/%	5~6	70~90g/L	—	12~14	—	—	—
草酸($H_2C_2O_4$)/(g/L)	—	—	—	—	—	—	10~15
甘油($C_3H_8O_3$)/%	—	—	—	—	—	12~45	—
硫脲[$CS(NH_2)_2$]/(g/L)	—	—	—	—	—	—	8~12
Na_2 EDTA/(g/L)	—	—	—	—	—	—	1
水/%	12~14	120~150 mL/L	15~20	18~20	30~20	23~5	18~20
温度/℃	60~70	70~90	40~80	75~80	35~100	50~70	室温
阳极电流密度/(A/dm²)	20~30	30~50	50~100	20~30	15~45	20~100	10~25
电压/V	—	10~12	10~12	—	—	—	10~12
时间/min	10~15	5~10	5~10	10~15	5~10	2~8	10~30
适用范围	含碳量低于0.45%的碳钢	碳钢、低合金钢	碳钢	各种类型的钢材	低碳钢	低碳钢	碳钢和含锰及含镍的模具钢

注:阴极材料为铅。

5.8.2　不锈钢件的电化学抛光

不锈钢件的电化学抛光,一般在化学抛光后直接进行。大多不锈钢件只要一般光亮就行,这时选用化学抛光或电化学抛光就能达到。如要求镜面光亮的零件,应先进行机械抛光然后再进行电化学抛光。

不锈钢件电化学抛光溶液的组成及工艺规范见表 5-47。

表 5-47　不锈钢件电化学抛光溶液的组成及工艺规范

溶液成分(质量分数)及工艺规范	1	2	3	4	5	6	7
磷酸(H_3PO_4,$d=1.7$)/%	50~60	40~45	50~10	11	560mL/L	50~60	42
硫酸(H_2SO_4,$d=1.84$)/%	20~30	34~37	15~40	36	400mL/L	20~30	—
铬酐(CrO_3)/%	—	3~4	—	10	50g/L	—	—
甘油[$C_3H_5(OH)_3$]/%	—	—	12~45	25	—	—	47
明胶/%	—	—	—	—	7~8g/L	—	—

续表

溶液成分(质量分数)及工艺规范	1	2	3	4	5	6	7
水/%	20	20～17	23～5	18	40mL/L	20	11
溶液密度/(g/cm³)	1.64～1.75	1.65	—	＞1.46	1.76～1.82	1.64～1.75	—
温度/℃	50～60	70～80	50～70	40～80	55～65	50～60	100
阳极电流密度/(A/dm²)	20～100	40～70	20～100	10～30	20～50	20～100	5～15
电压/V	6～8	—	—	—	10～20	6～8	15～30
时间/min	8～10	5～15	2～8	3～10	4～5	10	30
阴极材料	铅	铅	铅	铅	铅	铅	铅
适用范围	1Cr18Ni9Ti、0Cr18Ni9等奥氏体不锈钢	1Cr13、2Cr13等马氏体不锈钢	一般不锈钢	不锈钢,抛光质量一般,溶液寿命很长,不需再生处理	不锈钢,抛光质量好,溶液寿命长,主要用于手表等精密零件	不锈钢(无铬抛光液)	不锈钢(无铬抛光液)

5.8.3 铜及铜合金件的电化学抛光

目前常用的铜及铜合金件的电化学抛光溶液,基本上是以磷酸为基型的溶液,其溶液的组成及工艺规范[4]见表5-48。

表5-48 铜及铜合金件的电化学抛光溶液的组成及工艺规范

溶液成分及工艺规范	1	2	3	4	5	6
磷酸(H_3PO_4,$d=1.7$)/mL	700	420	670	470	350	800
硫酸(H_2SO_4,$d=1.84$)/mL	—	—	100	200	—	—
水/mL	350	200	300	400		
乙醇(C_2H_5OH)/mL	—	—	—	—	620	—
HH991A 添加剂/mL						100
HH991B 添加剂/mL						100
溶液密度/(g/cm³)	1.55～1.60	1.60～1.62				
温度/℃	20～30	20～40	20	20	20	15～35
阳极电流密度/(A/dm²)	6～8	30～50	10	10	2～7	2.5～3.5
电压/V	1.5～2	—	2～2.2	2～2.2	2～5	6～8
时间/min	15～30	1～3	15	15	10～15	2～10
阴极材料	铅	铅	铅	铅	铅	不锈钢

注:1. 配方1适用于纯铜或黄铜、铝青铜、锡青铜、磷青铜,以及铍、铁、硅或钴的含量低于3%(质量分数)的青铜。

2. 配方2适用于纯铜或黄铜。

3. 配方3适用于纯铜和含锡量低于6%(质量分数)的铜合金。

4. 配方4适用于含锡量大于6%(质量分数)的铜合金。

5. 配方5适用于含铅量高达30%(质量分数)的铜合金。

6. 配方6适用于纯铜、黄铜件、板材、线材。添加剂中含有两种以上的有机酸,可加速铜的溶解,加快抛光速度,改善抛光质量,可达全光亮效果。

5.8.4 铝及铝合金件的电化学抛光

铝及铝合金件电化学抛光溶液有两种类型,即酸性电化学抛光溶液及碱性电化学抛光溶液。其性能如表5-49所示。抛光溶液的组成及工艺规范见表5-50。

表 5-49　铝及铝合金件的电化学抛光溶液类型及其性能

电化学抛光溶液类型	电化学抛光溶液性能
酸性电化学抛光溶液	铝及铝合金件的电化学抛光一般大都采用磷酸-硫酸-铬酸型的酸性溶液,这类溶液对基材溶解速度高,整平性能好,零件可不必预先进行机械抛光
碱性电化学抛光溶液	所使用电流密度较低,主要用于进一步提高机械抛光过的铝件的光洁度。但对基材有一定的浸蚀,而且抛光后还需进行阳极氧处理,才能有较好的抗蚀性 碱性溶液的抛光虽然能达到全光亮的目的,但抛光液在抛光通电前或在断电情况下,对铝和铝合金基体能起腐蚀作用。抛光后应立即清洗,否会引起碱液的腐蚀。适用于一些对精密度和表面粗糙度要求不高的铝及铝合金件的抛光

表 5-50　铝及铝合金件电化学抛光溶液的组成及工艺规范

溶液成分及工艺规范	酸性电化学抛光溶液					碱性电化学抛光溶液	
	1	2	3	4	5	1	2
磷酸(H_3PO_4,$d=1.7$)/%	86~88	34	43	60	75	—	—
硫酸(H_2SO_4,$d=1.84$)%	—	34	43	—	7	—	—
铬酐(CrO_3)/%	14~12	4	3	20	—	—	—
碳酸钠(Na_2CO_3)/(g/L)	—	—	—	—	—	350~380	300
磷酸三钠($Na_3PO_4 \cdot 12H_2O$)/(g/L)	—	—	—	—	—	130~150	65
氢氧化钠(NaOH)/(g/L)	—	—	—	—	—	3~5	10
酒石酸盐($M_2C_4H_4O_6$)/(g/L)	—	—	—	—	—	—	30
甘油[$C_3H_5(OH)_3$]/%	—	—	—	—	15	—	—
40%氢氟酸(HF)/%	—	—	—	—	3	—	—
水/%	调整密度 1.72~1.74g/mL	28	11	20	—	—	—
温度/℃	75~80	70~90	70~80	60~65	室温	94~98	70~90
阳极电流密度/(A/dm²)	15~20	20~40	30~50	40	≥8	8~12	2~8
电压/V	12~15	12~18	10~18	—	12~15	12~25	—
时间/min	1~3	5~8	2~5	3	5~10	6~10	3~8
阴极材料	铅或不锈钢	铅或不锈钢	铅或不锈钢	铅或不锈钢	铅或不锈钢	不锈钢或钢板	不锈钢或钢板

注: 1. 配方 1 适用于纯铝、铝镁合金、铝镁硅合金。搅拌溶液或阴极移动。

2. 配方 2 适用于纯铝、铝镁合金、铝锰合金。

3. 配方 3 适用于纯铝、铝铜合金。

4. 配方 4 适用于含铜 3%铝铜合金、含镁 1.5%铝镁合金、含镍 1%铝镍合金、含铁 1%铝铁合金。

5. 配方 5 适用于含硅的压铸件。抛光后先在 5%（质量分数）NaOH 溶液中浸 5min 后再清洗,以防光亮度降低。

6. 铝及铝合金件电化学抛光时,一般情况下需要搅拌溶液或阳极移动。

7. 碱性电化学抛光后要进行去膜处理,否则将影响氧化膜的透明度。去膜溶液组成及操作条件如下:磷酸（H_3PO_4）30mg/L,铬酐（CrO_3）10g/L;温度 80~90℃;时间 0.5~1.5min。

8. 表中的百分数均为质量分数。

第6章

镀锌、镀镉、镀锡

6.1 镀锌

锌镀层对钢铁基体在一般情况下是阳极镀层，能起电化学保护作用。锌镀层经钝化处理后，能显著地提高其防腐性能。镀锌对钢铁基体有产生氢脆的倾向，高强度钢、经淬火的弹簧钢等对氢脆尤其敏感，这些材料在镀前要经调质处理，消除内应力，镀后要进行除氢处理。锌镀层广泛应用于防止钢铁件的大气、淡水、自来水、汽油和煤油等的腐蚀。广泛应用于机械工业、国防工业、汽车工业、仪器仪表、轻工、农机等工业。

电镀锌的种类很多，在生产上常用的有：氰化镀锌、锌酸盐镀锌、氯化铵镀锌、氯化钾镀锌、硫酸盐镀锌等。目前，氯化钾镀锌和锌酸盐镀锌工艺已经发展成为无氰镀锌的主流工艺，尤其是氯化钾镀锌，现在应用极为广泛。

6.1.1 氰化镀锌

氰化镀锌所获得的镀层附着力好、结晶细致，呈柱状晶体，耐腐蚀性比其他镀锌溶液镀出来的锌镀层好。镀液分散性能和覆盖能力好，活化能力与抗杂质能力强。钝化处理后能得到彩虹色和蓝白色等鲜艳的钝化膜。镀液组成简单，稳定性好，操作方便。但氰化镀液有剧毒，阴极电流效率比较低，一般约为 70%～80%。

根据镀液中氰化钠的含量，氰化镀锌大致可以分为高氰镀锌、中氰镀锌、低氰镀锌和微氰镀锌等，目前一般多采用中氰镀锌和低氰镀锌。

氰化镀锌的溶液组成及工艺规范见表 6-1。

表 6-1 氰化镀锌的溶液组成及工艺规范

溶液成分及工艺规范	高氰镀锌	中氰镀锌	低氰镀锌		微氰镀锌	
			1	2	1	2
氧化锌(ZnO)/(g/L)	35～45	23	10～14	15～20	10～12	11～13
氰化钠(NaCN)/(g/L)	70～90	40	8～12	10～15	2～3	3～5
氢氧化钠(NaOH)/(g/L)	60～70	90	60～80	80～90	110～120	120～130
硫化钠(NaCN)/(g/L)	—	—	—	—	0.1～0.2	—
95A 开缸剂/(mL/L)	5	—	—	5	—	—
95B 补充剂/(mL/L)	3～5	—	—	3～5	—	—
AD-840 添加剂/(mL/L)	—	3～4	—	—	—	—
ZB-92 添加剂/(mL/L)	—	—	2～4	—	—	—
94 光亮剂/(mL/L)	—	—	—	—	4～6	3～4
温度/℃	5～45	室温	10～45	5～45	10～40	5～45
阴极电流密度/(A/dm²)	0.5～3	1.5～2.5	1～4	0.5～3	1～2	0.5～0.8

注：1. 高氰镀锌配方和低氰镀配方 2 中的 95A 开缸剂、95B 补充剂是上海永生助剂厂的产品。

2. 中氰镀锌配方中的 AD-840 添加剂为开封安迪电镀化工有限公司的产品。

3. 低氰镀锌配方 1 的 ZB-92 添加剂是武汉材料保护研究所产品。

4. 微氰镀锌配方 1、2 的 94 光亮剂是上海永生助剂厂和无锡钱桥助剂厂联合研制的产品。

6.1.2　锌酸盐镀锌

锌酸盐镀锌工艺的关键在于添加剂。经过电镀工作者的不断努力，现今添加剂研制的突破，促使锌酸盐镀锌技术取得革命性的进步，其综合性能已全面赶上或接近氰化电镀工艺水平。

锌酸盐镀锌镀液成分简单，稳定、具有优良的分散能力和覆盖能力。工艺规范较宽、耐温有所提高，一般工艺温度可达 40℃ 左右。镀层结晶细致光亮，有良好的柔韧性，钝化膜不易变色。镀液对设备腐蚀小，产生的废水易于处理。但镀液对多种阳阴离子杂质敏感，允许量低。总体光亮性比氯化锌镀锌差。阴极电流效率较低。锌酸盐镀锌的溶液组成及工艺规范见表6-2。

表 6-2　锌酸盐镀锌的溶液组成及工艺规范

溶液成分及工艺规范	1	2	3	4	5	6
氧化锌(ZnO)/(g/L)	10～12	10～13	8～20	8～12	10～15	10～12
氢氧化钠(NaOH)/(g/L)	100～120	110～130	75～150	100～120	100～180	100～120
AD-DF 开缸剂/(mL/L)	4～8	—				
AD-DF 补充剂/(mL/L)	4～8	—				
JZ-04 光亮剂/(mL/L)		6～8				
JZ-04 除杂剂/(mL/L)	—	8～10				
JZ-04 深镀剂/(mL/L)	—	0～0.8				
ZN-500 光亮剂/(mL/L)			15			
ZN-500 走位剂/(mL/L)			1～3			
ZN-500 除杂剂/(mL/L)			1			
ZN-500 水处理剂/(mL/L)			1			
BZ-3A 添加剂/(mL/L)			—	4～6L		
BZ-3B 添加剂/(mL/L)			—	2～4		
ZB-400A 柔软剂/(mL/L)	—	—	—	—	8～12	
ZB-400B 光亮剂/(mL/L)					1～5	
ZB-400C 净化剂/(mL/L)					1～10	
ZB-400D 除杂剂/(mL/L)					0～5	
94 光亮剂/(mL/L)						3～4
温度/℃	5～45	15～45	18～52	10～30	10～40	5～45
阴极电流密度/(A/dm²)	0.1～6	0.5～6	0.5～6	0.5～4	0.5～4	1～3

注：1. 配方 1 的 AD-DF 开缸剂、AD-DF 补充剂是开封安迪电镀化工有限公司的产品。

2. 配方 2 的 JZ-04 光亮剂、JZ-04 除杂剂、JZ-04 深镀剂是上海永生助剂厂的产品。

3. 配方 3 的 ZN-500 添加剂是武汉风帆电镀技术有限公司的产品。

4. 配方 4 的 BZ-3A 添加剂、BZ-3B 添加剂是杭州东方表面技术公司的产品。

5. 配方 5 的 ZB-400A、ZB-400B、ZB-400C、ZB-400D 等添加剂是武汉材料保护研究所的产品。

6. 配方 6 的 94 光亮剂是上海永生助剂厂的产品。

6.1.3　氯化钾镀锌

氯化钾镀锌是氯化物镀锌中的一种类型。氯化钾镀锌是 20 世纪 80 年代发展起来的一种光亮镀锌工艺。近年来，在添加剂研究开发上取得了显著进展，使得氯化钾镀锌工艺达到较高的水平，并获得广泛应用，特别是在滚镀方面。

氯化钾镀锌溶液中的锌，是以单盐形式存在于镀液中的，所以其电沉积过程简单，要获得结晶细致和光亮的镀层，全靠添加剂。因此，添加剂质量的好坏是决定镀层的重要因素。

氯化钾镀锌的特点如表 6-3 所示。

氯化钾镀锌的溶液组成及工艺规范见表 6-4。

表 6-3　氯化钾镀锌的特点

优点	缺点
1. 镀层整平性和光亮度好 2. 覆盖能力和分散能力等良好，镀层的应力能满足镀层的质量要求 3. 镀液较稳定，氯化钾镀锌的添加剂浊点高，镀液能适应较高的操作温度 4. 电流效率高，通常大于 95%。氯化钾镀锌工艺比氰化镀锌和锌酸盐镀锌工艺渗氢量小 5. 镀液电阻较小，槽电压低，可比氰化镀液或锌酸盐镀液节约用电达 50% 左右 6. 镀液成分简单，成本低 7. 由于镀液不含配位剂，废水处理较容易	1. 镀层钝化膜变色程度虽然要比氯化铵镀锌轻，但不如氰化镀锌和锌酸盐镀锌好 2. 一般氯化钾镀锌镀层抗盐雾性能不如碱性镀锌

表 6-4　氯化钾镀锌的溶液组成及工艺规范

溶液成分及工艺规范	挂镀锌溶液				滚镀锌溶液		
	1	2	3	4	1	2	3
氯化锌($ZnCl_2$)/(g/L)	60~100	60~80	60~90	50~70	45~80	40~50	40~50
氯化钾(KCl)/(g/L)	200~230	200~220	180~210	180~250	200~230	200~230	200~240
硼酸(H_3BO_3)/(g/L)	25~30	25~35	25~35	25~35	23~27	25~30	25~35
CZ-03A 添加剂/(mL/L)	20~25	—	—	—	—	—	—
CZ-03B 添加剂/(mL/L)	1~1.5	—	—	—	—	—	—
CZ-87A 添加剂/(mL/L)	15~20	—	—	—	—	—	—
ZB-300A 添加剂/(mL/L)	—	1~2	—	—	—	—	—
ZB-300B 添加剂/(mL/L)	—	25~35	—	—	—	—	—
AD-2000 添加剂/(mL/L)	—	—	10~16	—	—	—	—
921A/(mL/L)	—	—	—	20~40	—	—	—
921B/(mL/L)	—	—	—	0.3~1.2	—	—	—
LCZ-A 开缸剂、柔软剂/(mL/L)	—	—	—	—	25~35	—	—
LCZ-B 光亮剂/(mL/L)	—	—	—	—	按消耗加	—	—
CZ-96A 柔软剂/(mL/L)	—	—	—	—	—	14~16	—
CZ-96B 光亮剂/(mL/L)	—	—	—	—	—	3~4	—
LV-1 光亮剂/(mL/L)	—	—	—	—	—	—	0.3~1
LV-2 开缸剂/(mL/L)	—	—	—	—	—	—	20
pH 值	4.8~5.6	4.5~5.5	5.0~6.0	4.5~5.5	5.0~5.6	6.0~6.8	4.5~6
温度/℃	10~50	10~40	10~70	10~55	10~50	5~65	室温
阴极电流密度/(A/dm²)	1~5	0.5~3	0.5~4	0.5~3.0	0.5~0.8	0.5~3	0.1~3
滚筒转速/(r/min)	—	—	—	—	—	6	—

注：1. 挂镀配方 1 的 CZ-03A、CZ-03B、CZ-87A 添加剂是上海永生助剂厂的产品。

2. 挂镀配方 2 的 ZB-300A、ZB-300B 添加剂是武汉材料保护研究所的产品。

3. 挂镀配方 3 的 AD-2000 添加剂是河南开封电镀化工有限公司的产品。

4. 挂镀配方 4 的 921A、921B 是厦门宏正化工有限公司的产品。

5. 滚镀配方 1 的 LCZ-A、LCZ-B 是上海永生助剂厂的产品。

6. 滚镀配方 2 的 CZ-96A 柔软剂、CZ-96B 光亮剂是上海永生助剂厂的产品。添加剂浊点高，滚镀液耐高温。

7. 滚镀配方 3 的 LV-1 光亮剂、LV-2 开缸剂是武汉风帆电镀技术公司的产品。

6.1.4　氯化铵镀锌

氯化铵镀锌又称铵盐镀锌，我国在二十世纪七八十年代，这种镀锌工艺应用的最为广泛。现在这种镀液添加剂已有较大的改进，不仅提高了镀层质量，而且已不再需要添加氨三乙酸或柠檬酸作改进镀液性能的配位剂，有利于废水处理。这种镀液成分简单，镀液 pH 值很稳定；

分散能力和覆盖能力好，镀层结晶细致、光泽美观；导电性能好，电流效率高（接近 100%）。但对设备腐蚀很严重。近年已逐渐被氯化钾镀锌工艺所取代。

现在用的氯化铵镀锌的溶液组成及工艺规范见表 6-5。

表 6-5　氯化铵镀锌溶液的组成及工艺规范

溶液成分及工艺规范	1	2	3	4
氯化锌($ZnCl_2$)/(g/L)	35~60	45~65	40~85	30~40
氯化铵(NH_4Cl)/(g/L)	200~300	160~240	220~280	180~220
Ekem-921 柔软剂/(mL/L)	20~40	—	—	—
Ekem-921 光亮剂/(mL/L)	0.3~1.0	—	—	—
CX-2000A 添加剂/(mL/L)	—	1.0~1.5	—	—
CX-2000B 添加剂/(mL/L)	—	40	—	—
柔软剂/(mL/L)	—	—	25~30	—
光亮剂/(mL/L)	—	—	0.5~1.0	—
HK-558A 添加剂/(mL/L)	—	—	—	15~25
HK-558B 添加剂/(mL/L)	—	—	—	0.5~1
pH 值	5.5~6.5	5.0~6.5	5.5~6.5	5.5~6.5
温度/℃	15~45	10~40	5~45	10~40
阴极电流密度/(A/dm^2)	0.2~2.0	0.5~4.0	0.5~3.0	0.2~4

注：1. 配方 1 的 Ekem-921 柔软剂、Ekem-921 光亮剂是厦门宏正化工有限公司的产品。

2. 配方 2 的 CX-2000A 及 CX-2000B 添加剂是武汉风帆电镀技术有限公司的产品。

3. 配方 3 的柔软剂及光亮剂是上海永生助剂厂和无锡钱桥助剂厂的产品。

4. 配方 4 的 HK-558A、HK-558B 添加剂是南京海波的产品。也可用于滚镀（阴极电流密度为 0.2~1A/dm²）。

6.1.5　硫酸盐镀锌

传统的硫酸盐镀锌溶液具有成分简单，成本低廉，导电性好，可采用较大电流密度，电流效率高，沉积速度快，并且镀层不需钝化等优点。但由于镀液中只使用简单锌盐，不含配位剂，其分散能力和覆盖能力差，镀层结晶较粗糙。因此只适用于形状简单的零件如钢丝、钢带、卷板钢、板材和圆钢等的电镀。由于近来硫酸盐镀锌光亮剂的研制取得成功，依靠有机光亮剂在电极上的吸附，能获得整平好、光亮银白的锌镀层。

硫酸盐镀锌的溶液组成及工艺规范见表 6-6。

表 6-6　硫酸盐镀锌的溶液组成及工艺规范

溶液成分及工艺规范	1	2	3	4	5
硫酸锌($ZnSO_4 \cdot 7H_2O$)/(g/L)	300~400	250~400	300~450	200~300	250~450
硫酸钠($NaSO_4$)/(g/L)	—	—	—	30~40	—
硼酸(H_3BO_3)/(g/L)	25	25~30	20~30	20~30	25
硫锌-30 光亮剂/(mL/L)	15~20	—	—	—	—
SZ-97 光亮剂/(mL/L)	—	15~20	—	—	—
ZT-30 光亮剂/(mL/L)	—	—	14~18	—	—
w 硫锌光亮剂/(mL/L)	—	—	—	14~18	—
ATS-330 无光型开缸剂/(mL/L)	—	—	—	—	15~20
S-88 无光型添加剂/(mL/L)	—	—	—	—	1~2
pH 值	4.5~5.5	4.2~5.2	4.5~5.5	4.5~5.5	4.5~5.5
温度/℃	10~50	10~45	10~50	10~50	10~50

溶液成分及工艺规范	1	2	3	4	5
阴极电流密度(是指带钢竖卧式、平卧式或线材连续电镀时采用的)/(A/dm²)	10～30 (带钢竖卧)	10～30 (线材)	20～60 (线材)	20～60 (带钢竖卧) 10～30 (带钢平卧)	5～50 (带钢平卧)

注：1. 配方 1 的硫锌-30 光亮剂是武汉凤帆电镀技术有限公司的产品。

2. 配方 2 的 SZ-97 光亮剂是上海永生助剂厂的产品。

3. 配方 3 的 ZT-30 光亮剂是厦门宏正化工有限公司的产品。

4. 配方 4 的 w 硫锌光亮剂是武汉长江化工厂的产品。

5. 配方 5 为无光镀锌，ATS-330 无光型开缸剂是武汉艾特普雷金属表面处理材料有限公司的产品，S-88 无光型添加剂是武汉凤帆电镀技术有限公司的产品。

6. 表中所提出的电流密度是指线材及带钢连续电镀时采用的电流密度。因为硫酸盐镀锌虽然也可用于简单形状零件的镀锌（其硫酸锌含量约 200g/L 左右，挂镀的电流密度一般采用 1～4 A/dm²），但应用的不多，因为其他类型的镀锌都优于硫酸盐镀锌，所以电镀一般零件时，不大会选用硫酸盐镀锌溶液。

6.1.6 除氢处理

零件在阴极电化学除油、浸蚀及镀锌过程中析出氢，除一部分成为氢气放出外，还有一部分是以氢原子形式渗入到镀层和零件基体金属的晶格中，造成晶格扭歪，内应力增大，使镀层和零件产生脆性，也称为氢脆。

消除氢脆，一般在镀锌后进行。除氢一般采用热处理方法，使氢逸出。除氢通常在烘箱内进行，温度为 200～230℃，时间约 2～3h。渗碳件和锡焊件的除氢温度一般为 140～160℃，保温 3h。弹簧零件、薄壁零件（厚度在 0.5mm 以下）以及机械强度要求较高的钢铁零件，一般都应进行除氢处理。

镀锌的除氢处理应在钝化处理前进行。除氢后钝化处理若有困难，可在钝化前进行活化，例如可用 10% 以下硫酸活化。

6.1.7 锌镀层钝化处理

锌镀层的钝化处理所获得的钝化膜虽然很薄（彩色钝化膜一般不超过 0.5μm，白色和蓝白色钝化膜更薄），但经彩色钝化后，其耐腐蚀能力要比未经钝化处理时提高 6～8 倍。锌镀层钝化处理，还能提高其装饰性。所以，锌镀层除特殊用途外（如用作涂料底层、线材及带钢的镀锌），一般镀锌后都需进行钝化处理。

(1) 锌镀层钝化膜的质量要求

电镀企业对锌镀层钝化膜的质量指标要求如下。

白色钝化：24～48h（耐中性盐雾试验，NSS，下同）。

蓝色钝化：48～72h（滚镀＞48h，挂镀＞72h）。

彩色钝化：72～96h（滚镀＞72h，挂镀＞96h）。

黑色钝化：72～144h（滚镀＞72h，挂镀＞144h）。

(2) 锌镀层钝化处理方法

锌镀层钝化一般采用化学钝化，依据钝化溶液的成分可分为：铬酸盐钝化、三价铬钝化、无铬钝化及其他钝化等。锌镀层钝化处理方法如图 6-1 所示。

(3) 锌镀层钝化处理工艺流程

锌镀层钝化处理一般的工艺流程，如图 6-2 所示。生产工艺在不断改善，所以所采用的钝化工艺及操作条件，也会不断改进，故图中所示的钝化处理工艺流程仅供参考。

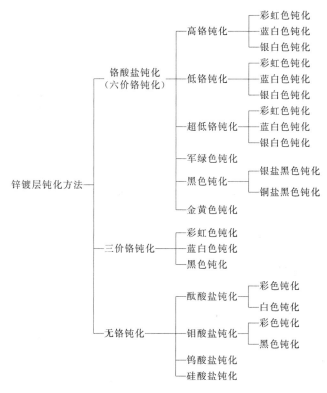

图 6-1 锌镀层钝化处理方法

6.1.8 铬酸盐钝化

锌镀层铬酸盐钝化溶液，依据其含铬酐的浓度不同，可分为高铬、低铬及超低铬钝化。

锌镀层在钝化液中，与铬酸之间会起氧化还原反应。由于锌镀层与铬酸之间的反应，要消耗大量氢离子，使锌镀层与溶液介面层中酸性减弱，pH 值升高。当 pH 值上升到一定值时，例如到 3 以上时[3]，就会在界面上形成凝胶状的钝化膜。锌镀层钝化膜成分很复杂，主要是由三价铬和六价铬的碱式铬酸盐及其水化物所组成。

① 高铬钝化 由于高铬钝化溶液中酸度很高，在溶液与锌镀层之间发生反应时，虽然 pH 值也会上升，但无法达到形成凝胶状钝化膜时的 pH 值。因此，在高铬钝化溶液中是不能形成钝化膜的，只有当钝化零件离开钝化液，并在零件表面上黏滞有钝化液，在空气中停留一段时间后，才能在其表面上形成一层凝胶状的钝化膜，这一过程称为"气相成膜"。

② 低铬钝化 低铬钝化液的酸度低，由化学反应致使 pH 值上升，能使 pH 值达到钝化成膜的范围内，因此低铬钝化可以在溶液中成膜，这种成膜过程称为"液相成膜"。

③ 未干燥的钝化膜比较"嫩"，易擦伤 凝胶状的钝化膜在水中能溶解，尤其是在热水中，所热水清洗时，温度不宜过高（不宜超过 65℃）。钝化膜烘干温度不应超过 70℃，如温度超过 75℃，钝化膜脱水，产生网状龟裂；同时可溶性六价铬转为不溶性，使膜失去自修复能力，致使耐蚀性降低。

④ 彩色钝化膜的自修复功能 彩色钝化膜还具有自修复功能。当钝化膜受到损伤时，在一定湿度的空气中，六价铬化合物能溶于膜层表面凝结的水分中生成铬酸，继续与锌层起氧化还原反应，再次形成钝化膜，抑制受损部位锌镀层的腐蚀，这就是所谓的自修复功能。

⑤ 高铬钝化与低铬钝化的不同点 从上述锌镀层彩色钝化膜形成机理等的分析，可以归纳出高铬钝化与低铬、超低铬钝化的不同点，如表 6-7 所示。

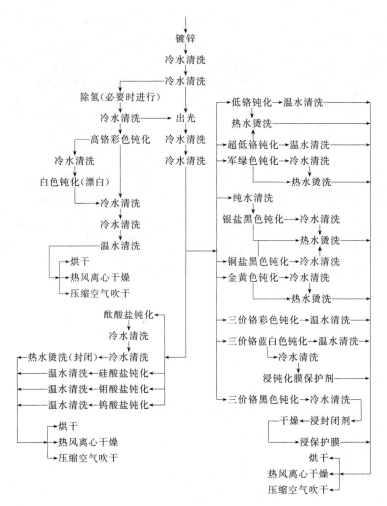

图 6-2　锌镀层钝化处理工艺流程

表 6-7　高铬钝化与低铬、超低铬钝化的不同点

高铬钝化	低铬、超低铬钝化
高铬彩色钝化膜是在空气中形成的,钝化膜厚度取决于在空气中停留时间,停留时间长,膜层厚,反之则膜层薄	低铬和超低铬彩色钝化膜,是在溶液中形成的,钝化时间长,膜层厚
高铬彩色钝化所获得的钝化膜的厚度薄些,这是因为高铬钝化是在空气中成膜的,由于零件表面上所沾黏的溶液是有限的,而且还要流淌掉,溶液没有后备的补充来源,所以获得钝化膜要薄些	低铬和超低铬钝化膜是在溶液中形成的,钝化时间长些,膜层就厚些,而且钝化膜要比高铬钝化形成的膜层厚
高铬钝化溶液黏滞度较高,扩散性和渗透性都不及低铬和超低铬钝化溶液好,因而其膜层致密性要差些	低铬和超低铬钝化膜膜层致密性要好些
高铬钝化膜中的六价铬含量要比低铬和超低铬钝化的高。如高铬钝化在空气中搁置10s(当气温为30℃)时,钝化膜中六价含量(与总铬量之比)为25%(质量分数)左右;30s时则为55%左右[1]	低铬和超低铬钝化膜中的六价铬含量要比高铬钝化膜的低。在低铬(CrO_3为5g/L)钝化溶液中浸渍10s,六价铬含量为15%(质量分数)左右;30s时则为16%左右。在超低铬(CrO_3为3g/L)钝化溶液中浸渍10s,六价铬含量为5%(质量分数)左右;30s时为15%左右;60s则时为20%左右[1]
高铬钝化液对锌镀层溶解速度快,并具有好的化学抛光能力,所以钝化前不需再进行出光	低铬和超低铬钝化液对锌镀层溶解速度慢,仅能形成钝化膜,而没有化学抛光能力,所以在钝化前需要再进行出光(用体积分数为2%~3%的稀硝酸溶液)
备注	实践证明,在低铬钝化液中形成的钝化膜层,耐磨性要比高铬钝化形成的钝化膜好[1]。这可能与钝化膜中六价铬和三价铬含量有关,在低铬钝化的膜层中三价铬含量要比高铬钝化膜高得多,三价铬合物硬度较高,所以其含量高的膜层耐磨性也较好

6.1.8.1 高铬酸盐钝化

高铬酸盐钝化有高铬彩虹色钝化和高铬白色钝化两种。高铬的白色钝化，需经两道工序完成，即先经过高铬彩色钝化后，再在漂白处理液中，将彩色钝化膜中的六价铬化合物溶解掉，以除去彩色膜，而三价铬化合物与锌镀层结合，使钝化膜呈现出蓝白色或银白色的。白色钝化耐蚀性较差，它只适用于要求不高的日用小五金产品和轻工产品。

高铬彩色钝化及高铬白色钝化的溶液组成及工艺规范见表 6-8。

表 6-8 高铬彩色钝化及高铬白色钝化的溶液组成及工艺规范

溶液成分及工艺规范		高铬彩色钝化			彩色钝化膜的白色钝化处理			
		1	2	3	1	2	3	4
铬酐(CrO_3)/(g/L)		150~180	180~250	250~300	150~200	7~10	1.5~2	—
硫酸(H_2SO_4,$d=1.84$)/(g/L)		5~10	5~10	15~20	—	—	—	—
硝酸(HNO_3,$d=1.41$)/(g/L)		10~15	30~35	30~40	—	—	0.5	—
碳酸钡($BaCO_3$)/(g/L)		—	—	—	1~6	0.2~0.5	1~1.5	—
氢氧化钠(NaOH)/(g/L)		—	—	—	—	—	—	10~20
温度/℃		室温	室温	室温	室温	室温	82~90	室温
时间/s	在溶液中	10~15	5~15	5~10	10~20	20	15~30	10~30
	在空气中	5~10	5~10	5~10				

6.1.8.2 低铬酸盐钝化

低铬钝化液中的铬酐一般为 3~5g/L。由于钝化液没有化学抛光性能，所以钝化前需进行出光处理。一般采用 3%~5%（体积分数）的硝酸，或 30~50mL/L 的硝酸（$d=1.41$）和 5~10mL/L 的盐酸（$d=1.19$），在室温下，浸渍数秒钟。

钝化后用热水烫洗，即热水封闭。热水中加入 CrO_3 0.5~1g/L，温度可达到 85℃，烫洗后烘干。也可不进行热水封闭，只采用温水洗（不超过 65℃）。

(1) 低铬彩色钝化

低铬彩色钝化的溶液组成及工艺规范见表 6-9。

表 6-9 低铬彩色钝化的溶液组成及工艺规范

溶液成分及工艺规范	1	2	3	4	市售商品低铬彩色钝化剂
铬酐(CrO_3)/(g/L)	5	5	5	2~4	LP-93 钝化剂 15~20mL/L
65%硝酸(HNO_3)/(mL/L)	3	3	3	—	pH 值 0.8~1.3,室温,时间 5~8s
98%硫酸(H_2SO_4)/(mL/L)	0.3	0.4	0.1~0.15	0.2~0.4	上海永生助剂厂的产品
36%盐酸(HCl)/(mL/L)	—	—	—	2~3	65%硝酸 4mL/L,AD-D994 钝化剂 4mL/L
氯化钠(NaCl)/(g/L)	—	—	2.5~3	—	pH 值 1.5~2,室温,时间 20~100s
醋酸(CH_3COOH)/(mL/L)	5	—	—	—	开封安迪电镀化工有限公司的产品
高锰酸钾($KMnO_4$)/(g/L)	—	0.1	—	—	
pH 值	0.8~1.3	0.8~1.3	1.2~1.6	1.2~1.8	P-Z1 钝化剂 5~20mL/L
温度	室温	室温	室温	室温	pH 值 1.4~1.8,20~40℃,时间 40s
时间/s	5~8	5~8	8~12	5~20	杭州东方表面技术有限公司的产品

(2) 低铬一次性蓝白色钝化及低铬银白色钝化

低铬一次性蓝白色钝化膜的质量，无论外观还是耐腐蚀性能都不比高铬二次白色钝化膜差。一般蓝白色钝化膜的耐腐蚀性能要比银白色钝化膜高，这是因为蓝白色钝化膜层的三价铬含量要比银白色钝化膜多得多。

低铬银白色钝化溶液成分简单，一般由铬酐和碳酸钡等组成。钝化膜非常薄，只有极微量的六价铬渗入到锌镀层的表面晶格中，因此不会呈现出彩色和银色。钝化液中加入碳酸钡，是使溶液中硫酸根形成硫酸钡沉淀而除掉。因硫酸根是成膜促进剂，会促使形成铬酸盐彩色钝化膜。由于低铬银白色钝化膜中的含铬量比低铬蓝白色钝化膜低的多，故银白色钝化膜的耐腐蚀性能要比蓝白色钝化膜低。

低铬蓝白色钝化及低铬银白色钝化的溶液组成和工艺规范见表 6-10。

市售商品低铬蓝白色钝化剂的处理工艺规范见表 6-11。

表 6-10　低铬蓝白色钝化及低铬银白色钝化的溶液组成和工艺规范

溶液成分及工艺规范		低铬蓝白色钝化			低铬银白色钝化		
		1	2	3	1	2	3
铬酐(CrO₃)/(g/L)		2～5	2～5	2～5	2～5	—	—
三氯化铬(CrCl₃·6HO)/(g/L)		0～2	12	—	—	—	—
65%硝酸(HNO₃)/(mL/L)		30～50	30～50	10～30	0.5	1～2	3～7.5
98%硫酸(H₂SO₄)/(mL/L)		10～15	6～9	3～10	—	—	—
30%氢氟酸(HF)/(mL/L)		2～4	—	2～4	—	—	—
氟化钠(HF)/(g/L)		—	2～4	—	—	—	—
醋酸镍[Ni(CH₃COO)₂]/(g/L)		—	1～3	—	—	—	—
碳酸钡(BaCO₃)/(g/L)		—	—	—	1～2	—	—
PZ-4 钝化剂/(mL/L)		—	—	—	—	4	—
AD-D997 钝化剂/(mL/L)		—	—	—	—	—	10
温度/℃		室温	室温	室温	80～90	30～70	室温
时间/s	在溶液中	3～8	3～8	5～20	10～40	5～8	—
	在空气中	5～10	5～10	5～10	—	—	—

注：1. 低铬银白色钝化配方 2 的 PZ-4 钝化剂是杭州东方表面技术有限公司产品。

2. 低铬银白色钝化配方 3 的 AD-D997 钝化剂是开封安迪电镀化工有限公司的产品。

表 6-11　市售商品低铬蓝白色钝化剂的处理工艺规范

钝化剂名称及型号	处理工艺规范			备注
	含量/(mL/L)	温度/℃	时间/s	
ZN-350 蓝锌水	ZN-350 　10～35 68%硝酸　10～35	室温	10～30	机械或压缩空气搅拌 广州美迪斯新材料有限公司的产品
ZG-205 固体钝化剂	ZG-205 　6～8g/L 68%硝酸　5～8	室温	溶液中 12～15 空气中 5～10	武汉材料保护研究所电镀技术生产力促进中心的产品
BH-镀锌高耐蚀蓝钝剂	BH 　10～15 (pH=1.5～1.7)	室温	8～15	广州市二轻工业科学技术研究所的产品
蓝白色钝化剂 A 蓝白色钝化剂 B	A 　4g/L B 　4g/L 硝酸　6 (pH=1.5～3)	20～35	溶液中 5～15 空气中 5～10	武汉风帆电镀技术有限公司的产品
PZ-2 钝化剂	PZ-2 　3～6g/L 硝酸　10～25 (pH=0.8～1.2)	室温	溶液中 5～10 空气中 5～10	杭州东方表面技术有限公司的产品

6.1.8.3　超低铬酸盐钝化

(1) 超低铬彩色钝化

超低铬彩色钝化溶液中的铬酐一般为 1～2g/L。其钝化膜的耐腐蚀性，从盐雾试验的结果看，不比高铬彩色钝化膜差。而超低铬彩色钝化成膜时间较长，需要 30～60s，适宜于机械化自动化线或半自动线生产。

超低铬彩色钝化的溶液组成和工艺规范见表 6-12。

表 6-12　超低铬彩色钝化的溶液组成和工艺规范

溶液成分及工艺规范	1	2	3
铬酐(CrO₃)/(g/L)	1.2～1.7	1.5～2	1～2
98%硫酸(H₂SO₄)/(mL/L)	—	0.3～0.4	0.3～0.5
65%硝酸(HNO₃)/(mL/L)	0.4～0.5	0.5～1	0.4～0.5

续表

溶液成分及工艺规范	1	2	3
36%盐酸(HCl)/(mL/L)	—	—	0.2~0.5
硫酸钠(Na₂SO₄)/(g/L)	0.3~0.5	—	—
氯化钠(NaCl)/(g/L)	0.3~0.4	—	—
pH 值	1.6~2.0	1.5~1.6	1.6~2.0
温度/℃	15~40	15~35	15~35
时间/s	30~60	20~30	30~60

注：因钝化溶液本身没有化学抛光能力，钝化前需对锌镀层进行出光处理。出光溶液一般采用3%~5%（体积分数）的硝酸溶液，在室温下进行。出光时间一般很短，在自动化线上生产，一般保证不了，可将硝酸含量降至1%~1.5%（体积分数），适当延长出光时间。

（2）超低铬蓝白色钝化和银白色钝化

市售商品超低铬蓝白色及银白色钝化剂的处理工艺规范见表6-13。

表 6-13　市售商品超低铬蓝白色及银白色钝化剂的处理工艺规范

钝化剂名称及型号		处理工艺规范			备注
		含量/(mL/L)	温度/℃	时间/s	
超低铬蓝白色钝化剂	GR-10	GR-10　6~10g/L 浓硝酸　10~15	20~40	溶液中 5~10 空气中 3~5	武汉风帆电镀技术有限公司的产品
	WX-1 蓝白粉	WX-1　2g/L 65%硝酸　10	室温	溶液中 7~15 空气中 7~15	上海永生助剂厂、无锡钱桥助剂厂的产品
	WX-8 蓝绿粉	WX-8　2g/L 65%硝酸　5	室温	溶液中 10~30 空气中 5~12	钝化膜呈蓝绿 无锡钱桥助剂厂的产品
	WX-9 纯蓝粉	WX-9　3g/L 65%硝酸　8	室温	溶液中 适宜① 空气中 适宜①	钝化膜色调更蓝 无锡钱桥助剂厂的产品
超低铬银白色钝化剂	WX-2 银白粉	WX-2　2g/L 65%硝酸　5	10~40	溶液中 20~40 空气中 7~15	上海永生助剂厂的产品
	白色钝化剂	白色钝化剂　7g/L 铬酐　0.5~1g/L	20~40	25~40	武汉风帆电镀技术有限公司的产品

① 适宜即钝化时间由操作者掌握，以获得良好质量为准。

6.1.9　军绿色钝化

军绿色钝化又称为橄榄色钝化、草绿色钝化或五酸钝化。膜层外观并不光亮，但光度柔和，典雅美观，膜厚而致密，其耐腐蚀性超过其他颜色的锌镀层钝化膜，一般能通过盐雾试验360h 左右。军绿色钝化溶液由五种酸组成，实际上军绿色钝化膜是铬酸的彩色钝化膜和锌层磷酸盐的磷化膜结合的产物。主要是由三价铬化合物（呈蓝绿色）与磷化层（呈灰色）相结合而成的凝胶状的钝化膜。

军绿色钝化的溶液组成和工艺规范见表6-14。

市售军绿色钝化剂的处理工艺规范见表6-15。

表 6-14　军绿色钝化的溶液组成和工艺规范

溶液成分及工艺规范	1	2
铬酐(CrO₃)/(g/L)	30~35	30
85%磷酸(H₃PO₄)/(mL/L)	10~15	10~15
65%硝酸(HNO₃)/(mL/L)	5~8	5
98%硫酸(H₂SO₄)/(mL/L)	5~8	—
36%盐酸(HCl)/(mL/L)	5~8	5
98%醋酸(CH₃COOH)/(mL/L)	—	5~10
pH 值	0.5~2	—

续表

溶液成分及工艺规范		1	2
温度/℃		15～40	室温
时间/s	在溶液中	30～90	60～90
	在空气中	30～60	10～15

表 6-15　市售商品军绿色钝化剂的处理工艺规范

钝化剂名称及型号	处理工艺规范			备注
	含量/(mL/L)	温度/℃	时间/s	
WX-5A 钝化剂	30	15～35	溶液中 20～50 空气中 10～20	无锡钱桥助剂厂的产品 如色泽不够好,可加入 1～2mL/L 调色剂 C
WX-5 钝化剂	100	室温	溶液中 15～90 空气中 5～10	上海永生助剂厂的产品
PZ-5 钝化剂	100	室温	溶液中 45～120 空气中 5～10	杭州东方表面技术有限公司的产品
ZG-87A 钝化剂	80～100	15～35	溶液中 45～120 空气中 5～10	武汉材料保护研究所的产品
ATG-07 钝化剂	80～100	室温	溶液中 60～90 空气中 10～20	武汉艾特普雷金属表面处理新材料有限公司的产品
UL-303 钝化剂	50～90	20～30	溶液中 20～40 空气中 10～60	日本上村工业公司的产品
军绿色钝化剂	10～15g/L (pH=1～1.5)	—	10～15	武汉风帆电镀技术有限公司的产品

6.1.10　黑色钝化

锌镀层黑色钝化液有银盐和铜盐两大类型,它们的特点如表 6-16 所示。

黑色钝化的溶液组成和工艺规范见表 6-17。市售商品黑色钝化剂的处理工艺规范见表 6-18。

表 6-16　银盐和铜盐黑色钝化的特点

黑色钝化类型		性能及其特点
银盐钝化	醋酸薄膜型	在黑色银盐钝化液中加入醋酸,所获得的钝化膜较薄,其膜层厚度与彩色钝化差不多,称为醋酸薄膜型,早期黑色钝化液多是这种类型的 醋酸薄膜型所获得的钝化膜乌黑光亮、结合力好。但膜层较薄、硬度不高,耐蚀性和耐磨性不够好,钝化液也不够稳定
	磷酸厚膜型	将磷酸加入钝化液中,在锌镀层上除了能形成铬酸盐转化膜外,还能形成磷酸盐转化膜,显著地增加黑色钝化膜的厚度,称为磷酸厚膜型 磷酸厚膜型所获得的钝化膜层厚,乌黑光亮、结合力好,硬度高、耐磨性好,耐蚀性有较大提高,而且溶液比较稳定。所以这种钝化液是目前最好的
铜盐钝化		以硫酸铜作为发黑剂的这类型的黑色钝化,称为铜盐钝化。所获得的膜层的黑度和光亮度都不够好,耐蚀性也较差,只能用作一般要求不高的产品。虽然铜盐钝化的成本较低,目前使用的却较少

表 6-17　黑色钝化的溶液组成和工艺规范

溶液成分及工艺规范	银盐黑色钝化			铜盐黑色钝化	
	醋酸薄膜型		磷酸厚膜型		
	1	2		1	2
铬酐(CrO₃)/(g/L)	6～10	10～14	18～20	4～6	15～30
98%硫酸(H₂SO₄)/(mL/L)	0.5～1.0	0.5～3	5～6	—	—
98%醋酸(CH₃COOH)/(mL/L)	40～50	40～60		—	70～120

续表

溶液成分及工艺规范		银盐黑色钝化			铜盐黑色钝化	
		醋酸薄膜型		磷酸厚膜型	1	2
		1	2			
硝酸银($AgNO_3$)/(g/L)		0.3～0.5	0.2～0.4	0.4～1.0	—	—
硫酸铜($CuSO_4 \cdot 5H_2O$)/(g/L)		—	—	—	6～8	30～50
磷酸二氢钠(NaH_2PO_4)/(g/L)		—	—	2～4	—	—
甲酸钠($HCOONa \cdot 2H_2O$)/(g/L)		—	—	—	—	70
添加剂/(g/L)		—	—	—	3～5	—
pH 值		1.0～1.8	1～2	0.5～1.5	1.2～1.4	2～3
温度/℃		20～30	15～30	15～25	15～35	室温
时间/s	在溶液中	120～180	120～180	30～180	120～180	2～3
	在空气中	—	10～20	10～20	—	15
备注		银盐黑色钝化液必须用纯水配制,钝化前一道水洗也应采用纯水洗,因为自来水中含有氯离子,氯离子会与银离子发生反应生成氯化银沉淀,而影响处理质量和溶液的稳定性				

表 6-18　市售商品黑色钝化剂的处理工艺规范

钝化剂名称及型号	处理工艺规范			备注
	含量/(mL/L)	温度/℃	时间/s	
ZB-89A 黑色钝化剂 ZB-89B 黑色钝化剂	ZB-89A　100 ZB-89B　100 (pH=1.2～1.7)	20～30	溶液中 45 空气中 75	磷酸厚膜型钝化剂 武汉材料保护研究所的产品
ZN-A 钝化剂 ZN-B 发黑剂	ZN-A　60～120 ZN-B　60～120 (pH=1.2～2.6)	23～29	30～60	磷酸厚膜型钝化剂 广州美迪斯新材料有限公司的产品
WX-6A 开缸剂 WX-6B 发黑剂	WX-6A　100 WX-6B　100 (pH=1.2～1.7)	20～35	30～90	磷酸厚膜型钝化剂 无锡钱桥助剂厂的产品
YDZ-3 纯黑剂	YDZ-3　25～30 铬酐　5.5～7.5 (pH=1～1.3)	—	45～60	磷酸厚膜型钝化剂 上海通讯设备厂的产品
CK-836A 黑色钝化剂 CK-836B 黑色钝化剂	CK-836A　80～100 CK-836B　8～10 (pH≈1)	7～30	溶液中 30～120 空气中约 30	银盐钝化型 开封安迪电镀化工有限公司的产品

6.1.11　金黄色钝化

锌镀层金黄色钝化所获得的膜层,外观酷似黄铜镀层,钝化膜层厚,耐蚀性能要比彩色钝化膜好,抗变色性能比黄铜好。金黄色钝化的溶液组成和工艺规范见表 6-19。

表 6-19　金黄色钝化溶液的组成和工艺规范

溶液成分及工艺规范	1	2	3
铬酐(CrO_3)/(g/L)	3	4～6	—
98%硫酸(H_2SO_4)/(mL/L)	0.3	—	—
65%硝酸(HNO_3)/(mL/L)	0.7	—	—
黄色钝化剂/(mL/L)	—	8～10	—
WX-7 金黄色钝化剂 A/(mL/L)	—	—	75
WX-7 金黄色钝化剂 B/(mL/L)	—	—	25
pH 值		1～1.5	

续表

溶液成分及工艺规范	1	2	3
温度	室温		室温
时间/s	10～30	5～15	20～60

注：1. 配方 2 的黄色钝化剂是武汉风帆电镀技术有限公司的产品。

2. 配方 3 的 WX-7 金黄色钝化剂 A、B，是无锡钱桥助剂厂的产品。新配槽时加 A 剂 75mL/L，加 B 剂 25mL/L，以后补充时仍按 A 剂 3/4、B 剂 1/4 的量添加。

6.1.12 三价铬钝化

在锌镀层的铬酸盐钝化中，六价铬对人危害大，而三价铬的毒性仅为六价铬的 1%。近年来我国对三价铬钝化工艺的探讨、研究，取得很大的成绩。三价铬钝化工艺较简单，所得产品具有较好的耐蚀性，并可得到不同色彩的钝化膜。而钝化膜的耐热性比六价铬钝化膜好，特别适用于必须加热以除氢脆的镀锌件。但钝化液 pH 值范围窄，钝化处理溶液稳定性较差，需要经常调整。三价铬钝化膜较薄，而膜层不具有自修复能力，为弥补这一缺陷，通常采用封闭处理。

三价铬钝化处理种类有三价铬彩色钝化、蓝白色钝化和黑色钝化等。

(1) 三价铬彩色钝化

三价铬彩色钝化所获得的钝化膜较厚，可达 0.25～1μm，耐蚀性能好。目前三价铬彩色钝化耐盐雾试验性可以达到六价铬彩色钝化工艺水平。而钝化膜外观美丽，具有较好的防护装饰性能，在生产中获得广泛应用。

三价铬彩色钝化的溶液组成及工艺规范参见表 6-20。

市售商品三价铬彩色钝化剂的处理工艺规范见表 6-21。

表 6-20　三价铬彩色钝化的溶液组成及工艺规范[25]

溶液成分及工艺规范	1	2	3	4
硝酸铬[$Cr(NO_3)_3 \cdot 9H_2O$]/(g/L)	60	—	20～30	
氯化铬($CrCl_3 \cdot 6H_2O$)/(g/L)	—	20	—	
硫酸铬[$Cr_2(SO_4)_3$]/(g/L)	—		—	20～30
配位剂/(g/L)	20	6		
硝酸钠($NaNO_3$)/(g/L)	—	7		
硫酸镍($NiSO_4 \cdot 6H_2O$)/(g/L)	—	3		
硫酸铵[$(NH_4)_2SO_4$]/(g/L)	12	—		
醋酸(CH_3COOH)/(mL/L)	—	8		
氟化钴(CoF_2)/(g/L)	10	—	—	
氧化剂/(mL/L)	—	—	3～8	3～8
pH 调整剂/(mL/L)	—	—	4～6	4～6
pH 值	1.0	2.5～3.0	1.5～2.0	1.0～2.0
温度/℃	室温	25～35	35～45	室温
时间/s	60	50～60	30～60	30～60

注：1. 配方 1 工艺得到的钝化膜呈黄绿浓彩，色泽浓艳均匀，覆盖度好，钝化膜与镀层的结合力较好。

2. 配方 2 工艺能获得外观艳丽、光亮、颜色均匀、附着力良好的膜层，中性盐雾试验中出白锈时间大于 144h。

3. 配方 3 工艺中的 pH 调整剂为有机酸，该工艺形成的钝化膜色泽鲜艳、均匀，操作条件范围广，适宜大批量、自动化生产。

4. 配方 4 工艺中的 pH 调整剂为多元酸，用于铸件镀锌及酸性镀锌的钝化，能获得外观色泽均匀、色调鲜艳的钝化膜层。

表 6-21　市售商品三价铬彩色钝化剂的处理工艺规范

钝化剂名称及型号	处理工艺规范			备注
	含量/(mL/L)	温度/℃	时间/s	
WX-3C 三价铬彩色钝化剂	100 (pH=1.8～2.3)	40～70	30～70	上海永生助剂厂的产品
CZN-834 三价铬彩锌水	CZN-834A　50～100 CZN-834B　50～100 (pH=1.8～2.2)	室温	30～45	广州美迪斯新材料有限公司的产品
251 三价铬彩色钝化剂	90～140 (pH=1.8～2.0)	50～70	30～90	厦门宏正化工有限公司的产品
DB-30111 三价铬彩色钝化剂	100 (pH=1.8～2.2)	45～60	40～80	广东达志化工有限公司的产品
DB-941 三价铬彩色钝化剂	80～120 (pH=1.9～2.4)	20～40	25～50	广东达志化工有限公司的产品
TR125 三价铬彩色钝化剂	150～200 (pH=1.6～2.4)	55～80	30～90	武汉风帆电镀技术有限公司的产品
ATG-04 三价铬彩色钝化剂	80～120 (pH=1.8～2.2)	35～60	60～90	武汉艾特普雷金属表面处理新材料有限公司的产品
PZ7 三价铬彩色钝化剂	80～120 (pH=1.7～2.2)	50～65	40～80	杭州东方表面技术有限公司的产品
PK-501 三价铬彩色钝化剂 A PK-501 三价铬彩色钝化剂 B	PK-501A　100 PK-501B　100 65%硝酸　10 (pH=1.5～2.0)	20～35	50～120	福州八达表面技术研究所的产品
三价铬彩色钝化剂(74324)	100 (pH=1.8～2.2)	60～70	60～150	美宁公司的产品
SurTec-680LC 钝化剂	125 (pH=1.8～2.0)	55～80	30～90	赛德克化工(杭州)有限公司的产品
LQ-500 钝化剂	10%～14%(质量分数) (pH=1.8～2.0)	50～65	30～90	上海力群金属表面技术开发有限公司的产品
PlaTec 215 钝化剂	8%～12%(质量分数) (pH=1.8～2.2)	室温	40～90	上海翰宸表面技术有限公司的产品
PlaTec 219 钝化剂	8%～12%(质量分数) (pH=1.7～2.1)	35～60	30～90	上海翰宸表面技术有限公司的产品

　注：三价铬钝化无自修复功能，即无自愈能力。现在开发成功的质量好的商品三价铬彩色钝化剂，往往在组分中直接加入封孔剂，克服了它无自愈的缺点，大大提高了镀层的耐蚀性，甚至有的盐雾试验可超过六价铬彩色钝化工艺。

(2) 三价铬蓝白色钝化

　　三价铬蓝白色钝化膜的耐盐雾性能与六价铬钝化溶液所获得的钝化膜质量相仿。锌镀层三价铬蓝白色钝化能得到类似镀铬的透亮蓝白色钝化膜。

　　三价铬蓝白色钝化溶液没有化学抛光性能，钝化前需要在稀硝酸溶液中进行出光。三价铬蓝白色钝化的工艺流程：镀锌→清洗→出光 [0.5%～1.0%(体积分数)硝酸]→清洗→钝化→清洗→浸钝化膜保护剂→热风离心干燥或压缩空气吹干。

　　三价铬蓝白色钝化的溶液组成及工艺规范参见表 6-22。

　　市售商品三价铬蓝白色钝化剂的处理工艺规范见表 6-23。

表 6-22　三价铬蓝白色钝化的溶液组成及工艺规范

溶液成分及工艺规范	1	2	3	4
三氯化铬($CrCl_3 \cdot 6H_2O$)/(g/L)	30～50	5～10	3～4	10～15
羧酸类配位剂/(g/L)	—	2.5～7.5		

续表

溶液成分及工艺规范		1	2	3	4
氟化铵(NH₄F)/(g/L)		1.5～2.5	—	—	—
65%硝酸(HNO₃)/(mL/L)		3～5	—	3～5	—
草酸(H₂C₂O₄·2H₂O)/(g/L)		—	—	—	12～15
氟化钠(NaF)/(g/L)		—	—	3～4	—
硝酸钠(NaNO₃)/(g/L)		—	20	—	25～30
硝酸钴[Co(NO₃)₂]/(g/L)		5～8	—	—	3～5
硫酸钠(Na₂SO₄)/(g/L)		—	—	0.5～1	—
硫酸锌(ZnSO₄·7H₂O)/(g/L)		—	0.5	—	—
纳米硅溶胶/(mL/L)		—	—	—	5～10
pH 值		1.6～2.2	1.6～2.0	1.8～2.2	1.8～2.5
温度/℃		15～30	15～30	15～35	15～38
时间/s	在溶液中	10～30	10～20	5～10	30～40
	在空气中	3～5		5～10	5～10
备注		要提高钝化膜的耐蚀性能，可以在钝化后浸钝化膜保护剂。如采用保护剂 ZP-1，干燥后膜层透明，不影响钝化膜色泽，同时可以提高其耐蚀性。浸钝化膜保护剂使用方法：1 份 ZP-1 钝化膜剂，加 1～3 份纯水稀释后使用。对耐蚀性要求特别高的镀锌件，也可以不加水直接使用。浸涂后进行烘干(80～100℃)或用加热的压缩空气吹干			

表 6-23　市售商品三价铬蓝白色钝化剂的处理工艺规范

钝化剂名称及型号	处理工艺规范			备注
	含量/(mL/L)	温度/℃	时间/s	
WX-3K 三价铬蓝白色钝化剂	WX-3K100 65%硝酸　3 (pH=1.8～2.3)	室温	溶液中 15～25 空气中 3～5	上海永生助剂厂的产品
261 三价铬蓝白色钝化剂	50～120 (pH=1.5～2.0)	18～30	8～40	厦门宏正化工有限公司的产品
ZG-203 三价铬蓝白色钝化剂	20 (pH=1.5～2.2)	15～30	15～60	武汉材料保护研究所电镀技术生产力促进中心的产品
DB-302H 三价铬白色钝化剂	40～60 (pH=1.6～2.2)	18～35	10～30	广东达志化工有限公司的产品
P-Z8 三价铬蓝白色钝化剂	40～60 (pH=1.7～2.2)	15～35	20～40	杭州东方表面技术有限公司的产品
WZN-833 三价铬白锌水	50～70	室温	5～10	广州美迪斯新材料有限公司的产品
FK-503 三价铬蓝白色钝化剂	FK-503 100 65%硝酸　15 (pH=1～2)	室温	5～50	福州八达表面技术研究所的产品
BZN-867 三价铬蓝锌水	BZN-867A　50～100 BZN-867B　50～100 (pH=1.5～2.0)	室温	7～15	广州美迪斯新材料有限公司的产品
ATG-03 蓝白色钝化剂	60～80 (pH=1.8～2.2)	室温	溶液中 20～30 空气中 5～10	武汉艾特普雷金属表面处理新材料有限公司的产品
SurTec-667 蓝白色钝化剂	70 (pH=1.7～2.2)	15～30	15～60	赛德克化工(杭州)有限公司的产品
WX-3TC 三价铬蓝白色钝化剂	WX-3TC 钝化剂　100 WX-3TC 封孔促进剂 60 65%硝酸　0.3 (pH=2.0～2.3)	30±10	30～60	上海永生助剂厂的产品
R-315 钝化剂	25～50 (pH=1.8～2.2)	20～30	8～20	广东佛山兴中达公司的产品

续表

钝化剂名称及型号	处理工艺规范			备注
	含量/(mL/L)	温度/℃	时间/s	
LQ-600A 钝化剂	50～100 (pH1.7～2.2)	15～32	10～60	上海力群金属表面技术开发有限公司的产品
PlaTec206 钝化剂	5％～8％(体积分数) (pH1.7～2.2)	室温	20～45	上海翰宸表面处理技术有限公司的产品

注：WX-3TC 三价铬蓝白色钝化剂为高耐蚀钝化剂，膜层盐雾试验出现白锈时的时间可超过240h。为提高蓝白色外观，可以在钝化后经清洗，再浸渍一次增蓝溶液（0.1～0.2g/L增蓝粉，温度80～100℃），最后热风离心干燥。

(3) 三价铬黑色钝化

三价铬黑色钝化工艺目前尚处在研制开发阶段。因钝化膜不含六价铬，所以没有自修复功能。一般认为三价铬黑色钝化膜层存在很多微裂纹[25]，破坏膜层的完整性，会影响其耐蚀性。所以钝化后，一定要进行封闭处理。三价铬黑色钝化工艺流程如下：镀锌→清洗→稀硝酸出光→清洗→黑色钝化→清洗→浸封闭剂→干燥→浸保护膜（必要时进行）→干燥。

三价铬黑色钝化的溶液成分及工艺规范见表 6-24。

市场上推出的商品三价铬黑色钝化剂的处理工艺规范见表 6-25。

表 6-24 三价铬黑色钝化的溶液成分及工艺规范[3,25]

溶液成分及工艺规范	1	2	3	4
三氯化铬($CrCl_3 \cdot 6H_2O$)/(g/L)	22	40	—	24
硝酸铬[$Cr(NO_3)_3 \cdot 9H_2O$]/(g/L)	2	—	—	1～3
磷酸铬[$CrPO_4 \cdot 6H_2O$]/(g/L)	—	—	25	—
配位剂/(g/L)	16.4	10	—	适量
丙二酸($HOOCCH_2COOH$)/(g/L)	—	—	25	—
NO_3^-/(g/L)	—	2	0.18	—
硫酸钴($CoSO_4 \cdot 7H_2O$)/(g/L)	7	—	2.2	6～8
硫酸镍($NiSO_4 \cdot 6H_2O$)/(g/L)	6.6	20	—	6～7
醋酸镍[$Ni(CH_3COO)_2 \cdot 4H_2O$]/(g/L)	—	—	2.3	—
氟化钠(NaF)/(g/L)	—	—	0.5	—
磷酸氢二钠($Na_2HPO_4 \cdot 2H_2O$)/(g/L)	16	16	12	14～18
硼砂($Na_2B_4O_7 \cdot 10H_2O$)/(g/L)	12	12	—	—
硅溶胶($SiO_2 \cdot nH_2O$)/(g/L)	—	—	1	—
pH 值	2.0～2.5	1.8～2.0	1.5	2.2～2.5
温度/℃	50～60	45～50	30～40	50～60
时间/s	40～60	20～30	60～120	40～60

注：配方 2 适用于锌-铁合金镀层的三价铬黑色钝化。三价铬黑色钝化后，进行封闭处理。封闭剂有广东高力的 HN-60 透明封闭剂、HN-64 黑色封闭剂，深圳三本化工有限公司的 2000K、4000 封闭剂，上海益邦涂料有限公司的 YB-80 无机封闭剂、YB-90 有机封闭剂（一种水性涂料）等。

表 6-25 市售商品三价铬黑色钝化剂的处理工艺规范

钝化剂名称及型号	处理工艺规范			备注
	含量/(mL/L)	温度/℃	时间/s	
WX-6TB 三价铬黑色钝化剂 A WX-6TB 三价铬黑色钝化剂 B	钝化剂 A 100 钝化剂 B 50 (pH1.8～2.2)	20～32	15～30	无锡钱桥助剂厂的产品
271 三价铬黑色钝化剂 A 271 三价铬黑色钝化剂 B	钝化剂 A 100～150 钝化剂 B 20～40 (pH1.6～2.3)	40～60	30～90	厦门宏正化工有限公司的产品
DZN-867 三价铬黑锌水 A DZN-867 三价铬黑锌水 B	钝化剂 A 50 钝化剂 B 70 (pH1.8～2.2)	室温	20～60	广州美迪斯新材料有限公司的产品

钝化剂名称及型号	处理工艺规范			备注
	含量/(mL/L)	温度/℃	时间/s	
三价铬黑色钝化剂 A(74462) 三价铬黑色钝化剂 B(74462)	钝化剂 A 140~160 钝化剂 B 25~35 (pH=1.8~2.0)	55~65	30~90	美坚化工公司的产品
YH-TB 三价铬黑色钝化剂 A YH-TB 三价铬黑色钝化剂 B	钝化剂 A 100 钝化剂 B 100 (pH=1.8~2.2)	—	—	上海永生助剂厂和杭州湾助剂厂的产品
M400A 三价铬黑色钝化剂 M400B 三价铬黑色钝化剂	M400A 100 M400B 30 (pH=1.8~2.2)	25~35	20~60	日本三原产业株式会社的产品
DB936S-A 三价铬黑色钝化剂 DB936S-B 三价铬黑色钝化剂	DB936S-A 120 DB936S-B 60 (pH=1.5~2.0)	20~30	10~30	广东达志化工有限公司的产品
SurTec 697 三价铬黑色钝化剂	9%~11%(体积分数) (pH=0.8~1.2)	21~25	20~40	适用于锌-镍合金镀层钝化 赛德克化工(杭州)有限公司的产品
HBC-703 三价铬黑色钝化剂	A 10%~20%(体积分数) B 10%~20%(体积分数) (pH=2.2~2.7)	室温	>10	北京蓝丽佳美化工科技中心的产品
PlaTec 261	8%~12%(体积分数) (pH=1.5~2.0)	室温	70~120	适用于含镍12%~15%(质量分数)的锌-镍合金钝化 上海翰宸表面处理技术有限公司的产品
PlaTec 260	A 8%(体积分数) B 5%(体积分数) (pH=1.8~2.0)	室温	50~90	上海翰宸表面处理技术有限公司的产品

6.1.13 无铬钝化

国内外的电镀工作者，在研究开发低铬钝化工艺的同时，也开展了对无铬钝化的研究。能够取代铬酸盐在锌镀层中起到钝化作用的主要有含氧酸盐，即钛酸盐、钼酸盐、钒酸盐、硅酸盐、钨酸盐、高锰酸盐及磷酸盐、稀土盐钝化及植酸钝化等。

几种无铬钝化工艺的特性和性能列入表 6-26，供参考。

无铬钝化的溶液组成及工艺规范见表 6-27。

市售商品无铬钝化剂的处理工艺规范见表 6-28。

表 6-26 几种无铬钝化工艺的特性和性能

无铬钝化	工艺特性和性能
钛酸盐钝化	锌镀层与钛酸盐发生氧化还原反应，生成的钛酸盐钝化膜层与锌层结合强度好、稳定性高，在受机械损伤后会在空气中得到自修复。钝化膜是无定形的多孔膜，钛酸盐钝化膜中性盐雾试验比铬酸盐钝化膜的差，但户外暴晒和室内存放却与铬酸盐钝化膜相差不多 为提高铬酸盐钝化膜的耐蚀性能，钝化后宜采用铬酸盐进行封闭处理。选用铬酸封闭液、高锰酸钾封闭液中的一种，进行封闭处理后，不经清洗，可直接干燥(烘干、热风离心干燥等)
钼酸盐钝化	钼酸盐对锌镀层也能形成钝化膜。据有关资料报道，钼酸盐钝化膜的抗蚀性接近铬酸盐钝化膜，且钼的毒性仅为铬的1%。钼酸盐钝化有两种方法，即化学浸渍法和电化学法(阴极电解法)
硅酸盐钝化	锌镀层通过硅酸盐钝化处理所获得的钝化膜耐蚀性较差。但加入一些添加剂后，能够提高其耐蚀性能
稀土盐钝化	稀土盐(铈盐、镧盐和镨盐)也能与锌镀层形成钝化膜。在钝化溶液中引入过氧化氢(H_2O_2)、高锰酸钾($KMnO_4$)、硫代硫酸铵[$(NH_4)_2S_2O_4$]等强氧化剂，可使成膜速率大大提高，缩短处理时间，同时可降低处理溶液的工作温度[25]。铈盐钝化膜的耐蚀性接近铬酸盐钝化膜，镧盐和镨盐钝化膜的耐蚀性优于钼酸盐钝化膜[1]

续表

无铬钝化	工艺特性和性能
植酸钝化[25]	植酸是一种少见的金属多齿螯合剂,分子式为 $C_6H_{18}O_{24}P_6$,是一种环保无毒的有机大分子化合物,分子中有能与金属配合的 24 个氧原子、12 个羟基及 6 个磷酸根,这种独特的结构赋予植酸很好的成膜性。在含有硅酸钠、双氧水及植酸的钝化溶液中得到的钝化膜外观白亮、均匀、细致
	对于锌镀层表面的钝化,加入植酸能延缓钝化膜的腐蚀,植酸钝化后的抗腐蚀能力优于其他羟基膦酸

表 6-27 无铬钝化的溶液组及工艺规范

无铬钝化	溶液组成	工艺规范
钛酸盐钝化	95%硫酸氧钛($TiOSO_4 \cdot H_2SO_4 \cdot 8H_2O$) 3~6g/L 30%过氧化氢($H_2O_2$) 50~80g/L 65%硝酸($HNO_3$) 4~8mL/L 98%磷酸($H_3PO_4$) 8~12mL/L 六偏磷酸钠[$(NaPO_3)_6$] 6~15g/L 单宁酸($C_{76}H_{52}O_{46}$)或聚乙烯醇[$(C_2H_4O)_n$] 2~4g/L	pH 值:1.0~1.5 温度:室温 时间:10~20s 空气中停留:5~15s 彩色钝化,所得膜层呈彩色
	95%硫酸氧钛($TiOSO_4 \cdot H_2SO_4 \cdot 8H_2O$) 2~5g/L 30%过氧化氢($H_2O_2$) 50~80g/L 65%硝酸($HNO_3$) 8~15mL/L 柠檬酸($C_6H_8O_7$) 5~10g/L	pH 值:0.5~1.0 温度:室温 时间:8~15s 空气中停留:5~15s 白色钝化,所得膜层呈彩色 适用于碱性无氰镀锌层和氯化物镀锌层,可获得银白色外观(能一次生成白色钝化膜)
钼酸盐钝化	钼酸铵[$(NH_4)_2MoO_4$] 10~20g/L 磷酸钠($Na_3PO_4 \cdot 12H_2O$) 1~2g/L XZ-03B 添加剂 2~2.5g/L	pH 值:3~4.5 温度:45~55℃ 时间:60~90s 膜层呈彩虹色光亮
	钼酸铵[$(NH_4)_2MoO_4$] 20g/L 柠檬酸($C_6H_8O_7$) 38g/L 硫酸(H_2SO_4) 0.15g/L	pH 值:1~3 温度:室温 时间:4~10s 膜层呈浅蓝绿色
	钼酸铵[$(NH_4)_2MoO_4$] 30~100g/L 多羟基酸盐 10~100g/L 大分子表面活性剂 1~50mL/L 铵或碱金属盐的钝化液 5~100mL/L	电化学法钝化 pH 值:4~7 温度:15~40℃ 阴极电解处理:10~30min 所得膜层呈浅蓝绿色 电化学法钝化后,再在 0.5~2g/L 硅酸钠、3~6g/L 钼配合物的溶液中封闭处理 3~10s,得到黑色钝化膜
硅酸盐钝化	40%硅酸钠(Na_2SiO_3) 40g/L 98%硫酸(H_2SO_4) 2.5g/L 38%过氧化氢(H_2O_2) 40g/L 10%硝酸(HNO_3) 5g/L 30%磷酸(H_3PO_4) 5g/L 四亚甲基硫脲膦酸(TMUP) 5g/L	pH 值:1.8~2.0 已在一些单位实际使用
	40%硅酸钠(Na_2SiO_3) 50g/L 氨基三亚甲基膦酸(ATMP) 80mL/L 硫脲[$(NH_2)_2CS$] 5g/L	pH 值:2~3.5 温度:20~40℃ 时间:0.5~3min
稀土盐钝化	硝酸镧[$La(NO_3)_3$]或硝酸铈[$Ce(NO_3)_3$] 20g/L 柠檬酸($C_6H_8O_7$) 10g/L 30%过氧化氢(H_2O_2) 10mL/L	pH 值:1.75~2.5 温度:70℃ 时间:30min
	氯化铈($CeCl_3$) 40g/L 30%过氧化氢(H_2O_2) 40mL/L	pH 值:4 温度:30℃ 时间:60s

续表

无铬钝化	溶液组成	工艺规范
植酸钝化	植酸($C_6H_{18}O_{24}P_6$） 35% 氧化钙(CaO) 0.1% 硫酸锌($ZnSO_4 \cdot 7H_2O$) 0.2% 改性硅溶胶($SiO_2 \cdot nH_2O$)(固含量25%～28%) 5.2% 硝酸(HNO_3) 1.2% (溶液成分含量的百分数均为质量分数)	温度:50℃ 时间:30～40s 所得的膜层为完整、无龟袋的灰白色钝化膜

表 6-28   市售商品无铬钝化剂的处理工艺规范

钝化剂名称及型号	处理工艺规范			备注
	含量/(mL/L)	温度/℃	时间/s	
WZN-833 无铬白锌水	WZN-833 100 (pH=6～7)	室温	5～10	机械搅拌或空气搅拌。适用于氰化镀锌、锌酸盐镀锌及氯化物镀锌等的钝化，钝化膜呈银白色，光泽均匀。烘干温度80～110℃ 广州美迪斯新材料有限公司的产品
YH-01 无铬蓝白色钝化剂	YH-01 40～50 双氧水 40～45 (pH=1～2)	5～30	溶液中 3～7 空气中 3～5	钝化膜结晶致密，光亮度好;钝化液如超过25℃，则钝化时间和空气中停留时间都要缩短。钝化后宜用 ZP-6 封闭剂，可大大提高其耐蚀性。调高 pH 值，用10%(质量分数)氢氧化钠。钝化液用后及时加盖 上海永生助剂厂的产品
YH-02 无铬淡彩色钝化剂	YH-01 45～55 硝酸(HNO_3) 4～6 双氧水 40～50 (pH=0.5～1)	5～30	溶液中 3～7 空气中 3～5	
无铬蓝白色钝化剂 A	YH-01A 10～12 30%过氧化氢 60 (pH=1～2)	5～30	溶液中 3～7 空气中 3～5	钛酸盐钝化剂 浙江慈溪杭州湾助剂厂的产品
YH-02 无铬彩色钝化剂 A、B	YH-02A 50 YH-01B 50 30%过氧化氢 60 65%硝酸 4 (pH=0.5～1.0)	5～30	溶液中 3～7 空气中 3～5	浙江慈溪杭州湾助剂厂的产品

6.1.14   不合格锌镀层的退除

不合格锌镀层退除的溶液组成和工艺规范见表 6-29。

表 6-29   不合格锌镀层退除的溶液组成和工艺规范

溶液成分及工艺规范	化学退除			电化学退除
	1	2	3	
38%盐酸(HCl)/(g/L)	100～250	—	—	—
98%硫酸(H_2SO_4)/(g/L)	—	180～250	—	—
氢氧化钠(NaOH)/(g/L)	—	—	200～300	150～200
亚硝酸钠($NaNO_2$)/(g/L)	—	—	100～200	—
氯化钠(NaCl)/(g/L)	—	—	—	15～30
温度/℃	室温	室温	100～120	80～100
时间	退净为止	退净为止	退净为止	退净为止
阳极电流密度/(A/dm²)	—	—	—	1～5

注：化学退除配方3,可防止钢铁件的过腐和渗氢,适用于退除弹性零件、高强度钢零件以及质量要求高的零件。

6.2   镀镉

镉是一种略呈银白色、较柔软的金属,其硬度为 200HV,比锡硬,比锌软,可塑性好,易于锻造和碾压成形。镉的化学性质与锌接近，在干燥的空气中，镉非常稳定，几乎不发生变化。镉易溶于硝酸和硝酸铵，在稀硫酸和稀盐酸中溶解较慢，不溶解于碱。镉镀层的特性及用途如表 6-30 所示。

生产中镀镉的溶液类型有：氰化镀镉、硫酸盐镀镉、氨羧配位化合物镀镉及有机多膦酸盐（HEDP）镀镉等。

表 6-30　镉镀层的特性及用途

镉镀层的特性	用途
1. 镉的标准电极电位为 -0.40V，铁的标准电极电位为 -0.44V，两者较为接近。镀镉层对钢铁件的防护性能随使用环境而变化，因为它的电位随所处环境的不同而有所改变。如在人造海水中（25℃），镉的电位是 -0.77V，铁的电位是 -0.42V。因此，在一般大气中，镉镀层对钢铁件，是阴极性镀层，起不到电化学保护作用；而在海洋性气候、海水或高温环境条件下，是阳极性镀层，对钢铁件的保护性能要比锌镀层好得多 2. 镉镀层比较柔软，润滑性能好，可塑性比锌好，也比锌容易焊接 3. 镀镉对钢铁基体产生氢脆倾向较小 4. 镉在较高温度下（在 232℃以上时），会渗入钢铁零件基体的晶格中而导致零件产生脆性，称为"镉脆"，因此，钢铁件的镉镀层的使用温度一般在 232℃以下	1. 镉镀层多用于海洋性气候条件下的零件防护，如用于军舰、潜水艇、轮船上的仪器仪表等 2. 常用于弹簧、弹簧片、高强度钢、易变形和受力的零件、精密零件的螺纹紧固件和配合件的滑动部分、电气零件的某些导电部分等 以下几种情况，不能用镉镀层作为保护层： 1. 与油类接触的零部件，如燃油、液压油、润滑油或其他油基液体接触的零部件 2. 在有机材料存在的密闭环境中 3. 与钛或钛合金接触的零件 4. 电镀后需要焊接的零件 5. 与食品接触的零件 6. 在 232℃以上环境中使用的零件
备注	镉的污染危害性极大，对人体和生物体是一种有剧毒的元素。而且镉不能降解，它的污染对环境的危害性要超过氰化物。我国对此非常重视，除极少数有特殊用途的零件经过特别批准可以镀镉外，其余不允许镀镉，而采用其他镀层来替代，如镀锌-镍合金、镀锡-锌合金、镀锌-钴合金、锌-镍-钴合金以及达克罗涂覆层等

6.2.1　氰化镀镉

依据氰化镀镉溶液组分的不同，可以镀出光亮镀层和松孔镀层。

(1) 光亮镀镉

含有添加剂时，可获得光亮的镉镀层，其孔隙少，耐腐蚀性高，但产生氢脆的倾向性大，主要用于抗拉强度较低的钢的防护。

(2) 松孔镀镉

不含添加剂的镀液（称其为低氢脆镀镉液），可在较高的电流密度下，获得疏松多孔的松孔镉镀层。这种镀层有利于在高温除氢时，将渗入金属晶格间的氢驱逐出去，多用于抗拉强度较高的钢（高强度钢）的防护。

氰化镀镉的溶液组成及工艺规范见表 6-31。

表 6-31　氰化镀镉的溶液组成及工艺规范

溶液成分及工艺规范	光亮镀镉				松孔镀镉		
	1	2	3	4	1	2	3
氧化镉(CdO)/(g/L)	30~40	30~40	30~40	30~40	35~40	30~40	22~40
氰化钠(NaCN)/(g/L)	90~120	140~160	100~120	130~150	105~150	120~150	90~150
氢氧化钠(NaOH)/(g/L)	15~25	15~25	15~25	15~25	20~40	10~20	—
氢氧化钠(游离)(NaOH)/(g/L)	—	—	—	—	—	—	7~25
硫酸钠(Na₂SO₄·10H₂O)/(g/L)	—	30~50	40~60	30~50	—	—	—
碳酸钠(Na₂CO₃)/(g/L)	—	—	—	—	15~50	<60	<60
硫酸镍(NiSO₄·7H₂O)/(g/L)	1~2	1~1.5	1~1.5	1~1.5	—	—	—
磺化蓖麻油/(g/L)	8~12	—	—	—	—	—	—
亚硫酸盐纸浆/(g/L)	—	8~12	8~12	—	—	—	—
糊精/(g/L)	—	—	—	8~10	—	—	—

溶液成分及工艺规范	光亮镀镉				松孔镀镉		
	1	2	3	4	1	2	3
氰化钠:氧化镉	—	—	—	—	—	—	2.8~6
温度/℃	15~40	15~40	15~40	15~40	18~30	20~32	20~30
阴极电流密度/(A/dm²)	1~3	1~3	0.5~1.5	1~3	4±2	5~6	6

6.2.2 硫酸盐及氨羧配位化合物镀镉

由于硫酸盐镀镉溶液的主要成分只有硫酸镉，没有配位剂，阴极极化小，导致分散能力和覆盖能力差，镀层结晶较粗糙。为防止硫酸镉水解，需加入一定量硫酸，以保持镀液稳定。向镀液加入少量添加剂，可提高溶液的分散能力，促使镀层结晶细致一些。

硫酸盐镀镉只能适用于镀取形状简单的零件，多用于板材、带材和线材，不适宜形状较复杂零件的滚镀。

以氯化铵、氨三乙酸和氯化铵、氨三乙酸、乙二胺四乙酸二钠（EDTA-2Na）为主要成分的两种镀镉溶液，统称为氨羧配位化合物镀镉溶液。镀液分散能力和覆盖能力好，镀层结晶细致，但镀层脆性较大。氯化铵只能起到导电和活化阳极的作用。这种镀液对设备的腐蚀严重。

由于镀液中两种螯合剂会形成稳定的螯合离子，给废水处理带来很大困难。如要破坏它们的结构，困难很大，而成本非常高，所以不推荐采用这类镀液。但由于曾经使用过一段时间，也是一种镀镉工艺，在此作简要介绍。

硫酸盐及氨羧配位化合物镀镉的溶液组成及工艺规范见表 6-32。

表 6-32 硫酸盐及氨羧配位化合物镀镉的溶液组成及工艺规范

溶液成分及工艺规范	硫酸盐镀液			氨羧配位化合物镀液		
	1	2	3	1	2	3
硫酸镉(CdSO₄·8/3H₂O)/(g/L)	40~50	40~60	40~50	—	40~50	—
氯化镉(CdCl₂·5/2H₂O)/(g/L)	—	—	—	40~45	—	30~35
硫酸(H₂SO₄,化学纯)/(g/L)	45~60	40~60	45~60	—	—	—
硫酸钠(Na₂SO₄·10H₂O)/(g/L)	—	30~50	—	—	—	—
氯化铵(NH₄Cl)/(g/L)	—	—	—	80~160	180~200	100~120
氨三乙酸[N(CH₂COOH)₃]/(g/L)	—	—	—	100~160	75~85	110~130
乙二胺四乙酸二钠(EDTA 二钠)/(g/L)	—	—	—	—	—	35~40
醋酸铵(CH₃COONH₄)/(g/L)	—	—	—	—	—	20
苯酚(C₆H₅OH)/(g/L)	—	2~3	—	—	—	—
明胶/(g/L)	3~5	4~6	3~5	—	—	—
OP-10 乳化剂/(g/L)	6~10	—	—	—	—	—
固色粉 Y/(g/L)	—	—	—	0.5~1	—	—
DE 添加剂/(mL/L)	—	—	—	—	6~12	—
萘二磺酸[C₁₀H₆(SO₃H)₂]/(g/L)	—	—	3~5	—	—	—
pH 值	—	—	—	7.5~8.8	5.5~6.5	6.4~6.8
温度/℃	10~40	10~40	10~40	室温	室温	室温
阴极电流密度/(A/dm²)	1~3	2~3	1~3	0.3~1.2	0.5~1.0	0.5~2.0

注：氨羧配位化合物镀液配方 2 为松孔镀镉，可用于强度较高的钢的防护。

6.2.3 有机多膦酸盐（HEDP）镀镉

有机多膦酸是一类通用型配位剂，其中一种用途较广泛的有机多膦酸是 1-羟基亚乙基二膦酸（代号为 HEDP）。HEDP 镀镉工艺的镀液成分简单，毒性小，分散能力好，覆盖能力优于氰化镀镉，特别适用于形状复杂、具有深孔和多孔的零件的镀镉。镀层结晶细致、硬度高、韧性好、氢脆性小、与基体金属结合力好，能满足高强度钢的电镀要求。HEDP 镀镉的溶液组成及工艺规范见表 6-33。

表 6-33　有机多膦酸盐（HEDP）镀镉的溶液组成及工艺规范

溶液成分及工艺规范	1	2	3
氯化镉($CdCl_3 \cdot 5/2H_2O$)/(g/L)	15～30	20～30	—
醋酸镉[(CH_2COO)$_2$Cd]/(g/L)	—	—	20～30
有机多膦酸盐(HEDP,100%)/(g/L)	130～170	110～135	110～135
稳定剂(固色粉)/(mL/L)	20～30	—	—
pH 值	13～14	13～14	13～14
温度	室温	室温	室温
阴极电流密度/(A/dm²)	0.8～1.5	0.5～2	0.5～2
阴极移动	12～15 次/min	—	—
阳极	纯镉板；阳极与阴极面积比大于或等于 3∶1	阳极与阴极面积比为 2∶1	—

注：调节镀液 pH 值时最好用氢氧化钾，因钾盐溶解度大，钠盐溶解度小。

6.2.4　镉镀层的后处理

（1）镉镀层的出光

镉镀层的高铬钝化溶液中硝酸和硫酸的含量较高，溶液酸度高，对镉镀层有良好的化学抛光性能，钝化前不需要出光。低铬钝化、超低铬钝化和三价铬钝化时，因钝化液没有化学抛光性能，钝化前需要用稀硝酸溶液出光。常用的出光的溶液组成及工艺规范见表 6-34。

表 6-34　出光溶液的组成及工艺规范

溶液成分及工艺规范	1	2
硝酸(HNO_3,$d=1.42$)/(mL/L)	10～20	—
31%过氧化氢(H_2O_2)/(mL/L)	—	60～100
硫酸(H_2SO_4,$d=1.84$)/(mL/L)	—	15～20
温度	室温	室温
时间/s	2～5	5～10

（2）镉镀层的钝化

镉镀层的钝化基本上与锌镀层钝化相同，也有高铬、低铬、超低铬和三价铬钝化，可参照本章镀锌钝化有关章节加以了解。镉镀层高铬钝化，需在空气中停留一段时间才能成膜。而低铬、超低铬和三价铬钝化都能在钝化液中成膜，在空气中停留时间没有要求。镉镀层钝化的溶液组成及工艺规范见表 6-35。

表 6-35　镉镀层钝化的溶液组成及工艺规范

溶液成分及工艺规范	高铬钝化	低铬钝化	超低铬钝化	三价铬钝化	军绿色钝化
铬酐(CrO_3)/(g/L)	180～220	5	2	—	—
98%硫酸(H_2SO_4)/(g/L)	15～20	0.4	—	—	—
65%硝酸(HNO_3)/(g/L)	20～25	3	—	6～10	—
硝酸钠($NaNO_3$)/(g/L)	—	—	2	—	—
硫酸镍($NiSO_4 \cdot 7H_2O$)/(g/L)	—	—	1	—	—
硝酸铬[$Cr(NO_3)_3 \cdot 4H_2O$]/(g/L)	—	—	—	40～50	—
硫酸钴($CoSO_4 \cdot 7H_2O$)/(g/L)	—	—	—	5～8	—

续表

溶液成分及工艺规范		高铬钝化	低铬钝化	超低铬钝化	三价铬钝化	军绿色钝化
苹果酸($C_4H_6O_5$)/(g/L)		—	—	—	6~10	—
封孔促进剂/(g/L)		—	—	—	20~40	—
绿色钝化剂(E20642)/(mL/L)		—	—	—	—	84
活化剂(E20643)/(mL/L)		—	—	—	—	84
pH 值		—	0.8~1.3	1.4~2.0	1.8~2.3	—
温度/℃		室温	室温	15~35	40~70	20~32
时间/s	在溶液中	5~10	5~8	10~30	30~70	10~30
	在空气中	10~30	—	—	—	—

注：军绿色钝化液钝化时，需轻微搅拌。绿色钝化剂（E20642）及活化剂（E20643）是东莞美坚化工原料有限公司的产品。

6.2.5 除氢

高强度钢制作的零件，以及弹簧、弹簧片、螺栓等零件，镀镉后必须进行除氢处理。除氢一般在恒温的烘箱内进行，温度为 180~200℃，时间为 2~3h。整个过程应连续不间断。对于抗拉强度大于 1370MPa 的高强度钢零件，除氢应在镀镉后 4h 内进行，除氢时间为 24h，除氢后须做氢脆试验。

除氢应在钝化前进行。除氢后，经稀硝酸溶液出光，然后再进行钝化处理。

6.2.6 不合格镀层的退除

不合格镀层可用铬酸、硝酸铵或盐酸溶液进行化学退除，其退除的溶液组成及工艺规范[3]见表 6-36。如是经钝化处理过的零件，必须先用稀盐酸除去钝化膜，并彻底清洗干净后，才可以用来作阳极退除。

表 6-36 镉镀层退除的溶液组成及工艺规范

溶液成分及工艺规范	1	2	3
铬酐(CrO_3)/(g/L)	140~250	—	—
98%硫酸(H_2SO_4)/(g/L)	3~4	—	—
硝酸铵(NH_4NO_3)/(g/L)	—	200~250	—
36%盐酸(HCl)/(g/L)	—	—	50~100
温度/℃	室温	18~25	室温
时间	退净为止	退净为止	退净为止

注：1. 配方 2 既适用于化学溶解退除，也适合电化学退除（温度 40~60℃，阳极电流密度 5~10A/dm²，零件挂在阳极上，阴极为铁板）。

2. 配方 3 适用于退除铜质零件上的镉镀层。

6.3 镀锡

6.3.1 锡镀层特性及镀锡工艺方法

锡及锡镀层的特性和用途见表 6-37。

常用镀锡的工艺方法有酸性镀锡和碱性镀锡两类。现在常用的镀锡工艺有：硫酸盐镀锡、甲基磺酸盐镀锡、氟硼酸盐镀锡、碱性镀锡、晶纹镀锡等。酸性镀锡和碱性镀锡溶液的性能比较见表 6-38。

表 6-37　锡及锡镀层的特性和用途

锡及锡镀层的特性	锡镀层的用途
1. 锡镀层对钢铁基体而言是阴极镀层,只有当锡层有足够的厚度并且基本无孔隙(或低孔隙率)时才能有效地保护钢铁零件 2. 在密闭条件下,在有机酸介质中,锡的电位比铁负,具有电化学保护作用 3. 锡在大气中耐氧化,很稳定,与硫及硫化物几乎不起作用。锡对于很多有机酸的耐蚀性能很好,而且没有毒性 4. 锡镀层具有很好的焊接性、导电性和较低的熔点 5. 锡从 $-13.2℃$ 起结晶开始发生变异,到 $-30℃$ 将完全转变为一种同素异构体 α-锡即灰锡(俗称锡瘟)。所以,锡在低温下(锡制品在寒冬长期处于低温)会逐渐转变成灰色粉末状的无定形锡(灰锡),而自行毁坏。但锡与少量锑或铋(约 $0.2\%\sim0.3\%$,质量分数)共积时,能有效地抑制灰锡的产生 6. 锡同锌、镉一样,在高温、潮湿和密闭的条件下,从锡镀层表面能产生出锡"晶须",称为"长毛",这是镀层存在内应力所造成的。电镀后用加热法消除内应力或镀锡时与 1%(质量分数)的铅共沉积,能有效地防止"晶须"的产生	1. 镀锡钢板或钢带(是两面镀了纯锡的冷轧薄钢板)具有很好的耐蚀性,且对人体无毒,所以镀锡薄钢板常作为食品行业制造罐头的材料 2. 广泛用于食品、饮料、气雾剂、电子工业零配件和一般包装工业 3. 广泛应用于电子元器件引线的焊接性镀锡层、连接器及印制电路板的表面保护层 4. 由于锡镀层柔软、富有延展性,许多机件常用于防止活动时拉伤、滞死,如轴承镀锡可以起到密合和减摩作用;汽车活塞环和气缸壁镀锡可防止滞死和拉伤;在冷拔、拉伸等工艺过程中,提高其表面润滑能力;还可提高精密螺纹件拧入后的密封性能 5. 因锡镀层与硫及硫化物几乎不起作用,因此与火药和橡胶接触的零件常采用镀锡 6. 可以用局部镀锡的办法来保护不需渗氮的部位 7. 可用作装饰性镀层,如花纹(冰花)锡镀层就常作为日用品的装饰性镀层

表 6-38　酸性镀锡和碱性镀锡溶液的性能比较

镀液类型	优点	缺点
酸性镀锡(镀液中锡以 Sn^{2+} 形式存在)	1. 电流效率高($90\%\sim100\%$),电流密度大,沉积速度快,生产效率高 2. 镀液较稳定,温度低,不需加热 3. 可获得全光亮镀层 4. 工艺使用范围广(可镀取光亮、半光、亚光镀层;挂镀、滚镀、高速镀均可),成本较低	1. 分散能力和覆盖能力不如碱性镀锡 2. 镀层孔隙率较高 3. 镀层焊接性能较碱性镀锡差 4. 对镀前清洗要求较高,镀液对设备腐蚀较大,需用耐酸材料制造
碱性镀锡(镀液中锡以 Sn^{4+} 形式存在)	1. 镀液成分简单,分散能力好 2. 镀层结晶细致、洁白、孔隙少 3. 对镀前清洗要求没有酸性镀锡那样高 4. 镀层焊接性能好	1. 电流密度范围较窄,电流效率低(70%左右) 2. 镀液温度高($70\sim85℃$),耗能大 3. 不能直接镀获光亮镀层 4. 镀液中锡以 Sn^{4+} 形式存在,电化当量低,沉积速度比酸性镀锡慢 1 倍 5. 阳极行为影响大(须防止 Sn^{2+} 的出现)
备注	我国长期以来几乎都采用高温碱性镀锡工艺,20 世纪 70 年代开始启用弱酸性镀锡,但从 20 世纪 80 年代以来,随着添加剂(光亮剂)的不断开发和完善,使酸性镀锡获得迅速发展。现在酸性镀锡的应用远大于碱性镀锡,已趋于主导地位	

6.3.2　硫酸盐镀锡

硫酸盐镀锡镀液组分简单,控制方便,成本较低。可以镀取亚光或光亮锡镀层,镀层外观亮白、结晶细致,沉积速度快,电流效率高,已获得广泛应用。

镀液主要组分是硫酸亚锡和硫酸。因氢在锡上的过电位较高,在阴极上析氢很小,阴极上主要是亚锡离子放电析出金属锡,所以亚光型镀锡的阴极电流效率很高,可达 $95\%\sim100\%$。光亮镀锡由于有机添加剂在阴极上的吸附和还原,其阴极电流效率比亚光型镀锡低,约在 90% 左右。

硫酸盐镀锡的溶液组成及工艺规范见表 6-39。

表 6-39　硫酸盐镀锡的溶液组成及工艺规范

溶液成分及工艺规范	光亮镀锡				亚光镀锡		
	1	2	3	4	1	2	3
硫酸亚锡($SnSO_4$)/(g/L)	30~40	27~37	25~45	20~30	30~40	35	10
硫酸(H_2SO_4)/(g/L)	180~200	166~184	80~120	80~120	90~110	60~80 mL/L	60~80 mL/L
酒石酸锑钾 $[K(SbO)C_4H_4O_6 \cdot 1/2H_2O]$/(g/L)	—	—	0.1~0.2	0.1~0.2	—	—	—
AT-97 开缸剂 A/(mL/L)	30~35	—	—	—	—	—	—
补充剂 B	平时补充	—	—	—	—	—	—
DSN960 开缸剂/(mL/L)	—	20~30	—	—	—	—	—
DSN961 光亮剂/(mL/L)	—	0~1	—	—	—	—	—
BH-411 硫酸镀锡 A/(mL/L)	—	—	35~45	35~45	—	—	—
BH-411 硫酸镀锡 B/(mL/L)	—	—	8~10	8~10	—	—	—
SN-10 添加剂/(mL/L)	—	—	—	—	10~20	—	—
AT-01 添加剂/(mL/L)	—	—	—	—	—	8~12	8~12
温度/℃	10~20	10~30	10~25	10~25	15~30	室温	室温
阴极电流密度/(A/dm²)	0.5~5 (阴极移动, 连续过滤)	1~2.5 (阴极移动, 连续过滤)	0.5~5 (挂镀, 阴极移动, 连续过滤)	0.1~2 (滚镀, 6~8r/min, 连续过滤)	1~3 (阴极移动)	2~4	0.5~1 (滚镀 8~10r/min)

注：1. 光亮镀锡配方 1 的 AT-97 开缸剂 A、补充剂 B 是上海永生助剂厂的产品。也可滚镀，滚镀时硫酸亚锡含量为 25~35g/L，阴极电流密度为 0.5~0.8 A/dm²，滚筒转速为 6~8r/min。

2. 光亮镀锡配方 2 的 DSN960 开缸剂、DSN961 光亮剂，是北京蓝丽佳美化工科技中心的产品。

3. 光亮镀锡配方 3 和 4 的 BH-411 硫酸镀锡 A、BH-411 硫酸镀锡 B，是广州二轻工业科学技术研究所的产品。

4. 亚光镀锡配方 1 的 SN-10 添加剂，是广州美迪斯新材料有限公司的产品。

5. 亚光镀锡配方 2、3 的 AT-01 添加剂，是上海永生助剂厂的产品。

6.3.3　甲基磺酸盐镀锡

甲基磺酸又称甲烷磺酸，是一种稳定的强酸性介质。在甲基磺酸盐镀锡中，二价锡离子（Sn^{2+}）是由甲基磺酸锡（也称甲基磺酸亚锡）提供的。甲基磺酸盐镀锡的特点及用途如表 6-40 所示。

甲基磺酸盐挂镀锡的溶液组成及工艺规范见表 6-41。

表 6-40　甲基磺酸盐镀锡的特点及用途

特点	用途
1. 镀液稳定，无论工艺温度怎样变化，甲基磺酸盐都不会出现明显水解 2. 能允许有较高的电流密度 3. 镀锡溶液对设备腐蚀性小，废水处理容易 4. 甲基磺酸盐镀锡可采用挂镀、滚镀和高速镀等工艺方法。而且甲基磺酸盐高速镀锡，是工业上目前高速镀锡的主要工艺	1. 可用于亚光镀锡和光亮镀锡，主要应用亚光镀锡 2. 甲基磺酸盐镀锡主要应用于电子器件引线脚的焊接性镀锡和镀锡钢板等方面 3. 高速镀锡主要应用于电子元器件的镀锡，包括半导体引线框架、接插件的镀锡等

表 6-41　甲基磺酸盐挂镀锡的溶液组成及工艺规范

溶液成分及工艺规范	亚光镀锡			光亮镀锡	高速镀锡
	1	2	3		
二价锡(Sn^{2+})/(g/L)	10~30	15~35	15~30	10~20	30~60
甲基磺酸(CH_3SO_3H)/(g/L)	150~200	80~150	120~180	120~180	150~200
SYT843 添加剂/(mL/L)	15~30	—	—	—	—
SYT843-C 添加剂/(mL/L)	5~15	—	—	—	—

续表

溶液成分及工艺规范	亚光镀锡			光亮镀锡	高速镀锡
	1	2	3		
PT-055S 添加剂/(mL/L)	—	30～50	—	—	—
SYT848-A 添加剂/(mL/L)	—	—	—	25～35	—
SLOTOTIN 51 添加剂/(mL/L)	—	—	15～25	—	—
SLOTOTIN 52 添加剂/(mL/L)	—	—	8～12	—	—
SYT843H 添加剂/(mL/L)	—	—	—	—	35～55
温度/℃	20～40	20～40	20～40	10～20	35～45
阴极电流密度/(A/dm²)	0.5～3	0.5～3	0.5～3	0.5～3	10～30

注：1. 亚光镀锡的配方 1 的 SYT843、SYT843-C 添加剂，是上海新阳半导体材料有限公司的产品。

2. 亚光镀锡的配方 2 的 PT-055S 添加剂，是日本石原（Ishihara）公司的产品。

3. 亚光镀锡的配方 3 的 SLOTOTIN 51 及 52 添加剂，是德国实乐达（Schlotter）公司的产品。

4. 光亮镀锡配方的 SYT848-A 添加剂，是上海新阳半导体材料有限公司的产品。

5. 高速镀锡配方的 SYT843H 添加剂，是上海新阳半导体材料有限公司的产品。

6.3.4　氟硼酸盐镀锡

氟硼酸盐镀锡的主盐是氟硼酸亚锡，由于它的溶解度高，可采用较高的浓度和大的电流密度，沉积速度快，镀液分散能力和覆盖能力好。而且阴极和阳极的电流效率都接近 100%，能耗低，操作稳定，操作及维护简单。常用于板、带、线材的连续高速镀锡。最大缺点是废水处理困难，镀液配制较麻烦，并且镀液成本高、应用受到限制，近年来已逐渐被甲基磺酸盐镀锡和硫酸盐镀锡所替代。氟硼酸盐镀锡的溶液组成及工艺规范见表 6-42。

表 6-42　氟硼酸盐镀锡的溶液组成及工艺规范

溶液成分及工艺规范	普通镀锡		光亮镀锡		快速镀锡	
	1	2	1	2	1	2
氟硼酸亚锡[$Sn(BF_4)_2$]/(g/L)	100～400	60～100	15～20	40～60	225～300	200
氟硼酸（HBF_4）/(g/L)	50～250	—	200～350	80～140	225～300	—
游离氟硼酸（HBF_4）/(g/L)	—	40～50	—	—	—	100～200
硼酸（H_3BO_3）/(g/L)	23～38	—	30～35	23～38	23～38	—
四价锡/(g/L)	—	<0.5	—	—	—	—
明胶/(g/L)	2～10	2.5～3	—	—	2～10	6
β-萘酚（$C_{10}H_7OH$）/(g/L)	0.5～1	0.5	1mL/L	—	0.5～1	1
37%甲醛（HCHO）/(mL/L)	—	—	20～30	3～8	—	—
平平加/(mL/L)	—	—	30～40	—	—	—
2-甲基醛缩苯胺/(mL/L)	—	—	30～40	—	—	—
胺-醛系光亮剂/(mL/L)	—	—	—	15～30	—	—
OP-15 乳化剂/(g/L)	—	—	—	8～15	—	—
温度/℃	15～40	室温	15～25	10～20	35～55	20～40
阴极电流密度/(A/dm²)	1～10	0.8～1.5	1～3	1～10	<30	25～42（溶液搅拌）

注：1. 胺-醛系光亮剂的制法：在 2%（质量分数）Na_2CO_3 溶液中，加入 280mL 乙酰基乙醛和 160mL 邻甲苯胺，在 150℃下反应 10d。得到的沉淀物用异丙醇溶解配成 20%（体积分数）的溶液。

2. 快速镀锡适用于卷带连续镀锡等。

6.3.5　碱性镀锡

碱性镀锡的主要成分为锡酸钠（或锡酸钾）和氢氧化钠（或氢氧化钾）。一般情况下选用钠盐，快速镀锡时宜选用钾盐。其特点如表 6-43 所示。

近年来，由于酸性镀锡添加剂的研制开发取得成功，大大地提高了酸性镀锡的质量，碱性镀锡在许多方面已被酸性镀锡所替代。

碱性镀锡的溶液组成及工艺规范见表6-44。

表 6-43 碱性镀锡的特点

特点	用途
1. 镀液组分简单,镀液呈强碱性,对钢铁设备几乎不腐蚀 2. 镀液无添加剂,不含有机成分,镀层含碳量低,结晶细致、洁白、孔隙率少、焊接性能好 3. 分散能力和覆盖能力好。适合于复杂零件及质量要求高的零件的电镀 4. 对镀前清洗的要求没有酸性镀锡那样高	1. 电流密度范围较窄,电流效率低(60%～80%),沉积速度慢 2. 镀液工作温高(70～85℃),能耗大 3. 不能从镀液直接镀取光亮镀层

表 6-44 碱性镀锡的溶液组成及工艺规范

溶液成分及工艺规范	挂镀		滚镀		快速镀	
	1	2	3	4	5	6
锡酸钠($Na_2SnO_3 \cdot 3H_2O$)/(g/L)	40～60	95～110	20～40	60～70	—	—
锡酸钾($K_2SnO_3 \cdot 3H_2O$)/(g/L)	—	—	—	—	95～110	190～220
氢氧化钠(NaOH)/(g/L)	10～16	8～12	10～20	10～15	—	—
氢氧化钾(KOH)/(g/L)	—	—	—	—	13～19	15～30
醋酸钠(CH_3COONa)/(g/L)	20～30	0～15	0～20	10	—	—
醋酸钾(CH_3COOK)/(g/L)	—	—	—	—	0～15	0～15
过硼酸钠($NaBO_3 \cdot 4H_2O$)/(g/L)	—	—	—	0.2	—	—
温度/℃	70～85	60～80	70～85	85～90	65～85	75～90
阴极电流密度/(A/dm^2)	0.4～0.7	0.5～3	0.2～0.8	≈0.2～0.8	3～10	3～15
阳极电流密度/(A/dm^2)	2～4	2～4	2～4	2～4	1.5～4	1.5～5
电压/V	4～6	4～6	4～12	6～12	4～6	4～6

6.3.6 晶纹镀锡

晶纹镀锡也称花纹镀锡或冰花镀锡,具有美丽的花纹,可用作一种装饰性镀层,应用于家用电器、五金器材、装饰材料和包装材料等的镀覆。

(1) 工艺方法及操作要点

晶纹镀锡的工艺方法及操作要点见表6-45。

表 6-45 晶纹镀锡的工艺方法及操作要点

项目	工艺方法及操作要点
晶纹镀锡用镀液	1. 晶纹镀锡可以采用酸性镀液,也可以采用碱性镀液。由于碱性镀液的分散能力较好,镀层厚度较均匀,所以一般采用酸性镀锡溶液 2. 晶纹镀锡要得到明暗相间、立体感强的花纹图案,要求镀层厚度分布不均匀性大,即镀液分散能力差
晶纹镀锡的基本方法	在镀锡后,对锡镀层进行热熔和冷却处理,使锡镀层呈现出花纹阴影,经浸蚀活化后,在同一镀锡槽内再进行第二次镀锡,可得到立体感强的花纹图案的晶纹锡镀层
热熔温度	一般采用250～300℃。热熔温度过高,易形成锡流,影响晶纹图外观;温度过低,锡层不熔,不能进行重结晶,不能形成晶纹镀层
图案形成	图案是在热熔后的冷却过程中形成的,所以冷却是晶纹镀锡的关键工序。常用冷却剂是水和空气,不同的冷却剂可得到不同的花形。要根据花形图案的要求来选用冷却剂、用量和喷口与镀层间的间距等
晶纹锡镀层保护	最后在晶纹锡镀层上涂覆透明清漆加以保护

(2) 工艺过程

晶纹镀锡工艺过程见表6-46。

表 6-46　晶纹镀锡工艺过程

序号	工序名称	工艺规范
1	镀前处理	包括除油、浸蚀等，与普通的硫酸盐镀锡相同
2	第一次镀锡	锡镀层厚度 $3\mu m$ 左右，从下列 2 个配方选 1 个： 1. 硫酸(H_2SO_4)80～100mL/L　硫酸亚锡($SnSO_4$)40～55g/L 　硫酸钠(Na_2SO_4)40～60g/L　苯酚　8～10g/L 　温度　20～35℃　阴极电流密度　1～1.5A/dm^2 2. 硫酸(H_2SO_4)55～80mL/L　硫酸亚锡($SnSO_4$)20～30g/L 　β-萘酚 0.1～0.3g/L　明胶 2～5g/L　萘酚 8～12g/L 　温度　20～35℃　阴极电流密度　1～1.5A/dm^2
3	水洗、吹干、热熔处理	热熔处理温度：250～300℃；时间：5～10min
4	冷却	通过控制冷却，得到花纹图案
5	浸蚀(活化)处理、水洗	除掉氧化层，使花纹突出 活化溶液：10%(质量分数)硫酸；处理时间：0.5～1min
6	第二次镀锡	再在同一镀锡槽中进行第二次镀锡 阴极电流密度：0.5～1A/dm^2；电镀时间：5～10min
7	水洗、吹干、涂防护涂料	涂防护涂料：透明清漆等

6.3.7　锡镀层防变色处理

镀锡后在一定的温度、湿度条件下储存一定时间后，锡镀层会变色，典型颜色为黄色（也称为变黄）。变色不但会影响外观，严重的可能会使焊接性能变差。

锡镀层变色原因：镀层中夹杂有机物较多，而当这些有机物易氧化变色时，通常会使镀层泛黄变色；再则，若镀层存在较多的缺陷、孔隙、裂纹等，会使镀液渗入孔隙、裂纹中，无法清洗去除，从而使有机物夹杂过多，而引起变色。纯锡镀层与锡-铅合金镀层相比，一般结晶较粗，结晶颗粒不规则性大，存在缺陷等也较多，所以纯锡镀层的变色更为严重。控制锡镀层变色的方法如表 6-47 所示。

锡镀层的防变色处理，一般采用市场商品镀锡防变色剂，其工艺规范见表 6-48。

表 6-47　控制锡镀层变色的方法

控制锡镀层变色的方法	采取的技术措施
合理选用添加剂	在镀层中夹杂及吸附少量的添加剂组分。采用的添加剂应能使镀层形成的结晶细致，使结晶颗粒排列紧密，减少结晶颗粒之间分界处的缝隙，减少结晶缺陷，以减少有机物的夹杂。再则，避免采用既有吸附性又有氧化后会显色的组分
加强工艺控制	要避免镀前处理过腐蚀，避免镀液混浊，提高镀液稳定性，添加剂要少加勤加，避免镀液中添加剂过剩，控制好锡离子浓度及操作条件，定期处理槽液
加强镀后处理	镀后加强清洗，彻底吹净零件带出的镀液。保证清洗用水干净、清洁。清洗不彻底、不充分是导致变黄的主要原因之一。采用适当的后处理

表 6-48　镀锡防变色剂处理的工艺规范

名称与型号	工艺规范	备注
镀锡 防变色剂	防变色剂　　1 份(体积) 蒸馏水或去离子水　19 份(体积) 温度　50～70℃ 时间　0.35～0.5min	防变色剂是环保型水性剂。抗变色性优于铬酸钝化，不影响焊接性。如镀层已经变色，可在 5%磷酸三钠溶液中出白，温度控制在55～65℃，清洗后再浸防变色剂。零件经浸镀锡防变色剂后，不经水洗，直接离心干燥或烘干(80℃) 镀锡防变色剂是上海永生助剂厂的产品
FSN 镀锡 防变色剂	FSN 防变色剂　50mL/L 温度　50～70℃ 时间　1～3min	零件经各种体系镀锡后，都可用 FSN 来作防变色处理。对零件的可焊性和外观无影响。工艺流程：镀锡→水洗→(钝化)→水洗→浸防变色→水洗→干燥 FSN 镀锡防变色剂是广州美迪斯新材料有限公司的产品

6.3.8 不合格锡镀层的退除

不合格锡镀层的退除方法见表 6-49。

表 6-49 不合格锡镀层的退除方法

基体金属	退除方法	溶液组成	含量/(g/L)	温度/℃	阳极电流密度/(A/dm²)
钢铁	化学法	氢氧化钠(NaOH) 间硝基苯磺酸钠($C_6H_4NO_2SO_3Na$)	75～90 60～90	80～100	—
	化学法	38%盐酸(HCl) 氧化锑(Sb_2O_3) 水	1000 mL 12g 125 mL	室温	
	化学法	98%硫酸(H_2SO_4) 硫酸铜($CuSO_4 \cdot 5H_2O$)	100mL/L 50	室温～50	—
	电化学法	氢氧化钠(NaOH) 氯化钠(NaCl)	150～200 15～30	80～100	1～5
可锻铸铁	化学法	98%硫酸(H_2SO_4) 氯化钾(KCl) 硫脲[$(NH_2)_2CS$]	150～200mL/L 15～20 5～10	20～40	
	化学法	38%盐酸(HCl) 氯化钾(KCl)	300mL/L 15～20	20～40	
铜、黄铜	化学法	硫酸铜($CuSO_4$) 三氯化铁($FeCl_3$) 65%醋酸(CH_3COOH)	112～131 62～87 260～390	室温	—
	化学法	38%盐酸(HCl) 氧化锑(Sb_2O_3) 水	1000mL 12g 125mL	室温	
	电化学法	氢氧化钠(NaOH)	80～120	80～90	1
铝	化学法	65%硝酸(HNO_3)	500～600	室温	—

第7章

镀铜、镀镍、镀铬

7.1 镀铜

铜镀层呈粉红色，结晶细致、结合力好，质地柔软，具有良好的导电性、导热性和延展性，容易抛光，也能从镀液中直接镀出光亮铜层。铜镀层上一般容易镀上其他镀层，常用作其他镀层的底层，也因此被广泛用作装饰镀层的底层。

铜镀层在电镀中占有重要的地位和较大的比例，主要应用如表 7-1 所示。

表 7-1　铜镀层的应用

铜镀层	应用范围
用作预镀层（作为其他金属层的底镀层）	由于一些金属容易在铜上沉积并能获得良好的结合力，因而铜镀层常用作钢铁、铝及铝合金、锌合金、锌压铸件、锡焊件、塑料件等的预镀层；黄铜、铍青铜、磷青铜等铜合金也常预镀铜，以提高镀层结合强度
用作中间镀层	铜镀层是重要的中间镀层，例如可用于装饰性镀层体系；锌压铸件孔隙率高，生产中可采用多层镀铜来使最终孔隙率降低至零而保证其耐蚀；塑料件上镀铜中间层，可以使塑料电镀件抗热冲击性能提高，并提高其户外的耐蚀性
用作最终镀层	铜镀层凭借其特性，在很多领域中得到广泛的应用，例如： 1. 铜镀层再经转化处理，形成黑色、红古铜色、真古铜色等镀层，再涂上透明清漆，用作装饰 2. 用于电铸制造复杂零件、印制线路板铜箔、覆铜板、波导管等 3. 作为导电导热镀层，钢丝连续镀铜后作为广播引线，薄钢带镀铜后制成管替代纯铜管作电冰箱散热器等 4. 利用铜的减摩性好的特性，金属丝镀铜后，可减少拉丝时的摩擦力，提高拉丝模具使用寿命及金属丝表面平整光亮性 5. 利用铜在高温下不与氮、碳等直接化合的特性，在表面热处理中在钢件局部不需渗碳、渗氮的部位先镀上铜镀层，用来局部防渗碳、渗氮
导电性镀层	1. 利用铜的导电性好的特性，在钢铁件、黄铜件上镀厚层替代纯铜件使用，降低成本 2. 在印制板行业作为双面板、多层板孔金属化，在现代高密度、小孔径印制板孔金属化及封孔电镀中的应用 3. 在现代超大规模集成电路制造中作凸点电镀、微孔金属化封孔电镀等的应用
焊接性镀层	在钢铁件、黄铜铸件、铝及铝合金件上镀铜以提高其焊接性能
备注	铜的电位比铁正，钢铁件上的铜镀层是阴极镀层，当铜镀层存在空隙时，在腐蚀介质作用下，铁成为阳极而受到腐蚀，故一般不单独用铜为防护层

7.1.1 预镀及预浸渍处理

在钢铁件上镀铜的关键之一，是解决好铜镀层与钢铁基体的结合力问题。铜镀层的结合力包括两个方面：一是基体材料与铜镀层的结合力；二是铜镀层与其上的其他镀层的结合力。在钢铁件上无氰镀铜，要获得良好结合力的铜镀层，必须同时解决好铜在钢铁件上的置换和钢铁件的钝化问题。

(1) 提高基体金属上铜镀层结合力的措施

提高基体金属上铜镀层结合力的措施见表 7-2。

镀铜前预镀的溶液组成及工艺规范见表 7-3。

镀铜前预浸渍处理的溶液组成及工艺规范见表 7-4。

表 7-2 提高基体金属上铜镀层结合力的措施

基体金属	提高基体金属上铜镀层结合力的措施
钢铁件(镀铜)	1. 预镀暗镍。这是最可靠的无氰预镀方法。这种镀液有较好的分散能力和覆盖能力,镀层结晶细致。预镀薄层暗镍,常用作光亮酸性镀铜等的预镀底层 2. 氰化预镀铜。氰化预镀铜层上进行酸性镀铜,其结合良好、可靠,但不作推荐 3. 闪镀无氰碱性镀铜。在高配比的无氰碱性镀铜溶液中,以大电流密度冲击闪镀一层薄铜,然后在另一槽中加厚电镀。闪镀层很薄。在进一步进行无氰碱性镀铜或光亮酸性镀铜时,均应带电入槽 4. 有机多膦酸盐(HEDP)预镀铜。国内已有应用有机多膦酸盐(HEDP)镀铜对钢铁件进行预镀的先例。预镀后,可直接用硫酸盐光亮酸性镀铜加厚 5. 预浸渍(铜)处理。预浸渍处理实际上是浸铜,依靠缓慢的反应而获得细密的薄铜层。浸铜后,用于无氰碱性镀铜,起到了去除钢铁件钝化层并防止钢铁件会进一步钝化的作用;用于光亮酸性镀铜,可起到防止产生严重置铜的作用[1]
锌压铸件(镀铜)	1. 预镀中性镍。中性镀镍溶液 pH 值在 6.5~7.5,是较成熟的无氰预镀工艺。作为预镀使用的中性镀镍溶液不宜加入光亮剂,因为在过亮的镍镀层上镀铜,其结合力不好 2. 氰化预镀铜或镀铜-锌合金。这是结合力较可靠的预镀方法 3. 采用预浸后预镀有机多膦酸盐(HEDP)镀铜
不锈钢(镀铜)	不锈钢表面易钝化,一般经活化、闪镀后再镀铜
铝件(镀铜)	铝件镀铜前应先进行二次浸锌或浸锌-镍合金以及氰化预镀铜
亮铜层上镀亮镍	在光亮酸性镀铜层上镀亮镍,结合力不好,应先去除亮铜上附着的添加剂膜层

表 7-3 镀铜前预镀的溶液组成及工艺规范

溶液成分及工艺规范	预镀镍		氰化预镀铜			碱性活化预镀	酸性活化预镀	
	1	2	1	2	3		1	2
硫酸铜($CuSO_4 \cdot 5H_2O$)/(g/L)	—	—	—	—	—	0.1~0.4	10~20	0.1~0.15
硫酸(H_2SO_4,化学纯)/(g/L)	—	—	—	—	—	—	60~90	—
盐酸(HCl)/(g/L)	200mL/L	—	—	—	—	—	—	20~30
焦磷酸钾($K_4P_2O_7 \cdot 3H_2O$)/(g/L)	—	—	—	—	—	60~100	—	—
磷酸氢二钠(Na_2HPO_4)/(g/L)	—	—	—	—	—	30~40	—	—
碳酸钠(Na_2CO_3)/(g/L)	—	—	—	15~60	30	40~60	—	—
氯化镍($NiCl_2 \cdot 6H_2O$)/(g/L)	200~250	400~500	—	—	—	—	—	—
硼酸(H_3BO_3)/(g/L)	—	30~40	—	—	—	—	—	—
氰化亚铜(CuCN)/(g/L)	—	—	8~35	—	43	—	—	—
铜(Cu,以氧化亚铜形式加入)/(g/L)	—	—	—	14~26	—	—	—	—
氰化钠(NaCN)/(g/L)	—	—	12~54	—	49	—	—	—
游离氰化钠(NaCN)/(g/L)	—	—	6~12	—	4	—	—	—
氢氧化钠(NaOH)/(g/L)	—	—	2~10	—	—	—	—	—
酒石酸甲钠($KNaC_4H_4O_6 \cdot 4H_2O$)/(g/L)	—	—	—	15~38	60	—	—	—
海鸥洗涤剂/(g/L)	—	—	—	—	—	0.1~0.2	—	—
六次甲基四胺$[(CH_2)_6N_4]$/(g/L)	—	—	—	—	—	—	—	20~30
GB-93A 光亮剂/(mL/L)	—	—	—	—	—	—	12~16	—
GB-93B 光亮剂/(mL/L)	—	—	—	—	—	—	12~16	—
pH 值	—	1~3	11.5~12.5	10.2~10.5	10.5~11.5	—	—	—
温度/℃	室温	60~70	18~50	45~60	38~54	35~60	室温	室温
阴极电流密度/(A/dm^2)	4~10	0.1~0.3	0.3~2	1.6~8.2	2.6、1.3	1.5~3.5	0.8	2~3
时间/min	0.5~4	2~5	—	0.25~3	—	0.4~1.5	—	1~3
阳极材料	—	—	—	—	—	不锈钢	磷铜与石墨混用	石墨

注: 1. 镀镍也可以采用低浓度的普通镀镍(暗镍)溶液。

2. 氰化预镀铜配方 1,用于普通氰化预镀铜;配方 2 用于锌合金压铸件预镀铜;配方 3 用于铝件预镀铜,阴极电流密度即开始镀时为 $2.6A/dm^2$,时间 2min;然后用 $1.3A/dm^2$,时间 3min。

表 7-4 镀铜前预浸渍处理的溶液组成及工艺规范

溶液成分及工艺规范	丙烯基硫脲浸铜		硫脲浸铜	尿素浸铜	柠檬酸盐浸铜		焦磷酸盐浸铜
	预浸	浸铜			1	2	
硫酸铜($CuSO_4 \cdot 5H_2O$)/(g/L)	—	25～50	10～20	4～6	—	5	—
硫酸(H_2SO_4)/(g/L)	50～100	50～100	70～100	45～55mL/L	—	5	—
盐酸(HCl)/(g/L)	—	—	—	—	—	10	—
柠檬酸($C_6H_8O_7 \cdot H_2O$)/(g/L)	—	—	—	—	10	—	—
柠檬酸钠($Na_3C_6H_5O_7 \cdot 2H_2O$)/(g/L)	—	—	—	—	—	100	—
焦磷酸钾($K_4P_2O_7 \cdot 3H_2O$)/(g/L)	—	—	—	—	—	—	400～450
碱式碳酸铜[$Cu(OH)_2 \cdot CuCO_3$]/(g/L)	—	—	—	—	1	—	—
丙烯基硫脲($C_3H_5NHCSNH_2$)/(g/L)	0.1～0.3	0.15～0.3	—	—	—	—	—
硫脲(CH_4N_2S)/(g/L)	—	—	0.1～0.3	—	—	—	—
尿素[$CO(NH_2)_2$]/(g/L)	—	—	—	4～8	—	—	—
pH 值	—	—	—	—	2～3	1.5～2.5	—
温度	室温	室温	室温	室温	室温	室温	室温
时间/min	0.7～1.2	0.8～1	1～3	0.3～0.8	0.5～1	0.8～1.2	0.5～1

注：1. 采用丙烯基硫脲浸铜时，经预浸后不经水洗直接浸铜。

2. 采用柠檬酸盐浸铜或焦磷酸盐浸铜时，浸渍后不经水洗直接进行镀铜（柠檬酸盐镀铜或焦磷酸盐镀铜）。

(2) 镀铜前处理工艺流程

镀铜前处理工艺流程参见图 7-1。前处理工艺流程与被镀件基体材料、镀铜种类、工艺规范等有密切关系，而且镀铜工艺及前处理工艺也在不断改进和完善，所以图中的处理工艺流程仅供参考。

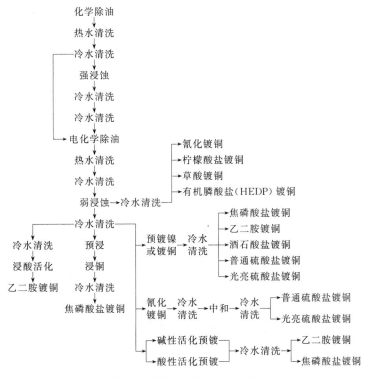

图 7-1 镀铜前处理工艺流程

7.1.2 氰化镀铜

在所有镀铜工艺中，仅氰化镀液中铜的存在形式为一价铜，它以一价铜与氰根形成铜氰配离子，低价金属离子具有强的还原性，而氰化镀铜有较强的析氢现象，新生态氢原子具有强的还原能力。因此，氰化镀铜可以在钢铁件、黄铜件、锌合金压铸件、铝及铝合金件等上直电镀，也可作为预镀铜。

近年来光亮氰化镀铜有了发展，虽不如光亮酸性镀铜，但也能得到有较好的外观和整平性的镀层，可以省去镀后的抛光，所以亦能用作装饰性镀层的底层。

氰化镀铜溶液按其浓度的不同，可分为：低浓度镀液，主要用于闪镀；中浓度镀液，主要用于光亮镀，以及用于底镀层；高浓度镀液，主要用于快速镀和镀取厚镀层。氰化镀铜的溶液组成及工艺规范见表 7-5。

表 7-5　氰化镀铜的溶液组成及工艺规范

溶液成分及工艺规范	闪镀铜	普通镀铜		滚镀铜	光亮镀铜			
		1	2		1	2	3	4
氰化亚铜($CuCN$)/(g/L)	30~45	20~30	30~50	30~65	45~75	50~60	50~60	50~58
总氰化钠($NaCN$)/(g/L)	45~65	30~45	40~65	50~95	55~95	70~85	70~85	67~80
游离氰化钠($NaCN$)/(g/L)	10~15	5~10	—	15~20	5~15	—	—	—
酒石酸钾钠($KNaC_4H_4O_6 \cdot 4H_2O$)/(g/L)	30~70①		30~60	50~90				20~25
硫氰酸钠($NaSCN$)/(g/L)	—	—	10~20		—	—	—	—
硫氰酸钾($KSCN$)/(g/L)	—	—	—	10~15	—	—	—	10~15
氢氧化钠($NaOH$)/(g/L)	—	—	—	—	钢铁件 10~20 锌合金压铸件 0~5	1~3	1~3	12~15
碳酸钠(Na_2CO_3)/(g/L)	—	—	20~30		—	—	—	—
硫酸锰($MnSO_4 \cdot 4H_2O$)/(g/L)								0.05~0.08
Cu505 诺切液/(mL/L)	—	—	—	—	20~30	—	—	—
Cu503 主光亮剂/(mL/L)	—	—	—	—	2~4	—	—	—
Cu504 辅光亮剂/(mL/L)	—	—	—	—	5~8	—	—	—
诺切液/(mL/L)						25~30	25~30	
LM3# 高位光亮剂/(mL/L)						3~6		
LM4# 低位光亮剂/(mL/L)						3~6		
RM33# 高位光亮剂/(mL/L)							3~6	
RM34# 低位光亮剂/(mL/L)							3~6	
pH 值	钢铁件 12~12.5 锌、铝件 9.8~10.5	10~12.0	—	12.5~13.0	12.2~12.8	—	—	—
温度/℃	室温或 45~60	室温	50~60	30~50	50~70	35~50	35~50	55~58
阴极电流密度/(A/dm²)	4~10	0.3~1.0	1~3	3~6	0.5~2.5	05~3	05~2	1.5~2

① 为锌、铝基体上闪镀时用酒石酸甲钠 30~70g/L。闪镀铜配方用于锌合金压铸件、铝及铝合金件、高浓度镀液电镀前基体的闪镀。

注：1. 光亮镀铜配方 1 适用于钢铁、铜及其合金，尤其适合锌合金铸件的光亮镀铜，滚镀或挂镀均宜。Cu505 诺切液、Cu503 主光亮剂、Cu504 辅光亮剂为德胜国际（香港）有限公司、深圳鸿运化工原料行的产品。

2. 光亮镀铜配方 2 适用于挂镀，诺切液、LM3# 高位光亮剂、LM4# 低位光亮剂为广州美迪斯新材料有限公司的产品。

3. 光亮镀铜配方 3 适用于滚镀，诺切液、RM33# 高位光亮剂、RM34# 低位光亮剂为广州美迪斯新材料有限公司的产品。

4. 光亮镀铜配方 4，采用周期换向电镀，正向时间：反向时间＝25：5；阴极移动。

7.1.3　硫酸盐酸性镀铜

20 世纪 60 年代后，人们不断研制开发出硫酸盐酸性镀铜添加剂，而光亮剂使获得镀层具有优异的光亮性，整平剂可消除微小的抛光痕迹，使硫酸盐酸性镀铜得以快速发展。

光亮酸性镀铜（也称为全光亮酸性镀铜）的镀液，是在硫酸盐酸性镀铜溶液的基础组分中加入有机组合的光亮剂和添加剂配制而成的。所获得镀层光亮、柔软、孔隙率低，镀液整平性好。全光亮镀铜后，无需再抛光就能够得到镜面光泽铜镀层。光亮酸性镀铜常作为高装饰性组合镀层中重要的中间镀层。由于它具有高光亮、高整平、高分散性能，加之光亮镀镍的发展，使装饰性电镀实现了镀层不用抛光的"一步法"电镀工艺。光亮酸性镀铜现已成为无氰镀铜的主流工艺。其特点如表 7-6 所示。

表 7-6　光亮酸性镀铜的特点

优点	缺点
1. 镀液组分简单，易于调整 2. 镀层柔软、孔隙率低、光亮性、整平性能优异，镀后一般不需抛光 3. 镀液阴极电流效率高，允许阴极电流密度大，沉积速率较快 4. 镀层延展性好，不腐蚀塑料及印制板铜箔粘接剂，广泛应用于塑料件电镀及印制板电镀 5. 镀液不含配位剂，废水处理较简单 6. 电镀时逸出气体危害性小，且无刺激性气体，一般可不设局部排风系统	1. 由于钢铁在镀液中会快速产生置换铜层，结合力很差；锌合金压铸件、铝及铝合金件会受镀液严重腐蚀，因而不能直接镀，必须先作预镀等处理 2. 管状复杂件不宜镀酸性光亮铜，这是由于： 钢铁管件预镀的镀层无法深入、预浸镀也不可靠，管件内部置换铜严重 置换铜呈粉状、屑状脱落，易污染后道（如镀亮镍）工序，引入大量铜杂质 复杂管件清洗困难而不彻底，易向亮镍镀液带入亮铜光亮剂，而影响镍镀层质量 3. 镀液最佳温度较窄，一般不高于 40℃，若大量生产，当温度高时应冷却，冬季一般应适当加温

（1）镀液类型

从铜镀层的光亮性来分，可分为光亮性镀液和非光亮性镀液两类，非光亮性镀液现应用很少。

从镀液中的硫酸铜和硫酸相对含量来分，可分为高铜低酸、中铜中酸和低铜高酸等三类。其组分含量、镀液工艺规范、性能及应用见表 7-7，可供参考。

表 7-7　硫酸盐镀铜的镀液类型、工艺规范、性能及应用

镀液类型	镀液组分及工艺规范		镀液性能	应用
	成分与工艺规范	参数		
高铜低酸	硫酸铜($CuSO_4 \cdot 5H_2O$)/(g/L)	180~250	允许阴极电流密度较大，光亮整平性好，但硫酸少，镀液电导率低，分散能力差	适用于装饰性电镀
	98%硫酸(H_2SO_4)/(g/L)	40~70		
	光亮剂（包括氯离子）	适量		
	温度/℃	20~30		
	阴极电流密度/(A/dm²)	2~5		
	阳极	含磷铜		
	搅拌	空气搅拌或阴极移动		
	过滤	连续过滤		
	直流电源	低纹波		
中铜中酸	硫酸铜($CuSO_4 \cdot 5H_2O$)/(g/L)	160~180	有较高的的光亮整平性、足够大的阴极电流密度，较好的分散能力，低阴极电流密度区光亮性较好、光亮范围较宽	适用于一般普通光亮电镀
	98%硫酸(H_2SO_4)/(g/L)	70~140		
	光亮剂（包括氯离子）	适量		
	温度/℃	10~37		
	阴极电流密度/(A/dm²)	1~4		
	阳极	含磷铜		
	搅拌	空气搅拌或阴极移动		
	过滤	连续过滤		
	直流电源	低纹波		

续表

镀液类型	镀液组分及工艺规范		镀液性能	应 用
	成分与工艺规范	参数		
低铜高酸	硫酸铜($CuSO_4 \cdot 5H_2O$)/(g/L)	80～120	允许阴极电流密度及光亮整平性不如高铜低酸,但硫酸多,镀液电导率好,分散能力好	适用于印制板电镀
	98%硫酸(H_2SO_4)/(g/L)	180～220		
	光亮剂(包括氯离子)	适量		
	温度/℃	20～35		
	阴极电流密度/(A/dm²)	1～3		
	阳极	含磷铜		
	搅拌	空气搅拌或阴极移动		
	过滤	连续过滤		
	直流电源	低纹波或脉冲		

(2) 镀液组成及工艺规范

光亮硫酸盐镀铜的溶液组成及工艺规范见表7-8。

表 7-8　光亮硫酸盐镀铜的溶液组成及工艺规范

溶液成分及工艺规范	1	2	3	4	5	6
硫酸铜($CuSO_4 \cdot 5H_2O$)/(g/L)	150～220	200～240	200～220	200～220	160～200	160～230
98%硫酸(H_2SO_4)/(g/L)	50～70	55～75	34～70	34～70	40～90	50～70
氯离子(Cl^-)/(mg/L)	10～80	30～100	80	80	30～120	50～100
添加剂/(mL/L)	M(2-巯基苯并咪唑) 0.001	201 开缸剂 3～5	Ultra Make UP 开缸剂 5～10	210 Make UP 开缸剂 10	BH-8210 开缸剂 1～3	760MU 开缸剂 6
	N(1,2-亚乙基硫脲) 0.001	201A 主光亮剂和深镀剂 0.6～1	Ultra A 填平剂 0.4～0.6	210A 主光亮剂 0.5	BH-8210A 光亮剂 0.3～0.5	760A 0.6
	SP(聚二硫二丙烷磺酸钠)0.01	201B 防焦辅助光亮剂 0.3～0.5	Ultra B 光亮剂 0.4～0.6	210B 主光亮剂 0.5	BH-8210B 填平剂 0.3～0.5	760B 0.4
温度/℃	20～40	15～38	20～30	24～28	18～40	18～40
阴极电流密度/(A/dm²)	2～3	1.5～8.0	1～6	3	1～8	1～10
阳极电流密度/(A/dm²)	—	0.5～2.5	0.5～2.5	0.5～2.5	0.5～3	—
搅拌方法	—	空气及机械搅拌				空气搅拌
添加剂生产厂家	浙江黄岩利民电镀材料有限公司	上海永生助剂厂	安美特(广州)化工有限公司	安美特(广州)化工有限公司	广州二轻工业科学技术研究所	广州美迪斯新材料有限公司

(3) 光亮酸性镀铜后的除膜

全光亮酸性镀铜,镀层表面都会产生一层膜层。若亮铜镀层不除膜直接镀亮镍,则亮镍层与亮铜层结合力很差。所以光亮酸性镀铜后,必须考虑除膜。除膜方法有电解除膜和化学除膜。除膜溶液组成及工艺规范见表7-9。

表 7-9　除膜溶液组成及工艺规范

除膜方法	溶液组成及工艺规范
电解除膜	碱性电解除膜效果较好,其方法有下列两种: 1. 普通阳极电化学除油液中除膜。在镀前处理用的普通阳极电化学除油液中阳极电解数秒钟至数十秒钟,可有效除膜。除膜后经热水洗→冷水洗→浸蚀(活化)→冷水洗→镀亮镍 2. 设置专用阳极电解除膜槽。其除膜溶液组成及工艺规范如下: 　　氢氧化钠(NaOH)　30～40g/L　　温度 40～50℃　时间 10～15s 　　碳酸钠(Na_2CO_3)　30～40g/L　　阳极电流密度　2～4A/dm²

除膜方法	溶液组成及工艺规范
化学除膜	化学除膜工序简单,水洗后即可镀亮镍。化学除膜有下列几种方法: 　1. 稀硫酸或稀盐酸除膜。对光亮酸性镀铜后较薄的膜层,可在 10%~20%(体积分数)的稀硫酸或稀盐酸中浸渍数十秒钟,经水洗后镀亮镍 　2. 过硫酸铵-氯化铵酸性除膜。除膜后必须用水彻底洗净,对不易洗净的零件应慎用,因为过硫酸盐(具有强氧化性)带入亮镍镀液内,易破坏镀镍光亮剂。除膜溶液组成及工艺规范[1]如下: 　　　过硫酸铵[$(NH_4)_2S_2O_8$]　2~4g/L　　温度　5~40℃ 　　　氯化铵(NH_4Cl)(工业级)　4~6g/L　　时间　5~10s 　　　盐酸(HCl)(工业级)　　40~70g/L 　3. 氢氧化钠碱性除膜。其溶液组成及工艺规范如下: 　　　氢氧化钠($NaOH$)　　　　　30~50g/L　温度　40~60℃ 　　　十二烷基硫酸钠($C_{12}H_{25}SO_4Na$)　2~4g/L　时间　5~50s 　　　镀件除膜后,必须经水洗池、中和(硫酸中和)后再镀亮镍

7.1.4　焦磷酸盐镀铜

焦磷酸盐镀铜的研究和应用已有较久的历史,我国于 20 世纪 70 年代,为取代氰化镀铜,不少单位对此进行了深入研究。焦磷酸盐由于对许多金属离子都具有配位能力,因而在无氰镀铜及合金电镀中被广泛采用。

(1) 焦磷酸盐镀铜的特点及应用

焦磷酸盐镀铜的特点及应用见表 7-10。

表 7-10　焦磷酸盐镀铜的特点及应用

优点	缺点
1. 镀液组分简单,工作稳定	1. 镀液浓度高,黏度较大,不易过滤,而且镀件带出液多,配制镀液成本较高
2. 镀液分散能力、整平能力较好。若工艺控制得当,覆盖能力也较好	2. 长期使用后产生的正磷酸盐积累过多,使沉积速度显著下降
3. 镀层结晶细致,并能获得较厚镀层,孔隙率低;正常情况下不加光亮剂,镀层也能呈现半光亮状	3. 对钢铁件、锌压铸件等不宜直接镀,应进行预镀或预浸处理才能镀铜,以提高镀层结合力
4. 阴极电流效率高(95%~100%),比氰化镀铜析氢少,不易造成基体金属氢脆	4. 因镀液含有磷及氨氮,废水处理比较困难
5. 镀液呈弱碱,对设备腐蚀性小;镀液基本无毒,一般不必设置排风	
焦磷酸盐镀铜的应用	焦磷酸盐镀铜应用较广,如钢铁件、铝件、锌压铸件预镀后的加厚镀铜;印制电路板孔金属化镀铜;电铸;局部防渗碳、渗氮镀铜等

(2) 镀液组成及工艺规范

焦磷酸盐镀铜常用的有闪镀铜、普通镀铜、光亮镀铜和滚镀铜等。

焦磷酸盐镀铜的溶液组成及工艺规范见表 7-11。

焦磷酸盐光亮镀铜的溶液组成及工艺规范见表 7-12。

表 7-11　焦磷酸盐镀铜的溶液组成及工艺规范

溶液成分及工艺规范	普通镀铜	一般装饰镀铜	闪镀铜	钢铁件上直接镀铜	防渗碳用镀铜	印制板孔金属化镀铜	塑料上用镀铜	滚镀铜
焦磷酸铜($Cu_2P_2O_7$)/(g/L)	60~70	75~105	14	22~28	60~105	60~105	60~70	50~65
[金属铜 Cu^{2+}]/(g/L)	—	(26~36)	(5.0)	—	(22~36)	(22~36)	(20~24)	—
焦磷酸钾($K_4P_2O_7 \cdot 3H_2O$)/(g/L)	280~320	280~370	120	300~350	230~370	240~450	200~250	350~400
酒石酸钾钠($NaKC_4H_4O_6 \cdot 4H_2O$)/(g/L)	30~40	—	—	—	—	—	—	—
柠檬酸铵[$(NH_4)_3C_6H_5O_7$]/(g/L)	—	—	—	60~70	—	—	—	—
磷酸氢二钠(Na_2HPO_4)/(g/L)	30~40	—	—	—	—	—	—	—
氨水(NH_4OH)/(mL/L)	2~3	2~5	—	—	1~2	1~2	2~5	2~3

续表

溶液成分及工艺规范	普通镀铜	一般装饰镀铜	闪镀铜	钢铁件上直接镀铜	防渗碳用镀铜	印制板孔金属化镀铜	塑料上用镀铜	滚镀铜
草酸钾($K_2C_2O_4$)/(g/L)	—	—	10	—	—	—	—	—
硝酸钾(KNO_3)/(g/L)	—	—	—	—	15~25	10~15	—	—
光亮剂	—	适量	适量	—	—	适量	适量	—
二氧化硒(SeO_2)/(g/L)	—	—	—	—	—	—	—	0.008~0.02
2-巯基苯并噻唑/(g/L)	—	—	—	—	—	—	—	0.002~0.004
P 比($P_2O_7^{4-}/Cu^{2+}$)	—	6.4~7.0	14		6.4~7.0	7.0~8.0	6.4~6.6	—
pH 值	8.2~8.8	8.5~9.0	8.5~9.0	8.2~8.8	8.5~9.5	8.2~8.8	8.5~9.0	8.2~8.8
温度/℃	30~50	50~60	25~30	30~50	50~60	50~60	45	30~40
阴极电流密度/(A/dm²)	0.5~1	3~6	0.5~1	0.5~1	2~6	1~8	2~6	0.3~0.8
阳极电流密度/(A/dm²)	—	1~3	—	—	1~3	1~4	1~3	—
阴极移动	需要	空气搅拌	强烈空气搅拌	需要或压缩空气搅拌	压缩空气搅拌	需要或压缩空气搅拌	压缩空气搅拌	滚镀

注：1. 闪镀铜工艺时间为 0.5~2.0min。

2. 钢铁件上直接镀铜工艺：阴极起始电流密度用 2.0A/dm² 冲击镀，时间 0.5~1min。在钢铁件上直接镀铜，其结合强度与氰化镀铜的在同一水平上，结合力为 7180~9550N/cm²。

表 7-12 焦磷酸盐光亮镀铜的溶液组成及工艺规范

溶液成分及工艺规范	1	2	3	4	5	6
焦磷酸铜($Cu_2P_2O_7$)/(g/L)	70~90	65~105	70（金属 23）	75~95	80	60~100
焦磷酸钾($K_4P_2O_7 \cdot 3H_2O$)/(g/L)	300~380	230~370	250	280~350	290	230~350
柠檬酸钾($K_3C_6H_5O_7 \cdot 3H_2O$)/(g/L)	10~15	—	—	—	—	—
柠檬酸铵[$(NH_4)_3C_6H_5O_7$]/(g/L)	10~15	—	—	—	—	—
氨水(NH_4OH)/(mL/L)	—	2~3	2~4	2~5	2~4	2~5
二氧化硒、2-巯基苯并咪唑含量/(g/L) 其他添加剂含量/(mL/L)	二氧化硒(SeO_2) 0.008~0.02 2-巯基苯并咪唑 0.002~0.004	DK-105 光亮剂 1~3	PL 开缸剂 2~3 PL 主光亮剂 1~3	SKN 光亮剂 3~4	BH-焦磷酸盐镀铜光亮剂 2~4	PC-Ⅰ光亮剂 2~5 PC-Ⅱ光亮剂 0.4~1.2
P 比($P_2O_7^{4-}/Cu^{2+}$)	—	6.4~7.0	6.9	6.5~7.5	6.9	—
pH 值	8.2~8.8	8.6~9.0	8.6~8.9	8.5~8.9	8.6~8.9	8.5~9.2
温度/℃	30~50	50~60	50~55	55~60	50~60	55~65
阴极电流密度/(A/dm²)	1.5~2.5	2~8	1.0~6.0	1~6	1~6	1~5
阳极电流密度/(A/dm²)			1.6~3.3	1~3.5	1~3	
搅拌、过滤	需要	需要	需要	需要	需要	需要
阳极		无氧电解铜	无氧高导电铜		无氧高导电铜	
添加剂生产厂家		广州达志化工有限公司	安美特（广州）化学有限公司	上海康晋化工科技发展有限公司	广州二轻工业科学技术研究所	上海轻工业专科学校

7.1.5 有机膦酸镀铜

有机膦酸种类很多，目前应用于镀铜工艺的是羟基亚乙基二膦酸（HEDP）。

HEDP 纯品为白色结晶，它本身及碱金属和铁的盐类均很容易溶于水。HEDP 可在广泛的 pH 值范围内同多种金属离子形成稳定的配位化合物，其稳定常数比焦磷酸配位化合物高。

镀液成分简单，稳定性好，HEDP 不会水解产生正磷酸盐。镀液自身有较好的 pH 缓冲性能，不需另加缓冲剂。若工艺控制得当，钢铁件直接镀铜能获得结合力良好的、结晶细致的、半光亮的铜镀层。镀液和铜镀层主要性能指标接近氰化镀铜，部分指标（如镀液覆盖能力）优于氰化镀铜。但允许阴极电流密度较小，仅为 $1.0 \sim 1.5 A/dm^2$，经改进加入 CuR-1 添加剂后，阴极电流密度可达 $3A/dm^2$。由于工艺开发使用还不久，现在应用范围不广。存在有机膦废水处理问题。

HEDP 镀铜的溶液组成及工艺规范见表 7-13。

表 7-13　HEDP 镀铜的溶液组成及工艺规范[25]

溶液成分及工艺规范	1	2	3
Cu^{2+}［以 $Cu(OH)_2 \cdot CuCO_3$ 或 $CuSO_4 \cdot 5H_2O$ 形式加入］/(g/L)	$8 \sim 12$	10	—
Cu^{2+}［以 $Cu(CH_3COO)_2$ 形式加入］/(g/L)	—	—	5
HEDP［羟基亚乙基二膦酸($C_2H_8P_2O_7$)］(100%计)/(g/L)	$80 \sim 130$	100	75
HEDP：Cu^{2+}（摩尔比）	$3:1 \sim 4:1$	—	—
碳酸钾(K_2CO_3)/(g/L)	$40 \sim 60$	46	23
CuR-1 添加剂/(mL/L)	$20 \sim 25$	—	—
氯化钾(KCl)/(g/L)	—	20	15
pH 值	$9 \sim 10$	9.8	9.5
温度/℃	$40 \sim 50$	54	57
阴极电流密度/(A/dm²)	$1 \sim 3$	1.8	1.5
阴极移动	$15 \sim 25$ 次/分钟	空气搅拌	空气搅拌
阳极材料	电铸铜板	电解铜板	

注：配方 1 为南京大学配合物研究所的工艺。

7.1.6　柠檬酸盐镀铜

柠檬酸盐镀铜镀液成分简单，允许阴极电流密度比 HEDP 基本型镀铜液稍宽。若工艺控制操作得当，对钢铁等多种基材直接镀铜，可以获得较好的结合力。但镀液容易长霉菌（特别是在夏季）。

加入辅助配位剂酒石酸钾钠后为双配位型镀液，柠檬酸和酒石酸都是 Cu^{2+} 良好的配位体，镀液和镀层性能有很大的提高。据有关文献报导，该镀液的电导率与氰化镀铜相仿；阴极极化值大于焦磷酸盐镀铜而小于氰化镀铜；镀液分散能力均优于焦磷酸盐镀铜和氰化镀铜；覆盖能力比氰化镀铜好；镀 $25\mu m$ 时测的孔隙率，比同样厚度的氰化镀铜的孔隙少。其溶液组成及工艺规范见表 7-14。

表 7-14　柠檬酸盐镀铜的溶液组成及工艺规范

溶液成分及工艺规范	1	2	3	4
碱式碳酸铜［$CuCO_3 \cdot Cu(OH)_2 \cdot nH_2O$］/(g/L)	$55 \sim 60$	—	—	$55 \sim 60$
铜(以碱式碳酸铜形式加入)/(g/L)	—	$30 \sim 40$	—	—
柠檬酸铜($CuC_6H_6O_7$)/(g/L)	—	—	$25 \sim 120$	—
柠檬酸($C_6H_8O_7 \cdot H_2O$)/(g/L)	$250 \sim 280$	$230 \sim 280$	$60 \sim 225$	$250 \sim 280$
酒石酸钾钠($NaKC_4H_4O_6 \cdot 4H_2O$)/(g/L)	$30 \sim 40$	—	—	—
酒石酸钾($K_2C_4H_4O_6 \cdot 4H_2O$)/(g/L)	—	—	—	$30 \sim 35$
碳酸钾(K_2CO_3)/(g/L)	—	—	—	$10 \sim 15$
碳酸氢钠($NaHCO_3$)/(g/L)	$10 \sim 15$	10	—	—
氢氧化钾(KOH)/(g/L)	—	$210 \sim 230$	$55 \sim 235$	—
二氧化硒(SeO_2)/(g/L)	$0.008 \sim 0.02$	—	—	—
防霉剂/(g/L)	$0.1 \sim 0.5$	—	—	—

续表

溶液成分及工艺规范	1	2	3	4
亚硒酸(H_2SeO_3)/(g/L)	—	0.02~0.04	—	—
光亮剂/(mL/L)	—	—	45~150	0.008~0.02
pH 值	8.5~10	8.5~10	8.0~9.5	8.5~10
温度/℃	30~40	25~50	25~45	30~40
阴极电流密度/(A/dm^2)	0.5~2.5	3	0.5~2	0.5~2.5
阴极移动	阴极移动 25~30 次/分钟	阴极移动 25~30 次/分钟	阴极移动或空气搅拌	阴极移动或空气搅拌
阳极面积:阴极面积	(1.5~2):1			
阳极	阳极电流密度宜为 0.8~1A/dm^2。阳极材料可用电解纯铜板。应加涤纶布制作的阳极套			

注：1. 配方 2 为基本型。

2. 配方 4 用于锌合金压铸件镀铜。

7.1.7 其他镀铜

其他镀铜包括市售商品镀铜液镀铜及多种无氰镀铜。有的无氰镀铜已在生产中使用数年，但由于种种原因未能坚持下来或未能推广。随着对氰化电镀的严格控制，今后还会对无氰镀铜进一步研究与开发，所以有必要对曾经应用过的一些无氰镀铜做简要介绍。

其他几种无氰镀铜特点见表 7-15。

无氰镀铜的溶液组成及工艺规范见表 7-16。

商品镀铜溶液的组成及工艺规范参见表 7-17。

表 7-15　几种无氰镀铜特点

镀铜种类	镀液及镀层特点
草酸盐镀铜	镀溶液呈微酸性，钢铁件不易在镀液中钝化。钢铁件在镀液中虽有微弱置换现象，但铜镀层结合力仍良好，钢铁件可以直接镀铜。由于镀液允许阴极电流密度较小(仅为 0.1~0.5A/dm^2)，只适合于作预镀用，镀取薄铜镀层。例如，用草酸盐镀铜预镀薄铜层，然后在其上再加厚镀硫酸盐暗铜层，作为钢铁件局部防渗碳用。此外，草酸盐镀铜的镀液组分简单，易于调整，并可在较宽的温度范围内工作(3~45℃)，镀液不需加温
乙二胺镀铜	乙二胺系无色黏稠液体，有氨味，易燃，能溶于水和乙醇，具强碱性。乙二胺对二价铜(Cu^{2+})有较强配位能力，因此不加辅助配位剂，镀液也具有较好的分散能力和覆盖能力，也能镀取细致平滑镀层。配制镀液较为简单、方便，曾在工业化生产中应用过。乙二胺对多种金属杂质因配位而易在镀液中积累，对 CN^-、Cl^- 较敏感，而乙二胺易燃易挥发，有刺鼻味，且有毒性。由于乙二胺镀铜存在这些问题，限制了它的使用
酒石酸盐镀铜	酒石酸盐镀铜以酒石酸钾钠(酒石酸钾)作为主配位剂，对二价铜离子(Cu^{2+})有较强的配位能力。镀液具有较好的分散能力及覆盖能力。pH 值接近中性，有利于锌压铸件、浸锌铝件的加厚镀铜(可取代氰化预镀铜和焦磷酸镀铜加厚两道工艺)。但镀液对钢铁件等无化学活化能力，应先作预浸铜或预镀处理。镀液不含有机膦，氨氮含量低，废水处理相对简单些。但镀液配制一次性成本高
商品镀铜溶液	随着市场经济的发展，目前市场上已开发出一些商品镀铜剂(溶液)，由于不公开其具体成分，故在使用前，需按其使用说明的要求，认真全面地进行试验，确认其镀覆质量后，再配大槽使用

表 7-16　无氰镀铜的溶液组成及工艺规范

溶液成分及工艺规范	草酸盐镀铜	乙二胺镀铜		酒石酸盐镀铜
		1	2	
硫酸铜($CuSO_4 \cdot 5H_2O$)/(g/L)	10~15	80~100	80~120	—
硝酸铜[$Cu(NO_3)_2 \cdot 5H_2O$]/(g/L)	—	—	—	40~45
草酸($H_2C_2O_4 \cdot 2H_2O$)/(g/L)	60~100	—	—	—
乙二胺($C_2H_8N_2$)/(g/L)	—	120~250	70~90	—
酒石酸钾钠($NaKC_4H_4O_6 \cdot 4H_2O$)/(g/L)	—	15~20	10~30	80~85
硝酸铵(NH_4NO_3)/(g/L)	—	—	40~50	—
硝酸钾($KNO_3 \cdot H_2O$)/(g/L)	—	—	—	20~30

溶液成分及工艺规范	草酸盐镀铜	乙二胺镀铜 1	乙二胺镀铜 2	酒石酸盐镀铜
氯化铵(NH₄Cl)/(g/L)	—	—	—	10~15
氨水(NH₄OH)(化学纯)/(mL/L)	65~80	—	—	—
三乙醇胺(C₆H₁₅NO₃)/(g/L)	—	—	—	30~35
二氧化硒(SeO₂)/(g/L)	—	—	0.1~0.3	—
甲基硫氧嘧啶(C₅H₆ON₂S)/(g/L)	—	—	0.002~0.006	—
PN深镀剂(聚乙烯亚胺烷基盐)/(mL/L)	—	—	—	0.02~0.06
pH 值	2~4		7~8	7.5
温度/℃	10~40	室温	室温	8~40
阴极电流密度/(A/dm²)	0.1~0.5	1~2	1.5~2	1~6

注：1. 草酸酸盐镀铜的阳极面积：阴极面积为（1~2）：1。

2. 酒石酸盐镀铜配方中，硝酸铜 [Cu(NO₃)₂·5H₂O]含量为 40~45g/L，含铜约 11~12g/L。阳极面积：阴极面积为 (1.5~2.0)：1。阳极材料为电解铜或酸性镀铜用的磷铜。静镀或阴极移动，连续循环过滤。

表 7-17　商品镀铜溶液的组成及工艺规范（示例）

溶液成分及工艺规范	1	2	3	4	5	6
238 开缸浓缩剂/(mL/L)	300(含铜 9.0g/L)	—	—	—	—	—
238 配位剂/(mL/L)	100	—	—	—	—	—
SF-638Cu/(mL/L)	—	250~400	—	—	—	—
SF-638E/(mL/L)	—	80~120	—	—	—	—
SF-8639Cu/(mL/L)	—	—	250~400	—	—	—
SF-8639E/(mL/L)	—	—	80~120	—	—	—
碳酸钾(K₂CO₃)/(g/L)	—	30~50	30~50	—	—	—
硫酸(H₂SO₄)/(mL/L)	—	—	—	—	—	50~60
BH-580 无氰碱铜开缸剂/(mL/L)	—	—	—	400~600 (金属铜 7.5~12g/L)	300~500 (金属铜 6~9g/L)	—
BH-580 无氰碱铜光亮剂/(mL/L)	—	—	—	1.0~2.0	1.0~2.0	—
CU-100 浸铜粉/(g/L)	—	—	—	—	—	30~50
pH 值	8.3~9.3	9.2~10	9.2~10	9.2~9.8	9.5~10	—
温度/℃	45~55	25~45	50~60	45~55	45~55	40~50
阴极电流密度/(A/dm²)	0.1~1.8	0.5~2.5	0.5~2.5	0.5~2.0	0.1~1.0	—
阴阳极面积比	1:(1.5~2.0)	1:(1.0~1.5)	1:(1.0~1.5)	1:(1.5~3.0)	—	时间 0.5~2min
阳极	电解铜(轧制品更佳)	电解铜	电解铜	电解铜	—	—
搅拌	阴极移动或空气搅拌	压缩空气搅拌连续过滤	压缩空气搅拌连续过滤	空气搅拌连续过滤(滤孔≤10μm)	滚筒转速 4~6r/min	—

注：1. 配方 1 的 238 开缸浓缩剂及 238 配位剂是上海永生助剂厂的产品。

2. 配方 2 的 SF-638Cu 开缸剂及 SF-638E 促进剂，以及配方 3 的 SF-8639Cu 开缸剂及 SF-8639E 促进剂，是广州三孚化工技术公司的产品。开缸剂为蓝色液体，主要由铜盐和配位剂组成，用于配缸及铜离子浓度的补充。镀液中的铜含量可以通过化学分析进行控制，一般铜含量在 4.5~7.2g/L。促进剂为无色或淡黄色液体，由配位剂、阳极活化剂、润湿剂、金属杂质的掩蔽剂和导电盐所组成，要常添加补充，其消耗量为 800~1200mL/(kA·h)。

3. 配方 4 为挂镀，配方 5 为滚镀，适合于钢铁件、黄铜、铜、锌合金压铸件、铝及铝合金浸锌层的预镀。BH-580 无氰碱铜开缸剂及 BH-580 无氰碱铜光亮剂是广州二轻工业科学技术研究所的产品。

4. 配方 6 的 CU-100 浸铜粉是广州美迪斯新材料有限公司的产品。采用化学浸渍处理，浸铜粉可使钢铁件得到结合力好的化学镀层，用于酸性镀铜前的底层。耗量为：每添加 1000g 硫酸添加浸铜粉 400g。

7.1.8 不合格铜镀层的退除

不合格铜镀层的退除方法见表 7-18。

表 7-18 不合格铜镀层的退除方法

退除的镀层	退除方法	溶液组成	含量/(g/L)	温度/℃	阳极电流密度/(A/dm²)
钢铁件上铜镀层退除	化学法	多硫化铵[(NH₄)₂Sₓ] 浓氨水(NH₄OH)	75 310mL/L	室温	—
	化学法	100%HEDP 过硫酸铵[(NH₄)₂S₂O₈] (pH=10,用氨水调)	60～70 70～80	室温	—
	化学法	柠檬酸铵[(NH₄)₃C₆H₅O₇] 30%双氧水	50～100 30～70	室温	—
	化学法	铬酐(CrO₃) 硫酸铵[(NH₄)₂SO₄]	200～300 80～120	室温	—
	化学法	铬酐(CrO₃) 硫酸(H₂SO₄)	400 50	室温	—
	电化学法	过硫酸铵[(NH₄)₂S₂O₈]	100	室温	5
	电化学法	硝酸钠(NaNO₃)	80～180	室温	2～4
	电化学法	硫化钠(Na₂S)	120	室温	约2
	电化学法	硝酸钾(KNO₃) (pH=7～10)	100～150	15～50	5～10
	电化学法	铬酐(CrO₃) 硫酸(H₂SO₄)	100～150 1～2	室温	5～10
钢铁件上铜-镍镀层一次性退除	化学法	65%硝酸(HNO₃) 氯化钠(NaCl)	1000mL/L 0.5～1	≤24	—
	化学法	65%硝酸(HNO₃) 乙二胺[(NH₂CH₂)₂]	100mL/L 200mL/L	<70	—
	电化学法	铬酐(CrO₃) 硼酸(H₃BO₃) 碳酸钡(BaCO₃) (碳酸钡去除硫酸根用)	250 25 适量	室温	5～7
	电化学法	硝酸钠(NaNO₃) 硼酸(H₃BO₃) 溴化钠(NaBr) (pH=6～7)	200～250 20～30 0.5～0.8	20～60	10～20 (阴阳极面积比为4：1)
	电化学法	铬酐(CrO₃) 磷酸(H₃PO₄)	100～110 300～350	室温至70	10～15
铝件上铜镀层退除	化学法	65%硝酸(HNO₃)	800～1000mL/L	室温 (<30℃)	—
	化学法	65%硝酸(HNO₃) 98%硫酸(H₂SO₄) 水	250 mL 500 mL 250 mL	室温	—
	电化学法	85%磷酸(H₃PO₄) 三乙醇胺(C₆H₁₅O₃N)	750 250	65～90	10
	电化学法	98%硫酸(H₂SO₄) 甘油(C₃H₈O₃)	65%(体积分数) 5%(体积分数)	室温	2～3
锌压铸件上铜镀层退除	化学法	98%硫酸(H₂SO₄) 70%硝酸(HNO₃)	2份(体积) 1份(体积)	20～30	
	电化学法	亚硫酸钠(Na₂SO₃)	120	20	1～2
	电化学法 (交流电解)	铬酐(CrO₃) 硫酸(H₂SO₄)	250 2.5	20～25	7～14

续表

退除的镀层	退除方法	溶液组成	含量/(g/L)	温度/℃	阳极电流密度/(A/dm²)
锌压铸件上铜-镍镀层一次性退除	电化学法	98%硫酸(H₂SO₄)	435～520mL/L	室温	5～8
	电化学法	硫化钠(Na₂S)	120	室温	2
锌压铸件上铜-镍-铬镀层一次性退除	电化学法	碳酸钠(Na₂CO₃)	70～100	室温	5～10
	电化学法	85%磷酸(H₃PO₄)	30 份(体积)	室温	2.3～3.5
		98%硫酸(H₂SO₄)	10 份(体积)		
		(水调至相对密度 1.53)			
铜件上铜-镍镀层一次性退除	化学法	浓硫酸(H₂SO₄)	600～650mL/L	10～35	—
		硝酸钠(NaNO₃)	120～150		
		水	350～400mL/L		
		聚乙二醇($M=6000$)(工业级)	8～10		
		食用明胶	8～10		
		浓盐酸(HCl)(工业级)	5～10mL/L		

7.2　镀镍

7.2.1　概述

钢铁基体上的镍镀层是阴极镀层。镍镀层的孔隙率高，只有当镀层超过 25μm 时才基本上无孔隙率，所以薄的镍镀层不能单独用来作为防护性镀层。为了提高镍镀层的防腐性能，采用双层镍、三层镍镀层结构是比较合理的。而通常是通过组合镀层，如铜/镍/铬、镍/铜/镍/铬或双层镍、三层镍/铬来达到装饰防护的目的。

在镀镍的溶液中，加入各种添加剂后，能大大改善镀层表面质量，可以镀出半光亮镍、光亮镍（镜面光亮）、双层镍、三层镍、黑镍、缎面镍等等，因此镍镀层是一种防护-装饰性的最主要镀层。镍镀层应用很广，主要用于防护装饰性和功能性两个方面。

镀镍溶液的类型，主要有硫酸盐型、氯化物型、氨基磺酸盐型、柠檬酸盐型、氟硼酸盐型等。其中以硫酸盐型（低氯化物）［也称为 Watts(瓦特)］镀镍液在工业上应用最为普遍。

7.2.2　镀镍添加剂

酸性光亮镀镍可以从镀液中直接镀取镜面光亮的镍镀层，而且可以直接套铬，不必再经过机械抛光，这完全依靠于光亮镀镍添加剂。镀镍添加剂（也有称为镀镍光亮剂）主要分为初级光亮剂（又称为第一类光亮剂）、次级光亮剂（又称为第二类光亮剂）和辅助添加剂（也有称为辅助光亮剂）三大类。

(1) 初级光亮剂的作用

能细化镍镀层的晶粒，并产生一定的光泽（半光亮镀层）；能把硫引入镍镀层中，可以控制镍镀层中的含硫量；与次级光亮剂配合使用，能获得镜面光亮（全光亮）的、整平性好的镍镀层；有抗杂质的能力，能使镀液对杂质具有较高的容忍度等。

(2) 次级光亮剂的作用

单独使用虽然可获取光亮镀层，但电流密度范围十分狭窄；与初级光亮剂联合使用时，则可在较宽电流密度范围内得到镜面光泽（全光亮）镀层；在阴极上有强烈的吸附性能，使阴极电位明显负移，增大阴极极化作用；次级光亮剂对镍镀层会产生张应力，增加脆性，从而会降低其延展性等。

(3) 辅助添加剂的作用

其作用是多方面的，如细化晶粒，扩大电流密度范围，改善镀液分散能力和覆盖能力，抑制或降低光亮剂的分解速率，能抗异种金属杂质，能根据需要增加或减少镀层的含硫量等。辅助添加剂的品种：润湿剂、走位剂、柔软剂、整平剂、除杂剂、抗杂剂、防针孔剂等。辅助添加剂在各自岗位上发挥一些不可或缺的作用。

7.2.3 普通镀镍

普通镀镍又称镀暗镍，是指镀液不添加光亮剂而获得镍本色的镀层。这是最基本的镀镍工艺，如用于装饰，则镀镍镀层需要进行机械抛光。普通镀镍的镀液可分为预镀液、普通镀液、瓦特镀液和滚镀液等。

普通镀镍的溶液组成及工艺规范见表 7-19。

表 7-19 普通镀镍的溶液组成及工艺规范

溶液成分及工艺规范	预镀液	普通镀液			瓦特镀液	滚镀液
		1	2	3		
硫酸镍($NiSO_4 \cdot 6H_2O$)/(g/L)	100～150	180～250	240～260	280～385	250～300	200～250
氯化镍($NiCl_2 \cdot 6H_2O$)/(g/L)	—	—	—	—	30～60	—
氯化钠(NaCl)/(g/L)	8～10	16～18	4～6	12～15	—	10～15
硼酸(H_3BO_3)/(g/L)	30～35	30～35	30～35	35～40	35～40	40～45
硫酸钠(Na_2SO_4)/(g/L)	60～120	20～30	—	—	—	—
硫酸镁($MgSO_4 \cdot 7H_2O$)/(g/L)	—	30～40	45～55	—	—	50
氟化钠(NaF)/(g/L)	—	—	4～6	—	—	4
十二烷基硫酸钠($C_{12}H_{25}SO_4Na$)/(g/L)	0.05～0.1	0.05～0.1	—	—	0.05～0.1①	—
ST-1 添加剂/(mL/L)	—	—	—	3～4	—	—
ST-2 添加剂/(mL/L)	—	—	—	0.4～0.6	—	—
pH 值	5～5.5	4.8～5.2	4～4.5	4.4～5.1	3～4	4.8～5.2
温度/℃	18～35	20～35	45～50	50～60	45～60	45～50
阴极电流密度/(A/dm^2)	0.5～1	1～2	1～1.5	3～5	1～2.5	0.5～1.0
阴极移动	用或不同	需要 12 次/分钟	需要 12 次/分钟	需要	需要 12 次/分钟	滚筒转速 8～10r/min
镀用的镍阳极	镀镍采用的镍阳极，其镍含量应大于 99%，不纯的阳极会导致镀液污染，影响镀层外观并会降低镀层的物理性能。在镀镍中比较适宜的镍阳极有以下几种： 含碳镍阳极、含氧镍阳极和含硫镍阳极等。目前使用的"S"镍圆饼(所谓"S"镍，是指含有一定量的硫的镍)，将"S"镍圆饼装在钛篮中，补充也非常方便，溶解性好，是比较理想的一种阳极，目前国内也已生产并有产品出售					

① 也可以采用 LB 低泡润湿剂 1～2mL/L，来代替十二烷基硫酸钠。LB 低泡润湿剂为上海永主助剂厂的产品。

注：普通镀液配方 3 的 ST-1、ST-2 添加剂是上海日用五金工业研究所的产品。

7.2.4 镀多层镍

镀多层镍是指在同一基体上，选用不同的镀液成分及工艺规范，镀得二层、三层和四层不同类型的镍镀层。这种镀层主要利用各不同镍层电位差来达到电化学保护的目的，以改善防护装饰性镀层体系，并在不增加或减低镍层厚度的基础上，增加镍层的耐蚀能力。

(1) 多层镍的组合形式

目前生产上应用较多的多层镍/铬组合体系有：

双层镍　半光亮镍/光亮镍/铬

三层镍　半光亮镍/高硫镍/光亮镍/铬

　　　　半光亮镍/光亮镍/镍封/铬（微孔铬）

　　　　半光亮镍/光亮镍/高应力镍/铬（微裂纹铬）

四层镍　半光亮镍/高硫镍/光亮镍/镍封/铬（微孔铬）

(2) 多层镍的耐蚀性

多层镍/铬镀层体系之所以能提高镀层抗腐蚀性能,是由于电化学的保护作用。电化学保护分为牺牲阳极型(如双层镍和高硫镍组合的镀层)和腐蚀分散型(如镍封及高应力镍组合的镀层)两种。

① 牺牲阳极型的保护。它是通过牺牲多层镍组合镀层中电位较负的镀层(成为阳极,被腐蚀),来延缓电位较正镀层的腐蚀,从而使整个镀层体系的耐腐蚀性能得到提高。镍镀层中含硫量越高,电位越负。

② 腐蚀分散型的保护。在有大量的微孔或微裂纹的铬镀层表面上,使腐蚀电流大大分散,从而达到延缓腐蚀,使整个镀层体系的耐腐蚀性能明显提高。

(3) 单层镍、双层镍和三层镍体系

金属在大气中腐蚀是一种电化学过程。单层镍镀层与双层镍镀层的腐蚀和钢铁基体保护的作用机理是不同的。单层镍-铬镀层、双层镍-铬镀层及三层镍-铬镀层的腐蚀机理如表 7-20 所示。

表 7-20　单层镍、双层镍-铬镀层及三层镍-铬镀层的腐蚀机理

	单层镍、双层镍及三层镍体系的腐蚀机理	腐蚀机理示意图
单层镍铬镀层体系	单层镍是指光亮镍/铬的组合体系。从图中可以看出,腐蚀首先是从铬的袋纹或孔隙(穴)中暴露出来的镍镀层开始。铬的电位虽然比镍负,但铬镀层在大气中能迅速形成一层致密的钝化层,钝化后的铬镀层电位变得比镍镀层正。在腐蚀过程中,铬镀层与镍镀层形成微电池的两极,电位正的铬镀层成为阴极,孔隙中裸露的镍镀层成为阳极,镍镀层遭到腐蚀穿透达到钢体基体的界面时,镍镀层与钢铁基体形成微电池,钢铁基体作为阳极遭受腐蚀,而产生红锈	铬镀层 光亮镍镀层 钢铁基体
双层镍铬镀层体系	双层镍是指半光亮镍/光亮镍/铬的组合体系,是先在基体上镀一层不含硫或极少量硫的半光亮镀层(硫的质量分数少于 0.003%),然后再在半光亮镍镀层上镀含硫的光亮镍镀层(硫的质量分数为 0.05%左右),最后镀铬。右图为双层镍-铬镀层的腐蚀机理的示意,从图中可以看到,光亮镍层被部分腐蚀后,腐蚀过程达到半光亮镍层的界面时,由于含硫量多的光亮镍层电位较负,这两层之间存在着 120~130mV 的电位差,形成一个微电池,含硫量多的光亮镍层成为阳极继续遭受腐蚀,而半光亮镍镀层则作为阴极而受保护,使原来腐蚀从纵向进行改变为横向进行,从而延缓了腐蚀介质向钢铁基体的腐蚀速度,显著地提高了镀层的耐蚀性	铬镀层 光亮镍镀层 半光亮镍镀层 钢铁基体
三层镍铬镀层体系	半光亮镍/高硫镍/光亮镍/铬的三层组合体系,是在双层镍的半光亮镍镀层和光亮镍镀层之间,增加一层厚度约为 0.7~1μm 的高硫镍镀层(硫含量,质量分数为 0.15%左右),最后镀铬(即为半光亮镍/高硫镍/光亮镍/铬)。三层镍-铬镀层的腐蚀示意如右图所示。由于高硫镍含硫量高,其电位更负,这三层镍的电位依次是半光亮镍镀层>光亮镍镀层>高硫镍镀层。所以当光亮镍镀层存在孔隙时,这层高硫镍镀层就成为阳极,保护半光亮镍镀层和光亮镍镀层都不受腐蚀。电镀三层镍的优点是镀层较薄而且有较好的耐蚀性,对半光亮镍镀层和光亮镍镀层的厚度比例,没有严格控制要求	铬镀层 光亮镍镀层 高硫镍镀层 半光亮镍镀层 钢铁基体
工艺说明	1. 在双层镍铬层体系中,镍镀层表面在空气中和水洗时容易钝化,故镀件经半光亮镀镍后,不经水洗,可直接进入光亮镀镍槽 2. 三层镍的各层镀镍后,不经水洗,可直接进入下一个镀镍槽,其流程如下: ……→稀酸活化→镀半光亮镍→镀高硫镍→镀光亮镍→回收→水洗……。在电镀三层镍时,要严防将高硫镍镀液及光亮镍镀液带入半光亮镍镀液中	

(4) 半光亮镍/光亮镍/镍封/微孔铬的组合体系

在这种组合体系中,将半光亮镍镀层和光亮镍镀层作为基础镀层,然后镀一层镍封(即封闭镀镍)和微孔铬。这种组合体系的腐蚀机理如表 7-21 所示。

表 7-21 半光亮镍/光亮镍/镍封/微孔铬的组合体系的腐蚀机理

腐蚀机理	腐蚀机理示意图
半光亮镍/光亮镍/镍封/微孔铬的组合体系中，铬镀层是采用微孔铬。如果采用普通镀铬，其铬镀层孔隙大而少，孔隙处形成微电池，铬镀层为阴极，孔隙中裸露的镍镀层为阳极，被腐蚀。由于是普通镀铬，铬镀层的孔隙少，这样阴极的面积就大，而裸露的镍镀层部分面积就很小，由于微电池中通过的电流是一样的，这样面小的所承受的电流密度就大，即大电流，因此会加快镍镀层的腐蚀速率，直贯穿至基体金属 由于微孔铬镀层表面有无数的微孔，这些均匀分布的微孔，可将阴面"切割"得很小，从而改变了大阴极小阳极的腐蚀模式，使得腐蚀电流几乎被分散到整个镍镀层上，阳极上的电流密度变小了，即小电流，从而防止了产生大而深的直贯基体金属的少量腐蚀沟汶和凹坑，并使镀层的腐蚀速度减小，且向横向发展，从而延缓了镍层因受腐蚀而穿透底层的速率，保护了基体金属，显著地提高了镀层的耐腐蚀性能。其腐蚀机理示意图如右图所示	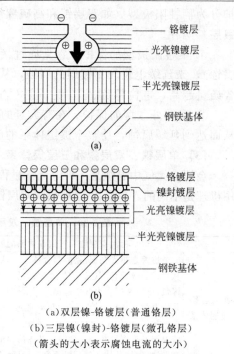 (a)双层镍-铬镀层(普通铬层) (b)三层镍(镍封)-铬镀层(微孔铬层) (箭头的大小表示腐蚀电流的大小)

(5) 半光亮镍/光亮镍/高应力镍/微裂纹铬的组合体系

这种组合体系，是在光亮镍镀层上再镀一薄层高应力镍，由于高应力镍的内应力大，与其镀上的薄层铬的相互作用下，产生大量微裂纹。在腐蚀介质作用下，这些微裂纹部位形成无数个微电池，使腐蚀电流分散到微裂纹处，将局部的严重腐蚀转变为缓慢的均匀腐蚀。其耐蚀机理与镍封/微孔铬组合体系一样。

7.2.5 半光亮镀镍

半光亮镍镀层一般用于镀多层镍的底层，要求其镀层不含硫或仅含少量的硫，硫的质量分数少于 0.003%，并有较好的整平性，与上层的镍镀层之间有好的结合力。半光亮镀镍的溶液组成及工艺规范见表 7-22。

表 7-22 半光亮镀镍的溶液组成及工艺规范

溶液成分及工艺规范	1	2	3	4	5	6	7
硫酸镍($NiSO_4 \cdot 6H_2O$)/(g/L)	240~280	250~300	300~350	340	250~300	250~300	250~300
氯化镍($NiCl_2 \cdot 6H_2O$)/(g/L)	45~60	40~50	45~55	45	45~55	35~45	30~40
硼酸(H_3BO_3)/(g/L)	30~40	40~45	40~45	45	40~50	40~50	35~40
1,4-丁炔二醇/(mL/L)	0.2~0.3	—	—	—	—	—	—
醋酸(CH_3COOH)/(mL/L)	1~3	—	—	—	—	—	—
BN-99A/(mL/L)	—	3~4	—	—	—	—	—
BN-99B/(mL/L)	—	1.5~2.5	—	—	—	—	—
BN-99AC/(mL/L)	—	4~6	—	—	—	—	—
十二烷基硫酸钠($C_{12}H_{25}SO_4Na$)/(g/L)	0.01~0.02	0.05~0.1	—	—	—	—	—
SN-92 无硫半光亮镍添加剂/(mL/L)	—	—	1.2	—	—	—	—
SN-92 半光亮镍柔软剂/(mL/L)	—	—	1~2	—	—	—	—

续表

溶液成分及工艺规范	1	2	3	4	5	6	7
LB 低泡润湿剂/(mL/L)	—	—	1~2	—	—	—	—
SPECTRAT-501 开缸剂/(mL/L)	—	—	—	6	—	—	—
SPECTRAT-502 补充剂/(mL/L)	—	—	—	0.5	—	—	—
SPECTRAT-503 添加剂/(mL/L)	—	—	—	1.0	—	—	—
SPECTRAT WA-15S 湿润剂/(mL/L)	—	—	—	2	—	—	—
BH-963A/(mL/L)	—	—	—	—	0.3~0.5	—	—
BH-963B/(mL/L)	—	—	—	—	0.4~0.6	—	—
BH-963C/(mL/L)	—	—	—	—	4~6	—	—
BH-半光亮镍润湿剂/(mL/L)	—	—	—	—	1.5~2.5	—	—
SNB-1 添加剂/(mL/L)	—	—	—	—	—	0.5~1	—
SNB-2 辅助剂/(mL/L)	—	—	—	—	—	0.3~0.6	—
SNB-Base 开缸剂/(mL/L)	—	—	—	—	—	8~12	—
NS-23A/(mL/L)	—	—	—	—	—	—	1.5
NS-23B/(mL/L)	—	—	—	—	—	—	1.5
NS-118/(mL/L)	—	—	—	—	—	—	3~4
pH 值	4~4.5	3.8~4.2	3.8~4.2	3.6~4.0	4.0~5.0	3.8~4.2	4.0~4.5
温度/℃	45~50	50~60	50~60	50~70	45~55	50~60	45~55
阴极电流密度/(A/dm²)	3~4	2~6	2.5~4	4~7	2~6	2~6	2~3
阴极移动或压缩空气搅拌	需要	需要	需要	需要	需要	需要	需要

注：1. 配方 2 的 BN-99 添加剂是武汉材料保护研究所的产品。

2. 配方 3 的 SN-92 无硫半光亮镍添加剂是上海永生助剂厂的产品。

3. 配方 4 的 SPECTRAT-501、502、503 等是上海永星化工有限公司的产品。

4. 配方 5 的 BH-963 是广州二轻工业研究所的产品。

5. 配方 6 的 SNB-1 等是武汉吉和昌精细化工有限公司的产品。

6. 配方 7 的 NS-23A、NS-23B、NS-118 是广州电器科研所的产品。

7.2.6　光亮镀镍

光亮镀镍是在瓦特型或普通型镀镍溶液中，加入某些添加剂而直接镀取得的白色或乌亮的光亮镍镀层的一种镀镍方法。目前所指的光亮镀镍，是指既能达到镜面光泽的外观，又具有优良整平性的镀镍工艺。质量优良的镀镍光亮剂，可获得良好整平性和镜面光亮度的镀层，而且韧性好，孔隙率低。镜面光亮镍镀层可以直接套铬，不必再经过机械抛光，可大大减少抛光工作量和镍镀层损耗。

挂镀光亮镀镍的溶液组成及工艺规范见表 7-23。

滚镀光亮镀镍的溶液组成及工艺规范见表 7-24。

表 7-23　挂镀光亮镀镍的溶液组成及工艺规范

溶液成分及工艺规范	1	2	3	4	5	6
硫酸镍(NiSO₄·6H₂O)/(g/L)	280~320	280~320	300~350	240~320	270	250~325
氯化镍(NiCl₂·6H₂O)/(g/L)	45~55	45~55	—	50~70	40	50~70
氯化钠(NaCl)/(g/L)	—	—	15~18	—	—	—
硼酸(H₃BO₃)/(g/L)	40~45	40~45	40~45	35~45	40	40~55
BN-92A 光亮剂/(mL/L)	0.4~0.6	—	—	—	—	—
BN-92B 光亮剂/(mL/L)	4~6	—	—	—	—	—
3# 或 5# 镀镍光亮剂 A/(mL/L)	—	4~5	4~5	—	—	—
3# 或 5# 镀镍光亮剂 B/(mL/L)	—	0.3~0.5	0.3~0.5	—	—	—
LB 低泡润湿剂/(mL/L)	—	1~2	1~2	—	—	—
N-100 主光亮剂/(mL/L)	—	—	—	0.4~0.8	—	—
N-101 走位剂/(mL/L)	—	—	—	6~10	—	—
WT-300 低泡湿润剂/(mL/L)	—	—	—	1	—	—

续表

溶液成分及工艺规范	1	2	3	4	5	6
HKB-3 光亮剂/(mL/L)	—	—	—	—	2	—
Ni Conc 柔软剂/(mL/L)	—	—	—	—	3	—
Y-19 润湿剂/(mL/L)	—	—	—	—	1	—
NP631 主光亮剂/(mL/L)	—	—	—	—	—	0.4
NP630 辅助剂/(mL/L)	—	—	—	—	—	5
Y-19/Y-17 湿润剂/(mL/L)	—	—	—	—	—	1
pH 值	3.8~4.2	4.0~4.8	4.2~5.0	4.5~5.0	4.2~4.8	4.0~4.8
温度/℃	50~65	58~65	48~55	45~65	50~60	50~60
阴极电流密度/(A/dm²)	2~6	2~10	2~8	2~8	1~8	1~6
空气搅拌循环过滤或阴极移动	需要	需要	需要	需要	需要	需要

注：1. 配方 1 的 BN-92A、BN-92B 光亮剂是武汉材料保护研究所的产品。

2. 配方 2 的 3# 或 5# 镀镍光亮剂 A、B 及 LB 低泡润湿剂是上海永生助剂厂的产品。

3. 配方 3 的 3# 或 5# 镀镍光亮剂 A、B 及 LB 低泡润湿剂是上海永生助剂厂的产品。

4. 配方 4 的 N-100 主光亮剂、N-101 走位剂是武汉风帆表面工程有限公司的产品。

5. 配方 5 的 HKB-3 光亮剂、Ni Conc 柔软剂等是安美特（广州）化学有限公司的产品。该配方提出需要加入 FE-1 添加剂。

6. 配方 6 的 NP631 主光亮剂、NP630 辅助剂等是安美特（广州）化学有限公司的产品。

表 7-24　滚镀光亮镀镍的溶液组成及工艺规范

溶液成分及工艺规范	1	2	3	4	5	6
硫酸镍($NiSO_4 \cdot 6H_2O$)/(g/L)	280~320	180~240	250~300	250	180~250	240~300
氯化镍($NiCl_2 \cdot 6H_2O$)/(g/L)	40~50	60~70	40~50	50	50~60	55~65
硼酸(H_3BO_3)/(g/L)	40~50	35~40	40~45	45	40~50	40~50
N-200B 开缸剂/(mL/L)	4~8	—	—	—	—	—
N-201B 补加剂/(mL/L)	0.3~0.7	—	—	—	—	—
WT-300B 低泡润湿剂/(mL/L)	0.5~1.0	—	—	—	—	—
200# 或 300# 柔软剂 A/(mL/L)	—	5~6	—	—	—	—
200# 或 300# 光亮剂 B/(mL/L)	—	0.3~0.5	—	—	—	—
LB 低泡润湿剂/(mL/L)	—	1~2	—	—	—	—
BH-932A 开缸剂/(mL/L)	—	—	10	—	—	—
BH-932B 润湿剂/(mL/L)	—	—	0.5~1.0	—	—	—
十二烷基硫酸钠($C_{12}H_{25}SO_4Na$)/(g/L)	—	—	0.05~0.1	—	—	—
TS-5 柔软剂/(mL/L)	—	—	—	10	—	—
TS-1 辅光剂/(mL/L)	—	—	—	4	—	—
TS-1000 主光亮剂/(mL/L)	—	—	—	0.5	—	—
TS-812 润湿剂/(mL/L)	—	—	—	1.5	—	—
RNI-3A 走位剂/(mL/L)	—	—	—	—	5~8	—
RNI-3B 光亮剂/(mL/L)	—	—	—	—	0.3~0.6	—
DN-01 湿润剂/(mL/L)	—	—	—	—	1~3	—
FK-833A 开缸剂/(mL/L)	—	—	—	—	—	8~12
FK-833B 补加剂/(mL/L)	—	—	—	—	—	0.5~1.5
FK-37 润湿剂/(mL/L)	—	—	—	—	—	1~3
pH 值	4.2~5.0	4.4~4.8	4.0~4.8	4.0~4.8	4.0~4.8	4.5~5.0
温度/℃	45~60	45~60	50~60	50~60	50~65	55~65
阴极电流密度/(A/dm²)	—	0.5~0.8	—	0.3~1.0	0.1~1.0	—
电压/V	8~16	—	12~16	—	—	12~16

注：1. 配方 1 的 N-200B 开缸剂、N-201B 补加剂是武汉风帆表面工程有限公司的产品。

2. 配方 2 的 200# 或 300# A、B 及 LB 低泡润湿剂是上海永生助剂厂的产品。

3. 配方 3 的 BH-932A 开缸剂、BH-932B 润湿剂是广州二轻工业科学技术研究所的产品。

4. 配方 4 的 TS-1000 主光亮剂等是德胜国际（香港）有限公司，深圳鸿运化工原料行的产品。

5. 配方 5 的 RNI-3A 走位剂、RNI-3B 光亮剂是广州美迪斯新材料有限公司的产品。

6. 配方 6 的 FK-833A 开缸剂、FK-833B 补加剂是福州八达表面工程技术研究所的产品。

7.2.7　镀高硫镍

高硫镍镀层主要用于钢、锌合金基体的防护-装饰性组合镀层体系（三层镍镀层）的中间层，其底层是半光亮镍镀层，上层是光亮镍镀层。

镀高硫镍工艺要点见表 7-25。

表 7-25　镀高硫镍工艺要点

项　目	施 工 参 数 及 要 求
加入含硫量较高的添加剂	高硫镍镀层是通过向镀镍溶液中加入含硫量较高的添加剂而镀取得到的。高含硫量的添加剂在阴极上吸附，并分解析出硫而与镍共沉积，夹杂在镍镀层中
镀层厚度及工艺时间	高硫镍镀层厚度一般只需 $1\mu m$ 左右，电镀时间约 2～3min
各镀层含硫量	在三层镍镀层的防护-装饰性组合镀层体系中，各镀层中含硫量要求[1]： 1. 高硫镍镀层中的硫含量要大于 0.15%（质量分数） 2. 光亮镍镀层中的硫含量要大于 0.04%，小于 0.15%（质量分数） 3. 半光亮镍镀层中的硫含量要小于 0.005%（质量分数）
各镍镀层之间的电位差	在各镍镀层中的硫含量达到上述要求时，才可保证镍镀层之间的电位差达到下列要求： 1. 半光亮镍镀层与光亮镍镀层之间的电位差在 120～130mV 之间 2. 高硫镍镀层与光亮镍镀层之间的电位差约 40～50mV

实验测得镍镀层含硫量与电极电位的对应关系见表 7-26。

表 7-26　镍镀层含硫量与电极电位的对应关系[20]

镀层种类	镀层含硫量（质量分数）/%	电极电位/mV
半光亮镍	0.003～0.005	−60
光亮镍	0.04～0.05	−220
高硫镍	0.1～0.3	−300

镀高硫镍的溶液组成及工艺规范见表 7-27。

表 7-27　镀高硫镍的溶液组成及工艺规范

溶液成分及工艺规范	1	2	3	4	5	6
硫酸镍($NiSO_4 \cdot 6H_2O$)/(g/L)	320～350	250～300	300	300	280～320	300
氯化镍($NiCl_2 \cdot 6H_2O$)/(g/L)	—	50～60	40	90	35～45	60
氯化钠($NaCl$)/(g/L)	12～16	—	—	—	—	—
硼酸(H_3BO_3)/(g/L)	35～45	35～40	40	38	35～45	40
苯亚磺酸钠($C_6H_5O_2SNa$)/(g/L)	0.5～1	—	—	—	—	—
十二烷基硫酸钠($C_{12}H_{25}SO_4Na$)/(g/L)	0.05～0.15	—	—	—	—	—
糖精($C_6H_5COSO_2NH_2$)/(g/L)	0.8～1	—	—	—	—	—
1,4-丁炔二醇($C_4H_6O_2$)/(g/L)	0.3～0.5	—	—	—	—	—
HS 高硫镍添加剂/(mL/L)	—	8～12	—	—	—	—
LB 低泡润湿剂/(mL/L)	—	1～2	—	—	—	—
TN-98 高硫镍添加剂/(mL/L)	—	—	8～10	—	—	—
HSA-60 高硫镍添加剂/(mL/L)	—	—	0.05～0.1	—	—	—
TS-3 添加剂/(mL/L)	—	—	—	3～5	—	—
TS-812 润湿剂/(mL/L)	—	—	—	1～2	—	—
NS-32 高硫镍添加剂/(mL/L)	—	—	—	—	10～12	—
BNT-2 高硫镍添加剂/(mL/L)	—	—	—	—	—	10
pH 值	2～2.5	2.5～3.5	2.5～3.5	2.5～3.0	4.0～4.6	2.5～3.5

续表

溶液成分及工艺规范	1	2	3	4	5	6
温度/℃	45～50	48～52	45～55	48～52	40～45	40～50
阴极电流密度/(A/dm²)	3～4	2.5～4	2～3	3～4	2～5	1～3
时间/min	2～4	2～3	2～4	＞2	＜4	2～4

注：1. 配方 2 的 HS 高硫镍添加剂及 LB 低泡润湿剂是上海永生助剂厂的产品。

2. 配方 3 的 TN-98 高硫镍添加剂是武汉材料保护研究所的产品、HSA-60 高硫镍添加剂是温州美联物资有限公司的产品。

3. 配方 4 的 TS-3、TS-812 添加剂是德胜国际（香港）有限公司，深圳鸿运化工原料行的产品。

4. 配方 5 的 NS-32 高硫镍添加剂是广州电器科学研究所的产品。

5. 配方 6 的 BNT-2 高硫镍添加剂是杭州东方表面技术有限公司的产品。

7.2.8 封闭镀镍

封闭镀镍简称为镍封，或称为复合镀镍。镍封闭镀层是为了提高防护-装饰性镀层体系的耐腐蚀性能而开发的镀层。

在光亮镍溶液中加入一些固体非导体微粒（一般有二氧化硅、硫酸钡和氧化硅等，微粒直径＜$0.05\mu m$），借助搅拌，使固体微粒与镍离子共同沉积，并均匀分布在金属组织中，在制件表面形成由金属镍和非导体固体微粒组成的致密复合镀层。镍封闭镀层厚度不宜过厚，以 2～$3\mu m$ 为宜。镀液需剧烈搅拌，不能有搅拌不到的死角。

封闭镀镍的溶液组成及工艺规范见表 7-28。

表 7-28　封闭镀镍的溶液组成及工艺规范

溶液成分及工艺规范	1	2	3	4	5
硫酸镍($NiSO_4 \cdot 6H_2O$)/(g/L)	280～320	250～300	280～320	250～300	300～350
氯化镍($NiCl_2 \cdot 6H_2O$)/(g/L)	35～45	60～70	35～45	55～65	30～50
硼酸(H_3BO_3)/(g/L)	35～45	35～45	35～45	35～50	35～40
硫酸铝[$Al_2(SO_4)_3 \cdot 18H_2O$]/(g/L)	0.8～1.0	—	—	—	—
NS-52 镍封粉/(g/L)	10～15	—	—	—	—
NS-51A/(mL/L)	5～6	—	—	—	—
NS-51B/(mL/L)	5～6	—	—	—	—
NS-52/(mL/L)	6～8	—	—	—	—
BN-99-MIC 光亮剂/(mL/L)	—	0.5～1.0	—	—	—
BN-99-MIC 柔软剂/(mL/L)	—	8～12	—	—	—
BN-99-MIC 微孔乳液/(mL/L)	—	10～15	—	—	—
BN-99-MIC 分散剂/(mL/L)	—	4～6	—	—	—
BN-99-MIC 润湿剂/(mL/L)	—	1～2	—	—	—
NB1080-A 光亮剂/(mL/L)	—	—	10～15	—	—
NB1080-B 光亮剂/(mL/L)	—	—	0.4～0.6	—	—
NB1080-C 添加剂/(mL/L)	—	—	3～5	—	—
NB1080-D 添加剂/(mL/L)	—	—	5～7	—	—
SF-352A 纳米镍封柔软剂/(mL/L)	—	—	—	8～12	—
SF-352B 纳米镍封光亮剂/(mL/L)	—	—	—	0～0.8	—
SF-352C 纳米镍封润湿剂/(mL/L)	—	—	—	1～3	—
SF-352D 纳米镍封添加剂/(mL/L)	—	—	—	6～15	—
SF-352E 纳米镍封分散剂/(mL/L)	—	—	—	4～6	—
二氧化硅(SiO_2)/(g/L)	—	—	—	—	10～25
糖精($C_6H_5COSO_2NH_2$)/(g/L)	—	—	—	—	0.8～1.5
NC-1 促进剂/(mL/L)	—	—	—	—	0.5～4.0
NC-2 促进剂/(mL/L)	—	—	—	—	0.5～2.0
pH 值	4.0～4.5	3.8～4.4	4.4～4.8	3.6～4.2	3.8～4.4

续表

溶液成分及工艺规范	1	2	3	4	5
温度/℃	55～60	50～60	45～55	50～65	50～60
阴极电流密度/(A/dm²)	4～6	2～5	3～6	2～6	2～5
时间/min	1～3	2～5	2～4	—	1～5
搅拌	强烈	强烈	强烈	中强度	强烈

注：1. 配方 1 的 NS-51A、NS-51B、NS-52、NS-52 镍封粉是广州电器科学研究所的产品。

2. 配方 2 的 BN-99-MIC 光亮剂、柔软剂、微孔乳液、分散剂、润湿剂是武汉材保电镀技术生产力促进中心的产品。

3. 配方 3 的 NB1080-A、B、C、D 是上海诺博化工有限公司的产品。

4. 配方 4 的 SF-352A、B、C、D、E 是广州市三孚化工有限公司的产品。

5. 配方 5 的 NC-1、NC-2 是上海长征电镀的产品。

7.2.9　镀高应力镍

在特定的镀镍溶液中，加入适量的特殊添加剂，能镀得应力很大的容易龟裂成微裂纹的镍镀层，叫作高应力镍。这种镍镀层的应力很大，如光亮镍镀层在厚度为 $5\mu m$ 时，镀层应力为 0.012MPa，而同样厚度的高应力镍镀层应力则为 3.41MPa。在光亮镍镀层上镀一层 $1～3\mu m$ 左右的高应力镍镀层（高应力镍镀层能达 500～1500 条/cm），在高应力镍镀层上再镀一层 $0.2～0.3\mu m$ 的普通铬镀层。铬镀层在与高应力镍的相互作用下，导致铬镀层表面也形成均匀的微裂纹。

镀高应力镍的溶液组成及工艺规范见表 7-29。

表 7-29　镀高应力镍的溶液组成及工艺规范

溶液成分及工艺规范	1	2	3	4	5
氯化镍(NiCl₂·6H₂O)/(g/L)	220～250	225～300	250～300	250～300	225～300
乙酸铵(CH₃COONH₄)/(g/L)	—	40～60	—	40～60	—
乙酸钠(CH₃COONa)/(g/L)	60～80	—	—	—	—
异烟肼(C₆H₇N₃O)/(g/L)	0.2～0.5	—	—	—	—
MCN-1 添加剂/(mL/L)	—	3～8	—	—	—
MCN-2 添加剂/(mL/L)	—	1.5～3	—	—	—
GYN-1 添加剂/(mL/L)	—	—	50～75	—	—
GYN-2 添加剂/(mL/L)	—	—	3	—	—
HNS-1 添加剂/(mL/L)	—	—	—	3～5	—
HNS-2 添加剂/(mL/L)	—	—	—	10～15	—
PN-1 添加剂/(mL/L)	—	—	—	—	40～60
PN-2 添加剂/(mL/L)	—	—	—	—	1.5～3
pH 值	4.5～5.5	3.6～4.5	4.1～4.4	4.0～4.4	3.6～4.5
温度/℃	30～35	25～35	30～35	25～35	30～35
阴极电流密度/(A/dm²)	4～8	4～10	5～8	5～8	5～10
时间/min	2～5	1～3	1～3	1～3	1～3
搅拌	空气搅拌	空气搅拌	空气搅拌	空气搅拌	空气搅拌

注：1. 配方 2 的 MCN-1、MCN-2 添加剂是上海长征电镀厂的产品。

2. 配方 3 的 GYN-1、GYN-2 添加剂是上海轻工业研究所的产品。

3. 配方 4 的 HNS-1、HNS-2 添加剂是上海永生助剂厂的产品。

4. 配方 5 的 PN-1、PN-2 添加剂是武汉材料保护研究所的产品。

7.2.10　镀缎面镍

缎面镍又称沙丁镍、珍珠镍或麻面镍。它具有绸缎般的光泽，略呈乳白色。还具有结晶细致、孔隙少、耐蚀性好的特性，不会因手触摸而留下痕迹。在缎面镍层上镀装饰铬、光亮银或光亮金,可分别形成沙铬、沙银或沙金。广泛应用于防护-装饰性镀层。

目前制作缎面镍镀层的最普遍使用的方法是乳化剂法。这种方法需要向镀镍溶液中加入非离子表面活性剂。目前,市场商品中有很多缎面镀镍添加剂可供选用。

镀缎面镍的溶液组成及工艺规范见表 7-30。

表 7-30　镀缎面镍的溶液组成及工艺规范

溶液成分及工艺规范	挂镀缎面镍					滚镀缎面镍	
	1	2	3	4	5	1	2
硫酸镍($NiSO_4 \cdot 6H_2O$)/(g/L)	420~480	300	300~350	380~440	480	500~580	—
氯化镍($NiCl_2 \cdot 6H_2O$)/(g/L)	—	40	15~20	30~40	40	30~40	—
氯化钠(NaCl)/(g/L)	10~12	—	—	—	—	—	—
硼酸(H_3BO_3)/(g/L)	35~40	40	35~40	30~40	45	40~50	—
添加剂/(mL/L)	STL-1辅助添加剂 10~12	BNS-990开缸剂 15~20	ST-1添加剂 2~5	HX-A走位剂 10~15	P1添加剂 6	SSN·100开缸剂 10~15	PBN黑珍珠镍盐 100~120
	STL-2缎面形成剂 1.0~1.2	BNS-990走位剂 5	ST-2添加剂 0.5~0.7	HX-B辅助剂 6~10	P2添加剂 15	SSN·100辅助剂 5~8	PBN黑珍珠镍添加剂 8~12
	—	BNS-990沙镍剂 0.3~0.8	—	HX-C沙剂 0.5~0.8	C1添加剂 2.5	SSN·100起沙剂 0.6~1.2	—
pH 值	4.0~4.8	4.2~4.5	3.8~4.4	4.0~4.6	4.0~4.4	4.0~4.8	5.5~6.0
温度/℃	55~60	50~55	50~55	50~58	50~55	50~55	15~35
阴极电流密度/(A/dm²)	2~6	4~6	2~5	4~10	3~6	0.6~6	0.5~1
时间/min	10~15	2~6	4~15	0.5~5			2~5
阴极移动/(次/分钟)	10~12	10~12	10~12	移动速度 3~5m/min			
滚筒转速/(r/min)						5~12	
添加剂生产厂家	上海永生助剂厂	武汉材保电镀技术生产力促进中心	上海长征电镀厂	深圳市韩旭科技有限公司	安美特化学有限公司	安美特化学有限公司	上海永生助剂厂

7.2.11　镀黑镍

黑色镍镀层具有很好的消光能力,常用于光学仪器、摄影照相及电信器材等。黑色镍镀层对太阳能的辐射有着较高的吸收率,可用于太阳能集热板。

黑镍镀层中含有镍、锌、硫化物及有机物等。它的组成随镀液成分及工艺规范而变化,大约含镍 40%~60%、锌 20%~30%、硫 10%~15%、有机物 10%(均为质量分数)。黑镍镀层比较硬,镀层较薄,一般只有 2μm 左右,耐蚀性较差,经过涂漆或浸油处理,可提高耐蚀性。在钢铁件上直接镀黑镍,镀层与基体结合力差,因此,一般是先镀暗镍或亮镍再镀黑镍。镀黑镍的溶液组成及工艺规范见表 7-31。

表 7-31　镀黑镍的溶液组成及工艺规范

溶液成分及工艺规范	挂镀黑镍					滚镀黑镍	
	1	2	3	4	5	1	2
硫酸镍($NiSO_4 \cdot 6H_2O$)/(g/L)	80~110	120~150	—	—	—	100~150	—
硫酸锌($ZnSO_4 \cdot 7H_2O$)/(g/L)	40~60	—	—	—	—	—	—
硫酸镍铵 [$NiSO_4 \cdot (NH_4)_2SO_4 \cdot 6H_2O$]/(g/L)	40~50						

溶液成分及工艺规范	挂镀黑镍					滚镀黑镍	
	1	2	3	4	5	1	2
硫氰酸铵(NH₄CNS)/(g/L)	40～50	—	—	—	—	—	—
氯化镍(NiCl₂·6H₂O)/(g/L)	—	—	—	—	200	—	—
钼酸铵[(NH₄)₂MoO₄]/(g/L)	—	30～40	—	—	—	30～40	—
硼酸(H₃BO₃)/(g/L)	25～35	20～25	—	—	—	20～25	—
BS-101 黑镍开缸盐/(g/L)	—	—	80～150	—	—	—	—
BS-102 黑镍添加剂/(mL/L)	—	—	10	—	—	—	—
黑镍盐/(g/L)	—	—	—	60	—	—	—
BS-1 黑镍调和盐/(g/L)	—	—	—	—	100～150	—	—
BS-2 黑镍添加剂/(mL/L)	—	—	—	—	10	—	—
BS-101 黑镍开缸盐/(g/L)	—	—	—	—	—	—	80～150
BS-102 黑镍添加剂/(mL/L)	—	—	—	—	—	—	10
密度(波美度)/°Bé	—	—	10～18	4	10～18	—	10～18
pH 值	4.5～5.5	4.5～5.5	4.0～4.5	5.6～6.2	4～4.5	4.5～5.5	4.0～4.5
温度/℃	30～36	24～38	室温至50	40～55	室温至50	30～50	室温至50
阴极电流密度/(A/dm²)	0.1～0.4	<0.5	0.1～0.5	0.1～0.3	0.1～0.5	0.5～2	0.1～0.5

注：1. 挂镀配方 3 也适用于滚镀，BS-101 黑镍开缸盐和 BS-102 黑镍添加剂是广州美迪斯新材料有限公司的产品。

2. 挂镀配方 4 的黑镍盐是德胜国际（香港）有限公司、深圳鸿运化工原料行的产品。

3. 挂镀配方 5 的 BS-1 黑镍调和盐、BS-2 黑镍添加剂是广州美迪斯新材料有限公司产品。

7.2.12　镀枪色镍和合金

枪色镍镀层的色泽不同于黑镍，而是一种铁灰色闪烁着寒光略带褐色的黑，接近枪械的颜色，称为枪色。枪色镍镀层是靠加入一种或几种有机添加剂来实现的。镀层薄，约 $2\mu m$ 左右，一般在光亮镍或光亮铜镀层、青铜等镀层上镀覆枪色镍镀层，为提高耐蚀性，其镀层表面再涂覆透明涂料保护。镀枪色镍-锡合金拥有比枪色镍镀层更好的性能，其结晶细密，硬度高，耐磨性和耐蚀性好，镀层不易变色，应用非常广泛。镀枪色镍和镍合金的溶液组成及工艺规范见表 7-32。

表 7-32　镀枪色镍和镍合金的溶液组成及工艺规范

溶液成分及工艺规范	1(镍)	2(镍-锡)	3(镍-锡)	4(镍-锡)	5(锡-钴)
PBN 枪色镍盐/(g/L)	95～105	—	—	—	—
PBN 添加剂(增黑剂)/(mL/L)	8～12	—	—	—	—
锡盐开缸剂/(g/L)	—	152	—	—	—
镍盐补缸剂/(g/L)	—	48	—	—	—
氯化镍(NiCl₂·6H₂O)/(g/L)	—	—	40～50	40～50	10～12
氯化亚锡(SnCl₂·2H₂O)/(g/L)	—	—	4～10	5～15	—
焦磷酸钾(K₄P₂O₇·3H₂O)/(g/L)	—	—	250～300	200～270	250～270
柠檬酸铵[(NH₄)₂HC₆H₅O₇]/(g/L)	—	—	20～25	—	—
氯化钴(CoCl₂·6H₂O)/(g/L)	—	—	—	—	20～25
发黑剂/(g/L)	—	—	1～2	—	—
调整剂/(mL/L)	—	—	30～40	—	—
XSN-1 枪色镀镍添加剂/(mL/L)	—	—	—	30	—
XSN-2 含硫聚胺化合物溶液/(mL/L)	—	—	—	20	—
90 组合添加剂/(mL/L)	—	—	—	—	15～20
pH 值	5.5～6.0	5.3～5.5	7.0～8.5	9.0～9.5	9.0～9.5
温度/℃	15～36	45～58	30～55	30～50	40～50

续表

溶液成分及工艺规范	1(镍)	2(镍-锡)	3(镍-锡)	4(镍-锡)	5(锡-钴)
阴极电流密度/(A/dm²)	0.5~1.0	1.0~1.5	0.5~2.0	1.0~2.0	0.8~1.5
时间/min	2~5	3~5	1~5	—	1~10
阳极	镍板	镍板	碳板	—	锡板

注：1. 配方 1 的 PBN 枪色镍盐、PBN 添加剂（增黑剂）由上海永生助剂厂研制。

2. 配方 2 的锡盐开缸剂、镍盐补缸剂由上海永生助剂厂研制。

3. 配方 3 适用于挂镀及滚镀，挂镀宜采用阴极移动、连续过滤。其使用的发黑剂、调整剂是广州美迪斯新材料有限公司的产品。

4. 配方 4 的 XSN-1 枪色镀镍添加剂、XSN-2 含硫聚胺化合物溶液由厦门大学研制。

5. 配方 5 的 90 组合添加剂由上海大庆电镀厂研制。锡钴合金（不含镍），镀层为偏蓝紫色的枪黑，色泽均匀，极具特色，适用于眼镜、首饰等工件的装饰性电镀。

7.2.13　其他镀镍

其他镀镍有柠檬酸盐镀镍、氯化物镀镍、氨基磺酸盐镀镍等。

其他镀镍的技术特点见表 7-33。

表 7-33　其他镀镍的技术特点

镀镍种类	技 术 特 点
柠檬酸盐镀镍	柠檬酸盐镀镍因为镀液接近中性，所以也称为中性镀镍。这种镀镍溶液主要用于锌合金压铸件的电镀（主要用作预镀镍）。这是因为在酸性镀液中，锌合金很容易遭到腐蚀。在 pH 值接近中性的镀液中，锌基体不容易腐蚀。镀液中的柠檬酸钠是镍离子的配位剂。这种镀液现在只能使镀层稍为细致一些，略具半光亮度，因为这种镀层主要作为底镀层用，所以也不必去追求较高的光亮度。
氯化物镀镍	氯化物镀镍按其溶液的组分、含量等，可分为高氯化物镀镍、强酸性全氯化物镀镍 1. 高氯化物镀镍。其溶液的电导率高，分散能力好，镀层结晶细致。但镀层应力大，硬度高，镀液对设备腐蚀性较强，故应用不广。主要用于修复磨损零件和电铸。高氯化物镀镍溶液加入特殊添加剂，可镀取高应力镀层，在其上镀薄层铬，可获得微裂纹铬层 2. 强酸性全氯化物镀镍。强酸性全氯化物镀镍又称为冲击镀镍，由氯化镍和盐酸组成。它的用途主要是活化金属的表面，使其与新镀层有良好的结合力，强酸性全氯化物镀镍的镀层很薄，可以把它看作是电镀的一种前处理工序 这种镀镍溶液酸性很强，电流效率较低，电镀过程中析氢比较多。新生态的氢是强还原剂，能活化阴极的金属表面。所以，这种镀液主要用于表面极易钝化的不锈钢或老旧的镍镀层上再镀镍
氨基磺酸盐镀镍	氨基磺酸盐镀镍的目的主要是功能性而不是装饰性的。主要用于电铸镍、钢带和印制板镀金前的镀镍。 氨基磺酸盐镀镍的特点如下： 1. 镀层韧性好，内应力小。严格控制工艺规范（操作条件）下得到的镀层几乎无应力 2. 镀层孔隙率略低于硫酸盐镀镍。较薄的镀层耐蚀性比硫酸盐镀镍液所获得镀层好 3. 镀液允许电流密度大，沉积速率快，生产效率高 4. 镀液分散能力优于硫酸盐镀镍溶液 5. 镀液中氯离子含量高了会增加镀层的内应力 6. 镀液成本高

其他镀镍的溶液组成及工艺规范见表 7-34。

表 7-34　柠檬酸盐镀镍的溶液组成及工艺规范

溶液成分及工艺规范	柠檬酸盐镀镍 1	柠檬酸盐镀镍 2	高氯化物镀镍	强酸性全氯化物镀镍	氨基磺酸盐镀镍 1	氨基磺酸盐镀镍 2
硫酸镍(NiSO₄·6H₂O)/(g/L)	150~200	130~180	100	—	—	—
氯化镍(NiCl₂·6H₂O)/(g/L)	—	25~35	200	200~250	15~30	—
氨基磺酸镍[Ni(NH₂SO₃)₂]/(g/L)	—	—	—	—	250~300	350~500
柠檬酸钠(Na₃C₆H₅O₇)/(g/L)	150~200	—	—	—	—	—
氯化钠(NaCl)/(g/L)	12~15	—	—	—	—	—
硫酸镁(MgSO₄·7H₂O)/(g/L)	20~30	—	—	—	—	—

续表

溶液成分及工艺规范	柠檬酸盐镀镍		高氯化物镀镍	强酸性全氯化物镀镍	氨基磺酸盐镀镍	
	1	2			1	2
盐酸(HCl)/(mL/L)	—	—	—	150~200mL/L	—	—
硼酸(H₃BO₃)/(g/L)	—	—	30~50	—	30~40	35~45
PNI-A 络合剂/(g/L)	—	150~200	—	—	—	—
PNI-B 添加剂/(mL/L)	—	10~20	—	—	—	—
LB 低泡润湿剂/(mL/L)	1~2	—	—	—	—	—
溶液密度(波美度)/°Bé	—	21~24	—	—	—	—
pH 值	6.8~7.0	6.4~7.0	2.5~4.0	—	3.5~4.2	3.5~4.5
温度/℃	35~40	55~65	40~70	室温	35~40	45~60
阴极电流密度/(A/dm²)	0.5~1.2	2~4	2~10	4~10	1.5~5.0	2.5~12
时间/min	—	—	—	0.5~4	—	—
阳极	—	—	—	—	电解镍板	S镍块(含硫的镍块阳极)
阴极移动	需要	需要或轻微空气搅拌	—	—	搅拌	需要

H_3BO_3 以表中为准。

注：柠檬酸盐镀镍配方 2 为中性预镀镍工艺，电镀时间 3~5min。PNI-A 络合剂、PNI-B 添加剂是广州美迪斯新材料有限公司的产品。镀件下槽后，先用 5~7A/dm² 的阴极电流密度冲击电镀，时间为 0.35~1min，然后进行正常电镀，时间为 3~5min。

7.2.14　不合格镍镀层的退除

在镍镀层上如有铬镀层，一般应先用盐酸退除铬层。不良镍镀层的退除方法见表 7-35。

表 7-35　不良镍镀层的退除方法

退除的镀层	退除方法	溶液组成	含量/(g/L)	温度/℃	阳极电流密度/(A/dm²)
钢铁件上镍镀层退除	化学法	硝酸(HNO₃) 氯化钠(NaCl) (镀件不得带水，对镀件略有腐蚀)	1L 40g —	室温	—
	化学法	浓硝酸(HNO₃) 浓盐酸(HCl)	9 份(体积) 1 份(体积)	室温	—
	化学法	浓硝酸(HNO₃) (镀件不得带水，对镀件略有腐蚀)		室温	—
	化学法	乙二胺[(NH₂CH₂)₂] 间硝基苯磺酸钠(C₆H₄NO₂SO₃Na) 硫氰酸钠(NaCNS)	100~150mL/L 60~70 0.1~1	80~100	—
	电解法	98%硫酸(H₂SO₄) 甘油[C₃H₅(OH)₃]	600~625mL/L 22~38	室温	5~10
	电解法	铬酐(CrO₃) 硼酸(H₃BO₃)	250~300 25~30	室温	5~7
	电解法	硝酸钠(NaNO₃)	300	90	10
	电解法	硝酸铵(NH₄NO₃) 酒石酸钾钠(KNaC₄H₄O₆·4H₂O) 硫氰酸钾(KCNS)	180 20 1~2	35~50	10~15
	电解法	98%硫酸(H₂SO₄)(质量分数) 铬酐(CrO₃)(质量分数) 甘油[C₃H₅(OH)₃](质量分数)	80%~85% 2%~3% 3%~5%	室温	20~30 (不宜用于精密件)
	电解法	STR-710 退镀剂 (pH=6~7) (可一次退除钢铁件上铜、镍、铬镀层及多层镍、铬镀层。广州安迪斯新材料有限公司的产品)	200 — —	15~30 (需制冷机冷却)	5~25 (时间:3~5min)

续表

退除的镀层	退除方法	溶 液 组 成	含量/(g/L)	温度/℃	阳极电流密度/(A/dm²)
铜及铜合金件上镍镀层退除	化学法	硫酸(H_2SO_4,$d=1.84$) 硝酸(HNO_3,$d=1.42$) 硝酸钾(KNO_3)	1000 125 125	室温	—
	化学法	硫酸(H_2SO_4,$d=1.84$) 硝酸(HNO_3,$d=1.42$)	2份(体积) 1份(体积)	室温	—
	化学法	硫酸(H_2SO_4,$d=1.84$) 硝酸(HNO_3,$d=1.42$) 磷酸(H_3PO_4,$d=1.7$) 六次甲基四胺($C_6H_{12}N_4$)	300mL/L 500mL/L 200mL/L 12~20	室温	—
	化学法	乙二胺[$(NH_2CH_2)_2$] 硫氰酸钠($NaCNS$) 防染盐 S	140~200mL/L 1~3 55~75	80~100	—
	电解法	盐酸(HCl,$d=1.19$)	100mL/L	室温	1~2
	电解法	硫酸(H_2SO_4,$d=1.84$) 甘油[$C_3H_5(OH)_3$]	600~625mL/L 22~38	室温	5~10
	电解法	氯化钠($NaCl$) 柠檬酸($C_6H_8O_7 \cdot H_2O$)	100 10	21~27	10
	电解法	亚硫酸氢钠($NaHSO_3$) 硫氰酸钠($NaCNS$)	100 100	室温	2
锌及锌合金件上镍镀层退除	电解法	硫酸(H_2SO_4,$d=1.84$)	435~520mL/L	室温	5~8
	电解法	硫酸(H_2SO_4,$d=1.84$) 硝酸(HNO_3,$d=1.42$) 硫脲[$CS(NH_2)_2$]	60%(体积分数) 20%(体积分数) 1	30~40	5~6
	电解法	碳酸钠(Na_2CO_3)	100	室温	2
铝及铝合金件上镍镀层退除	化学法	硫酸(H_2SO_4,$d=1.84$) 硝酸(HNO_3,$d=1.42$)	500mL/L 500mL/L	室温	—
	化学法	硝酸(HNO_3,$d=1.42$) 氯化钠($NaCl$)	1000mL/L 0.5~1	≤24	2
	电解法	硫酸(H_2SO_4,$d=1.84$)	100%	室温	2
镁合金件上镍镀层退除	电解法	硝酸钠($NaNO_3$) 40%氢氟酸(HF)	100 20mL/L	室温	1~2
塑料件上镍镀层退除	化学法	硝酸(HNO_3,$d=1.42$)	500mL/L	室温	—
	化学法	三氯化铁($FeCl_3$)	200~300	40~50	—
	化学法	盐酸(HCl) 双氧水(H_2O_2)	800mL/L 50mL/L	室温	—

7.3 镀铬

铬镀层具有很好的化学、物理性能。铬电极电位虽然很负,但它有强的钝化性能,在大气中很快钝化,从而使铬镀层的电位向正方向移动,使电位变正,显示出贵金属的特性。对于钢铁零件,铬镀层是阴极镀层。所以,一般铬不直接镀覆在钢铁件上(除加厚铬镀层或功能性镀层外)。

铬镀层具有很高的耐热性,较小的摩擦系数,很好的耐磨性,良好的反射能力等优良的性能。广泛用于防护-装饰性镀层体系的表层和功能性镀层。装饰性镀铬是镀铬的主体,在电镀工业中占有重要的地位。

7.3.1　普通镀铬

普通镀铬应用广泛，在普通镀铬溶液的基础上加入不同的催化添加剂，能开发出各种不同类型的镀铬溶液。普通镀铬溶液基本组分为铬酐和硫酸，按铬酐浓度可分为低、中、高浓度三种镀液。普通镀液，成分简单，使用方便，是目前应用量最多和应用面最为广泛的镀铬溶液。普通镀铬溶液的特点及应用见表7-36。

表 7-36　普通镀铬溶液的特点及应用

镀液类型	优　点	缺　点	应用范围
低浓度镀液 （$CrO_3 < 150g/L$； $H_2SO_4 < 1.5g/L$）	1. 电流效率较高（16％～18％） 2. 分散能力比其他镀液高 3. 硬度高（$HV = 700 \sim 900$）、耐磨性高 4. 镀层光亮度好，光亮电流密度范围宽，并可应用高电流密度 5. 溶液损失少，降低污染，降低成本	1. 镀液不稳定，CrO_3 与 H_2SO_4 之比变化大 2. 镀液覆盖能力较差 3. 电导率小，所需槽电压较高 4. 有害杂质的允许含量低 5. 如无保护阴极，难以得到边缘没有树枝状的厚镀层	适合形状较简单制品的镀硬铬、装饰铬
中浓度镀液 （CrO_3 180～250g/L； H_2SO_4 1.8～2.5g/L）	1. 电流效率中等（13％～15％） 2. 镀液较稳定，CrO_3 与 H_2SO_4 之比变化小 3. 允许使用较低电压 4. 在这类镀液中加入镀铬添加剂，特别是混合稀土金属盐添加剂，可以很大地改善镀液性能	1. 分散能力较低浓度镀液差 2. 电导率比高浓度镀液差	简单和复杂形状零件的加厚镀、镀硬铬、松孔铬、缎面铬、乳白铬以及镍、铜等上面镀铬
高浓度镀液 （CrO_3 300～400g/L； H_2SO_4 3.0～4.0g/L）	1. 具有较高的分散能力和覆盖能力 2. 镀液稳定性好，CrO_3 与 H_2SO_4 之比变化小 3. 镀液导电性好，允许使用较低电压 4. 有害杂质允许含量可稍多些 5. 可采用较低的电流密度（10～30A/dm²）	1. 电流效率较低（10％～12％） 2. 镀液浓度高，镀液带出损失多，污染较严重，损失大 3. 获得光亮镀层的工作范围窄 4. 铬镀层软，网状裂纹不显著	复杂和简单形状零件的铜和镍底上镀装饰铬、缎面铬 随着新型镀铬添加剂的开发和应用，这类镀液的应用已逐渐减少

（1）镀液组成及工艺规范

普通镀铬的溶液组成及工艺规范见表7-37、表7-38。

表 7-37　普通镀铬的溶液组成及工艺规范

溶液成分及工艺规范		低浓度镀液			中浓度镀液		高浓度镀液	
		1	2	3	1	2	1	2
铬酐（CrO_3）/(g/L)		80～120	80～120	130～150	150～180	250	300～350	320～360
硫酸（H_2SO_4）/(g/L)		0.45～0.65	0.8～1.2	1.3～1.5	1.5～1.8	2.5	3.0～3.5	3.2～3.6
氟硼酸钾（KBF_4）/(g/L)		0.6～0.9	—	—	—	—	—	—
氟硅酸（H_2SiF_6）/(g/L)		—	1～1.5	—	—	—	—	—
装饰铬	温度/℃	55±2	55±2	45～55	—	48～53	48～55	48～56
	电流密度/(A/dm²)	30～40	30～40	15～30	—	15～33	15～35	15～35
缎面铬	温度/℃	—	—	58～62	58～62	58～62	58～62	58～62
	电流密度/(A/dm²)	—	—	30～45	30～45	30～45	30～45	30～45
硬铬	温度/℃	55±2	55±2	55～60	55～60	55～60	—	—
	电流密度/(A/dm²)	40～60	40～60	45～50	30～45	50～60	—	—
乳白铬	温度/℃	—	—	70～75	74～79	70～72	—	—
	电流密度/(A/dm²)	—	—	30～40	25～30	25～30	—	—

注：中浓度镀液配方2为标准镀铬溶液。

表 7-38　加有添加剂的普通镀铬的溶液组成及工艺规范

溶液成分及工艺规范	低浓度镀液		中浓度镀液		
	1	2	1	2	3
铬酐(CrO_3)/(g/L)	120～150	140～180	220～270	150～260	224～279
硫酸(H_2SO_4)/(g/L)	0.4～0.6	0.4～1.0	2.2～3.3	0.75～1.3	—
三价铬/(g/L)	0.3～3	—	0～4	0.5～3.0	—
LC-2 添加剂/(g/L)	2～2.5	—	—	—	—
WR-1 添加剂/(g/L)	—	1～2	—	—	—
4HC-A 剂(液体)/(mL/L)	—	—	8～10	—	—
4HC-B 剂(固体)/(g/L)	—	—	5～6	—	—
CR-842 添加剂/(mL/L)	—	—	—	5～10	—
CS_1 添加剂/(g/L)	—	—	—	—	16～19
CF-2 铬雾抑制剂/(g/L)	—	—	0.1	—	—
温度/℃	30～40	25～70	42～48	35～52	40～45
电流密度/(A/dm²)	8～20	5～60	15～25	15～50	11～16
阳极材料	铅-锡合金(Sn＞10%)	铅-锡合金(Sn 8%～15%)	铅-锡合金(Sn 8%)或铅-锑合金(Sb 6%)	铅-锡合金	铅-锡合金(Sn 10%)
阳极面积∶阴极面积	(4～5)∶1	—	(2～3)∶1	—	—

注：1. 低浓度镀液配方 1 的 LC-2 添加剂是上海永生助剂厂的产品。镀液电流效率为 22%～26%。深镀能力好。兼有除铜、铁、镍等金属杂质的作用。本添加剂适用于装饰性镀铬。

2. 低浓度镀液配方 2 的 WR-1 添加剂是武汉凤帆电镀技术有限公司的产品。本品工艺稳定，维护方便，装饰、硬铬均可。分散能力提高 30%～60%。

3. 中浓度镀液配方 1 的 4HC-A 剂、4HC-B 剂是上海永生助剂厂的产品。镀液电流效率为 22%～25%。镀层光亮度高，适宜镀厚铬层，工艺稳定，硫酸含量范围宽；分散能力和覆盖能力好，特别适用于复杂零件镀装饰层。

4. 中浓度镀液配方 2 的 CR-842 添加剂是广州市达志化工科技有限公司的产品。沉积速度快，阴极电流效率高，分散能力和覆盖能力好。

5. 中浓度镀液配方 3 的 CS_1 添加剂是美坚化工原料有限公司的产品。沉积快，电流效率高，不易烧焦，有极佳的覆盖能力，可自动调节催化剂浓度。

6. 阳极材料用的合金含量百分数均为质量分数。

(2) 提高铬镀层结力的措施

提高铬镀层与基体金属的结合力，可采用几种方法[21]，见表 7-39。

表 7-39　提高铬镀层与基体金属结合力的方法

提高结合力的方法	工 艺 操 作 方 法
冲击镀	对形状复杂的镀件，除了使用象形阳极、保护阴极和辅助阳极外，还可以在镀件入槽时，以比正常电流密度高数倍的电流对镀件进行短时间冲击镀，使镀件表面迅速沉积一层铬，然后再恢复到正常电流密度进行电镀 冲击镀也可用于铸铁件镀硬铬，由于铸铁件中含有大量的碳，氢在碳上析出的过电位较低；此外，铸铁件表面粗糙有孔隙，使得真实表面积比表观表面积大得多，若以正常电流密度电镀，则因真实电流密度太小，没有铬的沉积，所以必须采用冲击镀，使它尽快沉积上一层铬
阳极浸蚀(反镀)	对于表面易产生一层钝化膜和氧化膜的合金钢、高碳钢等的镀铬，或在断电时间较长的镀铬层上继续镀铬时，通常先将镀件作为阳极进行短时间的浸蚀处理(在同一槽内进行)，也称反镀或反拔，以便使氧化膜电化学溶解除去，并形成微观粗糙的表面，使之与镀铬层有良好的结合力
阶梯式给电	含镍、铬的合金钢，在镀铬前进行阳极浸蚀(反镀)，而后将镀件转为阴极，以比正常值小数倍的电流工作，一般电压控制在 3.5V 左右，使电极上仅进行析氢反应。由于初生态的氢原子具有很强的还原能力，能够把镀件金属表面上的氧化膜还原为金属。然后再在一定时间内，采用阶梯式通电，逐渐升高电流直至正常工艺条件，进行电镀。由于是在被活化的金属表面电镀，可获得结合力良好的镀层。再则，如镀铬过程中断电，继续电镀时，也可采用"阶梯式给电"方法，使其表面活化，而后转入正常电镀
镀前预热	对大型工件镀铬，电镀前需进行预热处理，否则不仅影响镀铬层结合力，也影响镀液温度。所以镀前要预热数分钟，当基体金属与镀液温度相等时，再进行电镀。镀液温度变化宜控制在 ±2℃ 以内

(3) 铬镀层的渗氢和除氢

在镀铬过程中，由于镀液电流效率很低，会在阴极上析出大量的氢，而吸附在阴极上的氢大部分结合成氢分子，氢分子聚合成小气泡并逐渐长大，最后离开阴极表面而逸出。剩余的氢一部分被镀层吸收，另一部分被基体所吸收，渗入基体晶体内，而造成不同的内应力，便会形成脆性断裂，这种氢脆现象严重威胁产品质量。

为减少镀铬对机械加工、研磨、成形、冷矫形零件基体材料使用性能的影响，抗拉强度大于 1034MPa 钢铁关键件、重要件镀前必须进行消除应力处理，镀后应进行除氢处理。消除应力及除氢处理条件[5]见表 7-40。

表 7-40 镀前消除应力和镀后除氢处理条件

钢的抗拉强度和硬度				消除应力处理		除氢处理	
抗抗强度 σ_b/MPa	洛氏硬度 HRC	维氏硬度 HV	布氏硬度 HBW	温度 /℃	时间 /h	温度 /℃	时间 /h
$\sigma_b \leqslant 1050$	34	320	314	不要求		不要求	
$1050 < \sigma_b \leqslant 1450$	34~45	320~438	314~427	190~220	1	190~220	8（镀铬后除氢 2h）
$1450 < \sigma_b \leqslant 1800$	45~51.5	438~530	427~507	190~220	18	190~220	18（镀铬后除氢 6h）
$\sigma_b > 1800$	51.5	530	507	190~220	24	190~220	24（镀铬后除氢 18h）
渗碳件、表面淬火件				140±10	≥5	140±10	≥5（镀铬后除氢≥5h）

注：除氢必须在镀铬后 4h 内进行。

7.3.2 防护-装饰性镀铬

装饰性铬镀层必须有中间镀层以保证有足够的防腐蚀能力，常用的中间层有亮铜、镍、铜-锡合金、铜-锌合金、镍-铁合金等镀层，在光亮或经过抛光的中间镀层上镀铬后，可以得到带银蓝色光泽的镜面镀层。

防护-装饰性镀铬，可分为一般防护-装饰性镀铬（也称常规防护-装饰性镀铬）和高耐蚀性-装饰镀铬。一般防护-装饰性镀铬应用最广泛，多用于室内温和环境使用的产品。高耐蚀性-装饰镀铬多用于耐蚀性要求高的室外严酷环境用的产品。

(1) 一般防护-装饰性镀铬

一般防护-装饰性镀铬应用最为广泛，要求镀层光亮、镀液覆盖能力好，采用多镀层体系，铬镀层一般在 0.25~0.5μm，多用 0.3μm。

装饰镀铬的镀液一般常用普通镀铬溶液的中、高浓度的镀液，还可用复合镀铬、自动调节镀铬、快速镀铬、四铬酸盐镀铬、稀土镀铬等镀液。其镀液组成及工艺规范分别见各种镀种的镀液组成、工艺规范。采用稀土镀铬，铬酐浓度可降至 150~200g/L，而覆盖能力、电流效率要明显提高。

装饰镀铬宜采用中等偏低的温度，常采用 55℃±5℃。温度过低镀层灰暗；适中镀层光亮；过高外观呈乳色。加入稀土添加剂后，在低温下也能得光亮的镀层。

装饰镀铬的电流密度范围很宽，随着镀液温度而定，它们的对应关系[3]见表 7-41。

表 7-41 镀液温度与电流密度的关系

镀液温度/℃	电流密度/(A/dm²)	镀液温度/℃	电流密度/(A/dm²)
30±5	5~10(稀土镀铬)	50	20~35
40	10~20	55	30~50
45	15~30	—	—

(2) 高耐蚀性-装饰镀铬

高耐蚀性-装饰镀铬，常采用双层镍或三层镍与不连续铬（微孔铬和微裂纹铬）组成的镀层体系，具有很高的防腐蚀性能。

镍封闭镀镍及高应力镀镍的镀液及工艺规范，参照本章镀镍中的镍封闭镀镍及高应力镀镍工艺。镀铬的镀液及工艺规范基本上与一般防护-装饰性镀铬相同。一般常用普通镀铬溶液的中、高浓度的镀液，还可用复合镀铬、自动调节镀铬、快速镀铬、四铬酸盐镀铬等镀液。采用稀土镀铬，铬酐浓度可降至 $150 \sim 200g/L$，而覆盖能力、电流效率要明显提高。

7.3.3 镀硬铬

镀硬铬（也称耐磨铬）是功能性镀铬中使用面广、用量大的重要镀种。镀层硬度高，随工艺条件的不同，其硬度可达维氏硬度 $6865 \sim 9807MPa$。该铬镀层还具有耐磨、耐热、耐腐蚀等优良性能。而且铬镀层摩擦系数低，当与其他金属表面对磨时不易磨损、卡住和咬死。

(1) 硬铬镀层的厚度

硬铬可以直接镀在钢铁基体上，并要求被沉积在足够硬的基体上。硬铬镀层厚度一般为 $2 \sim 50\mu m$，特殊耐磨镀铬为 $50 \sim 300\mu m$，修复磨损零件可达 $800 \sim 1000\mu m$，通常还要进行机加工。镀后进行除氢。硬铬镀层的适宜厚度参见表 7-42。

表 7-42　硬铬镀层的适宜厚度

镀件或制品名称		镀层厚度/μm	镀件或制品名称		镀层厚度/μm
刀具	钻头	1.3～13	轴和轴颈	泵轴	13～75
	铰刀	2.5～13		一般机械用轴	20
	扦齿刀、螺纹铣刀	30～32		内燃机轴	50
	拉刀	13～75		一般轴颈	50
	切削刀具	3		高分子化合物用	20
	丝锥、板牙	2～20	轧辊	造纸用（辗光机类）	30
量具（卡板、塞规）及平面零件		5～40		纺织用	20
金属模具	一般模具	10～20		非铁金属加工用	30
	塑料模具	5～50		钢铁加工用	50
	拉丝模	13～205		一般机械	20
	拉深凸模及冲头	38～205	用于减少摩擦力和抗轻微磨损		2～10
	锻造用模具	30	用于抗中等磨损		10～30
	玻璃用模具	50	用于抗黏附磨损		30～60
	陶瓷工业用模具	50	用于抗严重磨损		60～120
滚筒及线盘		6～305	用于抗严重磨损及抗严重腐蚀		120～250
液压凸轮		13～150	用于修复		＞250

(2) 镀液组成及工艺规范

镀硬铬溶液有普通镀铬溶液（即常规镀硬铬溶液）和高效镀铬溶液。目前，在国内从催化剂及添加剂上来研究如何提高电流效率、覆盖能力等，取得不少成果，镀层质量已有很大提高。

① 普通镀铬溶液。普通镀铬溶液的组成及工艺规范见表 7-43。

表 7-43　普通镀铬溶液的组成及工艺规范

溶液成分及工艺规范		1			2		
铬酐(CrO_3)/(g/L)		135～165			200～250		
硫酸(H_2SO_4)/(g/L)		1.35～1.65			2～2.5		
温度/℃		55	60	65	50	55	60
阴极电流密度/(A/dm²)	钢铁件	45	50	55	40	50	60
	铜件	25	35		25	35	

② 高效镀铬溶液。高效镀铬溶液是在普通镀铬溶液中，加入一种或几种有机添加剂，并

辅助加入少量无机化合物，使其镀液及镀层获得优良的性能。目前，国内已有这类添加剂商品供应。高效镀硬铬的溶液组成及工艺规范见表 7-44。

表 7-44　高效镀硬铬的溶液组成及工艺规范

溶液成分及工艺规范	1	2	3	4	5	6
铬酐(CrO_3)/(g/L)	150～300	200～280	250	150～300	250	180～240
硫酸(H_2SO_4)/(g/L)	1.5～3.3	1.8～2.3	2.7	1.5～3	2.7	1.8～3.4
三份铬(Cr)/(g/L)	2～5	1～3	—	2～6	1～3	1～3
3HC-25 添加剂/(mL/L)	7～9	—	—	—	—	—
8F 铬雾抑制剂/(g/L)	0.03	—	—	—	—	—
CR-102A 开缸剂/(mL/L)	—	10	—	—	—	—
STHC-2 添加剂/(mL/L)	—	—	20	—	—	—
HP-6201 添加剂/(g/L)	—	—	—	3～4	—	—
HVEE 添加剂(开缸)/(g/L)	—	—	—	—	3	—
HVEE 添加剂(补给量)	—	—	—	—	2g/(kA·h)	—
CR-203A 开缸剂/(mL/L)	—	—	—	—	—	25～30
温度/℃	55～70	55～60	60	55～65	55～60	55～65
阴极电流密度/(A/dm²)	50～100	40～90	60	30～80	30～90	40～90
阳极面积：阴极面积比	(2～3)∶1	(2～3)∶1	(2～3)∶1	(2～3)∶1	—	(2～3)∶1

注：1. 配方 1 的 3HC-25 添加剂、8F 铬雾抑制剂是上海永生助剂厂的产品。电流效率可达到 20%～27%，沉积速度快，达 1～1.5μm/min。硬度达 HV1000 以上。3HC-25 消耗量约 2～4mL/(kA·h)。阳极为含锡 8% 的铅锡合金板（经过锻压）或含锑 6% 的铅锑合金板（经过锻压）。

2. 配方 2 的 CR-102A 开缸剂是广东达志化工有限公司的产品。

3. 配方 3 的 STHC-2 添加剂是郑州鑫顺电镀技术有限公司的产品。镀层硬度可达 1000HV 以上，阴极电流效率可达 22%～27%，能产生微裂纹（400～1000 条/cm² 以上）。

4. 配方 4 的 HP-6201 添加剂是东莞市华普表面处理有限公司的产品。

5. 配方 5 的 HVEE 添加剂是江苏梦得电镀化学品有限公司的产品。

6. 配方 6 的 CR-203A 开缸剂是广州美迪斯新材料有限公司的产品。镀层具有微裂纹（400～1500 条/cm²），耐蚀性高。镀层硬度为 1050～1200HV。阴极电流效率达 26%。可用铬雾抑制剂，改善操作环境。

7.3.4　滚镀铬

滚镀铬多用于体积小、数量多又难于悬挂的零件的装饰性镀层。但只适用于形状简单、具有一定自重的零件；不适用于扁平片状、自重轻以及外观要求较高的零件的电镀。

滚镀铬比滚镀其他金属要困难些，因为镀铬液覆盖能力差，滚镀铬无牢固的接触点，电流不连续使镀层结合力和光亮度降低，镀液升温快。

滚镀铬溶液不能只采用硫酸催化剂，应采用与氟硅酸（或氟硅酸盐等）配合使用的催化剂。这是因为滚镀铬时镀件不断传（翻）动和相互碰撞，会使电接触的情况不断变化，电流密度时大时小，甚至还有断电的过程，而滚镀液加进了氟硅酸离子后，会使其具有活化铬镀层表面的作用，使电流中断后再镀时，仍然能获得结合力良好的光亮铬镀层。

滚镀铬对镀件的镀前处理比较简单。由于是在中间层（如镍、锌-铜、铜-锡、镍-铁、锌-铁合金等）上套铬，可在 5%（体积分数）硫酸的溶液中活化，仔细清洗后就可以进行滚镀铬。

滚镀铬的溶液组成及工艺规范见表 7-45。

表 7-45　滚镀铬的溶液组成及工艺规范

溶液成分及工艺规范	1	2	3	4	5
铬酐(CrO_3)/(g/L)	180～220	250～270	300～350	400～500	300～350
硫酸(H_2SO_4)/(g/L)	0.5	0.5	0.6～0.9	0.4～0.5	—
32%氟硅酸(H_2SiF_6)/(g/L)	5～7	3～5	5～6	—	17
氟硅酸钠(Na_2SiF_6)/(g/L)	—	—	—	6～8	—

续表

溶液成分及工艺规范	1	2	3	4	5
氟硼酸(HBF_3)/(g/L)	—	—	2～3	—	—
草酸($H_2C_2O_4 \cdot 2H_2O$)/(g/L)	—	—	—	—	1
温度/℃	10～35	25～35	25～35	30～35	<45
总电流/(A/筒)	240～300	250～300	200～250	200～300	200～300
每筒装载质量/kg	1～3	1～3	1～3	1～3	1～3
时间/min	30～40	30～40	30～40	20～30	30～40
滚筒转速/(r/min)	0.5～3	1	0.5～3	0.5～3	0.5～3

备注	1. 表中滚筒直径为350mm,长度为350mm 2. 镀液温度一般为30～35℃,大于36℃时镀层颜色发白。为防止镀液温度升高,需要设置冷却装置 3. 滚筒装载量及工作电流,按下列情况考虑: 　镀件在镀液中的浸没深度一般为滚筒直径的30%～40% 　滚筒所采用的电镀电流,一般约为10～30A/dm²。常用的卧式滚镀机的筒内装料量一般不超过5kg。下列的滚筒装载量及所需电镀电流值,可供参考: 　滚筒工作尺寸(直径×长度,mm)350×350,装料量约为1～3kg,所需电镀电流200～300A 　滚筒工作尺寸(直径×长度,mm)420×600,装料量约为3～5kg,所需电镀电流400～600A 4. 镀大总面积时,可在滚筒外另加挂辅助阳极;带电入槽,开始用大电流冲击1～2min

7.3.5　复合镀铬

由铬酐和两种催化剂硫酸和氟硅酸组成的镀液,称为复合镀铬溶液。具有电流效率高(18%～25%)、分散能力和覆盖能力好、光亮电流密度范围宽、阴极电流密度可提高到80A/dm²以上等特点。复合镀铬适用于装饰性镀铬、镀硬铬及小件滚镀铬。氟硅酸可降低沉积铬的临界电流密度,并具有活化作用,短时断电,重新电镀不会引起铬层脱皮。但镀液腐蚀性强,必须采取相应的防护措施。

复合镀铬与普通镀铬的比较见表7-46。

表 7-46　复合镀铬与普通镀铬的比较

项　目	复合镀铬	普通镀铬
镀液	成分:铬酐、硫酸、氟硅酸 含量控制:CrO_3 : H_2SO_4 = 200 : 1,加入 H_2SiF_6 约5g/L镀液很稳定	成分:铬酐、硫酸 含量控制:CrO_3 : H_2SO_4 = 100 : 1
光泽范围	光亮范围:宽 镀液温度控制:±5℃ 光泽:带有浅蓝银白色的光亮镀层	光亮范围:窄 镀液温度控制:±(1～2)℃ 光泽:不如复合铬层美观
光亮硬质铬范围	光亮硬质铬范围(温度及电流密度)较宽,对铬镀层加厚、加硬有好处。由于可采用较高的电流密度,使分散能力也提高。更适用于形状复杂的各种模具的镀铬	光亮硬质铬范围(温度及电流密度)较窄,温度及电流密度对硬度影响很大,应严格控制
操作条件对硬度的影响	所获铬镀层硬度要比普通镀铬高 当电流密度为60A/dm²、温度为60℃时,硬度为64HRC;当温度提高到65℃时,硬度仍高达61HRC	铬镀层硬度要比复合镀铬低 当电流密度为60A/dm²、温度为60℃时,硬度为59HRC;当温度提高到65℃时,硬度则显著降低到54HRC
气孔率	铬镀层气孔率很少,在0～1个/dm²,镀层组织很细致,裂纹也很小,完全可以达到标准中的裂纹和孔隙率的要求	气孔较多,超过5个/dm²
表面加工精度对铬镀层的影响	镀前表面不抛光,也能获得光泽细致、颗粒很少的镀层	镀前表面需要抛光,如不抛光,铬镀层表面颗粒很多
电流效率	电流效率可高达26%左右	电流效率为13%～18%
镀层其他性能	与基体结合力、韧性、耐磨性等优于普通镀铬	与基体结合力、韧性、耐磨性等不如复合镀铬
镀液的腐蚀性	由于有氟硅酸,腐蚀性强,容易腐蚀零件、镀槽、加热管、阳极等	镀液腐蚀性比复合镀液小

装饰性复合镀铬的溶液组成及工艺规范见表 7-47。

表 7-47　装饰性复合镀铬的溶液组成及工艺规范

溶液成分及工艺规范	1	2	3	4	5
铬酐(CrO_3)/(g/L)	50~60	50~60	80~120	120~130	200~250
硫酸(H_2SO_4)/(g/L)	0.45~0.55	0.45~0.65	0.8~1.2	0.9~1.0	1~1.25
38%氟硅酸(H_2SiF_6)/(g/L)	0.6~0.8	—	1~1.5	0.4	3~5
氟硅酸钠(Na_2SiF_6)/(g/L)	—	0.5~0.8	—	—	—
温度/℃	53~55	53~55	53~57	45~50	45~55
阴极电流密度/(A/dm²)	30~40	30~40	30~40	20~25	25~40

注：1. 配方 5 的氟硅酸含量 3~5g/L，以 100%计。

　　2. 阳极采用铅-锡合金。

硬铬、厚铬等复合镀铬的溶液组成及工艺规范[1]见表 7-48。

表 7-48　硬铬、厚铬等复合镀铬的溶液组成及工艺规范

溶液成分及工艺规范		工 艺 规 范		
成分	含量/(g/L)	温度/℃	阴极电流密度/(A/dm²)	沉积速率/(μm/h)
铬酐(CrO_3)	200~250	50±2	40~45	40~45
硫酸(H_2SO_4)	1~1.25	55±2	50~55	50~55
氟硅酸(H_2SiF_6)	3~5	60±2	60~65	60~65
	(以 100%计)	65±2	70~80	70~80

注：1. 因镀层裂纹不明显，不宜用于松孔镀铬。

　　2. 氟硅酸也可用氟硅酸钠，含量 4~8g/L。

　　3. 阳极采用铅-锡合金。

7.3.6　自动调节镀铬

自动调节镀铬与标准镀铬的不同之处，是在其溶液中以硫酸锶代替了标准镀铬溶液中的硫酸，与新添加的氟硅酸钾，组成复合催化剂。由于在电镀过程中，过量添加的低溶解度的催化剂的盐类，能够通过自动电离来补充镀液中的硫酸催化剂，从而可以自动调节镀液。自动调节镀铬的溶液组成及工艺规范见表 7-49。

表 7-49　自动调节镀铬的溶液组成及工艺规范

溶液成分及工艺规范		工 艺 规 范		
成分	含量/(g/L)	镀铬种类	温度/℃	阴极电流密度/(A/dm²)
铬酐(CrO_3)	250~300	装饰铬	50~60	30~45
硫酸锶($SrSO_4$)	6~8	缎面铬	55~62	40~60
氟硅酸钾(K_2SiF_6)	20	硬铬	55~62	40~80
阳极：铅-锑合金或铅-锡合金		乳白铬	70~72	25~30
备注	阳极材料，铅-锑合金中含锑(质量分数)6%~8%，铅-锡合金中含锡(质量分数)8%~10%			

市售商品 CR-A、B 低温高效 自调节镀铬添加剂	参数	工 艺 规 范
铬酐(CrO_3)	150~220g/L	温度为 25~40℃；阴极电流密度为 2~25A/dm²
CR-A 添加剂	3~5mL/L	阳极为含 Sn 质量分数为 6%~8%的 Pb-Sn 合金
CR-B 添加剂	15~25mL/L	每补充 1kg 铬酐需加入 CR-A 添加剂 10mL/L，CR-B 100mL/L
密度（波美度）/°Bé	5~20	
备注	镀液温度低，具有较好的分散能力和覆盖能力，阴极电流效率可达 25%~28%，可自动调节硫酸根浓度，镀液稳定 CR-A、B 添加剂是广州美迪斯新材料有限公司的产品	

7.3.7　快速镀铬

快速镀铬溶液，是在普通镀铬溶液（标准镀铬溶液）的基础上，加入硼酸及氧化镁，可允许使用较高的电流密度，从而提高了沉积速度，所得镀层内应力小，与基体的结合力好，分散能力好，镀层结晶细致，硬度高（HRC61～62）。

快速镀铬的溶液组成及工艺规范见表 7-50。

表 7-50　快速镀铬的溶液组成及工艺规范

溶液成分		工艺规范		
成分	含量/(g/L)	镀铬种类	温度/℃	阴极电流密度/(A/dm²)
铬酐(CrO₃)	180～250	装饰铬	55～60	30～45
硫酸(H₂SO₄)	1.8～2.5	缎面铬	55～60	40～60
硼酸(H₃BO₃)	8～10	硬铬	55～60	40～80
氧化镁(MgO)	4～5	乳白铬	70～72	25～30

7.3.8　冷镀铬

在室温下进行镀铬，称为冷镀铬，对铜及铜合金件无显著腐蚀。电流效率高，分散能力和覆盖能力很好，由于阴极电流密度较低，沉积速度慢，可适用于镀薄的光亮铬镀层。冷镀铬可以挂镀和滚镀，多用于滚镀。

镀液由铬酐和氟化物（NH_4F 或 NaF）组成，也可加入少量硫酸。镀液温度和阴极电流密度较低。冷镀铬的溶液组成及工艺规范见表 7-51。

表 7-51　冷镀铬的溶液组成及工艺规范

溶液成分及工艺规范	1	2	3	4
铬酐(CrO₃)/(g/L)	250	250	300	350～400
硫酸(H₂SO₄)/(g/L)	0.6	0.6	—	—
氟化钠(NaF)/(g/L)	—	10	—	7～10
氟化铵(NH₄F)/(g/L)	4～6	—	6	—
硫酸铬[Cr(SO₄)₃]/(g/L)	—	—	15	—
三价铬(Cr³⁺)/(g/L)	—	—	—	3～6
温度/℃	18～30	18～30	18～30	18～20
阴极电流密度/(A/dm²)	5～15	5～15	5～15	8～12

7.3.9　四铬酸盐镀铬

这类镀液中的铬酸被碱中和到以四铬酸钠（$Na_2O \cdot 4CrO_3$）形式存在，因此称为四铬酸盐镀铬。镀液的铬酐浓度较高，除含有铬酐、硫酸外，还加有氢氧化钠、氟化钠、柠檬酸钠和糖等。这种镀液的允许阴极电流密度高（20～80A/dm²）、沉积速度快、电流效率高（可高达 30%～37%）。镀液具有良好的分散能力和覆盖能力，可使复杂零件无需采取特殊处理措施。镀层结晶细致、孔隙少、易抛光，具有良好的耐蚀性。但镀层硬度较低。镀层色泽灰暗，如需光亮度，必须抛光。使用高电流密度时，需要冷却镀液。四铬酸盐镀铬是很有发展前途的一种新镀液，但由于镀层色泽与铬酸镀液获得的镀层色泽还有差距，尚未取得大量应用。

四铬酸盐镀铬的溶液组成及工艺规范见表 7-52。

表 7-52　四铬酸盐镀铬的溶液组成及工艺规范

溶液成分		工艺规范		
成分	含量/(g/L)	镀铬种类	温度/℃	阴极电流密度/(A/dm²)
铬酐(CrO₃)	350～400	装饰铬	20～45	20～40
硫酸(H₂SO₄)	1.5～2	缎面铬	20～45	30～50
氢氧化钠(NaOH)	52	阳极	铅-锑合金(含锑 6%～8%,质量分数)	

续表

溶 液 成 分		工 艺 规 范		
成分	含量/(g/L)	镀铬种类	温度/℃	阴极电流密度/(A/dm²)
柠檬酸钠(Na₃C₆H₅O₇)	3~5	备注	镀液温度在20~35℃时,铬镀层颜色为灰色;35~45℃时为银白色。温度控制在25℃左右时,电流效率最高,温度不应低于20℃。镀液剧烈发热时,需用冷水冷却或安装冷冻装置	
氟化钠(NaF)	2~4			
糖	0.5~2			
三价铬	5~8			

7.3.10　双层镀铬

双层镀铬也称双重铬。其作用提高镀层的耐蚀性、耐磨性。有两种双层铬形式,即耐蚀双层铬和耐磨双层铬。

(1) 耐蚀双层铬

先在标准镀铬溶液中镀第一层铬,然后在无气孔和低裂纹的镀铬溶液中镀第二层铬,可以获得高耐蚀性的铬镀层。其溶液及工艺规范[1]见表7-53。

表 7-53　耐蚀双层铬的溶液组成及工艺规范

镀铬层次	镀液组成		工艺规范
	成分	含量	
第一层 (标准镀液)	铬酐(CrO₃)	250g/L	镀液温度:50℃±1℃ 阴极电流密度:50A/dm²
	硫酸(H₂SO₄)	2.5g/L	
	CrO:H₂SO₄	100:1	
第二层 (无气孔和低裂纹镀液)	铬酐(CrO₃)	350g/L	镀液温度:60℃±1℃ 阴极电流密度:35A/dm²
	硫酸(H₂SO₄)	2.3g/L	
	CrO:H₂SO₄	150:1	

(2) 耐磨双层铬

先镀上一层10~20μm乳白铬,然后在其上再镀一层20~30μm耐磨性硬铬,这种组合的耐磨双层铬,既耐蚀又耐磨。

这种铬镀层的电镀方法,可以在同一镀铬槽内进行。先将镀液温度加热到65~70℃,镀第一层乳白铬;不取出镀件,也不断电,将阴极电流密度降至5~15A/dm²,将镀液温度降到58~60℃范围,再提高阴极电流密度至55~60A/dm²,镀硬铬镀到所需时间。耐磨双层铬的溶液组成及工艺规范[1]见表7-54。

表 7-54　耐磨双层铬的溶液组成及工艺规范

镀铬层次	镀液组成		工艺规范
	成分	含量	
第一层 (乳白铬镀液)	铬酐(CrO₃)	220~250g/L	镀液温度:65~70℃ 阴极电流密度:25~30A/dm² 电镀时间:35~40min
	硫酸(H₂SO₄)	2.2~2.5g/L	
	CrO:H₂SO₄	100:1	
第二层 (标准镀液镀耐磨硬铬)	铬酐(CrO₃)	200~250g/L	镀液温度:60℃±2℃ 阴极电流密度:55~60A/dm² 电镀时间:50~60min
	硫酸(H₂SO₄)	2~2.5g/L	
	CrO:H₂SO₄	100:1	

7.3.11　镀乳白铬

通过改变镀铬溶液的工艺规范,在较高镀液温度(65~75℃)和较低的阴极电流密度(20A/dm²±5A/dm²)下获得的乳白色的无光泽的铬镀层称为乳白铬。镀层具有柔和舒适、带有弱反光的乳白色调，韧性好，能承受较大的变形而镀层不致剥落。铬镀层孔隙少、裂纹少、内应力小、耐蚀性好，但镀层硬度比硬铬稍低些，维氏硬度为 $5884\sim6865MPa$（HV600$\sim$700）。

乳白铬可直接镀覆在钢、锌、铝制品上，以代替多层电镀。在乳白色铬镀层上再镀一层光亮硬铬，能提高耐蚀耐磨性能，这种镀层称为双层铬。

乳白铬直接镀在经喷砂后的表面，能达到缎面铬外观，并具有良好的耐蚀性，常用于量具、分度盘、仪器面板等镀铬。

镀乳白铬的溶液组成及工艺规范见表 7-55。

表 7-55　镀乳白铬的溶液组成及工艺规范

溶液成分及工艺规范	普通镀铬液			自动调节镀铬液	快速镀铬液
	1	2	3		
铬酐(CrO_3)/(g/L)	130$\sim$150	150$\sim$180	250	250$\sim$300	180$\sim$250
硫酸(H_2SO_4)/(g/L)	1.3$\sim$1.5	1.5$\sim$1.8	2.5	—	1.8$\sim$2.5
硫酸锶($SrSO_4$)/(g/L)	—	—	—	6$\sim$8	—
氟硅酸钾(K_2SiF_6)/(g/L)	—	—	—	20	—
硼酸(H_3BO_3)/(g/L)	—	—	—	—	8$\sim$10
氧化镁(MgO)/(g/L)	—	—	—	—	4$\sim$5
温度/℃	70$\sim$75	74$\sim$79	70$\sim$72	70$\sim$72	70$\sim$72
阴极电流密度/(A/dm²)	30$\sim$40	25$\sim$30	25$\sim$30	25$\sim$30	25$\sim$30

7.3.12　镀黑铬

黑铬是在一定组成的镀液中，获得没有反光作用的镀层。它不是纯金属铬，而是由金属铬和三氧化二铬的水合物组成，呈树枝状结构，金属铬以微粒形式弥散在铬的氧化物中，形成吸光中心，使镀层呈现黑色，即黑色铬镀层。

黑铬镀层属于功能性镀层中的一种特殊镀层，具有耐磨、耐蚀、耐热等优点。耐蚀性优于普通镀铬，热稳定性高，与底层结合力好。但硬度较低，只有 HV130$\sim$350。镀黑铬应用广泛，尤其是用于太阳能吸收器的吸收镀层。

黑铬镀层可以直接在钢铁、铜、镍和不锈钢上进行电镀，也可先镀中间层，如钢铁件镀黑铬，先镀铜、镍或铜-锡合金作底层；黄铜镀黑铬则用镀镍作底层。黑铬电镀工艺与装饰性镀铬相似，可采用双层镍或三层镍等高耐蚀性电镀工艺。

镀黑铬的溶液组成及工艺规范见表 7-56、表 7-57。

表 7-56　镀黑铬的溶液组成及工艺规范

溶液成分及工艺规范	1	2	3	4	5	6
铬酐(CrO_3)/(g/L)	300$\sim$350	200$\sim$250	300$\sim$350	250$\sim$300	200$\sim$250	250$\sim$300
硝酸钠($NaNO_3$)/(g/L)	8$\sim$12	—	7$\sim$12	7$\sim$11	5	7$\sim$11
醋酸(CH_3COOH)/(g/L)	—	6$\sim$6.5	—	—	6.5	—
硼酸(H_3BO_3)/(g/L)	25$\sim$30	—	25$\sim$30	20$\sim$25	—	3$\sim$5
氟硅酸(H_2SiF_6)/(g/L)	0.1$\sim$0.3	—	—	0.1$\sim$0.3	—	—
氯化镍($NiCl_2 \cdot 6H_2O$)/(g/L)	—	—	—	20$\sim$50	—	—
温度/℃	20$\sim$40	<40	<40	18$\sim$35	30$\sim$50	25$\sim$30
阴极电流密度/(A/dm²)	45$\sim$60	50$\sim$100	35$\sim$60	35$\sim$60	50$\sim$100	40$\sim$50
时间/min	15$\sim$20	5$\sim$10	10$\sim$20	15$\sim$20	5$\sim$10	15$\sim$20
备注	黑铬镀液是以铬酐水溶液为主，与普通镀铬溶液相似，只是催化剂不能用硫酸。因为有硫酸根存在时，铬镀层呈淡黄色或灰色。所以，在配制镀液时，必须将铬酐中存在的硫酸根用碳酸钡或氢氧化钡彻底除净，这是镀黑铬工艺的关键。在镀黑铬溶液中，采用两种催化剂比单纯一种催化剂的效果优越。目前生产上广泛采用醋酸和氟硅酸作为催化剂					

表 7-57　市售商品添加剂的镀黑铬工艺规范

添加剂名称及型号	成分及含量/(g/L)	工艺规范	备　注
BC-1 黑铬添加剂	铬酐(CrO_3)　280～320 BC-1 添加剂　12～15	温度:15～35℃ 电流密度:25～35A/dm² 时间:20～30min	上海永生助剂厂的产品
CR-205 高效黑铬添加剂	铬酐(CrO_3)　350～450 BC-1 添加剂　20～25	温度:20～30℃ 电流密度:10～50A/dm²	广州美迪斯新材料有限公司的产品
LY-022 黑铬盐	铬酐(CrO_3)　400 LY-022 黑铬盐　28	温度:15～28℃ 电流密度:17～38A/dm² 时间:4～8min	天津市中盛表面处理技术有限公司的产品
TH-203 黑铬添加剂	铬酐(CrO_3)　400～500 三价铬(Cr^{3+})　4～15 TH-203 添加剂　8～12	温度:15～25℃ 电流密度:15～40A/dm² 时间:4～8min	吉和昌精细化工有限公司的产品
GG-CR64 黑铬添加剂	铬酐(CrO_3)　350～450 三价铬(Cr^{3+})　4～15 GG-CR64 添加剂　8～15	温度:15～25℃ 电流密度:25A/dm² 沉积速度:0.5μm/min	深圳市宝安区松岗国光电镀原料经营部的产品
BL 黑铬添加剂	铬酐(CrO_3)　200～250 硝酸钠($NaNO_3$)　4 硝酸银($AgNO_3$)　1 BL 添加剂　40mL/L	温度:<40℃ 电流密度:20～30A/dm² 时间:10min	广州电器科学研究所的产品

7.3.13　松孔镀铬

松孔铬亦称为网纹铬,是对已有的硬铬镀层进行阳极处理(松孔处理),使铬镀层原有的网状裂纹加深加宽,使其具有一定疏密程度和深度而彼此沟通的网状沟纹的硬铬镀层。松孔铬镀层是耐磨铬镀层中的特殊镀层。该镀层具有很好的吸油(储油)能力,工作时,沟纹内储存的润滑油被挤出,溢流在工作表面上,由于毛细管作用,润滑油还可以沿着沟纹渗到整个工作表面,从而改善整个工作表面的润滑性能,降低摩擦系数,提高铬镀层的耐磨能力,同时,因镀层内有油,也大大提高了耐蚀性。

松孔铬镀层主要应用于摩擦状态下工作的零件,如内燃机汽缸腔、活塞环、滑动轴承、油门操纵轴以及起重机的活塞杆等。对松孔铬镀层的技术要求,如表 7-58 所示。

表 7-58　松孔铬镀层的技术要求

项目	技 术 要 求
硬度	维氏硬度为 8000～10000MPa
厚度	单面铬镀层厚度应大于 100μm 以上,但不应超过 250μm
结合力	可直接镀在钢铁上,结合好良好
耐磨性	松孔铬镀层耐磨性比硬铬镀层好。耐磨性与储油量有关,耐磨性取决于铬镀层平面部分裂纹网面积的大小,也与铬镀层松孔度、松孔深度等有关
储油性	松孔铬镀层的储油性(在 1dm² 镀层面积上的吸油量)取决于松孔度,其松孔度要求如下: 1. 松孔度百分比。铬镀层表面精加工后,在整个铬镀层表面上松孔度应为 20%～35% 2. 松孔度的偏差。在任何一个 50.8mm² 的面积内,平均松孔度为 20%～35%;对 12.5mm 以下直径的范围内,平均松孔度为 35%～70%,允许有小于 20% 的松孔度偏差

(1) 松孔镀铬的加工方法

松孔镀铬的加工方法有机械法、化学法和电化学浸蚀法,而目前最常用的是电化学浸蚀加工方法。其加工方法见表 7-59。

表 7-59 松孔镀铬的加工方法

加工方法	操 作 方 法 及 特 点
机械法	在零件镀铬表面上用滚压工具,压成圆锥形或角锥形的小坑或相应地车削成沟槽,然后镀铬、研磨。此法简单,易于控制,但对润滑油的吸附性能不好
化学法	利用铬镀层原有裂纹边缘具有较高活性的特点,在稀盐酸中于室温下或热的稀硫酸中浸蚀,裂纹边缘的铬优先溶解,从而使裂纹加宽加深,形成松孔铬镀层。这种方法铬损耗大,溶解不均匀,难以控制质量
电化学浸蚀法	在镀硬铬后,再进行阳极浸蚀松孔处理。由于铬镀层裂纹处的电位低于平面的电位,因此裂纹处的铬优先溶解,而使裂纹进一步拓宽加深,处理后的松孔深度一般为 $0.02\sim0.05\mu m$,所获得松孔铬镀层的松孔裂纹细致、均匀,质量好。电化学浸蚀法是目前最普遍的使用方法。松孔镀铬常用的加工方法有以下两种: 加工方法 1:进行机械加工→镀铬→除氢→磨光→阳极松孔。这种方法所得松孔铬镀层质量较好,但工序复杂 加工方法 2:进行机械加工→镀铬→阳极松孔→除氢→磨光。这种方法工序较简单、方便。但质量较方法 1 差,裂纹网分布不均匀;因采用最后磨光,被磨光加工的松孔铬因磨料颗粒容易藏在裂纹内而不易清理

(2) 镀液组成及工艺规范

松孔镀铬的溶液组成及工艺规范见表 7-60。

表 7-60 松孔镀铬的溶液组成及工艺规范

溶液成分及工艺规范	1	2	3	4
铬酐(CrO_3)/(g/L)	240~260	250	180	150
硫酸(H_2SO_4)/(g/L)	2.0~2.2	2.3~2.5	1.8	1.5~1.7
CrO_3:H_2SO_4	120	100~110	100	89~100
温度/℃	60±1	51±1	59±1	57±1
阴极电流密度/(A/dm^2)	50~55	45~50	50~55	45~55

阳极松孔处理的溶液组成及工艺规范见表 7-61。

表 7-61 阳极松孔处理的溶液组成及工艺规范

溶液成分及工艺规范	酸性松孔处理	碱性松孔处理
铬酐(CrO_3,工业级)/(g/L)	150~250	—
硫酸(H_2SO_4,$d=1.84$)/(g/L)	1.5~2.5	—
氢氧化钠(NaOH,工业级)/(g/L)	—	80~120
温度/℃	50~58	室温
阳极电流密度/(A/dm^2)	30~50	40~50
时间/min	3~12	3~12

7.3.14 三价铬镀铬

为了取代危害性大、严重污染的六价铬电镀,人们经过长期不懈的努力,进行大量的研究,目前对三价铬镀铬方面已取得明显的进展,已在装饰性电镀方面获得工业应用。

三价铬镀铬与六价铬镀液比较,其工艺特点如表 7-62 所示。

表 7-62 三价铬镀铬工艺特点

项 目	工 艺 特 点
镀液三价铬含量和毒性	三价铬镀液中的三价铬含量低,只有六价铬镀液中含铬量的 1/7 甚至更少;其毒性仅是六价铬的 1/100;排出铬酸雾大大降低;操作时带出镀液损失少;废水处理比较容易
镀液分散能力和覆盖能力	镀液有较好的分散能力和覆盖能力,可以电镀形状较复杂的零件
镀液温度范围	镀液温度范围宽,一般在 15~45℃,在 20~35℃较佳,镀液温度低,节能
阴极电流密度范围	使用阴极电流密度范围很宽;可以为 3~100A/dm²,并在高电流密度下,铬镀层不致烧焦。通常可在较低电流密度下工作。电流效率一般可达到 12%~25%,最高可达 50%~60%
电镀过程中,不受电流中断的影响	电镀过程中也可以将镀件从镀液中取出检查,然后放回镀液中仍可继续电镀,不影响镀层结合力。由于电镀过程中电流可以中断,根据工作情况可以改变操作条件

续表

项　　目	工 艺 特 点
三价铬镀铬层厚度	三价铬镀铬的镀层薄,硬度较低,不如六价铬镀层,所以目前还不能用于镀硬铬
三价铬镀铬层耐蚀性	三价铬镀铬的铬镀层的耐蚀性比六价铬镀层高。因镀层呈微孔,当厚度为 $1\mu m$ 时,就出现微裂纹结构,故耐蚀性高
电镀性能	容易在钢、铜及铜合金、锌铸件或镍上直接电镀,结合力良好
铬镀层退除方法	铬镀层退除方法与六价铬镀层退除方法相同,而且退除过程中的废品率降低
三价铬镀铬操作控制	三价铬镀铬的沉积机理没有六价铬镀铬复杂。因为三价铬镀铬是采用铬盐、导电盐及添加剂等,这与一般电镀过程相似。但三价铬镀液成分比较复杂,操作控制有一定难度

三价铬镀铬的难点见表 7-63。

表 7-63　三价铬镀铬的难点

三价铬镀铬工艺性质	三价铬镀铬操作控制难点
镀液稳定性较差	镀液中六价铬的产生和积累以及杂质的积累,引起镀液的不稳定
镀液组分较复杂	三价铬镀液组分较为复杂,特别是对配位剂的选择、操作控制、维护和调整较复杂
阳极选择的难点	阳极附近的 Cr^{3+} 常常会被氧化成 Cr^{6+},难以控制。而 Cr^{6+} 是三价铬镀液中比较敏感的极其有害的杂质,它是阻碍三价铬电镀发展的重要因素。所以,如何在阳极氧化过程抑制 Cr^{6+} 的生成,是三价铬镀铬的关键之一
铬镀层难以加厚	三价铬镀液所获得铬镀层很难加厚,镀层最大厚度只能达到 $3\mu m$ 左右。而且难以达到六价铬镀液中获取的带浅蓝色的银白色铬镀层,三价铬镀层近似不锈钢的色泽
杂质的容忍度低	三价铬镀液对 Cu^{2+}、Ni^{2+}、Zn^{2+}、Fe^{2+} 等金属杂质离子容忍度较低。当这些杂质离子积累到一定程度时,镀层会产生黑色条纹和云状斑点,严重时影响覆盖能力,不能进行正常生产

目前,三价铬镀铬研究、开发和应用的镀液类型有硫酸盐三价铬镀液体系和氯化物三价铬镀液体系两种。

(1) 硫酸盐三价铬镀铬

硫酸盐三价铬电镀发展相对较晚。20 世纪 90 年代以后,在研究中发现硫酸盐体系三价铬电镀具有很多特点,于是该体系的研究和发展迅速。近几年来,三价铬电镀在我国发展迅速,相继推出了一些产业化的三价铬镀铬商品。

硫酸盐三价铬镀铬工艺的特点[25]见表 7-64。

表 7-64　硫酸盐三价铬镀铬工艺的特点

优点	1. 镀液中不含氯离子,其腐蚀性相对较小,可用于锌合金镀层。而且对设备等腐蚀较小 2. 电镀过程中在阳极上不会有氯气产生,有利于环保 3. 镀液维护比氯化物体系相对容易、方便,管理成本低 4. 镀层色泽更接近六价铬镀层,镀层耐蚀性与六价铬镀层相当,比氯化物体系镀层耐蚀性高 5. 镀液可采用常温电镀,节能,工艺维护也比较容易 6. 废水处理比较容易
缺点	1. 硫酸盐镀液中的三价铬和其他组分浓度一般比较低,导电性较差 2. 电镀通常使用特殊的钛上涂层阳极(DSA),但 DSA 阳极成本高,一次投资费用较高

目前硫酸盐三价铬镀液体系大致可分为两种类型:一类是含铬浓度较高(约 0.4mol/L),使用温度较高(40~50℃);另一类是含铬浓度较低(约 0.2mol/L 以下),使用温度较低,常温即可。

新近发展的几种硫酸盐三价铬镀铬的溶液组成及工艺规范见表 7-65。

表 7-65　硫酸盐三价铬镀铬的溶液组成及工艺规范[25]

溶液成分及工艺规范	硫酸铬-尿素体系	硫酸铬-草酸盐体系	硫酸铬-柠檬酸盐体系	硫酸铬-羧酸盐体系(一)	硫酸铬-羧酸盐体系(二)
硫酸铬$[Cr_2(SO_4)_3 \cdot 6H_2O]$/(g/L)	300～400	180～220	150	35～50	30～40
甲酸铵$(HCOONH_4)$/(g/L)	—	—	60～90	—	5～10
甲酸钠$(HCOONa)$/(g/L)	—	—	—	6	—
草酸铵$[(NH_4)_2C_2O_4]$/(g/L)	—	50～90	25～35	—	—
羧酸盐/(g/L)	—	—	—	8	6～8
尿素$[CO(NH_2)_2]$/(g/L)	30～46	—	20～25	—	—
硫酸钠(Na_2SO_4)/(g/L)	20～300	90～110	140	60	40～60
硫酸钾(K_2SO_4)/(g/L)	—	—	—	50	40～60
硫酸铝$[Al_2(SO_4)_3 \cdot 18H_2O]$/(g/L)	—	—	120	20	20
抗坏血酸$(C_6H_8O_6)$/(g/L)	5～20	—	10	—	—
硼酸(H_3BO_3)/(g/L)	—	30～35	35～45	40	—
氟化钠(NaF)/(g/L)	—	17～23	—	—	—
丙三醇$[CH_2(OH)CH(OH)CH_2(OH)]$/(mL/L)	—	2～3	—	—	—
添加剂/(g/L)	—	—	少量	少量	0.35
pH 值	2.5～3.5	3～4	3～3.5	2.5～3.5	3～3.5
温度/℃	27～37	30～40	室温	25～40	25～40
阴极电流密度/(A/dm²)	5～15	5～10	4～8	5～10	5～10
阳极材料	自制 DSA	专用 DSA	DSA	自制 DSA	自制 DSA
阴阳极面积比	2∶1	2∶1	2∶1	2∶1	2∶1

注：镀液配方中硫酸铬-柠檬酸盐体系,是否应为硫酸铬-甲酸盐体系。

(2) 氯化物三价铬镀铬

氯化物三价铬镀铬工艺的研究和开发比较早,几十年来这种工艺已有了很大进步和发展,成为最早产业化的三价铬电镀工艺,有些已投入工业应用。

氯化物三价铬镀铬工艺的特性见表 7-66。

表 7-66　氯化物三价铬镀铬工艺的特性

镀液性能	氯化物三价铬镀铬工艺的特性
镀液导电性	镀液成分溶解度高,导电性能好,槽电压低,节能
沉积效率	由于氯化物溶解度高,可采用高浓度的镀液,沉积速率快,效率高
分散、覆盖能力和电流效率	镀液分散能力、覆盖能力和电流效率较高
镀层结晶状态	镀层结晶细密、光亮。使用电流密度范围宽,镀层厚度低于 $0.5\mu m$ 时呈微孔型,超过 $2\mu m$ 时为微裂纹型
镀层结合力	镀层与光亮镍镀层结合强度、耐冲击性能好
镀层耐蚀性	镀液中常含有铁离子,镀层发暗,耐蚀性略差于六价铬镀层
镀液腐蚀性	镀液中有大量氯离子,对设备腐蚀严重,阳极会有氯气析出,污染环境
使用阳极	在氯化物三价铬镀铬中,采用石墨阳极较适宜。而且析氧电位较低,三价铬不易被氧化为有害的六价铬

氯化物三价铬镀铬的溶液组成及工艺规范见表 7-67。

表 7-67　氯化物三价铬镀铬的溶液组成及工艺规范[25]

溶液成分及工艺规范	甲酸-醋酸盐	甲酸-柠檬酸	甲酸-乙酸-氨基乙酸	甲酸-乙酸-尿素	甲酸-乙酸-含铁
氯化铬$(CrCl_3 \cdot 6H_2O)$/(g/L)	100～110	100～110	100～110	100～110	106
甲酸铵$(HCOONH_4)$/(g/L)	—	—	35～40	35～40	50
甲酸钠$(HCOONa)$/(g/L)	60～65	38～42	—	—	—
醋酸钠(CH_3COONa)/(g/L)	15～18	—	15～18	15～18	12

续表

溶液成分及工艺规范	甲酸-醋酸盐	甲酸-柠檬酸	甲酸-乙酸-氨基乙酸	甲酸-乙酸-尿素	甲酸-乙酸-含铁
柠檬酸钠(Na$_3$C$_6$H$_5$O$_6$)/(g/L)	—	23～27	—	—	—
氨基乙酸(NH$_2$CH$_2$COOH)/(g/L)	—	—	13～17	—	—
含氮化合物如尿素[CO(NH$_2$)$_2$]/(g/L)	—	—	—	15～25	—
氯化铵(NH$_4$Cl)/(g/L)	130～140	130～140	130～140	130～140	110
三氯化铁(FeCl$_3$·6H$_2$O)/(g/L)	—	—	—	—	0.34
氯化钾(KCl)/(g/L)	70～80	70～80	—	—	65
溴化铵(NH$_4$Br)/(g/L)	9～11	9～11	9～11	9～11	0.9
硼酸(H$_3$BO$_3$)/(g/L)	35～40	35～40	35～40	35～40	42
润湿剂/(g/L)	1～2mL/L	0.02～0.04	0.02～0.04	0.02～0.04	2mL/L
pH 值	2.5～3.5	2～3.5	2～3.3	2～3	3.4
温度/℃	20～35	20～40	15～45	15～45	20～25
阴极电流密度/(A/dm^2)	2～25	3～25	3～25	3～25	5
搅拌	轻微搅拌	轻微空气搅拌	轻微搅拌	轻微空气搅拌	轻微空气搅拌

(3) 商品添加剂的三价铬镀铬

近年来，国内一些单位经开发研制，已相继推出了一些三价铬镀铬的添加剂，并已投入生产应用，取得良好的效果。其工艺规范见表 7-68。

表 7-68　商品添加剂的三价铬镀铬工艺规范

添加剂名称及型号	成分及含量/(mL/L)	工艺规范	备　注
TC 添加剂	TC 添加剂　400～600g/L TC 稳定剂　75～85 TC 修正剂　3 TC 调和剂　3～8 三价铬(Cr^{3+})　20～23g/L	pH 值:2.3～2.9 温度:27～43℃ 阴极电流密度:10～22A/dm^2 阳极电流密度:2～5A/dm^2 槽电压:9～12V 阳极:专用石墨	空气搅拌 循环过滤 安美特化工有限公司的产品
HIT-08 添加剂	HIT-08 开缸剂　260～270g/L HIT-08 稳定剂　95～6105g/L HIT-08 组合添加剂　6～12g/L HIT-08 补加剂 控制硼酸 60g/L 左右	pH 值:2.8～3.2 温度:20～40℃ 阴极电流密度:3～8A/dm^2 槽电压:9～12V 阳极:专用 DSA 阳极	空气弱搅拌 循环过滤 哈尔滨工业大学的产品
BH-88 添加剂	导电盐　280～350g/L 开缸剂　90～120 辅助剂　9～12 润湿剂　2～3	pH 值:3.0～3.7 温度:45～55℃ 阴极电流密度:3～8A/dm^2 时间:2～5min 阳极:DSA 涂层阳极	空气弱搅拌 循环过滤 槽电压:<12V 广州市二轻工业科学技术研究所的产品
EZ-TRICRO 添加剂	EZ-TRICRO 开缸剂　400～500g/L EZ-TRICRO 稳定剂　55～75 EZ-TRICRO 润湿剂　2～5 EZ-TRICRO 络合剂　1～2 三价铬(Cr^{3+})　20～24g/L	pH 值:2.5～3.0 温度:28～35℃ 阴极电流密度:20～30A/dm^2 阳极电流密度:3.5～5A/dm^2 阳极:EZ-TRICRO 三价铬专用阳极 过滤:连续过滤	中等机械程度或空气搅拌 深圳市俄真科技有限公司的产品
TCR-8581 添加剂	TCR-8581 开缸剂　400g/L TCR-8583 稳定剂　80 TCR-8584 湿润剂　5 TCR-8585 络合剂　3 三价铬(Cr^{3+})　22g/L	pH 值:2.5～2.7 温度:31℃ 阴极电流密度:26A/dm^2 槽电压:9～12V 阳极:阴极面积比为(1.5～2):1	沉积速率:10.8A/dm^{2}时,0.15～0.25μm/min 空气搅拌(中) 需要过滤 广州市积信电镀原料有限公司的产品

续表

添加剂名称及型号	成分及含量/(mL/L)	工艺规范	备注
TRIMAC 添加剂	导电盐(18220)　260～320g/L 开缸剂(18204)　100 辅加剂(18221)　10 湿润剂(18222)　3.0	pH 值:3.3～3.7 温度:47～50℃ 阴极电流密度:3～5A/dm² 时间:1～6min 槽电压:12V 或以下 阳极:专用惰性阳极	阳极:阴极面积比为 1:1 空气搅拌(弱) 连续过滤 镀液相对密度:1.18 (50℃) 东莞美坚化工原料有限 公司的产品
TCR 添加剂	TCR-301 开缸剂　400～450g/L TCR-303 稳定剂　55～75 TCR-304 润湿剂　2～4 TCR-305 配位剂　1～2 三价铬(Cr^{3+})　20～23g/L	pH 值:2.3～2.9 温度:30～40℃ 阴极电流密度:10～22A/dm² 阳极电流密度:2～5A/dm² 阳极:石墨或 DSA 涂层阳极 阳极:阴极面积比为(1.5～2):1	直流电的波动要求小于 10%。槽电压 9～12V。中 等空气搅拌。10.8A/dm² 时,沉积速度为 0.15～ 0.25μm/min 广州市达志化工科技有 限公司的产品

(4) 三价铬镀铬用的阳极

阳极对三价铬镀液的稳定性有很大影响。在三价铬镀铬的过程中,阳极附近的 Cr^{3+} 常会被阳极析出的氧氧化成 Cr^{6+},因此,如何在阳极氧化过程抑制六价铬(Cr^{6+})生成和积累,是非常重要的。这必须从阳极选用方面来考虑,以达到控制六价铬的目的。目前在三价铬镀铬中所采用的阳极大致有表 7-69 中的几种。

表 7-69　三价铬镀铬中所采用的阳极

阳极种类	阳极性能
石墨阳极	石墨阳极具有导电优良和耐蚀性好、价格便宜等优点,所以在三价铬镀铬的研究和生产中使用的最为广泛,特别适用于氯化物镀铬。但石墨阳极的缺点是脆性大,随使用时间延长,表面会有部分粉化而脱落,易污染镀液,影响镀层质量,故须装戴上阳极套,并需循环过滤。所以石墨阳极质量很重要,高纯度、高强度和高密度的石墨阳极使用效果好,现在安美特及 M&T 等公司有专用石墨阳极供应
钛上涂层阳极(DSA 阳极)	钛上涂层多是稀有金属铱、钌、钽等在钛基体上的烧结氧化物,简称 DSA 阳极。在硫酸盐三价铬镀铬中,通常使用这类阳极。其特点如下[25]: 1. 阳极超电位低。DSA 阳极的析氧或析氯的超电位都比其他阳极低,在阳极上不产生或少产生六价铬,从而避免或减少对镀液的污染,能保证生产长期稳定,使用效果好。当电解 H_2SO_4、HNO_3 及其盐类的水溶液时,使用的是析氧超电位低的 DSA 阳极,常用于硫酸盐三价铬镀铬;若电解含氯的盐类水溶液时,使用的是析氯超电位低的 DSA 阳极 2. 稳定性好,使用寿命长。通常可使用两年以上,但价格较昂贵 国内已成功开发这种电极(如广州二轻所),经多家使用,效果良好
铁氧体阳极	铁氧体阳极是近几年开发的阳极,是由氧化铁和至少一种其他金属氧化物的烧结混合物构成的,烧结体是具有尖晶石结构的耐蚀性很好的铁好体,是三价铬镀铬中较理想的阳极,可以在各种三价铬镀铬中使用。由于它在三价铬电镀过程中,可以阻止和抑制六价铬的产生,从而控制六价铬的渐增和积累,还可使镀液pH 值稳定。这种阳极可以单独使用,也可以与其他不溶性阳极组合使用。但主要缺点是脆性较大,也有资料报道,这种阳极会溶解产生一层阳极泥粘在零件表面,导致镀层质量下降
离子隔膜阳极篮	这是一种特殊的阳极篮,形状与镀镍用的阳极篮相似,是用塑料制成的。在阳极篮内插入低电阻的离子交换膜,使阳极区间的溶液只起导电作用,由于有离子交换膜隔离,使三价铬无法通过隔膜进入阳极区,也就不会在阳极上被氧化为六价铬,从而保持镀液稳定。具体方法是:阳极篮中所用的是铅-锡合金(Sn 的质量分数为 7%)的普通阳极,篮内放入 10%(体积分数)的硫酸作为导体,即构成离子隔膜阳极篮。它能有效地控制 Cr^{6+} 的产生,但此法价格昂贵,使用操作较复杂

7.3.15 三价铬镀黑铬

近年来，三价铬镀黑铬发展很快，达到工艺生产程度，已有商业产品出售，但仍存在着铬镀层外层黑度不够、镀液稳定性差等的问题，需进一步改进和提高。

三价黑铬镀液与三价白铬镀液的组成相似，主要区别是补充了发黑剂。

三价铬镀黑铬溶液组成及工艺规范见表 7-70。

表 7-70 三价铬镀黑铬溶液组成及工艺规范

溶液成分及工艺规范	1	2	3
氯化铬($CrCl_3 \cdot 6H_2O$)/(g/L)	200	200	—
Cr^{3+}(以硫酸铬形式加入)/(mol/L)	—	—	1
Co^{2+}(以氯化钴形式加入)/(g/L)	—	—	15
草酸($C_2H_2O_4 \cdot 2H_2O$)/(g/L)	3	—	—
醋酸铵(CH_3COONH_4)/(g/L)	5	—	—
氯化铵(NH_4Cl)/(g/L)	30	—	—
硼酸(H_3BO_3)/(g/L)	15～25	—	—
721-4 添加剂/(g/L)	0.7～1.5	—	—
次磷酸钠($NaH_2PO_2 \cdot H_2O$)/(g/L)	—	40	0.75mol/L
磷酸二氢钠(NaH_2PO_4)/(g/L)	—	4	4
氯化钴($CoCl_3 \cdot 6H_2O$)/(g/L)	—	12	—
硼酸(H_3BO_3)/(g/L)	—	20	—
氟化钠(NaF)/(mol/L)	—	—	0.5
黑化剂/(g/L)	—	20	—
pH 值	2～2.5	1～2	0.5～1
温度/℃	15～30	20～35	30
阴极电流密度/(A/dm²)	5～25	6～28	0.35
备注	配方 1 的 721-4 添加剂是哈工大研制的产品。所得镀层有良好的黑度，光滑，平整，并有较好的结合力。镀层显微硬度为 250HV 左右，有较好的耐磨性。但黑铬镀层表面略带有薄层均匀黑浮灰，最好采用后处理，如上蜡、浸油、喷涂有机覆盖层或浸涂透明漆。镀液成分简单、稳定、容易操作，使用的电流密度范围较宽，可在室温下工作，节能，对环境污染小 配方 2 镀液成分简单，操作容易，可在室温下工作，节能，对环境污染小。镀层黑度好、均匀、致密、光亮性好。使用的电流密度范围较宽(6～28A/dm²)，镀液分散能力和覆盖能力较好。电镀 10min 所得镀层厚度为 1.1μm，其镀层主要成分[25]是铬(27.30%)、氧(49.38%)、钴(10.32%)、磷(8.26%)、钠(4.53%，均为质量分数) 配方 3 镀液用于镀太阳能热收集器的黑铬镀层。以次磷酸钠为三价铬的弱配位剂，氟化钠和磷酸二氢钠为适当的添加物质，镀液有较好的分散能力。推荐镍镀层为底层，具有很好的结合强度，并能增加黑铬镀层的抗热性能。所获得的黑铬镀层耐蚀性高，并具有很高的吸收率，吸收系数达 0.96

商品添加剂的三价铬镀黑铬工艺规范见表 7-71。

表 7-71 商品添加剂的三价铬镀黑铬工艺规范

添加剂名称及型号	成分及含量/(mL/L)	工艺规范	备 注
BTC-330 黑色三价铬 电镀添加剂	BTC-331 开缸盐 400～500 BTC-333 添加剂 75～85 BTC-334 润湿剂 2～4 BTC-335 络合剂 1～2	温度：30～40℃ 阴极电流密度：10～22A/dm² 阳极材料：石墨	广州市达志化工科技有限公司的产品
TRIMAC 添加剂(枪黑色)	导电盐(N25315) 250g/L A 补给剂(N25311) 100 B 补给剂(N25313) 30 开缸剂(N25310) 10 湿润剂(N25314) 2	pH 值：3.4～3.8 温度：50～60℃ 阴极电流密度：5～10A/dm² 时间：2～5min 槽电压：12V 或以下 阳极：铅-锡合金	空气搅拌(弱)，连续过滤。 镀液相对密度：1.18(30℃)。 阳极区：专用的特殊离子交换膜篮 东莞美坚化工原料有限公司的产品

续表

添加剂名称及型号	成分及含量/(mL/L)	工艺规范	备 注
MCR-3500 三价黑铬 电镀添加剂	MCR-3501H 开缸盐　400g/L MCR-3502H 稳定盐　70～90 MCR-3503H 调和剂　3～6 MCR-3504H 修正剂　2～4 MCR-3505H 黑泽剂　20	pH 值:2.3～2.9 温度:27～43℃ 阴极电流密度:10～22A/dm² 阳极材料:专用石墨阳极 阳极∶阴极(面积):(1.5～2.0)∶1	广州美迪斯新材料有限公司的产品
MCR-3600 三价黑铬 镀铬添加剂 (枪黑光泽,近 似锡镍枪色)	MCR-3600 导电盐　275g/L MCR-3601 补充盐　150g/L MCR-3602 稳定剂　70～90 MCR-3603 调和剂　3～6 MCR-3604 修正剂　2～4 MCR-3605 黑泽剂　10～20 MCR-3606 分散剂　20～40	pH 值:约 2.5 温度:25～35℃ 阴极电流密度:10～22A/dm² 阳极材料:专用石墨阳极 阳极∶阴极(面积):(1.5～2.0)∶1	广州美迪斯新材料有限公司的产品

7.3.16 低铬酸镀铬

低铬酸镀铬溶液中的铬酐浓度低(50g/L 左右),只有常规标准镀铬溶液的 20%～25%,大大降低对环境的污染,也减少铬酐的消耗。

低铬酸镀铬的电流效率和镀层硬度,介于标准镀液与复合镀液之间;耐蚀性与高浓度镀铬相当。但由于铬酸浓度大幅度降低后,引起镀液电导率降低,槽电压升高,镀液的 pH 值提高,镀液覆盖能力较差,镀层外观较差(有彩色膜和黄膜等)。如果加入第二催化剂,可改善覆盖能力,电流效率可提高到 21%～26%,并使硬度较高,镀层光泽。所以,低铬酸镀铬主要是选择合适的催化剂种类(如硫酸、氟硅酸及卤素化合物)及含量,如匹配合适就能获得较好的镀铬溶液和镀层质量。

低铬酸镀铬的溶液组成及工艺规范见表 7-72。

表 7-72　低铬酸镀铬的溶液组成及工艺规范

溶液成分及工艺规范	1	2	3	4	5	6	7
铬酐(CrO_3)/(g/L)	45～55	50～60	50～60	50～60	50～60	50～60	60～80
硫酸(H_2SO_4)/(g/L)	0.23～0.35	0.8～1.2	0.45～0.55	0.7～0.9	0.25～0.35	0.3～0.5	0.6～0.8
氟硅酸(H_2SiF_6)/(g/L)	—	—	0.6～0.8	—	—	—	—
硼酸(H_3BO_3)/(g/L)	—	—	—	—	—	—	14～16
氟硅酸钠($NaSiF_6$)/(g/L)	—	—	—	—	—	0.5～0.75	—
氟硼酸钾(KBF_4)/(g/L)	0.35～0.45	—	—	—	0.35～0.45	—	—
碘化钾(KI)/(g/L)	—	—	—	0.05～0.2	—	—	—
温度/℃	55±2	55～60	53～55	55～60	55±2	55±2	55±2
阳极电流密度/(A/dm²)	44～60	40～55	30～40	45～50	40～60	25～35	30～60

注:1. 阳极面积∶阴极面积=(2～3)∶1。

2. 阳极一般采铅-锡合金(质量分数为铅 70%、锡 30%)。

7.3.17 稀土镀铬

稀土镀铬溶液,是在传统镀铬溶液的基础上,加入一定量稀土添加剂及氟离子。可以降低铬酐的浓度、拓宽镀液温度范围,并降低和拓宽阴极电流密度范围,使阴极电流效率高,提高镀液的导电性,降低槽压,有些添加剂还能直接镀取微孔铬或微裂纹铬。使镀铬生产初步实现低温度、低能耗、低污染和高效率,即所谓的"三低一高"的镀铬工艺。稀土镀铬现已在工业生产中获得较广泛的应用。但稀土添加剂多为物理混合体系,成分复杂,常规方法又不能化验其成分和杂质，给镀液带来不可靠性和不稳定性。镀液维护较困难。市售商品的很多添加剂即为混合稀土，给镀液的控制带来许多不便。

稀土镀铬的溶液组成及工艺规范见表 7-73。

表 7-73　稀土镀铬的溶液组成及工艺规范

溶液成分及工艺规范		CS 型稀土镀铬	CE-198稀土镀铬	CF-201稀土镀铬	RL-3C稀土装饰镀铬	HIL/HIS$_1$稀土镀硬铬	LS-Ⅲ自调镀铬
铬酐(CrO_3)/(g/L)		120~150	80~150	140~180	160~200	120~180	140~180
硫酸(H_2SO_4)/(g/L)		0.6~1.0	0.4~1.0	0.6~1.0	0.6~0.8	1~1.8	0.6~1.1
三价铬(Cr^{3+})/(g/L)		<2	<2.5	<3	<2	<4	<6
CrO_3：H_2SO_4		100：(0.5~0.7)	100：0.6	100：(0.6~1)	100：(0.3~0.4)	90：1	100：(0.3~0.7)
CS 添加剂/(g/L)		2	—	—	—	—	—
CE-198 添加剂/(g/L)		—	1~1.5	—	—	—	—
CF-201 添加剂/(g/L)		—	—	1.5~2	—	—	—
HIL 添加剂/(mL/L)		—	—	1.5	1.5	1.2~1.8	—
RL-3C 添加剂/(g/L)		—	—	—	4.5~5.5	—	—
HIS$_1$添加剂/(g/L)		—	—	—	—	1.5~2	—
LS-Ⅲ添加剂/(g/L)		—	—	—	—	—	4~6
温度/℃	装饰铬	20~35	28~50	25~40	25~50	—	16~50
	硬铬	35±5		40~45		50~60	6~30
阴极电流密度/(A/dm²)	装饰铬	5~10	10~30	10~20	6~12	—	35±5
	硬铬	30±5		35~40		60~90	30±5
阳极材料		Pb-Sn 合金（Sn<5%）	—	Pb-Sn 合金（Sn<10%）	Pb-Sn 合金（Sn<25%）	Pb-Sn 合金	Pb-Sn 合金Pb-Sb 合金
阳极面积：阴极面积		1：(2~3)	1：(2~3)	1：(2~3)	1：(2~3)	1：3	1：3

注：1. 阳极合金材料中 Sn 的含量均为质量分数。

　　2. CS 添加剂是江苏省常熟环保局、常熟市兴隆电镀材料厂的产品。

　　3. CE-198 型稀土镀铬，在新配镀液中应加 0.3mL/L 的酒精。CE-198 添加剂是江苏梦得电镀化学品有限公司的产品。

　　4. CF-201 添加剂是江苏省宜兴市新新稀土应用研究所的产品。

　　5. RL-3C 添加剂是湖南省稀土金属材料研究所的产品。

　　6. HIL、HIS$_1$添加剂是湖南省稀土金属材料研究所的产品。

　　7. LS-Ⅲ添加剂是安徽省合肥市科化精细化工研究所的产品。

7.3.18　不合格铬镀层的退除

不合格铬镀层的退除方法见表 7-74。

表 7-74　不合格铬镀层的退除方法

基体金属	退除方法	溶液组成	含量/(g/L)	温度/℃	阳极电流密度/(A/dm²)
钢铁件	化学法	盐酸(HCl,d=1.19)氧化锑(Sb_2O_3)	210~2408~12	室温	—
	化学法（退硬铬）	盐酸(HCl,d=1.19)水H 促进剂	2 份(体积)1 份(体积)15~20	15~35	—
	化学法(退黑铬)	盐酸(HCl,d=1.19)	5%(体积分数)	室温	—
	电解法	氢氧化钠(NaOH)（阴极材料:铁或镀镍铁板）	100~150	60~70	5~15
	电解法	氢氧化钠(NaOH)（阴极材料:铁或镀镍铁板）	80~150	室温	5~10
	电解法(退黑铬)	氢氧化钠(NaOH)	50~100	室温	5~15

续表

基体金属	退除方法	溶液组成	含量/(g/L)	温度/℃	阳极电流密度/(A/dm²)
铸铁、铸钢、球墨铸铁件	电解法	氢氧化钠(NaOH)	50	10~35	3~5
铜及铜合金件	化学法	盐酸(HCl,d=1.19)	1:1(体积比)	30~40	—
铝及铝合金件	电解法	硫酸(H₂SO₄,d=1.84)	80~100mL/L	室温	2~10
	电解法	铬酐(CrO₃)	150~200	室温	5~15
	电解法	碳酸钠(Na₂CO₃)	70~100	室温	5~10
锌及锌合金件	电解法	氢氧化钠(NaOH) 硫化钠(Na₂S)	20~30 30~35	室温	5~15
	电解法	碳酸钠(Na₂CO₃)	70~100	室温	5~10
钢上镀光亮镍(再镀铬)	化学法(退装饰铬)	盐酸(HCl,d=1.19) H 促进剂	1:1(体积比) 15~20	50~60	—
	电解法(退装饰铬)	氢氧化钠(NaOH) 碳酸钠(Na₂CO₃)	30 40	10~50	阳极电解退除,6V
钢或铜合金上镀镍(再镀铬)	电解法(退装饰铬)	硫酸(H₂SO₄,d=1.84)(质量分数) 甘油(质量分数)	60%~80% 0.5%~1.5%	10~35	5~6
锌、铝、钛上镀镍(再镀铬)	电解法(退装饰铬)	碳酸钠(Na₂CO₃)	50	10~35	2~3

铜/镍/铬多层镀层一次退除的方法见表 7-75。

表 7-75 铜/镍/铬多层镀层一次退除的方法

基体金属	退除方法	溶液组成	含量/(g/L)	温度/℃	阳极电流密度/(A/dm²)
钢铁件(铜/镍/铬)	化学法	硝酸(HNO₃,d=1.41)	浓(防止水分带入)	室温	—
	电解法	硝酸铵(NH₄NO₃) 氨三乙酸[N(CH₂COOH)₃] 六次甲基四胺[(CH₂)₆N₄]	40~100 20~80 10~30	8~50	10~35
	电解法	硝酸钠(NaNO₃) 柠檬酸钠(Na₂C₆H₅O₇) 醋酸钠(CH₃COONa) 冰醋酸(CH₃COOH) 825 添加剂[1] (pH=4.5~6.5,阴极材料为不锈钢或镀镍铁板)	120~160 40~50 40~60 20~30mL/L 3~8mL/L	室温至 45	10~40
	电解法	W-710 退除剂[2] (pH=4~6,阴极材料为铁板)	200~250	室温	5~10
	电解法	STR-710 镀层电解退镀剂[3] (pH=6~7)	200	15~30(需冷却)	5~25(时间 5~15min)
铝及铝合金件(铜/镍/铬)	化学法	硝酸(HNO₃,d=1.41)	300~400	室温	—
铜及铜合金件(铜/镍/铬)	化学法	硝酸(HNO₃,d=1.41) 硫酸(H₂SO₄,d=1.84)	1 份(体积) 19 份(体积)	室温	—

[1] 825 添加剂是北京欣普雷技术开发有限公司的产品。

[2] W-710 退除剂是武汉风帆电镀技术有限公司的产品。

[3] STR-710 镀层电解退镀剂是广州美迪斯新材料有限公司的产品。

第8章

镀铅、镀铁

8.1 镀铅

铅的塑性高，熔点低，延展性好。铅对非氧化性酸，如冷的氢氟酸、硫酸等具有极高的稳定性。但对钢铁是属于阴极性镀层，所以铅镀层只有在厚而无孔隙、无破损的情况下，才能有效地保护钢铁基体不受腐蚀。

镀铅的镀液种类很多，较有实用价值的镀液主要有氟硼酸盐、甲基磺酸盐。其他镀铅溶液有氨基磺酸盐、酒石酸盐、焦磷酸盐、醋酸盐和碱性溶液等。

8.1.1 氟硼酸盐镀铅

氟硼酸盐镀铅的镀液简单、稳定，镀层结晶细致、应力小、韧性好，可采用高的电流密度，并有较高的电流效率，因而获得广泛应用。但氟硼酸盐毒性大，对设备腐蚀大，废水处理较麻烦。氟硼酸盐镀铅的溶液组成及工艺规范见表8-1。

表 8-1　氟硼酸盐镀铅的溶液组成及工艺规范

溶液成分及工艺规范	1	2	3	4
氟硼酸铅[$Pb(BF_4)_2$]/(g/L)	200～220	150～170	—	—
醋酸铅[$Pb(CH_3COO)_2 \cdot H_2O$]/(g/L)	—	—	—	170～190
碱式碳酸铅[$PbCO_3 \cdot Pb(OH)_2$]/(g/L)	—	—	130～150	—
氟硼酸(HBF_4)/(g/L)	—	—	—	125～140
游离氟硼酸(HBF_4)/(g/L)	30～35	30～40	—	30～35
氢氟酸(HF)/(g/L)	—	—	120	—
硼酸(H_3BO_3)/(g/L)	25～28	25～28	106	25～28
明胶/(g/L)	0.2	—	—	—
聚乙二醇($M=8000$)/(g/L)	0.1	0.1	—	0.1～0.2
萘二磺酸($C_{10}H_8O_6S_2$)/(g/L)	0.2～0.3	0.2～0.3	—	—
木工胶/(g/L)	—	0.2	0.2	—
磺化三丁基乌头酯钠盐/(g/L)	—	0.1	—	0.1
温度/℃	室温	室温	18～30	室温
阴极电流密度/(A/dm²)	1～4	1～3	1～3	1～4
阴极移动	需要	需要	—	需要

8.1.2 甲基磺酸盐镀铅

甲基磺酸盐镀液可以镀铅-锡合金，也可以镀铅。其镀液工艺稳定性好，而且镀液不含氟，危害小，废水处理较容易。近年来，随着甲基磺酸投入工业化生产，价格已大大降低，推动了甲基磺酸盐镀铅工艺在工业生产上的应用。

甲基磺酸盐镀铅的溶液组成及工艺规范见表8-2。

表 8-2　甲基磺酸盐镀铅的溶液组成及工艺规范[1]

溶液成分及工艺规范	1	2	3
70%甲基磺酸(MSA)/(g/L)	150~240	150	150
甲基磺酸铅(MSP)/(g/L)	120~160	174	696
Pb^{2+}/(g/L)	34~46	50	200
MP 镀铅添加剂/(g/L)	10~20	—	—
有机添加剂/(g/L)	—	适量	适量
温度/℃	室温	20~30	20~30
阴极电流密度/(A/dm²)	0.5~1.2	<1.5	3~6
阴极移动	需要	需要	需要
备注	镀取厚度<20μm 的薄的铅镀层,镀层较光亮	镀取厚度<50μm 的较薄的铅镀层	镀取厚度为 200μm 的铅镀层

8.1.3　不合格镀层的退除

不合格铅镀层的退除方法见表 8-3。

表 8-3　不合格铅镀层的退除方法

化 学 法 退 除		电 解 法 退 除	
冰醋酸(CH₃COOH)	150~250mL/L	氢氧化钠(NaOH)	100~120g/L
30%双氧水(H₂O₂)	60~80mL/L	温度	60~70℃
聚乙二醇	0.1~0.2g/L	阳极电流密度	1~3A/dm²
温度	室温	阴极材料	铁板

8.2　镀铁

铁镀层外观为有光泽的银白色。铁有良好的延展性和传热导电性,纯铁容易磁化,也容易去磁,化学性质较活泼。铁镀层的硬度和耐磨性高,镀铁的沉积速度快,镀厚能力强,一次可达 2~3mm。镀铁可以用来替代部分修复性镀铬。镀铁普遍用于修复因腐蚀、磨损的轴、缸套等零件。铁镀层还可以作为铸铁件镀锌、锡、铬前的中间层,或热浸锌前的中间层。常用的镀铁溶液主要有氯化物、硫酸盐、氨基磺酸盐、氟硼酸盐等。而低温氯化物镀铁应用最广泛。

8.2.1　氯化物镀铁

氯化物镀铁分为高温镀铁和低温镀铁两种工艺,其特点如表 8-4 所示。

表 8-4　氯化物镀铁的特点

氯化物高温镀铁	氯化物低温镀铁
1. 无需特殊前处理,可以直接进行直流电镀(镀铁) 2. 镀液温度在 80℃ 以上,镀液成分简单,导电性好,允许电流密度大,沉积速度快 3. 可以直接镀出纯度高、内应力小、硬度低、韧性好、与基体结合力良好的镀层 4. 主要用于耐磨性要求不高的尺寸修复,或用作其他镀层的底层 5. 能耗大,镀层硬度低,亚铁易氧化成三价铁而影响镀层质量,对设备腐蚀性大	1. 镀液温度一般为 30~50℃,镀液成分简单,导电性好,允许电流密度大,沉积速度快,镀层结晶细致,硬度高(45~60HRC),而且镀层微裂纹,具有良好的储油润滑作用和良好的耐磨性 2. 镀液温度低,亚铁氧化慢,镀液相对稳定,而且能耗低 3. 常用于作耐磨镀层、轴类修复与表面强化等,应用最为广泛 4. 低温镀铁工艺需要特殊前处理(阳极刻蚀)或对称交流活化,以及近年开发并获得广泛应用的不对称交流电镀(即起始阶段采用不对称交流电镀,逐渐过渡到直流电镀) 5. 镀层内应力大、结合力差,需要特殊的前处理或特殊电源

氯化物高温镀铁的溶液组成及工艺规范见表 8-5。

表 8-5　氯化物高温镀铁的溶液组成及工艺规范

溶液成分及工艺规范	1	2	3
氯化亚铁($FeCl_2 \cdot 4H_2O$)/(g/L)	300	450~500	350~550
氯化铵(NH_4Cl)/(g/L)	60~80	—	—
氯化钙($CaCl_2$)/(g/L)	—	200~500	180
氯化锰($MnCl_2 \cdot 4H_2O$)/(g/L)	150~250	—	—
盐酸(HCl)/(g/L)	—	0.2~0.7	—
pH 值	1.5~2.5	1.2~1.5	0.8~1.5
温度/℃	65~70	90~100	80~104
阴极电流密度/(A/dm²)	8~12	10~20	15~30

氯化物低温镀铁的溶液组成及工艺规范见表 8-6。

表 8-6　氯化物低温镀铁的溶液组成及工艺规范

溶液成分及工艺规范	1	2	3	4
氯化亚铁($FeCl_2 \cdot 4H_2O$)/(g/L)	350~450	300~400	350~400	350~500
氯化钠($NaCl$)/(g/L)	—	10	10~20	—
氯化锰($MnCl_2 \cdot 4H_2O$)/(g/L)	—	—	1~5	5~50
硼酸(H_3BO_3)/(g/L)	—	—	5~8	5~8
pH 值	0.5~1.2	1~1.5	1~2	0.5~1
温度/℃	30~50	30~40	30~55	30~55
阴极电流密度/(A/dm²)	15~30	15~20	15~30	5~30

(1) 氯化物低温镀铁技术

氯化物低温镀铁镀层内应力很大，结合力差。所以，需要采用特殊前处理（刻蚀处理）、对称交流活化或采用不对称交流电镀。来消除镀层内应力，保证铁镀层与基体的结合强度。

刻蚀处理方法有阳极刻蚀、盐酸或硫酸浸蚀等。盐酸或硫酸浸蚀处理，虽然能去除氧化物，但效果有限，所得铁镀层与基体的结合强度一般只有 59MPa 左右。而阳极刻蚀与对称交流活化处理，其结合强度可高达 200MPa 以上。

① 阳极刻蚀处理。阳极刻蚀在正常的前处理（除油、浸蚀）之后进行。零件作阳极，带电入槽。铁镀件阳极刻蚀处理工艺规范见表 8-7。

表 8-7　铁镀件阳极刻蚀处理工艺规范

溶液成分及工艺规范	铸铁	球墨铸铁	纯铁、碳钢、合金钢
硫酸(H_2SO_4,$d=1.84$)(体积分数)	30%	30%	30%
新配刻蚀液密度/(g/cm³)	1.224	1.224	1.224
温度	室温	室温	室温
阳极电流密度/(A/dm²)	50~70	50~70	50~70
阳极与阴极面积比	1:8	1:8	1:8
刻蚀时间/min	0.5~1	0.5~2	1~3
刻蚀后外观	灰色	灰白色	银白色
阴极材料	铅板	铅板	铅板

注：阳极刻蚀处理可以除掉镀件表面污染层、氧化层、变形层，还可粗化微观表面，起到活化待镀表面的作用，从而保证后续电镀与基体的结合强度。阳极刻蚀处理是早期低温镀铁中常使用的方法，需要大电流整流器，酸雾污染大，对设备腐蚀严重。因此，在无刻蚀对称交流电化学活化处理方法出现后，阳极刻蚀在工业上已很少应用。

② 对称交流活化处理。在镀槽内通以对称交流电，在对称电流的阳极-阴极-阳极的交流电反复冲击下，从而实现表面粗化、活化，待表面金属光泽明显减弱后，施加一个冲击电流，然后逐渐过渡到直流电镀。对称交流活化和电镀在同一镀槽内进行，不需另设刻蚀设备，节约材料，减少环境污染，降低劳动强度，因此得到普遍应用。

③ 不对称交流低温镀铁。采用不对称交流电先镀一层与基体金属结合力好的软铁镀层，

然后再镀硬铁镀层。这种镀铁分起镀、过渡镀、直流镀三个过程。无刻蚀不对称交流低温镀铁工艺大致流程如表 8-8 所示，供参考。

表 8-8 无刻蚀不对称交流低温镀铁工艺流程

电镀工序	工 艺 流 程 及 工 艺 规 范
总工艺流程	机械前处理及化学电化学前处理→交流起镀→交流过渡镀→直流镀铁→中和处理→镀后处理，机械修整及检验(包括尺寸检查)
1. 交流起镀	采用不对称交流电起镀。起镀参数：一般采用正向电流(即阴极电流密度)为 8～10A/dm², 负向电流(即阳极电流密度)为 7～8A/dm², 通电时间 5～10min。可镀上一层低应力的软铁镀层
2. 交流过渡镀	在 10～15min 内，固定正波电流，逐渐调节负波电流，直到 $D_{负}$(阳极电流密度)＝$D_{正}$(阴极电流密度)/10 时，停留 2min，即可转直流镀。过渡镀是为了使不对称交流镀层能够圆滑地转到直流镀层，过渡镀形成介于软硬之间的过渡层，确保低温镀铁层与基体的结合性能
3. 直流镀	转入直流镀后，一般希望刚刚转入直流镀时，电流密度不要设定太高，最好在 20～30min 内逐渐调至正常电流密度值
	采用这种工艺所获得的铁镀层的结合强度最高可达到 400MPa

④ 不对称交流低温镀铁电源

国内有专门的氯化物低温镀铁电源可供选用。对不对称交流低温镀铁电源的主要要求有：

a. 同时可以输出不对称交流波形和直流波形，而且不对称交流与直流在不断电的情况下可以任意转换。

b. 正向电流和负向电流的大小单独连续可调，并分别显示正向电流和负向电流的输出值。

c. 根据镀槽镀件的装载量，具有较大的电流输出值，以满足生产的需求。

(2) 氯化物镀铁的镀后处理

镀件从镀液中取出经清洗后，要在 5%～10%(质量分数)的氢氧化钠或碳酸钠溶液中进行中和处理，浸泡 20～30min，水洗，烘干。如要除氢，则在 200～230℃下保温 2～3h。必要时在零件上涂油保护。

8.2.2 硫酸盐镀铁

硫酸盐镀铁所得的铁镀层光滑柔和，常为淡灰色，出现针孔的倾向较小，能镀出较厚的镀层。由于主盐溶解度小，沉积速度低，分散能力较差，镀层硬度高，一般较脆，阴极电流密度高时容易产生烧焦现象，但其应用没有氯化物镀铁那么广泛。硫酸盐镀铁的溶液组成及工艺规范见表 8-9。

表 8-9 硫酸盐镀铁的溶液组成及工艺规范

溶液成分及工艺规范	1	2	3	4	5	6
硫酸亚铁铵 $[FeSO_4 \cdot (NH_4)_2SO_4 \cdot 6H_2O]/(g/L)$	250～300	385～400	—	—	—	—
硫酸亚铁 $(FeSO_4 \cdot 7H_2O)/(g/L)$	—	—	160	150～210	250	400～500
硫酸 $(H_2SO_4)/(g/L)$	—	0.25	—	—	—	—
硫酸铵 $[(NH_4)_2SO_4]/(g/L)$	—	—	100	—	120	—
硫酸镁 $(MgSO_4)/(g/L)$	—	—	—	125～200	—	—
硫酸钾 $(K_2SO_4)/(g/L)$	—	—	—	—	—	150～200
氯化锰 $(MnCl_2 \cdot 4H_2O)/(g/L)$	—	—	—	—	—	1～3
草酸 $(H_2C_2O_4)/(g/L)$	—	—	—	—	—	1～3
pH 值	2.8～5.5	5～5.5	5～5.5	—	2.1～2.4	2～2.5
温度/℃	25	20	室温	25	60	70～80
阴极电流密度/(A/dm²)	1～2	1～2.5	0.6～0.7	0.5～2.5	4～10	3～7

8.2.3　氨基磺酸盐镀铁

这种镀铁溶液,具有溶解度大、允许较高的阴极电流密度、沉积速度快,镀层内应力小、韧性好,镀厚能力强等优点,较适合于高速镀铁。这种镀铁已用于电解法制备铁箔、电铸等。氨基磺酸盐镀铁的溶液组成及工艺规范见表 8-10。

表 8-10　氨基磺酸盐镀铁的溶液组成及工艺规范[1]

溶液成分及工艺规范	1	2	3
氨基磺酸亚铁[Fe(NH$_2$SO$_3$)$_2$]/(g/L)	250	400	500~800
氨基磺酸铵(NH$_2$SO$_3$NH$_4$)/(g/L)	30	30	—
甲醛/(mL/L)	—	0.1	—
pH 值	3.0	2.0~2.5	1.0~1.5
温度/℃	50~70	43~49	45~55
阴极电流密度/(A/dm^2)	2~15	10~15	20~70

注：1. 配方 1、2 镀液中获得的铁镀层与硫酸盐铁镀层的外观、硬度非常接近,但内应力略有降低。

2. 配方 3 适用于高速镀铁,电流效率为 80%~93%,沉积速度快,为 0.5~0.7mm/h,一次镀厚能力大于 3mm。铁镀层为银白色,表面平滑柔和,内应力小,无龟裂,与基体结合强度高,电流密度范围宽,耐蚀性较好。但氨基磺酸亚铁浓度高,镀液黏度较大,当加热到 40℃ 以上时,流动性较好,因此高浓度镀液的使用温度应控制在 40℃ 以上。

8.2.4　氟硼酸盐镀铁

氟硼酸盐镀铁可获得结晶细致、与基体结合力好的铁镀层。镀液导电性能好,并具有良好的 pH 缓冲能力。镀液的分散能力及一次镀厚能力较氯化物镀铁有所提高。允许使用的 pH 值较高,析氢少,镀层含氢量低,镀层脆性小。对金属杂质的容忍浓度高,对三价铁（Fe^{3+}）的影响不敏感。但由于镀液中含有氟化物,对环境有害,镀液相对成本高。因此,除特殊情况下,高浓度氟硼酸盐镀铁在实际生产中用的不多。

氟硼酸盐镀铁的溶液组成及工艺规范见表 8-11。

表 8-11　氟硼酸盐镀铁的溶液组成及工艺规范

溶液成分及工艺规范	1	2	3	4	5
氟硼酸亚铁[Fe(BF$_4$)$_2$]/(g/L)	280~320	226	—	—	60
氯化亚铁(FeCl$_2$·4H$_2$O)/(g/L)	—	—	350~380	250~300	—
硫酸亚铁(FeSO$_4$·7H$_2$O)/(g/L)	—	—	—	—	300
氟硼酸(HBF$_4$)/(g/L)	—	—	10~15	10~20	—
氟化钠(NaF)/(g/L)	—	—	2.0~2.5	—	—
硼酸(H$_3$BO$_3$)/(g/L)	18~20	—	—	—	—
氯化钠(NaCl)/(g/L)	—	10	—	—	—
氯化锰(MnCl$_2$·4H$_2$O)/(g/L)	—	—	—	50~60	—
氯化铵(NH$_4$Cl)/(g/L)	—	—	—	—	40
pH 值	3.2~3.6	2.0~3.0	3.0~4.0	2.5~3.0	3.0~4.0
温度/℃	40~60	55~60	25~40	30~50	60
阴极电流密度/(A/dm^2)	5~15	2~10	10~15	10~15	4

8.2.5　不合格镀层的退除

不合格铁镀层可在稀盐酸或稀硫酸中退除,或用机械方法去除。

第9章

电镀贵金属

9.1 镀银

银镀层质软，有自润滑性，并具有优异的减摩性能；易抛光，有很强的反光性能，反光率可达95%；有很高的导电性，良好的导热性和焊接性。

银在含有氯化物、硫化物的介质中，表面很快变色并失去反光能力，而且显著降低镀层的焊接性和导电性。所以，镀银后一般都要在后处理中进行防变色处理。而镀前为防止发生置换反应而形成结合力不牢固的置换银层，应进行预镀银或预浸银。

银原子会沿材料表面滑移和向内部渗透扩散，会降低绝缘材料的性能。在潮湿大气中易产生"银须"。镀银在功能性电镀和装饰性电镀中都有广泛的用途。银镀层的使用范围见表9-1。

表 9-1　银镀层的使用范围

银镀层的使用范围	不允许使用银镀层的范围
1. 要求提高导电性、减小和稳定接触电阻、易于焊接的零件，如仪器、仪表、电子设备中的接触片、插头、销杆等 2. 防止高温黏结的零件，如发动机中的螺栓、螺母等 3. 提高反光率的零件，如探照灯、灯罩及反射器中的反光镜等 4. 用于零件的外观装饰，如餐具、首饰、乐器、装饰品等 5. 其他方面如要求高频导电、高频焊接、导电且受摩擦的零件等	1. 为防止银镀层很快变色，与含硫的材料接触的零件不能镀银 2. 为防止银镀层生成"银须"，造成短路，印制电路板不能镀银 3. 对电气性能要求高，又与绝缘材料直接接触的零件，采用镀银层要慎重，因为银原子会沿材料表面滑移和向内部渗透扩散，会降低绝缘材料的性能

虽然广大电镀工作者在无氰镀银方面做了大量工作，但至今仍无重大突破。目前，生产上基本仍采用氰化镀银。无氰化镀银有硫代硫酸盐镀银、亚氨基二磺酸铵（NS）镀银、磺基水杨酸镀银、烟酸镀银等，但在这些镀液中所获得的银镀层的抗暗性能等比氰化镀银差，工艺维护复杂，成本高。

9.1.1 氰化镀银

氰化镀银可获得洁白、结晶细致的银镀层，并且镀液分散能力和覆盖能力好，电流效率高（90%～100%），工艺维护方便。但镀液有剧毒，环境污染严重。

在镀液中加入晶粒细化剂、光亮剂，可获得有光泽或全光亮的银镀层，并能提高镀层硬度。氰化镀液有广泛的适用性，从普通镀银、光亮、半光亮到高速电铸镀银都可以采用，并且镀层性能好。

普通氰化镀银的溶液组成及工艺规范见表9-2。

表 9-2　普通氰化镀银的溶液组成及工艺规范

溶液成分及工艺规范	一般镀银		快速镀银		镀硬银		低浓度镀银
	1	2	1	2	挂镀	滚镀	
氰化银（AgCN）/(g/L)	35～45	—	50～100	75～110	—	—	4～8
氯化银（AgCl）/(g/L)	—	35～40	—	—	35～45	40～50	—

溶液成分及工艺规范	一般镀银		快速镀银		镀硬银		低浓度镀银
	1	2	1	2	挂镀	滚镀	
氰化钾(总)(KCN)/(g/L)	65~80	55~75	—	90~140	—	70~85	15~25
游离氰化钾(KCN)/(g/L)	35~45	30~38	45~120	50~90	15~25	—	—
碳酸钾(K_2CO_3)/(g/L)	15~30	15~30	15~25	15	25~35	10~20	10~12
氢氧化钾(KOH)/(g/L)	—	—	4~10	0.3	—	—	—
酒石酸钾钠($KNaC_4H_4O_6 \cdot 4H_2O$)/(g/L)	—	—	—	—	—	20~30	—
氯化钴($CoCl_2 \cdot 6H_2O$)/(g/L)	—	—	—	—	0.8~1.2	—	—
氯化镍($NiCl_2 \cdot 6H_2O$)/(g/L)	—	—	—	—	—	30~40	—
温度/℃	15~35	15~35	28~45	40~50	15~25	15~35	20~25
阴极电流密度/(A/dm²)	0.1~0.5	0.3~0.6	0.35~3.5	5~10	0.8~1	0.8~1.5	0.15~0.25
阳极电流密度/(A/dm²)	—	—	—	—	0.4~0.5	<0.7	—

注：1. 快速镀银一般需要阴极移动，移动速度为 20 次/分钟。

2. 快速镀银配方 2，主盐浓度比普通镀银高 2~3 倍，镀液温度也高些。因此可以在较高电流密度下工作，可获得较厚镀层，特别适合于电铸银。该镀液 pH 值要求保持在 12 以上，是为了提高镀液的稳定性，也有利于改善镀层和阳极状态。

3. 滚镀硬银的滚筒转速为 12~16r/min。

光亮氰化镀银的溶液组成及工艺规范见表 9-3。

表 9-3　光亮氰化镀银的溶液组成及工艺规范

溶液成分及工艺规范	挂　镀				滚　镀		
	1	2	3	4	1	2	3
银{以氰化银钾 K[Ag(CN)₂]形式加入}/(g/L)	30~38	25~30	—	—	—	20~40	—
氰化银(AgCN)/(g/L)	—	—	—	40~55	—	—	—
氯化银(AgCl)/(g/L)	—	—	35~45	—	—	—	—
硝酸银($AgNO_3$)/(g/L)	—	—	—	—	45~55	—	40~50
氰化钾(KCN)/(g/L)	80~100	—	—	60~75	—	—	—
游离氰化钾(KCN)/(g/L)	—	20~30	40~55	—	120~140	100~200	130~150
碳酸钾(K_2CO_3)/(g/L)	—	30~40	15~25	40~50	5~10	—	5~10
氢氧化钾(KOH)/(g/L)	—	—	—	—	—	5~10	—
硫代硫酸钠($Na_2S_2O_3 \cdot 5H_2O$)/(g/L)	—	0.5~0.6	0.5~1	—	—	—	—
硫脲[$CS(NH_2)_2$]/(g/L)	—	0.2~0.22	—	—	—	—	—
二硫化碳(CS_2)/(g/L)	—	—	—	0.001	—	—	—
2-巯基苯并噻唑($C_7H_5NS_2$)/(g/L)	0.5	—	—	—	—	—	—
1,4-丁炔二醇($C_4H_6O_2$)/(g/L)	0.5	—	—	—	—	—	—
892 光亮剂 A/(mL/L)	—	—	—	—	10~15	—	—
892 光亮剂 A/(mL/L)	—	—	—	—	15~20	—	—
A 光亮剂/(mL/L)	—	—	—	—	—	30	—
B 光亮剂/(mL/L)	—	—	—	—	—	15	—
AG·400A 添加剂/(mL/L)	—	—	—	—	—	—	30
AG·400B 添加剂/(mL/L)	—	—	—	—	—	—	15
温度/℃	室温	15~35	18~35	15~25	20~40	18~30	15~30
阴极电流密度/(A/dm²)	0.5~1.2	0.5~1	0.2~0.5	0.3~0.6	0.1~0.5	0.5~2	0.1~0.5

注：1. 挂镀配方 1 为光亮镀银或镀硬银。

2. 挂镀配方 2 为半光亮镀银或镀硬银。

3. 挂镀配方 3、4 为半光亮镀银，阴极移动，移动速度为 20 次/分钟。

4. 滚镀配方 1 的 892 光亮剂 A、B 是上海永生助剂厂的产品。阳极面积：阴极面积为 2∶1。

5. 滚镀配方 2 的 A、B 光亮剂是深圳华美电镀技术有限公司的产品。

6. 滚镀配方 3 的 AG·400A、B 添加剂是广东省揭阳市铭达表面工业研究所的产品。

9.1.2 无氰镀银

近年来，虽然对无氰镀银工艺做了大量工作，并对镀银的配位剂和添加剂进行了较多较深入的研究和试验，但目前无氰镀银仍主要存在以下问题[25]：

① 银镀层总体性能达不到商业要求，如存在镀层光亮度不够、与基体结合不好、镀层夹杂有机物、纯度不高、电导率下降等问题。

② 镀液成分复杂，稳定性差，对金属及有机杂质敏感，导致镀液使用周期短，增加使用成本，而且工艺维护复杂。

③ 工艺性能不能满足生产需要，镀液分散能力差，电流效率低，阳极易钝化等。

(1) 硫代硫酸盐镀银

硫代硫酸盐镀银溶液覆盖能力好、阴极电流效率高、镀层结晶细致、可焊性好。但在酸性溶液中，硫代硫酸根易析出硫（$S_2O_3^{2-} + H^+ \longrightarrow HSO_3^- + S$），使镀液不够稳定，允许使用的阴极电流密度范围较窄，而且银镀层中会含有少量硫。

硫代硫酸盐镀银的溶液组成及工艺规范见表 9-4。

表 9-4   硫代硫酸盐镀银的溶液组成及工艺规范

溶液成分及工艺规范	挂 镀					滚镀
	1	2	3	4	5	
硝酸银($AgNO_3$)/(g/L)	45~50	40~45	40~45	—	50~60	55~65
氯化银($AgCl$)/(g/L)	—	—	—	33~40	—	—
硫代硫酸铵$[(NH_4)_2S_2O_3]$/(g/L)	230~260	—	200~250	220~250	—	—
硫代硫酸钠($Na_2S_2O_3 \cdot 5H_2O$)/(g/L)	—	200~250	—	—	250~350	300~500
焦亚硫酸钾($K_2S_2O_5$)/(g/L)	—	40~45	—	—	90~110	55~65
醋酸铵(CH_3COONH_4)/(g/L)	20~30	20~30	—	20~30	—	—
硼酸(H_3BO_3)/(g/L)	—	—	—	—	25~35	—
无水亚硫酸钠(Na_2SO_3)/(g/L)	80~100	—	—	80~100	—	—
硫代氨基脲(CH_5N_3S)/(g/L)	0.5~0.8	0.6~0.8	—	0.5~0.8	—	—
SL-80 添加剂/(mL/L)	—	—	8~12	—	—	—
辅加剂/(g/L)	—	—	0.3~0.5	—	—	—
pH 值	5.0~6.0	5.0~6.0	5.0~6.0	6.0~6.2	4.2~4.8	5.0~6.0
温度/℃	15~35	室温	室温	室温	10~40	5~35
阴极电流密度/(A/dm²)	0.1~0.3	0.1~0.3	0.3~0.8	0.1~0.2	直流或脉冲①	0.2~0.5
阳极与阴极面积比	(2~3):1	2:1	(2~3):1	3:1	—	—

① 配方 5 可用直流也可用脉冲电流电镀，其最佳双向脉冲参数为：正向脉宽为 1ms，占空比为 10%，电流密度为 0.8A/dm²，工作时间为 100ms；反向脉宽为 1ms，占空比为 5%，电流密度为 0.2A/dm²，工作时间为 20ms（镀银层的抗变色性能是：双脉冲镀＞单脉冲镀＞直流镀）。

注：挂镀配方 3 适合于光亮镀银，SL-80 添加剂和辅加剂，由广州科学研究院金属防护研究所研制。

(2) 亚氨基二磺酸铵 (NS) 镀银及磺基水杨酸镀银

亚氨基二磺酸铵 (NS) 镀银溶液成分简单，配制方便，易于维护。镀层结晶细致，可焊性、耐蚀性、抗硫性、结合力等良好，镀液覆盖能力接近氰化镀银。但存在镀层含硫量较高、韧性较低、抗硫化氢能力较差等缺点。而且镀液中氨易挥发，pH 值变化大，对二价铜离子（Cu^{2+}）敏感，铁杂质的存在使光亮区范围缩小。

磺基水杨酸镀银覆盖能力仅次于 NS 镀银溶液，其他性能与 NS 镀液基本相同。

这两种镀银的溶液组成及工艺规范见表 9-5。

表 9-5　镀银的溶液组成及工艺规范

溶液成分及工艺规范	亚氨基二磺酸铵（NS）镀银			磺基水杨酸镀银	
	1	2	3	挂镀	滚镀
硝酸银（$AgNO_3$）/(g/L)	30～40	25～30	25～30	20～40	25～40
亚氨基二磺酸铵[$HN(SO_3NH_4)_2$]/(g/L)	80～120	80～100	50～60	—	—
磺基水杨酸（$HOC_6H_3COOHSO_3H \cdot 2H_2O$）/(g/L)	—	—	—	100～140	120～150
硫酸铵[$(NH_4)_2SO_4$]/(g/L)	100～140	—	50～60	—	—
柠檬酸铵[$(NH_4)_3C_6H_5O_7$]/(g/L)	1～5	—	—	—	—
醋酸铵（CH_3COONH_4）/(g/L)	—	15～20	15～20	—	—
总氨量（以硝酸铵与氨水 1:1 加入）/(g/L)	—	—	—	20～30	25～30
酒石酸（$H_2C_4H_4O_6$）/(g/L)	—	1～2	—	—	—
氢氧化钾（KOH）/(g/L)	—	—	—	8～13	10～13
pH 值	8.2～9.0	8.8～9.5	8.5～9.0	8.5～9.5	8.5～9.5
温度	室温	室温	室温	室温	室温
阴极电流密度/(A/dm²)	0.2～0.4	0.3～0.6	0.3～0.5	0.2～0.4	0.2～0.4
阳极与阴极面积比		(1.5～2):1	(1.5～2):1		

注：1. NS 镀银配方 1、2 为光亮镀液，镀层经浸亮后可获得全光亮银镀层。

　　2. NS 镀银配方 3 镀获的镀层，内应力小，镀层较软，但光亮度及细致程度不如配方 1、2。

9.1.3　镀银的预处理

　　钢铁件镀银一般先镀铜作为底层。镀银件的基体材料一般多为铜和铜合金件。由于铜的电位比银的电位负，当铜件浸入银镀液中时，表面会发生置换反应，生成的置换层与基体金属结合力差，而且在置换过程中产生的铜离子还会污染镀液。所以，为保证银镀层的结合力，镀银前除了常规的前处理（除油、浸蚀）外，还必须对镀件表面进行预处理。预处理工艺有下列三种，见表 9-6。

表 9-6　镀银的预处理

预处理方法	操作方法及工艺规范
汞齐化处理	汞齐化处理的主要作用是提高铜件表面的电位，防止产生置换层。但汞剧毒，而且清洗不净会污染镀银溶液。所以汞齐化处理方法，已被浸银和预镀银工艺所替代
浸银	经过除油、浸蚀，清洗净后的镀件，浸入由低浓度银盐和高浓度配位剂组成的浸银溶液中，沉积上一层致密而结合力好的置换银层。这样，再镀银时，就大大提高了镀层的结合力。常用的浸银的溶液组成及工艺规范见表 9-7。浸银后必须加强清洗，以防将浸银液带入后续的镀液而造成污染
预镀银	一般对于钢铁件、镍合金件，磷青铜件、铍青铜件、黄铜铸件，精度要求高的铜及其合金件，多种金属组装件或焊接件等[20]，要先预镀一层铜，再预镀银，而后镀银。铜及其合金件也可预镀铜后，在氰化镀液中带电下槽镀银 　　预镀银是镀银镀前处理最常用也是最合适的方法。预镀银的溶液中银含量很低，而配位剂（氰化物）含量高，它可提高阴极极化，产生低电流效率的活化过程，使电位较负的金属零件浸入其中时，在其表面迅速生成一层薄而结晶细致、结合力好的镀层，从而避免镀件进入镀银液时产生置换银层 　　预镀银层的厚度很薄，约为 $0.05～0.25\mu m$。预镀银溶液与后续的加厚镀银溶液基本相同，所以预镀银后可不必水洗，直接进入加厚的镀银溶液。预镀银的溶液组成及工艺规范见表 9-8

表 9-7　浸银溶液组成及工艺规范

溶液成分及工艺规范	1	2
硝酸银（$AgNO_3$）/(g/L)	15～20	—
金属银（以亚硫酸银形式加入）/(g/L)	—	0.5～0.6
硫脲[$CS(NH_2)_2$]/(g/L)	200～220（过饱和量）	—

溶液成分及工艺规范	1	2
无水亚硫酸钠(Na_2SO_3)/(g/L)	—	$100\sim200$
pH 值	4(用 1:1 盐酸调节)	—
温度/℃	$15\sim30$	$15\sim30$
时间/s	$60\sim120$	$3\sim10$

表 9-8　预镀银的溶液组成及工艺规范

溶液成分及工艺规范	1	2	3
银[以氰化银钾 $KAg(CN)_2$ 形式加入]/(g/L)	$3.5\sim5$	—	—
硝酸银($AgNO_3$)/(g/L)	—	$2\sim3$	$3\sim5$
氰化钾(KCN)/(g/L)	—	$65\sim75$	$60\sim70$
游离氰化钾(KCN)/(g/L)	$80\sim100$	—	—
碳酸钾(K_2CO_3)/(g/L)	15	—	$5\sim10$
碱式碳酸铜[$CuCO_3 \cdot Cu(OH)_2$]/(g/L)	—	$10\sim15$	—
温度/℃	$15\sim25$	$18\sim30$	$18\sim30$
阴极电流密度/(A/dm²)	$0.5\sim1$	$0.5\sim0.5$	$0.3\sim0.5$
时间/s		$30\sim60$	$60\sim120$
阳极材料	不锈钢	不锈钢	不锈钢

9.1.4　镀银后处理及防变色处理

镀银的后处理，主要是银镀层的防变色处理。其后处理工艺流程如下：

…→镀银→回收→冷水洗→热水浸洗（90℃，2min）→冷水洗→浸亮→冷水洗→防变色处理（化学钝化或电解钝化或阴极电泳涂透明漆等)→冷水洗→干燥。

防止银镀层变色有多种工艺方法，无论采用哪种方法，都必须达到如下要求：

① 使银镀层具有一定的抗变色能力。外观颜色应保持不变或只稍有变色。

② 具有较低的接触电阻，不影响或稍微影响导电性能。不影响焊接。

防银变色处理方法有化学钝化、电解钝化、涂覆有机（有机溶剂型或水溶性型）保护层、电泳涂覆层以及电镀贵金属等。目前国内使用的几种类型的银镀层防变色处理的抗变色能力的综合效果为[20]：浸涂有机溶剂型保护层＞浸涂水溶性有机保护层＞电泳涂覆层＞电解钝化膜＞化学钝化膜。有些厂为了取得更佳防变色效果，使用综合处理方法，如化学钝化＋电解钝化＋浸涂有机防银变色剂。

(1) 浸亮

用于一般银镀层，光亮镀银可以不进行此工序。浸亮工序是在化学钝化或电解钝化之前进行。浸亮的工序流程如下：

…成膜→冷水洗→去膜→冷水洗→出光（浸亮）→冷水洗→防变色处理……

成膜：除去银镀层表面的硫化银、卤化银等，在银镀层表面形成一层薄的转化膜。去膜：除去铬酸处理形成的薄膜。浸亮的溶液组成及工艺规范见表 9-9。

表 9-9　浸亮的溶液组成及工艺规范

工艺方案	成　膜	去　膜	出　光
1	铬酐(CrO_3)　$80\sim85$g/L 氯化钠(NaCl)　$15\sim20$g/L 温度:室温 时间:$5\sim15$s	28%氨水($NH_3 \cdot H_2O$)　$300\sim500$mL/L 温度:室温 时间:$2\sim3$s	68%硝酸(HNO)　10%[①] 或37%盐酸(HCl)　10%[①] 温度:室温 时间:$5\sim20$s

续表

工艺方案	成　膜	去　膜	出　光
2	铬酐(CrO)　30～50g/L 氯化钠(NaCl)　1～25g/L 三氧化二铬(Cr₂O₃)　3～5g/L pH 值　1.5～1.9 温度:室温 时间:10～15s	重铬酸钾(K₂Cr₂O₇)　10～15g/L 硝酸(HNO₃,d=1.42)　5～10mL/L 温度:室温 时间:10～20s	68%硝酸(HNO)　10%① 温度:室温 时间:3～5s

① 出光的硝酸或盐酸浓为体积分数。

注：1. 浸亮工艺方案 2 中的去膜也可用氨水（参照浸亮工艺方案 1 中的去膜配方）。

2. 浸亮工艺过程中，每两工序之间都要充分清洗。

(2) 化学钝化

化学钝化防变色能力较差，而钝化处理中银镀层会损失 $2\sim3\mu m$，采用化学钝化的零件要镀较厚的银层。化学钝化有两种方法，即铬酸盐钝化和有机物钝化。化学钝化的溶液组成及工艺规范见表 9-10。

表 9-10　化学钝化的溶液组成及工艺规范

溶液成分及工艺规范	铬酸盐钝化		有机物钝化	
	1	2	1	2
重铬酸钾(K₂Cr₂O₇)/(g/L)	10～15	7.35	—	—
68%硝酸(HNO₃)/(mL/L)	10～15	13	—	—
铬酐(CrO₃)/(g/L)	—	2～5	—	—
苯并三氮唑(B.T.A)/(g/L)	—	—	—	2.5
磺胺噻唑硫代甘醇酸(S.T.G)/(g/L)	—	—	1.5	—
碘化钾(KI)/(g/L)	—	—	2	2
pH 值	—	—	5～6	5～6
温度/℃	10～35	25	室温	室温
时间/s	20～30	3	2～5	2～5

(3) 电解钝化

镀银零件经过浸亮（或不经浸亮，根据产品要求而定）后，进行阴极电解钝化，而形成一层钝化膜。它的抗变色能力比化学钝化膜好，几乎不改变镀件的焊接性能、接触电阻和外观色泽。电解钝化的溶液组成及工艺规范见表 9-11。

表 9-11　电解钝化的溶液组成及工艺规范

溶液成分及工艺规范	1	2	3	4
重铬酸钾(K₂Cr₂O₇)/(g/L)	56～66	30～40	—	—
硝酸钾(KNO₃)/(g/L)	10～14	—	—	—
氢氧化铝[Al(OH)₃]/(g/L)	—	0.5～1	—	—
电解保护粉/(g/L)	—	—	80～130	—
A24512 银电解保护粉/(g/L)	—	—	—	130
pH 值	5～6	5～6	12～13	—
温度/℃	室温	10～35	15～35	15～35
阴极电流密度/(A/dm²)	2～3.5	0.2～0.5	1～5	1.5～2.5
时间/min	3～5	2～5	0.5～5	0.75～1.25
阳极材料	不锈钢	不锈钢	不锈钢	不锈钢

注：1. 配方 2 加入氢氧化铝胶粒，在电流作用下，电泳到银层表面上，对钝化膜孔隙起填充作用，提高膜层致密性，增强抗变色能力。

2. 配方 3 的电解保护粉是广州美迪斯新材料有限公司的产品。

3. 配方 4 的 A24512 银电解保护粉是美坚化工原料有限公司的专利产品。补充至溶液浓度为 13.1°Bé，每降低 1°Bé 需补充 A24512 银电解保护粉 11g/L。电解保护粉除适用于银外，铜、黄铜及青铜也适用。

(4) 浸涂有机防变色剂

在镀银表面浸涂有机防变色剂，使银镀层表面生成一薄层固态保护膜，对腐蚀介质起到有效的屏蔽作用，而防止银镀层变色。同时也改善了表面摩擦性能，且有润滑作用，接触电阻稳定，尤其适合接插、开关元件等电子器件。浸涂有机保护层所用的防变色剂有有机溶剂型防变色剂和水溶性有机防变色剂两种。

浸涂有机溶剂型及水溶性有机防变色剂的工艺规范见表 9-12。

表 9-12　浸涂有机溶剂型及水溶性有机防变色剂的工艺规范

涂覆液类型		溶液参数	工艺规范			
			涂覆方法	浸渍时间 /min	烘干温度 /℃	烘干时间 /min
有机溶剂型防变色剂	SP-89S 高性能防银变色剂	SP-89S 防银变色剂　1份 三氯乙烷 1～3份（根据用途和防变色时间而定）	浸渍	1（室温）	自然干燥（膜厚 1～2μm）	—
	BY-2 电接触固体薄膜润滑剂	BY-2　2～4g 120#汽油　100mL 温度　60～70℃（水浴加温）	浸渍	1～2	70～75	20
	DJB-823 电接触固体薄膜润滑剂	DJB-823　2g 120#汽油　60mL 正丁醇　40mL 温度　60～70℃	浸渍	0.5～1	110～120	20
	FAg-2 防银变色剂	FAg-2　2%（体积分数） 环保溶剂　98%（体积分数）	浸渍	1～3	50～65	干燥为止
水溶性有机防变色剂	RTA 水性防银变色剂	RTA 防银变色剂　1份 蒸馏水或去离子水　19份 pH 值　8～8.5 温度　15～40℃	浸渍	3～5	80～100	10
	TX 防银变色剂	S组分　2～4.5g/L P组分　0.1g/L pH 值　4.5～5.5（用醋酸调节） 温度　15～30℃	浸渍	2～5	100～110	10～15
	TF 防银变色剂	TF-防银变色剂（液体浸渍剂） pH 值　6左右	浸渍	—	—	—
	ST-100S 金属防变色剂	ST-100S　1份（体积） 水 10份（体积） pH 值　6～7	浸渍	0.2～10（温度 60～70℃）	80～90	—
	MA901 银防变色剂	MA901　50～60mL/L	浸渍	1～3（温度 60～70℃）		

注：1. SP-89S 高性能防银变色剂是上海永生助剂厂的产品。据介绍对银镀层有极佳的防变色效果，可保持 1～3 年不变色。可焊性好，10 万次开关转换和 1 万次插拔接触电阻无明显变化。耐熔温度 100℃，极限温度 450℃。

2. BY-2 电接触固体薄膜润滑剂、DJB-823 电接触固体薄膜润滑剂的抗氧性能优于抗硫性能，是由北京邮电大学化学研究所研制。

3. FAg-2 防银变色剂是广州市达志化工科技有限公司的产品。

4. RTA 水性防银变色剂是上海永生助剂厂的产品。

5. TX 防银变色剂中，S组分溶于 60～300mL/L 无水乙醇中，并于水浴中加热至沸腾，搅拌溶解；P组分，用纯水溶解，然后稀至 1L。其抗硫性能优于抗氧性能。是浙江黄岩化学材料厂的产品。

6. TF-防银变色剂是江苏省太仓市归庄镇武兵化工厂的产品。

7. ST-100S 金属防变色剂是上海昆云贸易发展有限公司的产品。

8. MA901 银防变色剂是广州美迪斯新材料有限公司的产品。

(5) 电泳涂覆层

阴极电泳涂料可采用丙烯酸型、聚氨酯型等水溶性涂料。镀银后经彻底清洗的镀件，不需烘干，直接进行阴极电泳涂覆。

9.1.5 不合格银镀层的退除

不合格银镀层的退除方法见表 9-13。

表 9-13 不合格银镀层的退除方法

基体金属	退除方法	溶液组成	含量	温度/℃	阳极电流密度/(A/dm²)
铜、黄铜	化学法	98%硫酸(H_2SO_4) 68%硝酸(HNO_3) (放入退镀液的工件应是干的)	950mL/L 50mL/L	室温	—
	电解法	铬酐(CrO_3) 98%硫酸(H_2SO_4)	100~150/(g/L) 1~2/(g/L)	18~25	5~10
铝、铝合金	化学法	浓硝酸(HNO_3)	浓	室温	—
	化学法	65%硝酸(HNO_3) 氯化钠(NaCl) (退镀液中不得带入水分)	1000mL/L 0.5~1/(g/L)	≤24	
镍、钢	化学法	65%硝酸(HNO_3) 氯化钠(NaCl) (退镀液中不得带入水分)	1000mL/L 0.5~1/(g/L)	≤24	
	电解法	铬酐(CrO_3) 98%硫酸(H_2SO_4)	100~150/(g/L) 1~2/(g/L)	18~25	5~10

9.2 镀金

金镀层外观为金黄色，硬度低，延展性好，易于抛光，在长期储存后仍有好的焊接性。金具有极高的化学稳定性，不溶于各种酸和碱，仅溶于王水。对钢、铜、银及其合金基体而言，金镀层为阴极性镀层，镀层的孔隙影响其防腐性能。

由于金镀层具有优良的性能，所以广泛地应用于装饰性电镀和功能性的电镀中。如在工业领域的精密仪器仪表、印制电路板、集成电路、管壳、电接点，以及装饰品、工艺品、钟表零件、首饰、摆件等产品上都获得应用。

金是昂贵的金属，应在保持所要求性能的前提下，尽可能节约使用。对于不同的用途，金镀层应选择不同的厚度，如表 9-14 所示，供参考。

表 9-14 金镀层厚度的选择

金镀层用途	镀层厚度/μm	金镀层用途	镀层厚度/μm
闪镀金	0.05~0.125	印制电路板接点镀金	1.25~2.0
装饰薄金	0.1~0.5	工业用耐磨镀金	2.5~5.0
装饰厚金	>2	耐腐蚀、耐磨性镀金	5.0~7.5
接点及接插件镀金	0.2~0.75	电子器件防辐射镀金	12~38
接点、焊接、熔接镀金	0.75~1.25	—	—

金合金镀层中的金含量用 K 来表示，不同 K 数的含金质量分数见表 9-15。

表 9-15 不同 K 数的含金质量分数

金合金的 K 数	金的质量分数/%	金合金的 K 数	金的质量分数/%	金合金的 K 数	金的质量分数/%
9	37.5	17	68.8~72.8	22	89.7~93.7
12	50	18	72.9~77.0	23	93.8~97.9
14	56.3~60.3	19	77.1~81.2	24	≥98
15	60.4~64.5	20	81.3~85.4	—	—
16	64.6~68.7	21	85.5~89.6	—	—

目前常用的镀金溶液有氰化物镀液和非氰化物镀液，如亚硫酸盐镀液、柠檬酸盐镀液、丙尔金镀液等。

9.2.1 氰化镀金

氰化镀金的镀液具有很强的阴极极化作用，分散能力及覆盖能力良好，镀层结晶光亮，镀层纯度较高，但有一定的孔隙度。镀金分为装饰性镀金（包括闪镀金）和功能性即工业/电子用镀金。

装饰性镀金对镀层外观色调要求较高，常向镀层中加入少量的镍、钴、铜、银等金属离子，以获得不同色调（如粉红色、绿色、玫瑰色等）的金镀层，来满足某些特殊装饰的要求。闪镀金由于镀层厚度极薄，仅为 $0.05\sim0.125\mu m$，电镀时间仅为 $5\sim30s$，常用于低档的首饰、装饰品、摆件等的镀金。装饰性镀金及闪镀金的溶液成分及工艺规范见表 9-16。

表 9-16 装饰性镀金及闪镀金的溶液成分及工艺规范

溶液成分及工艺规范	装饰性镀金				闪镀金		
	1	2	3	4	1	2	滚镀
金{以金氰化钾 K[Au(CN)₂]形式加入}/(g/L)	8~12	4~5	4	12	1.2~2	1.2~2	0.4
银{以银氰化钾 K[Ag(CN)₂]形式加入}/(g/L)	—	1~1.5	—	—	—	—	—
钴{以钴氰化钾 K[Co(CN)₂]形式加入}/(g/L)	—	—	—	2	—	—	—
镍{以镍氰化钾 K[Ni(CN)₂]形式加入}/(g/L)	—	—	—	—	—	0.03~1.4	—
银氰化钾{K[Ag(CN)₂]}/(g/L)	—	—	—	0.3	—	—	—
镍氰化钾{K[Ni(CN)₃]}/(g/L)	—	—	—	15	—	—	—
氰化钾(KCN)/(g/L)	—	—	—	90	—	—	—
游离氰化钾(KCN)/(g/L)	30	50~60	16	—	7.5	7.5	—
游离氰化钠(NaCN)/(g/L)	—	—	—	—	—	—	30
磷酸氢二钾(K₂HPO₄·3H₂O)/(g/L)	30	—	—	—	15	15	—
碳酸钾(K₂CO₃)/(g/L)	15~30	—	10	—	—	—	—
磷酸氢二钠(Na₂HPO₄)/(g/L)	—	—	—	—	—	—	23
28%氨水(NH₃·H₂O)/(mL/L)	—	60	—	—	—	—	—
硫代硫酸钠(Na₂S₂O₃·5H₂O)/(g/L)	—	—	—	20	—	—	—
pH 值	—	11~13	—	—	—	—	—
温度/℃	25~60	室温	60~70	21	60~70	60~70	38~48
阴极电流密度/(A/dm²)	0.2~1.0	0.5~1	2	0.5	1~4	1~4	—
阳极材料	不锈钢	不锈钢	金或铂	金	不锈钢	不锈钢	—

注：1. 装饰性镀金配方 1 为一般镀金；装饰性镀金配方 2 为镀金-银合金（含金 75%～80%，银 25%～20%，均为质量分数），阴极移动，阳极材料不锈钢或金；装饰性镀金配方 3 为镀金-钴合金；装饰性镀金配方 4 为光亮镀金，镀层全光亮，稍带绿色。

2. 闪镀金配方 1 为镀 24K 金；配方 2 为 18K 金；滚镀闪镀金配方为镀 24K 金。电压为 6V。

工业用镀金根据用途有不同的要求。如要求提高硬度和耐磨性能的，需镀硬金（即镀层中含有镍、钴等的金合金）。而要求焊接性能高的，主要需镀高纯金：如半导体零件镀金的含金量（均为质量分数）为99.95%，印制板和接触器零件镀金的含金量为99.5%～99.7%。工业用氰化镀金的溶液成分及工艺规范见表9-17。

表9-17 工业用氰化镀金的溶液成分及工艺规范

溶液成分及工艺规范		1	2	3	4	5
金{以金氰化钾 K[Au(CN)$_2$]形式加入}/(g/L)		8～20	8～20	4	8～14	1～5
银{以银氰化钾 K[Ag(CN)$_2$]形式加入}/(g/L)		—	0.3～0.6	—	—	—
镍{以镍氰化钾 K[Ni(CN)$_2$]形式加入}/(g/L)		—	—	—	0.4～0.7	—
钴氰化钾{K[Co(CN)$_3$]}/(g/L)		—	—	12	—	—
游离氰化钾(KCN)/(g/L)		15～30	60～100	16	—	8～10
磷酸氢二钾(K$_2$HPO$_4$·3H$_2$O)/(g/L)		22～45	—	—	15～25	—
磷酸二氢钾(KH$_2$PO$_4$)/(g/L)		—	—	—	10～20	—
碳酸钾(K$_2$CO$_3$)/(g/L)		—	—	10	—	100
氢氧化钠(NaOH)/(g/L)		—	—	—	—	1
pH 值		12	12	—	—	—
温度/℃		50～60	15～25	70	65～75	55～60
阴极电流密度/(A/dm^2)	挂镀	0.3～0.5	0.3～0.8	2	0.5～1	2～4
	滚镀	0.1～0.2	0.1～0.2	—	—	—
阳极材料		不锈钢	不锈钢	金	金	金
阳极面积:阴极面积		1:1	(1～5):1	—	—	—
搅拌方式		中搅拌至强搅拌	不搅拌或中搅拌			

注：配方1为一般镀金；配方2为光亮镀金；配方3为镀硬金；配方4为镀金-镍合金；配方5为加厚镀金。

9.2.2 柠檬酸盐镀金

柠檬酸盐镀金溶液中的金主盐，是以金氰化钾的形式加入的，实际上是一种低氰镀液。这种镀液稳定，毒性较低，镀层致密，孔隙率低，焊接性好。常在镀液中加入其他金属元素，形成金合金，使镀层光亮平滑、硬度高、耐磨性好。柠檬酸盐镀金常用于装饰性镀金及工业用镀金。脉冲镀金是采用脉冲电流电镀，沉积镀层硬度更高，耐磨性更好。

装饰性金及工业用柠檬酸盐镀金的溶液成分及工艺规范见表9-18。

表9-18 装饰性及工业用柠檬酸盐镀金的溶液成分及工艺规范

溶液成分及工艺规范	装饰性镀金			工业用镀金			
	1	2	3	1	2	3	滚镀
金{以金氰化钾 K[Au(CN)$_2$]形式加入}/(g/L)	6～8	4	3～7	8～15	6～8	5～6	8
柠檬酸金钾 (KAuC$_6$H$_5$O$_7$·2H$_2$O)/(g/L)	—	—	—	—	—	100～120	—
柠檬酸铵[(NH$_4$)$_3$C$_6$H$_5$O$_7$]/(g/L)	50～60	90	—	80～120	—	—	—
柠檬酸钾(K$_3$C$_6$H$_5$O$_7$·H$_2$O)/(g/L)	—	—	50～90	—	120	—	—
柠檬酸(C$_6$H$_8$O$_7$)/(g/L)	—	—	40～50	—	75	50～60	60
酒石酸锑钾 (KSbOC$_4$H$_4$O$_6$·0.5H$_2$O)/(g/L)	—	—	—	0.2～0.35	0.3	—	—
硫酸钴(CoSO$_4$·7H$_2$O)/(g/L)	—	—	15～20	—	—	—	—
硫酸铟[In$_2$(SO$_4$)$_3$]/(g/L)	—	—	1～2	—	—	2～3	—
硫酸镍(NiSO$_4$)/(g/L)	—	—	—	—	—	5～10	—
pH 值	5.6～5.8	3～6	3.5～4.5	4.8～5.8	4.8～5.6	3.5～4	3.8～5.0
温度/℃	80～90	60	35～38	35～45	室温	25	48～60

续表

溶液成分及工艺规范	装饰性镀金			工业用镀金			滚镀
	1	2	3	1	2	3	
阴极电流密度/(A/dm²)	—	0.5~1	0.5~1 阴极移动	0.1~0.2	0.4	0.5~1	0.1~0.5 阴极移动
阳极材料	金或不锈钢	铂或不锈钢	不锈钢或涂钌钛网	铂	铂	涂钌钛网	镀铂阳极

注: 1. 装饰性镀金配方1为闪镀金, 快速镀金, 在不烧焦前提下, 阴极电流密度可高些; 装饰性镀金配方2为普通镀金; 装饰性镀金配方3为镀金-钴合金, 含钴质量分数为1%~3%。镀层外观为18~22K, 光亮金色。

2. 工业用镀金配方1为普通镀金。

3. 工业用镀金配方2为脉冲镀金, 采用矩形波, 频率为1000Hz, 通断比为(1:5)~(1:10), 其阴极电流密度为平均电流密度。

4. 工业用镀金配方3为镀硬金。

9.2.3 亚硫酸盐镀金

亚硫酸盐镀金所得镀层结晶细致、光亮, 孔隙率少; 在镍、铜、银等上镀金, 镀层结合性能好; 镀液整平性、分散能力和覆盖能力均好, 电流效率接近100%, 沉积速度快。但镀液单独用亚硫酸盐作配位剂时, 不够稳定, 常加入辅助配位剂如柠檬酸盐、酒石酸盐、磷酸盐、乙二胺四乙酸二钠 (EDTA二钠) 和含氮的有机添加剂配合使用。亚硫酸盐镀金的溶液成分及工艺规范见表9-19。

表9-19 亚硫酸盐镀金的溶液成分及工艺规范

溶液成分及工艺规范	1	2	3	4	5
金(以三氯化金 $AuCl_3$ 形式加入)/(g/L)	5~25	5~25	8~12	10~15	12~20
亚硫酸铵[$(NH_4)_2SO_3 \cdot H_2O$]/(g/L)	150~250	150~250	—	—	—
亚硫酸钠(Na_2SO_3)/(g/L)	—	—	140~170	140~180	150~200
柠檬酸钾($K_3C_6H_5O_7 \cdot H_2O$)/(g/L)	80~120	80~120	—	80~100	—
氯化钾(KCl)/(g/L)	—	—	100~120	60~80	—
磷酸氢二钾(K_2HPO_4)/(g/L)	—	—	—	—	20~35
硫酸钴($CoSO_4 \cdot 7H_2O$)/(g/L)	—	—	0.5~1.5	0.5~1.0	0.5~1.0
硫酸铜($CuSO_4 \cdot 5H_2O$)/(g/L)	—	—	—	—	0.1~0.2
乙二胺四乙酸二钠(EDTA二钠) ($C_{10}H_{14}N_2Na_2O_8 \cdot 2H_2O$)/(g/L)	—	—	30~40	40~60	2~5
酒石酸锑钾 ($KSbOC_4H_4O_6 \cdot 0.5H_2O$)/(g/L)	—	0.05~0.15	—	—	—
pH值	8.5~9.5	8.5~9.5	9~10	8~10	8.5~9.5
温度/℃	45~65	45~65	45~50	40~60	45~50
阴极电流密度/(A/dm²)	0.1~0.8	0.1~0.8	0.1~0.15	0.1~0.8	0.3~0.4
阳极材料	金	金	铂	金、铂	铂
搅拌	阴极移动	阴极移动	机械搅拌	阴极移动	—

注: 配方1为普通镀金。配方3镀液中加入酒石酸锑钾, 可提高金镀层硬度; 配方3、4为镀光亮硬金; 配方5为脉冲镀硬金[1]。其阴极电流密度为平均电流密度, 脉冲电镀用矩形波, 频率为7~10Hz, 通断比为(1:1)~(1:4)。

9.2.4 丙尔金镀金

丙尔金 (商品名, 金盐) 是近年来研究成功的新型产品, 丙尔金镀金目前已成功应用于实际生产,有望替代氰化物镀金工艺。丙尔金是以三氯化金为原料,在丙二腈等有机配位剂作用下与柠檬酸钾反应生成,其分子式为:$KAu_2N_4C_{12}H_{11}O_8$。

丙尔金镀金适用于功能性及装饰性电镀金工艺。镀层附着力强,结晶细致,外观光亮,厚度分布均匀,镀金色泽呈24K纯正金黄色。理化性能如可焊性、硬度、抗氧化性、耐盐雾性能等都很优良。

丙尔金镀金的溶液成分及工艺规范见表9-20。

表 9-20　丙尔金镀金的溶液成分及工艺规范[3]

溶液成分及工艺规范	滚镀金-钴合金	可焊性镀纯金	高速酸性镀金(1)	高速酸性镀金(2)
51%丙尔金①($KAu_2N_4C_{12}H_{11}O_8$)/(g/L)	2~8	6~10	8~12	6~10
25%硫酸钴($CoSO_4 \cdot 7H_2O$)	20mL	—	—	—
柠檬酸($C_6H_8O_7$)/(g/L)	—	—	1	—
柠檬酸钾($K_3C_6H_5O_7 \cdot H_2O$)/(g/L)	—	—	—	—
磷酸二氢钾(KH_2PO_4)/(g/L)	—	1	—	3
磷酸氢二钾(K_2HPO_4)/(g/L)	—	—	1	1
开缸剂940	750mL	600mL	—	—
开缸剂K300	—	—	20mL	—
平衡液K300	—	—	1mL	—
光亮剂K300	—	—	1mL	—
开缸剂K186s	—	—	—	300mL
补充剂K186s	—	—	—	1mL
纯水	220mL	390mL	970mL	650mL
镀液密度/°Bé	10~19	13~20	10~18	10~20
pH值	4.0~4.6	6.7~7.5	4.4~4.8	4.2~4.7
温度/℃	25~50	55~70	45~65	45~65
阴极电流密度/(A/dm²)	0.2~1.0	0.2~1.0	10~50	10~50
阳极电流密度/(A/dm²)	0.1~1.0	—	—	—
阳极材料	镀铂钛网	镀铂钛网	镀铂钛网	镀铂钛网
阴极电流效率/%	—	35	35	35
搅拌	滚筒转速8~12r/min	连续搅拌	连续搅拌	连续搅拌

① 丙尔金(金盐)由河南三门峡恒生科技开发有限公司研制生产。

注:表中工艺配方的添加剂,是日本田中贵金属公司、美泰乐和美国罗门哈斯以及华美等公司在国内市场上销售的开缸剂之一,丙尔金(金盐)都能与上述公司的各种类品牌开缸剂配套使用。

9.2.5　商品添加剂的镀金工艺规范

市场商品添加剂的镀金工艺规范见表9-21。

表 9-21　市场商品添加剂的镀金工艺规范

溶液成分及工艺规范	1	2	3	4
金{以金氰化钾 K[$Au(CN)_2$]形式加入}/(g/L)	0.8~3	1~2	0.8~1.5	1.5
GE-3 开缸基液/(mL/L)	600	—	—	—
CB2G100B 开缸剂/(mL/L)	—	600	—	—
AUROFLAHZ 装饰金开缸剂 B/(mL/L)	—	—	600	—
N-12 中性水金开缸剂 A/(g/L)	—	—	—	60
N-12 中性水金开缸剂 B/(mL/L)	—	—	—	120
镀液密度/°Bé		8~12	12	7~12
pH值	3.5~4.2	3.5~4	3.5~4	7~8

续表

溶液成分及工艺规范	1	2	3	4
温度/℃	50~60	40~60	40~60	55~65
阴极电流密度/(A/dm²)	0.1~1	0.5~1.2	0.5~1.2	1~2
阳极材料	钛网镀铂	316S 不锈钢或铂钛钢	铂钛钢	铂钛钢

注：1. 配方 1 的 GE-3 开缸基液是上海永生助剂厂的产品。本工艺可作为厚金镀层的预镀，也可作为镀薄金的面镀层。镀液每补充 1.46g 氰化金钾（1g 金）同时补加 GE-3 补充液 1mL。pH 值经常调整，调高用 10％氢氧化钾，调低用 10％柠檬酸。

2. 配方 2 的 CB2G100B 开缸剂是深圳超拔电子化工有限公司的产品。

3. 配方 3 的 AUROFLAHZ 装饰金开缸剂 B 是华美电镀技术有限公司的产品。

4. 配方 4 的 N-12 中性水金开缸剂 A、B 是南安电镀技术工程有限公司的产品。

9.2.6 不合格金镀层的退除

金镀层的退除一般用氰化钠或强酸，对环境有严重污染。一般情况下，退除镀层原则上不应采用氰化物。而金又是非常昂贵的金属，所以尽量不要退除金镀层，如一定要进行退镀时，必须在有很好的排风条件下进行。

退除金和金合金镀层的方法见表 9-22。

表 9-22 退除金和金合金镀层的方法

基体金属	退除方法	溶液组成	含量/(g/L)	温度/℃	阳极电流密度/(A/dm²)
铜及铜合金	化学法	氰化钾（KCN） 30％过氧化氢（H_2O_2）	120 15mL/L	室温	—
	化学法	间硝基苯磺酸钠（$C_6H_4NO_2SO_3Na$） 氰化钠（NaCN） 柠檬酸钠（$Na_3C_6H_5O_7 \cdot 2H_2O$）	10~30 40~60 40~60	90	—
	电解法	亚铁氰化钾［$K_4Fe(CN)_6 \cdot 3H_2O$］ 氰化钾（KCN） 碳酸钾（K_2CO_3）	50 15 10	49	电压 6V
镍	化学法	氰化钾（KCN） 30％过氧化氢（H_2O_2）	120 15mL/L	室温	—
	化学法	间硝基苯磺酸钠（$C_6H_4NO_2SO_3Na$） 氰化钠（NaCN） 柠檬酸钠（$Na_3C_6H_5O_7 \cdot 2H_2O$）	10~30 40~60 40~60	90	—
	电解法	氰化钠（NaCN） 氢氧化钠（NaOH）	90 15	室温	电压 6V
银	电解法	37％盐酸（HCl）	5％(体积分数)	室温	0.1~0.3
钢铁	化学法	98％硫酸（H_2SO_4） 37％盐酸（HCl） 退件放入后,加入少量硝酸	80％(体积分数) 20％(体积分数)	60~70	—
	化学法	氰化钾（KCN） 30％过氧化氢（H_2O_2）	120 15mL/L	室温	—
	电解法	氰化钠（NaCN） 氢氧化钠（NaOH）	90 15	室温	电压 2V
	电解法	98％硫酸（H_2SO_4） 37％盐酸（HCl）	1000mL/L 30mL/L	20	2~3

9.3 镀钯

钯镀层有极高的反光性和化学稳定性，在高温、高湿或硫化物的大气环境中很稳定，能长期保持外观色泽不变。钯镀层硬度较高，高于金镀层，耐磨性好，而且接触电阻低，有良好的抗氧化性、抗烧伤性、耐磨性和焊接性。

镀钯在装饰性和功能性方面都有较大的用途，用于印制电路板、接插件、电接触元件上，能提高耐磨性和接触的可靠性；可作为镀铑的中间层，有利提高铑镀层的防护和装饰效果；还可在银镀层表面上镀 $1 \sim 2 \mu m$ 钯，起到防银变色的作用。

镀钯的溶液有多种类型，如铵盐镀液、磷酸盐镀液和酸性镀液等。但用得最多的是铵盐镀液。镀钯的溶液成分及工艺规范见表 9-23。

表 9-23　镀钯的溶液成分及工艺规范

溶液成分及工艺规范	铵盐型镀液			磷酸盐镀液	酸性镀液
	1	2	3		
钯(以二氯二氨基钯盐形式加入)/(g/L)	10～20	—	—	—	—
二氯二氨基钯盐[$Pd(NH_3)_2Cl_2$]/(g/L)	—	20～40	—	—	—
钯{以二亚硝基二氨基钯盐[$Pd(NH_3)_2(NO_2)_2$]形式加入}/(g/L)	—	—	10～20	—	—
钯{以二氯四氨基钯盐[$Pd(NH_3)_4Cl_2$]形式加入}/(g/L)	—	—	—	—	—
钯{以氯钯酸(H_2PdCl_4)形式加入}/(g/L)	—	—	—	10	—
钯{以二氯化钯($PdCl_2$)形式加入}/(g/L)	—	—	—	—	50
氨基磺酸铵($NH_4SO_3NH_2$)/(g/L)	—	—	100	—	—
氯化铵(NH_4Cl)/(g/L)	10～20	10～20	—	—	30
25%氢氧化铵(NH_4OH)/(mL/L)	30～40	40～60	—	—	—
游离氨(NH_3)/(g/L)	4～6	4～6	—	—	—
磷酸氢二铵[$(NH_4)_2HPO_4 \cdot 12H_2O$]/(g/L)	—	—	—	20	—
磷酸氢二钠(Na_2HPO_4)/(g/L)	—	—	—	100	—
苯甲酸($C_7H_6O_2$)/(g/L)	—	—	—	2.5	—
pH 值	9～9.2	9	7.5～8.5	6.5～7	0.1～0.5
温度/℃	15～35	18～25	25～30	50～60	40～50
阴极电流密度/(A/dm²)	0.25～0.5	0.25～0.5	0.1～2.0	0.1～0.2	0.1～1
阴极电流效率/%	约 90	90	—	约 90	—
槽电压/V	—	4	—	—	—
阳极面积:阴极面积	—	2:1	—	—	—
阳极材料	铂、钯或纯石墨	钯或铂	铂或镀铂	纯石墨	纯钯

9.4　镀铑

铑镀层是银白色略带浅蓝色的有光泽的金属镀层，具有极高的化学稳定性、抗氧化性、抗烧伤性和导电性。其光亮外观能长期保持不变，并有很高的反光性能。铑的硬度高，仅次于铬镀层，耐磨性好，接触电阻小，导电性好。但不能焊接，在高温下易氧化。铑镀层内应力大，不宜镀得过厚。当厚度超过 $3 \mu m$ 时容易产生龟裂，只适宜薄镀层。

镀铑在装饰性电镀和电子工业电镀上都有广泛的应用。一般装饰用铑镀层的厚度为 $0.05 \sim 0.125 \mu m$，工业及电子工业用铑镀层的厚度为 $0.5 \sim 5 \mu m$，防银变色的铑镀层厚度约为 $0.1 \mu m$。镀铑溶液有硫酸型、磷酸型和氨基磺酸型镀液。镀液性能特点见表 9-24。

表 9-24　镀铑溶液的性能特点

镀铑溶液类型	镀液的性能特点	镀液及工艺规范
硫酸型镀铑溶液	硫酸型镀铑工艺简单,镀液易维护,电流效率相对稍高,沉积速度也较快。但镀层的内应力较大,镀层易开裂,一般在镀银层上镀铑,厚度可达 0.5～2.5μm。常用于工业和电子工业的镀铑,也可用于装饰性镀铑	见表 9-25

续表

镀铑溶液类型	镀液的性能特点	镀液及工艺规范
磷酸型 镀铑溶液	磷酸型镀铑所获得的铑镀层洁白光泽,耐热性较好,而且镀液对焊接的腐蚀比硫酸型镀液少,所以常用于首饰的电镀,也可用于镀层较薄的光学仪器等的电镀	见表 9-26
氨基磺酸型 镀铑溶液	氨基磺酸型镀铑溶液所获得的铑镀层,若其工艺掌握得当,厚度达 $2.5\mu m$ 以上时,仍不产生裂纹,而且镀层内应力低。所以常用于需要较高厚度的工业及电子工业的电镀	见表 9-26

表 9-25　硫酸型镀铑的溶液成分及工艺规范

溶液成分及工艺规范	挂　镀			滚　镀	
	1	2	3	1	2
铑(Rh)(以硫酸盐浓溶液加入)/(g/L)	1.3~2	5	4~10	1	2.5~5
98%硫酸(H_2SO_4)/(mL/L)	25~80	25~50	40~90	80	80
温度/℃	40~50	45~50	40~60	45~50	45~50
阴极电流密度/(A/dm^2)	2~10	1~3	1~5	0.5~2	0.5~2

注:1. 挂镀配方 1 用于装饰性镀铑;配方 2 用于工业及电子工业镀铑;配方 3 用于厚层镀铑。

　　2. 滚镀配方 1 用于装饰性镀铑;配方 2 用于工业及电子工业镀铑。

表 9-26　磷酸型及氨基磺酸型镀铑的溶液成分及工艺规范

溶液成分及工艺规范	磷酸型镀液			氨基磺酸型镀液		
	1	2	3	1	2	3
铑(Rh)(以磷酸盐浓溶液加入)/(g/L)	2	—	2	—	—	—
铑(Rh)(以氨基磺酸铑形式加入)/(g/L)	—	—	—	2~4	—	—
铑(Rh)(以硫酸盐浓溶液加入)/(g/L)	—	—	—	—	2~4	2
磷酸铑($RhPO_4$)/(g/L)	—	8~12	—	—	—	—
85%磷酸(H_3PO_4)/(mL/L)	40~80	60~80	—	—	—	—
98%硫酸(H_2SO_4)/(mL/L)	—	—	25~80	—	—	—
氨基磺酸(HSO_3NH_2)/(g/L)	—	—	—	20~30	20~30	20
硫酸铜($CuSO_4 \cdot 5H_2O$)/(g/L)	—	—	—	0.6	—	0.3
硝酸铅[$Pb(NO_3)_2$]/(g/L)	—	—	—	0.5	—	—
温度/℃	40~50	30~50	40~50	35~55	—	—
阴极电流密度/(A/dm^2)	2~10	0.5~1	2~10	0.5~1	—	—

注:磷酸型镀液配方 3 为硫酸-磷酸型镀铑溶液。一般铑用阳极为铂丝或板。

9.5　镀铂

　　铂镀层有很高的化学稳定性,硬度高,电阻小,可焊性好。由于铂价格昂贵,使其应用受到一定限制。主要用途是在钛阳极上镀铂制成不溶性阳极,也用于电镀贵金属作阳极(如镀铑、镀钯、酸性镀金等)。也可作为装饰镀层,以及仪器仪表等的零件的需要防护并装饰的镀层。镀铂的溶液成分及工艺规范见表 9-27。

表 9-27　镀铂的溶液成分及工艺规范

溶液成分及工艺规范	碱性镀液		酸性镀液	
	1	2	1	2
铂(Pt){以亚硝酸二氨铂[$Pt(NH_3)_2(NO_2)_2 \cdot 2H_2O$]形式加入}/(g/L)	10~30	10	—	10~20
铂(Pt){以硫酸二亚硝基亚铂酸[$H_2Pt(NO_2)_2SO_4$]形式加入}/(g/L)	—	—	5	—
98%硫酸(H_2SO_4)	—	—	调 pH 值	—
氨基磺酸(HSO_3NH_2)/(g/L)	—	—	—	50~100
硝酸铵(NH_4NO_3)/(g/L)	100~110	100	—	—
亚硝酸钠($NaNO_2$)/(g/L)	10~15	10	—	—
28%氨水($NH_3 \cdot H_2O$)/(g/L)	调 pH 值	50	—	—

续表

溶液成分及工艺规范	碱 性 镀 液		酸 性 镀 液	
	1	2	1	2
pH 值	9	9～10	2.0	<2
温度/℃	95～100	95～100	40	60～80
阴极电流密度/(A/dm²)	1～2	1～3	0.1～1	1～5

注：1. 碱性镀液配方 1、2，可直接镀在镍基合金上，不需预镀。阳极材料为铂。

2. 酸性镀液配方 1 可直接镀在钛上，用于制造镀铂阳极。酸性镀液配方 2 是氨基磺酸镀液，阴极电流率较高（可达 50%左右），镀液稳定。阳极材料为铂。

9.6 镀铟

铟在干燥的大气中很稳定，不易失去光泽，有很高的反光性能。在铅镀层上镀铟并经热处理，铟会扩散进入铅镀层，使铟与铅相互渗透形成铅-铟合金，用作轴瓦上的减磨层。利用铟很高的反光性，可制造金属反光镜。在光学仪器、电子工业中镀铟也有广泛的应用。镀铟的溶液成分及工艺规范见表 9-28。

表 9-28 镀铟的溶液成分及工艺规范

溶液成分及工艺规范	氰化镀液		氟硼酸盐镀液		硫酸盐镀液		氨基磺酸盐镀液
	1	2	1	2	1	2	
氯化铟($InCl_3$)/(g/L)	60～120	—	—	—	—	—	—
铟(In)(以氢氧化铟形式加入)/(g/L)	—	33	—	—	—	—	—
氟硼酸铟[$In(BF_4)_3$]/(g/L)	—	—	236	20～25	—	—	—
硫酸铟[$In_2(SO_4)_3$]/(g/L)	—	—	—	—	20～45	50～70	—
氨基磺酸铟[$In(SO_3NH_2)_3$]/(g/L)	—	—	—	—	—	—	100～110
氰化钾(KCN)/(g/L)	140～160	96	—	—	—	—	—
氢氧化钾(KOH)/(g/L)	30～40	64	—	—	—	—	—
硼酸(H_3BO_3)/(g/L)	—	—	22～30	5～10	—	—	—
氟硼酸铵(NH_4BF_4)/(g/L)	—	—	40～50	—	—	—	—
氟硼酸(游离)(HBF_4)/(mL/L)	—	—	—	10～20	—	—	—
硫酸钠(Na_2SO_4)/(g/L)	—	—	—	—	8～12	10～15	—
氨基磺酸钠($NaSO_3NH_2$)/(g/L)	—	—	—	—	—	—	125～150
氨基磺酸(HSO_3NH_2)/(g/L)	—	—	—	—	—	—	20～26
氯化钠(NaCl)/(g/L)	—	—	—	—	—	—	30～45
三乙醇胺[$(HOCH_2CH_2)_3N$]/(g/L)	—	—	—	—	—	—	2.3
葡萄糖($C_6H_{12}O_6$)/(g/L)	40～60	33	—	—	—	—	5～8
木工胶/(g/L)	—	—	—	1～2	—	—	—
pH 值	—	—	0.5～1.5	1.0	2.0～2.7	2.0～2.7	1.5～2.0
温度/℃	18～30	室温	21～32	15～25	18～30	18～25	室温
阴极电流密度/(A/dm²)	1.5～3	1.5～2	5～10	2～3	2～4	1～2	1～2
阳极材料	石墨、钢板	钢板	铟	石墨	铟、铂	石墨、铂	铟
阴极电流效率/%	50～75	50～75	40～75	30～40	50～80	30～80	90

第10章
电镀合金

10.1 概述

电镀合金，是指在电流作用下，使两种或两种以上金属离子（也括非金属元素），在阴极上共沉积形成细致镀层的过程。电镀合金具有许多单金属所不具备的优异性能，如有较高的硬度、耐磨性、易钎焊性、耐高温性、良好的磁性、装饰性等。依据电镀合金的特性和应用来分类，可分为防护性合金、装饰性合金及功能性合金等。

10.2 电镀防护性合金

电镀防护性合金，目前应用比较多的是锌和铁族金属形成的二元合金，如 Zn-Ni、Zn-Fe 和 Zn-Co 合金等。Sn-Zn、Zn-Cd、Zn-Mn、Zn-Cr、Zn-Ti 和 Cd-Ti 等，也都有很好防护性能。

10.2.1 电镀 Zn-Ni 合金

Zn-Ni 合金镀层的外观为灰白至银白色，通常使用镍含量为 7%～18%（质量分数）的 Zn-Ni 合金，它对钢铁基体是阳极镀层。Zn-Ni 合金镀层具有优异的耐蚀性、优良的力学性、低氢脆性、良好的焊接性及良好的耐高温性等性能。

Zn-Ni 合金镀层主要用于高耐蚀性钢板、汽车钢板和汽车配件上，以及电缆桥架、煤矿井下液压支柱（架）等。目前已广泛用于汽车、机械、电机、航空航天、造船、军工以及轻工等行业领域。

Zn-Ni 合金镀液有氯化物、碱性锌酸盐、硫酸盐和硫酸盐-氯化物体系等。其镀液特点见表 10-1。

表 10-1　电镀 Zn-Ni 合金镀液的特点

镀液种类	镀液的特点	镀液及工艺规范
氯化物镀 Zn-Ni 合金	由于氯化铵具有较强的配合作用,废水处理较困难,采用氯化钾替代氯化铵效果较好。弱酸性氯化物电镀 Zn-Ni 合金的主要特点: 1. 电流效率高,一般在 95% 以上。对钢铁基体氢脆性小 2. 容易得到高镍含量(质量分数为 13% 左右)的合金镀层 3. 镀液分散能力不太好。对设备腐蚀性较大	见表 10-2
碱性锌酸盐镀 Zn-Ni 合金	合金镀层细致、平整、光亮,其硬度(220～270HV)比锌酸盐镀锌层(90～120HV)高,镀层也比较容易进行钝化处理。镀液的分散能力好,在较宽的阴极电流密度范围内镀层合金成分、厚度都比较均匀,工艺稳定、操作容易、对设备和工件腐蚀性小、成本低,目前已获得广泛应用	见表 10-3

续表

镀液种类	镀液的特点	镀液及工艺规范
硫酸盐镀 Zn-Ni 合金	镀液组成简单,工艺稳定,使用维护容易,可使用较高阴极电流密度,阴极电流效率高(一般超过 95%),氢脆性很小,对设备腐蚀性小;但镀层整平性较差,镀液的分散能力和覆盖能力比氯化物镀液稍差。适用于形状较简单的零件电镀,应用于钢板和钢带等的批量生产。为进一步提高镀层的耐蚀性,镀后一般还需进行铬酸盐钝化处理、磷化和涂料涂装	见表 10-4
硫酸盐-氯化物镀 Zn-Ni 合金	综合氯化物镀液和硫酸盐镀液的优点,适用形状简单的零件(钢板和钢带等),也可以镀比较复杂的零部件,在生产上应用比较广泛	见表 10-4

表 10-2 氯化物电镀 Zn-Ni 合金的溶液组成及工艺规范

溶液成分及工艺规范	氯化铵型 1	氯化铵型 2	氯化钾型 1	氯化钾型 2	氯化钠型
氯化锌($ZnCl_2$)/(g/L)	65~70	120	55~85	60~80	50
氯化镍($NiCl_2 \cdot 6H_2O$)/(g/L)	120~130	130	75~85	100~120	50~100
氯化铵(NH_4Cl)/(g/L)	200~240	150	50~60	100~120	—
氯化钾(KCl)/(g/L)	—	—	200~220	120~140	—
氯化钠($NaCl$)/(g/L)	—	—	—	—	220
硼酸(H_3BO_3)/(g/L)	18~25	30	25~30	—	30
醋酸钠(CH_3COONa)/(g/L)	—	—	—	25~35	—
721-3 添加剂/(mL/L)	1~2	—	—	—	—
SSA-85 添加剂/(mL/L)	—	—	5	—	—
锌镍合金光亮剂/(mL/L)	—	—	—	15~20	少量
pH 值	5~5.5	5~6	5~6	4.5~5.0	4.5
温度/℃	20~40	35~40	32~36	20~40	40
阴极电流密度/(A/dm²)	1~4	0.5~3.0	1~3	挂镀 1~2.5 滚镀 0.4~0.7	3
阳极材料	Zn 与 Ni 分控或 Zn+Ni		Zn 与 Ni 分控	Zn:Ni=(8~9):(1~2)	Zn 与 Ni 分控
镀层中 Ni 含量(质量分数)/%	≈13	8~15	7~9	—	—

注:1. 氯化铵型(配方 1)中的 721-3 添加剂是哈尔滨工业大学的产品。

2. 氯化钾型(配方 1)的 SSA-85 添加剂是武汉材料保护研究所的产品。阳极材料为:Zn:Ni=10:1。

3. 氯化钾型(配方 2)和氯化钠型配方中锌镍合金光亮剂是上海永生助剂厂的产品。

4. 氯化钠型的阳极材料:Zn 与 Ni 分控,Zn:Ni=10:1。

表 10-3 碱性锌酸盐镀 Zn-Ni 合金的溶液组成及工艺规范

溶液成分及工艺规范	1	2	3	4	5	6
氧化锌(ZnO)/(g/L)	8~12	10~15	6~8	10~15	10	12
硫酸镍($NiSO_4 \cdot 6H_2O$)/(g/L)	10~14	—	—	8~16	8	6
氢氧化钠($NaOH$)/(g/L)	100~140	100~150	80~100	80~150	120	120
乙二胺[$(CH_2NH_2)_2$]/(g/L)	20~30	—	—	少量	—	—
三乙醇胺[$N(C_2H_5O)_3$]/(g/L)	30~50	—	—	20~60	—	—
ZQ 添加剂/(mL/L)	20~40	—	—	—	—	—
ZQ-1 添加剂/(mL/L)	8~14	—	—	—	—	—
开缸剂 Zn-2Mu/(mL/L)	—	20~25	—	—	—	—
添加剂 Zn-2A/(mL/L)	—	5~7	—	—	—	—
光亮剂 Zn-2B/(mL/L)	—	4~6	—	—	—	—
镍溶液 Zn-2C/(mL/L)	—	20~25	—	—	—	—
镍配位化合物/(mL/L)	—	—	8~12	—	—	—
香草醛/(g/L)	—	—	0.1~0.2	—	—	—

溶液成分及工艺规范	1	2	3	4	5	6
Zn-11 添加剂/(mL/L)	—	—	0.5～1.0	—	—	—
添加剂	—	—	—	少许	—	—
氨水($NH_3 \cdot H_2O$)/(mL/L)	—	—	—	15	—	—
NZ-918A/(mL/L)	—	—	—	—	6	6
NZ-918B/(mL/L)	—	—	—	—	4	4
NZ-918C/(mL/L)	—	—	—	—	70	100
温度/℃	15～35	20～30	20～40	室温	10～35	10～35
阴极电流密度/(A/dm^2)	1～5	0.5～4	0.5～4	4～10	0.5～4.5	—
阳极材料	锌和铁板	锌板	锌和镍板	不锈钢	锌板	锌板
镀层中 Ni 含量(质量分数)/%	≈13	11～17	7～9	12～14	≈8～10	≈8～10

注：1. 配方 1 的 ZQ、ZQ-1 添加剂是哈尔滨工业大学的产品。

2. 配方 2 的 ZN 系列添加剂是杭州东方表面技术公司的产品。

3. 配方 3 的 ZN-11 添加剂是厦门大学的产品。

4. 配方 5 的 NZ-918 系列添加剂是武汉材料保护研究所的产品。连续循环过滤。

5. 配方 6 为滚镀配方，连续循环过滤。NZ-918 系列添加剂是武汉材料保护研究所的产品。

表 10-4 硫酸盐及硫酸盐-氯化物镀 Zn-Ni 合金的溶液组成及工艺规范

溶液成分及工艺规范	硫酸盐镀液		硫酸盐-氯化物镀液		
	1	2	1	2	3
硫酸锌($ZnSO_4 \cdot 7H_2O$)/(g/L)	150	100	50	—	80
氯化锌($ZnCl_2$)/(g/L)	—	—	—	60～80	—
硫酸镍($NiSO_4 \cdot 7H_2O$)/(g/L)	130	200	90	60～80	200
氯化镍($NiCl_2 \cdot 6H_2O$)/(g/L)	—	—	10	—	—
硫酸铵[$(NH_4)_2SO_4$]/(g/L)	—	20	—	—	—
氯化铵(NH_4Cl)/(g/L)	—	—	—	—	30
硫酸钠(Na_2SO_4)/(g/L)	—	100	—	—	—
醋酸钠($CH_3COONa \cdot 3H_2O$)/(g/L)	50～100	—	—	—	—
氯化钠($NaCl$)/(g/L)	—	—	—	140～160	—
葡萄糖酸钠($NaC_6H_{11}O_7$)/(g/L)	—	—	60	—	—
柠檬酸钠($Na_3C_6H_5O_7 \cdot 2H_2O$)/(g/L)	—	—	—	25～35	—
柠檬酸($H_3C_6H_5O_7 \cdot H_2O$)/(g/L)	100～200	—	—	—	—
硼酸(H_3BO_3)/(g/L)	20～40	20	20	25～35	—
添加剂	少量	少量	少量	少量	—
pH 值	1～3	3	2～4	4～6	2.2
温度/℃	35～45	40	20～50	20～40	50
阴极电流密度/(A/dm^2)	1～10	10	2～7	2～4	20
阳极材料	不溶性	锌和镍板	锌和镍	不溶性	—

注：1. 硫酸盐镀液配方 2 适合电镀钢带或钢板，钢带快速移动。

2. 硫酸盐-氯化物镀液配方 3 适用于电镀钢带，一般钢带作快速运动。

3. 添加剂常用的有胡椒醛、乙醇酸、甲苯磺酸和萘磺酸等，其主要作用是促使镀层结晶细致，平整光亮。对于电镀钢板和钢带，一般不用添加剂。

10.2.2 电镀 Zn-Fe 合金

Zn-Fe 合金镀层对钢铁基体来说是阳极镀层，具有电化学保护作用。Zn-Fe 合金镀层可作为替代锌镀层，作为黑色金层的防腐蚀镀层。根据电镀 Zn-Fe 合金镀层的铁含量，可分为高铁合金镀层（一般铁含量的质量分数为 7%～25%）和低铁合金镀层（一般铁含量为 0.3%～0.7%）。Zn-Fe 合金镀层的特点见表 10-5。

表 10-5　Zn-Fe 合金镀层的特点

镀液种类	镀层的特点	镀液及工艺规范
镀高铁 Zn-Fe 合金	高铁合金镀层耐蚀性很好,但铁含量的质量分数高于 1% 的合金镀层,很难钝化处理。高铁合金镀层主要用作汽车钢板的电泳涂漆的底层,为提高与涂料的结合力和耐蚀性,常需要进行磷化处理。高铁合金镀层经抛光后或光亮闪镀铜后镀铬,可作为日用五金制品的防护-装饰性镀层。含铁的质量分数为 10%～15% 的合金镀层常作为装饰性镀黄铜的底层,以提高其耐蚀性 镀高铁 Zn-Fe 合金的镀液,有焦磷酸盐镀液和硫酸盐镀液	见表 10-6
镀低铁 Zn-Fe 合金	低铁 Zn-Fe 合金(铁含量的质量分数为 0.3%～0.7%)镀层,耐蚀性比锌镀层高得多(高两倍以上),镀层容易钝化成彩虹色或黑色,而钝化成黑色可不用银盐。经钝化后的合金镀层的耐蚀性有很大提高,中性盐雾试验可达 1000h 以上,可作为防护性镀层以替代纯锌镀层,用途广泛 镀低铁 Zn-Fe 合金的镀液,有碱性锌酸盐镀液、氯化物镀液和氯化物-稀土镀液	见表 10-7

表 10-6　焦磷酸盐及硫酸盐镀高铁 Zn-Fe 合金的溶液组成及工艺规范

溶液成分及工艺规范	焦磷酸盐镀液		硫酸盐镀液	
	1	2	1	2
硫酸锌($ZnSO_4$)/(g/L)	35～45	—	200～300	10～40
焦磷酸锌($Zn_2P_2O_7$)/(g/L)	—	36～42	—	—
三氯化铁($FeCl_3 \cdot 6H_2O$)/(g/L)	11～165	8～11	—	—
硫酸亚铁($FeSO_4 \cdot 7H_2O$)/(g/L)	—	—	200～300	200～250
焦磷酸钾($K_4P_2O_7$)/(g/L)	320～400	250～300	—	—
磷酸氢二钠(Na_2HPO_4)/(g/L)	60～70	80～100	—	—
硫酸钠(Na_2SO_4)/(g/L)	—	—	30	—
醋酸钠(CH_3COONa)/(g/L)	—	—	20	—
柠檬酸($H_3C_6H_5O_7$)/(g/L)	—	—	5	—
硫酸铵[$(NH_4)_2SO_4$]/(g/L)	—	—	—	10～30
氯化钾(KCl)/(g/L)	—	—	—	5～10
光亮剂(醛类化合物)/(g/L)	胡椒醛 0.007～0.01	洋茉莉醛 0.1～0.15	—	—
添加剂	—	—	少量	—
pH 值	10～12	9～10.5	3	1.0～1.5
温度/℃	42～48	55～60	40	40～50
阴极电流密度/(A/dm²)	1.2～1.4	1.5～2.5	25～150	20～30
阳极面积比(Zn:Fe)	—	1:(1.5～2)	阳极:锌板	阳极:锌板
镀层中 Fe 含量(质量分数)/%	24～27	15	20	15～30

注:硫酸盐镀液配方 1 的添加剂主要是萘二磺酸和甲醛的缩合物,还有苯甲酸钠、糖精、异丙基苯磺酸钠及其混合物等。

表 10-7　镀低铁 Zn-Fe 合金的溶液组成及工艺规范

溶液成分及工艺规范	碱性锌酸盐镀液			氯化物镀液		氯化物-稀土镀液
	1	2	滚镀	挂镀	滚镀	
氧化锌(ZnO)/(g/L)	14～16	12～14	10～14	—	—	80～100
氯化锌($ZnCl_2$)/(g/L)	—	—	—	80～100	50～80	—
硫酸亚铁($FeSO_4 \cdot 7H_2O$)/(g/L)	1.0～1.5	—	—	8～12	5～12	8～16
氯化钾(KCl)/(g/L)	—	—	—	210～230	180～220	180～200
氢氧化钠(NaOH)/(g/L)	140～160	120～140	110～130	—	—	—
XTL 添加剂/(g/L)	40～60	—	—	—	—	—
XTT 添加剂/(g/L)	4～6	—	—	—	—	—
开缸剂/(mL/L)	—	20	20	—	—	—
补给剂/(mL/L)	—	10	10	—	—	—
聚乙二醇(M＞6000)/(g/L)	—	—	—	1.0～1.5	1.0～1.5	—
硫脲[$CS(NH_2)_2$]/(g/L)	—	—	—	0.5～1.0	0.5～1.0	—
抗坏血酸($C_6H_8O_6$)/(g/L)	—	—	—	1.0～1.5	0.5～1.0	0.8～1.2

溶液成分及工艺规范	碱性锌酸盐镀液			氯化物镀液		氯化物-稀土镀液
	1	2	滚镀	挂镀	滚镀	
ZF 添加剂/(mL/L)	—	—	—	8~10	8~10	—
光亮剂/(g/L)	—	2~4	4	—	—	—
铈(Ce)盐/(g/L)	—	—	—	—	—	0.06~0.16
BN 光亮剂/(mL/L)	—	—	—	—	—	4~6.2
平平加/(g/L)	—	—	—	—	—	2~4
pH 值	—	—	—	3.5~5.5	3.5~5.5	4~4.5
温度/℃	15~30	18~35	18~35	5~40	5~60	室温
阴极电流密度/(A/dm²)	1.0~2.5	1~4	0.5~1	1.0~2.5	250~350A/桶	1.3~4
阴极面积与阳极面积比	1:1	1:2	—	—	—	阳极石墨
镀层中 Fe 含量(质量分数)/%	0.2~0.7	0.2~0.7	—	0.5~1.0	0.2~0.8	约 0.4~0.7

注：1. 碱性锌酸盐镀液配方 1 的 XTL、XTT 添加剂是哈尔滨工业大学研制的产品。

2. 碱性锌酸盐镀液配方 2 的开缸剂、补给剂等是广州二轻所的产品。

3. 碱性锌酸盐镀液滚镀的开缸剂、补给剂等是广州二轻所的产品。

4. 氯化物镀液挂镀的 ZF 添加剂是成都市新都高新电镀环保工程研究所的产品。阳极材料（Zn：Fe）为 10：1。

5. 氯化物镀液滚镀的 ZF 添加剂是成都市新都高新电镀环保工程研究所的产品。阴极电流密度：250~350A/桶，50~80kg/桶，转速：8~10r/min。

6. 氯化物-稀土镀液中的 BN 光亮剂为昆明理工大学研制。

10.2.3　电镀 Zn-Co 合金

Zn-Co 合金镀层结晶致密、平整。具有良好的耐蚀性，对钢铁基体是阳极镀层，经铬酸盐钝化处理，耐蚀性可大大提高，在某些领域可代替不锈钢。镀液有氯化物、碱性锌酸盐和硫酸盐，特点见表 10-8，镀液组成及工艺规范见表 10-9。

表 10-8　Zn-Co 合金镀液的特点

镀液种类	镀液的特点
氯化物镀 Zn-Co 合金	镀液简单，电流效率高。镀层结晶细密，外观光亮。钴含量在 1%(质量分数)以下，容易钝化。而弱酸性氯化物镀液可电镀钢铁铸件、锻压件和经过渗碳氮化的钢铁件表面
碱性锌酸盐镀 Zn-Co 合金	碱性锌酸盐镀液的分散能力比氯化物镀液的好，覆盖能力两者相当。阴极电流效率为 60% 左右。镀层质量好，镀层厚度大于 6μm 时没有孔隙，与钢铁基体结合良好
硫酸盐镀 Zn-Co 合金	硫酸盐镀液的分散能力和覆盖能力，比氯化物镀液和碱性镀液的低，阴极电流效率高(通常在 95% 以上)，镀层内应力低。镀液中加入适量的添加剂，能使镀层外观细致、平整。适合于电镀比较简单的零部件。电流密度高的镀液，可用电镀钢板或钢带

表 10-9　电镀 Zn-Co 合金的溶液组成及工艺规范

溶液成分及工艺规范	氯化物镀液		碱性锌酸盐镀液		硫酸盐镀液	
	1	2	1	2	1	2
氯化锌(ZnCl₂)/(g/L)	46	50~90	—	—	—	—
氧化锌(ZnO)/(g/L)	—	—	8~14	8~14	—	—
硫酸锌(ZnSO₄·7H₂O)/(g/L)	—	—	—	—	100	31
氯化钴(CoCl₂·6H₂O)/(g/L)	10.4	5~15	—	—	—	—
硫酸钴(CoSO₄)/(g/L)	—	—	1.5~3.0	1.5~3.0	50	20
氯化钾(KCl)/(g/L)	—	180~200	—	—	—	—
氯化钠(NaCl)/(g/L)	175	—	—	—	—	—
氢氧化钠(NaOH)/(g/L)	—	—	80~100	80~140	—	—
硼酸(H₃BO₃)/(g/L)	20~25	20~30	—	—	30	—
葡萄糖酸钠(NaC₆H₁₁O₇)/(g/L)	—	—	—	—	—	60
A 添加剂/(mL/L)	1.5~2.0					

续表

溶液成分及工艺规范	氯化物镀液		碱性锌酸盐镀液		硫酸盐镀液	
	1	2	1	2	1	2
添加剂	—	—	—		适量	适量
BZC-1A 配槽光亮剂/(mL/L)	—	14~18	—	—	—	—
ZC 稳定剂/(g/L)	—	—	30~50	10	—	—
ZCA 添加剂/(mL/L)	—	—	6~10		—	—
pH 值	5	4.5~6	—		3.5	8.7
温度/℃	25	10~40	10~40	10~40	25	30
阴极电流密度/(A/dm^2)	1.6	1~4	1~4	1~4	5.5	8.5
镀层中 Co 含量(质量分数)/%	>1	<1	0.6~0.8	0.5~1	—	—

注：1. 氯化物镀液配方 1 的 A 添加剂是苯甲酸钠与苯亚甲基丙酮的混合物。

2. 氯化物镀液配方 2 的 BZC-1A 配槽光亮剂是广州市二轻研究所研制的产品。

3. 碱性锌酸盐镀液配方 1 的 ZC 稳定剂为羟基羧酸盐。而 ZCA 添加剂为氯甲代氧丙烷的衍生物，是哈尔滨工业大学研制的产品。阳极材料：锌与铁混挂。

4. 硫酸盐镀液的添加剂一般是含氮的化合物，能使镀层外观细致、平整。

10.2.4 电镀 Sn-Zn 合金

Sn-Zn 合金镀层对钢铁基体是阳极镀层，耐蚀性比锌镀层有显著提高，在钢铁的防护性镀层中，它占有重要地位。该镀层结晶细致、柔软，与基体结合力好，并具有良好的韧性、延展性和电性能（导电性好、接触电阻低等）；不产生晶须"长毛"；还具有润滑性、抗摩擦性。镀层在耐蚀性、氢脆性和焊接性等方面，都优于或相当于金属镉，可作为良好的代镉镀层。镀层有良好的焊接性，它可以在无焊剂的条件下进行焊接，即使经钝化处理放置较长时间，也不影响其焊接性。而镀 Sn-Zn 合金镀层的钢板的焊接强度，要比普通钢板增加一倍以上。

Sn-Zn 合金镀层既可作为保护性镀层，又可作为功能性镀层，可用于高强度钢、弹性件等的电镀，广泛应用于汽车、电子、机械、航天航空和轻工等领域。

电镀 Sn-Zn 合金的镀液有氰化物、柠檬酸盐、葡萄糖酸盐、焦磷酸盐和碱性锌酸盐等。其镀液的特点见表 10-10。

表 10-10 Sn-Zn 合金镀液的特点

镀液种类	镀液的特点	镀液及工艺规范
氰化镀 Sn-Zn 合金	镀液分散能力好，容易维护，操作方便。一般采用与合金镀层成分相同的可溶性 Sn-Zn 合金阳极。为防止二价锡(Sn^{2+})的增加和危害，阳极要像碱性镀锡那样保持半钝化状态	见表 10-11
柠檬酸盐镀 Sn-Zn 合金	镀液比较稳定，合金镀层成分比较容易控制，并能得到结晶细致、平整、光亮或半光亮的 Sn-Zn 合金镀层	见表 10-12
焦磷酸盐镀 Sn-Zn 合金	镀液的分散能力好，使用的阴极电流密度较窄。pH 值发生变化，焦磷酸盐易水解，产生正磷酸，由于长期使用会有正磷酸的积累，易产生沉淀，致使镀液不稳定，维护困难	见表 10-12
碱性锌酸盐镀 Sn-Zn 合金	镀液成分简单，操作容易。由于是强碱性镀液，添加剂选用较困难，镀层不够平整光亮，故应用较少	见表 10-12

表 10-11 氰化镀 Sn-Zn 合金的溶液组成及工艺规范

溶液成分及工艺规范	挂 镀			滚镀
	1	2	3	
锡酸钾(K$_2$SnO$_3$)/(g/L)	50~100	120	—	94
锡酸钠(Na$_2$SnO$_3$·3H$_2$O)/(g/L)	—	—	50~100	—
氰化锌[Zn(CN)$_2$]/(g/L)	—	9	—	15
氧化锌(ZnO)/(g/L)	3~15	—	3~15	—
氰化钾(KCN)/(g/L)	20~60	30	20~60	34
氢氧化钾(KOH)/(g/L)	4~12	6.8	3~14	11

溶液成分及工艺规范	挂 镀			滚镀
	1	2	3	
温度/℃	65~75	65	60~75	63~67
阴极电流密度/(A/dm²)	1~3	2~3	1~3	0.5~1.5
阳极材料(合金阳极,质量分数)	Sn-Zn(25%)	Sn-Zn(20%)	Sn-Zn(25%)	Sn-Zn(25%)
镀层中 Zn 含量(质量分数)/%	20~30	20	20~30	15~25

注:阳极采用 Sn-Zn 合金,合金阳极成分与合金镀层成分相同。

表 10-12　柠檬酸盐等镀 Sn-Zn 合金的溶液组成及工艺规范

溶液成分及工艺规范	柠檬酸盐镀液		焦磷酸盐镀液		碱性锌酸盐镀液
	1	2	1	2	
硫酸亚锡(SnSO₄)/(g/L)	35	25	—	—	—
焦磷酸亚锡(Sn₃P₂O₇)/(g/L)	—	—	21	28	—
锡酸钠(Na₂SnO₃·3H₂O)/(g/L)	—	—	—	—	70
硫酸锌(ZnSO₄·7H₂O)/(g/L)	32	30~50	88	—	—
碳酸锌(ZnCO₃)/(g/L)	—	—	—	—	15
柠檬酸(H₃C₆H₅O₇)/(g/L)	80	—	—	—	—
焦磷酸钾(K₄P₂O₇·3H₂O)/(g/L)	—	—	264	125	—
柠檬酸铵[(NH₄)₃C₆H₅O₇]/(g/L)	—	80~90	—	—	—
酒石酸(H₂C₄H₄O₆)/(g/L)	25	—	—	—	—
硫酸铵[(NH₄)₂SO₄]/(g/L)	60	60~80	—	—	—
三乙醇胺[N(C₂H₅O)₃]/(g/L)	—	10	—	—	—
30%氨水(NH₃·H₂O)/(mL/L)	72	—	—	—	—
氢氧化钠(NaOH)/(g/L)	—	—	—	—	10
乙二胺四乙酸二钠(EDTA)/(g/L)	—	—	—	明胶 1	15
光亮剂/(mL/L)	8	—	—	—	—
SN-1 添加剂/(g/L)	—	15~20	—	—	—
pH 值	6~7	5~6	8~9	9~9.5	—
温度/℃	15~25	15~25	20~40	20~35	70
阴极电流密度/(A/dm²)	1~3	1.5~3	2	2.5	2.2
镀层中 Zn 含量(质量分数)/%	约 25	—	12	28	25

注:1. 柠檬酸盐镀液配方 1 的合金阳极,Zn 含量(质量分数)为 25%。

2. 柠檬酸盐镀液配方 2 的 SN-1 添加剂是南京航空航天大学研制的产品。

10.2.5　电镀 Zn-Cd 合金

Zn-Cd 合金镀层对钢铁基体是阳极镀层,是很好的防护性镀层,对钢铁的防护性比单独的锌、镉镀层都要好。合金镀液有氰化物、硫酸盐和氨基磺酸盐等。

镀 Zn-Cd 合金的溶液组成及工艺规范见表 10-13。

表 10-13　镀 Zn-Cd 合金的溶液组成及工艺规范

溶液成分及工艺规范	氰化镀液				硫酸盐镀液	氨基磺酸盐镀液
	1	2	3	4		
氰化锌[Zn(CN)₂]/(g/L)	75	75	30	100	—	—
硫酸锌(ZnSO₄)/(g/L)	—	—	—	—	70	—
氨基磺酸锌[Zn(H₂NSO₃)₂·2H₂O]/(g/L)	—	—	—	—	—	65
氧化镉(CdO)/(g/L)	3	6.5	—	5.7	—	—
硫酸镉(CdSO₄)/(g/L)	—	—	—	—	5	—
氢氧化镉[Cd(OH)₂]/(g/L)	—	—	7.5	—	—	—
氨基磺酸镉[Cd(H₂NSO₃)₂·2H₂O]/(g/L)	—	—	—	—	—	13
氰化钠(NaCN)/(g/L)	38	38	45	160	—	—

续表

溶液成分及工艺规范	氰化镀液				硫酸盐镀液	氨基磺酸 盐镀液
	1	2	3	4		
氢氧化钠(NaOH)/(g/L)	90	90	30	100	—	—
硫酸铝[$Al_2(SO_4)_3 \cdot 18H_2O$]/(g/L)	—	—	—	—	30	—
氨基磺酸(HSO_3NO_3,总)/(g/L)	—	—	—	—	—	220
咖啡碱($C_8H_{10}N_4O_2$)/(g/L)	—	—	—	—	0.1	—
pH 值	—	—	—	—	3.6～3.8	2
温度/℃	35	35	20～30		室温	25
阴极电流密度/(A/dm²)	2	2	0.5～1	3	1.5	2
镀层中 Zn 含量(质量分数)/%	—	—	—	—	10	10
镀层中 Cd 含量(质量分数)/%	10	14	25	60	—	—

10.3 电镀装饰性合金

电镀装饰性合金主要有 Cu-Zn、Cu-Sn、Ni-Fe、Sn-Ni、Sn-Co 等二元合金，以及 Cu-Sn-Zn、Cu-Zn-In、Cu-Sn-Ni 等三元合金。在实际生产中常通过控制合金镀层组成以及镀液、工艺规范等变化，使合金镀层呈现白色、金色、黑色、枪色等各种不同的色彩，以适应人们对制品装饰性镀层的外观越来越高的要求。

装饰性合金镀层可用作装饰性镀层的底层或中间层，也可作为最终装饰镀层使用。有些外观鲜艳的装饰性镀层在大气中容易变色，还需要用有机涂膜来保护、罩光，如涂覆清漆、阴极电泳漆等。

10.3.1 电镀 Cu-Zn 合金

电镀 Cu-Zn 合金镀层中铜含量为 70％～80％，锌含量为 30％～20％（均为质量分数）的镀层，俗称黄铜镀层，具有金黄色外观和较高的耐蚀性，它作为装饰性镀层已得到了广泛应用。

根据 Cu-Zn 合金镀层中铜含量的不同，可分成下列三种类型：

① 白色 Cu-Zn 合金镀层（俗称白铜），其合金镀层中铜含量为 20％（质量分数）左右。此合金镀层可以作为镀铬的底层（代镍镀层），也可用作涂装的底层。

② 黄色 Cu-Zn 合金镀层（仿金镀层），其合金镀层中铜含量为 70％（质量分数）左右。在电镀 Cu-Zn 合金镀层中，仿金镀层应用最广泛，用作装饰镀层。

③ 红色 Cu-Zn 合金镀层，其合金镀层中铜含量为 90％（质量分数）左右。

目前在工业生产上使用的 Cu-Zn 合金镀液，主要是氰化物镀液。虽然人们经过不断努力，开发出多种无氰电镀 Cu-Zn 合金工艺，但尚没有一种能与氰化物镀液相媲美的。有些无氰镀液如酒石酸盐、焦磷酸盐、HEDP（羟基亚乙基二膦酸）及甘油-锌酸盐等镀液也有一定的应用。

(1) 氰化镀 Cu-Zn 合金

氰化镀 Cu-Zn 合金的溶液组成及工艺规范见表 10-14、表 10-15、表 10-16。

表 10-14 氰化镀白色 Cu-Zn 合金的溶液组成及工艺规范

溶液成分及工艺规范	挂 镀			滚 镀
	1	2	3	
氰化亚铜(CuCN)/(g/L)	16～20	4～5	3～4	5～8
氰化锌[$Zn(CN)_2$]/(g/L)	35～40	32～36	14～17	14～21
氰化钠(NaCN)/(g/L)	52～60	85～90	36～42	40～60
游离氰化钠(NaCN)/(g/L)	5～6.5	—	—	—
碳酸钠(Na_2CO_3)/(g/L)	35～40	50	40～50	50～70

续表

溶液成分及工艺规范	挂　镀			滚　镀
	1	2	3	
氢氧化钠(NaOH)/(g/L)	30~37	16~18	16~18	18~27
硫化钠(Na$_2$S)/(g/L)	0.2~0.25	—	—	
酒石酸钾钠(KNaC$_4$H$_4$O$_6$·4H$_2$O)/(g/L)	—	—	—	30
温度/℃	20~60	28~34	18~25	20~35
阴极电流密度/(A/dm^2)	3~5	0.7~1.2	0.5~1	—

注：1. 挂镀配方 1 为常规电镀配方，阳极中 Cu 含量为 35%（质量分数）。

2. 挂镀配方 2 的镀液分散能力较好。

3. 挂镀配方 3 的氰含量较低。

表 10-15　氰化镀黄色 Cu-Zn 合金（仿金镀层）的溶液组成及工艺规范

溶液成分及工艺规范	挂　镀					滚　镀
	1	2	3	4	5	
氰化亚铜(CuCN)/(g/L)	53	27	16~18	40~45	25~30	28~32
氰化锌[Zn(CN)$_2$]/(g/L)	30	8~10	—	9~11	7~9	6~7
氧化锌(ZnO)/(g/L)	—	—	6~8	—	—	—
氰化钠(NaCN)/(g/L)	90	50~60	36~38	62~66	48~50	40~44
游离氰化钠(NaCN)/(g/L)	7.5	15~18	—	10~12	10~12	10~12
碳酸钠(Na$_2$CO$_3$)/(g/L)	30	25~35	15~20	—	—	—
酒石酸钾钠(KNaC$_4$H$_4$O$_6$·4H$_2$O)/(g/L)	45	—	—	15	20	15
添加剂(光亮剂)/(mL/L)	—	—	附加剂 CA 4~20	894 光亮剂 A 18~20 B 2~4	895 光亮剂 A 20,B 2；895 稳定剂 40	894 光亮剂 A 16~18 B 2~3
pH 值	10.3~10.7	9.5~10.5	10.5~11.5	11~12	10~12	11~12
温度/℃	43~60	25~28	15~35	40~45	25~35	38~42
阴极电流密度/(A/dm^2)	0.5~3.5	0.3~0.5	0.1~2.0	0.5~1	0.2~0.5	0.2~0.4
阴阳极面积比	1：2	1：2	—	—	—	—
阳极成分：阳极 Cu 含量(质量分数)/%	70	80	70	70	70	70

注：1. 挂镀配方 1 为常规电镀配方。

2. 挂镀配方 2 适用于电镀橡胶粘接的镀层。

3. 挂镀配方 3 的附加剂 CA 是广州电器科学研究院金属防护研究所研制的产品。

4. 挂镀配方 4 为光亮电镀的镀液，需要阴极移动，15~20 次/分钟。894 光亮剂 A、B 是上海永生助剂厂的产品。

5. 挂镀配方 5 为光亮电镀的镀液，895 光亮剂 A、B，895 稳定剂是上海永生助剂厂的产品。

6. 滚镀配方的滚筒转速为 8~12r/min。894 光亮剂 A、B 是上海永生助剂厂的产品。

表 10-16　氰化镀红色 Cu-Zn 合金的溶液组成及工艺规范

溶液成分及工艺规范	常规镀液	高速镀液
氰化亚铜(CuCN)/(g/L)	53.5	70~105
氰化锌[Zn(CN)$_2$]/(g/L)	3.8	—
氧化锌(ZnO)/(g/L)	—	3.9
氰化钠(NaCN)/(g/L)	66.7	90~135
游离氰化钠(NaCN)/(g/L)	4.5	4~19
碳酸钠(Na$_2$CO$_3$)/(g/L)	30	—
氨水(NH$_3$·H$_2$O)/(mL/L)	1~5	—
氢氧化钾(KOH)/(g/L)	—	40~75
酒石酸钾钠(KNaC$_4$H$_4$O$_6$·4H$_2$O)/(g/L)	45	—
pH 值	10.3	12.5
温度/℃	38~60	75~95
阴极电流密度/(A/dm^2)	0.5~3.2	2.5~15
阳极成分：Cu 含量(质量分数)/%	95	95

（2）无氰镀 Cu-Zn 合金

无氰镀 Cu-Zn 合金镀液的特点见表 10-17。

表 10-17　无氰镀 Cu-Zn 合金镀液的特点

镀液种类	镀液的特点	镀液及工艺规范
焦磷酸盐镀Cu-Zn合金	焦磷酸根（$P_2O_7^{4-}$）与 Cu^{2+} 和 Zn^{2+} 均有配合作用，并分别形成相应的配合离子。$P_2O_7^{4-}$ 对 Cu^{2+} 的配合能力不是很强，但焦磷酸盐镀液中铜的沉积过电势非常大，这有利于 Cu 与 Zn 的共沉积 镀液不加任何添加剂时，在阴极电流密度 $0.5A/dm^2$ 以上时，所获得的镀层会出现烧焦或粉末状。当加入添加剂如组氨酸后，电流密度允许范围明显扩大，也提高了镀层质量	见表10-18
酒石酸盐镀Cu-Zn合金	酒石酸盐镀液是研究最早的无氰电镀 Cu-Zn 合金的镀液。在碱性条件下，酒石酸根与 Cu 和 Zn 都有配合作用。它们的配合状态，主要受镀液 pH 值的影响，因此，可以通过控制镀液 pH 值来实现铜和锌的共沉积 要获得光亮的 Cu-Zn 合金镀层，必须加入适当的添加剂，如某些醇胺类（如三乙醇胺），或氨基磺酸类（如 P-苯酚氨基磺酸钠盐）及其衍生物等。当上述光亮剂混合使用时，光亮效果更好	见表10-18
HEDP镀Cu-Zn合金	镀液以 HEDP（羟基亚乙基二膦酸）为配位剂，HEDP 与铜和锌的配合能力比焦磷酸盐好，随其含量增高，镀层结晶细致、分散能力好；但含量过高，阴极电流效率下降，镀层发红。适当的添加剂能促使镀液稳定和阳极正常溶解。pH 值也是影响镀层质量的重要因素，应严格控制	见表10-18

表 10-18　无氰镀 Cu-Zn 合金的溶液组成及工艺规范

溶液成分及工艺规范	焦磷酸盐镀液		酒石酸盐镀液		HEDP 镀液	
	1	2	1	2	1	2
硫酸铜（$CuSO_4 \cdot 5H_2O$）/(g/L)	—	—	30	35	45～50	35～45
硫酸锌（$ZnSO_4 \cdot 7H_2O$）/(g/L)	30	—	12	15	20～28	20～30
焦磷酸铜（$Cu_2P_2O_7$）/(g/L)	10	1.4～2.1	—	—	—	—
焦磷酸锌（$Zn_2P_2O_7$）/(g/L)	—	42～54	—	—	—	—
焦磷酸钾（$K_4P_2O_7$）/(g/L)	120	200～300	—	—	—	—
酒石酸钾钠（$KNaC_4H_4O_6 \cdot 4H_2O$）/(g/L)	40	—	100	90	—	—
氢氧化钠（NaOH）/(g/L)	—	—	50	20～30	—	—
柠檬酸钾（$K_3C_6H_5O_7 \cdot H_2O$）/(g/L)	—	—	—	20	20～30	—
磷酸氢二钾（K_2HPO_4）/(g/L)	—	—	—	30～35	—	—
EDTA 二钠/(g/L)	2	—	—	—	—	—
甘油[$C_3H_5(OH)_3$]/(mL/L)	—	8～12	—	—	—	—
双氧水（H_2O_2）/(mL/L)	—	0.2～0.5	—	—	—	—
HEDP（羟基亚乙基二膦酸）/(mL/L)	—	—	—	—	80～100	80～100
碳酸钠（Na_2CO_3）/(g/L)	—	—	—	—	20～30	15～25
添加剂/(g/L)	—	—	—	—	1～2	1～2
pH 值	—	7.5～8.5	12.4	12.5	13～13.5	12.5～13
温度/℃	50	20～35	40	35	25	25
阴极电流密度/(A/dm²)	3～4	0.1～0.3	4	3	1.5～3.5	1～2.5

注：1. 焦磷酸盐镀液配方 2 适用于钢铁件热压橡胶前的镀黄铜。阴阳极面积比为 1:（1～1.5）。

2. 酒石酸盐镀液配方 1，当在镀液中加入 12mL/L 三乙醇胺和 4g/L P-苯酚氨基磺酸钠盐时，在 3～8A/dm² 的阴极电流密度内，均能得到全光亮的 Cu-Zn 合金镀层。

3. HEDP 镀液配方 1 镀层中 Cu 含量 70%（质量分数），金黄色，可作仿金镀层用。配方 2 所得镀层也可作仿金镀层用。

10.3.2　电镀 Cu-Sn 合金

Cu-Sn 合金俗称青铜，是应用最广泛的合金镀层之一。Cu-Sn 合金镀层外观色泽随镀层中锡含量的变化而呈现出各种色彩，而且镀层具有较高的耐蚀性，可以和同厚度的镍镀层相媲美。它作为防护-装饰性镀层已得到了广泛应用。

根据镀层锡含量的不同，Cu-Sn 合金镀层可分为三种类型，如表 10-19 所示。

表 10-19　Cu-Sn 合金镀层的类型

合金镀层类型	镀 层 性 能 及 应 用
低锡 Cu-Sn 合金镀层	合金镀层中锡含量为 7%～15%(质量分数)。当锡含量为 7%～9%(质量分数)时镀层外观呈红色；锡含量为 13%～15%(质量分数)时镀层外观呈金黄色，这种合金镀层耐蚀性最好。低锡 Cu-Sn 合金镀层硬度较低，抛光性好，孔隙少，耐蚀性优良。这类合金镀层的应用如下： 1. 可作为代镍镀层 2. 红色 Cu-Sn 合金镀层可作为防渗氮镀层及轴承用合金镀层 3. 在亮镍上闪镀薄层金黄色 Cu-Sn 合金镀层，然后涂覆透明清漆，可作为仿金镀层 4. 由于这类合金镀层在热水中有较高的稳定性，可作为与热水接触的工件的防腐层 5. 低锡 Cu-Sn 合金镀层对钢铁基体属于阴极镀层，而且在空气中易氧化而失去光泽，故不宜作为表面装饰镀层，宜作为防护-装饰性镀层的底层
中锡 Cu-Sn 合金镀层	合金镀层中锡含量为 16%～30%(质量分数)。当锡含量为 20%(质量分数)时，镀层外观基本呈白色。中锡 Cu-Sn 合金镀层硬度比低锡镀层高，抗氧化能力和防护性能均优于低锡镀层，但仍不宜作为表面装饰镀层。这类镀层，由于锡含量高，套铬较困难，套铬后易发花，所以这类镀层应用较少
高锡 Cu-Sn 合金镀层	合金镀层中锡含量为 40%～55%(质量分数)。镀层呈银白色，抛光后反射率高，具有镜面光泽，又称"镜青铜"或"银镜合金"。镀层合金属金属间化合物，具有特殊的物理化学性能：镀层硬度较高，硬度介于镍镀层和铬镀层之间；在空气中耐氧化性强，在有硫化物气氛中也不易变色失光，抗变色能力优于银和镍；能耐弱酸、弱碱和食物中有机酸的浸蚀；有良好焊接性和导电性；但镀层性脆、柔韧性差，不能经受强烈变形 高锡 Cu-Sn 合金镀层的应用：可作为代银、代铬镀层，可用作反光镀层以及仪器仪表、日用品、餐具、灯具、乐器和日用五金件等的防护-装饰性镀层

目前在工业生产上使用的 Cu-Sn 合金镀液，主要有氰化镀液和无氰镀液两种类型。氰化镀液有高氰、低氰两种溶液，应用最为广泛。

(1) 氰化镀 Cu-Sn 合金

① 高氰镀 Cu-Sn 合金

高氰电镀 Cu-Sn 合金工艺成熟，镀液稳定，容易维护，镀液分散能力好，镀层组成和色泽容易控制。但工作温度较高，氰化物剧毒，污染环境较严重。高氰镀 Cu-Sn 合金依据所得镀层中锡含量的不同，可分为低锡、中锡及高锡 Cu-Sn 合金等三种电镀溶液。

高氰镀低锡、中锡 Cu-Sn 合金的溶液组成及工艺规范见表 10-20。

表 10-20　高氰镀低锡、中锡 Cu-Sn 合金的溶液组成及工艺规范

溶液成分及工艺规范	高氰镀低锡 Cu-Sn 合金镀液					高氰镀中锡 Cu-Sn 合金镀液	
	无光镀液		光亮镀液				
	1	2	1	2	3	1	2
氰化亚铜(CuCN)/(g/L)	28～34	35～42	25～35	28～30	18	35	25～35
锡酸钠(Na₂SnO₃)/(g/L)	25～30	30～40	16～20	16～18	7	25	16～30
氰化钠(NaCN)/(g/L)	—	—	—	—	—	45	—
游离氰化钠(NaCN)/(g/L)	18～22	20～25	14～18	18～20	13～17	—	—
氢氧化钠(NaOH)/(g/L)	7～19	7～10	—	10～12	8～10	22	6～9
游离氢氧化钠(NaOH)/(g/L)	—	—	6～9	—	—	—	14～18
893-开缸剂 A/(mL/L)	—	—	8～10	—	—	—	—
893-补加剂 B	—	—	平时添加	—	—	—	—
"铜-锡 91"光亮剂/(mL/L)	—	—	—	6	—	—	—
CSNU-A 光亮剂配槽用/(mL/L)	—	—	—	—	8～12	—	—
开缸剂/(mL/L)	—	—	—	—	—	—	8～10

续表

溶液成分及工艺规范	高氰镀低锡 Cu-Sn 合金镀液					高氰镀中锡 Cu-Sn 合金镀液	
	无光镀液		光亮镀液			1	2
	1	2	1	2	3		
pH 值	—	—	—	—	—	13	13
温度/℃	55～60	50～60	52～58	45～55	55～60	55	52～58
阴极电流密度/(A/dm²)	1.0～1.5	1.0～1.5	1.5～4	2～4	2～4	1～2	1.5～4.0
阴阳极面积比	—	—	1:(2～3)	1:2	5:3	—	—
阳极成分:阳极中 Sn 含量(质量分数)/%	10～12	10～12	10～12	8～12	8～10	—	—

注：1. 镀低锡 Cu-Sn 合金镀液光亮镀液配方 1 的 893-补加剂 B 作平时添加用，消耗量为 250～300mL/(kA·h)。893-开缸剂 A、893-补加剂 B 是上海永生助剂厂的产品。

2. 镀低锡 Cu-Sn 合金镀液光亮镀液配方 2 的"铜-锡 91"光亮剂是武汉风帆电镀技术有限公司的产品。

3. 镀低锡 Cu-Sn 合金镀液光亮镀液配方 3 的 CSNU-A 光亮剂是南京大学研制的产品。

4. 镀中锡 Cu-Sn 合金镀液配方 2 的开缸剂是上海永生助剂厂的产品。

高氰镀高锡 Cu-Sn 合金的溶液组成及工艺规范见表 10-21。

表 10-21　高氰镀高锡 Cu-Sn 合金的溶液组成及工艺规范

溶液成分及工艺规范	挂镀			滚镀	
	1	2	3	1	2
氰化亚铜(CuCN)/(g/L)	35～45	—	25	20	18～25
铜(以氰化亚铜形式加入)/(g/L)	—	6～10	—	—	—
锡酸钠(Na₂SnO₃)/(g/L)	100～150	—	120	20	30～40
锡(以锡酸钠形式加入)/(g/L)	—	12～20	—	—	—
氰化钠(NaCN)/(g/L)	—	45～55	27	45	—
游离氰化钠(NaCN)/(g/L)	18～20	—	—	—	20～30
氢氧化钠(NaOH)/(g/L)	—	6～12	—	15	—
碳酸钾(K₂CO₃)/(g/L)	—	—	—	10	—
酒石酸钾钠(KNaC₄H₄O₆·4H₂O)/(g/L)	—	—	37	—	—
氧化锌(ZnO)/(g/L)	—	—	—	1.25	—
LY-998(M)开缸剂/(mL/L)	—	30	—	—	—
LY-998(R)光亮剂/(mL/L)	—	5～15	—	—	—
78#-1 滚镀白铜锡开缸剂/(mL/L)	—	—	—	50	—
78#-2 滚镀白铜锡光亮剂/(mL/L)	—	—	—	2	—
78#-3 滚镀白铜锡络合剂/(mL/L)	—	—	—	50	—
明胶/(g/L)	—	—	—	—	0.3～0.5
pH 值	—	12～14	13.5	11～13	—
温度/℃	60～65	50～60	65	50～60	60～65
阴极电流密度/(A/dm²)	2～2.5	0.3～3	3	0.3～1.5	180～200A/桶
阳极电流密度/(A/dm²)	—	0.2～1.5	—	—	—

注：1. 挂镀配方 2 的 LY-998（M）开缸剂、LY-998（R）光亮剂是天津中盛表面技术有限公司的产品。阳极采用白金钛网或不锈钢，中等强度搅拌。

2. 滚镀配方 1 的 78#-1 滚镀白铜锡开缸剂、78#-2 滚镀白铜锡光亮剂、78#-3 滚镀白铜锡络合剂是广州市达志化工科技有限公司的产品。

② 低氰镀 Cu-Sn 合金

低氰镀 Cu-Sn 合金的镀液，有低氰化物-焦磷酸盐及低氰化物-三乙醇胺镀液两种类型。

低氰化物-焦磷酸盐镀液，能镀各种锡含量的 Cu-Sn 合金镀层，镀层呈半光亮至光亮光泽，而且能减少污染。但合金阳极溶解性能较差。

低氰化物-三乙醇胺镀液，三乙醇胺起辅助配位剂的作用，用三乙醇胺代替部分游离氰化钠，使游离氰化钠可降低至 1.5g/L，仍能获得优质镀层，能较好地用于镀取低锡 Cu-Sn 合金镀层。

低氰镀 Cu-Sn 合金的溶液组成及工艺规范见表 10-22。

表 10-22　低氰镀 Cu-Sn 合金的溶液组成及工艺规范

溶液成分及工艺规范	低氰-焦磷酸盐镀液				低氰-三乙醇胺镀液	
	低锡合金	中锡合金	高锡合金(1)	高锡合金(2)	低锡合金(1)	低锡合金(2)
氰化亚铜(CuCN)/(g/L)	—	12～14	—	—	—	20～30
铜(以氰化亚铜形式加入)/(g/L)	10～14	—	11～22	10～12	15～20	—
氯化亚锡(SnCl$_2$ · 2H$_2$O)/(g/L)	—	1.6～2.4	—	—	—	—
锡酸钠(Na$_2$SnO$_3$ · 3H$_2$O)/(g/L)	—	—	—	—	—	60～70
锡(以锡酸钠形式加入)/(g/L)	—	—	—	—	25～30	—
锡(以氯化亚锡形式加入)/(g/L)	0.3～0.7	—	1～2.5	0.6～1	—	—
锡(以四氯化锡形式加入)/(g/L)	2～8	—	6～9	—	—	—
游离氰化钠(NaCN)/(g/L)	1～2.5	2～4	8～12	8.5～10	2～3	3～4
焦磷酸钠(Na$_4$P$_2$O$_7$)/(g/L)	80～100	—	60～80	70～90	—	—
焦磷酸钾(K$_4$P$_2$O$_7$)/(g/L)	—	50～100	—	—	—	—
磷酸氢二钠(Na$_2$HPO$_4$ · 12H$_2$O)/(g/L)	—	50～100	—	—	—	—
酒石酸钾钠(KNaC$_4$H$_4$O$_6$ · 4H$_2$O)/(g/L)	—	25～30	—	—	—	—
三乙醇胺[N(CH$_2$CH$_2$OH)$_3$]/(g/L)	—	—	—	—	50～70	50～70
氢氧化钠(NaOH)/(g/L)	—	—	—	—	—	25～30
明胶/(g/L)	1～1.5	0.3～0.5	—	0.3～0.5	—	—
聚乙二醇/(g/L)	0.1～0.2	—	—	—	—	—
pH 值	8～9	8.5～9.5	11～12	11.5～12.5	11～13	—
温度/℃	45～55	55～60	15～45	40～45	56～62	55～60
阴极电流密度/(A/dm^2)	1.5～2.5	1～1.5	滚镀 40～80A/5kg	滚镀 150～250A/桶	1～1.5	1～1.5
阳极(锡含量为质量分数)	含锡10%～12%合金阳极	铜板	铜、锡阳极混挂	铜、锡阳极混挂	含锡10%～12%合金阳极	含锡10%～12%合金阳极

(2) 无氰镀 Cu-Sn 合金

无氰镀液中,焦磷酸盐镀液已用于生产,还有酒石酸盐、柠檬酸盐、HEDP（羟基亚乙基二膦酸）及 EDTA（乙二胺四乙酸）等镀液。其镀液特性见表 10-23。

表 10-23　无氰镀 Cu-Zn 合金镀液的特性

镀液种类	镀液的特性	镀液及工艺规范
焦磷酸盐镀 Cu-Sn 合金	镀液依据加入锡盐的不同,可分为两种类型: 1. 焦磷酸盐镀液。镀液中加入的是亚锡盐(焦磷酸亚锡),镀液有时还加入草酸铵、氨三乙酸等作辅助配位剂。通过改变[Cu^{2+}]/[Sn^{2+}]的比值,可以获得各种不同组成的合金镀层。可获得锡含量的质量分数超过 10% 的 Cu-Sn 合金镀层,其外观呈金色,结晶细致,抛光性好,可作为仿金镀层。其缺点是:由于存在 Sn^{2+} 对 Cu^{2+} 的还原作用,镀液中容易产生铜粉 2. 焦磷酸盐-锡酸盐镀液。该镀液较稳定,沉积速度较快,但镀层锡含量低,只能达到 7%～9%,镀层偏红,可作为防护-装饰性镀层的底层	见表10-24
柠檬酸盐镀 Cu-Sn 合金	柠檬酸盐镀 Cu-Sn 合金的镀液组成简单、稳定,电流效率高(＞95%),镀层锡含量约在 10%～13%。但合金镀层有一定的脆性,阴极电流密度允许范围不够宽,对杂质较敏感	见表10-25
HEDP(羟基亚乙基二膦酸)镀 Cu-Sn 合金	有机膦酸盐镀 Cu-Sn 合金的镀液稳定,维护方便。合金镀层的锡含量为 8%～12%(质量分数),镀层的机械物理性能良好,适用于代镍镀层	见表10-25

表 10-24　焦磷酸盐镀 Cu-Sn 合金的溶液组成及工艺规范

溶液成分及工艺规范	焦磷酸盐镀液			焦磷酸盐-锡酸盐镀液	
	1	2	3	1	2
焦磷酸铜(Cu$_2$P$_2$O$_7$)/(g/L)	—	38～42	20～25	19～24	25～30
铜(以焦磷酸铜形式加入)/(g/L)	14～16	—	—	—	—
焦磷酸亚锡(Sn$_2$P$_2$O$_7$)/(g/L)	—	3.5～5.2	1.5～2.5		

续表

溶液成分及工艺规范	焦磷酸盐镀液			焦磷酸盐-锡酸盐镀液	
	1	2	3	1	2
锡(以焦磷酸亚锡形式加入)/(g/L)	1.5~2.5	—	—	—	—
锡酸钠(Na$_2$SnO$_3$·3H$_2$O)/(g/L)	—	—	—	60~72	25~30
焦磷酸钾(Na$_4$P$_2$O$_7$)/(g/L)	320~350	300~320	300~320	240~280	200~250
硝酸钾(KNO$_3$)/(g/L)	—	—	—	40~45	—
氨三乙酸[N(CH$_2$COOH)$_3$]/(g/L)	30~40	30~40	25~35	—	—
磷酸氢二钠(Na$_2$HPO$_4$)/(g/L)	40~50	—	—	—	40~50
磷酸氢二钾(K$_2$HPO$_4$)/(g/L)	—	40~50	30~40	—	—
酒石酸钾钠(KNaC$_4$H$_4$O$_6$·4H$_2$O)/(g/L)	—	—	—	20~25	—
明胶/(g/L)	—	—	—	0.01~0.02	—
pH 值	8~8.8	8.5~8.8	8~8.8	10.8~11.2	11~11.5
温度/℃	30~35	30~35	25~35	30~55	25~35
阴极电流密度/(A/dm^2)	0.6~0.8	0.6~1.0	0.8~1.5	2~3	0.8~1
阳极电流密度/(A/dm^2)	—	0.2~0.5	—	—	—
阳极	电解铜板	Cu-Sn 合金	电解铜板	含锡 6%~8% 的合金阳极	Cu:Sn=7:3~6:4
阴极移动	阴极移动	需要搅拌	需要搅拌	8~11 次/分钟	10~18 次/分钟
镀层中 Cu 含量(质量分数)/%	—	>85	70~80	—	—

注:1. 焦磷酸盐镀液配方 1 的电镀使用的是间隙电流(20~25 次/分钟),间隙时间 1/3s。

2. 焦磷酸盐镀液配方 3 适于电镀仿金镀层,外观为均匀金黄色,孔隙率低,抛光性好,能较长期保持光泽,Cu-Sn 合金镀层需涂覆透明涂料。

3. 表中阳极的锡含量(%)为质量分数。

表 10-25　柠檬酸盐、HEDP 镀 Cu-Sn 合金的溶液组成及工艺规范

溶液成分及工艺规范	柠檬酸盐镀液		HEDP 镀液	
	1	2	1	2
铜(以碱式碳酸铜形式加入)/(g/L)	14~18	—	6~10	8~12
锡(以锡酸钾形式加入)/(g/L)	18~22	—	20~28	20~28
锡(以锡酸钠形式加入)/(g/L)	—	—	—	—
柠檬酸铜(Cu$_2$C$_6$H$_4$O$_7$·2.5H$_2$O)/(g/L)	—	60~70	—	—
HEDP(羟基亚乙基二膦酸)/(g/L)	—	—	60~90	65~85
锡酸钾(K$_2$SnO$_3$·3H$_2$O)/(g/L)	—	50~60	—	—
柠檬酸(C$_6$H$_8$O$_7$·H$_2$O)/(g/L)	140~180	—	—	—
柠檬酸钾(K$_3$C$_6$H$_5$O$_7$·H$_2$O)/(g/L)	—	200~230	—	—
焦磷酸钾(K$_4$P$_2$O$_7$)/(g/L)	—	50~60	—	—
氢氧化钠(NaOH)/(g/L)	100~135	—	—	—
磷酸氢二钾(K$_2$HPO$_4$)/(g/L)	15~20	—	—	—
磷酸氢二钠(Na$_2$HPO$_4$·12H$_2$O)/(g/L)	—	—	40~80	10
酒石酸钾钠(KNaC$_4$H$_4$O$_6$)/(g/L)	—	—	—	20~30
硝酸钾(KNO$_3$)或硝酸钠(NaNO$_3$)/(g/L)	—	—	10~30	5~15
pH 值	9~10	9~10.5	11~12	11.5~12.5
温度/℃	25~30	35~40	30~45	30~45
阴极电流密度/(A/dm^2)	阴极移动:0.8~1.2 阴极不移动:0.5~0.8	阴极移动:0.8~1.2	1.5~2.5	1.5~2.5
阴阳极面积比	1:(2~3)	1:2	1:(2~4)	1:(1~2)
阳极	电解压延铜板	电解压延铜板	含锡 6%~10% 的合金阳极	
阴极移动(次/分钟)	—	—	10~16	10~16

注:表中阳极的锡含量(%)为质量分数。

10.3.3　电镀 Ni-Fe 合金

Ni-Fe 合金镀层，无论是高铁合金还是低铁合金，其镀层结晶细致并有光泽，外观色泽介于镍和铬之间，呈青白色。Ni-Fe 合金镀层的具有下列特点。

可用作部分代镍镀层，节省用镍。含 Ni 79%，含 Fe 21%（均为质量分数）的 Ni-Fe 合金镀层，是很好的磁性镀层。在 Ni-Fe 合金镀层上比较容易套铬。合金镀层硬度高，韧性和延展性都很好，镀后可以进行再加工。镀层与基体结合牢固，可在钢铁件上直接镀出全光亮、高整平性的合金镀层，耐蚀性好，镀液管理容易。

Ni-Fe 合金作为防护-装饰性体系中的镀层，得到广泛应用。

Ni-Fe 合金普遍采用硫酸盐镀液，其溶液组成及工艺规范见表 10-26。

表 10-26　镀 Ni-Fe 合金的溶液组成及工艺规范

溶液成分及工艺规范	挂　镀				滚　镀
	1	2	3	4	
硫酸镍($NiSO_4 \cdot 6H_2O$)/(g/L)	180~220	200	—	100~220	200
氯化镍($NiCl_2 \cdot 6H_2O$)/(g/L)	—	60	—	—	—
氨基磺酸镍[$Ni(NH_2SO_3)_2$]/(g/L)	—	—	369	—	—
硫酸亚铁($FeSO_4 \cdot 7H_2O$)/(g/L)	10~40	20	20~25	10~20	20
氯化钠(NaCl)/(g/L)	25~30	—	—	25~30	25
硼酸(H_3BO_3)/(g/L)	40~45	40	30	40~45	50
氨基磺酸(NH_2SO_3H)/(g/L)	—	—	10~20	—	—
柠檬酸钠($Na_3C_6H_5O_7 \cdot 2H_2O$)/(g/L)	20~25	30	—	—	—
苯亚磺酸钠($NaC_6H_5SO_2 \cdot 2H_2O$)/(g/L)	—	0.2	—	—	0.3
硫酸羟胺[$(NH_2OH)_2 \cdot H_2SO_4$]/(g/L)	—	—	2~6	—	—
葡萄糖($C_6H_{12}O_6$)/(g/L)	—	—	—	—	30
糖精($C_7H_5O_3N$)/(g/L)	3~5	3	0.6~1	3~5	5
1,4-丁炔二醇[$C_2(CH_2OH)_2$]/(g/L)	—	0.5	—	—	—
十二烷基硫酸钠($NaC_{12}H_{25}SO_4$)/(g/L)	—	0.1	0.05~0.1	—	0.3
NF 镍铁光亮剂/(mL/L)	—	—	—	1.5~2	—
NF 镍铁稳定剂/(mL/L)	—	—	—	20~25	—
LB 低泡润湿剂/(mL/L)	—	—	—	1~2	—
791 光亮剂/(mL/L)	—	—	—	—	3.8
pH 值	3.2~3.9	3.2~3.8	1.0	3~3.8	3.5
温度/℃	60~65	60~63	45	55~62	58~60
阴极电流密度/(A/dm²)	2~5	4	25	3~5	3~5
阳极 Ni：Fe(面积比)	(6~8):1	—	不溶性	—	(6~8):1
阴极移动	需要	需要			
连续过滤	需要				

注：配方 1 的硫酸亚铁含量，镀高铁为 30~40g/L；镀低铁为 10~20g/L。

10.3.4　电镀 Sn-Ni 合金

Sn-Ni 合金镀层结晶结致，耐蚀性好，而且随着合金组成的变化，可呈现出均匀一致的不同色彩。内应力小，耐磨性好，抗变色性能良好，镀层为非磁性，并具有良好的焊接性能。抗变色性明显优于单层锡镀层和镍镀层。具有优异的耐蚀性能，在镍镀层上施镀薄层的 Sn-Ni 合金镀层，可代替装饰铬镀层。

由于 Sn-Ni 合金镀层具有优异的性能，用途广泛。主要用于装饰性代铬镀层，以及作为电子电器、光学仪器、汽车、机械、轻工、照相器材等的防护装饰镀层。

Sn-Ni 合金的镀液很多，目前在生产上常用的有氟化物镀液和焦磷酸盐镀液。Sn-Ni 合金的镀液特性见表 10-27。

表 10-27　Sn-Ni 合金的镀液的特性

镀液种类	镀液的特性	镀液及工艺规范
氟化物镀 Sn-Ni 合金	镀液分散能力好,沉积速度快,镀液成分变化对合金组成影响小,但镀液含氟量高,腐蚀性强,而且镀液使用温度高,劳动条件差,对设备腐蚀严重,环境污染重。为克服这类镀液的缺点,开发出了多种镀液。目前,焦磷酸盐镀液有逐步取代氟化物镀液的趋势	见表 10-28
焦磷酸盐镀 Sn-Ni 合金	镀液的操作条件对镀层组分的影响较小,因此镀层质量较稳定,但阴极电流效率略低于氟化物镀液。焦磷酸盐是这种合金镀液中的主配位剂,若不加入适当的辅助配位剂,其所得的镀层主要是锡。加入有效的辅助配位剂如柠檬酸、氨基乙酸、蛋氨酸等,使其与 Sn^{2+} 形成更稳定的配离子,或者在镍的沉积过程中起去极化作用,使镍更容易沉积,以实现锡、镍共沉积。	见表 10-29
镀黑色光亮 Sn-Ni 合金	在焦磷酸盐的 Sn-Ni 合金的镀液中,加入发黑剂,即可获得黑色光亮的 Sn-Ni 合金镀层(亦称为枪黑色)。黑色 Sn-Ni 合金镀液使用的阴极电流密度区域范围较宽,更适合于形状复杂制品的电镀。 许多含硫的氨基羧酸,可作为焦磷酸盐黑色光亮 Sn-Ni 合金镀液的发黑剂,如巯基丙氨酸、巯基丁氨酸、胱氨酸、蛋氨酸等。 黑色光亮的 Sn-Ni 合金镀层,光亮、黑度均匀,耐蚀性及抗变色性能良好,并具有耐磨性及较高的硬度。可以代替黑铬镀层或黑镍镀层,适合作为光学仪器、照相器材等零部件的表面镀层	见表 10-30

表 10-28　氟化物镀 Sn-Ni 合金的溶液组成及工艺规范

溶液成分及工艺规范	1	2	3	4
氯化亚锡($SnCl_2 \cdot 2H_2O$)/(g/L)	50	40～50	40～50	40～50
氯化镍($NiCl_2 \cdot 6H_2O$)/(g/L)	300	280～310	250～300	250～300
氟化氢铵(NH_4HF_2)/(g/L)	40	50～60	50～55	—
氢氧化铵(NH_4OH)(浓)/(mL/L)	35	—	—	—
盐酸(HCl)(浓)/(mL/L)	—	—	8	—
氟化钠(NaF)/(g/L)	—	—	—	28～30
氟化铵(NH_4F)/(g/L)	—	—	—	35～38
pH 值	2～2.5	2～2.5	2～2.5	4.5～5
温度/℃	65～75	60～70	60～70	46～55
阴极电流密度/(A/dm²)	2～3	1～2	1.5～3	0.5～4
阳极	镍锡分挂	镍板	镍板	锡板:镍板=1:10
镀层组成	Sn 含量约为 65%(质量分数)左右。镀层呈白色略带粉红色			

表 10-29　焦磷酸盐镀 Sn-Ni 合金的溶液组成及工艺规范

溶液成分及工艺规范	1	2	3	4	5
焦磷酸亚锡($Sn_2P_2O_7$)/(g/L)	20	—	—	—	—
氯化亚锡($SnCl_2 \cdot 2H_2O$)/(g/L)	—	28	25	15	25～30
氯化镍($NiCl_2 \cdot 6H_2O$)/(g/L)	15	30	60～72	70	—
硫酸镍($NiSO_4 \cdot 6H_2O$)/(g/L)	—	—	—	—	30～35
焦磷酸钾($K_4P_2O_7$)/(g/L)	200	200	250～300	280	180～200
柠檬酸铵[$(NH_4)_3C_6H_5O_7$]/(g/L)	20	—	—	—	—
柠檬酸($C_6H_8O_7 \cdot H_2O$)/(g/L)	—	—	—	—	15～20
氨基乙酸(NH_2CH_2COOH)/(g/L)	—	20	—	—	—
蛋氨酸($C_5H_{11}O_2NS$)/(g/L)	5	—	—	5	—
乙二胺[$(CH_2NH_2)_2$](20%水溶液)/(mL/L)	—	—	15	15	—
盐酸肼($NH_2NH_2 \cdot HCl$)	—	—	8	—	—
氨水($NH_3 \cdot H_2O$)/(mL/L)	—	5	—	—	—

续表

溶液成分及工艺规范	1	2	3	4	5
去极剂/(g/L)	—	—	—	—	20~30
光亮剂/(mL/L)	—	1	—	—	0.3~0.5
pH 值	8.5	8	8.2~8.5	9.5	8~8.5
温度/℃	50	50	50	60	45~50
阴极电流密度/(A/dm²)	0.5~6	0.1~1	0.1~1.5	3	0.5~2
镀层中 Sn 含量(质量分数)/%	67~92	60~90	65	—	—

注：1. 焦磷酸盐镀用的阳极，一般采用 Sn、Ni 单金属分控阳极或合金阳极。

2. 配方 5 的去极剂及光亮剂是北京师范大学研制的产品。

表 10-30　黑色光亮 Sn-Ni 合金的溶液组成及工艺规范

溶液成分及工艺规范	1	2	3	4	5	6	7
焦磷酸亚锡($Sn_2P_2O_7$)/(g/L)	10	—	—	—	—	—	—
硫酸亚锡($SnSO_4$)/(g/L)	—	15	—	—	—	—	—
氯化亚锡($SnCl_2 \cdot 2H_2O$)/(g/L)	—	—	—	8~10	4~10	10~50	—
氯化镍($NiCl_2 \cdot 6H_2O$)/(g/L)	75	—	—	40~50	40~50	250	—
硫酸镍($NiSO_4 \cdot 7H_2O$)/(g/L)	—	70	—	—	—	—	—
焦磷酸钾($K_4P_2O_7$)/(g/L)	250	280	—	250~300	250~300	—	200~250
柠檬酸铵[$(NH_4)_3C_6H_5O_7$]/(g/L)	20	—	—	20~25	20~25	—	—
乙二胺[$(CH_2NH_2)_2$]/(g/L)	—	15	—	—	—	—	—
含硫氨基酸($C_5H_{11}NO_2S$)/(g/L)	3~5	5~10	—	—	—	—	—
氟化氢铵(NH_4HF_2)/(g/L)	—	—	—	—	—	50	—
锡盐开缸剂/(g/L)	—	—	152	—	—	—	—
镍盐开缸剂/(g/L)	—	—	48	—	—	—	—
75# 枪黑剂/(g/L)	—	—	—	1~2	—	—	—
75# 调整剂/(g/L)	—	—	—	30~40	—	—	—
SNI-1 发黑剂/(g/L)	—	—	—	—	1~2	—	—
SNI-1 调整剂/(mL/L)	—	—	—	—	30~40	—	—
SNI-A 添加剂/(mL/L)	—	—	—	—	—	150~200	—
SNI-B 添加剂/(mL/L)	—	—	—	—	—	10~20	—
枪黑色 A 盐/(g/L)	—	—	—	—	—	—	20~30
枪黑色 B 盐/(g/L)	—	—	—	—	—	—	20~40
枪黑色稳定剂/(mL/L)	—	—	—	—	—	—	0.2~0.4
pH 值	8.5	9.5	5.3~5.5	8.5~8.8	7~8.5	4~4.6	8.5~9.5
温度/℃	50	60	45~58	35~45	30~55	60~70	40~45
阴极电流密度/(A/dm²)	0.2~6	0.2~0.6	1~1.5	0.4~4	0.2~2	0.5~1	0.1~2
镀层中 Ni 的含量(质量分数)/%	39~41	38~40	—	—	—	—	—

注：1. 配方 3 的锡盐开缸剂和镍盐开缸剂是上海永生助剂厂的产品。

2. 配方 4 的 75# 枪黑剂和 75# 调整剂是广州市达志化工科技有限公司的产品。

3. 配方 5 的 SNI-1 发黑剂、SNI-1 调整剂是广州美迪斯新材料有限公司的产品。电镀时间为 1~5min，阳极为碳板，阴阳极面积比为 1:(1~1.2)，阴极移动，连续过滤。

4. 配方 6 的 SNI-A 添加剂、SNI-B 添加剂是广州美迪斯新材料有限公司的产品。

5. 配方 7 的枪黑色 A 盐、枪黑色 B 盐、枪黑色稳定剂是武汉风帆的产品。

10.3.5　电镀 Cu-Sn-Zn 合金

　　Cu-Sn-Zn 三元合金比较容易电沉积，常应用于装饰性镀层。这种合金镀层中的三种组分的含量，可在相当宽的范围内变化。含锡量较低的金黄色镀层（即仿金镀层）中锡含量在 1%~3%（质量分数）。

　　仿金 Cu-Sn-Zn 合金镀层外层色泽与 14~18K 金的颜色很相似，可用作各种装饰品的表面镀层。其镀液有氰化物、焦磷酸盐镀液等。

（1）氰化镀仿金 Cu-Sn-Zn 合金

镀液稳定性高，当镀液中有足够配位剂时，合金镀层组成主要取决于镀液中的铜、锌、锡含量比。因此，控制好镀液中铜、锌、锡含量的比值，对稳定镀层组成及镀层外观是非常重要的。其镀液组成及工艺规范见表 10-31。

表 10-31　氰化镀仿金 Cu-Sn-Zn 合金的溶液组成及工艺规范

溶液成分及工艺规范	高氰镀液		中氰镀液		低氰镀液	
	1	2	1	2	1	2
氰化亚铜(CuCN)/(g/L)	25~28	20	15~18	5.6~7	10~40	5~7
氰化锌[Zn(CN)$_2$]/(g/L)	8~12	6	7~9	6.2~7.5	1~10	—
氧化锌(ZnO)/(g/L)	—	—	—	—	—	1.9~2.5
锡酸钠(Na$_2$SnO$_3$·3H$_2$O)/(g/L)	4~6	2.4	4~6	1.8~3.4	2~20	3.2~4.1
氰化钠(NaCN)/(g/L)	35~55	50	—	—	—	—
游离氰化钠(NaCN)/(g/L)	—	—	5~8	8~12	2~6	2~3
酒石酸钾钠 (KNaC$_4$H$_4$O$_6$·4H$_2$O)/(g/L)	20~30		30~35	20~30	4~20	
焦磷酸钾(K$_4$P$_2$O$_7$)/(g/L)	—	—	—	230~250	—	95~125
柠檬酸钠(Na$_3$C$_6$H$_5$O$_7$·2H$_2$O)/(g/L)	—	—	—	—	—	15~20
碳酸钠(Na$_2$CO$_3$)(无水)/(g/L)	—	7.5	8~12	—	—	—
氢氧化钠(NaOH)/(g/L)	—	—	4~6	—	—	—
硫酸钴(CoSO$_4$·7H$_2$O)/(g/L)	0.5~1	—	—	—	—	—
氯化铵(NH$_4$Cl)/(g/L)	3~6	—	—	—	—	—
氨三乙酸[N(CH$_2$COOH)$_3$]/(g/L)	—	—	—	25~35	—	—
氨水(NH$_4$OH)/(mL/L)	—	—	—	5~10	—	2~5
LK 添加剂/(mL/L)	—	—	—	—	—	0.2~1
pH 值	11~12	12.7~13	11.5~12	9.5~10	10~11	9.5~12.5
温度/℃	28~32	20~25	20~35	40~50	15~35	15~35
阴极电流密度/(A/dm^2)	0.3~0.6	2.5~5	0.5~1	0.1~0.3	1~2	0.5~1.5
时间/min	0.5~2	1~10	1~2	—	1~2	—
阳极∶铜锌比	—	7∶3	7∶3	—	7∶3	—

（2）焦磷酸盐镀仿金 Cu-Sn-Zn 合金

焦磷酸盐镀仿金 Cu-Sn-Zn 合金的镀液组成及工艺规范见表 10-32。

表 10-32　焦磷酸盐镀仿金 Cu-Sn-Zn 合金的溶液组成及工艺规范

溶液成分及工艺规范	1	2	3	4
硫酸铜(CuSO$_4$·5H$_2$O)/(g/L)	45	35	58.6	45
焦磷酸铜(Cu$_2$P$_2$O$_7$)/(g/L)	—	—	4~5	—
硫酸锌(ZnSO$_4$·7H$_2$O)/(g/L)	15	10	11.2	20
氯化亚锡(SnCl$_2$·2H$_2$O)/(g/L)	5	3	3.9	5
焦磷酸钾(K$_4$P$_2$O$_7$)/(g/L)	320	260	310	340
磷酸二氢钠(NaH$_2$PO$_4$)/(g/L)	—	10	—	—
柠檬酸钾(K$_3$C$_6$H$_5$O$_7$·2H$_2$O)/(g/L)	70	5	—	—
氨三乙酸[N(CH$_2$COOH)$_3$]/(g/L)	23	—	30	35~50
酒石酸钾钠(KNaC$_4$H$_4$O$_6$·4H$_2$O)/(g/L)	35	20~30	20	25
硫酸镍(NiSO$_4$·6H$_2$O)/(g/L)	—	—	—	0.2
亚乙基硫脲(C$_3$H$_6$N$_2$S)/(g/L)	0.2~0.7	—	—	—
丙三醇[CH$_2$(OH)CH(OH)CH$_2$(OH)]/(g/L)	—	—	—	0.3~1.5
pH 值	8.8~9.3	8.5~8.8	8.8	8.5~9.3
温度/℃	20~25	30~35	28~35	20~35
阴极电流密度/(A/dm^2)	1.1~1.4	2	0.9~1.5	1.2

10.4 电镀功能性金合

10.4.1 概述

随着工业生产及科学技术的迅速发展，对材料表面上的一些物理性能和力学性能等提出了越来越高的或特殊的要求。而单质金属镀层在不少场合已不适应需求。为此，开发出许多具有各种各样特殊功能的合金镀层，以尽可能满足工程材料、电子工业等各领域发展的需求。功能性合金的种类，如表 10-33 所示。

表 10-33　功能性合金种类

镀 层 种 类	功 能 性 合 金 镀 层
可焊性合金镀层	如 Sn-Pb、Sn-Ce、Sn-Bi、Sn-Cu、Sn-Ag、Sn-Zn、Sn-In、Sn-Ce-Sb、Sn-Ce-Ni、Sn-Ce-Bi 等
耐磨性合金镀层	如 Cr-Ni、Cr-Mo、Cr-W、Ni-P、Ni-B 等
磁性合金镀层	如 Ni-Co、Ni-Fe、Co-Fe、Co-Cr、Co-W、Ni-Fe-Co、Ni-Co-P 等
减摩性轴承合金镀层	如 Pb-Sn、Pb-In、Cu-In、Pb-Ag、Pb-Sn-Cu、Cu-Sn-Bi 等
不锈钢合金镀层	如 Fe-Cr-Ni、Cr-Fe(Fe-Cr)

10.4.2 电镀可焊性合金

早期可焊性镀层大都采用纯锡镀层，由于无光锡镀层结晶粗、孔隙大，易氧化，可焊性差，光亮锡镀层可焊性比无光锡镀层好，但锡镀层有长晶须的潜在危险。因此发展出了锡铅合金镀层，以及目前常用的无铅的锡基合金镀层，改善了镀层的耐蚀性、抗氧化性和可焊性能。

10.4.2.1 电镀 Sn-Pb 合金

Sn-Pb 合金镀层外观呈浅灰色的金属光泽，质地柔软，孔隙比纯锡镀层、铅镀层都低。由于熔点较低、焊接性好、镀液稳定、分散能力好、成本较低，并能有效地抑制锡须等优点，已广泛应用于电子电镀领域。

Sn-Pb 合金镀液种类及其特性见表 10-34。甲磺酸盐镀液具有优良的性能，已得到普遍的应用。

表 10-34　Sn-Pb 合金镀液的特性

镀液种类	镀 液 的 特 性	镀液及工艺规范
氟硼酸盐镀 Sn-Pb 合金	镀液加入添加剂，可以改善镀液的分散能力，使镀层结晶细致。提高阴极电流密度，可相应增加镀层中锡含量。一般情况下，提高镀液温度，镀层锡含量降低。用于焊接的合金镀层要稍厚一些，钢铁基体需镀 $20\sim30\mu m$，铝及铝合金镀 $40\sim60\mu m$。为提高焊接性和可焊储存期，镀后宜进行热融化处理	见表 10-35
甲磺酸盐镀 Sn-Pb 合金	甲磺酸盐镀液具有比较稳定，容易维护，毒性小，可以挂镀和滚镀，镀层质量优良，废水处理比较简单等优点，因而取得广泛应用，并将逐步取代毒性大、废水处理复杂的氟硼酸盐镀液 镀 Sn-Pb 合金的基体若是黄铜，由于黄铜中的锌极易向 Sn-Pb 合金镀层扩散，而导致镀层的焊接性显著降低。因此为保证合金镀层良好的焊接性，对黄铜件必须镀 $1\sim2\mu m$ 的镍镀层或 $3\mu m$ 的紫铜层	见表 10-35
柠檬酸盐镀 Sn-Pb 合金	柠檬酸盐镀液比较稳定，维护方便，对各类杂质敏感性低。镀层光亮、细致，焊接性能好，该镀液已在生产上应用	见表 10-36
氨基磺酸盐镀 Sn-Pb 合金	该镀液的工作电流密度高，所获得的镀层有较好的结合力和延展性。改变镀液组成，就可镀取任意合金组成的焊接性镀层	见表 10-36

表 10-35 氟硼酸盐、甲磺酸盐镀 Sn-Pb 合金的溶液组成及工艺规范

溶液成分及工艺规范	氟硼酸盐镀液				甲磺酸盐光亮镀液	
	1	2	3	4	1	2
氟硼酸亚锡[$Sn(BF_4)_2$]/(g/L)	37～74	44～62	44～62	40～90	—	—
甲磺酸亚锡[$Sn(CH_3SO_3)_2$]/(mL/L)	—	—	—	—	30～150	—
50%甲磺酸亚锡[$Sn(CH_3SO_3)_2$]/(g/L)	—	—	—	—	—	60～180
氟硼酸铅[$Pb(BF_4)_2$]/(g/L)	74～110	15～20	15～20	20～50	—	—
甲磺酸铅[$Pb(CH_3SO_3)_2$]/(mL/L)	—	—	—	—	20	—
55%甲磺酸铅[$Pb(CH_3SO_3)_2$]/(g/L)	—	—	—	—	—	30～60
游离氟硼酸(HBF_4)/(g/L)	100～180	260～300	260～300	100～150	—	—
甲磺酸(CH_3SO_3H)/(mL/L)	—	—	—	—	160～220	150～220
硼酸(HBO_3)/(g/L)	—	30～35	30～35	20～30	—	—
桃胶/(g/L)	1～3	—	—	3～5	—	—
蛋白胶/(g/L)	—	—	3～5	—	—	—
2-甲基醛缩苯胺/(g/L)	—	30～40	—	—	—	—
甲醛(HCHO)/(g/L)	—	20～30	15	—	—	—
平平加/(g/L)	—	30～40	—	—	—	—
β-萘酚/(g/L)	—	0.5～1	—	—	—	—
HSB 光亮剂/(mL/L)	—	—	—	—	1～6	—
HSB 走位剂/(g/L)	—	—	—	—	16～20	—
MS-1 锡铅合金 A/(mL/L)	—	—	—	—	—	35～45
MS-1 锡铅合金 B/(mL/L)	—	—	—	—	—	10～20
温度/℃	18～45	10～20	室温	18～25	15～38	10～25
阴极电流密度/(A/dm²)	4～5	3	1～4	1～1.5	10～35	2～20
阳极(质量分数)	Sn、Pb 分挂	Pb-60%Sn	Pb-60% Sn	Pb-8% Sn	—	6:4 锡铅板
镀层中 Sn 含量(质量分数)/%	15～25	45～55	60	50～70	—	—

注:1. 甲磺酸盐光亮镀液配方 1 适合高速镀光亮 Sn-Pb 合金,需要搅拌、连续过滤。HSB 光亮剂、走位剂是安美特(广州)化学有限公司的产品。

2. 甲磺酸盐光亮镀液配方 2 适合挂镀,阴极移动(15 次/分钟),镀液循环过滤。MS-1 锡铅合金 A、MS-1 锡铅合金 B 是上海永生助剂厂的产品。其中 50%甲磺酸亚锡[$Sn(CH_3SO_3)_2$]60～180g/L,Sn^{2+} 为 11.4～34g/L;55%甲磺酸铅[$Pb(CH_3SO_3)_2$],30～60g/L,Pb^{2+} 为 8.6～17.2g/L。

表 10-36 柠檬酸盐氨基磺酸盐镀 Sn-Pb 合金的溶液组成及工艺规范

溶液成分及工艺规范	柠檬酸盐光亮镀液		氨基磺酸盐镀液
	1	2	
氯化亚锡($SnCl_2$)/(g/L)	61	30～45	—
氨基磺酸亚锡[$Sn(NH_2SO_3)_2$]/(g/L)	—	—	40～100
醋酸铅[$Pb(CH_3COO)_2$]/(g/L)	29	5～25	—
氨基磺酸铅[$Pb(NH_2SO_3)_2$]/(g/L)	—	—	40～80
柠檬酸($H_3C_6H_5O_7$)/(g/L)	150	—	—
游离氨基磺酸(NH_2SO_3H)/(g/L)	—	—	100～150
柠檬酸铵[$(NH_4)_3C_6H_5O_7$]/(g/L)	—	60～90	—
醋酸铵(CH_3COONH_4)/(g/L)	—	60～80	—
硼酸(H_3BO_3)/(g/L)	—	25～30	—
EDTA 钠盐/(g/L)	50	—	—
氯化钾(KCl)/(g/L)	—	20	—
YDZ-7 光亮剂/(mL/L)	—	16	—
YDZ-8 光亮剂/(mL/L)	—	16	—
稳定剂/(mL/L)	15	25～100	—
T-328 光亮剂/(g/L)	—	—	3～6
BH 润滑剂/(g/L)	—	—	20～30mL/L
pH 值	5～6	5	0.5～2

溶液成分及工艺规范	柠檬酸盐光亮镀液		氨基磺酸盐镀液
	1	2	
温度/℃	室温	10～30	室温
阴极电流密度/(A/dm²)	1～2	1～2	4～25
阳极	合金阳极 Pb-60%Sn	合金阳极 Pb-(60%～90%)Sn	—
搅拌	阴极移动	阴极移动	阴极移动 20～60 次/分钟
镀层中 Sn 含量(质量分数)/%	60	80～95	—

注：1. 柠檬酸盐光亮镀 Sn-Pb 合金配方 2 的 YDZ-7、8 光亮剂是上海通讯设备厂等单位研制的产品。

2. 合金阳极中百分数为质量分数。

10.4.2.2　电镀 Sn-Ce 合金

Sn-Ce 合金镀层外观与锡镀层相似，抗氧化能力强，化学稳定性好，明显地提高了焊接性能。Sn-Ce 合金镀层的抗变色性、耐蚀性和焊接性等均优于钝锡和 Sn-Pb 合金镀层。铈可有效地阻止铜锡化合物的产生，增加镀层的抗氧化性。合金镀层中铈含量能达到 0.1%～0.5%（质量分数）。

镀液中的铈离子还有防止亚锡氧化和水解的功能，使工艺稳定。光亮镀 Sn-Ce 合金在国内已推广使用。

光亮镀 Sn-Ce 合金的溶液组成及工艺规范见表 10-37。

表 10-37　光亮镀 Sn-Ce 合金的溶液组成及工艺规范

溶液成分及工艺规范	1	2	3	4	5
硫酸亚锡(SnSO₄)/(g/L)	35～45	25～30	50～70	47～70	35～45
硫酸(H₂SO₄)/(g/L)	135～145	120～150	150～180	140～160	70～80
硫酸高铈[Ce(SO₄)₂]/(g/L)	5～10	5～15	5～20	5～15	5～15
SS-820 光亮剂/(mL/L)	15	8～12	10～20	—	15～20
SS-821 光亮剂/(mL/L)	1	—	—	—	—
NSR-8405 稳定剂/(mL/L)	15	—	—	—	—
PAS-0 稳定剂/(mL/L)	—	20～40	—	—	40～50
PS-1 稳定剂/(mL/L)	—	—	20～40	—	—
OP-21 乳化剂/(mL/L)	—	—	—	6～18	—
混合光亮剂/(mL/L)	—	—	—	5～15	—
温度/℃	室温	5～40	室温	室温	室温
阴极电流密度/(A/dm²)	1.5～3.5 (滚镀 50～60A/桶)	1～4	1～6	1～3	滚镀
阴阳极面积比	1:(2～4)	1:1.5	1:2	1:2	1:1.5
阴极移动	需要	需要	需要	需要	滚筒转速 8～10r/min

注：1. SS-820、SS-821 光亮剂是浙江黄岩化学厂的产品。

2. NSR-8405 稳定剂是南京曙光化工厂的产品。

3. PAS-0 稳定剂是北京广播器材厂的产品。

4. PS-1 稳定剂是上产通讯设备厂的产品。

5. 混合光亮剂的配制：OP-21 乳化剂 400mL，甲醛 100mL，苯亚甲基丙酮 50g，对二氨基二苯甲烷 25g，乙醇加至 1L。

10.4.2.3　电镀 Sn-Bi 合金

Sn-Bi 合金镀层熔点低、焊料润湿性优良，焊接性优于纯锡镀层，并能有效地防止纯锡镀层生长晶须的疵病，可以取代传统的 Sn-Pb 合金镀层。虽然铋化合物价格昂贵，但镀液中只需加入少量铋化合物（1～4g/L），即可获得铋含量为 0.3%～0.5%（质量分数）的 Sn-Bi 合金镀层。适用于印制电路板、电子元器件等的电镀，提高其焊接性能。其缺点是 Sn-Bi 合金镀层脆性较大，对镀后零件进行弯曲加工时，容易发生裂纹。电镀 Sn-Bi 合金的溶液组成及工艺规范见表 10-38。

表 10-38　电镀 Sn-Bi 合金的溶液组成及工艺规范

溶液成分及工艺规范	甲磺酸盐镀液		硫酸盐镀液			柠檬酸盐镀液
	1	2	1	2	3	
甲磺酸亚锡[$Sn(CH_3SO_3)_2$]/(g/L)	39	15	—	—	—	—
硫酸亚锡(SnSO₄)/(g/L)	—	—	40.7	30～50	50～60	30
甲磺酸铋[$Bi(CH_3SO_3)_3$]/(g/L)	12	5	—	—	—	铋(Bi³⁺)0.25
硫酸铋[$Bi_2(SO_4)_3$]/(g/L)	—	—	12.7	0.5～4	—	—
硝酸铋[$Bi(NO_3)_3$]/(g/L)	—	—	—	—	0.5～1.5	—
甲磺酸(CH_3SO_3H)/(g/L)	200	—	—	—	—	—
硫酸(H_2SO_4)/(g/L)	—	—	—	160～180	110～130	硼酸 30
谷氨酸(α-氨基戊二酸)/(g/L)	—	—	120	—	—	—
氯化钠(NaCl)/(g/L)	—	—	80	—	0.3～0.8	氯化铵 50
柠檬酸钠($Na_3C_6H_5O_7 \cdot 2H_2O$)/(g/L)	—	—	—	—	—	120
氨基壬酚醚 (含 15mmol/L 环氧乙烷)/(g/L)	—	—	5	—	—	—
乙二胺四乙酸(EDTA)/(g/L)	—	—	—	—	—	30
SNR-5A 光亮剂/(mL/L)	—	—	—	15～20	—	—
TNR-5 稳定剂/(mL/L)	—	—	—	30～40	—	—
添加剂Ⅰ/(mL/L)	—	—	—	—	0.5～0.6	稳定剂 20
添加剂Ⅱ/(mL/L)	—	—	—	—	0.5～0.6	光亮剂 20
聚氧乙烯牛油氨基醚/(g/L)	3	—	—	—	—	—
2-巯基安息香酸/(g/L)	1	—	—	—	—	聚乙二醇 2
顺式甲基丁二烯酸/(g/L)	0.5	—	—	—	—	—
苯酚-4-磺酸铋/(g/L)	—	17	—	—	—	—
苯酚-4-磺酸锡/(g/L)	—	60	—	—	—	—
环氧乙烷/环氧丙烷共聚物/(g/L)	—	7	—	—	—	—
2-巯基乙胺(C_2H_8ClNS)/(g/L)	—	3	—	—	—	—
富马酸($C_2H_4O_4$)/(g/L)	—	0.3	—	—	—	—
pH 值	<1	<1	3.5	—	—	4～4.5
温度/℃	25	25	25	10～30	室温	—
阴极电流密度/(A/dm²)	3	4	5	1～3	0.5～1	0.5～1.25
阳极	Sn-20%Bi	Bi	Sn	纯锡板	Sn	纯锡板
搅拌方式	阴极移动	阴极移动	阴极移动	阴极移动	阴极移动	—

注：1. 甲磺酸盐镀液配方 2 中的环氧乙烷/环氧丙烷共聚物，其共聚物相对分子质量为 2500，两者含量比为 3：2。合金阳极百分数为质量分数。

2. 硫酸盐镀液配方 2 的 SNR-5A 光亮剂、TNR-5 稳定剂是南京大学配位化学研究所研制的产品。

3. 硫酸盐镀液配方 3 的添加剂Ⅰ、添加剂Ⅱ是河南平原光学仪器厂研制的产品。镀层中 Bi 含量为 0.2%～2%（质量分数）。

4. 柠檬酸盐镀液配方中稳定剂为复合稳定剂，其组成为聚乙烯二醇、维生素 C 及次磷酸钠。光亮剂是一种合成的若干种胺、多醛、杂环类化合物的聚合物；辅助光亮剂由一种有机盐和唑类化合物等组成，可提高阴极极化，提高镀液的分散能力。

10.4.2.4　电镀 Sn-Cu 合金

无氰镀 Sn-Cu 合金镀液，沉积速度快，低毒。镀层具有可靠的焊接强度，生产成本低。既可适用于表面贴装的再流焊，也适用于插拔型的波峰焊[25]，是最具研究和应用价值的无铅镀层体系，已成为最有发展前途的无铅可焊性镀层之一。

用于焊接性的 Sn-Cu 合金镀层中的铜含量一般为 0.1%～2.5%（质量分数），最佳为 0.5%～2.0%。铜含量低于 0.1%（质量分数），就容易产生锡的晶须；铜含量高于 2.5%，镀层熔点会超过 300℃，就难于进行良好的焊接。

电镀 Sn-Cu 合金的溶液组成及工艺规范见表 10-39。

表 10-39　电镀 Sn-Cu 合金的溶液组成及工艺规范

溶液成分及工艺规范	1	2	3
Sn^{2+}[以 $Sn(CH_3SO_3)_2$ 形式加入]/(g/L)	45	45	17.3
Cu^{2+}[以 $Cu(CH_3SO_3)_2$ 形式加入]/(g/L)	1.2	2.5	0.1
甲磺酸(CH_3SO_3H)/(g/L)	100	200	80
聚氧乙烯壬酚醚/(g/L)	8	—	—
对二苯酚/(g/L)	3	—	—
邻二苯酚/(g/L)	—	0.3	—
聚氧乙烯山梨糖醇酯/(g/L)	—	8	—
添加剂 SNC21/(mL/L)	—	—	30
添加剂 SNC22/(mL/L)	—	—	50
添加剂 SNC23/(mL/L)	—	—	5
温度/℃	30	45	40
阴极电流密度/(A/dm²)	9	20	10
搅拌	—	—	阴极移动

注：1. 阳极材料为锡或 Sn-Cu 合金可溶性阳极，或镀有铂、铑、钛或钽等合金的不溶性阳极。

2. 配方 3 中的添加剂 SNC 系列是德国施洛特公司生产的，其中 SNC21 添加剂可防止低电流密度区覆盖能力降低；SNC22 添加剂为抗氧化剂，可防止 Sn^{2+} 氧化，防止铜和锡阳极之间的置换反应；SNC23 添加剂为光亮剂，可使镀层光亮、结晶细致。阳极材料为纯锡板。镀层中 Cu 含量（质量分数）为 2%。

10.4.2.5　电镀 Sn-Ag 合金

Sn-Ag 合金镀层具有较好的耐蚀性和焊接性，尤其是银含量为 3.5%（质量分数）的 Sn-Ag 合金镀层性能最佳，其电阻小，硬度高，熔点为 221℃，焊接范围广，而且结合强度以及耐热疲劳特性都较好，是目前有发展前景的无铅可焊性镀层之一。

电镀 Sn-Ag 合金的溶液组成及工艺规范见表 10-40。

表 10-40　电镀 Sn-Ag 合金的溶液组成及工艺规范

溶液成分及工艺规范	焦硫酸盐镀液			焦磷酸盐镀液	甲磺酸盐镀液	
	1	2	3		1	2
硫酸亚锡($SnSO_4$)/(g/L)	35	52	52	—	—	—
氯化亚锡($SnCl_2$)/(g/L)	—	—	—	44	—	—
甲磺酸锡[$Sn(CH_3SO_3)_2$]/(g/L)	—	—	—	—	10	6
碘化银(AgI)/(g/L)	1.5	2.4	2.4	1.2	—	3
甲磺酸银[$Ag_2(CH_3SO_3)_2$]/(g/L)	—	—	—	—	10	—
焦硫酸钾($K_2S_2O_7$)/(g/L)	240	440	440	—	—	—
焦磷酸钾($K_4P_2O_7$)/(g/L)	—	—	—	210	—	—
碘化钾(KI)/(g/L)	150	250	250	330	—	—
硼酸(H_3BO_3)/(g/L)	—	—	—	—	—	10
1,4,5-三甲基-1,2,4-三氮唑-3-硫醇盐/(g/L)	—	—	—	—	20	50
葡萄糖酸钾/(g/L)	—	—	—	—	20	—
乙酰丙酮氧钒($C_{10}H_{14}O_5V$)/(g/L)	—	—	—	—	0.2	—
聚氧乙烯二胺/(g/L)	—	—	—	—	—	50
邻二苯酚/(g/L)	—	—	—	—	—	2
pH 值	8.5	8.5	8.5	9	<1	10.3
温度/℃	室温	室温	室温	25	30	20
阴极电流密度/(A/dm²)	2	0.4	0.1	2	5	2
阳极	纯锡	纯锡	纯锡	纯锡	纯锡	纯锡
搅拌	—	—	—	—	阴极移动	阴极移动
镀层中 Ag 含量(质量分数)/%	4.1	10.4	22.5		10	3

10.4.3　电镀耐磨性合金

铬基合金镀层比单质铬镀层更耐蚀、耐磨、耐高温，所以广泛用作耐磨性镀层，如 Cr-Ni、Cr-Mo、Cr-W 等铬基合金镀层。此外，一些镍基合金如 Ni-P、Ni-B、Ni-W 等也具有高的硬度和良好的耐磨性，也可作为耐磨性镀层。

10.4.3.1　电镀 Cr-Ni 合金

Cr-Ni 合金镀层具有耐磨、耐蚀、耐高温等性能，在钢铁、铜、镍基体上都可以得到结合强度良好的镀层。其溶液组成及工艺规范见表 10-41。

表 10-41　电镀 Cr-Ni 合金的溶液组成及工艺规范

溶液成分及工艺规范	1	2	3	4
氯化铬($CrCl_3 \cdot 6H_2O$)/(g/L)	120	80	—	硫酸铬 196
硫酸铬铵[$NH_4Cr(SO_4)_2 \cdot 12H_2O$]/(g/L)	—	—	287	—
硫酸镍($NiSO_4 \cdot 6H_2O$)/(g/L)	25～100	35	53	196
甲酸钠(HCOONa)/(g/L)	—	40	—	—
氯化铵(NH_4Cl)或氯化钠/(g/L)	60～120	40	—	—
氯化钾(KCl)/(g/L)	—	16	—	—
溴化钾(KBr)或溴化钠/(g/L)	8～16	12	—	—
硼酸(H_3BO_3)/(g/L)	24～25	30	18～20	25
柠檬酸钠($Na_3C_6H_5O_7$)/(g/L)	50～100	80	—	—
乙醇酸($HOCH_2COOH$)/(g/L)	—	—	15	—
添加剂/(g/L)	10～16	12	—	配位剂 50
pH 值	2～4	3.5	2	1.3～1.4
温度/℃	10～30	50	50	50
阴极电流密度/(A/dm^2)	2～10	5	15～60	25～50
阳极	—	石墨	—	—
镀层中 Cr 含量(质量分数)/%	11.1		2～8	1～60

10.4.3.2　电镀 Ni-P 合金

Ni-P 合金镀层光滑、结晶细致、孔隙率低、化学稳定性强、耐腐蚀性能好。镀层中磷含量超过 8%（质量分数）时为非磁性镀层。用电镀方法可以镀取高磷（磷含量为 14% 左右）和中高磷（磷含量为 10% 左右）的 Ni-P 合金镀层。具有高耐蚀、高耐磨性等优点，在电子、化工、机械等工业领域中获得广泛应用。

Ni-P 合金镀层经 300～400℃ 热处理 1h，可得到高硬度（800～900HV）合金镀层，耐磨性好，摩擦因数小。可在一定条件下作为代铬镀层使用。

电镀 Ni-P 合金的溶液有氨基磺酸盐、次磷酸盐及亚磷酸盐等镀液。氨基磺酸盐镀液稳定性好，镀层光亮，韧性好和结合力好，但镀液成本较高。可获得磷含量为 10%～15%（质量分数）的 Ni-P 合金镀层。次磷酸盐镀液所获镀层结晶细致，镀液的分散能力和均镀能力较好，但稳定性较差。亚磷酸盐镀液，近年来应用较多，镀层光亮细致，结合力好，容易获得磷含量较高的 Ni-P 合金镀层，但分散能力和覆盖能力较差。电镀 Ni-P 合金的溶液组成及工艺规范见表 10-42。

表 10-42　电镀 Ni-P 合金的溶液组成及工艺规范

溶液成分及工艺规范	氨基磺酸盐镀液	次磷酸盐镀液			亚磷酸盐镀液		
		1	2	3	1	2	3
氨基磺酸镍[$Ni(NH_2SO_3)_2$]/(g/L)	200～300	—	—	—	—	—	—
硫酸镍($NiSO_4 \cdot 6H_2O$)/(g/L)	—	14	160～200	180～200	150～200	240	150～170
氯化镍($NiCl_2$)/(g/L)	10～15	—	10～15	15	40～45	45	10～15
次磷酸二氢钠($NaH_2PO_2 \cdot H_2O$)/(g/L)	—	5	10～20	6～8			

溶液成分及工艺规范	氨基磺酸盐镀液	次磷酸盐镀液			亚磷酸盐镀液		
		1	2	3	1	2	3
亚磷酸(H_3PO_3)/(g/L)	10~12	—	—	—	4~8	15	10~25
磷酸(H_3PO_4)/(mL/L)	—	—	—	—	50	—	15~25g/L
硫酸钠(Na_2SO_4)/(g/L)	—	—	—	35~40	—	—	—
氯化钠(NaCl)/(g/L)	—	16	添加适量	—	—	—	—
硼酸(H_3BO_3)/(g/L)	15~20	15	—	—	—	30	—
DPL添加剂/(g/L)	—	—	20~30	—	—	—	1.5~2.5
KN配位化合物/(g/L)	—	—	—	—	—	—	50~70
pH值	1.5~2	—	2~3.5	2~3.5	1~2.5	1.25	1.5~2.5
温度/℃	50~60	80	65±2	70~80	75	70	70
阴极电流密度/(A/dm²)	2~4	2.5	1~3	1~3	3~10	3	5~15
阳极	—	—	Ni	Ni+Ti	—	—	—
镀层中P含量(质量分数)/%	—	9	10~12	14±0.5	8~10	15	—
搅拌	—	—	空气搅拌	阴极移动	—	—	—

注：1. 次磷酸盐镀液配方2的DPL添加剂是哈尔滨工业大学研制的。

2. 亚磷酸盐镀液配方3的KN配位化合物、DPL添加剂是哈尔滨工业大学研制的。

3. 亚磷酸盐镀液用常用可溶性阳极和不溶性阳极混合使用。不溶性阳极是钛板上镀铂，但造价较高。也可用高密度石墨，用涤纶或丙纶布包扎，防止污染镀液。可溶性阳极和不溶性阳极的面积比，宜为1:(1.5~3)。

10.4.3.3 电镀Cr-Mo、Ni-W合金

Cr-Mo合金镀层化学稳定性高，致密坚固，具有优良的耐蚀性和耐磨性。随着钼含量的增加，镀层硬度随之增加，可达到1300~1600HV。电镀Cr-Mo合金镀液是在镀铬溶液中加入钼酸、钼酸铵或钼酸钠、三氧化钼，阳极采用铅合金。

Ni-W合金镀层结构致密，硬度高，耐热性好，尤其是在高温下具有优良的耐磨性、抗氧化性、自润滑性和耐蚀性能。合金镀层中钨含量为30%~32%（质量分数）时，硬度为450~500HV，但经过350~400℃热处理1h后，其硬度可达1000~1200HV。但合金镀层中钨含量超过25%（质量分数）时，镀层脆性增加。

电镀Cr-Mo、Ni-W合金的溶液组成及工艺规范见表10-43。

表 10-43　电镀 Cr-Mo、Ni-W 合金的溶液组成及工艺规范

溶液成分及工艺规范	电镀Cr-Mo合金			电镀 Ni-W合金
	1	2	3	
铬酐(CrO_3)/(g/L)	200~300	250~300	250	—
硫酸(H_2SO_4)/(g/L)	2~3	2.5~3	1.25	—
钼酸铵[$(NH_4)_6Mo_7O_{24}\cdot6H_2O$]/(g/L)	35~100	—	300	—
钼酸钠($Na_2MoO_4\cdot2H_2O$)/(g/L)	—	80~100	—	—
硫酸镍($NiSO_4\cdot6H_2O$)/(g/L)	—	—	—	8~60
钨酸钠($Na_2WO_4\cdot2H_2O$)/(g/L)	—	—	—	30~60
氟化钠(NaF)/(g/L)	—	10~12	—	—
柠檬酸($H_3C_6H_5O_7$)/(g/L)	—	—	—	50~100
氨水($NH_3\cdot H_2O$)/(g/L)	—	—	—	50~100
pH值	—	—	—	5~7
温度/℃	40~60	18~25	40	38~80
阴极电流密度/(A/dm²)	35~50	5~7	4	2~25
阳极	铅合金	铅合金	Pb-Sn(10%)	1Cr18Ni9Ti 不锈钢
镀层中Mo含量(质量分数)/%	0.5~1.5	1.4	4	—

10.4.4　电镀磁性合金

磁性合金镀层已在电子工业中得到了广泛应用。加强磁性的 Ni-Co、Ni-Fe 等磁性合金已

在计算机和记录装置上作为记忆元件使用。其他如 Ni-P、Co-Fe、Co-Cr、Co-W、Ni-Fe-Co、Ni-Co-P 等也具有良好的磁性能。

10.4.4.1 电镀 Ni-Co 合金

当 Ni-Co 合金中钴含量超过 40%（质量分数）以后，Ni-Co 合金具有优良的磁性能。在电子工业，特别是电子计算机行业中有广泛用途，如制作磁鼓、磁盘、磁带等。电镀 Ni-Co 合金的溶液组成及工艺规范见表 10-44。

表 10-44　电镀 Ni-Co 合金的溶液组成及工艺规范

溶液成分及工艺规范	硫酸盐镀液		氯化镀液		氨基磺酸盐镀液	焦硫酸盐镀液
	1	2	1	2		
硫酸镍($NiSO_4 \cdot 7H_2O$)/(g/L)	135	300	—	—	—	—
氯化镍($NiCl_2 \cdot 6H_2O$)/(g/L)	—	50	100~300	160	—	70
氨基磺酸镍[$Ni(NH_2SO_3)_2$]/(g/L)	—	—	—	—	225	—
硫酸钴($CoSO_4 \cdot 7H_2O$)/(g/L)	108	29	—	—	—	—
氯化钴($CoCl_2 \cdot 6H_2O$)/(g/L)	—	—	100~300	40	—	23
氨基磺酸钴[$Co(NH_2SO_3)_2$]/(g/L)	—	—	—	—	225	—
氯化钾(KCl)/(g/L)	6~7	—	—	—	—	—
焦硫酸钾($K_2S_2O_7$)/(g/L)	—	—	—	—	—	175
氯化镁($MgCl_2$)/(g/L)	—	—	—	—	15	—
硼酸(H_3BO_3)/(g/L)	17~20	30	25~40	30	30	—
柠檬酸铵[$(NH)_3C_6H_5O_7$]/(g/L)	—	—	—	—	—	20
对甲苯磺酰胺($C_7H_9NO_2S$)/(g/L)	—	—	—	2	—	—
十二烷基硫酸钠($NaC_{12}H_{25}SO_4$)/(g/L)	—	—	—	0.003	—	—
次磷酸氢二钠($Na_2HPO_2 \cdot H_2O$)/(g/L)	—	—	—	2	—	—
润湿剂/(g/L)	—	0.15~0.2	—	—	0.375	—
pH 值	4.5~4.8	3.7~4	3~6	4~5	—	8.3~9.1
温度/℃	42~45	60~66	60~75	室温	室温	40~80
阴极电流密度/(A/dm²)	3	3~4	10	3	3	0.35~8.4
叠加电流比(交流/直流)	1/3	—	1/5	1/3	—	—
镀层中 Co 含量(质量分数)/%	80	50	—	—	—	—

10.4.4.2 电镀 Ni-Fe、Co-W 及 Co-Cr 合金

含 Ni 80%，含 Fe 20%（均为质量分数）的 Ni-Fe 合金镀层，是很好的磁性镀层，应用在电子工业中作为记忆元件镀层。

Co-W、Co-Cr 合金镀层都具有较好的磁性能。可在三价铬镀液体系内加入适量的二价钴离子得到 Co-Cr 合金。镀液的溶液组成及工艺规范见表 10-45。

表 10-45　电镀磁性合金的溶液组成及工艺规范

溶液成分及工艺规范	Ni-Fe 合金镀液		Co-W 合金镀液		Co-Cr 合金镀液	
	1	2	1	2	1	2
硫酸镍($NiSO_4 \cdot 6H_2O$)/(g/L)	180~220	180~220	—	—	—	—
硫酸钴($CoSO_4 \cdot 7H_2O$)/(g/L)	—	—	120	70~120	—	—
氯化钴($CoCl_2 \cdot 6H_2O$)/(g/L)	—	—	—	—	15	1.4
氯化镍($NiCl_2 \cdot 6H_2O$)/(g/L)	—	30~50	—	—	—	—
氯化铬($CrCl_3 \cdot 6H_2O$)/(g/L)	—	—	—	—	266	125
钨酸钠($Na_2WO_4 \cdot 2H_2O$)/(g/L)	—	—	45	5~40	—	—
硫酸亚铁($FeSO_4 \cdot 7H_2O$)/(g/L)	10~20	10~15	—	—	—	—
氨基磺酸铵($NH_2SO_3NH_4$)/(g/L)	—	—	—	—	—	210
氯化钠(NaCl)/(g/L)	25~30	—	—	—	21	—
酒石酸钾钠($KNaC_4H_4O_6 \cdot 4H_2O$)/(g/L)	—	—	400	180~300	—	—
磷酸二氢钠(NaH_2PO_4)/(g/L)	—	—	—	—	4	—

续表

溶液成分及工艺规范	Ni-Fe 合金镀液		Co-W 合金镀液		Co-Cr 合金镀液	
	1	2	1	2	1	2
氯化铵(NH_4Cl)/(g/L)	—	—	50	—	—	80
氟硅酸(H_2SiF_6)/(g/L)	—	—	—	—	8~12	—
硼酸(H_3BO_3)/(g/L)	40~45	40~50	—	25~35	—	30
柠檬酸钠($Na_3C_6H_5O_7 \cdot 2H_2O$)/(g/L)	20~25	—	—	—	—	—
甲酸(HCOOH)/(mL/L)	—	—	—	—	—	60
EDTA 二钠/(g/L)	—	—	—	—	—	4.2
溴化钾(KBr)/(g/L)	—	—	—	—	15	—
糖精($C_7H_5O_3NS$)/(g/L)	3~5	3	—	—	—	—
DNT-1 辅光剂/(mL/L)	—	10~15	—	—	—	—
DNT-2 主光剂/(mL/L)	—	0.6~1	—	—	—	—
DNT-3 稳定剂/(mL/L)	—	20~30	—	—	—	—
TY-1 添加剂/(g/L)	—	—	—	0.3~0.8	—	—
TY-2 添加剂/(g/L)	—	—	—	0.5~4	—	—
润湿剂 RS 932/(mL/L)	—	0.5~1.5	—	—	—	—
pH 值	3.2~3.9	3~3.8	8~9.5	4~6	1.5~3	—
温度/℃	60~65	55~60	40~90	室温	25	室温
阴极电流密度/(A/dm²)	2~5	2~5	3	1~2	20~50	3

注：1. Ni-Fe 合金镀液配方 1 需要阴极移动。阳极的 Ni：Fe（面积比）为（6~8）：1。

2. Ni-Fe 合金镀液配方 2 的 DNT 系列添加剂是杭州惠丰表面技术研究所研制的。需要阴极移动。阳极的 Ni：Fe（面积比）为（7~8）：1。

3. Co-W 合金镀液配方 2 的 TY-1、2 添加剂是邮电部天兴仪表厂研制的。

4. Co-W 合金镀液配方 2 的镀层中 Cr 含量（质量分数）为 33%。

10.4.4.3 电镀 Co-P、Ni-P、Ni-Co-P 合金

Co-P 合金是磁性镀层。镀层具有硬度高、耐磨、磁性能稳定的优点。用于微型电子元器件的电镀。

Ni-P 合金的磁性随磷的含量而变化，当合金镀层中磷含量小于 8%（质量分数）时，镀层属于磁性镀层。

Ni-Co-P 合金镀层具有良好的磁性能。

电镀磁性合金的溶液组成及工艺规范见表 10-46。

表 10-46　电镀磁性合金的溶液组成及工艺规范

溶液成分及工艺规范	Co-P 合金镀液	Ni-P 合金镀液			Ni-Co-P 合金镀液
		1	2	3	
硫酸钴($CoSO_4 \cdot 7H_2O$)/(g/L)	180	—	—	—	40
硫酸镍($NiSO_4 \cdot 6H_2O$)/(g/L)	—	180~200	150~200	150~200	—
氯化镍($NiCl_2 \cdot 6H_2O$)/(g/L)	—	15	40~45	—	160
磷酸(H_3PO_4)/(g/L)	50	—	50	25~35	—
亚磷酸(H_3PO_3)/(g/L)	15	4~8	4~8	—	—
次磷酸钠($NaH_2PO_2 \cdot H_2O$)/(g/L)	—	—	—	20~30	—
次磷酸氢二钠($Na_2HPO_2 \cdot H_2O$)/(g/L)	—	—	—	—	2
硫酸钠(Na_2SO_4)/(g/L)	—	35~40	—	—	—
硼酸(H_3BO_3)/(g/L)	—	—	—	20	30
氯化钠(NaCl)/(g/L)	—	—	—	20	—
对甲苯磺酰胺($C_7H_9NO_2S$)/(g/L)	—	—	—	—	2
十二烷基硫酸钠($NaC_{12}H_{25}SO_4$)/(g/L)	—	—	—	—	0.03
pH 值	0.5~2	1~1.5	1~2.5	2~2.5	4~5
温度/℃	75~95	70~80	75	70~80	室温

续表

溶液成分及工艺规范	Co-P 合金镀液	Ni-P 合金镀液			Ni-Co-P 合金镀液
		1	2	3	
阴极电流密度/(A/dm²)	5~40	1~2	3~10	10~15	3
阳极	—	Ni+Ti	Ni+Ti	Ni+Ti	—
镀层中 P 含量(质量分数)/%	—	10±5	8~10	<10	—
阴极移动	—	需要	需要	需要	—
叠加电流比(交流/直流)	—	—	—	—	1/3

10.4.5 电镀减摩性轴承合金

减摩性镀层具有良好的润滑减摩性能，可用于各种轴承的制造。例如 Pb-Sn、Pb-In、Pb-Ag、Cu-Sn、Ag-Re、Pb-Sn-Cu、Pb-Co-P、Cu-Sn-Bi 等，可用作轴承合金镀层。减摩性合金镀层、镀液特性见表 10-47。

表 10-47 电镀减摩性合金镀层与镀液的特性

镀液种类	镀层与镀液的特性	镀液及工艺规范
电镀 Pb-Sn 合金镀液	Pb-Sn 合金镀层具有浅灰色的金属光泽，较柔软，孔隙比纯锡镀层、铅镀层低。通过改变镀液中铅、锡离子的浓度比，就可以得到锡、铅含量不同的各种 Pb-Sn 合金镀层。锡含量为 6%~10%(质量分数)的 Pb-Sn 合金镀层，具有优良的润滑减摩性能，常用作轴瓦、轴套的减摩、耐蚀镀层	见表 10-48
电镀 Ag-Pb 合金镀液	Ag-Pb 合金比纯银具有更高的硬度，在银中加入 3%~5%(质量分数)的铅，可以大大提高合金镀层的减摩性能。一般认为，用于轴承的 Ag-Pb 合金镀层中的铅含量宜小于 1.5%(质量分数) Ag-Pb 合金镀液主要是氰化镀液，此外还有酸性镀液和卤化物镀液。在氰化镀液中，影响镀层合金组成的主要因素有： 1. 镀液中增加氰化物含量，镀层中铅含量增加；镀液中增加氢氧化钠含量，则镀层中铅含量减少 2. 一般情况下，镀层中铅含量随阴极电流密度的提高而增加 3. 镀液搅拌可降低合金镀层中铅的含量 根据上述的影响因素，通过调整和控制电镀条件可得到所需组成的 Ag-Pb 合金镀层	见表 10-49

表 10-48 镀 Pb-Sn 合金的镀液组成及工艺规范

溶液成分及工艺规范	1	2
氟硼酸铅[Pb(BF₄)₂]/(g/L)	110~275	160
氟硼酸亚锡[Sn(BF₄)₂]/(g/L)	50~70	15
游离氟硼酸(HBF₄)/(g/L)	50~100	100~200
桃胶/(g/L)	3~5	—
蛋白胨/(g/L)	—	0.5
温度	室温	—
阴极电流密度/(A/dm²)	1.5~2	3
阳极	Pb-Sn 合金阳极 含 Sn 6%~10%(质量分数)	Pb-Sn 合金阳极 含 Sn 8%(质量分数)
镀层中 Sn 含量(质量分数)/%	6~10	10

表 10-49 镀 Ag-Pb 合金的镀液组成及工艺规范[1]

溶液成分及工艺规范	氰化镀液		酸性镀液	卤化物镀液
	1	2		
氰化银(AgCN)/(g/L)	30	120	—	—
硝酸银(AgNO₃)/(g/L)	—	—	25	—
碘化银(AgI)/(g/L)	—	—	—	1~10

溶液成分及工艺规范	氰化镀液 1	氰化镀液 2	酸性镀液	卤化物镀液
酒石酸铅[Pb(C₄H₄O₆)]/(g/L)	—	6	—	—
碱式醋酸铅[Pb(C₂H₃O₂)₂·2Pb(OH)₂]/(g/L)	4	—	—	—
硝酸铅[Pb(NO₃)₂]/(g/L)	—	—	100	—
醋酸铅[Pb(CH₃COO)₂·3H₂O]/(g/L)	—	—	—	20
氰化钾或氰化钠(KCN 或 NaCN)/(g/L)	22	205	—	—
氢氧化钾或氢氧化钠(KOH 或 NaOH)/(g/L)	1	10	—	—
酒石酸钾(K₂C₄H₄O₆)/(g/L)	47	100	—	—
酒石酸(H₂C₄H₄O₆)/(g/L)	—	—	20	—
碘化钾(KI)/(g/L)	—	—	—	900
温度/℃	25	35~50		26
阴极电流密度/(A/dm²)	0.8~1.5	5~10	0.4~1.2	0.4
搅拌	需要	—	需要	—
镀层中 Pb 含量(质量分数)/%	4	8	5	—

10.5 电镀非晶态合金

10.5.1 概述

非晶态合金是多种元素的固溶体,非晶态是一种长程无序、微观短程有序的结构,不存在错位、孪晶、晶界等晶体缺陷。非晶态材料比相应的晶态材料具有更优异的物理和化学性能。非晶态合金是当代材料科学研究的一个新领域,是一种迅速发展的重要新型材料。

据有关文献[1,3]报道,目前用电沉积法已可制备出数十种非晶态合金镀层,可将其大致分成 5 种类型,并归纳整理列入表 10-50 内,供参考。

表 10-50 电沉积制备非晶态合金镀层的类型

非晶态合金类型	非晶态合金镀层
金属-类金属系非晶态合金 (M-类金属)	Ni-P、Ni-B、Co-P、Co-B、Fe-S、Ni-S、Co-S、Cr-C、Pd-As、Co-Ni-P、Ni-Fe-P、Fe-Co-P、Ni-Cr-P、Fe-Cr-P、Co-Zn-P、Ni-Sn-P、Ni-W-P、Fe-Cr-P、Ni-Cr-B、Co-W-B、Ni-Fe-Co-P
金属-金属系非晶态合金 (M-M)	Ni-W、Ni-Mo、Fe-W、Fe-Mo、Co-W、Co-Mo、Cr-W、Cr-Mo、Co-Re、Co-Ti、Ni-Cr、Ni-Zn、Au-Ni、Ni-Fe、Co-Cd、Co-Cr、Fe-Cr、Cd-Fe、Pt-Mo、Al-Mn、Fe-Mo-Co、Pt-Mo-Co、Fe-Ni-W、Fe-Co-W
半导体元素的非晶态合金	Bi-S、Bi-Se、Cd-Te、Cd-Se、Cd-S、Cd-Se-S、Si-C-F
金属-氢构成的非晶态合金 (M-H)	Ni-H、Pd-H、Cr-H、Cr-W-H、Cr-Mo-H、Cr-Fe-H
金属氧化物的非晶态合金	Ir-O、Rh-O

10.5.2 电镀非晶态合金特性和用途

由于非晶态合金结构和化学组成的特殊性,使它具有优异的物理、化学性能,其特性[1,3]如表 10-51 所示。

表 10-51 电镀非晶态合金的特性和用途

项目	非晶态合金的特性
稳定性	非晶态合金是一种亚稳态的结构,在一定的外界条件下可以从亚稳态向稳态转化,转变为晶态或另一种非晶态,它的性能也发生变化,许多非晶态合金特有的优良特性会丧失。对于非晶态合金来说,其结构和性能的稳定性是一个突出的问题

续表

项目	非晶态合金的特性
力学性能	由于非晶态合金的结构特征,使其具有高强度、高的塑性和冲击韧性,力学性能十分突出。而且变形加工时无硬化的现象,具有高的疲劳寿命和良好的断裂韧性。尤其是铁族金属-类金属系非晶态合金,晶化后镀层会形成细小的金属间化合物,具有很高的显微硬度
耐磨性	非晶态合金具有很高的耐磨性,而且使用温度高,承载能力强,作为表面耐磨性镀层,已获得较为广泛的应用。目前,作为耐磨镀层应用的主要有 Ni-P、Ni-B、Fe-Ni-P、Fe-P、Co-P、Co-B 等非晶态合金
耐蚀性	非晶态合金镀层具有很高的耐蚀性。由金属和非金属形成的非晶态合金,其耐蚀性一般都较晶态合金镀层要好。其原因主要是这类非晶态合金镀层的均一、单相结构,无晶体缺陷,表面易形成稳定的钝化膜。至于金属和金属形成的非晶态合金,其耐蚀性同样也比晶态合金镀层的耐蚀性要高得多。由于非晶态合金具有优异的耐蚀性,故在许多严酷腐蚀条件下,可使用高耐蚀的非晶态合金镀层
电磁性能	许多非晶态合金如 Ni-P、Fe-P、Co-P、Co-Ni-P 等具有良好的电磁性能,可作为矫顽力低、导磁性高的材料。非晶态合金具有高电阻率、低电阻温度系数。这些特征改善了材料导磁特性,将其制成变压器磁芯,可减轻涡电流的损失
其他特性	非晶态合金还表现出良好的超导性,还具有热膨胀率随温度变化很小的特性,以及耐放射线照射的特性等

由于非晶态合金具有许多优异的性能,已有许多非晶态合金镀层进入工业应用,如 Ni-P、Ni-W、Ni-Mo、Fe-W、Fe-Mo、Ni-W-P、Ni-W-B 等非晶态合金。人们对非晶态合金主要注重于镀层的功能特性,并据此不断开拓它的用途。用电沉积法(电镀法)制备非晶态合金,也可以进行大批量生产,而且具有制备设备简单、操作方便、能耗低的特点,近年来获到广泛的重视及应用。

10.5.3　电镀镍基非晶态合金

电镀镍基非晶态合金有:Ni-P 非晶态合金、Ni-W 非晶态合金、Ni-Mo 非晶态合金等,其镀层、镀液的特性见表 10-52。

表 10-52　电镀镍基非晶态合金的特性

种类	镀层、镀液的特性	镀液及工艺规范
Ni-P 非晶态合金	Ni-P 合金镀层随着镀层磷含量的增加,从晶态连续地向非晶态变化。大致是:微细晶态(磷的质量分数为 3%左右)→微细晶态+非晶态(磷的质量分数为 5%左右)→非晶态(磷的质量分数超过 8%)。Ni-P 非晶态合金具有高的耐蚀性、硬度、耐磨性、导电性、优良的焊接性、磁性屏蔽,良好的光泽,并具有非磁性等优异功能,因而获得广泛应用	见表 10-53
Ni-W 非晶态合金	钨与铁族金属在一定的镀液中可以实现诱导共沉积,决定其镀层结构的关键因素是镀层中 W 的含量,当 W 含量达 44%(质量分数)以上时,镀层结构由晶态过渡到非晶态。Ni-W 非晶态合金在高温下耐磨损、抗氧化,具有自润滑性能和耐腐蚀性能。可用作内燃汽缸、活塞环、热锻模、接触器和钟表机芯等工件上的耐热耐磨镀层	见表 10-53
Ni-Mo 非晶态合金	钼可与铁族金属发生诱导共沉积。当 Ni-Mo 合金镀层中 Mo 含量超过 33%(质量分数)时,合金结构转变为非晶态,当合金镀层中 Mo 含量≥40%(质量分数)时,易获得非晶态结构。非晶态 Ni-Mo 合金镀层具有优异的耐蚀性能、耐磨性能、力学性能及电磁学性能	见表 10-53

表 10-53　电镀镍基非晶态合金的溶液组成及工艺规范

溶液成分及工艺规范	Ni-P 非晶态合金镀液			Ni-W 非晶态合金镀液		Ni-Mo 非晶态合金镀液	
	1	2	3	1	2[26]	1	2
硫酸镍(NiSO$_4$·6H$_2$O)/(g/L)	150	—	17.6	—	5~35	60	50
氯化镍(NiCl$_2$·6H$_2$O)/(g/L)	45	10~15	51.1	—		20	
碳酸镍(NiCO$_3$)/(g/L)	—	—	16.1	—			

续表

溶液成分及工艺规范	Ni-P 非晶态合金镀液			Ni-W 非晶态合金镀液		Ni-Mo 非晶态合金镀液	
	1	2	3	1	2[26]	1	2
氨基磺酸镍[$Ni(NH_2SO_3)_2$]/(g/L)	—	200~300	—	10~100	—	—	—
钨酸钠($Na_2WO_4 \cdot 2H_2O$)/(g/L)	—	—	—	10~100	16~50	—	—
钼酸钠($Na_2MoO_4 \cdot 2H_2O$)/(g/L)	—	—	—	—	—	10	10
硼酸(H_3BO_3)/(g/L)	—	15~20	—	—	—	—	—
柠檬酸($C_6H_8O_7 \cdot H_2O$)/(g/L)	—	—	—	70~180	—	—	—
柠檬酸钠($Na_3C_6H_5O_7 \cdot 2H_2O$)/(g/L)	—	—	—	—	60~120	50	—
氯化钠(NaCl)/(g/L)	—	—	—	—	—	20	—
氨水($NH_3 \cdot H_2O$)	—	—	—	适量	—	—	—
亚磷酸(H_3PO_3)/(g/L)	50	10~12	3	—	—	—	—
磷酸(H_3PO_4)/(g/L)	40	—	35	—	—	—	—
焦磷酸钾($K_4P_2O_7 \cdot 2H_2O$)/(g/L)	—	—	—	—	—	—	250
磷酸二氢铵($NH_4H_2PO_4$)/(g/L)	—	—	—	—	—	—	30
苯亚磺酸钠(体积分数为0.1%)/(mL/L)	—	—	—	—	—	—	1.6
十二烷基硫酸钠($NaC_{12}H_{25}SO_4$)/(g/L)	—	—	—	—	0.05~1	—	—
α,α'-联吡啶/(g/L)	—	—	—	—	0.25~1	—	—
pH值	1	1.5~2	—	6~8	5~9	9~10	8.5
温度/℃	75~95	50~60	70	70~80	25~75	48	25
阴极电流密度/(A/dm²)	0.5~4	2~4	0.1	2~30	2~20	4~16	6
镀层中P含量(质量分数)/%	22~28	10~15	11.22	—	—	—	—
备 注	—	—	—	阳极:不锈钢	中速搅拌	—	—

10.5.4 电镀铁基非晶态合金

电镀铁基非晶态合金有Fe-W非晶态合金、Fe-Mo非晶态合金、Fe-P非晶态合金、Fe-Cr非晶态合金等。其镀层、镀液的特性见表10-54。

表10-54 电镀铁基非晶态合金的特性

种 类	镀层、镀液 的 特 性	镀液及工艺规范
Fe-W 非晶态合金	有文献报道[3],Fe-W合金镀层非晶化时,镀层中W的最少含量为22%(质量分数)左右。Fe-W非晶态合金镀层具有较高的耐腐蚀性能和较高的硬度,在酸性溶液中表现出优良的耐蚀性。Fe-W非晶态合金是软磁性材料,其矫顽力小,透磁率较高	见表10-55
Fe-Mo 非晶态合金	Fe-Mo合金镀层的Mo含量低时为晶态结构,当Mo含量超过20%时就转变为非晶态结构。由于Fe-Mo合金具有非晶态结构,赋予了合金镀层化学均匀性,使合金的耐蚀性大大提高	见表10-55
Fe-P 非晶态合金	Fe-P合金镀层具有很好的耐蚀性能,经400℃热处理后,硬度可提高到1000HV以上,并具有很高的耐热性能,可用于高温下工作的零部件	见表10-56
Fe-Cr 非晶态合金	Fe-Cr合金镀层中铬含量约大于30%时,表现为非晶态结构。其镀层具有优良的耐蚀性、高强度和硬度,以及高温下抗氧化性等。镀液有氯化物和硫酸盐两种。采用氯化铬(三价铬)镀液,可得到均匀、覆盖能力好的镀层。通过控制电镀工艺规范(镀液组成、温度、pH值、阴极电流密度等),能够沉积出Fe-Cr非晶态合金镀层	见表10-56

表10-55 电镀Fe-W、Fe-Mo非晶态合金的溶液组成及工艺规范

溶液成分及工艺规范	Fe-W 非晶态合金镀液		Fe-Mo 非晶态合金镀液	
	1	2	1	2
硫酸亚铁($FeSO_4 \cdot 7H_2O$)/(g/L)	12	—	18~70	—
三氯化铁($FeCl_3 \cdot 6H_2O$)/(g/L)	—	—	—	9

续表

溶液成分及工艺规范	Fe-W 非晶态合金镀液		Fe-Mo 非晶态合金镀液	
	1	2	1	2
钨酸钠($Na_2WO_4 \cdot 2H_2O$)/(g/L)	80	30	—	—
硫酸亚铁($FeSO_4$)+硫酸铁[$Fe_2(SO_4)_3$]（质量比为 1:1）/(g/L)	—	3	—	—
钼酸钠($Na_2MoO_4 \cdot 2H_2O$)/(g/L)	—	—	31~94	40
酒石酸铵[$(NH_4)_2C_4H_4O_6$]/(g/L)	47.9	—	—	—
硼酸(H_3BO_3)/(g/L)	—	5	—	—
柠檬酸($C_6H_8O_7$)/(g/L)	—	66	—	—
酒石酸钾钠($KNaC_4H_4O_6 \cdot 4H_2O$)/(g/L)	—	100	—	—
柠檬酸钠($Na_3C_6H_5O_7 \cdot 2H_2O$)/(g/L)	—	—	76~230	—
焦磷酸钠($Na_4P_2O_7 \cdot 10H_2O$)/(g/L)	—	—	—	45
碳酸氢钠($NaHCO_3$)/(g/L)	—	—	—	75
葡萄糖/(g/L)	—	1	—	—
硫脲[$(NH_2)_2CS$]/(g/L)	—	1	—	—
pH 值	8.5	4~5.5	4~5	4~5
温度/℃	80	20~60	30	30
阴极电流密度/(A/dm^2)	1	3~6	0.8	0.8
镀层中 W 含量（质量分数）/%	—	25~45	—	—

表 10-56　电镀 Fe-P、Fe-Cr 非晶态合金的溶液组成及工艺规范

溶液成分及工艺规范	Fe-W 非晶态合金镀液			Fe-Cr 非晶态合金镀液	
	1	2	3	氯化物镀液	硫酸盐镀液
氯化亚铁($FeCl_2 \cdot 4H_2O$)/(g/L)	200	200	0.2mol/L	—	—
硫酸亚铁($FeSO_4 \cdot 7H_2O$)/(mol/L)	—	—	1.0	—	0.075
氯化铁($FeCl_3 \cdot 6H_2O$)/(g/L)	—	—	—	35	—
次磷酸二氢钠($NaH_2PO_2 \cdot H_2O$)/(g/L)	15~44	—	0.2mol/L	—	—
磷酸二氢钠($NaH_2PO_4 \cdot H_2O$)/(g/L)	—	30	—	—	—
氯化铬($CrCl_3 \cdot 6H_2O$)/(g/L)	—	—	—	160	—
硫酸铬[$Cr_2(SO_4)_3 \cdot 6H_2O$]/(mol/L)	—	—	—	—	0.5
硼酸(H_3BO_3)/(g/L)	20	20	0.5mol/L	37.2	0.3mol/L
磷酸(H_3PO_4)/(mL/L)	—	20	—	—	—
氨基乙酸(NH_2CH_2COOH)/(g/L)	—	—	—	150	0.2mol/L
氯化铵(NH_4Cl)/(g/L)	—	—	—	100	—
硫酸铵[$(NH_4)_2SO_4$]/(mol/L)	—	—	—	—	0.8
稳定剂/(g/L)	2	—	—	—	—
抗坏血酸($C_6H_8O_6$)/(g/L)	—	2	—	—	—
尿素[$(NH_2)_2CO$]/(mol/L)	—	—	—	—	1.25
pH 值	1.2~1.5	1.2~1.5	<1.5	1.8~3.4	1
温度/℃	50	50±2	40	30	20~30
阴极电流密度/(A/dm^2)	5~7	5~7	10	约 20~40	30~40

10.5.5　电镀三元非晶态合金

近年来在研究、开发二元非晶态合金电镀的基础上，对三元非晶态合金电镀也进行了较多的研究，三元非晶态合金镀层的优良特性，已引起人们的较大关注。

Ni-W-P 非晶态合金镀层硬度高、耐蚀性好。镀层经 400℃ 热处理 1h 后，其硬度可达到 1400HV 以上，提高了耐磨性和热稳定性。

Ni-Co-P 合金镀层中 P 含量为 5%~19%（质量分数）时，为非结晶镀层。具有较好的耐磨性和硬度，它的耐磨性优于硬铬和 Ni-Co 合金。

在 Ni-W 合金的镀液中加入含硼物质，则可沉积出非晶态 Ni-W-B 合金镀层，它具有优良的性能，可作为代铬镀层，在各工业中获得广泛应用。

Ni-Cr-P 非晶态合金镀层的外观光亮细致，具有优良的耐蚀性能，其厚度为 $2\mu m$ 时无孔隙，连续镀可达 $10\mu m$。

电镀三元非晶态合金的溶液组成和工艺规范见表 10-57。

表 10-57　电镀三元非晶态合金的溶液组成和工艺规范

溶液成分及工艺规范	Ni-W-P 合金镀液		Ni-Co-P 合金镀液	Ni-W-B 合金镀液		Ni-Cr-P 合金镀液
	1	2		1	2	
硫酸镍($NiSO_4 \cdot 6H_2O$)/(g/L)	36	150	30~50	35	20	—
氯化镍($NiCl_2 \cdot 6H_2O$)/(g/L)	—	—	—	—	—	30
硫酸钴($CoSO_4 \cdot 7H_2O$)/(g/L)	—	—	30~50	—	—	—
钨酸钠($Na_2WO_4 \cdot 2H_2O$)/(g/L)	46	10	—	65	80	—
氯化铬($CrCl_3 \cdot 6H_2O$)/(g/L)	—	—	—	—	—	100
次磷酸二氢钠($NaH_2PO_2 \cdot H_2O$)/(g/L)	16	—	10~100	—	—	30
柠檬酸($C_6H_8O_7 \cdot H_2O$)/(g/L)	—	—	—	—	50	—
柠檬酸钠($Na_3C_6H_5O_7 \cdot 2H_2O$)/(g/L)	50	—	10	—	—	80
柠檬酸铵$[(NH_4)_3C_6H_5O_7]$/(g/L)	—	—	—	100	—	—
氯化铵(NH_4Cl)/(g/L)	—	—	—	—	—	50
硫酸铵$[(NH_4)_2SO_4]$/(g/L)	13	—	25	—	—	—
硼酸(H_3BO_3)/(g/L)	31	—	3~5	—	—	35
硼酸钠($Na_2B_4O_7 \cdot 10H_2O$)/(g/L)	—	—	—	—	10~40	—
亚磷酸(H_3PO_3)/(g/L)	—	20	—	—	—	—
甲酸(HCOOH)/(mL/L)	—	—	—	—	—	35
溴化钾(KBr)/(g/L)	—	—	—	—	—	17.3
二甲基胺硼烷($C_2H_{10}BN$)/(g/L)	—	—	—	6	—	—
YC 稳定剂/(g/L)	—	70	—	—	—	—
YC-5201 添加剂/(mL/L)	—	20	—	—	—	—
pH 值	8	2.5	2.0~3.5	7~7.5	5.7	3
温度/℃	50~80	70	30~70	55	45	室温
阴极电流密度/(A/dm²)	2~8	5	4~7	4~8	4~10	20~40
阳极	—	—	—	石墨		—
镀层中各成分含量(质量分数)/%	W 0.5~1、P 5~10、Ni 余量	W 0.3~2、P 5~15、Ni 余量				Cr 10、P 20、Ni 70

注：Ni-W-P 合金镀液配方 2 的 YC 稳定剂、YC-5201 添加剂是湖南大学开发的产品。

第11章
特种材料上电镀

11.1 铝及铝合金的电镀

11.1.1 概述

铝及铝合金的硬度低、耐磨和耐蚀性差、不易焊接等缺点，影响其应用范围和使用寿命。通过电镀，可以改善其表面状态和表面特性，从而满足不同的使用要求，扩宽它的应用范围。铝及铝合金依据不同的特性及使用要求，可镀取不同的镀层，如表 11-1 所示。铝及铝合金电镀难点见表 11-2。

表 11-1　铝及铝合金依据不同的特性要求镀取不同的镀层

改善表面特性和使用要求	铝及铝合金件采用的镀层示例
改善外观装饰性	如镀铬、镀镍、镀铜/镍/铬等
提高表面硬度与耐磨性	如镀硬铬、镀松孔铬、镀镍等
降低摩擦系数,改善润滑性	如镀铜/锡、镀铜/热浸锡、镀锡-铅合金等
提高耐蚀性	如镀锌、镀镉、镀镍等
提高表面导电性能	如镀铜、镀铜/银、镀铜/金、镀铜/镍/铑等
改善焊接性能	如镀锡、镀锡-铅合金、镀镍、镀铜/镍等
提高与橡胶热压时的结合力	如镀铜-锌合金等
提高反光率	如镀铬等
提高磁性能	如镀镍-钴合金、镀镍-钴-磷合金等
修复尺寸公差	如镀铬等

表 11-2　铝及铝合金电镀的难点

影响电镀因素	铝及铝合金电镀的难点
镀层结合力	铝与氧有很强的亲和力，表面总有一层氧化膜存在。电镀时严重影响镀层结合力。铝的电极电位很负,在镀液中能与多种金属离子发生置换反应,形成接触镀层,严重影响镀层与基体金属之间的结合力
铝的金属性质	铝是两性金属,在酸、碱溶液中都不稳定。所以,在镀前、镀后处理以及电镀过程中可能发生的反应变得复杂,给电镀造成很大的困难
铝的线膨胀系数	铝的线膨胀系数与许多金属镀层的线膨胀系数相差较大,在镀液加温下电镀,以及当环境温度发生变化时,镀层都容易产生内应力而损坏
铝合金铸件	铝合金铸件因有砂眼、气泡及孔隙,在电镀工艺流程中易滞留残液和氢气,会引起腐蚀,使镀层起泡和脱落
铝及铝合金种类	由于铝及铝合金种类繁多,即使同一合金又可能有不同的热处理状态,因此,很难找到一种通用的前处理工艺,增加了处理工艺的复杂性

11.1.2 电镀工艺流程

铝及铝合金制品上的镀层质量，最关键的是结合力问题。提高镀层结合力主要取决于镀前处理质量及预镀层的质量。铝及铝合金除了常规的除油、浸蚀等镀前处理外，还必须进行一些特殊处理（中间处理）。一般是在基体金属与镀层之间制取既能和铝基体结合好的又能与镀层结合好的底层或中间层。中间层的作用是防止前处理除去铝表面自然氧化膜后再产生氧化膜，并防止镀件浸入镀液中而产生置换金属的反应。

由于铝及铝合金的特性,在铝及铝合金的电镀工艺流程中,主要部分是镀前处理及特殊处理(中间处理)。其工艺流程,如图 11-1 以示。

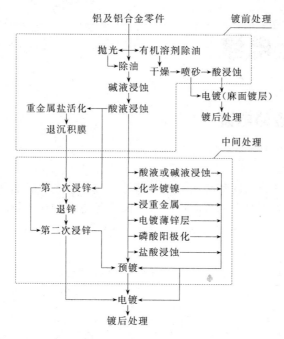

图 11-1　铝及铝合金的电镀工艺流程

11.1.3　镀前处理

铝及铝合金电镀的前处理的主要工序包括:机械前处理、除油、浸蚀、重金属活化等。铝及铝合金件的前处理有时也采用喷砂,使零件表面获得一定均匀的粗糙度,以提高镀层结合力,镀后可获得麻面镀层。抛光和振动光饰能提高表面光亮度,主要用于装饰性电镀。

11.1.3.1　除油

铝及铝合金件镀前处理的除油,主要是去除零件表面的各种动物油、植物油、矿物油脂、油污以及抛光件表面的残留抛光膏等。对抛光零件应先用有机溶剂或专用除油剂及除蜡水进行清除,然后进行化学或电化学除油。

铝及铝合金件常用除油方法的特点及适用范围见表 11-3。

表 11-3　常用除油方法的特点及适用范围

除油方法	特点及适用范围	溶液及工艺规范
有机溶剂除油	油污较多和经抛光的铝零件,在化学除油之前,必须用有机溶剂进行粗除油。常用的有机溶剂有煤油、汽油、丙酮、乙醇、正丁醇、三氯乙烯和四氯化碳等。虽然有机溶剂能较好地溶解皂化油和非皂化油,不腐蚀铝件,除油速度快,但有机溶剂易燃,污染环境,生产成本高,除特殊需要外,应尽可能采用环保型的除油剂除油。有机溶剂除油不彻底,需用化学除油或电化学除油进行补充除油	—
化学除油	铝是两性金属,既溶于酸又溶于碱,在强碱溶液中会发生剧烈的氧化反应而生成铝酸盐。因此,铝及铝合金零件应采用弱碱溶液进行化学除油,并且碱溶液的 pH 值不宜超过 11 还可采用市场商品除油剂进行除油及除去残留抛光膏等	见表 11-4 和表 11-5
电化学除油	除油较彻底。铝及铝合金只限于进行阴极除油,因为阳极除油会引起电化学腐蚀	见表 11-4

续表

除油方法	特点及适用范围	溶液及工艺规范
超声波除油	在化学除油过程中引入超声波场，可以强化除油过程，使细孔、深凹孔、不通孔中的油污彻底清除，缩短除油时间，提高除油质量 1. 超声波除油的溶液浓度和温度，要比单纯的化学除油低，可减少对铝及铝合金的腐蚀 2. 对于压铸孔隙较疏的零件，应合理地选择超声波场的参数（频率、强度），以防铝件浸蚀而扩孔。工件可采用上下摆动，能量不会集中在工件一处，就不会出现扩孔现象	—

表 11-4 化学及电化学除油的溶液组成及工艺规范

溶液成分及工艺规范	化学除油					电化学除油		
	1	2	3	4	5	1	2	3
氢氧化钠(NaOH)/(g/L)	—	—	2～10	10～15	5～10	—	—	—
碳酸钠(Na_2CO_3)/(g/L)	30～40	—	30～60	40～50	30～50	10	10	20～30
磷酸三钠(Na_3PO_4)/(g/L)	50～60	40～60	40～60	20～30	20～30	10	—	20～30
三聚磷酸钠($Na_5P_3O_{10}$)/(g/L)	—	—	—	—	—	—	10	—
水玻璃($Na_2O \cdot nSiO_2$)/(g/L)	—	20～30	—	—	—	—	—	3～5
OP 乳化剂/(mL/L)	—	3～5	5～15	—	0.5～1	—	—	—
温度/℃	60～70	50～70	60～80	60～70	60～80	60	60	70～80
阴极电流密度/(A/dm²)	—	—	—	—	—	10	10	2～3
时间/min	1～3	5～15	0.5～2	05～1	0.5～3	0.5～1	<1.	1～3
适用范围	一般铝合金	纯铝	铸铝	LY 铝合金	纯铝、铝镁合金	—	—	—

表 11-5 除油剂的除油工艺规范

除油剂名称及型号	处理工艺规范			备 注
	使用浓度	温度/℃	时间/min	
BH-10 铝合金件碱性除油粉	BH-10 50～60g/L	50～60	3～10	对机油、动植物油、抛光油垢均有清洗效果，对铝合金腐蚀小。广州二轻工业科学技术研究所的产品
Ebarer sk-165 除油剂	sk-165 10～50mL/L	30～60	除净为止	荏原 UDYLITE 株式会社产品
38 净洗剂	38 净洗剂 100mL/L	15～18	除净为止	上海正益实业有限公司的产品
CD-3 除油污及碱蚀剂	CD-3 40g/L	室温	1	广州美迪斯新材料有限公司的产品
DZ-2 强力除蜡水	热浸 DZ-2 30mL/L 超声波 DZ-2 20mL/L	70～90	1～5	广州美迪斯新材料有限公司的产品
BH-20 除蜡剂	热浸 DZ-2 30～50mL/L 超声波 DZ-2 20～30mL/L (pH 值均为 8～9)	79～90 60～80	5～8 1～5	广州二轻工业科学技术研究所的产品
GH-1012 铝合金脱脂剂	4%～6%(质量分数)	室温	2～5	上海锦源精细化工的产品
SUP-A-MERSOL CLEANER 超强除蜡水	热浸 30mL/L 超声波 20mL/L	70～99 <70	1～3 1～3	东莞美坚化工原料有限公司的产品

11.1.3.2 浸蚀及重金属盐活化

浸蚀是前处理中较为重要的一道工序。其目的是为了进一步去除表面污物、氧化皮、夹杂物和可能影响镀层质量的某些合金成分等。重金属盐活化只能作为电镀前的一种辅助预处理方法。浸蚀及重金属活化工艺特性及用途见表 11-6。

表 11-6　浸蚀及重金属盐活化工艺特性及用途

浸蚀方法 及重金属活化	工 艺 特 性 及 用 途	溶液及 工艺规范
碱性浸蚀	碱性浸蚀工艺应用较为广泛,浸蚀速度快,当工件表面油污较少时,甚至可以不经过除油而直接进行碱性浸蚀。为避免零件过腐蚀,必须严格掌握碱性浸蚀的温度和时间	见表 11-7
酸性浸蚀	酸性浸蚀一般起出光的作用。铝及铝合金中的铜、铁、锰、硅、镁等,在除油及碱性浸蚀中是不溶的,其反应产物残留着一层灰黑色的膜在零件表面(即挂灰),必须在酸性溶液中浸蚀除去	见表 11-7
重金属盐活化	用重金属盐活化铝合金表面,目的是进一步使铝表面粗化,扩大铝表面的有效面积,类似喷砂处理,以提高镀层结合力。如在镀硬铬工艺过程中,用重金属活化,以加强预处理。重金属盐活化,主要是接触沉积镍、铁、锰和铜。经重金属活化处理后所获得的金属沉积膜,都必须在1:1(体积比)的硝酸溶液退除,退除后应仔细清洗。经重金属活化处理后,立即电镀,如得不到显著的效果,需再经浸锌后,才能进行电镀。因此,重金属盐活化只能作为电镀前的一种辅助预处理方法	见表 11-8

表 11-7　碱性及酸性浸蚀的溶液组成及工艺规范

溶液成分及工艺规范	碱性浸蚀			酸性浸蚀		
	1	2	3	1	2	3
氢氧化钠(NaOH)/(g/L)	50~80	2~5	2~10	—	—	—
碳酸钠(Na₂CO₃)/(g/L)	—	40	—	—	—	—
磷酸三钠(Na₃PO₄)/(g/L)	—	40	30~50	—	—	—
碳酸氢钠(NaHCO₃)/(g/L)	—	—	10~30	—	—	—
68%硝酸(HNO₃)/(g/L)	—	—	—	300~500	450~550	750
40%氢氟酸(HF)/(g/L)	—	—	—	—	100~150	250
海鸥洗涤剂/(g/L)	—	0.5~1	—	—	—	—
温度/℃	60~70	70~90	50~70	室温	室温	室温
时间/s	15~60	5~30	12~60	60~120	3~10	3~10
适用范围	纯铝和一般铝合金	铸铝、防锈铝、硬铝。对光亮度有要求的零件,可省去化学除油	纯铝、铝锰合金、防锈铝	铝硅合金	含硅<10%的铝硅合金、铝铜硅合金铸件、铝镁硅合金和铝铜合金

表 11-8　重金属盐活化的溶液组成及工艺规范[1]

溶液成分及工艺规范	1	2	3	4
氯化镍(NiCl₂·6H₂O)/(g/L)	500	—	—	—
36%盐酸(HCl)/(mL/L)	20	250	500	5
硼酸(H₃BO₃)/(g/L)	40	—	—	—
氯化铁(FeCl₃)/(g/L)	—	20	—	—
硫酸锰(MnSO₄·2H₂O)/(g/L)	—	—	6	—
氯化铜(CuCl₂)/(g/L)	—	—	—	150
温度/℃	室温	90~95	35~40	30~40
时间/min	0.5~1	0.5~1	0.2~0.5	0.2~0.5
备注	沉积镍膜	沉积铁膜	沉积锰膜	沉积铜膜,适用于铝镁合金活化

11.1.4　中间处理

在镀前处理后,为防止洁净的零件表面重新生成氧化膜,并防止零件进入镀液后发生金属置换反应而形成疏松的接触镀层,还要进行特殊处理,也称为中间处理,其主要工序包括:浸锌、浸重金属(浸锌-镍合金、浸镍、浸锡、浸铁)、电镀薄锌层、化学镀镍、阳极氧化处理等。应根据基体材料和后续镀层的要求,选用适当的中间处理工艺,以获得附着力良好的镀层。

11.1.4.1　浸锌

在铝及铝合金电镀的中间处理方法中，浸锌工艺应用最广泛。浸锌一般是用强碱性锌酸盐溶液，进一步除去铝件表面上的自然氧化膜，使铝表面裸露出来的结晶体与溶液中的锌离子发生置换反应，由于置换反应缓慢，从而得到了一层细致均匀、附着力好的置换薄锌层。沉积的这层锌，可以防止铝表面的再氧化。而在锌的表面电镀要比在铝表面电镀容易得多，并保证了镀层与基体之间的结合力。

为了获得结晶细小、致密、均匀、完整的浸锌层，改善基体与镀层的结合力，常采用两次浸锌。其操作方法：将第一次浸锌层用 1:1（体积比）的硝酸溶液退除，经水洗净后，在同样的浸锌溶液中（在同槽中进行二次浸锌）或在浓度较低的浸锌溶液中（即第一次与第二次浸锌是分槽进行），进行第二次浸锌。

浸锌的溶液组成及工艺规范[1]见表 11-9。

表 11-9　浸锌的溶液组成及工艺规范

溶液成分及工艺规范	一次与二次浸锌分槽进行						一次与二次浸锌在同槽进行	
	1		2		3			
	一次浸锌	二次浸锌	一次浸锌	二次浸锌	一次浸锌	二次浸锌	1	2
氧化锌(ZnO)/(g/L)	—	—	100	—	60	20	100	25
硫酸锌(ZnSO$_4$)/(g/L)	300	300	—	—	—	—	—	—
硝酸锌[Zn(NO$_3$)$_2$]/(g/L)	—	—	—	30	—	—	—	—
氢氧化钠(NaOH)/(g/L)	500	20	200	60	360	120	500	125
酒石酸钾钠(KNaC$_4$H$_4$O$_6$·4H$_2$O)/(g/L)	10	20	—	80	10	40	10~20	50
柠檬酸(C$_6$H$_8$O$_7$)/(g/L)	—	—	40	—	—	—	—	—
氯化铁(FeCl$_3$)/(g/L)	1	—	2	2	1	2	1	2
硝酸钠(NaNO$_3$)/(g/L)	—	1	1	—	—	1	—	1
氢氟酸(HF)/(mL/L)	—	—	3~5	—	—	—	—	—
温度/℃	18~25	25~30	30~40	15~30	20~25	20~25	20~25	室温
浸锌时间/s	30~60	45~60	40~60	30~60	30~60	20~40	第一次浸锌 60　第二次浸锌 15~20	第一次浸锌 30~60　第二次浸锌 10~15
适用范围	Al-Mg 合金		Al-Si 合金		Al-Cu 合金		硬铝、锻铝。不适用于 ZL104、ZL105 铸铝合金	大多数铝合金

11.1.4.2　浸重金属

浸重金属的主要目的是提高基体与镀层的结合力。

由于浸锌法所得到的锌层，在潮湿的腐蚀性环境中，容易与镀覆金属形成腐蚀电池，锌为阳极而遭受横向腐蚀，从而导致电镀层剥落。为克服这一缺点，可采用浸重金属。浸重金属包括：浸镍、浸锌-镍合金、浸锡和浸铁等。浸重金属的特点及应用见表 11-10。

表 11-10　浸重金属的特点及应用

浸重金属	工艺特性及应用	溶液及工艺规范
浸镍	含硅 13%（质量分数）以上的高硅铝合金不宜采用浸锌，而可以采用浸镍，这是由于浸镍溶液中含有氢氟酸，能提高铝合金表面的活化能力，可增加镍层与基体之间的结合力；再则，镍层比锌层硬，操作时不易受损坏，可避免局部镀不上镀层的缺陷。但浸镍的成本高	见表 11-11

续表

浸重金属	工艺特性及应用	溶液及工艺规范
浸锌-镍合金	适用于多种铝材,所获得的合金层结晶细致、光亮致密,而浸锌-镍合金与铝材之间的结合力要比浸纯锌层好,再则,锌-镍合金层化学稳定性较好,在电镀开始瞬间不易受电镀溶液的浸蚀。而且在此合金层上可以直接镀亮镍、硬铬、铜以及银等其他镀层,并已在工业上得到应用	见表 11-11
浸锡	浸锡可使铝及铝合金的表面活化,提高镀层的结合力,从而使镀层与基体金属结合牢固	见表 11-11

表 11-11 浸重金属的溶液组成及工艺规范

溶液成分及工艺规范	浸镍的溶液			浸锌-镍合金的溶液		浸锡的溶液
	1	2	3	1	2	
氯化镍(NiCl$_2$ · 6H$_2$O)/(g/L)	300~400	100~400	—	—	—	—
饱和氯化镍液/(g/L)	—	—	970~980	—	—	—
硫酸锌(ZnSO$_4$)/(g/L)	—	—	—	60~100	—	—
氧化锌(ZnO)/(g/L)	—	—	—	—	4~5	—
硫酸镍(NiSO$_4$ · 6H$_2$O)/(g/L)	—	—	—	60~80	—	—
碱式碳酸镍 [NiCO$_3$ · 3Ni(OH)$_2$ · 4H$_2$O]	—	—	—	—	调 pH 值 为 3~3.5	—
硼酸(H$_3$BO$_3$)/(g/L)	30~40	30~40	40	—	—	—
37%盐酸(HCl)/(mL/L)	—	—	20~22	—	—	—
40%氢氟酸(HF)/(mL/L)	20~30	20~30	—	—	175~180	—
硝酸(HNO$_3$,$d=1.41$)/(g/L)	—	—	—	—	60~70	—
锡酸钠(Na$_2$SnO$_3$ · 3H$_2$O)/(g/L)	—	—	—	—	—	60~65
氢氧化钠(NaOH)/(g/L)	—	—	—	200~300	—	4~5
酒石酸钾钠 (KNaC$_4$H$_4$O$_6$ · 4H$_2$O)/(g/L)	—	—	—	100~200	—	3~5
活化剂/(g/L)	—	—	—	3~5	—	—
温度/℃	20~35	室温	20~35	15~25	室温	15~25
时间/s	30~60	30~60	30~60	30~60	30~90	60
适用范围	硅含量>13%(质量分数)的铸铝合金		含铜和含镁的铝合金	一般铝合金	铝合金铸件 ZL501、防锈铝和硬铝	—

11.1.4.3 电镀薄锌层、化学镀镍

用电镀薄锌层来代替浸锌,也可取得良好的结合力,适用于纯铝和 Al-Mg、Al-Mn、Al-Cu 等合金,但对含硅的压铸铝合金不宜采用,没有浸锌好。在铝表面镀上一层薄锌层后,再镀铜,就可以进行各种电镀。为减少镀液对铝件的浸蚀,一般采用含碱较低的氰化镀锌溶液。

经过前处理后,在洁净的铝件表面上化学镀镍,其结合力优良,尤其适合于铸铝合金。化学镀镍主要用于复杂的或深孔内腔需要电镀的铝制品,其所获得的镍层厚度均匀(一般达 7~8μm)且无孔。经化学镀镍之后,可直接进行各种电镀。

电镀薄锌层及化学镀镍的溶液组成及工规范见表 11-12。

表 11-12 电镀薄锌层及化学镀镍的溶液组成及工规范

电镀薄锌层		化学镀镍	
溶液成分及工艺规范	参数	溶液成分及工艺规范	参数
氧化锌(ZnO)/(g/L)	25~35	硫酸镍(NiSO$_4$ · 6H$_2$O)/(g/L)	30
氰化钠(NaCN)(总量)/(g/L)	75~95	硼酸(H$_3$BO$_3$)/(g/L)	15
氢氧化钠(NaOH)/(g/L)	50~70	次亚磷酸钠(NaH$_2$PO$_2$)/(g/L)	15~20
硫化钠(Na$_2$S)/(g/L)	3~5	醋酸钠(CH$_3$COONa · 3H$_2$O)/(g/L)	15
甘油[C$_3$H$_5$(OH)$_3$]/(g/L)	3~5	柠檬酸钠(Na$_3$C$_6$H$_5$O$_7$)/(g/L)	10
温度/℃	20~30	pH 值	4.8~5.5(以 5 为最佳)
阴极电流密度/(A/dm^2)	1~3	温度/℃	70~90
时间/min	2~5	时间/min	15~20

11.1.4.4 阳极氧化处理

采用磷酸阳极氧化处理，可获得孔径大的膜层，作为电镀的底层，能提高镀层的结合力。磷酸阳极氧化处理的溶液组成及工艺规范见表 11-13。

表 11-13　磷酸阳极氧化处理的溶液组成及工艺规范

溶液成分及工艺规范	1	2	3	4
磷酸(H_3PO_4)/(g/L)	$250\sim350$	$300\sim420$	$600\sim720$	200
草酸($H_2C_2O_4$)/(g/L)	—	1	1	1
硫酸(H_2SO_4)/(g/L)	—	1	1	250
十二烷基硫酸钠($C_{12}H_{25}SO_4Na$)/(g/L)	—	1	1	0.1
温度/℃	$18\sim25$	25	$35\sim40$	$30\sim40$
阳极电流密度/(A/dm²)	$0.2\sim1$	$1\sim2$	$2.5\sim4$	$3\sim3.5$
阳极氧化直流电压/V	$20\sim40$	$30\sim60$	$18\sim30$	$10\sim13$
氧化时间/min	$10\sim15$	$10\sim15$	$4\sim5$	$5\sim10$
适用范围	纯铝及一般铝合金		铝-铁-硅合金	铝-铜-镁合金

11.1.5　电镀

铝及铝合金制品经过上述的镀前处理及中间处理（特殊处理）后，就可以进行各种电镀。为保证镀层有良好的附着力，根据电镀的有关要求，常常需要进行预镀。预镀可采用氰化预镀铜、氰化镀光亮黄铜、预镀中性镍和焦磷酸盐预镀铜等。

11.2　锌合金压铸件的电镀

由于锌合金压铸件的表面容易产生冷纹、缩孔等，较难获得满意的镀层。电镀的关键是镀前处理，特别是预镀。所以电镀锌合金压铸件时应采取适当的措施，如表 11-14 所示。

表 11-14　锌合金压铸件电镀所采取的措施

对压铸件及加工的要求	采取的技术措施
提高压铸件质量	1. 尽量减小铸件缺陷，如缝隙、皮下起泡、气孔、裂纹等，以及合模面留下的毛刺和飞边。以便于镀前的机械清理 2. 不宜选用难以去除的脱模剂
压铸件不能过度磨光抛光	压铸件表面是一层致密的表层（厚度约为 $0.05\sim0.1mm$)，在表面下的内层则是疏松多孔的结构。为此，在磨光抛光时，不能过多损伤其表面的致密层，否则露出疏松多孔的内层，会使电镀很困难，而且会降低镀层质量
除油和浸蚀不能使用强碱和强酸	锌合金在压铸过程中，由于冷却时的温度不均匀，在压铸件表面易产生偏析现象，使表面的某些部位产生富铝相或富锌相。为此，除油和浸蚀等不能使用强碱和强酸。因为强碱能使富铝相先溶解，而强酸则使富锌相先溶解，从而在压铸件表面形成针孔和微气孔，并且会残留下强碱液和强酸液，以致引起镀层产生鼓泡、脱皮等不良现象。因此，只能选择弱碱和低浓度酸进行除油和浸蚀，而且温度不能过高，时间不宜过长
对电镀等的要求	1. 锌合金压铸件的形状一般比较复杂，为此，电镀时应该采用分散能力和覆盖能力较好的镀液 2. 所采用的镀层尽可能为光亮镀层，尽量避免抛光工序或者减轻抛光工作量。一方面因为零件复杂，不易抛光，另一方面也可保证镀层厚度和质量 3. 第一层镀层如采用铜镀层，其厚度应稍厚一些，因为镀层的铜会扩散到锌合金表面的锌中，形成一层较脆的铜-锌合金中间层，铜层越薄而扩散作用越快，因此铜镀层的厚度至少要达到 $7\mu m$ 或者更厚一些 4. 对锌合金压铸件进行多层防护装饰性电镀时，镀层为阳极镀层，所以镀层必须有一定厚度，以保证镀层无孔隙。因此必须根据产品的使用条件，选择合适的镀层厚度
对压铸件材料的要求	1. 在机械制造业中，使用的锌合金压铸件是以高品质的锌为主加入约 4%的 Al、0.04%的 Mg，最多 1%（均为质量分数）的 Cu 组成。其他有害杂质应严格限制含量 2. 常用的锌合金材料中用于电镀的有 ZZnA4-3、ZZnA4-1、ZZnA8-1，使用最多的牌号为 ZnA1-925

11.2.1　锌合金压铸件电镀工艺流程

由于锌合金压铸零件品种繁多，要求也不同，目前，锌合金压铸件的电镀工艺生产的方法很多，下面例举一些电镀工艺流程（见图 11-2）供参考。

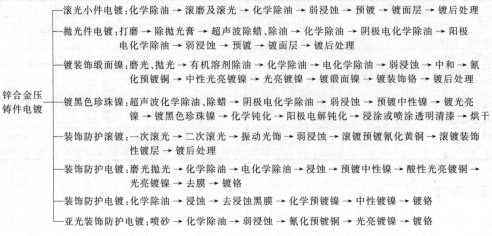

锌合金压铸件电镀

— 滚光小件电镀：化学除油 → 滚磨及滚光 → 化学除油 → 弱浸蚀 → 预镀 → 镀面层 → 镀后处理

— 抛光件电镀：打磨 → 除抛光膏 → 超声波除蜡、除油 → 化学除油 → 阴极电化学除油 → 阳极电化学除油 → 弱浸蚀 → 预镀 → 镀面层 → 镀后处理

— 镀装饰缎面镍：磨光、抛光 → 有机溶剂除油 → 化学除油 → 电化学除油 → 弱浸蚀 → 中和 → 氰化预镀铜 → 中性光亮镀镍 → 光亮镀镍 → 镀缎面镍 → 镀装饰铬 → 镀后处理

— 镀黑色珍珠镍：超声波化学除油、除蜡 → 阴极电化学除油 → 弱浸蚀 → 预镀中性镍 → 镀光亮镍 → 镀黑色珍珠镍 → 化学钝化 → 阳极电解钝化 → 浸涂或喷涂透明清漆 → 烘干

— 装饰防护滚镀：一次滚光 → 二次滚光 → 振动光饰 → 弱浸蚀 → 滚镀预镀氰化黄铜 → 滚镀装饰性镀层 → 镀后处理

— 装饰防护电镀：磨光抛光 → 化学除油 → 电化学除油 → 浸蚀 → 预镀中性镍 → 酸性光亮镀铜 → 光亮镀镍 → 去膜 → 镀铬

— 装饰防护电镀：化学除油 → 浸蚀 → 去浸蚀黑膜 → 化学预镀镍 → 中性镍 → 镀铬

— 亚光装饰防护电镀：喷砂 → 化学除油 → 弱浸蚀 → 氰化预镀铜 → 光亮镀镍 → 镀铬

图 11-2　锌合金压铸件的电镀工艺流程（示例）

11.2.2　机械前处理

机械前处理方法有磨光（布轮磨光、滚动磨光、振动磨光）、抛光和喷砂等。由于锌合金压铸件的外表层（约厚 0.05～0.1mm）结构较致密，而表层下疏松，因此，采用机械方法清除压铸件表面的缺陷，应避免裸露出疏松部分。目前，也有采用振动光饰方法，来精整锌合金的压铸件表面。锌合金压铸件机械前处理方法及工艺规范见表 11-15。

表 11-15　机械前处理方法及工艺规范

前处理工序		操 作 工 艺 规 范
喷砂		喷砂的作用是对待镀件表面进行清理或修饰加工。锌合金压铸件亚光防护装饰电镀或麻面处理的前处理，采用喷细砂。喷砂时应注意避免过多损伤压铸件表面的致密层。采用低压喷砂，主要工艺规范如下： 喷砂用的砂料：氧化铝、氧化锆陶瓷砂、人造金刚砂以及硬质果壳的碎粒、硬质塑料颗粒。砂粒直径：0.1～0.5mm；喷射压力：0.05～0.2MPa；喷射距离：控制在 100～300mm；喷射角度：>60°
磨光	布轮磨光	磨光用于去除压铸件毛坯表面毛刺、分模线、飞边等缺陷 磨光采用硬布轮，磨平飞边、毛刺和分模线，光滑表面不进行磨光。其工艺规范如下： 磨料：金刚砂粒度为 220～250 目；磨轮线速度：10～14m/s；磨光轮：硬布磨轮直径不大于 250mm，转速为 1200～1500r/min；辅助磨料：棕黄色抛光膏，也称黄油（由氧化铁、硬脂酸、混脂酸、精制地蜡和石蜡等组成）
	滚动磨光	小型压铸件也可采用滚光去除表面的缺陷。在装有磨料（氧化铝、花岗石、陶瓷、塑料屑等）和润滑剂（肥皂水、乳化剂等）的滚筒中进行滚动磨光。磨料与零件的质量比约为（2.25～2.5）∶1。滚筒转速不宜过高，以防止冲击而损坏零件表面，一般宜采用 5～6r/min
	振动磨光	小型压铸件也可在装有陶瓷磨料的振动筒内，进行振动磨光，其工艺规范[4]如下： 振动频率为：10～50Hz；振幅为：0.8～1.4mm；时间为：1～4h；装填量：一个 0.5m³ 的振动筒大约装 900kg 的磨料和 180kg 的零件。也可在加有除油剂的溶液中进行振光与除油

前处理工序		操 作 工 艺 规 范
抛光	布轮抛光	抛光是为了进一步提高压铸件的表面光洁程度 经磨光后的零件,要进行抛光。先进行粗抛光,然后对整个表面进行精抛光。抛光时要尽量避免在表面上残留下抛光膏,因此,抛光时抛光膏尽量少加勤加 粗抛光。采用硬布抛光轮。抛光轮线速度:18～25m/s;抛光轮直径:不大于 300mm;转速为:1400～1600r/min 精抛光。采用软布轮抛光,去除表面一般细微缺陷,表面应达到镜面光亮,粗糙度的 R_a 值应达到 0.1μm。抛光轮线速度:18～25m/s 或稍高些;抛光轮直径:不大于 300mm;转速为:1600～1800r/min;抛光材料:白色抛光膏,也称白油
	滚光	适用于大批量表面粗糙度要求不高的小型零件。滚光可以去除零件表面的油污和氧化皮,整平零件表面的不平,使零件表面光泽 滚筒结构形式:为提高零件表面光泽,使筒内零件易于翻动,不宜采用圆形滚筒,而应采用六角形或八角形滚筒。滚筒直径:一般取 600～800mm,滚筒的内切圆直径大小与滚筒全长之比一般为 1:(1.25～2.5)。滚筒转速:一般为 45～65r/min;滚筒的装载量:零件装载量一般占滚筒体积的 75%,最少应不少于 35%;磨料:常用的滚动磨料有浮石、硅砂、陶瓷片等,也可用植物碎料,如碎玉米芯块、果核、果壳、塑料屑等软材料
	振动抛光	即振动光饰,在振动筒中装有磨料(氧化铝之类磨料、塑料屑等)与零件,通过振动使零件与磨料进行摩擦,从而达到整平表面和使表面光亮的作用。振动光饰时,磨料与零件的装载比为(5～6):1,振动筒的振动使用 20～50Hz 的频率,3.6～6.4mm 的振幅,处理时间 2～4h,振动光饰后表面粗糙度 R_a 值可达 0.15～0.25μm。如采用更细的磨料与塑料屑,其表面粗糙度 R_a 值可达 0.08～0.13μm

11.2.3　除油

(1) 预除油

抛光后的零件,应尽快用有机溶剂或表面活性剂清洗或擦洗,以除去残留的抛光膏或油污。也可用市售的除蜡水进行预除油(除蜡水浸泡 10～20min),而较有效地去除零件表面的油污和残渣。除蜡剂处理工艺规范见表 11-16。

表 11-16　除蜡剂处理工艺规范

除蜡剂名称及型号	处理工艺规范				备　注
		含量/(mL/L)	温度/℃	时间/min	
BH-20 除蜡剂	热浸除蜡 BH-20 pH 值	 30～50 8～9	70～90	5～8(适当抖动零件)	溶液为弱碱性,对基体无腐蚀,保持其原有光泽。润湿性、渗透力强,不含硅酸盐,水洗性良好。用于锌合金压铸件除蜡。广州二轻工业科学技术研究所的产品
	超声波除蜡 BH-20 pH 值	 20～30 8～9	60～80	1～5	
SUP-A-MERSOL CLEANER 超力除蜡水	热浸除蜡 超力除蜡水	 15～30	55～95	1～3	对硬水容忍度高。强力除蜡,对于严重蜡垢,配合超声波清洗效果更佳。东莞美坚化工原料有限公司的产品
	超声波除蜡 超力除蜡水	 10～20	≤70	0.5～1	
DZ-1 超力除蜡水	热浸除蜡 DZ-1	 30	70～90	1～5	除蜡速度快,效果好 广州美迪斯新材料有限公司的产品
	超声波除蜡 DZ-1	 20	70～90	1～5	
CP 除蜡水	热浸除蜡 CP 除蜡水	 60～120	60～100	3～5	热浸除蜡用空气或机械搅拌。能除油除蜡。不含硅酸盐、磷化物及螯合物
	超声波除蜡 CP 除蜡水	 30～80	63～88	0.25～1	

除油剂名称及型号	处理工艺规范				备　注
		含量/(mL/L)	温度/℃	时间/min	
PC-1 抛光膏清洗剂	PC-1 清洗剂	20～30	60～65	3～5	用于浸洗或滚筒除油、除蜡
TS-2 除蜡水	热浸除蜡 DZ-1	30	70～85	5～10	热浸除蜡需抖动工件 德胜国际(香港)有限公司、深圳鸿运化工行的产品
	超声波除蜡 DZ-1	20	70～85	5	

(2) 化学除油和电化学除油

锌合金化学活性较强，所以不宜用强碱除油，温度不宜太高，时间不宜太长。

经预除油和化学除油后再经电化学除油，可以彻底去除残留的油脂和脏物。电化学除油有阴极除油和阳极除油，可先进行阴极除油，再进行短时间的阳极除油（很短时间，只用数秒）。但对于喷砂后的工件，因阳极除油会使锌合金表面氧化或溶解，产生腐蚀或生成白色胶状腐蚀麻点，所以只允许采用阴极除油。锌合金铸件的电化学除油应是弱碱性的，除油时间不宜过长，一般采用阴极电化学除油。

锌合金压铸件化学及电化学除油的溶液组成及工艺规范见表 11-17。

表 11-17　锌合金压铸件化学及电化学除油的溶液组成及工艺规范

溶液成分及工艺规范		化学除油		阴极除油		阳极除油	既可作阴极除油又可作阳极除油	
		1	2	1	2		1	2
磷酸三钠($Na_3PO_4 \cdot 12H_2O$)/(g/L)		15～20	20～30	25～30	—	15	30～50	—
碳酸钠($Na_2CO_3 \cdot 10H_2O$)/(g/L)		16～20	15～30	15～30	—	15	15～25	—
硅酸钠(Na_2SiO_3)/(g/L)		3～5	—	—	—	—	—	—
洗衣粉/(g/L)		—	2～3	—	—	—	—	—
OP-10 乳化剂/(g/L)		0.5～1	—	—	—	0.3	—	—
CD-202 合金电解除油粉/(g/L)		—	—	—	—	—	—	40～50
Procleaner Zn 7000 电解除油粉/(g/L)		—	—	—	30～160	—	—	—
温度/℃		50～60	55～70	50～70	70～80	70～80	50～70	40～70
化学除油时间/min		0.5～1	3～5	—	—	—	—	—
阴极除油	电流密度/(A/dm²)	—	—	4～5	1～6	—	3～5	0.5～3
	除油时间/min	—	—	1～2	1～3	—	0.5～1	0.5～3
阳极除油	电流密度/(A/dm²)	—	—	—	—	3～4	3～5	0.5～3
	阳极除油时间/s	—	—	—	—	10	1～2	—

注：1. 阴极除油配方 2 的 Procleaner Zn 7000 电解除油粉是上海永星化工有限公司的产品。

2. 既可作阴极除油又可作阳极除油（即同槽除油）的配方 1，是先进行阴极除油，然后进行短时间的阳极除油；配方 2 既可用于阴极除油，也可用于阳极除油。配方 2 的 CD-202 合金电解除油粉是广州美迪斯新材料有限公司的产品。

11.2.4　弱浸蚀

锌合金压铸件的弱浸蚀常采用氢氟酸溶液，它既能溶解锌、铝的氧化物，也能清除零件上的含硅挂灰，而对基体金属的溶解较为缓慢。锌合金压铸件弱浸蚀的溶液组成及工艺规范见表 11-18。

表 11-18　锌合金压铸件弱浸蚀的溶液组成及工艺规范

溶液成分及工艺规范	1	2	3	4	5
氢氟酸(HF)/(mL/L)	10～30	—	—		
硫酸(H_2SO_4)/(g/L)	—	20～30	—		
SH-35 固体活化剂/(g/L)	—	—	20～200		

续表

溶液成分及工艺规范	1	2	3	4	5
柠檬酸(C$_6$H$_8$O$_7$)/(g/L)	—	—	—	35～45	10～20
草酸(C$_2$H$_2$O$_4$)/(g/L)	—	—	—	—	5～10
温度/℃	15～35	室温	室温	室温	室温
时间/s	3～5	5～30	10～60	30～60	60～120

注：1. 配方 3 中的 SH-35 固体活化剂为酸盐活化剂，是固体酸，浸蚀后锌合金表面较光亮，使用时不产生气雾，对设备腐蚀小。

2. 配方 4 特别适用于经过低压、细砂喷射的压铸件的浸蚀，能提高镀层结合力。浸蚀后必须彻底清洗干净。

3. 配方 5 的浸蚀反应较缓慢，可作为滚筒里零件的弱浸蚀用。

11.2.5　中和、活化处理

零件经弱浸蚀后仔细彻底清洗，有的可以直接进入预镀工序，有的还需进行中和处理（预浸）。中和是将在细孔中的残留酸中和掉，以免镀后被封闭在细孔隙中的酸与锌基体发生反应，产生的氢气压力逐渐增大，致使镀层发生鼓泡。中和同时也起预浸活化的作用，能提高镀层结合力。

当采用氰化预镀铜或氰化预镀黄铜时，在 5～10g/L 的氰化钠溶液中浸渍 5～8s 后，不经水洗就可入镀槽进行预镀。采用中性柠檬酸盐预镀或碱性低温化学预镀镍或碱性无氰预镀铜时，应先在 40～50g/L 的柠檬酸溶液中，于室温下，预浸活化 5～10s 后，不经水洗就入镀槽进行预镀。

11.2.6　预镀

预镀要求镀液对基体金属浸蚀性小，并在镀件表面能形成一层完全覆盖的、致密的、附着力好的预镀层，以保证后续的电镀质量。预镀有多种镀液和方法。

11.2.6.1　预镀铜及预镀光亮黄铜

预镀铜有多种镀液，如氰化预镀铜（挂镀及镀滚）、碱性无氰预镀铜等，其溶液特性见表11-19。预镀铜层的厚度与后续镀层类型有关，如表 11-20 所示。

表 11-19　预镀铜溶液的特性

预镀铜溶液	特　　性	镀液及工艺规范
氰化预镀铜（滚镀氰化预镀铜）	氰化预镀铜的镀液分散能力好，能获得均匀、结晶细致的镀层。一般采用中氰低铜镀液，工件要带电下槽，而且还要采用大电流冲击闪镀(0.5～1min)，以保证零件的深凹处能镀上铜。预镀铜的关键是铜镀层要致密、孔隙度要少，应有一定的厚度，一般在 1μm以上，以阻止后续电镀的镀液对锌合金件的浸蚀	见表11-21
碱性无氰预镀铜	近年来开发出碱性无氰预镀铜工艺，据介绍能获得均匀、细致光亮、结合力良好的镀层。而且覆盖能力优异，形状复杂的锌合金零件，也能获得均匀的镀层。市场上也有商品预镀铜药剂供应。需先经小量生产性试验，摸索出镀液维护及生产操作经验，取得效果后，才能投入大生产使用	见表11-22

表 11-20　锌合金压铸件预镀铜层的厚度要求[4]

预镀后的后续镀层	中性镍	普通镍	酸性亮铜	焦磷酸盐、HEDP 或氰化亮铜
预镀铜层的厚度/μm	1～2	1～2	3～4	1～2

表 11-21　氰化预镀铜的溶液组成及工艺规范

溶液成分及工艺规范	挂　镀			滚　镀	
	1	2	3	1	2
氰化亚铜(CuCN)/(g/L)	20～30	20～40	55～85	28～42	50～60
氰化钠(NaCN)(总量)/(g/L)	25～33	8～16	—	41～62	—
氰化钠(NaCN)(游离)/(g/L)	2～8	—	10～15	20～30	5～10

溶液成分及工艺规范		挂 镀			滚 镀	
		1	2	3	1	2
氢氧化钠(NaOH)/(g/L)		—	3～6	—	3.8～7.5	3
碳酸钠(Na₂CO₃)/(g/L)		20～45	20～40	0～5	—	5～10
酒石酸钾钠(KNaC₄H₄O₆·4H₂O)/(g/L)		20～45	20～50	—	35～45	25～35
硫氰化钾(KCNS)/(g/L)		—	—	—	20～30	—
醋酸铅[(C₂H₃O₂)Pb]/(g/L)		—	—	—	适量	—
991 光亮剂/(mL/L)		—	—	10～12	—	—
BC-3 光亮剂/(g/L)		—	—	—	—	12
温度/℃		30～45	50～55	55～65	60～70	45～55
冲击镀	阴极电流密度/(A/dm²)	1～1.5	—	—	150A/桶	—
	时间/min	0.5～1	—	—	30	—
正常镀	阴极电流密度/(A/dm²)	0.5～0.8	1.5～6	1～3	50A/桶	80～220A/桶
	时间/min	5～6	1～3	—	30	50～60
装载量/(kg/桶)		—	—	—	30～40	35
转速/(r/min)		—	—	—	10～12	10～12

注: 挂镀配方 3 的 991 光亮剂是上海永生助剂厂的产品。

表 11-22 碱性无氰预镀铜的溶液组成及工艺规范

镀铜溶液或 无氰镀铜剂	处理工艺规范					备 注
	溶液参数			温度 /℃	阴极电流密 度/(A/dm²)	
	成分	挂镀/(g/L)	滚镀/(g/L)			
碱性无氰 预镀铜	硝酸铜[Cu(NO₃)₂]	10	10～20	室温	挂镀:0.3～1.2 滚镀:0.5	阳极:纯铜(电解铜) 阴阳极面积比:挂镀 1:3,滚镀1:5 需要过滤 挂镀需移动阴极 镀层:呈半光亮
	氢化化钠(NaOH)	20	20～25			
	Combi-EP 螯合剂	70	70～90			
	Poly-ca 开缸剂	90	90～100			
	pH=7.5～8.5					
SF-638 镀铜剂	碳酸钾(K₂CO₃) 30～50g/L SF-638Cu 开缸剂 250～400mL/L SF-638E 促进剂 80～120mL/L pH=9.2～10			25～45	0.5～2.5	阳极:电解铜 阴阳极面积比:1:3 移动阴极 广州三孚化工技术公 司的产品
BH-580 无氰碱铜剂	BH-580 无氰碱铜开缸剂 挂镀 400～600g/L(金属铜 7.5～12g/L) 滚镀 300～500g/L(金属铜 6～6g/L) BH-580 无氰碱铜光亮剂 1.0～2.0g/L			45～55	挂镀:0.5～2.0 滚镀:0.1～1.0	阳极:电解铜。 挂镀阴阳极面积比: 1:(1.5～3) 挂镀需空气搅拌、过滤 滚筒转速 4～6r/min 广州二轻工业科学技 术研究所的产品

11.2.6.2 预镀光亮黄铜

光亮黄铜是锌合金压铸件较理想的预镀层,镀液稳定,覆盖能力好,镀层与基体金属结合力好,光亮度好,可在其上镀镍/铬层或镀铜后再镀镍/铬层,成品率高。预镀光亮黄铜的溶液组成及工艺规范见表 11-23。

表 11-23 预镀光亮黄铜的溶液组成及工艺规范

溶液成分及工艺规范	挂 镀		滚 镀
	1	2	
氰化亚铜(CuCN)/(g/L)	20～30	—	—
氰化锌[Zn(CN)₂]/(g/L)	8～14		

续表

溶液成分及工艺规范	挂　镀		滚　镀
	1	2	
氰化钠(NaCN)/(g/L)	15～18	62～66	40～44
氯化铵(NH₄Cl)/(g/L)	1～2	—	—
酒石酸钾钠(KNaC₄H₄O₆·4H₂O)/(g/L)	20～30	—	—
894 黄铜盐/(g/L)	—	70	50
894A 光亮剂/(mL/L)	—	18～20	17～19
894B 光亮剂/(mL/L)	—	2～4	2～3
pH 值	9.5～10.5	11～12	11～12
温度/℃	15～35	40～45	38～42
阴极电流密度(正常)/(A/dm²)	0.5～1.5	0.5～1	0.2～0.4
阴极移动/(次/分)	—	15～20	滚筒转速 8～12r/min

注：挂镀配方 2 及滚镀的 894 黄铜盐、894 光亮剂 A、B 是上海永生助剂厂的产品。

11.2.6.3　中性预镀镍及化学预镀镍

因为锌合金压铸件在酸性镀液中，很容易遭受腐蚀；而在接近中性的或弱碱性的镀液中，锌基体不容易腐蚀。所以锌合金预镀镍一般采用中性或弱碱性镀液。

化学镀镍有酸性和碱性两种，锌合金压铸件采用碱性低温化学预镀镍效果比较好，酸性易腐蚀基体，并会出现镀层发花现象。

中性预镀镍及碱性化学预镀镍的溶液组成及工艺规范见表 11-24。

表 11-24　中性预镀镍及碱性化学预镀镍的溶液组成及工艺规范

溶液成分及工艺规范	中性预镀镍			碱性化学预镀镍		
	1	2	3	1	2	3
硫酸镍(NiSO₄·6H₂O)/(g/L)	90～100	130～180	150～180	20～30	30	—
氯化镍(NiCl₂·6H₂O)/(g/L)	—	25～35	—	—	—	40～50
氯化钠(NaCl)/(g/L)	10～15	—	10～20	—	—	—
次磷酸二氢钠(NaH₂PO₂·H₂O)/(g/L)	—	—	—	20～25	30	10～12
硫酸镁(MgSO₄·7H₂O)/(g/L)	—	—	10～20	—	—	—
柠檬酸钠(Na₂C₆H₅O₇)/(g/L)	110～130	—	170～200	50～70	—	90～100
焦磷酸钠(Na₄P₂O₇)/(g/L)	—	—	—	—	60	—
三乙醇胺[N(CH₂CH₂OH)₃]/(g/L)	—	—	—	40～60	100	—
氯化铵(NH₄Cl)/(g/L)	—	—	—	30～40	—	45～55
PNI-A 络合剂/(g/L)	—	150～200	—	—	—	—
PNI-B 添加剂/(mL/L)	—	10～20	—	—	—	—
pH 值	6.5～7.5	6.4～7.0	6.5～7	9～10	10	8.5～9.5
温度/℃	35～45	55～65	—	30～40	30～35	80～90
阴极电流密度/(A/dm²)	1～5	2～4	0.5～1.2	—	—	—
时间/min	10～15	4～6	—	10～15	—	5～10
沉积速率/(μm/h)	—	—	—	—	10	—
阴极移动	需要	需要或轻微空气搅拌	滚镀	—	—	—

注：中性预镀镍配方 2 的 PNI-A 络合剂、添加剂是广州美迪斯新材料有限公司的产品。镀件下槽后，先用 5～7A/dm² 的电流密度冲击电镀，时间为 0.35～1min，然后进行正常电镀，时间为 3～5min。

11.2.7　后续电镀

锌合金压铸件通过镀前处理和预镀，可以进入后续电镀。可进行一般的常规电镀，也可进行仿金镀、镀缎面镍、镀黑珍珠镍或防护装饰性电镀。防护装饰性电镀一般选用镀铜/镍/铬组合镀层。为进一步提高镀层的耐蚀性能，目前趋向于电镀双层镍、高硫镍（三层镍），加镍封，再套铬等的组合防护装饰性镀层。

11.3 不锈钢的电镀

在不锈钢上电镀可改善其焊接性能、提高导热性和导电性，减少高温氧化，在制造弹簧或拉丝时改善润滑性等。不锈钢电镀，关键在于选择合适的镀前处理工艺，有效地除去自然形成的致密的钝化膜并防止其再生成，以保证镀层结合力。

11.3.1 不锈钢电镀工艺流程

不锈钢电镀总的工艺主要流程由机械前处理、除油、酸性浸蚀、活化、预镀和电镀等工序组成。下面例举一些不锈钢电镀工艺流程（见图 11-3）供参考。

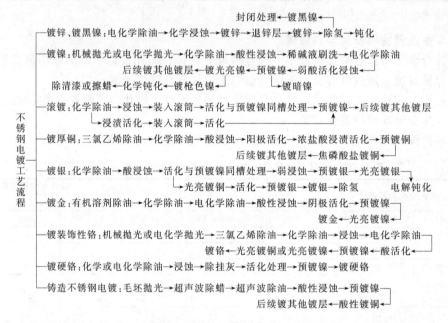

图 11-3　不锈钢电镀工艺流程示例

11.3.2 前处理

不锈钢前处理常用的除油有化学除油和电化学除油。但对于含镍铬的不锈钢（如奥氏体型不锈钢，含镍高），表面更易钝化，所以不能采用阳极电化学除油。

不锈钢件的化学浸蚀，一般需经过松动氧化皮、浸蚀以及清除浸蚀残渣等步骤。

不锈钢化学及电化学除油的溶液组成及工艺规范见表 11-25。

表 11-25　不锈钢化学及电化学除油的溶液组成及工艺规范

溶液成分及工艺规范	化学除油			电化学除油		
	1	2	3	1	2	3
氢氧化钠(NaOH)/(g/L)	20～40	80～100	—	33～40	—	—
碳酸钠(Na_2CO_3)/(g/L)	20～30	30～50	—	20～30	30～35	—
磷酸三钠(Na_3PO_4)/(g/L)	5～15	20～40	—	20～30	30～35	—
硅酸钠(Na_2SiO_3)/(g/L)	—	—	—	3～5	2～4	—
OP 乳化剂/(mL/L)	1～3	—	—	—	—	—
BH 铁件碱性除油粉/(g/L)	—	—	40～60	—	—	—
CD-201 钢铁电解除油粉/(g/L)	—	—	—	—	—	40～60

溶液成分及工艺规范	化学除油			电化学除油		
	1	2	3	1	2	3
温度/℃	80～90	80～90	30～80①	60～80	70～80	40～70
化学除油时间/min	除净为止	除净为止	2～20	—	—	—
电流密度/(A/dm²)	—	—	—	3～5	3～6	1～5
先阴极除油时间/min	—	—	—	3～5	2～4	0.5～3
后阳极除油时间/min	—	—	—	1～2	1～1.5	—

① 清洗一般油污的温度为 30～50℃，除重油污和除蜡 60～80℃。可以去除植物油、矿物油、防锈脂、切削油、拉伸油、抛光蜡垢。

注：1. 化学除油配方 3 的 BH 铁件碱性除油粉是广州二轻工业科学技术研究所的产品。

2. 电化学除油配方 3 的 CD-201 钢铁电解除油粉是广州美迪斯新材料有限公司的产品。该除油粉可用于阴极或阳极电化学除油。

不锈钢零件松动氧化皮及浸蚀溶液的组成和工艺规范见表 11-26。

表 11-26　不锈钢零件松动氧化皮及浸蚀溶液的组成和工艺规范

溶液成分及工艺规范	不锈钢松动氧化皮			不锈钢浸蚀				
	1	2	3	1	2	3	4	5
氢氧化钠(NaOH)/(g/L)	650～750	—	—	—	—	—	—	—
硝酸钠(NaNO₃)/(g/L)	200～250	—	—	—	—	—	—	—
硫酸(H₂SO₄)d=1.84/(g/L)	—	10%	—	200～250	60～80	40～60	—	80～100
盐酸(HCl)d=1.18/(g/L)	—	10%	—	80～120	—	130～150	—	—
硝酸(HNO₃)d=1.41/(g/L)	—	—	80～150 mL/L	—	20～30	—	300～400	70～80
氢氟酸(HF)/(g/L)	—	—	—	—	—	—	80～140	50～60
若丁磺化煤/(g/L)	—	—	—	0.1～0.2	—	—	—	1～1.5
缓蚀剂/(g/L)	—	—	—	—	—	适量	—	—
温度/℃	140～150	55～60	室温	40～60	55～65	室温	室温	室温
时间/min	20～60	视需要定	30～60	约60	50～60	20～40	15～45	30～50

注：1. 不锈钢浸蚀配方 1 适用于一般不锈钢的预浸蚀。

2. 不锈钢浸蚀配方 2 适用于 0Cr13、1Cr13、2Cr13 等不含镍的不锈钢的浸蚀。

3. 不锈钢浸蚀配方 3 适用于马氏体不锈钢的浸蚀。

4. 不锈钢浸蚀配方 4 适用于 1Cr18Ni9Ti 等奥氏体不锈钢的表面的较厚氧化皮的浸蚀。

5. 不锈钢浸蚀配方 5 适用于 1Cr18Ni9Ti 等不锈钢精密零件的浸蚀。

不锈钢电化学浸蚀溶液的组成及工艺规范见表 11-27。

表 11-27　不锈钢电化学浸蚀溶液的组成及工艺规范

溶液成分	1	2	工艺规范	1	2
硫酸(H₂SO₄)d=1.84	5%～10%(质量分数)	—	温度/℃	50	室温
			阳电流密度/(A/dm²)	20～30	—
盐酸(HCl)d=1.18	—	50～500mL/L	阴电流密度/(A/dm²)	—	2
			时间/min	除净为止	1～5

注：1. 不锈钢电解浸蚀配方 2，用于电镀前的预处理阴极活化。石墨阳极必须套上阳极套。

2. 电极材料：配方 1 阴极用铅或铁板；配方 2 阳极用石墨。

不锈钢去除浸蚀残渣溶液的组成和工艺规范见表 11-28。

表 11-28　不锈钢去除浸蚀残渣溶液的组成和工艺规范

溶液成分及工艺规范	化学除残渣				阳极电解除残渣
	1	2	3	4	
硝酸(HNO₃)d=1.7/(g/L)	30～50	50～60			
30%过氧化氢(H₂O₂)/(mL/L)	5～15	15～25			
硫酸(H₂SO₄)d=1.84/(g/L)	—	—	20～40		

续表

溶液成分及工艺规范	化学除残渣				阳极电解除残渣
	1	2	3	4	
铬酐(CrO_3)/(g/L)	—	—	70~100	—	—
氯化钠(NaCl)/(g/L)	—	—	1~2	—	—
氯化铁($FeCl_3$)/(g/L)	—	—	—	40~50	—
氢氧化钠(NaOH)/(g/L)	—	—	—	—	50~100
温度/℃	室温	室温	室温	40~50	70~90
阳极电流密度/(A/dm²)	—	—	—	—	2~5
时间/min	0.5~1	0.5~1	2~10	1~5	5~15

不锈钢化学及电化学抛光等，可参见本篇第 5 章电镀前处理中有关这些内容的章节。

11.3.3 活化和预镀

活化和预镀是不锈钢电镀过程中非常重要的工序。活化和预镀处理方法有：浸渍活化、阴极活化、阳极活化、先阳极活化后阴极活化（组合活化）、活化与预镀同槽处理、预镀镍、镀锌活化等。

(1) 浸渍活化

不锈钢浸渍活化的溶液组成和工艺规范见表 11-29。

表 11-29 不锈钢浸渍活化的溶液组成和工艺规范

溶液成分及工艺规范	1	2	3	4
硫酸(H_2SO_4)$d=1.84$/(g/L)	200~500mL/L	10	—	—
盐酸(HCl)$d=1.16$/(g/L)	—	1	150~200	—
氢氟酸(HF)/(mL/L)	—	—	—	10~15
硝酸(HNO_3)/(mL/L)	—	—	—	60~100
温度/℃	65~85	室温	15~25	室温
时间/min	析出气体后再持续 1min 以上	0.5	0.5~1	5~10

注：配方 2 适用于自动线上不锈钢直接镀铬，不宜用于镀铜或镀镍。

(2) 阴极活化和阳极活化

不锈钢阴极活化和阳极活化的溶液组成和工艺规范见表 11-30。

表 11-30 不锈钢阴极活化和阳极活化的溶液组成和工艺规范

溶液成分及工艺规范	阴极活化				阳极活化		先阳极活化后阴极活化
	1	2	3	4	1	2	
硫酸(H_2SO_4)$d=1.84$/(mL/L)	50~500	—	—	650	250~300	—	—
盐酸(HCl)$d=1.16$/(mL/L)	—	50~500	150~300	—	—	50%~60%	150~200
温度/℃	室温	室温	15~35	室温	室温	室温	室温
阴极电流密度/(A/dm²)	0.5~2	2	3~5	控制电压(10V)	—	—	1~2
阳极电流密度/(A/dm²)	—	—	—	—	3~5	2~2.5	1~2
时间/min	1~5	1~5	1~3	2	1~1.5	1~2	先阳极活化 1min 后阴极活化 2min

注：1. 阳极活化配方 2，盐酸含量百分数为体积分数。

2. 电极材质一般采用铅板，若采用石墨电极，必须套上极袋。

不锈钢经阴极活化处理后，应立即进行电镀，工件在水中的放置时间不能超过 1min。不锈钢经阳极活化处理和水洗后，不经中间镀层，就可进行直接镀镍。

(3) 活化与预镀同槽处理

① 活化与预镀同槽处理方法，就是将已浸蚀过的洁净的不锈钢零件，先在槽内活化溶液中进行活化（即被盐酸浸蚀活化），当产生气泡 2min 后，在同槽内再进行预镀镍（或镀铜）。

② 由于活化与预镀在同槽同一溶液中进行，这样活化的洁净表面不会同时形成钝化膜。这种方法的最大优点：可以比较容易在生产现场采用，也可减小控制结合力的麻烦。

③ 经过活化与预镀后的零件，必须迅速清洗后，转入后续电镀工序，最好带电入槽。

活化与预镀同槽处理的溶液组成和工艺规范见表 11-31。

表 11-31 活化与预镀同槽处理的溶液组成和工艺规范[1]

溶液成分及工艺规范	活化与预镀镍同槽处理				活化与预镀铜同槽处理
	1	2	3	4	
氯化镍(NiCl$_2$·6H$_2$O)/(g/L)	220~240	160~200	—	60~200	—
硫酸镍(NiSO$_4$·7H$_2$O)/(g/L)	—	—	250	—	—
硫酸铜(CuSO$_4$·5H$_2$O)/(g/L)	—	—	—	—	0.4
盐酸(HCl,d=1.17)/(mL/L)	100~120	80~100	70~90	100	1000
温度/℃	20~40	20~40	室温	室温	室温
活化时间/min	5~12	10~15	1~5	5	
阴极电流密度/(A/dm^2)	5~12	5~10	2~3	50A/筒(1~2kg)	4.5~6.7
电镀时间/min	2~5	2~6	3~5	10~15	1~2
阴极移动/(次/min)	20~30	20~30	—	—	—

注：1. 活化与预镀镍同槽处理工艺，溶液温度最好为 30℃。如超过 30℃，应冷却或降低盐酸含量。

2. 预镀镍的镍阳极材料，其含硫量不得超过 0.01%（质量分数）。预镀铜采用电解铜作阳极。

3. 活化与预镀镍同槽处理配方 2 在采用不锈钢滚镀时，零件经除油、酸性浸蚀和水洗装入滚筒后，先不通电运转 3~5min（相当于化学活化），接着通电预镀 10~15min。配方 4 为滚镀。

(4) 阳极活化与预镀镍同槽处理

在阳极活化与预镀镍同槽处理过程中，由于溶液中含有盐酸和氯化镍，在活化溶液中氯离子浓度很高。在首先进行的阳极活化过程中，阳极上的铁溶解为亚铁离子，同时逸出初生态氯气。初生态的氯原子有很强的氧化性，氯离子与不锈钢钝化膜表面形成铁、铬、镍的配位体阴离子而不断溶解，起到阳极活化的作用，从而获得活化洁净的表面。

经阳极活化后，变换极性，将原来的阳极变换成阴极进行预镀镍。在瞬间就镀上镍，避免了在表面再形成钝化膜。要使一层薄镍层覆盖在整个不锈钢的表面，再镀其他镀层，如镀镍、镀铜、镀铬和镀银等。

阳极活化与预镀镍同槽处理的溶液组成和工艺规范见表 11-32。

表 11-32 阳极活化与预镀镍同槽处理的溶液组成和工艺规范

溶液成分及工艺规范	1	2	3
氯化镍(NiCl$_2$·6H$_2$O)/(g/L)	350	240	240
盐酸(HCl)d=1.18/(mL/L)	140	100~120	85~120
温度/℃	15~40	15~20	20~28
阳极活化电流密度/(A/dm^2)	2~3	2~3	2~3
阳极活化时间/min	1.5		2
阴极电镀电流密度/(A/dm^2)	3~5	2~5	2.2
阴极镀镍时间/min	5	6	6

(5) 活化与预镀镍分槽处理

为了使镀层有较高的结合力，也常采用活化与预镀镍分槽处理的方法。不锈钢件经活化（浸渍活化、阴极活化、阳极活化等）并清洗后，应迅速转入预镀镍槽进行镀镍。镀件预镀镍后不清洗，立即放入硫酸盐镀镍槽或高氯化物镀镍槽中进行电镀，可保证镀层有良好的结合力。

预镀镍的溶液组成和工艺规范见表 11-33。

表 11-33　预镀镍的溶液组成和工艺规范

溶液成分及工艺规范	1	2	3	4	5
氯化镍($NiCl_2 \cdot 6H_2O$)/(g/L)	140～200	240	200～250	200～250	—
硫酸镍($NiSO_4 \cdot 6H_2O$)/(g/L)	—	—	—	—	250～320
盐酸(HCl)$d=1.18$/(mL/L)	120～160	130	80～100	25～30g/L	50～170g//L
氯化镁($MgCl_2$)/(g/L)	—	—	—	20～25	—
温度/℃	25～30	15～30	20～30	室温	20～40
阴极电流密度/(A/dm²)	5～10	5～10	5～15	5～8	5～12
时间/min	2～4	2～4	3～5	1～3	3～5

注：预镀镍所用的镍阳极中硫含量不得超过 0.01%（质量分数）。

(6) 镀锌-退锌活化

在碱性镀锌槽中先镀一层薄锌（电镀时间为 1～2min，不得超过 5min），在酸性溶液（盐酸或硫酸）中退锌。当锌镀层被溶解时，所析出的氢，对不锈钢表面的氧化膜起还原活化作用。锌层可在 500mL/L 的盐酸或硫酸溶液中浸渍数秒退除。

11.3.4　电镀

① 不锈钢根据不同的材质，合理选择并进行除油、酸性浸蚀、活化和预镀等工序后，就可进行各种电镀。不锈钢预镀前的弱浸蚀除膜，可在硫酸溶液（H_2SO_4 80～110g/L，40～70℃，10～45min）或硝酸、氢氟酸溶液（HNO_3 60～100g/L，HF 10～15g/L，室温，5～10min）中进行。

不锈钢电镀工艺流程示例见图 11-3。

② 镀层除氢处理。凡抗拉强度大于或等于 1050MPa 的钢制件及技术文件中规定除氢的其他制件，镀后都应进行除氢处理。除氢时一般将制件加热到 190～220℃，持续 2～24h。具体的除氢温度和时间，依据材质、镀层种类以及工艺文件规定来确定。如镀后要进行钝化或磷化处理，则应在除氢之后进行。

11.4　塑料电镀

11.4.1　概述

塑料属于非金属材料，由于非金属本身固有的性质，限制了它的使用范围。塑料电镀，就是在塑料表面镀覆金属镀层，使其具有金属光泽，能导电、导磁、焊接、耐磨，并能提高其力学性能及热稳定性，从而扩大了塑料的使用范围。

塑料镀覆金属镀层有两种方法，即干法镀覆（金属喷镀、真空镀覆）和湿法镀覆（化学镀、电镀）。与干法镀覆相比，用湿法镀覆获得的金属镀层，具有与基体结合牢固、耐磨性高、抗变色能力强等优点，因此，目前在工业中主要采用湿法镀覆（化学镀、电镀）技术。

塑料电镀时首先应设法在其表面上覆盖一层导电的金属或导电的胶等，并要求与基体结合牢固。这样在其上镀覆各种的金属，才能满足对镀层质量的要求。而要使塑料表面金属化，比较理想的是化学镀覆方法。普遍采用化学法沉积铜、镍等。

塑料件电镀既有塑料的自重轻，又有金属的机械强度和耐磨性能好的优点。塑料件电镀后，表面耐磨性能、力学性能都有明显的提高；塑料与金属镀层不能形成原电池，即使镀层出现腐蚀点，也只能向横向扩展，不可能向深度延伸。所以，电镀后的塑料件能比镀相同镀层厚度的金属件的耐蚀性高十倍至几十倍。

在塑料电镀中，用于装饰性的塑料电镀件大约占 95％以上，用于特殊功能的塑料电镀件不足 5％。现今塑料电镀中，绝大多数使用的是 ABS 塑料，其次是 PP 塑料（聚丙烯塑料）。

11.4.2　电镀塑料材料的选择

塑料种类很多，它们的物理化学性能也不相同，一般来说，各种塑料都可以电镀。但考虑到镀层的结合力、微观组织以及某些功能性要求等，对塑料材料的选择是很有必要的。电镀塑料材料选择的基本原则及塑料电镀还应考虑的问题参见表 11-34。

表 11-34　电镀塑料材料选择的基本原则及电镀应考虑的问题

塑料材料选择的基本原则	塑料电镀应考虑的问题
1. 尺寸稳定性好，变形温度越高越好 2. 表面硬度适中，抗拉强度不小于 200kgf/cm² 3. 应具有良好的电镀性能 4. 电镀用的塑料，其成分应一致，不允许混入其他杂质。对相同成分的再生料，也尽可能不用。若要用，必须通过试验并严格控制再生料的含量不超过 20％，否则会影响镀层与基体的结合力 5. 应根据产品要求和用途，考虑其材料价格、生产性能等	1. 塑料电镀要考虑各种塑料的热变形温度。塑料在电镀过程中，凡是有加热的工序，如热处理去应力、除油、化学镀、电镀等，其温度都应低于塑料的热变形温度。各种塑料的热变形温度参见表 11-35 2. 塑料镀前处理所用的有机溶剂，必须选用能保证塑料表面不被溶解、不膨胀、不龟裂等的溶剂，而且还要求溶剂沸点低、易挥发、无毒、不易燃。塑料镀前处理可选用的有机溶剂[13]参见表 11-36 3. 塑料电镀件的设计应适合电镀的要求，如零件表面应平滑，尽可能做成梨点状或压花纹，以便于粗化，提高镀层结合力；尽量减小锐边、尖角和锯齿形；零件的外形应有利于获得均匀的镀层；不宜有盲孔（即不通孔）；尽量减小大面积的平直表面；用于电镀的塑料件不宜镶有嵌件 4. 金属镀层与塑料的结合强度用剥离值来衡量，剥离值是衡量塑料电镀件质量是否合格的最重要的指标。塑料的电镀性能对镀层剥离值的影响最大，各种塑料与金属镀层间的剥离值[1]见表 11-37

表 11-35　各种塑料的热变形温度

塑料品种名称及代号		热变形温度/℃ （1.86MPa）	塑料品种名称及代号		热变形温度/℃ （1.86MPa）
ABS 塑料	耐热型	96～118	聚甲醛 (POM)	均聚型	124
	中抗冲型	87～107		共聚型	110～157
	高抗冲型	87～103		玻纤增强	150～175
聚氯乙烯(PVC)	硬质	55～75	聚苯醚 (PPO)	纯料	185～193
聚乙烯 (PE)	低压	30～55		改进	169～190
	超高分子量	40～50	尼龙 66 (PA)	未增强	66～86
	玻纤增强	126		玻纤增强	110
聚丙烯 (PP)	纯料	55～65	尼龙 1010 (PA)	未增强	45
	玻纤增强	115～155		玻纤增强	180
聚苯乙烯 (PS)	纯料	65～96	氟塑料	F-4	55
	玻纤增强	90～105		F-46	54
聚甲基丙烯酸 甲酯(PMMA)	浇注料	95	酚醛(PF)		150～190
	模塑料	95	脲醛(VF)		125～145
聚碳酸酯 (PC)	纯料	85	三聚氰胺		130
	玻纤增强	230～245	环氧		70～290

表 11-36　塑料镀前处理可选用的有机溶剂

塑料名称	可用的有机溶剂	塑料名称	可用的有机溶剂
ABS 塑料	丙酮、二氯己烷	聚丙烯酸酯	甲醇
聚烯烃	丙酮、二甲苯	聚酯	丙酮
聚碳酸酯(PC)	甲醇、三氯乙烯	环氧树脂	甲醇、丙酮
聚苯乙烯(PST)	乙醇、甲醇、三氯乙烯	聚甲醛	丙酮

续表

塑料名称	可用的有机溶剂	塑料名称	可用的有机溶剂
苯乙烯共聚物	乙醇、三氯乙烯、石油精	聚酰胺(尼龙)	汽油、三氯乙烯
聚氯乙烯(PVC)	乙醇、甲醇、丙酮、三氯乙烯	氨基塑料	甲醇
氟塑料	丙酮	酚基塑料	甲醇、丙酮、三氯乙烯
聚甲基丙烯酸甲酯(PMMA)(有机玻璃)	甲醇、四氯化碳、氟里昂	—	—

表 11-37　塑料与金属镀层间的剥离值

塑料	剥离值/(kgf/cm)	塑料	剥离值/(kgf/cm)	塑料	剥离值/(kgf/cm)
ABS(通用级)	0.12～0.9	聚苯乙烯	0.1	聚丙烯酸酯	0.18～0.27
ABS(电镀级)	0.8～5.4	改性聚苯乙烯	0.14～1.4	尼龙	2.9～5
聚丙烯	0.7～9.6	氟塑料	0.9～7.1	聚砜	2.9～5
聚乙烯	0.7～0.9	聚缩醛	0.1～1.8	聚苯醚	0.9

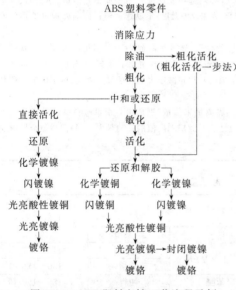

图 11-4　ABS 塑料电镀工艺流程示例

11.4.3　塑料电镀的工艺流程

以 ABS 塑料为例,其工艺流程如图 11-4 所示。

11.4.4　ABS 塑料的电镀

ABS 塑料是丙烯腈(A)、丁二烯(B)和苯乙烯(S)的三元共聚物组成的热塑性塑料。ABS 塑料中的三种成分的比例,可根据性能要求在很宽的范围内变化。但作为电镀用的 ABS 塑料,其成分比例需控制在一定的范围内,否则会影响镀层与基体的结合力。室内装饰件或屏蔽件,镀层剥离值最低允许为 0.35～0.5kgf/cm,可选用通用级 ABS 塑料;室外装饰件,镀层剥离值允许为 0.8～1.5kgf/cm,则应选用电镀级 ABS 塑料(见表 11-38)。ABS 塑料电镀工艺流程示例见图 11-4。其他塑料的电镀工艺流程与此基本相同,其区别仅在消除应力、粗化等工序的配方组成和工艺规范有所调整。

表 11-38　部分电镀级 ABS 塑料牌号

商品名	牌号	生产厂家
团结牌	301mv-1m	兰州化学工业公司合成橡胶厂
桥牌	100(MPA)	中国石化股份有限公司上海高桥分公司
Taitalac	1250	台达化学工业股份有限公司
Polyalc	PA-727	奇美实业股份有限公司
—	D-210	国乔石油化学股份有限公司

11.4.4.1　消除内应力

塑料在成型加工过程中会产生内应力,必须消除其内应力,才能提高镀层与基体的结合力。消除内应力常用的有两种方法,其工艺规范见表 11-39。

表 11-39　消除内应力的方法及工艺规范

消除内应力方法	操 作 工 艺 规 范
热处理法	消除内应力时,热处理一般控制在比塑料的热变形温度低 10℃的温度下进行 ABS 塑料件成型后立即进行热处理消除内应力,比放置一段时间后再热处理的效果好,所得镀层的剥离值更高,镀层结合力更好。其方法是将镀件放入烘箱中,缓慢升温至 80℃,持续恒温 4~16h。要求剥离值高的镀件最好恒温 16h,然后缓慢降至室温
溶剂浸渍法	由于热处理法时间长、耗电、成本高,故目前常用溶剂浸渍法消除内应力。其溶液组成及工艺规范如下: 组成:丙酮 1 份(体积),水 3 份(体积);温度:室温;时间:浸泡 20~30min

11.4.4.2　除油

塑料除油常采用有机溶剂除油和化学除油(碱性溶液除油和酸性溶液除油)。生产中依据镀件表面油污情况选用。除油方法及工艺规范见表 11-40。

表 11-40　除油方法及工艺规范

除油力方法	操 作 工 艺 规 范
有机溶剂除油	有机溶剂除油能去除塑料表面的石蜡、蜂蜡、脂肪、汗渍等污物 选择除油用的有机溶剂时,必须保证塑料表面不被溶解、不膨胀、不龟裂;而且还要求溶剂具有沸点低、易挥发、无毒、不易燃等特点 一般对溶剂敏感(耐溶剂性差)的塑料,如 ABS 塑料、聚苯乙烯塑料等,宜采用低级醇,如甲醇、乙醇、异丙醇及酮类或挥发性快的脂肪族溶剂(如己烷、庚烷等)作清洗剂。ABS 塑料用二氯己烷或丙酮作溶剂,能去除石蜡、蜂蜡和脂等污物,但成本高。所以一般情况下 ABS 塑料不宜采用有机溶剂除油。对经过抛光的塑料件,表面有蜡、脂等污物,可用热水(60~70℃)浸泡清洗,然后再用酒精擦拭
化学除油	常用碱性溶液除油,其溶液组成及工艺规范与钢铁件除油溶液相似,但浓度低些,温度不宜太高,以防塑料变形。此外,还必须加入适量的表面活性剂(最好是低泡型的) 酸性溶液除油用的比较少,采用高锰酸钾酸性溶液除油,能增加塑料表面的亲水性,再进行粗化处理,能具有较高的结合力。采用重铬酸钾酸性溶液除油,除油后可不经水洗,直接进入化学粗化溶液中 塑料件化学除油的溶液组成及工艺规范见表 11-41 塑料件除油剂除油的工艺规范见表 11-42

表 11-41　塑料件化学除油的溶液组成及工艺规范

溶液成分及工艺规范	碱性溶液除油			酸性溶液除油[1]	
	1	2	3	1	2
氢氧化钠(NaOH)/(g/L)	20~30	50~80	—	—	—
碳酸钠(Na_2CO_3)/(g/L)	30~40	15	30	—	—
磷酸三钠(Na_3PO_4)/(g/L)	20~30	30	50	—	—
OP 乳化剂/(g/L)	1~3	—	—	—	—
表面活性剂/(g/L)	—	1~2	1~3	—	—
高锰酸钾($KMnO_4$)/(g/L)	—	—	—	15	—
重铬酸钾($K_2Cr_2O_7$)/(g/L)	—	—	—	—	15
硫酸(H_2SO_4,$d=1.84$)/(mL/L)	—	—	—	50	300
水/(mL/L)	—	—	—	—	20
温度/℃	50~55	40~45	40~55	65	室温
时间/min	30	30~40	10~30	30 左右	5~10

注:表面活性剂最好选用市售的低泡型表面活性剂。

表 11-42　塑料件除油剂除油的工艺规范

溶液成分及工艺规范	1	2	3	4
MT-810 塑料电镀除油剂固体成分/(g/L)	35	—	—	—
MT-810 塑料电镀除油剂液体成分/(mL/L)	100	—	—	—
38 净洗剂	—	10%(质量分数)	—	—
SP-1 除油剂/(g/L)	—	—	40~50	—

溶液成分及工艺规范	1	2	3	4
U-151 除油剂/(g/L)	—	—	—	40
温度/℃	35~50	15~18	45~60	50~70
时间/min	5~10	除净为止	3~5	4~6

注：1. 配方 1 的 MT-810 塑料电镀除油剂是广州美迪斯新材料有限公司的产品。特性：去除油污，并对零件表面进行整理，改善整理后塑料表面的亲水状态。

2. 配方 2 的 38 净洗剂是上海正益实业有限公司的产品。

3. 配方 3 的 SP-1 除油剂是杭州东方表面技术有限公司的产品。

4. 配方 4 的 U-151 除油剂是安美特化学有限公司的产品。

11.4.4.3 粗化

粗化是塑料电镀的关键工序，粗化的作用有两个：一是使塑料表面由憎水性变成亲水性，有利于敏化、活化处理，以提高镀层的化学性结合；二是使塑料表面形成适当的微观粗糙度，增大镀层与基体的接触面积，以增强镀层的机械性结合，从而提高塑料与金属镀层间的结合力。

目前普遍使用的塑料粗化方法有三种：机械粗化、有机溶剂粗化和化学粗化。从这三种粗化方法所获得镀层的结合力，按由大到小的顺序排列依次为：

化学粗化＞有机溶剂粗化＞机械粗化。

应根据零件的精度、尺寸、形状、数量、塑料的物理化学性质以及零件的用途等，确定选用一种或几种粗化方法。粗化方法及工艺规范见表 11-43。

表 11-43　粗化方法及工艺规范

粗化方法	操作工艺规范
机械粗化	机械粗化可用于对精度要求不高的零件。机械粗化是用滚磨、喷砂和砂纸打磨等方法，去除塑料零件毛边、分型线条和浇口等，并使其表面粗糙。无论采用哪一种机械粗化方法，都不允许机械粗化后零件变形，同时其最后尺寸应在允许的公差范围内 1. 滚磨粗化。一般适合于小型零件。滚磨的工艺规范如下： 磨料：一般采用蚌壳（预先打掉尖角），加入量约为零件的几倍 磨液：采用 10~20g/L 氢氧化钠(NaOH)或碳酸钙($CaCO_3$)的水溶液 滚筒的装填量：零件＋磨料＋磨液的总体积约占滚筒容量的 1/2 滚筒转速：24r/min　　滚磨时间：5~6h 2. 打磨粗化。用金刚砂纸对塑料表面进行摩擦打磨，劳动量大、生产效率低。产量小，以及滚磨和喷砂都不允许使用时，可以采用砂纸打磨 3. 喷砂粗化。一般适用于厚壁零件及大零件。使用细砂(ϕ0.1~0.3mm)、硬质果壳的碎粒、硬质塑料颗粒等作为磨料。可采用液压喷砂，灰尘少，而效果较好
有机溶剂粗化	这种粗化方法，是利用有机溶剂对塑料表面的溶解、溶胀作用，使塑料表面的低分子量成分、增塑剂及非晶态部分受溶剂浸蚀作用，被腐蚀形成微观的粗糙表面。使用这种方法粗化，应特别注意不宜溶胀过度，以免塑料零件变形。有机溶剂粗化处理后，应尽快进行后续工序的处理，以免孔隙干涸后又封闭。有机溶剂粗化处理所采用的溶剂如下： 1. 对 ABS 塑料、聚苯乙烯，宜采用溶解力弱的乙醇溶剂处理 2. 对聚烯烃类、聚酯等塑料，可用氯化溶剂处理 3. 对热固性塑料，则用甲苯、丙酮溶剂处理
化学粗化	ABS 塑料普遍采用化学粗化，其次是有机溶剂粗化。化学粗化实质上是对塑料表面进行化学刻蚀和氧化作用，从而提高镀层的结合力 1. 刻蚀作用。在化学粗化过程中，粗化溶液中的硫酸能将 ABS 塑料中的 B 组分（丁二烯）溶解掉，而在其表面形成无数的凹槽、微孔甚至孔洞，即微观粗糙，对后续工序产生"锁铆"效果，从而提高了机械性结合 2. 氧化作用。强酸、强氧化性的粗化溶液，能使塑料表面的高分子结构的长链断开，即长链变短链，并发生氧化、磺化等作用。而在长链的断链处形成无数的亲水基团，大大提高了塑料表面的亲水性，有利于后续工序(敏化、活化)顺利进行，从而提高了化学性结合 由于化学粗化过程中的刻蚀作用，增强了机械性结合；而氧化作用，即增强了化学性结合。由这两种作用组合使用，即可提高基体与镀层的结合力

ABS 塑料化学粗化的溶液组成及工艺规范见表 11-44。

表 11-44　ABS 塑料化学粗化的溶液组成及工艺规范

溶液成分及工艺规范	高铬酸型		高硫酸型			磷酸型		粗化剂粗化
	1	2	1	2	3	1	2	
铬酐(CrO_3)/(g/L)	400~430	250~350	30	20~30	10~20	9	—	—
98%硫酸(H_2SO_4)/(mL/L)	180~220	325	600	543	600~700	520	477	—
85%磷酸(H_3PO_4)/(mL/L)	—	—	—	—	—	140	166	—
重铬酸钾($K_2Cr_2O_7$)/(g/L)	—	—	—	—	—	—	30	—
盐酸(HCl, d=1.18)/(mL/L)	—	—	—	—	—	—	—	100
MT-830 粗化剂/(mL/L)	—	—	—	—	—	—	—	100
水/(mL/L)	—	—	400	—	—	—	—	—
温度/℃	60~70	60~70	70~75	60~70	60~70	60~70	60~70	室温
时间/min	10~30	15~30	5~10	30~60	30~60	30~60	30~60	2~3

注：1. 粗化剂粗化配方中的 MT-830 粗化调整剂是广州美迪斯新材料有限公司的产品。

2. 高铬酸型粗化溶液配方 1 适用于自动线生产，配方 2 适用于手工生产。

3. 高硫酸型粗化溶液配方 1 适用于先经过机械粗化的镀件；配方 2、3 适用于比较复杂零件的粗化，粗化速度较慢。

高铬酸型粗化溶液应用最普遍，对 ABS 塑料粗化能力强，速度快，效果较好，而且溶液使用时间长，悬浮物少，不需要经常调整。但溶液铬含量高，含铬废水量大。

11.4.4.4　中和或还原

化学粗化后要彻底清洗，为了将在化学粗化处理中残留于零件表面的六价铬清洗干净，以防止氧化性的铬酸进入下一道工序的敏化溶液中去，而起到破坏作用。需进行中和或还原处理。可在下列溶液中（其中一种）于室温下浸泡 2~5min，再反复清洗。

① 50~100g/L 氢氧化钠溶液中进行中和处理。

② 10%（体积分数）氨水溶液中进行处理。

③ 100~200mL/L 盐酸溶液中进行浸酸处理。

④ 10~50g/L 亚硫酸钠溶液中进行还原处理。

⑤ 2~10mL/L 水合肼（$N_2H_4 \cdot H_2O$）、10~15mL/L 盐酸溶液中进行还原处理。

11.4.4.5　敏化

敏化处理是将经粗化处理过的塑料件，放入含有敏化剂的溶液中浸渍，使其表面吸附一层易氧化的金属离子（一般为具有还原性的二价锡离子）。敏化剂是一种还原剂，当其附着在零件表面上时，能在随后的活化处理时，将具有催化活性的金属离子还原成金属，以此作为化学镀的催化中心。所以，敏化工序在化学镀中起着重要的作用，敏化剂是化学镀的引镀剂，并能促使镀层均匀沉积，提高化学镀的沉积速度，增强覆盖力。

敏化处理的溶液组成及工艺规范见表 11-45。

表 11-45　敏化处理的溶液组成及工艺规范

溶液成分及工艺规范	敏化溶液(适合与离子型活化液配合使用)		预浸溶液(与胶态钯活化液配合使用)
	1	2	
氯化亚锡($SnCl_2 \cdot 2H_2O$)/(g/L)	10~30	2~5	10
37%盐酸(HCl)/(mL/L)	40~50	2~5	100
金属锡条/根	1	1	1
温度/℃	室温	室温	室温
时间/min	1~5	3~10	1~5

注：1. 敏化溶液配方 1 适用于大批量连续生产塑料电镀时使用。

2. 敏化溶液配方 2 适用于小批量间歇生产时使用。

3. 预浸溶液适合与胶态钯活化溶液配合使用。使用方法：将零件浸渍到预浸溶液中 1~3min，不经水洗直接进入胶态钯活化液中进行活化。

11.4.4.6 活化

活化的作用是将经过敏化处理的塑料件浸入到含有催化活性金属（如银、钯、铂和金等）的化合物溶液中，将具有催化活性的金属离子还原成金属，使其表面形成一层贵金属微粒，以此作为化学镀的催化中心——晶核。

常用的活化溶液有两种：离子型活化溶液和胶态钯活化溶液。

(1) 离子型活化溶液

它的优点是配制简单，适应性强，最大的缺点是溶液维护困难，生产过程调整频繁。离子型活化溶液有：硝酸银离子型和氯化钯离子型活化溶液。硝酸银离子型活化溶液中的金属银只对化学镀铜有催化活性，所以，硝酸银活化液只适用于化学镀铜。它与化学镀铜配合使用时适用于多种塑料的前处理。其缺点是易分解发黑，稳定性差。氯化钯离子型活化溶液，对化学镀铜、镍、钴等均有催化活性作用，而且溶液比较稳定，易于调整和维护，使用寿命长，催化活性比银强，虽然钯盐价格昂贵，但它的使用远比银盐活化广泛。

(2) 胶态钯活化溶液

是将敏化所用的还原剂与活化所用的催化离子置于一起，即将敏化与活化合为一步进行，故也称直接活化法。其溶液通常是由氯化钯、氯化亚锡、盐酸、硫酸等组成。利用氯化亚锡对氯化钯的还原作用，通过活化可在塑料表面形成一层四价锡离子与金属钯的胶体状化合物，为后续的化学镀镍提供催化中心。离子型活化后的零件表面附着的是银或钯的金属微粒，而胶体钯活化后则是钯与锡的化合物，此化合物呈胶体状，故称为胶态钯或胶体钯。胶体钯活化溶液比上述两种离子型活化溶液更稳定，使用、维护方便，很适合大批量生产和自动线生产，对ABS塑料零件可提高结合力，但一次投入成本高。

ABS塑料常用的离子型活化的溶液组成及工艺规范见表11-46。

表 11-46　ABS 塑料常用的离子型活化的溶液组成及工艺规范

溶液成分及工艺规范	硝酸银离子型活化[1]			氯化钯离子型活化		
	1	2	3	1	2	3
硝酸银($AgNO_3$)/(g/L)	1～3	30～90	10	—	—	—
氯化钯($PdCl_2$)/(g/L)	—	—	—	0.2～0.5	0.25～1.5	0.3～0.5
氯化铵(NH_4Cl_2)(试剂级)/(g/L)	—	—	—	—	—	0.2～0.5
25%氨水($NH_3 \cdot H_2O$)/(mL/L)	7～10	20～100	—	—	—	—
37%盐酸(HCl)/(mL/L)	—	—	—	3～10	0.25～1	—
硼酸(H_3BO_3)/(g/L)	—	—	—	—	20	—
酒精(C_2H_5OH)/(mL/L)	—	—	1000	—	—	—
配位剂 HD-1/(g/L)	—	—	—	—	—	3～5
pH 值	—	—	—	—	1.5～2.5	7～9
温度/℃	15～30	15～30	15～30	室温	室温	20～40
时间/min	3～5	0.5～5	1～3	1～5	0.5～5	2～5

注：1. 硝酸银离子型活化配方1的银盐浓度低，适用于小量生产，避免频繁调整溶液。

2. 硝酸银离子型活化配方2的银盐浓度较高，适用于大批量的连续生产。

3. 硝酸银离子型活化配方3的有机溶剂型活化溶液，适用于零件用有机溶剂粗化后的活化。

4. 氯化钯离子型活化配方3的配位剂 HD-1 为湖南大学研制。

胶体钯活化的溶液组成及工艺规范见表11-47。

表 11-47　胶体钯活化的溶液组成及工艺规范

溶液成分及工艺规范	1		2		3	4	5
	A 溶液	B 溶液	基本液	补充液			
氯化钯($PdCl_2$)/(g/L)	1g	—	0.25	1	0.2～0.3	—	—
氯化亚锡($SnCl_2 \cdot 2H_2O$)/(g/L)	2.5g	75g	3.5～5	10	10～20	2～4	—

续表

溶液成分及工艺规范	1		2		3	4	5
	A 溶液	B 溶液	基本液	补充液			
37%盐酸(HCl)/(mL/L)	100mL	200mL	10	80	200	200~300	—
氯化钠(NaCl)/(g/L)	—	—	250	150	—	—	—
锡酸钠(Na₂SnO₃·3H₂O)/(g/L)	—	7g	0.5	—	—	—	—
尿素[CO(NH₂)₂]/(g/L)	—	—	50	50	—	—	—
间苯二酚(C₆H₆O₂)/(g/L)	—	—	1	—	—	—	—
水/(mL/L)	200mL	—	—	—	—	—	—
BPA-1 活化剂/(mL/L)	—	—	—	—	—	4~6	—
PL 活化剂/(mL/L)	—	—	—	—	—	—	3~5
温度/℃	15~40		20~40		20~40	25~40	20~40
时间/min	2~3		3~10		5~10	2~5	5~10

注：1. 配方1，将 A、B 溶液分别配制好后，将 B 液在不断地搅拌下缓慢倒入 A 溶液中，稀释至 1L，并搅拌均匀，该液为棕色的胶态钯溶液。将混合液在 40~45℃下保温 3h，缓慢降至室温，以提高溶液活性和延长其使用寿命。化学镀镍前的活化，最好使用本配方，活化效果很好，而且溶液很稳定。

2. 配方 2 及 3 中钯含量较低，可用于化学镀铜前的活化。

3. 为了保护胶态钯活化液不会很快地被稀释，以及取得更好的活化效果，一般活化前将零件浸渍到敏化处理溶液中的预浸溶液 1~3min 后，不经水洗直接进入胶态钯活化液中进行活化。

4. 配方 4、5 是目前市场上比较有代表性的两种胶态钯活化剂商品。BPA-1 活化剂为杭州东方表面技术有限公司的商品。PL 活化剂为安美特化学有限公司的商品。

11.4.4.7　还原和解胶

(1) 还原处理

零件经离子型活化溶液处理后，为提高零件表面的催化活性，加快后续的化学沉积速率，并除去残留在零件表面的活化液，防止将它带入化学镀液中，需要进行还原处理。还原处理的溶液组成及工艺规范见表 11-48。

表 11-48　还原处理的溶液组成及工艺规范

溶液成分及工艺规范	经硝酸银活化后需要化学镀铜	经氯化钯活化后需要化学镀铜或镀镍	对氯化钯、氯化铵、HD-1 组成的活化液
甲醛[(CH₂O)质量分数 37%]	100mL/L	—	—
次磷酸二氢钠(NaH₂PO₂·H₂O)	—	10~30g/L	—
水合肼(N₂H₄·H₂O)	—	—	2%~5%(体积分数)
温度/℃	室温	室温	10~40
时间	10~60s	10~30s	3~5min

(2) 解胶处理

胶体钯活化的零件，经清洗后，其表面吸附的是一层水解成胶状的二价锡水胶团，这个胶团包围了钯微粒，而使其无催化活性作用。解胶即可将钯周围的二价锡离子水解胶层除（脱）去，暴露出具有催化活性的钯微粒。解胶溶液及工艺规范见表 11-49。

表 11-49　常用解胶的溶液组成及工艺规范

溶液成分及工艺规范	酸性解胶溶液				碱性解胶溶液	中性解胶溶液
	1	2	3	4		
37%盐酸(HCl)/(mL/L)	80~120	—	—	—	—	—
氢氧化钠(NaOH)/(g/L)	—	—	—	—	50	—
次磷酸二氢钠(NaH₂PO₂·H₂O)/(g/L)	—	—	—	—	—	30
BPS-1 添加剂/(mL/L)	—	80~120	—	—	—	—
AK 加速剂 PLUS/(mL/L)	—	—	210	—	—	—

续表

溶液成分及工艺规范	酸性解胶溶液				碱性解胶溶液	中性解胶溶液
	1	2	3	4		
MT-840 解胶剂(体积分数)	—	—	—	20%～40%	—	—
温度/℃	35～45	40～50	40～60	35～45	30～40	18～30
时间/min	1～3	2～5	2～5	3～7	0.5～3	0.5～3

注:1. 配方 1 盐酸解胶用于化学镀镍(酸性)质量较好,适用于 ABS 塑料一次装挂的自动线。

2. 配方 2 的 BPS-1 添加剂为杭州东方表面技术有限公司的商品。

3. 配方 3 的 AK 加速剂 PLUS 为安美特化学有限公司的商品。

4. 配方 4 的 MT-840 解胶剂是广州美迪斯新材料有限公司的产品。

5. 碱性解胶溶液价廉,易于分析调整,但也易产生沉淀物,使表面粗糙。适用于零件表面有花纹或粗糙度要求不严格的零件。此法除 ABS 塑料外,对各种塑料适用性强,解胶后可不经水洗直接进行化学镀铜或化学镀镍。但不适用于一次装挂的自动线。

6. 中性解胶溶液适用于要求表面粗糙度值低的零件,但成本较高。

7. 经解胶处理后的零件表面应呈均匀的浅褐色,否则,应再次重复敏化、活化、解胶至合格为止。

11.4.4.8 化学镀

塑料零件经过镀前处理(除油、粗化、敏化、活化)后,即可进行化学镀。塑料零件根据产品要求可进行化学镀铜或镀镍(化学镀铜与化学镀镍的比较见表 11-50)。塑料零件多数采用化学镀铜(成本低),但大面积零件及一些质量要求高的产品宜采用化学镀镍,而镀液温度应比塑料热变形温度低约 20℃,以防止零件变形。

表 11-50 化学镀铜与化学镀镍的比较

化学镀层	优 点	缺 点
化学镀铜	1. 镀层的韧性好 2. 应力小,与镀层的结合力良好 3. 镀层导电性良好 4. 镀层析出性良好 5. 镀液在室温下使用 6. 材料来源广,价格低 7. 与硝酸银活化配合,能适用于多种塑料	1. 镀液稳定性差,较难控制 2. 铜层的耐蚀能力较差 3. 铜层与基体附着性稍差 4. 表面易产生积点,影响粗糙度 5. 易产生处理伤痕 6. 沉积速度慢(需 10～30min),效率低
化学镀镍	1. 镀层结晶细致,无污斑与粗晶现象 2. 镀层耐蚀性能好 3. 与基体附着性良好 4. 镀层质量好,成品率高 5. 镀液稳定性好,镀液管理较好控制 6. 沉积速率快,只需 3～10min	1. 韧性比铜镀层差 2. 内应力较铜镀层大,与镀层附着性稍差 3. 工作时镀液需加温 4. 镀层析出性稍差 5. 镀层导电性稍差 6. 需要钯盐活化,成本较高

(1) 化学镀铜

传统化学镀铜溶液为高碱性镀液,一般以甲醛作还原剂,然而甲醛是一种致癌有毒物,对人体、环境具有明显的危害。寻找替代甲醛的新型还原剂的研究已有很多报导。有文献[25]介绍,以乙醛酸、次磷酸钠作还原剂的研究较多。以乙醛酸作为化学镀铜还原剂,其还原能力及反应机理与甲醛相似,该方法镀速高、镀液稳定且铜镀层的纯度高。以次磷酸钠作还原剂的化学镀铜,工艺参数范围宽、镀液寿命长。所以,非甲醛化学镀铜工艺将有很大的发展前景。

化学镀铜的溶液组成及工艺规范见表 11-51。

表 11-51 化学镀铜的溶液组成及工艺规范

溶液成分及工艺规范	甲醛化学镀铜				非甲醛化学镀铜	
	1	2	3	4	1	2
硫酸铜($CuSO_4 \cdot 5H_2O$)/(g/L)	5	7	10～15	14	16	10
酒石酸钾钠($KNaC_4H_4O_6 \cdot 4H_2O$)/(g/L)	25	22.5	—	44.5		
氢氧化钠(NaOH)/(g/L)	7	4.5	20	9	—	—

续表

溶液成分及工艺规范	甲醛化学镀铜				非甲醛化学镀铜	
	1	2	3	4	1	2
氯化镍($NiCl_2 \cdot 6H_2O$)/(g/L)	—	2	—	4	—	—
硫酸镍($NiSO_4 \cdot 6H_2O$)/(g/L)	—	—	—	—	—	0.5~1
37%甲醛(HCOH)/(mL/L)	10	25.5	5~8	51	—	—
乙醛酸(CHOCOOH)/(g/L)	—	—	—	—	13	—
次磷酸钠($NaH_2PO_2 \cdot H_2O$)/(g/L)	—	—	—	—	—	30
碳酸钠(Na_2CO_3)/(g/L)	—	2.1	—	4.2	—	—
EDTA 二钠($C_{10}H_{16}N_2Na_2O_8 \cdot 2H_2O$)/(g/L)	—	—	30~45	—	40	—
柠檬酸钠($Na_3C_6H_5O_7 \cdot 2H_2O$)/(g/L)	—	—	—	—	—	15
α,α'-联吡啶($C_{10}H_8N$)/(g/L)	—	—	0.1	—	0.01	0.01
pH 值	12.8		13.5	12.5	12.5	9
温度/℃	室温	室温	25~40	室温	40	65~70
时间/min	20~30	20~30	—	20~30	—	—

注：1. 甲醛化学镀铜的配方 2、4 中引入少量氯化镍，可适当降低化学镀层的粗糙度值。

2. 非甲醛化学镀铜的配方 1 为乙醛酸化学镀铜，配方 2 为次磷酸钠化学镀铜。

（2）化学镀镍

化学镀镍的溶液组成及工艺规范见表 11-52。

表 11-52 化学镀镍的溶液组成及工艺规范

溶液成分及工艺规范	1	2	3	4	5	6
硫酸镍($NiSO_4 \cdot 7H_2O$)/(g/L)	20	25	—	E300A 添加剂 40mL/L	KV-A 添加剂 50mL/L	BH-主盐 A 50mL/L
次磷酸二氢钠($NaH_2PO_2 \cdot H_2O$)/(g/L)	30	25	—			
柠檬酸钠($Na_3C_6H_5O_7 \cdot 2H_2O$)/(g/L)	10	—	—			
次磷酸镍铵/(g/L)	—	—	8	E300B 添加剂 60mL/L	KV-B 45mL/L	BH-开缸剂 B 100mL/L
次磷酸铵($NH_4H_2PO_2$)/(g/L)	—	—	8			
醋酸钠($NaCH_2COO \cdot 3H_2O$)/(g/L)	—	10	5		KV-C 50mL/L	BH-补给剂 C 补加用
氯化铵(NH_4Cl)/(g/L)	30	—	—			
pH 值	8.5~9.5	4~5	>8	7.8~9.5	8.5~9.2	8.5~9.5
温度/℃	30~40	30~40	40	25~40	30~45	45~55
时间/min	5~10	5~10	2~5	5~10	6~8	

注：1. 配方 1 广泛用于塑料化学镀，形成导电膜。

2. 配方 2 为室温下工作的酸性镀液。由于酸性镀液所获得的镀层比碱性镀液所得镀层的耐蚀性能强得多，所以主要用于只进行化学镀，而又要求耐蚀性高的塑料电镀件。

3. 配方 3 的化学镀速度高，每小时可镀 6~12μm，在塑料上沉积导电膜只需 2min。

4. 配方 4 的 E300A、E300B 添加剂为杭州东方表面技术有限公司的商品。

5. 配方 5 的 KV-A、KV-B、KV-C 添加剂为安美特化学有限公司的产品。

6. 配方 6 的 BH-主盐 A、BH-开缸剂 B、BH-补给剂 C 是广州二轻工业科学技术研究所的产品。

11.4.4.9 电镀

塑料零件经过镀前处理、化学镀以后，就可以进行后续的电镀。虽然在化学镀铜或化学镀镍上，可以直接镀镍，但化学镀后，表面形成一层很薄的金属膜，而且为提高镀层的抗热冲击性能，宜先镀铜，因为铜层的热膨胀系数比较接近塑料。镀铜时不能用氰化镀液，因它会腐蚀化学镀层，造成起泡。可以直接光亮酸性镀铜，也可先用闪镀铜，再进行光亮酸性镀铜，然后根据产品需要电镀其他镀层，如镀镍、铬等金属或合金。

11.4.4.10 ABS 塑料直接电镀工艺

近年来，市场上还推出一种 ABS 塑料直接电镀工艺，以简化工序，缩短工艺流程，从而适应了大批量生产和自动线生产。

杭州东方表面技术有限公司，推出了自主开发的具有自身特点的塑料直接电镀工艺，零件经胶体钯活化后，不须进行解胶即可直接进行铜置换操作，大大缩短工艺流程和时间。据有关资料介绍，该工艺对塑料要求较高，最好使用电镀级的 ABS 塑料，所以它的使用范围有限。

(1) 工艺处理流程

ABS 塑料直接电镀工艺流程（以杭州东方表面技术有限公司的工艺为例）如下：

除油→水洗→粗化→回收→水洗→还原→水洗→还原→水洗→预浸→胶体钯活化→回收→水洗→铜置换→回收→水洗→后续电镀。

工艺说明：

① 某些应力高的 ABS 塑料应先去除应力后再除油，而多数 ABS 塑料可以直接进行除油。

② 还原的作用是去除镀件表面残留的铬酸，以保证活化液使用寿命。本工艺采用两遍还原，可降低还原液含量，又可使还原更彻底。

③ 预浸的作用是减少前面可能出现的有害物质进入活化液；防止活化液中的盐酸被稀释；预浸后不经水洗直接进入活化槽，以防止胶体钯直接与镀件表面上的中性水接触而导致破坏性分解。

④ 铜置换为本工艺关键的工序，它完全不等同于传统意义上的化学镀铜。所得到的铜置换导电层呈浅灰黑色，结晶细致，结合力良好。由于铜置换导电层非常薄（<1μm），所以后续镀层不易产生毛刺和麻点。BPC-1A 为溶液提供铜离子，并含有适量的有机物组合的配位剂、促进剂等；BPC-1B 主要含有碱及适量的配位剂、抑制剂、润湿剂等。铜置换溶液不含难分解的螯合剂，便于废水处理。

(2) 溶液组成及工艺规范

上述工艺流程中各工序的溶液组成及工艺规范见表 11-53。

表 11-53　各工序的溶液组成及工艺规范

工序名称	溶液组成		工艺规范	
	成分	含量/(g/L)	温度/℃	时间/min
除油	除油剂 SP-1	20~40	40~50	3~10
粗化	铬酐(CrO_3)	400	60~72	6~15
	硫酸(H_2SO_4)	400		
	润湿剂	适量		
还原	焦亚硫酸钠	2~5		0.5~1.5
	盐酸(HCl)	适量		
	(pH=3~4)			
预浸	盐酸(HCl)	150~200mL/L	—	0.5~1
	预浸剂 BPP-1	18~21mL/L		
活化	浓盐酸(HCl)	200~300mL/L	30~45	3~5
	活化剂 BPA-1	40~40mL/L		
铜置换	BPC-1A	70~120mL/L	50~60	3~5
	BPC-1B	250~350mL/L		
	(pH>12)			

11.4.5　热塑性聚丙烯(PP)塑料的电镀

聚丙烯塑料用途广泛，在塑料电镀中仅次于 ABS 塑料，占据第二位。它有优异的电镀性能，与金属镀层的剥离值高达 9.6kgf/cm，比 ABS 塑料高 1~2 倍，而且剥离值与它成型条件无关。因此，聚丙烯塑料可作比 ABS 塑料面积更大的电镀零部件。聚丙烯塑料可分为三类：普通型、电镀型和导电型。其性能及特点见表 11-54。

表 11-54　聚丙烯塑料类型及其性能和特点

类　型	性　能　和　特　点
普通型	是一种高结晶型塑料,在结晶中夹杂有一部分无定形结构
电镀型	为改进电镀性能,在聚丙烯塑料中加入些如氧化锌、硫化锌、二氧化钛、硫酸钡、碳酸钙等填料,一般含量为20％(质量分数)。在化学粗化过程中,填料被浸蚀、溶解,而形成微观粗糙不平的表面,为后续敏化、活化和化学镀创造了必要的条件
导电型	在聚丙烯中加入约 30％(质量分数)的石墨粉,使其具有较弱的导电性(表面电阻值小于 5Ω/cm)。可按一般金属件的电镀工艺进行电镀。由于导电性能差,电镀初始应使用低的电镀密度

　　应当指出,聚丙烯塑料对铜很敏感,与铜接触时会加速它的老化而变脆,因此,不能用化学镀铜作为导电层。

　　聚丙烯塑料的镀前处理中的去应力、除油、敏化、活化等工序与 ABS 塑料等其他塑料无多大差别,可按 ABS 塑料的电镀工艺进行。而稍有不同的工序是在化学除油后一般在有机溶剂中进行溶胀处理,然后进行化学粗化。

(1) 溶胀处理

　　普通型聚丙烯塑料在除油后要用有机溶剂进行溶胀处理,其处理液有:有机乳浊液和二甲苯溶剂。溶胀处理的作用:有机乳浊液能有选择性地使塑料件表面无定形物质肿胀起来;或者用二甲苯溶剂将其表面的非结晶无定形部位溶解掉,暴露出晶格,以便化学粗化、刻蚀形成沟槽和微观粗糙,以提高镀层结合力。

　　① 有机乳浊液溶胀处理　其溶液组成及工艺规范如下:

松节油　　　　40mL/L　　　温度　　　65～75℃
海鸥洗涤剂　　60mL/L　　　时间　　　20～30min

　　② 二甲苯溶剂溶胀处理　在不同温度下的处理时间见表 11-55[4]。在高温下浸泡时间过长,会使塑料产生裂纹。有机溶剂二甲苯温度高不安全,宜采用 40℃的处理温度,时间可稍长一些。

表 11-55　二甲苯溶剂溶胀处理的工艺条件

温度/℃	20	40	60	80
处理时间/min	30	5	2	0.5

(2) 化学粗化

　　聚丙烯化学粗化的溶液组成及工艺规范见表 11-56。

表 11-56　聚丙烯化学粗化的溶液组成及工艺规范

溶液成分及工艺规范	1	2	3
98％硫酸(H_2SO_4)	600mL/L	190～217mL/L	200～400g
铬酐(CrO_3)	至饱和	150～300g	150～300g
水	加至 1L	400～600mL	400～600g
湿润剂 F-53	—	—	0.3g
温度/℃	70～80	85	85～90
时间/min	10～30	5～10	30～60

11.4.6　其他塑料的电镀

　　对于各种不同塑料的电镀工艺,主要差别在于镀前的去应力、粗化等工序。只要采用与其相适应的粗化工艺,形成最佳的粗糙度,就能在其表面顺利进行敏化、活化和化学镀。电镀工艺流程与 ABS 塑料电镀相似,可参见 ABS 塑料电镀工艺流程示例(图 11-4)。

其他塑料电镀工艺及工艺规范见表 11-57。

表 11-57　其他塑料电镀工艺及工艺规范

塑料名称	电镀工艺及工艺规范
聚四氟乙烯 (PTFE)	聚四氟乙烯塑料的电镀,首先要用特殊方法破坏聚四氟乙烯塑料表面的 C—F 键,用活性基团取代表面的氟原子,从而得到活性的塑料表面,然后再用一般工艺进行电镀。聚四氟乙烯电镀的一般工艺流程如下: 机械粗化(喷砂等)→化学除油→化学粗化(萘钠处理)→丙酮清洗→预浸→胶态钯活化→解胶→化学镀铜→酸性镀铜→镀镍→镀铬(或其他各种镀层) 1. 机械粗化。一般采用喷砂方法,采用 100～200 目颗粒的氧化铝砂,喷射到零件表面,形成适宜的粗糙度。量少时也可采用纱布或砂纸打磨零件表面,小型的形状不规则或简单的零件,可采用滚磨处理 2. 化学粗化采用萘-钠处理。零件经机械粗化、丙酮清洗、干燥后,在室温下浸入到萘-钠络合液中,萘-钠配位化合物分子中的钠,能破坏塑料表面的 C—F 键,使 F 分离出来,发生碳化,形成微观粗糙面(提高了镀层的机械性结合)。同时用活性基团取代表面的 F 原子,得到活性的塑料表面(提高了镀层的化学性结合)。镀层剥离值可达到 $0.8kgf/cm(1kgf/cm=9.8N/cm)$。萘-钠配合粗化的溶液组成及工艺规范[1]如下: 四氢呋喃(C_4H_8O)　　1000mL　　温度　15～32℃ 钠(Na)　　　　　　　23g(1mol)　时间　3～10min 精萘($C_{10}H_8$)　　　 128g(1mol) 萘-钠配合粗化溶液的配制、萘-钠配合粗化处理要在特殊的装置中进行
聚酰胺(尼龙) (PA)	尼龙电镀性能一般,镀层的剥离值可达 1.4kgf/cm 聚酰胺(尼龙)塑料零件镀前应检查内应力。检查方法是将零件浸入正庚烷中,若 5～10s 内出现裂纹,说明内应力很大;若在 2～5min 内不出现裂缝,则表示内应力很小 尼龙零件的去应力和化学粗化按下列方法进行,其他镀前处理方法与 ABS 塑料基本相同相 去应力。有应力的零件应进行去应力处理。去应力有以下两种方法: 1. 真空热处理。将零件放在油或石蜡中,在一定的真空状态下进行热处理,处理温度应高于制品使用温度 10～20℃,处理时间 10～60min。此法适合于使用温度高于 80℃ 或精度要求高的零件 2. 在沸水中浸泡。将零件浸泡在沸水中进行处理,处理时间取决于零件的壁厚,当壁厚为 1.5mm 时,处理时间为 2h;壁厚为 6mm 时,处理时间为 16h 化学粗化的溶液组成及工艺规范见表 11-58
酚醛塑料 (PF)	酚醛(PF)塑料的镀前处理工艺与 ABS 塑料基本相同,只是粗化工艺有所差别。酚醛塑料的化学粗化有碱性粗化溶液和酸性粗化溶液。用碱性粗化溶液处理后的零件,应用热水(60～70℃)清洗,然后在硝酸溶液(130mL/L)中于室温下浸渍数分钟,再用清水反复清洗,彻底洗尽残留的碱液。并要严格控制粗化温度和时间,因为碱液易使酚醛塑料表面疏松,而影响镀层的结合力 化学粗化的溶液组成及工艺规范见表 11-58
环氧塑料及环氧玻璃钢	环氧塑料及环氧玻璃钢的镀前处理工艺与 ABS 塑料基本相同,只是粗化工艺有所差别。化学粗化的溶液组成及工艺规范见表 11-59
聚氯乙烯 (PVC)	聚氯乙烯(PVC)的电镀性能较差,镀层剥离值为 0.4～0.6kgf/cm。聚氯乙烯比 ABS 塑料的粗化难度大,其镀前处理工艺规范如下: 1. 去应力。在 50～60℃ 下,恒温持续 2～4h 后,缓慢冷却到室温。除油与一般塑料相同 2. 溶剂处理。溶剂处理的作用是使零件表面被溶胀,提高亲水性,可加强粗化溶液的刻蚀作用。溶剂处理的溶液组成及工艺规范如下: 环己酮($C_6H_{10}O$)　　40%(体积分数)　温度　15～30℃ 乙醇(C_2H_6O)　　　 60%(体积分数)　时间　1～3min 3. 粗化。化学粗化的溶液组成及工艺规范见表 11-59。化学粗化后,应在浓盐酸中浸泡 5～10min 后,进行充分清洗,然后按照 ABS 塑料的银氨活化、化学镀铜工艺进行后续处理。小型简单零件,也可用滚筒滚磨进行机械粗化,然后再进行化学粗化处理

续表

塑料名称	电镀工艺及工艺规范
聚乙烯塑料 (PE)	聚乙烯(PE)塑料的电镀性能一般,镀层剥离值可达 7~9N/cm(0.7~0.9kgf/cm)。适合室内装饰件的电镀 聚乙烯(PE)塑料的电镀工艺与 ABS 塑料电镀基本相同,所不同的是镀前处理的溶剂处理和化学粗化 　1. 溶剂处理。它的作用是将聚乙烯表面存在的小相对分子质量的馏分除去,以提高镀层的结合力。 溶剂处理是在二甲苯溶剂中于 88℃下,浸泡数分钟,然后再进行化学粗化 　2. 化学粗化。常用的化学粗化的溶液组成及工艺规范见表 11-60。化学粗化后的敏化、活化、化学镀 与 ABS 塑料相同

表 11-58　聚酰胺（尼龙）及酚醛塑料化学粗化的溶液组成及工艺规范

溶液成分及工艺规范	聚酰胺(尼龙)塑料(PA)			酚醛塑料(PF)			
	尼龙 6	尼龙 66 及尼龙 1010		碱性粗化溶液		酸性粗化溶液	
		1	2	1	2	1	2
铬酐(CrO₃)/(g/L)	50~70	100~120	—	—	—	350~400	—
重铬酸钾(K₂Cr₂O₇)/(g/L)	—	—	15~30	—	—	—	—
98%硫酸(H₂SO₄)/(mL/L)	300	500~600	300	—	—	300~600g/L	30
氢氧化钠(NaOH)/(g/L)	—	—	—	8	250	—	—
碳酸钠(Na₂CO₃)/(g/L)	—	—	—	19	—	—	—
海鸥洗净剂/(mL/L)	—	—	—	12.5	—	—	—
温度/℃	15~30	15~30	15~30	30~45	15~30	60~70	50~60
时间/min	0.2~0.5	尼龙 6　0.5~1 尼龙 1010 1~2　2~4		5~10	3~20	30~40	10~30

表 11-59　环氧塑料、环氧玻璃钢及聚氯乙烯塑料粗化的溶液组成及工艺规范

溶液成分及工艺规范	环氧塑料		环氧玻璃钢		普通聚氯乙烯塑料		
	1	2	1	2	1	2	3
铬酐(CrO₃)	300g	200g	300g	—	—	—	250g/L
重铬酸钾(K₂Cr₂O₇)	—	—	—	—	8.5%	4.7%	—
98%硫酸(H₂SO₄)	1000mL	1000mL	1000mL	55%~75%	91.5%	82.5%	300mL/L
65%硝酸(HNO₃)	50mL	—	50mL	—	—	—	—
70%氢氟酸(HF)	—	—	—	8%~18%	—	—	—
水	400mL	400mL	400mL	7%~37%	—	12.8%	—
温度/℃	85~90	60~70	85~90	50~70	50~70	50~70	60~70
时间/min	60	30~60	60	15~90	3~5	3~45	60~120

注：表中的百分浓度均为质量分数。

表 11-60　聚乙烯塑料化学粗化的溶液组成及工艺规范

溶液成分及工艺规范	重铬酸盐-硫酸型			高锰酸钾-硫酸型[1]
	1	2	3	
重铬酸钾(K₂Cr₂O₇)/(g/L)	20	—	85	—
铬酐(CrO₃)/(g/L)	—	5~7	—	2%(质量分数)
高锰酸钾(KMnO₄)	—	—	—	0.1%(质量分数)
98%硫酸(H₂SO₄)/(g/L)	930	940	930	89.8%(质量分数)
表面活性剂	—	—	—	0.1%(质量分数)
水	—	—	—	8%(质量分数)
温度/℃	70	60~70	50	15~32
时间/min	5~15	15~30	3	15~30

注：采用高锰酸钾-硫酸型粗化溶液进行粗化,能提高零件表面亲水性,有利于提高镀层的结合力,但粗化后其表面存在有二氧化锰,会影响后续工序的敏化、活化。可用下述方法将其除去：草酸（H₂C₂O₄·2H₂O）10g/L,在室温下,浸泡 3~5min。

11.4.7 不合格镀层的退除

塑料件上不合格镀层的退除方法见表 11-61。

表 11-61　塑料件上不合格镀层的退除方法

退除镀层	溶液组成	含量	温度	时间
退铜及铜合金镀层	65％硝酸（HNO_3）	500mL/L	室温	退净为止
	铬酐（CrO）	100g/L	室温	退净为止
	硫酸（$H_2SO_4, d=1.84$）	2～50g/L		
退镍镀层	65％硝酸（HNO_3）	500mL/L	室温	退净为止
退铜/镍/铬（一次退除）	氯化铁（$FeCl_3 \cdot 6H_2O$）	760～800g/L	室温	退净为止
	STR-610 塑料上镀层退镀剂	30％～60％（质量分数）	室温～50℃	退净为止

注：STR-610 塑料上镀层退镀剂是广州市美迪斯新材料有限公司的产品。

第12章

刷 镀

12.1 概述

刷镀又称选择性电镀，是指用一个同专用阳极连接并能提供电镀需要的电解液的电极或刷，在作为阴极的制件上通过移动进行选择电镀的方法。刷镀与电镀的基本原理一样，只是刷镀的电沉积过程是间歇性循环进行的（即只有当镀件表面接触镀笔阳极时，才有金属沉积）。镀层的均匀性可由电流密度、阳极移动速度、镀液流量、刷镀时间等来控制。

刷镀的基本原理及刷镀作业系统装置，如图12-1所示。连接在电源正极上的镀笔（阳极）的包套材料上吸满镀液与旋转镀件（阴极）接触摩擦，电流通过阳极与镀件表面接触的包套材料所附的镀液，刷镀溶液中的金属离子则在阴极（制件表面）上沉积，而形成镀层。随着时间延长，镀层逐渐加厚。

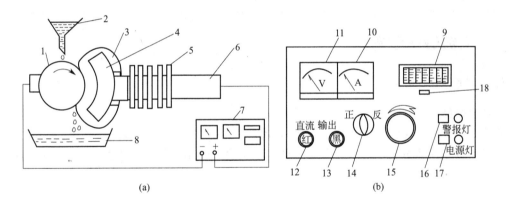

图 12-1 刷镀作业系统装置示意图

（a）刷镀系统装置；（b）刷镀电源面板示意图

1—被镀工件；2—镀液容器及注液管；3—包套；4—阳极；5—散热器；

6—镀笔；7—刷镀电源；8—镀液回收盘；9—安培小时计电量预置；

10—电流表；11—电压表；12—正换线柱；13—负换线柱；

14—极性转关开关；15—调压手柄；16—复位按钮；

17—电源开关按钮；18—置数按钮

12.2 刷镀工艺特点和适用范围

刷镀工艺特点及其应用范围如表12-1所示。

表 12-1　刷镀工艺特点及其应用范围

刷 镀 工 艺 特 点	刷 镀 应 用 范 围
1. 刷镀是属于槽外进行的一种局部快速电镀。不需要镀槽及其他装置。镀覆时不受场地、零件位置和环境的限制。可在现场、野外对大型设备机器实现不完全拆解的局部电镀 　　2. 能够解决常规电镀难以做到的某些零件的镀覆和修复。如电镀槽难以容下的大型零件或表面划伤、凹坑等缺陷的修复 　　3. 由于阴阳极间距离近，允许使用大电流密度，沉积速度快，约为镀槽电镀的几十倍 　　4. 镀层硬度高、氢脆性小、孔隙率低，而且镀层厚度可以控制 　　5. 镀液稳定，不需临时化验分析和调整，运输方便 　　6. 对工件基体金属热影响小，不会产生变形和金相组织变化 　　7. 设备简单，不需镀槽，便于携带，投资少，操作简便，能耗低。对环境污染小	1. 修复轴类零部件的表面和轴颈处、孔类零部件的轴承孔处、活塞类零部件等的超差或磨损 　　2. 修复加工超差、磨损、损伤或锈蚀的机械零部件、量具和模具，如修复塑料模具、压铸模具、胶木模具、热锻模具等表面的缺陷 　　3. 修复划伤、凹坑、锈蚀的机床导轨 　　4. 修复印制电路板、电气触点、接头和整流装置等 　　5. 刷镀一般镀槽无法容纳的大型工件以及修补镀槽电镀的次品（损伤或有缺陷的电镀件） 　　6. 现场、野外刷镀难拆卸或运费昂贵的大型或固定的机器设备和装置 　　7. 刷镀要求局部防渗碳、防渗氮的机械零部件 　　8. 采用刷镀方法来填补机械零件的盲孔、窄缝、深孔等 　　9. 刷镀要求改善材料表面的功能性（如导电性、焊接性、耐磨性和耐蚀性）的机械零件 　　10. 采用刷镀金、银、铜等方法，装饰或修复雕塑、文物、珠宝等艺术品、工艺品 　　11. 用刷镀方法在金属表面沉积不同金属的图案 　　12. 以反向电流给金属去毛刺、模具刻字、去金属表面刻字以及给动平衡机械零件去重等
刷镀不适宜的场合	1. 刷镀工艺不适宜大面积、高厚度、大批量的生产，其在这些场合应用时的技术经济指标都不如镀槽电镀 　　2. 不适宜修复零件的断裂缺陷和要求承受疲劳负荷较大的零件

12.3　刷镀设备装置

12.3.1　镀笔（阳极）

（1）镀笔结构形式

镀笔由阳极、散热装置、导电芯棒和绝缘手炳等组成。由于导电芯棒及阳极的电阻热较大，所以导电芯棒装有散热片，以利于散热，否则会影响刷镀作业的正常进行。常用的镀笔结构形式如图 12-2 所示。

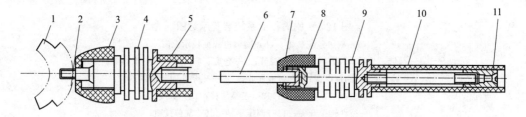

图 12-2　常用的镀笔结构形式

1—阳极；2—连接杆；3—锁紧螺母；4—散热片；5—柄体；6—阳极；

7—密封圈；8—锁紧螺母；9—散热片；10—柄体；11—导电螺栓

（2）阳极形状

阳极形状要与镀件形状、体积、受镀面积大小和所处位置等相适应。常用阳极形状见表 12-2。

表 12-2　常用阳极形状

名称	阳极形状	用途	名称	阳极形状	用途
圆形		刷镀内径表面或平面	平板形		刷镀平面
圆棒形		刷镀内径表面、深槽或平面	毛笔形		刷镀深孔、凹坑、沟槽
半圆形		刷镀内径表面、平面或曲面	锥形		刷镀深孔、沟槽
弯月形		刷镀外径表面或圆柱形表面	面团形		刷镀凹坑、凹角等处
片形		刷镀平面或狭缝处			
仿形阳极	孔类阳极　　轴类阳极　　平面阳极　　特殊形状阳极				

（3）阳极材料

大多采用不溶性阳极。对阳极材料的要求：导电性能好，化学性能稳定，不污染镀液，电镀过程中不会形成高阻抗膜而影响导电。应根据刷镀使用情况、阳极强度、制作成本、沉积速度等来选用阳极材料（见表 12-3）。

表 12-3　刷镀采用的阳极材料

阳极	阳极材料及特性
石墨阳极	这种阳极结构均匀、细密，导电性好，耐腐蚀，耐高温，稳定性好，不产生钝化现象，可提高沉积速度。而且石墨材料加工制作方便，成本低。所以，刷镀采用的不溶性阳极，常采用石墨阳极（高纯度的石墨阳极）。用作阳极的石墨材料应致密而均匀，纯度高，如高纯度细结构冷压石墨
不锈钢阳极	不锈钢阳极稳定性好，用于制作小型毫米级圆柱片和丝状阳极，大型阳极，以及加工形状复杂等条件下使用的阳极。但它不宜用于含卤素或氰化物的镀液
铂-铱合金阳极	铂-铱合金阳极（含铱 10%，质量分数）化学稳定性好，在各种电净液、活化液及金属镀液中均不溶解，也不钝化，是较好的阳极材料，特别适合在微孔、狭缝、凹坑和死角等处使用，但价格昂贵
可溶性阳极	这种阳极用的较少。可溶性阳极大多选用与镀层金属相同的金属材料，例如镀铁和铁合金镀液，采用碳钢来制作阳极；镀镍、镀铜等，也可采用镍板、铜板等阳极。作阳极的金属材料要求纯度高、有害杂质少，否则影响镀层质量。如阳极易钝化，应向刷镀液中加入防钝化剂，使阳极正常溶解
其他阳极材料	有铂阳极、在不锈钢和钛等金属表面镀铂的阳极等，具有不钝化、强度等高等优点，可用于某些特殊场合

（4）阳极包裹材料

阳极的包裹及软阳极操作示意图见表 12-4。

表 12-4 阳极的包裹及软阳极操作示意图

阳极包裹材料	阳极的包裹示意图
阳极包裹的作用： 1. 起到阴阳极之间的隔离作用，防止零件与阳极直接接触而短路 2. 可吸附刷镀溶液，还能对阳极表面脱落或腐蚀下来的石墨粒子和其他物质起机械过滤作用 　包套阳极时，应根据工艺条件和镀液性能，选择适当的阳极包裹材料 　包裹材料有脱脂棉、泡沫塑料或化学纤维等。包裹材料常用脱脂棉，脱脂棉要求纤维长，层次整齐。包裹棉厚度在 3～10mm 之间，根据具体使用情况，选择不同厚度 　包裹的脱脂棉外要包套 1～3 层包套，常用的包套材料有棉布、涤纶布、腈纶毛绒、涤纶毛绒、丙纶布等	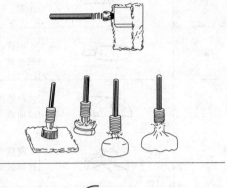

软阳极操作示意图	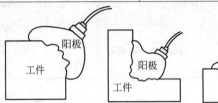

12.3.2 刷镀电源

刷镀电源一般由整流装置、安倍小时计、过载保护电路及其他辅助电路等组成，对刷镀电源的基本要求如表 12-5 所示。

表 12-5 刷镀电源性能的基本要求

项目	刷镀电源性能的基本要求
直流输出特性	直流输出应具有平直或缓降的外特性，即要求负载电流在较大范围内变化时，电压的变化很小
输出电压的调节	输出电压能无级调节，调节精度高，常用电源电压可调节范围为 0～30V
电源的自动调节	电源的自调节作用强，输出电流能随镀笔和阳极接触面积的变化，而自动调节
电源输出端的极性转换	电源输出端应设有极性转换装置，以满足刷镀、活化、电净等不同工艺的需要
电源输出的计量装置	电源应装附有可供计量刷镀电量的装置（一般为安倍小时计或镀层厚度计），能准确地显示被刷镀工件所消耗的电量或镀层厚度
过载保护装置	有过载保护装置，当超载（超过额定值 10%）或短路时，能迅速切断主电源，保证被镀工件不受损坏
电源体积	刷镀电源力求体积小、重量轻、工作可靠、操作简单、维修方便，适应现场或野外修理的要求

一般有刷镀专用电源。常用刷镀电源的配套等级及主要用途见表 12-6。

表 12-6 常用刷镀电源的配套等级及主要用途

输出分类	主要用途	输出分类	主要用途
5A/6V 5A/20V	电信电子触点、继电器、微型仪表零件，项链、戒指等贵金、银首饰，奖杯，小工艺品的镀金、镀银等	60A/30V 75A/30V	中型机械零部件的刷镀，使用广泛
		100A/30V 120A/30V 150A/30V	大中型机械零部件的刷镀
15A/20V	印制电路板，电气元器件，中小型工艺品，量具、卡规、卡尺的修理，模具保护和光亮处理等	300A/20V 500A/20V	大型机械零部件的刷镀
30A/30V	小型机械零部件的刷镀	1000A/20V	特大型机械零部件的刷镀，在某些特殊场合使用

刷镀电源种类很多，各制造厂家的电源规格、性能以及主要电路设计模式等有所不同，常

用的刷镀电源一般规格及技术参数[24]已列入表 12-7，供参考。

表 12-7 常用的刷镀电源规格及技术参数

电源容量/A	交流输入	直流输出	镀层厚度监控装置（安培小时计/A·h）	快速过流保护装置	可修复工件或工件最大直径/mm	外形尺寸/mm（质量/kg）
5	单相交流220V(±10％)50Hz	0～5A0～20V无级调节	分辨率0.0001A·h电流大于0.5A时开始计数电流大于1A时，计数误差≤±10％	超过额定电流的10％时动作,切断主电路时间为0.01s,不切断控制电路	微型仪表零件、镀贵金属、首饰、小工艺器等	—
10	单相交流220V(±10％)50Hz	0～10A0～20V无级调节	分辨率0.001A·h电流大于0.5A时开始计数电流大于1A时，计数误差≤±10％	超过额定电流的10％时动作,切断主电路时间为0.01s,不切断控制电路	电气元器件,小型工件,量具、工艺品、艺术品等	140×280×320(10)
30	单相交流220V(±10％)50Hz	0～30A0～35V无级调节0～20A(交流)0～35V外接电流表控制	分辨率0.001A·h电流大于0.6A时开始计数电流大于2A时，计数误差≤±10％	超过额定电流的10％时动作,切断主电路时间为0.01s,不切断控制电路	≤60	430×330×340(32)
60	单相交流220V(±10％)50Hz	0～60A0～40V无级调节0～40A(交流)0～40V外接电流表控制	分辨率0.001A·h电流大于1A时开始计数电流大于2A时，计数误差≤±10％	超过额定电流的10％时动作,切断主电路时间为0.02s,不切断控制电路	≤200	560×560×860(80)
100	单相交流220V(±10％)50Hz	0～100A0～20V无级调节	分辨率0.001A·h电流大于1A时开始计数电流大于2A时，计数误差≤±10％	超过额定电流的10％时动作,切断主电路时间为0.02s,不切断控制电路	≤200	600×450×910(100)
150	单相交流220V(±10％)50Hz	0～150A0～75A0～20V无级调节	分辨率0.01A·h电流大于2A时开始计数电流大于10A时，计数误差≤±10％	超过额定电流的10％时动作,切断主电路时间为0.035s,不切断控制电路	≤250	495×500×770(100)
300	三相交流380V(±10％)50Hz	0～300A0～20V无级调节	分辨率0.01A·h电流大于10A时开始计数电流大于20A时，计数误差≤±10％	超过额定电流的10％时动作,切断主电路时间为0.035s,不切断控制电路	≤250	740×700×1050(200)
500	三相交流380V(±10％)50Hz	恒流0～500A0～16V恒压0～500A0～20V无级调节	分辨率0.01A·h电流大于40A时开始计数误差≤±10％	恒流精度±10％,恒压时超过额定电流的10％时动作,切断主电路时间为0.035s,不切断控制电路	≤250	920×830×1410(250)

注：1. 刷镀电源工作制式为间断及连续。间断——在额定电流下可连续工作 2h；连续——在额定电流 50％以下可连续工作。

2. 刷镀电源外形尺寸及质量为大致的数值供参考。

12.4　刷镀的镀层选择

根据不同行业对产品机械零部件表面技术的要求，以及不同的需要，来选用刷镀的镀层（分为预镀层及工作镀层）。各种镀层的作用、性能和用途见表 12-8。

表 12-8　各种镀层的作用、性能和用途

镀　层		镀 层 的 作 用、性 能 和 用 途
预镀层	特殊镍	它是刷镀生产中使用较多的一种预镀层(打底镀层)，其所获镀层，广泛作为不锈钢、高合金钢和铬、镍等特殊材料的底镀层
	碱性铜	由于其镀液偏碱性，腐蚀性小，常用作铝、锌、铸铁类材料的底镀层，还有防渗碳和防渗氮的作用
	快速镍	由于其镀液近中性，用作铸铁类较疏松材料的底镀层
工作镀层	耐磨和硬度镀层	这类镀层可选用镍-钴合金、镍-钨(D)合金、镍-磷合金、镍-铁合金以及铬、快速镍、半光亮镍等镀液，其所获镀层具有较高的硬度和耐磨性。先要在基体上镀特殊镍打底(2μm 左右)，中间层一般镀快速镍和碱性铜，其厚度由镀层总厚来决定。碱性铜主要起夹心层的作用(此外，还可用低应力镍镀层作为夹心镀层)。耐磨镀层一般应用在轴承、长轴轴颈和机床导轨等零件表面，以提高耐磨性
	减摩镀层	这类镀层有铜、银、铟-锡合金、铅-锡合金、碱性铜等镀层。先用特殊镍打底后，再镀减摩镀层，因其大都是厚度薄的镀层，所以一般不需要中间层。减摩镀层一般应用在轴与轴套、轴瓦等产生摩擦作用的零件之间的配合。铟和铟-锡合金镀层还提高抗黏着磨损能力
	耐高温镀层	快速镍、特殊镍、半光亮镍、硬铬、镍-钨(D)合金、镍-磷合金等镀层，都是很好的耐高温抗氧化的镀层，能在 400℃ 以下使用，如用于热锻模等机械零部件。以特殊镍打底后，再镀铜-锌合金作为中间层，然后表面再镀铬。也可直接在特殊镍镀层上镀镍-钨(D)合金或镍-磷合金镀层
	防腐镀层	主要用在腐蚀环境中防止基体受到腐蚀，常用镀锌，一般采用特殊镍打底；为防止海洋性气候下的腐蚀，则需在特殊镍镀层上镀镉或锌-镉合金
	导电镀层	属于导电镀层的有铜、银、金和金合金镀层。用在电气接触零部件上，如印制电路板和电子接触开关等。以特殊镍打底后，镀工作层
	导磁镀层	用在电子工业中要求镀层有导磁的场合。在特殊镍打底后，再镀一层镍-铁合金或镍-钴合金作为工作层
	焊接镀层	用于要求焊接或钎焊的场合，在焊接性较差的制件上镀覆焊接镀层，以提高焊接性能。在特殊镍打底后，可镀铜、银和锡，使其具有较好的焊接性能
	装饰性镀层	刷镀的装饰性镀层较少，金和银是主要的装饰性镀层，一般应用于电子工业仪表的装饰、艺术品装饰等。装饰性镀层由特殊镍打底，再接着镀金，如要镀银，中间也可加一层碱性铜
	反光镀层和防反光镀层	用作反光作用的，可采用银镀层。作防反光作用的，可采用黑色镀层，如黑镍镀层，在特殊镍打底后，中间镀一层锌，然后再镀一层黑镍
	防渗碳、防渗氮镀层	在热处理的局部渗碳、渗氮中，利用刷镀可局部电镀的特性，在不需渗碳、渗氮的部位，在特殊镍打底后，再刷镀铜层即起防渗的作用

　　注：1. 预镀层(又称打底镀层或过渡层、隔离层)的作用：提高镀层与基体的结合力；防止镀层与基体之间的扩散；防止镀液对基体腐蚀；防止镀液与基体金属置换等。常用作为预镀层的有特殊镍、碱性铜和快速镍等。

　　2. 工作镀层的作用：在修复尺寸中即为尺寸镀层，主要是修复尺寸(恢复尺寸)；在功能性镀覆中，即为各种功能性的面层。常用的镀层有镍、铜、铁、钴等，这些是刷镀的主要镀层，其镀液能高效、快速地沉积镀层。

12.5　刷镀的溶液种类

根据刷镀溶液在刷镀工艺中的作用和用途，一般可分为预处理溶液、单金属刷镀溶液、合金刷镀溶液、后处理溶液和退镀溶液等，如表 12-9 所示。

表 12-9　刷镀溶液的分类

类　别	品　种	处理液及镀液名称
表面预处理溶液	电净溶液	1号电净溶液、2号电净溶液、3号电净溶液
	活化溶液	1号活化溶液、2号活化溶液、3号活化溶液、4号活化溶液、铬活化溶液、银汞齐活化溶液

类　别	品　种	处理液及镀液名称
单金属刷镀溶液	镀镍溶液	特殊镍、快速镍、低应力镍、半光亮镍、光亮镍、黑镍、高堆积镍
	镀铜溶液	高速铜、碱性铜、高堆积碱性铜、半光亮铜
	镀铁溶液	快速铁、半光亮铁、酸性铁
	镀锡溶液	酸性锡、碱性锡、中性锡
	镀铬溶液	中性铬、酸性铬
	镀钴溶液	碱性钴、酸性钴、半光亮钴
	镀锌溶液	酸性锌、碱性锌
	镀镉溶液	低氢脆镉、碱性镉、酸性镉
	镀金溶液	金镀液
	镀银溶液	中性银
	镀铟溶液	碱性铟
合金刷镀溶液	镀二元合金溶液	镍-钨、镍-钨(D)、镍-磷、镍-锌、镍-铁、钴-钨、钴-钼
	镀三元合金溶液	铁-镍-钴、磷-钴-镍、锑-铜-锡
后处理溶液	钝化溶液	锌钝化溶液
	着色溶液	银、铜、锡、镉等着色溶液
退镀溶液	剥离各种镀层溶液	镍、铜、铬、镉、锌、银、金、锡

12.6　刷镀的预处理

12.6.1　电化学除油(电净)

电化学除油溶液又称为电净溶液。一般在刷镀前先用机械或化学方法去掉工件表面油污，然后再进行电化学除油。电净溶液由于氢氧化钠含量较高，是一种无色透明的强碱性水溶液（pH＞10），导电性很好，具有很强的电化学除油能力。电净溶液的组成及工艺规范见表 12-10。

表 12-10　电净溶液的组成及工艺规范

名　称	镀液成分及含量/(g/L)		工艺规范	性质及使用范围
1 号电净溶液	氢氧化钠(NaOH)	25	pH≥13 工作电压：8～15V 阴阳极相对运动速度：5～8m/min 电源极性：正极(接镀笔)	溶液无色透明，长期有效，腐蚀性小。有较强除油污能力，适用于黑色金属的电解除油
	碳酸钠(Na₂CO₃)	22		
	磷酸三钠(Na₃PO₄)	50		
	氯化钠(NaCl)	2.5		
2 号电净溶液	氢氧化钠(NaOH)	40	pH≥11 工作电压：8～15V 阴阳极相对运动速度：5～8m/min 电源极性：正极(接镀笔)	
	碳酸钠(Na₂CO₃)	40		
	磷酸三钠(Na₃PO₄)	160		
	氯化钠(NaCl)	5		
3 号电净溶液	氢氧化钠(NaOH)	25	pH≥13 工作电压：8～15V 阴阳极相对运动速度：5～8m/min 电源极性：正极(接镀笔)	与 1 号电净溶液性能相似。有较强除油污能力，尤其适用于铸铁类等组织结构疏松的材料
	碳酸钠(Na₂CO₃)	22		
	磷酸三钠(Na₃PO₄)	50		
	氯化钠(NaCl)	2.5		
	水基清洗剂	5～10mL/L		

12.6.2　活化

活化溶液用于去除被镀表面的氧化皮。镀件经电净后，采用电化学浸蚀的方法，使基体表面金属显露出其金相组织。由于基体金属和表面氧化皮性质的不同，需采用不同的活化溶液。常用活化溶液的组成及工艺规范见表 12-11。

表 12-11　活化溶液的组成及工艺规范

名　称	溶液成分及含量/(g/L)	工艺规范	性能及使用范围
1号活化溶液	硫酸(H_2SO_4)　　　　　80 硫酸铵[$(NH_4)_2SO_4$]　　110	pH=0.2～0.4 工作电压:8～15V 阴阳极相对运动速度:5～10m/min 电源极性:正极(接镀笔)或负极(接镀笔)	无色透明液体 主要用于不锈钢、低碳钢、低碳合金钢、白口铸铁、旧的镍层和铬层等。对钢基材浸蚀缓慢
2号活化溶液	38%盐酸(HCl)　　　　　25 氯化钠(NaCl)　　　　　140	pH=0.3 工作电压:6～14V 阴阳极相对运动速度:5～10m/min 电源极性:负极(接镀笔)	无色透明液体 适用于各种钢铁、合金钢、铝及铝合金、灰口铸铁,也可用于旧镀层和去除金属毛刺。对钢基材浸蚀较快
3号活化溶液	柠檬酸钠　　　　140～150 ($Na_3C_6H_5O_7 \cdot 2H_2O$) 柠檬酸　　　　　90～110 ($H_3C_6H_5O_7 \cdot H_2O$) 氯化镍($NiCl_2 \cdot 6H_2O$) 或氯化钠(NaCl)　　　1～3	pH=4 工作电压:15～25V 阴阳极相对运动速度:6～8m/min 电源极性:负极(接镀笔)	淡绿色液体,弱酸性水溶液 专门用于去除中、高碳钢,铸铁类及特种合金经1号或2号活化溶液活化后表面残留的碳化物和石墨炭渣等,使工件表面呈现洁净的银灰色。如不经此工序,工件表面的碳膜将夹在基体与镀层之间,大大降低其结合力
4号活化溶液	硫酸(H_2SO_4)(化学纯)　118 硫酸铵(化学纯)　　　　119 [$(NH_4)_2SO_4$]	pH=0.2 工作电压:10～15V 阴阳极相对运动速度:6～10m/min 电源极性:镀笔正极(有时负极)	无色透明液体,酸性较强 主要用在铬钢、镍钢或者经1号、2号活化溶液活化后仍难施镀的基体的活化处理,也可用于旧镀层上活化或去除金属毛刺等
铬活化溶液	硫酸铵(化学纯)　　　　100 [$(NH_4)_2SO_4$] 硫酸(H_2SO_4)(化学纯)　88 磷酸(H_3PO_4)(化学纯)　55 氟硅酸(H_2SiF_6)(化学纯)　5	pH=0.5 工作电压:10～15V 阴阳极相对运动速度:6～8m/min 电源极性:镀笔正极(有时负极)	无色透明液体 专门用于难镀金属基体的活化处理,如铬镀层,也可用于镍或铬基体金属的活化处理
银汞齐活化溶液	硫酸银(Ag_2SO_4)　　　　4 硫酸汞(HgSO_4)(化学纯)　5 硫酸(H_2SO_4)(化学纯)　226 磷酸(H_3PO_4)(化学纯)　8 氟硅酸(H_2SiF_6)(化学纯)　3	pH<0.1 工作电压:8～12V 阴阳极相对运动速度:8～12m/min 电源极性:负极(接镀笔)	无色透明液体 专门为镀银使用的活化液,可大大提高银镀层与基体金属的结合力

12.7　刷镀单金属

　　常用刷镀单金属有刷镀镍、铜、铁、钴、锌、镉、锡、铬、银、金、铟等。应用较广泛的有刷镀镍、铜、铁、锡,下面分别加以介绍。

12.7.1　刷镀镍

　　刷镀镍应用范围很广泛。刷镀所获得镍镀层具有较高的硬度(在50HRC左右)和塑性,镀层结晶细小,并具有很好的化学稳定性。刷镀镍溶液有特殊镍、快速镍、低应力镍、半光亮镍、光亮镍等。刷镀镍的镀液组成和工艺规范见表12-12。

表 12-12　刷镀镍的镀液组成和工艺规范

镀液名称	镀液组成		工艺规范及技术性能	镀液性能与适用范围
	成　分	含量/(g/L)		
特殊镍	硫酸镍 ($NiSO_4 \cdot 7H_2O$) 氯化镍 ($NiCl_2 \cdot 6H_2O$) 37%盐酸 (HCl) 冰醋酸 (CH_3COOH)	396 15 21 69	pH 值:0.3 工作电压:10～18V 阴阳极相对运动速度:5～10m/min 安全厚度:5μm 耗电系数:0.744A · h/($dm^2 \cdot \mu m$) 镀覆量:955～978μm · dm^2/L 镀液颜色:深绿色	用作预镀层和耐磨表面层。可以作为钢、不锈钢、合金钢、铅、铜、镍、铬等基体金属的打底镀层,以提高其与上面镀层的结合力,一般镀层厚度仅需 1～2μm。但不适用于铸铁类材料
快速镍	硫酸镍 ($NiSO_4 \cdot 7H_2O$) 柠檬酸铵 $[(NH_4)_3C_6H_5O_7]$ 草酸铵 $[(COONH_4)_2 \cdot H_2O]$ 醋酸铵 (CH_3COONH_4) 25%氨水 ($NH_3 \cdot H_2O$)	254 56 0.1 23 105mL/L	pH 值:7.5 工作电压:8～14V 阴阳极相对运动速度:6～12m/min 安全厚度:130μm 耗电系数:0.104A · h/($dm^2 \cdot \mu m$) 镀覆量:584μm · dm^2/L 镀液颜色:蓝绿色	镀层硬度高(50HRC)、耐磨性好,耐蚀性好,沉积速度快(>25μm/min)。在钢铁、不锈钢、铝、铜上均有良好的结合力。用于尺寸修复和作耐磨层,如需要更耐磨的表面,应在其上镀镍-钨合金或半光亮镍
低应力镍	硫酸镍 ($NiSO_4 \cdot 7H_2O$) 冰醋酸 (CH_3COOH) 醋酸钠 (CH_3COONa) 对氨基苯磺酸 ($NH_2C_6H_4SO_3H$) 十二烷基硫酸钠 $[CH_3(CH_2)_{11}SO_4Na]$	360 30mL/L 20 0.1 0.01	pH 值:3～3.5 工作电压:8～14V 阴阳极相对运动速度:6～10m/min 安全厚度:100μm 耗电系数:0.214A · h/($dm^2 \cdot \mu m$) 镀覆量:843μm · dm^2/L 镀液颜色:绿色	所获的镀层应力较小、厚度为 127μm 时无裂纹。主要是在沉积厚镀层时作夹心层用。广泛应用于多种金属组成的复合镀层,但其本身不能镀得太厚
半光亮镍	硫酸镍 ($NiSO_4 \cdot 7H_2O$) 冰醋酸 (CH_3COOH) 无水硫酸钠 (Na_2SO_4) 氯化钠 (NaCl) 硫酸联氨 ($NH_2 \cdot H_2SO_4 \cdot NH_2$)	300 48mL/L 20 20 0.1	pH 值:2～4 工作电压:6～10V 阴阳极相对运动速度:10～14m/min 安全厚度:100μm 耗电系数:0.122A · h/($dm^2 \cdot \mu m$) 镀覆量:697μm · dm^2/L 镀液颜色:绿色	镀层硬度高、耐磨性好、耐蚀性好。常用作底层,并在上面镀一层光亮镍,利用它与光亮镍镀层之间的电位差,来提高整个镀层的耐蚀性能
光亮镍	硫酸镍 ($NiSO_4 \cdot 7H_2O$) 冰醋酸 (CH_3COOH)	200～220 70～80mL/L	工作电压:5～10V 阴阳极相对运动速度:5～10m/min 安全厚度:100μm 镀覆量:472～517μm · dm^2/L 镀液颜色:绿色	需用腈纶毛绒包套才能获得镜面光亮,镀层厚度为 3～20μm,用作装饰刷金的底层

注：表中镀覆量值（μm · dm^2/L），是未考虑镀液损失时算出的理论值，下同。

12.7.2 刷镀铜

铜镀层能改善导电性、焊接性，可起防渗碳、防渗氮的作用。镀铜溶液沉积速度较快，有利于沉积厚镀层。刷镀铜溶液有高速铜、碱性铜、高堆积碱性铜、半光亮铜等。刷镀铜的镀液组成和工艺规范见表12-13。

表 12-13　刷镀铜的镀液组成和工艺规范

镀液名称	镀液组成		工艺规范及技术性能	镀液性能与适用范围
	成　分	含量/(g/L)		
高速铜	甲基磺酸铜 $[Cu(CH_3SO_3)_2]$ （甲基磺酸铜是用甲基磺酸和碱式碳酸铜配制的）	460	pH 值:1.5 左右 工作电压:8～14V 阴阳极相对运动速度:10～15m/min 安全厚度:200μm 耗电系数:0.073A·h/(dm²·μm) 镀覆量:1589μm·dm²/L 镀液颜色:深蓝色	镀层平滑致密。沉积速度快,可以厚镀,主要用于快速修复尺寸,填补凹坑、划伤等。不能直接镀在钢铁、锌、锡等零件上,需用特殊镍或碱性铜打底
	硫酸铜 $(CuSO_4·7H_2O)$ 硝酸铜 $[Cu(NO_3)_2·3H_2O]$	40 430	pH 值:1.5～2.5 工作电压:6～16V 阴阳极相对运动速度:10～15m/min 耗电系数:0.073A·h/(dm²·μm) 镀覆量:1379μm·dm²/L 镀液颜色:深蓝色	沉积速度快,用于尺寸修复,不能直接镀在钢铁上
高堆积碱性铜	甲基磺酸铜 $[Cu(CH_3SO_3)_2]$ 乙二胺 $(NH_2CH_2CH_2NH_2)$ 氯化钠 $(NaCl)$	322 178 1	pH 值:8.9～9.5 工作电压:8～14V 阴阳极相对运动速度:6～12m/min 安全厚度:200μm 耗电系数:0.079A·h/(dm²·μm) 镀覆量:107μm·dm²/L 镀液颜色:蓝紫色	镀层细密,沉积速度快,镀厚能力强。镀液偏碱性,对金属基体腐蚀性小。广泛应用于快速镀厚、填补凹坑、尺寸修复及电路板上的电路修复
碱性铜	硫酸铜 $(CuSO_4·5H_2O)$ 乙二胺 $(NH_2CH_2CH_2NH_2)$	250 135	pH 值:9.5～10 工作电压:10～15V 阴阳极相对运动速度:6～12m/min 安全厚度:10～30μm 耗电系数:0.079A·h/(dm²·μm) 镀覆量:716μm·dm²/L 镀液颜色:蓝紫色	镀层细密,与钢铁、铝有较好的结合力。沉积速度较慢,可用作预镀层,在夹心层上有广泛应用。用作铝、锌、铸铁类材料的底镀层,还用于印制板的修理和防渗碳层,改善材料表面的钎焊性、导电性、抗黏附磨损的镀层
半光亮铜	硫酸铜 $(CuSO_4·5H_2O)$ 甲酸钠 $(HCOONa)$ 甘露醇 $[CH_2OH(CHOH)_4CH_2OH]$ 硫脲 $[SC(NH_2)_2]$ 十二烷基硫酸钠 $[CH_3(CH_2)_{11}SO_4Na]$	250 40 0.2 0.2 0.01	pH 值:1 工作电压:6～8V 阴阳极相对运动速度:10～14m/min 安全厚度:100μm 耗电系数:0.152A·h/(dm²·μm) 镀覆量:694μm·dm²/L 镀液颜色:蓝色	在低电压操作情况下,所获得的镀层结晶细密,既可作为工作镀层,也可作为装饰性镀层

12.7.3　刷镀铁

刷镀所获得的铁镀层硬度较高,刷镀铁大多应用在钢铁基体材料上,其镀层颜色具有钢铁本色。刷镀铁溶液有快速铁和半光亮铁,其镀液组成和工艺规范见表 12-14。

表 12-14　刷镀铁的镀液组成和工艺规范

镀液名称	镀液组成		工艺规范及技术性能	镀液性能与适用范围
	成　分	含量/(g/L)		
快速铁	硫酸亚铁($FeSO_4 \cdot 7H_2O$) 柠檬酸($C_6H_8O_7 \cdot H_2O$) 醋酸铵(CH_3COONH_4) 草酸铵$[(COONH_4)_2 \cdot H_2O]$ 糖精	$250 \sim 300$ $80 \sim 120$ $20 \sim 40$ 2 1	pH 值:6.5 工作电压:8~15V 阴阳极相对运动速度:6~20m/min 安全厚度:200μm 耗电系数:0.11A·h/(dm²·μm) 镀液颜色:棕红色	铁镀层的硬度较高,常用作工作镀层(又称尺寸层),主要是修复尺寸。由于刷镀大多应用在钢铁件上,刷镀出来的铁镀层具有钢铁本色,很受欢迎
半光亮铁	硫酸亚铁($FeSO_4 \cdot 7H_2O$) 冰醋酸(CH_3COOH) 氨基乙酸(H_2NCH_2COOH) 添加剂	$240 \sim 280$ 30 20 $0.3 \sim 0.5$	pH 值:1.8~2 工作电压:6~12V 阴阳极相对运动速度:10~25m/min 安全厚度:200μm	

12.7.4　刷镀锡

锡镀层化学稳定性好,与硫化物几乎不发生作用。它具有较好的塑性、焊接性,可防渗氮,在螺纹配合时具有较好的密封性。因锡镀层有孔隙,在钢铁件上刷镀锡前,宜先刷镀一层铜,然后再刷镀锡。刷镀锡溶液有酸性和碱性之分,其镀液组成和工艺规范见表 12-15。

表 12-15　刷镀锡的镀液组成和工艺规范

镀液名称	镀液组成		工艺规范及技术性能	镀液性能与适用范围
	成　分	含量/(g/L)		
酸性锡	氯化亚锡($SnCl_2 \cdot 2H_2O$) 草酸($C_2H_2O_4$) 草酸铵$[(COONH_4)_2 \cdot H_2O]$ 明胶	60 5 85 4	pH 值:<0.1 工作电压:3~10V 阴阳极相对运动速度:10~15m/min 安全厚度:20μm 耗电系数:0.037A·h/(dm²·μm) 镀覆量:1781μm·dm²/L 镀液颜色:无色	沉积速度快,约为碱性镀锡的两倍,不能用于铸铁和多孔基材。对锡层有溶解,而不能修补锡镀层。用于要求镀速快的场合
	氟硼酸亚锡$[Sn(BF_4)_2]$ 氟硼酸(HBF_4) 硼酸(H_3BO_3) 明胶 β-萘酚(β-$C_{10}H_7OH$)	200 $100 \sim 135$ 30 $3 \sim 4.5$ $0.6 \sim 0.75$	pH 值:<0.1 工作电压:6~15V 阴阳极相对运动速度:10~20m/min 安全厚度:20μm 耗电系数:0.037A·h/(dm²·μm) 镀覆量:1781μm·dm²/L 镀液颜色:无色	
碱性锡	硫酸锡($SnSO_4$) 氢氧化钠($NaOH$) 醋酸钠(CH_3COONa) 双氧水(H_2O_2)	300 20 35 3mL/L	pH 值:9~10 工作电压:8~12V 阴阳极相对运动速度:15~25m/min 安全厚度:20μm 镀覆量:1096μm·dm²/L 镀液颜色:无色	能用于任何基材,结晶细密,不溶解镀层,用棉花擦拭,即有良好光泽。用于轴承座的精密配合和改善钎焊性能

12.7.5 刷镀其他金属

刷镀其他金属钴、锌、镉、铬、银、金、铟等，其刷镀液组成和工艺规范见表12-16。

表 12-16 其他金属刷镀液组成和工艺规范

镀液名称	镀液组成		工艺规范及技术性能	镀液性能与适用范围
	成分	含量/(g/L)		
半光亮钴	硫酸钴($CoSO_4 \cdot 7H_2O$) 硫酸镍($NiSO_4 \cdot 7H_2O$) 甲酸(HCOOH)	339 14.5 60mL/L	pH 值:1.5 工作电压:8~12V 阴阳极相对运动速度:10~14m/min 安全厚度:200μm 耗电系数:0.037A·h/(dm²·μm) 镀液颜色:暗红色	镀层细密、硬度高,可作为工作镀层结束后最上面的一层镀层(装饰层),也可作为夹心、减摩或导磁层。应用范围与刷镀镍相似
碱性锌	氢氧化锌[$Zn(OH)_2$] 乙二胺($NH_2CH_2CH_2NH_2$) 甲酸(HCOOH) 三乙醇铵[$N(C_2H_4OH)_3$] 氯化铵(NH_4Cl) 10 号添加剂	145 200mL/L 150mL/L 60mL/L 4.3 10mL/L	pH 值:7.8~8.5 工作电压:8~16V 阴阳极相对运动速度:4~10m/min 安全厚度:130μm 耗电系数:0.02A·h/(dm²·μm) 镀覆量:1325μm·dm²/L 镀液颜色:灰白色	刷镀锌层主要作为基体材料的阳极保护层。可在钢铁和锌铸件上进行刷镀,作为耐腐蚀和修补镀层,修复旧锌层
低氢脆镉	氧化镉(CdO) 甲基磺酸(CH_3SO_3H) 乙二胺($NH_2CH_2CH_2NH_2$) 甲酸(HCOOH) 草酸铵[$(COONH_4)_2 \cdot H_2O$] 10 号添加剂	114.3 200 165mL/L 2.8mL/L 1.8mL/L 7.0mL/L	pH 值:7~7.5 工作电压:8~16V 阴阳极相对运动速度:6~14m/min 安全厚度:30~100μm 耗电系数:0.03A·h/(dm²·μm) 镀覆量:1156μm·dm²/L 镀液颜色:棕黄色	镀层细密、较软、塑性强、耐蚀性好。特别是无氢脆,在高强度钢上刷镀镉,不需要除氢处理,用于高强度钢,也可用于一般钢铁零件
中性铬	重铬酸铵[$(NH_4)_2Cr_2O_7$] 草酸($C_2H_2O_4$) 草酸铵[$(COONH_4)_2 \cdot H_2O$] 醋酸铵(CH_3COONH_4) 氨水($NH_3 \cdot H_2O$)	126 441 124 10 15~35mL/L	pH 值:7 或 7.5 工作电压:8~12V 阴阳极相对运动速度:3~5m/min 安全厚度:25μm 耗电系数:0.545A·h/(dm²·μm) 镀覆量:728μm·dm²/L 镀液颜色:紫蓝色	镀层具有良好的耐磨、防黏附性能。但硬度比槽镀铬低,沉积速度慢,色泽差,不能作装饰铬使用。刷镀铬用作最后耐磨镀层及模具修复
中性银	氰化银钾[$KAg(CN)_2$] 碳酸钾(K_2CO_3) 碳酸铵[$(NH_4)_2CO_3$] 磷酸氢二钾($K_2HPO_4 \cdot 3H_2O$)	125 11.6 9 (调 pH 值)	pH 值:7 工作电压:3~8V 阴阳极相对运动速度:6~10m/min 安全厚度:10μm 镀覆量:1914μm·dm²/L 镀液颜色:无色透明	镀层洁白,导电性好,易抛光。常用于首饰等工艺品,以及电子产品。一般镀前预镀金或采用汞齐活化液对被镀表面擦拭。为氰化镀液
刷镀金	氰化金钾 [$KAu(CN)_4 \cdot 3/2H_2O$] 氰化钾(KCN) 磷酸氢二钾($K_2HPO_4 \cdot 3H_2O$) 碳酸钾(K_2CO_3)	15~22 15~22 15~22 30~37	pH 值:8 左右 工作电压:3~10V 阴阳极相对运动速度:5~10m/min 安全厚度:1μm 镀液颜色:无色透明	镀层结晶细致,孔隙小。常作钯、铑等的底层。适用于电子产品局部镀金,也适用于文物、建筑的修复。为氰化镀液

续表

镀液名称	镀液组成		工艺规范及技术性能	镀液性能与适用范围
	成　分	含量/(g/L)		
碱性铟	碳酸铟[In(CO₃)₂] 酒石酸(C₄H₆O₆) 乙二胺(NH₂CH₂CH₂NH₂) 甲酸(HCOOH)	118 150 190mL/L 40mL/L	pH值:9~9.5 工作电压:6~14V 阴阳极相对运动速度:8~12m/min 安全厚度:10~100μm 耗电系数:0.04A·h/(dm²·μm) 镀覆量:889μm·dm²/L 镀液颜色:淡黄色	刷镀层具有很好的润滑性、减摩性能和密封性,是很好的密封材料和轴承表面配合材料。具备耐蚀性能,应用于海洋工程及电子工业

12.8　刷镀合金

刷镀合金是指刷镀含有两种或两种以上金属成分的镀层。合金镀层会超出单一金属镀层的性能,具备更多更广泛的力学性能和理化性能,来满足对刷镀工件表面的技术要求。常用刷镀合金溶液有镍-钨合金、镍-钨（D）合金、铁-镍-钴合金等溶液。刷镀合金的溶液组成和工艺规范见表 12-17。

表 12-17　刷镀合金的溶液组成和工艺规范

镀液名称	镀液组成		工艺规范及技术性能	镀液性能与适用范围
	成　分	含量/(g/L)		
刷镀镍-钨合金	硫酸镍(NiSO₄·7H₂O) 钨酸钠(Na₂WO₄·2H₂O) 36%冰醋酸(CH₃COOH) 柠檬酸(C₆H₈O₇·H₂O) 柠檬酸钠(Na₃C₆H₅O₇·2H₂O) 无水硫酸钠(Na₂SO₄) 十二烷基硫酸钠(C₁₂H₂₅SO₄Na)	436 25 20mL/L 36 36 20 0.01	pH值:2左右 工作电压:10~15V 阴阳极相对运动速度:4~12m/min 安全厚度:30~75μm 耗电系数:0.214A·h/(dm²·μm) 镀液颜色:绿色	镀层硬度高、耐热、耐蚀性好、耐磨性好。一般镀层厚度小于30μm。镀层太厚,会产生裂纹。常在工作镀层上面覆盖一层镍-钨合金。在热锻模、活塞、气缸磨损中都得到应用。用作表面耐磨层
刷镀镍-钨(D)合金	硫酸镍(NiSO₄·7H₂O) 钨酸钠(Na₂WO₄·2H₂O) 硼酸(H₃BO₃) 柠檬酸(C₆H₈O₇·H₂O) 硫酸钠(Na₂SO₄) 硫酸钴(CoSO₄·7H₂O) 硫酸锰(MnSO₄·H₂O) 氯化镁(MgCl₂·6H₂O) 醋酸(CH₃COOH) 甲酸(HCOOH) 氟化钠(NaF) 十二烷基硫酸钠(C₁₂H₂₅SO₄Na)	393 23 31 42 6.5 2 2 2.8 20mL/L 35mL/L 5 0.001~0.01	pH值:1.5左右 工作电压:10~14V 阴阳极相对运动速度:8~14m/min 安全厚度:10~100μm 耗电系数:0.132A·h/(dm²·μm) 镀覆量:844μm·dm²/L 镀液颜色:深绿色	刷镀层有很高的硬度(60HRC)和耐磨性,镀层残余应力小,无氢脆,可镀较厚的镀层。可在铝、铬合金、钼、钛等难镀基体金属表面得到高结合力的镀层。用作表面耐磨层
刷镀铁-镍-钴合金	氯化亚铁(FeCl₂·4H₂O) 氯化镍(NiCl₂·6H₂O) 氯化钴(CoCl₂·6H₂O) 冰醋酸(CH₃COOH) 氟硼酸钠(NaBF₄) 添加剂	300 300 6 10mL/L 30 0.5	pH值:3~3.5 工作电压:5~15V 阴阳极相对运动速度:10~25m/min	铁-镍-钴为磁性合金镀层,在电子、计算机等行业中获得应用

12.9 刷镀耐磨复合镀层

目前，用于制备耐磨复合镀层的基质金属主要是金属镍、金属铬以及镍基合金。用于制备复合镀层的硬质微粒种类很多，如碳化硅（SiC）、氧化铝（AlO$_3$）、碳化钨（WC）、二氧化钛（TiO$_2$）、二氧化硅（SiO$_2$）、金刚石等。镍能与各种硬质固体微粒共沉积形成复合镀层，并在具有高耐磨性能的同时，仍保持了良好的韧性。因此，镍和镍合金耐磨复合镀层获得广泛应用。

刷镀复合镀层的方法，尤其适用于对零部件或者大型构件破损处的修补。刷镀耐磨复合镀层的溶液组成及工艺规范见表 12-18。

表 12-18 刷镀耐磨复合镀层的溶液组成及工艺规范

溶液成分及工艺规范		1	2
硫酸镍（NiSO$_4$·7H$_2$O）/(g/L)		360	254
氯化镍（NiCl$_2$·6H$_2$O）/(g/L)		6	—
柠檬酸（H$_3$C$_6$H$_5$O$_7$·H$_2$O）/(g/L)		30	—
次磷酸钠（NaH$_2$PO$_2$·H$_2$O）/(g/L)		15	—
乳酸（C$_3$H$_6$O$_3$）/(mL/L)		60	—
冰醋酸（CH$_3$COOH）/(mL/L)		25	—
氟化钠（NaF）/(g/L)		5	—
柠檬酸铵[（NH$_4$）$_3$C$_6$H$_5$O$_7$]/(g/L)		—	56
醋酸铵（CH$_3$COONH$_4$）/(g/L)		—	23
草酸铵[（NH$_4$）$_2$C$_2$O$_4$]/(g/L)		—	0.1
氨水（NH$_3$·H$_2$O）/(g/L)		—	105
阳离子表面活性剂			1
固体微粒	微粒名称	纳米碳化硅粉（SiC）	氧化铝（Al$_2$O$_3$）
	微粒粒度（平均粒径）		3～5μm
	微粒含量/(g/L)	9	30
pH 值		4.5	7.5～7.8
温度		室温	室温
电压/V		12	10
刷笔速度/(m/min)		9～11	9

12.10 刷镀层的安全厚度

镀层安全厚度是指在镀层质量的各项性能指标都得到保证的条件下，一般所能镀覆的厚度。镀层安全厚度参考值见表 12-19。表中所列镀层安全厚度，仅是理论参考数值。在实际生产中，由于许多因素相互影响，如何对镀层厚度进行掌握，有时还得凭操作者的经验。

表 12-19 镀层安全厚度参考值

镀液种类	安全厚度/μm	镀液种类	安全厚度/μm	镀液种类	安全厚度/μm
特殊镍	5	装饰铬	10	铅	20
快速镍	130	中性铬	25	金	1
低应力镍	100	碱性锌	130	银	10
半光亮镍	100	酸性锌	130	铟	10～100
碱性铜	10～30	低氢脆镉	30～100	镍-钨合金	30～75
高速铜	200	酸性钴	200	镍-钴合金	50
半光亮铜	100	锡	20	镍-磷合金	10
高堆积碱性铜	200	铁	200	铁合金	200～400

12.11　刷镀工艺流程

刷镀工艺流程虽然因被刷镀的金属材料、工件表面状况、镀层要求等的不同,而有所差异,但都有一共同的、通用的工艺流程。其常用的工艺流程分述如下。

(1) 单一镀层的刷镀工艺流程

常用的单一镀层的刷镀工艺流程见表 12-20。

表 12-20　常用的单一镀层的刷镀工艺流程

序号	工序名称	操作内容
1	镀前准备	①粗除油。采用有机溶剂或洗净剂去除厚油脂、脏污物等 ②机械准备。经机械加工后,要达到一定的粗糙度($R_a 1.6 \mu m$ 以上);机械去除锈蚀层、锈斑;机械修整,车削磨削加工,去除毛刺、飞边、磨光、抛光、整形等
2	对镀件表面进行电化学除油(电净)	采用阳极除油、阴极除油或阴阳极交替除油 各种基体材料的电净,所采用的工作电压和电净时间见表 12-10
3	用水冲洗被镀表面	用清水(自来水)冲洗净工件被镀表面
4	保护非镀表面	用绝缘胶带、塑料布等包裹(扎)镀件的非镀表面
5	对镀件进行活化处理(浸蚀)	用电化学浸蚀和机械摩擦的作用,去除基体表面氧化物和杂质。各种基体材料所采用的活化操作条件见表 12-11
6	用水冲洗被镀表面	用清水(自来水)冲洗净工件被镀表面
7	预镀层(打底镀层)	为保证镀层与基体的结合强度,对于不同的基体材料,选择不同的打底镀层。打底镀层一般有特殊镍、碱性铜和快速镍
8	用水冲洗被镀表面	用清水(自来水)冲洗净工件被镀表面
9	镀工作镀层	根据制品的功能要求,选镀工作镀层
10	用水冲洗被镀表面	用清水(自来水)冲洗净工件被镀表面。有时为了中和酸液,可用碱性溶液清洗,再用清水冲洗。对质量要求较高的,可采用纯水清洗
11	镀后处理	烘干或吹干镀件表面、机械加工、抛光、涂防锈油等

注:1. 刷镀实际操作中,根据实际情况及要求的不同,可增加或减少工序。

2. 工序间清洗,最好不要用江、河、湖、井等的水,以防止水中的化学成分对镀层质量的影响。

(2) 复合镀层的刷镀工艺流程

当单一镀层不能满足要求时,就需要用两种或两种以上镀层去满足技术要求,这样的镀层称为复合镀层。在实际生产中,往往不可能一次镀(厚)到位,往往采用夹镀一层或几层其他性质的镀层,这样的镀层称为夹心镀层。

常用的复合镀层的刷镀工艺流程见表 12-21。

表 12-21　常用的复合镀层的刷镀工艺流程

序号	工序名称	操作内容
1	镀前准备	①粗除油。采用有机溶剂或洗净剂去除厚油脂、脏污物等 ②机械准备。经机械加工后,要达到一定的粗糙度($R_a 1.6 \mu m$ 以上);机械去除锈蚀层、锈斑;机械修整,车削磨削加工,去除毛刺、飞边、磨光、抛光、整形等
2	对镀件表面进行电化学除油(电净)	采用阳极除油、阴极除油或阴阳极交替除油 各种基体材料的电净,所采用的工作电压和电净时间见表 12-10
3	用水冲洗被镀表面	用清水(自来水)冲洗净工件被镀表面
4	保护非镀表面	用绝缘胶带、塑料布等包裹(扎)镀件的非镀表面
5	对镀件进行活化处理(浸蚀)	用电化学浸蚀和机械摩擦的作用,去除基体表面氧化物和杂质。各种基体材料所采用的活化操作条件见表 12-11
6	用水冲洗被镀表面	用清水(自来水)冲洗净工件被镀表面
7	预镀层(打底镀层)	为保证镀层与基体的结合强度,对于不同的基体材料,选择不同的打底镀层。打底镀层一般有特殊镍、碱性铜和快速镍
8	用水冲洗被镀表面	用清水(自来水)冲洗净工件被镀表面

序号	工 序 名 称	操 作 内 容
9	镀修复尺寸镀层	根据镀件材料、表面状况及制件技术要求等,选镀镀层
10	用水冲洗被镀表面	用清水(自来水)冲洗净工件被镀表面
11	镀夹心镀层	根据镀件材料、镀层厚度要求或改变镀层的应力状态及其他要求等选用适合的夹心镀层,根据需要可镀 2~3 次夹心镀层
12	用水冲洗被镀表面	用清水(自来水)冲洗净工件被镀表面
13	镀工作镀层	根据制品的功能要求,选镀工作镀层
14	用水冲洗被镀表面	用清水(自来水)冲洗净工件被镀表面。有时为了中和酸液,可用碱性溶液清洗,再用清水冲洗。对质量要求较高的,可采用纯水清洗
15	镀后处理	烘干或吹干镀件表面、机械加工、抛光、涂防锈油等

注:1. 刷镀实际操作中,根据实际情况及要求的不同,可增加或减少工序。例如复合镀层,有时需要增加 2~3 次夹心镀层等。

2. 工艺流程中的清水冲洗,除了特殊镍打底后再刷镀快速镍时可以不进行冲洗外,其他每道工序间都要进行清水冲洗。

3. 工序间清洗,最好不要用江、河、湖、井等的水,以防止水中的化学成分对镀层质量的影响。

12.12 刷镀前处理操作条件

(1) 电化学除油（电净）操作条件

电化学除油（电净）溶液组成及工艺规范见表 12-10,各种基体材料电化学除油（电净）的操作条件见表 12-22。

表 12-22 各种基体材料电化学除油（电净）的操作条件

被镀材料	电净溶液	电源极性	电净时间/s	工作电压/V
低碳钢、低碳合金钢、中碳钢、中碳合金钢、高合金钢、不锈钢、特殊钢	1号或2号	正极或负极 (阴极除油或阳极除油)	20~30	8~15
高强度钢	1号或2号	负极(阳极除油)	油除净,时间尽量短	10~12
铜及铜合金	1号	正极(阴极除油)	20~40	8~12
铝及铝合金	1号	正极(阴极除油)	20~30	8~15
镍、铬镀层	1号	正极(阴极除油)	20~30	8~15
铸铁	3号	正极(阴极除油)	30~60	10~15

注:1. 电净溶液的组成见表 12-10 电净溶液的组成及工艺规范。

2. 电源极性是指接阳极（镀笔）的极性,如电源极性正极,是正极接阳极（镀笔）,镀件为阴极,即为阴极除油。

(2) 活化操作条件

在进行活化处理时,应根据不同基体材料,选择活化溶液和操作条件。活化溶液组成及工艺规范见表 12-11,各种基体材料的活化操作条件[1]见表 12-23。

表 12-23 各种基体材料的活化操作条件

被镀材料	活化溶液	电源极性	活化时间/s	工作电压/V
低碳钢、低碳合金钢	1号或2号	1号正极或负极 2号负极	1号:30~50 2号:20~40	1号:8~15 2号:6~14
中碳钢、中碳合金钢、高碳钢	2号+3号	负极	2号:30~50 3号:30~60	2号:6~14 3号:18~25
特种钢、不锈钢、高合金钢、镍镀层、铬镀层	2号+3号	负极	2号:30~50 3号:30~50	2号:6~14 3号:18~25
铸铁	2号+3号	负极	2号:30~60 3号:30~80	2号:6~14 3号:18~25
铬镀层	铬活化溶液	正负交替	30~60	10~15
镍镀层、不锈钢	1号或2号	1号正极或负极 2号负极	1号:30~50 2号:20~40	1号:8~15 2号:6~14

注:1. 活化溶液的组成见表 12-11 活化溶液的组成及工艺规范。

2. 电源极性是指接阳极（镀笔）的极性,如电源极性正极,是正极接阳极（镀笔）,镀件为阴极,即为阴极电解浸蚀。

12.13　刷镀的有关计算

(1) 阴阳极相对运动速度计算

圆柱形零件（回转件）刷镀时，阳极固定，工件（阴极）旋转，相对运动速度是指线速度。线速度与转速的关系按下式计算：

$$n = \frac{v}{\pi D} \times 1000$$

式中　n——工件转速，r/min；

　　　v——阴阳极相对运动的速度，m/min；

　　　D——工件被镀表面的直径，mm。

(2) 刷镀溶液用量估算

刷镀溶液用量的概略估算，其计算式如下：

$$V = \frac{S\delta dk}{100M}$$

式中　V——镀液用量，L；

　　　S——刷镀面积，dm^2；

　　　d——镀层金属密度，g/cm^3；

　　　δ——镀层厚度，μm；

　　　M——镀液中金属离子含量，g/L；

　　　k——镀液损耗系数，取 1.5～2。

各种镀液的镀覆量（μm·dm^2/L），是由镀液用量 V 值计算出来的（系未考虑镀液损失时算出的理论值）。它表示用 1L 镀液所能镀覆的面积（dm^2）和镀层厚度（μm）的乘积。

(3) 刷镀的电量、厚度、时间等的计算

① 刷镀用电量按下式计算：

$$Q = \frac{Sd\delta}{100C}$$

② 刷镀层厚度按下式计算：

$$\delta = \frac{QC}{Sd} \times 100$$

③ 刷镀时间按下式计算：

$$t = \frac{\delta N}{v}$$

上述各式中　Q——刷镀通过的电量，A·h；

　　　　　　δ——镀层厚度，μm；

　　　　　　t——刷镀时间，min；

　　　　　　S——刷镀面积，dm^2；

　　　　　　d——镀层金属密度，g/cm^3；

　　　　　　C——该金属的电化当量，g/(A·h)；

　　　　　　N——刷镀面积占阴极面积的倍数；

　　　　　　v——沉积速度，μm/min。

第13章

化学镀

13.1 化学镀镍

13.1.1 概述

化学镀是指在经活化处理的基体表面上，通过镀液中适当的还原剂，使金属离子在基体表面的自催化作用下还原形成金属镀层的过程。

（1）化学镀镍用的还原剂

化学镀镍所用的还原剂在结构上共同的特征是含有两个或多个活性氢，还原镍离子时就是靠还原剂的催化脱氢进行的。常用的化学镀镍还原剂及其特性，如表 13-1 所示。

表 13-1 常用的化学镀镍还原剂及其特性

还原剂	分子式	分子量	外观	自由电子数	镀液pH 值	氧化还原电位/V
次磷酸钠	$NaH_2PO_2 \cdot H_2O$	106	白色吸湿性结晶	2	4～6,7～10	−1.4
硼氢化钠	$NaBH_4$	38	白色晶体	8	12～14	−1.2
二甲基氨硼烷（DMAB）	$(CH_3)_2NH \cdot BH_3$	59	市售品是溶解在异丙醇中的黄色液体	6	6～10	−1.2
二乙基氨硼烷（DEAB）	$(C_2H_5)_2NH \cdot BH_3$	87		6	6～10	−1.1
肼	$H_2N \cdot NH_2$	32	白色结晶	4	8～11	−1.2

注：氧化还原电位是在碱性溶液中测定的近似值。

（2）化学镀镍的溶液种类

化学镀镍实质上是化学镀镍基合金。化学镀镍溶液按照使用的还原剂分类及其一般用途见表 13-2。

目前，化学镀镍常以次磷酸钠为还原剂，镀 Ni-P 合金，而且工艺稳定成熟。由于氨基硼烷还原剂价格昂贵，因此，化学镀 Ni-B 合金，尚未大规模工业化应用。

表 13-2 化学镀镍溶液及其一般用途

类 别	镀液一般用途
次磷酸盐溶液	以次磷酸盐作还原剂的高温镀液,常用于钢和其他金属基体上的化学镀镍;而中温碱性镀液,用于塑料和其他非金属基体上的化学镀镍
硼氢化物溶液	以硼氢化物作还原剂的碱性镀液,常用于铜和铜合金基体上的化学镀镍
氨基硼烷溶液	以氨基硼烷作还原剂的镀液,用于非金属或塑料基体上的化学镀镍
联氨（肼）溶液	以联氨（肼）作还原剂的镀液,所得镍镀层纯度高,有较好的磁性能,用于生产磁性膜

（3）化学镍镀层的性能

化学镀镍与电镀镍的性能比较见表 13-3。

表 13-3　化学镀镍与电镀镍的性能比较

性　能	电镀镍	化学镀镍	性　能		电镀镍	化学镀镍
镀层组成	镍含量 99%（质量分数）以上	镍含量 92% 左右、磷 8% 左右	耐蚀性		好（多孔隙）	优良（孔隙少）
外观	暗至全光亮	半光亮至光亮	相对磁化率/%		36	4
结构（镀态）	晶态	非晶态	电阻率/($\mu\Omega$/cm)		7	60~100
密度/(g/cm^3)	8.9	平均 7.9	热导率 /[J/(cm·s·℃)]		0.16	0.01~0.02
分散能力	差	好				
硬度	200~400HV	500~700HV	耐磨性	无润滑油	磨损	磨损少
耐磨性	相当好	极好		有润滑油	良好	良好
加热调质	无变化	提高硬度,达 900~1300HV				

13.1.2　化学镀 Ni-P 合金

化学镀 Ni-P 合金，是以次磷酸钠为还原剂，将镍离子还原成镍，同时次磷酸本身也被吸附的氢原子还原为磷，镍原子和磷原子共同沉积形成 Ni-P 合金。

化学镀 Ni-P 合金按镀液的 pH 值可分为酸性和碱性两大类，酸性镀液按所获得的镀层中的磷含量可分为高磷、中磷和低磷镀等三类。化学镀 Ni-P 合金溶液的分类及其用途见表 13-4。其溶液组成及工艺规范见表 13-5、表 13-6。目前，市场上出现的一些化学镀镍添加剂商品，列入表 13-7，供参考。

表 13-4　化学镀 Ni-P 合金溶液的分类及其用途

	类　别	溶液性能及其用途
按溶液性质分类	碱性溶液	碱性溶液所得的镀层中磷含量较低(通常为 3%~7%,质量分数),稳定性较差,主要用于非金属材料电镀前的化学镀镍,以及铝及铝合金、镁及镁合金电镀前的底镀层,以提高镀层与铝、镁基体的结合力
	酸性溶液	酸性溶液所得的镀层中磷含量较高,镀液较稳定,应用最为广泛。酸性镀液按所获得的镀层中的磷含量是可分为高磷、中磷和低磷镀等三类
按酸性溶液镀层中磷含量分类	高磷合金镀层	其磷含量在 10%(质量分数)以上,镀层为非晶态、非磁性,随着磷含量的增加,也提高镀层的耐蚀性能。利用镀层的非磁性,主要应用于计算机磁记录装置的硬盘;利用镀层的优良耐蚀性能,应用于耐蚀性要求高的零部件
	中磷合金镀层	其磷含量为 6%~9%(质量分数),镀层经热处理,部分晶化,形成 Ni$_3$P 弥散强化相,镀层硬度大大提高。中磷合金镀层在工业中应用最为广泛,如广泛用于汽车、电子、办公设备、精密机械等工业
	低磷合金镀层	其磷含量为 2%~5%(质量分数),低磷合金镀层有特殊的力学性能。如镀态硬度可达 700HV,耐磨性好,韧性高,内应力低。镀层经热处理(温度 350~440℃,时间 1h)后,其硬度和耐蚀性明显优于硬铬镀层,可部分替代硬铬镀层

表 13-5　碱性及酸性次磷酸盐化学镀镍的溶液组成及工艺规范

溶液成分及工艺规范	碱性次磷酸盐镀液			酸性次磷酸盐镀液				
	1	2	3	1	2	3	4	5
硫酸镍(NiSO$_4$·6H$_2$O)/(g/L)	—	33	30	25~30	—	30	—	25
氯化镍(NiCl$_4$·6H$_2$O)/(g/L)	45	—	—	—	30	—	30	—
次磷酸钠(NaH$_2$PO$_2$·H$_2$O)/(g/L)	11	17	20	20~25	10	10	10	30
醋酸钠(CH$_3$COONa·3H$_2$O)/(g/L)	—	—	20	15	—	10	10	—
柠檬酸钠(Na$_3$C$_6$H$_5$O$_7$·2H$_2$O)/(g/L)	100	84	—	10	10	—	—	—
醋酸(CH$_3$COOH)/(g/L)	—	—	—	—	—	—	8	—
乳酸(C$_3$H$_6$O$_3$)/(mL/L)	—	—	25	—	—	—	—	—
氯化铵(NH$_4$Cl)/(g/L)	50	50	—	—	—	—	—	—
硫酸铵[(NH$_4$)$_2$SO$_4$]/(g/L)	—	—	30	—	—	—	—	—
乳酸(C$_3$H$_6$O$_3$)/(mL/L)	—	—	—	—	—	—	—	20

续表

溶液成分及工艺规范	碱性次磷酸盐镀液			酸性次磷酸盐镀液				
	1	2	3	1	2	3	4	5
苹果酸($C_4H_6O_5$)/(g/L)	—	—	—	—	—	—	—	12
添加剂 HLP-1/(mL/L)	—	—	20	—	—	—	—	—
稳定剂	—	—	—	—	—	—	—	适量
pH 值	8.5~10	9.5	7~7.5	4.5~5	4~6	4~6	5.2~5.6	5~6
温度/℃	90~95	88	70~85	85~90	90	90	95	85~90
沉积速率/(μm/h)	10		20~25	12~15	5~10	25		17~20

注：碱性次磷酸盐镀液配方 3 为快速低磷化学镀镍，磷含量为 1.5%~3%（质量分数），哈尔滨工业大学研制。

表 13-6　常用的中低温次磷酸盐化学镀镍的溶液组成及工艺规范

溶液成分及工艺规范	1	2	3	4	5	6	7
硫酸镍($NiSO_4 \cdot 6H_2O$)/(g/L)	—	25	—	28	20	30	—
氯化镍($NiCl_2 \cdot 6H_2O$)/(g/L)	25	—	40~60	—	—	—	30
次磷酸钠($NaH_2PO_2 \cdot H_2O$)/(g/L)	25	25	30~60	32	20	20	30
焦磷酸钠($Na_4P_2H_5O_7$)/(g/L)	60~70	50	—	—	—	—	—
柠檬酸钠($Na_3C_6H_5O_7 \cdot 2H_2O$)/(g/L)	—	—	60~90	—	20	—	20
醋酸钠($CH_3COONa \cdot 3H_2O$)/(g/L)	—	—	—	10~15	—	—	—
氯化铵(NH_4Cl)/(g/L)	—	—	—	—	—	50	—
乳酸($C_3H_6O_3$)/(mL/L)	—	—	—	5~10	—	—	—
硫脲[$(NH_2)_2CS$]/(mg/L)	—	—	—	0.8~1	—	—	—
羟基乙酸钾($KC_2H_3O_3$)/(g/L)	—	—	10~30	—	—	—	—
pH 值	10~10.5	10~11	5~6	8~9	8.5~9.5	8~9.5	3~4
温度/℃	70~75	65~76	60~65	55~65	40~45	30~40	25~30
备注	这类镀液一般多使用焦磷酸钠作为配位剂，镀液工作温度较低，特别适用于塑料件镀覆。镀液温度升高，沉积速度加快，磷含量增加，当温度超过 75℃后，镀液很不稳定，镀层呈灰黑色						

表 13-7　市场商品的化学镀镍添加剂的镀液配方及操作条件

镀　液	成　分	含量/(mL/L)	温度/℃	镀层磷含量（质量分数）	备　注
高磷化学镀镍	SXEN-2002MA SXEN-2002MB （pH＝4.6~4.8,用氨水调节）	100 100	85~90	10%~14%	装载量:0.5~2.5dm²/L 最高镀速:15~18μm/h 杭州水星表面技术有限公司产品
	JS-935A JS-935B （pH＝4.6~5.2）	60 150	82~90	10%~13%	装载量:0.73~2.45dm²/L 最高镀速:10~18μm/h 恩森(台州)化学有限公司的产品
	SM425A SM425B	60 180	—	10.5%~12%	适用于沉积厚镀层(250μm) 深圳市思美昌科技有限公司的产品
	MT-767A MT-767B （pH＝4.2~4.8）	120 150	85~90	10%~12%	装载量:0.5~2dm²/L 镀液寿命:10~12 个周期 搅拌:搅拌空气 如需进一步提高镀层光亮度,还可以添加 MT-767D 广州美迪斯新材料有限公司的产品

镀液	成 分	含量/(mL/L)	温度/℃	镀层磷含量(质量分数)	备 注
中磷化学镀镍	HSB-97 化学镀镍 A 剂 HSB-97 化学镀镍 B 剂 (pH=4.8~5.2,用氨水调节)	100 100	87~90	6%~9%	滚镀的装载量:0.8~1.5dm²/L 沉积速度:15~25μm/h 镀液寿命:8~10 个周期 镀液循环过滤(6~10 次/h),过滤精度3~5μm 上海永生助剂厂的产品
	MT-877A MT-877B (pH=4.2~4.8)	60 150	85~90	8%~10%	装载量:0.5~2dm²/L 镀液寿命:10~12 个周期 搅拌:空气搅拌 如需进一步提高镀层光亮度,还可以添加 MT-877D 广州美迪斯新材料有限公司的产品
	308A 开缸剂 308B 辅助剂 (pH=4.4~5.0)	60 120	80~95	6%~9%	装载量:0.5~2dm²/L 最高镀速:20~25μm/h 空气搅拌,连续过滤 广州二轻工业科学技术研究所的产品
	EN-828A EN-828B (pH=4.7~5.2)	60 90	82~88	7%~8%	上海敖美化学有限公司的产品
低磷化学镀镍	SXEN-2001MA SXEN-2001MB (pH=7~7.5,用氨水调节)	100 200	70~75	0.5%~3%	装载量:0.5~1.5dm²/L 最高镀速:20μm/h 杭州水星表面技术有限公司的产品
	JS-929M (pH=5.8~6.8)	200	63~87	2%~4%	装载量:0.6~2.45dm²/L 恩森(台州)化学有限公司的产品
	NI-429M (pH=5.8~6.8)	200	63~87	2%~4%	上海敖美化学有限公司的产品
碱性化学镀镍	BH-碱性化学镀镍 主盐 A 开缸剂 B (pH=8.5~9.5,用氨水调节)	50 100	45~55	—	广州二轻工业科学技术研究所的产品
	NICHEM1000A NICHEM1000B (pH=9~9.5)	40 150	29~35	—	装载量:0.32~0.96dm²/L 连续过滤(不能打气) 广东高力表面技术有限公司的产品
	MT-866Mu MT-866A MT-866B 镍含量 (pH=8.5)	100 100 补充用 6g/L	45	—	沉积速度:≥10μm/h 镀液寿命:8~10 个周期 过滤:连续过滤 化学镀时间:5~20min 广州美迪斯新材料有限公司产品

13.1.3 化学镀 Ni-B 合金

化学镀 Ni-B 合金镀层的特点及应用见表 13-8。按所用的还原剂的不同,其镀液有硼氢化钠溶液和胺硼烷溶液,这两种镀液的溶液组成及工艺规范见表 13-9、表 13-10。

表 13-8　化学镀 Ni-B 合金镀层的特点及应用

Ni-B 合金镀层的特点	应　用
1. 镀层为无定形结构，经 450℃ 热处理后，向 Ni_2B 和 NiB_3 转变，并具有很高的硬度（900～1000HV） 2. Ni-B 合金镀层熔点为 1450℃，比 Ni-P 合金镀层（890℃）高得多 3. 镀态硬度为 700～800HV，经热处理后，其硬度可高达 1200～1300HV 4. 镀层的镀态硬度高，因此，很适合于不能承受热处理的基材（如塑料、高强度铝合金等）作耐磨镀层使用 5. 耐磨性优于化学镀 Ni-P 合金，经热处理后，其耐磨性超过硬铬 6. 钎焊性能好，采用银或铜钎焊时，具有优良的高温钎焊性和强度 7. 硼含量为 4%～5%（质量分数）的镀层为非磁性，经热处理后变为磁性；硼含量在 0.5%（质量分数）以下时，镀层有磁性，热处理后矫顽力和剩磁均无变化 8. 耐蚀性能比 Ni-P 合金差	1. 镀层具有良好的焊接性、耐蚀性、耐磨性，并且其电阻低，可用于导体和非导体，作为电触点材料。可在某些电子元件上代替银镀层、金镀层 2. 由于耐高温、表面平整、耐磨性高，可用于玻璃制品的金属模具 3. Ni-B 合金镀层的色泽与铑相似，可作为代铑的装饰性镀层

表 13-9　硼氢化钠作为还原剂的化学镀镍的溶液组成及工艺规范

溶液成分及工艺规范	1	2	3	4
氯化镍（$NiCl_2 \cdot 6H_2O$）/(g/L)	30	—	30	30
硫酸镍（$NiSO_4 \cdot 6H_2O$）/(g/L)	—	12	—	—
硼氢化钠（$NaBH_4$）/(g/L)	1	0.5	0.6	0.7
乙二胺（$C_2H_8N_2$）/(g/L)	15	—	50	60
氢氧化钠（NaOH）/(g/L)	40	40	40	40
酒石酸钾钠（$NaKC_4H_4O_6 \cdot 4H_2O$）/(g/L)	40	—	—	—
EDTA-2Na/(g/L)	—	35	—	—
焦亚硫酸钾（$K_2S_2O_5$）/(g/L)	2	—	—	—
硝酸铊（$TlNO_3$）/(g/L)	—	0.05	—	—
巯基乙酸（$C_2H_4O_2S$）/(g/L)	—	—	1	—
胱氨酸（$C_6H_{12}N_2O_4S$）/(g/L)	—	—	—	0.01
pH 值	>12	14	—	13
温度/℃	60	95	90	95
备　注	硼氢化钠具有较强的还原能力，在低温下比次磷酸盐容易还原镍。加入稳定剂，可提高硼氢化钠的利用率。镀液可连续使用。用酒石酸盐代替部分乙二胺，可降低镀液温度。所获得的合金镀层硼含量在 2%～8%（质量分数）。硼氢化钠的价格比次磷酸钠贵得多，但因其在镀液中含量很低，所以配成镀液的成本并不算很高				

表 13-10　以氨基硼烷作为还原剂的化学镀镍的镀液组成及工艺规范

溶液成分及工艺规范	1	2	3
氯化镍（$NiCl_2 \cdot 6H_2O$）/(g/L)	24～48	30	—
硫酸镍（$NiSO_4 \cdot 6H_2O$）/(g/L)	—	—	60
二甲基氨硼烷（DMAB）[$(CH_3)_2NHBH_3$]/(g/L)	3～4.8	—	3
二乙基氨硼烷（DEAB）[$(C_2H_5)_2NHBH_3$]/(g/L)	—	3	—
醋酸钠（$NaC_2H_3O_2 \cdot 3H_2O$）/(g/L)	18～37	—	—
柠檬酸钠（$Na_3C_6H_5O_7 \cdot 2H_2O$）/(g/L)	—	10	—
琥珀酸钠（$C_4H_4Na_2O_4 \cdot 6H_2O$）/(g/L)	—	20	—
焦磷酸钠（$Na_4P_2O_7 \cdot 10H_2O$）/(g/L)	—	—	100
异丙醇（C_3H_8O）/(mg/L)	—	50	—
pH 值	5.5	5～7	10
温度/℃	70	65	25
沉积速度/(μm/h)	7～12	7～12	—
备注	镀液可在较宽的 pH 值围内操作，但一般使用的 pH 值为 6～9，pH 值过低，氨基硼烷会分解。镀液使用温度一般低于 75℃，温度高会引起氨基硼烷分解。镀层硼含量为 0.4%～5%（质量分数），其镀层性能与用硼氢化钠为还原剂所获得的镀层相似。镀液稳定性较好，镀液再生能力强，因而使用周期长。镀液的氧化反应活化能较低，因此有些金属如铜、银、不锈钢等，在次磷酸盐镀液中没有催化能力，但在二甲氨基硼烷镀液中都有足够的催化能力，从而使化学镀镍过程自发进行，而不需进行活化处理			

13.1.4 联氨（肼）作为还原剂的化学镀镍

肼，又称为联氨（H_2NNH_2），是一种无色油状液体，易溶于水而形成水合肼。其还原能力都比前几种还原剂弱，只有在碱性溶液中才有可能使镍离子还原。镀层内应力大，脆性大。而肼在空气中激烈氧化发烟，并有刺激性的臭味，所以应用比较少。以联氨（肼）为还原剂的化学镀镍的溶液组成及工艺规范见表 13-11。

表 13-11　以联氨（肼）为还原剂的化学镀镍的镀液组成及工艺规范

溶液成分及工艺规范	1	2	溶液成分及工艺规范	1	2
硫酸镍($NiSO_4 \cdot 7H_2O$)/(g/L)	29	23	pH 值	8~10	8~10
85%水合肼($N_2H_4 \cdot H_2O$)/(mL/L)	—	18	温度/℃	85~90	85~90
硫酸肼($N_2H_4 \cdot H_2SO_4$)/(g/L)	13	—			

13.1.5 化学镀镍工艺

不同基体金属上的化学镀镍，按基体金属对化学镀镍催化活性的不同，可分为四类[4]。根据基体金属不同的催化活性采用的镀前处理见表 13-12。

表 13-12　根据基体金属不同的催化活性采用的前处理工艺

基体金属	所采用的前处理工艺
高催化活性金属	这类金属包括普通钢铁、镍、钴、铂、钯等，这些金属经一般电镀前处理后，即可直接进行化学镀镍，其工艺流程如下 1. 一般工件。主要工艺流程大致如下：化学除油→电化学除油→浸蚀→化学镀镍 2. 高合金钢和镍基合金工件。主要工艺流程如下：溶剂除油→化学除油→电化学除油→浸蚀→电化学除油→浸蚀→闪镀镍→化学镀镍
有催化活性金属	这类金属有催化活性但表面容易氧化，包括不锈钢、铝、镁、钛、钨、钼等。这类金属要进行适当的活化或预镀后，才能进行化学镀镍，其工艺流程如下 1. 不锈钢件的化学镀镍。主要工艺流程如下：溶剂除油→化学除油→电化学除油→浸蚀→闪镀镍→化学镀镍 2. 铝合金件的化学镀镍。铝的表面很容易与氧反应生成氧化膜，阻碍镀层与基体金属的结合，需进行特殊的前处理，包括除油、除氧化膜等工序，前处理完成后即可进行化学镀镍。其工艺见本篇第 11 章中有关铝及铝合金的电镀
非催化活性金属	这类金属包括铜、银、金等，它们需要进行催化处理后，才能进行化学镀镍。以铜为例，铜对于化学镀镍的化学还原没有催化作用，因而对铜及铜合金必须进行化学或电化学活化，或预镀层
有催化毒性金属	属于这类的金属有铅、镉、锌、锡、锑等。由于它们对化学镀镍溶液有毒害作用，因此应先预电镀一层铜，再用氯化钯活化，或闪镀一层镍后，再进行化学镀镍

13.2　化学镀铜

早期化学镀铜溶液，是以甲醛为还原剂的碱性酒石酸镀液。由于甲醛的毒性越来越受到社会的关注，20 世纪 80 年代不少人开始尝试采用次磷酸盐、肼或硼化合物作为甲醛还原剂的替代品。使用无毒或低毒的具有还原性的物质替代甲醛的化学镀铜溶液符合当前绿色环保要求。

传统的化学镀铜为高碱性溶液，一般以甲醛为还原剂，EDTA 和酒石酸钾钠为单一或混合配合剂。但甲醛对人体、环境具有明显危害，镀液不稳定。目前非甲醛化学镀铜还处于研究开发阶段，但将是化学镀铜的应用方向。

13.2.1 甲醛还原剂化学镀铜

甲醛还原剂化学镀铜的溶液组成及工艺规范见表 13-13。

表 13-13　甲醛还原剂化学镀铜的溶液组成及工艺规范[3]

溶液成分及工艺规范	低稳定性		高稳定性				
	1	2	1	2	3	4	5
硫酸铜($CuSO_4 \cdot 5H_2O$)/(g/L)	14	10	16	10	15	16	10
酒石酸钾钠($NaKC_4H_4O_6 \cdot 5H_2O$)/(g/L)	40	40～50	14	—	—	—	—
EDTA 二钠盐/(g/L)	—	—	25	45	45	6	30
三乙醇胺[$N(C_2H_5OH)_3$]/(mL/L)	—	—	—	—	—	21.5	5
37%甲醛(HCHO)/(mL/L)	25	10～20	15	15	—	16	3
氢氧化钠(NaOH)/(g/L)	8	—	14～15	14	—	—	—
碳酸钠(Na_2CO_3)/(g/L)	4	10	—	—	—	—	—
氯化镍($NiCl_2 \cdot 6H_2O$)/(g/L)	4	—	—	—	—	—	—
2,2'-联吡啶[$(C_5H_4N)_2$]/(g/L)	—	—	0.02	0.01	0.01	0.02	0.02
亚铁氰化钾[$K_4Fe(CN)_6 \cdot 3H_2O$]/(g/L)	—	—	0.01	0.1	—	0.1	—
2-疏基苯并噻唑(2-MBT)/(g/L)	—	—	—	0.002～0.005	—	0.0005	—
聚甲醛/(mol/L)	—	—	—	—	0.5	—	—
镍氰化钾{$K[Ni(CN)_2]$}/(g/L)	—	—	—	—	0.01	—	—
聚乙二醇($M=1000$)/(g/L)	—	—	—	—	0.05	—	—
聚乙二醇($M=6000$)/(g/L)	—	—	—	—	—	—	0.001
聚二硫酰丙烷磺酸钠(SPS)/(g/L)	—	—	—	—	—	—	0.0005
pH 值	12	11～13	12～12.5	11.7	12～12.5	9	9.2
温度/℃	20～30	室温	28～35	60	70	65～70	65
沉积速度/(μm/h)	—	—	2	5	7～10	6	—

注：1. 低稳定性配方1、2和高稳定性配方1适合于塑料电镀，一般镀20～30min。

2. 高稳定性配方2、3适合于印制电路板的孔金属化的高稳定性化学镀铜。

3. 高稳定性配方4为快速化学镀铜。

4. 高稳定性配方5用于高深径比微孔或道沟的化学镀铜填充。

13.2.2　非甲醛还原剂化学镀铜

非甲醛还原剂化学镀铜的溶液组成及工艺规范见表13-14。

表 13-14　非甲醛还原剂化学镀铜的溶液组成及工艺规范

溶液成分及工艺规范	次磷酸钠还原剂镀液				其他非甲醛还原剂镀液		
	1	2	3	4	1	2	3
硫酸铜($CuSO_4 \cdot 5H_2O$)/(g/L)	10	10	7.5～8.5	—	10	28	10
磷酸钠($NaH_2PO_2 \cdot H_2O$)/(g/L)	30	30	35～40	30	—	—	—
柠檬酸钠($Na_3C_6H_5O_7 \cdot 2H_2O$)/(g/L)	15	15	20	23.5	—	—	—
硼氢化钠($NaBH_4$)/(g/L)	—	—	—	—	—	—	1.3
硼酸(H_3BO_3)/(g/L)	30	—	30	—	—	—	—
乙醛酸($C_2H_2O_3$)/(g/L)	—	—	—	—	2	18.4	—
硫酸镍($NiSO_4 \cdot 6H_2O$)/(g/L)	0.5～1	0.5～1	0.8～1	2	—	—	—
EDTA 二钠盐/(g/L)	—	—	—	—	30	44	40
2,2'-联吡啶(C_5H_4N)$_2$/(g/L)	—	0.01	—	0.015	—	0.01	0.01
亚铁氰化钾[$K_4Fe(CN)_6 \cdot 3H_2O$]/(g/L)	—	—	3～4	—	—	0.01	—
聚乙二醇($M=4000$)/(g/L)	—	—	0.1	—	0.001	—	—
聚二硫酰丙烷磺酸钠(SPS)/(g/L)	—	—	—	—	0.0005	—	—
pH 值	9	9	9～9.5	9	12.5	12～12.5	12.5
温度/℃	65～70	65～70	65	70	70	50	40
沉积速度/(μm/h)	6	—	2	3.9	—	2	—
镀层电阻率/(μΩ·cm)	—	—	—	10.6	—	2.4	—

注：其他非甲醛还原剂镀液配方1为乙醛酸还原剂的化学镀铜，用于高深径比微孔或道沟的化学镀铜填充。

13.3 化学镀锡

化学镀锡是镀液中的锡离子在还原剂的作用下，在催化活性的基体表面上沉积的过程。化学镀锡常用的方法有置换法化学镀锡（浸镀锡）和还原法化学镀锡。

13.3.1 浸镀锡（置换法）

置换法化学镀锡（又称浸镀锡），是将零件浸入不含还原剂的锡盐溶液中，按化学置换原理在工件表面上沉积出金属锡镀层。当工件表面完全覆盖锡镀层后，反应就立即停止。

浸镀锡的分散能力和覆盖能力好，深孔或管道内壁都能沉积上锡镀层。操作方便，成本低。但只能在有限的几种基材上浸镀。目前只用在钢铁件、铜及铜合金件、铝及铝合金件。而且锡镀层厚度很薄，一般只有 $0.5\mu m$，很难满足实际需要。在实际生产中，往往在原有浸镀锡的溶液中加入还原剂，以增加锡镀层厚度。

(1) 钢铁件浸镀锡和锡-铜合金

钢铁件浸镀锡和锡-铜合金的溶液组成及工艺规范见表 13-15。

表 13-15 钢铁件浸镀锡和锡-铜合金的溶液组成及工艺规范

溶液成分及工艺规范	浸镀锡		浸镀铜-锡合金
	1	2	
硫酸亚锡($SnSO_4$)/(g/L)	0.8~2.5	0.8~2.5	7.5
硫酸铜($CuSO_4 \cdot 5H_2O$)/(g/L)	—	—	7.5
98%硫酸(H_2SO_4)/(g/L)	5~15	5~15	10~30
次磷酸钠($NaH_2PO_2 \cdot H_2O$)/(g/L)	—	15~20	—
温度/℃	90~100	90~100	20
时间/min	5~20	5~20	5

注：浸镀锡配方 2 加入还原剂次磷酸钠，可以加厚锡镀层。

(2) 铜及铜合金件、铝及铝合金件浸镀锡

由于铜的标准电极电位比锡的标准电极电位正，而且高出很多。因此，从热力学分析，铜基体不可能置换出锡。要实现在铜基体上浸镀锡，必须加入铜离子配位剂，如硫脲、氰化钠等，它们能与铜离子形成稳定的配合物，使铜的电极电位大幅度负移。置换反应生成的锡镀层非常薄，当镀液中加入还原剂（如次磷酸钠等）后，促使锡的自催化沉积，而使镀层不断增厚。

由于铝性质活泼，浸镀锡时，置换反应中产生氢气泡，较大地影响锡镀层的结合力。铝合金或铸造硬铝的浸镀锡效果较好，铝合金中含有硅，浸镀锡时氢气逸出较少，而硅含量越高，越能提升镀层的结合力及致密性。汽车铝合金发动机活塞（一般是含硅铝合金）较适宜于浸镀锡，同时锡镀层可起到润滑作用，减小气缸的磨损。

铜及铜合金、铝及铝合金件浸镀锡的溶液组成及工艺规范见表 13-16。

表 13-16 铜及铜合金、铝及铝合金件浸镀锡的溶液组成及工艺规范

溶液成分及工艺规范	铜及铜合金件				铝及铝合金件	
	1	2	3	4	1	2
硫酸亚锡($SnSO_4$)/(g/L)	8~16	20~28	—	—	—	—
氯化亚锡($SnCl_2 \cdot 2H_2O$)/(g/L)	—	—	30	—	30	—
甲基磺酸锡$[(CH_3SO_3)_2Sn]$/(g/L)	—	—	—	82	—	—
锡酸钠($Na_2SnO_3 \cdot 3H_2O$)/(g/L)	—	—	—	—	—	40
98%硫酸(H_2SO_4)/(g/L)	—	10~43	—	—	—	—
甲基磺酸(CH_4O_3S)/(g/L)	—	—	—	118	—	—

续表

溶液成分及工艺规范	铜及铜合金件				铝及铝合金件	
	1	2	3	4	1	2
37%盐酸(HCl)/(mL/L)	10~20	—	50	—	40~50	—
柠檬酸($C_6H_8O_7 \cdot H_2O$)/(g/L)	—	20~90	—	—	—	—
硫脲[$(NH_2)_2CS$]/(g/L)	80~90	10~43	60	80	—	—
次磷酸钠($NaH_2PO_2 \cdot H_2O$)/(g/L)	—	20~100	25	55	25~30	—
氟钯酸钾(K_2PdF_6)/(g/L)	—	—	1	—	—	—
氯锡酸钯($PdSnCl_4$)/(mL/L)	—	—	—	—	0.15~0.7	—
酒石酸钾钠($NaKC_4H_4O_6 \cdot 5H_2O$)/(g/L)	—	—	—	—	—	10
焦磷酸钾($K_4P_2O_7$)/(g/L)	—	—	—	—	—	10
醋酸钠($CH_3COONa \cdot 3H_2O$)/(g/L)	—	—	—	—	—	5~10
甜菜碱($d=1.17$)/(mL/L)	—	—	—	20	—	—
硫脲[$(NH_2)_2CS$]/(g/L)	—	—	—	—	60	—
活化剂 M-LF/(g/L)	—	—	—	—	0.2~0.8	—
表面活性剂/(g/L)	—	1~2	—	—	—	—
有机磺酸盐光亮剂/(g/L)	—	—	—	—	—	0.5
有机添加剂/(g/L)	—	—	—	—	—	1
pH值	—	—	—	—	1	11.3~11.5
温度/℃	50~沸点	45	70	38~42	50~60	55~65
时间/min	1~2	15	—	—	—	5

13.3.2 化学镀锡（还原法）

目前化学镀锡溶液的种类较多，有甲基磺酸锡、硫酸亚锡、氯化亚锡、氟硼酸锡等溶液。常用的是甲基磺酸锡和硫酸亚锡溶液。

化学镀锡的溶液组成及工艺规范见表 13-17。

表 13-17 化学镀锡的溶液组成及工艺规范

溶液成分及工艺规范	甲基磺酸锡溶液	硫酸亚锡溶液	氯化亚锡溶液		氟硼酸锡溶液
			1	2	
甲基磺酸锡[$(CH_3SO_3)_2Sn$]/(g/L)	82	—	—	—	—
硫酸亚锡($SnSO_4$)/(g/L)	—	28	*	—	—
氯化亚锡($SnCl_2 \cdot 2H_2O$)/(g/L)	—	—	7.5	8	—
氟硼酸锡[$Sn(BF_4)_2$]/(g/L)	—	—	—	—	29
甲基磺酸(CH_4O_3S)/(g/L)	118	—	—	—	—
硫酸(H_2SO_4,$d=1.84g/L$)/(mL/L)	—	49	—	20	—
氟硼酸(HBF_4)/(g/L)	—	—	—	—	53
次磷酸钠($NaH_2PO_2 \cdot H_2O$)/(g/L)	55	80	—	—	—
硫脲[$(NH_2)_2CS$]/(g/L)	80	60	—	50	114
甜菜碱($d=1.17g/L$)/(mL/L)	20	—	—	—	—
柠檬酸钠($Na_3C_6H_5O_7 \cdot 2H_2O$)/(g/L)	—	—	100	—	—
乙二胺四乙酸(EDTA)/(g/L)	—	0.7	—	—	—
乙二胺四乙酸二钠($EDTA \cdot 2Na$)/(g/L)	—	—	15	—	17
三氯化钛($TiCl_3$)/(mL/L)	—	—	4.5	—	—
醋酸钠($CH_3COONa \cdot 3H_2O$)/(g/L)	—	—	10	—	—
32%苯磺酸/(g/L)	—	—	0.32	—	—
LH添加剂/(mL/L)	—	—	—	50	—
稳定剂 C/(mL/L)	—	—	—	5	—
pH值	—	—	用氨水调节至8~9	—	—
温度/℃	40±2	40±2	90	25	80

注：氯化亚锡溶液配方2的LH添加剂、稳定剂C为河南天海电器集团公司研制的产品。

13.4　化学镀银

化学镀银的施镀性良好，几乎可以在任何金属及非金属材料上施镀。广泛应用于印制电路、电接触材料、电子工业、光学仪器及装饰等领域。

化学镀银根据反应类型的不同，可分为还原法的化学镀银和置换法的浸镀银两类。

由于还原法化学镀银所用溶液不够稳定，依施镀时镀液的配置方法，其镀液又分为以下两种。

① 银盐与还原剂混合配制在一起的镀液。

② 银盐溶液与还原剂溶液分开单独配制，使用时按比例混合在一起的镀液。这种镀液有甲醛、酒石酸盐、葡萄糖及肼盐等化学镀银溶液。还原法的还原剂的还原能力较强的，多用于喷淋镀液。

13.4.1　银盐与还原剂混合液的化学银镀

银盐与还原剂配制在一起的化学镀银的溶液组成及工艺规范见表 13-18。

表 13-18　化学镀银的溶液组成及工艺规范

溶液成分及工艺规范	1[3]	2[25]	3[2]	4[25]
硝酸银($AgNO_3$)/(g/L)	—	1.6	30	3
银氰化钠[$NaAg(CN)_2$]/(g/L)	1.83	—	—	—
氰化钠($NaCN$)/(g/L)	1	—	—	—
氢氧化钠($NaOH$)/(g/L)	0.75	—	—	—
氢氧化钾(KOH)/(g/L)	—	—	15	—
葡萄糖($C_6H_{12}O_6$)/(g/L)	—	—	15	—
联氨(肼)($N_2H_4 \cdot H_2O$)/(g/L)	—	0.35	—	—
二甲基胺硼烷[$(CH_3)_2NHBH_3$]($DMAB$)/(g/L)	2	—	—	—
硫代硫酸钠($Na_2S_2O_3$)/(g/L)	—	—	—	10
亚硫酸钠(Na_2SO_3)/(g/L)	—	—	—	2
乙二胺四乙酸($EDTA$)/(g/L)	—	—	—	0.1
硫脲[$(NH_2)_2CS$]/(mg/L)	0.25	—	—	—
碳酸铵[$(NH_4)_2CO_3$]/(g/L)	—	70	—	—
25%氨水($NH_3 \cdot H_2O$)/(g/L)	—	56	80	—
乙醇(C_2H_5OH)/(g/L)	—	—	50	—
温度/℃	60	83	10~20	80
时间/min	—	—	5~10	—

13.4.2　甲醛及酒石酸盐化学镀银

甲醛及酒石酸盐化学镀银的溶液组成及工艺规范见表 13-19。

表 13-19　甲醛及酒石酸盐化学镀银的溶液组成及工艺规范

溶液成分及工艺规范		甲醛化学镀银		酒石酸钾钠化学镀银	
		1	2	1	2
银盐溶液	硝酸银($AgNO_3$)	3.5g	6g	20g	16g/L
	25%氨水(NH_4OH)	适量	6mL	适量	适量
	氢氧化钾(KOH)				8g/L
	水(H_2O)	100mL	100mL	1000mL	—

溶液成分及工艺规范		甲醛化学镀银		酒石酸钾钠化学镀银	
		1	2	1	2
还原剂溶液	38%甲醛(HCHO)	1.1 mL	6.5 mL	—	—
	乙醇(CH₃CH₂OH)	95mL	—	—	—
	酒石酸钾钠(KNaC₄H₄O₆·4H₂O)	—	—	100g	30g/L
	水(H₂O)	3.9mL	93.5mL	1000mL	—
使用时将两种溶液按比例混合,即银盐溶液:还原剂溶液(体积比)		1:1	1:1	1:1	1:1
镀液温度/℃		15～20	15～20	10～15	10～20
时间/min		—	—	10	10

13.4.3 葡萄糖及肼盐化学镀银

葡萄糖及肼盐化学镀银的溶液组成及工艺规范见表 13-20。

表 13-20 葡萄糖及肼盐化学镀银的溶液组成及工艺规范

溶液成分及工艺规范		葡萄糖化学镀银			肼盐化学镀银	
		1	2	3	1	2
银盐溶液	硝酸银(AgNO₃)	3.5g	12g/L	10g/L	25g/L	9g/L
	25%氨水(NH₄OH)	适量	适量	≈12mL/L	≈50mL/L	15mL/L
	氢氧化钠(NaOH)	2.5g/100mL	—	—	—	—
	氢氧化钾(KOH)	—	15g/L	20g/L	—	—
	水(H₂O)	60mL	—	—	—	—
还原剂溶液	葡萄糖(C₆H₁₂O₆)	45g	5g/L	40g/L	—	—
	硫酸肼(N₂H₄·H₂SO₄)	—	—	—	9.5g/L	20g/L
	酒石酸(C₄H₆O₆)	4g	—	—	—	—
	乙醇(C₂H₅OH)	100mL	—	—	—	—
	氢氧化钠(NaOH)	—	—	—	—	5g/L
	25%氨水(NH₄OH)	—	—	—	10mL/L	—
	水(H₂O)	1000mL	—	—	—	—
使用时将两种溶液按比例混合:银盐溶液:还原剂溶液(体积比)		1:1	1:3	1:1	—	—
温度/℃		15～20	15～16	5～20	—	—

13.4.4 喷淋(镀)化学镀银

醛类和肼类还原剂的还原能力较强,多用于喷淋镀液。喷淋(镀)化学镀银的溶液组成及工艺规范见表 13-21。

表 13-21 喷淋(镀)化学镀银的溶液组成及工艺规范

溶液成分及工艺规范		1	2	3	4
银盐溶液	硝酸银(AgNO₃)	19g/L	114g	10g/L	25g/L
	25%氨水(NH₄OH)	适量	227mL	5mL/L	适量
还原剂溶液	38%甲醛(HCHO)	71mL/L	—	—	—
	硫酸肼(N₂H₄·H₂SO₄)	—	42.5g	20g/L	—
	三乙醇胺(C₆H₁₅NO₃)	7mL/L	—	—	8mL/L
	乙二醛(C₂H₂O₂)	—	—	—	20mL/L
	氢氧化钠(NaOH)	—	—	5g/L	—
	25%氨水(NH₄OH)	—	45.5mL	—	—
使用时将两种溶液按比例混合:银盐溶液:还原剂溶液(体积比)		1:1	1:1	1:1	1:1
温度		室温	室温	室温	室温

注:配方 2 将银盐溶液、还原剂溶液均稀释至 4.55L,使用时按 1:1 混合。

13.4.5 浸镀银（置换法）

置换法的浸镀银是较新的工艺，镀层平整，银层厚度较薄，仅为 $0.2\sim0.3\mu m$。特别适用于高密度细线和细孔的印制板。其溶液组成及工艺规范见表 13-22。

表 13-22 浸镀银的溶液组成及工艺规范

溶液成分及工艺规范	有氰浸镀银		无氰浸镀银	
	1	2	1	2
硝酸银（$AgNO_3$）/(g/L)	—	—	8	—
氰化银（AgCN）/(g/L)	8	6	—	—
甲基磺酸银（$AgCH_3SO_3$）（以银计）/(g/L)	—	—	—	10
氰化钠（NaCN）/(g/L)	15	—	—	—
氰化钾（KCN）/(g/L)	—	4	—	—
硫代硫酸钠（$Na_2S_2O_3 \cdot 5H_2O$）/(g/L)	—	—	105	—
25%氨水（$NH_3 \cdot H_2O$）/(mL/L)	—	—	75	—
甲烷磺酸（CH_4O_3S）/(g/L)	—	—	—	100
1,4-双(2-羟乙基硫)乙烷/(g/L)	—	—	—	25
温度/℃	室温	室温	室温	40

13.5 化学镀金

化学镀金通常可分为置换法镀金和催化法（即还原法）镀金。

置换法镀金（一般称为浸镀金）所获镀层极薄（一般为 $0.03\sim0.1\mu m$）。

还原法镀金是利用还原剂使镀液中的金属离子还原析出，沉积在镀件表面上形成镀层，该法可获得较厚的镀层。还原法镀金有硼氢化物化学镀金、次磷酸盐化学镀金、肼盐化学镀金、二甲基胺硼烷化学镀金以及无氰化学镀金等。

13.5.1 硼氢化物化学镀金

采用硼氢化物及其衍生物作为还原剂，所获得的金镀层纯度高，硬度相当于电镀金镀层，电导率相当于喷涂金镀层。

硼氢化物化学镀金的溶液组成及工艺规范见表 13-23、表 13-24。

表 13-23 硼氢化物化学镀金的溶液组成及工艺规范（1）

溶液成分及工艺规范	1	2	3	4	5
金氰化钾[$KAu(CN)_2$]/(g/L)	5	6	4	1.45	—
氰化金钾[$KAu(CN)_4$]/(g/L)	—	—	—	—	8
氰化钾（KCN）/(g/L)	8	13	6.5	11	—
硼氢化钠（$NaBH_4$）/(mg/L)	25	—	$5.4\sim10.8$	—	—
硼氢化钾（KBH_4）/(g/L)	—	22	—	10.8	$3\sim5$
氢氧化钠（NaOH）/(g/L)	20	—	—	—	—
氢氧化钾（KOH）/(g/L)	—	11	11.2	11.2	$10\sim20$
EDTA 二钠/(g/L)	15	—	—	5	—
硫酸钛（Ti_2SO_4）/(mg/L)	—	—	$5\sim100$	—	—
乙醇胺/(mL/L)	—	—	—	50	—
二氯化铅（$PbCl_2$）/(mL/L)	—	—	—	—	$0.5\sim1$
温度/℃	90	75	$70\sim80$	72	80
沉积速率/(μm/h)	12	$3\sim5$	$2\sim10$	1.5(微搅拌)	<2.5

表 13-24　硼氢化物化学镀金的溶液组成及工艺规范（2）

	溶液成分及工艺规范	1[3]	2[18]
银盐溶液	氰化金钾[$KAu(CN)_2$]	5g/L	5g/L
	氰化钾(KCN)	8g/L	8g/L
	EDTA-Na$_2$	5g/L	—
	EDTA	—	5g/L
	柠檬酸钠($Na_3C_6H_5O_7 \cdot 2H_2O$)	50g/L	50g/L
	硫酸肼($N_2H_4 \cdot H_2SO_4$)	—	2g/L
	二氯化铅($PbCl_2$)	0.5mg/L	0.5mg/L
	明胶	2g/L	—
还原剂溶液	硼氢化钠($NaBH_4$)	20g/L	200g/L
	氢氧化钠(NaOH)	12g/L	120g/L
使用时将两种溶液按比例混合：银盐溶液：还原剂溶液（体积比）		1:1	10:1
温度/℃		75～78	75
沉积速率/(μm/h)		8（溶液搅拌）	4μm/30min（溶液搅拌）

13.5.2　次磷酸盐及肼盐化学镀金

次磷酸盐及肼盐化学镀金的溶液组成及工艺规范见表 13-25。

表 13-25　次磷酸盐及肼盐化学镀金的溶液组成及工艺规范

溶液成分及工艺规范	次磷酸盐溶液			肼盐溶液	
	1	2	3	1	2
金氰化钾[$KAu(CN)_2$]/(g/L)	2	0.5～10	2	7	6
氰化钾(KCN)/(g/L)	—	0.1～6	—	—	6.5
硫酸肼($N_2H_4 \cdot H_2SO_4$)/(g/L)	—	—	—	75	—
硼氢化肼($N_2H_4BH_3$)/(g/L)	—	—	—	—	0.6
氯化铵(NH_4Cl)/(g/L)	75	—	75	90	—
柠檬酸钠($Na_3C_6H_5O_7 \cdot 2H_2O$)/(g/L)	50	—	—	30	—
柠檬酸铵[$(NH_4)_3C_6H_5O_7$]/(g/L)	—	—	50	—	—
次磷酸钠($NaH_2PO_2 \cdot H_2O$)/(g/L)	10	1～20	2	—	—
醋酸钠(CH_3COONa)/(g/L)	—	1～30	—	—	—
碳酸氢钠($NaHCO_3$)/(g/L)	—	0.2～10	—	—	—
氯化镍($NiCl_2 \cdot 6H_2O$)/(g/L)	—	—	2	—	—
氢氧化钾(KOH)/(g/L)	—	—	—	—	7～9
pH 值	7～7.5	4.5～9	5～6	5.8～5.9	—
温度/℃	91～95	18～98	沸腾	95	58～60
沉积速率/(μm/h)	2.5～5	0.1～0.5μm/15min	—	第1小时为3μm/h，后降为1μm/h	4

注：1. 次磷酸盐溶液配方 1、2 适用于镍基材，配方 3 适用于铜合金基材。

2. 肼盐溶液配方 1 如在化学镀 Ni-P 合金镀层上使用，可在镀液中加 $FeSO_4$ 1g/L。

3. 肼盐溶液配方 2 主要用于 Cu、Ni 表面镀金。

13.5.3　二甲基胺硼烷化学镀金

二甲基胺硼烷化学镀金的溶液组成及工艺规范见表 13-26。

表 13-26 二甲基胺硼烷化学镀金的溶液组成及工艺规范

溶液成分及工艺规范	1	2	溶液成分及工艺规范	1	2
金氰化钾[$KAu(CN)_2$]/(g/L)	5.76	—	EDTA 二钠/(g/L)	7.5	—
氰化钾(KCN)/(g/L)	2.45	—	Pb-EDTA/(g/L)	0.003	—
氯化金钾($KAuCl_4 \cdot 3H_2O$)/(g/L)	—	2	巯基苯并噻唑(MBT)/(mg/L)	—	1.2
二甲氨基硼烷[$(CH_3)_2NHBH_3$](DMAB)/(g/L)	7.8	2	pH 值	13.5	—
氢氧化钠(NaOH)/(g/L)	20	—	温度/℃	70	—
磷酸三钠($Na_3PO_4 \cdot 12H_2O$)/(g/L)	—	20			

注：1. 配方 1 Pb-EDTA 可用氯化铊、硝酸铊或苹果酸铊代替，其用量以金属铊计为 0.015~0.05g/L。

2. 配方 1 是以 Pd 活化，在 Ni 上化学镀金的沉积速率为 0.64μm/h。

13.5.4 置换法浸镀金

置换法浸镀金的溶液组成及工艺规范见表 13-27。

表 13-27 置换法浸镀金的溶液组成及工艺规范

溶液成分及工艺规范	1	2	3
金氰化钾[$KAu(CN)_2$]/(g/L)	5	5	—
亚硫酸金钠或四氯金盐(以 Au 计)/(g/L)	—	—	10
柠檬酸钠($Na_3C_6H_5O_7 \cdot 2H_2O$)/(g/L)	50	—	—
柠檬酸($C_6H_8O_7$)/(g/L)	—	—	26
氯化铵(NH_4Cl)/(g/L)	75	—	—
氯化镍($NiCl_2 \cdot 6H_2O$)/(g/L)	15	5	—
亚硫酸钠(Na_2SO_3)/(g/L)	—	—	68
醋酸钠($CH_3COONa \cdot 3H_2O$)/(g/L)	—	50	—
氯化铵＋氨水(缓冲剂)/(mL/L)	—	40	—
pH 值	7~7.5	9	7
温度/℃	90~100	95	85
浸镀时间/min	3~4	0.12mg/(cm^2·min)	—

13.5.5 无氰化学镀金

无氰化学镀金目前有多种类型，如用亚硫酸盐、硫代硫酸盐、卤化物、硫代苹果酸等的化学镀金。

亚硫酸盐、硫代硫酸盐化学镀金的溶液组成及工艺规范见表 13-28。

其他无氰化学镀金的溶液组成及工艺规范见表 13-29、表 13-30。

表 13-28 亚硫酸盐、硫代硫酸盐化学镀金的溶液组成及工艺规范

溶液成分及工艺规范	亚硫酸盐镀液		硫代硫酸盐镀液	亚硫酸盐-硫代硫酸盐混合镀液
	1	2		
亚硫酸金钠[$NaAu(SO_3)_2$]/(g/L)	3	1.5	—	—
亚硫酸金钠或四氯金盐(以 Au 计)/(g/L)	—	—	1	2
亚硫酸钠(Na_2SO_3)/(g/L)	15	15	—	12.5
硫代硫酸钠($Na_2S_2O_3 \cdot 5H_2O$)/(g/L)	—	—	50	25
次磷酸钠($NaH_2PO_2 \cdot H_2O$)/(g/L)	4	—	—	—
硼氢化钠($NaBH_4$)/(g/L)	—	0.6	—	—
磷酸二氢钾(KH_2PO_4)/(g/L)	—	—	15	24
磷酸氢二钠($Na_2HPO_4 \cdot 12H_2O$)/(g/L)	—	—	—	9
磷酸二氢钠($NaH_2PO_4 \cdot 2H_2O$)/(g/L)	—	—	—	3
苯亚磺酸($C_6H_6O_2S$)/(g/L)	—	—	10	—
草酸($H_2C_2O_4$)/(g/L)	—	—	5	—

续表

溶液成分及工艺规范	亚硫酸盐镀液		硫代硫酸盐镀液	亚硫酸盐-硫代硫酸盐混合镀液
	1	2		
L-抗坏血酸钠($C_6H_7NaO_6$)/(g/L)	—	—	—	40
1,2-二氨基乙烷/(g/L)	1	1	—	—
溴化钾(KBr)/(g/L)	1	1	—	—
EDTA 二钠/(g/L)	1	1	—	—
稳定剂	—	—	适量	适量
pH 值	9	10	5.5	7
温度/℃	96～98	96～98	49	60
沉积速率/(μm/h)	0.5	2.7	—	—

表 13-29　其他无氰化学镀金的溶液组成及工艺规范（1）

溶液成分及工艺规范	1	2	3
金氯酸($HAuCl_4$)/(g/L)	3	12	1
37％甲醛(HCHO)/(g/L)	10	20	—
葡萄糖($C_6H_{12}O_6$)/(g/L)	—	—	10
碳酸钠(Na_2CO_3)/(g/L)	30	32	30
温度/℃	8	室温	10

表 13-30　其他无氰化学镀金的溶液组成及工艺规范（2）

溶液成分及工艺规范		1	2	3
金盐溶液	氯化金钾($KAuCl_4$)	3 g/L	—	—
	三氯化金($AuCl_3$)	—	1.5 g	10 g
	氢氧化钠(NaOH)	—	适量	—
	氯化钠(NaCl)	—	—	5 g
	水(H_2O)	—	200 mL	800 mL
	pH 值	14(用氢氧化钠调)	—	—
还原剂溶液	甲醚代 N-二甲基吗啉硼烷	7g/L	—	—
	丙三醇($C_3H_8O_3$)	—	1 份(体积)	—
	酒石酸($H_2C_4H_4O_6$)	—	—	22.5 g
	氢氧化钠(NaOH)	—	—	300 g
	乙醇(CH_3CH_2OH)	—	—	380 mL
	pH 值	14(用氢氧化钠调)	—	—
	水(H_2O)	—	1 份(体积)	用水稀释至总体积为 600mL
使用时将两种溶液按比例混合：金盐溶液∶还原剂溶液(体积比)		1∶1	将 2～3mL 还原剂溶液加入金盐溶液	3∶7
温度/℃		55	—	—

注：配方 1 可用于经过 Pd 盐活化过的化学镀镍表面上的施镀，沉积速率为 4.5μm/h。

13.6　化学镀钯

　　镀钯可以将钯自发地镀覆在铜、黄铜、金或化学镀镍层上。由于钯的催化活性强，化学镀钯能用许多种还原剂进行自催化沉积。目前，广泛使用的还原剂有次磷酸盐、亚磷酸盐、肼及其衍生物、三甲胺、甲醛及硼氢化合物等。而应用较多的是以次磷酸钠和肼作为还原剂的镀液。

　　次磷酸盐、肼液化学镀钯的溶液组成及工艺规范见表 13-31。

　　硼烷化学镀钯的溶液组成及工艺规范[2]见表 13-32。

表 13-31 次磷酸盐、肼液化学镀钯的溶液组成及工艺规范

溶液成分及工艺规范	次磷酸盐溶液			肼液溶液	
	1	2	3	1	2
氯化钯($PdCl_2$)/(g/L)	10	3	1.78	—	5
氯化四氨钯[$Pd(NH_3)_4 Cl_2$]/(g/L)	—	—	—	5.4	—
次磷酸钠($NaH_2PO_2 \cdot H_2O$)/(g/L)	4.1	15	6.36	—	—
肼(N_2H_4)/(g/L)	—	—	—	0.3	0.3
乙二胺四乙酸二钠(Na_2EDTA)/(g/L)	19	—	3.7	33.6	20
乙二胺($C_2H_8N_2$)/(g/L)	25.6	—	—	—	—
碳酸钠(Na_2CO_3)/(g/L)	—	—	—	—	30
25%氨水($NH_3 \cdot H_2O$)/(mL/L)	—	160	—	—	—
28%氨水($NH_3 \cdot H_2O$)/(mL/L)	—	—	200	350	100
氯化铵(NH_4Cl)/(g/L)	—	40	—	—	—
硫代乙二醇酸/(g/L)	—	—	0.02	—	—
硫脲[$(NH_2)_2CS$]/(g/L)	—	—	—	—	0.0006
pH 值	4.1	9.8	—	—	—
温度/℃	71	45~55	40	80	80
沉积速率/(μm/h)	—	2.5	1.1	25.4	15.6
装载比/(dm²/L)	—	—	—	100	—

表 13-32 硼烷化学镀钯的溶液组成及工艺规范

溶液成分及工艺规范	1	2	3
氯化四氨钯[$Pd(NH_3)_4 Cl_2 \cdot H_2O$]/(g/L)	3.75	—	—
氯化钯($PdCl_2$)/(g/L)	—	4	4
三甲基氨硼烷[$(CH_3)_2NHBH_3$]/(g/L)	3	—	2.5
N-甲基吗啉硼烷($C_5H_{13}BNO$)/(g/L)	—	1	—
氨水($NH_3 \cdot H_2O$)/(mol/L)	0.3	0.8	0.6
巯基苯并噻唑(MBT)/(g/L)	—	0.03	0.0035
pH 值	11.4	11	—
温度/℃	50	45	45
沉积速率/(μm/h)	3.2~3.4	0.9	1.6~0.8

13.7 化学镀铑

铑化学性质十分稳定，耐硫化物性能优良，如在银镀层上闪镀 $0.025 \sim 0.05 \mu m$ 厚的铑镀层，可有效地防止银镀层变色。铑镀层的硬度极高、耐磨性好、熔点高、接触电阻低、导电性好。因此，铑镀层可用于耐磨导电层、印制线路板等电子产品的插拔元件、电触点镀层以提高耐磨性和稳定性。因其价格昂贵，多用于高精密度的、导电性能要求特别高的电器接触件的镀覆。

化学镀铑的溶液组成及工艺规范[25]见表 13-33。

表 13-33 化学镀铑的溶液组成及工艺规范

溶液成分及工艺规范	1	2	溶液成分及工艺规范	1	2
氯铑酸钠(Na_3RhCl_6)/(g/L)	1	—	氢氧化钾(KOH)/(g/L)	2	—
亚硝酸三氨铑[$Rh(NH_3)_3(NO_2)_3$]/(g/L)	—	3.2	氨水($NH_3 \cdot H_2O$)/(mL/L)	5	50
水合肼($N_2H_4 \cdot H_2O$)/(g/L)	2	1.5	温度/℃	80	85

13.8 化学镀铂

化学镀铂可用肼和硼氢化钠作还原剂，其溶液组成及工艺规范见表 13-34。

表 13-34 化学镀铂的溶液组成及工艺规范

溶液成分及工艺规范	肼作还原剂的镀液	硼氢化钠作还原剂的镀液
氢氧化铂钠[$Na_2Pt(OH)_6$]/(g/L)	10	—
氯铂酸钠(Na_2PtCl_6)/(g/L)	—	2.3
肼(N_2H_4)/(g/L)	1(间隙性补充以维持该浓度)	—
硼氢化钠($NaBH_4$)/(g/L)	—	0.5
氢氧化钠($NaOH$)/(g/L)	5	40
乙二胺($C_2H_8N_2$)/(g/L)	10	30
绕丹宁/(g/L)	—	0.1
巯基苯并噻唑(MBT)	—	微量
pH 值	10	
温度/℃	35	70
沉积速率/(μm/h)	12.7	1.5
装载比/(dm²/L)	—	0.5~1

13.9 化学镀钴

与化学镀镍相比，化学钴镀层的最大优点是具有强磁性，而且具有适合高密度磁记录的磁性，尤其是 Co-P 镀层。镀层的磁性能，可以通过镀液组成和工艺规范的变化予以调整。钴的标准电位比镍负，所以化学镀钴要比化学镀镍困难。化学镀钴的还原剂有次磷酸钠、硼氢化钠、氨基硼烷、肼及甲醛等。目前，常用的主要是次磷酸钠还原剂。

13.9.1 次磷酸盐化学镀钴

在次磷酸盐作为还原剂的碱性镀液中，可镀得磷含量为 1%~6%（质量分数）的 Co-P 合金镀层。而且可以通过调整镀液组成、工艺规范及镀层厚度而获得不同磁性能（硬磁性或软磁性）的镀层。

次磷酸盐化学镀钴的溶液组成及工艺规范见表 13-35。

表 13-35 次磷酸盐化学镀钴的溶液组成及工艺规范

溶液成分及工艺规范	1	2	3	4	5
硫酸钴($CoSO_4 \cdot 7H_2O$)/(g/L)	—	—	20~28	—	20
氯化钴($CoCl_2 \cdot 6H_2O$)/(g/L)	30	22.5	—	27	—
次磷酸钠($NaH_2PO_2 \cdot H_2O$)/(g/L)	20	25	21	9	17
柠檬酸钠($Na_3C_6H_5O_7 \cdot 2H_2O$)/(g/L)	100	—	—	90	44
酒石酸钾钠($KNaC_4H_4O_6 \cdot 4H_2O$)/(g/L)	—	140	—	—	—
酒石酸钠($Na_2C_4H_4O_6$)/(g/L)	—	—	147	—	—
氯化铵(NH_4Cl)/(g/L)	50	—	—	45	—
硼酸(H_3BO_3)/(g/L)	—	30	31	—	—
pH 值	9~10	9	9	7.7~8.4	9~10
温度/℃	90	90	90	75	90
沉积速率/(μm/h)	3~10	15	20	0.3~2	15

13.9.2 硼氢化钠及二甲基胺硼烷化学镀钴

硼氢化钠及二甲基胺硼烷化学镀钴的溶液组成及工艺规范见表13-36。

表 13-36 硼氢化钠及二甲基胺硼烷化学镀钴的溶液组成及工艺规范

溶液成分及工艺规范	硼氢化钠镀液			二甲基胺硼烷镀液	
	1	2	3	1	2
氯化钴($CoCl_2 \cdot 6H_2O$)/(g/L)	20～25	10	19	25	30
硼氢化钠($NaBH_4$)/(g/L)	0.6～1	1	8.3	—	—
二甲氨基硼烷[$(CH_3)_2NHBH_3$](DMAB)/(g/L)	—	—	—	4	4
柠檬酸钠($Na_3C_6H_5O_7 \cdot 2H_2O$)/(g/L)	80～100	—	—	—	—
琥珀酸钠($C_4H_4Na_2O_4 \cdot 6H_2O$)	—	—	—	25	—
乙二胺四乙酸(EDTA)	—	35	—	—	—
氯化铵(NH_4Cl)	1～5	—	—	—	—
乙二胺($C_2H_8N_2$)	50～60	—	—	—	—
酒石酸钾钠($KNaC_4H_4O_6 \cdot 4H_2O$)	—	—	56	—	—
酒石酸钠($Na_2C_4H_4O_6$)	—	—	—	—	80
氢氧化钠(NaOH)	4～40	40	—	—	—
氯化铵(NH_4Cl)	—	—	—	—	50
25%氨水($NH_3 \cdot H_2O$)/(mL/L)	—	—	520	—	—
28%氨水($NH_3 \cdot H_2O$)/(mL/L)	—	—	—	—	60
硫酸钠(Na_2SO_4)/(g/L)	—	—	—	15	—
亚硒酸(H_2SeO_3)/(g/L)	0.003～0.3	—	—	—	—
pH 值	—	—	12.5	5	9
温度/℃	60	60～80	40	70	80

13.9.3 肼盐化学镀钴

肼盐化学镀钴的溶液组成及工艺规范见表13-37。

表 13-37 肼盐化学镀钴的溶液组成及工艺规范

溶液成分及工艺规范	1	2	溶液成分及工艺规范	1	2
氯化钴($CoCl_2 \cdot 6H_2O$)/(g/L)	12	14	柠檬酸钠($Na_3C_6H_5O_7 \cdot 2H_2O$)/(g/L)	—	206
盐酸肼($N_2H_4 \cdot 2HCl$)/(g/L)	69	—	pH 值	11	11.5～12
水合肼($N_2H_4 \cdot H_2O$)/(g/L)	—	90	温度/℃	90	92～95
酒石酸钾钠($KNaC_4H_4O_6 \cdot 4H_2O$)/(g/L)	113	—	沉积速率/(μm/h)	6	4

第14章
金属转化处理

14.1 钢铁的氧化处理

14.1.1 概述

金属转化膜是指金属经化学或电化学处理，所形成的含有该金属化合物的表面膜层，例如钢铁上的氧化膜、磷化膜等。其处理工艺称为金属转化处理工艺。

钢铁化学氧化处理后，生成的一层致密的呈蓝黑色或黑色磁性氧化物（Fe_3O_4）薄膜，也称为发蓝或发黑。所生成的氧化膜厚度一般为 $0.5 \sim 1.5\mu m$，不影响零件精度，但耐蚀性及耐磨性都较差，氧化处理后需进行后处理，以提高其耐蚀性、润滑性，还能起到表面装饰的作用。

钢铁氧化处理由于工艺简单、生产成本低、工效高、能保持零件精度，又无氢脆，因此在机械制造业上应用广泛，常用作机械、光学仪器、兵器零件、精密机床零件以及日常用品等的一般防护与装饰。一些对氢脆很敏感的零件，如弹簧、细钢丝和薄钢件等也常用钢铁件化学氧化膜作防护层。

钢铁的化学氧化处理方法有碱性化学氧化处理（又称发蓝）和酸性化学氧化处理（又称发黑）两种。

14.1.2 钢铁碱性化学氧化

在碱性氧处理中，生成氧化膜（Fe_3O_4）的同时，有一部分铁酸钠可能水解生成三价铁的氧化物（$Fe_2O_3 \cdot mH_2O$），俗称为红色挂灰，影响氧化膜质量。为了能有效地消除氧化膜红色挂灰，又能得到较厚、耐蚀性较高的氧化膜，可采用两槽氧化法。第一槽氧化主要形成氧化物晶核，第二槽氧化主要使氧化膜加厚。

氧化膜的颜色依材料不同而异，碳钢、低合金钢为黑色；含硅量高的铸铁为红褐色或深褐色，铸钢为深褐色；合金钢依其合金元素成分不同可呈蓝色、紫色至褐色。经热处理后的钢铁件，碱性氧化后的色泽均匀性差。

(1) 化学氧化的溶液组成及工艺规范

钢铁碱性化学氧化的溶液组成及工艺规范见表 14-1。

表 14-1　钢铁碱性化学氧化的溶液组成及工艺规范

溶液成分及工艺规范	1	2	3	4	5		6	
					第一槽	第二槽	第一槽	第二槽
氢氧化钠(NaOH)/(g/L)	550~650	600~700	650~700	600~700	500~600	700~800	550~650	600~700
亚硝酸钠(NaNO₂)/(g/L)	150~250	180~220	200~220	200~250	100~150	150~200	—	—
硝酸钠(NaNO₃)/(g/L)	—	50~70	50~70	—	—	—	130~150	150~200
重铬酸钾(K₂Cr₂O₇)/(g/L)	—	—	—	25~30	—	—	—	—
二氧化锰(MnO₂)/(g/L)	—	—	20~25	—	—	—	—	—

续表

溶液成分及工艺规范		1	2	3	4	5		6	
						第一槽	第二槽	第一槽	第二槽
温度/℃	碳素钢	130~143	138~150	135~145	130~135	135~140	145~152	135~143	140~150
	合金钢	140~145	150~155	150~155					
时间/min	碳素钢	15~45	30~50	20~30	15	10~20	45~60	15~20	20~30
	合金钢	50~60	30~60	30~60					

注：1. 配方 1、2、3、4 为普通的一次氧化。

2. 在氧化溶液加入适量的其他化合物，如二氧化锰、重铬酸钾，可缩短氧化时间；添加 20~40g/L 的亚铁氰化钾，可减少红色挂灰产生，提高氧化速度、氧化膜致密性和耐蚀性。

3. 配方 4 溶液，氧化处理速度快，氧化膜致密，但光亮性稍差。

4. 配方 5、6 为二次（槽）氧化，第一槽氧化到第二槽氧化，中间不必清洗。

（2）碱性化学氧化的后处理

钢铁件氧化后的皂化、填充处理工艺规范见表 14-2。

表 14-2　钢铁件氧化后的皂化、填充处理工艺规范

后处理	溶液组成		工艺规范	
	成　分	含量/(g/L)	温度/℃	时间/min
皂化	肥皂	30~50	80~90	3~5
填充	重铬酸钾($K_2Cr_2O_7$)	50~80	80~90	5~10
	铬酐(CrO_3)	2	60~70	0.5~1
	磷酸(H_3PO_4)	1		

注：经皂化或填充处理过的工件（除需要涂装的工件外），可在温度为 105~110℃ 的机油、锭子油、变压器油中浸渍 5~10min，以提高防锈性能。未经皂化或填充处理的工件，在氧化后，经清洗后可直接浸脱水防锈油或防锈乳化液溶液。

14.1.3　钢铁酸性化学氧化

钢铁酸性化学氧化是 20 世纪 90 年代发展起来的一种常温氧化工艺，与碱性高温氧化相比，它具有工艺简单，氧化速度快，能在常温下获得均匀的黑色或蓝黑色氧化膜，能耗低，生产效率高，成本低，改善劳动条件等优点。但还存在附着力不够的问题。钢铁工件的成分（含碳量）的不同，其氧化速度也不相同，如铸铁氧化速度最快，然后依次为高碳钢、中碳钢、低碳钢，而合金钢最慢。

酸性化学氧化的溶液组成及工艺规范见表 14-3。

市售（商品）的常温快速发黑剂处理工艺规范见表 14-4。

表 14-3　酸性化学氧化的溶液组成及工艺规范

溶液成分及工艺规范	1	2	3
硫酸铜($CuSO_4 \cdot 5H_2O$)/(g/L)	3	2	2~4
二氧化硒(SeO_2)/(g/L)	4	4	—
亚硒酸(H_2SeO_3)/(g/L)	—	—	3~5
氯化镍($NiCl_2 \cdot 6H_2O$)/(g/L)	2	2	—
磷酸二氢钠(NaH_2PO_4)/(g/L)	2	3	—
磷酸二氢钾(KH_2PO_4)/(g/L)	—	—	5~10
柠檬酸钠($Na_3C_6H_5O_7 \cdot 2H_2O$)/(g/L)	2	—	硝酸(HNO_3) 3~5
柠檬酸钾($K_3C_6H_5O_7 \cdot 2H_2O$)/(g/L)	—	2	—
酒石酸钾钠($NaKC_4H_4O_6$)/(g/L)	2	2	添加剂 2~4 mL/L
磷酸(H_3PO_4)/(g/L)	1	—	3~5
pH 值	2~2.5	2~2.5	1.5~2.5
温度	室温	室温	室温
时间/min	2~5	3~5	3~10

表 14-4　市售（商品）的常温快速发黑剂处理工艺规范

发黑剂名称	发黑剂使用量及性能	pH 值	温度	时间/min	备　注
HH-902 节能高效 常温发黑剂	开缸使用量:浓缩液与水配比(体积比)为 1:3 质量符合 GB/T 15519—2002 标准 适用于铸铁、高硅钢、高锰钢,对钢件适应性宽	2～2.5 (浓缩液)	室温	—	长沙军工民 用产品研究所 研制
WX-93 常温快速 发黑剂(浓缩液)	使用量:250 mL/L	1～3	室温	3～6	武汉凤帆电 镀技术有限公 司研制
SX-891 常温快速 发黑剂(浓缩液)	开缸使用量:浓缩液与水配比(体积比)为 1:5～ 1:10 性能:稳定,发黑时间短,成膜性能好	2～2.5	室温	3～8	重庆东方化 工表面技术开 发公司研制
YB-93 常温快速 发黑剂(浓缩液)	开缸使用量: YB-93A　50mL/L YB-93B　50mL/L 耐蚀性:质量分数为 3% 的 $CuSO_4$ 点滴试验≥ 30s,体积分数为 5% 的 NaCl 浸渍试验 3h 不变色	1.5～2	室温	1～3	上海永生助 剂厂研制
XH-30 常温快速 发黑剂(浓缩液)	开缸使用量:浓缩液与水配比(体积比)为 1:6～ 1:7 耐蚀性:质量分数为 3% 的 $CuSO_4$ 点滴试验≥ 30s,体积分数为 20% 的醋酸点滴试验≥15min 牢固度:用布均匀来回擦 10 次不露底	1.8～2.5	室温	3～10	成都祥和磷 化公司研制
常温发黑剂 GH-7003	液体使用量(体积比):1 份发黑剂:3～4 份水	—	室温	3～8	上海锦源精细 化工厂的产品

14.1.4　不锈钢的化学氧化

(1) 不锈钢的黑色化学氧化

不锈钢的黑色氧化,主要用于光学仪器零件的消光处理。化学黑色氧化方法有重铬酸盐氧化和铬酸氧化等。其黑色氧化的溶液组成及工艺规范见表 14-5。

表 14-5　不锈钢黑色氧化的溶液组成及工艺规范

溶液成分及工艺规范	重铬酸盐氧化			铬酸氧化
	1	2	3	
重铬酸钾($K_2Cr_2O_7$)/(g/L)	300～350	—	—	—
重铬酸钠($Na_2Cr_2O_7 \cdot 2H_2O$)/(g/L)	—	200～300	—	—
重铬酸铵$[(NH_4)_2Cr_2O_7]/(g/L)$	—	—	200～250	—
铬酐(CrO_3)/(g/L)	—	—	—	200～250
硫酸(H_2SO_4,$d=1.84$)/(mL/L)	300～350	300～350	300～350	250～300
温度/℃	镍铬不锈钢 95～102 铬不锈钢　100～110	95～100	95～100	95～100
时间/min	5～15	2～10	2～10	2～10

(2) 不锈钢的彩色化学氧化

不锈钢在含有氧化剂的硫酸溶液中进行氧化处理,可得到不同的颜色,而且色泽艳丽而多样化。当氧化膜层厚度发生变化时,显示的颜色也发生变化。氧化膜从薄至厚显示出色泽变化的顺序为:蓝色→金黄色→红紫色→绿色→黄绿色。

不锈钢彩色氧化,工艺简便,成本低,而且膜层具有色泽艳丽、富有立体感的较高装饰功能的特点,而膜层又有金属的外观与强度,耐磨、耐蚀性好,已获得广泛应用。不锈钢彩色化学氧化的溶液组成及工艺规范[2]见表 14-6。

表 14-6　不锈钢彩色化学氧化的溶液组成及工艺规范

溶液成分及工艺规范	1	2	3
硫酸(H_2SO_4)/(g/L)	490	600	1100~1200
铬酐(CrO_3)/(g/L)	250	—	—
重铬酸钠($Na_2Cr_2O_7 \cdot 2H_2O$)/(g/L)	—	80	—
偏钒酸钠($NaVO_3$)/(g/L)	—	—	130~150
温度/℃	70~90	105~110	80~90
时间/min	10~20	15~22	5~10
氧化膜色泽(随时间延长依次得到的颜色)	青铜色→蓝色→金黄色→红色→绿色	棕色→蓝色→黑色	金黄色

14.1.5　不锈钢的钝化处理

不锈钢的钝化处理也称为化学氧化处理，经处理后不锈钢仍能保持原来的色泽，一般为银白色或灰白色。不锈钢钝化处理的溶液组成及工艺规范见表 14-7。

表 14-7　不锈钢钝化处理的溶液组成及工艺规范

溶液成分	1	2	工艺规范	1	2
重铬酸钠($Na_2Cr_2O_7 \cdot 2H_2O$)/(g/L)	300~350	300~500	温度	室温	室温
硝酸($HNO_3, d=1.42$)/(g/L)	20~30	—	时间/min	30~60	30~60

14.1.6　不锈钢化学氧化的工艺流程

不锈钢化学氧化的主要工艺流程如图 14-1 所示。

坚膜处理是在坚膜溶液中进行电解处理。在电解处理过程中产生的大量氢气，将氧化膜层细孔中的六价铬还原成三价铬，生成三氧化二铬（Cr_2O_3）、氢氧化铬[$Cr(OH)_3$]等沉淀物埋入细孔中，使膜层减少孔隙而硬化。

氧化膜层经硬化坚膜后，其硬度、耐蚀及耐磨性得到很大改善，但表面仍多孔，还需进行封闭处理。

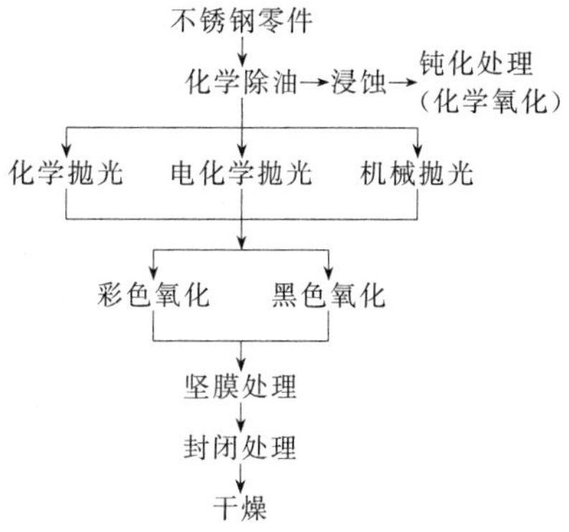

坚膜处理及封闭处理的溶液组成及工艺规范见表 14-8。

图 14-1　不锈钢化学氧化的主要工艺流程

表 14-8　坚膜处理及封闭处理的溶液组成及工艺规范

溶液成分及工艺规范	坚膜处理		封闭处理
	1	2	
铬酐(CrO_3)/(g/L)	250	250	—
硫酸(H_2SO_4)/(g/L)	2.5	—	—
磷酸(H_3PO_4)/(g/L)	—	2.5	—
硅酸钠(Na_2SiO_3)/(g/L)	—	—	10
温度/℃	20~40	30~40	沸腾
阴极电流密度/(A/dm²)	0.2~1	0.5~1	—
时间/min	5~15	10	5
阳极材料	铅板	铅板	—

14.1.7　不合格氧化膜的退除

钢铁件及不锈钢件不合格氧化膜的退除见表 14-9。

表 14-9 钢铁件及不锈钢件不合格氧化膜的退除

金属基体材料	氧化膜退除工艺规范
钢铁件	碱性或酸性化学氧化的不合格氧化膜,可在 10%~15%(体积分数)的盐酸或硫酸的溶液中,在室温下退除。然后在铬酐-硫酸溶液中,室温下除挂灰,清洗干净后再重新氧化
不锈钢件	1. 着色氧化膜减薄。若着色氧化膜偏厚,需要减薄。未经坚膜处理的着色氧化膜,可在下列还原性介质溶液中进行减薄: 硫代硫酸钠($Na_2S_2O_3 \cdot 5H_2O$):8%(质量分数) 温度:80℃ 时间:视要求减薄程度而定 2. 着色氧化膜退除。可在下列溶液中对着色氧化膜退除。也可对着色氧化膜进行减薄,直至退净为止 磷酸(H_3PO_4):100~200 mL/L 阴极材料:铅板 阳极电流密度:1.5~2.5 A/dm² 电压:12V 时间:5~15min

14.2 钢铁的磷化处理

钢铁的磷化处理所获得的磷化膜层,厚度一般为 $1~40\mu m$,是由大小不同的晶粒组成的细小的多孔结构。这种多孔的晶体结构能改善和提高钢铁零件表面的吸附性、减摩性和耐磨性等性能。

磷化膜经重铬酸盐填充封闭处理后,其耐蚀性大大提高,一般在大气条件下的耐蚀性高于钢铁氧化处理(发蓝)膜的 2~10 倍,可作为大气条件下钢铁表面的防护层。还可作为涂装的底层,用作钢铁冷挤压、冷引伸加工的润滑层。此外,磷化膜还具有较高的电绝缘性,可用作电动机、变压器用的硅钢片的电绝缘层。

14.2.1 磷化处理分类

(1)按磷化成膜溶液体系分类

根据钢铁的材质、表面状态及磷化溶液工艺规范的不同,可得到不同种类、厚度、颜色、膜重等的磷化膜。按磷化成膜溶液体系分类,主要分为锌系(磷酸锌系、磷酸锌钙系、磷酸锌锰系)、锰系、铁系(铁系、非晶相铁系)三大类。

磷化膜及磷化溶液体系分类见表 14-10。

表 14-10 磷化膜及磷化溶液体系分类

磷化膜及磷化液类别		磷化溶液主要成分	磷化膜主要组成(钢铁件)	膜层外观	膜重/(g/m²)	性质及用途
锌系	锌系	$Zn(H_2PO_4)_2$	磷酸锌[$Zn_3(PO_4)_2 \cdot 4H_2O$] 磷酸锌铁[$Zn_2Fe(PO_4)_2 \cdot 4H_2O$]	浅灰至深灰,结晶状	1~40	磷化晶粒呈树枝状、针状,孔隙较多。广泛应用于涂漆前打底、防腐蚀和冷加工减摩润滑
	锌钙系	$Zn(H_2PO_4)_2$ $Ca(H_2PO_4)_2$	磷酸锌钙[$Zn_2Ca(PO_4)_2 \cdot 2H_2O$] 磷酸锌铁[$Zn_2Fe(PO_4)_2 \cdot 4H_2O$]	浅灰至深灰,结晶状	1~15	磷化晶粒呈紧密颗粒状(有时有大的针状晶粒),孔隙较少。应用于涂装前打底及防腐蚀
	锌锰系	$Zn(H_2PO_4)_2$ $Mn(H_2PO_4)_2$	磷酸锌、锰、铁混合物 [$ZnFe Mn(PO_4)_2 \cdot 4H_2O$]	灰色至深灰,结晶状	1~60	磷化晶粒呈颗粒-针状-树枝状混合晶型,孔隙较少。广泛用于漆前打底、防腐蚀及冷加工减摩润滑

续表

磷化膜及磷化液类别		磷化溶液主要成分	磷化膜主要组成（钢铁件）	膜层外观	膜重/(g/m²)	性质及用途
铁系	铁系	$Fe(H_2PO_4)_2$	磷酸铁[$Fe_3(PO_4)_4 \cdot 4H_2O$]	深灰色，结晶状	5～10	磷化膜厚度大，磷化温度高，处理时间长，膜孔隙较多，磷化晶粒呈颗粒状。应用于防腐蚀以及冷加工减摩润滑
	轻铁系	NaH_2PO_4 或 $NH_4H_2PO_4$	三氧化二铁(Fe_2O_3) 磷酸铁[$Fe_3(PO_4)_2 \cdot 8H_2O$]	深灰，彩虹，非晶体	0.5～1.5①	磷化膜薄，微观膜结构呈非晶相的平面分布状，仅用于涂漆前打底
锰系	锰铁系	$Mn(H_2PO_4)_2$ $Fe(H_2PO_4)_2$	磷酸锰铁 [$Mn_2Fe(PO_4)_2 \cdot 4H_2O$] [$Fe_3(PO_4)_2 \cdot 4H_2O$]	灰色至黑灰色，结晶状	1～60	磷化膜厚度大，孔隙少，磷化晶粒呈密集颗粒状。广泛应用于防腐蚀、绝缘及冷加工减磨

① 膜重为 0.1～1g/m² 时呈彩虹色，大于 1g/m² 时呈深灰色。

（2）　按磷化膜的重量分类

按磷化膜的重量分类，可分为次轻量级、轻量级、次重量级、重量级等四种（分类见表 14-11）。磷化膜厚度（μm）和膜重（g/m²）的换算关系见表 14-12。

表 14-11　磷化膜重的分类

磷化膜类别	磷化膜重/(g/m²)	膜的组成
次轻量级	0.2～1.0	主要由磷酸铁、磷酸钙或其他金属的磷酸盐所组成
轻量级	1.1～4.5	主要由磷酸锌和(或)其他金属的磷酸盐所组成
次重量级	4.6～7.5	主要由磷酸锌和(或)其他金属的磷酸盐所组成
重量级	＞7.5	主要由磷酸锌、磷酸锰和(或)其他金属的磷酸盐所组成
用途		1. 次轻量级(磷化膜重 0.2～1.0g/m²)、轻量级(磷化膜重 1.1～4.5g/m²)的磷化膜，可用作涂装的底层。 2. 次重量级(磷化膜重 4.6～7.5g/m²)的磷化膜较厚(一般＞3μm)，可用于防腐蚀及冷加工减摩润滑(作引伸减摩润滑磷化膜)。 3. 重量级(磷化膜重＞7.5g/m²)的磷化膜，不作为漆前打底用，广泛用于防腐蚀、绝缘及冷加工减磨

注：引自 GB/T 6807—2001《钢铁工件涂装前磷化处理技术条件》。

表 14-12　磷化膜厚度和膜重的换算关系

膜厚/μm	膜重/(g/m²)	换算关系
1	1～2	1. 次轻量级磷化膜重与厚度之比约为 1
3	3～6	2. 轻量级磷化膜重与厚度之比约为 1～2
5	5～15	3. 磷化膜重与厚度之比一般在 1～3 之间

注：引自 GB/T 6807—2001《钢铁工件涂装前磷化处理技术条件》中的附录 B（提示的附录）磷化膜厚度和膜重的换算关系。

（3）　按磷化处理温度分类

磷化处理温度划分法本身并不严格，按处理温度一般可分为：常温磷化（10～35℃）、低温磷化（35～45℃）、中温磷化（50～70℃）和高温磷化（＞90℃）等。

14.2.2　高温磷化处理

高温磷化（＞90℃）所得磷化膜较厚。磷化膜耐蚀性、结合力、硬度、耐磨性和耐热性都比较好。主要用于钢铁零件的防锈、耐磨和减摩层。溶液体系有锰系、锌系及锌锰系。锰系所得磷化膜微观结构呈颗粒密堆积状，经填充和浸油处理，具有最佳防锈性能，还具较高的硬度和热稳定性。

高温磷化的溶液组成及工艺规范见表 14-13。

市售的高温磷化液（剂）的处理工艺规范见表 14-14。

表 14-13　高温磷化的溶液组成及工艺规范

溶液成分及工艺规范	1	2	3	4
磷酸二氢锰铁盐(马日夫盐)$[x\mathrm{Fe}(\mathrm{H_2PO_4})_2 \cdot y\mathrm{Mn}(\mathrm{H_2PO_4})_2]$/(g/L)	30～40	30～35	—	—
磷酸二氢锌$[\mathrm{Zn}(\mathrm{H_2PO_4})_2 \cdot 2\mathrm{H_2O}]$/(g/L)	—	—	30～40	28～36
硝酸锌$[\mathrm{Zn}(\mathrm{NO_3})_2 \cdot 6\mathrm{H_2O}]$/(g/L)	—	55～65	55～65	42～56
硝酸锰$[\mathrm{Mn}(\mathrm{NO_3})_2 \cdot 6\mathrm{H_2O}]$/(g/L)	15～25	—	—	—
磷酸$(\mathrm{H_3PO_4})$/(g/L)	—	—	—	9.5～13.5
游离酸度/点	3.5～5	5～8	6～9	12～15
总酸度/点	35～50	40～60	40～58	60～80
温度/℃	94～98	90～98	90～95	92～98
时间/min	15～20	15～20	8～15	10～15

注：磷化溶液酸度点数，是指用 0.1mol/L 的 NaOH 溶液，滴定磷化溶液所消耗 NaOH 溶液的毫升数。滴定总酸度时用酚酞作指示剂，滴定游离酸度时用溴酚蓝作指示剂。

表 14-14　市售的高温磷化液（剂）的处理工艺规范

商品名称	类型	处理方法	工艺规范			特点
			含量(质量分数)/%	温度/℃	时间/min	
PF-1AM 化成(磷化)剂	磷酸锰	浸渍	—	90～95	3～15	磷化膜厚,吸油性好,提高耐磨耗效果
PF-M2A 化成(磷化)剂	磷酸锰	浸渍	—	95～100	15～30	磷化膜厚,吸油性好,提高耐磨耗效果
PF-M5 化成(磷化)剂	磷酸锰	浸渍	—	82～85	10	磷化膜厚,吸油性好,提高耐磨耗效果
PF-5004 化成(磷化)剂	磷酸锰	浸渍	—	90～95	3	磷化膜厚,吸油性好,提高耐磨耗效果
PB-181X 化成(磷化)剂	磷酸锌	浸渍	—	70～80	3～10	适合钢管拉制及钢板的深拉伸、冷锻
PB-421WD 化成(磷化)剂	磷酸锌	浸渍	—	70～80	2～7	适合线材拉制及冷轧
PB-423WD 化成(磷化)剂	磷酸锌	浸渍	—	70～80	5～10	适合线材拉制及冷轧
PB-9X 化成(磷化)剂	磷酸锌	浸渍	—	80～90	0.4～1	适合流水线用
FB-A 化成(磷化)剂	草酸盐	浸渍	—	＞90	10～20	适合 SUS400 系铁素体,SIS 系奥氏体等不锈钢
FB-3803 化成(磷化)剂	草酸盐	浸渍	—	80～90	10～20	主要适用 SUS400 系铁素体不锈钢
GH-3007 螺丝磷化液	液体锌钙系	浸泡	8～10	70～80	8～10	用于五金烤漆、抽管、抽线、冷锻变形以及螺栓、螺帽等的黑磷处理
GH-3009 中温锌钙系磷化液	液体锌钙系	浸泡	8～10	70～80	8～10	无须表调和添加促进剂,磷化膜结晶致密,适合涂装用
GH-3010 锌锰系磷化液	液体锌锰系	浸泡	8～10	70～80	10～20	防锈能力极佳
GH-7004 锰系磷化液	液体锰系	浸泡	8～10	90～98	10～15	提高齿轮、活塞环、凸轮轴等的耐磨耗效果
GH-7005 锰系磷化液	液体锰系	浸泡	8～10	90～98	10～15	提高齿轮、活塞环、凸轮轴等的耐磨耗效果。防锈能力超好。
XH-13B 型拉伸专用润滑粉	润滑	浸渍	7	80～90	0.5～5	用于与之配套的拉丝、拉管及各类冷拔、压型、冷挤压、拉伸加工的润滑处理
XH-7 高温耐磨磷化粉	固体	浸渍	20g/L	88～98	10～15	

注：1. GH 体系磷化液是上海锦源精细化工的产品。

2. PB、PF 体系磷化剂，FB-A、FB-3803 等磷化剂是沈阳帕卡濑精有限总公司的产品。

3. XH-7 高温耐磨磷化粉、XH-13B 型拉伸专用润滑粉，是成都祥和磷化公司的产品。

14.2.3　中温磷化处理

中温磷化的工作温度约为 $50\sim70℃$，溶液稳定，磷化速度快，生产效率高，膜层耐蚀性接近高温磷化膜，而处理温度比高温磷化低得多。目前生产应用最多的是中温磷化。

中温厚膜磷化用于防锈、冷挤引伸的润滑、减摩等；薄膜磷化多用于涂装的底层。中温磷化工艺采用锌系、锌-钙系、锌-锰系等。

中温磷化的溶液组成及工艺规范见表 14-15。

市售的中温磷化液（剂）的处理工艺规范见表 14-16。

表 14-15　中温磷化的溶液组成及工艺规范

溶液成分及工艺规范	锌系			锌-锰系		锌-钙系	轻铁系
	1	2	3	1	2		
磷酸二氢锰铁盐（马日夫盐）$[x Fe(H_2PO_4)_2 \cdot y Mn(H_2PO_4)_2]/(g/L)$	30~35	—	30~40	40	30~40	—	—
磷酸二氢锌$[Zn(H_2PO_4)_2 \cdot 2H_2O]/(g/L)$	—	30~40	30~40	—	—	—	—
硝酸锌$[Zn(NO_3)_2 \cdot 6H_2O]/(g/L)$	80~100	100	80~100	120	100~130	15~18	—
氯化锌$(ZnCl_2)/(g/L)$	—	—	—	—	—	3~5	—
亚硝酸钠$(NaNO_2)/(g/L)$	—	—	1~2	—	—	—	—
硝酸锰$[Mn(NO_3)_2 \cdot 6H_2O]/(g/L)$	—	—	—	50	20~30	—	—
硝酸钙$[Ca(NO_3)_2 \cdot 4H_2O]/(g/L)$	—	—	—	—	—	18~22	—
磷酸二氢铵$(NH_4H_2PO_4)/(g/L)$	—	—	—	—	—	8~12	—
磷酸二氢钠$(NaH_2PO_4)/(g/L)$	—	—	—	—	—	—	88
磷酸$(H_3PO_4)/(g/L)$	—	—	—	—	—	1.5~3	—
EDTA/(g/L)	—	—	—	1~2	—	—	—
氟化钠$(NaF)/(g/L)$	—	—	—	—	—	—	5
草酸$(H_2C_2O_4 \cdot 2H_2O)/(g/L)$	—	—	—	—	—	—	39.7
草酸亚铁$(FeC_2O_4)/(g/L)$	—	—	—	—	—	—	17.9
重铬酸钠$(Na_2Cr_2O_7)/(g/L)$	—	—	—	—	—	—	10.5
游离酸度/点	5~7	5~7.5	4~7	3~7	6~9	1~3	—
总酸度/点	50~80	60~80	60~80	90~120	85~110	20~30	—
温度/℃	50~70	60~70	50~70	55~65	55~70	65~75	50
时间/min	10~15	10~15	10~15	20	10~15	2~8	pH=2

表 14-16　市售的中温磷化液（剂）的处理工艺规范

商品名称	类型	处理方法	工艺规范			特　点
			含　量	温度/℃	时间/min	
PB-138 化成(磷化)剂	磷酸锌	喷淋 浸渍	—	45~55	2~3	低温、低渣、快速磷化剂
PB-3118 化成(磷化)剂	磷酸锌	喷淋	—	50~55	2~3	适合汽车车身部件等的电泳涂装底层,喷淋型
AB-521 型 Zn-Ca 磷化液	锌-钙系	—	200mL/L	60~70	3~7	游离酸度 4~7 点,总酸度 40~60 点
MP-882 型 磷化液	—	—	MP-882 磷化液 100mL/L 促进剂 C 1~3mL/L	60~70	4~7	游离酸度 5~6 点,总酸度 50~60 点
AD-PG 型 Zn-Ca 磷化剂	锌-钙系	—	AD-PG(A) 50mL/L AD-PG(B) 5~10mL/L	60~65	8~15	游离酸度 1.8~2.2 点,总酸度 25~30 点
促进剂 C/Y836 锌钙磷化液	锌-钙系	—	促进剂 C/Y836 170~210mL/L	65~70	4~6	游离酸度 4~4.5 点,总酸度 55~65 点
DFL-3 磷化液	—	—	DFL-3 200mL/L	70	5~10	游离酸度 5~7 点,总酸度 60~80 点

商品名称	类型	处理方法	工艺规范			特点
			含量	温度/℃	时间/min	
XH-13 型中温拉伸磷化浓缩液	润滑	浸渍	—	55～65	5～10	适用于钢管、钢棒冷拔拉伸磷化处理,也可单独用于冲压件、冷镦件等,还可单独用于工序间或贮存零件防锈磷化
GH-3009 中温锌钙系磷化液	锌-钙系	浸泡	8%～10%	70～80	8～10	无须调和添加促进剂,磷化膜结晶致密,适合涂装用

注:1. PB 体系磷化剂为沈阳帕卡濑精有限总公司的产品。

2. AB-521 型 Zn-Ca 磷化液是苏州昂邦化工有限公司的产品。

3. MP-882 型磷化液、促进剂 C 是长春第一汽车厂工艺研究所的产品。

4. AD-PG 型 Zn-Ca 磷化剂是开封安迪电镀化工有限公司的产品。

5. 促进剂 C/Y836 锌钙磷化液是上海仪表烘漆厂的产品。

6. DFL-3 磷化液是上海东风磷化厂的产品。

7. XH-13 型中温拉伸磷化浓缩液为成都祥和磷化公司的产品。

8. GH-3009 中温锌钙系磷化液是上海锦源精细化工的产品。

14.2.4 低温、常温磷化处理

低温磷化温度一般为 $35～45℃$,常温磷化是指在自然室温条件下进行磷化处理,通常温度为 $10～35℃$。由于处理温度较低,需加入强促进剂,如 NO_3^-、NO_2^-、ClO_3^- 等,以促进成膜速度。低温、常温磷化大部分以锌系、轻铁系磷化为主。

低温、常温磷化在磷化前,需进行表面调整处理,以促使膜层结晶初期晶核的形成,有利于产生均匀细致的磷化膜,以及提高磷化速度。

这类磷化温度较低,节能,生产成本低,溶液稳定,适合自动化生产。但其所获得的膜层较薄,耐蚀性、耐热性均不如高、中温磷化膜,常用于涂装的底层。低温、常温磷化剂目前国内已有很多商品供应市场,使用方便。

锌系、轻铁系低温、常温磷化的溶液组成及工艺规范见表 14-17。

市售的锌系低温、常温磷化液(剂)的处理工艺规范见表 14-18。

市售的轻铁系低温、常温磷化液(剂)的处理工艺规范见表 14-19。

表 14-17 锌系、轻铁系低温、常温磷化的溶液组成及工艺规范

溶液成分及工艺规范	锌系低温、常温磷化				轻铁系低温、常温磷化
	1	2	3	4	
磷酸二氢锌[$Zn(H_2PO_4)_2 \cdot 2H_2O$]/(g/L)	40～55	50～70	60～70	—	
硝酸锌[$Zn(NO_3)_2 \cdot 6H_2O$]/(g/L)	60～70	80～100	60～80	50～100	
磷酸二氢锰铁盐(马日夫盐)[$xFe(H_2PO_4)_2 \cdot yMn(H_2PO_4)_2$]/(g/L)	—	—	—	40～65	
磷酸二氢钠(NaH_2PO_4)/(g/L)	—	—	—	—	10
烷基磺酸盐($R\text{-}SO_3Na$)/(g/L)	2～3	—	—	—	
磷酸(H_3PO_4)/(mL/L)	8～10	—	—	—	10
草酸($H_2C_2O_4 \cdot 2H_2O$)/(g/L)	—	—	—	—	5
草酸钠($Na_2C_2O_4$)/(g/L)	—	—	—	—	4
氯酸钠($NaClO_3$)/(g/L)	—	—	—	—	5
稀土复合添加剂/(g/L)	5～6	—	—	—	
亚硝酸钠($NaNO_2$)/(g/L)	—	0.2～1	—	—	
氟化钠(NaF)/(g/L)	—	—	3～4.5	3～4.5	
氧化锌(ZnO)/(g/L)	—	—	4～8	4～8	

续表

溶液成分及工艺规范	锌系低温、常温磷化				轻铁系低温、常温磷化
	1	2	3	4	
游离酸度/点	4～6	4～6	3～4	3～4	3～5
总酸度/点	80～95	75～95	70～90	50～90	10～20
温度/℃	15～35	20～35	25～30	20～30	>20
时间/min	3～10	20～30	30～40	30～45	>5

表 14-18 市售的锌系低温、常温磷化液（剂）的处理工艺规范

商品名称	类型	处理方法	工艺规范			特　点
			含量(质量分数)/%	温度/℃	时间/min	
PB-L3020 化成(磷化)剂	磷酸锌	浸渍	—	40～45	2	适合汽车车身部件等的电泳涂装基础,低温全浸渍
PB-WL35 化成(磷化)剂	磷酸锌	浸渍	—	33～39	2～3	适合汽车车身部件等的电泳涂装基础,低温全浸渍
PB-L3007 化成(磷化)剂	磷酸锌	浸渍	—	40～45	>2	适合汽车车身部件等的电泳涂装基础,低温全浸渍
PB-3140 化成(磷化)剂	磷酸锌	喷淋	—	48～52	2～3	适合汽车车身部件等的电泳涂装基础,喷淋型
PB-AX35 化成(磷化)剂	磷酸锌	浸渍	—	33～37		适合钢铁、镀锌板及铝材混合材料电泳涂装的前处理
PBS-5010 化成(磷化)剂	镍磷酸锌	喷淋、浸渍	—	40～45	2	适合汽车车身部件等的电泳涂装基础,低温全浸渍,且不含重金属镍
PB-3108 化成(磷化)剂	磷酸锌	喷淋	—	25～45	2～3	低温、低渣、快速磷化剂
GH-3001 涂装磷化液	液体锌系	喷淋、浸泡	5～6	室温	2～5	适合各类涂装使用
GH-3002 涂装磷化液	液体锌系	喷淋、浸泡	5～6	室温	2～5	适合家用电器等的电泳涂装使用
GH-3003 电泳磷化液	液体三元系	浸泡	6～8	室温	2～5	电泳涂装专用产品
GH-3004 锌系磷化液	液体锌系	浸泡	5～6	室温	5～10	结晶致密,适合粉末涂装时使用
ST-8001 化成(磷化)剂(硅烷系)	无磷、镍化成剂	浸渍	—	室温～50	2	无磷、无镍、免表调剂,硅烷系、新型处理液
PB-4100 化成(磷化)剂	磷酸锌	喷淋、浸渍	—	>15	>3	低温、低渣、快速磷化剂
PB-3100M 型磷化剂 AC 促进剂	—	—	磷化剂　35mL/L 促进剂 0.5～1g/L	25～45	3～5	游离酸度 0.7～0.9 点,总酸度 16～25 点
祥和牌 XH-10B 磷化液	—	喷淋、浸渍	—	30～45 或室温	喷淋: 1.5～3 浸渍: 5～15	适用于汽车、摩托车、自行车、仪器仪表、家用电器、钢门窗等行业钢铁工件的阴极电泳涂装前磷化
YP-3115 型磷化剂 YP-131 型促进剂	—	—	磷化剂 90mL/L 促进剂 0.3～0.4g/L	室温	4～6	游离酸度 0.5～1 点,总酸度 30～40 点
PZ-91A 型磷化剂 PZ-91B 型促进剂	—	—	磷化剂 100mL/L 促进剂　10mL/L	35～45	3～5	游离酸度 0.5～1.5 点,总酸度 22～28 点

续表

商品名称	类型	处理方法	工艺规范			特 点
			含量(质量分数)/%	温度/℃	时间/min	
YS-5 型磷化剂 YM-5 型促进剂	—	—	磷化剂　80mL/L 促进剂　8mL/L	15～35	3～10	游离酸度 0.5～1 点,总酸度 30～35 点
DP-532 磷化剂 DP-54 促进剂	—	—	磷化剂　50mL/L 促进剂　7g/L	>20	3～5	游离酸度 0.8～1.5 点,总酸度 28～34 点

注：1. PB 体系磷化剂、PBS-5010、ST-8001 化成(磷)剂(硅烷系)为沈阳帕卡濑精有限总公司的产品。

2. 祥和牌 XH-10B 磷化液是成都祥和磷化公司的产品。

3. YP-3115 型磷化剂、YP-131 型促进剂是南京昆仑磷化厂的产品。

4. PZ-91A 型磷化剂、PZ-91B 型促进剂是武汉材料保护研究所的产品。

5. YS-5 型磷化剂、YM-5 型促进剂是上海永生助剂厂的产品。

6. PB-3100M 型磷化剂、AC 促进剂是合资帕卡濑精有限公司的产品。

7. DP-532 磷化剂、DP-54 促进剂是广州电器科学研究院金属防护研究所的产品。

表 14-19　市售的轻铁系低温、常温磷化液(剂)的处理工艺规范

商品名称	类型	处理方法	工艺规范			特 点
			含量(质量分数)/%	温度/℃	时间/min	
YS-6 型磷化粉	铁系	—	30～40	20～35	5～20	游离酸度 4～6 点,总酸度 15～18 点
P-1577 磷化剂	液体铁系	—	50mL/L	15～40	6～25	—
AB-606 型磷化溶液	液体铁系	—	25mL/L	室温	1～5	游离酸度 1～2 点,总酸度 3～8 点
GH-4001 铁系磷化液	液体铁系	喷淋、浸泡	8～10	室温	9～11	天蓝色,皮膜均匀
GH-4002 磷酸铁皮膜剂	液体铁系	喷淋、浸泡	8～10	室温	9～11	天蓝色,用于涂装、制桶等
GH-4003 铁系磷化液	液体铁系	喷淋、浸泡	8～10	室温	9～11	紫蓝色,皮膜均匀,有脱油功能
祥和牌 XH-11 型新型常温铁系磷化粉	—	喷淋、浸渍	0.7	室温	喷淋: 1.5～3 浸渍: 5～15	适用于各种形状的黑色金属工件的涂装前磷化,可与烤漆、喷塑、喷漆、电泳等涂装工艺配套使用
GP-5 磷化剂	液体铁系	—	100mL/L	10～35	5～15	游离酸度 5～7 点,总酸度 15～20 点

注：1. YS-6 型磷化粉是上海永生助剂厂的产品。

2. P-1577 磷化剂是武汉材料保护研究所的产品。

3. AB-606 型磷化溶液是苏州昂邦化工有限公司的产品。

4. GH 体系磷化液是上海锦源精细化工的产品。

5. 祥和牌 XH-11 型新型常温铁系磷化粉为成都祥和磷化公司的产品。

6. GP-5 磷化剂是湖南大学研制的产品。

14.2.5　黑色磷化处理

钢铁黑色磷化处理所获得的膜层,结晶细致,色泽均匀,外观呈黑灰色,厚度约为 $2\sim4\mu m$。黑色磷化不影响零件精度,又能减少光的漫反射,常用于仪器仪表制造业中的精密钢铸件的防护与装饰。

黑色磷化处理的溶液组成及工艺规范见表 14-20。

市售的黑色磷化液(剂)的处理工艺规范见表 14-21。

表 14-20　黑色磷化处理的溶液组成及工艺规范

溶液成分及工艺规范	1	2	溶液成分及工艺规范	1	2
磷酸二氢锰铁盐（马日夫盐）$[x\ Fe(H_2PO_4)_2 \cdot y\ Mn(H_2PO_4)_2]/(g/L)$	25～35	55	亚硝酸钠$(NaNO_2)/(g/L)$	8～12	—
			氧化钙$(CaO)/(g/L)$	—	6～7
磷酸$(H_3PO_4, d=1.7)/(mL/L)$	1～3	13.6	游离酸度/点	1～3	4.5～7.5
硝酸锌$[Zn(NO_3)_2 \cdot 6\ H_2O]/(g/L)$	15～25	2.5	总酸度/点	24～26	58～84
硝酸钙$[Ca(NO_3)_2]/(g/L)$	30～50	—	温度/℃	85～95	96～98
硝酸钡$[Ba(NO_3)_2]/(g/L)$	—	0.57	时间/min	30	—

注：1. 配方 1，零件在磷化前需在 5～10g/L 硫化钠溶液中，于室温下浸泡 5～20s，不经水洗即进行磷化。

2. 配方 2，需进行 2～3 次磷化，第一次磷化在零件表面停止冒气泡后取出，经冷水清洗后，在 15%硫酸溶液中，于室温下浸渍 1min，经水清洗后，再进行第二次磷化（溶液和规范同第一次磷化），然后进行第三次磷化。

表 14-21　市售的黑色磷化液（剂）的处理工艺规范

商品名称	工艺规范			特　点
	含　　量	温度/℃	时间/min	
HH800中温黑色磷化处理液	缩浓液 1 份(体积)水 4 份(体积)(pH=2～2.5)	>70	5～10	适用范围广，可用来处理钢材、铸铁、铸钢、高硅钢。磷化膜外观均匀、致密、呈黑色，膜厚为 2～5μm，耐蚀性、装饰性好　黑色磷化前需经表调
HH315X锰系黑色磷化处理液	缩浓液 1 份(体积)水 2.5 份(体积)(pH=2～2.5)	>70	5～10	适用范围广，处理铸铁、铸钢、高硅钢、合金钢时，能得到色泽均匀的黑色膜（锰磷酸盐复合膜），膜厚为 2～5μm，耐蚀性能好，附着力强　黑色磷化前需经表调
LD-2360磷化剂	200mL/L	70～80	5～10	游离酸度 4～7 点，总酸度 30～60 点
TJ-201黑色锰系磷化液	(棕色液体)缩浓液 1 份(体积)水 10 份(体积)	75～85	5～10	膜层纯黑色，10～20μm，耐磨　游离酸度 5～8 点，总酸度 50～80 点
GH-3007螺栓磷化液	8%～10%(体积分数)	70～80	8～10	用于五金烤漆、抽管、抽线、冷锻变形以及螺栓、螺帽等的黑磷处理

注：1. HH800 中温黑色磷化处理液、HH315X 锰系黑色磷化处理液为长沙军工民用产品研究所的产品。

2. LD-2360 磷化剂是重庆立道科技有限公司的产品。

3. TJ-201 黑色锰系磷化液是山东章丘市天健表面技术材料厂的产品。

4. GH-3007 螺栓磷化液是上海锦源精细化工的产品。

14.2.6　钢铁磷化工艺流程

(1) 磷化工艺流程

钢铁磷化处理工艺的种类很多，随着处理的制品的用途及要求不同，其处理工艺及流程也有所不同。一般的钢铁磷化处理工艺的主要流程大致如下。

除油→热水清洗→冷水清洗→浸蚀除锈→热水清洗→冷水清洗→表调→磷化处理→热水清洗→冷水清洗→磷化后处理→冷水清洗→热水或纯水清洗→烘干或热风吹干。

(2) 工艺说明

① 机械前处理。钢铁零件若预先经喷砂清理，所得磷化膜质量更佳。经喷砂的零件应尽快进行磷化处理。从喷砂清理到磷化处理的时间间隔，一般在气候炎热潮湿的南方地区不应超过 4h，在气候干燥的北方地区不应超过 8h。

② 表面调整。低温、常温磷化在磷化前，必须进行表面调整处理；中温磷化，为实现快速优质磷化，也常在磷化前进行表面调整处理，或加入组合促进剂。表面调整的作用是促使磷化形成晶粒细致密实的磷化膜，以及提高磷化速度。表面调整剂常用的有胶体钛以及新开发的长效新型液体钛表调剂。

a. 胶体钛表调剂。它主要由 K_2TiF_6、多聚磷酸盐、磷酸氢盐合成。胶体钛表调剂稳定性差，虽然不受产量影响，但是会随时间老化，使用周期短（老化周期一般在 10～15 天之间），而且不耐工件带入的脱脂液成分。

b. 液体钛表调剂。这种新开发的液体钛表调剂可替代胶体钛表调剂。新型液体表调剂不随时间老化，即使经过 30 天也还保持表调作用，而且对工件带入的脱脂液成分的耐久性增强。

市售钢铁件磷化用表调剂的处理工艺规范见表 14-22。

表 14-22　市售钢铁件磷化用表调剂的处理工艺规范

商品名称	类型	处理方法	工艺规范			特　点
			含量/%	温度/℃	时间/min	
GH-2001 胶酞表调剂	弱碱 白色粉末	浸渍、喷淋	0.2～0.3	室温	0.5～1	用于磷化前表面活化调整,使磷化膜结晶致密、均匀
GH-2002 锰系表调剂	弱碱 粉红色粉末	浸渍、喷淋	0.2～0.3	室温	0.5～1	用于锰系磷化前表面活化调整,使磷化膜结晶致密、均匀
GH-2003 液体酞表调剂	弱碱 乳白色液体	浸渍、喷淋	0.5～2	室温	0.5～1	新开发产品,使磷化膜结晶致密、均匀
PL-X 表调剂	液体	浸渍、喷淋	—	室温	>0.25	缩短皮膜磷化时间,处理液稳定时间长
PL-ZM 表调剂	粉体	浸渍、喷淋	—	室温 ～40	>0.2	缩短皮膜磷化时间,使晶体匀、致密
PL-VM 表调剂	粉体	浸渍	—	40～50	0.5～2.5	使磷化膜均匀、致密
PL-4040 表调剂	粉体	浸渍、喷淋	—	室温 ～40	>0.2	缩短皮膜磷化时间,使晶体均匀、致密
PL-Z 表调剂	粉体	浸渍、喷淋	—	室温	>0.2	使磷化膜均匀、致密
TJ-510 高效钛盐表调剂	白色粉状固体	—	0.2～0.3	室温	1～2	加速磷化成膜速度,缩短磷化时间,使膜层细化、致密、均匀
Deoxidizer 150-40 表调剂出光剂(汉高产品)	—	浸渍、喷淋	3～10	室温 或50	1～10	酸性液体去氧化表调剂、出光剂

注：1. 工艺规范中的浓度（%）为质量分数。

2. GH 系列表调剂是上海锦源精细化工的产品。

3. PL-X、PL-ZM、PL-VM、PL-4040、PL-Z 表调剂是沈阳帕卡濑精有限总公司的产品。

4. TJ-510 高效钛盐表调剂是山东章丘市天健表面技术材料厂的产品。

③ 磷化后处理

为提高磷化膜的防护能力，在磷化后根据零件的用途进行后处理。后处理有填充（钝化）、封闭和皂化处理。

a. 填充处理。其溶液组成及工艺规范见表 14-23。

表 14-23　磷化膜填充处理的溶液组成及工艺规范

溶液成分及工艺规范	填充处理					作冷挤压润滑用磷化膜的填充处理
	1	2	3	4	5	
重铬酸钾($K_2Cr_2O_7$)/(g/L)	30～50	60～100	—	—	—	—
铬酐(Cr_2O_3)/(g/L)	—	—	1～3	—	—	—
碳酸钠(Na_2CO_3)/(g/L)	2～4	—	—	—	—	—
三乙醇胺($C_6H_{15}O_3N$)/(g/L)	—	—	—	8～9	—	—
亚硝酸钠($NaNO_2$)/(g/L)	—	—	—	3～5	—	—
肥皂/(g/L)	—	—	—	—	30～50	80～100①
温度/℃	80～95	85～95	70～95	室温	80～95	60～80
时间/min	5～15	3～10	3～5	5～10	3～5	3～5

① 作冷挤压润滑用磷化膜的填充处理的肥皂浓度 80～100g/L，是以脂肪酸计。

b. 封闭处理。涂覆清漆；浸涂锭子油、机油、炮油、变压器油等，温度 105～115℃，时间 5～10min；浸涂石蜡，其组成为石蜡 200～300g、汽油 8～10L、炮油 1L，在 30～40℃ 下，浸渍数秒钟。

14.2.7　钢铁其他磷化处理

钢铁其他磷化处理包括有"四合一"磷化处理和"三合一"磷化处理等。

"四合一"磷化，就是将除油、除锈、磷化和钝化四个工序综合为一个工序，即在一个槽内完成。除浸渍磷化外，对大型制品和管道也可进行刷涂磷化，使用方便。这种处理方法所获得的磷化膜均匀细致，有一定的耐蚀性和绝缘性，可作为要求不高的制品涂装前打底。

"三合一"磷化处理包括除油、除锈和磷化。

"四合一"和"三合一"磷化处理的溶液组成及工艺规范见表 14-24。

市售的"四合一"磷化液（剂）的处理工艺规范见表 14-25。

表 14-24　"四合一"和"三合一"磷化处理的溶液组成及工艺规范

溶液成分及工艺规范	"四合一"磷化处理			"三合一"磷化处理
	1	2	3	
磷酸(H_3PO_4)/(g/L)	50～65	—	10 mL/L	150～300
磷酸二氢锌[$Zn(H_2PO_4)_2 \cdot 2H_2O$]/(g/L)	—	30～40	—	40～50
氧化锌(ZnO)/(g/L)	12～18	—	—	—
硝酸锌[$Zn(NO_3)_2 \cdot 6H_2O$]/(g/L)	180～210	80～100	45～50	—
磷酸二氢铬(以重铬酸钾计算)[$Cr(H_2PO_4)_3$]/(g/L)	0.3～0.4	0.4～0.5	0.3～0.4	—
硫酸氧基酞[$(TiOH_2O_2)SO_4$]/(g/L)	0.1～0.3	—	0.1	—
硝酸锰[$Mn(NO_3)_2 \cdot 6H_2O$]/(g/L)	—	—	9～10	—
酒石酸[$(CHOH)_2(COOH)_2$]/(g/L)	5	5	4	—
烷基磺酸钠(AS 表面活性剂或 601 洗净剂)/(mL/L)	15～20	15～20	—	—
OP 乳化剂/(mL/L)	10～15	—	12	3～5
硫脲[$(HN_2)_2CS$]/(g/L)	—	—	—	3～5
游离酸度/点	10～15	18～25	2	—
总酸度/点	130～150	75～100	25	—
温度/℃	55～65	50～60	≤85	50～70
时间/min	5～10	5～6		5～10

注："四合一"磷化处理配方 3 适用于合金钢件磷化。

表 14-25　市售的"四合一"磷化液（剂）的处理工艺规范

商品名称	工艺规范			特点
	含量/%	温度/℃	时间/min	
PP-1 磷化剂	PP-1　300mL/L	常温	3～15	—
YP-1 磷化剂	YP-1　500mL/L	常温	5～15	游离酸度 300～350 点,总酸度 600～700 点 膜重 2～6g/m²
GP-4 磷化剂	GP-4　250g/L	常温	5～25	游离酸度 120 点,总酸度 250 点 适用于轻度油、锈工件,浸渍
	GP-4　330g/L	30～40	10～15	游离酸度 160 点,总酸度 350 点 适用于含油、重锈工件,浸渍
	GP-4　500g/L	30～40	10～15	游离酸度 250 点,总酸度 500 点 适用于多油、重锈或有氧化皮的工件,浸渍或刷涂
TJ-210 钢铁常温四合一磷化剂	—	常温	20～120	浸泡或刷涂。产品的游离酸度 200～240 点,总酸度 430～490 点,处理后工件不水洗,自然晾干,后刷漆或喷漆

商品名称	工艺规范			特点
	含量/%	温度/℃	时间/min	
祥和牌 XH-9型常温 "四合一"磷化粉	XH-9 5% (质量分数)	室温	5~25	白色糊状物或固体(浸渍) 适用于各种形状、材质的钢铁件的除油、除锈、磷化、钝化处理
祥和牌 XH-4型 带锈刷涂磷化粉	白色糊状物(刷涂),具有脱脂、除锈、磷化、钝化等多种功能 对于锈蚀氧化皮在80μm以内,油膜在5μm以内的钢铁构件,可直接刷涂,如对铁架、铁桥、贮柜、储油罐、起重机、叉车、机床、汽车、钢结构厂房等大型的钢铁构件可直接使用,并可与各种中间漆、面漆配套。适用于钢铁件、大型结构件等			

注:1. PP-1磷化剂为武汉材料保护研究所的产品。

2. YP-1磷化剂为湖南新化材料保护应用公司的产品。

3. GP-4磷化剂是湖南大学研制的产品。

4. TJ-210钢铁常温"四合一"磷化剂是山东章丘市天健表面技术材料厂的产品。

5. 祥和牌XH-9型、祥和牌XH-4型磷化粉为成都祥和磷化公司的产品。

14.2.8 不合格磷化膜的退除

不合格磷化膜的退除的溶液组成及工艺规范见表14-26。

表 14-26 不合格磷化膜的退除的溶液组成及工艺规范

溶液成分及工艺规范	1	2
铬酐(CrO_3)/(g/L)	100~150	—
98%硫酸(H_2SO_4)/(g/L)	1~3	150~200(或盐酸150~250)
温度/℃	13~35	
时间	退净为止	

注:配方1用于精密零件或光洁度较高的零件上的磷化膜退除。

14.3 铝和铝合金的氧化处理

14.3.1 概述

铝是一种化学活性很强的金属,不耐腐蚀,而纯铝的硬度较低,不能广泛应用工业生产中。加入合金元素形成的铝合金,提高了强度,但耐蚀性下降。为了解决耐蚀性问题,保证铝合金既有足够的强度,又有较高的耐蚀性,铝合金必须进行氧化处理。

铝和铝合金氧化处理分为化学氧化和电化学氧化(阳极氧化)。

(1) 铝和铝合金的化学氧化

铝及铝合金化学氧化工艺按其处理溶液的性质,可分为碱性氧化处理和酸性氧化处理两类。铝和铝合金的化学氧化所获得氧化膜的性能和用途见表14-27。

表 14-27 铝和铝合金的化学氧化膜的性能和用途

氧化膜的性能	化学氧化的用途
1. 氧化膜比较薄,一般为0.5~4μm,多孔、质软不耐磨,力学性能和耐蚀性能均不如阳极氧化膜 2. 具有良好的吸附性能,并且可点焊 3. 可进行化学导电氧化,所获得的膜层不但具有特殊的防止电磁信号干扰的重要作用,而且具有良好的导电性 4. 不受零件大小和形状的限制。可氧化大型零件和组合件(如点焊件、铆接件、细长管子等),以及细小零件 5. 化学氧化所用设备简单,操作方便,生产效率高,成本低	1. 用作有机涂层(油漆、电泳涂漆)的底层,可提高涂层结合力 2. 化学导电氧化主要用于电子仪器仪表、计算机、雷达、无线电导航、电子通信设备电台机箱及内部屏蔽板和衬板所使用的铝上,使其有一定的耐蚀性及导电性 3. 可作为铝零部件的暂时保护(非耐久保护) 4. 除特殊用途外,一般不宜单独用作保护层

（2）铝和铝合金的阳极氧化

铝和铝合金阳极氧化厚度可达几十至几百微米，其硬度、耐磨性、耐蚀性、电绝缘性和装饰性等比原金属或原合金都有明显的提高。还具有较强的吸附能力和粘接能力、很高的绝缘性能和击穿电压及好的绝热耐热性能。采用不同的电解溶液和工艺规范，可以获得不同性能的氧化膜层。

铝和铝合金的阳极氧化工艺有硫酸普通阳极氧化、铬酸阳极氧化、草酸阳极氧化、瓷质阳极氧化、硬质阳极氧化以及微弧氧化等工艺。根据制品不同的使用条件和所处的环境，选择不同的阳极氧化工艺，参见表 14-28。

表 14-28　铝和铝合金阳极氧化工艺的选择

防护用途	选用的阳极氧化工艺
耐蚀（大气腐蚀）	硫酸阳极氧化（热水封闭或铬酸盐封闭）
作为底层	铬酸阳极氧化、硫酸阳极氧化（封闭）
防护装饰	瓷质阳极氧化、硫酸阳极氧化后染色或电解着色、微弧氧化
耐磨	硬质阳极氧化、微弧氧化
耐高温气体腐蚀	微弧氧化
绝缘	草酸阳极氧化、硬质阳极氧化
胶接	磷酸阳极氧化、铬酸阳极氧化
减少对基体疲劳性能影响	铬酸阳极氧化
识别标记	硫酸阳极氧化后染色
消除视觉疲劳	硫酸阳极氧化后染黑色

14.3.2　碱性化学氧化处理

碱性化学氧化处理的溶液组成及工艺规范见表 14-29。

表 14-29　碱性化学氧化处理的溶液组成及工艺规范

序号	溶液成分	工艺规范			性能及应用
		含量/（g/L）	温度/℃	时间/min	
1	氢氧化钠（NaOH） 碳酸钠（Na_2CO_3） 铬酸钠（Na_2CrO_4）	2～5 50 15～25	85～100	5～8	适用于纯铝、铝美、铝锰、铝硅合金的氧化。纯铝、铝美合金的氧化膜呈金黄色，而铝锰、铝硅合金的氧化膜颜色较暗
2	碳酸钠（Na_2CO_3） 铬酸钠（Na_2CrO_4） 磷酸三钠（Na_3PO_4）	50～60 15～20 15～2	95～100	8～10	膜厚约 0.5～1μm，膜质软，孔隙率高，吸附性好，抗蚀能力较差，适合作涂装底层
3	碳酸钠（Na_2CO_3） 铬酸钠（Na_2CrO_4） 磷酸氢二钠（$Na_2HPO_4 \cdot 12H_2O$）	60 20 2	95	8～10	氧化膜钝化后呈金黄色，多孔，作涂装底层。适用于纯铝、铝镁、铝锰和铝硅合金的氧化
4	碳酸钠（Na_2CO_3） 铬酸钠（Na_2CrO_4） 硅酸钠（Na_2SiO_3）	40～50 10～20 0.6～1	90～95	8～10	氧化膜无色，硬度及耐蚀性略高，孔隙率及吸附性略低。在质量分数为 2% 的硅酸钠溶液封闭处理后的氧化膜可作为防护层用
5	重铬酸钾（$K_2Cr_2O_7 \cdot 2H_2O$） 铬酐（CrO_3） 氟化钠（NaF）	2～4 1～2 0.1～1	50～60	10～15	膜层呈棕黄色至彩虹色，耐蚀性好，适用于铝合金焊接件局部氧化
6	重铬酸钠（$Na_2Cr_2O_7 \cdot 2H_2O$） 铬酐（CrO_3） 氟化钠（NaF）	3～3.5 2～4 0.8	室温	3	膜层厚度约为 0.5μm，无色至深棕色，孔隙少，耐蚀性好，适合较大件或组合件氧化处理

14.3.3　酸性化学氧化处理

酸性化学氧化一般使用弱酸溶液进行处理,所获得的膜层外观为无色至浅绿色,膜厚可达 $3\sim4\mu m$,与基体金属结合牢固,膜层细密,有一定耐磨性,处理零件的尺寸无明显变化,对力学性能无影响,可代替阳极氧化膜作为油漆底层。

阿洛丁(Alodine)处理,使用含有铬酸盐、磷酸盐及氟化物的酸性溶液,所获得膜层厚度为 $2.5\sim10\mu m$。膜层组成大约为:Cr 含量 $18\%\sim20\%$、Al 含量 45%、磷含量 15%、铁含量 0.2%(均为质量分数)。加热氧化膜时,其质量约减少 40%,而耐蚀性却得到很大提高。该处理方法按所得的膜层颜色不同,可分为有色和无色两类。其处理工艺有浸渍法、刷涂法和喷涂法等。

酸性化学氧化处理的溶液组成及工艺规范见表 14-30。

阿洛丁处理的溶液组成及工艺规范见表 14-31。

市售的铝和铝合金化学转化膜处理剂(液)处理工艺规范见表 14-32。

表 14-30　酸性化学氧化处理的溶液组成及工艺规范

序号	溶液成分	工艺规范			性能及应用
		含量/(g/L)	温度/℃	时间/min	
1	磷酸(H_3PO_4) 铬酐(CrO_3) 氟化钠(NaF)	$10\sim15mL/L$ $1\sim2$ $3\sim5$	$20\sim25$	$8\sim15$	氧化膜较薄,韧性好,耐蚀性好,适用于氧化后需变形的铝及铝合金,也可用于铸铝件的表面防护,氧化后不需钝化或填充处理
2	磷酸(H_3PO_4) 铬酐(CrO_3) 氟化钠(NaF)	45 6 3	$15\sim35$	$10\sim15$	膜层较薄,韧性好,抗蚀能力较高,适用于氧化后需变形的铝及其合金
3	磷酸(H_3PO_4) 铬酐(CrO_3) 氟化钠(NaF) 硼酸(H_3BO_3)	22 $2\sim4$ 5 2	室温	$0.25\sim1$	此法又称化学导电氧化。氧化膜为无色透明,膜厚为 $0.3\sim0.5\mu m$,膜层导电性好,主要用于变形的铝制电器零件
4	铬酐(CrO_3) 重铬酸钠($Na_2Cr_2O_7$) 氟化钠(NaF)	$3.5\sim4$ $3\sim3.5$ 0.8	室温	3	膜薄(约 $0.5\mu m$),氧化膜颜色由无色透明至深棕色,耐蚀性好,孔隙少。用于不加涂料的防护。使用温度不宜高于 60℃,应用于不适于阳极氧化的较大零部件等的化学氧化
5	铬酐(CrO_3) 硅酸钠(Na_2SiO_3)	5 5	室温	$5\sim10$	膜薄,厚度小于 $1\mu m$。不耐磨,作油漆底层
6	铬酐(CrO_3) 氟化钠(NaF) 铁氰化钾[$K_3Fe(CN)_6$]	$4\sim5$ $1\sim1.2$ $0.5\sim0.7$	$25\sim35$	$0.5\sim1$	膜很薄,导电性及耐蚀性好,硬度低,不耐磨,可以电焊和氩弧焊,但不能锡焊。主要用于要求有一定导电性能的纯铝、防锈铝及铸造铝合金零件
7	铬酐(CrO_3) 铁氰化钾[$K_3Fe(CN)_6$] 氟化钠(NaF) 硼酸(H_3BO_3) 硝酸(HNO_3,$d=1.42$)	$5\sim10$ $2\sim5$ $0.5\sim1.5$ $1\sim2$ $2\sim5mL/L$	室温	$0.5\sim5$	膜层为金黄色的彩虹色至淡棕黄色,耐蚀性良好,耐磨性较差。适用于复杂和大型零件的局部氧化

表 14-31　阿洛丁处理的溶液组成及工艺规范

序号	溶液成分	工艺规范			性能及应用
		含量/(g/L)	温度/℃	时间/min	
1	磷酸(H_3PO_4) 铬酐(CrO_3) 氟化氢氨(NH_4HF_2) 磷酸氢二铵[$(NH_4)_2HPO_4$] 硼酸(H_3BO_3)	$50\sim60mL/L$ $20\sim25$ $3\sim3.5$ $2\sim2.5$ $1\sim1.2$	$30\sim36$	$3\sim6$	又称阿洛丁氧化法。膜层颜色为无色至带红绿的浅蓝色。膜厚约 $3\sim4\mu m$,膜层致密,较耐磨,抗蚀性能高,需进行封闭处理,氧化后零件尺寸无变化,适用于铝及其合金。也称磷化处理

续表

序号	溶液成分	工艺规范			性能及应用
		含量/(g/L)	温度/℃	时间/min	
2	Alodine 1200S 铝合金皮膜剂（汉高产品，粉剂，黄色铬化剂）	0.75%（质量分数）	室温～35	（喷淋、浸渍）0.3～3	在表面形成一层从浅金色到棕黄色的转化膜。这一涂层有极好的防腐蚀性能，而且能保证外面的涂料和塑料涂层有极好的黏着力
3	Alodine C6100 皮膜剂阿洛丁处理剂（汉高产品，液体，黄色铬化剂）	1%～2%（质量分数）	25～35	（喷淋、浸渍）0.5～2.5	处理后工件表面的氧化膜呈黄色，膜重 0.1～1g/m² 。此氧化膜增强工件的耐蚀性以及与漆膜的结合力

表 14-32　市售的铝及铝合金化学转化膜处理剂（液）处理工艺规范

商品名称	类型	处理方法	工艺规范			特　　点
			浓度/%	温度/℃	时间/min	
GH-5001 铝合金磷化液	液体、铬系	喷淋、浸泡	5～6	室温	5～8	铝合金草绿色化学转化膜，与涂料附着力强
GH-5002 铝合金化成皮膜剂	液体、铬系	喷淋、浸泡	5～6	室温	5～8	铝合金金黄色化学转化膜，抗氧化能力强
GH-5003 铝合金铬化皮膜剂	液体、铬系	喷淋、浸泡	5～6	室温	5～8	银白色化学转化膜，适合于铝合金表面处理
GH-5004 铝合金无铬皮膜剂	液体、无铬系	喷淋、浸泡	5～6	室温	3～8	铝合金浅黄色化学转化膜，环保型产品
GH-5005 铝合金无铬皮膜剂	液体、无铬系	喷淋、浸泡	5～6	室温	3～8	铝合金银白色化学转化膜，环保型产品
PB-AX35 化成剂	磷酸锌	浸渍	—	33～37	2	适合钢铁、镀锌板及铝材混合材料电泳涂装的前处理
AB-A 化成剂	氟酸铝	浸渍	—	>98	5～10	适合冷锻、冷挤，适用于铝材

注：GH 系列皮膜剂是上海锦源精细化工的产品。PB-AX35、AB-A 化成剂是沈阳帕卡濑精有限总公司的产品。

14.3.4　硫酸阳极氧化

　　铝和铝合金硫酸阳极氧化能获得一层具有硬度高、吸附能力强、耐磨性好的无色透明氧化膜。膜层较厚（约为 5～20μm），易进行染色和封闭等处理，并具有较高的装饰性和耐蚀性能。

　　硫酸阳极氧化电解溶液成分简单，性能稳定，操作方便，消耗电能小，成本低，而且允许杂质含量范围大，适用范围广，主要用于防护和装饰。

　　在硫酸溶液中加入一些其他酸如草酸、酒石酸（即混酸阳极氧化），可提高膜层的某些性能，以及提高溶液的操作温度。

　　硫酸阳极氧化的溶液组成及工艺规范见表 14-33。

　　混酸阳极氧化的溶液组成及工艺规范见表 14-34。

表 14-33　硫酸阳极氧化的溶液组成及工艺规范

溶液组成及工艺规范	1	2	3	4	5
硫酸(H_2SO_4)/(g/L)	180～200	150～160	160～170	280～320	100～110
铝离子(Al^{3+})/(g/L)	<20	<20	<15	<20	<20

溶液组成及工艺规范	1	2	3	4	5
硫酸镍($NiSO_4 \cdot 6H_2O$)/(g/L)	—	—	—	$8\sim10$	—
温度/℃	$15\sim25$	20 ± 1	$0\sim5$	$20\sim30$	$13\sim26$
阳极电流密度/(A/dm²)	$0.8\sim1.5$	$1.1\sim1.5$	$0.5\sim2.5$	$2\sim3$	$1\sim2$
电压/V	$12\sim22$	$18\sim20$	$12\sim22$	$18\sim20$	$16\sim24$
时间/min	$30\sim40$	$30\sim60$	$30\sim60$	$30\sim40$	$30\sim60$
阴极材料	纯铅或铅合金板	纯铅或铅合金板	纯铅或铅合金板	纯铅或铅合金板	纯铅或铅合金板
搅拌	空气搅拌	空气搅拌	空气搅拌	空气搅拌	空气搅拌
电源类型	直流	直流或脉冲	直流	直流	交流

注：1. 配方1适用于一般铝和铝合金的阳极氧化（通用配方）。

2. 配方2适用于建筑铝型材的阳极氧化。

3. 配方3适用于对硬度、耐磨性要求较高的铝和铝合金的表面装饰处理。

4. 配方4为宽温度快速氧化。

5. 配方5适用于一般铝和铝合金的表面装饰处理。

表 14-34　混酸阳极氧化的溶液组成及工艺规范

溶液组成及工艺规范	1	2	3
硫酸(H_2SO_4)/(g/L)	$150\sim200$	$150\sim160$	$120\sim140$
铝离子(Al^{3+})/(g/L)	<20	<20	<20
草酸($H_2C_2O_4$)/(g/L)	$5\sim6$	—	15
酒石酸($C_4H_6O_6$)/(g/L)	—	—	40
甘油[$C_3H_5(OH)_3$]/(g/L)	—	50	—
温度/℃	$15\sim25$	20	$15\sim45$
阳极电流密度/(A/dm²)	$0.8\sim1.2$	$1\sim3$	$1\sim1.5$
电压/V	$18\sim24$	$16\sim18$	$18\sim24$

注：1. 添加草酸或甘油，所获得的氧化膜比在相同条件下不加添加剂所得的氧化膜要厚些。草酸在硫酸溶液中可以降低膜层的溶解度，使膜紧密细致。

2. 配方3为宽温度配方，在45℃下也可获得致密氧化膜。

14.3.5　铬酸阳极氧化

铬酸阳极氧化膜的色泽呈不透明的灰白色到深灰色或彩虹色，而且膜层很薄（$2\sim5\mu m$），质软，耐磨性差。由于膜层太薄，气孔率太低，不易染色，特别不易染成黑色等深色。由于气孔率很低，不经封闭处理也可以使用。该膜层与有机涂料有良好的结合力，是涂料的良好底层。

铬酸阳极氧化的特点及应用见表14-35，溶液组成及工艺规范见表14-36。

表 14-35　铬酸阳极氧化的特点及应用

铬酸阳极氧化的特点	铬酸阳极氧化的应用
1. 对铝和铝合金疲劳强度影响小 2. 可以显现一般探伤方法不能显现的铝合金零件的组织缺陷，还可以显露铝合金的晶粒度、纤维方向 3. 由于铬酸电解液对铝的溶解度很小，膜层很薄，仍能保持零件原来的精度和表面粗糙度 4. 阳极氧化溶液对铝合金腐蚀性小，溶液残存在零件不易洗净的缝隙中，对铝合金的腐蚀速度很慢 5. 铬酸阳极氧化膜对气体的流动性好于硫酸氧化膜，并且膜层的自润滑性比硫酸氧化膜和草酸氧化膜好	1. 用于对疲劳性能要求较高的零件 2. 用来检查铝和铝合金材料的晶粒度、纤维方向、表面裂纹等冶金缺陷 3. 用于尺寸公差小和表面粗糙度低的精密零件的防护。硅铝合金的防护 4. 用于形状简单的对接气焊零件 5. 适用于硫酸氧化法难以加工的松孔度大的铸件、点焊件、铆接件 6. 用于蜂窝结构面板的防护。用于需胶接的零件 7. 作为涂料的底层
铬酸阳极氧化不允许使用的范围	1. 铜含量或硅含量超过5%（质量分数）的铝合金与合金元素总含量超过7.5%的铝合金零件 2. 与其他金属组成的组合件

表 14-36　铬酸阳极氧化的溶液组成及工艺规范

溶液成分及工艺规范	1	2	3	4
铬酐(CrO_3)/(g/L)	30～40	35～50	50～55	95～100
温度/℃	32～40	33～37	37～41	35～39
阳极电流密度/(A/dm^2)	0.2～0.6	0.3～0.7	0.3～2.7	0.3～2.5
电压/V	0～40	0～22	0～40	0～40
时间/min	60	33～37	60	35
阴极材料	铅或石墨	铅	铅或石墨	铅或石墨
适用范围	尺寸公差小或抛光零件		一般加工件和钣金件	一般零件、焊接件或作涂装底层

注：配方 1 氧化后需要封孔处理。

14.3.6　草酸阳极氧化

草酸阳极氧化，得到 8～20μm 厚度的氧化膜，最大厚度可达到 60μm。

草酸阳极氧化的特点及应用见表 14-37。

直流草酸阳极氧化的溶液组成及工艺规范见表 14-38。

交流及交直流叠加草酸阳极氧化的溶液组成及工艺规范见表 14-39。

表 14-37　草酸阳极氧化的特点及应用

草酸阳极氧化特点	草酸阳极氧化的应用
1. 通过改变阳极氧化工艺规范（如电源、电流密度、温度及酸含量等），可在零件上直接获得银白色、淡黄、草黄色、褐黄色等的氧化膜，而无需进行染色 2. 草酸阳极氧化所获得的膜层，耐蚀能力强，硬度极高，而且电绝缘性能良好 3. 采用交流电氧化时，能获得较软的、弹性和电绝缘性能良好的氧化膜，可作为铝线绕组的良好绝缘层 4. 草酸是有机酸，它对铝的氧化膜溶解小，而它的溶解作用主要取决于溶液温度，电解液浓度的变化对膜层的溶解影响很小，所以可以得到较厚的氧化膜 5. 用直流电氧化所得氧化膜一般比硫酸溶液所得的氧化膜脆，抗挠曲性较差（即抗冲击性较差） 6. 氧化膜易随电流密度、酸含量和温度而起变化，易使零件表面产生色差，尤其是表面积较大的制件 7. 氧化电解液成本高（比硫电解液高 2～3 倍），电能消耗较大（需设有冷却装置），而且电解液的电阻比硫酸、铬酸电解液都大，电解液容易发热	草酸阳极氧化的使用范围： 1. 要求有较高电绝缘性能的精密仪器、仪表零件，用于制作电气绝缘保护层 2. 要求具有较高硬度和良好耐磨性的仪器、仪表零件 3. 食用器具、日用品的装饰防护 4. 在建筑、造船、电气及机械工业得到广泛应用 草酸阳极氧化不宜使用的范围： 1. 厚度小于 0.6mm 的板材 2. 工作表面粗糙度低于 1.6～0.8μm 的零件 3. LY11、LY12 铝合金零件

表 14-38　直流草酸阳极氧化的溶液组成及工艺规范

溶液成分及工艺规范	1	2	3	4	5
草酸($H_2C_2O_4 \cdot 2H_2O$)/(g/L)	40～60	50～70	27～33	30～50	30～50
温度/℃	15～18	25～32	15～21	18～20	35
阳极电流密度/(A/dm^2)	2～2.5	1～2	1～2	1～2	1～2
电压/V	110～120	40～60	110～120	40～60	30～35
时间/min	90～150	30～40	120	40～60	20～30
氧化膜性质和用途	膜厚，用于电气绝缘	耐磨、耐晒、用于装饰	电器绝缘	用于纯铝、Al-Mg 合金，黄色膜，耐磨	膜薄，无色，韧性好，可着色

注：溶液需要压缩空气搅拌。

表 14-39　交流及交直流叠加草酸阳极氧化的溶液组成及工艺规范

溶液成分及工艺规范	交流或直流氧化		交流氧化		交流直流叠加氧化
	1	2	1	2	
草酸($H_2C_2O_4 \cdot 2H_2O$)/(g/L)	40～50	80～85	30～50	50～100	2%～4%
铬酐(CrO_3)/(g/L)	1	—	—	—	—
甲酸(CH_2O_2)/(g/L)	—	55～60	—	—	—

续表

溶液成分 及工艺规范	交流或直流氧化		交流氧化		交流直流 叠加氧化
	1	2	1	2	
温度/℃	20～30	12～18	25～35	35	20～29
阳极电流密度/(A/dm²)	1.5～4.5	4～4.5	2～3	2～3	交流 1～2 直流 0.5～1
电压/V	40～60	40～50	40～60	40～60	交流 80～120 直流 25～30
时间/min	30～40	15～25	40～60	30～60	20～60
氧化膜性质和用途	一般应用(通用)	用于装饰, 快速氧化	用于纯铝,黄色 膜,质软韧性好, 适用于线材	表面装饰	日用品 装饰

注:1. 溶液需要压缩空气搅拌。

2. 交流直流叠加氧化配方中草酸含量 2%～4% 为质量分数。

14.3.7　磷酸阳极氧化

　　磷酸阳极氧化所获得的膜层的孔径较大,可用作铝合金零件胶接前的良好底层,也可用作电镀底层。氧化膜具有较好的防水性,可用于在高湿度环境下铝和铝合金制件的防护。适用于铜含量高的铝合金的阳极氧化,故常用于铜含量高的铝合金的防护。磷酸阳极氧化的溶液组成及工艺规范见表 14-40。

表 14-40　磷酸阳极氧化的溶液组成及工艺规范

溶液成分及工艺规范	1	2	3
磷酸(H_3PO_4)/(g/L)	200	286～354	100～140
草酸($H_2C_2O_4 \cdot 2H_2O$)/(g/L)	5	—	—
十二烷基硫酸钠($NaC_{12}H_{25}SO_4$)/(g/L)	0.1	—	—
温度/℃	20～25	25	20～25
阳极电流密度/(A/dm²)	2	1～2	—
电压/V	25	30～60	10～15
时间/min	18～20	10	18～22
适用范围	用作电镀底层	用作电镀底层	用于胶接表面的底层

14.3.8　瓷质阳极氧化

　　在草酸盐或硫酸盐的电解液中,添加稀有金属盐(如钛、锆、钍等的金属盐),在氧化过程中,由于盐的水解作用产生的色素体被吸附沉积于膜孔中,形成氧化膜的色泽呈乳白色至浅灰白色,具有类似瓷釉、搪瓷、塑料的不透明外观。

　　而以铬酸为基础的混合酸电解液中,所得氧化膜呈树枝状结构,光在此结构上产生漫反射会造成白色不透明瓷质感[3]。所以这两类阳极氧化称为瓷质阳极氧化,也称为仿釉阳极氧化。瓷质阳极氧化的特点及应用见表 14-41。

　　铝和铝合金瓷质阳极氧化的溶液有草酸钛钾溶液、铬酸-硼酸溶液、硫酸锆溶液、硫酸溶液及混合酸溶液等。其溶液组成及工艺规范见表 14-42。

表 14-41　瓷质阳极氧化的特点及应用

项　　目	瓷质阳极氧化的性能特点
膜层厚度及性能	1. 氧化膜厚度约为 8～20μm,膜层致密、光滑,结合力好,可以保持零件的精度和平滑度 2. 耐磨性好,绝热性、绝缘性和耐蚀性远远超过硫酸阳极氧化膜 3. 由于膜层不透明,能够遮盖机械加工零件表面上的缺陷。因此,对阳极氧化前零件的表面状态要求不高,可以不进行电化学抛光

续表

项　目	瓷质阳极氧化的性能特点
膜层的装饰性	膜层具有良好的吸附能力,能染各种颜色,具有良好的装饰效果。但染色外观不如硫酸阳极氧化膜染色鲜艳。作为装饰性膜外观比硫酸阳极氧化膜好。而且由于膜层表面光滑,表面上的污垢或杂质容易清除
耐蚀性能	具有高的耐蚀性能和力学性能
膜层的硬度	膜层具有较高的硬度(膜层显微硬度为 650~750HV),硬度随材料成分的不同而不同。硬度介于硬质阳极氧化与硫酸阳极氧化之间,比铬酸阳极氧化膜高。膜层绝缘性比草酸阳极氧化膜低,但高于硫酸或铬酸阳极氧化膜
膜层与基体金属结合性能	膜层与基体金属黏附优良,膜层在受冲击和压缩负载时发生开裂,但不剥落
其他性能	1. 瓷质阳极氧化处理不会改变零件表面尺寸精度和粗糙度 2. 草酸或硫酸锆阳极氧化电解液成本高,溶液使用周期短,而且对工艺条件要求严格
瓷质阳极氧化的应用	1. 适宜于精密仪器、仪表零件的装饰和防护 2. 需保持零件表面原有的尺寸精度和粗糙度,又要求表面具有一定硬度、电绝缘性的零件 3. 日用品、食品用具、文教器材等的装饰和防护等

表 14-42　瓷质阳极氧化的溶液组成及工艺规范

溶液成分及工艺规范	草酸钛钾溶液	铬酸-硼酸溶液	硫酸锆溶液	硫酸溶液	混合酸溶液 1	混合酸溶液 2
草酸钛钾 $[K_2Ti(C_2O_4)_2]$/(g/L)	35~45	—	—	—		
硼酸 (H_3BO_3)/(g/L)	8~10	1~3	—	—	1.5~2	5~7
柠檬酸 $(C_6H_8O_7)$/(g/L)	1~1.5	—	—	—	3	—
草酸 $(H_2C_2O_4)$/(g/L)	2~5	—	—	—	0.5~1	5~12
铬酐 (CrO_3)/(g/L)	—	30~35	—	—	30	35~40
硫酸锆 $[Zr(SO_4)_2 \cdot 4H_2O]$(按氧化锆计)/	—	—	5%(质量分数)	—		
硫酸 (H_2SO_4)/(g/L)	—	—	7.5%(质量分数)	280~300		
硫酸镍 $(NiSO_4 \cdot 6H_2O)$/(g/L)	—	—	—	8~10	—	—
温度/℃	24~28	40~50	34~36	18~24	45~60	45~55
阳极电流密度/(A/dm²)	开始 2~3 终结 1~1.5	开始 2~4 终结 0.1~0.6	1.2~1.5	1~1.5	10~20	0.5~1
电压/V	90~110	40~80	12~20	10~12	20	25~40
时间/min	30~60	40~60	40~60	—	60	40~50
氧化膜厚度和颜色	10~16μm,灰白色	11~15μm,灰色	12~25μm,白色	经浸渍染白色膜	12~20μm,暗灰色	10~16μm,乳白色
适用范围	膜硬度高、耐蚀性好,用于耐磨精密零件。但工艺不易掌握	用于一般零件及食品设备零件。工艺稳定,操作简便。膜层可以染色	用于装饰品	快速氧化。成本低,操作方便	用于一般零件装饰,膜层可以染色	

注:1. 草酸钛钾溶液操作方法:氧化开始阳极电流密度用 2~3A/dm²,在 5~10min 内调节电压到 90~110V,然后保持电压恒定,让电流自然下降,经过一段时间,电流密度相对稳定在 1~1.5A/dm²,至氧化结束。氧化过程中,pH 值要控制在 1.8~2。

2. 铬酸-硼酸溶液操作方法:氧化开始阳极电流密度用 2~4A/dm²,在 5min 内将电压逐渐升到 40~80V,然后电压保持在此范围内,调节阳极电流密度至 0.1~0.6 A/dm²,直至氧化结束。

3. 硫酸溶液所得氧化膜浸渍染白色膜配方及工艺规范:硫酸铝 $[Al_2(SO_4)_3 \cdot 18H_2O]$ 40g/L,pH 值 3~5,温度 50~55℃,浸渍时间 25min 左右。溶液必须搅拌。

4. 阴极材料:纯铝、铅板或不锈钢板。对于管材内阴极可以采用纯铝棒材。阴极面积与阳极面积之比为 4:1 或 2:1。

5. 操作时溶液需要经常搅拌。

14.3.9 硬质阳极氧化

硬质阳极氧化，可在铝和铝合金零件的表面生成质硬、多孔的厚氧化膜。有硫酸和常温硬质阳极氧化两种，常用的是硫酸硬质阳极氧化。氧化后应进行封闭处理，可在热纯水中或在质量分数为 5% 的重铬钾溶液中，于室温下浸渍 15～30min；也可用浸油或蜡在 80℃ 下封闭，时间为 15～30min。硬质阳极氧化的特点及应用如表 14-43 所示。

表 14-43　硬质阳极氧化的特点及应用

硬质阳极氧化的特点		硬质阳极氧化的应用
色泽	根据基体材质和工艺的不同，氧化膜外观呈灰、褐和黑色，而且温度越低，膜层越厚，色泽越深	硬质阳极氧化膜的使用范围： 1. 要求具有高硬度的耐磨零件。如活塞座、活塞、气
膜层厚度	厚度最高可达 250μm 左右	缸、轴承、导轨、水力设备、蒸汽叶轮或为减轻重量以铝代钢的耐磨零件等
硬度和耐磨性	硬质阳极氧化膜硬度很高，钝铝上氧化膜的显微硬度可达 1500HV，铝合金上氧化膜的显微硬度为 400～600HV。膜层多孔，可吸附和储存各种润滑剂，增强了减摩能力，提高耐磨性	2. 耐气流冲刷的零件 3. 要求绝缘的零件 4. 瞬时经受高温的零件
耐蚀性	氧化膜与铝或铝合金基体有很强的结合力。膜层经封闭处理后，有很高的耐蚀性，尤其在工业大气和海洋性气候中具有优异的抗蚀能力	硬质阳极氧化膜不宜使用的范围： 1. 螺距小于 1.5mm 的螺纹零件；厚度小于 0.8mm 的板材
绝缘性	氧化膜具有很高的电阻率，厚度为 100μm 的膜层，可耐 2000V 的电压。经封闭处理后，平均 1μm 的氧化膜可耐电压 25V	2. 含硅高的压铸件；LY11 合金制造的零件 3. 对疲劳强度要求高的零件；承受冲击载荷的零件
耐热性	氧化膜的熔点高达 2050℃，而且导热系数很低，约为 67kW/(m²·K)，是一种优异的隔热膜层，也是极好的耐热材料。膜层在短时间内能耐 1500～2000℃ 的高温	4. 搭接、点焊或铆接的组合件；不同金属或与非金属组合的制件
硬质阳极氧化的缺点	膜层性脆，并脆性随膜层厚度的增加而加大。当膜层超过一定厚度时，会使铝合金的疲劳强度降低	

(1) 硫酸硬质阳极氧化

硫酸硬质阳极氧化工艺具有溶液组成简单、稳定、操作方便、成本低，能适用于多种铝材等优点。它与普通硫酸阳极氧化基本相同，主要的不同是溶液温度比较低，必须经强制冷却和强搅拌，才能获得硬而厚的氧化膜。

硫酸硬质阳极氧化的溶液组成及工艺规范见表 14-44。

表 14-44　硫酸硬质阳极氧化的溶液组成及工艺规范

溶液成分及工艺规范	1	2	3
硫酸(H₂SO₄)/(g/L)	200～300	100～200	130～180
温度/℃	-8～10	0±2	10～15
阳极电流密度/(A/dm²)	0.5～5	2～4	2
电压/V	40～90	20～120	开始 5V，终止 100V
时间/min	120～150	60～240	60～180
搅拌	空气搅拌	空气搅拌	空气搅拌
适用范围	变形铝合金	变形铝合金	铸造铝合金

(2) 常温硬质阳极氧化

常温硬质阳极氧化，是在硫酸或草酸溶液的基础上加入适量的有机酸或少量无机盐，可以在接近常温下获得较厚的硬质阳极氧化膜，便于生产，成本较低。该工艺规范较广，溶液浓度范围较宽，工作温度可到 30℃，获得膜层显微硬度可达 300～500HV，膜层厚度约为 50μm。

常温硬质阳极氧化特别适用于含铜的质量分数为 5% 以下的各种牌号的铝合金。适用于深不通孔内表面的氧化，可得到较均匀的膜层。

常温硬质阳极氧化的溶液组成及工艺规范见表 14-45。

表 14-45　常温硬质阳极氧化的溶液组成及工艺规范

溶液成分及工艺规范	1	2	3	4	5	6
硫酸(H$_2$SO$_4$)/(g/L)	120	—	5~12	200	10~15	180~200
草酸(H$_2$C$_2$O$_4$·2H$_2$O)/(g/L)	10	30~50	—	—	—	15
苹果酸(C$_4$H$_6$O$_5$)/(g/L)	—	—	30~50	17	—	—
丙二酸(C$_3$H$_4$O$_4$)/(g/L)	—	25~30	—	—	—	—
磺基水杨酸(C$_7$H$_6$O$_6$S)/(g/L)	—	—	30~90	—	—	—
酒石酸(C$_4$H$_6$O$_6$)/(g/L)	—	—	—	—	—	15
甘油[C$_3$H$_5$(OH)$_3$]/(mL/L)	—	—	—	12	—	—
硫酸锰(MnSO$_4$·5H$_2$O)/(g/L)	—	3~4	—	—	—	—
磺化蒽/(mL/L)	—	—	—	—	3.5~5	—
乳酸(C$_3$H$_6$O$_3$)/(g/L)	—	—	—	—	30~40	—
硼酸(H$_3$BO$_3$)/(g/L)	—	—	—	—	30~40	—
DP-Ⅲ 添加剂/(g/L)	—	—	—	—	—	20~25
温度/℃	9~11	10~30	变形铝合金 15~20 铸铝 15~30	16~18	18~30	10~20
阳极电流密度/(A/dm^2)	10~20	3~4	变形铝合金 5~6 铸铝 5~10	3	10~20	1~2
电压/V	10~75	起始 50 终止 130	—	22~24	—	15~25
时间/min	—	50~100	30~100	70	80~100	40~70
适用范围	多种铝合金	LC4、LF3、ZL6、ZL10、ZL11、ZL101、ZL303 等	变形铝合金、铸铝	LC4 等铝合金	LC4、LY11、LY12、LD5、LD7、ZL105	Al-Si 合金

注：配方 6 的 DP-Ⅲ 添加剂是广州电器科学研究院金属防护研究所的产品。

14.3.10　微弧氧化

(1) 概述

微弧氧化是零件在电解质水溶液中，置于阳极，施加高电压（直流、交流或脉冲），在铝和铝合金表面的微孔中产生火花或微弧放电，从而在其表面上生成陶瓷化表面膜层的表面改性处理技术。

微弧氧化方法，首先是在铝的表面生成一层薄的阳极氧化膜。这层氧化膜使得电流迅速下降，为了氧化膜的继续发展，只有增大电压，以维持氧化膜生长所需要的电流。由于增大电压，使在氧化膜薄弱的位置，被几百伏的高压电击穿，导致局部产生火花（或微弧放电），依靠弧光放电产生的瞬时高温高压的作用，生长出以基体金属氧化物为主的陶瓷膜层。因为局部薄弱位置是不断变动的，这就造成高压电击穿而产生火花的位置不断变动，但发生的反应相同，从而导致微弧氧化膜全面增厚，最后达到指定电压的极限厚度。

(2) 微弧氧化膜的性能及应用

微弧氧化膜的综合性能及应用见表 14-46、表 14-47。

表 14-46　微弧氧化膜的性能及应用

性　能	微弧氧化膜的性能指标
膜层厚度	约 200~400μm。微弧氧化膜层结构致密，韧性好，孔隙率低(0~40%)
耐蚀性能	由于膜层中的氧化铝是在高温高压条件下形成的，其结构致密，孔隙率低(且为盲性微孔)，因而具有很高的耐蚀性能。承受 5%(质量分数)NaCl 的盐雾试验的耐蚀能力在 1000h 以上
硬度、耐磨性	其硬度高达 800~2500HV(依材料及工艺而定)，明显高于硬质阳极氧化膜。并具有摩擦系数低、耐磨性好的特点

续表

性　能	微弧氧化膜的性能指标
电绝缘性能	其绝缘电阻率可达到 $5 \times 10^{10} \Omega \cdot cm$,在干燥空气中的击穿电压为 $3000 \sim 5000V$
装饰性能[5]	外观装饰性能好。可按使用要求大面积地加工成各种颜色(红、蓝、黄、绿、灰、黑等)、不同花纹的膜层,并保持原有粗糙度。经抛光处理后,膜层粗糙度为 $0.4 \sim 0.1 \mu m$,远优于原基体的粗糙度
导热系数	膜层具有良好的隔热能力
与基体结合强度	结合强度可达 30MPa
微弧氧化的应用	微弧氧化技术是一项新颖技术,其氧化膜的多功能,促使其在各工业领域如在航空、电子、化工、石油、纺织、医疗、建筑和机械制造业等的应用。应用示例见表14-47。此外,微弧氧化工艺简单易操作,工艺清洁,对环境污染小。但微弧氧化耗电高;氧化电压较常规铝阳极氧化电压高得多,操作时要做好安全保护措施;溶液温度上升较快,需配备较大容量的制冷和热交换设备;大生产具有局限性等

表 14-47　微弧氧化应用的示例

应用领域	应用示例	应用性能
航天、航空、机械	气动元件、密封件、叶片、轮箍、货仓地板	耐磨性、耐蚀性
石油、化工、船舶	阀门、动态密封环	耐磨性、耐蚀性
航空、汽车	发动机中的气缸-活塞组件、涡轮叶片、喷嘴	耐高温气体腐蚀
轻工、纺织	压掌、纺杯、储纱盘、搓轮、传动元件	耐磨性
电子、仪器仪表	电器元件、探针、传感元件	电绝缘性
日常用品	电熨斗底板、水龙头、自行车车圈、车架	耐磨性、耐蚀性
建筑装饰	装饰材料	装饰性

(3) 溶液组成及工艺规范

微弧氧化的溶液组成及工艺规范见表14-48。

铝和铝合金零件经微弧氧化后,可不经后处理直接使用,也可对氧化后的膜层进行封闭、电泳涂漆、机械抛光等后处理,以进一步提高膜的性能。

表 14-48　微弧氧化的溶液组成及工艺规范

溶液成分及工艺规范	1	2	
		第一步	第二步
硅酸钾(K_2SiO_3)/(g/L)	$5 \sim 10$	—	—
过氧化钠(Na_2O_2)/(g/L)	$4 \sim 6$	—	—
氟化钠(NaF)/(g/L)	$0.5 \sim 1$	—	—
醋酸钠(CH_3COONa)/(g/L)	$2 \sim 3$	—	—
偏钒酸钠($NaVO_3$)/(g/L)	$1 \sim 3$	—	—
钾水玻璃($K_2O \cdot nSiO_2$)/(g/L)	—	200	—
焦磷酸钠($Na_4P_2O_7$)/(g/L)	—	—	70
pH 值	$11 \sim 13$	—	—
温度/℃	$20 \sim 50$	$20 \sim 50$	$20 \sim 50$
阴极材料	不锈钢板	不锈钢板	不锈钢板
电解方式	先将电压迅速上升至 300V,并保持 $5 \sim 10s$,然后将阳极氧化电压上升至 450V,电解 $5 \sim 10min$	微弧氧化分两步电解法: 1. 先在第一步溶液中,以 $1A/dm^2$ 的阳极电流密度氧化 5min 2. 经第一步氧化并经水洗后,再在第二步溶液中,以 $1A/dm^2$ 的阳极电流密度氧化 15min	

工艺简要说明如下。

① 控制电压法氧化时,微弧氧化电压可在 $200 \sim 600V$ 变化。当微弧氧化电压刚刚达到控制值时,通过的氧化电流一般都较大,可达 $10A/dm^2$ 左右,随着氧化时间的延长,陶瓷氧化膜不断形成,氧化电流逐渐减小,最后小于 $1A/dm^2$。

② 电源类型。微弧氧化电源的特点是输出高电压与大电流。输出电压范围一般为 $0 \sim 600V$,输出电流视加工零件的表面积而定,一般电流密度要求为 $6 \sim 10A/dm^2$。电源输出波

形有直流、交流和脉冲三大类。直流波形（零件为阳极）所得氧化膜的硬度低一些；交流和脉冲波形所得氧化膜的硬度较高。这里所指的交流并非指城市供应的 50Hz 正弦波，而通常是正向与负向成一定比例的"交电流"。

③ 微弧氧化时间越长，膜的致密性越好，但其粗糙度也增加。微弧氧化时间一般控制在 10～60min。

④ 由于微弧氧化的大部分能量以热能的形式释放，其氧化溶液的温度上升较常规铝阳极氧化快。因此，微弧氧化过程中，必须加强对溶液进行冷却。

⑤ 虽然微弧氧化过程中，零件表面有大量气体析出，对溶液有一定的搅拌作用，但为保证氧化温度和溶液组分的均匀，一般都配备机械或压缩空气搅拌。

14.3.11　阳极氧化膜的着色

14.3.11.1　概述

铝阳极氧化膜具有多孔性和化学活性，容易染色。铝及铝合金阳极氧化膜染色的特性见表 14-49。

表 14-49　铝及铝合金阳极氧化膜染色的特性

染色的影响因素	阳极氧化膜染色的性能
阳极氧化膜的厚度	氧化膜的厚度不同，所染出的色调就不一样，如深暗色要求较厚的氧化膜，浅色要求较薄的氧化膜。一般情况下，染浅色氧化膜厚度 $5～6\mu m$，染深色 $8～10\mu m$，染黑色 $10\mu m$ 以上
铝及铝合金的材质	纯铝、铝镁和铝锰合金的阳极氧化膜易于染成各种不同的颜色；铝铜和铝硅合金的氧化膜发暗，只能染成深色
阳极氧化处理的方法	由于阳极氧化处理方法的不同，所得膜层的孔隙度和吸附性能不一样，直接影响染色的色泽及效果 1. 铬酸阳极氧化膜由于孔隙度极小，膜层对染料的吸附性能很差，膜本身也具有颜色，故铬酸阳极氧化膜一般不适于染色 2. 硫酸和磷酸阳极氧化能使大多数铝和铝合金上形成无色透明膜层，所以最适合进行染色 3. 草酸阳极氧化的膜层是黄色氧化膜，只能染深暗色调 4. 瓷质阳极氧化膜能染上各种色彩，得到多色泽的新鲜铝制件

铝和铝合金阳极氧化膜的染色方法，根据其显色色素体存在的位置不同，可分为化学浸渍着色、电解整体着色、电解着色、涂装着色等四类。各种着色方法的特点和应用，如表 14-50 所示。

表 14-50　氧化膜着色方法的特点和应用

着色方法	特点和应用	色素体存在的位置
化学浸渍着色	包括有机染料染色和无机染料染色两种方法。该方法具有工序少、工艺简单、容易操作、成本低、色种多且色泽艳丽、装饰好的特点 无机染料染色的鲜艳度远不如有机染料染色。浸渍着色由于色素体存在于多孔膜层的表层，所以耐光、耐晒、耐磨擦性差。不宜作室外和经常受摩擦零件的表面装饰，一般用于室内装饰和小五金着色等。无机盐着色和带"铝"字头的有机染料着色，具有较好的耐光、耐晒性能，可用于室外装饰	 染色的色素体存在于多孔膜层的表层
电解整体着色（自然着色）	电解整体着色(也称一步电解着色或自然着色)，它是在阳极氧化的同时，使铝合金表面生成有色氧化膜的方法。色素体存在于整个膜壁中，色素体可以是合金或电解质残留物 具有耐光、耐晒、耐磨等特点，曾广泛用于建筑铝材的装饰。但该法着色种少、色调深暗，操作工艺严格而复杂，膜层颜色受材料成分及加工方法等因素的影响很大，而且成本高，故在应用上受到一定限制，现已逐渐被电解着色取代	 色素体存在于整个膜壁中

着色方法	特点和应用	色素体存在的位置
电解着色	电解着色(也称二步电解着色)是指在经阳极氧化之后,再在含有金属盐的溶液中进行电解处理,在电场作用下,使进入膜层孔隙中的金属离子在氧化膜的孔隙底部还原析出而显色。色素体存在于孔隙底部阻挡层上 该法特点是改变金属盐种类或电源波形,可方便获得各种色调,着色膜具有良好的耐磨性、耐晒性、耐热性、耐蚀性和色泽稳定持久等优点,而且处理能耗少,成本低。广泛用于建筑铝型材的装饰和其他功能用途	色素体存在于孔隙底部
涂装着色	涂装着色是指铝和铝合金零件经阳极氧化处理后,根据用途的需要,在氧化膜上涂覆各种颜色的有机涂料以及粉末涂料。其色彩存在于多孔膜层的表层 氧化膜上颜色色调、耐晒性、耐磨性、耐热性、耐蚀性和色泽稳定持久性等,取决于有机涂料的性能及施工方法	色彩存在于多孔膜层的表层

14.3.11.2 化学浸渍着色

(1) 有机染料染色

有机染料分子通过氧化膜多孔性的物理和化学吸附积存于膜层的表面而显色。适用于铝阳极氧化膜着色的有机染料有很多,可以染成各种颜色,有机染料染色的溶液组成及工艺规范见表 14-51。

表 14-51 有机染料染色的溶液组及工艺规范

颜色	染料名称	化学代号	含量 /(g/L)	温度 /℃	时间 /min	pH 值
红色	直接耐晒桃红	G	2~5	15~25	15~20	5~7
	酸性大红	GR	5~10	50~60	10~15	5~7
	茜素红	S	4~6	15~40	15~30	5~8
	酸性红	B	4~6	15~40	15~30	5~7
	铝红	GLW	3~5	室温	5~10	5~6
	铝枣红	RL	3~5	室温	5~10	5~6
	碱性玫瑰精酸性橙	—	0.75~3	40~50	3~5	—
	食用苋菜红	—	4~6	室温	10~15	6~7
	分散红	B	5	40	10~15	—
	活性橙红	R	2~5	50~60	10~15	
蓝色	直接耐晒蓝	—	3~5	15~30	15~20	4.5~5.5
	直接耐晒翠蓝	GL	3~5	60~70	1~3	4.5~5
	JB 湖蓝	—	3~5	室温	1~3	5~5.5
	酸性蒽醌蓝	—	5	50~60	5~15	5~5.5
	活性橙蓝	—	5	室温	1~15	4.5~5.5
	活性艳蓝	X-BR	5	室温	5~10	—
	酸性蓝	—	2~5	60~70	2~15	4.5~5.5
	分散蓝	FFR	5	40	5~15	—
	铝翠蓝	PLW	3~5	室温	5~10	5~6
绿色	直接耐晒艳绿	BLL	3~5	15~35	15~20	
	直接耐晒翠绿	—	3~5	室温	5~10	4.5~5
	弱酸性绿	GS	5	70~80	15~20	5~5.5
	直接绿	B	2~5	15~25	15~20	—
	酸性墨绿	—	2~5	70~80	5~15	
	铝绿	MAL	0.5	室温	5~10	5~6

续表

颜色	染料名称	化学代号	含量/(g/L)	温度/℃	时间/min	pH 值
黄色	活性艳橙	—	0.5~2	50~60	5~15	—
	酸性媒介棕	RH	0.7~1	60	3	—
	直接黄棕	D3G	1~5	15~25	15~20	—
	直接黄	G	1~2	15~25	15~20	—
	醇溶黄	GR	0.5~1	40	5~10	—
	酸性嫩黄	G	4~6	15~30	15~30	—
	活性嫩黄	K-4G	2~5	60~70	2~15	—
金黄色	中性橙	RL	3~5	室温	5	—
	铝坚固金	RL	3~5	室温	5~8	5~6
	铝黄	GLW	2~5	室温	2~5	5~5.5
	溶蒽素金黄	IGK	5~10	室温	5~10	5~6
	茜素黄	S	0.3	50~60	1~3	5~6
	茜素红	G	0.5			
	溶蒽素金黄	IGK	0.035	室温	1~3	4.5~5.5
	溶蒽素橘黄	IRK	0.1			
橙色	分散橙	GR	5	40	5~10	—
	酸性橙	I	1~2	50~60	5~15	—
	可溶性还原橙	HF	1	40	5~10	—
	活性艳橙	KN-4R	0.5	70~80	5~15	—
		K-2R	1~10	15~80	3~5	—
黑色	酸性黑	ATT	10~15	30~60	10~15	4.5~5.5
	酸性粒子元	NBL	12~16	60~75	10~15	5~5.5
	酸性蓝黑	10B	10~12	60~70	10~15	5~5.5
	苯胺黑	—	5~10	60~70	15~30	5~6
	酸性元青	—	10~12	60~70	10~15	5~6
棕色	直接耐晒棕	RTL	15~20	80~90	10~15	6.5~7.5
红棕色	铝红棕	RW	3~5	室温	5~10	5~6
紫色	铝紫	CLW	3~5	室温	5~10	5~6

注：冠以"铝"字头的是铝染色最耐晒的染料。

(2) 无机染料染色

色调不如有机染料着色鲜艳，结合力差，但耐晒性好，而且无机染料着色，当温度超过金属的熔点时，其颜色也不会发生变化。无机染料着色可用于室外铝合金建筑材料氧化膜的着色。

无机染料染色，有一种溶液法和两种溶液法两种工艺。一种溶液法是将铝件经阳极氧化并经清洗后，浸入一种金属盐溶液中，金属盐在膜孔内水化生成沉淀而使膜层显色。两种溶液法是将经阳极氧化并经清洗后的零件，先在第一种金属盐溶液中浸渍，经清洗后，再浸入第二种金属盐溶液中，两次浸渍吸附的盐发生反应，生成一种不溶性的化合物，而使零件表面显色。两种溶液染色法的工艺规范见表 14-52。一种溶液染色法的工艺规范见表 14-53。

表 14-52 两种溶液染色法的工艺规范

颜色		无机盐名称	含量/(g/L)	温度/℃	时间/min	呈色化合物
红色	第一溶液	醋酸钴[$Co(CH_3COO)_2 \cdot 4H_2O$]	50~100	室温	10~15	铁氰化钴
	第二溶液	铁氰化钾[$K_3Fe(CN)_6$]	10~50	室温	10~15	{$Co_3[Fe(CN)_6]_2$}
红橙色	第一溶液	硫酸铜($CuSO_4 \cdot 5H_2O$)	10~100	80~90	10~20	亚铁氰化铜
	第二溶液	亚铁氰化钾[$K_4Fe(CN)_6 \cdot 3H_2O$]	10~50	80~90	10~20	{$Cu_2[Fe(CN)_6]$}
褐色	第一溶液	硫酸铜($CuSO_4 \cdot 5H_2O$)	10~100	80~90	10~20	铁氰化铜
	第二溶液	铁氰化钾[$K_3Fe(CN)_6$]	10~50	80~90	10~20	{$Cu_3[Fe(CN)_6]_2$}

颜色	无机盐名称		含量/(g/L)	温度/℃	时间/min	呈色化合物
深褐色	第一溶液	醋酸铅[Pb(CH₃COO)₂·3H₂O]	10~50	90	5	硫化铅
	第二溶液	硫化铵[(NH₄)₂S]	10~50	75	10	(PbS)
古铜色	第一溶液	醋酸铅[Pb(CH₃COO)₂·3H₂O]	10~30	50	2	氧化钴
	第二溶液	高锰酸钾(KMnO₄)	5~30	50	2	(CoO)
黄金色	第一溶液	硫代硫酸钠(Na₂S₂O₃·5H₂O)	5~10	5~10	10~15	二氧化锰
	第二溶液	高锰酸钾(KMnO₄)	10~50	90~100	5~10	(MnO₂)
橙色	第一溶液	醋酸铅[Pb(CH₃COO)₂·3H₂O]	100~200	85~90	5~10	重铬酸铅
	第二溶液	重铬酸钾(K₂Cr₂O₇)	50~100	80~90	10~15	(PbCr₂O₇)
	第一溶液	硝酸银(AgNO₃)	50~100	75~80	5~10	重铬酸银
	第二溶液	重铬酸钾(K₂Cr₂O₇)	5~10	75~80	10~15	(Ag₂Cr₂O₇)
黄色	第一溶液	醋酸铅[Pb(CH₃COO)₂·3H₂O]	100~200	90	5	重铬酸铅
	第二溶液	重铬酸钾(K₂Cr₂O₇)	50~100	75	10	(PbCr₂O₇)
	第一溶液	醋酸镉[Cd(CH₃COO)₂]	50~100	70~80	5~10	硫化镉
	第二溶液	硫化铵[(NH₄)₂S]	50~100	70~75	10~20	(CdS)
蓝色	第一溶液	亚铁氰化钾[K₄Fe(CN)₆·3H₂O]	10~50	90~100	5~10	亚铁氰化铁
	第二溶液	硫酸铁[Fe₂(SO₄)₃]	10~100	90~100	10~20	{Fe₄[Fe(CN)₆]₃}
	第一溶液	亚铁氰化钾[K₄Fe(CN)₆·3H₂O]	10~50	90~100	5~10	亚铁氰化铁
	第二溶液	三氯化铁(FeCl₃·6H₂O)	10~100	90	10~20	{Fe₄[Fe(CN)₆]₃}
黑色	第一溶液	醋酸钴[Co(CH₃COO)₂·4H₂O]	50~100	90~100	10~15	氧化钴
	第二溶液	高锰酸钾(KMnO₄)	15~25	90~100	20~30	(CoO)
	第一溶液	醋酸钴[Co(CH₃COO)₂·4H₂O]	50~100	90~100	10~15	硫化钴
	第二溶液	硫化钠(Na₂S·6H₂O)	50~100	90~100	20~30	(CoS)
白色	第一溶液	醋酸钴[Co(CH₃COO)₂·4H₂O]	10~50	60~70	10~15	硫酸铅
	第二溶液	硫酸钠(Na₂SO₄)	10~50	60~70	30~35	(PbSO₄)
	第一溶液	硝酸钡[Ba(NO₃)₂]	10~50	60~70	10~15	硫酸钡
	第二溶液	硫酸钠(Na₂SO₄)	10~50	60~70	30~35	(BaSO₄)

表 14-53　一种溶液染色法的工艺规范

颜色	无机盐名称	含量/(g/L)	pH值	温度/℃	时间/min	呈色化合物
金色	草酸高铁铵[(NH₄)₃·Fe·(C₂O₄)₃·3H₂O]	15	5~6	55	10~15	三氧化二铁(Fe₂O₃)
青铜色	草酸(H₂C₂O₄) 铁铵矾[NH₄Fe(SO₄)₂·12H₂O] 25%氨水(NH₃·H₂O)	22 28 30mL/L	—	45~55	2~5	—

14.3.11.3　电解整体着色

电解整体着色也称为一步法着色或自然着色。它一般采用溶解度高，电离度大，能够生成多孔阳极氧化膜的有机酸作为阳极氧化电解液，在阳极氧化的同时，使铝合金表面生成有色氧化膜。电解整体着色曾广泛用于建筑铝材的装饰。但由于着色范围窄、色种少、色调深暗、成本高，操作工艺严格而复杂，膜层颜色受材料成分及加工方法等因素的影响很大。因此，在应用上受到一定限制，现已逐渐被电解着色取代。

电解整体着色的溶液组及工艺规范见表14-54。

表 14-54　电解整体着色的溶液组及工艺规范

膜层颜色	溶液组成		工艺规范			膜层厚度
	成分	含量 /(g/L)	温度 /℃	电压 /V	阳极电流密度 /(A/dm²)	/μm
青铜色系	磺基水杨酸($C_7H_6O_6S$)	62～68	15～35	35～65	1.3～3.2	18～25
	硫酸(H_2SO_4)	5.6～6				
	铝离子	1.5～1.9				
	磺基水杨酸($C_7H_6O_6S$)	15%(体积分数)	20	45～75	2～3	20～30
	硫酸(H_2SO_4)	0.5%(体积分数)				
	马来酸($C_4H_4O_4$)	100～300	15～25	40～80	1.5～3	18～40
	草酸($H_2C_2O_4$)	10～30				
	硫酸(H_2SO_4)	3				
红棕色 琥珀棕色	硫酸(H_2SO_4)	0.5～4.5	20～22	20～35 (最高60)	5.2	25
	草酸($H_2C_2O_4$)	5～饱和				
	草酸铁(FeC_2O_4)	5～80				
金黄色 青铜色 中灰色	酒石酸($C_4H_6O_6$)	50～300	15～30	—	1～3	20
	草酸($H_2C_2O_4$)	50～30				
	硫酸(H_2SO_4)	0.1～2				
琥珀色	酚磺酸($C_{10}H_8O_7S_2$)	90	20～30	40～60	2.5	20～30
	硫酸(H_2SO_4)	6				
褐色	硫酸或草酸(H_2SO_4 或 $H_2C_2O_4$)	10(体积分数)	>10		2.5～5	50～130
	添加二羧酸	适量				
茶褐色	磺基酞酸	60～70	20	40～70	1.3～4	20～30
	硫酸(H_2SO_4)	2.5				
金色	草羧酸	9%～10% (体积分数)	18～20	<75	1.5～1.9	25～35

14.3.11.4　电解着色

铝及铝合金经过阳极氧化处理后，再在含有金属盐的溶液中进行交流电解处理，使进入氧化膜孔隙中的重金属离子，在膜孔底阻挡层上还原析出而显色的方法称为电解着色（也称两步电解着色）。由于各种电解着色溶液中所含的重金属离子的种类不同，使在氧化膜孔底阻挡层上析出的金属种类以及粒子大小和分布均匀度等也不同，因此氧化膜对各种不同波长的光发生选择性地吸收和反射，从而显出不同的颜色。

由于铝的阻挡层是没有化学活性的，要在阻挡层上沉积金属，必须活化阻挡层。因此，电解着色普遍采用正弦波交流电，利用交流电的极性变化来活化阻挡层。

电解着色膜具有良好的耐磨性、耐晒性、耐热性、耐蚀性和色泽稳定持久等优点。电解着色能耗低，成本比电解整体着色低的多，而且受铝合金成分和状态的影响较小。现广泛应用于建筑铝型材的装饰和其他功能用途。

交流电解着色的溶液组成及工艺规范见表 14-55。

表 14-55　交流电解着色的溶液组成及工艺规范

盐类	颜色	溶液组成	含量 /(g/L)	pH 值	电流密度 /(A/dm²)	电压 /V	温度 /℃	时间 /min	对应电极
镍盐	由浅至深青铜色	硫酸镍($NiSO_4 \cdot 7H_2O$)	25	4.4	0.2～0.4	7～15	15～25	2～15	镍
		硫酸铵[$(NH_4)_2SO_4$]	15						
		硫酸镁($MgSO_4 \cdot 7H_2O$)	20						
		硼酸(H_3BO_3)	25						
	青铜色	硫酸镍铵 [$(NH_4)_2SO_4 \cdot NiSO_4 \cdot 6H_2O$]	40	4～4.5	—	15	室温	5	—
		硼酸(H_3BO_3)	25						

续表

盐类	颜色	溶液组成	含量 /(g/L)	pH 值	电流密度 /(A/dm²)	电压 /V	温度 /℃	时间 /min	对应 电极
镍盐	银灰、浅灰、烟灰、灰黑、黑灰	硫酸镍(NiSO₄·6H₂O) 硫酸锌(ZnSO₄·7H₂O) 硫酸镁(MgSO₄) 硫酸铵[(NH₄)₂SO₄] GKC-93(灰)	15 4 25 40 25	—	—	18~20	20~35	1~10	—
锡盐	青铜色	硫酸亚锡(SnSO₄) 硫酸(H₂SO₄,d=1.84) 苯酚磺酸	20 6 10	—	0.2~0.8	5~8	15~25	5~15	锡、不锈钢、石墨
	浅黄色→深古铜色	硫酸亚锡(SnSO₄) 硫酸(H₂SO₄,d=1.84) ADL-DZ 稳定剂	10 10~15 适量	1~1.5	—	8~16	20	2.5	—
	青铜褐色、青铜色	硫酸亚锡(SnSO₄) 硫酸(H₂SO₄) 硼酸(H₃BO₃) 磺基酞酸	20 10 10 4~5	1~2	0.2~0.8	6~9	15~25	5~10	锡、不锈钢、石墨
		硫酸亚锡(SnSO₄) 硫酸(H₂SO₄,d=1.84) 硼酸(H₃BO₃)	20 10 10	1~2	—	6~9	15~25	5~10	—
		硫酸亚锡(SnSO₄) 硫酸(H₂SO₄,d=1.84) ADL-DZ 稳定剂	10~15 20~25 15~20	—	—	10~15	20~30	3~10	—
镍锡盐	浅青铜色到黑色	硫酸镍(NiSO₄·7H₂O) 甲酚磺酸(C₇H₈O₄S) 硫酸亚锡(SnSO₄) 硼酸(H₃BO₃)	10 10 10 5~10		0.5	12	20	1~10	石墨
	青铜色	硫酸镍(NiSO₄·6H₂O) 硫酸亚锡(SnSO₄) 硫酸(H₂SO₄,d=1.84) 硼酸(H₃BO₃) ADL-DZ 稳定剂	20~30 3~6 15~20 20~25 10~15	—	—	9~12	15~25	3~8	—
	黑色	硫酸镍(NiSO₄·6H₂O) 硫酸亚锡(SnSO₄) 硫酸(H₂SO₄,d=1.84) 硼酸(H₃BO₃) ADL-DZ 稳定剂	35~40 10~12 20~25 15~30 15~20	—	—	14~15	15~25	9~12	—
银盐	金绿色	硝酸银(AgNO₃) 硫酸(H₂SO₄,d=1.84)	0.5 5	1	0.5~0.8	10	20	3	不锈钢
	金黄色	硝酸银(AgNO₃) 硫酸(H₂SO₄,d=1.84) ADL-DJ 添加剂	0.5~1.5 15~25 15~25	—	—	5~7	20~30	1~3	—
铜盐	赤紫色	硫酸铜(CuSO₄·5H₂O) 硫酸镁(MgSO₄·7H₂O) 硫酸(H₂SO₄,d=1.84)	35 20 5	1~1.3	0.2~0.8	10	20	5~20	石墨
	土绿色	硫酸铜(CuSO₄·5H₂O) 硫酸铵[(NH₄)₂SO₄·7H₂O]	2 30	0.6~3.5	0.2~0.4	20	室温	2~5	—
	红色、紫色、黑色	硫酸铜(CuSO₄·5H₂O) 硫酸(H₂SO₄,d=1.84) ADL-DZ 稳定剂	20~25 8 25	—	—	8~12	20~40	0.5~5	—

续表

盐类	颜色	溶液组成	含量/(g/L)	pH 值	电流密度/(A/dm²)	电压/V	温度/℃	时间/min	对应电极
铜锡盐	红褐色→黑色	硫酸铜(CuSO₄·5H₂O) 硫酸亚锡(SnSO₄) 硫酸(H₂SO₄,d=1.84) 柠檬酸(C₆H₈O₇·5H₂O)	7.5 15 10 6	1.3	0.1～1.5	4～6	20	1～8	石墨
铜锡镍盐	红古铜色	硫酸铜(CuSO₄·5H₂O) 硫酸亚锡(SnSO₄) 乙二胺四乙酸(EDTA) 硫酸镍(NiSO₄·7H₂O) 硼酸(H₃BO₃)	1～3 5～10 5～20 30～80 5～50	1～1.5	0.1～0.4	10～25	室温	1～5	不锈钢
锰盐	芥末色	高锰酸钾(KMnO₄) 硫酸(H₂SO₄,d=1.84)	20 20	1.6	0.5～0.8	10～15	20	5	石墨
	金黄色	高锰酸钾(KMnO₄) 硫酸(H₂SO₄,d=1.84)	10～30 5	1	0.5～0.8	11～13	15～30	2～5	不锈钢、石墨
		高锰酸钾(KMnO₄) 硫酸(H₂SO₄,d=1.84) ADL-DJ99 添加剂	7～12 20～30 15～25	—	—	6～10	15～40	2～4	—
钴盐	黑色	硫酸钴(CoSO₄·5H₂O) 硫酸铵[(NH₄)₂SO₄] 硼酸(H₃BO₃)	25 15 25	4～4.5	0.2～0.8	17	20	13	铝
	深红色	硫酸钴(CoSO₄) 硫酸(H₂SO₄,d=1.84)	30 10	2	—	15	20	5	石墨
钴镍盐	青铜色→黑色	硫酸钴(CoSO₄) 硫酸镍(NiSO₄·7H₂O) 硼酸(H₃BO₃) 磺基水杨酸(C₇H₆O₆S)	50 50 40 10	4.2	0.5～1	8～15	20	1～1.5	石墨
金盐	粉红色→淡紫色	盐酸金 甘氨酸(C₂H₅NO₂)	1.5 15	4.5	0.5	10～12	20	1～1.5	—

注：1. 镍类配方中 GKC-93（灰）添加剂为湖南大学研制，开封安迪电镀化工厂生产。

2. 锡盐类配方中 ADL-DZ 稳定剂是开封安迪电镀化工公司的产品。

3. 镍锡盐类配方中 ADL-DZ 稳定剂是开封安迪电镀化工公司的产品。

4. 银盐类配方中 ADL-DJ 添加剂是开封安迪电镀化工公司的产品。

5. 铜盐类配方中 ADL-DZ 稳定剂是开封安迪电镀化工公司的产品。

6. 锰盐类配方中 ADL-DJ99 添加剂是开封安迪电镀化工公司的产品。

14.3.12　铝及铝合金氧化的后处理

经化学氧化处理后的零件，为提高其耐蚀性，需进行填充或钝化处理。经阳极氧化所获得的氧化膜，具有很高的孔隙性和吸附能力，容易受污染，腐蚀性介质易进入孔内而引起腐蚀；染色后如不经处理，色泽的耐磨性和耐晒性较差。因此，铝件经阳极氧化处理后，无论着色与否，都要进行封闭处理，以提高膜层的耐蚀性、抗污染能力和色彩的牢固性与耐晒性。常用的后处理方法见表 14-56。

表 14-56　铝及铝合金氧化的后处理方法

处 理 方 法		处理溶液及工艺规范
化学氧化处理	填充处理	1. 重铬酸钾 40～50g/L,90～98℃,10min,干燥温度≤70℃ 2. 硼酸 20～30g/L,90～98℃,10～15min,干燥温度≤70℃
	钝化处理	铬酐 20g/L,室温,5～15min,干燥温度≤50℃

续表

处 理 方 法		处理溶液及工艺规范
阳极氧化处理	高温水合封孔(闭)	1. 沸水封闭:沸水封闭用水必须用纯水,封孔效率高,质量好。纯水封闭>95℃,pH 值 6~6.9,15~30min
		2. 蒸汽封闭:蒸汽压力 0.1~0.3MPa,100~110℃,15~30min
	水解盐封闭	水解盐封闭溶液中含有镍盐和钴盐等,这些盐被氧化膜吸附后,水解生成氢氧化物沉淀填充在膜孔内
		1. 硫酸镍 4.2g/L,硫酸钴 0.7g/L,醋酸钠 4.8g/L,硼酸 5.3g/L,pH 值 4.5~5.5,80~85℃,10~20min
		2. 醋酸镍 4~5g/L,硼酸 0.7~2g/L,pH 值 5.5~6,80~85℃,20min
	重铬酸盐封闭	1. 重铬酸钾 60~100g/L,pH 值 6~7,90~95℃,10~25min
		2. 铬酸钾 50g/L,93~100℃,25min
	常温封闭	工作温度低(20~40℃),节能效果显著,封闭效率高,质量好,已获得广泛广用。市售的常温封闭剂,主要成分一般是镍盐、钴盐和氟等。如 A-93F 铝氧化常温封闭剂(上海永生助剂厂的产品)、DP-922 常温封闭剂(广州电器科学研究院金属防护研究所的产品)、GKC-F(3)常温封闭剂(开封安迪电镀化工有限公司的产品)

14.3.13 不合格氧化膜的退除

不符合质量要求的氧化膜可在表 14-57 的溶液中退除。

表 14-57 不合格氧化膜退除的溶液组成及工艺规范

溶液成分及工艺规范	阳极氧化膜					化学氧化膜
	1	2	3	4	5	
氢氧化钠($NaOH$)/(g/L)	5~10	30	—	—	—	—
磷酸三钠($Na_3PO_4 \cdot 12H_2O$)/(g/L)	30~40	—	—	—	—	—
碳酸钠(Na_2CO_3)/(g/L)	—	30	—	—	—	—
铬酐(CrO_3)/(g/L)	—	—	—	20	—	15~30
重铬酸钠($Na_2Cr_2O_7 \cdot 2H_2O$)/(g/L)	—	—	—	—	40~50	—
硫酸($H_2SO_4, d=1.84$)/(g/L)	—	—	—	—	—	30~60
硝酸($HNO_3, d=1.4$)/(mL/L)	—	—	180	—	—	—
40%氢氟酸(HF)/(mL/L)	—	—	8	—	—	—
磷酸($H_3PO_4, d=1.7$)/(mL/L)	—	—	—	35	40~100	—
温度/℃	50~60	40~60	室温	80~90	85~90	65~80

注:1. 配方 3 适用于含硅铝合金。

2. 退膜时以氧化膜退净为止。

3. 退除阳极氧化膜的溶液也适用于退除化学氧化膜。

14.4 镁合金的氧化处理

14.4.1 镁合金化学氧化

镁合金化学氧化处理,能提高其耐蚀性,但氧化膜层薄($0.5~3\mu m$),而且软,使用时容易损伤。镁合金化学氧化处理的膜层,能提高与涂料的结合力,因此,一般除用于作涂装底层外,只能作加工工序间的短期防护,很少单独作表面层使用。

镁合金化学氧化的溶液组成及工艺规范见表 14-58。

镁合金零件经化学氧化处理后,为提高氧化膜的耐蚀性能,需在以下溶液的工艺条件下进行填充封闭处理。

重铬酸钾 ($Na_2Cr_2O_7$)　　　　40~50g/L

温度　　　　　　　　　　　90~98℃

时间　　　　　　　　　　　15~20min

表 14-58 镁合金化学氧化的溶液组成及工艺规范

配方号	溶液组成 成分	含量 /(g/L)	pH 值	温度 /℃	时间 /min	膜层色泽	适用范围
1	重铬酸钾($K_2Cr_2O_7$) 硫酸铵[$(NH_4)_2SO_4$] 铬酐(CrO_3) 60%醋酸(CH_3COOH)	145~160 2~4 1~3 10~40mL/L	3~4	65~80	0.5~2	金黄色至棕色	氧化膜防护性好,不影响零件尺寸,氧化时间短。适用于容差小或具有抛光表面的成品或半成品氧化处理
2	重铬酸钾($K_2Cr_2O_7$) 硫酸铝钾[$KAl(SO_4)_2 \cdot 12H_2O$] 60%醋酸(CH_3COOH)	35~50 8~12 5~8mL/L	2~4	15~30	5~10	金黄色至深棕色	膜层耐热性好,氧化后零件尺寸影响较小。适用于锻铸件成品或半成品氧化
3	重铬酸钾($K_2Cr_2O_7$) 氯化铵或氯化钠(NH_4Cl 或 $NaCl$) 硝酸(HNO_3,浓)	40~55 0.75~1.25 90~120mL/L	—	70~80	0.5~2	草黄色至棕色	氧化膜耐蚀性不太好,氧化后零件尺寸明显减小,仅适用于铸、锻件的毛坯氧化
4	重铬酸钾($K_2Cr_2O_7$) 硫酸铵[$(NH_4)_2SO_4$] 重铬酸铵[$(NH_4)_2Cr_2O_7$] 硫酸锰($MnSO_4 \cdot 5HO$)	15 30 15 10	3.4~4	95~100	10~25	黑色或淡黑色或咖啡色	适用于成品氧化,对零件尺寸影响小,耐蚀性好。但温度高,稳定性差,需常用 H_2SO_4 调整 pH 值
5	重铬酸钾($K_2Cr_2O_7$) 硫酸铵[$(NH_4)_2SO_4$] 硫酸锰($MnSO_4 \cdot 5H_2O$) 硫酸镁($MgSO_4 \cdot 7H_2O$)	30~60 25~45 7~10 10~20	4~5	80~90	10~20	深棕色至黑色	适用于成品、半成品和组合件的氧化,对零件尺寸精度无影响,耐蚀性好。重新氧化时,可不除旧膜
6	重铬酸钾($K_2Cr_2O_7$) 硫酸铵[$(NH_4)_2SO_4$] 邻苯二甲酸氢钾($KHC_8H_4O_4$)	30~35 30~35 15~20	4~5.5	80~100	ZM5 20~40 MB2 15~25 MB8 15~25	ZM5 黑色 MB2 军绿色 MB8 金黄色	适用于精密度高的成品、半成品和组合件的氧化,耐蚀性较好,无挂灰。重新氧化时,可不除旧膜。尤其适合于铸件(ZM5)发黑处理
7	重铬酸钾($K_2Cr_2O_7 \cdot 2H_2O$) 硫酸镁($MgSO_4 \cdot 7H_2O$) 硫酸锰($MnSO_4 \cdot 5H_2O$) 铬酐(CrO_3)	110~170 40~75 40~75 1~2	2~4	85~100	10~20	深黑色	耐蚀性较好,膜层外观美丽,颜色较深。适用于成品、半成品的氧化
8	重铬酸钾($K_2Cr_2O_7 \cdot 2H_2O$) 硫酸锰($MnSO_4 \cdot 5H_2O$) 铬矾[$KCr(SO_4)_2$]	100 50 20	2.2~2.6	85~95	10~20	黑色	氧化后不影响零件表面粗糙度和尺寸。适用于含锰、铝等镁合金以及其他镁合金零件的发黑处理

14.4.2 镁合金三价铬及无铬转化处理

(1) 镁合金三价铬转化处理

镁合金采用三价铬转化处理,可提高耐蚀性能和黏附结合强度。几种镁合金三价铬转化处理的溶液组成及工艺规范实例[25]见表 14-59。

处理方法可采用浸渍、喷涂或擦(刷)涂方法,最好是浸渍处理,以提高膜层耐蚀性。处理后,用水在零件表面充分清洗残留溶液。对所得膜层不必进行另外的化学处理。

表 14-59　镁合金三价铬转化处理的溶液组成及工艺规范

溶液成分及工艺规范	1	2	3	4
碱式硫酸铬[Cr(OH)SO$_4$]/(g/L)	3	3	3	3
氟锆酸钾(K$_2$ZrF$_6$)/(g/L)	4	4	4	4
硫酸锌(ZnSO$_4$)/(g/L)	1	—	—	1
氟硼酸钾(KBF$_4$)/(g/L)	—	—	0.12	0.12
pH 值	3.4~4	3.4~4	3.4~4	3.4~4
温度/℃	室温~49	室温~49	室温~49	室温~49
时间/min	3~25	3~25	3~25	3~25

(2) 镁合金无铬转化处理

镁合金无铬转化处理的溶液有磷酸盐、高锰酸盐及锡酸盐等处理溶液。

镁合金无铬转化处理的溶液组成及工艺规范[25]见表 14-60，供参考。使用前需经小槽试验，其处理效果取得认可后使用。

表 14-60　镁合金无铬转化处理的溶液组成及工艺规范

溶液类型	配方号	溶液组成 成分	含量/(g/L)	温度/℃	时间/min
磷酸盐溶液	1	磷酸二氢锌[Zn(H$_2$PO$_4$)$_2$·2H$_2$O] 氢氧化镍[Ni(OH)$_2$] 氟化钠(NaF) 硫酸锰(MnSO$_4$) 硝酸钠(NaNO$_3$)	4 0.2~0.5 0.2~0.4 0.1~0.2 0.5~0.8	15~40	8~10
	2	硝酸钙[Ca(NO$_3$)$_2$·4H$_2$O] 碳酸锰(MnCO$_3$) 75%磷酸(H$_3$PO$_4$) 氯酸钠(NaClO$_3$) (pH=1.65~1.7)	15.2 2.1 19.2mL/L 0.4	70	3~5
	3	75%磷酸(H$_3$PO$_4$) 氢氧化钡[Ba(OH)$_2$·H$_2$O] 氟化钠(NaF)	26~30mL/L 26.5~32 1.5~2	90	20
高锰酸盐溶液	1	高锰酸钾(KMnO$_4$) 硝酸铈[Ce(NO$_3$)$_3$·6H$_2$O] 硫酸锆[Zr(SO$_4$)$_2$]	5~50 0.1~15 0.1~10	20~40	0.5~10
	2	高锰酸钾(KMnO$_4$) 磷酸三钠(Na$_3$PO$_4$) 磷酸(H$_3$PO$_4$)	60 100 20mL/L	40~60	20
	3	高锰酸钾(KMnO$_4$) 磷酸二氢铵(NH$_4$H$_2$PO$_4$) 氟化钠(NaF) (pH=3.5)	20 80 0.3	30	15
	4	高锰酸钾(KMnO$_4$) 磷酸二氢钠(NaH$_2$PO$_4$·2H$_2$O) 醋酸钠(CH$_3$COONa) (pH=2.3~6,用磷酸调节)	45 10 20	50	2
锡酸盐溶液	1	锡酸钠(Na$_2$SnO$_3$·3H$_2$O) 焦磷酸钠(Na$_4$P$_2$O$_7$) 氢氧化钠(NaOH) 醋酸钠(CH$_3$COONa·3H$_2$O) (pH=11~12)	55 40 8 8	60	30
	2	锡酸钾(K$_2$SnO$_3$·3H$_2$O) 氢氧化钠(NaOH) 醋酸钠(CH$_3$COONa·3H$_2$O) 焦磷酸钠(Na$_4$P$_2$O$_7$) (pH=12.6)	50 10 10 50	82	3~5

14.4.3 镁合金的阳极氧化

镁合金经阳极氧化处理所获得的氧化膜层，厚度可达 $10\sim40\mu m$，膜层不透明，外观均匀，较粗糙多孔。其耐蚀性、耐磨性和硬度均比化学氧化处理所得的氧化膜高。而且经阳极氧化处理后的零件的尺寸精度几乎不变。但膜层脆性较大，对外形复杂的零件难以获得均匀的氧化膜。

镁合金阳极氧化膜比较粗糙、多孔，可以作为涂装的良好底层。

镁合金阳极氧化溶液，有酸性溶液和碱性溶液。碱性阳极氧化溶液应用的不多。阳极氧化方法，有直流电阳极氧化和交流电阳极氧化两种，一般多采用交流电阳极氧化。

镁合金阳极氧化的溶液组成及工艺规范[20]见表 14-61。

表 14-61 镁合金阳极氧化的溶液组成及工艺规范

溶液组成及工艺规范		酸性溶液		碱性溶液
		1	2	
氟化氢铵(NH_4HF_2)/(g/L)		240	300	—
重铬酸钠($Na_2Cr_2O_7$)/(g/L)		100	100	—
磷酸(H_3PO_4,$d=1.7$)/(g/L)		86	86	—
锰酸铝钾(以 MnO_4^- 计)/(g/L)		—	—	$50\sim70$
氢氧化钾(KOH)/(g/L)		—	—	$140\sim180$
氟化钾(KF)/(g/L)		—	—	120
氢氧化铝[$Al(OH)_3$]/(g/L)		—	—	$40\sim50$
磷酸三钠($Na_3PO_4\cdot12H_2O$)/(g/L)		—	—	$40\sim60$
电源		交流	直流	交流
温度/℃		$70\sim82$	$70\sim82$	<40
电流密度/(A/dm²)		$2\sim4$	$0.5\sim5$	$0.5\sim1$
成膜终止电压/V	软膜	$55\sim60$	$55\sim60$	55
	软膜(作油漆底层)	$60\sim75$	$60\sim75$	$65\sim67$
	硬膜	$75\sim95$	$75\sim110$	$68\sim90$
氧化时间		至终止电压为止	至终止电压为止	至终止电压为止

注：锰酸铝钾可以自行制备，自制方法如下。将 60%（质量分数）的高锰酸钾（$KMnO_4$），37%（质量分数）的氢氧化钾（KOH）和 3%（质量分数）的氢氧化铝［$Al(OH)_3$］（可溶性的或干凝胶），放入瓷坩埚或不锈钢容器中，捣碎搅匀，然后放入加热炉内（或带鼓风的烘箱内），在 245℃ 下，加热 3h 以上即可，冷却后取后。

一般采用交流电阳极氧化，采用的电源频率为 50Hz，由自耦变压器或感应变压器供电。零件分挂在两根极棒上，两极的零件面积应大致相等。无论是采用直流还是交流阳极氧化，通电后应逐渐升高电压，以保持规定的电流密度。待到达规定电压后，电流自然下降，这时即可断电取出零件。这段时间大约为 $10\sim45min$。

为提高阳极氧化膜的耐蚀性能，应进行封闭处理。通常采用 10%～20%（质量分数）的环氧酚醛树脂进行封闭，也可根据需要涂漆或涂蜡。

14.4.4 镁合金微弧氧化

镁合金表面微弧氧化（亦称表面陶瓷化处理），其氧化原理和工艺方法基本与铝合金微弧氧化相同。由于得到的陶瓷膜层为基体原位生长，因此该氧化膜完整、致密、与基体和涂层的附着性能好，具有优良的耐蚀性、耐磨性和电绝缘性。根据需要可以制备出装饰、保护和功能性等陶瓷表面。镁合金表面微弧氧化的综合技术性能见表 14-62。

表 14-62 镁合金表面微弧氧化的综合技术性能

项目	微弧氧化的综合技术性能	项目	微弧氧化的综合技术性能
外观	膜层致密均匀,颜色一致	耐盐雾试验	>1000h
膜层厚度	最大可达 100μm	相对耐磨性	提高 3~30 倍
硬度	300~600HV	电绝缘性	>100MΩ
柔韧性	好	与基体结合强度	>30MPa

镁合金微弧氧化（直流氧化）的工艺规范如下：

铝酸钠（NaAlO$_2$）　　　　10g/L
温度　　　　　　　　　　20~40℃
阳极电流密度　　　　　　15A/dm^2
时间　　　　　　　　　　30min

镁合金微弧氧化可以采用直流电也可以采用交流电。因为微弧放电会使处理液的温度不断升高，所以为了保证处理液的温度恒定，进行表面处理时还需要采用循环冷却系统。

镁合金工件进行微弧氧化时，夹具可以使用铝合金和钛合金制作的，但微弧氧化过程中，夹具与镁合金工件必须结合紧密，防止发生松动，否则会在氧化过程中，使得夹具与工件界面发生拉弧，造成工件烧蚀而损坏。

14.4.5　不合格氧化膜的退除

镁合金不合格氧化膜退除的溶液组成及工艺规范见表 14-63。

表 14-63 镁合金不合格氧化膜退除的溶液组成及工艺规范

溶液组成及工艺规范	1	2	3	4	
氢氧化钠(NaOH)/(g/L)	260~310	—	—	—	
铬酐(CrO$_3$)/(g/L)	—	150~250	100	180~250	
硝酸钠(NaNO$_3$)/(g/L)	—	—	5	—	
温度/℃	70~80	室温	室温	50~70	沸腾
时间/min	5~15	退净为止	退净为止	10~30	2~5
适用范围	适用于一般零件的化学氧化膜	适用于容差小的零件的化学氧化膜	适用于从酸性溶液获得的阳极氧化膜	适用于从碱性溶液获得的阳极氧化膜	

14.5　铜和铜合金的氧化处理

对于铜和铜合金，除通常采用的电镀外，普遍采用氧化（化学氧化、电化学氧化）和钝化处理方法，使其表面生成一层氧化膜和钝化膜，来提高其零件的防护与装饰性能。这些处理方法主要用于电器仪表、光学仪器、电子工业等产品中需要黑色外观的零件，也可作一般防护；适用于日常用品的表面装饰及美术工艺品的仿古处理。

14.5.1　铜和铜合金的化学氧化

化学氧化所得氧化膜的膜层薄，厚度一般为 0.5~2μm，呈半光泽或无光泽的蓝黑色、黑色。防护性能不高，性脆而不耐磨。经氧化处理后，再涂油或涂覆透明清漆，能提高氧化膜的防护能力。

铜和铜合金化学氧化依使用溶液的不同，氧化类型有过硫酸钾氧化、氨水氧化、高锰酸钾氧化和硫化钾氧化等。

(1) 过硫酸钾氧化和氨水氧化

在碱性溶液中，用过硫酸钾进行化学氧化，使其表面生成黑色氧化铜（CuO）膜层。

氨水氧化在氨溶液中进行，仅适用于黄铜化学氧化处理，能获得光亮黑色或深蓝色的氧化膜。黄铜的铜质量分数必须低于 65％ 才易着色。

过硫酸钾和氨水化学氧化的溶液组成及工艺规范见表 14-64。

表 14-64　过硫酸钾化学氧化的溶液组成及工艺规范

溶液成分及工艺规范	过硫酸钾氧化			氨水氧化		
	1	2	3	1	2	3
过硫酸钾($K_2S_2O_8$)/(g/L)	15～30	10～15	20	—	—	—
氢氧化钠(NaOH)/(g/L)	60～100	45～55	100	—	—	—
硝酸钠($NaNO_3$)/(g/L)	—	—	20	—	—	—
碱式碳酸铜[$CuCO_3 \cdot Cu(OH)_2 \cdot H_2O$]/(g/L)	—	—	—	40～60	80～120	200
28％氨水($NH_3 \cdot H_2O$)/(mL/L)	—	—	—	200～250	500～1000	500
过氧化氢(H_2O_2)/(mL/L)	—	—	—	—	—	100
温度/℃	60～65	60～65	80～90	室温	室温	15～25
时间/min	3～8	10～15	5～10	5～15	8～15	15～30
适用范围	仅适用于纯铜。其他铜合金氧化时，应先镀 2～5μm 纯铜层		适用于磷铜件			

（2）高锰酸钾氧化和硫化钾氧化

高锰酸钾在弱酸性并含有适量硫酸铜、硫酸镍或铬酸钾的溶液中，或在氢氧化钠碱性溶液中，才能对铜和铜合金进行氧化处理。

硫化钾化学氧化，是溶液中硫化钾分解的硫离子与铜反应生成硫化铜的膜层的过程。在氧化反应过程中，色泽在变化，铜氧化的色泽变化过程为：淡褐→深褐→杨梅红→青绿→蓝→铁灰→黑灰。黄铜中铜的质量分数大于 85％ 时，其变色与铜相似。氧化时，要不断晃动或移动工作，时常取出零件观察，色泽达到要求时，即取出清洗。

高锰酸钾氧化和硫化钾氧化的溶液组成及工艺规范[2] 见表 14-65。

表 14-65　高锰酸钾氧化和硫化钾氧化的溶液组成及工艺规范

溶液成分及工艺规范	高锰酸钾氧化			硫化钾氧化	
	弱酸性溶液 1	弱酸性溶液 2	碱性溶液	1	2
高锰酸钾($KMnO_4$)/(g/L)	1～2	5～8	55	—	—
硫酸铜($CuSO_4 \cdot 5H_2O$)/(g/L)	15～25	50～60	—	—	—
氢氧化钠(NaOH)/(g/L)	—	—	180～210	—	—
硫化钾(K_2S)/(g/L)	—	—	—	1～1.5	5～10
氯化铵(NH_4Cl)/(g/L)	—	—	—	—	1～3
氯化钠(NaCl)/(g/L)	—	—	—	2	—
温度/℃	室温	90～沸腾	80～沸腾	25～40	30～40
时间/min	3～4	1～5	3～5	0.1～0.5	0.2～1

注：高锰酸钾氧化弱酸性溶液配方 1 所得氧化膜为浅色。

14.5.2　铜和铜合金的阳极氧化

铜和铜合金阳极氧化处理，工艺简单，溶液稳定，所获得的氧化膜的力学性能和耐蚀性能较好。适用于各种铜及铜合金的氧化处理。

铜和铜合金阳极氧化的溶液组成及工艺规范见表 14-66。

表 14-66　铜和铜合金阳极氧化的溶液组成及工艺规范

溶液成分及工艺规范	1	2
氢氧化钠(NaOH)/(g/L)	100~250	400
重铬酸钾(K₂Cr₂O₇)/(g/L)	—	50
温度/℃	80~90	60
阳极电流密度/(A/dm²)	0.6~1	3~5
时间/min	20~30	15
阴阳极面积比	(3~5):1	(3~5):1
阴极材料	不锈钢	不锈钢
适用范围	用于铜(适当提高氢氧化钠浓度到300g/L,温度为60~70℃,可用于铜合金阳极氧化)	用于青铜

14.5.3　铜和铜合金的化学钝化

铜和铜合金经钝化处理后,所获得的钝化膜虽然很薄,却有一定的耐蚀性能,可防止铜表面受硫化物作用而使其颜色变暗,并能保持原有的装饰外观。

化学钝化的溶液组成及工艺规范见表 14-67。

表 14-67　化学钝化的溶液组成及工艺规范

溶液成分及工艺规范	重铬酸盐溶液		铬酸溶液		苯并三氮唑钝化	钛盐钝化
	1	2	1	2		
重铬酸钠(Na₂Cr₂O₇·2H₂O)/(g/L)	100~150	—	—	—	—	—
重铬酸钾(K₂Cr₂O₇·2H₂O)/(g/L)	—	150	—	—	—	—
铬酐(CrO₃)/(g/L)	—	—	10~20	80~90	—	—
氯化钠(NaCl)/(g/L)	5~10	—	—	1~2	—	—
硫酸(H₂SO₄)/(g/L)	4~6	10mL/L	1~2	20~30	—	20~30mL/L
苯并三氮唑(C₆H₅N₃)(BTA)/(g/L)	—	—	—	—	0.5~1.5	—
硫酸氧钛(TiOSO₄)/(g/L)	—	—	—	—	—	5~10
30%过氧化氢(H₂O₂)/(mL/L)	—	—	—	—	—	40~60
硝酸(HNO₃,d=1.42)/(mL/L)	—	—	—	—	—	10~30
温度/℃	室温	室温	室温	室温	50~60	室温
时间/s	3~10	2~5	30~60	15~30	2~3min	20

注:重铬酸盐溶液钝化所得的钝化膜带有色彩,电阻较大,不易进行锡钎焊;铬酸溶液钝化所得的钝化膜为金属本色,容易锡钎焊。

14.5.4　不合格氧化膜及钝化膜的退除

铜及铜合金不合格氧化膜及钝化膜退除的溶液组成及工艺规范见表 14-68。

表 14-68　不合格氧化膜及钝化膜退除的溶液组成及工艺规范

溶液成分及工艺规范	氧化膜退除			钝化膜退除		
	1	2	3	1	2	3
盐酸(HCl)/(mL/L)	1000	—	—	1000	—	—
硫酸(H₂SO₄)/(g/L)	—	10%(质量分数)	15~30	—	10%(质量分数)	—
铬酐(CrO₃)/(g/L)	—	—	30~90	—	—	—
氢氧化钠(NaOH)/(g/L)	—	—	—	—	—	300
温度	室温	室温	室温	室温	室温	加热

第3篇 电镀设备

第15章
机械前处理及精整设备

15.1 概述

镀前处理，是为使制件材质暴露出真实表面和消除内应力及其他特殊目的所需去除油污、氧化物，达到整平等的种种前置技术处理。

机械前处理以机械喷射清理等方法，去除制件表面氧化物、焊渣及其他杂质和缺陷，并赋予制件表面一定的粗糙度，或产生砂面消光和纹饰效果，以达到特殊的装饰效果；以抛磨、振动光饰等方法，提高制件表面的平整性和光洁度，以达到电镀等处理的要求。

机械前处理设备主要有以下几种。

① 喷射清理设备（喷砂、喷丸）。

② 滚光设备（清理滚筒、滚光机、滚筒研磨机）。

③ 振动光饰设备（振动光饰机、振动研磨机）。

④ 磨光及抛光机（轮式磨光及抛光机、带式磨光机、刷光机）等。

15.2 喷射清理设备

喷砂机的工作原理是以压缩空气高速带动磨料，利用强大的撞击力产生的切削功能，来清除制件表面氧化物、焊渣、毛刺以及其他杂质和缺陷，并赋予表面一定的粗糙度；能改善制件表面物理性能，如改变表面应力状态，并能使其表面硬化，提高耐磨性。喷砂特别适用于磷化、氧化的前处理，也适用于某些要求缎面（无光泽状态）的电镀前处理。喷砂机分为干式喷砂机和湿式喷砂机两类。

15.2.1 干式喷砂机

干式喷砂设备适用范围较广，对于不适合液体加工（湿式喷砂）的有焊缝的工件和存在细小表层裂纹的工件，宜采用干式喷砂设备加工。但干式喷砂过程中会产生大量的粉尘，必须配备良好的空气除尘净化装置，而且喷砂室的密闭性要好，根据具体情况，最好采用半自动、自动喷砂设备。

干式喷砂设备的结构形式按其工作原理及磨料输送方式，分为吸入式、压入式及自流式。自流式适用于固定式喷枪的喷砂设备，一般电镀前处理很少使用。

① 吸入式喷砂机。其工作原理是压缩空气经过枪体时，利用空气射流的负压将磨料吸入混料腔并喷射向工件。这种机型喷砂机，结构简单，制造方便，但因能量利用率低，喷砂效率低，不适合大面积、高效率的清理场合。适用于电镀前处理小型工件的喷砂。

② 压入式喷砂机。其工作原理是磨料在压缩空气推动下，在喷砂机的混合室内混合，然后经软管输送到喷枪，高速射喷向工件。其特点是能量利用率高、喷射力强、喷砂效率高。但设备结构比吸入式喷砂机复杂。适用于大、中型工件的清理。

中小型的喷丸清理设备，与干式喷砂设备工作原理相同，只是将砂料换成不同直径和硬度的钢丸、铁丸或其他材质的丸料。喷丸清理过程所产生的粉尘比喷砂清理要少，但也应设置除尘净化装置。

下面例举一些喷砂机的技术性能规格供参考。

吸入式干式喷砂机的技术性能规格见表 15-1。

压入式干式喷砂机的技术性能规格见表 15-2。

STR 系列干式喷砂机的技术性能规格见表 15-3。

表 15-1 吸入式干式喷砂机的技术性能规格

项　目	DB-1	GP-1	XR-2	XRc-1819	XRc-2020	GS-943
喷枪数量	1	1	1	1	4（自动）+1（手动）	1
工作气压/MPa	0.3～0.6	0.5～0.7	0.3～0.6	0.5～0.7	0.5～0.7	0.5～0.7
耗气量/(m³/min)	约 1～1.5	约 1～1.5	约 1～1.5	约 2.5	8+2	2.5
气源接管管径/mm	13	13	13	25	25	22
清理质量等级	可达 Sa3	可达 Sa3	可达 Sa3	可达 Sa3	可达 Sa3	可达 Sa3
工作台承重/kg	≤40	≤50	≤40	≤400	≤500	≤200
旋转台直径/mm	—	600	500	1450	1400	800
转台电机/kW	—	—	—	0.75	0.75	—
电源	AC 220V 50Hz			AC 380V 50Hz		
除尘器电机/kW	0.37	0.37	0.32	2.2	2.2×2	2.2
照明（220V）/W	3×16	3×16	3×16	3×18	2 组 3×18	3×18
磨料添加量/kg	3～5	5～8	5～10	60	75	25
整机质量/kg	150	200	150			
设备外形尺寸	DB-1 	GP-1 	XR-2 	XRc-1819 	XRc-2020 	GS-943 

配有高效除尘器（XR-2 型配有高效一体式除尘器），工作时不产生飘逸的粉尘
专业生产的砂阀、喷枪、喷砂胶管等零部件，性能可靠。适用于多种材质及粒度的磨料

续表

项　目	DB-1	GP-1	XR-2	XRc-1819	XRc-2020	GS-943

设备外形尺寸

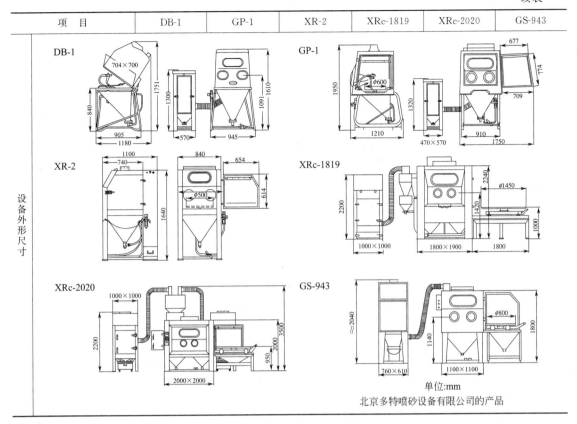

单位:mm

北京多特喷砂设备有限公司的产品

表 15-2　压入式干式喷砂机的技术性能规格

项　目	GY-2	GY-3	GY-963	YRc-1
喷枪数量	1	1	1	1
工作气压/MPa	0.5～0.7	0.5～0.7	0.5～0.7	0.5～0.7
耗气量/(m³/min)	约 3	约 3	约 3	约 3
气源接管管径/mm	22	25	25	25
清理质量等级	可达 Sa3	可达 Sa3	可达 Sa3	可达 Sa3
工作台承重/kg	≤100	≤100	≤200	≤400
旋转台直径/mm	700	700	1000	—
电源	AC 380V 50Hz	AC 380V 50Hz	AC 380V 50Hz	AC 380V 50Hz
除尘机组电机/kW	2.2	2.2	2.2	2.2
照明(220V)/W	3×18	3×18	3×18	3×18
磨料添加量/kg	25	25	25	75

GY-2	GY-3	GY-963	YRc-1

设备外形图

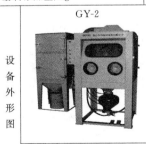   

配有高效除尘器,工作时不产生飘逸的粉尘

专业生产的砂阀、锥阀、喷枪、喷砂胶管等零部件,性能可靠。适用于多种材质及粒度的磨料

续表

项 目	GY-2	GY-3	GY-963	YRc-1

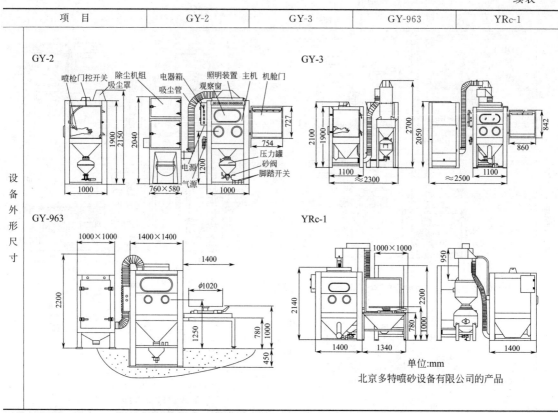

单位:mm
北京多特喷砂设备有限公司的产品

设备外形尺寸

表 15-3 STR 系列干式喷砂机的技术性能规格

名称与型号	技 术 规 格	设备外型图
STR-6050 型 喷砂机	工作舱内尺寸:600mm×500mm×640mm 设备外部尺寸:600mm×830mm×1560mm 电源:220V、50Hz 照明灯:20W 节能灯 设备净重:250kg 分离器电机:0.550kW 分离器风量:8.5m³/min 压缩空气源:0.2~0.8MPa 自动回砂,旋风分离器能将尘砂分离,降低磨料消耗;本机采用自动除尘系统;主要部件采用优质进口件;设计新颖、操作方便	
STR-9060 型 喷砂机	工作舱内尺寸:900mm×600mm×640mm 设备外部尺寸:900mm×1030mm×1560mm 侧门尺寸:470mm×500mm 正门尺寸:895mm×355mm 电源:220V、50Hz 照明灯:20W 节能灯 设备净重:320kg 分离器电机:0.550kW 分离器风量:8.5m³/min 压缩空气源:0.2~0.8MPa 自动回砂,旋风分离器能将尘砂分离,降低磨料消耗;本机采用自动除尘系统;主要部件采用优质进口件,设计新颖、操作方便	

续表

名称与型号	技 术 规 格	设备外型图
STR-9080 型转台式喷砂机	工作舱内尺寸:900mm×800mm×650mm 电源:220V,50Hz 照明灯:13W 节能灯 转台承重:150kg 设备净重:320kg 分离器电机:0.550kW 分离器风量:8.5m³/min 压缩空气源:0.2~0.8MPa 根据需求,选择手动或自动转台。推车转盘,省力、方便	
STR-A1600 型圆盘回转式自动喷砂机	整机尺寸(长×宽×高):1000mm×1000mm×1800mm 工作空间:φ900mm 小转盘数:8 个 4~8 把铝合金喷枪 排风量:75m³/min 排风机:功率 5hp(380V/50Hz) 照明:二盏 60W 防爆灯 配有专用集尘设备,采用二级分砂器和布袋除尘装置 大转盘间歇回转,小转盘公转,多工位同时加工。喷砂时间可调节。适用于盘类、圆柱体及多边体工件的批量生产	张家港市斯特尔涂装设备有限公司、张家港市达通喷砂设备机械厂等的产品

15.2.2　湿式（液体）喷砂机

液体喷砂的工作原理是将磨料与水按一定的比例混合,通过磨液泵的输送及喷枪处压缩空气的加速,高速喷射到工件表面,利用磨料的磨削作用,清除工件表面的锈蚀、氧化皮、残盐、焊渣以及机加件的微小毛刺、表面残留物等。此外,还可以作液体喷玻璃丸、强化、光饰零件表面。

适用于热处理件、焊接件、铸件、锻冲件以及机加件等的表面清理。液体喷砂过程中无粉尘逸出,劳动条件好,不污染环境。因此,前处理的喷射清理,尽量采用湿式喷砂机。

液体喷砂机一般由室体、喷枪、磨液泵、喷砂胶管、水及气管道系统等组成,必要时可在液体喷砂机内配备水枪（订货时须提出）,供喷砂后喷水（自来水）冲洗工件表面的粘砂。必要时还可提出让制造厂家提供喷砂后工件浸渍清洗（添加缓蚀剂）的槽子,以起到工件短时工序间防锈作用。

下面例举一些湿喷砂机的技术性能规格,见表 15-4、表 15-5、表 15-6,供参考。

表 15-4　湿式（液体）喷砂机技术性能规格（1）

项　目	SS-1C 液体喷砂机	SS-2 液体喷砂机	SS-3 液体喷砂机
工作台直径/mm	700	500	500
舱门尺寸/(mm×mm)	820×825	—	730×820
磨料粒度	≥46#	≥46#	≥46#
喷枪数量	1	1	1
喷嘴直径/mm	8~12	8~12	8~12
气源压力/MPa	0.2~0.6	0.2~0.6	0.2~0.6
耗气量/(m³/min)	1~1.5	1~1.5	1~1.5
外接气源管径	G 1/2in	G 1/2in	G 1/2in
外接水源管径	G 1/2in	G 1/2in	G 1/2in
耗水量/(m³/班)	0.1	0.1	0.1
磨液泵/kW	4	1.5	1.5

续表

项　目	SS-1C 液体喷砂机	SS-2 液体喷砂机	SS-3 液体喷砂机
分离水泵/kW	0.4	—	—
照明	3×20W/220V	2×15W/220V	3×20W/220V
主机尺寸(长×宽×高)/(mm×mm×mm)	1160×2500×2080 [在长 1160mm 的右侧应留有右侧开门(门宽 845mm)的位置]	905×1044×1564	1000×1265×1965 [在长 1000mm 的右侧应留有右侧开门(门宽 845mm)的位置]
整机重量/kg	600	160	300
设备外形图	右侧开门	前面向上翻开门	右侧开门
适用范围	通用型、单枪手动工作台,中小件、小批量生产	通用型、单枪手动工作台,小件、小批量生产	
外形尺寸	SS-1C	SS-2	SS-3 单位:mm

北京长空喷砂设备有限公司、北京多特喷砂设备有限公司等的产品

表 15-5　湿式（液体）喷砂机技术性能规格（2）

项　目	SS-8 型滚筒式液体喷砂机	SS-10 型半自动液体喷砂机
工作台直径/mm	500	1250
舱门尺寸/(mm×mm)	854×869	1290×1310
磨料粒度	≥46$^\#$	≥46$^\#$
喷枪数量	1	5(4 只摆动枪,1 只手动枪,两者可以单独控制)
喷嘴直径/mm	8~12	8~12
气源压力/MPa	0.2~0.6	0.5~0.7
耗气量/(m³/min)	1~1.5	7.5
外接气源管径	G 1/2in	G 1in
外接水源管径	G 1/2in	G 1/2in
设备耗水量/(m³/班)	0.1	0.1
磨液泵/kW	4	11
分离水泵/kW	0.4	0.4
滚筒电机/kW	0.37	—
转盘电机/kW	—	0.75
照明	3×20W/220V	3×20W/220V
主机尺寸(长×宽×高)/(mm×mm×mm)	2365×1500×2040 [在长 2365mm 的左侧应留有左侧开门(门宽 835mm)的位置]	3350×3380×2520

续表

项　目	SS-8 型滚筒式液体喷砂机	SS-10 型半自动液体喷砂机
整机重量/kg	1000	1500
适用范围	通用型,单枪滚筒式 适用于小型工件的大批量生产	通用型,五枪自动转台式,配有自转工作台及可拉出机舱的手动工作台车,方便装卸工件 适用于大中型工件的小批量生产
设备外形图	 左侧开门	 右侧开门
备注	北京长空喷砂设备有限公司(SS-8、SS-10)、北京多特喷砂设备有限公司(SS-10)等的产品	 单位:mm SS-10型的外形尺寸图

表 15-6　湿式（液体）喷砂机技术性能规格（3）

项　目	SS-032 型专用液体喷砂机	设　备　图
喷枪数量	1 把三嘴喷枪	
喷嘴直径/mm	12.5	
压缩空气的工作压力/MPa	0.5～0.7	
总耗气量/(m³/min)	4.5(单嘴耗气量 1.5,共三嘴)	
喷枪移动速度/(mm/min)	32～288	
磨料	46#～120# 之间各种粒度号的刚玉类磨料及 0.3mm 以下的玻璃丸	
整机最大外尺寸/(mm×mm×mm)	7300×3900×3900	北京长空喷砂设备有限公司的产品
用　途	可对外径在 300～500mm,长度在 1100～2600mm 的薄壁筒类零件的内表面喷砂或喷玻璃丸。	

项　目	YT-073 型液体喷砂机技术规格		
旋转工作台直径/mm	800	电源	AC 380V 50Hz
工作台承重/kg	≤200	磨液泵电机/kW	9/11(AC 381V 50Hz)
喷枪数量	4	照明/W	3×16(AC 381V 50Hz)
工作气压/MPa	0.5～0.7	水源接管管径/mm	13 或 G1/2in
耗气量/(m³/min)	约 6	磨料添加量/kg	25～35
气源接管管径/mm	25 或 G1in	整机重量/kg	约 750

续表

项 目	YT-073 型液体喷砂机技术规格
特点	半自动液体喷砂机,人工装卸工件、自动喷砂加工 设置有 1 个喷砂工位(舱内)、1 个清洗工位(舱内)、1 个装卸工位(舱外) 工位连续转动的速度可通过变频器无级调速 4 把固定喷枪的位置可人工调整 适用于多种材质及粒度的磨料。磨料循环使用,消耗量小 广泛适用于小型零件的连续自动喷砂加工
设备外形图	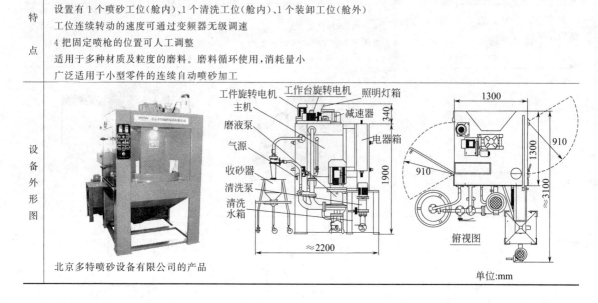 北京多特喷砂设备有限公司的产品　　　　　　　　单位:mm

15.3 滚光设备

滚光是将零件装入盛有磨料和稀酸或稀碱等的溶液中,利用其低速旋转,依靠磨料与零件、零件与零件之间相互摩擦,以及滚光液对零件表面的化学反应,除去表面污垢和氧化皮,达到降低表面粗糙度的目的。滚光设备用于批量生产的、对表面粗糙度要求不高的小型零件,进行表面预处理。在对表面粗糙度无特殊要求的前提下,它可以部分替代镀前处理的磨光和抛光工序。

依据滚光设备的结构形式、工作方式的不同,可将其分为卧式滚筒滚光机、涡流式研磨机、行星式离心滚光机等多种结构形式。

15.3.1 卧式滚筒滚光机

卧式滚筒滚光机(滚光滚筒、清理滚筒)常用于形状不太复杂的中、小型零件,批量生产时的表面清理。一般前处理多用湿法滚光,滚筒内装入零件,并加入少量稀酸或含皂角粉、茶籽粉等除油剂的碱性滚光液,一起作低速旋转,除去表面的污垢及氧化皮。为提高滚光效果,特别是表面低凹和孔洞部位的滚光效果,滚光时还需加入适当磨料。

(1) 滚筒筒体的形状[3]

① 滚筒筒体的形状一般多为六角形;较大型的筒体(内切圆直径≥500mm)为防止零件在筒内过于剧烈撞击而损伤,也有的采用八角形;多棱形筒体用于大型的筒体,以减轻对零件的撞击;圆形筒体不利用零件翻动,为此需在内壁设置突起肋条,以提高滚磨效率。

② 滚筒筒体的长度取决于筒体横截面直径,或内切圆直径,从筒体的刚性角度考虑,筒体内切圆直径与其外长度之比一般为 1:(1.25~1.5)。若筒体内部隔成几个腔室,则每个腔室的长度不应小于其直径的 75%,否则零件上下翻滚不匀,造成滚磨效果不一致。

(2) 滚筒筒壁的材料

电镀前处理使用的滚筒筒壁的材料,可用钢板、硬聚氯乙烯板和耐水硬质木板。

① 钢板筒壁耐磨、耐碱,强度高,价格低,加工方便。但对零件的翻滚性和防止撞伤条

件差，不耐酸，而且冲击噪声大。目前多用于制作大中型滚筒。

② 硬聚氯乙烯板筒壁耐酸、耐碱，对零件的翻滚性和防止撞伤条件较好，制作加工和修复简便，使用寿命长，冲击噪声小，但耐磨性较差，强度不如钢材，宜用于制作小型滚筒，若筒体采用玻璃钢增强，也可制作中型滚筒。

③ 硬质木板筒壁，有利于零件的翻滚性和防止撞伤，冲击噪声小，但耐磨、耐酸和耐碱性较差，木材资料短缺，价格也较高，现已很少使用。

(3) 滚筒的装载量和转速

① 滚筒的有效装载量，一般按滚筒有效容积的 $65\%\sim75\%$，但不应少于 35%。装载量过少，零件碰撞过于激烈，易损伤；装载量过多，零件翻滚不良，滚磨效率过低。

② 滚筒的合理转速与加工零件质量大小和滚筒直径有依赖关系。滚筒设计的转速可参考下式[3]计算选用：

$$较小零件 \quad n = 28.1/D^{1/2}$$
$$中等零件 \quad n = 21.9/D^{1/2}$$
$$较重零件 \quad n = 15.9/D^{1/2}$$

式中　n——滚筒转速，r/min；

　　　D——滚筒直径，m。

一般转速范围为 $20\sim60$r/min，圆周速度高，零件的离力大，零件与筒壁的撞击作用强，表面磨削大；转速过高，会使零件紧贴旋转，无法翻滚，达不到滚磨的目的。因此，滚光较重或薄片状零件及软金属零件时，宜选用慢速。

卧式滚筒滚光机，一般常用的为支架式滚筒的结构，将滚筒体水平放置在两端支架的轴承上，根据生产要求可以制成单滚筒型和双滚筒型，由一个驱动系统拖动一个或两个筒体，但单滚筒型使用的较多。产量较大时，也常用落地式卧式清理滚筒。卧式滚筒滚光机，结构比较简单，可以手工装卸料，产量大时也可用搬运输送机械装卸料。卧式滚筒滚光机的技术性能规格（示例）见表 15-7，供参考。

表 15-7　卧式滚筒滚光机的技术性能规格（示例）

设备名称型号	技术性能及规格					设备外形图
DMW 型 卧式六角滚筒研磨机	型号		DMW 100	DMW 200	DMW 500	 无锡泰源机器制造 有限公司的产品
	筒体名义容积/L		100	200	500	
	转速/(r/min)		30	30	30	
	衬胶厚度/mm		15	15	15	
	电动机功率/kW		1.5	2.2	1.5	
	重量/kg		350	400	380	
	外形尺寸/mm	长	1200	1400	1164	
		宽	1250	1400	1210	
		高	1300	1330	1380	
DMW 型 回转式六角滚筒研磨机（支架式）	型号		DMW 100	DMW 200	DMW 500	 无锡泰源机器制造 有限公司的产品
	筒体名义容积/L		100	200	500	
	转速/(r/min)		30	30	30	
	衬胶厚度/mm		15	15	15	
	电动机功率/kW		1.5	2.2	1.5	
	重量/kg		350	400	500	
	外形尺寸/mm	长	1200	1400	1164	
		宽	1250	1400	1210	
		高	1300	1330	1380	

续表

设备名称型号	技术性能及规格					设备外形图
CO-B 型 六角双朕 八角双朕 滚桶研磨机	容量/L	50	100	150	250	 东莞市启隆研磨机械 有限公司的产品
	桶径/(mm×mm)	550×270	780×425	720×515	920×560	
	功率/kW	0.75	1.5	1.5	2.25	
	充填量	50L×60%	100L×60%	150L×60%	250L×60%	
	机台尺寸/mm 长	2080	2260	2400	2660	
	宽	600	800	850	865	
	高	1200	1400	1400	1400	

设备名称型号	技术性能及规格			设备外形图
桌上型 电子滚动抛光机 （最小型滚桶抛光机）	型号	CB-3L	CB-5L	 东莞市启隆研磨机械有限 公司（中国台资）的产品
	容量/L	3	5	
	电压/V	220	220	
	功率/kW	0.18	0.18	
	充填量	3L×80%	5L×80%	
	转速/(r/min)	0～300	0～300	
	滚筒尺寸/(mm×mm)	145×150	180～190	
	机台尺寸/(mm×mm×mm)	200×180×240	220×270×280	
	此种电子滚动抛光机是市场上最小的滚动抛光机，具有成本低、操作方便、不占地方、噪声小、转速快等优点，它具备时间设置、变档(有五档转速：40r/min、60r/min、100r/min、180r/min、300r/min)调速功能，提高了生产效率，适用于各类五金、电子、塑胶、首饰等类型的小零件进行去毛刺、倒角、去斑、抛光、搅拌混色等小批量加工			

15.3.2 涡流式研磨机

涡流式研磨机是利用高速旋转的离心圆盘，使零件和磨料在储料圆筒内搅动翻滚，以达到零件表面的光洁。其主体是由一个固定圆筒和一安装在筒底的旋转圆盘组成。其工作原理：由电机带动筒底的旋转圆盘以一定速度旋转，装入固定储料圆筒内的零件与磨料，在离心力的作用下，沿固定圆筒壁回转，并沿筒壁上升，到达某一高度，又流向中心成漩涡状下沉，其搅动状态如水流旋涡，零件与磨料的混合产生螺旋状的涡流运动，从而在它们之间产生强烈的滚磨作用。它的工作原理与家用涡轮洗衣机中的衣物和水的搅动清洗过程很相似。

涡流式研磨机的转盘最高转速可达 280r/min，无级调速，可倾斜卸料。由于零件运动速度较高，生产效率很高，而且在加工过程中可随时检查加工零件表面情况，很适合小零件光饰加工。涡流式研磨机技术性能规格（示例）见表 15-8。

表 15-8 涡流式研磨机的技术性能规格（示例）

设备名称型号	技术性能及规格			设备外形图
WLM 型 水涡流式研磨机	型号	WLM50	WLM120	 无锡泰源机器制造有限公司的产品
	研磨槽容量/L	50	120	
	回转盘转速/(r/min)	50～200	50～160	
	主电机功率/kW	2.2	4	
	排出方法	手动翻转倾倒式		
	重量/kg	370	1100	
	外形尺寸/(mm×mm×mm)	1480×660×1240	1480×1660×1240	

续表

设备名称型号	技术性能及规格			设备外形图
GS 型流动研磨机	型号	GS50	GS120	 东莞市启隆研磨机械有限公司 （中国台资）的产品
	容量/L	50	120	
	转速/(r/min)	0～220	0～180	
	电机功率/kW	2.24	3.73	
	衬胶厚度/mm	15	15	
	卸料高度/mm	280	320	
	重量/kg	400	600	
	外形尺寸/(mm×mm×mm)	1390×700×1240	1740×900×1470	
WLM-50 型 水涡流式研磨机 （带有隔声罩）	研磨槽容量:50L			 无锡泰源机器制造有限公司的产品
	回转盘转速:50～200r/min			
	主电机功率:2.2kW			
	排出方法:手动翻转倾倒式			
	外形尺寸:1480mm×660mm×1240mm			
	重量:450kg			
GSJ 型 涡流式光饰机	型号	GSJ-50	GSJ-120	 青岛鑫金源研磨设备有限公司的产品
	容量/L	50	120	
	转盘转速/(r/min)	50～200	50～200	
	工作槽宽/mm	160	240	
	衬胶厚度/mm	12～20	12～20	
	电机功率/kW	2.2	4	
	重量/kg	400	800	
	外形尺寸/(mm×mm×mm)	1500×850×1300	1750×950×1330	

15.3.3　行星式离心滚光机

　　行星式离心滚光机是一种结构比较复杂的特殊滚光机，它是在一个绕水平转轴旋转的圆盘支架上，对称地安装几个心轴与转轴平行的卧式多角小滚筒。其工作原理[3]：当滚光小滚筒按一定半径围绕圆盘支架主轴旋转（公转）的同时，小滚筒自身也被带动作反向旋转（自转），由于公转产生的离心力和自转产生的摩擦力同时作用，加强了零件与磨料之间的磨削功能，大大提高滚磨效率，而且这种滚光方式对零件所产生的冲击力较小。调整滚筒转速可获得不同的加工效果，高速运转时磨削能力强，低速运转时光饰效果好。行星式离心滚光机是一种加工小型零件的高效率、低成本的表面精饰方法。

　　按小滚筒在圆盘支架上安装的情况（水平或倾斜），可分为水平行星式离心滚光机和倾斜行星式离心滚光机两种。水平行星式离心滚光机，滚光时对加工零件冲击较小，零件在多种运动协同作用下，滚光效率比普通卧式单筒滚光机要高一倍左右。倾斜行星式离心滚光机，由于滚光筒与水平轴线倾斜一个角度，在围绕主轴公转时，零件又增加了左右窜动的运动，滚光效率高，但零件撞击的程度也大些。其技术性能规格（示例）见表 15-9。

表 15-9 行星式离心滚光机的技术性能规格（示例）

设备名称型号	技术性能及规格			设备外形图
XMW 型 卧式离心研磨机	型号	XMW30	XMW30a	 无锡泰源机器制造有限公司的产品
	筒体名义容积/L	4×7.5	4×7.5	
	回转体转速/(r/min)	185	185	
	回转半径/mm	210	272	
	衬胶厚度/mm	6	6	
	主电机功率/kW	1.5	1.5	
	重量/kg	360	380	
	外形尺寸/(mm×mm×mm)	970×992×1175	1164×1210×1380	
XMW 型 卧式离心研磨机	型号	XMW40	XMW80	 无锡泰源机器制造有限公司的产品
	筒体名义容积/L	4×20	4×20	
	回转体转速/(r/min)	140	140	
	回转半径/mm	325	325	
	衬胶厚度/mm	8	8	
	主电机功率/kW	5.5	5.5	
	链轮电动机功率/kW	0.25	0.25	
	重量/kg	1000	1000	
	外形尺寸/(mm×mm×mm)	1250×1390×1660	1560×1390×1660	
XMW 型 卧式倾斜 离心研磨机	型号	XMW120	XMW160	 无锡泰源机器制造有限公司的产品
	筒体名义容积/L	4×30	4×40	
	回转体转速/(r/min)	140	105	
	回转半径/mm	325	410	
	衬胶厚度/mm	8	8	
	主电机功率/kW	7.5	7.5	
	链轮电动机功率/kW	0.25	0.25	
	重量/kg	1500	2000	
	外形尺寸/(mm×mm×mm)	1760×1390×1660	2000×1550×2020	
XMW300 卧式离心研磨机 （300L）	滚筒容积/L	4×75		 无锡泰源机器制造有限公司的产品
	回转体转速/(r/min)	0～115		
	回转半径/mm	407		
	衬胶厚度/mm	12		
	主电机功率/kW	15		
	点动电机功率/kW	2.2		
	重量/kg	3000		
	外形尺寸/(mm×mm×mm)	1801×1910×1800		
	每只滚筒中工作物的体积(工件、磨料、水等)最大不超过滚筒容积的 45%～55%（即 34～42L）。工件与磨料的比一般为(1∶1)～(1∶5)，精细研磨时为 1∶10，具体应经试验后确定			
GSJ 型 离心式光饰机 （高速滚筒）	型号	GSJ-30 型	GSJ-80 型	 青岛鑫金源研磨设备有限公司的产品
	容量/L	4×8	4×20	
	滚筒转速/(r/min)	185	145	
	衬胶厚度/mm	5～8	5～8	
	电机功率/kW	2.5	8	
	机型尺寸/(mm×mm×mm)	1050×1020×1200	1300×1100×1680	
	采用行星传动方式,利用离心运动的原理,光饰光整效率高			

15.4 振动光饰设备

振动光饰是将一定比例的零件、磨料和磨液一起放入光饰机的振动槽内，以一定的振动频率（一般采用 20～30Hz）和振动幅度（一般为 3～6mm）振动，使它们相对运动而产生微量磨削，从而达到去毛刺、除锈、去污等表面光饰的目的。

振动光饰加工，可使零件内外表面得到均匀磨光，而且无明显加工痕迹，无冲击变形，对脆性易碎材质零件不会造成损伤，其加工效率比普通卧式滚筒高，但比行星式离心滚光机要低一些。因此，对容易因滚光而引起变形的零件或表面凹凸不平以及内外表面都要光饰的零件和一些硬度高、形状比较复杂及表面粗糙度要求较高的零件可采用振动光饰设备进行成批光饰加工。这种加工方法，噪声低，装载容量可以从几十升到上千升，特别适合于中小型零件大批量光饰精整加工。

振动光饰是将振动槽（蜗壳形圆槽或 U 形直槽）由许多弹簧支撑在底座上，槽下安装振动电机和上下偏心块，通过振动装置，带动振动槽振动，使振动槽内的零件沿着一定的运动路线运动；推动零件在蜗壳内呈螺旋状翻滚前进（流动），在运动中零件与零件、零件与磨料和磨液之间产生振动研磨，以达到光饰加工。

振动光饰加工中一般采用的光饰条件（参数）[3]如下，供参考。

① 设备装载量。零件与磨料、磨液的总装载量宜为设备料槽容积的 70%～90%。

② 装载零件与磨料量的比值。一般情况下零件与磨料量的比为 1:2；精细加工时为 1:(4～6)，有时可达 1:10。

③ 加入磨液量。磨液包含防锈剂、清洗剂、光亮剂和不同金属专用磨液等，其加入量约占零件和磨料体积的 0.2%～0.3%，再加入水 3%～5%（体积分数）。

④ 光饰加工时间。依零件的技术要求而定。一般情况下，去除冲压或切削加工和倒角时，需 0.5～2h；抛磨零件表面约需 2～8h，使粗糙度在原有的基础上提高 2～3 级。

振动式光饰机的技术性能规格（示例）见表 15-10。

螺旋振动式光饰机的技术性能规格（示例）见表 15-11。

其他振动式光饰机的技术性能规格（示例）见表 15-12。

表 15-10　振动式光饰机的技术性能规格（示例）

设备名称及外形图	技术性能及规格				
LMP30/50 振动研磨机 无锡泰源机器制造 有限公司的产品	型号	LMP30		LMP50	
	容器容量/L	30		50	
	总高度/mm	980		980	
	外形长度/mm	590		690	
	底座安装尺寸（直径）/mm	460		540	
	总重量/kg	200		230	
	振动电机　功率/kW	0.4		5	
	转速/(r/min)	1440		1450	
	电压/V	380		380	
	频率/Hz	50		50	

设备名称及外形图	技术性能及规格				
	型号	LMP100	LMP150	LMP200	LMP250	LMP300
LMP 型振动研磨机 无锡泰源机器制造 有限公司的产品	容器容量/L	100	150	200	250	300
	总高度/mm	1000	1050	1100	1100	1160
	外形长度/mm	970	1140	1140	1340	1340
	底座安装尺寸（直径）/mm	610	770	770	1030	1030
	总重量/kg	430	500	510	720	720
	振动电机　功率/kW	2.2	2.2	2.2	3.7	5
	转速/(r/min)	1455	1450	1450	1450	1440
	电压/V	380	380	380	380	380
	频率/Hz	50	50	50	50	50

设备名称及外形图	技术性能及规格			
LMP 型振动研磨机 无锡泰源机器制造 有限公司的产品	型号	LMP600	LMP900	LMP1200	LMP1250 z
	容器容量/L	600	900	1200	1250
	总高度/mm	1250	1414	1650	1650
	外形长度/mm	1820	2250	2250	2250
	底座安装尺寸(直径)/mm	1200	1630	1630	1630
	总重量/kg	1100	1500	1550	1500
	振动电机 功率/kW	5.5	11	11	15
	振动电机 转速/(r/min)	1450	1450	1450	1450
	振动电机 电压/V	380	380	380	380
	振动电机 频率/Hz	50	50	50	50

设备名称及外形图	技术性能及规格							
Lx 型 **环保型振动研磨机** **(加装隔声盖)** 东莞市隆鑫研磨材料 有限公司的产品	型号	Lx-100	Lx-150	Lx-250	Lx-350	Lx-500	Lx-700	Lx-1000
	容量/L	100	150	250	350	500	700	1000
	装填量/kg	300	380	650	950	1200	2000	2500
	功率/kW	1.5	2.25	3.75	5.62	7.5	9	11.25
	机台尺寸/mm 直径	906	1045	1200	1340	1560	1730	1850
	机台尺寸/mm 高度	990	1035	1260	1330	1560	1730	2000
	重量/kg	360	460	640	750	1070	1660	2000

环保型振动研磨机加装隔音盖的作用是降低振动机作业时所产生的噪音,并且避免振动机研磨时水溅出来,隔音盖的上升与下降,均由气压控制,操作简便

设备名称及外形图	技术性能及规格			
GSJ 型平底直口振动光饰机 (GSJ-60) 青岛鑫金源研磨设备 有限公司的产品	型号	GSJ-30	GSJ-60	GSJ-80	GSJ-150
	容器容量/L	30	60	80	150
	电机功率/kW	0.37	0.75	1.1	2.2
	电机转速/(r/min)	1450	1450	1450	1450
	振幅/mm	0.8~3	0.8~3	0.8~3	0.8~4
	衬胶/mm	6~10	6~10	6~10	6~10
	重量/kg	60	80	120	400
	外形尺寸/(mm×mm×mm)	500×500×600	600×640×660	1100×1040×1050	1150×1050×600

设备名称及外形图	技术性能及规格			
GSJ 型平底直口振动光饰机 (GSJ-900) 青岛鑫金源研磨设备 有限公司的产品	型号	GSJ-400	GSJ-600	GSJ-900	GSJ-1200
	容器容量/L	400	600	900	1200
	电机功率/kW	3.7	5.5	11	15
	电机转速/(r/min)	1450	1450	1450	1450
	振幅/mm	0.8~6	0.8~8	0.8~10	0.8~10
	衬胶/mm	6~10	6~10	6~10	6~10
	重量/kg	800	1500	2000	2600
	外形尺寸/(mm×mm×mm)	1500×1350×1050	1880×1880×1400	2150×2100×1450	2355×2300×1500

表 15-11　螺旋振动式光饰机的技术性能规格（示例）

设备名称及外形图	技术性能及规格			
LMJ 螺旋振动研磨机 （LMJ100） 无锡泰源机器制造 有限公司的产品	型号	LMJ100	LMJ200	LMJ250
	容器容量/L	100	200	250
	总高度/mm	1060	1180	1170
	分选口高度/mm	810	900	930
	外形长度/mm	1140	1250	1500
	底座安装尺寸(直径)/mm	610	770	1030
	总重量/kg	430	520	720
	振动电机　功率/kW	2.2	2.2	3.7
	振动电机　转速/(r/min)	1450	1450	1450
	振动电机　电压/V	380	380	380
	振动电机　频率/Hz	50	50	50

设备名称及外形图	技术性能及规格				
LMJ 螺旋振动研磨机 （LMJ600） 无锡泰源机器制造 有限公司的产品	型号	LMJ300	LMJ400	LMJ600	LMJ900
	容器容量/L	300	400	600	900
	总高度/mm	1270	1376	1500	1544
	分选口高度/mm	1100	1200	1100	1214
	外形长度/mm	1450	1480	1860	2473
	底座安装尺寸(直径)/mm	1030	1380	1200	1630
	总重量/kg	720	980	1100	1500
	振动电机　功率/kW	5	5	5.5	11
	振动电机　转速/(r/min)	1450	1450	1450	1450
	振动电机　电压/V	380	380	380	380
	振动电机　频率/Hz	50	50	50	50

设备名称及外形图	技术性能及规格					
GSJ 型螺旋振动式光饰机 （GSJ-600） 青岛鑫金源研磨设备 有限公司的产品	型号	GSJ-120	GSJ-300	GSJ-600	GSJ-900	GSJ-1200
	容器容量/L	120	300	600	900	1200
	电机功率/kW	2.2	3.7	5.5	11	15
	电机转速/(r/min)	1450	1450	1450	1450	1450
	振幅/mm	0.8~4	0.8~6	0.8~8	0.8~10	0.8~10
	衬胶/mm	6~15	6~20	6~20	6~20	6~20
	重量/kg	400	800	1500	2000	2600
	外形尺寸/mm　长	1150	1500	1880	2150	2355
	外形尺寸/mm　宽	1050	1350	1800	2100	2300
	外形尺寸/mm　高	900	1050	1400	1450	1500

表 15-12　其他振动式光饰机的技术性能规格（示例）

设备名称型号	技术性能及规格					设备外形图
LMJ100~600 **防声螺旋振动** **研磨机**	型号	LMJ 100a	LMJ 250a	LMJ 600a	LMJ 600z	 （LMJ100a） 无锡泰源机器制造 有限公司的产品
	容器容量/L	100	250	600	600	
	总高度/mm	1100	1300	1530	1500	
	分选口高度/mm	820	1144	1080	1100	
	外形长度/mm	1560	2080	2810	1860	
	底座安装尺寸/(mm×mm)	1360× 755	1670× 900	2370× 1300	(直径) 1200	
	总重量/kg	580	1125	1500	1250	
	振动电机　功率/kW	1.5	3.7	5.5	11	
	振动电机　转速/(r/min)	1455	1450	1450	1450	
	振动电机　电压/V	380	380	380	380	
	振动电机　频率/Hz	50	50	50	50	

设备名称型号	技术性能及规格					设备外形图
LMJ100~600 全自动上液 防声螺旋 振动研磨机	型号	LMJ 100a	LMJ 250a	LMJ 600a	LMJ 600z	（LMJ100~600a） 无锡泰源机器制造 有限公司的产品
	容器容量/L	100	250	600	600	
	总高度/mm	1100	1300	1530	1500	
	分选口高度/mm	820	1144	1080	1100	
	外形长度/mm	1560	2080	2810	1860	
	底座安装尺寸/(mm×mm)	1360× 755	1670× 900	2370× 1300	（直径） 1200	
	总重量/kg	580	1125	1500	1250	
	振动电机 功率/kW	1.5	3.7	5.5	11	
	转速/(r/min)	1455	1450	1450	1450	
	电压/V	380	380	380	380	
	频率/Hz	50	50	50	50	
WMJ1000 槽式振动研磨机	筒体名义容量/L	1000				无锡泰源机器制造 有限公司的产品
	电机功率/kW	5.5				
	外形尺寸/(mm×mm×mm)	1500×1300×1600				
	重量/kg	800				
	本机由容器、机座、弹簧及振动电机构成。振动电机与容器用螺栓固定联接，并一起坐在与底座相连的弹簧上。适用于不锈钢、铁、铜、锌、铝、镁合金等材质的经冲床、压铸、铸造、粉末冶金的零件和合成树脂、塑胶等材质的物件去毛刺、表面抛光。特别适合大型工件，如长轴或盘型工件的去毛刺、表面抛光					

15.5 磨光及抛光机

磨光用于去除表面的锈蚀、划痕、焊缝、砂眼、毛刺等宏观缺陷，提高零件表面的平整度。抛光用于提高零件表面的平整和光亮程度。磨光及抛光机在装饰性电镀中应用很广泛。磨光及抛光机按照操作方式分为手工操作和自动操作（即自动磨光抛光机）；按其结构形式可分为轮式磨光抛光机和带式磨光机。

15.5.1 轮式磨光及抛光机

轮式磨光及抛光机，一般是手工操作的双轮双工位的磨光及抛光机，其结构形式有通用型的、带防护排尘罩的以及带吸尘装置的。有的产品主轴长度不够，两抛光轮之间间距较小，操作时相互干扰，选用时加以注意。带吸尘装置的轮式磨光及抛光机，如不带除尘净化装置，不论是单台还是多台设备，必须将含尘废气排入专用的除尘风道内，再送到集中的粉尘废气过滤净化设备，处理达标后排放。对于大量生产的定型产品工件的磨光和抛光，生产厂家根据市场需要，开发了许多专用抛光机，可供选用。抛光机的技术性能规格（示例）见表15-13、表15-14。

表 15-13 抛光机的技术性能规格（1）

设备名称型号	技术性能及规格		设备外形图
CS-A100 立式抛光机	型号	CS-A	东莞市万江新创胜机械 设备厂的产品
	可安装抛光轮规格	外径：150~350mm 宽度：50~100mm 内孔：25mm	
	主轴转速/(r/min)	2016	
	主电机功率/kW	4	
	外形尺寸/(mm×mm×mm)	（长）1250×（宽）1000×（高）1100	
	适用于磨光、抛光加工。根据要求改装变频和加大电机		

续表

设备名称型号	技术性能及规格			设备外形图
MP3225 台式抛光机	型号	MP3225 (0.75kW)	MP3225 (1.5kW)	 杭州西湖砂轮机厂的产品
	抛光轮直径/mm	200	250	
	转速/(r/min)	2850	2850	
	电机功率/kW	0.75	1.5	
	电压/V	380(3 相)	380(3 相)	
	工作定额	连续	连续	
	温升/℃	75	75	

表 15-14　抛光机的技术性能规格（2）

设备名称及外形图	技术性能及规格				
MCP 型 除尘式抛光机 杭州西湖砂轮机厂的产品	型号	MCP3030	MCP3035	MCP3040	MCP3040B
	抛光轮直径/mm	250,300,350	300,350,400	300,350,400	300,350,400
	转速/(r/min)	2850	2850	2850	2850
	主电机　功率/kW	2.2	3	4	5.5
	主电机　电压/V	380(3 相)	380(3 相)	380(3 相)	380(3 相)
	电流/A	4.66	6.12	7.99	10.78
	工作定额/%	100	100	100	100
	温升/℃	75	70	70	70

除尘式抛光机是西湖砂轮机厂的专利产品。抛光和除尘器一体化组合,占地小。独特的滤芯,增大过滤面积,免拆卸。自动机械振动清灰。紧凑式吸尘防护罩,内置预过滤器(火花沉降装置)及过滤保护器。内装减振装置,低噪音

抛光机除尘器成套设备

杭州西湖砂轮机厂的产品

除　尘　器					
型号	DC6-Ⅱ	DC8-Ⅱ	DC15-Ⅱ	DC23-Ⅱ	DC33-Ⅱ
过滤面积/m²	6	8	15	23	33
配用风机　风量/(m³/h)	1000	1200	2000～2500	3500～4000	4500～5500
配用风机　全压/Pa	2150	2030	2560～2450	2014	1970～1800
配用风机　功率/kW	1.5	1.5	3	5.5	5.5
配用风机　转速/(r/min)	2900	2900	2900	2900	2900
设备阻力/Pa	约 784	约 784	约 784	约 784	约 784
清灰方式	机械振动				
进风口径/mm	140	150	200	280	300
外形尺寸/mm　长	820	978	1160	1660	1530
外形尺寸/mm　宽	650	650	670	670	900
外形尺寸/mm　高	1500	1500	1770	1900	1930
设备重量/kg	250	280	350	420	600
抛　光　机					
型号	MPX-3030	MPX-3035	MPX-3040	MPX-3040A	
功率/kW	2.2	3	4	4	
电压/V	380(3 相)	380(3 相)	380(3 相)	380(3 相)	
转速/(r/min)	2850	2850	2850	2850	
工作定额	连续	连续	连续	连续	
温升/℃	75	75	75	75	

15.5.2　带式磨光机

带式磨光机是利用磨光带来磨光零件的,它对零件形状适应性更强,特别是一些带深沟槽和凹凸不平的零件表面,而用轮式磨光机是难以完成其精饰加工的。对于大面积平板和弧形表面加工效率很高。特别适用于建筑、水暖五金配件的电镀生产前处理的表面清理及磨饰加工。

带式磨光机的磨光带套在接触轮和从动轮之间，具有一定的张力，电动机带动接触轮（是主动轮），利用其旋转带动磨光带运动，对零件进行磨光。磨光带由衬底、黏合剂和磨料三部分组成。衬底可用 1～3 层不同类型的线或布组成。黏合剂一般用合成树脂，也可使用骨胶或皮胶。用合成树脂粘接磨料的磨光带，可用作湿磨。

选用不同的材料制造出不同特点的接触轮，以适合不同的用途。使用不同的接触轮来调节磨光带的松紧，可对不同的零件进行磨光。

带式磨光的磨光参数（如磨光类型、磨料、粒度、磨光速度、润滑剂、接触轮及轮的硬度等）见第 2 篇第 5 章电镀前处理中磨光小节。

现在市场上有很多带式磨光机商品供应，而且生产厂家根据市场需要，开发了许多专用带式磨光机，可供选用。带式磨光机的技术性能规格（示例）见表 15-15。

表 15-15　带式磨光机的技术性能规格

设备名称型号	DSM01 单头砂带机	KSM03 靠轮砂带机	SSM05 双头砂带机	SSM01 双头砂带机(改进型)
砂带宽度/mm	50～80	50	50 或 100	50
砂带长度/mm	2100	2415	2413	2413
砂带线速度/(m/min)	1902	981	1900	1902
电机功率/kW	2.2	1.5	4	2×2.2
电源	380V 50Hz	380V 50Hz		
机器外形尺寸/(mm×mm×mm)	720×720×1700	730×715×1326		
高度/mm			1050	
占地面积/(mm×mm)			1000×1150	450×700
整机重量/kg	400	150	380	400

设备外形图				
  (DSM01)	 (KSM03)	 (SSM05)	 (SSM01)	

无锡泰源机器制造有限公司的产品

设备名称型号	技术性能及规格		设备外形图
金铸环保型双轮砂带机大尺寸砂带机	砂带规格/(mm×mm)	3500×50	东莞市金铸机械有限公司产品
	砂带线速度	可调	
	主轴转速/(r/min)	0～1800	
	主电机功率/kW	2 台×4	
	电源	380V 50Hz	
去毛刺砂带机（立式砂带机）	砂带宽度/mm	10～50	东莞市耐信五金有限公司产品
	砂带周长/mm	915	
	砂带线速度/(m/s)	35	
	输出功率/W	750	
	电源	380V 50Hz	
	重量/kg	30	

续表

设备名称型号	技术性能及规格		设备外形图
SSM03 单头砂带机	砂带宽度/mm	45	 无锡市光华光整机械厂的产品
	砂带长度/mm	2413	
	转速/(r/min)	2880	
	电机功率/kW	1.5	
	外形尺寸/(mm×mm×mm)	600×750×1330	
	重量/kg	178	
SSM01 双头砂带机	砂带宽度/mm	50	 无锡市光华光整机械厂的产品
	砂带长度/mm	2100	
	转速/(r/min)	2880	
	电机功率/kW	2×2.2	
	外形尺寸/(mm×mm×mm)	700×1080×1808	
	重量/kg	380	
台式砂带机 （375W）	砂带宽度/mm	100	 无锡泰源机器制造有限公司的产品
	砂带长度/mm	914	
	电机功率/W	375	
	电源	220V　50Hz	
	外形尺寸/(mm×mm×mm)	520×255×280	
	重量/kg	17	
台式砂带机 （550W）	砂带宽度/mm	150	 无锡泰源机器制造有限公司的产品
	砂带长度/mm	1220	
	电机功率/W	550	
	电源	220V　50Hz	
	外形尺寸/(mm×mm×mm)	696×444×370	
	重量/kg	51	
砂带磨光机/ 抛光机	砂带宽度/mm	100	 东莞市耐信五金有限公司的产品
	砂带长度/mm	915	
	砂带线速度/(m/s)	35	
	输出功率/W	750	
	电源	380V　50Hz	
	重量/kg	40	
R-6025 横向气动砂带机 （手提式）	转速/(r/min)	8500	 佛山市南海锐壹气动工具有限公司 （中国台湾锐壹）的产品
	操作空气压力/psi	90(0.62MPa)	
	空气消耗量/CFM	3(85L/min)	
	空气进气口	1/4in	
	噪声值/dB(A)	83	
	重量/g	740	

15.6　刷光机

刷光也是一种常用的表面清理方法。刷光是把金属丝、动物毛、天然或人造纤维制成的刷光轮装在刷光机上，利用刷光轮的旋转，清除金属表面上毛刺、残存的附着物、污垢、浸蚀后的浮灰等，并使表面呈现一定光泽的过程。由于刷光轮不具有磨削能力，只是利用高速旋转时所产生较大的切刮能力，所以刷光清理生产效率低，不适合于大批量生产。

(1) 刷光的用途及采用的刷光轮[24]

① 刷光可以用于除去零件表面的氧化皮、锈蚀、焊渣、旧涂装层及其他污物，这时要选用刚性大的钢丝刷光轮和较高的转速。

② 刷光用作零件浸蚀后的去浮灰时，可选用刚性小、切削力低的黄铜丝、纤维丝刷光轮。

③ 去除零件机械加工后留在表面棱边的毛刺，要选用切削力较大的刷光轮；对于圆孔棱边的毛刺，常选用杯形刷光轮；内螺纹毛刺常选用小型刷光轮；外表面棱边的毛刺，选用密排辐射刷光轮。

④ 可以用作丝纹刷光（即在零件表面刷出具有装饰作用的丝纹）。刷光时压力不能太大，速度也不宜太快，否则不会产生丝纹效果。

⑤ 刷光还可用作缎面修饰，采用细而软的金属丝，也可用动物毛或纤维刷光轮，使表面获得无光的缎面状外观。

⑥ 可以采用干刷或湿刷。干刷时，零件表面应清洁、无锈蚀和油污；湿刷时，一般用清水或使用无腐蚀性的清洗剂（或用细石灰浆）。

刷光轮用经过适度弯曲成波浪形并具有一定弹性的钢丝、不锈钢丝、黄铜丝、镍合金丝、合成纤维或动物毛制作。为适合不同用途的刷光，有多形式的刷光轮，如表 15-16 所示。

表 15-16 常用刷光轮的类型、特点和用途

刷光轮类型	特　点	主要用途
波形辐射刷光轮	用呈小波纹状的较长金属丝编织而成。刚性小、切削力不大	适用于手持零件进行的操作，可对较不平整的表面进行加工
杯形刷光轮	用金属丝编织成杯形	用作丝纹刷光、表面清理和去毛刺，还适于便携式电动工具上使用
普通宽面刷光轮	用金属丝或猪鬃等编织而成	用作表面清理，主要用在板材电镀、涂装等生产线上
条形宽面刷光轮	用金属丝或猪鬃等间断编织而成	适用于普通宽面刷轮刷光会使刷轮受力不稳定的场合，也用于对传送带的表面进行清洁处理
短丝密排辐射刷光轮	用较短的金属丝紧密编织而成，刚性大，切削力强	用于去毛刺
小型刷光轮	用金属丝或猪鬃等编织而成，不同形状的小型刷光轮	用于对内型面的清理或去毛刺

(2) 刷光轮金属丝的类型和用途

根据刷光的不同用途，可选择不同材料和规格的金属丝，其类型、规格及用途，如表 15-17[24] 所示。

表 15-17 刷光轮金属丝的类型和用途

金属丝类型		主　要　用　途
材　料	规　格	
黄铜丝	很细	得到细致的缎面
	细	得到缎面
	中、粗	得到粗糙的缎面，进行丝纹刷光
	很粗	对浸蚀后的铜、黄铜、铸铁表面进行清理
镍-银丝	同上	使用场合基本与黄铜丝相同。但还可用于要求用金属丝刷光轮处理后仍保持白色的软金属零件的加工，因用黄铜丝刷光轮加工后会留下黄色
钢丝	很细	得到缎面，进行丝纹刷光
	细、中	丝纹刷光
	粗、很粗	表面清理，去毛刺
不钢钢丝	同上	使用场合与钢丝刷光轮相似，但可防止零件表面变色和生锈，因价格贵而少用

刷光时的刷光轮的线速度一般达到 $30\sim35\mathrm{m/s}$ 时，才具有较好的切刮能力；使用软性刷光轮时，刷光轮的线速度应适当降低，一般保持在 $20\sim25\mathrm{m/s}$；丝纹刷光、缎面修饰等，刷光轮的线速度一般为 $15\sim25\mathrm{m/s}$。刷光一般不会改变零件的几何尺寸和形状。

刷光机可以用普通砂轮机改装，也可将刷光轮装在磨光机或手提式电动工具上进行刷光。

刷光机一般是双位的，长轴两端用锥形螺纹固定刷光轮，两个刷光轮的间距为 $850\sim900\mathrm{mm}$，刷光轮一般常用的材质是钢丝或铜丝，一般直径为 $100\sim200\mathrm{mm}$，距地高度为 $800\sim900\mathrm{mm}$，转速为 $1400\sim2900\mathrm{r/min}$，电动功率为 $1.1\sim1.5/\mathrm{kW}$。常用刷光机结构形式如图 15-1 所示。盐城市江洲环保设备有限公司生产的 HBC 型"江洲牌"刷光机，带有湿刷光时的供水管或供液管、排污口及防溅罩装置，如图 15-2 所示。

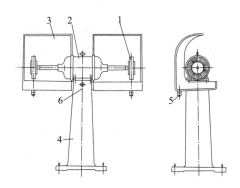

图 15-1　刷光机结构形式
1—刷光轮；2—电动机；3—防溅罩；
4—机座；5—排污口；6—开关

图 15-2　带有供水管
或供液管装置的刷光机

第16章

电镀挂具

16.1　概述

电镀和转化处理的生产中，选用合适的挂具对保证镀层质量、提高生产效率以及降低劳动强度等是一个非常重要的环节。挂具在电镀和转化处理的生产中，有下列的作用。

① 支撑、固定和承装零件。

② 与槽上电极相连接起导电作用，使电流均匀地传递到零件上。

③ 弥补由于镀液性能限制，而造成的镀层分布不均匀。

依据制件的处理方法、工艺要求以及零件的外形特征等的差异，挂具形式有所不同，挂具有通用挂具、专用挂具、吊篮、吊筐等。

电镀及阳极氧化处理，一般采用挂具。对于很小的零件，尤其是镀层很薄的镀金或镀银小零件，因体积太小，无法装挂，常用小提篮进行电镀。

化学氧化、磷化处理，可以用挂具也可以用吊篮或吊筐，一般多用吊篮或吊筐，可以多装零件，以提高生产效率。

电镀挂具除了需要和零件接触的部位有导电要求外，都需要绝缘处理，以节省电能和减少金属材料的消耗。

挂具的制造，一般是电镀车间自己制作的，由于力量单薄，制作的挂具往往不够合理，牢固度也不够。随着工业的发展，挂具的设计、制作现已有专业生产厂家，从而使制造出来的挂具的结构更合理、牢固，外观更精致。所以，电镀挂具应尽量外购，尤其是通用的挂具，专用挂具也可提出要求定做。

16.2　电镀挂具的设计原则

挂具的选择和设计须遵循的基本原则如表 16-1 所示。

表 16-1　挂具的选择和设计应遵循的基本原则

基本要求	性　　能
足够的机械强度	挂具要有足够的机械强度，要保证挂具能承受悬挂镀件的重量，在正常使用情况下不变形，不论选用何种材料制作，都要适应生产工艺方法（手工操作、直线或环形自动生产流水线）
装挂镀件应牢固	镀件装挂应牢固，在阴极移动、空气搅拌等机械运动的情况下，镀件不致掉落
良好的导电性	挂具应具有良好的导电性能，保证能通过所需的电流强度。正确计算好挂镀件的质量及表面积。根据装挂零件面积、挂具材料及强度等确定挂具的主杆、支杆的截面积。吊钩应有足够的导电面积
形状和装挂形式要合理	合理设计挂具形状和装挂形式，要接触良好，导电通畅，力求镀件镀层厚度均匀；当镀液覆盖能力较差时，如镀铬液，镀形状复杂零件时，往往需用辅助阳极，有时还需加保护阴极，以取得较均匀的镀层
方便零件的装挂和拆卸	挂具形状和装挂形式，除应达到装挂牢固外，还应使零件排列整齐，多挂零件，装挂和拆卸方便
正确选用挂具材料	挂具材料应具有良好的导电性能、机械强度并还应具有弹性和耐腐蚀性能，特别对用于多工序的挂具，要对不同工序的溶液具有耐腐蚀性能
重量轻、面积小	挂具应重量轻、面积小，手工操作使用的挂具的装载质量，一般不大于 3kg
良好的绝缘层	挂具除导电部分外，应具有良好的绝缘层，其绝缘层出现裂纹时，要及时修复或重新绝缘处理

续表

基本要求	性　　能
正确选择镀件悬挂位置和支挂钩布置位置	这与镀层质量有着十分密切的关系,设计时应考虑下列几点: 1. 避免镀件的尖端凸出部位朝向阳极。镀件的尖端凸出部位离阳极过近,会因电流过于集中而镀焦 2. 尽可能避免装挂处的接触印痕。在角度允许的条件下,利用零件的孔眼悬挂,既能达到悬挂牢固,又可避免悬挂处出现接触印痕 3. 避免镀件的凹入部位形成窝气 4. 镀后还需抛光的部位宜朝向阳极,有利于增加镀层厚度,留下抛光层 5. 合理地分布支挂钩位置,这有利于镀件之间边缘的适当屏蔽,以防该部位因电流过于集中而被烧焦,并能使镀层均匀,也有效利用空间,提高生产效率
挂具焊接要牢固	电镀挂具制作时,焊接要牢固,多采用铜焊或在主杆上钻孔将支杆插入,可避免支杆脱落
选取经济又适用的制作材料	在确保制品质量的前提下,选取经济又适用的材料来制作,既保证了镀件质量,又降低了生产成本

16.3　挂具的组成

电镀挂具的结构和形状,通常取决于零件的几何形状、镀层的质量要求、工艺方法以及电镀设备大小等因素。挂具一般由吊钩、提杆、主杆、支杆和挂钩等五个部分组成。这几个部分可以焊接成固定形式,也可将挂钩和支杆分开制作成可调装配的形式。电镀挂具的结构形式如图 16-1 所示。

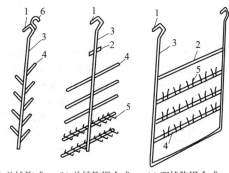

(a) 单挂钩式　　(b) 单挂钩组合式　　(c) 双挂钩组合式

图 16-1　电镀挂具的结构形式

1—吊钩；2—提杆；3—主杆；4—支杆；5—挂钩；6—提钩

(1) 吊钩

吊钩的要求和作用见表 16-2。

表 16-2　吊钩的要求和作用

吊钩的要求和作用	几种吊钩形式的示意图
1. 吊钩的主要作用是使挂具悬挂在极杆上,当没有提杆时,起提取挂具和镀件的作用 2. 电镀时由它传递电流到挂具和镀件上 3. 吊钩与极杆之间应有较大的接触面和良好的接触状态,从而使其导电性能良好 4. 吊钩要有足够的机械强度,以承受挂具和镀件的全部重量,并要装卸方便 5. 吊钩与主杆通常用相同的材料制作,且有相同的截面积,两者可以做成一体 6. 吊钩与主杆也可分开,通过钎焊连接,例如用钢铁制作的挂具,吊钩一般用铜、黄铜,挂具与吊钩通过钎焊连接	

（2）提杆、主杆、支杆和挂钩

提杆、主杆、支杆和挂钩的要求及作用见表 16-3。挂钩形式见图 16-2。

表 16-3　提杆、主杆、支杆和挂钩的要求及作用

构件名称	要 求 及 作 用
提杆	1. 提杆的作用是提取挂具和镀件 2. 提杆位于主杆的上部，并和主杆垂直，其截面与主杆相同或稍大一些 3. 当挂具悬挂于镀槽时，提杆的位置应高于液面 50mm 左右 4. 凡是使用提杆的挂具，一般都是装挂较重的镀件，故应有承担挂具和镀件重量的机械强度 5. 有些挂具在吊钩上方装一个提钩，如图 16-1 中的(a)所示，其作用与提杆相同，是为了提取更方便，但使用的不太普遍
主杆	1. 主杆要支撑整个挂具和所挂镀件的重量，并通过主杆传递电流到各支杆和镀件上去 2. 应根据所用材料，合理地选择截面积，以保证挂具有足够的机械强度和良好的导电性能 3. 主杆材料一般采用 $\phi6\sim8$mm 的黄铜棒 4. 在自动线上使用，或用压缩空气搅拌时，主杆应粗大些
支杆	支杆承受悬挂镀件的重量。通常用焊接的方法固定在主杆上，一般采用 $\phi4\sim6$mm 的黄铜棒或钢材制作
挂钩	挂钩的基本要求： 1. 挂钩用于悬挂或夹紧镀件。它既要保证电镀过程中镀件不脱落，又要保证镀件与挂具接触良好 2. 挂钩的材料一般用钢丝或磷青铜丝 3. 挂钩在挂具上分布的密度要适当，一般应使所挂镀件的绝大部分表面或主要表面朝向阳极，并要避免镀件之间重叠或遮挡。中小型平板镀件之间间隔 $15\sim30$mm，杯状镀件间隔为直径的 1.5 倍 4. 挂钩的形式依据挂钩与镀件的连接方式，可分为悬挂式挂钩、弹簧式挂钩或夹紧式挂钩。无论采用哪种方式悬挂镀件，都应保证镀件在电镀时产生的气体顺利排出，所以镀件的不通孔或有凹形的部位其口部应稍向上倾斜，以利于排出气体 挂钩的形式： 1. 悬挂式挂钩。镀件与挂钩的连接是重力方式，挂钩挂在镀件的孔内或某适当部位。这样镀件可以活动又不至于脱落，抖动时还能改变镀件的接触点。依靠自身重量能承受振动和搅拌的镀件，而且电镀使用的电流密度较低时，可采用悬挂式挂钩。这种悬挂方式装卸方便，而且挂具印迹不明显 2. 夹紧式挂钩。这种装挂方式中镀件与挂钩的连接靠弹性接触。夹紧式挂钩利用挂钩的弹性夹住镀件的某一部位，依靠其接触压力使其导电良好。弹性的大小由挂钩的材质、板宽、板厚与线径、线长等决定。通常电流密度较大的可采用夹紧式挂钩，一般用于光亮电镀、镀铬等，几种挂钩形式的示意图见图 16-2

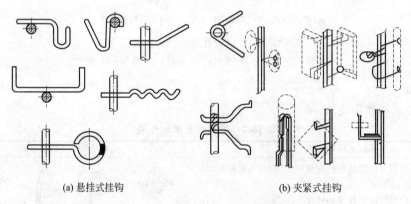

　　　　(a) 悬挂式挂钩　　　　　　　　　　　　(b) 夹紧式挂钩

图 16-2　几种挂钩形式的示意图[24]

16.4　电镀挂具的制作材料

（1）常用的电镀挂具材料

挂具材料除满足不同镀液的不同要求外，还应考虑材料的导电性、机械强度、弹性、耐腐蚀性能以及制作成本等。

① 镀铬，特别是镀硬铬，所需电流密度大，电镀时间长，要选用导电性好的扁铜材作挂

具的主杆，而且要有足够的截面积，使主杆在电镀过程中不会发热到烫手的程度。浸入镀液中的部分，则可用低碳钢。之所以采用低碳钢，是考虑到它的强度，在镀铬溶液中它不易被腐蚀，而且成本低。

② 镀铜、镀镍、镀锌、镀锡和它们的合金电镀，因所需电流密度都不大，考虑到材料的机械强度，挂具主杆用黄铜，而支杆可用磷青铜或不锈钢。

③ 铝氧化挂具，可用铝和铝合金或钛和钛合金。

④ 钢铁氧化、磷化的挂具（吊篮、筐），常用钢铁或不锈钢等。

（2）挂具材料的性能及适用范围

常用的挂具制作材料有钢、铜、黄铜、磷青铜、铝和铝合金、不锈钢、钛等。常用挂具材料的性能及适用范围见表 16-4。

表 16-4　常用挂具材料的性能及适用范围

材料名称	性　　能	适用范围
钢	资源丰富，成本低，机械强度高，但导电性能差，容易被腐蚀	用于电流密度小的电镀工艺和不通电的挂具，如钢铁件氧化、磷化和浸蚀等。用于电镀挂具时，则液面以上部分要用铜或黄铜吊钩
铜	导电性能好，但质地较软，易变形，成本高	要求通过较大电流的挂具，以及通过较大电流的部位，如吊钩等
黄铜	导电性能较好，机械强度较高，具有一定弹性，成本较高	用于一般电镀挂具的主杆、支杆或吊钩
磷青铜	导电性能较好，机械强度较高，弹性好，但资源较缺，成本较高	用于有弹性的挂钩或一般挂具的挂钩
铝和铝合金	导电性能较好，质量轻，铝合金具有一定弹性，资源丰富，但在酸碱溶液中稳定性差	用于铝件化学抛光、阳极氧化和电解钝化的挂具，还可用于铜件混酸浸蚀等的挂具、吊篮
不锈钢	耐蚀性能好，镀层易于剥离和退除，机械强度高，使用寿命长，但导电性较差	用于印制板电镀和化学镀的筐、篮等。较细的可作为有弹性的挂钩
钛	耐酸、耐碱，抗蚀性能好，机械强度高，化学稳定性好，用于铝氧化时接点不会产生绝缘层。但导电性较差，成本高	用于铝阳极氧化挂具与零件的接点部位和某些特殊场合

（3）不同镀液对挂具材料的要求

不同电镀溶液对挂具材料的要求见表 16-5。

表 16-5　不同电镀溶液对挂具材料的要求

镀液种类	电流密度 /(A/dm²)	挂具主杆材料	挂具支杆材料	镀液种类	电流密度 /(A/dm²)	挂具主杆材料	挂具支杆材料
酸性镀铜	1～8	铜、黄铜	黄铜、磷青铜	镀镉	1.5～5	铜、黄铜	黄铜、磷青铜
氰化镀铜	0.5～7	铜、铁	黄铜、钢丝	镀黄铜	0.3～0.5	铁、黄铜	黄铜、磷青铜
镀镍	0.5～7	铜、黄铜	黄铜、钢丝	镀金	0.1～1.5	黄铜	不锈钢、黄铜
镀铬	10～40	铜、铁	铜、铁	镀银	0.3～2	黄铜	不锈钢、黄铜
镀锡	1～3	铜、黄铜	黄铜、磷青铜	镀铁	2～20	铜、黄铜	不锈钢、黄铜
酸性镀锌	2～3	铜、黄铜	黄铜、磷青铜	阳极氧化	0.8～2	铝	铝、钛
碱性镀锌	2～5	铜、黄铜	黄铜、磷青铜	氟硼酸镀液	1～3	铜	铜、黄铜

（4）金属材料的电流容量

常用金属材料的电流容量见表 16-6。

表 16-6　常用金属材料的电流容量　　　　　　　　　单位：A

棒　材					带　材					
直径 ϕ /mm	铜	铁	铝	黄铜	磷青铜	厚×宽 /(mm×mm)	铜	铁	铝	黄铜	磷青铜
1.0	1.2	0.2	0.7	0.3	0.3	3×6	31	4	19	6	8
1.2	1.6	0.3	1.0	0.4	0.4	3×12.5	62	8	38	12	16
1.6	3.0	0.5	1.9	0.6	0.8	3×25	125	15	76	25	31
2.0	5.0	0.8	3.0	1.0	1.4	3×50	250	31	153	50	62
2.6	9.0	1.5	4.8	1.6	2.0	6×50	500	62	305	100	125
3.2	20.0	3.3	7.5	2.5	3.1	6×75	750	93	457	150	187
4.0	27.0	4.5	11.0	3.6	5.0	6×100	1000	124	616	200	250
						6×150	1500	186	915	300	375

(5) 常用金属材料的电导率

常用金属材料的相对电导率见表 16-7[1]。表中数值以铜的电导率为 100%，而其他金属材料是与铜比较的相对电导率。

表 16-7　常用金属材料的相对电导率

材料名称	相对电导率/%	材料名称	相对电导率/%
铜	100	镍	25
黄铜	28	低碳钢	17
磷青铜	25.8	不锈钢	7
铝和铝合金	60	钛	0.5~1
铅	8	—	—

16.5　电镀挂具的截面积计算

不同电镀溶液所用的电流密度不同，所以对挂具的截面积及其计算也有所不同，电镀挂具的截面积计算常用经验公式，现表述如下。

① 镀铜、镀锌、镀锡及电镀它们合金的挂具截面积计算：

$$A = \frac{Sn3I}{5(经验值)m}$$

② 镀镍的挂具截面积计算：

$$A = \frac{Sn5I}{4(经验值)m}$$

③ 装饰性镀铬及镀铁的挂具截面积计算：

$$A = \frac{Sn15I}{3(经验值)m}$$

④ 耐磨性镀硬铬的挂具截面积计算：

$$A = \frac{Sn(30\sim50)I}{3(经验值)m}$$

式中　A——截面积，mm^2；

　　　S——镀件有效面积，dm^2；

　　　n——镀件数量；

　　　I——电流，A；

　　　m——主杆数量。

16.6　电镀挂具吊钩的导电接触

电镀挂具的吊钩与阴极导电杆的接触是否良好，对保证电镀质量是很重要的。尤其是电流密度很大（如镀硬铬）时，接触要十分良好。当采用阴极移动或压缩空气搅拌时，如接触不良，会增加接触电阻，使电流不畅通，甚至会出现电流时通时断的现象，往往会引起镀层的结合力不良。因此，在设计以及使用挂具时，应考虑下列几点。

① 根据电镀时所通过的电流强度，吊钩与阴极导电杆要有足够的接触面积。

② 尽可能增加挂具吊钩与阴极导电杆的接触面，其接触应是面接触，避免点或线接触。吊钩导电接触点的几种几何形状，以及导电优劣的比较如图 16-3 所示。

③ 为保证吊钩与阴极导电杆的良好接触或接触牢固性，有时可利用弹簧夹住或使用螺钉来紧固。

④ 要保持吊钩与阴极导电杆接触面的清洁。导电铜棒不能有铜绿，需要经常清理。

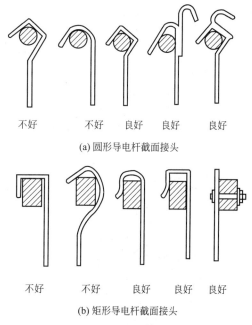

(a) 圆形导电杆截面接头

(b) 矩形导电杆截面接头

图 16-3　吊钩导电接触点的几何形状的比较

16.7　电镀挂具的基本类型

电镀挂具依据其使用范围，一般可分为通用挂具和专用挂具两种类型。此外，较小型电镀零件还使用挂（提）篮；氧化、磷化等化学处理，还可使用吊篮和吊筐等。

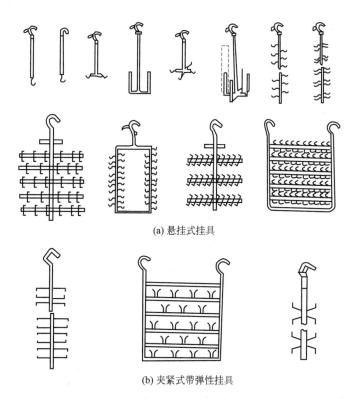

(a) 悬挂式挂具

(b) 夹紧式带弹性挂具

图 16-4　常用的通用挂具的基本形状[1]

16.7.1　通用挂具

通用挂具一般是指应用范围比较广、可以用于多种溶液体系中并且对零件大小没有明确限制的挂具。通用挂具多用于镀层较薄和电流密度不太高的镀种，如镀锌、镀镉、镀铜、镀镍、镀银、镀装饰铬和镀合金等。根据镀件外形特征，其挂具形状有多种形式，图 16-4 所示的是常用的通用挂具的一些形状，供参考。

16.7.2　专用挂具

专用挂具是对几何形状比较复杂的零件，因需要电镀的部位可能受到镀液扩散、覆盖不均匀的影响，为保证镀层质量，而根据镀件外表形状、大小而专门设计制作的挂具。专用挂具通常装挂比较复杂的零件。依据工艺方法，镀液性能等，常用的专用挂具有下列几种形式。

① 双极法镀内孔挂具。

② 镀铬专用挂具。如镀硬铬件，因镀液覆盖能力差，电流密度大，常使用专用挂具。

③ 辅助阳极及仿形阳极电镀挂具。用于保证复杂零件、深镀件的镀层质量。

④ 保护阴极挂具。可以有效防止或避免有棱角、棱边、尖顶的零件的镀层烧焦、粗糙和脱落等缺陷。

镀硬铬专用挂具示例[1]见图 16-5、图 16-6。

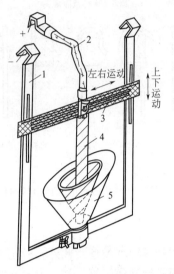

图 16-5　反射灯内壁镀铬用的仿形阳极

1—挂具主体；2—导线吊钩；3—夹电极的活动胶木；

4—仿形阳极；5—反射灯

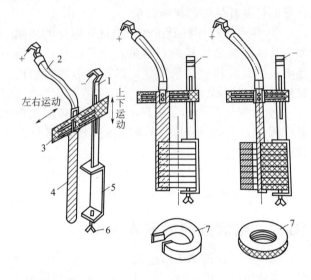

图 16-6　小件内孔镀铬挂具

1—导电吊钩；2—导线吊钩；3—夹电极胶木；

4—辅助阳极；5—夹架；6—顶紧螺钉；7—量规

16.8　小零件电镀挂（提）篮

对于较小型零件，因为体积太小，无法用挂具装挂，常装入小挂（提）篮进行电镀。挂篮可用塑料网制作，吊钩用铜或黄铜，底部布置若干根导电铜杆，使其接触镀件。电镀过程中的零件用手工提起来翻动，或用绝缘棒进行搅动。挂（提）篮一般用于少量的小零件电镀，对于成批的小零件，可采用滚镀。小零件电镀挂（提）篮的结构形式如图 16-7 所示。

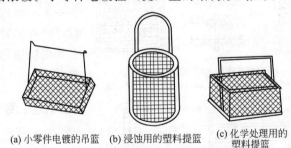

(a) 小零件电镀的吊篮　(b) 浸蚀用的塑料提篮　(c) 化学处理用的塑料提篮

图 16-7　小零件电镀挂（提）篮的结构形式

16.9　化学处理挂具

① 钢铁零件氧化、磷化处理，可以用挂具也可用吊篮（筐），一般多采用吊篮。在采用搬运输送设备时，可采用较大的吊筐，多装零件，提高生产效率。如采用挂具，除没有导电性能

要求外，其挂具形式与电镀挂具基本相同。吊篮（筐）和挂具，一般用钢铁或不锈钢材料制作。

② 浸蚀所用的挂具和吊篮（筐），应选用耐腐蚀材料制作，或选用塑料制作。

③ 铝和铝合金化学处理用的挂具，可用铝材或不锈钢、钛材制作。对不易重叠及氧化膜要求不高的零件，也可用聚氯乙烯塑料板、不锈钢丝制作吊篮。

16.10 电镀挂具的绝缘处理

电镀时，挂具的主杆、支杆要浸入电镀溶液中，因而裸露部分就会沉积上金属，由于尖角和边缘效应，这些部位电流密度大，镀层的沉积速度比在零件上的速度更快。这样，电流和沉积的金属会有很大一部分消耗在挂具上，造成电能和金属材料很大的浪费。因此，为了减少电能消耗、节约金属、提高生产效率并减少挂具在退镀和浸蚀过程的腐蚀，延长挂具的使用寿命，对电镀挂具除了需要与镀件接触有导电要求的部位外，其他部位都必须进行绝缘处理。

16.10.1 电镀挂具绝缘材料的性能要求

电镀挂具是在各种温度和不同化学介质的溶液中使用的，因此挂具的绝缘材料的性能和要求应符合表 16-8 中的规定。

表 16-8　挂具的绝缘材料的性能和要求

要　求	绝　缘　材　料　的　性　能
物理、化学稳定性	对电镀过程中所用的含化学介质的溶液,应具有较好的稳定性。能耐酸、耐碱、不溶解、不被腐蚀和不发生其他物理变化
耐热性	在加热的溶液中工作时,绝缘层能耐高温,不应出现起泡、开裂、脱落等现象
耐水性	绝缘层耐水性要好,长时间浸泡在水中,或在干湿交替的环境中,不透水、不松软、不起泡、不开裂、不脱落
绝缘性	在电镀过程中或长期浸泡在水中,绝缘性能仍能保持良好,不导电,不镀上镀层
机械强度	绝缘层机械强度要高,既要有一定的硬度,又要有一定的柔韧性和弹性,经得起磕碰
表面结合力	绝缘层与挂具基体金属结合力要好,使用中绝缘层不应脱落
施工性	绝缘层应施工方便、环保、安全性好

16.10.2 电镀挂具绝缘处理方法

电镀挂具常用的绝缘处理方法有包扎法、浸涂法、粉末硫化床浸涂法等。根据电镀生产的需要，选择适当的绝缘处理方法。

(1) 包扎法

一般使用宽度为 10～20mm、厚度为 0.3～1mm 的软性聚氯乙烯塑料带，在挂具需要绝缘的部位自下而上进行包扎。缠扎第二层时压住第一层的接缝，最后用金属丝扎紧；或者先将主杆和支杆套上空心塑料管，再进行包扎。挂钩也可用聚氯乙烯塑料管套上，只留出需要与镀件接触的部位。这种方法简便易行，但软性聚氯乙烯塑料带包扎的强度不够，容易老化，易破损，导致溶液更容易残留在缝隙中，不易清洗干净，因而溶液会造成交叉污染。所以这种绝缘方法，在自动线上，尤其是镀铜/镍/铬的自动线上不适用。故包扎法在使用上受到限制。

(2) 浸涂法

挂具在浸渍前，先进行除油、浸蚀，清除其表面的油污和氧化物，再将清洁和干燥的挂具浸入含绝缘材料的涂料中，待涂料完全干燥固化后，再将挂钩上需要和镀件接触的部位用刀具除去涂层。

挂具的绝缘材料种类很多，目前市场上有专用于电镀挂具的涂料。常用的绝缘材料有过氯乙烯、聚乙烯、聚氯乙烯、氯丁胶、绿勾胶等。

① 过氯乙烯涂料。耐酸、耐碱性很好，但耐热性能差，只适应于温度在80℃以下的条件。

② 聚氯乙烯涂层。耐酸、耐碱、耐热、耐磨性好，特别适用于温度较高或易受碰撞的场合。

③ 火焰喷涂聚乙烯或硫化床浸涂覆聚乙烯。涂层性能比前两种更好，但操作复杂，需专用设备。

④ 氯丁胶涂层。它与金属结合力强，一般不会脱落，而且耐酸、耐碱、耐热性好，涂后可以晾干，也可加热干燥，应用较广泛。

⑤ 绿勾胶。20世纪80年代，我国一些厂家研制推出一种性能较好的挂具绝缘材料——绿勾胶。绿勾胶是一种无溶剂、热固性的软聚氯乙烯树脂。其成分由聚氯乙烯糊状树脂、增塑剂、稳定剂及颜料等组成。它是一种厚稠状胶体，常温下不能固化，要经过180～200℃高温烘烤才能固化成型，膜层坚韧，厚度可达1～2mm。通过涂覆次数来控制厚度。挂具绝缘一般只浸涂1～2次就可达到要求。绿勾胶具有下列优点。

a. 涂膜厚而光滑，弹性好，耐磕碰，耐酸、耐碱、耐热好，使用寿命长。

b. 浸涂次数少，一般只需1～2次，施工时几乎无有害气体挥发。

c. 涂料无有机溶剂，不污染环境，安全，着火隐患小。

d. 储存稳定性好，长期存放不变质。

其缺点是涂料对挂具基体金属（钢铁、铜材等）的结合强度差，所以在浸涂前需用一层底胶来增加其附着力。底胶厚度约10μm，底胶层与金属和绿勾胶都有良好的结合力。浸涂工艺主要流程如下。

浸底胶：除油、除锈→清洗→干燥→浸入底胶中→提出来后在空气中滴挂晾30min左右→放入180℃恒温烘箱中烘10～15min→取出后趁热立即浸绿勾胶。

浸绿勾胶：浸入浸绿勾胶中约2min，上下左右稍微抖动几下，提出来后放在空气中滴挂约5min左右，再放入180～200℃恒温烘箱中烘20min，即可固化。如要求涂膜再厚些，可取出后趁热立即再重复浸涂一次。

使用焊锡结构的挂具，浸底胶和浸绿勾胶后在恒温烘箱中的烘烤温度不宜过高，一般烘烤温度采用160℃，恒温时间可长些。

浸涂绿勾胶后，挂具的导电口（导电部位）用剪刀或小刀修剪出来，修剪后的导电口可能会产生缝隙，修剪口可用修补胶修补。修补胶是溶剂型的，可自然干燥。

（3）粉末硫化床涂覆法

挂具硫化床涂覆法常用的塑料粉末为聚乙烯粉末。这种涂覆法所获得的涂层结合力好。流化床涂覆法的工作原理参见图16-8。其涂覆原理及涂覆方法如下。

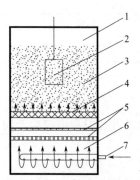

图16-8　流化床涂装法的
工作原理示意图
1—流化床；2—被涂挂具；
3—粉末硫化；4—微孔隔板；
5—均压板；6—气室；
7—压缩空气进气管

将聚乙烯粉末涂料装入具有微孔透气底隔板的槽中（容器中），从微孔透气底隔板底下供给压缩空气，气流均压后通过微孔透气隔板进入流化槽中，槽中的粉末涂料在压缩空气吹动搅拌下飘动上升悬浮起来，形成平稳悬浮流动的沸腾状态（称为流化床）。将经除油、除锈，刷洗干净的挂具，预热到350℃（聚乙烯粉末熔融点以上的温度）的被涂挂具浸入流化槽中，飘浮在挂具周围的粉末接触到热挂具就立即黏附、融熔在挂具表面上，随后将挂具从槽中取出，再在200～230℃烘箱中烘烤5～10min，使粉末塑化流平，形成连续均匀的粉末涂膜。如涂层要求再厚些，还可再重复涂覆一次。因粉末硫化床涂覆过程中挂具预热和烘烤温度较高，适用于铜焊，不适用于锡焊。挂具上的导电部位可用刀具修刮出来。

第17章

镀槽

17.1 概述

17.1.1 各种镀槽的基本要求

镀槽所指的是包含电镀、化学和电化学转化处理、镀前处理、镀后处理等各工序的各种用槽。

电镀槽、化学和电化学转化处理槽等是电镀生产的主要设备之一。镀槽由槽体、衬里、加热装置、冷却装置、导电装置和搅拌装置等组成。镀槽的规格确定和结构设计是否合理,将直接影响到电镀的生产能力和产品的处理质量。各种镀槽的采购、选用及设计,应符合表 17-1 中的基本要求。

表 17-1 各种镀槽的基本要求

项 目	基 本 要 求
镀槽规格	选用镀槽的规格,应保证能正常生产、能适应零件及产能的需求。若要考虑扩宽产品、扩大产量的生产要求,在规格上可适当留有余地,但要有目标,不能盲目加大
镀槽结构	1. 镀槽的结构强度、刚度,要符合使用要求。设计时应考虑在槽体外壁设置水平或垂直方向加肋增强刚度,以保证当镀槽放满溶液及放入零件后,能保持足够的刚度,不致明显变形 2. 各种镀槽的结构应合理,便于制造、安装及维修。而且在车间内的布置,力求排列整齐、高低一致 3. 各种清洗槽的结构形式,要合理设计,以提高零件的清洗质量和清洗效率,并做到节约用水
槽体等的防腐	1. 镀槽的槽体、衬里、加热管、冷却管、搅拌器等与溶液接触部分,应有足够的耐蚀性,确保其与溶液长期接触时,不会遭受腐蚀和溶解而污染溶液,影响处理质量 2. 所有外露的金属槽壁、加固构件等必须涂以足够厚度的防腐涂料或采取相应的措施,以防锈蚀 3. 镀槽及其内部的管道密闭性要好,不得有泄漏或渗漏
槽子的加热	加热的槽子,要采取节能措施。一般情况下,加热温度超过 50～60℃时,槽体外侧应设置保温层,以减少热能的散失,并以防烫人
槽子的用电安全	1. 电加热槽子,应采取漏电保护、安全接地等得安全保护措施 2. 使用较高电压的槽子,如铝硬质阳极、微弧氧化、电泳涂漆等槽子,要防高压电伤人,做好隔离、联锁保护等措施
经济、适用	各种镀槽在满足生产要求的前提下,力求经济、适用,并符合环保要求

17.1.2 镀槽常用的规格

电镀生产用的各种槽子,属于非标设备,根据处理零件的外形大小、产量等确定其规格。槽子规格繁多,已逐步趋向规范化,为便于平面布置时能排列整齐和便于制造、安装及维修,推荐槽子规格,按表 17-2 中考虑。

表 17-2 槽子规格(推荐)

槽子名称	规格(表中数据的单位为 mm)
较小型槽子	长为 400、500、600,宽为 400、500,高为 400、500。 可以放置在生产线上或通风橱内

槽子名称	规格(表中数据的单位为 mm)
中小型槽子	长为 600、800、1000、1200,宽为 600、800,高为 600、800(或根据零件外形的需要来确定其高度)
大中型槽子	长为 1000、1200、1500、1800、2000,宽为 600、800、1000,高为 600、800(或根据零件外形的需要来确定其高度)
大型槽子	长为 2000、2500、3000、3500、4000,宽为 600、800、1000、1200,高为 600、800(或根据零件外形的需要来确定其高度)
特大型槽子	特大型槽子及圆形槽子,根据零件外形及处理量等具体情况确定
备注	在同一条生产线上的槽子,其高度尽可能一致,以便于安装(如果槽高度不一样,则垫高也可不一样)

17.2 常用槽的制作材料和结构要求

常用槽的典型结构及配置见表 17-3。

常用槽的制作材料见表 17-4,供设计时参考。镀槽主要部件包括槽体、溶液加热及冷却装置、导电杆、搅拌装置、阴极移动装置等。

槽体有钢槽体、不锈钢槽体、塑料槽体、钢框架塑料槽体、有机玻璃小型槽体、化工陶瓷中小型矩形槽及圆形槽、钢筋混凝土大型槽体等。

槽液加热有蒸汽加热及电加热。一般常用蒸汽加热,其加热方式有:活汽加热、蛇管加热、排管加热、水套加热及热交换器槽外循环加热等。电加热常用管状电加热元件加热。溶液搅拌有压缩空气搅拌、机械搅拌及溶液循环搅拌等。

表 17-3 常用槽的典型结构及配置

槽子名称	温度/℃	溶液性质	加热	冷却	排风	排水口	溢流口	搅拌	导电杆	阴极移动	备注
冷水槽	室温	—	—	—	—	+	+	±	—	—	需要时槽口设喷淋管
温水槽	50~70	—	+	—	—	+	+	±	—	—	需要时槽口设喷淋管
热水槽	70~90	—	+	—	—	+	+	±	—	—	需要时槽口设喷淋管
纯水槽1	室温	—	—	—	—	+	+	±	—	—	需要时槽口设喷淋管
纯水槽2	50~70	—	+	—	—	+	+	±	—	—	需要时槽口设喷淋管
化学除油槽	70~90	碱性	+	—	+	—	—	±	—	—	
电化学除油槽	70~90	碱性	+	—	+	—	—	±	±	—	
碱液浸蚀槽	50~70	碱性	+	—	+	—	—	±	—	—	
浸蚀槽1	室温	酸性	—	—	+	—	—	—	—	—	
浸蚀槽2	50~60	酸性	+	—	+	—	—	—	—	—	
弱浸蚀槽	室温	酸性	—	—	+	—	—	—	—	—	
电化学浸蚀槽1	室温	酸性	—	—	+	—	—	—	+	—	
电化学浸蚀槽2	50~60	酸性	+	—	+	—	—	—	+	—	
中和槽	室温	碱性	—	—	+	—	—	—	—	—	
化学抛光槽	50~80	酸性	+	—	+	—	—	—	—	—	
电化学抛光槽	70~90	酸性	+	—	+	—	—	—	+	—	
碱性镀槽1	室温	碱性	—	—	+	—	—	±	+	±	
碱性镀槽2	40~70	碱性	+	—	+	—	—	±	+	±	
酸性镀槽1	室温	酸性	—	—	+	—	—	±	+	±	需要时设连续过滤
酸性镀槽2	40~60	酸性	+	—	+	—	—	±	+	±	需要时设连续过滤
镀铬槽	50~60	酸性	+	—	+	±	±	—	+	—	可用水套加热
化学镀镍槽	90~98	酸性	+	—	+	±	±	—	—	—	可用水套加热
硫酸阳极化槽	13~23	酸性	—	+	+	+	+	+	+	—	也可槽外冷却
铬酸阳极化槽	40	酸性	+	—	+	+	+	+	+	—	
草酸阳极化槽	17~25	酸性	—	+	+	+	+	+	+	—	
瓷质阳极化槽	24~40	酸性	+	+	+	+	+	+	+	—	
硬质阳极化槽	−2~−5	酸性	—	+	+	+	+	+	+	—	也可槽外冷却
微弧氧化槽	20~50	碱性	+	+	+	+	+	+	+	—	

续表

槽子名称	温度/℃	溶液性质	加热	冷却	排风	排水口	溢流口	搅拌	导电杆	阴极移动	备　注
磷化槽	60~90	酸性	+	—	+	—	—	—	—	—	大槽可设沉淀过滤装置
氧化槽(发蓝)	135~150	碱性	+	—	+	—	—	—	—	—	
涂油槽(油封)	105~115	—	+	—	+	—	—	—	—	—	
钝化槽	室温	酸性	—	—	—	—	—	—	—	—	
封闭槽	95	酸性	+	—	+	—	—	±	—	—	重铬酸盐溶液
肥皂液槽	90	碱性	+	—	±	—	—	—	—	—	

注："＋"表示需要;"－"表示不需要;"±"表示根据具体情况选用。

<h4 align="center">表 17-4　常用槽的制作材料</h4>

槽子名称	温度/℃	溶液性质	槽体或衬里材料										加热管或冷却管材料					
			碳钢	耐酸不锈钢	钛	铅	聚丙烯	硬聚氯乙烯	钢衬软聚氯乙烯	玻璃钢	化工陶瓷	化工搪瓷	碳钢	耐酸不锈钢	钛	铅锑合金	聚四氟乙烯	石英玻璃
除油、清洗																		
汽油槽	室温	—	+	铝	—	—	—	—	—	—	—	—	—	—	—	—	—	—
冷水槽	室温	—	+	—	—	+	+	+	+	+	+	—	—	—	—	—	—	—
温水槽	50~70	—	+	±	—	—	+	—	—	+	—	—	+	±	—	—	+	+
热水槽	70~90	—	+	±	—	—	+	—	—	+	—	—	+	—	—	—	+	+
纯水槽1	室温	—	铝	+	—	—	+	—	—	+	—	—	—	—	—	—	—	—
纯水槽2	50~70	—	铝	+	—	—	+	—	—	+	—	—	+	—	—	—	+	—
化学除油槽	70~90	碱	+	—	—	—	—	—	±	—	—	—	+	—	—	—	—	—
电化学除油槽	70~90	碱	+	—	—	—	—	—	±	—	—	—	+	—	—	—	—	—
浸蚀、出光、除接触铜、除浸蚀残渣、中和																		
碱液浸蚀槽1	室温	碱	+	—	—	—	+	—	+	+	—	—	—	—	—	—	—	—
碱液浸蚀槽2	50~70	碱	+	—	—	—	+	—	+	+	—	—	+	—	—	—	—	—
浸蚀槽(硫酸)1	室温	酸	—	+	—	+	+	+	+	+	+	—	—	—	—	+	+	—
浸蚀槽(硫酸)2	50~60	酸	—	+	—	—	—	+	—	+	+	—	—	+	+	+	+	+
浸蚀槽(盐酸)	室温	酸	—	—	—	+	+	+	+	+	+	—	—	—	—	—	+	—
浸蚀槽(磷酸)	75~85	酸	—	—	—	—	—	+	—	—	+	—	—	—	—	—	+	+
浸蚀槽(氢氟酸)	室温	酸	—	—	—	—	+	—	+	—	—	—	—	—	—	—	+	—
混酸槽(硫酸+盐酸)	室温	酸	—	—	—	—	+	+	+	+	+	—	—	—	—	—	+	—
混酸槽(硫酸+硝酸)	室温	酸	—	+	—	—	—	+	—	+	+	—	—	—	—	—	+	—
混酸槽(硫酸+氢氟酸)	室温	酸	—	—	—	—	+	—	+	—	—	—	—	—	—	—	+	—
混酸槽(硫酸+盐酸+硝酸)	室温	酸	—	+	—	—	—	+	—	+	+	—	—	—	—	—	+	—
出光槽(硝酸)	室温	酸	—	+	—	—	—	+	—	+	+	—	—	—	—	—	+	—
除残渣槽(铬酐+硫酸)	室温	酸	—	+	—	—	—	+	—	+	+	—	—	—	—	—	+	—
除接触铜槽(铬酐+硫酸)	室温	酸	—	+	—	—	—	+	—	+	+	—	—	—	—	—	+	—
中和槽1	室温	碱	+	—	—	—	+	—	+	+	—	—	—	—	—	—	—	—
中和槽2	60	碱	+	—	—	—	+	—	+	+	—	—	+	—	—	—	—	—
化学抛光、电化学抛光																		
钢化学抛光槽(硫酸+氢氟酸)	60	酸	—	—	—	—	—	+	—	+	+	—	—	—	—	—	+	—
不锈钢化学抛光槽(盐酸+硝酸+磷酸)	15~40	酸	—	—	—	—	+	+	+	+	+	—	—	—	—	—	+	—
铜化学抛光槽(硝酸+硫酸+铬酐)	室温	酸	—	—	—	—	+	+	+	+	+	—	—	—	—	—	+	—
铝化学抛光槽(磷酸+硫酸+硝酸)	100~120	酸	—	+	—	—	—	—	—	—	+	—	—	+	—	—	+	+

续表

槽子名称	温度/℃	溶液性质	槽体或衬里材料										加热管或冷却管材料					
			碳钢	耐酸不锈钢	钛	铅	聚丙烯	硬聚氯乙烯	钢衬软聚氯乙烯	玻璃钢	化工陶瓷	化工搪瓷	碳钢	耐酸不锈钢	钛	铅锑合金	聚四氟乙烯	石英玻璃
钢电化学抛光槽(磷酸+硫酸+铬酐)	70~90	酸	－	－	－	＋	－	－	－	－	＋	＋	－	－	－	＋	＋	＋
不锈钢电化学抛光槽(磷酸+硫酸+铬酐)	55~65	酸	－	－	－	＋	－	－	－	－	＋	＋	－	－	－	＋	＋	＋
铜电化学抛光槽(磷酸+铬酐)	室温	酸	－	－	－	－	－	＋	＋	－	＋	＋	－	－	－	－	－	－
铝电化学抛光槽(磷酸+硫酸+铬酐)	70~90	酸	－	－	－	＋	－	－	－	－	－	－	－	－	－	＋	＋	＋
电镀																		
镀铬槽	50~70	酸	－	－	＋	＋	－	＋	－	－	－	－	－	－	－	＋	－	＋
镀铬槽(含氟硅酸或氟硅酸钾)	45~70	酸	－	－	－	＋	－	＋	－	－	－	－	－	－	－	－	－	－
镀黑铬槽	40	酸	－	－	－	＋	－	＋	－	－	－	－	－	－	－	－	＋	－
三价铬镀铬槽	20~55	酸	－	－	－	－	－	＋	－	－	－	－	－	－	－	－	＋	－
镀镍槽	室温	酸	－	－	＋	－	＋	＋	＋	＋	＋	＋	－	－	－	－	－	＋
镀亮镍槽	50~60	酸	－	－	＋	＋	＋	＋	＋	＋	－	－	－	－	－	－	－	＋
镀黑镍槽	室温	酸	－	－	＋	－	＋	＋	＋	＋	－	－	－	－	－	－	－	－
化学镀镍槽1	60~70	酸	－	－	＋	－	＋	＋	＋	－	－	－	－	－	－	－	＋	＋
化学镀镍槽2	90~95	酸	－	－	＋	－	－	＋	－	－	－	－	－	－	－	－	＋	＋
酸性镀铜槽	18~40	酸	－	－	－	－	＋	＋	＋	＋	－	－	－	－	－	－	＋	－
焦磷酸盐镀铜槽	20~60	碱	－	－	－	－	＋	＋	＋	＋	－	－	－	＋	－	－	－	－
酸性镀锌槽	室温	酸	－	－	－	－	＋	＋	＋	＋	－	－	－	－	－	－	－	－
碱性镀锌槽	室温	碱	＋	＋	－	－	＋	＋	＋	＋	－	－	－	－	－	－	－	－
碱性镀镉槽	室温	碱	＋	＋	－	－	＋	＋	＋	＋	－	－	－	－	－	－	－	－
酸性镀锡槽	室温	酸	－	－	－	－	＋	＋	＋	＋	－	－	－	－	－	－	－	－
碱性镀锡槽	70~80	碱	＋	＋	－	－	＋	＋	＋	＋	－	－	－	－	－	－	－	－
氯化亚铁镀铁槽1	30~50	酸	－	－	－	－	＋	＋	－	－	－	－	－	－	＋	－	＋	＋
氯化亚铁镀铁槽2	70~90	酸	－	－	－	－	－	－	－	－	＋	＋	－	－	＋	－	＋	＋
硫酸亚铁镀铁槽	70~90	酸	－	＋	－	＋	－	－	－	－	－	－	－	－	＋	－	＋	－
氟硼酸盐镀铅槽	18~40	酸	－	－	－	－	－	＋	＋	－	－	－	－	－	－	－	－	－
甲基磺酸盐镀铅槽	室温	酸	－	－	－	－	－	＋	＋	－	－	－	－	－	－	－	－	－
镀银槽	室温	碱	－	－	－	－	＋	＋	＋	＋	－	－	－	－	－	－	－	－
酸性镀金槽	40~70	酸	－	－	－	－	＋	＋	＋	＋	－	－	－	－	－	－	＋	＋
氧化镀金槽	20~70	碱	－	＋	－	－	＋	＋	＋	＋	－	－	－	＋	－	－	－	－
氧化镀铜合金槽	25~65	碱	＋	＋	－	－	＋	＋	＋	＋	－	－	－	＋	－	－	－	－
酸性镀锡合金槽	10~25	酸	－	－	－	－	＋	＋	＋	＋	－	－	－	－	－	－	－	－
氧化处理、磷化处理																		
钢件氧化槽	135~150	碱	＋	－	－	－	－	－	－	－	－	－	＋	－	－	－	－	－
铜件氧化槽	60~65	碱	＋	－	－	－	－	－	－	－	－	－	＋	－	－	－	－	－
铜件氨水氧化槽	室温	碱	－	－	－	－	＋	＋	＋	＋	－	－	－	－	－	－	－	－
铝件化学氧化槽1	80~95	碱	＋	＋	－	－	－	－	－	－	－	－	＋	－	＋	－	－	－
铝件化学氧化槽2	室温	酸	－	－	－	－	＋	＋	＋	＋	－	－	－	－	－	－	－	－
铝件硫酸阳极化槽	13~23	酸	－	＋	－	－	＋	＋	＋	＋	－	－	－	－	＋	－	＋	＋
铝件铬酸阳极化槽	40	酸	－	－	＋	＋	＋	＋	＋	＋	－	－	－	－	＋	－	＋	－
铝件草酸阳极化槽	17~25	酸	－	－	－	＋	＋	＋	＋	＋	－	－	－	－	－	－	＋	－
铝件瓷质阳极化槽	24~40	酸	－	－	－	＋	＋	＋	＋	＋	－	－	－	－	－	－	＋	＋
铝件硬质阳极化槽	－2~5	酸	－	－	－	＋	＋	＋	＋	＋	－	－	－	－	－	－	＋	－

续表

槽子名称	温度/℃	溶液性质	槽体或衬里材料										加热管或冷却管材料					
			碳钢	耐酸不锈钢	钛	铅	聚丙烯	硬聚氯乙烯	钢衬软聚氯乙烯	玻璃钢	化工陶瓷	化工搪瓷	碳钢	耐酸不锈钢	钛	铅锑合金	聚四氟乙烯	石英玻璃
氧化处理、磷化处理																		
铝件微弧氧化槽	20~50	碱	−	+	−	−	+	+	+	−	−	−	−	+	−	−	+	−
镁件化学氧化槽	80~95	酸	−	+	−	−	−	−	−	−	−	−	−	+	−	−	+	−
镁件阳极化槽	<40	碱	−	+	−	−	+	+	+	−	−	−	−	+	−	−	+	−
钢件磷化槽(高温)	80~94	酸	+	+	−	−	−	−	−	−	+	+	+	+	+	−	+	+
钢件磷化槽(中温)	60~70	酸	+	+	−	−	−	−	−	+	−	−	+	+	+	−	+	+
钢件磷化槽(常温)	室温	酸	+	+	−	−	+	+	+	+	−	−	+	+	−	−	+	−
镀后处理																		
钝化槽(重铬酸钾)	80~95	酸	+	+	−	−	−	−	−	−	−	−	+	+	−	−	+	−
钝化槽(铬酸)	室温	酸	−	+	−	−	+	+	+	+	−	−	−	+	−	−	+	−
封闭槽(开水)	100	−	−	+	−	−	−	−	−	−	−	+	−	+	+	−	+	+
铝件着色槽(有机颜料)	40~70	酸	−	+	−	−	−	−	−	−	+	−	−	+	−	−	+	−
铝件着色槽(无机颜料)	70~95	酸	−	+	−	−	−	−	−	−	+	−	−	+	−	−	+	−
铝件电解着色槽	室温	酸	−	+	−	−	+	+	+	−	−	−	−	+	−	−	+	−
肥皂溶液槽	90	碱	+	+	−	−	−	−	−	−	−	−	+	+	−	−	+	−
涂油槽	110~115	−	+	+	−	−	−	−	−	−	−	−						

注:"+"表示可以选用;"−"表示不可以选用;"±"表示根据具体情况选用。

17.3　镀槽及其附属装置的选用和设计要点

17.3.1　槽体

槽体要有足够的强度和刚度,以保证在装满溶液和零件后,不致明显变形。

(1)　槽体壁厚

壁厚应根据材料强度而定,原则上应与槽体尺寸成正比。钢板强度一般能满足要求,所以主要是考虑刚度和自然腐蚀。钢板厚度一般可视槽体长度而定[10]。

① 槽体长度小于 1m 的,槽体壁厚为 4mm。

② 长度在 1~2m 的,壁厚为 4~8mm。

③ 长度大于 2m 的,壁厚为 6~10mm。

不宜过多增加壁厚,以免过分笨重,且浪费材料。

(2)　槽体结构的稳定性

为保持槽体结构的稳定性,除了应有可靠的强度外,还应有足够的刚度。槽底应根据安装条件的要求布置底座和加强筋(肋),以承受整个槽体、溶液和零件等的重量。槽体侧面的加固很重要,加固按下列要求设置[3]。

① 当槽体高度超过 800mm,长度超过 1800mm 时,应在由底部向上 1/3 高度处增加一圈水平支撑。

② 当槽体高度超过 1200mm,长度超过 3000mm 时,还每隔 1000mm 增加一个垂直支撑,以防槽壁受侧压力引起过大的变形。

③ 塑料槽体的强度和刚度都比钢材槽体差,应加强强度和刚度的设计。增强不足往往会造成爆裂和泄漏。如果加强筋还达不到要求,可采用钢框架内套塑料槽体,由钢框架承受塑料槽壁所受的溶液侧压力,以加强刚度。

④ 槽体上所有外露的金属槽壁或加固构件必须涂覆足够厚度的防腐涂层，或用塑料板包裹焊严，以免锈蚀。

17.3.2 加热装置

溶液加热的热源，通常采用蒸汽（或高温热水）、电、燃油和燃气等。

(1) 蒸汽加热

蒸汽加热用于 <100℃ 的溶液及清洗水的加热。蒸汽压力常用 0.2~0.3MPa。加热的方式有蒸汽加热管加热、水套加热、槽外热交器循环加热、蒸汽喷管加热（将蒸汽直接喷入溶液中加热，即为活汽加热）等方式。

① 蒸汽加热管加热。主要有蛇形管加热和排管加热，如图 17-1 所示。

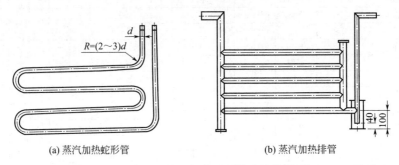

(a) 蒸汽加热蛇形管　　　　　　　　(b) 蒸汽加热排管

图 17-1　蒸汽加热蛇形管和排管

a. 蒸汽蛇形管加热。其结构简单、制作方便，蛇形管可安装在槽内侧面或底部（安装在槽侧面的较多），但要多设传热面积比较困难。可用钢管或铅锑合金等作加热蛇形管。对于铅锑合金和钛加热管，最好用蛇形管的结构形式，以减少焊缝。如用钛加热蛇形管，还需使用压紧管，接口由螺母连接件和压紧环等组成。当用铅锑合金蛇形管加热时，蒸汽压力不应超过 0.25MPa。蛇形加热如图 17-1(a) 所示。

b. 蒸汽排管加热。蒸汽加热排管的底部设有水封，凝结水易排出，加热效率高，易于多设传热面积。但因需焊接而使焊缝较多，不适合采用铅合金加热管及钛加热管。排管加热如图 17-1(b) 所示。

c. 蒸汽加热管长度的选用[3]。为便于选用，现按溶液体积 100L，起始加热温度 15℃，溶液比热容 4.18kJ/(kg·℃)，加热时间 1h，加热管传热系数 2929kJ/(m²·h·℃)，算出无保温的钢槽在不同情况下所需的钢加热管长度，如表 17-5 所示，供选用及计算时参考。

表 17-5　每 100L 溶液加热 1h 从 15℃ 升温到下列温度所需的加热管长度

公称管径 /mm	蒸汽压力　0.2MPa					蒸汽压力　0.3MPa				
	60℃	80℃	90℃	95℃	100℃	60℃	80℃	90℃	95℃	100℃
	加热管长度/m					加热管长度/m				
15	1.33	2.15	2.64	2.91	3.17	1.20	1.92	2.34	2.57	2.80
20	1.02	1.66	2.03	2.24	2.45	0.93	1.48	1.81	1.98	2.16
25	0.81	1.31	1.6	1.77	1.94	0.73	1.17	1.43	1.56	1.70
40	0.56	0.91	1.12	1.23	1.35	0.51	0.81	0.99	1.09	1.18
50	0.46	0.74	0.91	1.00	1.10	0.41	0.66	0.81	0.89	0.97
70	0.35	0.57	0.71	0.78	0.86	0.32	0.52	0.63	0.70	0.75

注：表中数值用于铅或铅锑合金加热管时，乘以系数 1.4；用于流动热水槽加热管时，乘以系数 1.1；用于有保温层的槽子加热管时，乘以系数 0.92。

d. 氟塑料加热管，由于它具有独特的化学稳定性和不结水垢等优点，可以在腐蚀性很强的溶液介质中使用。氟塑料加热管是用于混酸腐蚀介质的加热管,可在镀铬、氟硼酸镀铅、不锈钢浸蚀、钛合金浸蚀以及磷化溶液等加热槽液中使用。一般做成管束结构,可以多设管子,增加传热面积。管束结构是选用很多根管径较细较薄的软管,采用特殊工艺集束连接到两端的氟塑料接头上制成的。接头可选用法兰盘或螺纹型连接。

国内有很多厂家(如长沙华成镀业有限公司、宏达换热设备有限公司和华中热交换器厂等)生产的各种规格的氟塑料加热管及冷却管,可供选用。例如长沙华成镀业有限公司生产的 F_4G 型、F_4C 型的管束式换热器,适用于各种溶液,特别是强腐蚀性溶液的加热、冷却或冷热兼用。可替代钛、铅、不锈钢换热器。华成镀业有限公司等还生产管壳式氟塑料循环热交换器,适用于各类腐蚀性溶液的槽外循环加热或循环冷却溶液。

F_4G、F_4C 系列管束式换热器(加热管)技术规格见表 17-6。

表 17-6　F_4G、F_4C 系列管束式换热器(加热管)技术规格

系列型号	换热管径/mm（上为外径下为内径）				系列型号	换热管径/mm（上为外径下为内径）			
	3	4	5	6		3	4	5	6
	2.3	3.2	4.1	5		2.3	3.2	4.1	5
	计量面积 /m²					计量面积 /m²			
F_4G-61-1 F_4C-61-1	0.58	0.77	0.96	1.15	F_4G-121-1 F_4C-121-1	1.13	1.52	1.90	2.28
F_4G-61-3 F_4C-61-3	1.73	2.30	2.87	3.45	F_4G-121-3 F_4C-121-3	3.39	4.56	5.70	6.84
F_4G-61-5 F_4C-61-5	2.86	3.83	4.80	5.75	F_4G-121-5 F_4C-121-5	5.65	7.60	9.50	11.40
F_4G-61-7 F_4C-61-7	4.06	5.36	6.72	8.05	F_4G-121-7 F_4C-121-7	7.91	10.64	13.30	15.96
F_4G-61-9 F_4C-61-9	5.22	6.86	8.61	10.35	F_4G-121-9 F_4C-121-9	10.17	13.68	17.10	20.52
F_4G-91-1 F_4C-91-1	0.86	1.14	1.43	1.71	F_4G-163-1 F_4C-163-1	1.54	2.05	2.56	3.07
F_4G-91-3 F_4C-91-3	2.57	3.43	4.29	5.14	F_4G-163-3 F_4C-163-3	4.62	6.14	7.68	9.21
F_4G-91-5 F_4C-91-5	4.29	5.72	7.15	8.57	F_4G-163-5 F_4C-163-5	7.68	10.25	12.80	15.35
F_4G-91-7 F_4C-91-7	6.00	8.00	10.00	12.00	F_4G-163-7 F_4C-163-7	10.78	14.35	17.92	21.49
F_4G-91-9 F_4C-91-9	7.71	10.30	12.87	15.40	F_4G-163-9 F_4C-163-9	13.86	18.45	23.04	27.63

备注

1. 工作压力:0.1~0.4MPa;适用温度:冷却管-150~250℃;焊接强度:>5kgf/根

2. 型号表示:F_4 为聚四氟乙烯,G 为蒸汽加热,C 为冷却,61~163 为换热管根数,1~9 为管束展开长度(m)

3. 类型:一束 F_4 细管穿过多块定位板均布,两端与 F_4 接头牢固焊接,盘绕成 U 形、W 形、L 形、螺旋形、直束形等,置于栅格式耐蚀、耐温塑框中,使之定型定位为一体,构成加热组件,适用于各种溶液,特别是强腐蚀性溶液的加热、冷却或冷热兼用。可替代钛、铅、不锈钢换热器

4. 溶液升温所需热量按下式计算:

$$Q=\frac{vrc(t_1-t_2)\beta}{T}$$

式中:Q 为溶液升温所需热量(kJ/h);v 为溶液体积,L;r 为溶液密度,kg/L;c 为溶液比热容,kJ/(kg·℃);t_1 为溶液工作温度,℃;t_2 为溶液初始温度,℃,可按 10~15℃ 考虑;β 为热损耗系数(取 1.1~1.3,有保温层槽体取 1.1~1.15,无保温层槽体取 1.15~1.3);T 为工艺要求溶液升温时间,h,可参照第 6 篇第 32 章动力消耗,32.2.1 中的升温时间采用。rc 乘积的值可参考下列数值采用:对于水及一般水溶液可取 rc≈4.18,对于油取 rc≈2.09,对于钢件氧化(发蓝)取 rc≈4.6

5. 换热器(加热管)的面积按下式计算:

$$S=\frac{Q}{k\Delta t}\quad\left(加热时:\Delta t=蒸汽温度-\frac{溶液初始温度+溶液工作温度}{2}\right)$$

式中:S 为换热管束面积,m²;Q 为溶液升温所需热量,kJ/h;Δt 为蒸汽温度与溶液平均温度的温差,按上式计算,当蒸汽压力 p=0.3MPa 时,蒸汽温度为 142℃;k 为加热管的传热系数,kJ/(m²·h·℃),蒸汽通过氟塑料管加热水、溶液时的 k 值近似采用 1100~1465kJ/(m²·h·℃),加热油近似采用 418~627kJ/(m²·h·℃)

② 蒸汽水套加热。用于加温要求严格和不允许局部过热的槽子，如镀铬槽、化学镀槽等，采用水套加热。在个别情况下，也可用于温度不高的用软聚氯乙烯塑料槽套衬于框架中或多孔钢槽中，并用蛇形管在水套内加热。

水套加热的槽子结构比较复杂，热效率不高。水套可采用蒸汽蛇形管加热，或用打孔的蒸汽喷管将汽喷入水中加热。当用蒸汽喷管加热时，蒸汽应用减压阀减至 0.07MPa。当采用蛇形管加热时，应适当增加其传热面积。水套上部设有溢流口，溢流口需与大气相通，排出多余的水。其溢流水管径应比冷水进入管径大一倍。水套底部应设有排水口。

③ 槽外热交换器循环加热。使用这种加热方式时，槽体内不设加热装置，它是用循环泵将槽液送到槽外的热交换器内，经加热后送回槽体内。这种加热可使槽液温度比采用其他方式加热的更为均匀；换热面积根据需要选用，不受槽体尺寸限制；槽内的容积可以得到有效使用。这种加热方式多用于大型槽体的加热。例如大型磷化槽，尤其是中低温磷化。由于蒸汽加热器表面温度较高，如直接接触磷化液，易造成磷化液分解，一般采用热水加热。

中温磷化的磷化槽外热交器循环加热方式如图 17-2 所示。常用的是板式热交换器，它效率高且体积小，容易进行化学清洗除垢。通进热交换器的热水温度控制在 70℃ 以下（热水与磷化液的温差应控制在 20℃ 以下），加热水温过高，易使磷化液在热交换器内结垢和不稳定，从而影响热交换效率并会堵塞管路。去除热交换器的结垢，可采用硝酸酸洗的方法。清洗时，应关闭热交换器加热系统，启动酸液清洗系统，通入酸液，进行除垢冲洗，最后通入冷水清洗热交换器，完成除垢。

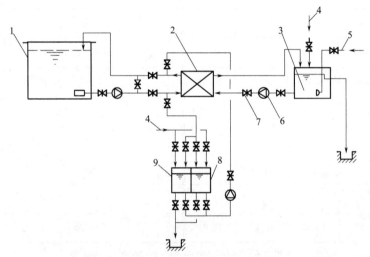

图 17-2 磷化槽的槽外加热方式示意图

1—磷化槽；2—热交换器；3—热水槽；4—上水入口；5—蒸汽入口；
6—泵；7—阀门；8—硝酸洗槽；9—冷水槽

④ 蒸汽的喷管加热。这种加热方式，是将蒸汽直接喷入溶液或水中加热，也称为活汽加热。其优点是升温快，热能利用率高，但噪声大，用来加热溶液时，可能降低溶液浓度，故使用的不多。可用于热水槽的加热，有时也用于大中型的酸浸蚀槽的初始加热。喷管加热的蒸汽压力，可用减压阀减至 0.07～0.1MPa 左右，以降低噪声。

（2）电加热

溶液采用电加热时，加热稳定，便于控制，操作方便。以前，电加热主要用于温度高于 100℃ 的溶液加热，如钢铁件氧化槽（发蓝槽）、涂油槽、除氢油槽等的加热，或用于在没有蒸汽的场所。近些年来，出于环境保护的考虑，很多城市开始禁止在城区范围内使用燃煤锅炉，在电力供应条件较好的地区，溶液采用电加热较为普遍。

溶液电加热有槽内加热、槽壁或槽底部加热和槽外热交换器循环加热等三种形式。槽壁或槽底部加热是将电加热元件安装在槽壁外面的四壁或槽底部，加热元件一般采用电热板，这种加热形式采用的不多。槽液电加热主要采用槽内加热的形式。

槽内溶液电加热，多采用管状电热元件，它分为金属管状电热元件和非金属管状电热元件两种。金属管状电热元件常用的有碳钢、不锈钢和钛管；非金属管状电热元件有石英玻璃管、陶瓷管和聚四氟乙烯管。对管状电热元件外壳材料的要求是耐热、导热且防腐。管状电热元件需根据溶液性质及工作条件加以选用。选择与使用电加热管时，应考虑下列问题。

① 各种电加热管都是按特定加热使用环境设计制造的，如用于加热水及其溶液的、加热空气（如用于烘干）的以及加热油槽的等，不能任意交换使用。因此，在选择电加热管时，除了按产品样本选定其形状、规格尺寸和加热功率外，还必须认定电加热管的使用环境。

② 加热溶液和水的电加热管，在安装使用时，应看清其加热段长度及标记，槽内液面必须淹没全部加热段，并使液面高出标志线一定距离，以防溶液蒸发后液面下降而烧坏加热管。

③ 加强安全用电保护。做好漏电防护和安全接地，以及产品说明书提出的安全保护措施。

电加热器的生产厂家很多，有多种产品规格可供选用，其规格和外形大致相同。湖南长沙宏达换热设备有限公司生产的 FDW、FDJ、TDW 等系列产品的技术规格列入表 17-7，供参考。

表 17-7　FDW、FDJ、TDW 型管状电热元件技术规格

型　号	电压/V	功率/kW	外形尺寸				重量/kg
			高度 A/mm	液面高度 B/mm	每根引出棒长度/mm	总长/mm	
FDW-1-380/2	380	2	800	550	635	2315	4.00
FDW-1-380/3	380	3	1080	830	635	2875	4.90
FDW-1-380/4	380	4	1380	1130	635	3475	6.00
FDW-1-380/5	380	5	1800	1450	735	4315	7.50
FDW-1-380/6	380	6	2100	1750	735	4915	8.70
FDW-1-380/7	380	7	2500	2150	735	5710	9.70
FDJ-1-380/2	380	2	800	550	635	2315	3.70
FDJ-1-380/3	380	3	1080	830	635	2875	4.50
FDJ-1-380/4	380	4	1380	1130	635	3475	5.40
FDJ-1-380/5	380	5	1800	1450	735	4315	6.80
FDJ-1-380/6	380	6	2100	1750	735	4915	7.60
FDJ-1-380/7	380	7	2500	2150	735	5710	9.00
FDW-2-380/2	380	2	540	430	260	2315	3.70
FDW-2-380/3	380	3	680	570	400	2875	4.70
FDW-2-380/4	380	4	850	650	530	3475	5.40
FDW-3-380/5	380	5	770	570	460	4315	7.20
FDW-3-380/6	380	6	870	670	560	4915	8.00
FDW-3-380/7	380	7	1020	820	685	5710	9.00
TDW-2-380/2	380	2	540	430	260	2315	3.50
TDW-2-380/3	380	3	680	570	400	2875	4.40
TDW-2-380/4	380	4	850	650	530	3475	5.10
TDW-2-380/5	380	5	770	570	460	4315	7.00
TDW-2-380/6	380	6	870	670	560	4915	7.80
TDW-2-380/7	380	7	1020	820	685	5710	8.70

外形示意图

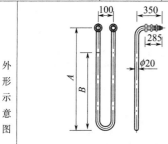

FDW-1、FDJ-1型

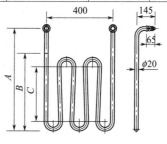

FDW-2、TDW-2型　　　　FDW-3、TDW-3型

单位:mm

FDW系列为不锈钢管元件,FDJ系列为碳钢,TDW系列为钛管。湖南长沙宏达换热设备有限公司的产品

(3) 燃油和燃气加热

① 燃气加热的加热元件为气体燃烧器，用于钢槽外部加热。加热元件置于槽底下部，配有排气管以排除燃烧废气。它依靠气体阀门控制温度，但加热温度不易控制。这种加热方式国内用的不多。

② 燃油加热的加热元件一般为轻柴油燃烧器。广州番禺长城电镀设备制造厂生长城系列燃油加热器（CH系列燃油加热器），主要适用于电镀行业镀液或其他液体的加热。特别适合电镀线上大容积的液体加热。其产品规格如下：

CH-30KW型　耗油1.3～3kg/h　适用于1～3m³镀槽

CH-60KW型　耗油2.3～5kg/h　适用于3～5m³镀槽

CH-100KW型　耗油4.5～12kg/h　适用于5～10m³镀槽

CH-200KW型　耗油8～20kg/h　适用于10～15m³镀槽

CH-300KW型　耗油11～25kg/h　适用于15～20m³镀槽

燃油加热器使用0号或10号优质轻柴油。一台加热器供一台镀槽加热，也可订做一台可同时对几个镀槽的液体进行加热的加热器。燃烧加热器机组结构紧凑，占地面积小，可置于槽边或机房。

③ 燃油和燃气加热，国内通常是采用燃油或燃气锅炉，生产蒸汽或热水供给槽子加热。燃油或燃气锅炉可建在电镀车间内（单独隔间），或在电镀车间附近单建，专为电镀车间供汽，比较方便，而且国内已有燃油和燃气锅炉的产品供应。中小型燃油、燃气锅炉的技术性能规格，见第6篇第34章及公用工程章节中的蒸汽供给系统部分。经过多年的实际生产，这些锅炉使用方便、效果很好。

17.3.3　冷却装置

某些电镀及阳极氧化处理过程中会产生热量，为使生产正常进行，就需要对溶液进行冷却。以铝件阳极氧化槽液的冷却为例，冷却冷量的计算方法参见第6篇第32章动力消耗章节中的有关计算。

(1) 槽液的冷却方式

槽液的冷却方式分为槽内冷却和槽外冷却两种。槽液的冷却方式及冷却管形式见表17-8。

表17-8　槽液的冷却方式及冷却管形式

冷却方式	冷却方法
槽内冷却	即在槽内设冷却管，冷却介质流过冷却管冷却槽液。这种冷却方式，系统结构简单，容易制造安装，但冷却管在焊缝处易渗漏，影响质量和生产，而冷却管占用槽子内部空间，影响装载量。槽内冷却又分为直接蒸发冷却和间接冷却两种 1. 直接蒸发冷却。即由冷冻机压缩的氟利昂或氨直接在槽内冷却管中蒸发，吸收槽液热量，使其冷却。这种冷却方式，结构简单，降温效率高，一般用于铝件硬质阳极化氧化处理。但是，如果冷却管渗漏会污染槽液，也可能使槽液进入冷冻机而损坏设备。因此，这种形式的冷却要严防渗漏。这种冷却方式的系统构造，如图17-3(a)所示 2. 间接冷却。即冷冻机压缩的氨或氟利昂先在换热器中冷却水（冷冻水或称制冷水）或盐水，然后用泵将冷冻水或冷却盐水送至槽内的冷却管冷却槽液。这样可以避免直接蒸发冷却的缺点。但冷却效率稍低，系统设备较多。间接冷却方式的系统构造，如图17-3(b)所示
槽外冷却	即槽液通过溢流口流入槽外储槽，然后经过板式换热器冷却后被泵送回槽子。其冷却的系统构造如图17-4所示。板式换热器的冷却介质来自冷冻机。槽外冷却的优点是槽内无冷却管，槽子内部空间能充分利用，槽子结构较简单，而且由于溶液连续循环，对溶液起搅拌作用。但系统构造较复杂，造价较高。现在随着板式换热器及输送管道的逐步完善，已逐渐在生产中应用
冷却管形式及材料	依据冷却方式，采用的冷却管形式如下： 1. 槽内间接冷却的冷却管一般采用盘管或双侧蛇形管。其冷却管材料根据槽液性质选用 2. 槽内直接冷却中的氨直接蒸发冷却管，一般用立式排管，液体氨从排管底部进入，在立管中蒸发，由上部集气管吸回冷冻机 3. 槽内直接冷却中的氟里昂直接蒸发冷却管，一般采用盘管，氟利昂由冷却管上部进入，气体由吸气管吸回冷冻机 4. 阳极氧化槽内冷却管一般采用铅锑合金管(PbSb-6，PbSb-4)或耐酸不锈钢管 5. 槽外冷却的板式换热器一般采用不锈钢材料

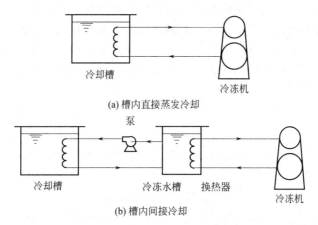

(a) 槽内直接蒸发冷却

(b) 槽内间接冷却

图 17-3　槽内冷却方式的系统构造示意图

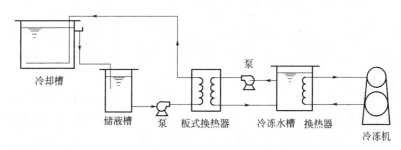

图 17-4　槽外冷却方式的系统构造示意图

(2) 冷却介质及制冷机组

① 冷却介质。溶液常用的冷却介质有自来水、冷冻水（机械制冷水）、氟里昂和氨等。采用哪种冷却介质，应根据工艺规范需要的温度和产量等确定。

a. 一般情况下，使用的冷却介质按下列标准采用：

溶液温度－10～18℃　氟里昂或氨制冷机组

溶液温度 18～25℃　自来水、冷冻水、氟里昂或氨制冷机组

溶液温度 25℃以上　自来水

b. 自来水冷却不需要制冷设备，但所需换热面大，只要水温适宜应优先选用，用过的自来水，可排至冷水槽或热水槽使用。若自来水水温≤17℃，或产量很小时，也可用于普通阳极氧化槽及一些电镀槽的冷却。如有地下水或工厂自行开挖的深井的井水，只要水温适宜，可以像自来水一样用作冷却介质。

c. 冷冻水（机械制冷水）温度（一般为 4～7℃）较低，与溶液的温差较大，冷却效率比自来水高，冷却管内压力一般为水泵压力。冷冻水（机械制冷水）需要一套制冷机组和循环系统装置。

② 制冷机组。制冷机组分两大类，即氨制冷机组和氟里昂制冷机组。

a. 氨制冷机组。制冷剂为氨，其单位体积制冷量略高于氟里昂，氨易溶于水不溶于润滑油，有臭味，漏气时容易发现，含水分时对铜和铜合金有腐蚀，当空气含有 13％～26％（体积分数）的氨时，遇明火、高热能引起燃烧爆炸的危险，而且有刺激性臭味，对人体有害，应有必要的安全保护措施。整套氨制冷设备较氟里昂制冷机设备占地大。故一般选用氟里昂制冷机组的较多。

b. 氟里昂制冷机组。氟里昂制冷剂的单位体积制冷量略小于氨，与水不化合，极易溶于

润滑油，无臭味，渗漏性强，对钢铁金属无腐蚀性，不燃烧，无爆炸危险，无毒性。氟里昂管道系统，可用卤素检漏灯检测是否渗漏。其制冷机组能自动控制，操作管理方便。氟里昂制冷机组已获得广泛应用。但由于其泄漏物会破坏大气臭氧层，被限制使用。我国已开发生产出无氟碳氢制冷剂 R290。R290 冷媒制冷设备在安全操作上有严格的要求，只宜用于提供冷冻水（制冷水）作为槽液的冷却介质的场所。

17.3.4　搅拌装置

电镀及金属转化处理过程中的很多场合都采用搅拌，以保证良好的工作条件。溶液及清洗的搅拌，其作用如表 17-9 所示。

表 17-9　搅拌的作用

搅拌的作用	1. 电镀溶液的搅拌，能使槽内各部位溶液温度均匀；并使零件周围溶液成分能不断得到更新，以保持最佳的电流密度和沉积速度
	2. 除油槽的搅拌，能将零件表面附着的脏物和皂化、乳化了的油脂冲散到溶液中去，及时加以清除；并使零件经常与新鲜的溶液接触。提高除油质量，改善除油效果
	3. 清洗水的搅拌，加强槽内水的强烈流动，冲洗零件表面，提高清洗质量和效率，并能降低用水量
搅拌方式	常用的搅拌方式有空气搅拌、机械搅拌、溶液循环搅拌、对流搅拌和超声波搅拌等

(1) 空气搅拌

空气搅拌是最常用的和最简单的一种溶液搅拌方法，它能十分均匀地搅拌溶液。但不能用于含有易与空气中的氧起氧化反应的物质的溶液。由于空气搅拌对溶液的翻动较大，对于有些易于产生沉渣的溶液，需经常过滤，最好采用连续循环过滤。空气搅拌根据供气气源的不同有两种方式，一种是采用厂空压站供给的压缩空气进行搅拌，另一种是在车间的单独隔间内、生产线或槽旁配制小型空压机或小型气泵供气搅拌。

① 压缩空气的质量要求。搅拌溶液和水用的压缩空气的质量（洁净度等）有一定要求。从厂空压站供给的压缩空气（只进行初步的油水分离处理），需再经净化处理后使用。搅拌溶液和水用的压缩空气对含油量的要求较高，其总的质量要求如下：

固体颗粒：颗粒尺寸≤5μm，固体颗粒浓度≤5mg/m³。

湿度：压力露点≤3℃。

含油量：总含量≤0.1mg/m³。

生产线自备的小型气泵，常采用无油压缩空气设备中的有叠片离心式气泵、旋涡式气泵等，因不必用油润滑，故空气中含油量非常少，一般情况下可直接用于搅拌。

② 压缩空气的用量。搅拌用的压缩空气的用量，根据搅拌强度，按搅拌溶液表面积计算，其用量指标如下：

弱搅拌：每 1m² 液面需压缩空气用量约为 0.4m³/min

中搅拌：每 1m² 液面需压缩空气用量约为 0.8m³/min

强搅拌：每 1m² 液面需压缩空气用量约为 1m³/min

所需压缩空气的压力约为 0.1～0.3MPa，或可按每 1m 深度 0.016MPa 计算。

③ 压缩空气用的搅拌管。搅拌管可用钢管、铅管或硬聚氯乙烯管等制作，一般设置在槽底部分，为一水平直管，空气由槽口进入。中小型槽子，搅拌管的公称直径一般采用 20～25mm，在水平管上钻 ϕ3mm 的两排小孔，孔向上斜开，小孔与垂直方向成 45°，两排孔中心线互成 90°，使空气喷出后成为两斜面，以促使溶液流动。各孔间距取 80～130mm，小孔面积的总和约为搅拌管截面积的 80%。搅拌管底面距槽底约 25mm。

(2) 机械搅拌

机械搅拌包括阴极移动、桨叶或螺旋桨搅拌等。

① 阴极移动搅拌。电镀槽的阴极移动搅拌的优点是搅拌只在挂具和零件周围引起溶液的相对运动，对整体溶液搅动不大，不会让沉淀物泛起而造成镀层的弊病。阴极移动方式，有水平移动和垂直移动两种。常用的是水平移动搅拌，即阴极在电镀溶液中沿水平方向缓和地往复移动，其作用是利用零件的移动，除去吸附在其表面上的气泡并使零件周围的溶液浓度均匀，同时也能随时改变零件与阳极间的相对位置，消除可能产生的不良影响。

阴极水平移动装置由电机、减速器、偏心连杆机构及滑动机构等组成，调节偏心机构的偏心距，可调节阴极移动行程。阴极移动行程一般为 50～150mm，往复次数为 10～30 次/min，零件在溶液中的移动速度为 1.5～5m/min。常用阴极水平移动次数及行程参见表 17-10。对于电解抛光槽常采用垂直上下运动的方式，极杆移动次数为 50～90 次/min，移动行程为32～100mm。

表 17-10　常用阴极水平移动次数及行程

镀种名称	水平移动往复次数/(次/分钟)	移动行程/mm	镀种名称	水平移动往复次数/(次/分钟)	移动行程/mm
镀锌	20	100	焦磷酸盐镀铜锡合金	8～10	80～100
光亮镀镍	20～30	100～150	镀银	10	50～150
焦磷酸盐镀铜	20～25	100	光亮和快速镀银	18～22	50
焦磷酸盐光亮镀铜	25～30	100	光亮镀硬金	20	50

② 桨叶或螺旋桨搅拌。利用桨叶的旋转，上下、左右移动进行搅拌，因为搅拌不均，还占去一部分槽内空间，故这种搅拌不常用。一般用的搅拌桨叶放在槽侧，在向槽内加料混合槽液时，可将夹式桨叶搅拌机由槽上方放入槽内，临时夹在槽边沿，搅拌完取下。夹式桨叶搅拌机及手持式搅拌机在市场上有商品供应。

（3）溶液循环搅拌

这种搅拌方式，是让溶液按一定方向流动，使零件附近的溶液产生流动，其搅拌程度较弱，效果不显著。溶液循环搅拌一般是溶液在槽外用热交换加热或冷却，以及连续过滤的过程中实现的。溶液循环量：小于 4m³ 的槽容积，其循环量为每小时 2～4 次；4～19m³ 的槽容积，其循环量为每小时 1～2 次。在循环系统管路中，加热和过滤装置应位于主槽和泵之间。

（4）对流搅拌

对流搅拌是利用槽内溶液的温差，使溶液在槽内流动。它在槽侧加热管或冷却管前放置隔板上下相通，使加热的溶液上升，或使冷却的溶液下降，形成对流搅拌，如图 17-5 所示。

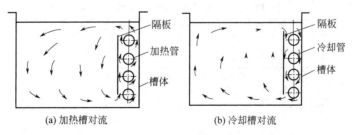

(a) 加热槽对流　　　　　　　(b) 冷却槽对流

图 17-5　对流搅拌过程示意图

（5）超声波搅拌

现今超声波已在电镀行业广泛应用，它不是单纯的搅拌作用，而是强化除油、清除氧化皮、清洗等表面净化过程，它能促进电沉积过程的电化学反应，提高电流密度，改善镀层性能和质量。

超声波在除油清洗过程中作用，是将超声波发生器发出的高频振荡信号，通过换能器（振荡器）转换成高频机械振荡，而传播到介质——除油清洗溶液中，超声波振荡所产生的机械能

可使溶液内产生大量真空的空穴（化）。这些真空的空穴在形成和闭合时，能使溶液产生强烈
的振荡，从而对零件表面的油污产生强有力的冲击作用，油污（固体粒子被油脂包裹着）薄膜
被穿透，油脂被乳化后，固体粒子脱离表面游逸于清洗液中，从而达到净化零件表面的目的。超声波除油清洗主要用于一般方法难以清洗干净的零件；形状特别复杂的零件；也可用于清除带有小孔或不通孔中黏附的抛光膏及固态油性污物等。

超声波在液体中传播示意图见图17-6。

零件表面超声波除油清洗过程示意图见图17-7。

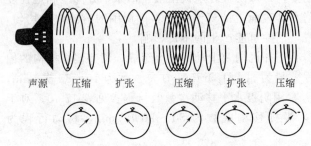

图 17-6　超声波在液体中传播示意图[3]

超声波在电镀过程中的作用[3]，主要是利用超声波空穴（化）效应、机械效应、活化效应、热效应等物理因素，对电化学沉积过程的传质、表面转化、电荷转移、电结晶状态等产生影响。解决电镀过程中存在的电流效率、电流微观分布不均，液相传质慢等问题。

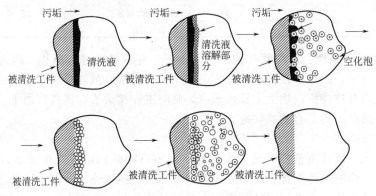

图 17-7　零件表面超声波除油清洗过程示意图[3]

超声波清洗机国内有多家工厂生产，如广州市生产的东莞超声波清洗机，适用于电子零件、线路板（PCB）、精密五金零件、机械、珠宝首饰、抛光件等的批量高精度快速清洗。其技术规格参见表17-11。

表 17-11　东莞超声波清洗机的技术规格

型号规格	JXN-1006	JXN-1012	JXN-1018	JXN-1024	JXN-1030	JXN-1036	JXN-1048
超声波功率/W	360	720	1080	1440	1800	2160	2880
超声波频率/kHz	28～40	28～40	28～40	28～40	28～40	28～40	28～40
槽内部尺寸/(mm×mm×mm)	280×200×200	370×280×330	460×330×400	600×400×400	600×500×400	650×500×440	750×600×500
槽外形尺寸/(mm×mm×mm)	400×320×430	490×420×600	580×470×695	720×540×695	720×640×695	770×640×705	870×740×600

备注：使用碱性或弱酸性水基溶剂作为清洗剂
结构材料：使用不锈钢结构，内槽加厚不锈钢板
设置溶液加热与自动恒温装置。温度控制范围：常温至110℃
采用微电脑控制下的它激式线路，频率自动跟踪及扫频工作方式。超声功率连续可调，能最大限度地发挥换能器的潜能。独特的扫频工作方式，使清洗液在扫频的作用下形成一股细小的回流，及时把超声剥离下来的污垢带离工件表面。整机采用模块设计，线路板和大功率部分隔离分块，使其使用更加可靠，维护变得更加方便
广州市从化鳌头金信诺机电设备经营部的产品

17.3.5　镀槽导电装置

镀槽（包括电化学除油槽、电化学抛光槽、阳极氧化槽以及电化学退镀层槽等）的导电配件，包括槽边导电支座、阴极和阳极导电杆。装有零件的挂具挂在阴极导电杆上（或阳极导电杆上），导电杆放置在导电支座上，滚筒可以直接放在阴极导电支座上，为使滚筒放置稳定和承受驱动力矩，一般设置三个支座。阳极导电支座都安装在镀槽两端外侧。

（1）导电杆

① 导电杆的材料和形式。对导电杆材料的一般要求如下。

a. 材料电阻较小，能通过槽所需的电流，而不致升温太高。

b. 能承受所挂的零件及挂具的重量，而不致变形过大。

c. 在镀槽上方恶劣气氛条件下不致严重腐蚀掉皮污染槽液，而且表面容易清洗干净。

镀槽导电杆的许用电流，见第 6 篇第 34 章公用工程，供电章节中有关直流供电的内容。为使导电杆工作温度不致太高，其许用电流也可按导体有效截面积计算，在 $1.3 \sim 2A/mm^2$ 范围内选取，截面积小的导电杆取大值，截面积大的导电杆取小值。导电杆表面温度，一般宜保持在 50℃左右。

阴极导电杆和阳极导电杆，一般用黄铜棒、黄铜管或紫铜管制作。也有用宝鸡有色金属加工厂生产的钛包铜、锆包铜和不锈钢包铜等复合导电型材制作的圆形或矩形导电杆。矩形复合导电杆多用于较长的镀槽，它刚性好，不易变形，其两侧都是平行面，挂具固定比较可靠，导电良好。

② 导电杆与电源的连接方式。阴极和阳极导电杆与电镀电源的连接方式有两种。

a. 用软电缆接头直接将导电杆与电源连接，以保持牢固的电接触。这种连接方式一般用于极杆较短的手工操作镀槽和阴极移动镀槽。

b. 将导电杆放到镀槽两端的导电支座上，导电支座再与电源连接。这种连接方式用的较多，一般用于直线式电镀自动线的镀槽上、滚镀槽的滚筒导电杆等的连接。对于阴极导电杆经常挪动的直线式电镀自动线，更应重视导电支座的结构设计。

（2）导电支座

阴极导电支座的结构形式很多，如 V 形座、水平面座、垂直平面 U 形座、圆锥形座等。

① V 形导电支座最常用。

② 水平面导电支座多用于电流较大的大型镀槽，有的还带有水冷却内腔。

③ 垂直平面 U 形导电支座还常带重力加压夹持机构，用于长度较大的矩形导电杆时，接触比较可靠。

④ 圆锥形导电支座，用于一些滚筒导电装置上，其定位效果较好。

导电支座的导电可靠性，都是靠导电杆与导电支座的接触偶件的形状和尺寸加工精度，以及相互配合的正确程度来保证的。

电流强大时，为保证导电支座维持较低的温度，可选用带有水冷却内腔的导电支座，一种带有水冷却内腔的 V 形导电支座的外形如图 17-8 所示。

图 17-8　带有水冷却内腔的 V 形导电支座

（3）直流配电母线

① 直流电源设备至镀槽导电支座间的配电母线，一般小电流采用紫铜电缆连接比较方便，大电流输送采用矩形铜排。

② 铜排端部应搪锡，以保证良好接触，防止局部升温。

③ 直流配电系统铜排的表面温度，宜控制在 50℃左右。

④ 母线许用载流量，可按母线有效截面积计算，在 $1.3\sim2A/mm^2$ 范围内选取，具体选用如下：

母线载流量在 500A 以下时，按 $2A/mm^2$ 计算；

母线载流量在 $500\sim1000A$ 时，按 $1.6A/mm^2$ 计算；

母线载流量在 1500A 以上时，按 $1.3A/mm^2$ 计算。

⑤ 选用铜排规格时，应尽量选用厚度较薄宽度较大的铜排。这种薄片尺寸的铜排，在相同截面的情况下，其散热面积较大，有利于降低温度。

17.3.6 槽体绝缘与安全接地

金属制镀槽除导电极杆对槽体必须绝缘外，槽内的金属管道等也均应绝缘，电加热槽应做好安全接地。一般做法如下。

① 为防止漏电，金属制镀槽应衬绝缘衬里。

② 当金属槽体无绝缘衬里时，槽体应与地绝缘接触，一般用绝缘瓷座、耐酸瓷砖或浸过沥青的砖块作槽体垫脚。

③ 槽内的金属加热管、冷却管与车间管线之间应绝缘。其绝缘连接一般采用法兰盘连接方式，两法兰盘之间垫入绝缘垫，紧固螺钉采用绝缘套管和绝缘垫。一般简便的绝缘连接，可采用 200mm 长的耐热橡胶管。

④ 槽上的钢制局部排风罩，也应与槽体绝缘，但较难绝缘。一般采用塑料排风罩，防止漏电。

⑤ 电加热槽（槽内装有管状电加热元件或其他电加热元件）应有漏电保护、可靠的安全接地措施。

17.4 镀槽的常用制作材料

17.4.1 槽子材料的选用原则

槽子材料的选用原则见表 17-12。

表 17-12　槽子材料的选用原则

选用原则	具 体 要 求 及 做 法
满足工艺要求	根据处理的溶液成分、浓度、工作温度以及所需槽子的规格大小、结构形式等选用适当的材料。材料必须能耐所装溶液介质的腐蚀，且不污染溶液，不影响工件的处理质量，要有一定机械强度和刚度
适应生产特点	选材应与生产特点相适应，处理笨重工件、大型工件、大筐盛装工件等的槽子，盛装剧毒溶液、贵重溶液以及需要经常移动的槽子等，不宜用脆性材料制作
施工、维护方便	选材应便于施工制造、维护。有的材料耐腐蚀性能好，但施工条件要求高或难以施工，不宜选用
价格低、来源广	选材应注意降低成本，因地制宜。选材应从材料价格、来源、耐腐蚀性能、使用寿命等的综合比较确定。聚丙烯塑料(PP)、聚氯乙烯(PVC)、玻璃钢等耐腐蚀性能好、机械强度较高、便于施工、来源较广，可以多用；镍铬不锈钢价格较高，宜少用；钛的价格高，但国内资源丰富，可以用；铅价格高，施工时有毒，尽可能用其他材料替代

17.4.2 碳钢

在电镀等的各种槽中，最常用的材料是普通低碳钢（含碳量的质量分数 $<0.3\%$）。碳钢在水中腐蚀性不大；在盐酸中的腐蚀速率随浓度的增加而加快；在硫酸中当浓度低时，其腐蚀速率随浓度的增加而加快，浓度在 $47\%\sim50\%$（质量分数）时，腐蚀速率最大，浓度再增加，由于铁发生钝化，腐蚀速率逐渐降低；在硝酸、氢氟酸中腐蚀严重；在碱液中腐蚀性不大。

适用于制作水槽、油槽、大部分碱性溶液槽、有衬里的槽体、加热管及机械构件等。常用钢号为 A3、A3F。

17.4.3　不锈钢

不锈钢在电镀行业中普遍用于制作槽体及其附件，作为耐蚀用的 06Cr18Ni11Ti 不锈钢，由于钢中含有钛，能促使碳化物稳定，故具有较高的抗晶间腐蚀性能。对硝酸、磷酸、醋酸、许多盐及碱的溶液、有机酸等的耐腐蚀性高；对硫酸、盐酸、氢氟酸、氯、草酸及氯化铵等的耐腐蚀性差。

不锈钢适用于制作水槽、硝酸槽、磷酸槽、磷化槽、钢件氧化槽、铝件化学抛光槽、铝及其合金化学氧化槽、铝件酸性染料着色槽、镁合金化学氧化槽、部分电镀槽等的槽体、衬里以及相关的加热管、冷却管、搅拌管等。

17.4.4　钛

钛具有密度小、强度高、耐腐蚀性能好的特点，我国资源丰富，在工业中获得广泛应用。钛不仅具有良好的耐腐蚀性能，而且也有较好的加工性能，可以进行机械加工、焊接等，也可进行冷、热加工成型。在电镀设备中，主要是用工业纯钛，用于制作钛蛇形加热管、冷却管，也可用作槽体衬里等。

钛是一种高度化学活性金属，表面很容易与氧化合生成惰性氧化膜，其稳定性远高于铝及不锈钢的氧化膜，而且在机械损伤后能很快修复，对很多活性介质是耐腐蚀的，尤其是对氧化性介质（如硝酸、铬酸等）及含氯、氯化物和氯酸盐等，其耐腐蚀性更好。钛在非氧化性介质中（如盐酸、氢氟酸、草酸、氟化物等）的耐腐蚀性差。钛的耐腐蚀性能见表 17-13。

表 17-13　钛的耐腐蚀性能

介质及浓度		试验温度/℃	试验时间/h	年腐蚀深度/mm	介质及浓度		试验温度/℃	试验时间/h	年腐蚀深度/mm
硫酸	1%	100	—	0.0048	醋酸	25%	100	—	0
	1%	沸	—	9.14		50%	100	—	0.001
	8%	60	—	0.0134		75%	100	—	0
	10%	室温	—	0.1827	硝酸90%,硫酸10%		100	144	0.099
	10%	35	—	1.25	硝酸80%,硫酸20%		100	144	0.317
	20%	35	72	0.983	硝酸70%,硫酸30%		100	144	0.94
	20%	60	72	10.81	硝酸60%,硫酸40%		60	144	0.156
	40%	35	72	4.016	硝酸50%,硫酸50%		60	144	0.399
	90%	35	72	12.54	硝酸40%,硫酸60%		60	144	0.833
硝酸	10%	35	144	0.005	硝酸30%,硫酸70%		60	144	1.247
	10%	60	144	0.011	硝酸20%,硫酸80%		60	144	1.587
	10%	沸	144	0.038	硝酸10%,硫酸90%		60	144	1.75
	30%	35	144	0.007	氯化铜10%		100	—	0.001
	30%	60	144	0.022	氯化汞5%		100	—	0.007
	30%	沸	144	0.221	氯化钙20%		100	—	0.015
	50%	35	144	0.007	氯化锡	5%	100	—	0.003
	50%	60	144	0.016		20%	100	—	0.0447
	50%	沸	144	0.109	氯化镍	5%	100	—	0.0043
	65%	35	144	0.005		20%	100	—	0.0028
	65%	沸	144	0.048	氯化钠	3%	沸	—	0.00025
盐酸	1%	60	144	0.007		饱和溶液	沸	—	0.0013
	1%	沸	72	0.062	氯化铵	10%	100	—	0.00025
	5%	35	144	0.261		饱和溶液	沸	—	0
	5%	60	144	1.117		10%	100	—	0.0027
	8%	沸	72	1.348	氯化铁	20%	100	—	0.039
	王水	35	144	0.014		30%	100	—	0.0024

续表

介质及浓度	试验温度 /℃	试验时间 /h	年腐蚀深度 /mm	介质及浓度	试验温度 /℃	试验时间 /h	年腐蚀深度 /mm
氢氟酸、草酸、氟化物	—	—	不耐蚀	氯化锌 20%	沸	—	0
柠檬酸 5%	100	144	0	氢氧化钠 10%	沸	—	0.02134
柠檬酸 25%	100	144	0.7	氢氧化钠 50%	93	3888	0.00025
柠檬酸 50%	100	144	1.2	氢氧化钠 73%	116	1944	0.0254
磷酸 20%	30	—	0.0114	氢氧化钠 73%	130	4800	0.1778
磷酸 20%	50	—	9.823	海水	—	—	<0.0025

17.4.5 铅及铅合金

铅在稀硫酸中特别耐蚀，这是由于铅与稀硫酸作用所生成的腐蚀产物硫酸铅与铅结合的很牢固，溶解度又极小。而在高的浓度和温度下，硫酸铅膜会溶解，因而铅在热的浓硫酸中耐腐蚀性较差。铅在亚硫酸、磷酸（<85%）、铬酸中较稳定。

纯铅的强度低、硬度低、密度大，不宜作独立结构材料使用。由于纯铅的塑性高，在常温下可进行任意形变加工，一般作为衬里材料，常用牌号 Pb-4。由于铅价格昂贵，施工时有毒，应尽可能不用。

当在铅中加入适当量的锑，形成铅锑合金，可提高铅的硬度和强度，但对其耐蚀性能有所降低。从强度、硬度和化学稳定性考虑，锑含量为 4%～6%（质量分数）较好。硬铅和铅的强度均随温度升高而下降。铅锑合金一般用作加热管（蒸汽温度不得超过 150℃）或冷却管，常用牌号 PbSb-6、PbSb-4。

铅的耐腐蚀性能见表 17-14。

表 17-14 铅的耐腐蚀性能

材料	介质及浓度		试验温度 /℃	年腐蚀深度 /mm	材料	介质及浓度		试验温度 /℃	年腐蚀深度 /mm
纯铅	硫酸	10%	90	0.068	各种铅锑合金	硫酸 50%		40	0.016～0.013
		26.61%	20	0.27	纯铅 Pb-3	磷酸	40%	20	0.08
		50%	40	0.02			40%	沸	16.0
		65%	40	0.04			80%	20	0.08
		65%	90	0.08			80%	沸	16.5
		83.02%	20	0.55			浓	20	0.21
		90%	40	0.16			浓	沸	6.4
		90%	90	0.29					
PbSb-6	硫酸 100%		20	0.025	—				—

17.4.6 紫铜和黄铜

(1) 紫铜（纯铜）

它具有良好的导电性和导热性能，主要用于制作导电杆及个别场合的加热管或冷却管。铜在没有氧化剂的水中及非氧化性酸中最稳定。当溶液中有氧化剂时，会加速铜的腐蚀。铜在稀的和中等浓度的硫酸、柠檬酸中很稳定。当硫酸浓度大于 50% 和温度高于 60℃时，对铜腐蚀严重。在盐酸中不能使用铜。硝酸及铬酸对铜有强烈破坏作用。紫铜的耐腐蚀性能见表 17-15。

表 17-15 紫铜的耐腐蚀性能

介质及浓度		试验温度 /℃	年腐蚀深度 /mm	介质及浓度		试验温度 /℃	年腐蚀深度 /mm
硫酸	10%	80	0.696	氢氟酸	30%	21	0.2286
	35%	40	0.14		48%	21	0.2286
	35%	80	0.40		70%	21	0.889
	55%	40	0.07		93%	21	0.6604
	55%	80	0.23	硝酸 32%		20	破坏
氢氧化钠 30%~50%		82	0.81	氨水溶液 25%		20	破坏

（2）黄铜

它具有较好的导电性能，力学性能比紫铜好，主要用于制作导电杆及导电支座等，常用黄铜牌号为 H62。在大气条件下，黄铜腐蚀很缓慢。硫酸、氢氧化钠对黄铜的腐蚀较缓和。但氯化物、硝酸和盐酸对黄铜的腐蚀严重。黄铜脱锌是腐蚀破坏的主要形式之一，脱锌有时会引起穿孔。

黄铜的耐腐蚀性能见表 17-16。

表 17-16 黄铜的耐腐蚀性能

材料	介质及浓度		试验温度 /℃	年腐蚀深度 /mm	材料	介质及浓度		试验温度 /℃	年腐蚀深度 /mm
各种牌号黄铜	硫酸	10%	20	0.094	各种牌号黄铜	硫酸	浓	20	0.61
		10%	40	2.98			浓	40	1.38
		25%	20	0.1	H62 黄铜	硝酸 6%~32%		15	不可用
		25%	40	3.5		氢氧化钠 33%		20	0
		40%	20	0.12		碳酸氢钠溶液		20	<0.005
		40%	40	1.49	—	—		—	—

17.4.7 聚丙烯塑料

聚丙烯塑料（PP）具有优良的耐蚀性能、绝热性能和良好的耐热性。在槽体等的制作中得到广泛的应用。

聚丙烯塑料机械强度较高，在接近 80℃ 时，聚丙烯塑料的强度要高于聚氯乙烯塑料的强度。但缺点是抗蠕变性能差，低温脆性大，耐候性和抗氧化性较差，影响使用寿命。

聚丙烯塑料的耐蚀性能[3]：聚丙烯塑料在室温或低于 100℃ 时，除强氧化剂外，能耐一般无机酸、碱和盐溶液；对浓的磷酸、盐酸及其盐类溶液在 100℃ 以下都是稳定的；对发烟硫酸、浓硝酸在室温下不稳定；对铬酸、双氧水、次氯酸钠，只在浓度较小时才稳定，在浓度较大时，室温下只能短时间使用；铜盐溶液对它有特殊破坏作用；对氯化锌和氯化铵及其混合溶液相当稳定。

聚丙烯塑料是非极性结晶高聚物[3]，它对极性有机溶剂如醇、胺、腈、酰胺、醛、酮类和大多数羧酸稳定；但对脂肪烃、芳烃有不同程度的溶胀。卤素，如溴、氯气能使聚丙烯塑料卤代而受侵蚀。

在多数情况下，聚丙烯塑料作为高于聚氯乙烯使用温度时的槽体结构材料和容器材料，也可用作抽风罩、抽风管道等。

聚丙烯塑料的耐腐蚀性能见表 17-17。

表 17-17　聚丙烯塑料的耐腐蚀性能

介　质	浓度/%	温度/℃	耐蚀性能	介　质	浓度/%	温度/℃	耐蚀性能
盐酸	36	20	耐	次氯酸钠	<20	65	尚耐
	36	80	尚耐	硫酸钠(钾)	—	100	耐
硫酸	<10	100	耐	氟化钠	—	100	耐
	50	80	耐	氨水	—	100	耐
	96	20	尚耐	氢氧化钠	≤70	100	耐
	96	60	不耐		100	65	耐
硝酸	<10	100	耐	氢氧化钾	—	100	耐
	35	20	尚耐	碳酸氢钠	—	100	耐
	60	50	不耐	碳酸钠	—	100	耐
铬酸	<30	40	耐	乙醇	—	60	尚耐
	50	100	尚耐	重铬酸钾	—	100	耐
	80	65	不耐	重铬酸钠	—	100	耐
草酸	—	100	尚耐	硫酸铵	—	100	耐
磷酸	<50	65	耐	乙醇胺	—	80	耐
	85	65	尚耐	双氧水	<90	20	耐
氢氟酸	35	50	耐		<90	65	尚耐
	35	65	尚耐	高锰酸钾	25	20	耐
	50	100	不耐		25	65	尚耐
	75	20	不耐	氯化锌	—	100	耐
柠檬酸	—	65	耐	氯化铁	—	100	耐
氟硅酸	—	65	耐	硝酸银	—	100	耐
氨基磺酸	20	100	耐	二氧化氮	—	100	耐
硼酸	—	100	耐	氯化亚锡	—	100	耐
醋酸	<100	100	耐	氯化铵	—	80	耐
	<80	50	耐		—	100	尚耐
	<80	100	尚耐	氰化钠	—	100	耐

注：表中聚丙烯塑料的耐蚀性能属于尚耐的介质，不推荐用作槽体，也不能用作铬酸溶液的镀铬槽槽体。

17.4.8　硬聚氯乙烯塑料

聚氯乙烯塑料（PVC）不加增塑剂或加入 5% 以下的增塑剂时，所得制品的硬度很高，称为硬聚氯乙烯塑料。硬聚氯乙烯塑料密度小，只有碳钢的 1/5，具有良好的化学稳定性、机械加工性和可焊性；易黏合，又可注塑和模压成型；价格低廉，产量大。但硬聚氯乙烯机械强度较低、较脆，不耐磨，耐热性较差，线膨胀系数较大而且受光、热及长期受风吹雨淋，会出现强度降低、变脆、耐蚀性能降低等老化现象。

硬聚氯乙烯塑料使用温度范围：作为设备时为 $-10\sim60℃$；作为钢槽衬里等不受力构件时，最高使用温度可达 $80℃$[3]；作为管道时为 $-15\sim60℃$。使用压力范围：作为设备时为常压或真空；作为管道时为 $0.3\sim0.4MPa$。

硬聚氯乙烯塑料一般用来制作槽体、衬里、滚筒、抽风罩、通风管道、供排水管道、吊篮、容器，以及废水处理、废气处理设备等。硬聚氯乙烯塑料价格便宜，经常用来代替钢材和不锈钢使用，具有较大的经济效益。

硬聚氯乙烯塑料在室温或低于 $50℃$ 时，能耐各种浓度的酸类、碱类和盐类溶液的腐蚀。但不耐强氧化剂（如浓度 >50% 的硝酸、发烟硫酸等），在苯、二甲苯、二氯乙烷和酮类等介质中能溶胀或溶解。其耐腐蚀性能见表 17-18。

表 17-18　硬聚氯乙烯塑料的耐腐蚀性能

介　质	浓度/%	温度/℃	耐蚀性能	介　质	浓度/%	温度/℃	耐蚀性能
盐酸	≤30	50	耐	氨水	饱和	60	耐
	>35	50	尚耐	碳酸钠	任何	≤60	耐
	浓	60	尚耐	氢氧化钠	25	71	耐
硫酸	≤50	50	耐		≤40	50	耐
	≤80	60	尚耐		50	100	不耐
	75	20	耐	碳酸氢钠	饱和	60	耐
	95	60	不耐	重铬酸钾	40	60	耐
硝酸	≤50	50	耐	重铬酸钠	浓	22	耐
	≤50	60	尚耐	氯化铵	—	60	耐
	50~70	20	耐		25	80	尚耐
	70	20	不耐	氯化铁	饱和	60	耐
	95~98	20	不耐	氯化钠	—	<60	耐
氢氟酸	≤40	20	耐	氟化钠	饱和	60	耐
	40	60	尚耐	氟化钾	—	≤80	耐
	75	60	不耐		10	60	耐
铬酸	≤50	50	耐	高锰酸钾	25	22	尚耐
	>50	22	不耐		25	60	不耐
磷酸	≤30	40	耐	双氧水	<90	60	尚耐
	≤80	60	耐		>90	22	不耐
	>80	65	尚耐	乙醇胺	—	22	耐
	100	30	不耐		—	60	不耐
醋酸	≤20	60	耐	二氧化氮	—	22	耐
	≤60	20	耐	硫酸锌（镍）	—	60	耐
	≤60	60	尚耐	氯化亚锡	稀	60	耐
	80	20	尚耐	氰化钠	—	60	耐
	90	60	不耐	硫酸铜	—	60	耐
	100	20	不耐	乙醇	—	60	耐
柠檬酸	≤10	40	耐	硝酸银	—	60	耐
	≤10	60	尚耐	氯化锌	—	60	耐
氨基磺酸	—	60	耐	甲苯	100	20	不耐
硼酸	浓	60	耐	二甲苯	100	20	不耐
草酸	稀	40	耐	三氯乙烯	100	20	不耐
	稀	60	尚耐	汽油	—	20	耐

17.4.9　软聚氯乙烯塑料

当聚氯乙烯塑料（PVC）加入大量增塑剂时，则变得富有弹性，质地柔软，称为软聚氯乙烯塑料。它有较好的耐腐蚀性能，且其耐蚀性与硬聚氯乙烯塑料耐蚀性基本相似。其耐腐蚀性能大致可参考表 17-18 硬聚氯乙烯塑料的耐腐蚀性能。

软聚氯乙烯塑料具有较好的弹性、耐温性、耐冲击性和一定的机械强度。但不能作为结构材料，在电镀设备中常用作常温和中温（60~80℃）的大、中、小型槽子的衬里以及套管等。

17.4.10　氯化聚氯乙烯塑料[3]

氯化聚氯乙烯塑料（CPVC）是一种新型工程塑料，它是聚氯乙烯（PVC）经氯化改性后的产物，改性后提高了聚氯乙烯的化学稳定性和耐温性能。长期使用温度为 95℃（短期最高使用温度可达 110℃）。氯化聚氯乙烯塑料还具有良好的阻挠性、尺寸稳定性、绝热性、耐候性和抗震性，而且热膨胀系数低，受热变形小等。适合制作热水管道、阀门、水槽、浸蚀槽和电镀槽等。

氯化聚氯乙烯能耐酸、碱、盐和氧化剂的腐蚀；不易被硝酸、铬酸氧化，槽壁不易被镀上。适合制作温度低于 95℃ 的化学镀槽。但它的焊接制造比聚丙烯困难，其强度也不如聚丙烯板的高。目前该材料价格较贵。

17.4.11 有机玻璃

有机玻璃（聚甲基丙烯酸甲酯，PMMA）是热塑性塑料，具有极好的透明性，良好的耐候性和绝缘性能，表面光泽好，成形性能好，可以通过注塑、挤出、铸造等方法进行成型。而且可以进行各种机械加工和溶剂（黏合剂）黏合等。但耐冲击性差，较脆，易溶于有机溶剂，耐热性差，高于 65℃ 会发生明显变形，因此使用温度应低于 50℃。有机玻璃常用于制作小型试验用的槽子、镀槽，容器、设备上的窥镜、透明防护罩，小型滚筒以及离子交换柱等。

有机玻璃能耐低浓度的酸、碱和盐类溶液，但硝酸、铬酸的浓溶液易引起破坏；丙酮、三氯甲烷、二氯乙烷、三氯乙烯及环己酮等能溶解或部分溶解有机玻璃。有机玻璃的耐腐蚀性能见表 17-19。

表 17-19 有机玻璃的耐腐蚀性能

介 质	浓度/%	温度/℃	耐蚀性能	介 质	浓度/%	温度/℃	耐蚀性能
硫酸	25	20	耐	磷酸	50	20	耐
	25	60	不耐		50	60	不耐
硝酸	10	20	耐	醋酸	25	60	耐
	10	60	不耐		50	20	耐
盐酸	31	20	耐	氢氧化钠	10	60	耐

17.4.12 聚四氟乙烯及聚偏氟乙烯

(1) 聚四氟乙烯

聚四氟乙烯（PTFE 或 F-4）是氟塑料中的一个重要品种。它具有极强的化学稳定性，几乎不被任何化学药品所侵蚀。它耐高低温、耐腐蚀、耐老化、吸水性小，还具有优良的电绝缘性和自润滑性能。F-4 俗称塑料王，几乎耐所有化学药品的腐蚀（包括王水），但易受熔融碱金属侵蚀，摩擦系数极低，不粘，不吸水，可在 −180～250℃ 长期使用。与其他塑料相比，它的力学性能不是很好，强度低、不耐磨、硬度低、刚性差，冷流性大，不能注射成型，需烧结成型。

在聚四氟乙烯（PTFE）中加入任何能经受 PTFE 烧结温度（360～380℃）的填充剂，它的力学性能都可获得大大的改善。同时，依旧保持了 PTFE 的其他优良性能。填充剂的品种有玻璃纤维、金属、金属氧化物、石墨、二硫化钼、碳纤维、聚酰亚胺等。

聚四氟乙烯可用作耐腐蚀件，如用作加热管、冷却管。还可用作减摩耐磨件、密封件、高温绝缘件等。

(2) 聚偏氟乙烯[3]

聚偏氟乙烯（PVDF）为白色粉末状结晶性聚合物，可用一般热塑性塑料的加工方法成型。其突出优点是：机械强度高，耐辐照性好，具有良好的化学稳定性。它在室温下不被酸、碱、强氧化剂和卤素所腐蚀，仅仅不能用作发烟硫酸、强碱、酮、醚等少数化学品的储槽。聚偏氟乙烯塑料可作为要求苛刻的电镀槽的槽体或内衬材料。

17.4.13 玻璃钢

玻璃钢又称为玻璃纤维增强塑料。它是以合成树脂作为黏结剂，以玻璃纤维及其制品（布、带、毡等）作为增强材料制成的复合材料。其主要优点是质轻、比强度高、质地坚固、吸水性小、膨胀系数较小、电绝缘性能好、化学稳定性好、耐蚀性好、耐热性好、抗烧蚀、成型工艺简单。其缺点是弹性模数低、有老化现象、耐磨性能较差，某些原材料有毒性，影响施工人员的身体健康。

作为耐腐蚀材料常用的玻璃钢有环氧、酚醛、呋喃和聚酯等四类玻璃钢。玻璃钢使用温度范围如下：

环氧玻璃钢 ＜100℃

酚醛玻璃钢 ＜150℃

呋喃玻璃钢 ＜180℃

聚酯玻璃钢 ＜90℃

玻璃钢可用于制作槽体、衬里、容器等，此外还可用于制作风机、风管、风帽、酸雾净化塔、泵、操作平台及操作走道上的玻璃钢格栅等。

玻璃钢的耐腐蚀性能强，除氢氟酸、热磷酸、浓碱及氧化性介质（如硝酸、铬酸、浓硫酸等）外，几乎对所有的化学介质都是稳定的。玻璃钢的耐腐蚀性能见表 17-20、表 17-21。几种玻璃钢的主要特性比较见表 17-22。

表 17-20 环氧、酚醛、呋喃玻璃钢的耐腐蚀性能

介 质	浓度/%	环氧玻璃钢		酚醛玻璃钢		呋喃玻璃钢	
		25℃	95℃	25℃	95℃	25℃	95℃
硫酸	50	耐	耐	耐	耐	耐	耐
	70	尚耐	不耐	耐	不耐	耐	不耐
	93	不耐	不耐	耐	不耐	不耐	不耐
发烟硫酸	—	不耐	不耐	耐	不耐	不耐	不耐
盐酸	—	耐	耐	耐	耐	耐	耐
硝酸	5	尚耐	不耐	耐	不耐	尚耐	不耐
	20	不耐	不耐	不耐	不耐	不耐	不耐
	40	不耐	不耐	不耐	不耐	不耐	不耐
醋酸	10	耐	耐	耐	耐	耐	耐
磷酸	—	耐	耐	耐	耐	耐	耐
铬酸	5	耐	耐	耐	耐	耐	耐
	50	不耐	不耐	不耐	不耐	不耐	不耐
草酸		耐	耐	耐	耐	耐	耐
氢氟酸	—	不耐	不耐	耐	不耐	耐	不耐
柠檬酸		耐	耐	耐	耐	耐	耐
硼酸	—	耐	耐	耐	耐	耐	耐
氢氧化钠	10	耐	耐	不耐	不耐	耐	耐
	30	尚耐	尚耐	不耐	不耐	耐	耐
	50	尚耐	不耐	不耐	不耐	耐	耐
氯化铁,硝酸铁,硫酸铁	—	耐	耐	耐	耐	耐	耐
氯化锌,硝酸锌,硫酸锌	—	耐	耐	耐	耐	耐	耐
氯化铵,硝酸铵,硫酸铵	—	耐	耐	耐	耐	耐	耐
氯化镍,硫酸镍	—	耐	耐	耐	耐	耐	耐
丙酮	—	耐	不耐	耐	耐	耐	耐
苯酚	5	耐	尚耐	耐	耐	耐	耐
三氯乙烯	—	耐	尚耐	耐	耐	耐	耐

表 17-21 聚酯玻璃钢的耐腐蚀性能

介质	浓度/%	聚酯玻璃钢771		聚酯玻璃钢711		介质	浓度/%	聚酯玻璃钢771		聚酯玻璃钢711	
		20℃	50℃	20℃	50℃			20℃	50℃	20℃	50℃
硫酸	5	耐	耐	耐	耐	醋酸	5	耐	耐	耐	耐
	10	耐	耐	耐	尚耐		50	耐	不耐	耐	不耐
	30	耐	—	尚耐			浓	耐	不耐	耐	不耐
盐酸	5	耐	尚耐	耐	尚耐	氢氧化钠	5	耐	耐	耐	耐
	30	耐	耐	耐	耐		20	耐	耐	不耐	不耐
	浓	尚耐	不耐	尚耐	不耐	氯化钠	30	耐	耐	耐	耐
硝酸	5	耐	不耐	耐	不耐	氨水	—			耐	
	25	不耐	不耐	不耐	不耐	次氯酸钠	50	耐	—	耐	—
磷酸	10	耐	耐	耐	尚耐	氰化钠	10	耐	耐	耐	耐
	30	耐	耐	耐	尚耐	丙酮,苯	—	不耐	—	不耐	—
	浓	耐	不耐	耐	不耐	乙醇	—	耐	不耐	耐	不耐

表 17-22 环氧、酚醛、呋喃、聚酯玻璃钢的主要特性比较

特性	环氧玻璃钢	酚醛玻璃钢	呋喃玻璃钢	聚酯玻璃钢
耐酸性	较好	好	好	一般
耐碱性	较好	差	好	差
耐有机溶剂性	一般	好	好	差
耐水性	最好	很好	好	很好
耐热性	较低(<100℃)	较高(<150℃)	高(<180℃)	低(<90℃)
力学性能	好	较好	较好	好
电绝缘性能	最好	好	好	好
固化时挥发物	无	有	有	无
固化后收缩率	小	较大	较大	大
成型压力	低—中	低—高	低—高	低—中
最大优点	力学性能好	耐酸性优良	耐强酸强碱	加工工艺性好
最大缺点	不易脱模	性脆	加工工艺性差	收缩率大
成本	较高	较低	较低	低

17.4.14 化工陶瓷

化工陶瓷的耐蚀性能优异,除氢氟酸、氟硅酸等含氟的酸类,高浓度高温的磷酸和浓碱外,几乎能耐各种浓度的无机酸、有机酸和有机溶剂的腐蚀。

陶瓷性脆,安装及使用中应避免碰撞、震动和局部过热或骤冷骤热,不允许用火焰直接加热,不能用于易燃易爆介质。一般用作独立槽体(如用作水槽、酸性或碱性溶液槽)或置于金属槽内作防腐蚀内套槽用,水套可加热或冷却用。耐酸瓷板可用作大型槽的衬里,也常用作小型工艺试验槽、小零件处理用槽等。

化工陶瓷槽一般在唐山、宜兴等主要陶瓷生产厂家均有定型槽体产品供应,部分化工陶瓷槽规格列入表 17-23、表 17-24、表 17-25,供选用参考。

表 17-23 化工矩形陶瓷槽规格（中小容积）

容积 /L	内部尺寸			容积 /L	内部尺寸		
	长度 L/mm	宽度 B/mm	高度 H/mm		长度 L/mm	宽度 B/mm	高度 H/mm
15	300	230	230	120	600	400	500
25	400	250	250	120	600	500	400
30	400	300	250	120	800	500	300
40	450	300	300	150	600	500	500
50	500	300	350	165	800	500	400
60	700	300	300	180	800	450	500
80	500	400	400	210	700	600	500
80	600	450	300	槽子简图			
90	500	400	450				
90	600	500	300				
100	700	500	300				

表 17-24 化工矩形陶瓷槽规格（大容积）

容积 /L	内部尺寸			容积 /L	内部尺寸		
	长度 L/mm	宽度 B/mm	高度 H/mm		长度 L/mm	宽度 B/mm	高度 H/mm
150	1000	500	300	490	1000	700	700
200	800	500	500	560	1000	700	800
200	1000	500	400	640	1000	800	800
250	1000	500	500	420[①]	1200	700	500
280	800	600	600	580[①]	1200	700	700
300	1000	500	900	760[①]	1200	800	800
300	1000	600	500	槽子简图			
360	1000	600	600				
375	900	700	600				
420	1000	700	600				

① 1200mm 的矩形槽外面有 4 根加强筋。

表 17-25 化工圆形平底陶瓷槽规格

尺寸 /mm	容积/L	100	200	300	500	800	1000	1500	外形图
	内径 D_g	450	550	650	800	900	1000	1100	
	外径 D_1	530	650	750	920	1020	1120	1240	
	槽深 H	630	850	910	1000	1260	1600	1580	
	壁厚 s	20	25	25	30	30	30	35	
	槽边厚 h	30	40	40	45	45	50	60	
	底例排液孔 d_g	25	25	25	25	40	40	40	

17.4.15 化工搪瓷

化工搪瓷是由硅含量高的瓷釉通过 900℃ 左右的高温搪烧，使瓷釉附着于金属胎表面而制成的。由于瓷釉层对金属的保护（瓷釉层厚度一般为 0.8～1.5mm），使搪瓷设备具有优良的耐蚀性能和一定的导热性能。但瓷釉层较脆，不能受硬物体碰撞，耐温急变性能差。

化工搪瓷一般在缓慢加热或缓慢冷却的条件下，使用温度为 −30～270℃，化工搪瓷对大多数无机酸、有机酸、有机溶剂等介质，尤其是对硫酸、盐酸、硝酸等具有优良的耐蚀性能，但不耐强碱、氢氟酸和含氟离子的介质。化工搪瓷常用作化学镀槽、小型电镀槽、搪瓷容器，以及耐腐蚀的加热管、冷却管等。

第18章

滚镀设备及电镀自动线

18.1 概述

(1) 滚镀设备

滚镀设备是指能使制件在回转容器中进行电镀的设备。适用于小型零件。

为了克服滚镀的某些局限性，近些年来对滚镀设备进行一些改善和改进，如扩大滚筒直径和长度，简化装卸料的操作，使适宜滚镀的零件尺寸和重量增大了；改善滚筒镀液的循环，使电流密度得以提高，缩短了电镀时间。随着滚镀设备结构的不断改进，其应用将会更加普遍。

滚镀设备依其结构形式和装载量，可分为卧式滚筒镀槽、倾斜式滚筒镀槽、钟形滚镀机、微型滚镀机和卧式滚镀机等。钟形滚镀机由于盛装溶液量少，镀液不够稳定，溶液浪费大，不便安装加热管等缺点，已被倾斜潜浸式滚镀槽所代替，现基本上不采用。

(2) 电镀自动线

电镀自动线是指按电镀工艺的工序将所需的有关槽子、镀件提升输送装置、电气控制装置以及所需的附属装置等组合为一体，按照预先制定好的工序程序、工艺时间和受镀时间要求，进行不间断工作，并自动地完成电镀作业全部过程的生产线。电镀自动线生产效率高，产品质量稳定，劳动条件好，但设备投资较高，维护较复杂。

电镀自动线按其结构特征，主要分为直线式（程控吊车式）自动线和环形（椭圆形、U形）自动线两大类。此外，还有悬挂式输送链通过式自动线及螺旋式自动线等。自动线的特点及适用范围见表18-1。

表 18-1 自动线的特点及适用范围

自动线类型	特　点	适用范围
直线式电镀自动线	生产线槽子按直线排列方式布置,采用门式专用输送车(吊车),依靠程控指令来实现工序间(槽子之间)的零件传递,完成电镀作业。主要工艺加工槽子数量是按生产量计算的,而辅助槽子是按工序需要配备的,因而辅助槽往往负荷较低 生产工艺的变更,可通过程控装置的编程来实现,适应性强,灵活性大,传送工件可自动控制,也可手工控制。这种生产线的设备结构、制造及安装简单,而电气控制复杂	适用于大、中、小型零件各种批量的生产规模,使用很普遍,是目前电镀自动线的主要形式
环形电镀自动线	采用机械联动输送装置,自动线上各工艺槽的长度是按工序处理时间确定的,各槽一般为满负荷状态,生产效率高,产量大。但工艺适应性不强,灵活性小,工艺过程变更困难 与直线式电镀自动线相比,环形电镀自动线的机械结构复杂,制造安装时间较长,造价较高	适用于电镀工艺成熟、稳定的中小型加工零件,大批量或两班制或三班制连续生产的生产规模

18.2 滚镀设备

滚镀的特点如表18-2所示。

表 18-2　滚镀的特点

优　点	缺　点
1. 滚镀不需装挂,很适合小型零件电镀,可以节省大量装挂零件的时间 2. 增加镀槽的一次装载量,提高生产效率 3. 滚镀过程中能使零件不断翻滚、搅拌和相互摩擦,使镀层的厚度均匀性和光洁度有所提高 4. 不需要挂具,减少了挂具上的无效镀层,节约电能和金属材料	1. 滚镀零件的形状和大小受到一定限制,适宜的镀层厚度低于挂镀,多数厚度在 $10\mu m$ 以下 2. 由于滚筒的封闭结构引起的缺陷(与挂镀比较):镀层沉积速度慢;镀液分散能力和覆盖能力下降;槽电压较高等

改进措施	改进筒壁开孔、向滚筒内循环喷流及开发性能优良的滚镀专用添加剂等,可使其得到改善
适合滚镀的镀种	镀锌、镀镉、镀铜、镀锡、镀镍、镀铬、镀银、镀金以及某些电镀合金等
不适宜滚镀的零件	1. 滚镀时易成堆翻滚,容易造成变形的零件 2. 容易在翻滚时产生"搭桥"现象的枝叉零件 3. 容易互相贴合在一起的零件(如弹簧、薄片等)或在滚镀中容易漂浮的薄片零件等 4. 容易碰损的零件和要求保持棱角的零件。孔内也要求有均匀镀层的零件 5. 要求镀层厚度超过 $10\mu m$ 的零件。质量超过 $0.5kg$ 的零件等

18.2.1　卧式滚筒镀槽和滚镀机

　　卧式滚筒镀槽主要由滚筒、槽体、传动装置及导电装置等组成。其典型的结构形式如图 18-1 所示。

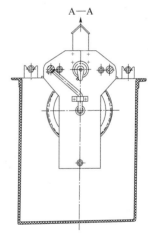

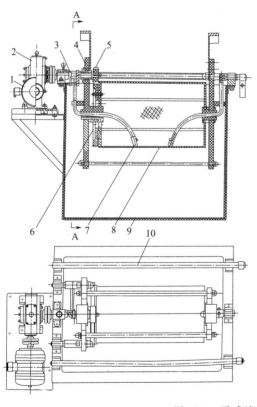

图 18-1　卧式滚筒镀槽

1—电动机；2—减速器；3—拨爪式离合器；4—滚筒吊架；5—小齿轮；
6—大齿轮；7—阴极导电装置；8—滚筒体；9—槽体；10—阳极导电杆

18.2.1.1　滚筒

　　滚筒由滚筒体、滚筒门、阴极导电装置、小齿轮、大齿轮、滚筒吊架、轴承等组成(其结构形式见图 18-1)。滚筒驱动的动力,由电机通过减速器、离合器传动至小齿轮,通过与滚筒连成一体的大齿轮，使滚筒旋转。

（1）滚筒材料

除所有导电部分外，都用绝缘的耐腐蚀材料制作。常用的材料有硬聚氯乙烯、聚丙烯及有机玻璃。有机玻璃脆性大，表面易划毛，因此只应用在电镀过程中需要经常观察镀件情况的小型滚筒，如镀金、镀铑等。也有采用环氧玻璃布层压板等玻璃钢材料制作的，这种滚筒具有强度高，耐热性好等优点，但加工制作比硬聚氯乙烯塑料困难。滚筒体壁厚一般为 6～10mm，小滚筒一般可取 3～5mm。壁较薄时，导电好，但强度差，易损坏；壁太厚，导电较差，影响沉积速度和分散能力，应适当掌握。

（2）滚筒形状

滚筒通常采用六角形、八角形和圆形。大型滚筒采用八角形。

① 从零件翻动的均匀性来看，六角形优于圆形，尤其是装料量不超过 1/2 时更为明显。

② 圆形滚筒制作方便，而且当外形尺寸相同时，圆形滚筒的装料量比六角形多 20％～25％。圆形滚筒内壁装上几根纵向矮肋，可促使零件均匀翻滚。

③ 为使滚筒的内切圆与外切圆的半径相差不致太大，以利于导电稳定，当滚筒的内切圆直径大于 420mm 时，应采用八角形滚筒。

④ 当经常需要同时滚镀两种不同零件时，可将滚筒分为两段（即成为左右两格）。

⑤ 一般卧式滚筒尺寸多数直径在 300～350mm，长度在 450～800mm。

⑥ 一般常采用六角形滚筒。其长度为直径的 1.25～1.8 倍。

（3）筒壁开孔

滚筒壁上开孔的作用，是使阴极与阳极之间的电流顺利导通，同时在筒内形成镀液对流的通道。孔的形状有圆孔、方孔和矩形长孔等。

① 各种形式孔的特点，见表 18-3。

表 18-3　各种形式孔的特点

孔的形状	特　点
圆孔	可以随时根据产品尺寸在未曾开孔的新滚筒壁上任意钻孔，比较方便。开孔面积占筒壁面积的百分比值较方孔和矩形孔小，对电力线的通过和镀液的流通没有方孔和矩形孔好
方孔、矩形孔	应在制作滚筒时，预先确定孔的形状和尺寸，按计划订购加工好的多孔板。开孔面积占筒壁面积的百分比值较大，对电力线的通过和镀液的流通较好。也可减少滚镀时的镀液带出损失，降低滚镀时的槽电压，减少镀液温升等

② 圆孔加工的基本原则。加工圆孔的尺寸与加工的基本原则见表 18-4。

表 18-4　圆孔加工的基本原则

被镀零件的直径或开孔直径	加工基本原则
被镀零件最小部分直径为 1.8mm	一般采用垂直于筒壁的小孔，孔的直径可稍大些（孔径用 2mm）。孔的数量在保证滚筒强度和刚性的前提下，应尽量多些，两排孔的位置相互交错，以正三角形排列为好
被镀零件最小部分直径＜1.8mm	孔径可取小于或等于 2mm。正三角形排列，孔中心距为 5mm，宜钻斜孔，使孔的轴线与筒壁平面夹角为 45°～50°，轴线应向滚筒旋转方向倾斜，使旋转时镀液易于进入筒内
开孔直径＞5mm	孔的中心距不应过大，否则在大电流密度下工作时，零件容易局部烧焦，出现孔印似的点状花纹

③ 对于滚筒的圆孔，正三角形排列时，垂直开孔的孔径与孔中心距的关系见表 18-5。

表 18-5　正三角形排列时，垂直开孔的孔径与孔中心距的关系[3]

开孔直径/mm	1.5	2	3	5	7	9
孔中心距/mm	4	5	7	9	11	13
开孔面积占筒壁面积百分比/%	12.75	14.51	16.66	28	36.7	43.47

④ 比较新式的滚筒结构，一般多采方孔和矩形孔。方孔滚筒多采用模压法制成开孔塑料板（国内有厂家加工此种塑料网孔板），加工装配成滚筒。

⑤ 为了增大开孔面积，有的将滚筒两端的平板做成球或角锥形，并在端板上开孔，以改善滚镀条件。

（4）滚筒门

滚筒门是供零件装卸用的。其结构要求应保证闭合可靠，开闭方便，门缝配合严密，并有足够弹性。滚筒门按其结构形式，分为手工开闭门和自动开闭门两种。

① 手工开闭滚筒门。常用的手工开闭滚筒门，多为带插闩的平板结构，门口为一方孔，其位置在六角滚筒的一个侧板上或圆形滚筒壁上。还有一种用不锈钢弹性卡板来紧固的平板筒门。

② 自动开闭滚筒门。自动装卸滚筒有自动开闭门滚筒和开口滚筒两类。自动开闭门又分为自动摆动开闭的和自动滑动开闭的两种。开口滚筒分为水平摆动滚筒和蜗壳式滚筒两种。自动装卸滚筒门的特点及工作原理如表 18-6 所示。

表 18-6 自动装卸滚筒门的特点及工作原理

类　型		特点及工作原理
自动开闭门滚筒		利用滚筒的自重存在的惯性，在滚筒正向运转时，筒门在拨杆的作用下自动关闭，开始滚镀，而到装卸位置时，驱动装置使滚筒倒转，此时，筒门被拨杆推开，一边转动一边卸料，并在卸料终止时，停在向上倾斜的固定位置，等待自动装料
		由于其结构比较精巧，对于较重的和较大的零件，容易引起筒门变形或卡住门板，故很少采用
开口滚筒	水平摆动滚筒	筒门没有门盖板，在滚镀过程中始终敞开，滚筒不进行整圈旋转，而只绕水平轴线摆动 180°，因而滚筒的开口总是在向上的位置。装好零件后作左右摆动，滚镀零件不可能在滚动过程中掉出来，在滚镀结束以后，滚筒进入装卸位置，驱动装置带动滚筒连续转动，零件全部卸出，最后停止在向上倾斜的固定位置，等待自动装料
		这种滚筒适宜于比较容易翻动的零件的滚镀和允许电流密度范围较大的电镀工艺
	蜗壳式滚筒	滚筒的横截面呈蜗形曲线状，筒门开口始终敞开，在滚镀过程中开口朝向与滚筒旋转方向相同，滚镀零件在筒内沿蜗形曲线向内滑行，转动一圈后跳过筒门开口处的喉部而继续在筒内滑动，每转一圈有一处大的跌落，翻动比较剧烈；滚镀结束后，卸料时只要将滚筒反转，零件自动滑出喉部，从滚筒门的开口处卸料
		适用于螺钉、螺母及球状零件的滚镀，薄片状零件及质轻、易飘浮的零件，往往会在出料时粘贴在壁上，无法自动卸料，或者在滚镀过程中随着旋转造成筒内镀液旋涡，而将零件抛出筒外

（5）滚筒内的阴极导电装置

电流通过阴极导电装置传递给工件，导电过程是否连续、稳定，对镀层质量和生产效率有很大影响。但阴极导电装置与镀液接触部分，也会被镀上金属，使用一段时间后，要清除过厚的镀层或镀瘤。

滚筒内的阴极导电装置的设置见表 18-7。

表 18-7 滚筒内的阴极导电装置

阴极导电装置	导电装置示意图[3]
1. 阴极导电装置最常用的是"象鼻"式导电装置（见右图），它是用一根绝缘的铜线电缆端头焊接一个铜头（铜头的直径为 20～40mm，长度为 40～60mm），伸入滚筒下部与镀件接触，电缆另一端由滚筒端部的空心轴孔穿出，与阴极导电座相连，达到导电的作用 2. 当滚筒长度小于 600mm 时，一般在滚筒左右两端各设一根"象鼻"式电缆。软电缆铜芯插入铜头中心孔内，用螺钉压紧或用锡焊焊牢 3. 滚筒长度大于 600mm 时，可在滚筒轴线中央安装一根绝缘的铜轴，从其上引出 3～4 个"象鼻"式电缆 4. 当被镀零件自重较大、翻动均匀性不好时，阴极导电装置还兼有搅拌的作用 5. 为适应不同滚镀件和工艺要求，可以设计许多阴极导电装置，如可在滚筒的端板上嵌装几个导电金属钮；在滚筒端板上伸出几根与滚筒中心轴线平行的导棒；将阴极导电的金属钮安装在滚筒圆柱或多棱面壁的内表面，从外表面用金属导体与阴极连接等	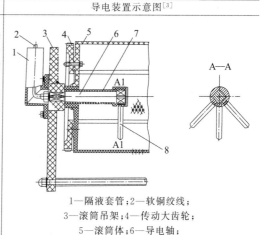 1—隔液套管；2—软铜绞线； 3—滚筒吊架；4—传动大齿轮； 5—滚筒体；6—导电轴； 7—绝缘定距套；8—阴极

(6) 滚筒的装料量

根据生产经验，滚筒的零件装料量（指堆容积）占滚筒内部容积的 1/4～1/3，而 1/3 左右较合适。装料量小，会造成零件翻动不良，而且产量低；装料量过大，也会造成零件翻动不良，而且会使滚筒内部溶液与外部溶液的浓度差明显增大，造成镀层不均匀，沉积速度慢。因此，滚筒的最大装料量不应超过滚筒内部容积的 1/2。

(7) 滚筒转速

滚筒转速与电镀种类、滚筒直径及零件表面光亮度的要求等因素有关。选择滚筒转速时，首先要考虑镀种。常用镀种与滚筒转速的关系参见表 18-8。

表 18-8 镀种与滚筒转速的关系

电镀种类	滚筒转速/(r/min)	电镀种类	滚筒转速/(r/min)
镀锌、镀镉	4～8	镀锡	6～10
镀镍、镀铜	8～12	镀铬	0.2～1
镀银	3～6		

选用滚筒转速时，考虑以下几点。

① 为减少镀层磨损，对直径大的滚筒选用较低的转速，对直径较小的滚筒可以选用较高的转速。若要求镀层有较高的光亮度时，可选取上限转速。

② 选用大直径滚筒时，要保持必要的翻滚周期（即零件从内层翻到表层，又从表层翻回内层所需要的时间），必须加大转速，因转速越高，翻滚周期越短。

③ 对于要求连续导电，电流非常稳定的镀层，选用低转；零件尺寸越小，转速越慢。

④ 对于硬度较低的镀层，为减少镀层磨损，宜选用较低的转速。

(8) 滚筒的传动装置

滚筒的传动结构形式见表 18-9。

表 18-9 滚筒的传动结构形式

传动结构形式	传动装置构造
多台滚筒联合传动方式	直线式滚镀生产线常用的是总轴齿轮传动方式。由电机经减速器、总传动轴、每个工位的正交斜齿轮、小齿轮及滚筒上的大齿轮等使滚筒转动。由于总传动轴一般用万向联轴节连接，传动距离较长，一般分为数段，每段轴的长度一般约 2m 左右。齿轮模数一般≥5mm，具有足够的强度，能承受一定的冲击负荷，也便于啮合
单机传动方式	可分为两种传动方式： 1. 在滚镀槽上设置传动机构，通过离合器或小齿轮连接到滚筒支架上的齿轮传动系统，使滚筒转动。这种传动方式的滚筒上没有电动机和减速器，重量较轻，制造方便，费用低。适用于镀件装载量大、数量多的生产 2. 在每个滚筒上设一套传动机构，由电机经减速器、小齿轮、大齿轮，使滚筒转动。这种传动方式，省去了槽边传动装置的繁琐，生产线整齐、简洁，并可实现滚筒的无级调速，适合镀件装载量小、数量少的生产

(9) 滚筒浸入镀液中的深度

滚筒浸入深度应尽可能大，以提高镀件的电镀面积（多装零件）。滚筒浸入深度应使镀件电镀时不露出镀液液面，电镀过程中滚筒内产生的气泡应能及时排出，并能使滚筒内镀液自然循环流动。滚筒浸入深度可分全浸式和半浸式两种。

① 全浸式滚筒。滚筒浸入镀液中的深度，约为滚筒直径的 70%～80%，此时滚镀的电流效率最高。多数采用全浸式滚筒。

② 半浸式滚筒。滚筒浸入镀液中的深度，约为滚筒直径的 30%～40%。由于滚筒浸入量少，镀液的导电截面也较小，筒内的镀液浓度降低较快，因此电流效率较低。半浸式滚筒的中间轴不接触镀液，结构较简单。

18.2.1.2　滚镀槽及卧式滚镀机

滚镀槽由槽体、阳极导电杆、加热装置或冷却装置等组成。

① 槽体材料。滚镀槽的槽体、加热管或冷却管等的材料，以及结构基本上与相同镀种的固定镀槽相同。

② 槽体的内部尺寸。其内部尺寸依据滚筒外形大小和与槽壁及槽底的距离等确定。滚筒外廓与阳极之间的距离一般为 80～150mm，滚筒距槽底一般为 300mm 以上，液面距槽边约 80～100mm。实际盛装镀液的容积应按长、宽和液面高计算后扣除滚筒装料的实际容积。滚镀槽的容积应比较宽裕一些，容积稍大可以延长镀液调整周期，减小镀液浓度波动，也有利于镀液自然冷却。

③ 常用卧式滚镀槽的规格。常用卧式滚镀槽的主要技术性能规格列于表 18-10。

④ 卧式滚镀机。国内滚镀设备（卧式滚镀机）的生产厂家很多，都有各自的技术规格的产品供应，现将其部分产品性能规格列于表 18-11、表 18-12、表 18-13，供参考。

表 18-10　常用卧式滚镀槽的主要技术性能规格

技术性能规格		滚筒类型						
		全浸式						半浸式
镀槽溶液容积/L		250	440	640	580	670	760	770
镀槽内部尺寸/mm	长	800	900	1000	1000	1150	1300	1150
	宽	560	700	800	900	900	900	960
	高	650	800	900	750	750	750	800
滚筒内切圆直径/mm		260	350	420	350	350	350	570
滚筒内部长度/mm		500	600	700	600	750	900	820
最大装料量/kg		20	30	50	30	50	50	20
最大工作电流/A		150	200	300	300	300	300	200
滚筒转速		按工艺需要制作						
电机功率/kW		0.18	0.25	0.4	0.4	0.4	0.4	0.25

表 18-11　卧式滚镀机的主要技术性能规格（1）

名称	型号	装料量/kg	滚筒尺寸（长×直径）/(mm×mm)	滚筒转速/(r/min)	材质		外形尺寸/mm		
					滚筒	其他	长	宽	高
GD系列变速滚镀机	GD-1	1	170×90	7、11、15、25	PC	PMMA	300	170	460
	GD-2.5	2.5	280×120		PP	PP	410	210	540
	GD-5	5	280×170	7、11、15	PP	PP	410	245	640
	GD-10	10	380×240		PP	PP	500	300	690

说明及设备外形图	中小型卧式滚筒。GD-1 型为微型滚镀机 材料：PC(聚碳酸酯)，PP(聚丙烯)，PMMA(有机玻璃) 筒壁开孔：有方孔、条形孔、网孔、圆孔等多种选择，适用的零件范围较宽 　滚筒门：压盖式滚筒门上镶嵌有密封胶条，不易夹、卡零件，且胶条耐酸、碱、高温等插板式滚筒开门的筒盖与筒体配合严密，不存在零件的夹、卡现象 　可多台组成小型滚镀生产线，灵活使用	

续表

名称	型号	装料量 /kg	滚筒尺寸（长×直径） /(mm×mm)	滚筒转速 /(r/min)	筒壁开孔	镀槽容积 /L
GD 系列 卧式滚筒	GD-20	20	550×280	7	方孔或圆孔	390
	GD-30	30	600×320	7	方孔或圆孔	480
	GD-40	40	600×370	7	方孔或圆孔	540
	GD-50	50	650×400	7	方孔或圆孔	650

说明及设备外形图

GD 系列卧式滚筒　　　GD 系列多工位滚镀一体机及生产线　　　GD 系列升降平移式滚镀机

1. GD 系列卧式滚筒为六角形全浸卧式滚筒，装载量大，翻滚好
2. GD 系列多工位滚镀一体机及生产线，由手推行车、载柱式轨道、电动提升、出料斗和四工位（也可为六工位或八工位）滚镀机等组成。是一种适于小零件大批量的半自动滚镀生产线
3. GD 系列升降平移式滚镀机，由单体式滚镀机和升降平移部分组成，可自由拆装。电动控制滚筒升降，吊重大。既可单机使用，又可多台组合成滚镀生产线

本表内滚镀机等设备，均为邯郸市大舜电镀设备有限公司的产品

表 18-12　卧式滚镀机的主要技术性能规格（2）

名称	型号	装料量 /kg	滚筒尺寸（长×直径） /(mm×mm)	滚筒转速 /(r/min)	筒壁开孔	镀槽容积 /L
GD 系列 单体式 滚镀机	GD-5D	5	280×170	7、11、15	方孔或圆孔	160
	GD-10D	10	380×240	7	方孔或圆孔	230
	GD-20D	20	550×280	7	方孔或圆孔	390
	GD-30D	30	600×320	7	方孔或圆孔	480
	GD-40D	40	600×370	7	方孔或圆孔	540
	GD-50D	50	650×400	7	方孔或圆孔	650

说明及设备外形图

用于小零件的滚镀锌、铜、镍、锡、银、合金等设备材质采用全聚丙烯，耐高温

可实现滚筒的旋转周期换向，使零件翻动更均匀、充分，邯郸市大舜电镀设备有限公司的产品

名称及型号	滚筒尺寸（直径×长） /(mm×mm)	装料量 /kg	滚筒转速 /(r/min)	镀槽尺寸 /(mm×mm×mm)
GDD-1 型 单体 卧式滚镀机	330×500	20	8～12	750×700×650
	390×600	30	8～12	840×800×800
	390×700	40	8～12	940×880×850
	390×800	50	8～12	1040×800×850
河北林安环保电镀设备厂的产品				

名称	型号	滚筒尺寸（直径×长） /(mm×mm)	装料量 /kg	滚筒转速 /(r/min)	最大工作电流 /A	镀槽尺寸 /(mm×mm×mm)
卧式 水平滚镀机	GD-20	260×500	20	8～10	150	800×560×650
	GD-30	350×600	30	8～10	200	900×700×800
	GD-50	420×700	50	8～10	300	1000×800×900

表 18-13　化学镀膜滚镀机及钕铁硼滚镀机的技术性能规格

名称	型号	滚筒尺寸(长×直径)/(mm×mm)	装料量/kg	滚筒转速/(r/min)	筒壁开孔	镀槽容积/L
化学镀膜滚镀机	GD-5H	280×170	5	3、5	方孔或圆孔	80
	PDL-2.5	280×120	2.5	3、5	方孔或圆孔	—
	PDL-5	280×170	5	3、5	方孔或圆孔	—

名称	说明及设备外形图
	可用于小零件化学镀镍磷、铜、锡、金等 ①材质采用全聚丙烯(PP),耐高温,且能满足强酸清理滚筒金属渣的工艺要求 ②滚筒转速低于电镀滚筒,以利于金属层的化学沉积 ③GD-5H 型配有保温槽,滚筒与镀槽匹配合理,并设有排水孔

名称	型号	装料量/kg	滚筒转速/(r/min)	材质		外形尺寸/mm			镀槽内部尺寸/mm			镀槽容积/L
				滚筒	其他	长	宽	高	长	宽	高	
GD 系列钕铁硼多头滚镀机	GD-S	2.5 或 5	7、11、15、25	PP 或 PC	PP	2100	750	850	2000	450	650	585
	GD-S/h	2.5 或 5				2300	750	850	1850	450	650	540
	GD-S/hw	2.5 或 5				2400	800	900	1850	450	650	540
	GD-S/B	2.5 或 5	0～25			2100	750	850	1000	450	650	585
	GD-S/h-B	2.5 或 5	0～25			2300	750	850	—	—	—	540
	GD-S/hw-B	2.5 或 5	0～25			2400	800	900	—	—	—	540
	GD-L	2.5 或 5	7、11、15、25			1050	750	850				290

说明及设备外形图

GD 系列(钕铁硼)多头滚镀机及滚镀生产线见图 18-2

根据钕铁硼产品材质脆性大、结构疏松多孔、片状零件易粘贴等特点,设计确定合理的滚筒结构、滚筒转速、滚筒材质和滚筒数量,以满足钕铁硼零件规模化电镀生产的要求。配套有 GDF300/12 型(300A/12V)四头机专用电镀电源一台,设置四路正、负极输出,分别与四个滚筒连接,四个滚筒的设置电流均能单独显示;KDF-50 及 KDF-100 型电镀电源,对单机单筒供电

另外,可用于无线电、仪器、仪表、钟表、制笔、五金等行业小零件的滚镀生产

型号说明:

①GD-S:滚筒变档调速,普通型标准配置(四头滚镀机简称四头机,即"一拖四")

②GD-S/h:GD-S 型基础上增加回收槽工位

③GD-S/hw:GD-S/h 基础上增加镀槽保温功能,适用于溶液需要加温的镀种

④GD-S/B:GD-S 基础上增加变频调速器,滚筒既可变档调速又可变频调速

⑤GD-S/h-B:GD-S/B 基础上增加回收槽工位

⑥GD-S/hw-B: GD-S/h-B 基础上增加镀槽保温功能,适用于溶液需要加温的镀种

⑦GD-L:滚筒变档调速,普通型标准配置(两头滚镀机简称两头机,即"一拖二")

透水性好:滚筒采用注塑方孔 PP 拼块或强力耐冲击 PC(聚碳酸酯)板,开孔率高,透水性好,溶液流通性能提高,液体带出量减少

增加"外喷流":改变传统的向滚筒内循环喷流,增加"外喷流",改善紧贴滚筒内壁表层零件附近的金属离子浓度,减轻"滚筒眼子印",加快镀层沉积速度

本表内滚镀机等设备,均为邯郸市大舜电镀设备有限公司的产品

(a) GD系列(钕铁硼)多头滚镀机　　　　(b) GD系列(钕铁硼)滚镀生产线

图 18-2　GD 系列（钕铁硼）多头滚镀机及滚镀生产线

18.2.2 卧式滚筒翻转式滚镀机

卧式滚筒翻转式滚镀机是卧式滚筒滚镀的一种形式，其装料量较大（10～50kg，甚至更大）时，加上自重及残留溶液，必须采用机械提升及装卸料。这种滚镀机就是为便于手工装卸料而设计制作的。翻转式滚镀机是利用杠杆翻转机构，将卧式滚筒由装卸位置的支架上，提升翻转摆动120°左右，送到滚镀槽的支架上，进行滚镀，滚镀结束后，翻转机构又将滚筒提升并翻转送回装卸位置的支架上，然后开动滚筒门，使零件卸到支架下方的料筐内。卧式滚筒翻转式滚镀机外形如图18-3所示，其技术规格见表18-14。

图 18-3　卧式滚筒翻转式滚镀机

表 18-14　卧式滚筒翻转式滚镀机的技术规格

型号	滚筒尺寸(直径×长度)/(mm×mm)	最大装料量/kg	槽体尺寸(长×宽×高)/(mm×mm×mm)	滚筒转速/(r/min)	最大工作电流/A
FDJ-1	260×500	20	800×560×650	8～12	150
FDJ-2	350×600	30	900×700×800	8～12	200
FDJ-3	400×700	50	1000×800×950	8～12	250
FDJ-4	580×850	80	1200×950×1050	8～12	450
备注	合肥恒力电子装备公司的产品				
型号	滚筒尺寸(直径×长度)/(mm×mm)	装料量/kg	槽体尺寸(长×宽×高)/(mm×mm×mm)		
D-1A	390×600	30	1000×840×800		
G-2	330×450	20	900×650×620		
G-3	250×350	10	740×560×620		
备注	无锡出新表面工程设备有限公司的产品				

18.2.3 倾斜式滚筒镀槽

倾斜式滚筒镀槽，是一种将钟形滚筒倾斜浸入镀槽进行电镀的滚镀设备。其装卸料导料槽的里端正对滚筒开口的边沿，卸料时，手工操作将升降手把压下，滚筒渐渐离开液面，使筒内溶液排净，升降手把再下压，筒内零件经导料槽进入装料的料筐中。装料时，将升降手把抬高，滚筒下斜浸入镀液中，被镀零件经导料槽进入滚筒内。装卸料非常方便。

这种滚筒镀槽应用比较广泛，常用于批量生产中尺寸精度要求较高的零件的滚镀。

（1）倾斜式滚筒镀槽的结构组成

倾斜式滚筒镀槽由驱动系统、滚筒、阴极导电装置、阳极导电杆、槽体、导料槽、升降手把等组成，其结构形式如图18-4所示。

滚筒的敞口断面制成八角形或圆形，滚筒工作时，滚筒轴线与水平线的夹角为40°～45°，筒壁一般用5mm厚的硬聚氯乙烯板或有机玻璃板制作，筒壁上开孔直径不宜大于4mm，以保证滚筒强度。开孔尺寸的选择原则与卧式滚筒相同。

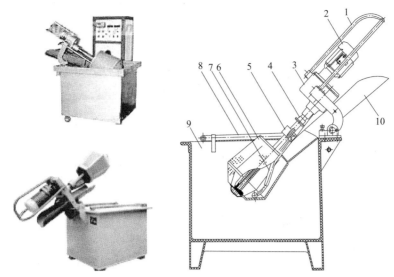

图 18-4 倾斜式滚镀槽

1—升降手把；2—电机；3—减速器；4—快速拆装联轴节；5—伞形挡液罩；

6—滚筒；7—阴极导电装置；8—阳极导电杆；9—槽体；10—导料槽

阴极导电装置采用较粗的橡胶绝缘铜芯软电缆或用绝缘的实心硬铜棒作为主导电杆插入滚筒中，末端接一根短的"象鼻"式阴极，使端部具有一定的弹性。

驱动装置比较简便，由电机通过减速器，直接传动至滚筒传动轴，从而带动滚筒旋转。

（2）倾斜式滚筒镀槽的常用规格

倾斜式滚筒镀槽有单滚筒和双滚筒两种。双筒倾斜式滚筒镀槽在同一滚镀槽内安装两个平行的倾斜式滚筒，以提高生产能力。每个滚筒独立驱动，单独操作，而所需的排风系统、加热或冷却装置及直流供电系统等都用同一套。

这种滚筒的最大装料量一般不大于 15kg，转速一般为 $10\sim12r/min$，最大工作电流约为 $150\sim200A$。常用的倾斜式滚筒镀槽已有定型产品，其技术规格见表 18-15。

表 18-15 倾斜式滚筒镀槽的主要技术规格

技术规格	类 型	
	单滚筒	双滚筒
最大装料量/kg	<15	<15×2
钟形滚筒尺寸/(mm×mm)	$\phi350\times380$	$\phi350\times380$
滚筒转速/(r/min)	12	12
最大工作电流/A	150	300
最大工作温度/℃	60	60
电机功率/kW	0.25	0.25×2
镀槽内部尺寸/(长×宽×高)/(mm×mm×mm)	760×650×550	1300×760×550
外形尺寸/(长×宽×高)/(mm×mm×mm)	1400×770×1330	1400×1310×1330

18.2.4 滚镀铬槽

滚镀铬槽是根据镀铬的工艺特点而设计制作的。主要由滚筒、传动系统及槽体等组成。其结构形式如图 18-5 所示。本设备主要用于小五金件镀铬及小件装饰镀铬。

（1）滚筒和槽体

① 滚筒[3]

a. 滚筒截面呈圆形，采用普通方格钢丝网卷成筒壁，滚筒端板是用绝缘材料（硬聚氯乙

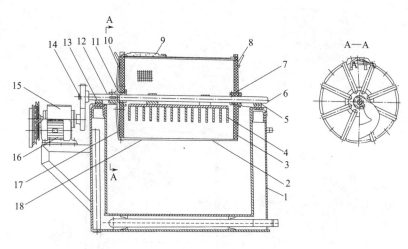

图 18-5　卧式滚镀铬槽

1—槽体；2—滚筒壁；3—端头板；4—不溶性阳极；5—阳极导电座；6—中心轴；
7—挡圈；8—吊环；9—插闩式筒门；10—绝缘套；11—法兰盘；12—阴极导电铜轴；
13—阴极导电座；14—绝缘齿轮；15—减速器；16—电机；17，18—阴极导电装置

烯板等）制作的。

b. 滚筒中心轴（也是阳极导电杆）为实心铜棒，在其上安装着不溶性内阳极，阳极导电杆和阳极不随滚筒旋转。

c. 阴极电流从阴极导电座，经阴极导电铜轴、法兰盘、阴极导电装置等传给被镀零件。

d. 滚筒装料量一般不超过 5kg。零件在镀液中的浸没深度，一般为滚筒直径的 30%～40%。

e. 滚筒转速。滚镀较大零件，不超过 1r/min；小零件为 0.2 r/min。

f. 不溶性内阳极材料。最佳的为 Pb-Ag-Sn 合金（含 Ag 0.5%～1%、Sn 2%、其余为 Pb，均为质量分数）；其次为 Pb-Sn 合金（含 Sn 30%，质量分数）；最差的为钝铅。内阳极的形状会影响铬镀层质量，使用效果较好的是多片的斧形阳极和扇形阳极。

g. 内阳极与阴极网壁的间距约为 60～90mm，镀铬零件堆放层厚度约为 15～20mm，应保持零件表面至阳极底面的最小间距为 40～50mm。

h. 滚筒壁钢丝网通常选用网孔为 (4～14)mm×(1.5～6)mm 的未镀锌的钢丝网。新制成的钢丝网应先镀上一层铬，使用一段时间后，网孔会因镀上的铬层过厚而被封住，宜更换新网。

i. 由于电流分布不均匀，筒壁钢丝网两端会出现镀不上铬而被镀液腐蚀的情况，应在发现镀不上铬的部位，附加小块外阳极进行局部保护。滚筒不进行电镀时，必需将其吊出槽外，冲洗干净，不允许浸泡在镀液中。

② 槽体。滚镀铬槽的槽体与普通镀铬槽相似，而滚镀铬槽中不设外阳极，有时在两端边挂小块外阳极，起辅助保护作用。槽体两端部固定传动系统装置。

（2）翻转式滚镀铬机

翻转式滚镀铬机的结构形式与卧式滚筒翻转式滚镀机相似，由镀铬滚筒、镀槽、传动装置、翻转机构、装卸料支架和料斗等组

图 18-6　翻转式滚镀铬机

成，方便装卸料，不工作时滚筒可以放置在卸料架上，其结构形式如图 18-6 所示。GDL 型翻

转式滚镀铬机的技术规格见表 18-16。

表 18-16　GDL 型翻转式滚镀铬机的技术规格

技术规格	类　　型	
	GDL-1	GDL-Ⅱ
滚筒工作尺寸(直径×长度)/(mm×mm)	400×600	350×500
镀铬槽尺寸(长×宽×高)/(mm×mm×mm)	880×650×600	700×650×550
滚筒转速/(r/min)	0.2~1.5(可调)	0.2~1.5(可调)
内阳极片数	15	22
滚筒装料量/kg	3~5	3~5
最大工作电流/A	600	400
滚筒旋转电机功率/kW	0.75	0.75
滚筒翻转电机功率/kW	1.5	1.1
适用镀铬零件	中小型零件	一般小零件
备注	合肥恒力电子装备公司的产品	

(3) 螺旋式滚镀铬机

螺旋式滚镀铬机由螺旋滚筒、镀槽、进料装置、出料装置、传动机构、导电装置、升降机构等主要部件组成，其结构形式如图 18-7 所示。工作时，螺旋滚筒由升降机构放入镀槽内，使滚筒上的导电块与槽上导电排座重叠而导通。工作结束时，将滚筒升起离开镀液面移走，再将滚筒冲洗干净。

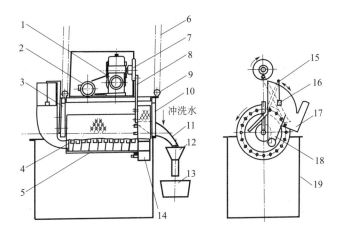

图 18-7　螺旋式滚镀铬机

1—减速器；2—电机；3—阴极导电吊架；4—内阳极；5—螺旋滚筒；
6—起吊钢丝绳；7，8—传动齿轮；9—起吊滑轮；10—阳极导电吊架；
11—出料滑槽；12—漏斗；13—成品料箱；14—环形出料斗；
15，16—加料机构；17—装料料斗；18—进料滑槽；19—镀槽

螺旋滚筒是带螺旋板内壁的，镀件从一端装入，进入滚筒底部螺旋板的斜格中，镀件在筒内旋转翻滚，同时向另一端的出料口移动，在工作段的端部接一个环状出料斗，当镀件前进掉入环状出料斗后，由滚筒旋转上升到顶部再滑落到接料滑槽内，然后掉入成品料箱。

按照滚筒转速与电镀所需时间来计算滚筒的螺距数；根据镀件外形、大小和产量要求，选择滚筒直径和螺距尺寸，从而确定滚筒的有效工作长度。

这种滚镀铬机早已在小零件装饰性镀铬上使用。也可用于小零件镀硬铬(如江苏如皋市同济大学、如皋测试仪器厂制作了滚筒直径为 500~600mm，长度为 1600~2000mm 的螺旋式滚镀铬机，在 300min 左右，可镀得厚度为 100μm 的镀层)。

18.2.5 微型滚镀机

微型滚镀机是一种供很小型的零件滚镀和装料量很小（一般不超过 2kg）的手提式滚镀机。它是一台带电机驱动系统的微型卧式滚筒，可以直接挂在一般电镀槽的阴极导电杆上进行滚镀，使用方便。微型滚镀机由滚筒、滚筒支架、传动系统、导电装置及提手等组成，其中滚筒有水平滚筒和倾斜滚筒。其结构有多种形式，图 18-8[3] 所示的为其中的一种。

① 微型滚镀机的滚筒多采用六角形，滚筒内切圆直径一般不超过 125mm，有效工作长度约为 200mm 左右，滚筒总重量（含装料量）约为 6kg 左右。

② 滚筒的制作材料，有有机玻璃、硬聚氯乙烯和聚丙烯。

③ 滚筒在支架上的安装形式有水平安装形式和与水平轴线成 10°～15°夹角的安装形式。倾斜安装有利于零件翻动，使零件在筒内既能上下旋转翻滚，又能左右窜动，滚筒内外的镀液对流条件好。

④ 微型滚筒的驱动电机功率约为 10～15W，有用直流电机的，也有用单相交流电机的。直流电机宜选用 12V 电源，交流电机宜选用单相交流减速电机（可以选购微型电机厂的定型产品）。

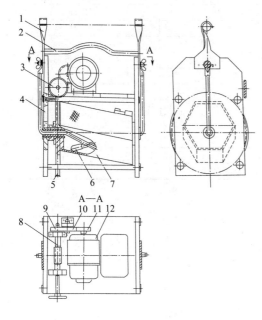

图 18-8　微型滚镀机
1—导电挂钩；2—提手；3—滚筒微动手轮；
4—滚筒支架；5—蜗轮；6—阴极导电装置；
7—滚筒；8—蜗杆；9，11—齿轮；10—中间齿轮；
12—电机

微型滚镀机国内已有多家厂商生产销售，其规格也扩大了许多，装料量有的多达 4kg 左右。一些微型滚镀机的技术规格见表 18-17，供参考。

表 18-17　微型滚镀机的技术规格

名称	型号	装料量 /kg	滚筒尺寸（长×直径） /(mm×mm)	滚筒转速 /(r/min)	材质		外形尺寸/mm		
					滚筒	其他	长	宽	高
GDW 系列（网孔）变速滚镀机	GDW-1	1	150×100	7、11、15、25	PP 网孔	PP	300	170	490
	GDW-2.5	2.5	300×100				410	210	520
	网孔滚筒的开孔既密又薄，透水性极佳，能提高镀层沉积速度，改善镀层均匀性，尤其解决了细微小零件的滚镀难题。适用于高品质要求的轻微、细小、薄壁等小零件的滚镀，但不适于普通小零件的滚镀 邯郸市大舜电镀设备有限公司的产品								
微型滚筒	滚筒（直径×长度）：250mm×100mm，200mm×150mm 孔径：1mm 配调速电机，可正反转 制作材料：采用聚丙烯(PP)网板制作 东莞振远环保科技有限公司的产品								

续表

名称	型号	装料量 /kg	滚筒尺寸(长×直径) /(mm×mm)	滚筒转速 /(r/min)	材质		外形尺寸/mm		
					滚筒	其他	长	宽	高
滚镀机	产品型号： 大号(装料量 6kg)滚筒(直径×长度)：230mm×320mm； 中号(装料量 4kg)滚筒(直径×长度)：190mm×300mm； 小号(装料量 2kg)滚筒(直径×长度)：100mm×220mm。 广州市番禺南丰电镀设备厂的产品								

18.3　振动式电镀机

振动式电镀是将待镀零件置于筛状的振动容器内，使零件在电镀过程中始终保持一定频率和振幅的振动状态的一种电镀方法。

振动电镀开始时，先将装有零件的振动筛浸没镀液中，工件靠重力的作用与镶嵌在筛底的阴极导电块接触导电。振筛的激振器在接到外部振动电源的信号后，在镀液中产生一种剧烈的振动力，然后振动力通过传振轴传送给料筐，并带动料筐做带有垂直和旋转趋势的摇摆振动。料筐内的零件受到摇摆振动后在做自转和绕传振轴公转的运动过程中受镀。振动电镀时，镀件与镀液处于快速的相对运动中，与阳极间具有比较均匀的电力线分布，处于阴极的镀件表面得到了充分的金属离子补给和良好的电能供应，具备了比较合理的电沉积条件，能够得到较高的电镀速度和优质的镀层质量。

(1) 振动式电镀机的结构形式

振动式电镀机的结构形式如图 18-9 所示。振动筛上部敞开，中心通过传振轴连接激振器，传振轴与筛壁之间盛装被镀零件。振动式电镀机上加上提升及输送装置后，可组成振动式电镀机生产线。

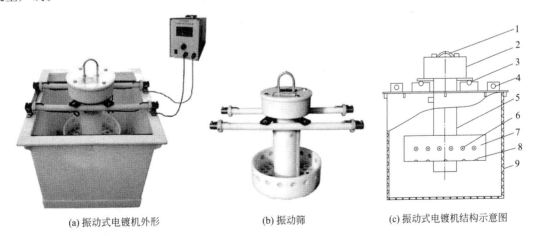

(a) 振动式电镀机外形　　(b) 振动筛　　(c) 振动式电镀机结构示意图

图 18-9　振动式电镀机的结构形式示意图

1—提手；2—激振器；3—信号输入；4—阳极；5—传振轴；
6—网孔盖；7—振筛；8—阴极导电块；9—槽体

(2) 振动式电镀的特点及适用性

① 振动式电镀的特点

a. 振筛的敞开式结构使溶液传质过程加强，因而允许使用的电流密度上限得以提高，沉积速度加快。镀件翻滚条件好，因此带凹坑和深孔的镀件的振动电镀比滚镀覆盖能力好。

b. 由于振动电镀过程中，镀件始终处于瞬间飘浮状态和相互颤动接触，因而兼有振动研磨和间歇脉冲电流电镀的特点，不仅提高了允许电流密度，还能获得结晶细致的镀层。

c. 采用镶嵌式阴极，与镀件保持良好接触，导电可靠，溶液电流阻力小，零件表面电流分布均匀，镀层厚度均匀。槽电压较滚镀低，降低了电能损耗。

d. 振动电镀与挂镀相比，生产效率高，不产生挂印痕；与滚镀相比，镀件没有碎裂和表面擦伤现象。

e. 由于振筛上部敞开，装卸镀件方便，有利于随时取样检查镀件受镀情况。

f. 振动电镀机浸入镀液的部件表面积较滚筒面积小得多，槽液带出损失较少，也有利于环境治理。

g. 用于小零件的化学镀时，在沉积速度、镀层均匀性等方面优于化学滚镀、筐镀。

h. 阴极导电装置全部埋藏在零件以下，不会镀上很厚的镀层，减少金属损耗和电能损失。

i. 振动电镀的局限性。振动电镀振筛的装载量较小，设备造价相对较高，所以不适于单件体积稍大且数量较多的小零件或普通零件的电镀，一般仅作为对常规滚镀某些方面不足的一个补充。

② 振动式电镀的适用性

a. 适用于品质要求较高但加工批量不大的小零件（如电子、仪表、电器零件及饰品等）的电镀。

b. 不宜或不能采用常规滚镀的异型小零件（如针状、细小、薄壁、易擦伤、易变形等类型的零件）的电镀；特别适合于管件和深孔件的电镀。

c. 振动式电镀机的技术规格。振动式电镀机国内已有多家厂商生产销售，其一些技术规格参见表 18-18。

表 18-18　振动式电镀机的技术规格

名称	型号	振筛			振源		镀槽		外形尺寸
		直径 /mm	重量 /kg	材质	频率 /kHz	重量 /kg	容积 /L	材质	（长×宽×高） /(mm×mm×mm)
CZD 系列 振镀机	CZD-250	250	7.0	PP	0～24	5	72	PP	450×400×600
	CZD-300	300	7.5	PP	0～24	5	130	PP	550×500×700
	CZD-300A	300	7.5	PP	0～24	5	72	PP	450×400×600
	振动式电镀机结构示意图见图 18-9 邯郸市大舜电镀设备有限公司的产品								

名称	型号	料筐直径 /mm	重量 /kg	电源	料筐最大容积 /dm³	最大阴极电流 /A	外形尺寸 （长×宽×高） /(mm×mm×mm)
振动电镀机	100	90、160	3.8	110/220V 50Hz,42Hz(变频器)	0.3	25	480×315×315
	200	160、200、250、360	22		3	150	540×315×315
	300	160、200、250、300、360	50		4	350	675×758×450
	450	160、200、250、360、400、450	120	110/220V 42Hz(变频器)	8	500	750×956×590
	600	160、200、250、300、360、400、450、500、650	120		20	800	750×956×700
	东莞市宝迪环保电镀设备有限公司的产品						

18.4　直线式电镀自动线

直线式电镀自动线是把各工序所需的各种槽子排列成一条直线，在它的上方用带有特殊吊钩的输送装置来传递零件，严格按照预先制定好的工作程序、工艺流程和受镀时间要求完成电镀工序要求的加工任务。它运行平稳，质量稳定，生产效率高，并改善了劳动条件，已获得广泛应用。

直线式电镀自动线，主要包括门形吊车直线式自动线、悬壁吊车直线式自动线及直线式滚镀自动线等。

18.4.1　直线式电镀自动线的设计要点

直线式自动线的主要特征表现在特殊吊车的结构及电气控制系统上。吊车的机械结构在早期使用的是单速行走和升降，近年来已采用双速、三速电机驱动，或采用变频调速电机进行无级变速，使停车和启动非常平稳。如今的升降传动系统在原有的链条拖动的基础上，开始采用尼龙片基胶带拖动，使吊起零件实现先慢后快，下降时先快后慢的运动状态，而且传动机构简单轻便。

(1) 控制系统

自动线的控制系统包括手控系统及自控系统两部分。手控与自控都设计在控制线路中，并且互相联锁。手控系统用于调试、检修、事故处理及吊运阳极板等工作。自控系统是按电镀工艺要求，预先编制好一定程序，然后按程控发出的指令指挥吊车上的电机，使其正转或反转，从而使吊车和吊钩完成所指定的动作。当电机完成某个指定的动作后，由信号开关发回一个反馈信号，使它转入下一个程序。自动线就这样按照电镀工艺顺序及规定的时间，通过各工艺槽，完成电镀过程。

(2) 电器控制装置

电器控制系统由电器控制箱、PLC 控制器、变频器、无接触接近开关、行程开关、扁平电缆、屏蔽电缆、安全保护系统及有关元器件等组成。

自动线总体控制，现多采用 PLC 可编程序控制器、计算机，它不但能完成吊车运行过程的程序控制，还可同时对自动线上所有槽子的工艺参数加以控制，容易实现全线集中监控。

(3) 直线式自动线的运行模式[10]

自动线一般设置三种运行模式：手动、步进、自动。它们相互间可方便地进行转换。

① 手动运行。一般设置为点动式（按则行，松开则停），其速度较慢，一般在搬运、维修时使用。

② 步进运行。按一下完成一个动作（水平运行时，按则行，松开则在到达前一工位时才停），其速度与自动运行完全相同，当需要进行工作程序以外的工艺流程时，它可作为人工操作使用。

③ 自动运行。按预先编制的工作程序自动运行。根据需要和实际条件可设置多达几十套的工作程序，转换迅速，操作方便。

(4) 输送吊车（行车）

① 输送吊车形式。直线式电镀自动线的输送吊车，按其结构形式分为门形（Π 形）结构、悬臂形（Γ 形）结构、中柱形（T 形）结构和其他特殊形式。

② 自动线上输送吊车的数量。可以 1 台或多台。多台吊车服务的槽位较多，全线长度较长，适用于工序多、产量大的自动线。当采用多台吊车时，在自动控制程序编制时，应解决好各吊车之间的协调和输送之间交接等。两吊车输送零件的交接，一般选择一个对工艺时间要求不严格的槽子（如冷水清洗槽）作为交接槽。交接槽的位置应能使各输送吊车负荷大致相等。在控制线路上应设计防止相邻两台吊车撞车的措施。

③ 吊车运行要求平稳。水平移动时要平稳、工件摆动要小，停位准确，并要求长期运行后极杆（或滚筒）能准确就位；启动与停位时要求振动小，以免挂具及零件振落。吊钩的下降速度不宜过大，否则极杆（或滚筒）就位时冲击大。

(5) 自动线装卸零件的位置

自动线装卸零件的位置可以安排在自动线的一端,也可以在自动线的两端,视电镀生产的物流情况、装卸零件的繁忙程度、被镀零件和成品的放置位置,以及布置设备的场地面积而定。一般情况下,产量大、装卸零件很繁忙时,其装卸零件的位置宜安排在自动线的两端;受布置设备厂房场地面积限制,可安排在自动线的一端。

(6) 槽子排列布置

槽子一般按生产工艺流程排列布置,可把装卸零件的位置布置在自动线的一端或两端。镀槽布置时,应注意各种镀液的互相影响,如镀铜/镍/铬一步法自动线中,镀铬液如进入其他镀液中,会造成严重的电镀故障。因此,应避免镀铬后的零件在其他镀槽上面运行,所以宜把镀铬槽布置在零件卸挂的一端。

(7) 操作平台

操作平台根据槽子(槽口)距地面高度来确定。一般槽口距地面高度大于 800mm 时,宜设置操作平台。操作平台由支架、脚踏板、扶梯及栏杆等组成。操作平台的长度视自动线长来确定,宽度一般为 800~1200mm。脚踏板采用花纹钢板、玻璃钢格栅或聚丙烯(PP)塑料格栅等。

(8) 设置安全保护系统装置

直线式自动线上应设有如下的安全保护系统装置。

① 设置有防电机过载、防行车相撞、防行程越位等基本安全保护系统。

② 当运行过程中遇故障时,即可全线停机并声光报警。

③ 带有文本显示器的,可即时显示故障部位。

④ PLC(可编程序控制器)均应设有记忆功能,一旦故障被排除再次启动时,而吊车应能继续完成未尽的工作程序。

18.4.2 门形吊车直线式自动线

门形吊车直线式自动线的特征是采用门形吊车来吊运输送电镀零件(带挂具的极杆或滚镀用的滚筒)及化学转化处理零件(带盛装零件的吊篮、吊筐)。电镀各工序所需的各种槽子按直线形式排列布置,吊车沿轨道作直线运动,利用吊车上的一对或两对升降吊钩来吊运输送零件,按编排的程序要求完成加工任务。

门形吊车刚性好、吊重大、运行平稳,适用于各种尺寸的镀槽吊运零件。镀槽长度较大的自动线,特别适合于吊运大型零件。

门形吊车直线式自动线的结构外形见图 18-10。

 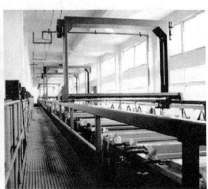

(a) 低轨式门形吊车　　　　　　　　(b) 中轨式门形吊车

图 18-10　门形吊车直线式自动线

① 门形结构的吊车车架刚性好，行走轨道布置在吊车两侧，行走轮位置比较分散，运行比较平稳。门形结构的吊车按其行走轨道的布置方式，可分为高轨式、中轨式、低轨式和地轨式等几种。如图 18-11 所示。

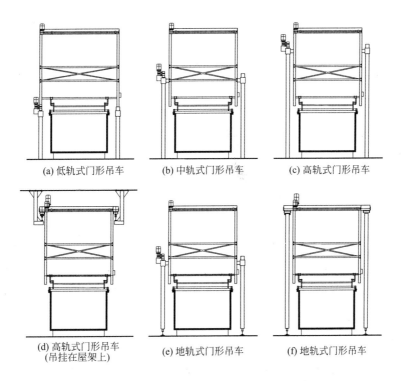

(a) 低轨式门形吊车　　(b) 中轨式门形吊车　　(c) 高轨式门形吊车

(d) 高轨式门形吊车
(吊挂在屋架上)　　(e) 地轨式门形吊车　　(f) 地轨式门形吊车

图 18-11　门形吊车的行走轨道布置方式示意图

② 高轨式门形吊车 [如图 18-11 中的 (c) 所示] 根据布置场地、厂房结构及其高度等具体情况，有条件时，也可将轨道吊挂在屋架上 [如图 18-11 中的 (d) 所示]，这样可不占用操作空间来安装支柱，使厂房内操作区比较开阔，但是安装、调整及维修比较麻烦。由于轨道、吊车及被镀零件和挂具等的重量全部由建筑物屋架承受，对于旧有厂房应进行结构验算。新建的建筑物，且厂房高度合适，可考虑采用这种结构。由于电镀车间厂房高度往往较高，而门形吊车的轨道要吊下来很长一段（即架设轨道与屋架距较大），为使吊车运行平稳，需要很多型钢来支承加固，以提高其刚性，故这种结构形式现在用的不多。

③ 由于地轨式门形吊车 [如图 18-11 中的 (e)、(f) 所示] 的轨道架设在槽两侧的地面上，所以能承受的重量较大，特别适用于吊运较重的零件及采用较大的镀槽（或化学处理槽），而且操作人员能靠近槽子，向槽内添加物料及调整溶液比较方便。

④ 低轨式门形吊车 [如图 18-11 中的 (a) 所示] 的轨道靠槽边近，轨道及布置在轨道上的电气元件等附件易受腐蚀，而且这种吊车重心较高，不适于高速运行，效率较低。

⑤ 中轨式门形吊车 [如图 18-11 中的 (b) 所示]，将轨道的安装高度选择在吊车重心的位置上，避免了高速运行变速时产生较大的倾覆力矩而引起的振动，同时具有低轨式结构的优点，并克服了轨道及元件易遭受腐蚀的缺点，所以中轨式门形吊车应用的较为普遍。

⑥ 自动线一般为非标准设备，可根据生产工艺、生产量、零件外形及装挂形式等具体情况进行设计和制作。国内生产的门形吊车直线式电镀自动线的一般技术规格见表 18-19。

表 18-19　国内生产的门形吊车直线式电镀自动线的一般技术规格

技术参数	技术规格
挂镀的镀槽长度	1500～8000mm（即自动线宽度方向的镀槽尺寸）
吊重	100～500kg
提升高度	≤2m
吊钩升降速度	一般为 8～12m/min 当采用调速电机时，平均提升速度在 14m/min 左右
水平运行速度 （视驱动系统而异）	单速运行时，一般采用 12m/min 双速运行时，高速采用 20～30m/min；低速选用 6～12m/min（根据双速电机极数情况） 当采用变频器无级调速时，可采用 4～40m/min 水平运行速度还应考虑运行距离，在相邻两槽之间以中速（18～20m/min）运行；在相邻多槽间连续运行时可以高速（36～40m/min）运行

⑦ 门式吊车有单钩和双钩两种。单钩吊车只有一套升降传动装置和一对同步吊钩，结构轻巧，但往返较为频繁；双钩吊车则有两套升降传动装置和两对同步吊钩，可节省水平运行时间，但较笨重，成本稍高。产量大，自动线长时，为缩短吊车水平运行时间，宜选用双钩吊车。单钩能满足工艺要求的不必选用双钩。双钩吊车两对吊钩的水平间距取决于挂具及零件的尺寸，以互不干扰为准。

⑧ 吊车采用钢板或不锈钢板成型框架，滚轮外缘压注聚氨酯橡胶，耐磨、抗振、噪声低，提高了吊车运行的可靠性及到位的准确性。

⑨ 门形吊车直线式电镀自动线的槽子一般排列成一条（一行）直线。当受生产场地的限制时，也可排列成二行或三行，但两行线之间应设置过渡装置。过渡装置可以是输送车，也可以是过渡水槽。

⑩ 自动线上主要镀槽的数量，依据产品生产纲领、处理时间、镀槽规格及装载量等进行计算。例如镀锌槽处理时间为 36min，使用 4 个镀锌槽，则镀锌槽的送料料间隔时间为 9min；如电化学除油槽处理时间为 8min，则采用 1 个电化学除油槽。线上其他工序时间比较短时，其槽则按需要配备。

⑪ 门形吊车数量的确定。按电镀自动线的工艺流程图，计算各工序水平运送和有关槽子升降吊时间以及工序间的延时时间等，以及吊车完成一次送料全过程的吊运工作时间（min）。若一次吊运的工作时间小于自动线每次送料的间隔时间，则采用 1 台吊车；如超过每次送料的间隔时间，视超过时间的多少，采用 2 台或 3 台吊车，并把吊运工作分两段或三段来完成。

18.4.3　中柱吊车直线式自动线

中柱吊车直线式自动线的吊车车架较小，由于吊车车架及吊车轨道都安装在槽子上方，吊运镀件的车架在槽子上方运行，所以可用于较长的槽子。其结构行式如图 18-12 所示。这种自动线的吊车车架，可以适用于各种尺寸镀槽的自动线，而不必每种规格尺寸设计一种车架，为维护管理提供方便。

由于中柱吊车的刚性不如门形吊车，所以其载重量比门形吊车小，但比悬臂吊车自动线大。中柱吊车在国内吊镀自动线上使用的较少，一般用于吊运滚筒自动线。

18.4.4　悬臂吊车直线式自动线

悬臂吊车是依靠车架行走轮沿着镀槽一侧的上下轨道运行，提升臂沿侧面车架上的导轨上下滑行而完成运送零件的工作，其结构形式如图 18-13 所示。操作人员可以在镀槽的另一侧通道上行走，很方便地进行巡视观察、调整溶液、更换阳极及维护检修等。

（1）悬臂吊车的载重量和悬臂长度

由于悬臂吊车在结构上的不对称性，其刚性不如门形吊车。考虑到运行的平稳性和使结构

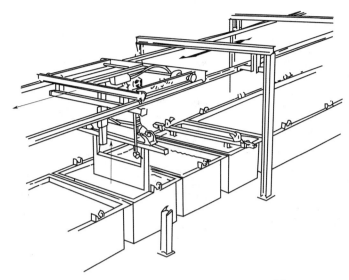

图 18-12　中柱吊车直线式自动线示意图[3]

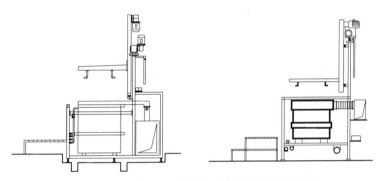

图 18-13　悬臂吊车直线式自动线结构形式示意图

轻巧，一般设计的载重量较小，常用规格的挂镀为 10kg、30kg 和 50kg（有的厂家做到 80～100kg）；滚镀的滚筒装载量为 5～15kg，转速为 5～20r/min（可无级调速）；悬臂长度为 1200mm 左右；配用镀槽长度为 800mm、1000mm 和 1200mm。对于轻型材料的零件，如印制线路板电镀自动线，臂长可达 4000mm。

（2）悬臂吊车的运行速度

悬臂吊车的行走速度和升降速度：在单速运行时，一般在 10m/min 以下；在调速（可用变频器无级调速）运行的情况下，升降速度为 6～24m/min，行走速度为 6～30m/min。

（3）适用范围

悬臂吊车直线式自动线多用于仪器仪表厂，电子元器件厂，汽车、摩托车厂，小型零件，印刷线路板等的电镀。也可用于金属的磷化、氧化处理。这种形式的自动线除进行挂镀外，亦可悬挂小型和微型滚筒进行滚镀，也可用于振动电镀自动线（见图 18-14）。有的厂家生产的滚、振动镀兼容的自动线，还具有手动挂镀功能，实现了一机多用。其程序控制及控制系统与门形吊车直线式自动线相同。

18.4.5　直线式滚镀自动线

① 门形吊车、中柱吊车和悬臂吊车直线式自动线不仅适用于挂镀，也适用于滚镀。滚镀自动线的槽子长度一般比较短，也可以平行串联双滚筒，所用吊车结构要与槽体尺寸和滚筒吊

图 18-14　悬臂吊挂、振镀电动线

重（包括带出溶液重）相适应。

② 有的滚筒自动线要求滚筒提升后能继续旋转，其作用如下。

a. 排出零件带出的镀液，使带出液滴落回槽中，以减少残液带出量。

b. 有的镀锌钝化后需在空气中停留，滚筒提升后继续旋转可使零件均匀地暴露在空气中，继续完成钝化。

c. 清洗后的镀件经过提升旋转，可以去除复杂镀件内的残留水，经离心脱水干燥后不留水迹。

这样的自动线在吊车车架上应附有滚筒驱动机构。当滚筒提高到上限高度时，滚筒旋转齿轮与吊车上的驱动齿轮相啮合，使滚筒在镀槽上方旋转。

③ 自动线上的滚筒驱动装置分为滚筒自带驱动装置和槽上安装驱动装置。槽上安装驱动装置又分为单槽独立驱动和多槽联合驱动两种形式。

a. 小型和微型滚筒，一般多在滚筒上自带驱动装置，这样虽然滚筒结构复杂些、笨重些，但线上各槽子的构造相对简单些。

b. 单槽独立驱动是在每一个需要滚筒旋转的槽子上，都安装一套电动驱动装置，带动滚筒旋转。使用比较灵活，安装比较简单，自动线的改造调整也比较方便，但相应增加了驱动装置，也相对地增大了安装电容量。

c. 多槽联合驱动是安装一套集中驱动系统，让电机经减速器减速后通过传动轴和每个槽上的传动齿轮与滚筒相啮合，使滚筒旋转，安装电容量相对小些。而且电机和减速系统可安装在离腐蚀性槽子稍远的部位，有利于对机械部件的防护。

④ 对于生产量较小的滚镀自动线，零件装卸工作量较小，可采用手工装卸零件；对于产量大、负荷较满的滚镀自动线，宜采用机械装卸。机械装料，是将称量好的零件，装入机械提升的料斗中，由提升机构提起并翻入导料槽中送入滚筒装料口，完成装料。

门式吊车直线式滚镀自动线见图 18-15。

悬臂吊车直线式滚镀自动线见图 18-16。

18.4.6　螺旋形滚筒直线式自动线

螺旋形滚筒连续自动生产线的生产方式，是将工件放进螺旋形滚筒内，依靠螺旋形滚筒的旋转，工件边翻滚边前进通过各工序的槽子，最后经过螺旋形烘干炉。该设备运行稳定，自动化程度高，适用于大批量生产中的小型的、不怕碰撞的工件的生产。这种形式的自动线，一般

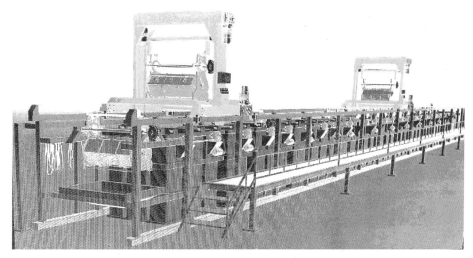

图 18-15　门式吊车直线式滚镀自动线

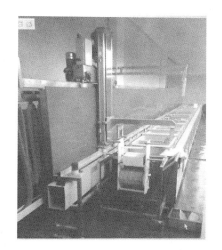

图 18-16　悬臂吊车直线式滚镀自动线

用于脱脂清洗或磷化处理等。

　　螺旋形滚筒连续自动生产线（脱脂清洗）结构示意见图 18-17。为了便于排风和降低噪声，可在槽体上加装排风罩体。

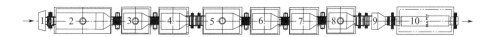

图 18-17　螺旋形滚筒连续自动生产线结构示意图

1—进料；2—化学除油；3，8—热水洗；4，6，7—冷水洗；

5—酸洗（硫酸）；9—预干滴水；10—烘干

18.4.7 直线式电镀半自动线

半自动线是在生产线上设导轨，手控门形吊车电钮进行操作，使门形吊车在导轨上运行并输送零件进行电镀。其结构形式与直线式自动线相似。这种生产线按设计时已经计算好的装挂零件数量及面积、吊车及吊钩的运行速度以及工艺参数等运行，因此生产的产品质量稳定，一致性好，产量大，设计负荷系数可达85%以上。适用于成批生产或大量生产，设备价格比手工线高，但产量大，经济效益好，国内的生产线上已大量使用。滚镀半自动生产线见图18-18。

图 18-18 滚镀半自动生产线

18.5 环形电镀自动线

环形电镀自动线，采用机械联动输送装置，由许多宽度相同而长度不同的工艺槽、推动挂具水平前进和定点升降的机械装置、控制仪器等组成。它能使带着镀件的挂具按节拍有规律地进行前进、下降、延时、上升、前进等动作。它可以自动完成包括前处理、电镀、后处理等数十道工序。环形电镀自动线的各工艺槽一般呈U形排列布置，因此又称为U形自动线。

自动线上各工艺槽的长度是按工序处理时间确定的，各槽一般为满负荷状态，自动化程度高，运行平稳，生产效率高，产量大。但工艺适应性不强，灵活性小，工艺过程变更困难。与直线式电镀自动线相比，电气控制比较简单，机械结构复杂，制造安装时间较长，造价较高。适用于电镀工艺成熟、稳定的中小型加工零件的大批量或两班制或三班制连续生产的生产规模。

环形自动线按其零件装载方式分为挂镀自动线和滚镀自动线两种；按升降机构运行方式可分为垂直升降式和摆动升降式两种。垂直升降式电镀自动线的机械结构要复杂些，但升降行程大，且呈直线上升，适用于较长和较宽的挂具挂镀和卧式滚筒的滚镀，产量较大，一般大量生产可选择这种自动线。摆动升降式电镀自动线，提升时作圆弧运动，因此不能提升较大行程，为防止提升时镀件碰上阳极，槽子要有足够宽度，镀槽容积利用率较低。但这种形式自动线的机械结构比较简单，制造周期短，造价较低。多用于批量生产的小型零件的电镀。

18.5.1 垂直升降式环形自动线

这种自动线是环形电镀自动线最常见的形式，应用比较普遍，其结构外形见图18-19。

图 18-19　垂直升降式环形自动线

(1) 零件运送方式

自动线上每一个吊杆吊挂一个挂具零件，按节拍有规律地进行水平移动，定点升降，跨越槽沿，就这样镀件被带着循序前进，直至完成一个循环。需要跨越镀槽的吊臂在槽内末端工位首先提升，向前推进一个工位间距后再下降，完成跨槽动作后，工序时间较长的，如镀槽内有多工位时，即按生产节拍每次向前推进一个间距，直到下一个跨槽动作。镀件就这样按节拍运行，经过工艺过程各工序的全部槽子，完成电镀作业。生产节拍时间较短，一般在 30～120s，节拍时间可调。

(2) 槽子长度和排列形式

① 槽子长度视处理的时间而定，处理时间较短的槽，如清洗槽、回收槽等，镀件在该槽中处理过程比较快，所以该槽的长度最短，只要能容纳一个挂具多一些即可，一般为 500～600mm。此数值可作为一个工位距离（即工位间距），即每一个节拍，镀件水平移动的距离，以此再根据工艺槽的处理时间和一个节拍时间，即可计算出各工槽的内部长度。

② 环形自动线的槽子排列，完全按照工艺流程排成 U 形，开口端是装卸镀件的工位，要留有供零件装卸挂具的作业地。在考虑自动线的槽子设置上，各多工位工艺槽的末尾工位均为空位，专供挂具和镀件跨越槽前准备之用，挂具只在出入槽的首尾工位上才有升降跨越槽的动作，在其他工位上只作间歇水平推进。

(3) 环形自动线的传动装置

自动线的传动分为水平运动驱动和垂直升降驱动两个部分。传动方式分为机械传动和液压式传动两种。机械驱动装置结构轻巧，适宜于轻型自动线。而全液压驱动的自动线工作比较稳定可靠，适用于较重负荷。液压驱动机构在环形自动线中使用的较普遍。

(4) 自动线的电气控制

由于环形自动线的运行节拍中，只有上升、前进、下降、延时等这几个动作，所以自动控制的电器仪器也比较简单，不必专人看管。但必须有专人巡视每一工序的处理情况和自动线的运行状况。

垂直升降式环形自动线主要参考技术参数：

最大镀件：1000mm×500mm

生产节拍：30～120s（可调）

最大吊重：1 挂 30～60kg

提升高度：1.2～1.5m

滚镀：滚筒的装载量为 20kg、30kg 和 50kg。

图 18-20 为某厂的缝纫机零件电镀环形自动线平面布置示意图。可供垂直升降式环形自动线设计参考用。其工艺流程如下：

化学除油→电化学除油→温水洗→冷水洗→浸蚀（酸）→冷水洗→冷水洗→氰化溶液浸渍→氰化镀铜锡合金→回收→回收→回收→回收→冷水洗→钝化→回收→回收→冷水洗→热水洗→干燥→下挂具→上挂具。

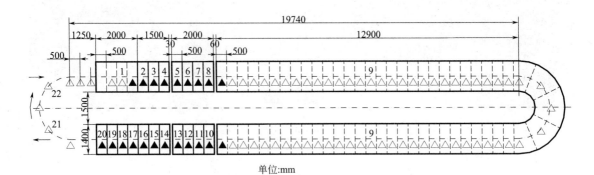

单位:mm

图 18-20　垂直升降式电镀自动线平面布置示意图

▲ 可升降挂具；△ 不可升降挂具

1—化学除油；2—电化学除油；3—温水洗；4，6，7，14，18—冷水洗；5—浸蚀（酸）；

8—氰化溶液浸渍；9—氰化镀铜锡合金；10，11，12，13，16，17—回收；

15—钝化；19—热水洗；20—干燥；21—下挂具；22—上挂具

垂直升降式环形滚镀自动线，采用全浸式卧式滚筒，其升降与水平移动的驱动方式同挂镀自动线相似，只是多了一套滚筒旋转驱动系统装置。滚筒的旋转方向与自动线前进方向一致，吊挂的两个滚筒的间距，就是一个节拍推进的距离。滚筒的装载量为 20kg、30kg 和 50kg，滚筒传送最快节拍为 30s，一般采用机械化装卸料方式。

18.5.2　摆动升降式环形自动线

这类环形自动线依其运行升降机构形式的不同，分为压板式环形自动线和爬坡式环形自动线两种。

(1) 压板式环形自动线

这种自动线是利用杠杆的作用原理，将吊杆中部作为支点，固定在水平运行的支座上，距吊杆支点较远的一端悬挂挂具，距支点较近的另一端靠压板升降机构的上下运动使挂具升起、靠水平运行机构向前移动一个工位的距离、再下降，完成越槽动作。该自动线运行平稳、产量大、工效高、占地面积小，适用于大批量生产的中小型零件的电镀。主要参考技术参数：单臂吊重为≤10kg，节拍时间为 20～180s，水平回转链轮中心距≤20m。

(2) 爬坡式环形自动线[10]

这种自动线是在水平运动支座的一侧，安装一条曲线导轨，吊杆支座上装有滚轮，滚轮沿导轨（凸轮）曲线一边前进，一边随导轨弯曲路线使吊杆产生上下摆动，完成跨越各槽的规定动作。这种自动线只需一套水平运行的驱动机构，即可完成水平前进和升降动作，机械结构简单，操作简便，造价低。由于摆动升降动作是靠导轨导向，导轨的曲线下降坡度不宜过大，因而越槽过程前进距离较大，增加了自动线长度。

这类环形自动线的吊杆端部安装夹持挂具的装置，即为挂镀自动线，中小型零件使用挂镀的较多；若在吊杆（升降臂）外端安装滚筒，即成为环形滚镀自动线。

爬坡式环形滚镀自动线，宜采用倾斜式钟形滚筒，滚筒沿环形路线间歇前进，跨越镀槽只需将钟形滚筒举到水平状态即可。工艺槽呈 U 形排列，无槽开口端为装卸料工位，如是钢铁零件，可采用直流电磁铁机构自动上料，卸料时可将钟形滚筒翘起后自动卸料。这种环形滚镀自动线用于标准件镀锌，效果较好。

主要参考技术参数：

生产节拍：节拍时间比较快，一般为 15～50s（可调）

最大件：900mm×500mm

最大吊量：20kg/挂

提升高度：1m

摆动升降式环形滚镀自动线（爬坡式）见图 18-21。

爬坡升降式钟形滚筒环形滚镀自动线（卸料方式）[3]见图 18-22。

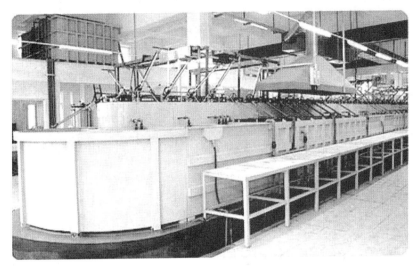

图 18-21　摆动升降式环形滚镀自动线（爬坡式）

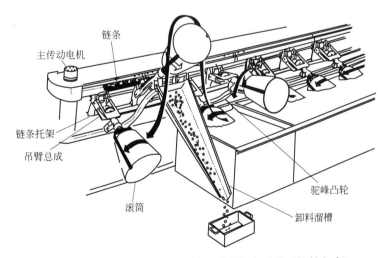

图 18-22　爬坡升降式钟形滚筒环形滚镀自动线（卸料方式）

18.6　悬挂式输送链通过式自动线

悬挂式输送链通过式自动线是将工件吊挂在悬挂输送链上，连续通过各道工序完成处理生产任务的，这种自动线常用于钢铁件的磷化处理。是在大量、大批量生产中，中小型零件涂装前或电泳涂漆前的磷化处理中使用较为广泛的一种自动生产线。

这种自动线分为全喷淋和喷淋与浸渍相结合两种方式。全喷淋处理方式是指自动线上的所有工序的处理，均利用水泵将处理液（或清洗水）喷淋（射）到工件表面，来完成表面处理（或清洗）工序。喷淋与浸渍相结合处理方式是指部分工序采用喷淋处理而部分工序采用浸渍处理（如除油、磷化处理等）。一般情况下，外形较简单的零件采用全喷淋的处理工艺，外形较复杂的零件采用喷淋与浸渍相结合的处理工艺。

中小型工件（如摩托车等）大批量、大量生产的悬挂式输送链通过式自动线见图 18-23，其槽液循环系统见图 18-24。

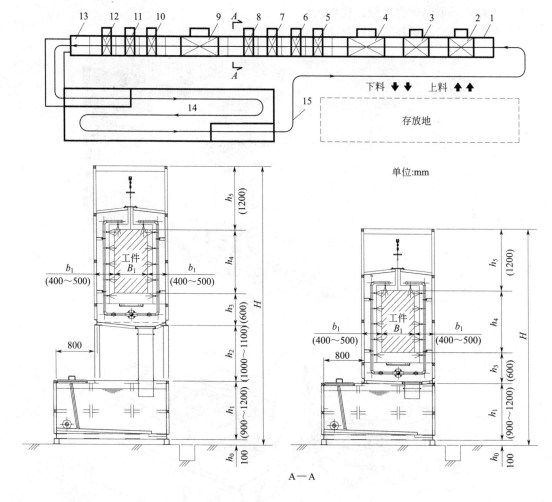

（a）槽体与设备室体分开成独立结构的设备高度　　　　（b）槽体与设备室体连成整体结构的设备高度

图 18-23　悬挂式输送链通过式自动线（全喷淋形式）

1—入口段；2—热水洗；3—预脱脂；4—脱脂；5—水洗 1；6—水洗 2；

7—水洗 3；8—表调；9—磷化；10—水洗 4；11—水洗 5；12—水洗 6；

13—出口段；14—烘干炉；15—悬挂式输送链

H—设备高度；h_0—地面至槽底的距离（取 0.1～0.2mm）；

h_1—槽体高度（一般为 0.9～1.2mm）；h_2—槽面至室体底部的距离

（一般取 1.0～1.1mm）；h_3—室体底部至工件或挂具底部的距离（一般取 0.6mm）；

h_4—工件或挂具的高度；h_5—工件或挂具的顶部至室体顶部的距离（一般取 1.2mm）

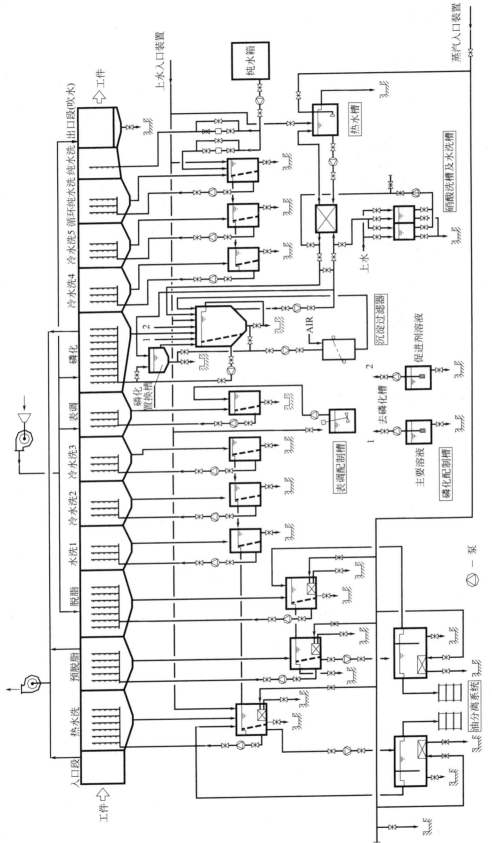

图 18-24 悬挂式输送链通过式自动线槽液循环系统管路示意图（全喷淋形式）

18.7 单工序挂镀机

18.7.1 旋转阴极电镀机

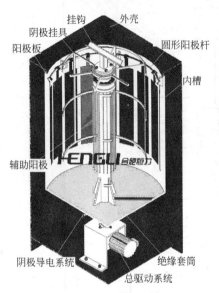

在市场上销售的旋转阴极电镀机多为立式旋转阴极电镀机。它的镀槽内壁多是圆形，沿槽内壁布置环形阳极导电杆，供悬挂阳极用。在镀槽中间是一个旋转阴极导电架，它可做成水平环形圈或多个放射式吊钩。电镀时，镀件在镀槽内的溶液中，沿着中心轴作圆周旋转，同时镀件实现自转，这使得镀液对镀件表面不断地进行大幅度地冲刷和充分地接触交换，同时镀件的旋转也使得在旋转装置内的电力线分布较均匀，从而达到镀层均匀和质量好的目的。根据用户需要，旋转系统可设计为仅实现镀件沿中心轴作圆周公转。合肥恒力电子装备公司研制的立式旋转电镀机（商品编号 H-5），如图 18-25 所示。它采用一体化结构，布置紧凑美观合理，采用模化设计，可根据用户工艺设计组合。

这种电镀机适用于一些外形复杂、对镀层均匀性和质量要求高的电镀，多用于电镀贵重金属。特别适用于长杆状和链条状零件的电镀。规格较大的设备，也用于小型零件电镀其他金属。立式旋转阴极电镀机的生产厂

图 18-25 旋转阴极电镀机结构示意图

家很多，如广州番禺南丰电镀设备厂、番禺裕丰电镀设备厂、温州市心心电镀设备制造有限公司、东莞市华辉机械设备厂等。

18.7.2 单工序环形挂镀机

这种设备有椭圆形镀槽或长方形镀槽，围绕槽壁一周悬挂阳极，在槽顶上安装其传动装置、阴极支架及悬挂阴极的导轨，由传送链牵引并在阴极导轨上滑动的阴极挂钩。挂钩运行速度，可按满足镀层厚度要求的电镀时间进行调整。根据需要也可设计旋转挂钩，使镀层分布更加均匀，提高镀层质量。

采用手工上下挂具，工件在槽内环形自动运转的形式，可做成 2 阴极、3 阳极导电形式，产量大、生产效率高。操作人员只需在槽端装卸零件，降低了劳动强度。这种设备适用于小型较轻的零件的电镀加工，如通信器材、卫生洁具、日用五金行业等的电镀加工。

单工序环形挂镀机外形如图 18-26 所示。生

图 18-26 单工序环形挂镀机

产这种设备的厂家有：广州番禺南丰电镀设备厂、东莞市州亮电镀设备有限公司、华辉机械设备厂、温州市心心电镀设备制造有限公司等。

第19章

电镀电源设备

19.1　概述

电镀电源用于各种电镀、阳极氧化、电解着色、电化学除油、电化学浸蚀、电化学抛光、电化学退镀层等。其电源主要供给直流电，也有少部分是交流电。电镀电源属于低电压、大电流的设备，除了达到电镀工艺要求的性能外，还应要求操作简便，能承受输入端的突变和输出端的短路及过载的冲击。而电镀电源是电镀行业最主要的能量消耗者，因此，高品质的电镀电源是电镀业节能增效的决定因素，同时要减少对电网的影响。

电镀电源设备经过半个多世纪的发展，到今天已有多种形式的电源（如硅整流器、可控硅整流器及高频开关电源等）可供选用。尤其是 20 世纪 80 年代以来，我国新开发的高频开关电源设备，提高了设备效率、减轻了重量和缩小了整机体积。新型的电镀用高频开关电源具有稳压、稳流控制功能；能保持全输出范围内的精度、纹波和效率等指标，是目前最节能的电镀电源设备。

随着电镀工艺的发展，新的电镀工艺从波形、频率、自动控制、综合功能等方面对电镀电源提出了更高的要求。目前，普遍采用的电镀电源按波形可分为平滑直流电源、脉动直流电源、周期换向电源、单向脉冲电源、直流叠加脉冲及智能化多波形电源等，以满足不同电镀工艺的需求。电镀电源的整体发展趋势是低能耗、高可靠、小体积、高性能、多功能，以及无电网污染。

19.2　电镀电源种类

电镀生产中目前常用的直流电源有硅整流器、可控硅整流器（晶闸管整流器）和高频开关电源设备等。

（1）硅整流器

硅整流电源由变压器、整流二极管组成。变压器将单相 220V 到三相 380V 的电网电压降为 50V 左右的低电压，然后经二极管整流后将交流电变换成直流电。硅整流器的性能及特点参见表 19-1。

表 19-1　硅整流器的性能及特点

项　目	性　能　及　特　点
硅整流器的性能	1. 硅整流器可以采用不同线路和结构获得半波、全波和多相平滑直流电,以满足不同镀种的工艺要求 2. 硅整流器在使用时调节电压的大小对输出电流波形没有影响,对输出的允许最大电流也没有影响 3. 采用自耦调压器或感应调压器调压,电压可以从零伏调整到最大额定值
硅整流器的选用	1. 对要求电流调节精度高,经常使用但额定负荷≤30%的镀槽,采用调压器调压方式,它比采用磁饱和电抗器调压范围广,不过调压器体积要大些。故大电流的硅整流器体积较大 2. 经常使用且额定负荷>30%的镀槽,可采用磁饱和电抗器调压方式 3. 硅整流器冷却方法一般分为风冷(GDF)、油冷(GDJ)、水冷(GDS)及自然冷却(GDA)等,根据所需整流器容量及使用要求等选用 4. 硅整流器适合一般镀层电镀对波形和电压调节的要求,但电效率不高,不便远程操作。在单件、小批量生产的多品种的电镀车间内通用性较大

（2）可控硅整流器（晶闸管整流器）

可控硅整流器在电路结构上主要有两种形式。

① 利用可控硅在工频变压器的原边进行调压，然后在副边用硅管（硅整流元件）多相整流，即晶闸管原边调压，硅管副边整流。这种结构形式多用于容量较大的可控硅整流器。

② 直接用可控硅在工频变压器的副边进行调压整流，即晶闸管直接在副边调压整流。这种结构形式多用于容量较小的可控硅整流器。

可控硅整流器的性能及特点参见表 19-2。

表 19-2　可控硅整流器的性能及特点

项　目	性　能　及　特　点
可控硅整流器的性能	1. 可控硅整流器采用可控硅调压方式，没有自耦变压器，体积比硅整流器小，调压比较方便，容易实现自动控制，便于自动线上的集中管理 2. 可控硅整流器只能在一定的负载范围（一般在满负载附近）内保证额定精度，采用不同线路和结构形式，可以满足多种波形和调压方式的要求 3. 实际电镀过程中，大多数使用的电流都偏离了整流器的额定值（可控硅元件导通角较小），因此，往往难以满足实际精度要求和纹波系数要求 4. 可控硅整流器输出波形为脉动直流，电压低时不连续，为提高输出波形的平滑性，可增加滤波器或采用多相整流电路。宜选用带恒电位仪或电流密度自动控制的可控硅整流器
可控硅整流器的选用	在选用可控硅整流器时，其额定电压和电流值均宜尽量接近镀槽经常性使用的工作要求

（3）高频开关电源

高频开关电源的工作过程是将整流后的直流电源，逆变成高频交流电，再经整流后获得直流电源。由于采用的是高频开关工作模式，所以变压器的体积大大减小、元器件的功耗大大降低，功率因数和运行效率则大大提高。高频开关电源是目前电镀电源的发展方向。

高频开关电源的特点及优越性能如表 19-3 所示。

表 19-3　高频开关电源的特点及优越性能

项　目	性　能　及　特　点
稳压、稳流控制功能	高频开关电源具有稳压、稳流控制功能，能保持全输出范围内的精度，纹波系数较小而且较稳定，不受输出电流影响
结构体积小	它的体积小、质量轻（体积只有同功率可控硅整流器的 1/3～1/5，质量只有同功率可控硅整流器的 1/4）
工作效率	高频开关电源效率一般在 80%～90%左右（而可控硅整流器效率一般 75%左右）。高频开关电源的功率因数不加校正范围为 0.7，加校正全范围可达 0.9 以上
控制精度	控制精度在全范围内小于 1%或更高，控制电路简单，有专门集成控制器
工作频率	工作频率高，一般在 20～200kHz 或更高
保护功能	具备保护和防范瞬时冲击能力。有可靠的短路保护。保护反应快，只有 1ms，且有自恢复功能。它允许带载启停，对电网的干扰也很小，而且容易消除

目前高频开关电源设备的价格与相同规格的稳压、稳流可控硅整流器（风冷）相当，在电镀电源设备市场很有竞争力。

高频开关电镀电源作为新一代的节能产品，有其独特的优势。经过几年来的不断改进，电子元器件质量有所提高，品种和规格得到了补充，已被公认为清洁生产的节能电镀电源，并已在电镀工业生产中获得广泛应用。

19.3　电镀电源的选择

正确合理地选择电镀电源，是电镀工艺设计的重要内容之一，也是获得理想电镀效果的先决条件。因此，选购电镀电源设备时，应按镀槽实际需用电压和电流、电流波形要求、生产条件、安装位置和冷却方式等多方面因素综合考虑和比较后确定。

（1）输出波形

选用电源的输出波形，要适合电镀工艺的要求。现在电镀电源生产厂家针对特殊电镀工艺的要求，生产出不同输出波形和用途的电源，如具有一次换向、周期换向、单向脉冲、双向脉冲、直流叠加脉冲、直流叠加交流和多段混合波形等输出特性的电源。因此，可根据电镀工艺的需要，来选用具有适合输出波形的电源类型。

（2）纹波系数

纹波系数是指交流分量的总有效值电流与直流分量之比。有文献[10]指出，我国军标、航标均规定，镀铬电源的纹波系数必须<5%，其他电镀电源的纹波系数必须<10%。纹波系数直接影响镀层质量，选择电源时必须注意纹波系数与输出电流的对应关系。在同等条件下，电流越大，纹波系数越小；电流越小，纹波系数越大。因此，保证纹波系数，在实际生产中满足最低输出电流的要求，是非常重要的。不同电镀工艺对直流电纹波系数的要求也不同。纹波系数越小，波形越平直。常用镀种对纹波系数的要求见表 19-4，供参考。

表 19-4　常用镀种对纹波系数的要求

电镀种类	对纹波系数的要求
镀铬、酸性光亮镀铜、硫酸盐光亮镀锡、镀枪黑色锡-镍合金等	要求纹波系数越小越好，否则易镀层发灰、光亮范围变窄、光亮平整性不足等情况。这类镀种，对选用整流器的要求如下： 1. 硅整流器，最好是带平衡电抗器的双反星形整流，其次是三相桥式或三相全波硅整流，单相硅整流不能用 2. 可控硅整流器，宜用十二相整流并带平波电抗器，不宜用一般可控硅整流器 3. 高频开关电源，可以做到很小纹波，而且纹波系数非常稳定，不受输出电流的影响
镀锌、镀镍、电化学除油等	对波形无严格要求，均可采用。但用可控硅整流器时，其导通角不宜过小。半光亮镀镍和光亮镀镍，对纹波系数的要求没有镀铬和酸性光亮镀铜那样高，采用普通低纹波输出直流电源即可保证半光亮和光亮镀镍层质量，并保证后续套铬的质量
焦磷酸盐镀铜、氰化镀铜、铝阳极氧化等	直流的纹波系数大时，可能使镀层的光亮度好，使阳极氧化件的着色效果好
电镀合金和复合电镀	合金电沉积，一般要求保持镀层中合金成分比例无明显波动变化，并在宽的电流密度范围内合金成分保持比例一致。采用低纹波系数的直流电源，有利于提高镀层质量

（3）电源的额定输出电压

额定输出电压是指电镀电源在允许的电网电压和负载范围内能够输出的最大电压值。选择的电源的额定输出电压必须满足电镀工艺生产要求，选择电压太高，一方面浪费电能，运行效率低；另一方面会使可控硅整流器容易形成过高的纹波系数。

在选择额定输出电压时应考虑实际线路的电压损耗。若电源与镀槽之间有一定距离，在大电流运行时应考虑 1~2V 的线路电压降（即 10% 左右的电压损失）。额定输出电压，应优先在下列标准数值中选取（V）：6、9、12、15、18、24、36、48…

（4）电源的额定输出电流

额定输出电流是指电源在正常运行条件下，能够长期稳定输出的最大电流值。在选择额定输出电流时，应在满足工艺生产要求的同时，再留有 10%~20% 的运行余量。额定输出电流，应优先在下列标准数值中选取（A）：50、100、200、300、500、800、1000、1200、1600、2000、3150、4000、5000、6000、8000、10000、16000、20000…

（5）电镀电源的外表结构形式

电镀电源从外表的结构形式上，可分为台式、柜式和防腐型等形式。

电镀电源与镀槽分室放置时，排气通风条件比较好，可选用柜式电镀电源。

电镀电源放置在镀槽旁或附近时，周围有腐蚀性气体，需选用防腐型电镀电源。防腐型与柜式电镀电源，体积较大，成本较高，但对环境的适应能力强。

(6) 电镀电源的冷却方式[21]

根据电源的容量等，来选用电镀电源的冷却方式。

① 自冷，采用自然冷却，适用于容量较小的电源设备，50～300A。

② 风冷，采用风机强迫冷却，适用于中小容量的电源设备，200～2000A。

③ 水冷，采用水强迫冷却，适用于较大容量的电源设备，5000A 以上。

④ 油冷，采用油循环冷却，适用于中小容量的电源设备并且用于防腐的场合。

在某些情况下，也可以对风冷、水冷、油冷进行混合使用，以达到最佳的散热效果。

(7) 电镀电源的工作效率

高频开关电源的效率最高，可达到 80%～90%；可控硅整流器次之，可达到 65%～80%；硅整流器较低，可达到 55%～70%。在电镀电源选择时，在满足工艺要求的条件下，尽量选用高效节能的电镀电源。

(8) 调控使用方便，功能符合实用要求

电镀生产过程中，电流的需求是变化的，能否无级调整、自动控制、远距离遥控，要看是否能与电镀生产工艺的要求和生产线建设的需求相适应。直流电源采用自动控制，有利于质量控制，也给操作者带来方便，直流电源的自动控制如表 19-5 所示。

表 19-5　直流电源的自动控制

自动控制类别	自动控制的内容及形式
恒电压自动控制	防止电压波动而影响电流输出量,恒电压自动控制装置可按预先设定的电压要求,保持电镀过程中电压的稳定
恒电流自动控制	有些镀槽要求槽内电流恒定,以保证电流密度恒定。一般电镀常因电镀过程的进展、槽内电阻增加而使电流减小,而恒电流自动控制装置,能按设定的电流要求,保持电镀过程中槽内电流的稳定
恒电流密度自动控制	这种自动控制,是用一块面积为 1dm² 与镀件材料相同的探头,与镀件同时入槽,以此测定电流密度。从探头上得来的电流值(即电流密度)信号传入控制系统,控制器按设定值再控制整流器发出所需的电流。这样省略了计算每槽零件电镀面积的工作,为加工零件种类多、数量大的电镀车间带来方便
步进升压、恒压程序控制	有些处理种类要求电压在一定时间内能较均匀地升高,然后保持恒压一定时间,如铬酸阳极氧化和铝的电解着色等。现整流器已能实现步进升压、恒压的程序控制,并附有电流和电压的自动记录装置

(9) 直流电源设备的分类

直流电源设备按电器功能可分为以下四种，根据需要选用。

简单型：仅有手动调压的设备。

通用型：具有稳压和稳流特性的设备。

稳定电流密度型：具有稳压、稳流和稳定电流密度特性的设备。

换向型：在前面三种型式的电源设备上，增加电流极性转换的功能，就成为换向型直流电源设备。换向方式又可分为一次换向和周期换向两种。

(10) 考核标准

根据电镀用整流设备标准的规定，整流设备至少应能在额定电压的 30% 开始连续调节，并保证在额定电压的 66% 以上按Ⅰ级负载（即设备在 100% 额定直流电流下）连续运行，设备在额定电压的 66% 以下运行时，承载能力应不小于 50% 的额定输出电流。

19.4　常用的电镀电源设备

常用直流电源设备的生产厂家很多，其产品规格也很多，表 19-6（硅整流器）、表 19-7（可控硅整流器）、表 19-8（高频开关电源）中例举一些直流电源设备的技术性能规格，供参考。

表 19-6　硅整流器电镀电源技术性能规格

名　称	型　号	输入电压/V	输出电压/V	输出电流/A	设备外形图
ZD 系列硅整流电镀电源	ZD-100D	220	0～12、18、24	0～100	
	ZD-200D	220	0～12、18、24	0～200	
	ZD-100	380	0～12、18、24	0～100	
	ZD-200	380	0～12、18、24	0～200	
	ZD-300	380	0～12、18、24	0～300	
	ZD-500	380	0～12、18、24	0～500	
	ZD-1000	380	0～12、18、24	0～1000	
	ZD 系列硅整流电镀电源可用于电镀、铝氧化、电解精炼、电解除油等，具有疲实、耐用、超载能力强、耐潮湿、耐腐蚀性能好等优点				邯郸市大舜电镀设备有限公司的产品

表 19-7　可控硅电源技术性能规格

名　称	型　号	输入电压/V	输出电压/V	输出电流/A	设备外形图
KD、KDF 系列稳压稳流晶闸管电镀电源	KD-10	220	0～12	0～10	
	KD-20	220	0～12	0～20	
	KDF-50	220	0～12	0～50	
	KDF-100	220	0～12	0～100	
	KDF-200	380	0～12	0～200	
	KDF-300	380	0～12	0～300	
	KDF-500	380	0～12	0～500	
	KDF-1000	380	0～12	0～1000	邯郸市大舜电镀设备有限公司的产品
技术性能	用于镀铜、镍、铬、锌、锡、银、金、合金等，还可用于铝、钛等的阳级氧化、电解除油等 设备由单相或三相变压器、晶闸管全控或半控桥、闭环控制触发板等构成，具有以下特点： 数字触发脉冲对称度高，抗干扰性强，调试简单；可选择稳压稳流功能转换；设计了双并联 PI 调节器，电源的稳压稳流性能大大提高；KDF 系列增加时控功能，可准确记录所镀工件的实际受镀时间；设备具有过流、短路等保护功能；体积比传统硅整流电源大大减小				

名　称	型号规格	交流输入	冷却方式	直流输出	外形尺寸(长×宽×高)/(mm×mm×mm)
电镀电解电源设备	KDF500A	3 相 380V	风冷	0～18V 500A	630×510×1120
	KDF1000A	3 相 380V	风冷	0～18V 1000A	630×510×1120
	KDF2000A	3 相 380V	风冷	0～18V 2000A	630×510×1120
	KDF3000A	3 相 380V	风冷	0～18V 3000A	630×510×1120
	KDS5000A	3 相 380V	水冷	0～18V 5000A	630×510×1120
	KDS6000A	3 相 380V	水冷	0～18V 6000A	630×510×1120

技术性能及设备外形图	整流方式采用三相桥式，六相及十二相整流 元件选用余量大，过载能力强，电能转化效率高 可控硅移相调压整流，可平缓地调节输出电压电流，波形畸变小，对称度高 采用本公司自行设计的高集成化触发电路，适应性、抗干扰性强，寿命长，故障率低 内设稳压、稳流、过流保护等功能

北京北整电器有限公司的产品

续表

名 称	技术性能规格	设备外形图
KDJS 系列 油浸水冷式 可控硅整流电源	输出电流:100～100000A 输出电压:6V、9V、12V、15V、18V、24V 输入:380V AC 三相四线 功能:电压电流指针显示或数字显示(订制);电压、电流 0～满负荷连续可调;具备稳压/稳流切换功能;带过流保护、缺相保护、超温保护等功能;可增配 PLC 接口、RS-484 通讯接口(NKDJS 数控类型);可增配安培小时功能、时控功能 特点:采用全密封结构,能够适应比较恶劣的现场环境	 绍兴市承天电器有限公司的产品

表 19-8 高频开关电源技术性能规格

名称及型号	技术性能规格	设备外形图
KGY-S 小容量 高频电子 电镀电源	输出电流:10A、20A、30A、50A、100A、150A、200A 输出电压:3V、6V、9V、12V、15V 输入:常规为单相输入 220V AC;可提供三相 380V AC 常规为风冷;可提供自冷定制 具备稳压/稳流切换功能 常规为模拟式,本机显示及控制,数字显示 额定纹波系数小于等于 3%,更低纹波系要求可订制 可选择采用数字控制,带 RS-485 接口(KGY-1、2 型) 可选配安时功能(KGY-1)	 绍兴市承天电器有限公司的产品
KGYS 水冷式 高频开关电源	输出电流:500～20000A 输出电压:6～48V 具备常规开关电源的一切功能 采用全密封水冷结构,可直接放在镀槽旁边,温度比风冷下降 50% 体积大大减小,水冷 5000A 的体积和风冷 2000A 相同 可采用普通自来水和洁净自然水冷却	 绍兴市承天电器有限公司的产品
KGY-L 系列 大功率高频 开关电源	输出电流:10～50000A 输出电压:0～6V、12V、15V、18V、24V、36V、100V、200V、300V 输入:380V AC 三相四线 特点:采用数字控制方式,有效平衡各并机单元的输出功率,使输出平稳,效能最佳;常规为风冷,36V 以上可采用水冷方式 功能:电压电流数字显示;电压、电流 0～满负荷连续可调;具备稳压/稳流切换功能;带过流保护、缺相保护、超温保护等功能;具备 RS-484 通讯接口(MODBUS 协议);可增配安培小时功能;可增配换向功能	 绍兴市承天电器有限公司的产品

续表

名称及型号	技术性能规格	设备外形图
PWH1500A-15V-S 高频电镀电源	输入电压：三相 380V($\pm$10％)，50～60Hz 输入电流：36A 输出电压：0～15V　输出电流：0～1500A 稳压精度：$\leqslant\pm$1％　稳流精度：$\leqslant\pm$1％ 额定效率：$\geqslant$90％　功率因数：$\leqslant$0.90 纹波系数：$\geqslant$3％　输出波形：高频脉冲方波 输出接口：标准 485、4～20MA、0～5V、0～10V 可选择(在订购时说明) 冷却系统：风冷式/水冷式 运行状况：满负荷 24h 运行 保护模式：缺相、过热、过流、故障、保护提示 该电源设有远控箱，方便在槽边进行电流、电压的调节，输出定时控制，高低电流自动循环变换输出，自动冲击定时及多段阶梯电流定时控制和电脑智能自动补加药液等(此类功能须在订购时加以注明)	 深圳市荣达信电镀设备有限公司的产品
DPD 系列 电镀电源	输入电压：三相 AC380V($\pm$10％) 输出电压：DC 0～20V(12V、15V、18V、20V 等电压等级) 输出电流：DC 0～20kA(可根据要求定制) 控制特性：恒压、恒流、可输出直流脉冲 电镀系列电源产品适用于镀锌、镀镍、镀锡、镀铬、镀铜、镀镉等，也适用于金、银等贵重金属的电镀	 广州爱申特电源科技有限公司的产品

名　　称	电流 /A	电压 /V	外形(深×宽×高) /(mm×mm×mm)	设备外形图
高频开关电镀电源(风冷)系列普通机	50	12、18、24	470×430×130	 500A/12V 1000A/12V 合肥鹏鸿科技发展有限公司的产品
	100	12、18、24		
	200	12、15		
	200	18、24	470×430×250	
	300	12、18、24		
	500	12、15		
	300	36	750×510×250	
	500	18、24		
	750	12、15		
	1000	12、15		
	1500	12、15	685×555×280	
	2000	12		

名称及型号	技术性能规格	设备外形图
GGDF 型 可调直流电源	输入电压：三相 380V($\pm$15％) 调节精度：$\leqslant$1％　功率因数：$\geqslant$90％ 效率：$\geqslant$82％　冷却方式：风冷或水冷 输出特性：恒流/恒压可转换 保护方式：过压、欠压、过热、过流 电镀系列的电源产品适用于镀锌、镀锡、镀铬、镀铜等；也适用于金、银等贵重金属的电镀 规格型号　　　外形尺寸/(mm×mm×mm)　　重量/kg GGDF-50/12　　　300×320×190　　　　　7 GGDF-500/12　　　290×380×560　　　　30 GGDF-1000/12　　　320×440×620　　　　40 GGDS-5000/12　　　560×400×750　　　　100 GGDS-8000/12　　　780×400×800　　　　150 GGDS-10000/12　　810×400×830　　　　180	 中山市宝辰机电设备有限公司的产品

19.5 脉冲电镀电源设备

脉冲电源是采用高频下的断续电流来代替普通直流。一般脉冲电镀电源输出的是方波脉冲电流（也可按需要做成梯形波、锯齿波等），其电镀过程是一种电流瞬间反复通断的高频间歇直流电镀过程。可通过调节电流密度、脉冲频率和占空比（即电流通断时间比值）来控制镀层质量。它广泛应用于电镀贵金属（镀金、银及稀有金属），也用于一般电镀如镀镍、铜、锌、锡、铬及合金等。

常用的脉冲电镀电源有单脉冲电源和周期换向脉冲（即双脉冲）电源两种。

单脉冲电源提供的是稳定的正向方波脉冲电流。

周期换向脉冲电源提供的是正向方波脉冲与短暂负向脉冲相互交替的电流，即在输出一组正向脉冲电流之后，引入一组反向脉冲电流，正向脉冲持续时间长，反向脉冲持续时间短。其电流是由两组单脉冲系统组成，参数可单独调节（可改变为两组正脉冲、直流叠加正脉冲、直流与负脉冲换向、对称或不对称脉冲等[3]）。随着脉冲电镀电源的不断改进，其应用范围也不断扩大。

脉冲电镀电源设备的技术性能规格示例见表19-9、表19-10。

大功率正负自动换向高频脉冲电镀电源的技术性能规格见表19-11。

表 19-9　脉冲电源技术性能规格（1）

名　称	型　号	输出电流/A		输出波形	换向时间 /ms	输出频率 /Hz	占空比 /%
		峰值	平均				
SMD系列数控双脉冲电镀电源	SMD-10	10	1	方波	1～9999	5～5000	0～100
	SMD-30	30	10	方波	1～9999	5～5000	0～100
	SMD-60	60	20	方波	1～9999	5～5000	0～100
	SMD-120	120	40	方波	1～9999	5～5000	0～100
	SMD-200	200	60	方波	1～9999	5～5000	0～100
	SMD-300	300	100	方波	1～9999	5～5000	0～100
	SMD-500	500	150	方波	1～9999	5～5000	0～100
	SMD-1000	1000	300	方波	1～9999	5～5000	0～100

技术性能	周期换向脉冲电镀习惯称为双（即双向）脉冲电镀 特点：兼有脉冲和换向的双重功能；正、反向脉冲参数单独可调；同时可作为两台单脉冲电源使用；输出功能多、参数多；具有峰值电流保护和操作故障保护功能 可用于镀金、银、稀有金属、镍、锌、锡、铬及合金等；铜、镍等的电铸；铝、钛等制品的阳极氧化；精密零件的电解抛光；蓄电池的充电等 邯郸市大舜电镀设备有限公司的产品	

名　称	型　号	输出电流/A		输出波形	输出频率 /Hz	占空比 /%
		峰值	平均			
SMD-D系列单脉冲电镀电源	SMD-30D	30	10	方波/直流	5～5000	0～100
	SMD-60D	60	20	方波/直流	5～5000	0～100
	SMD-120D	120	40	方波/直流	5～5000	0～100
	SMD-200D	200	60	方波/直流	5～5000	0～100
	SMD-300D	300	100	方波/直流	5～5000	0～100
	SMD-500D	500	150	方波/直流	5～5000	0～100
	SMD-1000D	1000	300	方波/直流	5～5000	0～100
	SMD-2000D	2000	600	方波/直流	5～5000	0～100

技术性能	SMD-D系列单脉冲电镀电源是在SMD系列数控双脉冲电镀电源的基础上研制而成，保留了SMD系列单向输出的全部特性 用于电镀金、银、镍、锡、合金时，可明显改善镀层的功能性；用于防护-装饰性电镀（如装饰金）时，可使镀层色泽均匀一致，亮度好，耐蚀性强 邯郸市大舜电镀设备有限公司的产品	

续表

名　　　称	技术性能规格	设备外形图
SMD-P 系列 智能多脉冲 电镀电源	最大峰值电流:10～500A　输出波形:方波脉冲或直流 脉冲宽度:100～32767μs　脉冲周期:200～32767μs 正、反向脉冲工作时间:0～2767ms 各组电流持续时间:0≤t1,t2～t10≤32767μs	
	循环输出十组参数各异的电流波形,每组电流可在直流、单脉冲、双脉冲或直流换向等波形中任意选择 每组电流的持续时间可在 1～32767μs 间任意选择,便于控制各组电流所得镀层的厚度 各组脉冲电流在交替运行过程中,平均电流始终不变,以保证使用不同占空比时,各组脉冲的峰值电流各不相同 采用 PLC 控制,使各组电流交替运行、脉冲参数运算、脉冲计时等实现智能化 触摸屏操作,动态显示每组电流工作画面,便于对正在运行的脉冲参数进行实时观测、调整。同时还可作为直流电源、单脉冲电源或双脉冲电源使用,一机多用	
SMD-C 系列 计算机全 自动监控 多脉冲电镀电源 (可组网)	峰值电流:10～500A　脉冲宽度:100～32767 微秒(μs) 脉冲周期:200～32767 微秒(μs) 正、负脉冲工作时间:0～32767 毫秒(ms) 各组工作时间:0～32767 秒(s) 总工作时间:1～32767 分(min)	
	该系统主要硬件由计算机和脉冲电镀电源构成。全自动实现了计算机对电镀电源装置的监视和控制。上位机的工控软件使得复杂计算、数据处理、动态显示和报表输出切实可行 整个监控系统采用子画面设置工作参数,动态画面显示工作过程,操作简便,直观清晰。可设定为 1 组～10 组电源自动循环工作 每组电源可设定为双脉冲,正、负单脉冲,正、负直流,正、负间断脉冲,直流与脉冲换向,脉冲与直流换向,对称或不对称方波交流电等任一种工作状态 对每组电源可设置正、负脉冲的换向工作时间、脉冲周期和脉冲宽度 画面实时显示平均电流、峰值电流、总工作时间及各组工作时间 系统自动保护、变量声光报警及信息提示 邯郸市大舜电镀设备有限公司的产品	

表 19-10　脉冲电源技术性能规格（2）

名　　　称	技术性能规格	设备外形图
QD 系列单脉冲 贵金属电镀电源	输出峰值电流:10～2000A(max) 输出平均电流:3～700A 输出电压:0～12V、24V 等连续可调 输入电源:50～60Hz,220V、380V($\pm$10%) 输出占空比:8%～95% 十一段 脉冲频率:100～1100Hz 十一段 波形:方波 定时范围:1s～99h 产品特点: 　先进的功率变换电路和 PWM 调制技术,具有高效率、高精度和低的纹波系数的特性 　输出电流纹波系数不大于 1%,电网电压波动及负载变化对输出电压无影响 　功率因数大于 90%,对电网污染小,无干扰 　可在稳流、稳压两种方式下运行,输出电压、电流单独可调,大大提高客户使用灵活性 　电流以高频脉冲形式输出,适用于有色金属及合金类等小工件镀种	 绍兴市承天电器有限公司的产品

续表

名　称	技术性能规格	设备外形图
SQD 系列双脉冲贵金属电镀电源	输出峰值电流:10～2000A(max) 输出平均电流:3～700A 输出电压:0～12V、24V 等连续可调 输入电源:50～60Hz、220V、380V(±10%),特殊可定制 输出占空比:8%～95%十一段 脉冲频率:100～1100Hz 十一段 波形:正反双向方波 定时范围:1s～99h 产品特点: 先进的功率变换电路和 PWM 调制技术,具有高效率、高精度和低的纹波系数的特性,其输出电流纹波系数不大于 1% 功率因数大于 90%,对电网污染小,无干扰 可在稳流、稳压两种方式下运行,输出电压、电流单独可调,大大提高客户使用灵活性 电流以高频脉冲形式输出,适用于有色金属及合金类等小工件镀种	 绍兴市承天电器有限公司的产品

名　称	型　号	输出电流/A	输出电压/V	冷却方式	重量/kg	外形尺寸/(mm×mm×mm)
脉冲电镀电源(高频) 	GGDF-200A/12V	200	12	风冷	15	400×365×250
	GGDF-500A/12V	500	12	风冷	30	290×380×560
	GGDF-1000A/12V	1000	12	风冷	48	340×440×620
	GGDS-1000A/12V	1000	12	水冷	35	480×340×380
	GGDF-2000A/12V	2000	12	风冷	55	340×440×620
	GGDS-2000A/12V	2000	12	水冷	45	480×340×380

技术参数	输入电压:380V/220V;输出特性:恒流/恒压可转换(0 至额定值) 输出波形:高频方波、直流及叠加波形;调节精度:≤1%;效率:≥89%;功率因数:≤90% 保护方式:过压、欠压、过热、过流;冷却方式:风冷或水冷;可选配置:PLC 接口 环境温度:-20～45℃;环境湿度:≤80%;绝缘等级:B 级;防护等级:IP20 该公司生产的脉冲电源有单正脉冲和双正、负脉冲电源,数字化控制。正向脉冲开启宽度(T+)和负向脉冲开启时间宽度(T-)可分别在全周期内调节。正负向电流、电压均可独立调节 中山市华星电源科技有限公司的产品

表 19-11　大功率正负自动换向高频脉冲电镀电源的技术性能规格

名　称	技术性能规格	设备外形图
HKDD　MXXXX 系列大功率正负自动换向高频脉冲电镀电源	输出脉冲电压正负极性可自动切换 具有稳压、稳流选择功能 输出直流可调电压:12V、15V、24V 输出直流脉冲电流:500A、1000A、2000A、5000A 输入电压:三相 380V(±10%) 电源转换效率:>92%　冷却方式:风冷 负载调整率:不大于 1% 输出正负电压、电流均分别可调:1%～100% 可任意设定正负脉冲电压的工作时间:1～9999s 可任意设定正负脉冲电压换向间隙时间:0.01～10s 有智能控制器接口,配上 ZNC-Ⅱ智能型电镀电源综合控制器,可以实现多段电压、电流和电镀时间的阶梯程序控制和自动补充液剂 具有过热保护(整机温升超过 100℃)、过流保护(大于 120%的电源最大输出电流)、缺相保护,有远程、本地双控功能	 上海晶敏信息控制技术有限公司的产品

19.6 镀铬电源设备

镀铬工艺用的电源，一般有硅整流器、可控硅整流器和高频开关电源等。镀铬用的电源一般要求电压比较高、电流比较大，选用电源时应考虑下列几点.

① 电源的输出纹波系数要低，纹波系数应小于 5%。

② 选用电源的输出额定电压，切勿过高。应略高于槽端最高电压与线路电压降的总和，否则电源效率不高，浪费电能。直流供电线电压降按 10% 考虑。电源电压一般≥12V。

③ 选用电源的输出额定电流，应稍大于槽子最大装载量时的最大所需电流，可有适当余量。槽上如需冲击电流时，按工艺要求和槽子装载量等考虑。

④ 镀铬工艺要求电源的阴、阳极能进行转换，或加装极性改变装置。大电流的换极宜采用自动换极装置。

镀铬电源设备的技术性能规格示例见表 19-12、表 19-13、表 19-14。

表 19-12 镀铬电源技术性能规格

名 称	技术性能规格	设备外形图
KD-12XS 双控全程低纹波 镀铬电源	输出:100～100000A,6～24V 冷却方式:风冷、水冷、油冷、油浸水冷等四种 采用十二相数字整流方式,不需另加滤波器,即可实现低纹波。采用触摸屏控制,人机界面采用智能双控技术,多通道实时监控技术,实时控制风机、可控硅、变压器运行情况	 绍兴市承天电器有限公司的产品
KDF-12X 系列 全程低纹波 可控硅镀铬电源	输出电流:100～100000A 输出电压:12V、15V、18V、24V、36V 输入:380V AC 三相四线 整流方式:采用 12 相整流技术 功能:空载,轻载,满载情况下输出纹波系数均小于 1%;具备自动换向功能(SKD 系列);可采用智能双控技术(KD-12XS 系列);可增加谐波滤波器;可增加 PLC 接口。 该系列电源主要用于大型镀铬和镀硬铬,特别是军工枪管、炮管等特殊工艺	 绍兴市承天电器有限公司的产品

表 19-13 镀铬电源（高频开关电源）技术性能规格

名 称	型 号	输出电流 /A	输出电压 /V	冷却 方式	重量 /kg	外形尺寸 /(mm×mm×mm)
高频开关 镀铬电源	GGDF-200A/12V	200	12	风冷	15	360×360×200
	GGDF-300A/12V	300	12	风冷	15	360×360×200
	GGDF-500A/12V	500	12	风冷	30	290×380×620
	GGDF-1000A/12V	1000	12	风冷	48	320×440×620
	GGDF-1500A/12V	1500	12	风冷	48	320×440×620
	GGDF-2000A/12V	2000	12	风冷	48	320×440×620
	GGDF-3000A/12V	3000	12	风冷	90	600×480×620
	GGDF-4000A/12V	4000	12	风冷	90	600×480×620
	GGDF-5000A/12V	5000	12	风冷	120	940×600×630
	GGDF-6000A/12V	6000	12	风冷	150	1250×700×630

续表

名　称	型　号	输出电流/A	输出电压/V	冷却方式	重量/kg	外形尺寸/(mm×mm×mm)
高频开关镀铬电源	GGDS-500A/12V	500	12	水冷	18	340×340×220
	GGDS-1000A/12V	1000	12	水冷	35	320×440×360
	GGDS-1500A/12V	1500	12	水冷	35	320×440×360
	GGDS-2000A/12V	2000	12	水冷	35	320×440×360
	GGDS-3000A/12V	3000	12	水冷	55	380×460×680
	GGDS-4000A/12V	4000	12	水冷	55	380×460×680
	GGDS-5000A/12V	5000	12	水冷	70	380×480×720
	GGDS-6000A/12V	6000	12	水冷	90	380×550×720
	GGDS-8000A/12V	8000	12	水冷	150	440×900×1100
	GGDS-10000A/12V	10000	12	水冷	150	440×900×1100
	GGDS-12000A/12V	12000	12	水冷	150	440×900×1100
	GGDS-15000A/12V	15000	12	水冷	350	1050×800×1810
	GGDS-20000A/24V	20000	24	水冷	500	1200×800×2160

技术参数

输入电压：380V/220V
输出特性：恒流/恒压可转换(0至额定值)
输出波形：高频方波、直流及叠加波形
调节精度：≤1%
效率：≥89%
功率因数：≤90%
保护方式：过压、欠压、过热、过流
冷却方式：风冷或水冷
可选配置：PLC接口
环境温度：-20~45℃
环境湿度：≤80%
绝缘等级：B级
防护等级：IP20
中山市华星电源科技有限公司的产品

表 19-14　镀铬电源（换向电源）技术性能规格

名　称	技术性能规格	设备外形图
PWH10000A-15V-S镀硬铬换向电源	输入电压：三相380V(±10%),50~60Hz 输出电压：0~15V 输出电流：0~10000A 稳压精度：≤±1%；稳流精度：≤±1% 额定效率：≥90%；功率因数：≥0.90 纹波系数：≤3%；输出波形：方波 冷却系统：水冷/风冷 运行状况：满负荷24h运行 保护模式：缺相、过热、过流、故障、保护提示 该电源设有远控箱，方便在槽边进行电流、电压的调节、输出定时控制、高低电流自动循环变换输出、自动冲击定时及多段阶梯电流定时控制和电脑智能自动补加药液等(此类功能须在订购时加以注明)	 深圳市荣达信电镀设备有限公司的产品

名　称	技术性能规格	设备外形图
电镀硬铬自动换向高频开关电源	输出电压：±0～30V 输出电流：±0～60kA 规格型号可根据用户要求定制 均流系数：≥98％（额定输出时） 软启动时间：0～3000s(可任意设置) 软停止时间：0～300s(可任意设置) 换向时间：0.5～300s(可任意设置) 纹波系数：≤3％(30％以上负载率) 控制精度：电压 0.5％，电流 0.5％ 机箱采用模块组化结构，模块具有热插拔功能，单个模块可以在整机不停电的情况下拆卸和安装，维护方便 提供小电流稳流运行方式，切实解决实际生产中经常遇到的补镀问题 采用现地控制、远程控制和监控系统操作控制 3 种独立的控制方式，操作方便 电源主机采用全密闭水冷结构，防护等级高，柜体封闭性好；隔绝了外部空气进入柜内，适合在具有腐蚀性气体的环境内长期使用 全数字化控制系统，智能控制。有限流、限压、过热、超温等完善的保护和故障报警功能	单机模块图 中国电器科学研究院有限公司电力的产品

19.7　镀贵重金属电源设备

镀贵重金属电源一般采用脉冲电镀电源设备，其规格一般采用中小型的电源，也可以使用一般的电镀电源及实验用的电源设备。镀贵重金属电源设备的技术规格示例，参见表 19-15。

表 19-15　镀贵重金属的电镀电源技术性能规格

名　称	技术性能规格	设备外形图
镀金专用高频脉冲整流器	镀金专用高频脉冲整流器是针对镀金生产工艺的特点和要求设计的，它将摇摆机控制、镀液温度控制、定时控制等镀金生产所必须的控制装置和整流器集成为一体，整体性好，操作方便。适用于镀金和电镀其他贵金属 输入电压：AC 220V 50Hz 额定输出电压：6V、8V、12V、15V 额定输出电流：10A、20A、50A、100A 电流、电压数字显示 控制精度：≤1％ 显示精度：电压 0.01V，电流 0.1A 或 0.01A(20A 以下) 恒压、恒流控制选择 镀件入槽自动开始工作，工作时间完成自动停机并有灯光和声音报警 电镀液自动恒温控制，摇摆机控制 缓启动、过流、过压、欠压、过热等自动保护	深圳市宏诚兴机电设备厂的产品
SLMC 脉冲电镀电源（电镀贵金属等）	产品规格：脉冲输出电流 20A、100A、200A、300A、500A 脉冲输出电压 12V、18V、24V 输入电压范围：选配单相 220V 　　　　　　　或三相 380V(±10％) 脉冲输出峰值电流：0 至额定电流值 脉冲输出峰值电压：0 至额定电压值 输出电压、电流稳定控制精度：±1％ 输出波形：脉冲方波	20A/12V 脉冲电镀电源

续表

名称	技术性能规格	设备外形图
SLMC 脉冲电镀电源 （电镀贵金属等）	脉冲频率:100～3000Hz 范围内可任意设定(调节精度 100Hz) 脉冲占空比:5%～80%范围内连续可调 软启动时间:4s 定时功能:在 1min～9h59min 59s 范围内任意可调 特点:输出为方波,占空比、频率可预设定,幅度可调,根据镀种工艺,调整三者最佳组合,满足用户工艺要求 适用于精密磨具、半导体、接插件、首饰、印刷版上以及高品质镀铬、铜、锌、镍等工艺	100A/12V 脉冲电镀电源 南昌四立机电设备有限公司的产品
BOLI-200 型 镀金电镀电源 （高频脉冲电源）	输入电压:AC 220V 50Hz 额定输出电压:6V、8V、12V、15V 额定输出电流:10A、20A、50A、100A 控制精度:≤1% 显示精度:电压 0.01V,电流 0.1A 或 0.01A(20A 以下) 电流、电压数字显示。恒压、恒流控制选择 镀件入槽自动开始工作,工作时间完成自动停机并有灯光和声音报警 电镀液自动恒温控制。摇摆机控制 缓启动、过流、过压、欠压、过热等自动保护	浙江省东阳市波力超声设备厂的产品
PWH300A-15V-F 高频电镀电源 （镀金、银等）	输入电源:单相 220V(±10%) 50Hz 输出电压:15V 输出电流:300A 输出电压精度:≤1% 输出电流精度:≤1% 输出高频、方波,20kHz(整流后输出 40K 方波)、脉宽调节 PWH 系列高频开关电源的主功率高频变压器选用进口纳米晶体/超微晶,高磁导材料作磁芯,其体积小,效率高 PWH 系列高频电镀开关电源保护功能齐全,输入缺相、过压、欠压、过热、过流保护	深圳市荣达信电镀设备有限公司的产品

19.8 实验用电镀电源设备

实验用电镀电源是为了电镀实验过程而设计的专用电源,电压一般采用 0～30V,电流一般分为 3A、5A、10A、20A 等,适合电镀和阳极氧化等各种工艺要求。实验电源有整流电源、晶闸管调压电源和高频开关电源;从功能上分为简易型和多功能型。

多功能型实验用电镀电源的特点是多波形转换,可以满足各种试验工艺要求,有普通正向波形、脉冲波形、周期换向等可供选用。还配备赫尔槽,并设有定时器、空气搅拌、自动控温等功能。实验用电镀电源设备的技术规格示例,见表 19-16。

表 19-16 实验电源技术性能规格

名称	技术性能规格	设备外形图
GDYA 系列 实验用恒流电镀电源	GDYA 3/12 型 输出电流 0～3A 输出电压 0～12V GDYA 3/24 型 输出电流 0～3A 输出电压 0～24V GDYA 5/12 型 输出电流 0～5A 输出电压 0～12V GDYA 5/24 型 输出电流 0～5A 输出电压 0～24V 用于实验室做中小型电镀实验,新工艺研究,也可用于小批量电镀生产 采用高性能恒流电流模块,输出电流恒定 输出电流平直,纹波系数小,与生产中应用的电镀电源较接近;线路设计简单可靠,操作维修方便输出允许短路,设备不受影响体积小,重量轻,超载能力强	邯郸市大舜电镀设备有限公司的产品

续表

名　　称	技术性能规格	设备外形图
DDK-1B 型 高频试验电源	规格:A 型:5A/12V 指针显示 　　　B 型:5A/12V 数字显示 单相输入:220V AC 冷却方式:自冷 操作:本机手动模拟式操作,稳压方式 配件:夹子 2 根、普通赫尔槽 1 只 外形尺寸(宽×高×深):260mm×70mm×180mm	 绍兴市承天电器有限公司的产品
DDK-2 型 高频试验电源	规格:10A、20A/12V 单相输入:220V AC,110V AC(可订制) 功能:数字显示,无级调压,温度检测,空气搅拌,定时报警 冷却方式:自冷 配件:夹子 2 根、普通赫尔槽 1 只,加热槽 1 只 操作:本机手动模拟式操作	 绍兴市承天电器有限公司的产品
DDK-3 型 高精度全功能型 高频试验电源	规格:10A、20A/12V 单相输入:220V AC 功能:数字显示,自动温控,稳压/稳流,空气搅拌,换向功能,定时报警 操作:本机手动模拟式操作 冷却方式:自冷 配件:夹子 2 根、普通赫尔槽 1 只,加热槽 1 只 外形尺寸(宽×高×深):400mm×140mm×280mm	 绍兴市承天电器有限公司的产品
实验测试电源	输入电压:220V AC 输出电压:0~12V(可调) 输出电流:0~30A(可选) 采用功率变换线路和 PWM 调制技术,具有波形选择(脉冲/直流)、空气搅拌、温度监测、无级调压、加热棒、时间控制、稳压稳流等功能。自然冷效。 具有过流、过热等保护性能	 合肥鹏鸿科技发展有限公司的产品
PWH50A-30V 实验室专用电镀电源	输入电压:单相 220V±10%,50~60Hz 输出电压:0~30V　输出电流:0~50A 稳压精度:≤±1%　稳流精度:≤±1% 额定效率:≥90%　功率因数:≥0.90 输出波形:高频脉冲方波 冷却系统:风冷或者水冷 运行状况:满负荷 24h 运行 本产品具有以下功能: 稳压、稳流功能,过热保护,过载保护,过流保护,过压、欠压保护,智能化时间控制功能,时间控制结束报警提示,安培用量提示,显示功能,空气搅拌功能,交流、直流输出切换功能	 深圳市荣达信电镀设备 有限公司的产品

19.9　铝合金（或铝型材）氧化及着色电源设备

　　铝和铝合金的阳极氧化处理的种类很多，所采用的阳极氧化及交流氧化与电解着色工艺，对电源的电流波形、电压与电流调控技术的要求越来越高，有的对电源设备的电压调节提出了程序（时间-电压）控制要求，以及直流叠加脉冲等特定波形的要求。各生产厂家开发了各种铝合金（或铝型材）阳极氧化自动控制电源设备，来满足不同类型铝材氧化的工艺要求，从而简化了操作人员繁琐的调控过程。一些铝合金（或铝型材）氧化电源设备示例见表 19-17，着色电源设备示例见表 19-18，供参考。这类电源设备生产厂家很多，可参考各厂家产品样本所列出的规格及性能，了解其使用效果，经比较后选用性价比具有优势的产品。

表 19-17　氧化电源技术性能规格

名　称	技术性能规格	设备外形图
KH-PS 系列 可控硅氧化电源	常用规格 输出电流：1000A、2000A、3000A、4000A、5000A 输出电压：30V、35V、40V 输入：380V AC 三相四线，特殊电压可订制 采用 8m 远程手操盒显示和控制 具备稳压/稳流两种工作方式 电流/电压 0～MAX 连续可调 常规为风冷方式 该系列电源专用于 PS 板连续氧化工艺	绍兴市承天电器有限公司的产品
KH-12XS 十二相 智能双控热备用 可控硅氧化电源	常用规格 输出电流：1000A、2000A、3000A、5000A、10000A、15000A、20000A、30000A、50000A 输出电压：18V、20V、24V、30V、36V 采用 380V AC 三相四线输入，10kV 可订制 采用承天自主研发的 DUAL-C 智能双控热备用系统，遇故障瞬间无扰切换 采用触摸屏人机界面，操作简单 采用十二相整流方式，数字触发 多点信号采集系统，随时显示电源本身异常，提前报警，防止突发停机 具备 RS-485 通讯接口，方便联网控制 该系列电源主要用于铝型材氧化工艺，具有功率大，稳定性高，谐波小等优点	绍兴市承天电器有限公司的产品
PEOE-96A 脉冲氧化电源	电流等级：2000～3000A、6000～9000A、8000～12000、10000～15000A、13000～18000A 电压等级：0～25V、0～80V 连续可调 本产品是消化吸收了意大利 ELCA 现代产品而改良设计的新一代产品，除具有 EOE-88B 型的所有优点外，其输出与 ELCA 机具有相同的电性能，是生产厚膜铝材和铝合金硬质氧化的必备设备，同时本机可以不开脉冲，作一般氧化电源使用，任意选择	中南电器厂有限公司的产品

名　称	技术性能规格及设备外形图	
高频节能氧化电源	适合铝型材行业使用的大功率高频开关电源 产品型号如下： 　GGHS-8000A/24V、GGHS-12000A/24V、GGHS-15000A/24V、GGHS-20000A/24V、GGHS-24000A/24V、GGHS-30000A/24V 输入电压：AC 380V（±10%）/AC 220V（±10%） 输出特性：恒流/恒压可转换 输出波形：恒定直流；调节精度：≤1% 效率：≥95%；功率因数：≥98% 冷却方式：风冷或水冷 保护方式：过压、欠压、缺相、过流报警，输出短路保护、过热保护 可选配置：PLC 接口；环境湿度：≤80% 绝缘等级：B 级；防护等级：IP20 采用独特的密封式水冷结构，抗腐蚀能力强。机体表面温度不超过 45℃（进水温度＜30℃），稳定性高 自主研发变压器（获国家发明专利），此变压器采用以超微晶（又称纳米晶）软磁材料为主变压器铁芯，由于变压器副边导电面积大，特别适合大电流场合，结实耐用、可靠性高、寿命长 中山市华星电源科技有限公司的产品	

名 称	型 号	输出电流 /A	输出电压 /V	冷却方式	重量 /kg	外形尺寸 /(mm×mm×mm)
铝氧化电源（高频开关电源）	GGDS-3000A16V	3000	16	水冷	60	550×400×720
	GGDF-3000A16V	3000	16	风冷	90	600×600×790
	GGDS-4000A18V	4000	18	水冷	70	640×400×850
	GGDF-4000A18V	4000	18	风冷	110	650×600×1075
	GGDS-4000A24V	4000	24	水冷	90	640×400×850
	GGDF-4000A24V	4000	24	风冷	150	650×600×1075
	GGDS-10000A18V	10000	18	水冷	195	820×600×1175
	GGDS-12000A24V	12000	24	水冷	305	1050×800×1800
	GGDS-15000A24V	15000	24	水冷	450	1050×800×1800
	GGDF-1000A100V	1000	100	风冷	150	650×700×1380

技术参数

输入电压：380V/220V；输出特性：恒流/恒压可转换（0～额定值）

输出波形：高频方波、直流及叠加波形；调节精度：≤1%；效率：≥89%；功率因数：≤90%

保护方式：过压、欠压、过热、过流；冷却方式：风冷或水冷

可选配置：PLC接口；环境温度：－20～45℃；环境湿度：≤80%

绝缘等级：B级；防护等级：IP20

中山市华星电源科技有限公司的产品

名 称	技术性能规格	设备外形图
SMDF-MDY-PLC 微机控制 硫酸阳极氧化电源、硬质硫酸阳极氧化电源	输出直流电压/V：0～24、0～30、0～48、0～60、0～80、0～100、0～110、0～150 　输出直流电流/A：100、200、300、500、800、1000、1500、2000、2500、3000、4000、5000、6000、8000、10000、12000、15000、20000 　网侧输入电压：380V、6.3kV、10kV 　控制回路电流：三相四线制，3相380V，50Hz 　直流输出自动稳流度：≤±5% 　直流工作状态下的电流纹波系数：≤3% 　本地-远程控制可相互转换 　具有手动和自动操作控制性能，工作时间可任意设定。 　恒定电流或恒定电压工作模式，可选择采用全数字DPS单片微机以及西门子PLC和触摸人机界面操作控制技术 　可在PLC触摸屏上选择直流、直流叠加脉冲、不对称交流叠加脉冲等三种模式 　具有过流、过压、缺相、超温报警等保护功能。也可用于硬质阳极氧化	 硫酸阳极氧化电源 硬质硫酸阳极氧化电源 成都通用整流电器研究所的产品
DPO系列氧化电源	输入电压：三相AC380V(±10%) 　输出电压：DC 0～30V 　输出电流：DC 0～40kA(3kA、8kA、10kA、12kA、15kA、20kA、25kA、40kA) 　控制特性：恒压、恒流(恒压模式，可限制电流；恒流模式，可限制电压)，直流冲脉输出	 广州爱申特电源科技有限公司的产品

名　　称	技术性能规格	设备外形图
PWH2000A-24V-S 高频脉冲氧化电源	输入电压：三相 380V(±10％)，50～60Hz 输出电压：0～24V；输出电流：0～2000A 稳压精度：≤±1％；稳流精度：≤±1％ 额定效率：≥90％；功率因数：≥0.90 纹波系数：≤3％；输出波形：方波 冷却系统：水冷/风冷 运行状况：满负荷 24h 运行 该电源设有远控箱，方便在槽边进行电流、电压的调节、输出定时控制等(此类功能须在订购时加以注明) 本产品具备：电流、电压表数字显示，稳压、稳流功能，缺相保护，过电流保护，过热保护，故障提示，远程控制功能	 深圳市荣达信电镀设备 有限公司的产品

表 19-18　电解着色电源技术性能规格

名　　称	型　号	输出电压 /V	输出电流 /A	冷却 方式	外形尺寸 /(mm×mm×mm)	设备外形图
铝氧化电源 (适用于电解着色) (高频开关电源)	GK-FB1-50A/6V	6	50	风冷	430×410×150	 深圳市实诚电子科技 有限公司的产品
	GK-FB2-200A/6V	6	200	风冷	430×410×150	
	GK-FB2-1000A/6V	6	1000	风冷	450×320×230	
	GKP-FB1-50A/12V	12	50	风冷	430×410×150	
	GKP-FB4-100A/20V	20	100	风冷	430×410×150	
	GKP-SB2-2000A/50V	50	2000	水冷	450×560×780	
	GKP-FB5-50A/24V	24	50	风冷	430×410×150	
	GKRS-FB1-1000A/24V	24	1000	风冷	450×320×230	
	GKRS-SB2-3000A/24V	24	3000	水冷	450×560×780	
	输入电压：AC220V、AC380V (可选) 输出电压：6V、12V、15V、18V、24V、36V 或 1～500V 输出电流：1～10000A 任意定制 输出特性：稳压、稳流(可转换)；输出精度：<1％ 输出波形：方波、平波、脉冲波、纹波(可选)；冷却方式：风冷、水冷、油冷(可选) 保护方式：过压、过热、欠压、欠流 可选控制：面板控制、远程控制、网络集群控制(可选) 环境要求：温度−20～55℃，湿度<90％ 适用于铝合金建筑型材电解着色、汽车铝合金配件表面着色及其他特种用途电解着色的场所					

名　　称	技术性能规格	设备外形图
PECE-98A 方波着色电源	电流等级：1000A、2000A、3000A、4000A、5000A、6000A、7000A、8000A 电压等级：0～21V 连续可调 采用三相合成单相输出，自动消除杂波，自动稳压，符合工艺的全自动控制功能，还消化吸收了意大利着色机的优点，克服了ECE-3B 型采用感应调压器使波形畸变机震损坏传动器件的缺点，确保波形不畸变，使着色工艺范围宽、着色均匀、色差小	 中南电器厂有限公司的产品
DPZ 系列 着色电源 (高频开关电源)	输入电压：三相 380V(±10％) 输出电压：0～70V 输出电流：0～25kA 控制特性：输出电压稳定精度优于 3％ 广州爱申特电源科技有限公司的产品	

19.10　微弧氧化电源设备

微弧氧化电源的特点是输出高电压与大电流，输出电压范围一般为 0~600V。电源输出波形有直流、脉冲等。其技术规格示例参见表 19-19。

表 19-19　微弧氧化电源技术性能规格

名　　称	技术性能规格	设备外形图
SMDF-Ⅰ-PLC 微机控制单脉冲微弧氧化电源及 SMDF-Ⅱ-PLC 微机控制双脉冲微弧氧化电源	SMDF-Ⅰ-PLC 型：PLC 自动直流/直流叠加脉冲工作方式，可在 PLC 触摸屏上选择直流、单向直流脉冲工作模式 SMDF-Ⅱ-PLC 型：PLC 自动直流/单向直流脉冲/双向脉冲工作模式，可在 PLC 触摸屏上选择直流、单向直流脉冲、双向脉冲三种工作模式 技术性能规格如下： 输出功率：10kW、30kW、50kW、80kW、100kW、120kW、150kW、200kW、250kW、300kW、350kW、400kW、500kW、600kW、800kW 等 输出额定脉冲峰值电位：额定正反向直流输出最高工作峰值电压 600V、650V、700V、750V、800V 等，可选择任意规格 输出额定脉冲频率：正负向额定脉冲频率 100Hz、200Hz、500Hz、1000Hz、1500Hz、2000Hz、3000Hz、5000Hz、8000Hz、10000Hz 等任意规格 网侧输入电压：380V、6.3kV、10kV 控制回路电流：三相四线制，三相 380V，50Hz 正、负向脉冲宽度单独可调，占空比在 10%~90% 直流输出自动稳流精度：≤±5% 工作状态下的电流纹波系数：≤3% 采用智能 IGBT 开关功率器件斩波控制 本地-远程控制可相互转换，恒定电流或恒定电压模式可以选择 采用全数字 DPS 单片微机以及西门子 PLC 和触摸人机界面操作控制技术 具有过流、过压、缺相、超温报警等保护功能 可广泛用于纯铝、防锈铝合金、硬铝及超硬铝合金、锻铝合金、铸造铝合金、铝硅系列铝合金、铝镁系列铝合金等的微弧氧化	SMDF-Ⅰ-PLC 型  SMDF-Ⅱ-PLC 型  成都通用整流电器研究所的产品

型　号	额定平均电流/A	额定峰值电压/V	占空比调节范围	频率调节范围/Hz	脉宽/μs	脉冲数
ZWMAO-380H	360	750	3%~95%	50~1000	30~5000	50~1000
ZWMAO-380L	360	500	3%~95%	50~1000	30~5000	50~1000
ZWMAO-260H	240	750	3%~95%	50~1000	30~5000	50~1000
ZWMAO-260L	240	500	3%~95%	50~1000	30~5000	50~1000
ZWMAO-120H	120	750	3%~60%	50~1000	30~5000	50~1000
ZWMAO-120L	120	500	3%~60%	50~1000	30~5000	50~1000
ZWMAO-60H	60	750	3%~60%	50~1000	30~5000	50~1000
ZWMAO-60L	60	500	3%~60%	50~1000	30~5000	50~1000
备注	ZWMAO 系列微弧氧化设备具有起弧时间短、电量消耗低等特点。整套系统实现了运行可靠、操作便利、性能稳定的生产要求 深圳众为电源科技有限公司的产品					

19.11　低温镀铁电源设备

低温镀铁镀层硬度高、耐磨性好，在零件修复中获得较广泛应用。低温镀铁工艺目前在工业上应用最广泛的是无刻蚀不对称交流低温镀铁技术，这种镀铁工艺过程中，需要有几次改变电流波形的特殊要求，使得操作复杂化。目前使用的无刻蚀不对称交流低温镀铁电源，是专门为氯化物低温镀铁而设计的，它使镀铁工艺这一复杂的供电过程实现了程序控制，极大简化了操作，稳定了镀铁质量。对不对称交流低温镀铁的主要要求如下[1]。

① 同时可输出不对称交流波形和直流波形，而且不对称交流与直流在不断电的情况下可任意转换。

② 正向电流与负向电流的大小单独连续可调，并随时分别显示正向平均电流与负向平均电流的输出值。

③ 具有较大的电流输出值。

低温镀铁电源的技术规格示例参见表 19-20。

表 19-20 低温镀铁电源技术性能规格

名　　称	型　　号	输出电流/A	输出电压/V	冷却方式	外形尺寸/(mm×mm×mm)
GKP-FB4 型 不对称交直流 电镀电源 （微电脑控制型 高频开关电源）	GKP-FB4-20A/15V	20	15	风冷	430×410×150
	GKP-FB4-30A/15V	30	15	风冷	430×410×150
	GKP-FB4-100A/20V	100	20	风冷	430×410×150
	输出波形:平波、正反向脉冲方波(可调) 可调脉冲频率范围:3～1200Hz 正负脉冲占空比调节范围:0～100% 平波时纹波系数:≤5% 转换效率:≥90%;控制精度:≤0.1A/V 电压稳定值:≤5%;电流稳定值:≤1% 输出控制方式:稳压稳流可转换 适用于低温镀铁等 深圳市实诚电子科技有限公司的产品				

名　　称	技术性能规格	设备外形图
KGDF-JZH、 KGDS-JZH 镀铁电源	额定输出直流电流:100～3000A 额定输出直流电压:0～16V KGDF-JZH　风冷 KGDS-JZH　水冷 整流电路为六相双反星整流;直流输出能在 0～额定值进行平滑调节,可在额定负载下长期运行 交流频率 25Hz,交流电流波形为正、负各四相半波整流波形,交流电流正、负大小可分别调节 该电源使用安全、可靠、电路简单,便于掌握和维修,具有断相/相序、断水、过流等保护功能,并可兼作一般的直流电镀电源使用,控制电路采用集成电路,各支路触发脉冲板均有发光二极管指示,便于调试维修和观察	 黄山市屯溪区天翔电器设备厂的产品

19.12 刷镀电源设备

刷镀仍属于电沉积范畴，但技术特征与传统电镀有很大区别，刷镀使用专用的刷镀电源。沉积过程间歇进行，并使用很高的电流密度（一般为槽镀的 5～10 倍），由于刷镀时接触面积不大，所以刷镀的电流也不大。但电压比一般槽镀电压要高，刷镀的电压一般为 6～30V。此外，电源要能进行极性转换，以供电净、活化、铝件阳极氧化以及退镀等使用。

根据刷镀工艺的特点，刷镀电源应具有以下功能。

① 工作时随着负载电流的增大，电源电压波动要小。

② 输出电压从零到额定值应能无级调节。

③ 应具有输出电流极性转换装置。

④ 带有较精确的安培-小时计，以便控制镀层的平均厚度。

⑤ 应具有可靠的短路和过载保护装置。

表 19-24　直流电源纹波测试仪

名　称	技术性能规格	设备外形图
ZSBW-300 直流电源纹波测试仪	量程:输入 DC0～300V 纹波精度:0.1%;纹波测量:0～99% 供电电源:5V;耐电压:1000V/min 电压精度:±0.5% 操作温度:-10～50℃;湿度:0～95% 重量:500g　存储卡:1G 分析软件功能:软件功能全面,全中文菜单,用户可以根据需要,对波形进行阀值搜索,周期,振幅放大缩小,查询时间,纹波系数等操作。可以非常直观地看到不同时间段内的电压变动趋势。分析图表可打印也可保存,方便以后查找	武汉中试高测电气有限公司的产品
DCW-IS 便携式直流电源纹波测试仪	测量电压范围:0～300V(DC),测量精度优于 1% 纹波电压范围:0～9999mV,测量精度优于 2% 纹波系数精度:0.1% 工作方式:采用 DSP 技术处理、分析 供电方式:大容量锂电池 通讯接口:RS485、RS232、USB 显示:液晶八段 4 位 实时全面监测直流电压值、纹波值、纹波系数等。直流电压超、欠压报警,直流系统纹波报警。超压门限、欠压门限、纹波门限可以自行设置	浙江科畅电子有限公司的产品
DCW-Ⅲ 在线式直流电源纹波测试装置	测量电压范围:0～300V(DC),测量精度优于 1% 纹波电压范围:0～9999mV,测量精度优于 2% 纹波系数精度:0.1% 工作方式:采用 ARM 技术处理、分析 供电方式:交直流电源 通讯接口:RS485 显示:4 位高亮数码 实时全面监测直流电压值、纹波值、纹波系数等。直流电压超、欠压报警,直流系统纹波报警。超压门限、欠压门限、纹波门限可以自行设置	浙江科畅电子有限公司的产品
TKDCW-Ⅱ 直流电源纹波测试仪(纹波表)	测量电压范围:0～300V(DC) 测量精度优于 1%,分辨率 0.1V 纹波电压范围:0～200mV 测量精度优于 2%,分辨率 0.1mV 纹波系数:0～99.999% LCD 液晶显示　电源:220V 采用新型高速采样芯片,高速信号处理。采样速率达 1000kHz,可以全面监测直流纹波含量。具有 RS232 通讯的功能。满足 0～300V 的所有直流电源。实时全面监测直流电压值、纹波值、纹波系数等	武汉泰东铭科电气有限公司的产品

19.13 电铸电源

PWH 型电铸电源技术性能规格见表 19-22。

表 19-22　PWH 型电铸电源技术性能规格

名　　称	技术性能规格	设备外形图
PWH500A-15V-F 高频电铸电源	输入电压：三相 380V（±10%），50～60Hz 输出电压：0～15V；输出电流：0～500A 稳压精度：≤±1%；稳流精度：≤±1% 额定效率：≥90%；功率因数：≥0.90 纹波系数：≤3%；输出波形：高频脉冲方波 冷却系统：风冷 运行状况：满负荷 24h 运行 该电源设有远控箱，方便在槽边进行电流、电压的调节，输出定时控制，高低电流自动循环变换输出，自动冲击定时及多段阶梯电流定时控制和电脑智能自动补加药液等（此类功能须在订购时加以注明） 电源的主功率高频变压器选用进口纳米晶体/超微晶，高磁导率材料作磁芯，其体积小，效率高（95%）；高频大功率开关元件（IGBT）、功率驱动模块、三相桥堆均选用日本三菱、富士、英达等的产品；后级高频整流管选用摩托罗拉国际整流管和上海厂商制造的产品 PWH 系列开关电源保护功能齐全，输入缺相、过压、欠压、过热、过流保护，安全可靠	 深圳市荣达信电镀设备 有限公司的产品
PWH1000A-15V 电铸电源（高频开关电源）	输入电压：三相 380V（±10%），50～60Hz 输出电压：0～15V；输出电流：0～1000A 稳压精度：≤±1%；稳流精度：≤±1% 额定效率：≥90%；功率因数：≥0.90 纹波系数：≤3% 冷却系统：强迫风冷/水冷 运行状况：满负荷 24h 运行 该电源设有远控箱，方便在槽边进行电流、电压的调节，输出定时控制，高低电流自动循环变换输出，自动冲击定时及多段阶梯电流定时控制和电脑智能自动补加药液等（此类功能须在订购时加以注明） 电源的主功率高频变压器选用进口纳米晶体/超微晶，高磁导率材料作磁芯，其体积小，效率高（95%）；高频大功率开关元件（IGBT）、功率驱动模块、三相桥堆均选用日本三菱、富士、英达等的产品；后级高频整流管选用摩托罗拉国际整流管和上海厂商制造的产品 PWH 系列开关电源保护功能齐全，输入缺相、过压、欠压、过热、过流保护，安全可靠	 深圳市荣达信电镀设备 有限公司的产品

19.14 电泳电源

电泳涂漆用的电源，一般采用可控硅整流器和高频开关电源。阴极电泳涂漆采用的直流电源电压，一般应为所需相适应电压的约 1.3～1.5 倍；供大型构件、部件的直流电源，其输出电压一般为 0～400V（可调）；一般零部件的直流输出电压，一般采用 0～300V（可调）。其电源的技术性能规格见表 19-23。

表 19-23　电泳涂漆直流电源的技术性能规格

名　　称	技术性能规格	设备外形图
PWH30A-150V 高频电泳电源	输入电压:单相 220V(±10%),50～60Hz 输出电流:0～30A;输出电压:0～150V 稳压精度:≤±1%;稳流精度:≤±1% 额定效率:≥90%;功率因数:≥0.90 纹波系数:≤3%;输出波形:高频脉冲方波 冷却系统:风冷;运行状况:满负荷 24h 运行 本产品具备电流、电压表数字显示,稳压、稳流转换控制功能 电源设有远控箱,方便在槽边进行电流、电压的调节、输出定时控制等(此类功能须在订购时加以注明) 　有慢启动功能(慢启动时间可调),有工作时间设定控制功能,设定时间结束断电报警提示 　PWH 系列开关电源保护功能齐全,输入缺相、过压、欠压、过热、过流保护,安全可靠	深圳市荣达信电镀设备有限公司的产品
PWH100A-250V-F 高频电泳电源	输入电压:三相 380V(±10%),50～60Hz 输出电流:0～100A;输出电压:0～250V 稳压精度:≤±1%;稳流精度:≤±1% 额定效率:≥90%;功率因数:≥0.90 纹波系数:≥3%;输出波形:高频脉冲方波 冷却系统:风冷;运行状况:满负荷 24h 运行 本产品具有电流、电压表数字显示,稳压、稳流转换控制功能,缺相保护,过电流保护,过热保护,故障提示,远程控制功能。机器核心部件 IGBT、三相桥、驱动模块采用原装日本富士、三菱品牌。配单级时间控制,定时结束,报警提示,断电(可根据要求配换相开关) 　有慢启动功能(慢启动时间可调),有工作时间设定控制功能,设定时间结束断电报警提示 　PWH 系列开关电源保护功能齐全,输入缺相、过压、欠压、过热、过流保护,安全可靠	深圳市荣达信电镀设备有限公司的产品
PWH300A-300V 高频电泳电源	输入电压:三相 380V(±10%),50～60Hz 输出电流:0～300A 输出电压:0～300V 稳压精度:≤±1% 稳流精度:≤±1% 额定效率:≥90% 功率因数:≥0.90 纹波系数:≤3% 输出波形:高频脉冲方波 冷却系统:风冷 运行状况:满负荷 24h 运行 本产品具有电流、电压表数字显示,稳压、稳流转换控制功能;缺相保护,过电流保护,过热保护,故障提示,远程控制功能。机器核心部件 IGBT、三相桥、驱动模块采用原装日本富士、三菱品牌 　有慢启动功能(慢启动时间可调),有工作时间设定控制功能,设定时间结束断电报警提示 　PWH 系列开关电源保护功能齐全,输入缺相、过压、欠压、过热、过流保护,安全可靠	深圳市荣达信电镀设备有限公司的产品

名　称	技术规格及设备外形图
实验室配件	实验室配件：水槽、水槽台、插板（单面插板和双面插板）、台式鹅颈水龙头等 一般使用高密度PP材质的水槽，其常用规格如下： 小号水槽：440mm×340mm×280mm　430mm×320mm×270mm 中号水槽：550mm×450mm×310mm 大号水槽：800mm×460mm×320mm 实验室配件外形如下： 水槽　　　　台式鹅颈水龙头　单面插板 水槽台

20.3　化验室通风柜

化验室用的通风柜有全木质、全钢、聚丙烯（PP）和玻璃钢等多种材质。其常用的规格及配置见表 20-2。化验室通风柜的制造厂家很多，其配置较齐全，用户可根据所需规格和要求选购和定制。

表 20-2　化验室通风柜常用的规格

规格（外形尺寸）/(mm×mm×mm)	1200×750×2350	1500×750×2350	1800×750×2350
内部操作空间/(mm×mm×mm)	1000×700×1000	1300×700×1000	1600×700×1000
玻璃门开启最大高度/mm	650～700	650～700	650～700
工作面排风风速/(m/s)	0.3～0.8	0.3～0.8	0.3～0.8
工作电压、电流	AC220V,10A	AC220V,10A	AC220V,10A
配置及设备外形图	台面一般为 12.7mm 厚的耐腐蚀实芯理化板 通风柜采用三段式排风方式，使处于不同高度空间的有害气体能迅速排出 根据需要配有多组电源插座、照明灯具，电路配有保护装置。配有 PP 水槽及单口水龙头等 视窗（门）5mm 厚的防暴安全钢化玻璃，其配重可使门悬停在任意高度

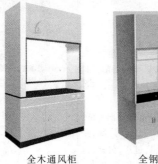

全木通风柜　　　全钢通风柜　　　PP 通风柜　　　玻璃钢通风柜

⑥ 应体积小、重量轻，便于搬运。

刷镀电源的技术规格示例见表 19-21。

表 19-21 刷镀电源技术性能规格

名　　称	型号	额定电流/A	输入电压/V	重量/kg	外形尺寸/mm
	MBPK-30A	30	单相 220	10	480×500×160
	MBPK-50A	50	单相 220	11	480×500×160
	MBPK-100A	100	单相 220	12	480×500×160
MBPK 系列 在线测厚刷镀电源	该设备根据刷镀银工艺主要特征研制了专用软件，只要输入待镀部位的面积值(dm^2)，便可在刷镀过程中随时观察到银镀层厚度。主要用于刷镀银、滚镀银、槽镀银。也可兼用刷镀锡或镍等镀层 武汉材料保护研究所的产品				

名　　称	型号	直流 输出/V	额定 电流/A	交流 输入/V	适用 面积①	重量 /kg	外形尺寸 /mm
	KSD-100A	0～15	100	单相 220	0～3	18	430×500×160
	KSD-150A	0～15	150	单相 220	0～4.5	18	430×500×160
	KSD-200A	0～15	200	单相 220	0～6	18	430×500×160
	KSD-300A	0～15	300	三相 380	0～9	26	430×600×150
KSD 系列 大功率控厚 刷镀电源	① 适用面积在产品样本上未注明，可能是 dm^2 机械零件修复专用刷镀电源(电量控制镀层厚度)采用进口大功率 IGBT 模块和 V-MOS 管为功率器件，装有安时计数器(精度 1‰ 安时)，可控制镀层厚度，装有正反换向开关，满足刷镀工艺各工序要求。装有稳压/稳流转换开关，也可满足小型槽镀要求 武汉材料保护研究所的产品						

名　　称	技术性能规格	设备外形图
GSD 型刷镀电源	输入电压：单相 220V，50Hz(48～63Hz) 输出电压范围：0～15V(无极调节) 输出电流范围：0～50A、100A、150A、200A、500A 输出电流自动调整 稳压精度：≤1% 效率：≥90% 纹波：≤100mV 外形尺寸：400mm×420mm×200mm 主机重量：6kg 具有过压、欠压、超温、过流、短路、缺相等保护功能，机内风扇随温度高低运转或停止，使用方便、安全 输出电压使用数字显示，精度比传统指针式高得多。如需要高精度稳压，请将机器预热半小时再使用	 山东通达表面工程修复 有限公司的产品
JLT 型刷镀电源	产品型号规格：JLT-200A、JLT-100A、JLT-50A、JLT-30A 输出电压范围：0～15V 连续可调 输出电流范围：0～200A 连续可调 纹波：<1mV(有效值) 稳压精度：≤0.01%＋2mV 输入电压：AC220V(±10%)，50～60Hz 工作温度：－10～40℃ 相对湿度：<90% 存储温度：－20～80℃ 保护功能：输入过压、欠压、过热、雷击，输出过压、过流、短路等自动保护功能	 郑州鼎正电子科技有限公司的产品

第20章
化验室和实验室设备及仪器

20.1 概述

化验室供本车间溶液分析用。化验室用的标准溶液及蒸馏水由中央理化室协助提供。当化验室规模较大，或工艺实验也需蒸馏水时，可配置电热蒸馏水器。由于受化验室规模等条件限制，不能完成的分析项目，由中央理化室协助进行。

化验室和实验室常用的部分设备及仪器有：化验分析台、化验室通风柜、天平台、化学药品柜、试剂柜、器皿柜、马弗炉、电热恒温干燥箱、分析天平、物理天平、酸度计、电导率仪、光电比色计、恒温水槽、恒温加热板、电热蒸馏水器、试验用的小型槽子、霍尔槽、试验用直流电源、镀层测厚仪。如需对镀层防腐性能作出鉴定时，还需配备温湿度试验箱、盐雾腐蚀试验箱；如有特殊要求，需对镀层作各种腐蚀性气体（如硫化氢、二氧化硫等）加速腐蚀试验时，可配置其腐蚀试验箱等。

20.2 化验分析台及其他台柜

化验分析台有全木结构和铝木结构。一般多用双边（双侧）操作的分析台，也有单边（单侧）操作的分析台。单边（单侧）操作分析台，一般靠墙布置。化验台应配有试剂架（药品架）、带有 3 个水龙头的化验盆，必要时配备蒸馏水瓶支架。电源插座和气体管道安装在试剂架的下方。

天平台及放置干燥箱、马弗炉等用的工作台（边台），可以向制造厂家选购或定制，也可以采用水磨工作台。

化验分析台及其他台柜的制造厂家很多，其配置较齐全，用户可根据所需规格和要求选购和定制。其技术规格见表 20-1。

表 20-1　化验分析台及其他台柜的技术规格

名　称	技术规格	设备外形图
化验分析台	化验分析台常用的规格如下： 1800mm×1500mm×800/850mm 2400mm×1500mm×800/850mm 3000mm×1500mm×800/850mm 3600mm×1500mm×800/850mm 4200mm×1500mm×800/850mm 单边操作的化验台宽度为 750mm，一般靠墙布置 化验台专用台面应具有耐酸碱、耐高温及抗菌等特性。化验台的台面有实芯理化板、环氧树脂及陶瓷板台面等。现一般多采用 12.7mm 厚实芯理化板（美国进口），可耐强酸强碱。化验台配置如下： 试剂架：设置在化验台上，与化验台框架一体。有全木、板式及铝玻等试剂架 洗涤水槽：可采用聚丙烯（PP）、玻璃钢或不锈钢材质的水槽 水龙头：采用减压三口水龙头 电源插座：装有多组 220V/10A 的多功能插座	

名　称	技术规格	设备外形图
试剂架	试剂架依材质的不同,一般有全木试剂架、板式试剂架、铝玻(铝和玻璃拼)试剂架等 试剂架与实验台框架一体,搁板为平板钢化玻璃板,设有防滑措施,并可调节高度 北京力诺开实验设备有限公司制作的试剂架规格如下: 1. 铝玻试剂架(铝型材框架,层板为 12mm 单面磨砂钢化玻璃),其规格为: L×235mm×750mm　　　L×335mm×750mm L×235mm×900mm　　　L×335mm×900mm 2. 板式及全木试剂架的规格为: L×260mm×600/750mm　　L×300mm×600/750mm L×260mm×800/900mm　　L×300mm×800/900mm L 为试剂架的长度,依化验台长度确定	
实验室边台	材质:板式(全木)、钢木、铝木、全钢等 规格:1200mm×700/750mm×850/850mm 　　　1500mm×700/750mm×850/850mm 　　　1800mm×700/750mm×850/850mm 　　　2400mm×700/750mm×850/850mm 　　　3000mm×700/750mm×850/850mm 　　　3600mm×700/750mm×850/850mm 边台的设计需要充分考虑现场的墙线、电路、管道等实际情况,确保实验室整体环境和实验台的效果	

名　称	技术规格及设备外形图
天平台	材质:板式(全木)、钢木、铝木等 规格:900/1000mm×600mm×850mm　　1100/1200mm×600mm×850mm
化学药品柜、试剂柜、器皿柜	化学药品柜、试剂柜和器皿柜等三种柜的结构材质,都有全钢结构、铝木结构及板式(全木)结构等。其规格均为: 800mm×400mm×1800mm　　900mm×450mm×1800mm 化学药品柜及试剂柜 器皿柜

续表

名　　称	技术性能规格	设备外形图
BL-2500 型 电泳电源 （高频开关电源）	电流：10A、20A、50A…600A（任选） 电压：100V、150V、200V、250V、300V（任选） 实现大电流、高频率、大工作比脉冲输出 全进口 PVC 外壳，美观，不会腐蚀，全密封水冷结构，适合工作环境恶劣的场合，工作时间长 高效率（≥90%），节电 30% 以上 稳压、稳流、均流、恒功率等多种控制 电流、电压、工作时间、频率计（可选）、安分计（可选）等全数字显示精度高，声光报警 软启动、停止功能 具有过流、过压、欠压、过热、缺相、欠水、短路等自动保护功能，可靠性极高 此电泳电源采用高频开关电路制作，变压器采用纳米晶铁芯绕制。并有输出滤波装置，纹波系数小，控制电路密封耐腐蚀，电能转换效率高，多时段控制方式	 浙江省东阳市波力 超声设备厂的产品

名　　称	型号	输入电压 /V	输出电压 /V	输出电流 /A	设备外形图
E-KY 系列 电泳涂漆 可控硅整流器	E-KY50	380	0～400	50	 杭州意来客电器设备 有限公司的产品
	E-KY100	380	0～400	100	
	E-KY150	380	0～400	150	
	E-KY200	380	0～400	200	
	E-KY300	380	0～400	300	
	E-KY500	380	0～400	500	
	E-KY750	380	0～400	750	
	E-KY1000	380	0～400	1000	

可根据工艺要求选择自动稳压或稳流，精度＜2%
软启动时间可以根据用户要求任意设定，可以避免大电流的冲击
采用十二相整流输出或电抗、电容滤波，纹波系数＜3%；充分满足电泳涂漆生产工艺中必须低输出纹波的要求
具有定时、缺相、过流、过压等各类保护功能

DYD-1 型 电泳涂装电源	输出电流等级：50～3000A 输出电压等级：100V、150V、200V、250V 纹波系数：≤6%、≤3% 中南电器厂有限公司的产品	

19.15　直流电源纹波测试仪

　　直流电源纹波测试仪能实时准确地对直流电源的纹波含量（交流脉动量）和纹波系数做全程监测，其测试仪的技术性能规格见表 19-24。

20.5　镀层测厚仪

镀层测厚仪有磁性测厚仪和涡流测厚仪。

磁性测厚仪利用电磁场磁阻原理，以流入磁性基体（钢铁底材）的磁通量大小来测定涂膜厚度。用于测量磁性金属基体（如钢、铁、合金等）上非磁性覆盖层（如铝、铬、化学转化膜和油漆层等）的厚度。

涡流测厚仪利用一个带有高频线圈的测头来产生的高频磁场，使置于测头下方的待测试样（金属基体）中产生涡流，根据感应涡流的大小测出涂膜厚度。适用于非磁性金属基体（如铜、铝、锌等）上非导电涂覆层的厚度（如铝阳极氧化膜、油漆层等），但不适用于测量所有薄的转化膜。

常用的镀层测厚仪技术性能规格见表 20-6。

表 20-6　常用的镀层测厚仪技术性能规格

名　称	技术规格	仪器图
TT260 涂镀层测厚仪	本仪器采用了磁性和涡流两种测厚方法。测量磁性金属基体（如钢、铁、合金和硬磁性钢等）上非磁性覆层（如铝、铬、油漆层等）及非磁性金属基体（如铜、铝、锌等）上非导电覆层的厚度（如油漆层等） 内置打印机，可打印数据；连续和单次两种测量方式 测试范围：$0\sim1000\mu m$ 示值误差：$\pm1\%H\sim3\%H$ 电源：1/2AA 镍氢电池 $5\times1.2V$ 　　600mA·h,10 种可选探头 外形尺寸：270mm×86mm×47mm	时代集团公司、上海精密仪器仪表有限公司等的产品
TT220 涂层测厚仪 （磁性测厚仪）	进行铁磁性基体上的覆层厚度的测量。便携式一体超小型。计算机接口 测量范围：$0\sim1250\mu m$ 示值误差：$\pm1\%H\sim3\%H+1\mu m$ 测量最小面积直径：$\phi5mm$ 存储功能：15 个值 电源：2 节 AA 型碱性电池 重量：100g 外形尺寸：100mm×50mm×22mm	上海精密仪器仪表有限公司、时代集团公司等的产品
TT210 涂镀层测厚仪	采用了磁性和涡流两种测厚方法。测量磁性金属基体（如钢、铁、合金和硬磁性钢等）上非磁性覆层（如铝、铬、涂层等）及非磁性金属基体（如铜、铝、锌、锡等）上非导电覆层的厚度（如涂层、塑料等）。测头与仪器一体化，特别适用于现场测量。便携式一体超小型 测量范围：$0\sim1250\mu m$ 示值误差：$\pm1H\sim3\%H+1\mu m$	时代集团公司的产品
QUC-200 数显示磁性 测厚仪	执行标准：GB/T 1764—79 　　　　　GB/T 134522—92　ISO 2808—74 测量范围：$0\sim200\mu m$ 测量精度：$\pm0.7\mu m+3\%H$ 用途：测定铁磁性材料表面上非磁性涂镀层的厚度 技术特征：专用于铁磁性材料表面上非磁性涂镀层厚度的测定 机内备有充电电池便于涂装施工现场应用	天津永利达材料试验机有限公司的产品

表 20-4　一般电子天平技术规格

名　称	量程	520g	1200g	2200g	3200g	5200g	6200g
JC-B 型 电子天平 (十分之一)	分度值/g	0.1	0.1	0.1	0.1	0.1	0.1
	通讯方式	RS-232(选配型)					
	校正	简易外部校正					
	重量单位	12 种单位换算：g、ct、oz、dwt、ozt、lb、gn、kg、t、gms、tar、tmr					
	供电方式	DC 9V/500mA 或 6V/1.2Ah 蓄电池					
	蓄电池的使用时间	正常工作 7d(8h 充电时间)					
	显示	6 位 LCD 白色背光显示					
	按键	5 个轻触按键					
	外形尺寸	290mm×190mm×95mm(W×H×D)					
	内部分辨率	300.000					
	计量模式	计量(常规)，计数，百分比，累加					
	其他性能	自动温度补偿					
	使用温度	0～40 ℃					
	湿度	≤80%					
	去皮范围	满量程					
	安全过载	150%满量程					
	秤盘尺寸	圆盘 130mm×130mm 方盘 120mm×150mm					
	结构	不锈钢秤盘，塑料外壳					

北京朗科兴业称重设备有限公司的产品

LCD 显示清晰易读，白色背光，自动校正，过载保护功能；恢复出厂设置功能；内藏 6V/1.2Ah 可充电电池，交直流两用；具有零点追踪；电力不足时有明确的低电压显示

名称	型号	YP102N	YP402N	YP802N	YP1201N	YP2001N	YP3001N	YP6001N
YP-N 系列 电子 工业天平	称量范围/g	0～100	0～400	0～800	0～1200	0～2000	0～3000	0～6000
	读数精度/mg	10	10	10	100	100	100	100
	秤盘尺寸	φ110mm	110mm× 110mm	130mm× 130mm	φ130mm	160mm×170mm		
	外形尺寸/(mm×mm×mm)	245× 185×66	320×218×128		245× 185×66	320×218×128		
	净重/kg	0.9	1.25	1.6	0.9	1.9	1.9	1.9
	电源	YP102N、YP1201N 为交直流两用：220V/50Hz±1Hz/1W 或 DC9V YP402N、YP802N、YP2001N、YP3001N、YP6001N：220V/50Hz±1Hz/1W						

YP-N 系列电子天平是由应变传感器与微机组合而成的电子天平

特点：SMT 表面贴装技术，微功耗 LCD 显示，过载、欠电压报警，功能齐全，高稳定性能，灵敏度 5 档设定

功能：自动校正程序，自动零点跟踪，反应速度快，高分辨率，除皮重，计件数功能，单位转换功能，标准输出接口 RS232C(选配)

上海精密仪器仪表有限公司的产品

20.4.2　pH 计及电导率仪

pH 计及电导率仪的技术性能规格见表 20-5。

表 20-5　pH 计及电导率仪的技术性能规格

名　称	技术规格	仪器图
PHS-3C 数字式酸度计	测量范围：pH 值 0.00～14.00 　　　　　电压−1999～+1999mV 精度：0.01(pH)±1 个字 　　±0.1% F・S1 个字 用于测定水溶液的 pH 值和测量电极电压值	 上海精密仪器仪表有限公司的产品

名　　称	技 术 规 格	仪器图
SH2601 精密酸度计	测量范围:pH 值 0～14.000 　　　　　电压 0～±2000.0mV 本精密酸度计的智能化、自动化包括: 1. 自动标定,自动补温; 2. 自动检测电极品质(由标准溶液); 3. 自动识别标准溶液(由已知参数电极)	 上海精密仪器仪表有限公司的产品
PHB-60 实验室 pH 计	测量范围:0～14.00(pH) 分辨率:0.01(pH)　级别:0.05 级 稳定性:±0.05(pH)/24h 校正可调范围:零点±1.45(pH)　80%～100% pH 标准液:6.86/41/9.18 工作电压:DC　9V 电池　重量:0.35kg 特点:主机数字显示 pH 计,它采用 31/2 位 LCD 数字显示。适用于化验室取样测定水溶液的 pH 值和电位值(mV)。此外,还可配上离子选择性电极,测出该电极的电极电位	 上海澜尔电子有限公司的产品
PHB-1080 型 便携式 pH 计	测量范围:0～14.00(pH)或−1999～+1999mV 分辨率:0.01(pH)或 1mV;级别:0.05 级 稳定性:±0.01(pH)或 1mV 基本误差:±1dig +1%FS 重复性误差:≤0.02(pH) 输入阻抗:≥1×10^{12}Ω 供电电源:DC 9V 电池 外形尺寸:180mm×800mm×35mm 可显示当前 pH 值、时间、斜率、温度值。配上 ORP 电极可测量溶液 ORP(氧化-还原电位)值。可对测量数值进行记录,并且可随时翻查曾经记录下的历史数据;按下 CAL 键可自动进行校准,自动识别标准液,校准完成自动回到测量状态	 上海澜尔电子有限公司的产品
P-1 型 笔式酸度计	测量范围:0.0～14.0(pH) 分辨率:0.1(pH);测量误差:±0.2(pH) 试样温度:5～40℃(40℃以上测量时可先校正) 供电电源:SR44 扣式电池 4 节,使用 1000h 以上 外形尺寸:47mm×20mm×130mm;重量:80g P-1 型笔式 pH 计以特制的复合 pH 电极作探头,3 位液晶数字显示,它以简便的操作,代替精密 pH 试纸,可随时方便地进行各类溶液 pH 值的测试。适用于各行业水溶液的 pH 测定	 江苏江分电分析仪器有限公司的产品
DDS-11A 电导率仪	测量范围:0～100000μS/cm 准确度:1.0 % 环境补偿:15～35℃ 电池类型/电源:220V AC 50/60Hz 尺寸:270mm×160mm×80mm　重量 1.5kg 用于测各种液体介质的电导率,有讯号输出功能	 上海精密仪器仪表有限公司的产品

表 20-7　箱式电阻炉（马弗炉）的技术性能规格

名称	项目	SX2-2.5-10	SX2-4-10	SX2-8-10	SX2-12-10	SX2-2.5-12	SX2-5-12	SX2-10-12
SX2 系列箱式电阻炉（马弗炉）	额定功率/kW	2.5	4	8	12	2.5	5	10
	额定电压/V	220	220	380	380	220	220	380
	相数/N	单	单	3	3	单	单	3
	额定温度/℃	1000	1000、1200	1000、1200	1000	1200	1200	1200
	空炉升温时间/min	≤50	≤60	≤70	≤80	≤70	≤75	≤80
	空炉损耗功率/kW	≤0.8	≤1.2	≤2	≤2.8	≤0.8	≤1.6	≤2.4
	炉温均匀性/℃	≤15	≤15	≤15	≤15	≤15	≤15	≤15
	工作室尺寸($D \times W \times H$)/(mm×mm×mm)	200×120×80	300×200×120	400×250×160	500×300×200	200×1200×80	300×200×120	400×250×160

本系列电阻炉配有 KSW 型温度控制器及镍铬-镍硅电偶，对炉膛温度进行控制；炉壳用薄钢板制作，内炉衬用硅耐火材料制成；由铁铬铝合金制成螺旋状的加热元件；电炉的炉门砖采用轻质耐火材料；内炉衬与炉壳之间的保温层采用耐火纤维、膨胀珍珠岩制品

SX2-8-10、12-10、10-12（三相电阻炉）为分体式结构

上海实验仪器厂有限公司的产品

名称	项目	SG-XL1100						
SG-XL1100 箱式实验炉	炉膛尺寸/(mm×mm×mm)	100×100×100	150×150×150	300×200×120	300×200×200	300×250×250	400×300×300	500×400×400
	外形尺寸/(mm×mm×mm)	400×390×750	430×420×820	595×650×840	630×660×1015	720×660×1015	800×820×1140	—
	工作电源	220V 50/60Hz		380V 50/60Hz				
	额定功率/kW	3.2	3.5	6.5	7	7	7	10
	炉门结构	侧开式						
	工作温度/℃	≤1050						
	最高温度/℃	1100（持续工作不超过 2 h）						
	控温方式	智能 PID 调节，微电脑控制，30 段可编程式控温曲线，无需看守（全自动升、降、保温）						
	升温速度/(℃/min)	1～15						
	恒温精度/℃	±1						
	温度均匀性	±3℃						
	测温元件	K 型热电偶。超温报警并断电，漏电保护						
	标准配件	刚玉坩埚 2 个，高温手套 1 副，坩埚钳 1 把，维修工具 1 套						

加热元件采用优质合金丝(0Cr27Al7Mo2)，炉膛采用进口氧化铝多晶纤维材料。炉门可根据要求侧开或者下开，开门断电。通过与计算机互联，可实现单台或者多台电炉的远程控制、实时追踪、历史记录、输出报表等功能；可安装无纸记录装置，实现数据的存储、输出

中国科学院上海光学精密机械研究所的产品

名称	项目		SRJX-2-9	SRJX-3-9	SRJX-4-9	SX2-2.5-10	SX2-4-10	SX2-8-10	SX2-12-10
SRJX 型、SX2 型箱式电阻炉（马弗炉）	额定功率/kW		2	3	4	2.5	4	8	12
	额定电压/V		220	220	220	220	220	380	380
	相数/N		单	单	单	单	单	3	3
	额定温度/℃		950	950	950	1000	1000	1000	1000
	工作室尺寸/mm	D	245	275	300	200	300	400	500
		W	100	150	200	120	200	250	300
		H	75	100	120	80	120	160	200
	配套控制器		KSW-4D-11					KSW-12-11	
	备注		电阻丝加热 武汉亚华电炉有限公司的产品						

20.4　分析仪器

20.4.1　分析天平和一般电子天平

分析天平供化学分析称重用，物理天平供一般化学品等称重用。部分电子分析天平技术规格见表 20-3，一般电子天平技术规格见表 20-4。

表 20-3　FA 系列电子分析天平技术规格

型　号	FA2204B	FA1204B	FA1104N	FA2004N	FA1004N	FA2104N	FA2104SN
称量范围/g	0～220	0～120	0～110	0～200	0～100	0～210	0～60/60～210
读数精度/mg	0.1						
称盘尺寸/mm	$\phi 80$						
输出接口	RS232C						
电源	220V/50Hz±1Hz,110V/60Hz/12W						
外型尺寸/(mm×mm×mm)	324×217×335						
净重/kg	7						

功能与特点	FA 系列电子分析天平是集精确、稳定、多功能与自动化于一体的先进电子天平,可以满足所有实验室质量分析要求。该天平采用高性能 MCS-51 单片微处理机控制,以确保天平称量结果高精确度,并具有标准的信号输出口,可直接连接打印机、计算机等设备来扩展天平的使用 　自动校准,全透明设计,积分时间可调,灵敏度可调,故障报警,悬挂称量,去皮重,累计称量,称量单位转换(克、克拉、盎司),计数功能,打印功能,RS232C,标准输出接口,电源外置,蓝色背光,液晶大字体显示 　上海精密仪器仪表有限公司、上海精密科学仪器有限公司的产品

型　号	FA1004	FA1104	FA1604	FA2004	FA2104	FA2104S	仪器外形图
称量范围/g	100	110	160	200	210	60/210	
可读性/mg	0.1					0.1/1	
重复性/mg	≤±0.1					±0.1/±1	
线性/mg	≤±0.2					±0.2/±2	
称盘尺寸/mm	$\phi 90$					$\phi 90$	

功能与特点	大型电磁力传感器。四级防震,称量速度可调。显示方式可调,自动零位跟踪可调。自动校准,全程量程去皮。动态温度补偿,自动故障诊断,内置下称吊钩。柔和背光液晶显示。过载保护,克、盎司、克拉等单位转换,计件、百分比称量 　上海光学仪器厂的产品

名　称	技术性能规格	仪器外形图
AL204 电子天平 (品牌: Mettler-Toledo, 梅特勒-托利多)	最大称量范围:210g;可读性:0.1mg;线性:0.3mg 最大称量值重复性:0.1mg;稳定时间(典型):4s 秤盘尺寸:$\phi 90$mm;外部砝码校准:100g 采用全新电子线路,配合高速 CPU 及专用 ASIC 芯片,快速准确的称量。清晰的液晶显示屏和键盘按键设计。多级数字滤波和补偿技术,优化天平在不同称量条件下的操作性能。内置多种称量应用程序:基础称量、计件称量、百分比称量、检重称量、动态称量、称量值检索 北京联合科仪科技有限公司的产品	

名　　称	技术规格	仪器图
MINITEST600 电子型 涂镀层测厚仪	测量范围: F型用于钢铁上的所有非磁性涂镀层,如塑料、搪瓷、铬、锌等 N型用于有色金属(如铜、铝、奥氏体不锈钢)上的所有绝缘涂层,如阳极氧化膜、涂料等 FN两用测头可在所有金属基体上测量。读数和统计数据可以打印 MINITEST 600B:基本型、无统计功能和接口 测量厚度范围:F型 0～3000μm 　　　　　　　N型 0～2000μm FN型(两用型)0～2000μm 允许误差:±2μm 或±2%～4% 最小曲率半径:5mm(凸)25mm(凹) 最小测量面积:φ20mm 最小基体厚度:0.5mm(对F型), 　　　　　　　50μm(对N形) 测量单位:μm～mils可选 电源:2节5号碱电池,至少测量1万次 仪器尺寸:64mm×115mm×25mm 探头尺寸:φ15mm×62mm 仪器符合DIN、ISO、BS、ASTM标准	 德国产品 时代集团公司代理
MIKROTEST 涂层测厚仪	德国EPK公司产品。测量钢上所有非磁性涂层镀层厚度(如漆、粉末涂层、塑料、锌、铜、锡及镍) 所有仪器均符合DIN、ISO及ASTM标准 MIKROTEST 6G 型 测厚:0～100μm　精度:1μm 或5% MIKROTEST 6F 型 测厚:0～1000μm　精度:3μm 或5% MIKROTEST 6S3 型 测厚:0.2～3mm　精度:5%(读数)	 德国产品 时代集团公司代理
涂层测厚仪 PD-CT2(高精度)	本仪器是磁性、涡流一体的便携式覆层测厚仪,可无损地测量磁性金属基体(如钢、铁、合金和硬磁性钢等)上非磁性涂层的厚度(如铝、铬、铜、珐琅、橡胶、油漆等)及非磁性金属基体(如铜、铝、锌、锡等)上非导电覆层的厚度(如珐琅、橡胶、涂料、塑料等) F型测头:磁性金属基体上的非磁性覆层 N型测头:非磁性金属基体上的非导电覆层 测量范围:0～1500μm　显示精度:0.1μm 测量误差:±2%H+1μm 测量周期:4次/秒 最小曲率半径:F型测头 凸1.5mm,凹10mm 　　　　　　　N型测头 凸3.0mm,凹10mm 基体临界厚度:F型测头 0.5mm 　　　　　　　N型测头 0.3mm 数据存储:500组　电池规格:3节7号电池 外形尺寸:150mm×70mm×30mm　重量:160g	 中科朴道技术(北京)有限公司的产品

续表

名　　　称	技术规格	仪器图
口袋式涂层测厚仪 MiniTest70 系列（德国 EPK 公司）	测量钢铁上的非磁性涂镀层或非铁金属上的非导电涂层。自动识别基体材质,自动选择测量模式(磁性或者涡流) MiniTest 70 F:内置探头,测量铁基体上的非磁性涂层 MiniTest 70 FN:内置探头,两用型,测量铁基体上的非磁性涂镀层,非铁基体上的非导电涂层 测量范围: 70 F 型 0～3000μm 70 FN 型　F 0～3000μm;FN　0～2500μm 精度:一点校准 1.5μm＋3％读数 　　　二点校准 1.5μm＋2％读数 重复性:1μm＋1％读数 低端分辨率:0.5μm　电源:1 节 AA 电池 外形尺寸:157mm×ϕ27mm 重量:约 80g(包含电池)	 上海玖纵精密仪器有限公司代理
PENTEST 笔式测厚仪（德国 EPK）	测量铁基体上的非磁性涂层,能方便放在口袋中用于现场检测的测厚仪 测量原理符合 DIN EN ISO2178 标准 永久性磁头,无需电池或其他电源 测量范围:25～700μm 最小测量面积:直径 25mm 精确度:±10％ 环境温度:－10～80℃ 尺寸:直径 10mm,长度 150mm	 北京时代集团公司代理
TT230 涂层测厚仪（涡流测厚仪）	进行非磁性基体上的非导电覆层厚度测量。便携式一体超小型。计算机接口 测量范围:0～1250μm 示值误差:±1％H～3％H＋1μm 测量最小面积直径:ϕ7mm 存储功能:500 个值 电源:2 节 AA 型碱性电池 重量:100g 外形尺寸:110mm×50mm×23mm	 上海精密仪器仪表有限公司、时代集团公司等的产品

注：其中部分测厚仪可用于磁性和涡流两种测厚方法。

20.6　化验室配套设备

20.6.1　电热干燥箱及箱式电阻炉（马弗炉）

化验室用的小型电热恒温干燥箱的技术性能规格见第 21 章干燥箱章节。

箱式电阻炉（马弗炉）的技术性能规格见表 20-7。

续表

名　称	技术规格	仪器图
DDBJ-350 便携式电导率仪	仪器级别:1.0 级 测量范围: 　电导率:0.000μS/cm～199.9mS/cm,分五档量程,自动切换 　TDS:0.000mg/L～19.99g/L,分五档量程,自动切换 　盐度: 0.0%～8.00% 　温度:0.0～40.0℃ 基本误差: 　电导率:±1.0%(FS) 　TDS:±1.0%(FS) 　盐度:±0.2% 　温度:±0.3℃ 稳定性:(±0.7%FS)/3h 温度补偿范围:手动/自动 0.00～40.0℃ 电源:4 节 5 号碱性电池 外形尺寸:210mm×86mm×50mm 重量:约 0.5kg	上海精密仪器仪表有限公司的产品
	特点:采用专用液晶显示屏,带有背光。可进行电导率、TDS、盐度和温度测量。具有自动温度补偿、自动校准功能。具有数据断电保护、自动关机等电源管理功能,具有标定功能。用户可标定电极常数或 TDS 转换系数。对测量结果可以贮存、删除、查阅。最多可贮存各 100 套实验数据。带有 RS-232 接口,可接 TP-16 型打印机,选用雷磁数据采集软件可与计算机通讯。选用电导池常数 0.01cm^{-1} 的钛合金电极和密封测量槽,可测量高纯水。配用本厂 DJS-1C 型电导电极(铂黑),T-818-B-6 型温度电极	
HI8733 便携式电导率仪	测量范围:0.0～199.9μS/cm;0～1999μS/cm; 　　　　　0.00～19.99mS/cm;0.0～199.9mS/cm 解析度:0.1μS/cm;1μS/cm;0.01mS/cm;0.1mS/cm 精确度:±1%F.S.　EMC 偏差 :±2%F.S. 校准:手动单点校正 温度补偿:自动 0～50℃ EC/TDS 转换系数:补偿系数 β 值在 0～2.5%/℃可调 配套电极:具有 ATC 功能的 HI76302(1m 长导线) 电源:1×9V 外形尺寸:185mm×82mm×45mm 重量:355g 四环电导电极,精确性和可靠性高;坚固耐用的探棒和套管均为 PVC 材质,外部直径为 20mm,长度为 120mm,四组测量范围覆盖全量程。自动温度补偿和温度补偿系数在 0%～2.5%/℃可调,适用于酸性、碱性和高含盐性等样品	上海精密仪器仪表有限公司的产品
SG23-便携式 双通道仪表 pH/电导率仪 (SevenGo Duo)	便携式双通道仪表用于测定 pH、mV、电导率、TDS(总溶解固体)、盐度和电阻率 pH 范围:0.00～14.00 pH 分辨率:0.01　pH 精度:±0.01 mV 范围:-1999～1999 mV 分辨率:1　　mV 精度:±1 电导率范围:0.10μS/cm～500mS/cm 电导率分辨率:0.01～1 电导率精度:满量程最大值 ±0.5% TDS 范围:0.1mg/L～300g/L TDS 分辨率:0.01～1 TDS 精度:满量程最大值 ±0.5% 校准:最多 3 点,4 个预置缓冲液组 数据存储:99 个数据记录 显示:LCD 电源:4 节 1.5V AA 电池或镍氢蓄电池 1.3V	深圳市怡华新电子有限公司的产品

续表

名　　称	项　　目	SX2-12-10	SX2-10-13	SX2-4-13
SX2-12-10 型 箱式电阻炉	额定功率/kW	12	10	4
	额定电压/V	380	380	220
	额定温度/℃	1000	1300	1300
	电源频率/Hz	50	50	50
	炉膛尺寸/(mm×mm×mm)	500×300×200	400×200×180	250×150×100
	高温炉配有温度控制器,利用测温用的热电偶指示调节、自动控制高温炉温度。温控仪分为指针式和数字式两种 上海精密仪器仪表有限公司的产品			

20.6.2　恒温水槽及恒温加热板

恒温水槽及恒温加热板技术规格见表 20-8。

表 20-8　恒温水槽及恒温加热板的技术性能规格

名　　称	技术规格	仪器图
CU-420 型 电热恒温水槽	温度范围:+5～100℃ 温度波动度:±0.3℃ 工作室尺寸:420mm×180mm×105mm 功率:400W 特点:采用不锈钢内胆。数显、微电脑控制,带定时功能	
CH1015 型 微机温控 超级恒温槽	温度范围:+5～100℃ 温度波动度:±0.05℃ 工作室尺寸:370mm×340mm×480mm 功率:1500W 进口铂电阻(Pt100)测温,控温精度高、波动度小;仪器工作稳定可靠,操作方便安全	
HH. S11-4 电热恒温水浴锅	温度范围:+5～95℃ 温度波动度:±1℃ 工作室尺寸:620mm×180mm×120mm 功率:1000W 特点:产品外壳采用优质钢板制成,表面喷塑,内胆采用不锈钢板,温控系统选用高精度传感器和集成元件,电路经过精心设计,使控温精确可靠	
JR-100 型 恒温加热台(板)	控制温度范围:常温～350℃　控制精度:±0.01℃ 电源:220V/50Hz 类型:整体式(高度 150mm),分体式(高度 65mm) JR-100 型　发热板规格:100mm×100mm×20mm 　　　　　　功率(MAX):400W　净重:3.5kg JR-200 型　发热板规格:200mm×200mm×20mm 　　　　　　功率(MAX):800W　净重:4.5kg JR-360 型　发热板规格:360mm×250mm×20mm 　　　　　　功率(MAX):1500W　净重:7.5kg JR-400 型　发热板规格:400mm×300mm×20mm 　　　　　　功率(MAX):2000W　净重:10kg 采用原装宇电 PID 人工智能数显温度控制仪,精度高,操作安全简单明确方便。采用高品质固态(SSR)继电器,寿命是普通触点式继电器的 100 倍。采用多根高品质不锈钢发热管,维修方便快捷,故障率低。整个面板采用纯铝材料制作,具有导热系数高、加热块、受热均匀等特点。炉体外壳全部由进口 SUS304 不锈钢材料制作	本表产品,均为上海精密仪器 仪表有限公司的产品

20.6.3　电热蒸馏水器

电热蒸馏水器的技术性能规格见表 20-9。

表 20-9　电热蒸馏水器的技术性能规格

名　称	技术规格	仪器图
YA. ZDI-5 不锈钢断水自控 电热蒸馏水器	小时产水量:5L 电源:220V 功率:4.5kW 重量:18kg 体积:400mm×400mm×950mm 该仪器是普通蒸馏水器升级换代产品,其特点是蒸发锅内一旦断水,电控装置将保护发热元件不受损坏。该仪器结构先进、造型美观、清洗拆卸方便	
YA. ZD-10 不锈钢 电热蒸馏水器	小时产水量:10L 电源:380V 功率:7.5kW 重量:13kg 体积:390mm×280mm×750mm 采用优质不锈钢材料,通过先进工艺,进行成套模具压延后,经氩弧焊接精制而成,该机结构先进,造型美观,清洗拆卸方便	
YA. ZD-20 不锈钢 电热蒸馏水器	小时产水量:20L 电源:380V 功率:15kW 重量:18kg 体积:500mm×400mm×970mm 采用优质不锈钢材料,通过先进工艺,进行成套模具压延后,经氩弧焊接精制而成,该机结构先进,造型美观,清洗拆卸方便	
YA. ZDI-40 自控型不锈钢 电热蒸馏水器	小时产水量:40L 电源:380V 功率:24kW 重量:15kg 体积:1000mm×360mm×970mm 采用304优质不锈钢材料,断水保护控制,指示灯显示工作状态,控制台防烫安全罩,内置分流式控制结构,双向易控调压阀,操作方便	上海精密仪器仪表有限公司的产品

20.7　人工加速腐蚀试验设备

人工加速腐蚀试验包括:盐雾腐蚀试验(包括中性盐雾试验 NSS、醋酸盐雾试验 ASS 和铜盐加速醋酸盐雾试验 CASS)、二氧化硫腐蚀试验、硫化氢腐蚀试验和湿热试验等。

盐雾腐蚀试验箱的技术性能规格见表 20-10。

二氧化硫腐蚀试验箱的技术性能规格见表 20-11。

硫化氢腐蚀试验箱的技术性能规格见表 20-12。

湿热试验箱的技术性能规格见表 20-13。

表 20-10　盐雾腐蚀试验箱的技术性能规格

名　　称	技术性能规格	仪器图
YW 型 盐雾腐蚀试验箱	工作室尺寸： YW-150 型：500mm×630mm×450mm YW-250 型：550mm×900mm×600mm YW-750 型：750mm×1100mm×600mm YW-010 型：1000mm×1300mm×600mm YW-016 型：1000mm×1600mm×900mm YW-020 型：1000mm×2000mm×1000mm 温度范围：35～55℃　温度偏差：±2℃ 温度均匀度：<2℃　温度波动度：±0.5℃ 湿度范围：85%～98% 盐雾沉降率：1～2mL/(80cm²·h) 采用进口温控仪表。该仪表自动化程度高，多组 PID 运算，达到更平滑的控制输出和更高的控制精度 采用自动定时装置，试验室在预定温度后，进行自动喷雾，到达设定的时间时，自动停止 试验室也可采用透明顶盖，便于观察喷雾及工件状况。采用不结晶喷射嘴，无盐分堵塞。有双重压力调整及超温保护装置 可作中性盐雾试验(NSS)、铜盐加速醋酸盐雾试验(CASS)等试验	上海精密仪器仪表有限公司的产品
YW 型 盐雾试验箱	工作室尺寸： YW10 型：450mm×580mm×400mm YW20 型：540mm×900mm×450mm YW80 型：1000mm×1300mm×600mm 温度可调节范围：室温＋5～50℃ 温度均匀度：±0.5℃　控温精度：±0.5℃ 盐雾沉降率：1～2mL/(80cm²·h) 工作电源：AC 220V 50Hz 喷雾方式：连续喷雾、周期喷雾两种，可任意选择	上海新苗医疗器械制造 有限公司的产品
YWX/Q 型系列 盐雾腐蚀试验箱	工作室尺寸： NQ-0150 型　　500mm×630mm×450mm NQ-0250 型　　550mm×900mm×600mm NQ-0750 型　　750mm×1100mm×600mm NQ-1000 型　　1000mm×1300mm×600mm NQ-1600 型　　900mm×1600mm×900mm NQ-2000 型　　1000mm×2000mm×1000mm 温度范围：35～55℃　温度波动度：±0.5℃ 盐雾沉降量：1～2mL/(80cm²·h) 该设备可按 GB/T 2423.17《电子电工产品环境试验 第 2 部分：试验方法 试验 Ka：盐雾》做中性盐雾试验，同时也可做醋酸盐雾试验。采用智能 PID 温控仪表。该仪表智能化程度高，多组 PID 运算及模糊控制 采用自动定时装置。试验机喷嘴采用不结晶喷射嘴	苏州市易维试验仪器 有限公司的产品
610 腐蚀试验仪 (德国仪力信 Enichsen)	执行标准：ISO 1456、ASTM B368、DIN 50 907、DIN 50 017 测试箱容积：400L 尺寸：1450mm×1160mm×720mm(高、宽、深)(重 210kg) 测试温度范围：20～50℃ 控制电路电压：24V，1～10A　保险丝：2×20A 电源：230V/50Hz　耗电：2.2kW 压缩空气接口压力：0.6～0.8MPa 压缩空气消耗量：约 4m³/h 接口：φ6mm 带缧纹　水接口压力：0.2～0.4MPa 设备全部由塑料制成。包含所有符合最常用的盐雾试验(连续的及间歇的)和冷凝水试验所必需的装备 带前门的箱形试验箱，喷嘴固定在内部的背板上，这样整个试验箱都可放置试件	深圳市郎普电子科技有限公司代理

续表

名　　称	技术性能规格	仪器图
SH-60　SH-90 SH-120 盐雾试验箱	试验室空间(W×D×H)： SH-60：600mm×450mm×400mm SH-90：900mm×600mm×500mm SH-120：1200mm×1000mm×500mm 试验室温度： 中性盐雾试验(NSS)35℃±1℃ 醋酸盐雾试验(ACSS)35℃±1℃ 铜盐加速醋酸盐雾试验(CASS)35℃±1℃ 饱和空气桶温度：NSS,ACSS(47±1)℃ 　　　　　　　CASS(63±1)℃	

电源：SH-60 AC 220V 1Φ 20A,SH-90 AC 220V 1Φ 30A,SH-120 AC220V 3Φ 45A

试验室容积：110L,270L,600L　饱和空气桶容积：15L,25L,40L

采用自动或手动加水系统、自动补充水位的功能,试验不中断。精密玻璃喷嘴(PYREX)雾气扩散均匀,并自然落于试片,保证无结晶与阻塞

双重超温保护,水位不足警示报警温度控制器使用数字显示,PID控制,误差±0.1℃。试验室采用蒸气直接加温方式,升温速度快且均匀,减少待机时间

喷雾塔附锥形分散器,具有导向雾气。调节雾量及均匀雾量等功能

中国台湾产品/品牌 ASLI,东莞市艾思荔检测仪器有限公司代理

表 20-11　二氧化硫腐蚀试验箱的技术性规格

名　　称	技术性能规格						仪器图
	型号	工作室尺寸/mm			外形尺寸/mm		
		D	W	H	D	W	H	
	SO$_2$-150	450	600	400	800	1100	1000	
	SO$_2$-250	600	900	500	950	1400	1200	
	SO$_2$-750	750	1100	550	1100	1650	1250	
	SO$_2$-300	600	550	900	850	900	1200	
	SO$_2$-600	850	750	940	1000	1100	1250	
	SO$_2$-900	1000	900	1000	1300	1250	1300	

SO$_2$
二氧化硫腐蚀
试验箱

温度范围：10~50℃；相对湿度：满足湿度要求100%

温度均匀度：±2℃；温度波动度：±0.5℃

气体产生方式：钢瓶法；气体纯度：99.99%

二氧化硫浓度：6700×10^{-6}(可调)

二氧化硫浓度测量方法：通过二氧化硫计量桶

功率：1.0kW、1.5kW、2.5kW、1.3kW、2.0kW、3.5kW

配二氧化硫气体一瓶,钢瓶一个

箱体外壳材料：进口 PVC 增强硬质塑料板

加热为内胆水槽式加热方式,升温快,温度分布均匀

气体浓度由计量筒浮标控制。排废风机采用离心式塑料风机。整体设备有超温、低水位、过载、风机过热、漏电、运行指示等故障报警后自动关机保护

杭州奥科环境试验设备
有限公司的产品

续表

名　称	技术性能规格						仪器图
	型　号	工作室尺寸/mm			外形尺寸/mm		
		D	W	H	D	W	H	
	SO$_2$-150B	450	600	400	800	1080	1080	
	SO$_2$-250B	600	900	500	960	1400	1350	
	SO$_2$-750B	750	1100	500	1150	1750	1400	
	SO$_2$-010B	850	1300	600	1250	2000	1550	
	SO$_2$-016B	850	1600	600	1250	3000	1550	
	SO$_2$-020B	900	2000	600	1300	2700	1550	

SO$_2$-B
二氧化硫腐蚀
试验箱

温度范围:5～55℃;湿度范围:95％～98％
温度偏差:±2℃;温度波动度:±0.5℃
二氧化硫纯度:99.96％;二氧化硫浓度:0.1～2L/300L
箱体注水量:2L±0.2L/300L(箱体容积)
功率:1.3kW、2kW、2.5kW、4.5kW、4.8kW、6.5kW
电源电压:AC 220V/50Hz
　　　　　250B 以上为 AC380V　三相五线
试样架:试样架可满足 15°～30°倾斜试验(两层)
特设的二氧化硫气体过滤装置能够在试验结束之后快速有效地将箱体内残余的二氧化硫气体过滤,余气不会对大气造成污染,操作方便
也适用于硫化氢气体进行的腐蚀试验

江苏艾默生试验仪器科技有限公司的产品

表 20-12　硫化氢腐蚀试验箱的技术性规格

名　称	技术性能规格			仪器图
	型　号	工作室尺寸/mm		
		D	W	H	
	SO$_2$-250	600	900	500	
	SO$_2$-750	750	1100	500	
	SO$_2$-010	850	1300	600	
	SO$_2$-016	850	1600	600	
	SO$_2$-020	900	2000	600	

SO$_2$
二氧化硫
(硫化氢)
试验箱

二氧化硫(硫化氢)试验箱适用于二氧化硫气体和硫化氢气体进行的腐蚀试验。
温度范围:10～50℃;相对湿度:＞95％
温度均匀度:±2℃(空载);温度波动度:±0.5℃(空载)
气体产生方式:钢瓶法
二氧化硫气体浓度:0.1％～1％(体积分数,一般为 0.33％或 0.67％)
试验箱底部水量:≤0.67％(体积分数)
时间设定范围:0～999h
配二氧化硫气体一瓶,钢瓶一个
箱体外壳材料:进口 PVC 增强硬质塑料板
加热为内胆水槽式加热方式,升温快,温度分布均匀
气体浓度由计量筒浮标控制。排废风机采用离心式塑料风机。整体设备有超温、低水位、过载、风机过热、漏电、运行指示等故障报警后自动关机保护

合肥赛帆试验设备有限公司的产品

续表

名　　称	技术性能规格						仪器图
	型　号	工作室尺寸/mm			外形尺寸/mm		
		D	W	H	D	W	H	
F-SO₂ 二氧化硫 试验箱	F-SO$_2$-250	600	900	500	850	1700	1240	
	F-SO$_2$-750B	750	1100	600	1000	1830	1320	

名　　称	技术性能规格						仪器图
F-SO$_2$ 二氧化硫 试验箱	**型号** / **工作室尺寸/mm** (D, W, H) / **外形尺寸/mm** (D, W, H)						 东莞市精卓仪器设备 有限公司的产品

实际内容：

F-SO$_2$-二氧化硫试验箱适用于二氧化硫气体和硫化氢气体进行的腐蚀试验。

温度范围:10～50℃　湿度范围:95%～98%

温度波动度:±0.1℃

试验时间:0.1～999.9(s,min,h)可调

气体浓度:0.1%～1%(可调)

气体产生方式:钢瓶法

气体控制:自制高精度流量控制筒

试样架:可满足 15°～30°倾斜试验

总功率:F-SO$_2$-250,1.25kW;F-SO$_2$-250,1.75kW(220V)

净重:F-SO$_2$-250,130kg;F-SO$_2$-250,180kg

表 20-13　XW 系列高低温交变湿热试验箱的技术性能规格

型　号	工作室尺寸/mm			外形尺寸/mm			设备外形图
	D	W	H	D	W	H	
XW/GDJS 50	350	400	350	790	800	1220	
XW/GDJS 100	500	400	500	970	850	1320	
XW/GDJS 150	500	500	600	980	932	1470	
XW/GDJS 225	500	600	750	1003	1050	1570	
XW/GDJS 250	550	630	780	1060	1080	1740	
XW/GDJS 500	700	800	900	1180	1250	1880	
XW/GDJS 800	800	800	1000	1250	1500	1930	
XW/GDJS 010	1000	1000	1000	1450	1500	1930	
温度范围	−20～150℃,−40～150℃,−60～150℃,−70～150℃						
温度波动度	±0.5℃,可按需提高至 0.1℃			温度均匀度	±2℃,可按需提高至 0.5℃		
湿度范围	30%～98%,可按客户要求定做			湿度误差	+2%/−3%		
升温速率	2～3℃/min,可按需提高至 10℃以上			降温速率	1℃/min,可按需提高至 10℃以上		
功率	−40℃时 4～6kW			电源电压	AC380V　50Hz		
噪声	≤65dB(国家标准为≤75dB)			以上均为空载时			
控制仪表	微电脑集成韩国 TEMI-880N 彩屏液晶显示触摸屏可编温控仪						
精度范围	设定精度:温度±0.1℃ 湿度±1%;指示精度:温度±0.1℃ 湿度±1%						
传感器	高精度 A 级 Pt100 铂电阻传感器			加热加湿系统	独立镍铬合金电加热式加热		
加湿系统	外置式加湿器,加水方式为水泵提升,供水采用自动控制,且可回收余水,节水降耗						
循环系统	耐温低噪声空调型电机,多叶式离心风轮						
电气元件	交流接触器热继电器采用法国施耐德的产品,中间继电器采用欧姆龙的产品,其他元器件均为国内知名品牌德力西的产品						
制冷方式	进口全封闭压缩机组/单级压缩制冷,二元复叠压缩制冷						
冷却方式	风冷			制冷剂	环保制冷剂 404A(R23)		
标准配置	φ50 测试孔一个,试品搁板一件,箱内荧光照明灯						
安全保护	超温报警,漏电保护,欠相缺相保护,过电流保护,快速熔断器,压缩机高低压保护						
	压缩机过热保护,电流保护,线路保险丝及全护套式端子,缺水保护,接地保护						
备注	上海夏威仪器设备有限公司的产品						

第21章

电镀配套设备及辅助设备

21.1 溶液过滤设备

21.1.1 概述

溶液过滤设备采用过滤的方法来清除溶液中的悬浮物质、有机添加剂的分解产物以及除油槽液中的漂浮油粒等，以净化槽液，保持溶液洁净。溶液过滤机是电镀生产中对槽液进行处理和维护的重要的附属设备。过滤机按其结构特征分为板框式压滤机和筒式过滤机。在电镀实际生产中，筒式过滤机应用最为普遍。

溶液过滤方法和过滤方式如表 21-1 所示。

表 21-1　溶液过滤方法和过滤方式

溶 液 过 滤 方 法		溶 液 过 滤 方 式	
自然沉降法	是将溶液静置于容器内，使悬浮物自然沉降分层分离，然后把上部澄清液吸出继续使用。这是最原始的槽液分离净化方法，这种方法净化质量差，工作效率低，溶液损耗大，已经淘汰	定期过滤（周期过滤）	是在停止生产时，进行过滤。一般是将槽液用泵打入备用槽，进行过滤后再打回到镀槽
常压过滤法	是在槽上安放一个滤纸或滤布的网筛，将槽液置于网筛内，利用溶液自身的重力作用，使溶液通过过滤介质而得到净化。这种方法过滤质量好，不损失溶液，但效率低，只适合少量贵重槽液的周期性过滤	连续过滤	是用过滤机的泵把镀液抽出，经过滤后，再打回镀槽，此过程循环进行，即循环过滤，不影响电镀生产
加压过滤法	即溶液在一定压力作用下透过过滤介质的过滤，而达到工艺要求的净化程度。目前对槽液清理维护、过滤，一般都采用加压过滤法	过滤方式的选用	对于允许搅动的槽液，可在生产时进行经常性的循环过滤；对于不宜搅动的槽液，宜进行定期过滤
助滤剂的应用	1. 为有效地提高过滤精度和速度，有时使用助滤剂来进行过滤。助滤剂能够均匀牢固地附着在绕线滤芯、纸质滤芯和拉毛布质滤芯的表层，形成致密的阻挡层，最稳定的助滤剂能挡住 $0.1 \sim 0.5 \mu m$ 的微粒，不太稳定的助滤剂能挡住 $1 \mu m$ 以上的微粒 2. 助滤剂是经加工的粒度均匀、性质坚硬、不可压缩的物料，如硅藻土粉、珍珠岩粉等。近来常用活性炭来吸附溶液中的有机物，也有用优质活性炭粉作电镀溶液助滤剂 3. 助滤剂的用量按滤芯的外表面积计算，每平方米添加量为 600g（即 $600g/m^2$）。助滤剂可直接加到带辅料筒的溶液过滤机的副筒内，助滤剂与溶液混合循环后附着在滤芯表层形成良好的阻挡层		

21.1.2 过滤设备的选择

(1) 选择过滤设备的基本原则

选择溶液过滤设备时，应根据过滤溶液的性质（酸性、碱性、强氧化性等）、槽的容积，合理选择机型、流量、过滤介质、过滤精度以及管道材料等。选择过滤设备一般可参考的基本原则见表 21-2。

表 21-2　选择过滤设备的基本原则

项　　目	选 择 过 滤 设 备 的 基 本 原 则
镀液性质及杂质	根据镀液的酸碱性以及其他化学性质选择过滤室、过滤介质及管道材料。这些材料不应被镀液腐蚀且不与镀液发生其他化学反应。确定悬浮物质的性质、大小和数量，以选定过滤介质
过滤速度	一般按每小时的流量为过滤镀槽溶液体积的 3 倍左右考虑。这种过滤循环量，通常既能满足除去大部分固体杂质的要求，又能提高生产效率

续表

项 目	选择过滤设备的基本原则
过滤频率	如需要镀液较快澄清净化,可采定期(间歇)过滤的方法;如需保证槽液和镀层质量稳定,应采用连续循环过滤的方法。一般产量较大的生产宜采用连续循环过滤,以使镀液长期处于清洁状态,有利于控制镀层质量和提高生产效率,这时可在槽旁或槽内配置专用的连续过滤机。如仅需定期过滤即可保持槽液洁净度要求,可采用移动式过滤机,供几个槽轮流使用
泵的性能及过滤机流量的选择	过滤机所配置的溶液泵,是决定过滤机质量的重要因素之一。选用过滤机时要检查泵的流量、扬程、耐蚀性、耐温性是否都能满足过滤溶液的要求。还要选择启动方便,运行中不渗漏的泵。筒式过滤机用的泵,有磁力泵与机械泵(离心泵)两种类型。过滤泵的性能及选用见表21-3。各种槽液的过滤要求见表21-4
过滤机放置位置	一般定期过滤采用移动式过滤机,它不需要固定位置。连续过滤采用的过滤机需有固定的位置。一般过滤量小的槽子可配置槽内过滤机,放置在槽内;过滤量大的槽子所配置的过滤机,可放置在槽旁或离槽较近的地方
耐温及耐蚀性	根据溶液性质及过滤时的温度,选择耐温、耐蚀性合适的过滤机。聚丙烯过滤机耐温性(能耐 90℃ 的溶液)比聚氯乙烯的好
滤芯的选择	滤芯的材料及形状对过滤质量、过滤速度、使用寿命均有直接影响。应根据溶液的性质及对过滤质量的要求,来选择过滤效率高、使用寿命长且价格适中的滤芯
使用助滤剂过滤时宜选用的过滤机	使用助滤剂过滤时,宜选用带有辅料筒的溶液过滤机。可将助滤剂直接放入过滤机的副筒内,比较方便
使用方便	要选择清洗、更换滤芯、滤布或滤纸方便,而且溶液泵容易启动并便于维护和移动的过滤机

表 21-3　过滤机用的过滤泵的性能及选用

过滤泵种类	过滤泵的性能及选用
磁力泵	磁力驱动泵的工作原理是:由电机直接带动外磁铁运转(即是电机轴端的强磁元件),外磁铁通过磁力耦合驱动内磁铁(即与隔离在塑料密封套内的叶轮相连)同步旋转。磁力泵的最大优点在于无泄漏、运行平稳。但由于密封套与旋转组件之间间隙很小,故不允许固体悬浮物大量进入泵内,也不允许空转。再则,如溶液中含有铁磁金属杂质在流经泵腔时易被磁性吸附在内外磁体之间。所以,磁力泵用于固体悬浮物较少和没有铁磁金属微粒的溶液连续过滤。磁力泵在国内已有不少工厂生产,而且运行情况良好
机械泵	是由机械联轴节直接将电机与叶轮串联驱动。机械泵要靠机械密封件来防止溶液泄漏,故易发生溶液渗漏,但只要定期(一般一年左右)更换和维护,运行还是很可靠的。机械泵特别适合于间断地对悬浮物较多的溶液进行定期过滤,也适用于连续过滤。这类泵设计合理、技术成熟、能耗低、维护方便。它的电机与叶转是机械直接连接,可达到较高的同心度,从而可将叶轮与蜗壳的间隙做到最小,使其成为不须灌水启动的自吸泵,简化了操作。目前,新型的具有自吸耐空转功能的机械防腐泵正得到越来越广泛的应用,这种泵能有效地减少在断液情况下因机械密封烧损而造成的泵损坏
过滤机流量的选择[3]	各过滤机厂的产品样本所标明的流量,都是指防腐蚀泵的清水流量,而并不是过滤机的实际流量。过滤机的实际流量要受到所配的滤芯种类、过滤精度、溶液密度和浑浊度等因素的影响,一般选择的防腐蚀泵的流量要比过滤机的实际流量大 1.3～1.5 倍。选购过滤机的实际流量(L/h),可按所服务的镀槽溶液容积(L)的 4～6 倍(相当于水泵清水流量为 6～10 倍)考虑

表 21-4　各种槽液的过滤要求[10]

槽液种类	过滤周期	过滤量/(V/h)	过滤精度/μm	槽液种类	过滤周期	过滤量/(V/h)	过滤精度/μm
酸性镀铜	连续	2～3	15	镀铬	根据需要	2	30
氰化镀铜	连续	2～3	15	镀铬(六价铬)	随意	1～2	15
焦磷酸盐镀铜	连续	2～3	10～20	镀铬(三价铬)	连续	1～5	1～5
化学镀铜	连续	1～2	3	氰化镀银	连续	2	5
酸性镀锌	连续	2	15	酸性镀金	连续	2	1～5
碱性镀锌	根据需要	2～3	30～50	氰化镀金	连续	2	5
氰化镀锌	连续	2～3	30～100	酸性镀铑	根据需要	1～2	5
酸性镀锡	根据需要	1	15	镀黄铜、镀青铜	根据需要	2	15
碱性镀锡	根据需要	3	30	镀镍铁合金	连续	2～3	15～30
镀亮镍	连续	2～3	15～30	镀铅锡合金	连续	1	15
镀半光亮镍	连续	2～3	15	阳极氧化	随意	1	15
化学镀镍	连续	2～3	15	铝件电解着色	根据需要	2	15
镀铁	连续	2～3	15	—	—	—	—

注:1. 过滤量 (V/h),表示 1h 过滤槽液的槽容积数,即槽容积/小时。

2. 过滤精度表示过滤介质的孔径,以 μm 表示。

（2）各种电镀溶液过滤机的选择

各种电镀溶液过滤机的选择列入表 21-5，供选用参考。

表 21-5 各种电镀溶液过滤机的合理选择[3]

电镀工艺	过滤方式	水泵类型			滤芯类型					滤芯合理过滤精度/μm		
		离心泵	磁力泵	液下泵	绕线	熔喷	高分子	杨桃	叠片	高标准	最适宜	低标准
硫酸盐或氯化钾镀锌	连续	○	○	○	○	○	○	○	○	15	30	50
	定期	○	—	○	—	○	○	○	○	10	15	30
氰化镀锌或碱性镀锌	连续	○	○	○	○	○	○	○	○	15	30	50
	定期	○	—	○	—	—	—	○	○	10	15	30
氰化镀铜	连续	○	○	○	○	○	○	○	○	5	10	15
	定期	○	—	○	—	○	○	○	○	1	5	10
酸性镀铜	连续	○	○	○	○	○	○	○	○	1	5	10
	定期	○	—	○	—	○	○	○	○	1	3	5
化学镀铜、化学镀镍	连续	—	—	○	○	○	○	○	○	1	5	10
	定期	—	—	○	—	○	○	○	○	1	3	5
镀暗镍（哑镍）	连续	○	○	○	○	○	○	○	○	1	5	10
	定期	○	—	○	—	○	○	○	○	1	3	5
镀半光亮镍及光亮镍	连续	○	○	○	○	○	○	○	○	0.5	3	5
	定期	○	—	○	—	○	○	○	○	0.5	3	5
镀枪色镍、镀黑镍	连续	○	○	○	○	○	○	○	○	0.5	3	5
	定期	○	—	○	—	○	○	○	○	0.5	3	5
镀铬溶液	定期	○	—	○	陶瓷	—	—	—	—	3	5	10
钢铁件磷化	定期	○	—	○	—	○	○	○	○	10	15	25
铝阳极氧化	—	○	—	○	—	○	○	○	○	5	10	15
铝碱腐蚀	—	○	—	○	—	○	○	○	○	15	30	50
电化学除油	—	○	—	○	—	○	○	○	○	30	50	100
酸性镀金	连续	—	○	—	○	○	○	—	—	0.5	1	3
	定期	—	○	—	○	○	○	—	—	0.5	1	3
氰化镀金（高精度）	连续	—	○	—	○	○	○	○	—	0.5	1	3
	定期	—	○	—	○	○	○	○	—	0.5	1	3
氰化镀银（低精度）	连续	—	○	—	○	○	○	○	○	1	3	5
	定期	—	○	—	○	○	○	○	○	1	3	5

注：1. 表中注有○者表示可以采用。

2. 过滤方式中的连续，表示连续过滤；定期表示定期过滤或周期过滤。

21.1.3 筒式过滤机的结构及过滤介质

21.1.3.1 筒式过滤机的结构形式

筒式过滤机一般由泵、滤筒、过滤介质、起动开关、压力表、机架及管道等组成。普通电镀溶液过滤机的结构形式如图 21-1 所示。其一般工作流程为：镀液由进液管进入泵，经泵加压后进入滤筒，并在压力作用下流过过滤介质，镀液中的固体杂质被截留在过滤介质表面，清洁镀液经出液口返回镀槽。

21.1.3.2 过滤介质

过滤机的过滤介质也称滤芯，它是直接对溶液进行过滤的一个部件，对过滤质量起着关键的作用。根据溶液性质、对设备的腐蚀能力、工作温度及过滤精度要求，结合实际使用条件来选择不同的过滤介质。常用的滤芯有以下几类。

① 绕线滤芯（又称蜂房式滤芯）。绕线滤芯是电镀溶液过滤普遍使用的一种过滤介质。它是将聚丙烯（PP）纤维纱线精密缠绕在多孔的聚丙烯骨架上，并严格控制缠绕密度和滤孔形

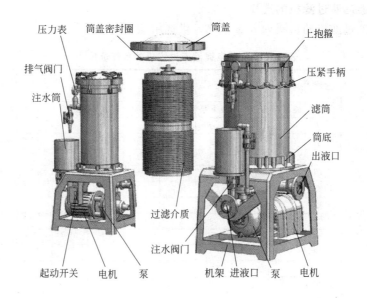

图 21-1 普通电镀溶液过滤机的结构形式

状而制成的不同过滤精度（一般为 $0.5\sim30\mu m$）的滤芯。滤芯过滤面积大，而且孔径外层大，内层小，具有优良的深层过滤效果。这种滤芯过滤的杂质颗粒范围大，能有效滤除液体中的悬浮物和微粒等，但清洗效果差。是电镀溶液连续过滤使用最普遍的一种滤芯，也可用于化学镀的循环过滤。

绕线滤芯生产机械化程度高，质量好、价格低，但纱线接触固体杂质后难以清洗干净，孔穴堵塞后不宜多次重复使用。

② 叠片式滤芯。这种滤芯由中心骨架、专用叠片组成，过滤介质采用特种滤纸。根据镀种或过滤形式，选配不同精度的特种滤纸。因滤芯层数多，故过滤面积大，使用周期长，而且安装、更换、清洗方便，适用于循环过滤和定期过滤。因骨架、叠片、滤材等均采用聚丙烯材料，故也适用于化学镀的循环过滤。

③ 杨桃形袋式滤芯。它是袋式布质过滤介质的一种形式，为扩大袋式滤芯的面积，将布袋做成放射翅片结构，由于其形状似热带水果杨桃，故称为杨桃形袋式滤芯。选用拉毛的滤布缝制的滤袋，能很好地吸附助滤剂和活性炭粉，提高过滤精度。滤布可从骨架上卸下洗净后可重复使用，安装、清洗、更换都很方便，而且运行成本较低。此滤芯可用于电镀、铝阳极氧化及钢铁磷化等的连续过滤或定期过滤。这种滤芯过滤面积大，过滤精度由滤布的毛条粗细与松紧程度而定，一般为 $0.5\sim100\mu m$。可从过滤机厂家选购已制作好的各种精度的杨桃形袋式滤芯。

④ 微孔塑料滤芯（熔喷滤芯或烧结滤芯）。包括熔喷滤芯和烧结滤芯两种。这两种滤芯的外形与绕线滤芯相似，但过滤面积较绕线滤芯小得多。滤芯外表平整光滑，堵塞后易于反冲清洗，维护简便，特别适合于定期过滤和比较脏污的溶液的大处理。熔喷滤芯是将树脂（一般采用聚丙烯塑料）热熔后喷雾到芯管上经冷凝成型而成，其孔穴的尺寸精度很难均匀一致。烧结滤芯是用一定粒度的聚氯乙烯粉末加热烧结而成。

⑤ 高分子滤芯[10]。这种滤芯采用高分子粉末烘结而成。其毛细孔道细而弯曲，外表光洁，强度好，使用寿命特别长。特别适用于活性炭的过滤，清洗方便。这种滤芯一般在定期的大处理过滤机上使用，也适用于循环过滤。

常用的电镀溶液过滤介质（滤芯）见图 21-2、图 21-3。

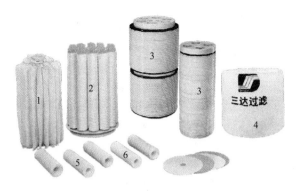

图 21-2 常用的电镀溶液过滤介质（滤芯）1
1—杨桃滤芯；2—绕线滤芯；3—叠片滤芯；
4—特殊除油介质；5—烧结滤芯；6—熔喷滤芯

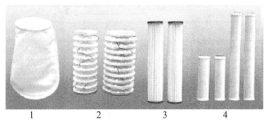

图 21-3 常用的电镀溶液过滤介质（滤芯）2
1—除油滤袋；2—袋式滤芯；
3—纸质滤芯；4—活性炭滤芯

21.1.4 镀前处理溶液除油过滤机

镀前处理溶液除油过滤是为了除去溶液中悬浮的油污、除油过程中的皂化产物和其他固体物质，使溶液保持洁净。除油溶液过滤机利用压力过滤、重力浮选分离和特殊材料吸附等固液分离与油水分离原理，来清除槽液中不断产生的飘浮污垢与残油。

通常，镀前溶液过滤都是采用连续循环过滤来保持溶液的洁净。一般情况下，同时具有过滤、浮选和吸附功能的过滤机，适用于化学除油溶液的过滤；具有吸附和过滤功能的过滤机，适用于电化学除油和浸酸活化溶液的过滤。

镀前处理溶液除油过滤机的技术性能规格见表 21-6。

表 21-6 镀前处理溶液除油过滤机的技术性能规格

型 号	过滤流量 /(m³/h)	电机功率 /kW	最高压力 /MPa	适用镀槽 /L	过滤材料（过滤芯及数量/吸附芯及数量）	接口(进口/出口) /mm	外形尺寸/mm 长	宽	高
JHY-10-YZ	10	1.5	0.13	≤1000	ϕ223mm×100mm-18/ϕ280mm×300mm-2	ϕ40/ϕ25	1020	780	1120
JHY-20-YZ	20	2.2	0.15	1000～2000	ϕ223mm×100mm-18/ϕ315mm×300mm-2	ϕ63/ϕ32	1055	790	1000
JHY-30-YZ	30	3	0.16	≥2000	ϕ223mm×100mm-18/ϕ410mm×300mm-2	ϕ63/ϕ32	1210	880	1020

| 技术性能及设备外形 | 镀前除油过滤机除了能分离镀前除油清洗溶液中的固体悬浮物外，还能分离悬浮的油粒和吸附乳化分散的油花。镀前除油过滤机主要由自吸泵、过滤筒、除油筒及阀门等组成
使用时除油过滤机的进出液管分别固定于除油清洗槽的长边两侧，使除油过滤机与除油清洗槽构成闭合回路作连续处理
过滤筒通常配杨桃滤芯，如客户要求也可选择绕线滤芯和叠片滤芯，除油筒内装入由特殊材料制成的吸油介质
杭州三达过滤设备有限公司的产品 |  |

续表

型　号	过滤速度 /(m³/h)	过滤精度 /μm	电机功率 /kW	耐温 /℃	重量 /kg	设备外形图
RG4-25	25	1～20	2.2	≤94	115	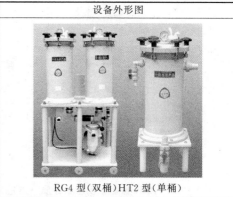
RG4-20	20	1～20	1.5	≤94	96	
RG4-10	10	1～20	1.1	≤94	55	
RG4-3	3	1～20	0.55	≤94	35	
HT2-25	25	1～20	—	≤94	35	
HT2-20	20	1～20	—	≤94	30	
HT2-10	10	1～20	—	≤94	25	
HT2-3	3	1～20	—	≤94	15	RG4型（双桶）HT2型（单桶）
备注	RG4型是镀前处理除油过滤机，具有良好的疏水亲油性，吸油速度快，吸油量大、耐酸碱和有机溶剂。能将液体中微量非乳化碳氧化合物清除。不但可清除油分，还能将不同的颗粒杂质清除。该机有单桶和双桶两种，双桶由除油桶和精过滤桶串联组成，可根据过滤精度等级选择使用					
	杭州桐庐过滤机厂的产品					

21.1.5　普通电镀溶液过滤机

普通电镀溶液过滤机，适用于一般电镀工艺溶液的连续循环过滤和定期过滤，配置不同类型和精度的过滤介质，可以达到不同电镀工艺对溶液中固体杂质含量控制的要求。JHP型普通电镀溶液过滤机（普通泵或磁力泵）的技术性能规格见表21-7，RG型精密过滤机的技术性能规格见表21-8。

自吸泵过滤机一般采用耐酸碱的聚丙烯塑料及不锈钢材料制作。自吸泵在第一次充水后就具有自吸与耐空转功能，能有效防止因进液管堵塞或断液而引起的机械密封烧损。过滤介质一般有绕线滤芯、叠片滤芯或杨桃滤芯等，按需要选择配置，滤芯精度亦可根据不同镀种的要求而做相应的选择。JHP型自吸泵电镀溶液过滤机的技术性能规格见表21-9，RG3型自吸式耐空转过滤机的技术性能规格见表21-10。

表 21-7　JHP型普通电镀溶液过滤机（普通泵或磁力泵）的技术性能规格

过滤流量 /(m³/h)	型　号	电机功率 /kW	最高压力 /MPa	适用镀槽 /L	滤芯尺寸/(mm×mm)；滤芯数量	接口（进/出）/mm	外形尺寸/mm 长	宽	高
1	JHP-1-XC	0.09	0.06	100～125	φ65×250；1	φ20/φ20	410	250	690
2	JHP-2-XC	0.18	0.09	200～250	φ65×500；1	φ25/φ25	410	250	940
3	JHP-3-XC	0.18	0.10	300～380	φ65×250；3	φ25/φ25	500	330	765
4	JHP-4-XC	0.37	0.11	400～500	φ65×250；3	φ32/φ32	500	330	830
6	JHP-6-XC	0.55	0.12	600～750	φ65×250；7	φ32/φ32	630	400	830
	JHP-6-DC				φ215×57；22				
10	JHP-10-XP(C)	0.75 (1.1)	0.13	1000～1250	φ65×500；7	φ40/φ40	630	400	1070
	JHP-10-DP(C)				φ215×57；42				
15	JHP-15-XP(C)	1.1 (1.5)	0.15	1500～1900	φ65×500；12	φ50/φ50	755	485	1205
	JHP-15-DP(C)				φ292×70；34				1155
20	JHP-20-XP(C)	1.5 (2.2)	0.15	2000～2500	φ65×500；15	φ50/φ50	755	485	1205
	JHP-20-DP(C)				φ292×70；39				
30	JHP-30-XP(C)	2.2	0.16	3000～3800	φ65×500；24	φ63/ φ40(2个)	920	650	1215
	JHP-30-DP(C)				φ292×70；68				1165
40	JHP-40-XP	4	0.18	3500～4500	φ65×500；36	φ78/φ63	1200	830	1350
	JHP-40-YP				φ223×100；108				

续表

过滤流量/(m³/h)	型　号	电机功率/kW	最高压力/MPa	适用镀槽/L	滤芯尺寸/(mm×mm)；滤芯数量	接口（进/出）/mm	外形尺寸/mm		
							长	宽	高
60	JHP-60-XP	5.5	0.18	4500～6000	$\phi65×750$；36	$\phi89/\phi76$	1200	830	1510
	JHP-60-DP				$\phi236×\phi70$；180				1570
	JHP-60-YP				$223×100$；162				1510
100	JHP-100-YP	11	0.20	6000～10000	$223×100$；360	$\phi98/\phi89$	1980	1635	2150

设备外形图	
	全部采用耐酸碱的聚丙烯塑料及不锈钢材料制成,采用特殊材料制成的机械密封能保证溶液不与任何金属接触,适用于电镀溶液的连续或周期处理。绕线滤芯、叠片滤芯或杨桃滤芯可选择配置,滤芯精度亦可根据不同镀种的要求而作相应的选择 杭州三达过滤设备有限公司的产品

表 21-8　RG 型精密过滤机的技术性能规格

型　号	过滤速度/(m³/h)	工作压力/MPa	使用温度/℃	电机功率/kW	接口(进口/出口)/mm	重量/kg
RG-50	50	0.25	≤100	5.5	$\phi65/\phi65$	190
RG-40	40	0.22	≤100	4	$\phi65/\phi65$	170
RG-30	30	0.18	≤100	3	$\phi65/\phi50$	150
RG-20	20	0.13	≤100	1.5	$\phi50/\phi50$	96
RG-10	10	0.1	≤100	1.1	$\phi50/\phi38$	58
RG-6	6	0.06	≤100	0.55	$\phi32/\phi25$	40
RG-5	5	0.05	≤100	0.55	$\phi32/\phi25$	35
RG-4	4	0.05	≤100	0.55	$\phi32/\phi25$	30
RG-2	2	0.04	≤100	0.37	$\phi25/\phi20$	26
RG-1	1	0.04	≤100	0.37	$\phi25/\phi20$	23
RG-0.5	0.5	0.04	≤100	0.37	$\phi25/\phi20$	21

设备外形图	 　RG-0.5　　　RG-1　　　RG-2　　　RG-4　　　RG-5

续表

型 号	过滤速度/(m³/h)	工作压力/MPa	使用温度/℃	电机功率/kW	接口(进口/出口)/mm	重量/kg
设备外形图						

RG-6　　RG-10　　RG-20　　RG-30、40、50

过滤机所有接触溶液的零部件均采用 PP 材料,能在 100℃下连续运转,泵的机械密封采用内装内流式结构,在长期运转中无须润滑、冷却,并且无泄漏。适用于连续循环过滤和定期过滤

杭州桐庐过滤机厂的产品

表 21-9　JHP 型自吸泵电镀溶液过滤机的技术性能规格

过滤流量/(m³/h)	型 号	电机功率/kW	最高压力/MPa	适用镀槽/L	滤芯尺寸/(mm×mm);滤芯数量	接口(进/出)/mm	长	宽	高
3	JHP-3-XZ(1)	0.37	0.10	300～380	φ65×250;3	φ25/φ25	500	330	810
4	JHP-4-XZ(1)	0.37	0.11	400～500	φ65×250;5	φ30/φ32	500	330	875
6	JHP-6-XZ(1)	0.55	0.12	600～750	φ65×250;7	φ32/φ32	630	400	830
	JHP-6-DZ(1)				φ215×57;22				
8	JHP-8-XZ(1)	0.75	0.13	800～1200	φ65×250;9	φ40/φ40	755	500	1015
	JHP-8-DZ(1)				φ236×70;25				
	JHP-8-YZ(1)				223×100;18				
10	JHP-10-XZ	1.5	0.13	1200～1500	φ65×500;9	φ40/φ40	860	500	1255
	JHP-10-DZ				φ236×70;50				1370
	JHP-10-YZ				223×100;36				
	JHP-10-XZ(1)	1.1		1000～1250	φ65×500;7		700	440	1170
	JHP-10-DZ(1)				φ215×57;42				
12	JHP-12-XZ(1)	1.1	0.14	1200～1500	φ65×500;9	φ40/φ40	755	500	1225
	JHP-12-DZ(1)				φ236×70;50				1340
	JHP-12-YZ(1)				223×100;36				
15	JHP-15-XZ	1.5	0.15	1500～1900	φ65×500;14	φ50/φ50	860	630	1320
	JHP-15-DZ				φ356×80;37				1250
	JHP-15-YZ				165×155;56				
	JHP-15-XZ(1)				φ65×500;12		780	510	1230
	JHP-15-DZ(1)				φ292×70;34				1170
	JHP-15-YZ(1)				223×100;48				1300
20	JHP-20-XZ	2.2	0.15	2000～2500	φ65×500;18	φ63/φ50	860	630	1320
	JHP-20-DZ				φ356×80;45				1245
	JHP-20-YZ				165×155;84				
25	JHP-25-XZ	2.2	0.16	2500～3100	φ65×φ750;15	φ63/φ63	920	800	1250
	JHP-25-DZ				φ356×80;58				
	JHP-25-YZ				165×155;112				
30	JHP-30-XZ	3.0	0.16	3000～3800	φ65×φ500;24	φ63/φ40(2个)	930	800	1160
	JHP-30-DZ				φ292×φ70;68				1100
	JHP-30-YZ				223×100;96				1230

续表

过滤流量 /(m³/h)	型号	电机功率 /kW	最高压力 /MPa	适用镀槽 /L	滤芯尺寸/(mm×mm)；滤芯数量	接口（进/出）/mm	外形尺寸/mm		
							长	宽	高
设备外形图	全部采用耐酸碱的聚丙烯塑料及不锈钢材料制成,适用于电镀溶液的连续或周期处理。该机型采用的自吸泵在第一次充水后就具有自吸与耐空转功能,能有效防止因进液管堵塞或断液而引起的机械密封烧损。有绕线滤芯、叠片滤芯或杨桃滤芯,按需要选择配置,滤芯精度亦可根据不同镀种的要求而做相应的选择 杭州三达过滤设备有限公司的产品								

表 21-10　RG3 型自吸式耐空转过滤机的技术性能规格

型号	过滤速度 /(m³/h)	工作压力 /MPa	使用温度 /℃	电机功率 /kW	接口(进口/出口) /mm	重量 /kg
RG3-30	30	0.17	≤100	3	$\phi 50/\phi 50$	125
RG3-25	25	0.15	≤100	2.2	$\phi 50/\phi 50$	115
RG3-20	20	0.14	≤100	1.5	$\phi 50/\phi 50$	96
RG3-15	15	0.13	≤100	1.5	$\phi 50/\phi 50$	65
RG3-10	10	0.13	≤100	1.1	$\phi 38/\phi 38$	55
RG3-6	6	0.06	≤100	0.55	$\phi 32/\phi 25$	40
RG3-4	4	0.06	≤100	0.55	$\phi 32/\phi 25$	35

　　本机配的是自吸泵,第一次充水后就具有自吸与耐空转功能,所有接触溶液的零部件均采用 PP 材料,耐腐蚀,耐温达 100℃。泵自吸筒内装有滤篮,能阻挡大颗粒杂质进入泵腔,保护水泵和防止滤芯早期堵塞。机械密封采用内装内流式结构,在长期运转中无须润滑、冷却,并无泄漏现象

杭州桐庐过滤机厂的产品

RG3-4

设备外形图

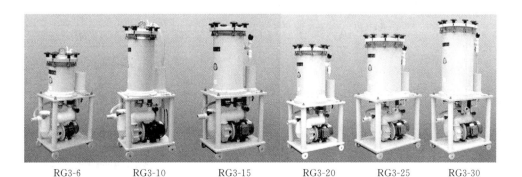

RG3-6　　　RG3-10　　　RG3-15　　　RG3-20　　　RG3-25　　　RG3-30

21.1.6 镀铬溶液过滤机

镀铬溶液属于强氧化性的酸性溶液，对过滤机的耐腐蚀性要求更高。镀铬溶液专用过滤机在工作过程中溶液不应与任何金属接触，密封元件采用耐强腐蚀性和氧化性的氟材料制成。要求工作温度在65℃以下时能正常进行过滤。

JHL型镀铬溶液专用过滤机（普通泵）的技术性能规格见表21-11。

RG5型镀铬溶液过滤机的技术性能规格见表21-12。

表 21-11　JHL 型镀铬溶液专用过滤机（普通泵）的技术性能规格

过滤流量/(m³/h)	型　号	电机功率/kW	最高压力/MPa	适用镀槽/L	滤芯尺寸/(mm×mm)；滤芯数量	接口（进/出）/mm	外形尺寸/mm 长	宽	高
8	JHL-8-XP	0.75	0.13	800～1000	$\phi65\times250$；9	$\phi40/\phi40$	755	465	1010
12	JHL-12-XP	1.1	0.14	1200～1500	$\phi65\times500$；9	$\phi40/\phi40$	755	465	1225
15	JHL-15-XP	1.1	0.15	1500～1900	$\phi65\times500$；12	$\phi50/\phi50$	770	540	1205
20	JHL-20-XP	1.5	0.15	2000～2500	$\phi65\times500$；16	$\phi50/\phi50$	770	540	1205

设备外形图	由于镀铬溶液具有较强的腐蚀性和氧化性，因此对过滤机亦相应有不同的要求。JHL系列镀铬溶液专用过滤机，能保证溶液不与任何金属接触，密封元件采用耐强腐蚀性和氧化性的氟材料制成。要求使用温度不超过65℃。通常选择绕线滤芯，滤芯精度亦可根据不同的要求而做相应的选择 杭州三达过滤设备有限公司的产品	

表 21-12　RG5 型镀铬溶液过滤机的技术性能规格

型　号	过滤速度/(m³/h)	工作压力/MPa	使用温度/℃	电机功率/kW	接口（进口/出口）/mm	重量/kg
RG5-1	1	0.04	≤100	0.37	$\phi20/\phi20$	23
RG5-2	2	0.05	≤100	0.37	$\phi25/\phi20$	26
RG5-4	4	0.05	≤100	0.55	$\phi32/\phi25$	30
RG5-6	6	0.06	≤100	0.55	$\phi32/\phi25$	40
RG5-10	10	0.08	≤100	1.1	$\phi50/\phi38$	55
RG5-15	15	0.11	≤100	1.5	$\phi50/\phi38$	58
RG5-20	20	0.15	≤100	1.5	$\phi50/\phi50$	96
RG5-25	25	0.17	≤100	2.2	$\phi50/\phi50$	100

设备外形图	该机专为镀铬溶液过滤设计，所有零件、密封件能耐酸溶液，抗腐蚀能力强，滤筒有良好的防渗漏密封保护。该机无金属接触溶液，在温度100℃下可连续运转使用 杭州桐庐过滤机厂的产品	 RG5-20　　　RG5-10

21.1.7　化学镀溶液过滤机

化学镀槽需要强烈搅拌和连续过滤，采用槽外溶液循环过滤就能达到要求。磁力泵不耐高温，机械泵由于机械密封件与化学镀液接触会沉积金属镀层，而造成运行故障。所以，化学镀溶液过滤机一般采用无轴封的液下泵取代机械泵，较好地解决了这一问题。

JHZ 型化学镀专用过滤机（液下泵）的技术性能规格见表 21-13。

LHC 型化学镀专用过滤机的技术性能规格见表 21-14。

表 21-13　JHZ 型化学镀专用过滤机（液下泵）的技术性能规格

过滤流量 /(m³/h)	型　　号	电机功率 /kW	最高压力 /MPa	适用镀槽 /L	滤芯尺寸/(mm×mm)；滤芯数量	接口(进/出) /mm	外形尺寸/mm 长	宽	高
3	JHZ-3-XY	0.37	0.11	300～380	$\phi65\times250$；3	$\phi25/\phi25$	605	415	925
4	JHZ-4-XY	0.37	0.11	400～500	$\phi65\times250$；5	$\phi32/\phi32$	720	415	930
6	JHZ-6-XY	0.55	0.12	600～750	$\phi65\times250$；7	$\phi32/\phi32$	720	415	930
10	JHZ-10-XY	0.75	0.13	1000～1250	$\phi65\times500$；7	$\phi40/\phi40$	910	580	1410
12	JHZ-12-XY	1.1	0.14	1200～1500	$\phi65\times500$；9	$\phi40/\phi40$	960	580	1410
15	JHZ-15-XY	1.1	0.15	1500～1900	$\phi65\times500$；12	$\phi50/\phi50$	1000	580	1410
20	JHZ-20-XY	1.5	0.15	2000～2500	$\phi65\times500$；15	$\phi50/\phi50$	1000	580	1430
25	JHZ-25-XY	2.2	0.16	2500～3100	$\phi65\times500$；18	$\phi63/\phi63$	1090	620	1440

设备外形图	JHZ 系列过滤机专用于化学镀槽液的循环过滤。其结构由液下泵与过滤器两部分组成，在工作状态下，镀液通过部分，均无任何金属物质与其接触，避免了过滤机体上镍磷的沉积。同时由于液下泵内无机械密封，避免了普通过滤机应用在化学镀上经常发生的泄漏故障 杭州三达过滤设备有限公司的产品	

表 21-14　LHC 型化学镀专用过滤机的技术性能规格

型　　号	过滤速度 /(L/h)	电机功率/kW	耐温/℃	口径尺寸 进口/in	出口/mm	重量/kg
LHC-3	3000	0.37	≤100	1	$\phi25$	45
LHC-6	6000	0.55	≤100	1.5	$\phi32$	50
LHC-10	10000	0.75	≤100	1.5	$\phi38$	58
LHC-15	15000	1.5	≤100	1.5	$\phi50$	70
LHC-20	20000	2.2	≤100	1.5	$\phi50$	80
LHC-25	25000	3	≤100	2	$\phi50$	90

设备外形图	本机由 LX1 型无轴封可空转立泵和 HT 型过滤筒组成，适用于化学镀、电镀生产自动线的循环过滤。整机除电机外，全部采用聚丙烯材料，无金属接触液体，不怕酸碱腐蚀，能在 100℃ 以下连续工作。本机配的是无轴封可空转立泵，无金属接触液体，不需要灌水，不会产生泄漏、允许在无水情况下运转 杭州桐庐过滤机厂的产品	LHC型

21.1.8　袋式过滤机

袋式过滤机与目前普遍使用的溶液过滤机，在其过滤介质及结构上有明显不同。一般溶液过滤机，溶液都是从滤芯外表通过过滤介质，过滤净化的溶液再由芯管内回流到镀槽，因而溶液中的固体杂质被截留在滤芯的外表面。当因堵塞需更换清洗而将滤芯取出时，易将沉积物碰掉落入滤筒内，清理很麻烦。而袋式过滤机是将槽液送入过滤袋内部，净化后的溶液从过滤袋外面回流到磷化槽，这样滤下来的沉渣全部包裹在过滤袋内，更换时取出过滤袋清洗较为方便，由于过滤袋外表面没有吸附固体杂质，清洗或更换过滤袋时就避免了杂质掉落到过滤器内。

袋式过滤机广泛应用于固体杂质含量高、颗粒粗大的溶液过滤，如钢铁件的磷化、氧化，铝及铝合金碱浸蚀、氧化等溶液的过滤净化。也可用于回收溶液中的有用物质。

JHP-U 袋式过滤机的技术性能规格见表 21-15。

表 21-15　JHP-U 袋式过滤机的技术性能规格

过滤流量 /(m³/h)	型　号	电机功率 /kW	最高压力 /MPa	适用镀槽/L	滤芯尺寸/(mm×mm)；滤芯数量	接口(进/出) /mm	外形尺寸/mm		
							长	宽	高
10	JHP-10-UZ	1.5	0.13	≤1000	$\phi150\times550;3$	$\phi40/\phi40$	900	800	1170
20	JHP-20-UZ	2.2	0.15	1000~2000	$\phi180\times600;3$	$\phi63/\phi50$	1010	800	1350
30	JHP-30-UZ	3	0.16	≥2000	$\phi180\times600;5$	$\phi63/\phi63$	1100	850	1350

设备外形图

JHP-U 袋式过滤机与目前普遍使用的溶液过滤机之明显区别在于使用的过滤介质及其结构设计不同。普遍过滤器内溶液的流向是从过滤介质的外层向内层流动，因此，溶液中的固体杂质被截留在过滤介质的外表面上。而 JHP-U 袋式过滤机的结构正好相反，固体杂质在过滤过程中被收集在"U"形过滤袋内，当过滤袋需要清洗时，只需将过滤袋提出即可。由于过滤袋外表面没有吸附固体杂质，清洗或更换过滤袋时就避免了杂质掉落到过滤器内，防止继续过滤时重新污染溶液

JHP-U 袋式过滤机可广泛应用于固体杂质含量高、颗粒粗大的溶液过滤，如钢铁件的氧化、磷化，铝及铝合金碱浸蚀、氧化等溶液净化。也可用于回收溶液中的有用物质

杭州三达过滤设备有限公司的产品

21.1.9　带辅料筒的溶液过滤机

辅料筒的溶液过滤机，是为了方便电镀生产过程中往溶液中添加助滤剂或者配制槽液时添加化学药剂等使用的。该系列过滤机一般配制双筒，主筒安装普通的过滤介质（一般为绕线滤芯、叠片式滤芯），副筒是供添加助滤剂或化学药剂之用。

JHF 系列带辅料筒溶液过滤机的技术性能规格见表 21-16。

RG3B 型内循环过滤机的技术性能规格见表 21-17。

表 21-16　JHF 系列带辅料筒溶液过滤机的技术性能规格

过滤流量 /(m³/h)	型　号	电机功率 /kW	最高温度 /℃	适用镀槽 /L	滤芯尺寸/(mm×mm)；滤芯数量	接口(进/出) /mm
10	JHF-10-XP(C)	0.75	100(80)	1000~1250	$\phi65\times500;7$	$\phi38/\phi38$，
	JHF-10-DP(C)	1.1			$\phi215\times\phi32;53$	$\phi50/\phi38$

续表

过滤流量/(m³/h)	型　号	电机功率/kW	最高温度/℃	适用镀槽/L	滤芯尺寸/(mm×mm)；滤芯数量	接口(进/出)/mm
20	JHF-20-XP(C)	1.5	100(80)	2000～2500	$\phi65\times500;15$	$\phi50/\phi50$
	JHF-20-DP(C)	2.2			$\phi292\times\phi50;60$	
10	JHF-10-XZ	0.78	100	1000～1250	$\phi65\times500;8$	$\phi40/\phi40$
	JHP-10-DZ				$\phi236\times\phi70;46$	
20	JHF-20-XZ	1.5	100	2000～2500	$\phi65\times500;18$	$\phi63/\phi50$
	JHP-20-DZ				$\phi356\times\phi80;46$	

设备外形图	辅料筒的溶液过滤机配制双筒，主筒安装普通的过滤介质（一般为绕线滤芯、叠片式滤芯），副筒是供添加助滤剂或化学药剂之用 杭州三达过滤设备有限公司的产品	

表 21-17　RG3B 型内循环过滤机的技术性能规格

型　号	过滤速度/(m³/h)	工作压力/MPa	使用温度/℃	电机功率/kW	接口(进口/出口)/mm	重量/kg	设备外形图
RG3B-25	25	0.15	≤100	2.2	$\phi50/\phi50$	115	
RG3B-20	20	0.14	≤100	1.5	$\phi50/\phi50$	96	
RG3B-15	15	0.11	≤100	1.5	$\phi50/\phi50$	65	
RG3B-10	10	0.11	≤100	1.1	$\phi38/\phi38$	53	

备注	该机用户在使用时可添加助滤粉、炭粉，设有内循环工作功能，能避免助滤粉或炭粉漏进溶液，从而能有效地提高过滤精度 杭州桐庐过滤机厂的产品

21.1.10　电镀溶液活性炭过滤机

电镀溶液活性炭过滤机是为电镀溶液的大处理而设计制作的。电镀生产中经常需要用活性炭处理有机杂质，尤其是有机添加剂的分解产物必须定期用活性炭进行大处理，以消除有机杂质对电镀过程的不良影响。这种过滤机一般配置双筒，主筒安置普通的分离固体悬浮物的滤芯，辅筒安装活性炭吸附剂袋的料筒。

关闭副筒进液阀门，可作普通过滤机使用。通过调节主、副筒侧阀门的开启程度大小，可控制溶液经活性炭吸附杂质的程度。通常溶液流向为从活性炭到滤芯。

JHT 型电镀溶液活性炭过滤机的技术性能规格见表 21-18。

RT 型活性炭二级过滤机的技术性能规格见表 21-19。

表 21-18　JHT 型电镀溶液活性炭过滤机的技术性能规格

过滤流量/(m³/h)	型　号	电机功率/kW	最高压力/MPa	适用镀槽/L	滤芯尺寸/(mm×mm)；滤芯数量	接口(进/出)/mm	外形尺寸/mm 长	宽	高
6	JHT-6-XZ(1)	0.55	0.12	600～750	$\phi65\times250;7$	$\phi32/\phi32$	750	580	850
	JHT-6-DZ(1)				$\phi215\times\phi57;22$				
10	JHT-10-XZ(1)	1.1	0.13	1000～1250	$\phi65\times500;7$	$\phi40/\phi40$	795	780	990
	JHT-10-DZ(1)				$\phi215\times\phi57;42$				

续表

过滤流量/(m³/h)	型　号	电机功率/kW	最高压力/MPa	适用镀槽/L	滤芯尺寸/(mm×mm);滤芯数量	接口(进/出)/mm	外形尺寸/mm 长	宽	高
15	JHT-15-XZ(1)	1.5	0.15	1500~1900	φ65×500;12	φ50/φ50	880	840	1030
	JHT-15-DZ(1)				φ292×φ70;34				970
20	JHT-20-XP(C)	1.5 (2.2)	0.15	2000~2500	φ65×500;15	φ50/φ50	920	680	1145
	JHT-20-DP(C)				φ292×φ70;39				
10	JHT-10-XZ	1.5	0.13	1000~1250	φ65×500;9	φ40/φ40	920	730	1015
	JHT-10-DZ				φ236×φ70;50				1120
15	JHT-15-XZ	1.5	0.15	1500~1900	φ65×500;14	φ50/φ50	1040	770	1025
	JHT-15-DZ				φ356×φ80;37				920
20	JHT-20-XZ	2.2	0.15	2000~2500	φ65×500;18	φ63/φ50	1040	770	1035
	JHT-20-DZ				φ356×φ80;46				1140
设备外形图	采用双筒(主、副筒)结构,主筒为普通过滤,副筒充填活性炭吸附有机杂质。关闭副筒进液阀门,可作普通过滤机使用。通过调节主、副筒侧阀门的开启程度大小,可控制溶液经活性炭吸附杂质的程度,延长周期处理时间。泵浦配置有普通泵(JHT-P)、磁力泵(JHT-C)或自吸泵(JHT-Z)。通常溶液流向为从活性炭到滤芯。主筒滤芯采用叠片滤芯,活性炭采用15号颗粒活性炭。过滤机同时具有排污阀门,方便过滤机的清洗 杭州三达过滤设备有限公司的产品								

表 21-19　RT 型活性炭二级过滤机的技术性能规格

型　号	过滤速度/(m³/h)	工作压力/MPa	使用温度/℃	电机功率/kW	过滤精度/μm	重量/kg
RT-20	20	0.15	≤100	2.2	0.5~50	160
RT-10	10	0.10	≤100	1.1	0.5~50	98
RT-6	6	0.06	≤100	0.75	0.5~50	85
RT-3	3	0.06	≤100	0.55	0.5~50	80
设备外形图	RT 型过滤机由活性炭处理筒和精密过滤筒串联组成。活性炭处理筒(内装 φ3×4 活性炭颗粒)用于去除水中氯气、有机物、颜色和臭味。精密过滤筒(内装滤芯)用于去除水中的沉淀物、微粒和悬浮物质。溶液经过二级双重过滤达到极佳效果 杭州桐庐过滤机厂的产品					

21.1.11　循环过滤机(液下泵)

　　配液下泵的循环过滤机是分体式的过滤机,液下泵安放在槽里的边缘,过滤筒放置在槽外适当的位置,用软管连接,工作时不需灌水,操作方便,适用于循环过滤。小型的过滤机,可以夹持安装在槽上边缘,液下泵直接插入槽液中。用于过滤贵金属镀液,比较理想,无镀液损失。

　　LH 系列循环过滤机 (液下泵) 的技术性能规格见表 21-20。

表 21-20　LH 系列循环过滤机（液下泵）的技术性能规格

型　号	过滤速度/（m³/h）	工作压力/MPa	使用温度/℃	电机功率/kW	重量/kg
LH-3	3	0.09	≤100	0.37	25
LH-8	8	0.1	≤100	0.75	47
LH-15	15	0.1	≤100	1.5	40
LH-20	20	0.14	≤100	2.2	40
LH-25	25	0.15	≤100	3.0	40
LHA-0.5	0.5	0.02	≤100	0.06	9
LHA-1	1	0.03	≤100	0.09	9
LHA-2	2	0.04	≤100	0.37	11
LHB-0.5	0.5	0.02	≤100	0.06	9
LHB-1	1	0.03	≤100	0.09	9
LHB-2	2	0.04	≤100	0.37	11

设备外形图

该机以 PP 材料为主,过滤介质为 PP 毛线蜂房状滤芯或叠式滤芯。该机为分解组合式。液下泵安装在槽边缘,滤筒可选放在适当的位置,用软管连接,工作时不需灌水,操作方便,适用于循环过滤 LHA、LHB 等槽内过滤机,对贵重金属溶液的过滤,非常理想,无镀液损失

杭州桐庐过滤机厂的产品

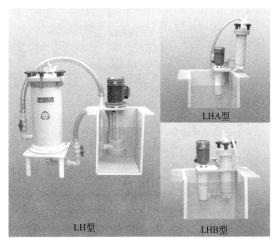

21.2　耐腐蚀泵

耐腐蚀泵一般供电镀生产中溶液的转运输送、搅拌、溶液循环等使用。如可用于清理槽液、清洗槽时溶液的倒槽。小型抽酸泵可用来向浸蚀槽注酸等。常用的泵有机械泵、自吸泵、液下泵、手提泵等。

SD 型普通机械泵及 SDZ 型自吸泵的技术性能规格见表 21-21。

RGX 型自吸泵的技术性能规格见表 21-22。

YC 系列液下泵的技术性能规格见表 21-23。

LX1 型液下泵的技术性能规格见表 21-24。

LX1B、LX1G 型可空转手提泵的技术性能规格见表 21-25。

表 21-21　SD 型普通机械泵及 SDZ 型自吸泵的技术性能规格

名　称	型　号	最大流量/（m³/h）	功率/kW	进口/出口（口径）/mm	外形尺寸/mm		
					长	宽	高
SD 型普通机械泵	SD10	10	0.75	$\phi42/\phi32$	480	255	215
	SD15	15	1.1	$\phi50/\phi40$	500	255	215
	SD20	20	1.5	$\phi50/\phi40$(2 个)	550	320	240
	SD30	30	2.2	$\phi63/\phi40$(2 个)	550	320	240

续表

名 称	型 号	最大流量/(m³/h)	功率/kW	进口/出口(口径)/mm	外形尺寸/mm		
					长	宽	高
SDZ型自吸泵	SDZ(1)3	3	0.37	φ25/φ25	480	200	345
	SDZ(1)4	4	0.37	φ32/φ32	480	200	345
	SDZ(1)6	6	0.55	φ32/φ32	480	200	345
	SDZ10	10	1.5	φ40/φ40	715	290	340
	SDZ(1)10	10	1.1	φ40/φ40	545	255	290
	SDZ15	15	1.5	φ40/φ40	720	290	340
	SDZ(1)15	15	1.5	φ40/φ40	560	255	290
	SDZ20	20	2.2	φ50/φ50	720	290	340
	SDZ25	25	2.2	φ50/φ50	750	290	340
	SDZ30	30	3	φ50/φ50	750	290	340
设备外形图							

SD普通机械泵,可耐酸、碱,在使用时不能在无液或断液情况下工作(即严禁空运转)

SDZ自吸泵,可耐酸、碱,在使用时只要泵腔内有足够的溶液即可开机工作,在断液情况下不致引起机械密封的烧损,同时具有自吸功能

杭州三达过滤设备有限公司的产品

表 21-22　RGX 型自吸泵的技术性能规格

型 号	流量/(m³/h)	扬程/m	功率/kW	接口/mm		重量/kg	外形尺寸/mm		
				进口	出口		长	宽	高
RGX-5	5	5	0.37	φ25	φ25	15	504	112	370
RGX-8	8	6	0.55	φ25	φ25	15	504	112	370
RGX-10	10	10	0.75	φ25	φ25	15	524	125	370
RGX-14	14	10	1.1	φ38	φ32	25	534	125	385
RGX-17	17	13	1.5	φ50	φ38	30	554	140	385
RGX-25	25	15	2.2	φ50	φ50	30	554	140	385
RGX-30	30	25	3.0	φ50	φ50	35	554	140	385

设备外形图

RGX型自吸泵　　　　　手推式自吸泵

该自吸泵耐空转、耐酸碱,无金属接触液体,耐温≤100℃,广泛应用于电镀、化工行业

杭州桐庐过滤机厂的产品

表 21-23　YC 系列液下泵的技术性能规格

名　称	型　号	最大流量/(m³/h)	功率/kW	出口口径/mm	外形尺寸/mm		
					长	宽	高
YC 系列液下泵	YC-3	3	0.25	φ25	280	230	600
	YC-4	4	0.37	φ32	280	230	605
	YC-6	6	0.55	φ32	380	360	750
	YC-10	10	0.75	φ40	380	360	750
	YC-15	15	1.1	φ40	380	360	750
	YC-20	20	1.5	φ50	380	370	770
	YC-25	25	2.2	φ50	380	370	770
	YC-30	30	2.2	φ50	380	370	770

设备外形图	YC 系列液下泵是一种挂在镀槽边工作的专用防腐泵,其特点是自注水,无轴封设计,可防止杂物吸入,应用广泛 杭州三达过滤设备有限公司的产品	

表 21-24　LX1 型液下泵的技术性能规格

型　号	流量/(m³/h)	扬程/m	功率/kW	接口/mm		重量/kg	外形尺寸/mm		
				进口	出口		长	宽	高
LX1-0.1	0.1	3	0.06	φ20	φ20	4	143	95	415
LX1-0.3	0.3	3	0.06	φ20	φ20	4	143	95	415
LX1-0.5	0.5	6	0.09	φ1in	φ20	4	230	150	560
LX1-1	1	6	0.12	φ1in	φ20	5	230	150	580
LX1-2	2	6	0.18	φ1in	φ20	6	230	150	610
LX1-3	3	6	0.25	φ1in	φ25	8	230	150	640
LX1-4	4	9	0.37	φ1in	φ25	8	230	150	640
LX1-12	12	12	0.55	φ1.5in	φ32	10	265	200	670
LX1-15	15	14	0.75	φ1.5in	φ38	16	265	200	670
LX1-18	18	14	1.1	φ1.5in	φ38	18	265	200	730
LX1-20	20	20	1.5	φ1.5in	φ38	18	265	200	730
LX1-25	25	20	2.2	φ1.5in	φ38	20	265	200	750
LX1-30	30	25	3	φ65	φ50	44	320	250	800
LX1-40	40	25	4	φ65	φ50	44	320	250	800
LX1-50	50	30	5.5	φ65	φ63	70	412	320	940
LX1-60	60	30	7.5	φ65	φ563	80	412	320	940

设备外形图	LX1 型是 LX 型的改进型,它采用双层叶轮结构,能有效阻止液体及化学气体侵入电机,避免腐蚀。该泵在液下可自吸,在槽外(不在液下)也可工作使用。泵轴由 PP 叶轮和叶轮轴包裹,使所有接液体的零部件均为 PP 塑料。该泵无轴封、无摩擦点,允许干转,无金属接触液体,耐温 100℃,用于化学镀及液体转运、搅拌、循环 杭州桐庐过滤机厂的产品	

续表

设备外形图	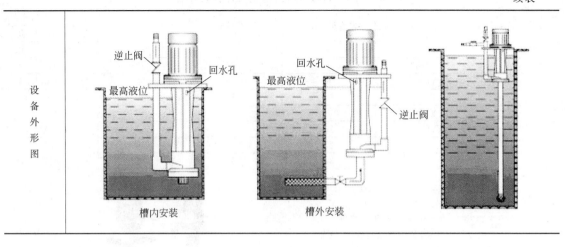

表 21-25 LX1B、LX1G 型可空转手提泵的技术性能规格

型 号	最大流量 /(L/h)	扬程/m	电机功率 /kW	电压/V	重量/kg	设备外形图
LX1B-30	1500	—	0.15	220	5	
LX1B-20	1500	—	0.15	220	5	
LX1G-4	4000	6	0.37	220	12	
LX1G-10	10000	8	0.55	220	14	
LX1G-12	12000	10	0.75	220	22	
LX1G-18	18000	15	1.5	380	28	
LX1G-20	20000	20	2.2	380	31	
备 注	无轴封构造,可空转、耐酸碱,泵头在液下可自吸,耐温 100℃,用于液体转运 杭州桐庐过滤机厂的产品					LX1B 型 LX1G 型

21.3 搅拌溶液等用的小型气泵

电镀槽液等的空气搅拌,一般是将厂空压站供给的压缩空气,经净化处理后通入溶液或清洗水而进行的搅拌。也可采用小型的吹吸两用气泵进行电镀溶液、清洗水和废水处理的空气搅拌,此泵亦可用于镀件吹干及塑料焊接。

无油空气压缩机的活塞和气缸之间不用润滑油,其活塞环、支承环一般用含石墨的材料制成,故使用时空气含油量非常少,但压缩空气中所含的固体粒子、水分的量与普通空气压缩机一样,所以根据电镀作业对压缩空气的质量要求,需进行必要的净化处理。

电镀溶液及清洗水的搅拌,对压缩空气中的含油量要求较高,而对空气中所含的固体粒子、水分的量的要求不高,所以很小型的空气压缩机(通常称气泵,不用润滑油,故空气中基本不含油)可以直接用于电镀溶液及清洗水的搅拌。根据搅拌槽液的液面大小、搅拌强度等具体情况,可考虑一台气泵供给一个或几个镀槽搅拌,气泵可直接放置在槽旁、附近或生产线的端头。

XGB 系列旋涡气泵的技术性能规格见表 21-26。

DLB 层叠式吹吸两用气泵的技术性能规格见表 21-27。

静音无油小型空压机的技术性能规格见表 21-28。

表 21-26　XGB 系列旋涡气泵的技术性能规格

型　号	最大流量 /(m³/h)	最大压力 /kPa	工作压力 /kPa	真空度 /kPa	电源电压 /V	功率/kW	管径/mm	重量/kg	外形尺寸/mm		
									长	宽	高
XGB-1	70	12	<9	8	380	0.75	—	21	324	315	308
XGB-2	80	12	<9	8	380	0.75	—	21	324	315	308
XGB-3	100	14	<10	11	380	1.1	50	21	340	270	319
XGB-4	330	33	<22	26	380	4	76	73	462	435	43
XGB-5	300	30	<20	22	380	3	76	55	442	414	442
XGB-6	370	40	<28	29	380	5.5	76	115	518	496	530
XGB-7	230	28	<18	20	380	2.2	60	40	370	388	409
XGB-8	65	12	<8	10	380	0.37	38	12	270	248	260
XGB-9	180	26	<13	18	380	1.5	60	36	345	356	393
XGB-10	100	50	<40	32	380	18.5	88	230	675	610	640
XGB-11	135	18	<12	15	380	1.1	50	22	318	324	347
XGB-12	100	14	<9	11	380	0.55	38	16	301	312	348
XGB-13	110	16	<10	12	380	0.75	50	20	318	313	342
XGB-14	480	42	<31	30	380	7.5	76	118	520	508	550
XGB-15	800	50	<36	34	380	11	88	220	675	610	640

设备外形图	　　　 　　XGB-5　　　　　XGB-6　　　　　XGB-9　　　　　XGB-15 　　旋涡气泵的叶轮由数十片叶片组成,它类似庞大的气轮机的叶轮。叶轮叶片中间的空气受到了离心力的作用,向叶轮的边缘运动,在那里空气进入泵体环行空腔,重新从叶片的起点以同样的方式再进行循环。叶轮旋转所产生的循环气流,以极高的能量离开气泵以供使用 　　旋涡气泵采用专用防爆电机,结构紧凑,体积小,重量轻,噪声低,送出的气源无水无油 　　无锡市佳业风机有限公司的产品

表 21-27　DLB 层叠式吹吸两用气泵的技术性能规格

型　号	最大风量 /(m³/h)	最大压力 /kPa	使用压力 /kPa	真空度 /kPa	额定功率 /kW	额定电源 /(V/Hz)	重量/kg	外形尺寸/mm		
								长	宽	高
DLB39-60	60	39	<27	−29	0.75	380/50	22	420	340	250
DLB49-55	55	49	<34	−34.6	1.1	380/50	25	420	340	250
DLB22-700	700	22	<15.4	−17	5.5	380/50	105	686	465	458
DLB8-640	640	8	<5	−5	3	380/50	70	590	465	458
DLB35-650	650	35	<24	−24	7.5	380/50	105	640	560	400
DLB60-500	500	60	<42	−36	7.5	380/50	130	760	600	400
DLB100-350	350	100	<70	−48	7.5	380/50	118	760	630	400
DLB14-500	500	14	<10	−11	3	380/50	55	640	330	360
DLB25-100	100	25	<17	−16.7	1.1	380/50	23	530	310	250
DLB39-105	105	39	<27	−25	1.5	380/50	32	390	300	490
DLB49-270	270	49	<34	−34.6	4	380/50	72	640	500	400
DLB75-190	190	75	<52.5	−26	4	380/50	76	640	560	400
DLB55-180	180	55	<38	−30	3	380/50	70	640	560	400
DLB5-480	480	5	<3.5	—	0.75	380/50	30	650	375	340
DLB35-150	150	35	—	—	2.2	380/50	—	—	—	—
DLB9.8-200	200	9.8	—	—	2.2	380/50	—	—	—	—
DLB80-65	65	80	—	—	2.2	380/50	—	—	—	—
DLB80-130	130	80	—	—	3	380/50	—	—	—	—

续表

型 号	最大风量/(m³/h)	最大压力/kPa	使用压力/kPa	真空度/kPa	额定功率/kW	额定电源/(V/Hz)	重量/kg	外形尺寸/mm 长	宽	高
DLB60-65	65	60	—	—	1.5	380/50	—	—	—	—
DLB75-270	270	70	—	—	3.5	380/50	—	—	—	—
DLB30-300	300	30	—	—	3	380/50	—	—	—	—
DLB120-180	180	120	—	—	7.5	380/50	—	—	—	—
DLB65-300	300	60	—	—	5.5	380/50	—	—	—	—

设备外形图	该泵是一种新型低压气源发生器,气泵内除轴承外,没有机械接触。具有无油、无水、省电、体积小、重量轻、噪声低、结构简单、维修方便等优点 上海永浪泵业有限公司的产品	 DLB49-55

表 21-28 静音无油小型空压机的技术性能规格

名　称	技术性能规格	设备外形图
DA11002 型 大圣静音 无油空压机	额定排气压力:0.7MPa 最高工作压力:0.8MPa 排气量:0.48m³/min、0.60m³/min、0.72m³/min 调节范围:0.6~0.8MPa 转速:2850r/min 调节方式:机电一体直接驱动 额定功率:4.5kW、5.25kW、6kW 输入电压:380(220)V,50Hz	
DA7001 型 大圣静音 无油空压机	额定流量:65L/min 额定压力:7bar(0.7MPa) 储气罐容量:30L 功率:850W 噪声值:58dB(A) 净重:30kg 净尺寸(L×W×H):410mm×410mm×630mm	
DA5001 型 大圣静音 无油空压机	排气流量:115L/min 最大压力:8bar(0.8MPa) 储气罐容量:22L 功率:550 W 噪声值:52dB(A) 净重:25kg 净尺寸(L×W×H):440mm×440mm×520mm	
DA7002 型 大圣静音 无油空压机	排气流量:304L/min 最大压力:8bar(0.8MPa) 储气罐容量:50L 功率:1500W 噪声值:54dB(A) 净重:50kg 净尺寸(L×W×H):700mm×425mm×720mm	DA 型均为上海岱洛工贸有限公司的产品

续表

名　　称	技术性能规格	设备外形图
YB-W100 型 低噪声 无油空压机	排气流量:100L/min 压力:0.8MPa 储气罐容量:25L 功率:0.62kW 电压/频率:220V/50Hz 噪声值:50dB(A) 净重:21kg 外观尺寸:400mm×400mm×500mm	 上海勇霸机电技术有限公司 的产品

21.4　干燥设备

　　干燥设备用于电镀及化学表面处理等工艺所用工件清洗后的脱水干燥、电泳涂漆及涂装的涂层固化,以及机械零件电镀后消除氢脆现象的除氢处理。

　　常用的干燥方法和干燥设备有离心干燥机、干燥槽、干燥平台、压缩空气吹干及热空气吹干设备、干燥箱和干燥室,以及除氢设备等。

　　干燥设备加热的热源有蒸汽、电、燃油及燃气等,蒸汽加热的干燥室可靠的使用温度小于90℃。加热的热源的选择,应根据干燥设备的形式、干燥温度的要求、当地能源供应情况及综合经济效果等因素,综合比较后确定。

21.4.1　离心干燥机

　　离心干燥机是靠装有零件的料筐的旋转产生的离心力使零件表面脱水甩干的干燥设备。离心干燥机一般由料筐、转筒、外筒、制动机构、机盖、机座、驱动及传动系统等组成。大部分离心干燥机的机盖都带有电加热器,利用转筒旋转产生的热风加速零件干燥。离心干燥机用于甩干扁平零件(如垫圈等)及碗状零件时,应中途停机反复启动几次,防止零件粘贴夹带水分,造成干燥不均匀。

　　离心干燥机的转筒很重要,不仅要承受料筐满载旋转,还要有足够的强度和刚性。转筒一般用厚 3mm 的钢板加工制作,筒壁上钻有交错排列的小孔,以便排出零件甩出的水分。

　　离心干燥机机盖的形式,通常有铰链式机盖和悬臂回转机盖两种。有的离心机在机盖内还设置轴流式风机及电加热器,构成热风循环系统,可加速零件干燥。离心机的外筒(外壳)主要起保护作用,一般用约 4mm 的钢板制作,固定在机座上,在其下面装有排水管,以使零件上甩出的水排向指定地点。

　　离心干燥机常用于数量大的小零件清洗后的甩干。生产离心干燥机的厂家很多,产品的结构形式、规格尺寸都大同小异。表 21-29、表 21-30 中列出的部分市场销售中常见的离心干燥机的示例,供参考。

表 21-29　离心干燥机的技术性能规格 (1)

名　　称	型号	内桶直径 /mm	内桶高度 /mm	马力/hp	转速 /(r/min)	加热功率 /kW	设备外形图
304 不锈钢 脱水烘干机	D-400	400	280	1	530	1.8	
	D-500	500	320	1.5	530	3	
	D-600	600	350	3	480	4	
	脱水、烘干同步进行,无水渍及污点 脱水槽为不锈钢材质,坚固耐用,内篮可提出,有利于工作装取 设置脚踏式刹车器提高使用的安全性 采用自动控制的电源系统,脱水烘干完成或打开铝盖时,自动切断 电源(温度控制、时间控制等功能可选)						东莞市启隆研磨机械有限公司的产品

续表

名　称	型号	内桶直径/mm	内桶高度/mm	马力/hp	载重/kg	加热功率/kW	设备外形图
	D-400	400	280	1	53	1.8	
	D-500	500	320	1.5	53	3	
自动开盖式不锈钢热风干燥机（可加鼓风机）	脱水烘干机的脱水槽、外筒均采用不锈钢材料,底座采用铸铁,机内装一个活动的脱水篮。采用自动控制的电源系统,脱水烘干完成或打开铝盖时,自动切断电源。装有脚踏式刹车器,可迅速制动转筒。加热管装在侧面加热管箱中,通过鼓风机将热量导入脱水篮内。采用气缸装置实现自动开盖 根据用户要求,可以在标准规格脱水烘干机的基础上加装定时、温控、变频调速等可选功能						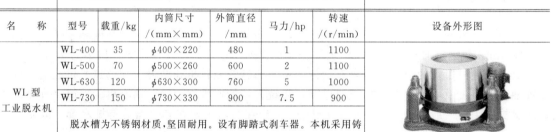东莞市启隆研磨机械有限公司的产品

名　称	型号	最大载重/kg	内滚筒/(mm×mm)	转速/(r/min)	电机功率/kW	加热功率/kW	外形尺寸/(mm×mm×mm)	设备外形图
经济型热风离心干燥机	普通 D-35	35	ϕ400×300	655	0.75	3	650×800×800	
	普通 D-70	70	ϕ500×400	551	1.1	3	800×1000×850	
	使用电源电位:380V 该产品是目前较经济的一种快速干燥的机器,操作简便、实用							东莞市启隆研磨机械有限公司的产品

名　称	型号	载重/kg	内筒尺寸/(mm×mm)	外筒直径/mm	马力/hp	转速/(r/min)	设备外形图
WL型工业脱水机	WL-400	35	ϕ400×220	480	1	1100	
	WL-500	70	ϕ500×260	600	2	1100	
	WL-630	120	ϕ630×300	760	5	1000	
	WL-730	150	ϕ730×330	900	7.5	900	
	脱水槽为不锈钢材质,坚固耐用。设有脚踏式刹车器。本机采用铸铁底座,重心稳,内外筒采用不锈钢制成						东莞市启隆研磨机械有限公司的产品

注：1 马力（hp）=0.75kW。

表 21-30　离心干燥机的技术性能规格（2）

名　称	技术性能规格	设备外形图
普通型烘干机	40 型:主机长×宽　720mm×520mm 　　　内胆　ϕ400mm×300mm 　　　电机功率 0.75kW;转速 630r/min 　　　装载量 35kg;总重量 110kg 70 型:主机长×宽　760mm×690mm 　　　内胆　ϕ500mm×400mm 　　　电机功率 1.1kW;转速 520r/min 　　　装载量 70kg;总重量 180kg	青岛鑫金源研磨设备有限公司的产品

名　称	技术性能规格	设备外形图
LH50 型 离心脱水烘干机	转筒容积：$\phi500\mathrm{mm}\times400\mathrm{mm}$ 转筒载重：25kg 或 1/3L 工作温度：50～70℃ 工作转速：450r/min 电机功率：1.5kW 电热丝功率：3kW 电源：380V，50Hz 外形尺寸：930mm×840mm×700mm 整机重量：200kg	无锡泰源机器制造有限公司的产品

21.4.2　干燥槽

干燥槽一般用于电镀和化学表面处理的零件经最后水洗后进行的干燥，干燥温度一般在 60～70℃左右，能适合各种形状、大小的零件的干燥。干燥槽主要用于有输送设备或机械化行车的挂镀生产线或自动线上，这样使零件进出干燥槽方便。将挂具和零件同时送入干燥槽内进行烘干，然后取出，将零件卸下挂具，送去检验。干燥槽的结构有下列两种形式：

(1) 自然对流和辐射加热干燥槽

在槽内侧壁和底部设置蒸汽排管，或在槽内两侧壁设置管状电热元件，依靠自然对流和辐射加热零件进行干燥。这类干燥槽，虽然结构简单，容易制造，造价低，但加热效率不高，温度较低，生产效率低。这种加热干燥形式，常用于手工操作的小型带盖的干燥槽。

(2) 热风循环干燥槽

在槽外设置加热器（蒸汽或电加热），由循环风机将空气送入加热器加热后再进入槽内，空气从槽的另一端经导风板、风管又回到风机，再送入加热器和槽内，循环加热。加热的空气温度较高，提高了干燥效率，但槽子结构较复杂。

干燥槽一般应设有槽盖，没有槽盖的干燥槽，热量损失大，温度较低（蒸汽干燥槽一般只能达到 60℃左右），干燥效率低；在加槽盖时，温度能达 90℃左右，干燥效率较高。槽盖不需盖得很严密，通过泄漏少量温热空气，使风机吸收部分新鲜空气，这样有利于干燥。

中小型单独操作的干燥槽的槽盖，可采用翻转开盖方式，也可采用水平推盖。但在自动生产线上的干燥槽，则采用平开式即水平推盖，当零件进出时槽盖可自动开闭。对零件干燥时的清洁度有较高要求时，在风机吸风口处可加一道过滤装置。干燥槽规格尺寸一般与生产线上的其他槽配套。由于加热温度不高，一般采用蒸汽加热。

热风循环干燥槽的结构形式如图 21-4 所示（干燥槽内部尺寸为 3000mm×800mm×800mm）。热风循环系统的设置位置，根据设备使用条件，可以设置在槽子的端头或侧面。特别是较大规格的干燥槽，可以通过合理地设置和调整导风板，使热气流均匀分布，提高温度的均匀性。

电镀等用的热风循环干燥槽没有定型产品销售，它们都是电镀生产线的配套设备，由用户提出具体要求，制造厂根据定货要求设计制造。

21.4.3　干燥平台

干燥平台供小零件清洗后干燥用。它是最简单的干燥设备，其结构有多种形式，如带蒸汽夹套的平台、在台面底部设置蒸汽蛇管或排管加热管的平台、台面为网格而底部吹热风的热风干燥平台，以及为提高干燥效率在台面上装有台罩的干燥台等。一种供细小的零件浸涂虫胶漆

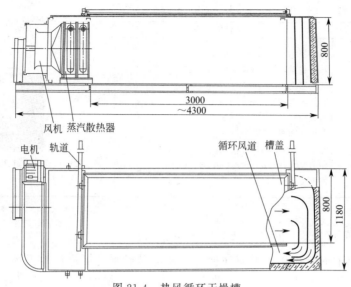

图 21-4 热风循环干燥槽

后干燥用的热风吹干台如图 21-5 所示。

电镀及化学表面处理后的小零件经热水烫洗，直接放在干燥平台上干燥，也可以用压缩空气吹净水，加速干燥。干燥时可以手工翻动形状复杂的零件，防止零件内积水。干燥平台是一种操作方便的干燥设备，用于小批量生产的小型零件的干燥。

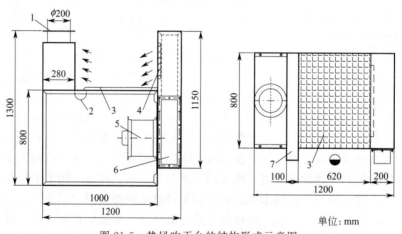

图 21-5 热风吹干台的结构形式示意图

1—排风口；2—零件料斗；3—网格台面；4—可调式送热风活叶板；

5—防爆轴流风机；6—内装电热管；7—零件卸料斗

21.4.4 空气吹干设备

(1) 压缩空气吹干

压缩空气吹干是用经除油除水净化处理的压缩空气通过喷嘴喷吹零件，利用较高压气体吹走水分，同时，快速流动的空气也促使零件表面快速干燥。压缩空气吹干是电镀生产中常用的方法，一般镀件在吹干前，先在热水中浸渍数秒钟，可加快吹干速度。

有内腔的零件或管状零件用压缩空气吹干效果较好。压缩空气吹干的最大缺点是噪声较大，为降低噪声，空气压力应尽量低些（一般采用 0.2～0.3MPa），或采取隔音措施。也可采用小型的旋涡气泵、层叠式气泵和静音无油小型空压机（见表 21-26、表 21-27、表 21-28）提供的压缩空气对小型、细小零件吹干。

（2）热空气吹干设备

热空气吹干一般采用暖风机。暖风机干燥是将经蒸汽或电加热的空气吹向零件，使其表面迅速脱水而干燥。这是一种比较简单、干燥效率高、噪声小的干燥方法。现在有些厂已用这种干燥方法代替了压缩空气吹干。对于一些特别细小的零件也可采用小型吹风机（如理发用的小吹风机）对其进行吹干。

21.4.5 干燥箱

干燥箱在电镀生产中主要用于烘干电镀清洗后的零件。通常用的是电热鼓风干燥箱，它由箱体、电加热器、热风循环系统及温度自动控制系统等组成。这种干燥箱温度控制准确，温度均匀性较好，没有噪声，清洁卫生，操作使用方便，应用较为广泛。

工作温度能达到 250℃ 的电热鼓风干燥箱，也可用于镀层的除氢处理。除氢对温度控制的精度要求高一些，除温度自动控制装置外，对于重要零件的除氢，还应有温度自动记录（以备查验）及超温报警装置。

箱体用型钢与薄钢板制成，有一定厚度的保温层。热风循环是将通风机吸入工作室内的空气送到加热器加热后，经风道、工作室壁的小孔回到工作室，使热空气强制循环对流，烘干零件。

为加速烘干零件，应排除一部分潮湿空气，并及时补充部分新鲜空气，干燥室必须设换气系统。在干燥箱的正压区域设有排气管及调节阀门，以排除部分潮湿空气；在负压区设有新鲜空气进气孔，以补充部分新鲜空气。

有机溶剂型涂料的干燥必须采用防爆干燥箱。一般选用电热密闭鼓风干燥箱，特设有废气排出管，采用密封式电加热器。箱后设置安全门等，能有效地起到防爆作用。

电热鼓风干燥箱的生产厂家很多，下面列出一些厂家的干燥箱的技术性能规格，供参考。

101A 系列电热鼓风干燥箱的技术性能规格见表 21-31。

202V、PH 型电热恒温干燥箱的技术性能规格见表 21-32。

通过式干燥箱及红外线干燥箱的技术性能规格见表 21-33。

电热密闭鼓风干燥箱的技术性能规格见表 21-34。

DGT、DGG 系列多用途干燥箱的技术规格和参数见表 21-35。

表 21-31 101A 系列电热鼓风干燥箱的技术性能规格

项 目	101A 系列电热鼓风干燥箱				
	101A-1 101A-1B	101A-2 101A-2B	101A-3 101A-3B	101A-4 101A-4B	设备外形图
额定功率 /kW	3+1%	3.6+1%	5.9+1%	8+1%	
电压/V	220	220	380/220	380/220	
相数;频率/Hz	单相;50	单相;50	3 相;50	3 相;50	
工作温度范围/℃	50～300	50～300	50～300	50～300	
温度波动度/℃	±1	±1	±1	±1	
温度均匀度/℃	±7.5	±7.5	±7.5	±7.5	
工作室尺寸 （深×宽×高） /(mm×mm×mm)	350×450 ×450	450×550 ×550	500×600 ×750	800×800 ×1000	101A-1 上海实验仪器厂有限公司的产品
外形尺寸 （深×宽×高） /(mm×mm×mm)	570×810 ×765	670×910 ×870	720×960 ×1125	1080×1240 ×1420	
毛重/kg	100	145	170	385	

备 注	用于对物品进行烘培、干燥、热处理及其他加热(不适用于易燃易爆易挥发物品的干燥) 101A 系列为数显控温仪控温、薄钢板内胆,带鼓风装置、超温报警保护装置 101A-B 系列内胆为不锈钢,其他与 101A 型干燥箱相同

项 目	101A-E 与 101A-ET 系列电热鼓风干燥箱			
	101A-1E/1ET	101A-2E/2ET	101A-3E/3ET	设备外形图
温度调节范围 /℃	室温+10~300	室温+10~300	室温+10~300	
时间调节范围/min	0~9999	0~9999	0~9999	
温度波动度/℃	±1	±1	±1	
温度均匀度/℃	±7.5	±7.5	±7.5	
试品搁板数(PC)	2	2	3	
电源电压	220V/50Hz	220V/50Hz	380V/220V/50Hz	
总功率/kW	2.4	2.8	4.2	
工作室尺寸 (深×宽×高) /(mm×mm×mm)	350×450 ×450	450×550 ×550	570×596 ×750	101A-1E/1ET 上海实验仪器厂有限公司的产品
外形尺寸 (深×宽×高) /(mm×mm×mm)	615×825 ×750	726×940 ×880	715×990 ×1060	
毛重/kg	106	135	170	

备 注	101A-E 与 101A-ET 型为 101A 型电热鼓风干燥箱的改进型产品。本产品不适用于易燃易爆易挥发物品的干燥 采用数显仪表控制温度,具有自整定 PID 调节功能,控温精确,操作方便 智能仪表具有时间控制功能,用户可根据需要,设定工作时间,到时自动停止加热 外壳采用冷轧薄板制作,外表喷塑,美观大方 101A-E 系列内胆用不锈钢板制作,洁净耐用;101A-ET 系列内胆用薄钢板制作,表面喷涂耐高温银粉涂料 门密封采用耐高温硅橡胶;有观察窗,便于对试品烘焙状态进行实时监控 具有直观膨胀式温控器作超温保护,使设备运行安全可靠

表 21-32　202V、PH 型电热恒温干燥箱的技术性能规格

名 称	技术性能规格	设备外形图
202V1、202V2 型 电热恒温干燥箱	型号:202V1 额定功率:550W;电压:220V(±10%) 相数/频率:单相/50Hz(±1%) 工作温度范围:50~200℃;温度波动度:±1℃ 工作室尺寸(深×宽×高):250mm×350mm×250mm 外形尺寸(深×宽×高):410mm×600mm×530mm 毛重:45kg	202V1
	型号:202V2 额定功率:500W;电压:220V(±10%) 相数/频率:单相/50Hz(±1%) 工作温度范围:室温+20~200℃;温度波动度:±1℃ 工作室尺寸(深×宽×高):250mm×350mm×255mm 外形尺寸(深×宽×高):410mm×500mm×435mm 毛重:25kg	202V2 上海实验仪器厂有限公司的产品
	202V1、202V2 型电热恒温干燥箱,具有下列特点: 数显控温仪,操作简便;外壳用优质薄钢板,表面喷塑;内胆为不锈钢薄板;内胆与外壳之间以硅酸铝保温材料作保温层,并设置进风通道;箱体顶部设有风量调节装置;不锈钢加热管;采用空气自然对流方式使温度场均匀	

续表

名　　称	技术性能规格	设备外形图
PH 型 电热恒温干燥箱	型号:PH030 额定功率:700W;电压:220V 相数/频率:单相/50Hz 工作温度范围:室温+10～200℃;温度波动度:±1℃ 工作室尺寸(深×宽×高):310mm×300mm×350mm 外形尺寸(深×宽×高):450mm×440mm×800mm 毛重:75kg	上海实验仪器厂有限公司的产品
	型号:PH050 额定功率:800W;电压:220V 相数/频率:单相/50Hz 工作温度范围:+10～200℃;温度波动度:≤±1℃ 工作室尺寸(深×宽×高):350mm×360mm×400mm 外形尺寸(深×宽×高):520mm×500mm×850mm 毛重:75 kg	
	PH 型电热恒温干燥箱是一种新颖的台式干燥箱,具有下列特点: 采用数显智能温度仪表控温,具有自整定 PID 调节功能,控温精确、操作方便;加热器为不锈钢管;保温层材料选用优质超细玻璃棉,保温效果良好;工作室(内胆)材料为镜面处理不锈钢板材;外壳为优质冷轧薄钢板,表面喷塑;门密封条采用耐热硅橡胶;设备具有超温保护功能及漏电保护装置,安全性能良好	

表 21-33　通过式干燥箱及红外线干燥箱的技术性能规格

名　　称	技术性能规格	设备外形图
FB-2.52m³ 电热鼓风干燥箱	温度范围:40～150℃ 电源:380V(±10％)(三相四线) 总功率:15.5kW 加热功率:15kW 温度波动度:≤1℃ 温度均匀度:±3 工作室尺寸(深×宽×高):2400mm×750mm×1300mm 外形尺寸(深×宽×高):2700mm×1230mm×1660mm (外形高度不包括电机、排气管等) 本干燥箱为前后开门的贯通形式;箱体顶部设有电气控制柜;外壳选用冷轧板,内胆为不锈钢板;配备 6 支传感器和 3 个控温仪表,控制精度高;离心式风叶强制送风;具有超温、过载电流保护等功能	上海实验仪器厂有限公司的产品
404-1 型 红外线干燥箱	额定功率:3kW　电压:220V　频率:50Hz 红外线灯泡数:12 个 排气管直径:200mm 工作室尺寸(深×宽×高):600mm×800mm×420mm 外形尺寸(深×宽×高):700mm×1020mm×1500mm 毛重:200kg 外壳薄钢板,内胆不锈钢板。两扇箱门各设观察窗。采用多档转换开关控制红外线灯泡工作	上海实验仪器厂有限公司的产品

表 21-34　电热密闭鼓风干燥箱的技术性能规格

名　称	技术规格	设备外形图
HJ171A 油漆干燥箱	工作室尺寸(深×宽×高):500mm×600mm×750mm 最高使用温度:常温～300℃ 温度波动度:±1℃;温度均匀度:±2℃ 加热方式:加热管;电压:220V/380V,50Hz 总功率:9kW;电机功率:0.12kW 内胆材质:不锈钢;外壳材质:钢 A3 防爆功能:有	常州市吴江电热器材制造有限公司的产品
105A 型 电热密闭 鼓风干燥箱	工作室尺寸(深×宽×高):800mm×800mm×1000 mm 外形尺寸(深×宽×高):1000mm×1540mm×1350mm 温度范围:10～200℃ 温度波动度:±1℃;温度均匀度:±6℃ 总功率:8.5kW;电压:380V/220V,50Hz 观察门:大门上开有观察小门 毛重:500kg	
106A 型 电热密闭 鼓风干燥箱	工作室尺寸(深×宽×高):1100mm×1200mm×1800mm 外形尺寸(深×宽×高):1600mm×1800mm×2550mm 温度范围:10～200℃ 温度波动度:±1℃;温度均匀度:±6℃ 总功率:12 kW;电压:380V/220V,50Hz 毛重:1500kg	
107A 型 电热密闭 鼓风干燥箱	工作室尺寸(深×宽×高):2500mm×2600mm×2200mm 外形尺寸(深×宽×高):3050mm×3400mm×3850mm 温度范围:10～250℃ 温度波动度:±3℃;温度均匀度:±10℃ 总功率:110kW;电压:380/220V,50Hz 毛重:2800kg	
DC82 型 电热密闭 鼓风干燥箱	工作室尺寸(深×宽×高):1600mm×1600mm×1800mm 外形尺寸(深×宽×高):1900mm×2100mm×2680mm 温度范围:10～200℃ 温度波动度:±1℃;温度均匀度:±6℃ 总功率:300kW;电压:380V/220V,50Hz 箱内设有轨道,供制品小车出入用 毛重:2000kg	
说　明	105A、106A、107A、DC82 型的电热密闭鼓风干燥箱,特设废气排出管、采用密封式电加热器,箱后设置泄压安全门或顶部排气阀(107A)等,能有效地起到防爆作用。干燥箱外壳内胆为薄钢板,玻璃纤维隔热材料。数显温度控制仪表。具有超温、过载、过热等保护功能。应用于油漆和浸渍车间,作油漆涂层的干燥。上海实验仪器厂有限公司的产品	

表 21-35　DGT、DGG 系列多用途干燥箱的技术规格和参数

项　目		DGT2002A	DGT2006 DGT2006A	DGT202 DGT202A	DGT205 DGT205A	DGG203 DGG203A	DGG205 DGG205A
温度方面的性能		20～200℃(可扩展 300℃);升温时间:100min					
		温度波动度:±1℃;温度均匀度:±2.5%					
材料	外壳、隔热材料	冷轧钢板,双面静电喷塑;隔热材料:玻璃棉					
	内胆材料	SUS304 不锈钢板	冷轧钢板 防腐涂层 A 型 SUS304 不锈钢板	冷轧钢板 防腐涂层 A 型为 SUS304 不锈钢板	冷轧钢板 防腐涂层 A 型为 SUS304 不锈钢板	冷轧钢板 防腐涂层 A 型为 SUS304 不锈钢板	冷轧钢板 防腐涂层 A 型为 SUS304 不锈钢板

续表

项　　　目		DGT2002A	DGT2006 DGT2006A	DGT202 DGT202A	DGT205 DGT205A	DGG203 DGG203A	DGG205 DGG205A
加热器、鼓风机		加热器:密闭加热管　鼓风机:长轴离心风机					
温度相关器件		温度传感器:铂电阻 Pt100　控制器:韩国 TZ4L 温控仪　测试孔:$\phi 40mm$					
内容积 /L		200	640	2000	2000	3000	5000
内部尺寸/mm	深	500	800	1100	1100	1400	2100
	宽	600	800	1500	1500	1300	1500
	高	700	1000	1400	1400	1500	1500
外部尺寸/mm	深	780	1100	1620	1620	2080	2500
	宽	1300	1500	2250	2250	1800	2200
	高	1350	1700	1850	1850	1830	1900
总功率/kW		4	8	15	15	15	32
电源		AC380V 50Hz 三相四线制＋接地线					
标准配置		内置两层搁板、独立超温保护、累计计时器、排气阀、安全门				配轨道及内外小车、独立超温保护、累计计时器、排气阀、安全门	
满足标准		JB/T 5520					
备　　　注		采用密闭加热、设有安全门和排气阀等防爆装置,用于零件表面油漆层的干燥,也可作为一般干燥箱使用 DGT 型系列　　　　DGG 型系列 重庆银河试验仪器有限公司的产品					

21.4.6　干燥室

干燥室一般用于各种零件清洗后的干燥。依据干燥室的结构形式的不同,有手工操作的固定式干燥室、网袋式输送干燥室、输送链通过式干燥室等。干燥室的加热形式一般采用热风循环加热,加热介质有蒸汽、电、燃气(天然气)、燃油(柴油)等,蒸汽加热温度较低,一般不超过 $90℃$。

根据处理生产量、零件形状大小以及生产线形式等具体情况,选用合适的干燥室。

(1) 固定式干燥室

这种干燥室适合于各种类型零件,供批量或小量生产时零件干燥用。如果是吊框、吊篮装的零件,可将吊筐、吊篮放在平板车上;如果是装在挂具上的零件,可将挂具挂在小车上,将平板车或小车推进干燥室进行干燥。固定式干燥室一般是非标准设备,用户可提出规格大小及其要求,由设备制造厂家设计制造。

干燥室的结构常采用热风循环加热形式,干燥室有的两端开门(即通过式),零件进出较方便;有的一端开门(即死端式),零件只能从一端进出。根据生产线的组织、设备布置位置等的具体情况选用。

干燥室设有供推车运行的轨道,便于推车运行;有的只在干燥室内设有轨道(以避免推车碰撞内壁),而在室外不设轨道,使小车运行灵活。

有两台或两台以上的固定式干燥室时,干燥室可采用连体结构形式(如双格干燥室,其一面室体是连体),这样布置紧凑、节省用地,也减少热量损失。固定式干燥室的结构形式如图

21-6 所示。

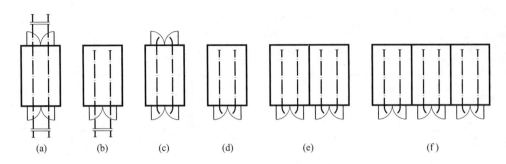

图 21-6　固定式干燥室结构形式示意图

（a）设有轨道的通过式干燥室；（b）设有轨道的死端式干燥室；
（c）室内设有轨道的通过式干燥室；（d）室内设有轨道的死端式干燥室；
（e）双格干燥室；（f）三格干燥室

（2）水平输送干燥室

一种是水平传送网带式的干燥室，它是用输送网带的连续或间歇运动来输送零件，进行烘干。输送网带的材质有碳钢、不锈钢等，因而其强度高、伸缩性小、不易变形、易保养、运行平稳、使用寿命长。其结构形式如图 21-7 所示。

网袋式输送干燥室适合于卸下挂具的零件（也可以是带挂具的零件）、采用料筐（或料篮）处理的零件的烘干。由于零件摆放在水平网带上，便于检查零件带水状况，而及时调整位置，烘干后不易留下水渍。

另一种是水平传送板式的干燥室，输送平板（板条）的材质有碳钢、不锈钢等，运行方式有连续或间歇运动，其结构形式如图 21-8 所示。

图 21-7　网带式水平输送干燥室　　　　　　图 21-8　板式水平输送干燥室

（3）悬挂输送机传送的干燥室

这种干燥方式，是将零件挂在悬挂输送机的输送链上连续通过干燥室进行烘干。适用于挂镀生产线，零件经电镀、清洗后，连同挂具一起直接吊挂在悬链上进入干燥室烘干。由于零件不卸挂具、场地干净、操作方便，但对于形状复杂、容易积水的零件，需先用压缩空气吹去积水，以防产生水渍。这种干燥室也适用于电泳涂漆及涂料涂装后的干燥。

干燥室常采用热风循环加热形式其结构形式有带风幕的通过式干燥室、桥式干燥室等。

① 带风幕的通过式干燥室

对于连续通过式干燥室，由于零件连续通过，工件进出口门洞始终是敞开的，为了防止热空气从烘干室流出和冷空气流入，减少烘干室的热量损失，在工件的进出口处需设置风幕。风幕是用风机喷射高速气流所形成的空气幕，在零件进出口两端的两侧设置（双侧风幕）。具有两个独立通风系统的风幕，风幕出口风速一般为 $10\sim20\text{m/s}$。带风幕的通过式干燥室的构造形式如图 21-9 所示。零件清洗后的烘干（即水分的烘干），其温度不太高，用这种干燥室比较适合。此干燥室也能用于涂料涂装的烘干。

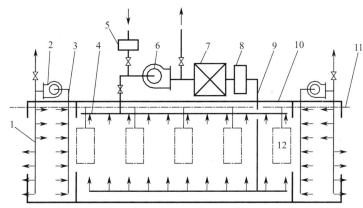

图 21-9　带风幕的通过式烘干室的构造形式示意图

1—风幕送风管；2—风幕送风机；3—风幕吸风管；4—加热系统回风管道；5—进气空气过滤器；
6—循环风机；7—空气加热器；8—循环系统空气过滤器；9—加热系统送风管道（压力风管）；
10—烘干室室体；11—悬挂输送机；12—工件

② 桥式干燥室

桥式烘干室的形式如图 21-10 所示。由于烘干室的室内底面要高于室体出入开口处的最高部位置（一般要高出 $200\sim300\text{mm}$），因而密度小的高温空气，在室内保留下来，热空气外逸就非常少，热损失很小。由于烘干室进出口附近有一定倾斜角度，而且其倾斜角度取决于输送机的爬坡角度，所以烘干室相应的长度及高度也要增加，室体底部作为支架。烘干室的热风循环加热装置可以放置在室体的底部。这种干燥室一般用于电泳涂漆及涂料涂装的烘干。

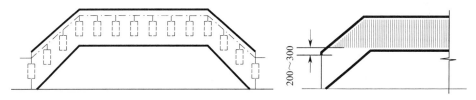

图 21-10　桥式烘干室结构形式示意图

右图阴影部分表示热空气聚积在室体内上部，由于室底面比出口门洞高，
故热空气不易逸出，大大地减少热能损失

21.5　电镀参数和镀槽自动控制装置

电镀参数和镀槽自动控制，是对工艺参数及操作条件等进行控制。这样做可以简化操作，稳定产品质量，延长溶液调整处理周期，提高生产效率，它在电镀生产中起着重要的作用。

电镀的自动控制装置一般包括：溶液温度自动控制装置、pH 值自动调节装置、电流密度控制装置、药剂和添加剂自动添加装置、清洗水槽电导率的自动控制等。常用的工艺参数自动计量控制仪表和执行装置有：安培-小时计、酸度（pH）计、电导仪、温度控制器、液位控制器、精密计量泵、电磁阀等。控制仪表及执行装置，分别在有关的自动控制装置中加以叙述。

根据生产需要，适当地将上述的自动控制装置及控制仪器、执行装置进行组合，就能对镀槽实现全面的自动化管理。

21.5.1 溶液温度自动控制装置

溶液温度自动控制可用于蒸汽加热槽、电加热槽和槽液冷却等的控制。

① 蒸汽加热槽的温度自动控制。控制系统由感温元件（如温包、电接点玻璃水银温度计及铂电阻温度计等）、温度指示及控制器、中间继电器及电磁阀等组成。电磁阀是蒸汽加热槽的温度自动控制中的关键执行部件，电磁阀应采用耐高温的蒸汽电磁阀。在测定有腐蚀性液体介质时，传感器应具有防腐蚀的导管，为防止导管造成的温度差，在调整时，应用水银温度计校验相应的控制温度。

② 电加热槽的温度自动控制。采用中间继电器控制。感温元件在溶液温度达到或低于设定值时，仪表发出指令，经中间继电器控制主回路接触器，使之断开或闭合，使加热器切断或接通电源，从而达到溶液温度的自动控制。

发蓝（钢铁件氧化处理）槽不宜直接用电接点式玻璃水银温度计作感温元件（其他感温元件也必须用金属护套），应用钢管灌注甘油的护套保护玻璃，以防碱液降温凝固和升温熔化过程产生不均匀的压力造成损坏，发生事故[3]。

温度控制器的技术性能规格见表 21-36。

蒸汽电磁阀的技术性能规格见表 21-37。

表 21-36　温度控制器的技术性能规格

名　　称	技术性能规格		
541/7TK、541/7 型温度控制器	项　目	541/7、541/7TK 普通型	541/7 防爆型
	开关元件	微动开关	密闭开关
	防爆等级	—	ExedⅡ CT4～T6
	外壳防护等级	IP65	IP54
	环境温度	−25～60℃	−20～50℃
	毛细管长度	1.5m(选用其他长度的毛细管,最长为 6m,应在定做中注明)	
	抗振性能	541/7T:40m/s² 541/7TK:20m/s²	Max:20m/s²
	温包材料	铜	铜
	重复性误差	≤3%	≤3%
	触点容量	AC　220V　6A(阻性)	DC 250V 0.25 A(阻性) 60W AC 250V　5 A(阻性) 1250V
	541/7TK、541/7 温度控制器采用带毛细管温包式传感器,可用于流动的中性气体和液体介质,如果介质有腐蚀性,安装时可选用不锈钢温包保护套套在铜质温包外。541/7TK、541/7 温度控制器的设定值可调,调节范围为−30～280℃ 常州市天利控制器制造有限公司的产品		
KCD 系列-K 型温度控制器	温度:常温至 399℃(可调) 工作方式:自动恒温 控制加热器功率范围:500～1000W、1～3kW、3～6kW、6～12kW、12～24kW、24～36kW **产品特点:**自动高精密度恒温,配备高灵敏度热电偶,高质量断电器,有加热过载保护	 南昌县科昌达超声波设备的产品	

续表

名　　称	技术性能规格	设备外形图
DFL 电子式 恒温控制箱	温度范围:−10～100℃ 测温误差:0.1℃ 湿度:60% 输出信号:45mA 工作电压:380V 或 220V 安装形式:手工 外形尺寸:300mm×300mm×190mm	深圳市坪山新区东方绿电镀设备行的产品
田丰牌 TF6KW 型 电镀加热用温控箱	控制模式:智能温度控制调节器 测量对象:液体 温度范围:0～400℃ 测温误差:1℃ 安装型式:2 输出信号:10mA 工作电压:380V 开孔尺寸:45mm×45mm 外形尺寸:230mm 重量:2kg	东莞市业成机电设备有限公司销售部提供

表 21-37　蒸汽电磁阀的技术性能规格

名　　称	技术性能规格	设备外形图
ZQDF 型 蒸汽电磁阀	适用介质:气、水、油、蒸汽 压力范围:0～1.6MPa 适用温度:−10～220℃ 公称通径:15～50mm 主体材料:不锈钢 分步式,零压差可靠动作 耐冷凝,有少量冷凝水仍可动作 耐高温,特种电磁线和密封材料。寿命长	浙江永久科技实业有限公司的产品
CA 型 小通径 不锈钢电磁阀	种类:CA1 常闭式,平常阀闭,通电阀开 　　　CA2 常开式,平常阀开,通电阀闭 　　　CA5 二位三通式 公称通径:1.5～50mm 压力范围:−0.1～3MPa 适用温度:−10～180℃ 适用介质:多种液体,气体 连接形式:螺纹,法兰 CA 型电磁阀通用性强;直动式,无压差可启动;线圈塑封,可防水型。用于镀层的加温和冷却	浙江永久科技实业有限公司的产品
HOPE 62 通用型 蒸汽电磁阀	原理结构:分步直动活塞型 流体范围:水、气、油、蒸汽、腐蚀性流体等 工作压力:0～1.0MPa、0.1～1.6MPa、0～0.8MPa(常开) 流体温度:≤220℃ 环境温度:−20～50℃ 公称通径:DN15～150 mm 连接方法:DN15～50 为内螺纹,DN65～150 为法兰 控制方式:常闭式、常开式 阀体材质:黄铜、碳钢、不锈钢 密封材料:PTFE、NBR、FKM(特制紫铜) 标准电压:AC 220V、DC 24V(其他可特制) 电气接线:引线式、接线盒(3 个接线端子) 特殊功能:E 防爆型(dⅡBT4)、S 手动功能、 　　　　　X 信号反馈、T 定时开关、 　　　　　K 常开功能、M 脉冲功能	上海厚浦阀门有限公司的产品

名　称	技术性能规格	设备外形图
HOPE 63 全不锈钢电磁阀	原理结构:分步直动活塞型 流体范围:水、气、油、蒸汽、腐蚀性流体等 工作压力:0～1.0MPa、0.1～1.6MPa、0～0.8MPa（常开） 流体温度:≤220℃　环境温度:－20～50℃ 公称通径:DN15～50 mm　连接方法:法兰 控制方式:常闭式、常开式 阀体材质:黄铜、碳钢、不锈钢 密封材料:PTFE、NBR、FKM(特制 紫铜) 标准电压:AC 220V、DC 24V(其他可特制) 功耗(VA):DN15～25 40 VA、DN32～50 40 VA 特殊功能:E 防爆型(dⅡBT4)、S 手动功能、 　　　　　X 信号反馈、T 定时开关、 　　　　　K 常开功能、M 脉冲功能	上海厚浦阀门有限公司的产品
HOPE 67 锥式活塞电磁阀	原理结构:先导锥式活塞型 流体范围:水、气、油、蒸汽等 工作压力:0.03～1.6 MPa(特殊定制 0.03～2.5MPa) 流体温度:≤220℃　环境温度:－20～60℃ 公称通径:DN15～150 mm 连接方法:DN15～50 内螺纹、DN65～150 法兰 控制方式:常闭式、常开式 阀体材质:铸钢黄铜、不锈钢 密封材料:PTFE、NBR 标准电压:AC 220V、DC 24V(其他可特制) 特殊功能:E 防爆型(dⅡBT4)、S 手动功能、 　　　　　X 信号反馈、T 定时开关、 　　　　　K 常开功能、M 脉冲功能	上海厚浦阀门有限公司的产品

21.5.2　pH 值自动调节装置

pH 值自动调节装置由 pH 值自动控制器（仪）、传感器（测量电极）、计量泵、酸液桶、碱液桶等组成。在镀液内放一氢离子选择性电极（测量电极），接上 pH 值控制器，根据电极信号，pH 值控制器控制电磁阀或计量泵加酸液或碱液，调节 pH 值。有的控制器能自动记录，配有记录仪、定时器、报警器等。

pH 值自动控制器、加药机的技术性能规格见表 21-38。

表 21-38　pH 值自动控制器、加药机的技术性能规格

名　称	技术性能规格及设备外形图	
pH 自动分析 添加控制器 (pH 自动加药机)	pH 及 ORP 自动添加系统可配各种类型 pH/ORP 电极,适用于电镀、显影、蚀刻及水处理等工业过程的在线自动加药控制 产品型号:WPH 产品品牌:WALCHEM 1. pH/ORP 控制器主机技术参数: 测量范围:pH 0.00～14.00 　　　　　ORP －1000～1000mV 分辨率:0.01(pH);1mV 精确度:±0.05(pH);±1mV 稳定性:≤0.02(pH)/24h;≤3mV/24h	 pH控制器 AC电源 定量泵 流入　流出 浸渍式传感器　酸　碱

名　称	技术性能规格及设备外形图
pH 自动分析 添加控制器 （pH 自动加药机）	pH 校正认可范围：零点　±1.45(pH) 　　　　　　　　斜率　±30% pH 标准液：4.01、6.86、9.18 　　　　　　4.00、7.00、10.01 ORP 标准液：任意标准液 控制范围：0～14.00(pH)；−1000～1000mV；温度补偿：0～99.9℃(pH) 输出信号：4～20mA 的隔离保护输出；控制输出方式：ON/OFF 继电器输出接点 继电器随负载：最大交流 230V/5A；最大交流 115V/10A 电流输出负载：允许最大负载为 500Ω 2. 可任意设定"加药时间"及"间隔时间"，实现少量多次加药，提高加药精度，使工作液更稳定 3. 采用电磁隔膜计量泵添加，精度高，寿命长 4. 具有低液位报警功能，当储药缸中的药水到达低液位时，主机发出报警指示并停止加药，以避免加药泵空转损坏 相关产品：工业在线 pH 电极，PP 外壳，自动温度补偿，5m 电缆带接地电极 上海朴维商贸有限公司提供
LC72/PH/ORP PH/ORP 计 （在线 pH 计）	测量范围：pH 4.00～14.00　ORP −1999～1999mV 分辨率：0.01(pH)；1mV 精确度：±0.05(pH)；±1mV 稳定性：≤0.02(pH)/24h；≤1mV/24h pH 校正范围：零点±1.45(pH)，斜率　±30% pH 标准液：6.86、4.00、9.18 或 7.00、4.01、10.00 ORP 标准液：任意标准液 控制范围：0～14.00(pH)；−1999～1999mV 输出信号：4～20mA 输出 控制输出方式：ON/OFF 继电器输出接点；工作电压：AC 220V（±10%）、50/60Hz 尺寸：144mm×144mm×110mm；继电器承受负载：最大交流 220V 5A 电流输出负载：允许最大负载为 500Ω；信号输入阻抗：≥1×10^{12}Ω 环境温度：−5～55℃　空气相对湿度：≤90%；除地球磁场外周围无强磁场干扰 仪器特点：具有 pH/ORP 值、温度补偿、4～20mA 输出、时间同时显示。可记录数据，具有非缓冲液校准。自动/手动温度补偿。光电隔离式电流输出，循环式按键调节程序，按键操作声光回馈 ORP 为氧化还原电位监测仪 上海澜尔电子有限公司的产品
LP-160B 型 PH/ORP 计控制器	测量范围：0.00～14.00(pH)或−1999～1999mV 分辨率：0.01(pH)或 1mV；级别：0.05 级 稳定性：±0.03(pH)/24h 校正时可调范围：零点±1.50(pH)， 　　　　　　　　　斜率 70%～130% pH 标准液：6.86、4.00、9.18 或 7.00、4.00、10.00 温度补偿：0～99.9℃（自动或手动） 信号输出：4～20mA（光耦隔离输出） 控制接口：ON/OFF 继电器接点 继电器承受负载：MAX　220V AC 5A 继电器迟滞量：0.01～3.00(pH) 　　　　　　　或 0～300mV 自由调整 信号输出负载：≤500Ω；讯号输入阻抗：≥1×10^{12}Ω 工作电压：AC220V（±10%）　50/60Hz；外形尺寸：96mm×96mm×115mm 开孔尺寸：92mm×92mm 仪器的工作条件： 环境温度：−5～55℃；空气相对湿度：≤90%；除地球磁场外周围无强磁场干扰 仪器特点：自动识别标准液，可一键恢复（恢复到出厂设置），多种不同显示模式，多个超亮 LED 背景光，高低点报警 上海澜尔电子有限公司的产品

续表

名　　称	技术性能规格及设备外形图
GTPH-300 型 在线 pH 计	测量范围:pH 0~14.00　ORP −1999~1999mV 　　　　　温度−5~110.0℃ 分辨率:pH 0.01　ORP 1mV　温度 0.1℃ 基本误差:pH ±0.1　ORP ±5mV　温度 ±0.5℃ 温度补偿范围:0~110℃(自动或手动) 稳定性:pH ≤0.02/24h　ORP ≤2mV/24h 隔离电流输出:0~10mA(负载电阻<1.5kΩ) 　　　　　或 4~20mA(负载电阻<750Ω) 两组继电器控制触点:3A 240V AC, 　　　　　6A 28V DC 或 120V AC 供电电源:220V AC(±10%),(50±1)Hz,功率≤3W 外型尺寸:96mm×96mm×130mm　仪表重量:0.6kg 安装方式:盘装(嵌入式)　安装开孔尺寸:91mm×91mm 电极安装方式:流通式、管道式、沉入式、法兰式(可选) 工作环境:环境温度−10~60℃　相对湿度 不大于 90% 　　　　　除地球磁场外周围无强磁场干扰 标准配置:主机、金属锑温补 pH 电极(耐 HF 酸,10m 线缆)、说明书、保修卡等 　　GTPH-300 型在线 pH 计是带微处理器的水质在线监测仪。该仪表配置不同类型的 pH 电极和 ORP 电极,对水溶液的 pH(酸碱度)值、ORP(氧化还原电位)值和温度值进行连续监测和控制,其特点如下:LCD 大屏幕液晶显示、中文智能菜单操作、手动/自动温度补偿、两组继电器控制开关、高限/低限/迟滞量控制、电流/电压输出可选、同一界面显示 pH/ORP 和温度值、设有密码防止非工作人员误操作 　　上海铂勒机电的产品
pH5778 多功能 pH 在线监测仪	测量范围:0.00~14.00(pH)　分辨率:0.01(pH) 精度:0.02 级　稳定性:≤0.03(pH)/24h pH 标准液:4.00、7.00、10.01;4.01、6.86、9.18 温度补偿:0~99.9℃(pH) pH 校正范围:零点±1.45(pH);斜率±30% 动作控制:两组 ON/OFF 继电器 继电器迟滞量:任意设定 信号隔离输出:4~20mA 隔离保护输出 讯号输入阻抗:≥1×10^{13}W 电流输出负载:允许最大负载为 500W 工作电压:230V AC(±10%),50/60Hz 可适配国内外各厂家的复合型工业 pH/ORP 电极 防护等级:仪表防护等级 IP65　仪表盘安装开孔尺寸:92mm×92mm 尺寸:96mm×96mm×145mm　重量:0.9 kg　全部采用进口芯片及元器件 多参数同时显示:可同时显示 pH 值、温度值、高点报警设置值、低点报警设置值、仪表是否处于高或低报警状态、以及当前的时间,各项参数一目了然。独特的 4~20 mA 电流输出对应的 pH 值既可逆又可以进行任意值设定。采用防水防气全密封型外壳。RS485 通讯(选配),电极自动清洗功能(选配)。屏幕对比度等级可调 pH电极 　　上海益伦环境科技有限公司的产品

21.5.3　电流密度控制装置

电镀生产过程中对电流密度的控制,有下列几种方法:

① 新购置的电源,可直接订购带有恒电流密度功能的电镀直流电源。

② 对已有的直流电源,如要求生产中保持稳定的电流密度,可选用电流密度稳定器与现有直流电源配合使用。

③ 采用电流密度计经常测量装挂零件的槽内电流密度,及时对电源的电流进行手工调节,使电流密度保持在正常的工艺规范内。

电流密度计是检测镀槽内各个部位实际通过的电流密度的专用仪器，由仪器本体和传感器（探头）组成。采用电流密度计检测，能方便地帮助操作人员很快地调节好镀槽所需电流，省去计算装挂零件电镀表面积的麻烦；还能检测镀槽内各个部位的电流密度是否均匀，以便使各挂具在槽内处于最佳位置。

上海晶敏信息控制技术有限公司生产的 JM-Ⅱ型电镀电源电流密度控制仪，是一台高度智能化的控制仪器，它采用现代计算机自适应模糊控制技术、计算器微处理技术及计算机智能自学习技术，能自动监测电镀槽内镀件的表面积增减，并根据镀件的表面积增减自动调整输出电流，保持镀槽内的电流密度的稳定。此外，该公司还生产 ZNC-Ⅱ智能型电镀电源综合控制器，该控制器是集程序控制器（电压电流程序阶梯控制运行）、安培小时控制器、酸碱 pH 控制器、温度控制器为一体的多功能智能型电镀电源综合控制器。JM-Ⅱ型、ZNC-Ⅱ型控制器（仪）的技术性能见表 21-39。

表 21-39　JM-Ⅱ型、ZNC-Ⅱ型控制器（仪）的技术性能

名　称	技术性能及仪器外形图
JM-Ⅱ 电镀电源 电流密度控制仪	电镀电源电流密度控制仪是一台高度智能化的控制仪器,它采用现代计算机自适应模糊控制技术、计算器微处理技术及计算机智能自学习技术,能自动监测电镀槽内镀件的表面积增减,并根据镀件的表面积增减自动调整输出电流 JM-Ⅱ型电镀电源电流密度控制仪,可以储存 30 组电流密度控制参数,可以利用电镀电源电流密度控制仪的自学习功能,预先把 30 种电镀电流密度控制参数储存在控制器内,在操作时只要选择相应的工艺编号,然后按启动按钮、电流密度控制仪就会按设定的电流密度进行电流密度控制。不管镀槽内镀件表面积如何变化,镀件单位表面积的电流保持不变。整个控制器只有三个数据需要设置: 1. 电镀电源最大输出电压(出厂值为 24V) 2. 电镀电源最大输出电压对应的最大允许输出电流(出厂值为 2000A) 3. 电流密度值设置 电流密度值可利用本仪器电流密度自学习功能进行设置,操作步骤如下: 将一定表面积的镀件浸入镀液中,慢慢转动仪器面板的电位器,使电镀电源输出的电流达到电镀工艺需要的最佳值,按自学习键,电流密度设置完成,控制器自动给出一个工艺编号 在完成以上三个设置后,仪器就可以投入使用,操作工只要调出相应镀种的工艺编号,按启动按钮即可 JM-Ⅱ电镀电源电流密度控制仪自带 RS485 通讯接口,可以组成工业现场总线网络监控和集中数据管理。同时可以通过电脑的屏幕监视各镀槽的电镀过程,将电镀过程的各种数据记录存盘,便于电镀过程的分析和管理
ZNC-Ⅱ智能型 电镀电源 综合控制器	该综合控制器是以嵌入式单片电脑芯片为核心,集程序控制器、安培小时控制器、酸碱 pH 控制器、温度控制器为一体的多功能智能型电镀电源综合控制器 ZNC-Ⅱ智能型电镀电源综合控制器具有以下功能: 1. 程序控制器:程序控制器为用户提供了 10 套电镀工艺流程控制参数设置。每套有多达 10 组阶梯控制参数(控制电压、电流及相应控制电压或电流下的工作时间),用户可根据各镀种的不同工艺要求所需要的控制参数对各套工艺流程控制参数进行设置。设置的工艺参数和实际工作数据同时在液晶显示屏上显示。设置的工艺参数被保存到控制器内直到被更新。程序控制器根据所设置的各套数据自动地进行程序阶梯控制运行。 2. 安培小时控制器:以电流和时间的乘积作为镀液消耗电量的单位,即安培小时(Ah)。根据镀液消耗的安时数,通过智能模糊 PID 控制,自动进行补充槽液,或指导操作工进行手动按时补充槽液 3. 酸碱 pH 控制器:可根据设定槽内酸碱 pH 控制点,自动调节槽内酸碱度 4. 温度控制器:可根据设定温度控制点,自动调节槽内温度 ZNC-Ⅱ智能型电镀电源综合控制器带有 RS485 通讯接口,可以与电脑联网。通过网络在电脑上记录电镀电源的工艺设置参数、电镀电源工作数据及实时监视电镀电源的工作情况。为用户提高电镀产品的质量,降低生产成本提供一个查询和分析平台 上海晶敏信息控制技术有限公司的产品

21.5.4　药剂和添加剂自动添加装置

药剂（指溶液中的化学药品）和添加剂自动添加装置，是根据镀槽工作输入的电量（A•h或A•min）累积数，来控制添加补充所需规定量的药剂和微量添加剂的一种装置。这种装置由安-时计、药剂储液箱、添加剂储液箱、计量泵和计量泵控制系统等组成。

当镀槽通电工作后，安-时计从直流电源输出端的分流器上获取电流控制信号，不断进行电量（A•h）计算，当电量达到某一设定值，便给出指令信号启动计量泵，向镀槽补充规定量的药剂（浓缩液）或添加剂，以维持镀液的正常工作成分。而在启动计量泵的同时，安-时计自动复位清零，继续做下一次计量并再次启动计量泵，如此反复进行，直至电镀过程结束。

药剂和添加剂自动添加系统装置方框图如图21-11所示。

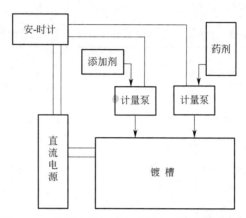

图21-11　药剂和添加剂自动添加系统装置方框图

电镀综合控制仪是一款高性能的电镀工艺综合控制自动化设备。可实时地对整个电镀过程进行监控，能把电镀过程中变化的工艺数据记录保存；能提供电压程控功能、电流密度自动控制功能、pH自动调节功能、温度自动调节功能及安培小时自动加药功能。用户可以根据电镀工艺的实际需要，分别组合上述控制功能，对电镀过程进行综合控制。

安培-小时计即自动电量计，是一种电流（A）与时间（h）的积算仪器，是电镀过程中计算电量的一种仪器。在统计过程控制上，可进行溶液成分补加、添加剂补充、阳极材料消耗、镀层厚度、铝氧化厚度等的控制，以及其他与电量消耗有关的参数控制管理。

计量泵是自动添加装置的关键执行机构。精密计量泵有隔膜泵和柱塞泵两种，其流量的变化是通过调节隔膜的振幅和柱塞的行程来实现的。电镀线上加料多使用比较精密的微型隔膜式计量泵，虽然隔膜泵的输出压力较柱塞泵低一些，但自动添加装置一般都安装在镀槽旁或附近，隔膜泵的输出压力完全可以达到自动向镀槽加料的要求。柱塞式计量泵多用于远程输送或对压力容器输送药剂。

根据不同的输送介质，可选择最合适的泵体材质：PVC、PP，适用于酸性、碱性介质和黏稠浆液；氟塑料适用于强酸性介质；SS316不锈钢适用于溶剂类和碱性介质。储液箱（桶）可用聚氯乙烯、有机玻璃等制作，不透明材料的储液箱（桶）应开孔安置液位显示器，以观察和核计药剂和添加剂的实际消耗情况。

安培-小时计的技术性能规格见表21-40。

精密计量泵（隔膜泵）的技术性能规格见表21-41。

柱塞式计量泵的技术性能规格见表21-42。

电镀自动加药设备及电镀综合控制仪的技术性能规格见表21-43。

电镀溶液分析仪可在线对溶液成分进行分析，对电镀生产过程能及时快速准确地提出分析数据，从而加快分析检测速度，提高工作效率和管理水平。

电镀溶液及添加剂分析仪的技术性能见表 21-44，其中 QL-10E 型、QL-5E 型分析仪为美国 ECI 分析仪器公司生产的产品。

表 21-40　安培-小时计的技术性能规格

名　　称	技术性能规格	设备外形图
HB404AH 智能安时表	智能安时表(安培·小时计)用来计量电镀电源、整流机、直流电源、电池、蓄电池等的安时量(电流安培数与时间的累积)，并可实现继电器控制输出等功能。 智能安时表(安培·小时计)特征： 1. 兼容输入：DC：直流 5A，1A，75mV(分流器信号)； 2. 零值、满值、小数点可自由设定； 3. 可循环显示安培小时、电流、时间、电压； 4. 可对安培小时、电流和电压进行控制(报警)； 5. 掉电数据保持，安时量手动清零/自动清零； 6. 有效消除临界跳字，多级数字滤波有效消除干扰； 7. 实现报警(内置蜂鸣器)、自动控制输出 智能安时表(安培·小时计)特性指标： 显示设定：四位显示，量程可由用户设定(−1999～9999) 超限显示："EEEE"或"−EEE"；直流精度：0.5%满刻度 3 字 电压精度：0.5%满刻度 3 字；安时范围：0.000～9999Ah(KAh) 计时范围：1min～99h59min；安时精度：1% 输入电流：0-9999A(kA)，配分流器扩展；触点容量：AC220V/3A 工作电源：AC/DC85～260V；馈电输出：DC24V/30mA　数码尺寸：0.56in 开孔尺寸：92mm×44.5mm；外形尺寸：96mm×48mm×82mm	深圳市福田区新飞阳电子销售部提供
SPA-16DAH 型 安培小时计	输入：0～2000A DC 或 0～75mV DC 显示：0.00～99999999Ah 输出：继电器(吸合时间可设) 工作电源：AC220V 功能：安时值最多可以累积 8 位； 　　　可以手动清零或自动清零； 　　　加药时间可任意设定； 　　　断电可以数值保持； 　　　整流器母线电流可以任意设定； 　　　可带 RS485 或 RS232 通信； 　　　辅助电源可配 DC24V，DC78V 或 AC/DC220V； 　　　可组态的继电器报警输出和模拟量输出 描述：此安培小时计为 0～2000A DC 电流信号，经过分流器转换成 0～75mV DC 信号输入，8 位 LED 显示按时累计值，4 位 LED 显示实时电流值或安时设定值，安培小时值继电器输出，加药时间可设，电源为交流 220V	苏州迅鹏仪器仪表有限公司的产品

表 21-41　精密计量泵（隔膜泵）的技术性能规格

名　　称	型号	流量/(L/h)	压力/MPa	冲次/(次/分)	电机功率/kW	进出口径/mm	重量/kg	外形尺寸/(mm×mm×mm)
JMZ 系列 精密计量泵	JMZ-280/0.5	280	0.5	72	0.55	DN25	25	284×170×470
	JMZ-360/0.4	360	0.4	96	0.55	DN25	25	
	JMZ-450/0.4	450	0.4	144	0.55	DN25	25	
	JMZ-560/0.3	560	0.3	144	0.55	DN25	25	

名　　称	型号	流量/(L/h)	压力/MPa	冲次/(次/分)	电机功率/kW	进出口径/mm	重量/kg	外形尺寸/(mm×mm×mm)
JMZ系列精密计量泵	驱动方式:电机驱动。采用偏心曲轴机构,机械隔膜 控制方式:手动、自动控制(可接收4~20mA信号来调节流量) 铸铝壳体,散热性能高,整体重量轻,适用各种酸碱药液,采用偏心曲轴机构 隔膜为多层复合结构压制而成 计量泵头:聚氯乙烯、SUS304、SUS316、聚四氟乙烯 计量阀:聚氯乙烯、SUS304、SUS316、聚四氟乙烯 阀球:二氧化硅、SUS304、SUS316、陶瓷 密封:聚四氟乙烯、聚氯乙烯 环境温度:−30~90℃　防护等级:IP54 功率:0.55kW 电机:二相、三相标准电机或防爆电机 上海中成泵业制造有限公司的产品							

名　　称	型　　号	流量/(L/h)	压力/MPa	冲次/(次/分)	电机功率/kW	进出口径/mm	重量/kg
KD系列精密计量泵	KD10/1.0	10	1.0	48	0.18	φ8软管,含过滤底阀及注射阀	8
	KD20/1.0	20	1.0	48	0.18		8
	KD40/1.0	40	1.0	48	0.18		8
	KD60/0.7	60	0.7	48	0.18	DN15	8
	KD80/0.7	80	0.7	98	0.18	DN15	8
	KD120/0.7	120	0.7	96	0.18	DN15	8
	KD系列产品,由电机驱动的机械隔膜式计量泵,适用于低压力场合的流体精确计量 控制方式:手动、自动控制(可接收4~20mA信号来调节流量) 它可以传输高黏度介质、腐蚀性液体和危险性的化学品 计量泵头:聚氯乙烯、SUS304、SUS316、聚四氟乙烯 计量阀:聚氯乙烯、SUS304、SUS316、聚四氟乙烯 阀球:二氧化硅、SUS304、SUS316、陶瓷 密封:聚四氟乙烯、聚氯乙烯 环境温度:−30~90℃;防护等级:IP54 功率:0.55kW 电机:二相、三相标准电机或防爆电机 上海中成泵业制造有限公司的产品						

名　　称	技术性能规格	设备外形图
GM系列精密计量泵	可调计量范围:0~400L/h 最大压力范围:0~1.0MPa 口径范围：8~15mm 驱动方式:电机驱动220V或380V 控制方式:手动、自动控制(可接收4~20mA信号来调节流量) 铸铝壳体,散热性能高,整体重量轻,适用各种酸碱药液。采用凸轮机构。整体上完全无泄漏,可安置于药槽或管道上。接触介质泵头为PVC、PTFE或不锈钢材质。隔膜为多层复合结构压制而成,第一层超韧性Teflon耐酸薄膜,第二层EPDM弹性橡胶,第三层厚度3mm SUS304支撑铁芯,第四层采用强化尼龙纤维补强,第五层采用EPDM弹性橡胶完全包覆,可有效提升隔膜使用寿命	 上海耐贝泵业有限公司的产品
KD系列精密计量泵	流量范围:0~120L/h 压力范围：0~1.0MPa 口径范围:6~15mm 驱动系统:两相、三相标准电机或防爆电机 流量控制:手动控制 防护等级:IP55 泵头:SUS304、SUS316、PVC、PTFE 隔膜:PTFE(聚四氟乙烯) 单向阀:SUS304、SUS316、PVC、PTFE 阀球:ZrO2、SUS304、SUS316、陶瓷、SYL手动试压泵 它可以传输高黏度介质、腐蚀性液体和危险性的化学品 隔膜计量泵隔膜为多层复合结构压制而成	 上海耐贝泵业有限公司的产品

续表

名　称	型　号	额定流量/(L/h)	最大压力/Bar	冲程次数/(次/分)	接口尺寸	电机功率/W	重量/kg	外形尺寸（深×宽×高）/(mm×mm×mm)
	LC02	0.95	5.6	125	1/2in 外螺纹连接（并配有 1/4in 插接软管）	50	3.2	24.1×12.7×25.4
	LC03	1.89	5.6	125		50	3.2	
	LC04	3.47	5.6	125		50	3.2	
	LC54	4.73	5.6	125		50	3.2	

LC 系列电磁隔膜计量泵

手动调整冲程,手动调整频率。自动感应过热复位防热线输入最高电负荷 130W,平均输入负荷 50W

泵头:聚偏氟乙烯(PVDF)

隔膜:四氟乙烯

阀球:陶瓷、不锈钢

上海亚济流体控制系统有限公司的产品

表 21-42　柱塞式计量泵的技术性能规格

名　称	型　号	流量/(L/h)	压力/MPa	柱塞直径/mm	行程/mm	电机功率/kW	进出口径(DN)/mm	重量/kg
	J-ZR 6.5/50	6.5	50	8		1.5	6	80
	J-ZR 6.5/40	6.5	40			1.1		
	J-ZR 16/40	16	40			1.5		
	J-ZR16/30	16	30			1.1		
	J-ZR 32/25	32	25	12		1.5		
	J-ZR 32/16	32	16			1.1		
	J-ZR 50/16	50	16	16	30	1.5		
	J-ZR 50/10	50	10			1.1		
	J-ZR 63/13	63	13	20		1.5	10	86
	J-ZR 63/6.4	63	6.4			1.1		
	J-ZR 80/1.0	80	1.0	25		1.5		
	J-ZR 80/6.3	80	6.3			1.1		
	J-ZR 100/8.5	100	8.5	28		1.5		
	J-ZR 100/5.0	100	5.0			1.1		

J-ZR 系列柱塞式计量泵

驱动方式:电机驱动

控制方式:手动、自动控制（可接收 4~20mA 信号来调节流量）

配置方式:泵头保温、冷却,电机可配防爆

防护等级:IP55

与介质直接接触部位全采用不锈钢及四氟材质

内部配置性能卓越的调节器总成,延长泵的使用寿命,并降低了噪声

定量输出,在泵运行或停止时也可任意调节流量,精密度高,可达±1%

适用于输送温度为 -30~120℃,黏度为 0.3~800mm²/s 的介质

上海中成泵业制造有限公司的产品

名　称	技术性能规格	设备外形图
2J-X 系列柱塞式计量泵	流量范围:0~300L/h　压力范围:0~50MPa 口径范围:3.0~13.0mm 加药计量泵驱动系统:两相、三相标准电机或防爆电机 电机功率:370W、550W 流量控制:手动控制,自动控制　防护等级:IP55 与介质直接接触部位全采用不锈钢及四氟材质。适用于输送温度为 -30~120℃,黏度为 0.3~800mm²/s 的介质 泵头:SUS304、SUS316、304+PTFE、316+PTFE 隔膜:PTFE 单向阀:SUS304、SUS316、PVC、PTFE	上海耐贝泵业有限公司的产品

表 21-43　电镀自动加药设备及电镀综合控制仪的技术性能规格

名　　称	技术性能规格及设备外形图
RA02Y-AⅢ 电镀自动 加药设备	标准的 AⅢ 系列设备为一表两泵式,具体设备包括:电控箱 1 台,安培小时计 1 台,计量泵 2 台,药剂桶 2 个,不锈钢支架等 1. 计量泵:阿尔道斯电磁式计量泵(中国/德国合资) 流量范围:20~800mL/min;压力范围:0.2~0.7MPa(2~7bar) 泵头材质:PP、PVC、PTFE、SS316 四种可选 调节方式:接收继电器信号,自动控制加药;电源:AC 220V 2. 安培·小时计/安·分计: 标称输入:DC 75mV(标准分流器信号输入) 允许过量程:瞬时 2 倍/2s;持续 1.2 倍 显示范围:0.00As~99999As;0.00Amin~99999Amin;0.00Ah~99999Ah 超出最大计量范围自动清零 精度:0.5%　报警类型:上、下限报警输出 继电器输出:继电器分断容量 5A/250V 3. 药液箱/罐 材质:PE、PVC　容积:50~300L 4. 电控箱/柜电源:三相五线(或三相四线)380V AC(±10%)/50Hz,具有控制计量泵起停、仪表报警、搅拌机起停、液位报警、阀门开闭等功能,具体由现场工艺要求订制 5. 移动小车 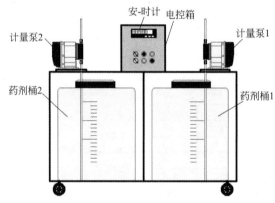 设备构造示意图 上海阿尔道斯流体设备有限公司的产品
自动加药机	自动加药机系专门为电镀工艺配套设计的添加剂自动添加装置 本厂所生产的自动添加装置与安培分控制器 AHMC 和 SJDA 多段时间继电器相配套 根据用户实际需要配备 1~4 只微型计量泵或加液泵,分别泵送 1~4 种添加剂至镀槽中,SJDA 继电器设置的 1~4 段加液时间,依次和计量泵输出量相对应,只要安培分控制器设置好单次控制安培分数值,当安培分累加到设定值时,加液泵会自动开始按设置好的时间依次工作。客户根据泵的流量可以换算出自己所需设置的加液时间 加药机规格:1~4 筒,容量 5L、10L、20L 温州市三瑞电源厂的产品 

名　　称	技术性能规格	设备外形图
WNI410 化学镀镍自动 加药控制系统	美国禾威 WNI 系列控制器,是应用光电原理在线分析电镀缸内镀镍溶液浓度的变化,能以每升(g/L)或液盎司每加仑(oz/gal)来显示,以实现药剂补给而达到成分控制。只需设定好控制点就能得到准确的结果	

续表

名　　称	技术性能规格	设备外形图
WNI410 化学镀镍自动加药控制系统	加药控制系统内置微处理器,以菜单形式控制,控制器可以有只测量镍或附带有 pH 控制功能两种形式,从而可省去另外添置 pH 控制仪。两个独立泵输出,一个用于测量镍,一个用于 pH 的控制,每个输出都可统计泵的总运作时间、总添加量或"金属消耗"。操作者可通过 LCD 显示屏来查看镍浓度与设定点的差别。测量规格如下: 浓度范围:0.01~10g/L(0.001~1.33 oz/gal) 分辨率:0.001g/L;准确度:0.01g/L 酸碱度(pH 值)范围:0~14(pH) 分辨率:0.001(pH);准确度:±0.01(pH) 温度范围:0~100℃ 分辨率:0.05℃;准确度:±0.1℃ WNI 化学镀镍自动添加药水控制系统包括:WALCHEM(禾威) WNI 控制器主机、流通式镍离子感应器、pH 电极、冷却器、消泡器、抽样泵、添加泵、控制柜、连接线等	 深圳微科泰仪器仪表有限公司提供
化学沉镍自动加药控制系统	通过光电感应原理分析镀液镍离子浓度,而 pH 值则由 pH 电极测得 药水添加过程:加药泵分别将药水 A、B、C 及 pH 调节剂从贮药缸打到相应的加药筒;主机发出加药信号,打开加药筒下端出口的电磁阀;药水流入镀槽,该次加药过程完成 可选择添加双组分或三组分浓缩液 镍含量分析范围:0.01~25g/L 分辨率:0.01 g/L 精度:±0.01g/L pH 值分析范围:0~14(pH) 分辨率:0.01(pH) 精度:±0.01(pH) 贮药缸体积:A、B、C 缸各 120L,pH 缸 60L 加药筒体积:A、B、C 及 pH 各 1L 外形尺寸:长 1400mm×宽 600mm×高 1800mm 重量:约 150kg 功率:100W　电压:220V	 上海精诚兴仪器仪表有限公司的产品
ZN-Ⅱ-A 电镀综合控制仪	ZN-Ⅱ-A 电镀综合控制仪是一款高性能的电镀工艺综合控制自动化设备。采用美国 ALTER 公司嵌入式微处理器和高性能工业平板触摸液晶电脑。可实时地对整个电镀过程进行监控,能把电镀过程中变化的工艺数据记入保存。为用户提供了良好人机界面,用户可以用平板电脑触摸屏输入各种工艺参数 电镀综合控制仪提供的功能: 定压程控功能(在每步程控过程中电镀直流电源输出电压保持恒定); 斜率电压程控功能; 电流密度自动控制功能; pH 自动调节功能; 温度自动调节功能; 安培小时自动加药功能等 电镀综合控制仪为用户提供强大的数据库浏览功能,用户可以方便地查询以往任一时间段内的电镀工艺过程的控制数据 电镀综合控制仪自带 RS485 通讯接口,可以组成工业现场总线网络监控和集中数据管理。同时可以在电脑的屏幕上监视各镀槽的电镀过程,并将电镀过程的各种数据记录存盘,便于电镀过程的分析和管理	 上海晶敏信息控制技术有限公司的产品

表 21-44　电镀溶液及添加剂分析仪的技术性能

名　称	技术性能规格及设备外形图
PE 系列 电镀药水检测仪	电镀药水检测仪是针对 PCB 业、电镀药水分析、电子业等用户研发生产的设备,是当前国产最先进的原子吸收分光光度计之一,针对分析电镀药水中金、镍、铜、钯、锌、铁、银等多种元素具有分析结果稳定准确的特点。其技术参数如下: 　1. 灯位及切换:四/六灯位电脑自动切换调节 　2. 光栅:1800 条/毫米 　3. 光谱带宽:0.1nm、0.2nm、0.4nm、2.0nm 四档电脑自调(仪器默认 0.2nm,通用所有分析元素) 　4. 光电倍增管:原装进口件(日本宾松) 　5. 波长范围:185～900nm 　6. 元素波段扫描:仪器根据不同元素自动选择扫描波段 　7. 灯电流:分析时仅用 3mA 灯电流,提高分析稳定性,同时使元素灯使用寿命≥1500h 　8. 波长精确度:全波段优于±0.25nm 　9. 基线稳定性:≤0.004A/30min 　10. 特征浓度:≤0.025μg/mL/(1%) 　11. 检出限:≤0.005μg/mL 　12. 精密度 RSD:<0.5%(对 1μg/mL 铜) 　13. 波长扫描:自动波长扫描、寻峰、自动能量 　14. 分辨率:光谱带宽 0.2nm 时分开锰 279.5nm 和 279.8nm,双线谷峰能量比<20% 　15. 焦距:270mm(闪耀波长:250mm) 　16. 仪器操作软件:简体中文、英文(工作环境:Win XP/Vista 操作系统) 　17. 软件功能强大,人性化的设计,让分析变得准确快捷,分析数据结果直接转换成 Excel 文档,方便编辑 　18. 主机: 电源:AC220V/50Hz;功率:150W 工作环境温度:10～35℃ 工作环境湿度:≤80% 体积:1000mm(长)×400mm(宽)×350mm(高);重量:75kg 深圳普分科技有限公司的产品
QL-5E 电镀添加剂 分析仪	美国 ECI 品牌电镀添加剂分析仪,分析电镀液中有机添加剂、无机物及其污染物的含量 用于化学镀分析,如 Cu-Sn、Sn-Pb、Pb、Ni、Ag、Cr 等镀液及清洗液分析 确定电镀添加剂的加入量或减少量 掌握最佳的活性碳处理时机 达到少至 10^{-6} 级的分析,同时应用了 DSP(数码讯号处理)减少测量时间至传统的一半 可测量出微量的镉、铅、汞、溴及铬的元素 上海益郎仪器有限公司提供
QL-10E 电镀添加剂 分析仪	美国 ECI 分析仪器公司生产的 QL-10E 型分析仪,是一种具有多样品分析性能的新一代 CVS 分析仪,最多可分析 15 个样品 　1. 主要功能特点: 旋转盘有 15 个样杯,其中 14 个试样杯,另一个是校正样品 可更换式电极适用于多种电镀液以及其他电化学分析方法 自动注射式光亮剂添加系统,可使分析系统持续进行 具有的程序可实现自身最佳化参数选择 上述程序可分别用于分析各种镀液中不同品牌的添加剂及其他有机物的含量 软件与硬件易于升级 采用模块式图案升级 　2. 典型的应用: 分析电镀液中的有机添加剂、无机物及其他污染物的含量。并可用于化学镀分析,如 Cu-Sn、Sn-Pb、Pb、Ni、Ag、Cr 等镀液及清洗液分析 确定电镀添加剂的加入量或减少量 掌握最佳的活性炭处理时机 确定电镀添加剂中各组分的消耗比例 上海益郎仪器有限公司提供

21.5.5　清洗水槽电导率的自动控制

　　为保证清洗质量，控制清洗槽的水质要比单纯控制供水的水质合理。若单纯控制供水的水质，而不及时控制水槽的换水，会使水槽内的水很脏，影响其清洗质量。水槽的电导率与其中水的洁净度有关，水越脏电导率越高。所以可通过控制清洗水的电导率来控制换水以保证清洗的水质，该控制系统装置如图 21-12 所示。将一电导率传感器安装在末级清洗槽内靠近溢流口处，当水质污染超过预先设定的电导率值时，传感器发出信号，自动打开供水电磁阀；当水质符合要求标准时，传感器自动关阀供水电磁阀。这样既保证了清洗槽内水质要求又节约了用水。

　　电导率自动控水装置所用电源仅需单相交流插座，装置自带变压器，输出 24V 供给传感器和电磁阀。

　　电导率测控仪可以测量和控制清洗槽及溶液槽的电导率。美国禾威（WALCHEM）WEC310 系列电导率自动添加控制器，能透过非直接接触式的塑料外壳感应器测量溶液中的导电率。非直接接触式环形感应器技术，可避免溶液玷污的影响及校准的问题，优于直接接触式感应器。电导率测控仪的技术性能规格见表 21-45。

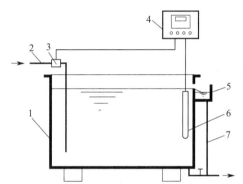

图 21-12　清洗水槽电导率的自动控制装置示意图

1—清洗水槽；2—上水管；3—上水电磁阀；4—电导率测控仪；
5—溢流口；6—电导率传感器；7—排水管

表 21-45　电导率测控仪的技术性能规格

名　　称	技术性能规格	设备外形图
YL-96F 电导率测控仪	测量范围：$0\sim20\mu S/cm$、$0\sim200\mu S/cm$、$0\sim2000\mu S/cm$（三档量程，键盘选择）；$0\sim20ppm$、$0\sim200ppm$、$0\sim2000ppm$（三档量程，键盘选择）；$0\sim20mS/cm$（一档量程） 准确度：1.5%（FS） 稳定性：$\pm2\times(3\sim10)FS/24h$ 显示方式：3 位背光液晶显示 温度补偿：以 25℃ 为基准，自动数字温度补偿 配套电极：隔 1.0cm 放 1 个镀铂黑电极，4′管螺纹，5m 线长 电流输出：隔离 $4\sim20mA$ 电流环 控制输出：高限、低限（ON、OFF）继电器输出 供电电源：AC 220V（$\pm10\%$）；50Hz 工作条件：环境温度 $0\sim50℃$；相对湿度 ≤85% 外形尺寸：高 96mm×宽 96mm×深 130mm 开孔尺寸：92mm×92mm；安装方式：盘装式 特性及应用：具有电流、控制输出功能的水质测控仪。采用单片机数字化计算温度补偿；具有隔离 $4\sim20mA$ 电流环、控制继电器输出和切换温度显示等功能。适合纯水制造、冷却水水塔及一般水质等的监控	上海益伦环境科技有限公司的产品

续表

名　　称	技术性能规格	设备外形图
WEC310 系列电导率自动添加控制器(美国禾威 WALCHE 产品)	美国禾威 WEC310 系列控制器,能透过非直接接触式的塑料外壳感应器测量溶液中的电导率,从而控制计量泵或警报器。一台可控制一个或两个溶液槽。控制器可适用于大多数非常恶劣的化学品的溶液,包括油性清洁剂缸、铬酸盐、清洗槽、浓烟洗涤器及其他浓缩化学品最高 1000mS/cm 的导电率 可选择四个导电率范围,使控制器可在宽范围内应用。可选用的测量单位有:μS/cm,mS/cm,ppm 及浓度百分比 非直接接触式环形感应器技术避免了玷污及校准的问题优于直接接触式感应器。测量电导率非常可靠,还可测量宽范围的电导率 电极感应器的设计能准确地测量宽的动态范围及能在 50μS/cm 至 1000mS/cm 的电导率范围内测量 内置微处理器,以菜单形式控制,没有电位计调校的需要,只需设定好设定点就能得到准确的结果	 仪高南仪器(深圳)有限公司提供

21.6　物料搬运设备

物料搬运设备即起重运输设备,在电镀作业中,作为生产线之间、工序之间的零件和物料转移及物料储存等的起重运输用。

根据其工作性质及使用范围的不同,电镀生产中用的物料搬运设备的种类有电动葫芦、单梁悬挂起重机、梁式起重机、桥式起重机、手动单轨小车配以手拉葫芦等。

21.6.1　物料搬运设备选用的基本原则

搬运设备选用的基本原则如下。

① 在电镀作业生产中,经常一次提升重量超过 10kg 零件(包括挂具、吊具重量),宜采用搬运设备。

② 一次提升重量虽不超过 10kg,但零件外形较大(包括挂具、吊具外形),不便于手工操作时,宜采用搬运设备。

③ 提升起重不繁忙的场所,如升降口提升设备、材料等,可采用手动单轨小车配以手拉葫芦,以及其他简易的搬运设备。

④ 电镀及化学处理生产线上用的单轨电动葫芦,宜直线布置,可采用软电缆供电,以避免采用滑线供电时,易遭受腐蚀。如受场地限制需转弯布置时,其单轨转弯半径应尽量大些,以便于电动葫芦运行。

⑤ 物料搬运的作业范围较大,工件外形较大、重量较重时,可采用单梁悬挂起重机、梁式起重机等搬运设备。

⑥ 大型长槽子上用的电动单梁悬挂起重机或电动梁式起重机,最好采用两端双钩起重方式(使用专用设备或将一般起重机进行改装),这样零部件搬运起重比较平稳。

⑦ 较大形零件的垂直上下电镀、化学处理及电泳涂漆槽等,所采用搬运设备的行走和提升的速度,应能改变,尤其是升降速度,宜采用慢速下降和提升。

⑧ 物料搬运设备的起重量,根据所起重的工件重量(包括挂吊具重量)确定,并应考虑有一定的富余量。提升因带有空腔而一时不易排尽液体或水的工件如车身、开口较小的容器等工件时,其起重量应考虑这类工件出液面时,可能残留于工件内腔中不能很快排尽的那部分液体的重量。

⑨ 在有爆炸危险性作业环境内,如涂料间、喷粉间等场所使用的搬运设备,应采用防爆型产品。

⑩ 在利用现有的物料搬运设备时，应鉴定是否可用，要淘汰掉耗能大的产品设备。

21.6.2　搬运(起重)设备高度的确定

搬运设备的高度，根据作业性质、物料搬运状况、操作人员的工作位置等具体情况确定。

(1) 电动葫芦轨底高度的确定

电动葫芦作为搬运设备，确定其起重高度时，在满足工艺要求的前提下，为了运行稳定，尽量减少吊运零件的摇摆晃动，其轨底高度应尽量低些。在地面上排列的槽子，当槽子高度为800mm 时，其电动葫芦轨底高度一般常采用 3.5m。

电动葫芦轨底高度按图 21-13 和下式计算（单梁悬挂起重机的电动葫芦轨底高度也可参照此式计算）。

$$H_1 \geqslant h_1 + h_2 + h_3 + h_4 + h_5$$
$$H_2 \geqslant h_6 + h_3 + h_4 + h_5$$

式中　H_1——处理槽生产线工作时，电动葫芦
轨底离地面的最小高度，m；

H_2——当需要在工件底下作业时，电动葫芦轨底离地面的最小高度，m；

h_1——槽子离地面的高度，m；

h_2——工件离槽子的高度，m；

h_3——工件或吊筐的高度，m；

h_4——工件或吊筐与吊钩的距离，m；

h_5——吊钩距电动葫芦轨底的最小距离，m；

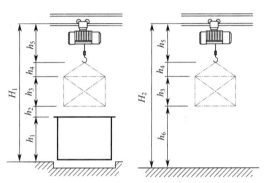

图 21-13　电动葫芦轨底高度计算示意图

h_6——当需要在工件底下作业时，工件底部离地面高度，m。

其中，h_2 一般采用 0.3～0.5m；h_5 的值与电动葫芦结构及技术规格有关，见电动葫芦设备样本及其有关资料；h_6 的值根据具体作业情况确定。

(2) 梁式、桥式起重机轨顶高度的确定

梁式、桥式起重机轨顶高度按图 21-14 和下式计算。

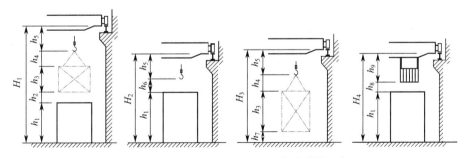

图 21-14　梁式、桥式起重机轨顶高度计算示意图

$$H_1 \geqslant h_1 + h_2 + h_3 + h_4 + h_5$$
$$H_2 \geqslant h_1 + h_6 + h_5$$
$$H_3 \geqslant h_7 + h_3 + h_4 + h_5$$
$$H_4 \geqslant h_1 + h_8 + h_9$$

式中　H_1——起重机吊运工件需在生产设备上方通过时的轨顶高度，m；

H_2——起重机吊运工件不需在生产设备上方通过时的轨顶高度，m；

H_3——吊运较高工件而不需在较低设备上方通过时的轨顶高度，m；

H_4——起重机驾驶室设在最高生产设备上方时的轨顶高度，m；

h_1——设备高度（或设备、产品装配时的最大高度，不小于 2.3m），m；

h_2——被吊运工件最低点与设备最高点之间的距离（取 0.4～1m），m；

h_3——被吊运工件的最大高度，m；

h_4——被吊运工件的最高点与吊车起重钩的最高点之间的距离，m；

h_5——吊车起重钩的最高点距吊车轨顶之间的距离，m；

h_6——设备最高点与吊车起重钩最高点之间的距离（取 0.2～0.4m），m；

h_7——被吊运工件与地面之间的距离（取 0.4～1m），m；

h_8——设备最高点与吊车驾驶室的最低点之间的距离（取 0.3～0.5m），m；

h_9——吊车驾驶室的最低点距吊车轨顶之间的距离，m。

其中，h_4 取决于吊挂方法，用链条或绳索捆结时，h_4 为索捆宽度的 30%，但不小于 1m。

21.6.3 电动葫芦

图 21-15　CD₁、MD₁ 型钢丝绳电动葫芦

电动葫芦普遍用于电镀、化学处理等生产线作为零件起重及运输。电动葫芦单轨可设计成直线或环形，适用于各种形状、大小、重量的零件，但工作面比较狭小。设备简单、便于安装及维修、操作方便、价格低廉。

(1) CD₁、MD₁ 型系列电动葫芦

CD₁、MD₁ 型钢丝绳电动葫芦是一种轻小型起重设备（如图 21-15 所示），其结构紧凑，重量轻，零部件通用性强，具有使用维修方便等优点，广泛用于提升重物或安装在单梁起重机上等。安装形式可分为固定式、电动运行式、悬挂式等。MD₁ 型具有快慢两种起升速度，起吊平稳准确。其技术性能规格见表 21-46。

表 21-46　CD₁、MD₁ 型系列钢丝绳电动葫芦的技术性能规格

项　目		CD₁0.5D、MD₁0.5D			CD₁1D、MD₁1D					
起重量/kg		500			1000					
起升高度/m		6	9	12	6	9	12	18	24	30
起升速度/(m/min)		8(CD₁0.5D)、8/0.8(MD₁0.5D)			8(CD₁1D)、8/0.8(MD₁1D)					
运行速度/(m/min)		20(30)			20(30)					
工字钢轨道型号		16-28b			16-28b					
环形轨道最小半径/m		1			1	1.2	1.8	2.5	3.2	
起升电机	型号	ZD₁21-2			ZD₁22-4					
	功率/kW	0.8			1.5					
运行电机	型号	ZD₁Y11-4			ZD₁Y11-4					
	功率/kW	0.2			0.2					
基本尺寸	G/mm	646		744	655	750				
	L/mm	616	688	760	763	856	964	1150	1346	1642
	B/mm	850～886			850～886					
重量/kg		125	130	145	150	160	190	210	220	235
项　目		CD₁2D、MD₁2D			CD₁3D、MD₁3D					
起重量/kg		2000			3000					
起升高度/m		6	9	12	18	24	30	6	9	12	18	24	30

续表

项　目	CD$_1$2D、MD$_1$2D						CD$_1$3D、MD$_1$3D					
起升速度/(m/min)	8(CD$_1$2D),8/0.8(MD$_1$2D)						8(CD$_1$3D),8/0.8(MD$_1$3D)					
运行速度/(m/min)	20(30)						20(30)					
工字钢轨道型号	20a-45c						20a-45c					
环形轨道最小半径/m	1.2	1.5	2	2.5	3.5		1.5	1.8	2.5	3.2	4	
起升电机　型号	ZD131-4						ZD132-4					
起升电机　功率/kW	3						4.5					
运行电机　型号	ZD1Y12-4						ZD1Y12-4					
运行电机　功率/kW	0.4						0.4					
基本尺寸　G/mm	845		960				945		1030			
基本尺寸　L/mm	818	918	1018	1218	1418	1618	924	1027	1130	1336	1542	1748
基本尺寸　B/mm	898~954						898~954					
重量/kg	230	245	290	315	335	360	300	320	360	390	420	450

项　目	CD$_1$5D、MD$_1$5D						CD$_1$10D、MD$_1$10D					
起重量/kg	5000						10000					
起升高度/m	6	9	12	18	24	30	9	12	18	24	30	
起升速度/(m/min)	8(CD$_1$5D),8/0.8(MD$_1$5D)						8(CD$_1$10D),8/0.8(MD$_1$10D)					
运行速度/(m/min)	20(30)						20(30)					
工字钢轨道型号	25a-63c						25a-63c					
环形轨道最小半径/m	1.8		2.5	3.2	4		3	3.5	4.5	6	7.5	
起升电机　型号	ZD$_1$41-4						ZD$_1$51-4					
起升电机　功率/kW	7.5						13					
运行电机　型号	ZD$_1$Y21-4						ZD$_1$Y21-4					
运行电机　功率/kW	0.8						0.8×2					
基本尺寸　G/mm	1120		1250				1320					
基本尺寸　L/mm	1052	1157	1262	1472	1682	1892	1805	1986	2348	2710	3042	
基本尺寸　B/mm	1000~1058						1030~1088					
重量/kg	510	540	640	710	776	830	1010	1080	1185	1280	1380	

设备简图及简要说明

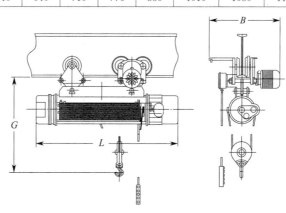

说明：

CD$_1$ 型表示只有一个起重速度(8m/min)的电动葫芦

MD$_1$ 型表示同时有两个起重速度(8m/min 及 0.8m/min)的电动葫芦

CD$_1$ 型电动葫芦可分为 A、B、C、D 四种型式：

A 为固定式电动葫芦,按其安装地脚在上、下、左、右四中位置,对应为 A1、A2、A3、A4

B 为手拉小车式电动葫芦

C 为链轮小车式电动葫芦

D 为电动小车式电动葫芦

北京北起新创起重设备有限公司、南京起重机机械总厂、江阴鼎力起重机(集团)公司等的产品

（2）PK 型系列电动葫芦

PK 型环链电动葫芦是采用德国德马格公司的专业技术制造的新产品（见图 21-16），可安装在工字梁、曲线导轨及固定吊点上吊运重物，也可安装在悬臂上吊装工件及夹具，在低建厂房以及不适于安装梁式起重机的场所均可选用 PK 型电动环链葫芦。该产品具有主起升速度及精起升速度两种起升速度，还具有体积小、重量轻、噪声小、操作灵活等优点。

产品安装型式可分为悬挂固定式、手拉小车式、电动小车式等。

PK 型系列环链电动葫芦的技术性能规格见表 21-47。

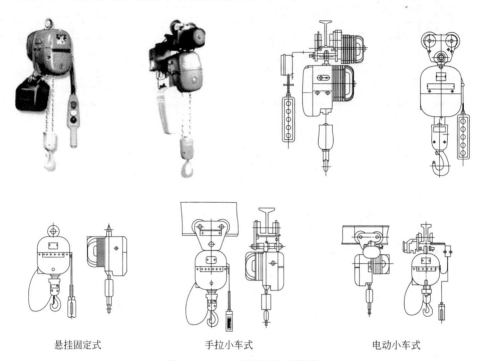

悬挂固定式　　　　　　　手拉小车式　　　　　　　电动小车式

图 21-16　PK 型环链电动葫芦

表 21-47　PK 型系列环链电动葫芦的技术性能规格

项　　目	1N-1F	1N-2F	2N-1F	2N-2F	5N-1F	5N-2F	10N-1F	10N-2F
额定负荷/kg	125	250	250	500	500	1000	1000	2000
起重链行数	1	2	1	2	1	2	1	2
主起升速度/(m/min)	8	4	10	5	10	5	8	4
精起升速度/(m/min)	2	1	2.5	1.25	2.5	1.25	2	1
运行速度/(m/min)	7	7	14	14	28;7/18	28;7/18	28;7/18	28;7/18
起升电动机功率 /kW	0.2/0.05	0.2/0.05	0.5/0.13	0.5/0.13	1.0/0.25	1.0/0.25	1.5/0.35	1.5/0.35
运行小车电机功率/kW	0.05	0.05	0.14	0.14	0.2 0.07/0.27	0.2 0.07/0.27	0.2 0.07/0.27	0.2 0.07/0.27
电压/V	380	380	380	380	380	380	380	380
起升高度 /m	3,6,8,12	3,4,6	3,6,8,12	3,4,6	3,6,8,12	3,4,6	3,6,8,12	3,4,6
设计高度 C/mm	420	440	490	520	560	655	650	760
尺寸 a/mm	254				254		318	
轨道最小曲率半径/mm	1000		1400		1400		1600	
适用工字钢	10-25b		10-25b		12-28b		18-45c	
概略自重/kg	16	17	32	34	48	53	68	80

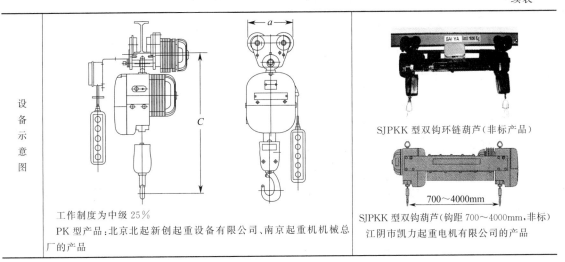

设备示意图

工作制度为中级 25%

PK 型产品:北京北起新创起重设备有限公司、南京起重机机械总厂的产品

SJPKK 型双钩环链葫芦(非标产品)

SJPKK 型双钩葫芦(钩距 700～4000mm,非标)

江阴市凯力起重电机有限公司的产品

21.6.4　电动单梁悬挂起重机

单梁悬挂起重机由悬挂机架、电动葫芦和单轨等组成。电动葫芦可作纵向和横向移动,工作范围较大（工作面大）,操作方便。适用于各种形状、大小、重量的工件;多用于中小批量电镀生产中,长槽子横向排列时的零件起重运输。

(1) LX 电动单梁悬挂起重机

LX 电动单梁悬挂起重机是与 CD_1、MD_1 型电动葫芦配套使用的一种有轨运行的轻小型起重机,其起重量为 0.5～5t,跨度为 3～16m,操纵方式为地面操纵。起重机由单梁桥架、电动葫芦、运行机构及电气控制等组成,性能可靠、使用维护方便。本产品为一般用途起重机,多用于机械制造、装配及仓库等场所。在电镀及化学处理生产中用于大中型长槽子横向排列生产线上的零件起重运输。LX 型 0.5～5t 电动单梁悬挂起重机及其外形尺寸见图 21-17。

LX 型电动单梁悬挂起重机的技术性能参数见表 21-48。

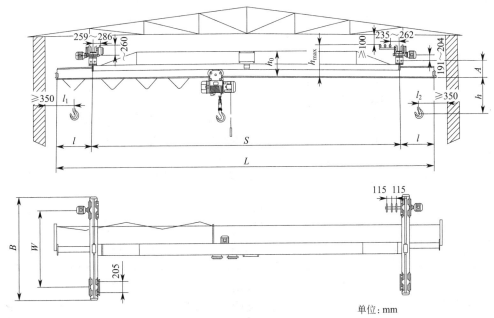

单位:mm

图 21-17　LX 型 0.5～5t 电动单梁悬挂起重机及其外形尺寸

表 21-48　LX 型 0.5~5t 电动单梁悬挂起重机的技术性能参数

项　目		单　位	数　据				
起重量		t	0.5	1	2	3	5
跨度 S		m	3~16				
起重机运行机构	速度	m/min	20(30)				
	减速比		28.2(20)				
	电动机	型号/kW	ZDY12-4/0.4×2				
电动葫芦	型号		CD₁、MD₁ 0.5-6D~12D	CD₁、MD₁ 1-6D~30D	CD₁、MD₁ 2-6D~30D	CD₁、MD₁ 3-6D~30D	CD₁、MD₁ 5-6D~30D
	起升速度	m/min	8(8/0.8)				
	起升高度	m	6;9;12	6;9;12;18;24;30			
	运行速度	m/min	20(30)				
	运行电机	型号/kW	ZDY11-4/0.2		ZDY12-4/0.4		ZDY12-4/0.4
工作级别			A3~A5				
电源			三相交流　380V　50Hz				
适用轨道工字钢型号		GB/T 706—2008	0.5~2t Ⅰ22a~45c; 3~5t Ⅰ25a~45c				

项目	起重量	S	L	l	l_1	l_2	h	h_0	h_{max}	A	B	W
单位	t	m						mm				
数据	0.5	3~7.5	4.5~9	750	234	154	550	200~273	794	290	1500	1000
		8~12	10~14	1000				328	844	340	2000	1500
		12.5~16	14.5~18					362	874	370	2500	2000
	1	3~7.5	4.5~9	750	256	134	660	250~328	844	340	1500	1000
		8~12	10~14	1000				362	874	370	2000	1500
		12.5~16	14.5~18					600	914	410	2500	2000
	2	3~7.5	4.5~9	750	278	153	840	362	874	370	1500	1000
		8~12	10~14	1000				600~690	914~1004	410~500	2000	1500
		12.5~16	14.5~18								2500	2000
	3	3~7.5	4.5~9	750	279	151	930	385	914	410	1500	1000
		8~12	10~14	1000				630~790	944~1004	440~500	2000	1500
		12.5~16	14.5~18								2500	2000
	5	3~7.5	4.5~9	750	302	170	1185	395	924	420	1500	1000
		8~12	10~14	1000				700~740	1014~1089	450~585	2000	1500
		12.5~16	14.5~18					700~1000			2500	2000

备　注	LX 型 0.5~5 吨电动单梁悬挂起重机外形尺寸图见图 21-17。电动葫芦的起升速度(8/0.8)为 MD₁ 型电动葫芦,需另加电动葫芦的起升电机电容量 黑龙江富锦富华起重机有限公司、天津起重设备有限公司、北京北起百莱玛机械有限公司、南京起重机械总厂有限公司等的产品

（2）轻型组件组合的单梁悬挂起重机

　　轻型组件是仿造德国的德马格公司起重机标准组件 KBK 而组合起来的单梁悬挂起重机,具有起动快、自重轻的特点,手动操作简便。其主要参数见表 21-49、表 21-50。

21.6.5　电动梁式(单梁)起重机

　　梁式起重机由金属结构桥架、大车运行机构、电动葫芦及电气控制等组成,性能可靠、使用维护方便,操纵方式有地面操纵和操纵室操纵两种。

　　LD 电动单梁起重机是与 CD₁、MD₁ 型电动葫芦配套使用的一种有轨运行的轻小型起重机,其起重量为 1~10t,跨度为 7.5~22.5m,操纵方式有地面和操纵室两种操纵方式。起重机由金属结构桥架、大车运行机构、电动葫芦及电气控制等组成,性能可靠、使用维护方便。本产品为一般用途起重机,多用于机械制造、装配及仓库等场所。在电镀生产中用于生产线作业以及零件、物料的装卸等作业。

表 21-49　JKBK-LD 柔性单梁悬挂起重机主要参数

起重量/kg	尺寸/mm							总重量/kg
	L	L_K	L_2	L_3	B	H	h	
125	9050	8500	95	645	190	808	335	241
250	8050	7500	95	585	190	878	335	235
500	7050	6500	95	525	190	948	335	227
1000	4050	3500	220	470	460	1071	349	188
备　注	设备简图： 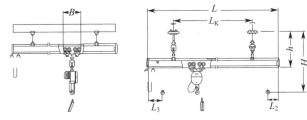 本起重机所使用的电动葫芦，可采用 JPKK 型或 PK 系列环链电动葫芦。 江阴市凯力起重电机有限公司的产品							

表 21-50　KPK 单梁悬挂起重机主要参数

KPK 型材号规格	主要参数	起重量/kg					
		50	80	125	250	500	1000
KPK-0	主梁跨度 L_K/m	3.7	2.8	2.6	—	—	—
KPK-Ⅰ	主梁跨度 L_K/m	5.4	4.6	4.6	2.8	—	—
KPK-Ⅱ	主梁跨度 L_K/m	7.5	7.5	7.0	6.0	3.7	1.7
KPK-Ⅲ	主梁跨度 L_K/m	7.75	7.75	7.75	7.45	6.0	3.5
KPK-Ⅲ-T	主梁跨度 L_K/m	—	—	—	—	6.75	6.5
备　注	上海轻立起重设备有限公司的产品						

电动单梁起重机的构造形式见图 21-18。

LD 型电动单梁起重机的技术规格见表 21-51。

图 21-18　LD 型电动梁式（单梁）起重机

表 21-51　LD 型 1~10t 电动梁式（单梁）起重机的技术规格

项　　目		LD1	LD2	LD3
起重量	t	1	2	3
操纵型式		地面操纵/操纵室操纵		

续表

LD1、LD2、LD3

项目		单位	LD1	LD2	LD3
起重机运行机构	速度	m/min	20;30;45(地面操纵)或 45;60;75(操纵室操纵)		
	电机型号		ZDY21-4(地面操纵)或 ZDR12-4(操纵室操纵)		
	功率	kW	0.8×2(地面操纵)或 1.5×2(操纵室操纵)		
电动葫芦	型号		CD1、MD1 1-6D~30D	CD1、MD1 2-6D~30D	CD1、MD1 3-6D~30D
	起升速度	m/min	8 CD1(8/0.8 MD1)		
	起升高度	m	6;9;12;18;24;30		
	运行速度	m/min	20;30		
	功率 起升	kW	1.5	3.0	4.5
	功率 运行	kW	0.2	0.4	0.4
工作级别			A3~A5		
电源			三相交流 380V 50Hz		
荐用轨道面宽		mm	37~70		

基本尺寸(mm)	LD1				LD2				LD3			
跨度(S)/m	7.5~12	12.5~17	19.5	22.5	7.5~12	12.5~17	19.5	22.5	7.5~12	12.5~17	19.5	22.5
H_1	490		530	580	490	490~580	660	720	530~580	580~660	745	820
h	810	810~860	870		1050~1060		1080	1120	1150	1150~1170	1185	1210
h_1	550	550~600	650	700	550~600	600~700	800	900	650~700	700~800	900	1000
B	2500	3000	3500		2500	3000	3500		2500	3000	3500	
W	2000	2500	3000		2000	2500	3000		2000	2500	3000	
L_1	796				872				819			
L_2	1274				1293				1291			

LD5、LD10

项目		单位	LD5	LD10
起重量		t	5	10
操纵型式			地面操纵/操纵室操纵	
起重机运行机构	速度	m/min	20、30、45(地面操纵)或 45、60、75(操纵室操纵)	
	电机型号		ZDY21-4(地面操纵)或 ZDR12-4(操纵室操纵)	
	功率	kW	0.8×2(地面操纵)或 1.5×2(操纵室操纵)	
电动葫芦	型号		CD1、MD1 5-6D~30D	CD1 10-9D~30D
	起升速度	m/min	8 CD1(8/0.8 MD1)	7
	起升高度	m	6、9、12、18、24、30	9、12、18、24、30
	运行速度	m/min	20;30	
	功率 起升	kW	7.5	13
	功率 运行	kW	0.8	0.8×2
工作级别			A3~A5	
电源			三相交流 380V 50Hz	
推荐用轨道面宽		mm	37~70	

基本尺寸(mm)	LD5				LD10			
跨度(S)/m	7.5~12	12.5~17	19.5	22.5	7.5~12	12.5~17	19.5	22.5
H_1	580~660	660~745	820	875	755~775	775~785	832	900
h	1380~1400	1400~1415	1440	1485	1520	1355	1720	1820
h_1	700~800	800~900	1000	1100	1000	1000~1200	1300	1400
B	2500	3000	3500	3500	3000	3000~3500	4000	4000
W	2000	2500	3000	3000	2500	2500~3000	3500	3500
L_1	841.5				841.5			
L_2	1310				1310			

续表

| 电动单梁起重机外形尺寸 | 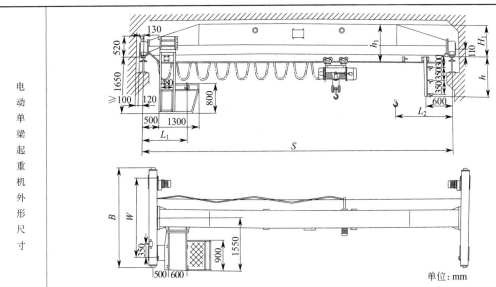 |

天津起重设备有限公司、黑龙江富锦富华起重机有限公司、北京北起百莱玛机械有限公司、南京起重机械总厂有限公司等的产品

21.7　维修间设备

　　电镀车间维修间的任务是对本车间的工艺设备、通风供排水的各种管道系统、电气等进行日常的维护和中、小型修理。需要进行大修的设备等，可由厂机修车间协作修理。生产中需要的非标设备，可向电镀设备制造厂家订购；一些简单非标设备，也可由厂内有关车间协作制作。电镀及化学处理生产中所使用的挂具、吊筐（篮）等，尽可能向挂具制造厂家订购，可保证挂具的强度和质量。一些简单或临时需要的挂具也可在维修间制作。

　　维修间常用的设备有钳工台、工具柜、台式钻床、立式钻床、台式砂轮机、立式砂轮机、普通车床、万能铣床、电焊机、气焊设备、塑料件制作、焊接以及钣金制件等设备。维修间的规模及所需配备的设备，根据电镀车间的规模、工艺特点等具体情况确定。

　　维修间所需机械加工设备、焊接设备，对加工精度要求不高，要求通用性大。若是改建厂或搬建厂，尽可能采用工厂现有设备，其规格及通用性要大些。

第4篇　清洁生产及职业安全卫生

第22章
电镀清洁生产

22.1　概述

随着科学技术的发展和生产力水平的提高，世界许多国家因经济高速发展而造成了严重的环境污染和生态破坏，到了 20 世纪 80 年代后期，环境问题已由局部性、区域性问题发展成为全球性的生态危机，成为危及人类生存的最大隐患。

20 世纪 60 年代，人们开始通过各种技术和方法对生产过程中产生的废弃物和污染物进行处理，这就是所谓的"末端治理"。但在很多情况下，末端治理需要投入很高的设备费用、惊人的维护开支和最终处理费用，其治理工作本身还需要消耗资源、能源。随着末端治理措施的广泛应用，人们逐渐发现末端治理并不是一个最好的解决方案。于是，从 20 世纪 70 年代开始，一些发达国家的企业相继尝试运用诸如"污染预防""减废技术""源削减""零排放技术"和"环境友好技术"等方法和措施，来提高生产过程中的资源利用效率，削减污染物以减轻对环境和公众的危害。这些实践取得了良好的经济效益、环境效益和社会效益。在总结了工业污染防治理论和实践的基础上，联合国环境规划署（UNEP）于 1989 年提出了"清洁生产"的战略和推广计划，于是清洁生产正式走上国际化的推行道路。

清洁生产是一种新型污染预防和控制战略，是实现经济和环境协调持续发展的一种重要手段之一。1993 年我国国家环保总局和原国家经贸委联合在上海召开的"全国工业污染防治会议"上，明确了清洁生产在我国工业污染中的地位。1997 年 4 月，国家环保总局制定并发布了《关于推行清洁生产的若干意见》，要求地方环保主管部门将清洁生产纳入已有的环境管理政策中，以便更深入地推行促进清洁生产。1999 年，全国人大环境与资源保护委员会将"清洁生产促进法"的制定列入立法计划。2002 年 6 月 29 日，九届全国人大常委会第二十八次会议通过了《中华人民共和国清洁生产促进法》。2004 年 8 月，国家发改委、国家环保总局发布了《清洁生产审核暂行办法》，这标志着我国清洁生产跨入了全面推进的新阶段，使清洁生产更加具体化、规范化、法制化。总之，《清洁生产促进法》的实施，是推动我国经济实现可持续发展战略的重要保障，是防治工业污染的最佳选择，也是当今世界环境保护发展的方向和趋势。

22.2　清洁生产基本概念

22.2.1　清洁生产的定义

　　清洁生产是一种先进思想和新的思维方式，是对传统的以末端治理为主的环保战略的反思。《中华人民共和国清洁生产促进法》总则的第二条指出，"本法所称清洁生产，是指不断采取改进设计、使用清洁的能源和原料、采用先进的工艺技术与设备、改善管理、综合利用等措施，从源头削减污染，提高资源利用效率，减少或者避免生产、服务和产品使用过程中污染物的产生和排放，以减轻或者消除对人类健康和环境的危害"。所以它的适用范围包括了全部生产和服务领域。清洁生产能使自然资源和能源利用合理化、经济效益最大化、对人类和环境的危害最小化。

　　在《清洁生产促进法》的清洁生产的推行中，明确规定了国家对浪费资源和严重污染环境的落后生产技术、工艺、设备和产品实行限期淘汰制度；在清洁生产的实施中，明确规定了新建、改建和扩建项目应当进行环境影响评价，对原料使用、资源消耗、资源综合利用以及污染物产生与处置等进行分析论证，优先采用资源利用率高以及污染物产生量少的清洁生产技术、工艺和设备。企业在技术改造过程中，应当采取以下清洁生产措施。

　　① 采用无毒、无害或者低毒、低害的原料，替代毒性大、危害严重的原料。

　　② 采用资源利用率高、污染物产生量少的工艺和设备，替代资源利用率低、污染物产生量多的工艺和设备。

　　③ 对生产过程中的废物、废水和余热等进行综合利用或循环利用。

　　④ 生产的产品（商品）在使用寿命终结后，能够便于回收利用，不对环境造成污染或潜在威胁。

　　⑤ 采用能够达到国家或者地方规定的污染物排放标准和污染物排放总量控制指标的污染防治技术。

22.2.2　清洁生产是控制污染的最佳模式

　　清洁生产是控制和防治工业污染的最佳模式。而传统的工业生产方式，能源消耗高、资源浪费大、污染严重，其治理采用的是末端治理。我国工业的总体水平比较落后，所以长期以来的环境保护控制侧重于末端治理。而末端治理是一种消极的应对措施、被动的管理模式，它的局限性及弊病主要有以下几点。

　　① 污染治理技术难度大，处理设施投资大，运行费用高。

　　② 末端治理常常不是彻底的处理，易造成二次污染。

　　③ 末端治理是事后处理，只治标不治本。它不涉及资源有效利用，不能解决资源浪费大、消耗高的问题。

　　④ 末端治理忽视全过程控制，把控制污染与生产管理分裂开来，因而不能从根本上控制污染。

　　国内外大量的实践表明，清洁生产能克服末端治理的种种局限性及弊病，是工业生产中，控制和防治工业污染的最佳模式。

22.3　现代清洁生产与传统污染控制的比较

22.3.1　清洁生产的目标及技术方法

　　清洁生产所要达到的目标[6]及清洁生产的技术方法如表 22-1 所示。

表 22-1 清洁生产的目标和清洁生产的技术方法

清洁生产所要达到的目标		清洁生产的技术方法	
自然资源和能源利用合理化	清洁生产对自然资源的合理利用的含义是:投入最少的原料和能源,生产出来尽可能多的产品,提供尽可多的服务,最大限度地节约资源(原材料和能源)。同时,还包括替代能源、原材料的应用和循环利用物料等	源头削减污染	选用无毒无害或低毒低害的物料、能源,最大限度地减少有毒有害物料的使用,从工艺生产的源头上大大削减污染源
经济效益最大化	清洁生产通过节约资源、降低损耗、提高生产效益、提高产品质量,来达到降低生产成本,提高企业竞争能力	生产过程的控制	通过加强技术管理,采用适合产品特点的无毒无害或低毒低害、高效、低耗、节能的技术、工艺、装备等,以达到无废物排放或少废物排放,减少最后的末端治理、排放的压力,使达到预防污染的目的
对人类健康和环境的危害最小化	清洁生产通过最大限度地减少有毒有害物料的使用,或者选用无毒无害或低毒低害的物料,采用无废物或少废物排放的技术、工艺及设备装置,并通过提高废物循环利用率及治理等,实现对人类健康和环境的危害最小化	治理及回收利用	通过上述的技术措施,使末端治理和清理投入的精力或者财力达到最小。并采取有效措施,对废料、废物进行回收利用,提高废物的循环利用率

22.3.2 清洁生产应坚持的原则

清洁生产应坚持的原则见表 22-2。

表 22-2 清洁生产应坚持的原则

清洁生产应坚持的原则	通过清洁生产措施所要达到的目标
坚持清洁生产与结构调整相结合	目前,我国工业的总体技术和装备水平与国际先进水平相比还比较落后,资源、能源利用率低、浪费大。而小型工业企业多,尤其是乡镇企业,其工艺、技术落后,管理水平低,造成了污染的蔓延。通过结构调整,实施清洁生产,可以实现节能、减污、降耗、增效,可以促进工业经济增加方式从粗放型向集约型转变
坚持清洁生产与技术进步相结合	目前我国的能源利用率,与国外先进水平要低大约10%,我国也是世界上单位产值能耗最高的国家之一,比世界平均水平高出两倍。所以通过技术改造、技术进步,提高装备的先进性,才是实施清洁生产,最大限度提高资源利用率、减少污染物排放的有效途径
坚持清洁生产与加强企业管理相结合	清洁生产只有通过企业建立自我约束机制,建立强有力的管理机构,制定规划,明确目标,把清洁生产作为企业的自觉自愿行动,才能保证污染预防方针和目标得到贯彻和落实。所以,清洁生产必须与加强企业管理相结合,才能取得期望的效果,取得良好的经济效益和社会效益,也是树立企业良好形象的内在要求
坚持清洁生产与环境监督、环境管理相结合	环境监督、环境管理是针对企业生产的全过程而言的,完善的环境管理机制要求企业在生产过程中实现污染物最小化,而不仅仅是末端治理,这与推行清洁生产的思维方法、工作方法是相辅相成的。所以,建立环境管理体系,有助于企业开展清洁生产

22.3.3 清洁生产与传统污染控制的比较

传统污染控制是侧重于末端治理为控制目标,即污染产生以后,考虑如何来处理,解决污染,怎样实现达标排放。而清洁生产考虑的是把预防放在最重要的位置,控制生产全过程,使末端治理的负荷和投入达到最小。

传统污染控制和清洁生产的比较[6]见表 22-3。

表 22-3 传统污染控制和清洁生产的比较

序号	传统污染控制	清洁生产
1	在末端用各种技术控制污染	从源头采取整体性措施预防污染

续表

序号	传统污染控制	清洁生产
2	问题产生以后再考虑治理	从生产工艺和产品同时考虑
3	总是被视作增加企业额外成本的因素	环境和经济的协调发展
4	主要由环境专家来完成	全体人员的责任
5	完全要靠技术措施实现	通过技术与非技术两类措施实现
6	目标是达到污染排放标准	不断提高企业竞争能力
7	产品质量仅以满足顾客的要求为准	产品质量不但要满足顾客的要求,还要使其对环境和人类健康的不利影响最小化
8	有毒有害污染物在不同的环境介质之间转移,不能根本消除	消除或者最大限度地减少污染物产生的根源

22.4　清洁生产审核

《清洁生产促进法》中指出：企业应当对生产和服务过程中的资源消耗及废物的产生情况进行监测，并根据需要对生产和服务实施清洁生产审核。有下列情况的应实施清洁生产审核。

① 污染物排放超过国家和地方规定的排放标准或者超过经有关地方人民政府核定的污染物排放总量控制指标的企业，应当实施清洁生产审核。

② 使用有毒、有害原料进行生产或者在生产中排放有毒、有害物质的企业，应当定期实施清洁生产审核。

22.4.1　清洁生产审核的定义

清洁生产审核的定义：清洁生产审核也称清洁生产审计，是一套对正在进行的生产过程进行系统分析和评价的程序；是通过对一家公司（工厂）的具体生产工艺、设备和操作的诊断，找出能耗高、物耗高、污染重的原因，掌握废物的种类、数量以及产生原因的详尽资料，提出如何减少有毒和有害物料的使用、产生以及废物产生的方案，经过对备选方案的技术经济及环境可行性分析，选定可供实施的清洁生产方案的分析过程。

清洁生产审核的重点工作在于找出问题，并提出可行的清洁生产实施方案。所以，清洁生产审核是支持和帮助企业（工厂）有效开展清洁生产活动的工具和手段，也是企业实施清洁生产的基础。

22.4.2　清洁生产审核的目的及主要原则

清洁生产审核的主要目的是判定出企业不符合清洁生产要求的地方和做法，并提出解决方案，达到节省能耗、降低物料消耗、减少污染和增加经济效益的目的。清洁生产审核应遵循的主要原则如表 22-4 所示。

表 22-4　清洁生产审核应遵循的主要原则

应遵循的主要原则	审核的做法及达到的效果
以企业为主体的原则	清洁生产审核的对象是企业，所以工作都是围绕企业这个主体来进行的。即对企业生产全过程的每个环节、每道工序可能产生的污染物进行定量的监测和分析,找出高物耗、高能耗、高污染的原因,提出对策及制订切实可行的解决方案,防止和减少污染的产生。通过清洁生产审核,提出企业需要解决的问题,常常会使企业获得经济效益和社会效益,树立良好的社会形象,提高企业的竞争力
自愿审核与强制性审核相结合的原则	自愿开展清洁生产审核。国家鼓励企业自愿开展清洁生产审核。对污染物排放达到国家和地方规定的排放标准,以及当地人民政府核定的污染物排放总量控制指标的企业,可自愿开展清洁生产审核

续表

应遵循的主要原则	审核的做法及达到的效果
自愿审核与强制性审核相结合的原则	强制开展清洁生产审核。有下列情况之一的,应当强制性开展清洁生产审核。 1. 污染物排放超过国家和地方排放标准,或者污染物排放总量超过地方人民政府核定的污染物排放总量控制指标的污染严重的企业 2. 使用有毒、有害原料进行生产或者在生产中排放有毒、有害物的企业
企业自主审核与外部协助审核相结合的原则	企业的优势在于对自身的产品、原料、生产工艺、技术、资源利用率、污染排放情况以及内部管理状况比较熟悉,企业可以开展全部或部分清洁生产审核工作。但一些中小企业受人员、技术等因素的限制,难于自主开展清洁生产审核工作,这时开展清洁生产审核工作需要外部专家进行指导和帮助。所以,应根据企业的实际情况,采用企业自主审核或与外部协助审核相结合的原则,开展清洁生产审核
因地制宜、注重实效、逐步开展的原则	由于各地区经济发展不平衡,不同企业的工艺技术、资源消耗、污染排放等的差异。所以,在实施清洁生产审核时,应结合本地企业的实际情况,因地制宜地开展审核工作。清洁生产审核作为企业实施清洁生产的一种主要技术方法,在实施中应注重实效,提出切实可行的解决方法,使企业能够取得实实在在的效益

注:有毒、有害原料或者物质,主要指《危险货物品名表》GB 12268、《危险化学品目录》《国家危险废物目录》和《剧毒化学品目录》中的剧毒、强腐蚀性、强刺激性、放射性(不包括核电设施和军工核设施)、致癌、致畸等物质。

应当指出,清洁生产审核只是实施清洁生产的一种主要的技术方法,而不是唯一的方法。而对于生产过程相对简单的企业,清洁生产审核方法就显得过于烦琐。因此,是否进行清洁生产审核,应当由企业根据自己的实际情况决定。

22.4.3　清洁生产审核的工作程序及内容

根据《清洁生产审核暂行办法》(国家环境保护总局令第 16 号,于 2004 年 10 月 1 日起施行)第十三条规定,清洁生产审核程序原则上包括审核准备,预审核、审核,实施方案的产生、筛选和确定,编写清洁生产审核等,见表 22-5。

表 22-5　清洁生产审核的工作程序及内容

序号	工作程序	工作内容
1	审核准备	开始培训和宣传,成立由企业管理人员和技术人员组成的清洁生产审核工作小组,制订工作计划
2	预审核	在对企业基本情况进行全面调查的基础上,通过定性和定量分析,确定清洁生产审核重点和企业清洁生产目标
3	审核	通过对生产和服务过程的投入产出进行分析,建立物料平衡、水平衡、资源平衡以及污染因子平衡,找出物料流失、资源浪费和污染物产生的原因
4	实施方案的产生和筛选	对物料流失、资源浪费、污染物产生和排放进行分析,提出清洁生产实施方案,并进行方案的初步筛选
5	实施方案的确定	对初步筛选的清洁生产方案进行技术、经济和环境可行性分析,确定企业拟实施的清洁生产方案
6	编写清洁生产审核报告	清洁生产审核报告应包括企业基本情况、清洁生产审核过程和结果、清洁生产方案汇总和效益预测分析、清洁生产方案实施计划等

清洁生产审核工作程序分三个阶段。

第一阶段:审核准备阶段;

第二阶段:审核阶段;

第三阶段:审核报告书编制和备案阶段。

清洁生产审核一般工作程序[1]见图 22-1。

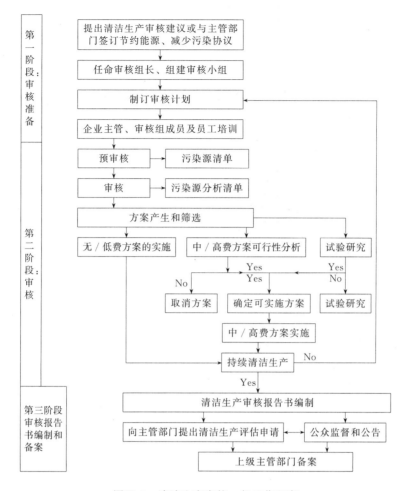

图22-1 清洁生产审核一般工作程序

22.5 电镀清洁生产标准

为贯彻实施国家环境保护法和国家清洁生产促进法，以保护环境，为电镀企业开展清洁生产提供技术支持和导向。国家环境保护总局于 2006 年 11 月 22 日发布了国家环境保护行业标准，HJ/T 314—2006《清洁生产标准　电镀行业》。该标准被 HJ 450—2008《清洁生产标准　印制电路板制造业》替代，但内容有变动，而综合电镀类的特点及镀种等与印制电路板的电镀有很多不同，所以仍将 HJ/T 314—2006《清洁生产标准　电镀行业》的标准内容列出，以供对应参照及参考。

本标准为指导性标准，适用于电镀行业生产企业的清洁生产审核和清洁生产潜力与机会的判断，以及企业清洁生产绩效评定。

在达到国家和地方环境标准的基础上，根据当前的行业技术、装备水平和管理水平而制定了电镀清洁生产标准，该标准给出了电镀行业生产过程清洁生产水平的三级技术指标：

一级：国际清洁生产先进水平；

二级：国内清洁生产先进水平；

三级：国内清洁生产基本水平。

电镀行业清洁生产标准（综合电镀类）见表 22-6。

印制电路板制造业清洁生产技术指标要求见表 22-7。

表 22-6　电镀行业清洁生产标准（综合电镀类）

项　目	一　级	二　级	三　级
一、生产工艺与装备要求			
1. 电镀工艺选择合理性[①]	结合产品质量要求，采用了清洁生产工艺[②]		淘汰了高污染工艺[③]
2. 电镀装备（整流电源、风机、加热设施等）节能要求及节水装置	采用电镀过程全自动控制的节能电镀装备，有生产用水计量装置和车间排放口废水计量装置	采用节能电镀装备，有生产用水计量装置和车间排放口废水计量装置	已淘汰高能耗装备，有生产用水计量装置和车间排放口废水计量装置
3. 清洗方式	根据工艺选择淋洗、喷洗、多级逆流漂洗、回收或槽边处理的方式，无单槽清洗等方式		
4. 挂具、极杆	挂具有可靠的绝缘涂覆，极杆及时清理		
5. 回用	对适用镀种有带出液回收工序，有清洗水循环使用装置，有末端处理出水回用装置，有铬雾回收利用装置	对适用镀种有带出液回收工序，有末端处理出水回用装置，有铬雾回收利用装置	对适用镀种有带出液回收工序，有铬雾回收利用装置
6. 泄漏防范措施	设备无跑冒滴漏，有可靠的防范措施		
7. 生产作业地面及污水处理系统防腐防渗措施	具备		
二、资源利用指标			
1. 锌的利用率（钝化前）/%	≥85	≥80	≥75
2. 铜的利用率/%	≥85	≥80	≥75
3. 镍的利用率/%	≥95	≥92	≥80
4. 铬酸酐的利用率（装饰铬）/%	≥60	≥24	≥20
5. 铬酸酐的利用率（硬）/%	≥90	≥80	≥70
6. 新鲜水用量[④]/(t/m²)	≤0.1	≤0.3	≤0.5
三、镀件带出液污染物产生指标（末端处理前）			
1. 氰化镀种（铜）工艺，总氰化物（以 CN⁻ 计）/(g/m²)	≤0.7	≤0.7	≤1.0
2. 镀锌镀层钝化工艺（六价铬）/(g/m²)	0	≤0.13	≤2
3. 酸性镀铜工艺，总铜/(g/m²)	≤1.0	≤2.1	≤2.5
4. 镀镍工艺，总镍/(g/m²)	≤0.3	≤0.6	≤0.71
5. 镀装饰铬工艺，六价铬/(g/m²)	≤2.0	≤3.9	≤4.6
6. 镀硬铬工艺，六价铬/(g/m²)	≤0.1	≤1	≤1.3
四、环境管理要求			
1. 环境法律法规标准	符合国家和地方有关环境法律、法规，污染物排放达到国家和地方排放标准、总量控制和排污许可证管理要求		
2. 环境审核	按照 GB/T 24001—2004 建立并运行环境管理体系，环境管理手册、程序文件及作业文件齐备	环境管理制度健全，原始记录及统计数据齐全、有效	环境管理制度、原始记录及统计数据基本齐全
3. 废物处理处置	具备完善的废水、废气净化处理设施且有效运行，有废水计量装置。有适当的电镀液收集装置和合法的处理处置途径，生产现场有害气体发生点有可靠的吸风装置，废水处理处程中产生的污泥，应按照危险废物鉴别标准（GB 5085.1～3—1996[⑤]）进行危险特性鉴别。属于危险废物的，应按照危险废物处置，处置设施及转移符合标准，处置率达到 100%，不得混入生活垃圾		
4. 生产处理环境管理	生产现场环境清洁、整洁，管理有序，危险品有明显标识		
5. 相关方环境管理	购买有资质的原材料供应商的产品，对原材料供应商的产品质量、包装和运输等环节加影响；危险废物送到有资质的企业进行处理		
6. 制定和完善本单位安全生产应急预案	按照《国务院关于全面加强应急管理工作的意见》的精神，根据实际情况制订和完善本单位应急预案，明确各类突发事件的防范措施和处置程序		

① 电镀工艺选择合理性评价原则是：工艺取向是无氰、无氟或低氟、低毒、低浓度、低能耗、少用配位剂；淘汰重污染化学品，如铅、镉、汞等。对特殊产品的特殊要求另作考虑。

② 清洁生产工艺是指氯化钾镀锌工艺、镀锌层低六价铬和无六价铬钝化工艺、镀锌-镍合金工艺及其他清洁生产工艺。

③ 高污染工艺是指高氰镀锌工艺、高六价铬钝化工艺、电镀铅-锡合金工艺等。

④ 新鲜水用量是指消耗新鲜水量与全厂电镀生产成品总面积之比（包括进入镀液而无镀层的面积）。

⑤ 该标准被 GB 5085.1～3—2007 取代。

注：引自 HJ/T 314—2006《清洁生产标准　电镀行业》。

表 22-7　印制电路板制造业清洁生产技术指标要求

项　目	一　级	二　级	三　级
一、生产工艺和装备要求			
1. 基本要求	工厂有全面节能节水措施，并有效实施，工厂布局先进，生产设备自动化水平程度高，有安全节能工效	工厂布局合理，图形形成、板面清洗、蚀刻和电镀与化学镀有水、电计量装置	不采用已淘汰高耗能设备；生产场所整洁，符合安全技术、工业卫生的要求
2. 机械加工及辅助设施	高噪声区隔音吸声处理，或有防噪音措施	有集尘系统回收粉尘；废边料分类回收利用	有安全防护装置，有吸尘装置
3. 线路与阻焊图形形成(印刷或感光工艺)	用光固化抗蚀剂、阻焊剂；显影、去膜设备附有有机膜处理装置；配置排气或废气处理系统		用水溶性抗蚀剂，弱碱显影阻焊剂；废料回收、分类
4. 板面清洗	化学清洗和/或机械磨刷，采用逆流清洗或水回用，附有铜粉回收或污染物回收处理装置		不使用有机清洗剂，清洗液不含络合剂
5. 蚀刻	蚀刻机有自动控制与添加、再生循环系统；蚀刻清洗水多级逆流清洗；蚀刻清洗浓液补充添加于蚀刻液中或回收；蚀刻机密封，无液体与气体泄漏，排风管有阀门；排气有吸收处理装置，控制效果好		应用封闭式自动传送蚀刻装置，蚀刻液不含络、铁化合物和螯合物，废液集中存放并回收
6. 电镀与化学镀	除电镀金与化学镀金外，均采用无氰电镀液 除产品特定要求外，不采用含铅合金电镀与含氟络合物电镀液，不采用含铅的焊锡涂层。设备有自动控制装置，清洗水多级逆流回用。配置废气收集及处理系统		废液集中存放并回收，配制排气和处理系统
二、资源能源利用指标			
1. 单位印制电路板耗用新水量/(m^3/m^2)			
单面板	$\leqslant 0.17$	$\leqslant 0.26$	$\leqslant 0.36$
双面板	$\leqslant 0.50$	$\leqslant 0.90$	$\leqslant 1.32$
多层板($2+n$层)	$\leqslant (0.5+0.3n)$	$\leqslant (0.9+0.4n)$	$\leqslant (1.3+0.5n)$
HDI板($2+n$层)	$\leqslant (0.6+0.5n)$	$\leqslant (1.0+0.6n)$	$\leqslant (1.3+0.8n)$
2. 单位印制电路板耗用电量/($kW \cdot h/m^2$)			
单面板	$\leqslant 20$	$\leqslant 25$	$\leqslant 35$
双面板	$\leqslant 45$	$\leqslant 55$	$\leqslant 70$
多层板($2+n$层)	$\leqslant (45+20n)$	$\leqslant (65+25n)$	$\leqslant (75+30n)$
HDI板($2+n$层)	$\leqslant (60+40n)$	$\leqslant (85+50n)$	$\leqslant (105+60n)$
3. 覆铜板利用率/%			
单面板	$\geqslant 88$	$\geqslant 85$	$\geqslant 75$
双面板	$\geqslant 80$	$\geqslant 75$	$\geqslant 70$
多层板($2+n$层)	$\geqslant (80-2n)$	$\geqslant (75-3n)$	$\geqslant (70-5n)$
HDI板($2+n$层)	$\geqslant (75-2n)$	$\geqslant (70-3n)$	$\geqslant (65-4n)$
三、污染物产生量(末端处理前)			
1. 单位印制电路板废水产生量/(m^3/m^2)			
单面板	$\leqslant 0.14$	$\leqslant 0.22$	$\leqslant 0.30$
双面板	$\leqslant 0.42$	$\leqslant 0.78$	$\leqslant 1.32$
多层板($2+n$层)	$\leqslant (0.42+0.29n)$	$\leqslant (0.78+0.39n)$	$\leqslant (1.3+0.49n)$
HDI板($2+n$层)	$\leqslant (0.52+0.49n)$	$\leqslant (0.85+0.59n)$	$\leqslant (1.42+0.99n)$
2. 单位印制电路板的废水中铜产生量/(g/m^2)			
单面板	$\leqslant 8.0$	$\leqslant 20.0$	$\leqslant 50.0$
双面板	$\leqslant 15.0$	$\leqslant 25.0$	$\leqslant 60.0$
多层板($2+n$层)	$\leqslant (15+3n)$	$\leqslant (20+5n)$	$\leqslant (50+8n)$
HDI板($2+n$层)	$\leqslant (15+8n)$	$\leqslant (20+10n)$	$\leqslant (50+12n)$
3. 单位印制电路板的废水中化学需氧量(COD)/(g/m^2)			
单面板	$\leqslant 40$	$\leqslant 80$	$\leqslant 100$
双面板	$\leqslant 100$	$\leqslant 180$	$\leqslant 300$
多层板($2+n$层)	$\leqslant (100+30n)$	$\leqslant (180+60n)$	$\leqslant (300+100n)$
HDI板($2+n$层)	$\leqslant (120+50n)$	$\leqslant (200+80n)$	$\leqslant (300+120n)$

续表

项　目	一　级	二　级	三　级
四、废物回收利用指标			
1. 工业用水重复利用率/%	≥55	≥45	≥30
2. 金属铜回收率/%	≥95	≥88	≥80
五、环境管理指标			
1. 环境法律法规标准	符合国家和地方有关环境的法律、法规标准,污染物排放达到国家和地方的排放标准、总量控制指标和排放许可管理要求		
2. 生产过程环境管理	有工艺控制和设备操作文件;有针对生产装置突发损坏,对危险物、化学溶液应急处理的措施规定		无跑、冒、滴、漏现象,有维护保养计划和记录
3. 环境管理体系	建立 GB/T 24001 环境管理体系并被认证,管理体系有效运行;有完善的清洁生产管理机构,制定持续清洁生产体系,完成国家的清洁生产审核		有环境管理和清洁生产管理规程,岗位职责明确
4. 废水处理系统	废水分类处理,有自动加料调节与监控装置,有废水排放量与主要成分自动在线监测装置		废水分类汇集、处理,有废水分析监测装置,排水口有计量表具
5. 环保设施的运行管理	对污染物能在线监测,具有污染物分析条件,记录运行数据并建立环保档案,具备计算机网络化管理系统。废水在线监测装置经环保比对监测		有污染物分析条件,记录运行的数据
6. 危险物品管理	符合国家《危险废物储存污染控制标准》规定,危险品原材料分类,有专门仓库(场所)存放,有危险品管理制度,岗位职责明确		有危险品管理规程,有危险品储存场所
7. 废物存放和处理	做到国家相关管理规定,危险废物交给有资质的专业单位回收处理,应制定并向所在地县级以上地方人民政府环境行政主管部门备案危险品管理计划(包括减少危险货物产生量和危害性的措施以及危险废物储存、利用处置措施),向所在地县级以上地方人民政府环境行政主管部门申报危险废物产生种类、产生量、流向、储存、处置等有关资料。针对危险废物的产生、收集、储存、运输、利用、处置,应当制定意外事故防范措施和应急预案,并向所在地县级以上地方人民政府环境行政主管部门备案。废物处置管理,按不同种类区别存放及标识清楚;无泄漏,存放环境整洁;如果是可利用资源应无污染地回收利用处理;不能自行回收则交给有资质的专业回收单位处理。做到再生利用,没有二次污染		

注: 1. 表中"机械加工及辅助设施"包括开料、钻铣、冲切、刻槽、磨边、层压、压缩空气、排风等设备。

2. 表中的单面板、双面板、多层板包括刚性印制电路板和挠性印制电路板。由于挠性印制电路板的特殊性,新水用量、耗电量和废水产生量比表中所列数值分别增加 25%和 35%,覆铜板利用率比表中所列数值减少 25%。刚挠结合印制电路板参照挠性印制电路板相关指标。

3. 表中所述印制电路板制造适合于规模化批量生产企业,以小批量、多品种为主的软件和样板生产企业,可在表中指标值的基础上将新水用量、耗电量和废水产生量增加 15%。

4. 表中印制电路板层数加"n"是正整数。如 6 层多层板是 (2+4), n 为 4;HDI 板层数包含芯板,若无芯板则是全积层层板,都是在 2 层基础上加上 n 层;刚挠板是以刚性或挠性的最多层数计算。

5. 若采用半加成法或加成法工艺制作印制电路板,能源利用指标、污染物产生指标应不大于本标准。其他未列出的特殊印制电路板参照相应导电图形层数印制电路板的要求。如加印导电膏线路的单面板、导电膏灌孔的双面板都按双面板指标要求。

6. 若生产中除用电外还耗用重油、柴油或天然气等其他能源,可以按国家有关综合能耗折标煤标准换算,统一以耗电量计量。如电力 1.229 吨标煤/万千瓦时,重油 1.4286 吨标煤/吨,天然气 1.3300 吨标煤/千立方米,则 1 吨标煤折电力 0.81367 万千瓦时,1 吨重油折电力 1.1624 万千瓦时,1 千立方米天然气折电力 1.0822 万千瓦时。

7. 引自 HJ 450—2008《清洁生产标准　印刷电路板制造业》。

22.6　电镀清洁生产评价

为贯彻落实《清洁生产促进法》,提高资源利用率,减少和避免污染物的产生,保护和改善环境;为正确评估电镀企业的清洁生产水平,了解清洁生产潜力;为企业推行清洁生产提供技术指导,需要对电镀企业清洁生产状况进行科学客观的评价。

国家发改委和国家环境保护总局联合颁发了《电镀行业清洁生产评价指标体系(试行)》。电镀行业清洁生产评价指标体系是电镀行业中一系列相互联系、相对独立、互相补充的清洁生产评价指标所组成的，用于评价清洁生产绩效指标的集合。本指标体系依据综合评价所得分值将企业清洁生产等级划分为两级，分别定为清洁生产先进企业和清洁生产企业。

本指标体系适用于电镀生产企业及企业内电镀车间。本指标体系适用于评价电镀企业的清洁生产水平，作为创建清洁生产先进企业的主要依据，并为企业推行清洁生产提供技术指导。

22.6.1 评价指标体系结构

① 评价指标体系包括定量评价指标和定性评价指标。

② 评价指标体系分为一级评价指标和二级评价指标两个层次。

a. 一级评价指标是具有普遍性、概括性的指标，共有六项，它们分别是资源与能源消耗指标、生产技术特征指标、产品特征指标、镀件带出液污染物产生指标、资源综合利用指标、环境管理与劳动安全卫生指标。

b. 二级评价指标是一级评价指标之下，代表电镀行业清洁生产特点的、具体的、可操作的、可验证的若干指标。

22.6.2 考核评分计算方法

(1) 定量评价的二级指标的单项评价指数

指标分为正向指标和逆向指标。资源综合利用指标为正向指标；资源与能源消耗指标和镀件带出液污染物产生指标为逆向指标。对二级评价指标的考核评分，根据其类别不同采用不同的计算模式。

① 对正向指标，如资源综合利用指标，其单项评价指数按下式计算。评价指数（S_i）数值越高（大），越符合清洁生产要求的指标。

$$S_i = \frac{S_{xi}}{S_{oi}}$$

② 对逆向指标，如资源与能源消耗指标和镀件带出液污染物产生指标，其单项评价指数按下式计算。评价指数（S_i）数值越低（小），越符合清洁生产要求的指标。

$$S_i = \frac{S_{oi}}{S_{xi}}$$

式中　S_i——第 i 项评价指标的单项评价指数；

S_{xi}——第 i 项评价指标的实际值；

S_{oi}——第 i 项评价指标的评价基准值。

单项评价指数的正常值一般在 1.0 左右。但如果对于正向指标，其实际值远大于评价基准值，对于逆向指标，其实际值远小于评价基准值时，计算得出的 S_i 值就会较大。这样，计算结果就会偏离实际意义，对其他评价指标的单项评价指数的作用产生较大干扰。为了消除这种不合理的影响，对此进行修正处理。修正的方法是：取该 S_i 值为该项指标权数分值的 1.2 倍。

(2) 定量评价的二级指标考核总分值

定量评价的二级指标考核总分值按下式计算：

$$P_1 = \sum_{i=1}^{n} S_i K_i$$

式中　P_1——定量化评价的二级指标考核总分值；

n——参与考核的定量化评价的二级指标的项目总数；

S_i——第 i 项评价指标的单项评价指数；

K_i——第 i 项评价指标的权重分值。

(3) 定性评价的二级指标考核总分值

定性评价的二级指标考核总分值按下式计算：

$$P_2 = \sum_{i=1}^{n} F_i$$

式中 P_2——定性化评价二级指标考核总分值；

n——参与考核的定性化评价的二级指标的项目总数；

F_i——定性化评价指标体系中的第 i 项二级指标的得分值。

如果因镀种缺项或其他未列入的镀种可调整权重值，则应将该项二级评价指标的权重值乘以修正系数 A_i，调整其权重值，其修正方法如下：

$$P_2 = \sum_{i=1}^{m} F_i A_i$$

式中 P_2——定性化评价二级指标考核总分值；

m——实际参与考核的二级评价指标项目数；

F_i——定性化评价指标体系中的第 i 项二级指标的得分值；

A_i——第 i 项二级评价指标权重值的修正系数，$A_i = A_1/A_2$；

A_1——本指标体系所列与该二级评价指标有关的一级评价指标的权重值；

A_2——实际参与考核的属于该一级评价指标的各二级评价指标的权重值之和。

(4) 企业清洁生产综合评价指数的考核评分计算

为了综合考核电镀企业清洁生产的总体水平，在该企业进行定量化评价指标和定性化评价指标考核评分的基础上，将这两类指标的考核得分按不同权重（电镀行业暂以定性化评价指标为主，以定量化评价指标为辅）予以综合，得出该企业的清洁生产综合评价值。

① 综合评价指数。综合评价指数是考核衡量企业在考核年度的清洁生产的总体水平的一项综合指标。综合评价指数之差可以反映企业之间清洁生产水平的总体差距。综合评价指数按下式计算：

$$P = K_1 P_1 + K_2 P_2$$

式中 P——企业清洁生产的综合评价指数；

K_1——综合评价定量化指标的权重分值（一般选 0.4）；

P_1——定量评价指标中各二级指标考核总分值；

K_2——综合评价定性化指标的权重分值（一般选 0.6）；

P_2——定性评价指标中各二级指标考核总分值。

② 相对综合评价指数。相对综合评价指数是企业考核年度的综合评价指数与企业所选定的对比年度的综合评价指数的比值。它反映企业清洁生产的阶段改进程度。相对综合评价指数按下式计算：

$$P' = \frac{P_b}{P_a}$$

式中 P'——企业清洁生产相对综合评价指数；

P_a——企业所选定的对比年度的综合评价指数；

P_b——企业考核年度的综合评价指数。

(5) 电镀行业清洁生产企业的评定

对电镀行业清洁生产企业水平的评价，是以其清洁生产综合评价指数（P）为依据的。对达到一定综合评价指数的企业，分别评定为清洁生产先进企业和清洁生产企业。

电镀行业不同等级的清洁生产企业综合评价指数列于表 22-8。

表 22-8　电镀行业不同等级的清洁生产企业综合评价指数

清洁生产企业等级	清洁生产综合评价指数
清洁生产先进企业	$P \geqslant 95$
清洁生产企业	$80 \leqslant P < 95$

22.6.3　电镀行业清洁生产的评价指标

电镀行业清洁生产评价指标有评价基准值及权重值。

(1) 评价指标的基准值

在定量化评价指标体系中，指标的评价基准值是衡量各项指标是否符合清洁生产基本要求的评价基准。一般情况下，该基准值是依据目前的电镀技术水平或依据电镀清洁生产标准确定的。

在定性化评价指标体系中，基本上是按照有利于"源削减"的原则，设置各项二级指标，在缺乏统计数据的情况下，通过清洁生产装备和工艺的"有"与"无"、是否运行正常，以及清洁生产管理水平，客观反映企业清洁生产的面貌。

(2) 评价指标的权重值

清洁生产评价指标的权重值，是用来衡量各评价指标在整个清洁生产指标体系中所占的比重的，由该项指标对清洁生产水平的影响程度及其实施难易程度确定。

综合类电镀企业和印制电路板类电镀企业，清洁生产评价指标体系的各项评价指标基准值和权重值见以下各表。

综合类电镀企业定量化评价指标体系见表 22-9。

印制电路板类电镀企业定量化评价指标体系见表 22-10。

综合类电镀企业定性化评价指标体系见表 22-11。

表 22-9　综合类电镀企业定量化评价指标体系

一级评价指标	权重值	二级评价指标		权重值	评价基准值
资源综合利用指标	45	镀层金属原料综合利用率	镀锌:锌的利用率(钝化前)	$40/n^{①}$	80%
			镀铜:铜的利用率	$40/n$	80%
			镀镍:镍的利用率	$40/n$	92%
			镀装饰铬:铬的利用率	$40/n$	20%
			镀硬铬:铬的利用率	$40/n$	80%
		水重复利用率②		5	30%
镀件带出液污染物产生指标	40	镀锌钝化:总铬		$40/n$	$0.78g/m^2$
		酸性镀铜:总铜		$40/n$	$2.1g/m^2$
		镀镍:总镍		$40/n$	$0.6g/m^2$
		镀装饰铬:总铬		$40/n$	$3.9g/m^2$
		镀硬铬:总铬		$40/n$	$0.5g/m^2$
资源与能源消耗指标	15	工业新鲜水用量③		15	$0.3t/m^2$

① n 为被审核镀种数。

② 在电镀生产过程中，水被有效使用两次，即为重复使用一次，以此类推。水的重复使用包括冷却水、离子交换法出水、逆流漂洗用水、污水处理回用水的二次使用等。

③ 工业新鲜水用量是指新鲜水使用量与电镀生产成品面积之比。

表 22-10　印制电路板类电镀企业定量化评价指标体系

一级评价指标	权重值	二级评价指标	权重值	评价基准值
综合资源利用指标	50	铜阳极利用率	20	80%
		水重复利用率②	10	30%
		印制电路板腐蚀液回收率	20	100%

续表

一级评价指标	权重值	二级评价指标		权重值	评价基准值
镀件带出液污染物产生指标	30	总铜		30	$2.1g/m^2$
资源与能源消耗指标	20	工业新鲜水用量③	单面板	$20/n$①	$0.3t/m^2$
			双面板	$20/n$	$0.6t/m^2$

① n 为被审核镀种数。

② 在电镀生产过程中,水被有效使用两次,即为重复使用一次,以此类推。水的重复使用包括冷却水、离子交换法出水、逆流漂洗用水、污水处理回用水的二次使用等。

③ 工业新鲜水用量是指新鲜水使用量与电镀生产成品面积之比。

表 22-11 综合类电镀企业定性化评价指标体系

一级评价指标	权重值	二级评价指标	权重值
资源与能源消耗指标	18	淘汰高能耗设备	4
		使用清洁燃料(地方标准)	4
		排风系统风量可调	1
		整流器输出端线路压降不超过10%	4
		极杆清洁、导电良好	2
		使用可控硅整流电源和高频开关电源	3
生产技术特征指标	53	淘汰有氰电镀	5
		使用低浓度、低毒生产工艺	4
		使用替代铅、镉、汞的电镀生产工艺	4
		有镍回收、回用装置并运行	2
		使用喷淋清洗装置	2
		有多级逆流漂洗槽或多级回收槽并回收镀液	3
		有铬雾净化回收装置并运行	3
		地面防腐、防渗漏	4
		用去离子水配制、回收镀液	2
		镀槽、管道无滴漏	2
		镀槽、回收槽、清洗槽之间有导流板	2
		使用阳极篮或其他措施回收利用阳极残料	2
		采用镀液连续过滤	2
		挂具有可靠绝缘涂覆层	2
		科学挂装工件,滚镀有减废措施,减少镀液带出	2
		对镀液有定期化验措施	2
		与生产有关的统计资料齐全、准确	4
		原材料消耗有考核	4
		使用其他未列入的清洁生产措施	2
产品特征指标	3	产品合格率有考核	2
		产品不含可溶性重金属盐(如六价铬)	1
环境管理与劳动安全卫生指标	26	老污染源限期治理完成情况	3
		建设项目环保"三同时"执行情况	3
		有相应的废镀液存储设施和合理的处置途径	4
		对有害气体有良好净化排风装置	3
		现场防毒、防尘、防噪声达标(有检测报告)	3
		建立并运行环境管理体系	10

指标解释如下。

① 镀层金属原材料综合利用率,按下式计算:

$$U = \sum_{i=1}^{n} \frac{T_i S_i d}{M - m_1 - m_2} \times 100$$

式中 U——镀层金属原材料综合利用率,%;

　　n——考核期内镀件批次；

　　T_i——第 i 批镀件镀层金属平均厚度，μm；

　　S_i——第 i 批镀件镀层面积，m^2；

　　d——镀层金属密度，$\mathrm{g/cm}^3$；

　　M——镀层金属原材料（消耗的阳极和镀液中的金属离子）消耗量，g；

　　m_1——阳极残料回收量，g；

　　m_2——其他方式回收的金属量，g。

对于合金镀层，只计算主金属的利用率。

"镀层金属原材料"是指金属阳极、金属盐或氧化物所含的金属离子。

② 镀件带出液污染物产生指标。镀件带出液污染物产生指标是在废水末端处理前，单位面积平板状镀件带出液的某污染物产生量。各污染物产生指标按下式计算：

$$W = \frac{C}{Q}$$

式中　W——单位面积平板状镀件带出液产生某污染物的重量，$\mathrm{g/m}^2$；

　　　C——被测平板状镀件从生产线上带出的金属离子或氰离子的重量，g；

　　　Q——被测平板状镀件面积，m^2。

③ 水重复利用率，按按下式计算：

$$R = \frac{b}{f+b} \times 100\%$$

式中　R——水重复利用率，%；

　　　b——串级用水量与循环用水量，m^3/h；

　　　f——新鲜水用量，m^3/h。

④ 定性指标中需说明的指标如下。

a. 淘汰高能耗设备：按照国家经贸委《淘汰落后生产能力、工艺和产品目录》评价。

b. 整流器输出端线路压降不超过 10%：即在电镀过程中，槽边极杆的电压值与整流器输出端电压值之比大于或等于 90%。

c. 使用低浓度、低毒生产工艺：按照国家经贸委《国家重点行业清洁生产技术导向目录》评价。

d. 使用替代铅、镉、汞的电镀生产工艺：对原工艺没有这三个镀种的企业做缺项处理，对原有这三个镀种而实行替代工艺的可以计分。

e. 使用喷淋清洗装置、有多级逆流漂洗或多级回收槽并回收镀液：企业生产量大和污染严重的生产线使用这些装置。

f. 采用镀液连续过滤：指镀铜、镍、锌等镀种。

g. 有相应的废镀液存储设施：指企业备有足够大的空槽，能在发生镀液泄漏时储存镀液和储存待处理的废镀液。

h. 与生产有关的统计资料齐全、准确，原材料消耗有考核，产品合格率有考核：指能满足评价定量指标的需要，有考核制度并与职工的奖惩措施挂钩。

i. 建立并运行环境管理体系：建立和健全环境管理的合理体制、机构和管理制度，有考核，纪录完整，计 6 分，通过 ISO14000 认证加 4 分。

22.7　实现电镀清洁生产的主要途径

电镀企业要想生产和发展，就必须从清洁生产做起，改变大量消耗资源并对环境造成危害的粗放经管方式，坚持技术是基础，设备是保证，管理是关键的方针，彻底改变行业现状，树立行业新形象，促进电镀行业经济效益和社会效益的可持续发展。

　　清洁生产要求人们转变传统观念，要从生产、环保一体化原则出发，针对生产过程系统的各个环节，采取改变、替代、革除等方法，以实现提高资源综合利用率、降低能源消耗、减少污染，以达到高的经济效益和社会效益。

　　电镀工业使用了大量强酸、强碱、重金属溶液，以及包括镉、氰化物、铬酐等有毒有害化学品，在生产过程中排放出有害环境和人类健康的废气、废水、废液及废渣，已成为一个重污染行业。

　　电镀产生的废物及污染源见表 22-12。

　　实现电镀清洁生产的主要途径见图 22-2。

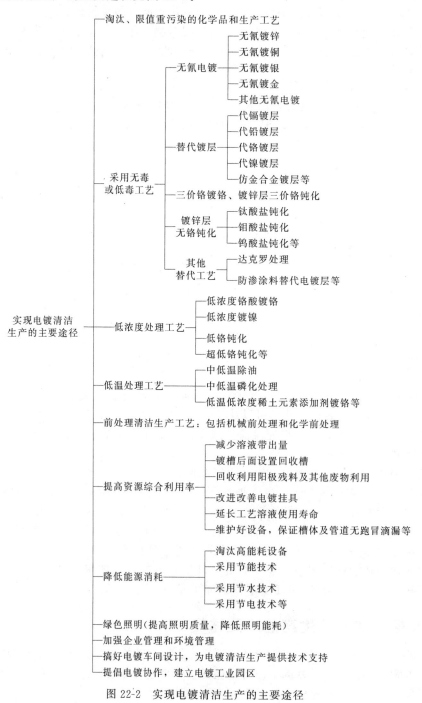

图 22-2　实现电镀清洁生产的主要途径

表 22-12　电镀工业中产生的废物及污染源

废物有害成分	潜在危险性	废物形式	产生工序
碱液（氢氧化物）	腐蚀性	废水、废液、碱雾	脱脂除油、碱性液
酸液（硫酸、硝酸、盐酸、氢氟酸）	腐蚀性	废水、废液、酸雾	浸蚀、浸渍、弱腐蚀、浸亮、退镀
表面活性剂	轻度危害	废水	除油清洗
油、油脂	轻度危害	废水、废溶剂	除油清洗
镉、镍、铜、锌和其他重金属	毒性	废镀液、带出液、清洗水、过滤后废弃的废渣、处理后的污泥	电镀、退镀
铬	毒性、致癌物	废镀液、带出液、清洗水、钝化液、粗化腐蚀液、铬雾	电镀、钝化、粗化、印制板孔金属化等
氰化物	剧毒	废镀液、带出液、清洗水和其他废液	电镀、滚光、退镀
三氯乙烯、氯乙烯和其他溶剂	对呼吸系统及皮肤有害	废溶剂（液体或渣）、挥发的蒸气	溶剂除油（脱脂）
其他化学品废弃物	毒性	磨光、抛光粉尘、盛料空桶、失效化学品、废活性炭等	磨光、抛光、电镀

22.8　淘汰、限制重污染的化学品和生产工艺

电镀工艺及所用原材料、化学品的合理性取向是：无氰、无氟或低氟、低毒、低浓度、低能耗、少用配位剂等；淘汰重污染化学品和生产工艺。

(1) 淘汰重污染化学品

① 含苯溶剂（包括金属清洗液、脱漆剂等；包括重质苯、石油苯、溶剂苯和纯苯）。

② 铅、镉、汞等。对特殊产品的特殊要求另做考虑。

(2) 淘汰高污染工艺

① 淘汰含氰电镀。

② 淘汰高污染工艺，如高氰镀锌工艺、高浓度六价铬钝化、电镀铅-锡合金工艺②等。

③ 严禁用苯（包括重质苯、石油苯、溶剂苯和纯苯）脱漆或清洗。

④ 禁止游离二氧化硅含量 80% 以上的干喷砂除锈。

⑤ 禁止大面积使用汽油、甲苯、二甲苯除油除旧漆。

以上内容中，(1) 的①和 (2) 的③、④、⑤引自 GB 7691—2003《涂装作业安全规程 安全管理通则》。如有特殊工艺要求不得不使用时，应得到当地安全主管部门的批准；对作业场所空气中有毒物质进行跟踪检测（每月至少检测 1 次）；及时评价操作人员接触有害物质情况，进行健康监护。

(1) 中的②引自 HJ/T 314—2006《清洁生产标准 电镀行业》。

(2) 中的①在国家经济贸易委员会令第 32 号颁布《淘汰落后生产能力、工艺和目录》（第三批）中，序号 23 含氰电镀，淘汰期限 2003 年。

22.9　替代电镀工艺或镀层

在预防电镀污染的措施中，采用无毒、低毒工艺替代有毒、毒性大的工艺，是清洁生产中一项很重要的工作，它从源头上削减了污染，减少或改变了废物的毒性。目前，在电镀企业中采用的替代工艺或镀层，有以下几个方面。

22.9.1　无氰电镀

近年来，在我国电镀工作者的不断努力下，开发研制了电镀专用原辅化工材料、各类添加

剂等，推动了无氰电镀工艺的发展。有些无氰电镀工艺已取代或逐步取代氰化电镀工艺。某些无氰电镀工艺的特点及性能列入表 22-13，其镀液组成及工艺规范见第 2 篇电镀工艺有关这些镀种的章节。

应当指出，无氰不等于无毒。无氰电镀常用的一些有机添加剂（如氨三乙酸、乙二胺、乙二胺四乙酸等强配位剂）本身就有较大毒性。所以，要开展清洁生产，要发展绿色环保电镀技术，无氰电镀除了要消除剧毒的氰和金属污染（如镉、铅、汞等）外，还应做好其他污染物的处理。

表 22-13　某些无氰电镀工艺的特点及性能

电镀种类	工艺的特点及性能
无氰镀锌	无氰镀锌在无氰电镀领域是比较成熟的。由于新型添加剂的应用，无氰镀锌的质量有了明显的提高，一般可以替代氰化物镀锌的工艺。对于一般制品，可以采用氰化物镀锌；对要求分散性能较好的，可采用碱性锌酸盐镀锌；线材或铸造件可以选用硫酸盐镀锌 氰化物镀锌的发展和应用更为广泛。目前，氰化物镀锌和锌酸盐镀锌已经成为我国两大主要的无氰镀锌体系
无氰镀铜	目前，已研究和应用的无氰镀铜主要有硫酸盐酸性镀铜、焦磷酸盐镀铜、有机膦酸镀铜、柠檬酸盐镀铜、草酸盐镀铜、乙二胺镀铜、酒石酸盐镀铜等 光亮酸性镀铜（也称为全光亮酸性镀铜），所获得镀层光亮、柔软、孔隙率低、镀液整平性好。光亮酸性镀铜现已成为无氰镀铜的主流工艺 焦磷酸盐镀铜镀液组分简单，镀液分散能力、整平能力较好，镀液稳定、镀层结晶细致，并能获得较厚镀层，孔隙率低，应用较广泛 这些无氰镀铜虽然具有各自的优点（和特点），但主要缺点是不能完全在钢铁件上直接镀铜，目前还不能完全达到取代氰化镀铜工艺的水平
无氰镀金	丙尔金镀金适用于功能性及装饰性电镀工艺。镀层附着力强，结晶细致，外观光亮，厚度分布均匀，镀金色泽呈 24K 纯正金黄色。理化性能如可焊性、硬度、抗氧化性、耐盐雾性能等都很优良。目前已成功应用于实际生产，有望替代氰化物镀金工艺
无氰电镀合金	无氰电镀合金有镀锡-锌合金（柠檬酸盐、碱性锌酸盐及焦磷酸盐体系等）、镀铜-锌合金（甘油-锌酸盐、酒石酸盐、焦磷酸盐及 HEDP 体系等）、镀铜-锡合金（焦磷酸盐-锡酸盐、焦磷酸盐、柠檬酸盐体系等）、电镀仿金合金（焦磷酸盐及 HEDP 体系等）等

22.9.2　代镉镀层

镉对人体和生物体是一种有剧毒的元素，它的污染对环境的危害程度要超过氰化物，必须用其他镀层来替代。电镀工业发展到今天，可供选择的代镉镀层或部分代镉镀层有很多，如表 22-14 所示。

表 22-14　可用作代镉的镀层

代镉镀层	镀层的特点和性能
锌-镍合金镀层	锌-镍合金镀层是一种优良的防护性镀层，具有高的耐蚀性，良好的焊接性和可机械加工等优良特性。且采用无氰电镀，减少污染。适合在恶劣的工业大气和严酷的海洋环境中使用，具有很好的耐蚀性。特别是经 200～250℃ 加热后，其钝化膜仍能保持良好的耐蚀性。合金层熔点较高，可达 750～800℃ 由于合金层耐高温性好，适用于汽车发动机零部件镀层，氢脆性很小，适合在高强度钢上电镀，可作为良好的代镉镀层
镀锡-锌合金	在钢铁的防护性镀层中，锡-锌合金镀层占有重要地位。这种合金镀层对钢铁基体来说是阳极镀层，其化学稳定性、耐蚀性、氢脆性和焊接性等都优于或相当于镉镀层。因此，可作为代镉镀层，用于高强度钢、弹性件的电镀，适用电气、电子、航空航天和轻工等许多领域
镀锌-钴合金	锌-钴合金镀层具有良好的耐蚀性，对钢铁基体是阳极镀层。经铬酸盐钝化处理，可得到彩虹色或橄榄色钝化膜，并使其耐蚀性大大提高。近年来，碱性锌酸盐镀液发展较快，其应用越来越广，较有希望作为代镉镀层使用

续表

代镉镀层	镀层的特点和性能
锌-铝合金镀层	锌-铝合金镀层的耐蚀性大于锌镀层,在海水中的耐蚀性是锌镀层的 4 倍。它可作为镉镀层的替代层
锡-锌合金镀层	锡-锌合金镀层对钢铁基体是阳极镀层,其耐蚀性比锌镀层有显著提高,在钢铁的防护性镀层中,它占有重要地位。镀层特性与镉镀层比较相近,合金镀层在耐蚀性、氢脆性和焊接性等方面,都优于或相当于金属镉,可作为良好的代镉镀层
锡-锰合金镀层	锡-锰合金具有很好的耐蚀性,可作为镉镀层的替代层
镉-钛合金镀层	镉-钛合金镀层对钢铁基体是阳极镀层,耐蚀性好,特别是在海洋气候下和海水中,具有优异的耐蚀性,而且氢脆性很小,主要用于航空工业,以替代镉镀层
达克罗涂覆层	达克罗涂覆层在工艺过程中不会对工件产生氢脆,对盐雾的防护性能好,对海洋性气候也有较好的防护性能,所以,这种涂覆层也可在某种场合替代镉镀层

22.9.3　代铅镀层

由于铅和氟对环境的污染严重,迫切要求取消含铅的锡合金焊接材料。近来研究开发了无氟无铅的可焊性镀层,以取代氟化物电镀铅-锡合金镀层。比较有希望的镀种有电镀锡-铈合金、锡-铋合金、锡-银合金、锡-铜合金等 (见表 22-15)。

表 22-15　可用作代铅-锡合金的镀层

代铅-锡合金的镀层	镀层的特点和性能
锡-铈(Sn-Ce)合金镀层	在各种锡合金镀层中,Sn-Ce 合金镀层综合性能最优良。光亮镀锡-铈合金在国内已开始应用。铈与锡共沉积的合金,能防止其与基体铜形成不可焊的合金扩散层。锡-铈合金抗氧化能力强,化学稳定好,明显提高了焊接性。而且工艺稳定
锡-铋(Sn-Bi)合金镀层	Sn-Bi 合金镀层具有低共熔点、焊料润湿性优良、高可焊性(焊接性优于纯锡镀层)、不产生晶须、耐蚀性好等优点,可以替代传统的锡-铅合金镀层,而且镀液不含污染环境的铅、氟等
锡-银(Sn-Ag)合金镀层	Sn-Ag 合金镀层性能优良,尤其是含银 3.5%(质量分数)的 Sn-Ag 合金镀层,性能最佳,电阻小,硬度高,熔点为 221℃,焊接范围宽,并具有较好的耐蚀性、可焊性和高的抗氧化性能,可以替代锡-铅合金镀层
锡-铜(Sn-Cu)合金镀层	Sn-Cu 合金镀层成本较低,具有沉积速度快、低毒、可焊性好的优点。既适用于表面贴装的再流焊,也适用于接插型的峰焊。作为替代锡-铅合金的锡-铜合金镀层,其合金中的铜含量为 0.1%~2.5%(质量分数)。如果铜含量低于 0.1%(质量分数),就容易产生锡的晶须而可能造成短路;如果铜含量高于 2.5%(质量分数),镀层熔点就会超过 300℃,难于进行焊接
锡-锌(Sn-Zn)合金镀层	含 Sn 70%~80%(质量分数)的 Sn-Zn 合金镀层,不仅耐蚀性能好,可焊性也很好。在汽车、海洋机械、仪表及电子工业等领域中得到较为广泛的应用
锡-铟(Sn-In)合金镀层	Sn-In 合金镀层具有熔点低,可焊性好的优点,可取代含 Pb 可焊性镀层

22.9.4　代铬镀层

为了寻找能像铬镀层那样美丽色彩的装饰镀层,或者铬镀层那样坚硬的镀层,而同时又能降低对环境的污染,人们进行了大量研究和试验工作,已取得了不少成果,并已应用于装饰性代铬镀层和代硬铬镀层。

(1) 代装饰性铬镀层

可用作代装饰性铬的镀层见表 22-16。

表 22-16　可用作代装饰性铬的镀层

代装饰性铬的镀层	镀层的特点和性能
锡-镍(Sn-Ni)合金镀层	锡-镍合金镀层具有类似不锈钢并略带粉红色的幽雅色泽,其外观一般随镀层含镍量的增加,由青白色变为粉红色直至黑色。该镀层耐蚀性和抗变色性能好,有适度的硬度和耐磨性。内应力小,镀层不会发生裂纹、剥落等现象,但镀层略有脆性,镀后不宜进行形变加工。并具有良好的焊接性能 主要作为装饰性铬镀层;其次作为电子、电器、汽车、机械、光学仪器、照相器材等的防护-装饰性镀层

续表

代装饰性铬的镀层	镀层的特点和性能
锡-钴(Sn-Co)合金镀层	镀层的外观色泽主要取决于合金的钴含量,随钴含量提高,镀层外观依次呈光亮银白色→青白色→灰黑色→褐色,白色柔和的合金镀层已开始流行。合金镀层的硬度比高锡青铜高,近似于镍层。在双层镍上镀 $0.2\mu m$ 锡-钴合金镀层,其耐蚀性能不亚于在双层镍上镀 $0.2\mu m$ 铬的组合镀层。因耐磨性及抗变色性能等均不及铬镀层,所以只能部分代装饰性铬镀层
三元合金镀层	锡-钴加上第三种金属的三元合金镀层,如锡-钴-锌、锡-钴-铟、锡-钴-铬等三元合金,从装饰性来看,可以代替铬镀层,与铬镀层有相似的浅蓝银白色。其耐蚀性能很好,不受硝酸腐蚀,比铬镀层更耐盐酸、硫酸、耐强碱、盐雾和盐水;可以焊接;电流效率接近 90%～95%,比镀铬电流效率(13%～20%)要高的多;但比铬稍软,耐磨性能不如铬。对于日用消费品,特别是不经常受磨损的产品,以及一些形状复杂的小零件,都可采用这种代铬工艺。对于小零件的这种三元合金采用滚镀工艺,可以达到很好的效果,占地面积小,成本低,节省人力,减少污染及治理费用,耗电量小,仅为原镀铬的 1/20

(2) 代硬铬镀层

目前已进行研究和正在使用的代硬铬镀层主要有镍-钨、镍-磷、镍-硼、镍-钼、镍-钴等二元合金以及镍-钨-磷、镍-钨-硼、镍-钴-硼、镍-铁-钴等三元合金,以及合金复合镀层。其镀层的特点及性能见表 22-17。

表 22-17 代硬铬镀层的特点及性能

代硬铬的镀层	镀层的特点和性能
镍-钨(Ni-W)合金镀层	镍-钨合金镀层结构致密、硬度高、耐热性好,尤其在高温下耐磨损,并具有优良的自润性和耐蚀性能,可作为代硬铬镀层。当合金镀层中钨的含量为 30%～32%(质量分数),硬度为 450～500HV,经 350～400℃ 热处理后其硬度可达 1000～1200HV,与电镀硬铬层的硬度相当
镍-磷(Ni-P)合金镀层	当电镀镍-磷合金的镀层中磷含量大于 8%(质量分数)时为非晶态,其硬度为 490～570HV,经 400℃ 1h 热处理后变为晶态,硬度可达 1150HV。镀液的分散能力,镀层的耐蚀性、硬度和耐磨性都较好,可作为代硬铬镀层使用
镍-钼(Ni-Mo)合金镀层	镍-钼合金镀层外观光滑,光泽性较差。含钼 20%(质量分数)的镀层在盐酸和硫酸中具有很高的耐蚀性。镀层硬度较高,一般为 500～600HV,并有低的摩擦系数。但镀液稳定性稍差
镍-钨-磷(Ni-W-P)三元合金镀层	合金中磷的含量为 8%～14%(质量分数)时镀层为非晶态。经 300℃、1h 热处理,硬度可达 1000HV;次亚磷酸钠含量为 30g/L 时,硬度可达 1200HV。可作为代硬铬镀层
镍-钨-硼(Ni-W-B)三元合金镀层	合金镀层的耐蚀性会随着硼含量的增大而显著提高。当合金镀层中镍含量为 59.5%、钨含量为 39.5% 及硼含量为 1%(均为质量分数)时,镀层外观光亮酷似铬镀层,为非晶态,硬度为 600HV。经 300℃、1h 热处理,硬度可达 950～1051HV,耐磨性和耐蚀性都很好,可作为代硬铬镀层
合金复合镀层	利用合金镀液(如镍-磷、镍-硼、镍-钨等的镀液)为基液,加入适量硬质微粒(如金刚石、三氧化二铝、碳化硅、碳化硼等),使之共沉积,即可得到高硬度和高耐磨性的合金复合镀层,该镀层是优良的代硬铬镀层
纳米合金镀层	电沉积镍基纳米合金,如纳米镍-钨合金、纳米镍-磷合金镀层等,以及纳米合金复合镀层,具有优良的性能,可作为替代铬镀层
化学镀镍-磷(Ni-P)合金镀层	化学镀镍-磷合金的镀层致密均匀,耐蚀性高,硬度高(500HV 左右),经热处理后镀层硬度可达 1000HV。化学镀镍-磷合金已在要求耐磨的产品上部分取代镀硬铬。此外,化学复合镀层针对产品镀层的硬度、耐磨性、自润滑等的要求,可在镍-磷合金中掺杂固化惰性微粒形成复合镀层,如加入 SiC、WC、立方 B_4C、Al_2O_3、Si_3N_4 等

(3) 镀铁部分替代修复性镀铬

镀铁与一般电镀相比,沉积速度快,镀厚能力强,一次镀厚能力可达 2～4mm。镀层硬度为 450～700HV,结合强度为 300～400MPa。镀铁在磨损件修复和加工超差工件中得到较广泛的应用,对于有较高硬度要求的修复件,常常需要镀后渗碳等强化处理。

镀铁工艺设备简单,适合小型化生产。镀铁可部分替代修复性镀铬,而且镀铁的价格仅有镀铬价格的 10% 左右,污染比镀铬小,三废治理也比较方便。

22.9.5　代镍镀层及节镍工艺

(1) 代镍镀层

可用作代镍镀层的有镍-铁（Ni-Fe）合金镀层、铜-锡（Cu-Sn）合金镀层及锡-钴-锌（Sn-Co-Zn）合金镀层等，其镀层的特点及性能见表 22-18。

表 22-18　代镍镀层的特点及性能

代硬铬的镀层	镀层的特点和性能
镍-铁(Ni-Fe)合金镀层	镍-铁合金镀层色泽比亮镍白，镀层与基体结合牢固，可在钢铁基体上直接镀出全光亮镀层。镀层结晶细致、紧密，韧性好，整平性能好，硬度比纯镍层高，耐蚀性能好，容易套铬，可作为防护-装饰性镀层中的代镍镀层。应用于汽车、自行车、缝纫机、家用电器、日用五金、文化用品等
铜-锡(Cu-Sn)合金镀层	镀铜-锡合金主要是低锡青铜(锡含量 6%～15%)镀层，气孔少，韧性好，容易抛光，但镀层色泽稳定性差，故一般作为防护装饰性镀层的底层。低锡青铜的抗蚀性能比同等厚度的铜/镍组合镀层优异，铜-锡合金/铬组合镀层的抗蚀效果优于铜/镍/铬，它是一种优良的代镍镀层
锡-钴-锌(Sn-Co-Zn)三元合金镀层	镀锌 Zn/镀 Sn-Co-Zn 合金可代替镍、铬镀层，其外观酷似镍、铬镀层，防锈性能还比一般镍、铬镀层好，但硬度较低。这种代镍、铬镀层已用于一般产品，如电风扇网罩、超市货架、螺母等产品

(2) 节镍工艺

① 镀厚铜薄镍套铬工艺。对于形状简单的零件可采用预镀铜或镍，然后镀光亮酸性铜，随后快速镀光亮镀镍层 $3\sim5\mu m$，最后套铬，这样可以节约大量镍镀层。

② 电镀光亮铜-锡合金（低锡）/套铬。

③ 电镀锌-铜合金/光亮铜-锡合金/套铬。

④ 焦磷酸盐电镀锌-镍-铁合金/套铬。

⑤ 滚镀高锡青铜（含锡的质量分数为 45% 左右）镀层色泽银白，在空气中不易失去光泽，耐弱酸、弱碱和有机酸，硬度介于镍、铬之间，并有良好的导电性和可焊性，可用于代镍镀层。可以滚镀也可挂镀，具有良好装饰性能，适用于小五金件的银白色装饰性电镀。

22.9.6　仿金合金镀层

由于金价昂贵，用于制品装饰价格太高，而仿金镀层则调节了价格与装饰要求的矛盾，故很多饰品或制品都采用装饰性仿金电镀。

仿金合金镀层包括：铜-锌合金、铜-锡合金、铜-锌-锡合金、铜-锌-锡-镍合金等。这些镀层都具有良好的外观和较高的耐蚀性能。仿金镀层镀后必须经过严格的水洗、钝化和浸（喷）有机涂料（清漆）等工序。

仿金电镀存在的问题：在批量生产中要达到纯正一致的仿金色泽比较困难，色泽稳定性不高；经过一段时间后会褪色、变色；要求电镀工艺及控制较严格。

目前仿金色电镀已广泛用于首饰、工艺制品、灯具、纽扣、手表、打火机、制笔等零件上的装饰性电镀。

22.9.7　三价铬镀铬和镀锌层三价铬钝化

六价铬毒性大，是一种致癌物质，对人身危害大。而三价铬的毒性仅为六价铬的 1%。目前，镀铬及锌镀层铬酸盐钝化还不能完全被替代，因此，近年来国内外多向三价铬镀铬、锌镀层三价铬钝化工艺上发展。

(1) 三价铬镀铬

三价铬镀铬作为最直接的取代六价铬镀铬的工艺，在环境保护上具有较大优越性。三价铬镀铬的特点：镀液具有较好的分散能力和深镀能力，可以电镀形状复杂的零件；使用电流密度范围很宽；电流效率最高可达 50％～60％；镀液温度范围较宽（15～45℃）；电镀过程中可以将工件取出检查，然后放回连续镀，不影响镀层结合力；镀层耐蚀性高；容易在钢、铜及铜合金、锌压铸件或镍镀层上直接镀，镀层结合力良好；三价铬废水处理比六价铬简单，处理费用仅为六价铬的 20％左右。三价铬镀铬存在的问题：镀液对杂质的敏感性高、镀液稳定性差、阳极选择困难，以及一次性投产成本较大。

国内从 20 世纪中期开始三价铬镀铬工艺的研究和探索。三价铬镀铬工艺发展至今，其装饰性电镀工艺的研发已经进入逐渐完善成熟的时期，生产应用不断扩大。

(2) 镀锌层三价铬钝化

现在市场上已有商品化的三价铬钝化剂，如蓝白色钝化剂、彩色钝化剂和黑色钝化剂。

① 三价铬蓝白色钝化。三价铬蓝白色钝化溶液是由三价铬铬盐、硫酸、硝酸和氢氟酸等成分组成。三价铬蓝白色钝化膜的耐盐雾性与在六价铬钝化溶液中所获得的钝化膜质量差不多。三价铬蓝白色钝化前需增加一道稀硝酸出光工序。

② 三价铬彩色钝化。三价铬彩色钝化溶液[1]是由三价铬铬盐、配位剂、成膜促进剂、氧化剂、稳定剂、稀土金属和封孔剂等组成。三价铬彩色钝化膜的耐盐雾性能，现在可以达到六价铬钝化的质量水平。而且质量很好的三价铬彩色钝化剂，所获得的钝化膜质量甚至还能超过六价铬彩色钝化剂。三价铬彩色钝化膜外观色泽淡，不能达到六价铬彩色钝化膜那样的鲜艳的五彩色。应当指出，不能用老标准去要求三价铬钝化膜的色泽。对镀锌钝化膜而言，外观色泽不是主要的，真正重要的是它的耐蚀性。故对三价铬彩色钝化膜的外观没有必要去苛刻要求，表面只要清爽，耐蚀性能好就行。

③ 三价铬黑色钝化。三价铬黑色钝化工艺目前还不太成熟，尚处在研制开发阶段。

22.9.8 镀锌层无铬钝化

现在已开发研制的镀锌层无铬钝化工艺很多，如钛酸盐、钼酸盐、钒酸盐、硅酸盐、钨酸盐、高锰酸盐等，并有市售商品无铬钝化剂。其钝化液的特点、性能、溶液组成及工艺规范等参见第 2 篇电镀工艺，第 6 章镀锌层无铬钝化中的有关部分。

22.9.9 其他替代工艺

(1) 达克罗处理工艺[6]

达克罗涂层具有高抗蚀、无氢脆、膜层薄的特点，8～10μm 厚度涂层可通过 2000h 盐雾试验，环境污染也比电镀锌轻，可以部分替镀锌层。

达克罗涂层是将超微细锌、铝片与水溶性有机物、无机物制成的水基涂料均匀地涂覆在经前处理的金属表面上，然后经烘烤固化形成的锌铬无机涂层。涂层中约含锌 75％和铝 10％（均为质量分数）。5～7μm 厚度涂层用于一般防护，8～10μm 厚度涂层用于恶劣环境防护。涂料可分为防护、减磨和耐热蚀等三类。广泛应用于汽车、建筑、电力、船舶、铁道、家电等各个行业。现已开发出完全不含铬的新一代达克罗涂料。

(2) 交美特涂层[6]

交美特（Geomet）涂层是美国 MCI 公司为满足政府 VOC 法规而开发出的表面处理新技术，不含铬的交美特涂层，作为达克罗涂层的替代产品，已用于汽车制造业。

交美特涂层的外观呈亚光银灰色，光泽较达克罗涂层略暗，是一种将超细锌鳞片和铝鳞片叠合包裹在特殊黏结剂中的无机涂层。该涂料是一种水性涂料，不使用有机溶剂，不含有毒的金属（如镍、铅、钡、和汞）以及六价或三价铬。该涂层从四个方面（即屏障保护、电化学作用、钝化作用及自修复作用）对钢铁基体提供保护作用。

交美特涂层的性能特点：涂层薄，厚度通常为 $8\sim10\mu m$，带有的封闭层为 $10\sim14\mu m$；涂覆过程不采用酸洗，无氢脆；抗双金属接触腐蚀；耐有机溶剂；耐热性好，在 280℃、3h 后仍保持其原有的耐腐蚀性能；具有导电性；耐腐蚀性强，对于螺纹零件，$8\sim10\mu m$ 厚度的涂层可耐 720h 盐雾试验而不出现红锈，而对于非螺纹紧固则可达 800h。但交美特涂层的涂覆成本目前还比较高。

涂层的涂覆工艺：交美特与达克罗在涂覆生产线设备上是可以通用的。在对零件进行前处理后（前处理同达克罗），采用常规的浸渍或喷涂工艺，主要流程如下。

浸渍工艺：浸渍→离心去除多余涂料→烘干固化（温度 $177\sim232℃$，时间 15min）→第二遍涂覆（同第一遍）→烘干固化（温度 $274\sim316℃$，时间 15min）。

喷涂工艺：喷涂→烘干固化（感应加热，温度 $274\sim316℃$）。

（3）防渗涂料取代电镀层在局部渗碳、渗氮中起保护作用

防渗涂料是金属化学热处理加工过程中，对不需进行热处理的局部表面起保护作用的一种功能性涂料。它在化学热处理过程中起暂时的保护作用，热处理结束后将涂层除去。防渗涂料可以取代过去常用的电镀层等的保护作用。

防渗涂料涂层在高温下熔融形成致密保护层，在被保护表面形成一道"屏障"，以隔绝化学热处理时介质（气体、液体、固体）与被保护表面的接触，达到保护的目的。防渗涂料广泛应用于金属化学热处理过程的非渗入表面的防渗保护。其涂层经过化学热处理工序后，易于清理或自行脱离。

防渗碳涂料可用于取代镀铜，防渗氮涂料可用于取代镀锡，可降低成本，大大减轻环境污染。

22.10　低浓度处理工艺

22.10.1　低浓度电镀工艺

（1）低浓度铬酸镀硬铬

目前通用的标准镀铬溶液中 CrO_3 含量为 250g/L，黏度较大，工件从镀铬槽中带出的镀液很多，材料消耗多，生产中工件带出及产生的铬雾等铬的损耗约占总铬的 2/5 以上，也造成极大的污染。

低浓度铬酸镀液与高浓度铬酸镀液采用的配方基本相似，低浓度铬酸镀液的 CrO_3 含量约为 $50\sim100g/L$。但低浓度铬酸对氯离子十分敏感，尤其是自来水中氯离子的带入，会造成镀层花斑，覆盖能力降低，甚至粗糙和发灰等疵病，故要求镀液配制及零件进镀槽前水洗时的用水，均采用纯水。

低浓度铬酸镀铬的经济效益和环境效益明显，可节约 CrO_3 约 $50\%\sim60\%$，也可大大降低排出废水中的六价铬浓度，排出的废水中六价铬浓度只有高浓度铬酸镀铬的 1/8 左右，降低了处理费用。

（2）低浓度镀镍

① 低浓度镀镍工艺，可以将镀镍镀液中硫酸镍浓度由原来的 200g/L 左右或更高，降低到 $60\sim100g/L$，大大降低了镀液带出量，减少了污染，提高了镍的利用率，降低生产成本。

② 据有关资料[18]报道，在低浓度光亮镀镍中，以较大幅度地降低硫酸镍含量（降至约为 75g/L）和适当提高氯化镍含量（约为 110g/L）的方法，让镍金属的总量维持在较低的水平。

③ 超低浓度光亮镀镍，镍离子浓度超低，具有极高节镍效果。而且镀层光亮细致，应力低，延展性好。其镀液组成及工艺规范如下。

硫酸镍（$NiSO_4 \cdot 6H_2O$） 60～80g/L   RN-66B 主光亮剂 0.4～0.8mL/L

氯化钠（NaCl） 12～15g/L   RN-66A 走位剂 8～10mL/L

硼酸（H_3BO_3） 38～42g/L   DN-1 湿润剂 1～2mL/L

pH 值 4.0～4.8

温度 50～60℃

阴极电流密度 0.5～2.2A/dm²

添加剂消耗：RN-66B 主光亮剂 100～150mL/（kA·h）

               RN-66A 走位剂 200～250mL/（kA·h）

其中的添加剂（RN-66B、RN-66A 等）是广州美迪斯新材料有限公司的产品。

22.10.2 镀锌层低铬及超低铬钝化

镀锌层低铬及超低铬钝化，可大大降低铬酸盐浓度，减少铬酐消耗，也降低对环境的污染。其钝化溶液的特点及性能见表 22-19。

表 22-19 镀锌层低铬及超低铬钝化溶液的特点及性能

钝化种类	钝化溶液的特点及性能
镀锌层低铬钝化	低铬钝化膜外观光亮美观，彩色钝化膜色泽艳丽，白色钝化膜带蓝白色，低铬钝化的外观已能达到要求。低铬彩色钝化溶液中铬酐浓度一般在 5g/L 左右时，所获得的钝化膜厚度最厚。低铬彩色钝化的耐腐蚀性，通过盐雾试验的结果来看，不比高铬彩色钝化的差，都能达到 4 个周期以上（盐雾试验：连续喷雾 8h，停喷 16h，共 24h 为一个周期），这是一般彩色钝化件的常用标准。而在国内各地许多工厂 30 多年的生产实践证明，低铬钝化是可行的 低铬彩色钝化溶液，一般采用的铬酐浓度为 3～5g/L，钝化时间短（CrO_3 5g/L 时，时间为 5～8s；CrO_3 3g/L 时，时间为 10～30s），适合于手工操作生产，不适于在自动线上进行低铬钝化 但低铬彩色钝化溶液由于酸度很低，对锌镀层没有化学抛光作用，所以在钝化前应加一道稀硝酸溶液（浓度为 2%～3%，体积分数）出光工序
超低铬钝化	超低铬钝化溶液中的铬酐浓度为 1～2g/L，超低铬钝化膜的外观及耐蚀性，一般都能达到要求。从盐雾试验的结果来看，超低铬钝化膜层的耐腐蚀性能，至少也能达到 4 个周期。由于超低铬钝化溶液中铬酐浓度低，钝化时间一般为 30～60s，可以适合自动生产线 在超低铬钝化前应加一道稀硝酸溶液出光工序。为适合自动线生产，出光溶液的硝酸含量应更低一些（浓度为 2%～3%，体积分数），以便适当延长出光时间
低铬一次性蓝白色钝化	低铬一次性蓝白色的钝化膜外观光亮、蓝白色，如锌镀层，无论从外观和耐腐蚀性能，都不比高铬二次白色钝化膜差。由于它的优点，低铬一次性蓝白色钝化工艺早在 20 世纪 60 年代就开始获得应用，可以替代高铬的蓝白色钝化

22.11 低温处理工艺

(1) 中低温除油[6]

中低温除油具有较好的节能效果。尤其是低温除油，目前已有较多商品化的金属清洗剂应用于工业生产中。低温高效除油工艺与传统的高温除油工艺相比，具有以下优点。

① 节能。在碱性溶液中加入不同的表面活性剂，可使除油温度由 70～90℃降低到 20～50℃，可以节能 40%～50%。

② 效率高。采用非离子表面活性剂和阴离子表面活性剂，使除油由乳化型向置换型清洗剂发展，可明显提高除油效率，除油溶液使用寿命明显延长。

③ 节省化学药品用量约 40%～80%；节省废水处理费用约 40%～80%。

④ 改善操作工人的劳动条件。

(2) 中低温磷化处理

中低温快速锌系磷化替代高温磷化。传统的高温磷化工作温度在 95℃左右，有的高达

98℃，能耗大。低温快速锌系磷化膜外观呈黑灰色，结晶细致，色泽均匀，耐大气腐蚀性能与高温磷化膜相当，且溶液操作、维护方便，工作温度在 50℃以下，能耗仅为高温磷化的 25%左右，大大降低了生产成本。

（3）低温、低浓度稀土元素添加剂的镀铬

采用稀土化合物作镀铬添加剂，已在国内工业生产中获得较广泛的应用。20 世纪 80 年代后期，国内研制的 CS 型等稀土添加剂，使镀铬生产初步实现了低温度（10~50℃）、低浓度（CrO_3 浓度为 120~200g/L）、低污染及高电流效率（可提高至 18%~25%），也实现了节能，降低了污染和成本，改善了劳动条件，提高了镀层质量。采用稀土镀铬添加剂的镀铬工艺，一般都是在传统镀铬溶液的基础上加入一定量的稀土元素而成。但添加剂成分复杂，一般很难控制，镀液不够稳定，并且维护较困难。

22.12 前处理清洁生产工艺

前处理清洁生产的合理取向是：采用无毒或低毒的原材料（化工材料）、低浓度的处理溶液和低温度的操作工艺规范。

电镀生产是一个连续化的整个生产过程，前面工序的环节直接影响后面的工序质量和工序步骤。一条生产线上前处理所占的长度达到总线的 1/3 或以上。采用良好的前处理工艺，可以保证电镀生产线长期稳定的生产，提高产品质量，也可以避免电镀槽液频繁的调整、处理槽液而造成资源的损失。所以，应重视前处理这个环节。

22.12.1 机械前处理

机械前处理工艺宜采用较清洁的、节能的工艺，替代污染大的、耗能的工艺，见表22-20。

表 22-20 机械前处理宜采用较清洁节能的生产工艺

机械前处理工艺	工艺性能及特点
采用液体喷砂取代干喷砂	干喷砂粉尘大，污染严重，尽量采用湿喷砂取代，以减少粉尘污染。如产量大，尽可能采用自动喷砂，以改善劳动条件，减轻劳动强度
大型工件，采用抛（喷）丸替代喷砂	大型工件在磷化或氧化前，如需采用喷射清理钢铁件表面的氧化皮和铁锈，推荐采用抛（喷）丸替代喷砂进行表面清理。如工件适合抛丸的，尽量采用抛丸清理除锈，因为抛丸比喷丸清理更节能，也可减轻操作者劳动强度
采用振动光饰和滚光替代磨光和机械抛光	振动光饰和滚光是将零件与磨料、水或油和化学促进剂，放置于专用容器或滚桶内，通过容器振动或滚桶旋转，使零件与磨料进行摩擦，而达到去毛刺、倒锐角和表面整平及光亮作用，同时还能除油和除锈。所以，小型零件尽可能采用振动光饰和滚光作业，减少磨光和机械抛光。以改善劳动条件，减轻劳动强度，提高生产率，降低生产费用
采用电镀添加剂直接镀出光亮镀层，以减少机械抛光	以往常常采用研磨和机械抛光来提高镀层的光亮（泽）度，但研磨和机械抛光不仅会减薄电镀层，在边角和凸出部位镀层损耗更多，有的甚至会露底，尤其是昂贵的镀层金属铜和镍，抛光造成损耗很可惜；而且机械抛光劳动条件差、强度大、产生粉尘多，污染环境 现在由于电镀添加剂的发展，直接向镀液加入添加剂，使很多装饰性的电镀层不经机械抛光也能获得光亮的外表。所以，应采用电镀添加剂直接镀出光亮镀层，以减少机械抛光工作量

22.12.2 化学前处理

（1）除油

化学前处理的除油，宜采用无毒或低毒的化工原材料和高的除油效率及低的操作温度的除油生产工艺。见表 22-21。

表 22-21　前处理的除油宜采用较清洁节能的生产工艺

化学前除油工艺	工艺性能及特点
以水基清洗剂替代有机溶剂脱脂	前处理一般采用热碱溶液进行化学除油。目前，市场上水基清洗剂品种较多，除油能力强。采用热碱溶液及水基清洗剂替代有机溶剂脱脂，以避免有机溶剂，如三氯乙烯、三氯乙烷、汽油及甲苯等，污染环境，有害操作人员健康
开发对环境无害或低害的有机溶剂	采用无害或低害的有机溶剂，如石油溶剂、乙酸酯、胺类、酸类等
采用中低温除油	采用中低温除油替代高温除油工艺，提高脱脂效率、材料利用率，降低能耗
采用低温无磷除油剂	含有磷酸盐的除油液排放到水域中，能促进藻类迅速生成，使水质变坏，对鱼类有害。因此，应采用无磷除油剂，有文献报道，OP-101 和 OP-113 碱性浸渍洗净剂均不含磷酸盐，对各种油污均有优异的去除能力
采用微生物降解生化除油	采用微生物可降解性活性剂配制的脱脂剂除油，即微生物降解生化除油。其工作机理与传统除油剂相似，都是利用高效表面活性剂的乳化作用除去油污，所不同的是生化除油中的微生物本身虽不参与清洗任何油污，但它可将被乳化的油污快速降解并转化为水和二氧化碳等简单无毒物质物。从而延长除油溶液寿命，大大减少对环境的污染 为保证微生物的生长和繁殖，槽液一定要维持 pH 值 8.8～9.4，温度 40～45℃，通风良好的工作条件，可用于电镀前处理中的钢铁件、黄铜件、铝件、锌压铸件等的除油
备　注	除油可设置有超声波除油、油水分离器、过滤装置等，以提高除油效率，去除槽液中的油和杂质，延长除油槽液寿命

（2）浸蚀除锈

① 降低浸蚀溶液的浓度、温度。

② 向浸蚀溶液中加入适量缓蚀剂，减少酸雾逸出。

③ 酸性盐代替酸弱腐蚀（在开发中），避免酸雾逸出。

④ 以硫酸和过氧化氢为主要成分的浸蚀抛光溶液，用于有色金属（如铜及铜合金）。这种浸蚀液毒性较小，废水也容易处理，但过氧化氢稳定性较差。

（3）　不锈钢的化学与电解抛光

① 化学抛光。常用的不锈钢的化学抛光溶液存在温度高、酸雾大等缺点。有一种低温化学抛光溶液，光亮性好，抛光速度快，酸雾少。其配方[6]及工艺规范如下：

盐酸（HCl）（工业级，36.5%）　　120～180mL/L　　复合缓蚀剂 1～5g/L

硝酸（HNO_3）（工业级，65%～68%）　15～35mL/L　　光亮剂 3～5g/L

磷酸（H_3PO_4）（工业级，85%）　　25～50mL/L　　水溶性聚合物 20～40g/L

温度　　15～40℃

时间　　12～48min

配方中的添加剂：复合缓蚀剂采用若丁和有机胺等；光亮剂采用氯烷基吡啶、卤素化合物和磺基水杨酸；水溶性聚合物为黏度调节剂，采用纤维素醚和聚乙二醇的混合物等。

不锈钢化学抛光并经水洗后在以下溶液中中和：碳酸钠（工业级）3～5g/L，氢氧化钠（工业级）1～2g/L，温度为室温，时间 0.5～1min。

② 电解抛光。常用的电解抛光溶液有含铬酐的和不含铬酐的两类，根据不锈钢材质及制品要求而定，宜采用无铬酐型的电解抛光溶液。

（4）铝及铝合金的化学与电解抛光

① 化学抛光。传统的酸性抛光液有磷酸-硝酸、磷酸-硫酸-硝酸等体系。它们在抛光处理过程中产生大量氮氧化物气体（黄烟），污染严重。目前，国内已研制开发出多种组合添加剂，取代硝酸，无硝酸抛光液适用于 Al、Al-Mg 合金及 Al-Mg 低硅合金。化学抛光的溶液组成及工艺规范见表 22-22。

表 22-22　铝及铝合金的化学抛光的溶液组成及工艺规范

溶液成分及工艺规范	1	2
85％磷酸（H_3PO_4）	70 份（体积）	30％～25％（体积分数）
95％～98％硫酸（H_2SO_4）	25 份（体积）	70％～75％（体积分数）
铝离子/（g/L）	≥10	—
WP-98 添加剂/（g/L）	5～15	—
AP-1 添加剂/（mL/L）	—	8～10
温度/℃	90～110	105～115
时间/min	1～3	1～3

注：1. 配方 1 的 WP-98 添加剂是武汉材料保护研究所研制的。可使工件达到较高的光洁度而不出现过腐蚀现象。抛光添加剂 WP-98 可用于 6063 及 6061 等型号的铝型材抛光。

2. 配方 2 的 AP-1 添加剂是上海永生助剂厂研制的。

② 电解抛光。电解抛光质量好，对难于采用机械抛光和化学抛光的铝件（如高硅铝合金）或形状复杂、要求光亮度高的铝件，多采用电解抛光。国内常用的三酸（磷酸-硫酸-铬酸）电解抛光液，工艺成熟，抛光质量好，但抛光液含有铬酸，而且抛光液黏度高，工件的溶液带出量多，材料损耗大。

铝制品无铬酸电解抛光工艺配方较多，有酸性和碱性无铬酸电解抛光溶液。其溶液组成及工艺规范见表 22-23。

表 22-23　铝制品无铬酸电解抛光的溶液组成及工艺规范

溶液成分及工艺规范	酸性电解抛光溶液	碱性电解抛光溶液
85％磷酸（H_3PO_4）	400 mL	—
95％～98％硫酸（H_2SO_4）	60 mL	—
乙二醇（$C_2H_6O_2$）	400 mL	—
磷酸三钠（$Na_3PO_4 \cdot 12H_2O$）/（g/L）	—	130～150
碳酸钠（Na_2CO_3）/（g/L）	—	350～380
氢氧化钠（NaOH）/（g/L）	—	3～5
水	140mL	—
pH 值	—	11～12
温度/℃	85～95	94～98
阳极电流密度/（A/dm^2）	20～30	8～12
时间/min	5～7	6～10

注：1. 酸性电解抛光溶液适用于纯铝和多种铝合金。

2. 碱性电解抛光溶液用的电压为 15～25V，溶液需要搅拌或阳极移动，适用于纯铝和 LT66 等。

（5）铜及铜合金的化学与电解抛光

铜及铜合金的化学抛光较普遍使用的硫酸-硝酸体系的化学抛光溶液，在抛光过程中产生 NO_2 黄烟，污染严重。有文献[3] 介绍了一种双氧水（过氧化氢）-硫酸型的化学抛光液，不产生 NO_2 黄烟，但由于双氧水的热稳定性差，易受重金属离子催化分解，所以抛光液中还必须添加防止双氧水分解过快的药剂，如稳定剂、络合剂、表面活性剂等。铜及铜合金化学与电解抛光的溶液组成及工艺规范见表 22-24。

表 22-24　铜及铜合金化学与电解抛光的溶液组成及工艺规范

溶液成分及工艺规范	化学抛光溶液[3]	电解抛光溶液
30％过氧化氢（H_2O_2）	140～160 mL	—
95％～98％硫酸（H_2SO_4）	87～108mL	100mL
85％磷酸（H_3PO_4）	—	650～700mL
冰醋酸（CH_3COOH）	30～40 mL	—
乙醇（无水）	40～60 mL	—
水	至 1L	300mL

续表

溶液成分及工艺规范	化学抛光溶液[3]	电解抛光溶液
温度 /℃	20～50	30～50
阳极电流密度 /(A/dm²)	—	10
时间 /min	0.5～1.5	15

注：电解抛光溶液适用于含锡质量分数低于 6% 的铜合金。

（6）钛及钛合金的电解抛光

钛及钛合金的无铬电解抛光溶液及其工艺规范如下：

氢氟酸（HF，48%）　　　　10%～18%（体积分数）

硫酸（H_2SO_4，98%）　　　80%～85%（体积分数）

温度　　　　　　　　　　15～20℃

阳极电流密度　　　　　　50～100A/dm²

电压　　　　　　　　　　5～6V

时间　　　　　　　　　　数分钟

（7）采用浸银替代汞齐化处理

镀银前的汞齐化处理溶液含有汞（氯化汞或氧化汞），由于汞毒性大，污染严重，可以采用浸银（含硝酸银、硫脲等溶液）替代汞齐化处理，大大地降低污染。

22.13　绿色照明

绿色照明是指节约能源、保护环境，有益于提高人们生产、工作、学习效率和生活质量，保护身心健康的照明。

绿色照明的新理念，首先于 1991 年由美国环保局提出，目前在一些国家已取得越来越大的经济、社会和环境效益。我国从 1993 年开始准备启动绿色照明工程，并于 1996 年正式开始实施了《中国绿色照明工程实施方案》，大力全方位实施绿色照明是我国今后照明科技长远发展的目标。

（1）绿色照明的宗旨

绿色照明的宗旨是：

① 节约能源。人工照明主要由电能转换为光能，照明用电耗用了我国总发电量的大约 10%～12%。所以提高照明效率，节约照明用电是有重大意义的。

② 保护环境。照明用电所用的电能大多是靠石化燃料的燃烧而产生的，由于石化燃料的燃烧会产生二氧化硫（SO_2）、氮氧化合物（NO_x）、二氧化碳（CO_2）等有害气体，从而造成了地球的臭氧层破坏、地球变暖、酸雨等问题，并造成了环境污染。所以设置照明用电时必须考虑到对环境的保护。

③ 提高照明品质。工业工厂照明的目的主要有三个方面，即提高生产率，确保生产安全，形成舒适的视觉环境。良好的照明有助于提高工作效率、生产效率和降低生产成本。提高照明品质，应以人为本，创造有益于提高人们生产、工作、学习效率和生活质量，保护身心健康的照明。在节约能源和保护环境的同时，还应力图提高照明质量，如照度均匀度、良好的眩光限制和光源的显色性以及延长寿命等。

（2）照明节能的技术措施

照明节能要从提高整个照明系统每个环节的效率来考虑。为节约电能，在照明设计时，应根据电镀作业识别对象如装饰性要求程度、精细程度、亮度对比以及作业时间长短、识别速度、视看距离等确定照度。电镀车间照明照度见第 6 篇第 34 章公用工程中的 34.8 照明部分。照明节能的主要技术措施见表 22-25。

表 22-25　照明节能的主要技术措施

照明节能技术措施	技术措施的实施做法
正确选择照明照度值	在照明设计时,要根据电镀工艺要求、识别对象要求、亮度对比及作业时间长短,贯彻该高则高、该低则低的原则,合理选用照度值
合理选择照明方式	尽量采用混合照明,即采用一般照明加局部照明。分区一般照明,即在同一场所不同区域有不同照度要求时,采用不同照度的分区一般照明方式。根据设备及作业点的工艺要求,需要较高照度时,可设置局部照明
推广使用高光效照明光源	普通白炽灯,因其光效低、寿命短、耗电高,应尽量少使用。推广使用三基色荧光灯、细管径(≤26mm)直管形荧光灯或紧凑型荧光灯
推广使用高效率节能灯具	在满足眩光限制和配光要求的条件下,应选用效率高的灯具
实施照明功率密度值指标	为了照明节能,在 GB 50034—2013《建筑照明设计标准》中,规定了工业建筑和办公建筑的最大允许照明功率密度值(W/m^2),作为建筑节能的评价指标,电镀车间和办公建筑照明功率密度值,不应大于本篇节能减排章节中有关实施照明功率密度值指标小节的规定
充分利用天然光	电镀车间在工艺平面布置时,设备装置的排列布置、工作隔间及辅助间的位置,尽可能不挡住建筑物自然采光,以减少人工采光负荷,节约电能。有条件时,宜利用太阳能作为照明能源

22.14　提高资源综合利用率

目前,我国电镀行业的原材料利用率低、能耗大,与国外同类行业相比,差距很大。我国电镀行业能耗、物耗水平见表 22-26。

表 22-26　我国电镀行业能耗、物耗水平

项　　目		水耗/(t/m^2)	电耗/(kW·h/m^2)	蒸汽/(kg/m^2)	金属原材料利用率/%				
					锌	铜	镍	铬酐	
								装饰铬	硬铬
国际先进水平		0.08	0.4	0.08	—	90	90	24	
国内先进水平		0.3	0.5	0.11	76	—	—	10.8	60
国内平均水平		3.0	5	15	65	75	9	40	
清洁生产指标等级(HJ/T 314—2006)	一级	0.1	—	—	85	85	95	60	90
	二级	0.3	—	—	80	80	92	24	80
	三级	0.5	—	—	75	75	80	20	70

提高资源综合利用率,可大大降低原材料消耗和能源消耗,减少污染物排放,降低治理费用,降低产品成本。提高资源综合利用率的技术措施如下。

(1) 减少溶液带出量

减少溶液带出量,其方法如下。

① 合理装挂工件,使工件盲孔、凹穴朝下,以利于充分排液排水。

② 合理设计制作挂具,挂具装挂工件时,应使带有"杯状"的工件开口向下。并应尽量避免有聚积溶液的死角,尽可能减少溶液带出量。装挂时,工件不宜挂在另一个零件的正下方,应错开装挂,以利于排液。

③ 降低镀件从槽液中提出的速度,适当延长在槽上的停留时间,让更多溶液滴流回槽内。

④ 若采用自行葫芦进行生产,在工件出槽时,应使工件能前后倾斜摆动,让工件凹坑处积液流回槽内。

⑤ 大型处理工件如形状较复杂而易兜液时,若产品允许,可开设工艺孔,以便排液排水。

⑥ 正确设计滚筒、滚镀槽,减少镀液带出量。

⑦ 镀槽、回收槽、清洗槽之间设有导流板,使镀件滴液流回原槽内,既可防止带出液滴流至地面、减少带入下个槽的溶液量,又可使溶液回用避免损失。

⑧ 控制工艺溶液浓度在低限范围。

(2) 回收物料, 减少损耗

① 根据实际情况在镀槽后面设置回收槽, 尤其是电镀贵重金属、毒性大的镀槽, 以及处理溶液浓度高的如钢铁件氧化槽等, 需设置回收槽, 回收物料、减少排放。

② 使用阳极篮或其他措施, 回收利用阳极残料。

③ 电镀挂具应具有可靠的绝缘涂覆层, 避免或减少镀层金属的沉积, 减少损耗。

④ 镀铬槽等的抽风系统应设有铬雾回收器, 回收铬酸。

⑤ 处理溶液槽应保持完好、无损坏, 槽体及管道无滴漏。

⑥ 废液根据实际情况, 采取措施, 尽可能回收利用。

⑦ 采用气雾抑制剂。生产过程中 (尤其是加温的槽液) 会散发出有害气体。目前已有应用的铬雾、酸雾、碱雾等气雾抑制剂, 可以减少有害气逸出, 节约原材料及处理费用。

(3) 延长工艺溶液使用寿命

延长工艺溶液使用寿命, 可采取下列措施。

① 采用纯水配制、调整溶液及补充溶液用水。

② 酸性电镀液 (如酸性硫酸盐镀铜液, 酸性氯化物镀锌液、镀镍液等) 采用连续过滤。

③ 定时对溶液进化学分析, 检测 pH 值、电导率, 及时维护、调整溶液。

④ 指定专人负责配制、调整并维护溶液, 使其符合工艺要求范围。

⑤ 操作人员需经培训上岗。

⑥ 定时去除溶液中的杂质, 采用方法有: 加沉淀剂、定期小电流空载电解去除重金属杂质、活性炭过滤等。

⑦ 良好的槽液温度控制, 使温度始终保在工艺要求的范围内。

⑧ 减少外来杂质带入溶液, 采用方法有: 采用高纯度阳极和阳极袋, 采用高纯度的化工原料, 保持工装挂具完好, 及时清除掉落溶液中的零件, 镀前预浸, 要求高的溶液的前道水洗采用纯水。

(4) 加强管理

① 加强排水的处理措施, 提高水重复利用率。

② 使用高纯原材料替代粗制原材料, 可以减少生产过程中引发的质量问题, 提高镀件合格率, 可以减少对那些不合格品重新加工或处理的物料损失, 也可减少对槽液的调整或处理所造成的物料损耗。

③ 加强对操作人员的培训。

④ 加强资源管理, 原材料消耗有考核。

22.15 降低能源消耗

电镀用能源包括电、水、蒸汽、压缩空气以及燃料等。降低能源消耗, 采取的主要技术措施见表 22-27。

表 22-27　降低能源消耗的主要技术措施

降低能耗的技术措施	技术措施的实施做法
淘汰高能耗设备	利用工厂现有设备时, 需经设备鉴定, 应淘汰那些高能耗或能量利用率低的设备。各种设备应优先选用国家有关部门鉴定推广的节能型产品
节能技术措施	1. 热能高的设备, 如加热设备、除氢炉等设备, 应采取下列措施, 降低其能耗: 一般情况下加热温度超过 50℃的设备, 如加热槽、烘干室、除氢炉等设备, 其设备外壳设有可靠高效保温隔热层, 可减少外壁散热 采用通过式烘干室 (炉) 时, 应采取措施, 减少热量从进口处外逸。如采用桥式烘干炉或在烘干炉两端进出口设置风幕等

降低能耗的技术措施	技术措施的实施做法
节能技术措施	2. 热力设备、热力管道、阀门、法兰等都要考虑隔热保温措施,以减少热能损失 3. 电镀车间槽子加热用的热源一般以蒸汽加热为主,蒸汽加热具有经济、卫生、安全可靠等优点,其价格[6]约为电加热的 10% 4. 蒸汽加热槽、设备的冷凝水尽量返回动力站,不能返回的冷凝水放入温水槽、热水槽使用 5. 合理确定槽子、加热设备的升温时间。生产线安装蒸汽计量表,以便于检查和考核 6. 加热的设备(槽子及烘干设备等),宜设置自动控温装置,以节省加热能源 7. 做好烘干室(炉)尤其是大型的烘干室(炉)的余热利用
节水技术措施	1. 减少工件的溶液带出量,可大大减少排污量和节省工件清洗用水 2. 改进清洗水槽的进水方式,提高清洗效率 3. 采用多级逆流清洗方式,减少用水量 4. 零件较复杂时,采用压缩搅拌清洗,清洗较彻底,且节水 5. 采用连续处理生产线时,如磷化连续处理生产线,采用喷淋清洗 6. 大型工件清洗采用浸渍与喷淋相结合的清洗方式。先浸入水槽内进行浸洗,出槽时用补加水进行喷淋清洗,以减少用水量 7. 采取治理措施,清洗水回用、冷却水回用,提高水的重复利用率 8. 控制用水量,安装节流阀、电导传感器和流量自动控制开关 9. 必要时按生产线安装计量表,便于检查和考核 10. 企业应自觉遵守环保法规,不允许使用工业水来稀释电镀废水,以求达到排放标准
节电技术措施	1. 电镀、电化学除油、电解抛光、阳极氧化、退镀等应合理选用直流电源,使用可控硅整流电源和高频开关电源,提高电流效率,节省电能 2. 电镀等用的直流电源输出端至镀槽输入端的线路电压降不超过 10% 3. 用直流电的槽子上的电极杆应保持清洁、导电良好,以减少能耗 4. 推广使用抑雾剂,减少排风量,相对减少排风机及送风机的电容量 5. 通风系统中的通风机应按说明书合理配备驱动电机。应按设备管理规定定期检修保养,保证传动效率稳定。通风管道应及时检查,消除漏风或堵塞现象 6. 与钢制镀槽相互接触的部位,都要采取绝缘措施,以防漏电
其他节能技术措施	1. 加强工艺管理和控制,提高产品质量,减少不合格品,从而减少需要重新加工或处理(置)的物料消耗,减少物料流失 2. 尽可能利用太阳能,用于加热槽、设备以及生活用热水等

22.16　加强企业管理和环境管理

电镀行业实施清洁生产的途径，概括说来就是技术和管理两个方面。通过对企业管理人员及生产操作人员的全员培训及宣传教育，不仅提高其管理意识和环境保护意识，更重要的是调动职工的积极性。从资源管理、能源管理、生产工艺、生产设备、过程控制、企业管理、人员素质、综合利用等方面，加强全过程的全面管理，即可大大降低原材料和能源的消耗，提高资源利用率，减少污染物的排放，降低成本，提高产品质量。在实施清洁生产中，加强企业管理和环境管理，包括下列几个方面。

(1) 环境管理要求

符合国家和地方有关环境法律、法规标准，污染物排放达到国家和地方排放标准、总量控制指标和排放许可管理要求。

建立并运行环境管理体系，环境管理手册、程序文件及作业文件齐备。原始记录及统计数据齐全、有效。

(2) 生产过程环境管理

有工艺控制和设备操作文件；制定和完善本单位安全生产应急预案，按照《国务院关于全面加强应急管理工作的意见》的精神，根据实际情况制订和完善本单位应急预案，针对生产装置突发损坏，明确各类突发事件的防范措施和应急处置程序规定。

无跑、冒、滴、漏现象，有维护保养计划和记录。

生产现场环境清洁、整洁，管理有序，危险品有明显标识。

(3) 环境管理体系

有环境管理和清洁生产管理规程，岗位职责明确。

建立按照 GB/T 24001《环境管理体系 要求与使用指南》标准要求的环境管理体系并被认证，管理体系有效运行；有完善的清洁生产管理机构，制定持续清洁生产体系，完成国家的清洁生产审核。

(4) 严格电镀生产的物资管理

① 物料采购。物料即原材料，包括化学品、添加剂、阳极材料等，购买有资质的原材料供应商的产品，对原材料供应商的产品质量、包装和运输等环节施加影响。

② 实行无害保管。物资在保管过程中，应防止渗漏、跑冒、飞扬、扩散、变质等而导致损失。物资保管必须有专人管理，建立和健全账卡档案，及时准确掌握和反映供、需、消耗、储存等情况，一旦发现问题，查找原因，采取措施，减少物资损失。

③ 制定物资消耗定额。物资消耗定额是对各种物资生产消耗规定的标准，是物资利用情况的一个考核项目，是促进合理利用资源、减少浪费、控制污染来源的有效方法。电镀企业应根据每个产品进行核定，制定合理的物资消耗定额，并严格执行。根据生产量、进度、消耗定额和用料计划，限额定量发放物资。物资消耗定额应根据科学技术的发展、操作经验的积累进行定期修改，保持其先进性和稳定性。

(5) 加强设备管理

① 设备采购。购买有资质的制造设备供应商的产品，非标设备制造完成时到制造方现场进行质量检验；待到使用现场，经安装、调试后再进行最后的质量检验，合格后方可使用。

② 建立设备维修记录档案。包括设备位置、性能特点、损坏部位、损坏程度和维修项目。

③ 制定预防性检修计划。对各种设备制定预防性检修日程，加强设备及各种管道的经常性维护、维修，杜绝跑、冒、滴、漏。

④ 建立设备的使用档案。保存好设备的有关资料，包括销售商提供的设备使用说明书、维修手册（包括非标设备的有关资料）等。

(6) 加强能源管理

电镀生产用的能源包括水、蒸汽、压缩空气、燃气、燃油、电力等。应建立一套完善的能耗定额标准，在生产过程中严格执行，责任制订到每个环节。做好计量统计工作，根据生产情况、必要时按逐线进行统计，发现问题，及时采取措施解决。制定各种能源的节能和降耗等措施和操作要求。

(7) 废水废气处理系统管理

具备完善的废水、废气净化处理设施且有效运行。

废水分类汇集、处理，有废水分析监测装置，排水口有计量表具。

废水分类处理，有自动加料调节与监控装置，有废水排放量与主要成分自动在线监测装置。

废水处理处程中产生的污泥，应按照危险废物鉴别标准（GB 5085.1～3—2007）进行危险特性鉴别。属于危险废物的，应按照危险废物处置，处置设施及转移符合标准，处置率达到100%，不得混入生活垃圾。

有适当的电镀液收集装置和合法的处理处置途径。

生产现场有害气体发生点有可靠的吸风装置、废气净化处理设施。

（8）环保设施的运行管理

对污染物能在线监测，具有污染物分析条件，记录运行数据并建立环保档案，具备计算机网络化管理系统。废水在线监测装置经环保比对监测。

有污染物分析条件，记录运行的数据。

（9）危险物品管理

危险物品管理应符合国家《危险废物储存污染控制标准》的规定，危险品原材料分类，有专门仓库（场所）存放，有危险品管理制度，岗位职责明确。

有危险品管理规程，有危险品储存场所。

（10）废物存放和处理

① 废物存放和处理做到国家相关管理规定，危险废物交给有资质的专业单位回收处理。

② 应制定危险品管理计划，包括减少危险货物产生量和危害性的措施，危险废物储存、利用处置措施，以及危险废物产生种类、产生量、流向、储存、处置等有关资料。并向所在地县级以上地方人民政府环境行政主管部门申报和备案。

③ 针对危险废物的产生、收集、储存、运输、利用、处置，应当制定意外事故防范措施和应急预案，并向所在地县级以上地方人民政府环境行政主管部门备案。

④ 废物处置管理，按不同种类区别存放及标识清楚；无泄漏，存放环境整洁。

⑤ 如果是可利用资源，应无污染地回收利用处理；不能自行回收的，则交给有资质的专业回收单位处理。做到再生利用，没有二次污染。

22.17　搞好电镀车间设计

电镀车间设计也是实现清洁生产的一个重要环节。车间设计应符合清洁生产要求，车间设计除了要配合做好上述提出的实现清洁生产所采取的措施外，还应做好下列几个方面工作，给电镀清洁生产提供技术支持。

① 电镀车间在工厂总平面布置图上的位置，应符环境保护要求，车间排出的废气不应影响其他车间；应远离能产生较多灰尘、粉尘的车间或构筑物，以避免灰尘、粉尘进入车间落入槽液，而影响镀层质量；车间位置还应考虑生产物流的流程，应符合产品生产的总体物流流程。

② 车间朝向、建筑物体形、平面布置、工作间隔断等，应有良好的自然采光及自然通风。

③ 设备选型、生产线组织形式，应尽可能提高自动化和半自动生产水平，宜采用自动线及半自动线，改善劳动条件，降低操作者的劳动强度。

④ 生产线组织及布置，设备排列，宜按流水线生产方式。流程顺畅，避免零件来回往复运输，尽量减少操作人员生产时的行走路程。

⑤ 生产线的各种管道宜采用明设，以便于管道安装架设、日常维护保养、维修、更换；也应保证当扩宽产品及生产发展时，便于生产线的变更和调整。

⑥ 采用节能减排技术，提高资料（物料）利用率，降低能源消耗。

⑦ 在积极做好清洁生产的同时，做好废弃物的末端治理。采用高效的废气、废水处理装置以及做好废物的回收利用。

22.18　提倡电镀协作，建立电镀工业园区

（1）提倡电镀协作

企业（工厂）内的电镀生产，提倡电镀协作生产。根据产品技术要求、镀层质量要求、电镀生产量具体情况，可以考虑与区域内的电镀厂或其他企业电镀点协作生产。电镀协作可以考

虑全部协作或部分协作，可以取消本企业内的电镀生产点或减轻电镀生产量（或减少镀种）。

应当指出，企业尤其是小企业设立电镀生产点，既不经济，又会造成污染。而且电镀污染严重，治理费用高。将电镀外协生产，就不需支付设备装置投资、电镀生产费用、污染治理费用以及建设场地和建筑物费用等，只需付出电镀件外协的费用，相对来说支出费用大大减少，于是可降低生产成本，提高经济效益和社会效益。

(2) 建立电镀工业园区

近年来，我国许多地区和城市建立电镀工业园区，将分散在各地的电镀厂点搬迁到园区内，并在这些电镀厂推行和实施清洁生产。工业园区的管理基本模式为，主体管理机构由政府机构控制，对污染治理、公共设施等集中管理。各企业自主合法经营。实践说明，建立电镀工业园区是根治污染、促进行业发展的有效途径。电镀行业厂点分散，管理难度大，单独治理污染成本高，企业难以承受。结合结构调整，有计划地建立电镀工业园区，实施集约化环境管理，是促使企业提高清洁生产水平的一种有效途径。

实行集中治理污染的管理模式：突出集中治污的管理模式，利用规模效应，降低废（污）水治理费用，减轻企业治污负担，并努力为企业的发展创造更为宽松的环境。随着电镀工业园区建设的推进和发展，长期困扰电镀行业的环境问题将找到一种有效的治理和管理模式，也为电镀行业整体素质的提高和持续发展提供空间和机遇。

电镀工业园区建设的做法有下列几点。

① 严格按环保要求规划建设。电镀是重污染的加工行业，应把电镀行业环境综合治理放在首位。规划建设应严格执行有关环境管理的各项要求，按清洁生产的各项要求进行规划建设。

② 对电镀废水进行集中分质处理。用市场运作模式，处理厂对电镀废水进行集中分质处理。有的采用集散治理方式，即分散与集中相结合的处理模式。各电镀厂点企业自己处理其生产排出的含氰和含铬废水，处理达标后用管道排到工业园处理厂；各电镀厂点的酸、碱废水由总管道直接排到处理厂，然后一起进行处理。处理厂向各排污企业收取处理费，并承担环保排污的法律责任。

废水达标排放后出水逐步回用，把电镀工业园区对周围水域的污染影响降到最低限度。

③ 提高入园企业电镀工艺与技术装备水平。园区建设定位在高起点、高水平，避免低水平重复投资建设。其做法如下。

a. 将现有电镀厂点撤并，优化组合，要求入园企业生产装备机械化、自动化。

b. 通过招商引资吸纳国内外先进电镀工艺、设备入园，提升园区电镀工艺技术水平。

c. 坚持工艺革新，淘汰有氰电镀。除贵金属镀种采用微氰电镀外，拒绝有氰电镀工艺入园。

④ 实施电镀产品结构调整，调整后提高入园企业的档次，大幅度增加企业经济效益。

⑤ 实施废水排污量总量控制。对入园企业核定电镀重金属废水排放量；贯彻清洁生产，提倡使用降低污染物排放的电镀工艺、生产装置流程；采用先进的金属废水治理技术，控制排污总量，实施废水经处理后部分回用。

⑥ 公用设施和生活设施集中建设，如锅炉房、污水处理站、总原材料库、变电所、水泵房、动力站（如空压站等）等公用设施，办公楼、会展中心、生活楼、食堂、汽车库等工作生活设施。

第**23**章

节能减排

23.1 概述

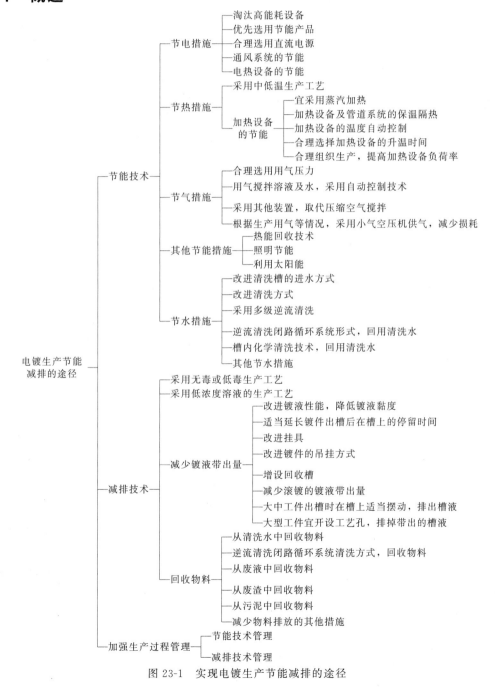

```
                                   ┌─ 淘汰高能耗设备
                                   ├─ 优先选用节能产品
                          ┌─ 节电措施 ─┼─ 合理选用直流电源
                          │          ├─ 通风系统的节能
                          │          └─ 电热设备的节能
                          │          ┌─ 采用中低温生产工艺
                          │          │             ┌─ 宜采用蒸汽加热
                          ├─ 节热措施 ─┤             ├─ 加热设备及管道系统的保温隔热
                          │          └─ 加热设备 ───┼─ 加热设备的温度自动控制
                          │             的节能      ├─ 合理选择加热设备的升温时间
                          │                        └─ 合理组织生产，提高加热设备负荷率
                          │          ┌─ 合理选用用气压力
                 ┌─ 节能技术 ┤          ├─ 用气搅拌溶液及水，采用自动控制技术
                 │         ├─ 节气措施 ─┤
                 │         │          ├─ 采用其他装置，取代压缩空气搅拌
                 │         │          └─ 根据生产用气等情况，采用小气空压机供气，减少损耗
                 │         │          ┌─ 热能回收技术
                 │         ├─ 其他节能措施 ─┼─ 照明节能
                 │         │          └─ 利用太阳能
                 │         │          ┌─ 改进清洗槽的进水方式
                 │         │          ├─ 改进清洗方式
                 │         │          ├─ 采用多级逆流清洗
                 │         └─ 节水措施 ─┤
                 │                    ├─ 逆流清洗闭路循环系统形式，回用清洗水
 电镀生产节能 ─────┤                    ├─ 槽内化学清洗技术，回用清洗水
 减排的途径        │                    └─ 其他节水措施
                 │         ┌─ 采用无毒或低毒生产工艺
                 │         ├─ 采用低浓度溶液的生产工艺
                 │         │          ┌─ 改进镀液性能，降低镀液黏度
                 │         │          ├─ 适当延长镀件出槽后在槽上的停留时间
                 │         │          ├─ 改进挂具
                 │         │          ├─ 改进镀件的吊挂方式
                 ├─ 减排技术 ─┼─ 减少镀液带出量 ─┤
                 │         │          ├─ 增设回收槽
                 │         │          ├─ 减少滚镀的镀液带出量
                 │         │          ├─ 大中工件出槽时在槽上适当摆动，排出槽液
                 │         │          └─ 大型工件宜开设工艺孔，排掉带出的槽液
                 │         │          ┌─ 从清洗水中回收物料
                 │         │          ├─ 逆流清洗闭路循环系统清洗方式，回收物料
                 │         └─ 回收物料 ─┼─ 从废液中回收物料
                 │                    ├─ 从废渣中回收物料
                 │                    ├─ 从污泥中回收物料
                 │                    └─ 减少物料排放的其他措施
                 └─ 加强生产过程管理 ─┬─ 节能技术管理
                                   └─ 减排技术管理
```

图 23-1 实现电镀生产节能减排的途径

节能减排是国家发展经济的一项长远战略方针。

节能是指加强用能管理，采用技术上可行、经济上合理以及环境和社会可以承受的措施，减少从能源生产到消费各个环节中的损失和浪费，更加有效、合理地利用能源。

减排是指加强环保管理，提倡清洁生产、采用先进的工艺技术与设备等措施，从源头上削减污染，减少排放污染物，对污染物采用行之有效的治理技术和综合利用技术，消除对环境的危害。

实现节能减排的目标。提倡清洁生产，是实现节能减排目标的重要手段，加强污染防治技术的推广和应用，是实现节能减排目标的重要工作方法。

电镀行业是现代产品制造业中，不可缺少的行业。电镀生产高能耗、重污染，所以节能减排就显得更为突出。电镀车间的节能减排效果，是衡量电镀车间工艺设计质量和水平的重要因素之一。电镀工艺设计人员应掌握节能（节约能源资源）和减排（消除或减轻电镀公害）的技术。

机械行业工程建设项目的电镀车间设计中，设计工艺、设备方案以及电镀物料等的选用，应充分考虑采用节省资源的新材料、新工艺、新技术。节能减排设计，要在电镀作业的各个环节，做到合理利用能源、节约能源、提倡清洁生产，提高资源利用效率，减少和避免污染物的产生，保护和改善环境。

实现电镀生产节能减排的途径，如图 23-1 所示。

23.2　电镀节能减排的基本原则

电镀车间的节能减排技术，是指加强用能和环保管理，采用技术上可行、经济上合理的节能及减少污染物排放措施。减少各个环节中的能源损失和浪费，更加有效、合理地利用能源和最大限度地减少污染物排放，并对三废进行有效的治理和综合利用。

① 增强节能、环保意识，履行节能减排义务。电镀车间的设计应遵守下列有关的节能环保的法规、标准和设计规范：

《中华人民共和国节约能源法》；

《中华人民共和国清洁生产促进法》（2002 年 6 月 29 日，九届人大第二十八次会议通过）；

HJ 450—2008《清洁生产标准　印刷电路板制造业》；

JBJ 14—2004《机械行业节能设计规范》；

JBJ 16—2000《机械工业环境保护设计规范》等。

② 积极发展推广节能、环保新技术、新工艺、新设备和新材料，淘汰能耗大和严重污染环境的落后生产技术、工艺、设备和材料。优先采用无毒或低毒、低温、低浓度的生产工艺。

③ 淘汰高能耗设备，优先选用国家有关部门鉴定推广的节能型产品。

④ 在工厂的改建、扩建、技术改造的设计中，利用工厂现有设备时，应对现有设备进行技术鉴定，对那些能耗大、能源利用率低的现有设备，应淘汰，不能利用。

⑤ 鼓励引进境外先进的工艺、技术和设备，以及先进的节能技术和设备。引进时，应对其技术水平、经济效益、能耗水平以及保护环境等因素，进行综合分析和评定，禁止引进境外落后的工艺、技术、设备和材料。

⑥ 电镀生产应采用先进的清洗工艺，减少废水和有毒有害污染物的产生量；提倡资源回收和水的回用；处理的废水必须达到国家规定的排放标准。

⑦ 环境保护工程设计应结合建设规模、生产工艺因地制宜，对电镀生产中所产生的废气、废水、废液、废渣等采取行之有效的治理技术和综合利用技术。

⑧ 电镀工艺专业应积极配合综合工程（建筑、给水排水、采暖通风、动力供应、供电照明等）的有关专业设计中所采用的节能、环保技术，减少总体工程能耗和搞好环境保护。

⑨ 发展和推广其他在节能减排工作中被证明的技术成熟、效益显著的适用节能减排技术。

23.3　电镀节能技术

节能，即节约能源。节能包括节电、节热、节水、节汽、节气等。

23.3.1　节电技术措施

节电的技术措施包括：工艺生产的节电措施、通风系统的节电措施及电加热设备（主要有烘干箱室、除氢炉及加热槽）等的节电措施。节电的技术措施如表 23-1 所示。

表 23-1　节电的技术措施

项　目	节电技术措施
工艺生产的节电措施	1. 装饰性镀镍/铬等时，宜采用一步法光亮电镀工艺。这样不仅可以节省机械抛光的电能消耗和材料消耗，还可以减轻劳动强度和提高工作效率 2. 宜采用工艺简单、污染小、电流效率高的电镀工艺 3. 根据生产规范等具体情况，组织多功能、多流程的综合电镀生产线，这样可以将一些辅助槽（如冷水槽、热水槽、除油槽、浸蚀槽等）合用，提高这些辅助槽的利用率，节约能源消耗 4. 直流电源的选用。电解过程所用直流电，应选用高效、节能的直流电源装置。电镀、电化学除油、电解抛光、阳极氧化、退镀等用的直流电源的容量，应根据生产规模、产量、设备负荷等情况确定，不得因考虑发展等原因而无限增大其容量，以使大大增加安装电容量，考虑发展要有目标和一定范围 ①直流电源宜选用可控硅整流电源和高频开关电源，提高电流效率，节省电能 ②电镀等用的直流电源输出端至镀槽输入端的线路电压降不超过 10% ③用直流电的槽子上的电极杆应保持清洁，母线或电缆接头完好，保持导电良好，以减少能耗
通风系统的节电措施	1. 通风系统中风机应按说明书要求，合理配备驱动电机 2. 应按管理规定定期检修保养，定期检查传动皮带、更换润滑油脂，保证传动效率稳定 3. 应及时检查通风管道，消除漏风或堵塞 4. 推广使用抑雾剂，减少排风量，减少排风机的电能损耗
烘干箱(室)的节电措施	1. 烘干室的设计和采购，在满足镀件烘干条件的前提下，应尽量减小室内体积，减少工件进出口尺寸 2. 采用优质保温材料，提高烘干设备外壁及热风风管隔热保温性能，减少散热损失，尤其是对于大型烘干室 3. 对于大型烘干室，如磷化等大量生产所采用的连续通过或间歇式烘干室，应采取下列节能措施： ①应尽量减小烘干室(炉)外壁面积，如可采用双行程或多行程烘干室(炉)的结构形式，大大减少了烘干室壁的表面积，减少热能散发损失 ②防止或减少烘干室(炉)开口部的热量逸出，连续通过式烘干室采用桥式结构形式的烘干室，或烘干室进出口处设置风幕等 ③减小烘干室的工件出入口尺寸，在工件进出烘干室设有开启的门。一般手工搬运工件进出烘干室，都可设置开启的门，门的密封性要好。采用机械化输送工件的间歇式的生产线，工件是按生产节拍进行周期性移动的，所以烘干室也可设置门，按产品节拍工件移动时门开启，工件停止移动时门关闭 ④优化加热系统设计，减少各个环节中的热能损失和浪费，更加有效合理地使用热能，提高热能有效利用率
电加热槽的节电措施	1. 槽体外壁采用优质保温材料隔热，减少散热损失。槽子温度采用自动控制 2. 合理确定槽液加热的升温时间(尤其是对于大型槽子)，在生产允许的情况下，可适当延长其升温时间，降低升温时的电容量，减少安装电功率 3. 合理组织电镀生产，尽可能组织集中生产，提高槽子负荷率，保持生产的连续性，可减少加热电能的损耗

23.3.2 节热技术措施

(1) 宜选用中温或常温处理工艺

前处理、化学表面处理和电镀等生产工艺，在满足产品质量要求的前提下，宜采用中温或常温处理工艺，与高温处理工艺相比，可取得显著的节能效果。如常用的钢铁件前处理，采用中温除油及中温磷化处理，与高温处理相比，其节能效果显著。处理槽有效容积为 $1m^3$ 时，节能效果见表 23-2。

表 23-2　钢件中温前处理与高温前处理比较的节能效果

（处理槽有效容积为 $1m^3$ 时）

处理槽	高温前处理			中温前处理			中温前处理节能效果		
	温度/℃	升温 耗热量	保温 耗热量	温度/℃	升温 耗热量	保温 耗热量	节省热能 /(kJ/m³·h)		平均节 能效率
		单位/(kJ/m³·h)			单位/(kJ/m³·h)		升温时	保温时	/%
脱脂槽	90	396909	72013	60	234670	24702	162239	47311	55
热水槽	90	377649	184847	60	232786	100693	144863	84154	47
磷化槽	85	369276	61755	50	181917	16329	187359	45426	63
备注	1. 平均节能效率是按 1 班制 8h 生产，其中升温 1h 的耗热量和保温 7h 的耗热量来进行计算的 2. 耗热量是概略计算的，故耗热量值及平均节能效率值仅供参考								

(2) 加热设备的节能措施

电镀生产的热源绝大部分用于加热槽液、热水以及冬季送热风系统的加热等。大中生产规模的电镀车间，一般多采用蒸汽（或高温热水）加热。小型企业或无蒸汽供应时，采用电加热。蒸汽加热具有经济、卫生、安全、可靠等优点，蒸汽加热价格约为电加热的 10%。蒸汽加热槽液、热水槽的节能要点如下。

① 蒸汽加热槽的加热形式，有蛇形管或排管的间接加热和将蒸汽直接放入槽液或水中的直接加热。一般多采用间接加热形式，如生产工艺允许，宜采用直接加热，以提高热能利用率。

② 加热槽外壁、蒸汽管道、法兰及阀门，应采用优质保温材料隔热保温，以减少散热损失。

③ 槽子温度采用自动控制。

④ 合理确定槽液加热的升温时间（尤其是对于大型槽子），在生产允许的情况下，可适当延长其升温时间，降低升温时的热耗量。

⑤ 蒸汽的凝结水宜返回锅炉，不能返回的凝结水，经过疏水器，送至附近的热水槽使用，禁止排入下水道。

⑥ 蒸汽入口装置，以及蒸汽管道、法兰、阀门等，应定期检查、维修，杜绝跑、冒、漏汽，减少能耗。

⑦ 合理组织电镀生产，尽可能组织集中生产，提高槽子负荷率，保持生产的连续性，以减少加热能耗。

⑧ 没有蒸汽供应的大中型电镀企业（车间），可以单独设置燃气（或燃油）锅炉，单独为车间（生产线）供应蒸汽。锅炉可设置在车间附属的建筑物内或附近，供汽线路短，蒸汽损耗少，实践证明，此法供汽灵活、方便、节能。

23.3.3 节气及其他节能技术措施

(1) 节气技术措施

电镀生产用的压缩空气主要用于：喷砂（丸），吹净、吹干处理后的零件，搅拌溶液及清洗水，焊接（气焊）等。

① 合理地选用喷砂（丸）喷嘴的直径及压缩空气的压力；喷嘴磨损到一定程度时应及时更换，减少空气耗量。

② 吹干零件用的压缩空气的压力应低些（一般表压为 0.2～0.3MPa），以减少空气耗量，也降低噪声。对于很小零件的吹干，可采用小型的带热风的吹风机（如理发用的小吹风机），不会吹跑零件，而且干燥快。

③ 压缩空气搅拌溶液或清洗水，采用自控技术控制，需要时才开启进行搅拌，降低压缩空气消耗量，节约能源。

④ 根据生产及压缩空气供应等情况，也可采用无油高压小型鼓风机、气泵进行搅拌，取代压缩空气搅拌，使用灵活、节能。

⑤ 如工厂没有设置集中的空压站，或与空压站距离较远而用气量不大时，车间可以自备小型空压机供气，供气管道距离短，使用方便，减少漏气损耗。

（2）其他节能技术措施

① 热能回收技术，对冷冻机、空气压缩机等热能进行回收，可节约部分能源。

② 利用太阳能的热能来加热溶液槽、热水槽，也可用来加热生活用热水，用于淋浴等，可以节省部分热能。

23.4 电镀节水技术

23.4.1 改进清洗水槽的进水方式

（1）改进清洗进水方式

浸洗时改进进水方式，合理安排进水管进水方式及与排水口的相对位置，提高清洗效率，节省清洗用水。水洗槽进水方式如下。

① 槽上进水。目前多数仍用给水龙头，在槽上进水，给水装置简便，但清洗效果不如其他方式好。

② 给水管伸至槽底进水。槽底进水（或在槽底喷水）再向上溢出，换水较彻底，清洗效果较好。

③ 槽上两侧设置喷管（喷嘴）喷淋进水，使浸洗与喷淋相结合清洗零件。零件出槽时喷淋清洗，用毕停水。喷管给水较均匀，清洗效率高，节水。

④ 为使水槽内的水经常保持干净，换水较彻底，提高清洗效果，进水口位置尽量远离溢流口、排水口，应设置在溢流口、排水口的对面。

水洗槽进水方式如图 23-2 所示。

（2）采用自控技术控制用水

采用自控技术，根据镀件清洗情况，对进水阀门用时开启，不用时关闭，对用水量进行控制，杜绝长流水供水形式，大大节约了清洗用水量，同时也减少了末端废水处理负荷。

23.4.2 喷淋清洗和喷雾清洗

喷淋清洗利用水的喷射压力，容易冲洗掉零件表面附着的溶液，能提高冲洗效率，如磷化连续自动生产线上的喷淋清洗。喷淋清洗可分为末级喷淋清洗、首级喷淋清洗和各级喷淋清洗。

（1）末级喷淋清洗

末级喷淋清洗，即零件从末级清洗槽提出，同时进行喷淋清洗。喷淋用水量即为利用连续逆流清洗的供水量。这种清洗方式是在连续逆流清洗的基础上加一道清水（自来水）喷淋清

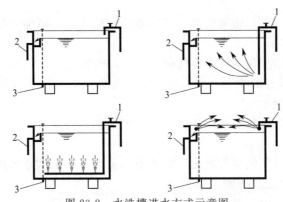

图 23-2　水洗槽进水方式示意图

1—进水管；2—溢流排水管；3—排水管（供清理清洗水槽时排空用）

洗，提高清洗质量。末级喷淋清洗形式见图 23-3。

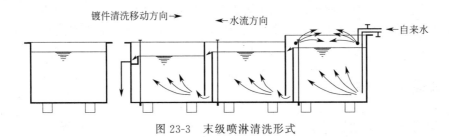

图 23-3　末级喷淋清洗形式

（2）首级喷淋清洗

第一级清洗槽为空槽，零件入槽的同时开始喷淋清洗，喷淋时间控制在 10s 左右，零件出槽即停止喷淋，槽中喷淋洗净率可达 95%。首级槽喷淋水来自第二级清洗槽，第二级清洗槽用水由第三级清洗槽补给。这种清洗方式的特点是提高第一级的清洗效率，从而减轻了后两级清洗的负担，用水量小。

（3）各级喷淋清洗

各级逆洗喷淋清洗，以逆流补水方式进行喷淋清洗，喷淋装置的开启、关闭与镀件升降协调一致，其特点是充分利用逆流补水喷淋，提高清洗效率。

（4）喷雾清洗

喷雾清洗是利用压缩空气的气流使水雾化，通过喷嘴形成气水雾冲洗镀件，将附着在镀件表面的溶液吹脱下来，气雾同洗脱液一起落入喷雾清洗下部，定期回用于镀槽。这种喷雾清洗方法，可直接回用镀件带出的镀液，用水量小，操作方便，设备简单，投资少，运行费用低，特别适用于槽液温度在 50℃ 以上、批量小、镀件形状不太复杂的电镀生产过程。但不适用于大批量的深孔、盲孔镀件。

23.4.3　多级逆流清洗

多级逆流清洗是用水量少而清洗效率高的清洗技术。逆流清洗是由若干级清洗槽串联组成，从最后一级清洗槽进水，逐级流向第一级槽，从第一级槽排出清洗废水，其水流方向与镀件清洗移动方向相反。其特点是随生产方向移动的镀件越洗越干净，而清洗水的污染物浓度则随水流方向越来越高。这种清洗方法用水量少，清洗效率高，最终排出的水浓度较高，并能回用于镀槽，有利于综合利用。按照最后一级清洗槽的进水方式的不同，有连续逆流清洗和间歇逆流清洗两种，分述如下。

(1) 连续逆流清洗

连续逆流清洗是最后一级清洗槽连续进水。逆流清洗槽的级数按清洗要求及生产线形式等情况确定，当电镀生产为自动线时，宜采用 3～5 级；为手工操作时，不宜超过 3 级清洗槽。连续逆流清洗的特点是：最后一级槽连续进水，靠各级清洗槽之间的水位差，逐级向前溢流，流至第一级清洗槽后排水。为了提高清洗效果，节省用水，可在各级清洗槽内安装压缩空气搅拌装置；应用电导传感器控制清洗水量，或安装脚踏开关或光敏电触点开关自动控制清洗水量等。连续逆流清洗适用于生产批量大的挂镀、滚镀自动生产线，机械搬运输送的生产线及挂镀手工生产线。

连续逆流清洗法的小时清洗用水量，可按下式计算，并以小时镀件面积的产量进行核算，其镀件单位面积的清洗用水量（GB 50136—2011）应小于 $50L/m^2$。

$$Q_1 = d \cdot \sqrt[n]{\frac{C_0}{C_n S}}$$

式中　Q_1——小时清洗用水量，L/h；

　　　d——单位时间镀液带出量，L/h；

　　　n——清洗槽级数；

　　　C_0——电镀槽镀液中金属离子的浓度，mg/L；

　　　C_n——末级清洗槽废水中金属离子的浓度，mg/L；

　　　S——浓度修正系数，指每级清洗槽的理论计算浓度与实测浓度的比值。

浓度修正系数宜通过试验确定，当无试验条件时，可按表 23-3 的规定确定。

表 23-3　浓度修正系数

清洗槽级数	1	2	3	4	5
浓度修正系数	0.90～0.95	0.70～0.80	0.50～0.60	0.30～0.40	0.10～0.20

注：引自 GB 50136—2011《电镀废水治理设计规范》。

根据生产线的结构形式的不同，连续逆流清洗的结构形式有固定式水洗槽的逆流清洗方式和连续生产线上的水洗槽逆流清洗方式两种。

① 固定式水洗槽的逆流清洗方式。当需采用二级连续水洗时，宜采用双格槽逆流清洗，比单槽清洗可节水约 50%；当需采用三级连续水洗时，宜采用三格槽逆流清洗，比单槽清洗可节水约 60%～65%。逆流清洗槽示意图，如图 23-4 所示。

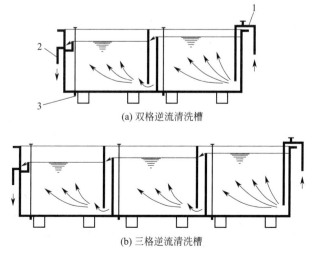

(a) 双格逆流清洗槽

(b) 三格逆流清洗槽

图 23-4　固定式逆流清洗槽示意图

1—进水管；2—溢流排水管；3—排水管（供清理清洗水槽时排空用）

② 连续生产线上的水洗槽逆流清洗方式。有以下两种清洗方式：

a. 喷浸相结合连续生产线上的水洗槽逆流清洗方式。大量生产大中型零件磷化连续（喷与浸相结合）生产线的水洗槽逆流清洗方式，如图 23-5 所示。图中上图是脱脂后的逆流清洗，逆流清洗的水流是从水洗 2→水洗 1→热洗槽进行逆流清洗。水洗 2 到水洗 1 的逆流，是靠两槽之间的液位差而溢流到前面水槽的。水洗 1 槽中的清洗水通过喷淋管道的 1 根支管逆流（靠液面液位控制器，控制调节流量）至热洗槽，这样进行逆流清洗，可节水约 50%；而水洗 1 槽中含有较多脱脂液，流至热洗槽经加热后用来喷洗工件，能将工件上的大部分油污冲洗下来，可以减少预脱脂及脱脂段的负荷，延长脱脂液的使用寿命，减少排放。图中下图是磷化后的逆流清洗，逆流清洗的水流是从纯水洗→水洗 6→水洗 5→水洗 4→水洗 3 进行逆流清洗。最后的纯水洗，可以采用纯水槽的纯水循环喷淋清洗，添加新鲜纯水最后喷洗工件，或只用一道纯水喷洗工件。

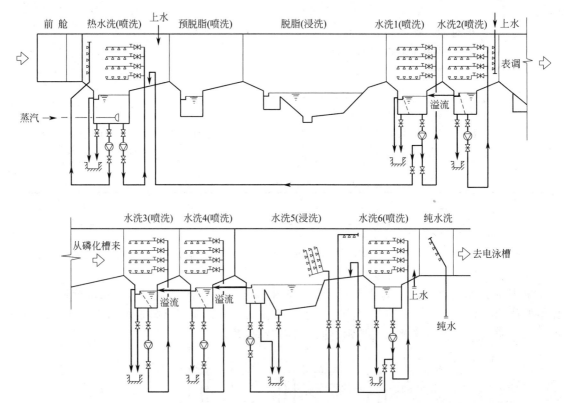

图 23-5　磷化连续（喷与浸相结合）生产线的水洗槽逆流清洗方式

b. 全喷淋连续生产线上的水洗槽逆流清洗方式。磷化连续（全喷淋）生产线的水洗槽逆流清洗方式，如图 23-6 所示。图中上图是脱脂后的逆流清洗，逆流清洗的水流是从水洗 3→水洗 2→水洗 1→热水洗进行逆流清洗。图中下图是磷化后的逆流清洗，水流是从新鲜纯水喷洗→循环纯水洗→水洗 5→水洗 4 进行逆流清洗。

（2）间歇逆流清洗

间歇逆流清洗是最后一级清洗槽间歇进水。间歇逆流清洗方法也称为清洗废水全翻槽方法。当末级清洗槽内的镀液（或某离子）含量高于该镀件清洗水的标准含量时，对清洗槽逐级向前更换清洗水（全翻槽）一次。即将第一级清洗槽的清洗水全部注入备用槽，把第二级清洗槽的清洗水全部注入第一级清洗槽，以此类推，在最后一级空槽中加满水，就可以继续电镀一个翻槽周期。

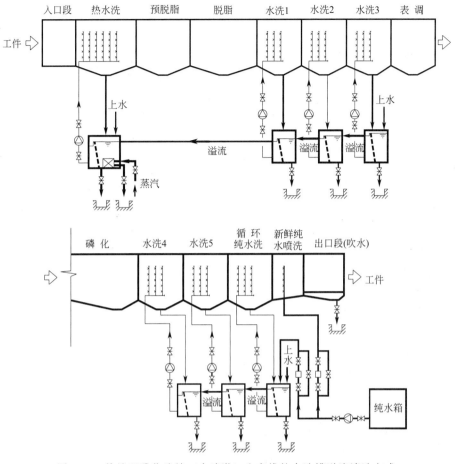

图 23-6 前处理磷化连续（全喷淋）生产线的水洗槽逆流清洗方式

还有一种方法是部分补水间歇逆流清洗，它是根据前面镀槽（或溶液槽）的蒸发情况或控制最后一级槽浓度，从第一级槽中排出一部分清洗水作为镀槽蒸发量的补充水或直接排放部分水，后级逐渐向前逆向补给同样量的水，最后一级槽添加同样量的水，补水可用水泵或人工补水。

间歇逆流清洗用水量小，供水方式简单，水利用率大于 90％，化工原料回收利用几乎100％。适用于间歇、小批量生产的生产线。

间歇逆流清洗法，每清洗周期换水量可按下式计算，并以每周期电镀镀件面积的产量进行核算，其镀件单位面积的清洗用水量的计算结果不应大于 30L/m² （GB 50136—2011）。

$$Q_2 = \frac{dT}{X}$$

$$X = \sqrt[n]{\frac{C_n n! \ S}{C_0}}$$

式中 Q_2——每清洗周期的换水量，L；

d——单位时间镀液的带出量，L/h；

T——清洗周期，h；

X——镀件镀液带出量与换水量之比；

n——清洗槽级数；

$n!$——清洗槽级数的阶乘；

C_0——电镀槽镀液中金属离子的浓度，mg/L；

C_n——末级清洗槽废水中金属离子的浓度，mg/L；

S——浓度修正系数。

浓度修正系数宜通过试验确定，当无试验条件时，可按表 23-4 的规定确定。

表 23-4　浓度修正系数

清洗槽级数	1	2	3	4	5
浓度修正系数	0.90～0.95	0.70～0.80	0.50～0.60	0.30～0.40	0.20～0.25

注：引自 GB 50136—2011《电镀废水治理设计规范》。

23.4.4　逆流清洗闭路循环系统

设置在槽边的清洗闭路循环系统，是使镀件清洗水在系统中循环使用，不向系统外排放废水。这个系统能最大限度地节约用水，减少排污并回收利用物质。系统通过逆流清洗把用水量减下来，再运用分离、浓缩等技术将物质回收利用。

若采用设置在槽边的清洗闭路循环系统时，由于此系统与电镀生产线应是一个有机整体，两者结合越紧密，就越能发挥其效能。所以，如要采用清洗闭路循环系统，在新建或改建时新的电镀生产线的同时，就应同时统筹考虑清洗闭路循环回收系统的设计、布置、管理操作及回用等的方案。

若要清洗水循环回用，根据现有的技术，不管采用何种形式（离子交换、反渗透过滤、电渗析等）对清洗水进行处理，其设计和建设都应考虑下列几点。

① 电镀线上化学或电化学处理工序后的清洗水，是否含有油污、有机物及不可预知的污染物，一般可选择直接排放到常规处理站。

② 清洗含污染物的浓度比较高的水洗工位，应采用静态洗和流动洗相结合的清洗方式。

③ 对于生产线上高于室温的处理工序，如镀铬等工序，在清洗前应设置回收槽。

④ 在需要循环回用处理的清洗工位，应设置二级、三级或多级逆流清洗方式。

⑤ 设计闭路循环系统时，应同时考虑贵金属的回收。

设计逆流清洗闭路循环系统时，根据镀液（或溶液）的损耗量（零件镀液带出量及镀液蒸发量）和清洗水量的平衡关系进行考虑。若镀槽液的损耗量（即蒸发水量）大于或等于清洗水量，系统可以保持自然闭路循环，没有排水；若镀槽液的损耗量小于清洗水量，补充镀液后多余的水就要向外排放，如不向外排放，应采用强制手段，如分离、浓缩等技术，使其成为强制循环。逆流清洗闭路循环系统，从合理性、可靠性、运行成本、设备投资及操作简单方便等因素考虑，最好采用离子交换树脂方法。据有关资料报道，国外特别是欧盟，90％以上采用离子交换法。

(1) 逆流清洗-离子交换系统

逆流清洗-离子交换系统是在逆流清洗的基础上，应用离子交换树脂对一级清洗排出的废水进行分离处理，处理后的清水回用于镀槽，补充镀液的损耗，多余的清水排入末级清洗槽供清洗循环用。逆流清洗-离子交换系统如图 23-7 所示。

典型处理流程如下。

① 一般清洗废水和含铬清洗废水：清洗废水→砂滤→（炭滤）→精密过滤→强酸阳柱→弱碱阴柱→精密过滤→再生水返电镀线清洗。

② 含氰清洗废水：清洗废水→砂滤→（炭滤）→精密过滤→强酸阳柱→强碱阴柱→精密过滤→再生水返电镀线清洗。

该法可以得到很高的水回用率（90％～95％），回用水也可用于其他任何工位的清洗。

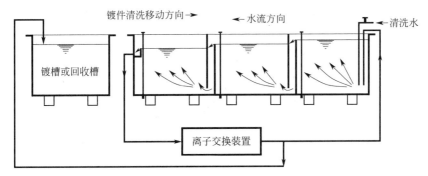

图 23-7　逆流清洗-离子交换系统

（2）逆流清洗-反渗透薄膜分离系统

逆流清洗-反渗透薄膜分离系统是在逆流清洗基础上，应用反渗透装置将第一级清洗槽排出的废水进行过滤、分离，浓缩液返回镀槽，淡水用于末级清洗水循环使用。该清洗系统常用流程见图 23-8。

反渗透装置的去除率[6]：Ni^{2+} 95%～99%、SO_4^{2-} 98%、Cl^- 80%～90%、H_3BO_3 30%。可使 $NiSO_4$ 浓缩到 260g/L，对含 Cr^{6+} 废水，浓缩到 Cr^{6+} 20 g/L，直接回镀槽使用。

反渗透薄膜分离技术不消耗化学品，不产生废渣，无相变过程，是一种经济简便，可靠性高，无二次污染的先进技术。适用于镀镍、镀铬的清洗废水的回收利用，也可用于镀锌、镀铜等清洗废水的回收利用。

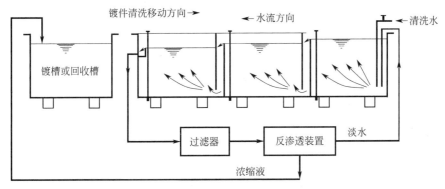

图 23-8　逆流清洗-反渗透薄膜分离系统

应当指出，通常设置该循环系统时，将从反渗透装置出来的浓水直接返回镀镍槽使用，存在一定的缺陷。因为浓水中除镍外，还含有大量的其他杂质，如添加剂的分解物、工件腐蚀的其他重金属离子等，直接补回到镀镍槽，会造成镀槽杂质的积累，缩短了镀槽的使用周期，而对镀槽的大处理也会造成镍离子的大量流失。所以反渗透出来的含镍浓水，最好单独收集，再进行镍的回收处理，或出售给有关专业的金属回收公司进行专门的净化回收处理。

（3）逆流清洗-蒸发浓缩系统

逆流清洗-蒸发浓缩系统是在逆流清洗的基础上，应用薄膜蒸发器对一级清洗排出的废水进行蒸发浓缩，浓缩液全部返回镀槽，蒸馏水返回末级清洗槽循环使用，从而实现闭路循环，不排废水。该清洗系统见图 23-9。

该清洗系统一般适用于镀铬的清洗废水的回收利用，末级清洗槽中的 Cr^{6+} 含量应控制在 10～20mg/L。浓缩倍数可达到 10～20 倍，铬的去除率为 99.9%。目前使用钛质薄膜蒸发器较多，国内已有定型产品销售。

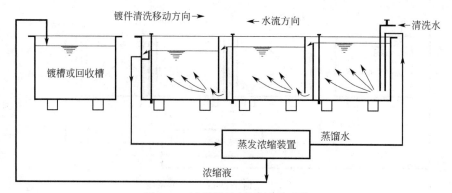

图 23-9　逆流清洗-蒸发浓缩系统

(4) 逆流清洗-阳离子交换-蒸发浓缩系统

该清洗方法是将第一级清洗槽的清洗水,经过阳离子交换柱分离后,再经蒸发浓缩,浓缩液补充回镀槽,蒸馏水返回末级清洗槽循环使用。该清洗系统见图 23-10。

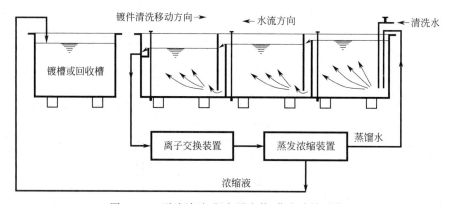

图 23-10　逆流清洗-阳离子交换-蒸发浓缩系统

(5) 逆流清洗闭路循环系统示例

下列的逆流清洗闭路循环系统示例的产品,是上海山青水秀环境有限公司的产品,可供电镀清洗废水回用系统的设计及选用参考。

【示例1】　型号:SQSX-HNHY 镀镍清洗废水回用处理系统。反渗透膜浓缩分离回用处理系统,见图 23-11;离子交换回用处理系统,见图 23-12。

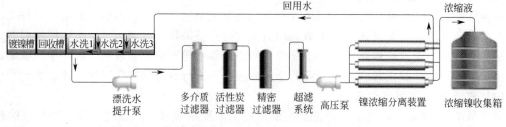

图 23-11　镀镍清洗废水反渗透膜浓缩分离回用处理系统

【示例2】　型号:SQSX-HGHY 镀铬清洗废水回用处理系统。反渗透膜浓缩分离回用处理系统,见图 23-13;离子交换回用处理系统,见图 23-14。

【示例3】　型号:SQSX-HTHY 镀铜清洗废水回用处理系统。反渗透膜浓缩分离回用处理系统,见图 23-15;离子交换回用处理系统,见图 23-16。

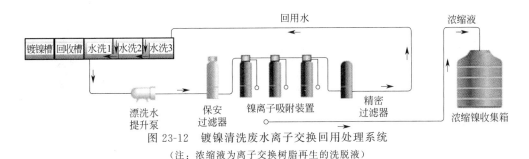

图 23-12　镀镍清洗废水离子交换回用处理系统

（注：浓缩液为离子交换树脂再生的洗脱液）

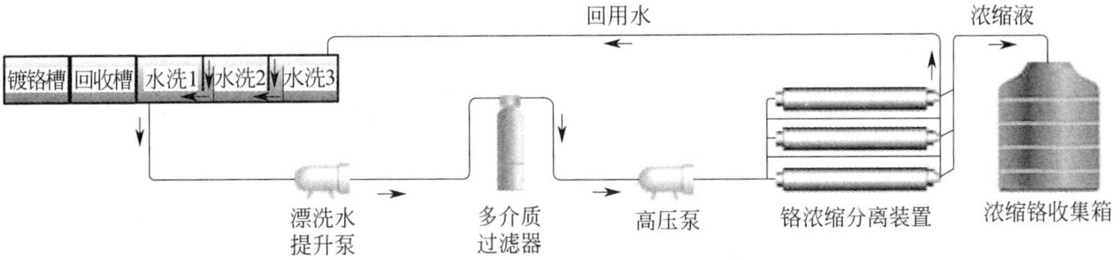

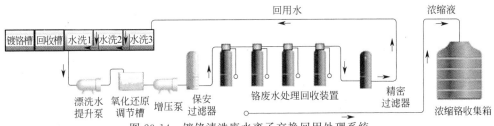

图 23-13　镀铬清洗废水反渗透膜浓缩分离回用处理系统

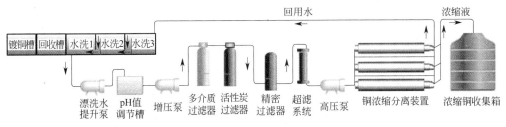

图 23-14　镀铬清洗废水离子交换回用处理系统

（注：浓缩液为离子交换树脂再生的洗脱液）

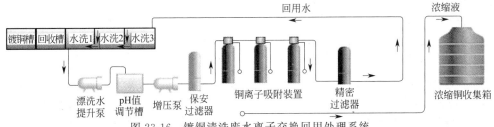

图 23-15　镀铜清洗废水反渗透膜浓缩分离回用处理系统

图 23-16　镀铜清洗废水离子交换回用处理系统

（注：浓缩液为离子交换树脂再生的洗脱液）

【示例 4】　型号：SQSX-SJHY 酸碱清洗废水回用处理系统。反渗透膜浓缩分离回用处理系统，见图 23-17。

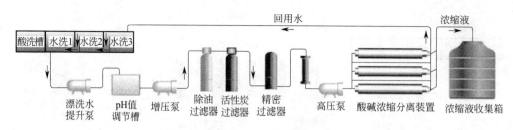

图 23-17 酸碱清洗废水反渗透膜浓缩分离回用处理系统

【示例 5】 型号：SQSX-ZHHY 电镀综合废水回用处理系统。反渗透膜浓缩分离回用处理系统，见图 23-18。

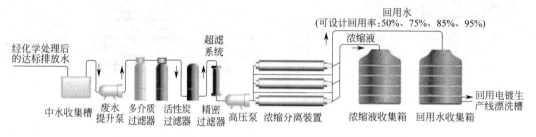

图 23-18 电镀综合废水反渗透膜浓缩分离回用处理系统

23.4.5 槽内化学清洗技术

槽内化学清洗技术是在镀槽后面设置一个化学反应槽和一个清洗水槽。化学反应槽内含有大量的化学品，镀件带着附着液进入化学反应槽时，带出液的 99% 与化学反应清洗液发生反应（如氧化、还原、中和、沉淀等），转变成无毒或低毒的物质。镀件进入清洗槽时，已无污染物质，清洗水可以循环利用。化学反应槽沉淀的重金属盐，可以分离回收。

槽内化学清洗法把电镀生产和废水处理融为一体，镀件带出液在没有污染前，就进行化学反应处理，处理药剂利用率高，效果稳定，操作管理方便，节约大量清洗水。该清洗方法适用于六价铬镀铬、氰化镀铜、镀镍、镀锌等工艺过程。

23.4.6 其他节水技术

① 电镀车间的废水经预处理、深度处理后达到清洗水标准，可直接回用于生产线，取代生产线的自来水洗部分的用水。电镀废水回用技术的推广应用，可节约电镀的 60%～70% 的自来水用量。

② 通过电镀工业园区的建设、集约化生产、集散的废水处理，节省废水处理中的用水量。

③ 设置油水分离装置：除油槽中漂浮在槽液表面的油污，经溢流口流至油水分离装置，经油水分离后，再将除油液输送回除油槽，这样可以大大减少除油后的清洗水量，也可延长除油槽液的使用寿命。

④ 前处理等生产线的清洗水，经反渗透装置处理制成的反渗透水，可替代纯水用于配制溶液及补充镀槽用水、回收槽用水、最终清洗用水等，以实现废水回用，闭路循环清洗。

⑤ 在以往的电镀生产中，尤其是产品品种多、小批量生产的生产过程中的水阀门常开，处于常流水状态，很多清洗水还没充分清洗零件就白白流掉，极大地浪费了清洗水。如在供水点采用设置定量的自动控制系统，根据生产情况、状态预定最佳的供水量，并实现零件到位的阀门开关控制，以控制清洗用水量。

23.5 照明节能

人工照明用电耗用了我国总发电量的大约 $10\%\sim12\%$。所以提高照明效率，节约照明用电是有重大意义的。

照明用电的电能大多是靠石化燃料的燃烧而产生的，由于石化燃料的燃烧会产生二氧化硫（SO_2）、氮氧化合物（NO_x）、二氧化碳（CO_2）等气体，从而造成地球的臭氧层破坏、地球变暖、酸雨等问题，并造成环境污染。据有关资料介绍，每节约 $1kW \cdot h$ 的电能，可减少大量大气污染物（如表 23-5 所示）。由此可见，节约电能，对于保护环境意义重大。

表 23-5　每节约 $1kW \cdot h$ 的电能，可减少空气污染物的量

燃料种类	空气污染物		
	二氧化硫（SO_2）/g	氮氧化合物（NO_x）/g	二氧化碳（CO_2）/g
燃　煤	9.0	4.4	1100
燃　油	3.7	1.5	860
燃　气	—	2.4	640

注：引自《照明设计手册》（第二版），中国电力出版社，2006.12。

23.5.1 照明节能原则

在考虑和制订照明节能措施时，必须在保证有足够的照明数量和质量的前提下，尽可能节约照明用电。照明节能主要是通过采用高效节能照明产品、提高质量、优化照明设计手段等来达到目的。

① 根据视觉工作需要，决定照明水平。根据电镀作业性质、工艺要求、零件特征，正确选择照明的照度值。

② 得到所需照度的节能照明设计，合理选择照明方式。

③ 在考虑显色性的基础上，推广使用高光效照明光源。

④ 采用不产生眩光的高效率节能灯具。

⑤ 室内表面采用高反射比的材料。

⑥ 设置不需要时能关灯的可控装置。

⑦ 不产生眩光和差异的人工照明同天然采光综合利用。

⑧ 定期清洁照明器具和室内表面，建立换灯和维修制度。

⑨ 充分利用天然光。

23.5.2 照明节能的技术措施

照明节能要从提高整个照明系统每个环节的效率来考虑。为节约电能，在照明设计时，应根据电镀生产的作业性质、识别对象特征、装饰性要求程度、精细程度、亮度对比以及作业时间长短、识别速度、视看距离等确定照度。照明节能的主要技术措施分述如下。

(1) 正确选择照明照度值

电镀车间服务的产品范围非常广，可以根据产品、工艺要求来确定照度。生产及办公、生活部分的照度要求见第 6 篇公用工程章节中，电镀车间的照明照度小节中推荐的照明照度值。

(2) 合理选择照明方式

① 尽量采用混合照明。混合照明即是一般照明加局部照明。即用局部照明来提高作业面

的照度，更节能。

② 采用分区一般照明。在同一场所不同区域有不同照度要求时，尤其是大型电镀车间，面积比较大，其作业区与工件制品存放区，照度要求相差较大，为节能，并贯彻所选照度在该区该高则高和该低则低的原则，应采用分区一般照明方式。

③ 采用一般照明和加强照明相结合的照明方式。在高大的电镀厂房或场所，采用在上部设置一般照明，在柱子或墙壁下部设置壁灯（加强）照明相结合的照明方式，比单独采用一般照明更节能，而且照明效果更好。

④ 在设备上安装局部照明，提高照度。电镀车间常采用设备局部照明，如抛光室、检验室等安装局部照明，近距离照明，可提高照度，也节能。

（3）推广使用高光效照明光源

为节约电能，合理选用光源，主要措施如下：

① 普通白炽灯光效低、寿命短、耗电高。照明设计不应采用普通白炽灯，对电磁干扰有严格要求，且其他光源无法满足的特殊场所除外。在照度相同条件下，用紧凑型荧光灯取代白炽灯的效益（未计镇流器功耗）见表 23-6。

表 23-6　紧凑型荧光灯取代白炽灯的效益

普通照明白炽灯/W	紧凑型荧光灯/W	节电效果/W	节省电费/%
100	25	75	75
60	16	44	73
40	10	30	75

② 推广使用紧凑型荧光灯它具有光效较高、寿命长、显色性较好，可节约电能。

③ 推广使用三基色荧光灯、细管径（≤26mm）直管形荧光灯或紧凑型荧光灯。

（4）推广使用高效率节能灯具

① 在满足眩光限制和配光要求条件下，应选用效率高的灯具：

a. 荧光灯灯具效率：开敞式的不应低于 75%、带透明保护罩的不应低于 70%、带磨砂或棱镜保护罩的不应低于 55%、带格栅的不应低于 60%。

b. 高强度气体放电灯灯具效率：开敞式的不应低于 75%、格栅或透明罩的不应低于 60%、常规道路照明灯具不应低于 70%。

② 选用光通量维持率好的灯具。提高反射能力，以提高灯具效率，如块板式灯具可提高灯具效率 5%～20%。

③ 选用光利用系数高的灯具。使灯具发出的光通量最大限度地落在工作面上。

④ 尽量选用不带附件的灯具。灯具所配带的格栅、棱镜、乳白玻璃罩等附件，会引起光输出的下降，灯具效率降低约 50%，不利节能。因此在条件允许的情况下，最好选用开敞式直接型灯具。

（5）充分利用天然光

① 房间的天然采光应符合《建筑采光设计标准》的规定。

② 室内的人工照明照度，随室外天然光而变化。有条件时，宜随室外天然光的变化自动调节人工照明照度或人工关掉一部分照明灯。

③ 提高室内各表面的反射比，以提高照度。

④ 电镀车间在工艺平面布置时，设备装置的排列布置、工作隔间及辅助间的位置，尽可能不挡住建筑物的自然采光，以减少人工采光的负荷，节约电能。

⑤ 有条件时，宜利用太阳能作为照明能源。

23.5.3　实施照明功率密度值指标

为了照明节能，在 GB 50034—2013《建筑照明设计标准》中，规定了工业建筑和办公建筑的最大允许照明功率密度值（W/m^2），作为建筑节能的评价指标，其照明功率密度值见表 23-7。工业建筑和办公建筑照明功率密度值不应大于表 23-7 的规定，当房间或场所的照度值高于或低于本表规定的对应照度值时，其照明功率密度值应按比例提高或折减。工业建筑和办公建筑的照明功率密度值均为强制性的。

表 23-7　工业建筑和办公建筑的照明功率密度值

房间或场所		照明功率密度 /（W/m²）		对应照度值/lx
		现行值	目标值	
电镀		≤13	≤12	300
酸洗、浸蚀、清洗		≤15	≤14	300
抛光	一般装饰性	≤12	≤11	300
	精细	≤18	≤16	500
机电修理	一般	≤7.5	≤6.5	200
	精密	≤11	≤10	300
检验	一般	≤9	≤8	300
	精细,有颜色要求	≤23	≤21	750
一般零件库		≤4	≤3.5	100
试验室	一般	≤9	≤8	300
	精细	≤15	≤13.5	500
控制室	一般控制室	≤9	≤8	300
	主控制室	≤15	≤13.5	500
风机室、空调机房		≤4	≤3.5	100
压缩空气站(室)		≤6	≤5	150
泵房		≤4	≤3.5	100
冷冻站(室)		≤6	≤5	150
普通办公室		≤9	≤8	300
高档办公室、设计室		≤15	≤13.5	500
会议室		≤9	≤8	300
备注	房间或场所的室形指数值等于或小于 1 时,本表的照明功率密度值可增加 20%。 室形指数是表示房间几何形状的数值。其计算式如下: $$RI=\frac{ab}{h(a+b)}$$ 式中,RI 为室形指数;a 为房间宽度;b 为房间长度;h 为灯具计算高度			

23.6　电镀减排技术

23.6.1　采用无毒或低毒工艺

采用无毒或低毒工艺，减少污染物的排出，无毒或低毒的工艺见表 23-8。

表 23-8　采用无毒或低毒的工艺

项　　目	采用的工艺或镀层
无氰电镀	无氰镀锌:氯化钾镀锌、锌酸盐镀锌等 无氰镀铜:酸性镀铜、焦磷酸盐镀铜、碱性无氰镀铜、其他无氰镀铜等 无氰镀银:硫代硫酸盐镀银 无氰镀金:碱性亚硫酸盐镀金和金合金、柠檬酸盐镀金和金合金、丙尔金镀金 其他无氰电镀工艺:如镀锌-镍合金、镀锡-锌合金等

项　目	采用的工艺或镀层
替代镀层	代镉镀层:镀锌-镍合金、镀锡-锌合金、镀锌-钴合金等
	代铅镀层:电镀锡-铋合金、锡-银合金、锡-铜合金等
	装饰性代铬镀层:锡-镍合金镀层、锡-钴合金镀层、三元合金镀层(如锡-钴-锌、锡-钴-铟、锡-钴-铬等)
	代硬铬镀层:镍-钨合金、镍-磷合金、镍-钼合金、镍-钨-磷三元合金、镍-钨-硼三元合金、合金复合镀层、纳米合金电镀替代镀铬、化学镀镍-磷合金等
	代修复性镀铬:镀铁
三价铬处理工艺	三价铬镀铬取代六价镀铬
	镀锌层三价铬钝化:三价铬蓝白色钝化、三价铬彩色钝化、三价铬黑色钝化等
无铬钝化	镀锌层无铬钝化:钛酸盐钝化、钼酸盐和钨酸盐钝化、镀锌层的磷化处理
其他替代工艺	达克罗处理工艺
	交美特涂层[①]
	防渗涂料取代电镀层在局部渗碳(替代镀铜)、渗氮(替代镀锡)中起保护作用
前处理替代工艺	采用液体喷砂取代干喷砂
	大型工件,采用抛(喷)丸替代喷砂
	采用振动光饰和滚光替代研磨和机械抛光
	水基清洗剂替代有机溶剂除油,水基无磷清洗剂
	已开发对环境无害的有机溶剂除油
	采用微生物可降解性活性剂配制的脱脂剂除油
	低温不锈钢化学抛光工艺,采用无铬酐型的电解抛光工艺
	采用不含硝酸的铝及铝合金的化学抛光工艺,无铬酸电解抛光工艺
	采用不含硝酸的铜及铜合金的化学抛光工艺,无铬酸电解抛光工艺
	采用浸银替代汞齐化处理工艺等

　　① 交美特涂层是一种将超细锌鳞片和铝鳞片叠合包裹在特殊黏结剂中的无机涂层,是一种水性涂料,作为达克罗涂层的替代产品。

23.6.2　采用低浓度处理工艺

　　采用低浓度处理工艺,降低处理液浓度,减少污染物的排放量。

　　低浓度电镀,如低浓度铬酸镀硬铬、低浓度稀土元素添加剂镀铬、低浓度镀镍等。镀层低铬钝化,如镀锌层低铬彩色钝化、低铬白色钝化;镀锌层超低铬钝化等。

23.6.3　减少镀液带出量的措施

(1) 改进镀液性能,降低镀液黏度[6]

　　镀件从镀槽提出时,会在镀件表面形成一层镀液的液膜,其镀液附着体积和镀液的黏滞性有关,镀件的附着镀液体积按下式计算:

$$W = 0.02A\sqrt{\frac{ud}{V}}$$

式中　W——镀件附着镀液体积,cm^3;

　　　A——镀件面积,cm^2;

　　　u——镀液黏滞系数,$g/(cm^2 \cdot s)$;

　　　d——镀液的密度,g/cm^3;

　　　V——镀件从镀槽中的提出速度,cm/s。

　　当镀液的黏度增大时,液膜层就厚,带出的液量增加。镀液黏度随镀液浓度的增加而增大,随温度升高而降低。所以,采用低浓度的镀液比高浓度的镀液带出量少,加温槽液比常温槽液带出量少。因此,尽量采用低浓度的镀液。

　　减少镀液的表面张力,可以减少镀液的带出量。减少镀液表面张力的主要方法是向镀液中投加表面活性剂，但应注意不能影响镀层质量，不能污染该工艺槽的电解液，也不能给电镀废水的处理带来困难。

（2）合理地确定镀件在镀槽上的停留时间

镀件挂具出槽速度快、在镀槽上停留时间短，带出的槽液量就多，所以延长镀件在槽子上空的停留时间，让槽液充分回流到镀槽，可减少镀液的带出量。

根据实践经验，镀件出槽后在槽上空停留 15s，镀液回流的效率高，回流效率约 50% 以上。镀液回流的多少，与槽液组分、操作条件、镀件形状、吊挂方式等有关。在槽上空的停留时间，一般复杂零件控制在 10～15s，简单零件控制在 7～10s，对特殊零件根据具体情况确定。

零件出槽后在槽上的停留时间，应根据工艺所允许的时间和操作条件及可能性来确定。如对加温的镀槽（溶液槽），零件出槽后，不宜在槽上停留时间过长，否则溶液在零件表面容易发干，不易洗掉，影响下一道工序的清洗质量；对于镀液（或溶液）腐蚀性强的，或在空气中停留时间长会影响镀层质量的场合，则也不宜在槽上空停留时间过长。

（3）改进挂具

电镀生产中使用挂具的质量，直接影响到镀液的带出量、金属材料损失、电能的损耗以及镀层质量等，应引起重视。电镀对挂具的要求如下。

① 挂具应能保证电流均匀地传递到镀件的各个部位，使镀件获得符合工艺要求的均匀镀层。

② 使镀件装夹固定牢固，不在进出槽、槽与槽之间传递过程中脱落。

③ 要求装卸零件操作方便、快捷，生产效率高。

④ 挂具尽量简单、平滑，不留淤存镀液的死角，尽可能减少镀液带出量，减少槽液之间的相互污染，提高原料利用率，提高产品质量。

⑤ 尽量减少挂具的表面积，挂具提杆不宜过粗等，以减少挂具的镀液带出量。

⑥ 根据镀件的外形、工艺要求来确定适合的挂具形式，尽可能少用通用挂具，推广使用组合式挂具。组合式挂具是指将挂具的提杆固定，把支杆、挂钩做成各种形式，使用时根据镀件的具体形状等情况进行组装，以减少镀液带出量。

⑦ 为避免镀层金属沉积在挂具上，并减少电能和金属材料损失，挂具表面（指不与镀件接触的表面）应进行绝缘处理。目前，生产中使用的绝缘方法有涂覆涂料（浸塑）、塑料带包扎、塑料带包扎后再浸塑等三种方法。塑料带包扎法镀液带出量最多，涂覆涂料法镀液带出量最少。现在市场上有绝缘挂具涂料的商品，其涂料具有很好的耐酸碱、耐氧化、耐热等性能，也很耐用，涂覆方便。使用这些绝缘挂具会取得较好的经济效益。

⑧ 经常及时退除挂钩处沉积过厚的金属，处理方法有两种：一种是换新钩，另一种是用化学法或电解法退除沉积的金属。电解退除法[6]可采用 BT-01 型镀层电解退镀剂等进行退除（目前有多种退镀剂产品销售）。这种退除工艺效率高，常温下工作，没有强烈的气味，可一次退除钢铁基体上的铜、镍、铬镀层和多层镍、铬镀层，不腐蚀基体，退镀液使用寿命长。溶液成分和操作条件[6]如下：

硝酸铵	160g/L
BT-01 型镀层电解退镀剂	40mL/L
pH 值	6～7
温度	14～45℃
阴极电流密度	5～25A/dm²

（4）改进镀件的吊挂方式

镀件品种繁多、形状多变，其在挂具上的装挂方式对溶液带出量有很大关系，即使是同样的镀件，其吊挂方式不同，镀件对溶液的带出量也不同，见图 23-19。所以应合理装挂镀件，使镀件不积水、不兜水，尽可能有利于排除带出的溶液。因此，应根据镀件特征来考虑镀件的吊挂方式，镀件装挂示例见表 23-9。

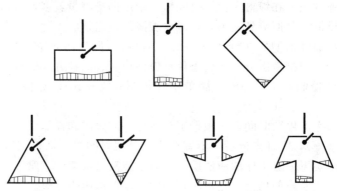

图 23-19 工件吊挂方式不同时表面附着带出溶液的情况

表 23-9 镀件装挂示例

镀件装挂	镀件装挂的一般做法
水平吊挂	由于其底边集聚液多，有时反而带出液会多，可适当考虑倾斜吊挂
镀件不宜平行对正吊挂	零件不宜挂在另一个零件的正下方，要使镀件错位吊挂，以避免挂具上部镀件的排出液滴落到下部的镀件上
盲孔镀件及"杯状"镀件的装挂	盲孔镀件，凹穴朝下，以利于充分排液排水；"杯状"的镀件开口向下。并应尽量避免有聚积溶液的死角，尽可能减少溶液带出量
薄片件、带有缝隙的零件等镀件的吊挂	对于薄片件、带有缝隙的零件、凸凹缘的零件、带有螺纹的零件、齿轮等镀件，由于其几何形状的特征和表面张力等原因，镀件出槽带出的镀液很难滴落。因此，必须寻找最佳吊挂方位，如采用在吊挂镀件时设置一个倾角等方法将滞留液排出，并辅以淋水、空气吹脱或振动等措施

(5) 增设回收槽

根据电镀工艺的实际生产情况，宜在电镀槽后设置水浸洗回收槽。工件出镀槽后进入回收槽进行清洗，回收大部分镀液，然后再进入流动水槽清洗，将回收槽内的洗液补充回镀槽。

在镀槽、回收槽、清洗槽之间加斜向挡液导流板，使工件带出的镀液流回槽内，避免损失，还可防止带出的镀液带入下一道槽子。

(6) 采取措施减少滚镀生产中的镀液带出量

滚镀生产中滚筒带出液量是相当大的，可采取下列措施减少镀液带出量。

① 滚筒从镀槽中提出时，在槽上多停留一些时间，让镀液尽可能多的滴流回镀槽。

② 滚筒出槽时让它处于滚动状态，有利于带出液的滴落。

③ 有的企业研制了带吹气脱液装置的滚筒，当滚筒在槽上时，用洁净的压缩空气从筒内对带出液进行吹脱，使大量镀液流回镀槽。

(7) 大型处理工件宜开设工艺孔以便排液

大型处理工件如形状较复杂而易兜液兜水时，若产品允许，可开设工艺孔，以便排液排水。

(8) 工件出槽时能前后倾斜摆动，让工件积液流回槽内

采用自行葫芦生产时，从溶液槽中提出工件（尤其是大型工件或制品）后，利用前后的电动葫芦使工件前后倾斜摆动，让工件凹坑处的积液流回槽内。

23.6.4 收回物料，减少排放

(1) 从清洗废水中回收物料

电镀或化学处理后的清洗，采用逆流清洗闭路循环系统时，可以从清洗废水中回收物料，

如采用逆流清洗-离子交换系统、逆流清洗-反渗透薄膜分离系统、逆流清洗-蒸发浓缩系统、逆流清洗-阳离子交换-蒸发浓缩系统等（见本章 23.4.4 逆流清洗闭路循环系统）。

（2）逆流清洗-电解回收技术

逆流清洗-电解回收技术是将第一级清洗槽排出的废水引入电解槽，当处理含铜废水时，电解槽采用无隔膜、单极性平板电极，阳极材料为不溶性材质，阴极材料为不锈钢板或铜板。在直流电作用下铜离子凝聚于阴极，铜收率 100%。电解槽出水补充第二级清洗水。

当处理含银废水时，电解槽采用无隔膜、单极性平板电极电解槽，或同心双筒电极旋流式电解槽，直流或脉冲电源。电解破氰最佳工艺条件：氯化钠浓度 3%～5%（质量分数），电压 3～4V，电流密度 10～13A/dm²。氰酸根去除率大于 99%，白银回收率 100%。

该技术适用于酸性镀铜、氰化镀铜、氰化镀银等工艺过程。

（3）从废液中回收物料

可以从电镀和化学处理的废液中回收物料，如废酸的回收利用、含铜废液中回收铜、含铬废液中回收铬酸、含镍废液中回收镍、镀银废液中回收银、镀金废液中回收金等，见第 5 篇电镀污染治理第 27 章中 27.2 废液处理和回收利用的部分。

（4）从废渣中回收物料

从沉积在槽底的废渣中回收物料，如从铬废渣中回收铬、镍废渣中回收镍、铜废渣中回收铜等，见第 5 篇电镀污染治理第 27 章中 27.3 废渣处置和利用的部分。

（5）从电镀污泥中回收物料

从电镀污泥中回收重金属，见第 5 篇电镀污染治理第 27 章中 27.5 电镀污泥资源化中有关重金属回收利用技术的部分。

23.6.5 其他减少物料排放的措施

① 电镀过程中的阳极残料，使用阳极篮或其他措施，回收利用。

② 加强处理溶液槽的日常维护和检修，应保持其完好、无损坏，槽体及管道无滴漏，以减少物料流失损耗。

③ 镀铬槽等抽风系统应设有铬雾回收器，回收铬酸，减少含铬废气排放。

④ 在生产工艺允许的情况下，采用气雾抑制剂。目前已有应用的铬雾、酸雾、碱雾等气雾抑制剂，可以减少有害气逸出，节约原材料及废气排放。

⑤ 加强对工艺溶液的日常维护及管理，减少将外来杂质带入溶液，延长工艺溶液使用寿命，以减少物料损失和处理废液时有害物的排出。

⑥ 加强工艺管理，使用高纯原材料替代粗制原材料，提高镀件合格率，可以减少对那些不合格品重新加工或处理的物料损失以及物料的排放。

23.7 加强电镀生产过程管理

（1）加强管理，转变观念，提高认识

实现节能、减排、增强环保意识，必须转变观念。加强领导和管理，对全员进行节能、减排、清洁生产的教育，提高思想认识，克服高投入、高消耗、轻环保的粗放经营模式和观念。必须制定一套健全的、完整的法规和政策，健全对节能、减排、环保的管理机制和考核制度，使制定的节能、减排的技术措施能在生产过程中严格贯彻执行。把环境管理与生产管理紧密地结合在一起，从而取得环境效益和经济效益双丰收。

据经验表明，强化管理能削减约 40% 污染物的产生，加强管理是一项投资少而成效大的有效措施。

① 安装必要的计量、监测仪器，加强计量监督、考核。

② 加强设备日常维护、检修的岗位责任制。

③ 建立有环境考核的岗位责任制和管理制度。

④ 完善可靠的统计和审核。

⑤ 有效的生产调度，合理批量生产，提高设备的运行负荷。

⑥ 对节能减排所制定或采取的技术措施，要经常或定期检查执行情况，督促其严格执行。

⑦ 合理储存与运输原材料，避免不必要的损耗。

⑧ 加强人员培训，提高职工素质。

⑨ 建立激励机制和奖惩制度。

⑩ 组织安全文明生产。

(2) 节能技术管理

节约能源，降低能耗，加强能源管理，是解决当前和今后能源紧张的重要方针，为此，节能技术管理应做好下列几点。

① 电镀生产中所用能源，即电能、热能、水资源，必须建立一套完善的能耗定额标准，在生产中严格执行，责任制订到每个环节、每个职工。

② 选用清洁能源，各种设备、装置应优先选用国家有关部门鉴定推广的节能型产品。

③ 各生产单元、生产线或工序，应安装电、汽、气、水等的各种流量计量仪表，做到定期检验、抄表，严格按照定额考核并进行奖惩。

④ 积极推广使用节能、高效、低耗的新工艺、新材料、新设备等先进的科研成果。

⑤ 加强设备的日常维护、检修，杜绝跑、冒、滴、漏。

⑥ 建立设备的使用档案，完善设备管理。

⑦ 加强生产节电、节热、节水、节汽、节气的技术管理。

(3) 减排技术管理[6]

各类化学品是电镀生产的主要原材料，也是电镀污染物的根源，严格生产中的物资管理，对电镀生产实现降低原材料消耗和减少污染起着重要作用。

① 加强考核各种物料的使用情况，提高电镀和化学处理材料的利用率，减少物料的排放和流失。

② 制定物料消耗定额，加强用料考核。电镀企业要根据每种产品、每个工序、每个班组进行核定，制定合理的消耗定额，并严格执行。实际消耗高于定额水平，应当限期降下来。

③ 实行物料限额发放，物料有计划地限额发放就是根据生产进度、消耗定额、用料计划，定量发放。这是一种科学的管理方法，有利于有计划、有准备地供应生产用料，同时要坚持余料退回仓库和对消耗的原材料核销的制度。

④ 对减排所制定或采取的技术措施和物料回收等方法，要经常或定期检查执行情况，并督促其严格执行。

⑤ 加强物料保管，克服由于管理不善所造成的渗漏、跑冒、飞扬、扩散、变质等，而导致物料损耗和污染。物料保管必须有专人管理，建立和健全账卡档案，及时准确掌握和反映供、需、消耗、贮存等的情况，一旦发现问题，马上查找原因，采取措施，减少物资的流失和环境污染。

⑥ 加强物料运输管理。按照物料的状态、性能，应采用不同的包装、装卸、运输方法和设备，做到不泄漏、不飞扬、不污染环境。要制定物料运输管理制度，对易飞扬和易撒落的物料，要轻装轻卸，运输设备要密闭；对易挥发的物料，要采取密闭措施；对于运输过程中撒落的物料，要尽可能及时回收，禁止用水冲洗，以免污染环境。

第24章
电镀职业安全卫生

24.1　概述

在机械工厂的新建、改建、扩建和技术改造项目设计中的职业安全设施设计，应正确贯彻"安全第一，预防为主"、清洁生产的方针，加强劳动保护，改善劳动条件，做到安全可靠、技术先进、经济合理；在职业卫生设施设计中，应贯彻国家制订的职业病防治法，坚持"预防为主，防治结合"的卫生工作方针，落实职业病"前期预防"控制制度，保障劳动者的健康。保证电镀车间的设计符合职业安全卫生的要求。

根据国家标准《职业安全卫生术语》的定义，职业安全卫生是指"以保障职工在职业活动中的安全与健康为目的的工作领域及在法律、技术、设备、组织制度和教育等方面所采取的相应措施"。

职业安全卫生（OHSMS）是一个国际通行的概念，是20世纪80年代后期在国际上兴起的现代职业安全卫生管理模式，它与ISO 9000和ISO 14000等标准化管理体系一样被称为后工业化时代的管理方法。我国政府部门对职业安全卫生（OHSMS）标准化新动向给予了高度的警觉和重视，在短短的数年内相继推出了多项有关职业安全卫生标准，标志着我国职业安全卫生法制化进程到了一个新的阶段。电镀生产应认真贯彻执行国家及行业等的有关法律法规和职业安全卫生标准：

《中华人民共和国安全生产法》；

《中华人民共和国职业病防治法》；

《作业场所安全使用化学品公约》（第170号国际公约）；

《危险化学品安全管理条例》（国务院344号令）；

《使用有毒物品作业场所劳动保护条例》（国务院352号令）；

《作业场所安全使用化学品建议书》（国际劳工组织第177号建议书）；

GBZ 158—2003《工作场所职业病危害警示标识》；

GB 5083—1999《生产设备卫生设计总则》；

GB 12158—2006《防静电通用导则》；

GB/T 13869—2008《用电安全导则》；

GB 15603—1995《常用化学危险品贮存通则》；

GB 17914—2013《易燃易爆性商品储存养护技术条件》；

GB 17915—2013《腐蚀性商品储存养护技术条件》；

GB 17916—2013《毒害性商品储存养护技术条件》；

GB/T 18664—2002《呼吸防护用品的选择、使用与维护》；

GB 50016—2014《建筑设计防火规范》；

GB 50057—2010《建筑防雷设计规范》；

AQ 5202—2008《电镀生产安全操作规程》；

AQ 5203—2008《电镀生产装置安全技术条件》；

AQ 4250—2015《电镀工艺的防尘防毒技术规范》；AQ 3019—2008《电镀化学品运输、储存、使用安全规程》；

GBZ 1—2010《工业企业设计卫生标准》；

GBZ 2.1—2007《工业场所有害因素职业接触限值 第 1 部分：化学有害因素》；

GBZ 2.2—2007《工业场所有害因素职业接触限值 第 2 部分：物理因素》；

JBJ 18—2000 \ J62—2000《机械工业职业安全卫生设计规范》；

JBJ 16—2000 \ J61—2000《机械工业环境保护设计规范》；

GB 21900—2008《电镀污染物排放标准》；

GBJ 50087—2013《工业企业噪声控制设计规范》等。

加强电镀职业安全卫生的科学管理，保护劳动者安全健康，保障国家财产安全，以建立正常的生产安全秩序和充分发挥经济效益和社会效益。

电镀车间设计应认真贯彻执行有关电镀职业安全卫生的法规和标准。优化工艺设计，并对电镀作业场所的建筑物、电气装置、通风净化设施、三废治理、消防防护等，积极采取如防毒、防腐蚀、防化学品伤害、电气安全、防机械伤害、消防防护、防雷等的防范措施和设施，并符合国家有关的职业安全卫生标准，相互协调配套，做到电镀作业场所整体安全。

24.1.1　电镀行业职业危害因素

电镀是高污染行业，所以电镀职业安全卫生就显得尤为重要。我国电镀行业中除了那些比较正规的专业化企业拥有先进水平的设备和管理，自动化程度高，在三废治理、环境管理、清洁生产、节能减排、循环再利用等方面的工作上能够符合 ISO 14001 标准和 OHSMS 管理方法的要求外，大多数尤其是中小企业仍普遍存在的问题如下。

① 职业安全卫生保障体系被忽视，各电镀行业分别存在铬、氰化物、硫化氢、盐酸、氮氧化物等的职业病危险因素。

② 生产设备和生产环境差。

③ 职业安全卫生不到位，措施不落实。

④ 职业病危害因素检测合格率低，职业损害检出率高，劳动者体检率低。

⑤ 职业卫生制度不健全，应急设施不完善，职业卫生管理滞后。

⑥ 卫生设施的设置不齐全。

电镀行业必须把质量、环境及职业安全卫生三个管理体系融为一体，推动电镀行业职业安全卫生的各项措施得以实施，保障劳动者的身心健康。

电镀生产中存在的化学、物理等对人体产生健康损害的因素，称为职业危害因素。职业危害因素涉及类别的多少、涉及面的大小以及影响深度等，各企业不尽相同。在工厂的新建、改建、扩建及技术改造时，要根据实际情况的预测分析来规划和设计。

电镀行业职业危害因素按其来源分为两大类，即生产过程和劳动过程中的危害因素，见表24-1，其他危害安全因素见表24-2。

表 24-1　电镀企业职业危害因素分类

工艺生产过程中的危害因素		劳动过程中的危害因素
化学因素	生产性毒物,如铬、氰化物、盐酸、硫化氢、氮氧化物、酸雾、烧碱、氨气、有机溶剂、合成添加剂等	劳动组织和劳动休息不合理 劳动精神(心理)过度紧张
物理因素	生产性粉尘,如喷砂、喷(抛)丸、打磨、抛光等产生的粉尘,有机粉尘等	劳动强度过大,安排不当,不能合理安排与劳动者的生理状况相适应的作业
	异常气候条件,如高温、高湿、低温	劳动时个别器官系统过度紧张,如视力紧张等
	噪声、振动	长时间用不良体位和姿势劳动或使用不合理的工具劳动

表 24-2　电镀企业其他危害安全因素

危害安全因素	发生原因及易发生场所
急性中毒	违反操作规程,意外事故导致误食毒物或毒气大量泄漏
化学灼伤	操作不当和意外事故导致腐蚀性药液灼伤身体肌肤和器官
触电	违反操作规程和意外事故或设备故障导致被电击、烧伤和死亡
火灾	违反制度,违反易燃品储存和操作规程,导致设备故障和意外情况的发生
机械损害	违反操作规程,设备和建筑意外事故。包括建筑物损害,压力容器事故

24.1.2　安全卫生设施设计的一般原则

电镀职业安全卫生设施设计,应遵循下列原则:

① 优先采用安全卫生的新工艺、新技术、新设备、新材料。限制使用或者淘汰职业病危害严重的工艺、技术、材料。改进或改善工艺、设备和操作方法,从生产上杜绝和减少有害物的产生。

② 对于生产过程中尚不能完全消除的有害物、生产性毒物等,应采取有效的排除和治理措施。

③ 采用机械化、自动化操作生产等措施,减少作业人员接触有害物,改善劳动条件,减轻劳动强度。

④ 采取工艺控制、安全隔离、防护及个人防护等措施。

⑤ 积极推行电镀清洁生产,认真贯彻"安全第一,预防为主"的安全工作方针;坚持"预防为主,防治结合"的卫生工作方针,加强劳动保护,改善劳动条件。设置必要的安全卫生防护设施。

⑥ 研究设计新工艺、新设备时,应考虑本质安全。对新工艺、新设备各种工况(包括故障情况下)固有的危害因素,其安全卫生保障及防护措施应同步研究。

⑦ 电镀企业的职业安全卫生设施,必须与主体工程同时设计、同时施工、同时投入生产和使用。

24.2　电镀生产安全卫生的基本要求

① 新建、改建或扩建的电镀生产线及其配套工程,应按照国家的有关法律、法规进行安全预评价,其生产设备的设计应符合 GB 5083—1999《生产设备安全卫生设计总则》的要求,且应采用清洁生产工艺,并使生产过程达到机械化、连续化、密闭化。

② 对使用易燃易爆类危险化学品的工作场所,其建筑物应符合 GB 50016—2014《建筑设计防火规范》的要求。生产所需的电气设备与电力装置应符合 GB 50058—2014《爆炸危险环境电力装置设计规范》的要求。

③ 电镀生产线及其配套工程的生产作业场所,应按 GB 2894—2008《安全标志及其使用导则》的要求设置安全标志,构筑物及设备的安全色应符合 GB 2893—2008《安全色》的要求。

④ 根据安全预评价过程进行的职业危害辨识,电镀生产线及其配套工程存在严重职业危害的作业岗位,应按 GBZ 158—2003《工作场所职业病危害警示标识》的要求,设置醒目的警示标识和中文警示标识。

⑤ 针对存在的重大危险源,应制定相应的应急预案,配备救援人员和必要的救援器材、设备及药品,并定期组织演练。

⑥ 电镀生产企业应制定生产所涉及镀种的安全操作程序(指导书)。电气安全操作规程,应符合 GB/T 13869—2008《用电安全导则》的要求,且应公布明示。

⑦ 使用剧毒化学品的电镀生产企业,应依据国家法令、法规,结合本单位实际情况制定

相应的剧毒化学品的管理、运输及使用、储存的安全操作规程。

⑧ 危险化学品储存条件应符合 GB 15603—1995《常用化学品储存通则》以及 GB 17914—2013《易燃易爆性商品储存养护技术条件》、GB 17915—2013《腐蚀性商品储存养护技术条件》、GB 17916—2013《毒害性商品储存养护技术条件》的要求。

⑨ 电镀生产线所有废液应进行处理，在符合 GB 21900—2008《电镀污染物排放标准》的要求才能排放；废水处理产生的各类污泥都应由有资质的专业机构回收或处理；所有排出的废气应符合大气污染物综合排放标准的要求。

⑩ 电镀生产岗位的操作人员，应配备相应的劳动防护用品，并定期发放到位。劳动防护用品按照 GB/T 11651—2008《个体防护装备选用规范》选用。

⑪ 电镀作业场所应配备应急喷淋装置，以便操作人员被溅到槽液能及时冲洗；在有剧毒品使用的场所，应配备消毒设施和消毒溶液。

⑫ 电镀工件的吊挂应规范、牢固。严防工件掉入电镀生产槽中；严防工件入槽时两极相碰而造成打火灼烧；严防工件、设备短路引起直流电源（整流器）损毁。

⑬ 电镀生产现场不应大量存放化学药品、原材料等。按操作班次少量存放的化学药品，应由专人负责管理。

⑭ 制定各种生产设备及管道的使用、维护、修理规则。设备及各种管道必须定期有计划地检查与修理，以保安全运行，避免跑、冒、滴、漏。

⑮ 在工作场所应设置强制通风装置，并定期排风换气，空气中有害物质的限值应符合 GBZ 2.1—2007《工作场所有害因素职业接触限值 第1部分：化学有害因素》等的要求。根据卫生要求，电镀车间工作场所空气中化学物质容许浓度见表 24-3；工作场所空气中粉尘容许浓度见表 24-4。

⑯ 定期对生产环境中的有害物质浓度进行测定，当有害物质超过卫生规定标准时，及时找出原因，采取有效的防护措施。搞好车间内部和周围的整洁卫生工作，不仅能改善一般卫生条件，而且还可以减少有害物的污染。

⑰ 加强医疗保健工作，厂内医疗机构要积极开展职业病防止工作，建立健全车间保健站。大力培养车间卫生员，开展群防群治和现场救护工作。对接触有害物质作业的操作人员定期进行体检。

⑱ 电镀生产作业现场应设置警示标记，严禁在操作现场饮食和吸烟。

表 24-3　电镀车间工作场所空气中化学物质容许浓度

序　号	中文名	英文名	化学文摘号 (CAS NO.)	职业接触限值 OELs/(mg/m³)			备　注
				最高容许浓度 MAC	时间加权平均容许浓度 PC-TWA	短时间接触容许浓度 PC-STEL	
1	氨	Ammonia	7664-41-7	—	20	30	—
2	镉及其化合物（按 Cd 计）	Cadmiun and Compounds, as Cd	7440-43-9(Cd)	—	0.01	0.02	G1
3	汞-金属汞（蒸气）	Mercury metal (vapor)	7439-97-6	—	0.02	0.04	皮
4	汞-有机汞化合物（按 Hg 计）	Mercury organic Compounds, as Hg	—	—	0.01	0.03	皮
5	升汞（氯化汞）	Mercuric chloride	7487-94-7	—	0.025	—	—

续表

序　号	中文名	英文名	化学文摘号（CAS NO.）	职业接触限值 OELs/(mg/m³)			备　注
				最高容许浓度 MAC	时间加权平均容许浓度 PC-TWA	短时间接触容许浓度 PC-STEL	
6	氰化氢（按 CN 计）	Hydrogen cyan-Ide，as CN	74-90-8	1	—	—	皮
7	氰化物（按 CN 计）	CyanIde，as CN	460-19-5(CN)	1	—	—	皮
8	镍及其无机化合物（按 Ni 计）	Nickel and inor-Ganic Compounds，as Ni	7440-50-0(Ni)	—	1	—	G1(镍化合物)
	金属镍与难溶性镍化合物	Nickel metal and insoluble Compounds					G1、2B(金属镍和镍化物)
	可溶性镍化合物	Soluble nickel Compounds			0.5		
9	羰基镍（按 Ni 计）	Nickel carbonyl，as Ni	13463-39-3	0.002	—	—	G1
10	三氧化铬、铬酸盐、重铬酸盐（按 Cr 计）	Chomium trio-Xide，Chomate，dichromate，as Cr	7440-47-3(Cr)	—	0.05	—	G1
11	铜（按 Cu 计）铜尘铜烟	Copper，as Cu Copper dust Copper fume	7440-50-8	—	1 0.2	—	—
12	铅及其无机化合物（按 Pb 计）铅尘铅烟	Lead and inorg-anic Compounds as Pb Lead dust Lead fume	7439-92-1(Pb)	— —	0.05 0.03	— —	G2B(铅) G2A(铅的无机化合物)
13	二氧化锡（按 Sn 计）	Tin dioxide，as Sn	1332-29-2	—	2	—	—
14	钡及其可溶性化合物（按 Ba 计）	Barium and sol-uble compou-nds as Pb	7440-39-3(Ba)	—	0.5	1.5	—
15	硫酸钡（按 Ba 计）	Barium sulfate，as Ba	7727-43-7	—	10	—	—
16	锰及其无机化合物（按 MnO₂ 计）	Manganese and inorganic comp-ounds，as MnO₂	7439-96-5(Mn)	—	0.15	—	—
17	钼及其化合物（按 Mo 计）钼，不溶性化合物可溶性化合物	Molybdenum and compou-nds，as Mo Molybdenum and insoluble compounds Soluble compo-unds	7439-98-7(Mo)	— —	6 4	— —	—
18	钴及其氧化物（按 Co 计）	Cobalt and oxid-as Co	7440-48-4(Co)	—	0.05	0.1	G2B
19	铍及其化合物（按 Be 计）	Berylliun and compounds，as Be	7440-41-7(Be)	—	0.0005	0.001	G1

续表

序号	中文名	英文名	化学文摘号(CAS NO.)	职业接触限值 OELs/(mg/m³)			备注
				最高容许浓度 MAC	时间加权平均容许浓度 PC-TWA	短时间接触容许浓度 PC-STEL	
20	砷及其无机化合物(按 As 计)	Arsenic and inorganic compounds, as A	7440-38-2(As)	—	0.01	0.02	G1
21	锑及其化合物(按 Sb 计)	Antimony and compounds, as Sb	7440-36-0(Sb)	—	0.5	—	—
22	钨及其不溶性化合物(按 W 计)	Tungsten and insoluble compounds, as W	7440-33-7(W)	—	5	10	—
23	硒及其化合物(按 Se 计)(不包括六氟化硒、硒化氢)	Seleniun and compounds, as Se (except hexafluoride, hydrogen selenide)	7782-49-2(Se)	—	0.1	—	—
24	铟及其化合物(按 In 计)	Indiun and compounds, as In	7440-74-6(In)	—	0.1	0.3	—
25	碘	Iodine	7553-56-2	1	—	—	—
26	草酸	Oxalic acid	334-88-3	—	0.35	0.7	—
27	磷酸	Phosphoric acid	7664-38-2	—	1	3	—
28	氯	Chlorine	7782-50-5	1	—	—	—
29	氯化氢及盐酸	Hydrogen chloride and chlorhydric acid	7647-01-0	7.5	—	—	—
30	硫酸及三氧化硫	Sulfuric acid and sulfur trioxide	7664-93-9	—	1	2	G1
31	二氧化硫	Sulfur dioxide	7446-09-5	—	5	10	—
32	二氧化氮	Nitrogen dioxide	10102-44-0	—	5	10	—
33	二氧化氯	Chlorine dioxide	10049-04-4	—	0.3	0.8	—
34	二氧化碳	Carbon dioxide	124-39-9	—	9000	18000	—
35	一氧化氮	Nitric oxide (Nitrogen monoxide)	10102-43-9	—	15	—	—
36	氟化氢(按 F 计)	Hydrogen fluoride, as F	7664-39-3	2	—	—	—
37	氟化物(不含氟化氢)(按 F 计)	Fluorides (except, HF), as F	—	—	2	—	—
38	光气	Phosgene	75-44-5	0.5	—	—	—
39	过氧化氢	Hydrogen pero-xide	7722-84-1	—	1.5	—	—
40	黄磷	Yellow phosph-orus	7723-14-0	—	0.05	0.1	—
41	肼	Hydrazine	302-01-2	—	0.06	0.13	皮,G2B
42	硫化氢	Hydrogen sul-fide	7783-06-4	10	—	—	—
43	尿素	Urea	57-13-6	—	5	10	—

续表

序　号	中文名	英文名	化学文摘号（CAS NO.）	职业接触限值 OELs/（mg/m³）			备　注
				最高容许浓度 MAC	时间加权平均容许浓度 PC-TWA	短时间接触容许浓度 PC-STEL	
44	氢氧化钾	Potassium hydroxide	1310-58-3	2	—	—	—
45	氢氧化钠	Sodiun hydroxide	1310-73-2	2	—	—	—
46	碳酸钠(纯碱)	Sodiun，carbonate	3313-92-6	—	3	6	—
47	五氧化二磷	Phosphorus pentoxide	1314-56-3	1	—	—	—
48	氧化钙	Calcium oxide	1305-78-8	—	2	—	—
49	氧化锌	Zinc oxide	1314-13-2	—	3	5	—
50	臭氧	Ozone	10028-15-6	0.3	—	—	—
51	乙二胺	Ethylenediamrn-Ine	107-15-3	—	4	10	皮
52	乙二醇	Ethylene glycol	107-21-1	—	20	40	—
53	乙酸	Acetic acid	64-19-7	—	10	20	—
54	异氰酸甲酯	Methyl isocyanate	624-83-9	—	0.05	0.08	皮
55	溶剂汽油	Solvent gassoinez\s		—	300	—	—
56	松节油	Turpentine	8006-64-2	—	300	—	—
57	液化石油气	Liquified petro-Leum gas（L. P. G）	68476-85-7	—	1000	1500	—
58	苯	Benzene	71-43-2	—	6	10	皮,G1
59	甲苯	Toluene	108-88-3	—	50	100	皮
60	二甲苯(全部异构体)	Xylene(all isomers)	1330-20-7；95-47-6；108-38-3	—	50	100	—
61	丙酮	Acetone	67-64-1	—	300	450	—
62	三氯乙烯	Trichloroethyl-ene	79-01-6	—	30	—	—
63	四氯化碳	Carbon tetrachloride	56-23-5	—	15	25	皮,G2B
64	氯甲烷	Methyl chloride	74-87-3	—	60	120	皮
65	1，1，1-三氯乙烷	1，1，1-trichlo-roethane	71-55-6	—	900	—	—
66	环氧氯丙烷	Epichloro-hydrin	106-89-8	—	1	2	皮,G2A
67	乙酸乙酯	Ethyl acetate	141-78-6	—	200	300	—
68	乙酸丁酯	Buty acetate	—	—	200	300	—
69	丙醇	Propyl alcohol	71-23-8	—	200	300	—
70	丁醇	Buty alcohol	71-36-3	—	100	—	—
71	二硫化碳	Carbon disulfide	75-15-0	—	5	10	皮
72	苯胺	Aniline	62-53-3	—	3	—	皮
73	萘	Naphthalane	91-20-3	—	50	75	皮,G2B
74	酚	Phenol	108-95-2	—	10	—	皮

续表

序 号	中文名	英文名	化学文摘号（CAS NO.）	职业接触限值 OELs/(mg/m³)			备 注
				最高容许浓度 MAC	时间加权平均容许浓度 PC-TWA	短时间接触容许浓度 PC-STEL	
75	煤焦油沥青挥发物（按苯溶物计）	Coal tar pitch volatiles, as Benzene soluble matters	65996-93-2	—	0.2	—	G1

备注

1. 职业接触限值(OELs)，是指职业性有害因素的接触限制量值，指劳动者在职业活动过程中长期反复接触、对绝大多数接触者的健康不引起有害作用的容许接触水平。化学有害因素的职业接触限值包括时间加权平均容许浓度、短时间接触容许浓度和最高容许浓度三类

2. 时间加权平均容许浓度(PC-TWA)，是指以时间为权数规定的 8h 工作日、40h 工作周的平均容许接触浓度

3. 短时间接触容许浓度(PC-STEL)，是指在遵守 PC-TWA 前提下容许短时间(15min)接触的浓度

4. 最高容许浓度(MAC)，是指工作地点、在一个工作日内、任何时间有毒化学物质均不应超过的浓度

5. 工作地点，是指劳动者从事职业活动或进行生产管理而经常或定期停留的岗位作业地点

6. 有"皮"标记的物质，表示皮肤、黏膜和眼睛直接接触蒸气、液体和固体，通过完整的皮肤吸收引起全身反应

7. 化学物质的致癌性标识按国际癌症组织(IARC)分级，作为参考性资料：

    G1 确认人类致癌物(carcinogenic to humans)

    G2A 可能人类致癌物(probably carcinogenic to humans)

    G2B 可疑类致癌物(possibly carcinogenic to humans)

8. 未列入本表的有毒物质容许浓度，应符合相应的国家卫生标准的规定

引自：GBZ 2.1—2007《工作场所有害因素职业接触限值 第 1 部分：化学有害因素》(摘略)

表 24-4 工作场所空气中粉尘容许浓度

序号	中文名		英文名	化学文摘号（CAS NO.）	时间加权平均容许浓度 PC-TWA /(mg/m³)		备 注
					总尘	呼尘	
1	白云石粉尘		Dolomite dust		8	4	—
2	玻璃钢粉尘		Fiberglass reinforced plastic dust		3	—	—
3	大理石粉尘		Marble dust	1317-65-3	8	4	—
4	电焊烟尘		Welding fume		4	—	G2B
5	二氧化钛粉尘		Titanium dioxide dust	13463-67-7	8	—	—
6	酚醛树脂粉尘		Phenolic aldehyde resin dust		6	—	—
7	矽尘		Silica dust	14808-60-7			G1（结晶型）
		10%≤游离 SiO₂含量≤50%	10%≤free SiO₂≤50%		1	0.7	
		50%＜游离 SiO₂含量≤80%	50%＜free SiO₂≤80%		0.7	0.3	
		游离 SiO₂含量＞80%	free SiO₂＞80%		0.5	0.2	
8	硅灰石粉尘		Wollastonic dust	13983-17-0	5	—	—
9	滑石粉尘（游离 SiO₂含量＜10%）		Talc dust(free SiO₂＜10%)	14807-96-6	3	1	—
10	活性炭粉尘		Active carbon dust	64365-11-3	5	—	—
11	聚丙烯粉尘		Polypropylene dust		5	—	—
12	聚氯乙烯粉尘		Polyvinyl chloride(PVC)dust	9002-86-2	5	—	—
13	聚乙烯粉尘		Polyethylene dust	9002-88-4	5	—	—
14	铝尘		Aluminum dust：	7429-90-5			—
		铝金属、铝合金粉尘	Metal & allys dust		3	—	
		氧化铝粉尘	Aluminium oxide dust		4	—	
15	煤尘（游离 SiO₂含量＜10%）		Coal dust(free SiO₂＜10%)		4	2.5	—
16	木粉尘		Wood dust		3	—	G1
17	砂轮粉尘		Grinding wheel dust		8	—	—
18	石膏粉尘		Gypsum dust	10101-41-4	8	4	—
19	石灰石粉尘		Limestone dust	1317-65-3	8	4	—
20	石墨粉尘		Graphite dust	7782-42-5	4	2	—

序号	中文名	英文名	化学文摘号（CAS NO.）	时间加权平均容许浓度 PC-TWA /(mg/m³)		备注
				总尘	呼尘	
21	石棉(石棉含量>10%)	Asbestos(Asbestos>10%)	1332-21-4			G1
	粉尘	Dust		0.8	—	
	纤维	Asbestos fibre		0.8g/mL	—	
22	水泥粉尘(游离 SiO₂含量<10%)	Cement (free SiO₂<10%)		4	1.5	—
23	炭黑粉尘	Carbon black dust	1333-86-4	4	—	G2B
24	碳化硅粉尘	Silicon carbide dust	409-21-2	8	4	—
25	碳纤维粉尘	Carbon fiber dust		3	—	—
26	洗衣粉混合尘	Deteogent mixed dust		1	—	—
27	其他灰尘①	Particles not otherwise regulated		8	—	—

备注
① 指游离 SiO₂低于 10%,不含石棉和有毒物质,而尚未制定容许浓度的粉尘。表中列出的各种粉尘(石棉纤维尘除外),凡游离 SiO₂高于 10%者,均按矽尘容许浓度对待

化学物质的致癌性标识按国际癌症组织(IARC)分级,作为参考性资料:

G1 确认人类致癌物(carcinogenic to humans)

G2B 可疑类致癌物(possibly carcinogenic to humans)

引自:GBZ 2.1—2007《工作场所有害因素职业接触限值 第 1 部分:化学有害因素》(摘略)

24.3 电镀企业基建改建的基本要求

① 新建、扩建、改建和技术改造的电镀企业工程建设项目时,应遵守 JBJ 18—2000 \ J 62—2000《机械工业职业安全卫生设计规范》、JBJ 16—2000 \ J 61—2000《机械工业环境保护设计规范》、JBJ 35—2004《机械工业建设工程设计文件深度规定》的各项规定要求。

② 电镀作业场所的建筑物、电气装置、通风净化设施、三废治理、设备器械等,应符合国家有关的职业安全卫生标准,相互协调配套;积极采取如防火防爆、电气安全、防机械伤害、防尘、防毒、防暑、防噪声、防振动、消防等的防范措施和设施。做到电镀作业场所整体安全卫生。

③ 引进电镀工艺设备应符合下列规定。

a. 不得引进限制使用的、高污染的电镀工艺技术和设备。引进的工艺、设备应符合电镀清洁生产的要求。

b. 引进的工艺、设备的安全卫生技术水平,不得低于电镀安全卫生国家标准规定。

④ 技术改造项目应遵守下列原则。

a. 提高电镀生产能力和技术水平,应同时提高安全卫生技术水平。

b. 改造厂房、工艺、设备等,应同时改造安全卫生防护措施。

24.4 机械前处理作业安全卫生

机械前处理作业包括:喷砂、喷(抛)丸、磨光、刷光、滚光、抛光、振动光饰以及手工、风(电)动工具清理等。

① 机械除锈清理采用喷射清理时(即喷砂、喷丸等),应优先选用喷丸清理。如磷化件等能适合抛丸清理时,应采用抛丸清理。喷射清理应提高机械化自动生产水平,减轻劳动强度;其室体、排风管道、分离器等应有良好的密闭(封)性,防止钢丸、粉尘外逸。

② 喷丸室的通风除尘净化系统必须与喷丸的压缩空气源联锁,只有当通风除尘净化系统正常运行后,气源才能启动。喷丸室应同时设置室内外都能控制启动和停止的控制开关,并设置相应的声光信号器件。

③ 当作业人员在喷丸室内作业时，必须穿戴封闭型橡胶防护服和供气面具。当采用升降装置或脚手架进行喷丸时，四周设置 1.2m 的安全护栏。

④ 喷丸室内壁应设置耐磨材料制作的护板。与其配套的喷射软管应耐磨、防静电。

⑤ 喷砂作业如工艺、工件允许时尽量采用湿喷砂，以减少粉尘。喷砂室体、排风管道等应有良好的密闭（封）性，防止粉尘外逸。

⑥ 喷砂室的通风除尘净化系统必须与喷砂的压缩空气源联锁，只有当通风除尘净化系统正常运行后，气源才能启动。

⑦ 除锈用的手持电动工具必须符合 GB 3883.1—2014《手持式、可移动式电动工具和园林工具的安全　第 1 部分：通用要求》的有关规定。

⑧ 手工除锈用的钢刷、铲刀和锤等工具，作业前应检查其可靠性。相邻操作人员之间距离应大于 1m。

⑨ 直径 60mm 以上的风动打磨机应设置防护罩，其开口夹角不大于 150°。

24.5　化学前处理作业安全卫生

化学前处理作业包括：除油（包括有机溶剂除油）、酸洗、中和、清洗及有特殊要求的处理工序等。

(1) 操作前准备

为保证电镀生产安全卫生，操作前应做好以下准备。

① 应先打开通风机通风、检查所使用的工装挂具是否正常。

② 检查槽体有无渗漏，是否符合安全要求。

③ 应检查极板与极杠之间导电接触是否良好，极板与槽体之间绝缘是否良好。

④ 应检查各种电器装置是否正常，设备接地是否良好。

⑤ 采用蒸汽加热槽液的，应检查蒸汽管道有无渗漏；采用电加热管的，应检查绝缘是否良好。

⑥ 应检查槽液成分、pH 值、温度等是否满足工艺生产要求，清洗水是否符合要求。

(2) 化学前处理的一般要求

① 对散发出有害气体的化学前处理槽子，应设置局部排风系统，改善劳动环境。

② 对前处理作业量较大的，而且腐蚀性较强的作业，如强浸蚀、混酸浸蚀、有色金属的强腐蚀等作业，宜集中一起设立前处理浸蚀间（酸洗间），用隔墙与其他作业隔离，便于组织排风及废气处理，并减少对其他作业区的影响。

③ 化学前处理间湿度大、腐蚀性强，地沟、坑、墙面、地面、顶棚、门窗等应采取防腐蚀措施，照明和电气设施宜采用防潮型。

④ 对于较高的槽子，一般设有高出地面的操作走道（台）或平台，应在操作走道、平台周边设置防护栏杆。

⑤ 大型全浸型槽的槽口宜高出地面 0.8m，当槽体全部埋入地面时，应在槽体四周设置防护栏杆，并设置安全标志。

⑥ 禁止大面积、大量使用汽油、甲苯、二甲苯除油。

⑦ 有机溶剂除油宜在单独设立的有机溶剂除油间进行。

⑧ 一般情况下前处理工序与电镀（包括化学表面处理）一起组成生产线，根据生产规模，尽量采用自动线或半自动线生产，提高机械化自动化生产水平，改善生产条件，降低劳动强度。

24.5.1　有机溶剂除油

① 有机溶剂除油作业现场的防静电，应符合 GB 12158《防静电事故通用导则》的要求。

② 有机溶剂除油作业场所，一般属于甲类火灾危险性生产区域。作业场所的防火防爆等，均应符合 GB 50016—2014《建筑设计防火规范》的有关设计规定。

③ 有机溶剂除油宜在单独设立的有机溶剂除油间进行。室内严禁明火及其他火种。

④ 有机溶剂除油间应设置在建筑物的外侧（除油间的长边靠建筑物外侧），根据防爆炸的要求要有足够的泄爆面，泄爆面的计算见 GB 50016—2014《建筑设计防火规范》。

⑤ 工件进行有机溶剂除油作业的地点，应避免阳光直接照射。盛溶剂的容器应加盖，且溶剂量不超过容器体积的 2/3。

⑥ 工件应在干燥的状态下进行有机溶剂除油。

⑦ 在有机溶剂除油作业现场，溶剂存放量不应超过半班次的使用量。

⑧ 采取有效通风措施（并辅助全面换气通风），非作业时间，汽油槽（有机溶剂槽）应加盖密闭，以避免有机溶剂挥发和污染。

⑨ 有机溶剂除油作业现场，照明灯具、电插座、开关、电机等用电设备均应符合防爆要求。

⑩ 有机溶剂除油作业场所，空气中有害物质的最高容许浓度不得超过卫生标准要求的允许浓度（见表 24-3）。

24.5.2　碱液除油

① 工件挂入碱性槽液时，应使用专用工具，不宜用手操作。

② 用铁筐装工件除油时，工件不应高于铁筐高度的 2/3。

③ 手工操作电解除油，放入工件时，应先将直流电源关闭，放好挂具后，再开启电源；取出工件时，应先关闭电源，再取出工件。

④ 定期清除槽液面的薄层泡沫，以防爆炸。

⑤ 向槽液添加氢氧化钠时，应将整块的氢氧化钠破碎后装在铁筐中，然后放入冷水溶解后，再加入槽中。

⑥ 槽液溅到皮肤上时，应立即去除衣服，用大量清水冲洗，再用弱酸液清洗。

24.5.3　浸蚀(酸洗)处理

① 搬运酸液（酸罐、塑料桶）时，应检查外包装是否完整。搬运应使用专用装置或工具。

② 操作过程中，应严格控制化学反应所产生的槽液升温。

③ 配制或稀释酸洗液，应用冷水，不应使用热水。

④ 配制硫酸酸洗槽液时，应将浓硫酸缓慢地加入水中，不得将水加入硫酸中，以防酸液飞溅。

⑤ 配制混酸溶液时，应先加硫酸，冷却后再加盐酸、硝酸。

⑥ 酸液飞溅到身上时，应立即去除衣服，用大量清水冲洗，再用弱碱液清洗。

24.6　电镀及化学处理作业安全卫生

24.6.1　氰化电镀作业安全卫生

① 电镀用氰化物的购买、储存及使用等，应严格按照《危险化学品安全管理条例》（国务院令第 344 号）及公安部门的有关规定。

② 应定期检查通风系统运行是否正常。在处理操作前，应打开通风设备通风 15min 以上，通风机出现故障，应停止处理作业。

③ 所有氰化槽应尽量远离酸槽，镀前的浸蚀后，工件（尤其是形状复杂的工件）应清洗干净，防止将酸带入氰化槽内，形成剧毒的氰化氢气体；氰化电镀后的工件清洗槽，应为专用槽。

④ 采用蒸汽加热的氰化槽液（包括清洗槽），其蒸汽凝结水（回水）不应返回锅炉。

⑤ 清洗电镀的阳极板时，应用水冲洗，不应采用干擦。阳极棒和阴极棒不应用酸直接清洗，宜将极棒取下后清洗。

⑥ 掉入槽内的工件不应用手捞出，而应使用专用工具。

⑦ 所有称量、运输氰化物的应为专用器具，并应在器具的明显处标注剧毒标记，称量应在通风良好的条件下进行。

⑧ 存放氰化物或含氰液的场所，应通风良好，氰化物或含氰液不应与酸摆放在一起。

⑨ 所有已使用过的工具及仪器，用后宜用5%绿矾（$FeSO_4 \cdot 7H_2O$）的溶液进行消毒。

⑩ 氰化物及其他剧毒物品凭审批手续按量领取。而领取、保管、称量和配制使用都应采用双人制度，所谓的"五双制"，严格做到双人收发、双人双账、双人双锁、双人运输和双人使用。电镀车间所领用的氰化物宜全部加入溶液中，不应在作业现场有存放。

⑪ 存放剧毒品、毒品、腐蚀试剂的包装袋、玻璃器皿等用完料后，应有专人妥善保管、集中销毁。

⑫ 操作人员下班后，应用1%绿矾（$FeSO_4 \cdot 7H_2O$）溶液洗手，并用20%的次氯酸钠或5%（均为质量分数）绿矾溶液清洗地面。

24.6.2 钢铁件氧化处理作业安全卫生

① 操作时应带耐温防碱手套。

② 氧化槽（碱液槽）加碱时，为防止碱液溅出伤人，应先将碱（NaOH）块在槽外破碎后，再放入铁丝篮中，悬挂于碱液槽上部，然后沉入槽内，边缓慢搅拌边加温，使碱块充分溶解。

③ 不应将冷水、带冷水的工件迅速放入已加温的槽液内，以防槽液暴溅。

④ 采用手工方法往槽内投放工件，特别是带有深孔的工件时，应使工件有一定倾斜角度，并缓慢进行，以免槽液飞溅。

⑤ 钢铁件氧化处理槽液温度较高，一般采用电加热，应采取电气安全防护措施，设置漏电保护器，槽体应有牢靠接地。

24.6.3 电泳涂漆作业安全

电泳涂漆的作业安全，主要是防止触电。

① 在电泳涂漆过程中，为了安全，直流电源的一极必须接地。电源接地方式，一般采用接被涂工件的那一极接地，如阴极电泳涂漆，工件和阴极接地；阳极电泳涂漆，工件和阳极接地。

② 电泳涂漆的直源电源（如整流器）应单独设置在围护设施内。

③ 两段电压间连接铜排应保证平整，防止拉弧现象产生。

④ 在被涂工件接地时，槽体内侧必须绝缘，槽内壁衬有环氧玻璃钢绝缘，电极采用隔膜电极，槽内所有配管均应与槽体绝缘，直径大些的管道采用绝缘连接，直径小些的管道可用橡皮管、软塑料管断开。为了安全，固定在槽体上的泵、搅拌器等的电机外壳要求接地，电机和槽体也应采取绝缘连接。为了操作人员的安全，电泳槽体应接地，但应注意，操作者触及被涂工件和槽体虽是安全的，但若手触及槽侧附近的槽液仍是有危险的。

⑤ 电泳槽应做好绝缘处理，保证干燥状态下耐压 15kV。

⑥ 大型电泳槽，为了防尘、保护电泳槽等，宜设置间壁设施，即一般常在电泳槽设置一个封闭室体，室体内槽侧两旁设有供检修、更换阳极等的通道。室体顶部设排风换气系统，室体侧面设有观察玻璃窗，两侧设有照明灯。室体侧面设有出入门，门上应装有与电泳电源的保护联锁装置，以防止正常工作时人员进入，发生触电事故。

⑦ 前处理及电泳涂漆槽的槽体较高时，设有供观察及维修的走道（台），并设有防护栏杆以防人员跌落。

⑧ 电泳设备需接地，电泳涂装设备的安全接地电阻不应大于 10Ω。

24.6.4　槽液配制作业安全卫生

① 槽液的配制与调整，应严格按照工艺要求操作，由专门操作人员在技术人员指导下进行。

② 槽液混合作业时，槽液应缓慢加入，同时进行充分搅拌。

③ 配制槽液时，应在通风条件良好的地方进行。

④ 在进行化学药品溶解操作时，易产生溶解热的化学药品，应在耐热的玻璃器皿内溶解。

⑤ 槽液的配制与调整时，一般将固体化学药品在槽外溶解后，再慢慢加入槽内，不应将固体化学药品直接投入槽液中。

⑥ 氢氟酸不应放置于玻璃器皿内，以防玻璃被腐蚀而造成事故。

⑦ 不应用浓酸、浓碱直接加入槽液调整 pH 值。

24.6.5　其他作业安全卫生

① 在化学镀镍操作中，操作者应穿戴耐热耐酸耐碱手套；化学镀镍的废槽液应有集中处理措施。

② 在化学镀铜操作中，采用银盐活化工艺的，银盐活化液的储存容器不能封闭太严，以防爆炸。

③ 在有使用水合肼的槽液操作中，因其易挥发、有毒，应加强通风，防止槽液接触皮肤。

④ 采用手工操作时，镀件入槽要轻，出槽要慢，要防止槽液飞溅伤人。

⑤ 有可能发生化学性灼伤及经皮肤黏膜吸收引起急性中毒的工作地点或车间，应根据可能产生或存在的职业性有害因素及危害特点，在工作地点就近设置现场应急处理设施。应急设施应包括：不断水的冲洗，洗眼设施，个人防护用品，急救包或急救箱，应急救护通信设备等。冲洗、洗眼设施应靠近可能发生相应事故的工作地点。洗眼器的技术规格见表 24-5。

表 24-5　洗眼器的技术规格

名　称	技术规格	外形图
台式洗眼器	型号：llk-WJH0355/llk-WJH0355A 规格：单口、双口 产品材质：加厚铜质 国产加厚铜质 高亮度超厚涂层，耐热、耐腐蚀	
进口台式洗眼器	型号：llk-7101/llk-7102 规格：单口、双口 产品材质：铜质 进口加厚铜质 高亮度环氧树脂涂层，耐热、耐腐蚀	

续表

名　称	技术规格	外形图
紧急冲淋洗眼器	型号：llk-WJH0358A 规格：2190×700 下部装有台式洗眼器 产品材质：不锈钢 国产不锈钢 高亮度超厚涂层，耐热、耐腐蚀	
进口紧急冲淋洗眼器	型号：llk-7102AH/-7102APH 规格：2175×600、2175×600 下部装有台式洗眼器 产品材质：不锈钢 进口不锈钢 高亮度环氧树脂涂层，耐热、耐腐蚀	
备　注	北京力诺开实验设备有限公司提供	

24.7　操作人员的个人防护

① 操作人员应穿戴好防护用品，再进入电镀操作岗位。人员应穿戴的防护用品（装备）见 GB/T 11651—2008《个体防护装备选用规范》。

② 在有毒气体可能逸出的场所，所有操作人员，应穿戴防护工作服、胶靴、手套。

③ 溶液配制或调整、运输和使用酸碱溶液等场所，操作人员应戴长胶裙、护目镜和乳胶手套。

④ 在操作浓酸或浓碱溶液时，操作人员应穿戴防毒口罩、护目镜、耐酸耐碱手套和防化靴。

⑤ 在设备维护时、清洗阳极板时，应戴耐酸耐碱手套，并防止极板的毛刺和碎片伤及皮肤。

⑥ 除锈、打磨、喷砂、喷丸作业的操作人员，应穿戴工作服、防尘口罩、披肩帽、防护手套。

⑦ 在喷砂室内、喷丸室内的操作人员，应穿戴工作服、供给空气的呼吸保护器、防护手套。

⑧ 喷漆作业的操作人员，应穿戴防毒口罩、防静电服、防静电鞋。

⑨ 所穿戴的防护用品，不应穿离工作场所。

⑩ 操作人员暂时离开生产岗位时，应充分洗涤手部、面部，漱口，更衣。特别是接触氰化物等剧毒品的，应进行消毒处理。

⑪ 操作人员有外伤时，伤口应包扎后才能进行工作。伤口未愈合的人员，不应进行接触氰化物、铬酸等剧毒品的操作。

⑫ 车间内应设有急救箱，备有急救药品、器材等。还应常备有稀醋酸、硼酸、稀碳酸钠的溶液，以便受酸、碱灼伤时，能迅速取来使用。

⑬ 每班工作结束后，应淋浴更衣。

24.8　电镀生产装置作业安全卫生

电镀生产装置，是指完成工件电镀及化学处理工序所使用的设备及辅助装置的总称。电镀生产装置的设计、制造、安装、维护、使用以及设备改造等的一般要求如下。

① 电镀生产装置作业安全卫生应符合国家安全生产行业标准，AQ 5203—2008《电镀生

产装置安全技术条件》的规定和要求。

② 电镀生产装置及零部件设计应符合 GB 5083—1999《生产设备卫生设计总则》、GB/T 15706《机械安全 设计通则 风险评估与风险减小》的规定。

③ 生产装置工作时，如果存在被加工料、碎块（物品破裂）或液体从设备中飞出或溅出而发生危险的情况，应设置透明的防护罩、隔板等防护措施，其强度应能承受可以预料的负荷。

④ 生产装置的气动系统应符合 GB 7932—2003《气动系统通用技术条件》、液压系统应符合 GB/T 3766《液压传动 系统及其元件的通用规则和安全要求》、电气设备应符合 GB 5226.1—2008《机械电气安全 机械电气设备 第 1 部分：通用技术条件》、管道设计应符合 GB 7231—2003《工业管道的基本识别色、识别符号和安全标识》中有关安全的要求。

⑤ 生产装置的工作区根据需要设置的局部照明装置应符合 GB 5226.1—2008《机械电气安全 机械电气设备 第 1 部分：通用技术条件》中有关安全的技术要求，且应符合 GB 50034—2013《建筑照明设计标准》中的照度要求。

24.8.1 电镀及化学处理槽

① 槽子应不渗漏并具有一定的刚度、强度和耐热性。

② 槽体及衬里的材料，应根据槽内溶液的化学成分、浓度、温度选择合适材料，保证槽体材质不被腐蚀和不因温度影响而变形。

③ 钢槽底面应离地不小于 100mm，以防设备腐蚀。

④ 带衬里的钢槽，应设置检漏装置，防止衬里由于老化等原因损坏后，而引起槽液腐蚀槽体。

⑤ 处理大工件的槽体，其底部应设置防砸底板，防止工件跌落而损坏槽体底板，引起槽液泄漏。

⑥ 槽体底部的放液部位，应根据槽液的性质，选择合适的阀门，防止槽液泄漏。

⑦ 自动电镀生产线，应具有槽液快速循环和溢流的措施，避免镀槽液面因聚集大量氢气泡而发生氢气爆炸现象。

24.8.2 镀槽导电与电源装置

① 电镀用直流电源（如整流器）应符合 JB/T 1504—1993《电镀用整流设备》的规定。

② 直流电源的外壳应安全接地。

③ 直流电源输出的额定电压，宜不小于镀槽最高工作电压的 1.1 倍，若生产工艺需要，直流电源的电压剩余应能满足镀槽冲击负荷的要求。直流额定电流应不小于计算电流值（电流密度与每槽最大施镀面积的乘积）。需要冲击电流时，直流电源应根据冲击电流值及电源设备短时允许过载能力来确定。

④ 导电杆应能通过电镀所需的电流和承受工件的重量，便于擦洗。导电杆承受的最大允许电流密度为 $2A/mm^2$。

⑤ 汇流铜排的敷设宜采用竖放，每隔 3～6m 及转弯处应设有支持夹板，需要时可增设中间夹板。

⑥ 汇流铜排接头处应搪锡，接触面积不小于铜排截面积的 10 倍。表面涂防腐漆，并定期维护。母线铜排正极涂红色漆，负极涂蓝色漆，涂漆不应渗入铜排接头内。

⑦ 导电座与槽体之间、槽体与地面之间都应采取绝缘措施。

⑧ 整流器应布置在通风干燥处，其相间距离不小于 600mm，以保证整流器必要的冷却空

间和维修空间。

24.8.3 槽液加热系统

① 槽内加热管、槽外换热系统（即槽外加热的换热系统装置），应根据槽液的化学成分、浓度、温度选择合适的材料，保证加热管不被槽液腐蚀。

② 电加热管的加热区上限位置，应低于槽液最低液面的 50mm，以避免烧坏电加热管。

③ 所有电加热的槽体均应布置液位计，在加热过程中，液面降低至液位计的设定值时（即液位计所示液面时），电加热应自动停止。液面低于液位计所示液面时，应无法启动电加热。

④ 电加热管应安全接地，不允许与金属槽体、工件、极杆和极板接触。

⑤ 电加热的金属槽体应安全接地，宜装置有漏电保护器。

⑥ 蒸汽入口总管上应装有总控制阀及压力表。并根据工艺需要，在蒸汽管道上安装减压阀，并在管路末端的最低处设置疏水器。

⑦ 蒸汽加热管在安装前，需用压力不小于工作压力的压缩空气进行气密性检测。

⑧ 蒸汽管道采用架空方式敷设时，其高度不小于 2.5m，以不妨碍通行为原则，并尽量减小对采光的影响。

⑨ 在生产过程中，酸性和有毒加热槽以及其他有可能产生污染的凝结水，不应返回锅炉使用。

⑩ 热力管道不应穿过风管、风道。热力管道应敷设在上水管道、冷冻水管道和回水管道的上部。

⑪ 热力管道与电气设备之间的最小安装净距离为 0.2m。

⑫ 管道布置时应考虑热膨胀问题，应尽量采用自然补偿（如自然转弯处等）。如已有的弯曲不能满足热补偿，应设计补偿器。

⑬ 固定安装的阀门应设置固定支架，不应依靠阀门的连接管道支撑。

⑭ 管道布置外层应包裹保温材料，并涂红色标记。

24.8.4 槽液搅拌系统

① 槽液搅拌的方式有：空气搅拌、机械搅拌及其他形式搅拌。应根据溶液组成、性质及气源供给等具体情况合理选用。

② 槽液搅拌用的喷气管，应根据槽内溶液的化学成分、浓度、温度选择合适的材料，以保证喷气管不腐蚀、不变形。

③ 槽液搅拌用喷气管的布置装配，应是易拆卸式的，以便于更换或冲洗。

④ 槽液搅拌用喷气管，应设置防虹吸措施，以防槽液虹吸外漏。

⑤ 槽液搅拌管，应分别装有可调节气量大小的气阀开关。

24.8.5 槽液过滤系统

① 过滤机应根据过滤溶液的理化特性（如酸性、碱性、强氧化性等）选择滤室、过滤介质和过滤管道等的材料。

② 过滤机的布置位置，应考虑下列要求。

a. 应布置在排水畅通的地方，以便排放冲洗地面溶液的冲洗水。

b. 布置在避开易受腐蚀性液体侵蚀的地方。

c. 在过滤机的周边应有足够的空间，以便于更换滤芯和维修。

③ 过滤机入口端的连接管道上应安装进气阀，其位置要高于槽内液面。当工作结束时，应随即打开进气阀，使空气进入管内，以免出现泵及槽外配管接头漏液故障时，因虹吸作用而损失溶液。

④ 过滤机用软管连接时，软管要用管箍卡紧；用硬管连接时，应设置管路支撑，防止管路长期悬空而产生变形，使弯头和管路接头处泄漏溶液。

⑤ 过滤机的进出口端，均要设置管道法兰或软管接头，并配置阀门，以便于过滤机损坏时拆开修理。

24.8.6 通风装置

① 通风装置的设置，应根据有害物的特性和散发规律、工艺设备的结构形式及操作特点，合理地确定排风形式和安装方式，在不影响生产操作的情况下，尽可能设置密闭排风罩，保证在排风口处具有 7～10m/s 的风速。

② 生产过程中的排风系统组织及设置所应遵循的原则，以及对槽边设置排风罩的要求等，见第 6 篇公用工程章节中有关通风的叙述。

③ 对散发有害物较多的生产过程和设备，在工艺设计上应尽量采用机械化、自动化生产，加强密闭，减少污染。

④ 槽边排风罩距液面的高度，不应低于 150mm，在条件允许的情况下，槽面上可设置密闭式活动盖板，或在槽液中加入抑制剂，以减少液面有害物的挥发。

⑤ 工艺槽有害气体的排风机和排风管，应采用防腐材料制作。

⑥ 排风总管应有不小于 0.5% 的排水坡度，并在风管的最低点和排风机的底部采取排水措施，如果排出的液体有毒，应排入相应的废水处理池，加以处理。

⑦ 氰化物和有机溶剂的排风系统，其风管的正压段不应穿过其他房间。

⑧ 通风机和风管连接时，要使空气在进出时尽可能均匀一致，不要有方向或速度的突然变化。

24.8.7 排水系统

① 排水明沟位置在槽前时，应设格栅盖板。

② 地坑及明沟应考虑防渗漏及防腐措施，一般采用防滑、防腐蚀材料贴面。有热水排出的地方，还应考虑温度对面层黏合材料的影响，采用耐温的面层黏合材料。

③ 排水应根据所排水的化学性质和温度，选择合适的材料，应满足不腐蚀和不变形的要求。

④ 管道接头应严防渗漏，以免影响建筑基础和污染地下水。

⑤ 不同性质的废水，应分开排入废水池。含氰化物的废水管道和处理装置应单独设置。

24.8.8 工作平台、通道和梯子、栏杆

① 电镀车间因生产及维修等的需要而设置的直梯、斜梯、防护栏杆和平台应符合 GB 4053.3—2009《固定式钢梯及平台安全要求 第 3 部分：工业防护栏杆及钢平台》等的要求。

② 单人通道净宽应不小于 700mm；当通道常有人或多人交叉通过时，通道宽度应增加至 1200mm；若通道作为疏散路线，其最小净宽应不小于 1200mm。

③ 平台和通道上方的最小净空高度应不小于 2100mm。

④ 电镀生产线操作走道或工作平台高度不小于 500mm 时，应设防护栏杆和工作平台挡板，栏杆和挡板高度应不小于 1100mm。

24.9 车间排放系统及废水处理站的安全措施

(1) 排放系统的安全措施

① 设立应急槽。应急槽用于镀槽突然发生破裂、溢出溶液时的应急储液,其容积要大于镀槽,平时是空的。应急槽对于防范镀槽突然发生破裂溢出等事故是很有效的。

② 设立废液储槽。供储存废液用,废液储槽的容积要大于镀槽,也可在紧急时使用。

③ 加强防腐防渗漏措施。地面、排水沟(管道)、废水储池必须加强防腐防渗漏措施。禁止将带有腐蚀性溶液的槽体直接埋入地下;禁止将废水和废液管道直接埋入地下。地下管道应在管沟内架空敷设,管沟必须采取防腐防渗漏措施,并有排除积水的措施。

④ 当变更电镀工艺、变更工艺使用的化学品时,必须事先通知废水处理站的操作人员,以便及时调整废水处理工艺,使其适应废水成分的变化。

(2) 废水处理站的安全措施

① 排水处理设备要用防液堤围住,按区域汇流入废水调节池(集水池)中。

② 废水处理用的各种药剂,如次氯酸钠、硫酸、液碱、亚硫酸钠(或焦亚硫酸钠)、碱式氯化铝铁、氢氧化钠等,存放时要防止它们互相接触的可能。硫酸遇到次氯酸钠就会产生剧毒的氯气,遇到亚硫酸钠则产二氧化硫气体。所以,各药剂槽之应设置防液堤等防范措施。

③ 为防止浓废液储槽因失误而溢流,应考虑设置防液堤,使之能导入其他储存槽和废水集水池中。

④ 废水处理关键设备的易损件要有备件,一旦损坏能及时更换。并备有必要的维修工具,加强对设备、装置的维护检修。

24.10 搬运和输送设备安全防护

24.10.1 搬运设备

搬运设备即起重运输设备。电镀车间常用的搬运设备有:电动葫芦、单梁悬挂式起重机、梁式起重机、桥式起重机,以及所使用的电梯等。其安全防护要求如下。

① 电镀生产线的搬运设备设计,应保证其在正常工作条件下的稳定性、强度及规定的提升重量,并符合 GB 5083—1999《生产设备安全卫生设计总则》的要求和规定。

② 超过规定或危险的起重、搬运,设计时宜采用辅助机械化起重、搬运设备。

③ 起重钩应设计有防止起吊工件脱落的钩口闭锁装置。

④ 行车升降、行走的行程末端,应设置极限保护装置。

⑤ 行车在吊钩上升行程的最上端位置,应设安全栓,以更设备维修时使用。

⑥在同一行走轨道上安装两台及以上桥式起重机时,必须设置防止相互碰撞的安全防护措施。

⑦ 行车控制系统应有防重杆功能,以防止槽内有工件时,行车还继续向槽内放工件而引起事故。

⑧ 采用钢丝绳电动葫芦或环链电动葫芦时,相关设备应符合 JB/T 5317—2016《环链电动葫芦》的要求和规定。

⑨ 车间内所选用的运货电梯,应符合下列作业安全要求。

a. 所选用的电梯应符合 GB 7588—2003《电梯制造与安装安全规范》的规定。

b. 简易载货电梯不得采用卷扬机或电动葫芦作为牵引驱动装置,且应在轿厢外操作。

24.10.2　输送设备

电镀车间内的磷化处理等，产量较大时，也常采用悬挂输送机连续通过式自动生产线，悬挂输送机常用的有普通悬挂输送机和轻型悬挂输送机；也有采用自行小车输送机（即自行电动葫芦）输送的间歇通过式自动生产线。输送设备的作业安全要求如下。

（1）悬挂输送机

① 悬挂输送机的零部件以及将悬挂输送机固定于建筑物与构件或单独主柱上的构件，必须具有足够的强度、刚度和稳定性。在按规定条件制造、安装、运输、储存和使用时，不得对人员造成危险。

② 吊具与承载小车必须可靠地连接，不得自行脱开。吊具应能够防止物品在运行中由于倾斜而打滑或掉落。

③ 驱动装置应有过载保护装置。在牵引链条的拉力超过许用值的 1.5 倍时切断电动机的电源。

④ 重锤拉紧装置应有防护装置，防止人员进入重锤下的空间。

⑤ 轨道顶面距地面小于 2.5m 时，在人员易于接近的水平回转装置应有防护设施。

⑥ 跨越通道、作业区和上下坡地段的悬挂输送机，其输送链下必须设置金属安全护网和上下坡捕捉器。输送链下方的行人通道净空高度不得小于 1.9m。

⑦ 在输送机上下坡段应安装捕捉器。捕捉器动作应可靠，在输送机发生断链时能捕住小车。

⑧ 悬挂输送机的安全色及照明应符合 GB 2893—2008《安全色》的规定，设备易发生危险的部位应有符合 GB 2894—2008《安全标志及其使用导则》的安全标记。

⑨ 通用悬挂输送机的安全要求，应符合 GB 11341—2008《悬挂输送机安全规程》的规定。

（2）单轨小车输送机

单轨小车输送机是由导电轨供电，承载小车在轨道上能自动运行的输送机，也称自行葫芦。

① 单轨小车输送机安全要求应遵守 JB/T 7018—2008《单轨小车悬挂输送机 安全规程》的规定；当载物车的起升装置是钢丝绳电动葫芦或环链电动葫芦时，则应符合 JB/T 9008.1《钢丝绳电动葫芦 第 1 部分：型式与基本参数、技术条件》或 JB/T 5317—2016《环链电动葫芦》的规定。

② 当在固定工作区和人员通道之内或上方运行时，输送机的设计应考虑在货物倒翻或跌落时对人员的保护。

③ 在轨道末端或断路处，如在岔道、升降段等，应有机械止挡器防止小车跌落。在工作区内的轨道末端，允许使用手动止挡器。

④ 在倾斜运行区，为防止由于电动机故障等原因引起的下滑，应装设能自锁的驱动装置、制动器或上、下坡捕捉器等安全装置。

⑤ 当运行区的侧面存有物品时，输送机的运动部件与存放物品间的间距应不小于 0.8m。

24.11　电气安全防护

① 任何电气设备、装置，都不应超负荷运行或带故障使用。

② 电气设备和开关应装设短路保护、过载保护和接地故障保护。

③ 电气设备的接地保护。根据 GB 50169—2006《电气装置安装工程接地装置施工及验收

规范》的要求，电气装置的下列金属部分，均应接地或接零。

    a. 电机、变压器、电器、携带式移动式用电器具等的金属底座和外壳。

    b. 电气设备的传动装置。

    c. 屋内外配电装置的金属或钢筋混凝土构架以及靠近带电部分的金属栏杆和金属门。

    d. 配电、控制、保护用的屏（柜、箱）及操作台的金属框架和底座。

    e. 交、直流电力电缆的接线盒，终端头与膨胀器的金属外壳，可触及的电缆金属护层和穿线的钢管。穿线的钢管之间或钢管和电气设备之间有金属软管过渡的，应保证金属软管段接地畅通。

    f. 电缆桥架、支架和井架。

    g. 装有避雷线的电力线路杆塔。

    h. 承载电气设备的构架和金属外壳。

    i. 电热设备的金属外壳。

    j. 铠装控制电缆的金属护层等。

    ④ 插头和插座应按规定正确接线。根据 GB/T 13869—2008《用电安全导则》的要求，插座的保护接地极在任何情况下，都应单独与保护接地线可靠连接，不得在插头（座）内将保护接地极与工作中性线连接在一起。

    ⑤ 处在有喷漆间、有机溶剂去油间等易燃易爆作业场所的电器设备应安全、可靠。并应符合下列要求。

    a. 一般不设置电气设备。如必须设置时，处于爆炸性气体环境内的电动机、变压器应选用防爆型（隔爆型）的，并应符合 GB 50058—2014《爆炸危险环境电力装置设计规范》的规定。

    b. 有防爆要求场所的开关、空气断路器、二次启动用空气控制器以及配电盘宜采用隔爆型；操作用小开关宜采用正压（充油）型；操作盘和控制盘宜采用正压型；接线盒应采用隔爆型。

    c. 电气接线和设置应符合爆炸危险场所的规定。

    d. 一般不设置电插座，如必须设置时，应设置防爆型电插座。

    e. 照明灯具应采用防爆型的。

    ⑥ 潮湿作业场所的用电设备，应设置漏电保护装置。

    ⑦ 能引起触电且容易被触及的裸带电体，必须设置遮护物或外罩。

    ⑧ 电线应穿阻燃料管敷设。

    ⑨ 电加热管外壳应满足防腐蚀要求。电加热溶液槽，槽体等应设置漏电保护装置和接地。

    ⑩ 直流电源如整流器等电器设备，从防腐蚀及延长使用寿命等考虑，宜单独设电源室放置。

    ⑪ 重要岗位如生产线等作业场所，设置事故照明和疏散指示标记。

24.12 防机械伤害、噪声及安全标志

24.12.1 防机械伤害

    ① 电镀车间设计时，尽可能提高机械化、自动化作业生产，减轻劳动强度。对有机械伤害的场所，应设置安全防护措施。

    ② 设计带有机械传动装置的非标准设备及联动生产线时，其传动带（链）、明齿轮、联节器、带轮、飞轮和转动轴等转动部分的突出部位必须同时设计防护罩，并应符合现行国

家标准 GB/T 8196《机械安全 防护装置 固定式和活动式防护装置设计与制造一般要求》的规定。

③ 抛光机、砂轮机以及机械前处理用的手提式电动工具、气动工具如手提砂轮机、刷光机等，直径 60mm 以上的应设置防护罩，其开口夹角不大于 150°。

④ 设备上的螺钉、螺母和销钉等紧固件，因其松动、脱落会导致零部件位移、跌落造成事故时，应采取可靠的防松措施。

⑤ 除锈用的手持电动工具必须符合 GB 3883.1—2014《手持式、可移动式电动工具和园林工具的安全 第 1 部分：通用要求》的有关规定；手持气动工具必须符合手持气动工具安全的有关规定。

⑥ 使用风动工具或电动工具的作业，应选用振动小的工具，且应有减振措施或减少作业时间。

⑦ 抛丸、喷丸室应有良好的密封，以免铁丸飞出伤人。

⑧ 电镀生产装置所有电气设备应符合 GB/T 5226.1—2008《机械电气安全 机械电气设备 第 1 部分：通用技术条件》和 GB 16754—2008《机械安全 急停 设计原则》的有关规定。

⑨ 车间地面应平坦，不打滑。电镀车间通道宽度应符合规定要求，并应在地面明显标出。电镀车间通道宽度见第 6 篇第 29 章车间平面布置中有关通道及门的宽度（人行通道宽度为 700～1000mm）。

⑩ 车间设备的布置间距要考虑到生产操作安全和维护检修、管线敷设等，设备的布置间距见第 6 篇第 29 章车间平面布置中有关槽子等的布置间距。

⑪ 生产线垫高并超过 0.5m 高度的操作走台、平台等，需设置安全保护栏杆。废水处理池的池边，需设置安全保护栏杆。

⑫ 人行道及操作走道必须保持畅通，不应施放水管、过滤机管道、直流汇流排等。

⑬ 横穿通道及在人行通道处的明沟，必须设置地沟盖板。坑池边和升降口等有跌落危险处，必须设置栏杆或盖板。

24.12.2 噪声控制

电镀作业过程中所用的风机、水泵、电机等的各个噪声源及其风管、水管应采取减振、隔声、消声、吸声等措施，使操作区的噪声不超过工作地点噪声声级的卫生限值（见表 24-6）。

表 24-6 工作地点噪声声级的卫生限值

日接触噪声时间/h	卫生限值/dB（A）	备 注
8	85	1. 最高不得超过 115 dB（A） 2. 办公室等噪声卫生限值： 车间办公室：60dB（A） 会议室： 60dB（A） 计算机室：70dB（A）
4	88	
2	91	
1	94	
1/2	97	
1/4	100	
1/8	103	

24.12.3 安全标志与指示

① 电镀生产装置的各种安全与警告指示，应在装置的相应部位上作出明显标志。

② 电镀作业场所、生产装置及其电气系统等存在事故风险的场所，应有警告性标志。并应按 GB 2894—2008《安全标志及其使用导则》、GB 15630《消防安全标志设置要求》等的规定，设置安全标志和涂以警示的安全色。如表 24-7 所示。

表 24-7 安全标志及警示的安全色

场　　所	设置的安全标识	各种警示的安全色
需要禁止烟火、禁放易燃品等作业场所	应用"禁止标志",如"禁止烟火""禁放易燃品"等标志	用红色。红色表示禁止、停止、危险的意思
需要提示、警告的作业场所	应用"警告标志",如选用"注意毒品""注意安全""当心火灾""当心触电""当心机械伤人""当心坠落""当心坑洞"等标志	用黄色。黄色表示提醒人们注意。凡是警告人们注意的器件、设备及环境,都应以黄色表示
需要按指令要求执行的作业场所	应设"指令标志",如选用"必须穿防护服""必须戴防尘口罩""必须戴防护手套""必须戴防护靴"等的标志	用蓝色。蓝色表示指令、要求人们必须遵守的规定
备　　注	此外,还有绿色。绿色表示给人们提供允许、安全的信息	

24.13　危险化学品使用和储存的作业安全

危险化学品,是指具有易燃、易爆、有毒、腐蚀、放射性等特性,会对人员、设施、环境造成伤害或损害的化学品。化学品的分类及危险性见 GB 13690—2009《化学品分类和危险性公示 通则》。

24.13.1　化学品的运输、储存、使用的基本要求

从事电镀化学品运输、储存、使用的单位,应符合下列要求。

① 应有健全的电镀化学品的安全管理制度,保证电镀化学品的安全操作和管理。

② 应制定事故应急救援预案,配备必要的防护应急器材,在遇到突发事件时,能快速反应并妥善处理,发生事故或意外时,须有采取应急行动的措施和设施。

③ 从事电镀化学品运输、储存、使用的人员,应接受有关安全知识、专业技术、职业卫生防护和应急救援知识的培训,并经考试合格。

④ 应为从事使用电镀化学品作业的劳动者,提供符合国家职业卫生标准的防护用品。

24.13.2　电镀化学品储存安全要求

(1) 储存仓库

① 储存电镀化学品的仓库,应得到消防等有关部门的批准,并符合 GB 15603《常用化学危险品储存通则》的要求。

② 仓库区应与生活区分开。

③ 储存电镀化学品的仓库,应设置有明显的安全标志。

④ 仓库建筑物应符合 GB 50016—2014《建筑设计防火规范》的要求。

⑤ 仓库应采用易冲洗的不燃地面。

⑥ 仓库门应开设在上风口,仓库门的对面、侧面应设排风装置。

⑦ 仓库门应为钢板或木板外包铁皮。仓库设置高侧窗。

⑧ 照明设施,不采用碘钨灯,不采用 60W 以上的白炽灯。当使用日光灯等低温照明灯具和其他防爆型照明灯具时,应对镇流器采取散热等防火保护措施。

⑨ 易燃化学品仓库,照明设施垂直下方水平距离 0.5m 内,不应放置物品。

⑩ 仓库内敷设的配电线路,需穿金属管或非燃硬塑料管保护。

⑪ 储存易燃品的仓库,应有严禁火种的警示牌。

⑫ 仓库应配备足够的消防设施和器材,放置在明显、便于取用的地点。消防设施和器材,应经常保养,及时更新,并处于完好、有效状态。

⑬ 仓库应有通讯联系设备。

⑭ 仓库若需采暖，应使用热水或蒸汽采暖。供暖系统与垛位之间的距离应不小于 0.3m。

⑮ 仓库相对湿度应不大于 85%，温度应不高于 35℃。应设有机械通风装置。

(2) 仓库保管人员

① 仓库保管人员应经过安全生产监督管理部门授权的具有培训资质单位组织的"危险化学品储存、管理、搬运"的安全培训，并取得合格证书。

② 仓库所有人员应熟悉、能正确使用灭火器材。应能正确处理液态化学品泄漏、流淌等事故。

③ 凡仓库人员在库房作业，应穿戴好相应的个人防护用品。

(3) 化学品储存

① 电镀化学品都应储存在仓库内，不得露天存放。

② 电镀化学品按不同类别、性质、危险程度、灭火方法等隔离储存。隔离储存是指在同一建筑或同一区域内，不同物料之间分开一定距离，非禁配物料间用通道保持间隔的储存方式。

③ 禁配物料，应用隔板或墙隔开存放。禁配物料是指化学性质相抵制或灭火方法不同的化学物料。

④ 储存场所应设有标牌，标牌标有储存场所的顺序号，储存货物名称及其位置。

⑤ 堆垛，应符合下列要求。

电镀化学品储存仓库通道，堆垛与墙、柱、地面等的各项之间的最小距离应符合 GB 17916《毒害性商品储存养护技术条件》的要求。

a. 仓库通道两侧的地面上应有醒目的通道标志线。主通道宽不小于 1.8m，支通道宽不小于 0.8m。

b. 垛与墙的最小距离：腐蚀性物料为 0.3m，易燃性物料为 0.5m，毒害性物料为 0.3m。

c. 垛与柱的最小距离：腐蚀性物料为 0.1m，易燃性物料为 0.3m，毒害性物料为 0.1m。

d. 垛与垛的最小距离：腐蚀性物料为 0.1m，易燃性物料为 1.0m，毒害性物料为 0.1m。

e. 存放电镀化学品的堆垛应有隔潮设施。堆垛底离开地面的最小距离应为 0.15m。

f. 存放电镀化学品的堆垛高度应不超过 3m。

g. 液态电镀化学品应存放在地势低矮处，应有处理泄漏的物品及工具。

h. 挥发性的电镀化学品应堆成行列式，存储在下风口处。

⑥ 入库，应符合下列要求。

a. 入库电镀化学品时应有化学品安全技术说明书。

b. 验收。电镀化学品的名称、数量、规格，实物与单据相符；包装完好无损、无水湿、无污染；标签、标识完好无损，字迹、标识清晰。

c. 未通过验收的电镀化学品不应入库储存。

d. 电镀化学品验收合格后，完善单据手续，登记入库。

⑦ 搬运。搬运电镀化学品应使用状态良好的适用器械；禁止背负肩扛，应轻装轻卸，不应撞击、重压、拖拉、滚动；搬运时不应损坏标签和包装。

⑧ 检查。每天应巡查仓库一次；巡查中发现异常现象，做好标记，立即报告，及时改正。

⑨ 出库。应按单据开具的物料名称、规格、数量出货，做好记录，完善单据手续。

24.13.3　电镀化学品使用作业安全

(1) 领料

① 领料单据应手续齐全。

② 应按单据开具的物料名称、规格、数量领用，同时检查包装、标签是否完好。

---

③ 应索取相应的电镀化学品的安全技术说明书。

(2) 使用

① 使用前应通过查标签、安全技术说明书，了解该化学品的危害特性。

② 所有临时盛装电镀化学品的包装上，都应有化学品名称的标签。

③ 应穿戴好相应的防护用品。在安全的场所，正确使用电镀化学品。

④ 按工艺条件投料。投料时分散慢慢地投放，边搅拌边放，防止溢流、飞溅。

⑤ 剩下的电镀化学品不应留在现场或其他地方，应及时退回库房。

⑥ 空的包装，以及与电镀化学品接触的容器、工具，应清洗干净，放置在指定的地点。

(3) 散落、泄漏和废弃物品的处理

① 处置电镀化学品散落、泄漏时，应按化学品的危害特性，穿戴好相应的防护用品。

② 散落、泄漏的电镀化学品应及时用专用工具收集。

③ 被污染的区域、器械应及时用合适的方法清理干净。

④ 有害的清洗水，应做相应处理。处理废弃的电镀化学品以及粘有化学品的包装物时，应考虑到潜在的危害特性，不得任意抛弃、污染环境，应集中统一处理。本单位不能处理的，应委托有资质的专业机构处理。

24.14 消防

电镀作业火灾危险性主要在有机溶剂除油场所（间）、喷漆场所（间）、油漆库及易燃品库等。消防必须认真贯彻"预防为主、防消结合"的消防工作方针，由于电镀车间内的涂漆工作量不大，一般采用小型喷漆室，故除采用必要的防范防护措施外，消防保护设施采用的有手提式、推车式灭火器。

火灾种类是按灭火器配置场所内的物质及其燃烧特性进行分类的，共划分为五类（GB 50140—2005《建筑灭火器配置设计规范》）。涂装（油漆）作业场所属 B 类火灾场所（指液体火灾或可熔化固体火灾。如汽油、柴油、甲醇、乙醇、沥青、石蜡等燃烧的火灾），一般选用泡沫灭火器、碳酸氢钠干粉灭火器、磷酸铵盐干粉灭火器、二氧化碳灭火器等。

危险等级根据其生产、使用、储存物品的火灾危险性、可燃物数量、火灾蔓延速度、扑救难程度等因素，划分为严重危险级、中危险级、轻危险级等三级，涂装作业属于严重危险级。

依据 B 类火灾及严重危险级，涂装作业中灭火器的最大保护距离如下。

手提式灭火器： 9m

推车式灭火器： 18m

灭火器的设置位置，应靠近重点消防保护的位置，而且位置明显、醒目，便于快速取用，从而能及时有效地将火扑灭在初起阶段。

一个计算单元（配置场所）内配置的灭火器数量不得少于 2 具。每个设置点的灭火器数量不宜多于 5 具。

24.15 安全卫生管理

(1) 安全卫生管理对策措施

电镀生产企业应结合实际，建立安全卫生生产管理体系，配备安全管理人员，并明确其职责和权限，实行标准化管理。安全卫生管理的对策措施见表 24-8。

表 24-8 安全卫生管理的对策措施

安全卫生管理措施	安全卫生管理的对策措施实施做法
落实安全生产责任制	应明确企业负责人、管理人员、班组长及操作人员的安全职责，签订各岗位的安全生产责任书

安全卫生管理措施	安全卫生管理的对策措施实施做法
制定和完善各类安全管理制度	结合实际生产情况,制定完善的有关剧毒品、易燃易爆场所、生产设备、设备维修、安全用电、安全检查等的安全卫生管理制度。针对危险性较大的岗位,制定安全操作规程
加强从业人员的安全教育	企业负责人和管理人员应具备相应的安全知识。对企业全员进行安全教育,提高生产安全意识。所有操作人员应熟悉电镀生产安全卫生知识,经专业培训并考试合格后,持证上班
进行安全生产检查	对生产作业现场、库房(特别是剧毒品库、易燃易爆品库)、电气设施和灭火器材等进行安全检查,发现隐患,及时整改
保证安全生产投入	应按专用资金用于安全卫生设施的建设、维护和改善。新建(或改扩建)项目的安全卫生设施应与主体工程同时设计、同时施工、同时投入生产和使用
提高劳动保障水平	对有毒有害岗位的作业人员进行上岗前、在岗期间、离岗时以及定时的职业健康检查;依法参加工伤保险;与职业卫生部门建立联系,职工体检内容及周期,应符合卫生行政部门的职业健康监护管理规定;对所接触的化学药品有过敏反应的人员,不应安排有化学药品的操作岗位;车间根据电镀生产卫生特征属于 2 类,依据车间规模,应设置休息室、盥洗室、厕所、淋浴室、更衣室以及妇女卫生室(根据企业、车间规模确定)等的生活卫生设施
加强事故应急处理能力	为防止突发事故发生,并在事故发生后能迅速地控制和处理事故,应制定本单位事故应急救援预案,并定期演练
积极开展安全卫生评价和清洁生产审核工作	对安全卫生评价和清洁生产审核工作中,提出的问题及生产隐患,找出产生原因,及时整顿改进

(2) 制定安全卫生生产管理规章制度

电镀生产应根据国家相应法律、法规,制定并严格执行安全卫生生产规章制度,执行安全操作程序。安全卫生生产管理规章制度包括以下项目。

① 安全生产责任制。

② 安全教育培训制度。

③ 安全检查和事故隐患整改管理制度。

④ 安全作业证制度。

⑤ 危险物品安全管理制度。

⑥ 生产设施安全管理制度。

⑦ 安全投入保障制度。

⑧ 劳动保护用品(具)发放制度。

⑨ 化学药品的保管和发放制度。

⑩ 事故管理制度。

⑪ 职工卫生管理制度。

⑫ 安全生产会议管理制度。

⑬ 安全生产工作考评和奖惩制度。

⑭ 防火、防爆、防毒管理制度。

⑮ 消防管理制度。

⑯ 特种作业人员安全管理制度。

第5篇 电镀污染治理

第25章
废水处理

25.1 概述

电镀工艺包括电镀、化学镀、刷镀、金属转化处理（阳极氧化、化学氧化、磷化、钝化）等。由于在生产过程中使用了大量的酸、碱、重金属溶液，包括氰化物、铬酐、镉等有毒、有害化学品，因此产生了大量有毒、有害的废水。电镀废水处理，是在生产全过程中，通过清洁生产及污染物末端治理技术的合理整合，即通过先进可行的清洁生产技术和废水处理技术，达到生产工艺的合理配置和防治污染，可使污染源达标排放、保护改善环境，以及达到资源的合理利用。

25.1.1 电镀废水处理技术的确定和选用原则

① 电镀废水处理技术的选用，应根据我国现阶段国民经济的发展水平，体现先进性、适用性、经济性、稳定性和节约能源的原则；应符合我国制定的环保法规和方针政策。

② 鼓励电镀废水处理，开发和采用新工艺、新技术，并采用自动化控制和监测，促进我国电镀企业整体废水处理技术水平的提升。严禁采用国家明令淘汰的工艺、技术、设备和材料。

③ 实现电镀企业的清洁生产和节能减排，充分体现以防为主、防治结合、资源能源高效利用的战略思想。

④ 选用的废水处理技术的质量要达标，不产生二次污染，尽可能对有用成分加以回收使用，变废为宝，化害为利。

⑤ 电镀排出的废水不得用渗坑、渗井或漫流等方式排放，以避免污染地下水水源。

⑥ 电镀废水处理的装置、构筑物和建筑物均应根据其接触介质的性质、浓度和环境要求等具体情况，采用相应的防腐、防渗、防漏等措施。

25.1.2 电镀生产废水的污染物

电镀废水成分复杂，污染物浓度高，含有数十种无机和有机污染物，其中无机污染物主要是铜、锌、铬、镍、镉等重金属离子以及酸、碱、氰化物等；有机污染物主要是含氮有机物、螯合剂等。电镀废水的主要污染物见表 25-1。

表 25-1　电镀废水主要污染物

项　　目	主要污染物
酸碱废水	包括前处理及其他浸蚀槽、碱洗槽、中和槽等产生的废水,主要污染物为盐酸、硫酸、硝酸、氢氧化钠、碳酸钠、磷酸钠等。一般酸、碱混合后偏酸性
含氰废水	包括氰化镀锌、铜、镉、银、金、合金等氰化电镀产生的废水,以及某些活化液、退镀液等的废水。主要污染物为氰化物、络合态重金属离子等。剧毒,须单独收集处理。一般废水中氰浓度在 50mg/L 以下,pH 值为 8～11
含铬废水	包括镀铬、化学或电解抛光、表面钝化、铝件铬酸盐阳极氧化、退镀以及塑料电镀前处理粗化等工艺产生的废水。主要污染物为六价铬、总铬等。毒性大,须单独收集处理。一般废水中六价铬离子浓度在 200mg/L 以下,pH 值为 5～6
重金属废水	包括镀镍、铜、锌、镉等金属及其电镀合金、化学镀以及浸蚀、退镀等产生的废水,阳极氧化、化学氧化、磷化等产生的废水。主要污染物为镍、氯化镍、硫酸镉、硫酸铜、氯化铜、氧化锌、硫酸锌、氯铵以及络合态重金属离子及络合剂类有机物、甲醛和乙二胺四乙酸(EDTA)等
磷化废水	包括磷酸盐、硝酸盐、亚硝酸钠、锌等。一般废水中含磷浓度在 100mg/L 以下,pH 值在 7 左右
有机废水	包括工件除油(脱脂)、除锈、除蜡等电镀前处理工序产生的废水。主要污染物为有机物、悬浮物、重金属等
混合废水	包括多种工序排放的废水,组分复杂多变,主要污染物为多种金属离子、添加剂、络合剂、染料、分散剂等有机物、悬浮物、石油类、磷酸盐以及表面活性剂等

25.1.3　电镀废水的危害性

电镀废水含高毒物质种类多、危害性大。如未经处理的废水排入河流、池塘,渗入地下,不但破坏生态环境,而且污染饮用水和工业用水。电镀废水的污染物、危害性及废物形式见表 25-2。

表 25-2　电镀废水的污染物、危害性及其废物形式

有害成分	危害性	废物形式
酸	腐蚀性	废水、废液
碱	腐蚀性	废水、废液
表面活性剂	微毒性	废水
油脂	微毒性	废水、废溶剂
铬	毒性、致癌物	废镀液、清洗水、钝化液、粗化液
氰化物	毒性大	废镀液、带出液、清洗水
其他重金属离子	毒性	废镀液、带出液、清洗水
三氯乙烯、氯乙烷等溶剂	对呼吸系统、皮肤有害	废溶剂(液体或渣)
含化学品废弃物	毒性	盛料空桶、失效化学品

25.2　废水处理基本规定和要求

① 电镀废水治理工艺,应符合技术先进、经济合理、达标排放等原则。

② 采用节水的镀件清洗方式,应选用清洗效率高、用水量少和能回用镀件带出液的清洗工艺方法。从源头上控制削减电镀废水的产生。

③ 电镀工艺宜采用低浓度镀液,并应采取减少镀液带出量的措施。镀件单位面积的镀液带出量应通过试验确定,当无试验条件时,可按第 34.2.2 节车间废水浓度的估计中的表 34-7 中的数值采用。

④ 回收槽或第一级清洗槽的清洗水水质应符合电镀工艺要求。当回收槽内主要金属离子浓度达到回用程度时,宜补入电镀槽回用。当回用液对镀层质量会产生影响时,应采用过滤、

离子交换等方法净化后再回用。

⑤ 末级清洗槽中的金属离子允许浓度，宜根据电镀工艺要求确定，亦可采用下列数据（引自 GB 50136—2011《电镀废水治理设计规范》）。

a. 中间镀层清洗为 5～10mg/L；

b. 最后镀层清洗为 20～50mg/L。

⑥ 当电镀槽镀液蒸发量与清洗水用量平衡时，宜采用自然封闭循环工艺流程；当蒸发量小于清洗水用量时，可采用强制封闭循环工艺流程。镀液蒸发量宜通过试验确定。当无条件试验时，可参照表 25-3 中所列数据[3]。

表 25-3 镀液蒸发量

工作班次	气温条件		镀液温度/℃	蒸发量/[L/(m²·d)]
	室温 /℃	相对湿度 /%		
一班	9～24	45～100	50～60	25～50
两班	10～25	50～100	40～62	45～90

注：本表数据是对镀铬槽的实测资料整理；工作时开通风机及对镀液连续加温；镀槽不加 F-53 等铬雾抑制剂。

⑦ 废液及过滤的废渣等不应直接进入废水处理系统。

⑧ 含氰废水、含铬废水、含络合物废水应经预处理后，方可与其他重金属废水混合处理。

⑨ 含氰废水、含铬废水、含有价值金属的废水应分质、分管排至废水处理站处理。

⑩ 含氰废水严禁与酸性废水混合，以避免产生剧毒的氰化氢气体。

⑪ 废水与投加的化学药剂混合、反应时，应进行搅拌。搅拌方式可采用机械、水力或空气。当废水含有氰化物或所投加的药剂在反应过程中产生有害气体时，不宜采用空气搅拌。

⑫ 当废水需要进行过滤时，滤料层的冲洗排水不得直接排放，应排入废水处理系统的调节池（集水池）。

⑬ 采用离子交换法处理某一种镀种的清洗废水时，不应混入其他镀种或地面散水等废水。当离子交换柱的洗脱回收液回收于镀槽时，不得混入不同镀液配方的废水。

⑭ 进入离子交换柱的废水，其悬浮物浓度不应超过 15mg/L，当超过时，在进入离子交换柱前应进行预处理。

25.3 废水收集、水量和水质确定

(1) 废水收集

① 电镀废水应清污分流，分类收集。

② 电镀废水收集系统应采用防腐管道或排水沟。

③ 废水中的油污在进入收集池或调节池前，应进行隔油处理。

④ 电镀槽液、废槽液及电镀生产污物，不得弃置和进入废水收集系统。

(2) 水量计算

① 新建电镀厂（车间或生产线）废水排放量的计算，应符合 GB 21900—2008《电镀污染物排放标准》、GB 50136—2011《电镀废水治理设计规范》等的有关规定和要求。

② 废水排放量的计算，一般等于或接近于排放废水的该清洗槽的平均用水量。清洗槽的小时平均用水量，参见第 32 章动力消耗章节中有关水消耗量的计算。

③ 现有车间电镀废水排放量，根据实测数据值的 110～120% 确定；如不具备现场实测条件，可类似同镀种、同规模生产线的实际排放量数据；无类比数据时，可参照上述②中的废水排放量的计算进行计算。

(3) 水质确定

① 处理前废水水质可采取实测数据的加权平均值进行确定，实测数据应在车间排水口取

得，连续 3～5 天，每天不少于 4h 的连续采样。没有实测条件的，可参考下列数据：

a. 含氰废水：一般废水中含氰浓度在 50mg/L 以下，pH 值为 8～11。

b. 含铬废水：一般废水中六价铬浓度在 100mg/L 左右，较高不超过 200mg/L，pH 值为 4～6。

c. 含重金属废水：如含镍、铜、锌等，一般废水中浓度在 100mg/L 以下，其 pH 值依据镀槽和处理槽性质、浓度等而定。

d. 酸碱废水：根据实际生产的槽液性质、浓度等而定，一般酸、碱混合后偏酸性。

② 对于新建或改建项目，废水水质可参考同类工厂的排放数据。

③ 废水浓度估算。车间排出废水浓度的变化范围有时较大，无法进行较精确的计算，只能作概略估算。根据小时生产量、镀件 1m² 的槽液带出量、槽液浓度，计算出每小时带到清洗水槽的某污染物的量，除以清洗水槽小时平均排水量，即得出废水浓度。

④ 进入治理设施的各种污染物的浓度数值，应满足设计的废水进水要求，达不到要求的，应进行预处理。

电镀废水的来源、主要成分和浓度范围参见表 25-4。

表 25-4　电镀废水的来源、主要成分和浓度范围

废水种类	废水来源	废水主要成分	主要污染物浓度范围
酸碱废水	镀前处理、冲洗地面等	各类酸和碱等	酸、碱废水混合后，一般呈酸性，pH 值 3～6
含氰废水	氰化电镀工序等	氰络合金属离子,游离氰等	pH 值 8～11 总氰根离子 10～50mg/L
含铬废水	镀铬、粗化、钝化、化学镀铬、铬酸阳极氧化处理等	六价铬、铜等金属离子等	pH 值 4～6 六价铬离子 10～200mg/L
含镉废水	无氰镀镉、氰化镀镉	镉离子、游离氰离子	pH 值 8～11,镉离子≤50mg/L、游离氰离子 10～50mg/L
含镍废水	镀镍、化学镀镍	镀镍:硫酸镍、氯化镍、硼酸、添加剂 化学镀镍:硫酸镍、配位剂、还原剂	镀镍:pH 值 6 左右、镍离子≤100mg/L 化学镀镍:pH 值取决于溶液类型、镍离子≤50mg/L
含铜废水	酸性镀铜、焦磷酸盐镀铜、氰化镀铜、镀铜-锡合金、镀铜-锌合金等	酸性镀铜:硫酸铜、硫酸 焦磷酸盐镀铜:焦磷酸铜、焦磷酸钾、柠檬酸钾、氨三乙酸及添加剂	酸性镀铜:pH 值 2～3、铜离子≤100mg/L 焦磷酸盐镀铜:pH 值 7 左右，铜离子≤50mg/L
含锌废水	碱性锌酸盐镀锌	锌离子、氢氧化钠和部分添加剂	pH 值>9 锌离子≤50mg/L
	钾盐镀锌	锌离子、氯化钾、硼酸和部分光亮剂	pH 值 6 左右 锌离子≤50mg/L
	硫酸锌镀锌	硫酸锌、部分光亮剂	pH 值 6～8,锌离子≤50mg/L
	铵盐镀锌	氯化锌、氯化铵、锌的配位化合物和添加剂	pH 值 6～9 锌离子≤50mg/L
含铅废水	氟硼酸盐镀铅、镀铅-锡-铜合金	氟硼酸铅、氟硼酸根、氟离子	pH 值 3 左右，铅离子 150mg/L 左右,氟离子 60mg/L 左右
含银废水	氰化镀银、硫代硫酸盐镀银	银离子、游离氰离子	pH 值 8～11,银离子≤50mg/L、游离氰离子 10～50mg/L
含氟废水	冷封闭	氟离子、镍离子	pH 值 6 左右，氟离子≤20mg/L、镍离子≤20mg/L
混合废水	电镀前处理和清洗	铜、锌、镍、三价铬等重金属离子	pH 值 4～6,铜、锌、镍、三价铬等重金属离子均为≤100mg/L

注：引自 HJ 2002—2010《电镀废水治理工程技术规范》。

25.4 废水处理方法

电镀废水处理方法见图 25-1。

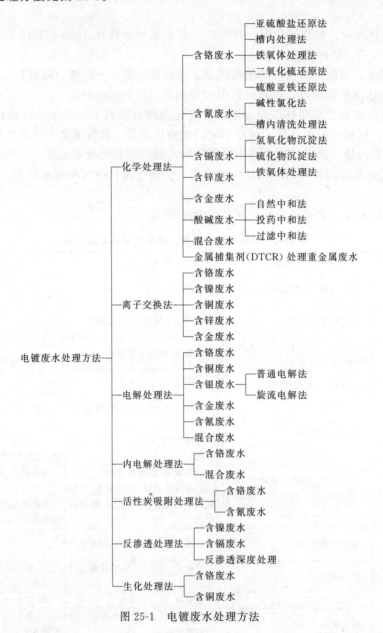

图 25-1 电镀废水处理方法

电镀生产排出的废水，一般有酸碱废水、含铬废水、含氰废水，此外，排出废水中还含有重金属（如铜、锌、镍、镉等）以及某些有机物和油类等。废水处理一般分为酸碱废水、含铬废水、含氰废水三个系统进行处理，镉的危害性大，如有镀镉时，则含镉废水一般作单独处理。电镀生产的废水处理方法，一般有化学处理法、离子交换处理法、电解处理法和内电解处理法等，下面分别加以叙述。

25.5 化学法处理废水

化学处理法是利用氧化、还原、中和、沉淀等的化学反应，对废水进行处理的一种方法。

化学法是向水中投加化学药剂，使之与污染物质发生化学反应，形成新的物质，从而将其从废水中去除。化学法一般分为中和法、化学沉淀法和氧化还原法。

化学处理法的主要处理对象，是废水中的溶解性或胶体性的污染物质。它既可使污染物与水分离，也能改变污染物的性质，如降低废水中的酸碱度、去除金属离子、氧化某些物质及有机物等，因此可以达到比物理方法更高的净化程度。特别是要从废水中回收有用物质，或当废水中含有有毒、有害而又易被微生物降解的物质时，采用化学处理方法最为适宜。在化学法的前处理或后处理过程中，通常还需配合使用物理处理方法[7]。

废水化学处理法一般用于处理含铬废水、含氰废水、含镉废水、混合废水、重金属废水及酸碱废水等。

电镀废水采用化学法处理时，一般主要的设置和构筑物有调节池（集水池）、反应池、沉淀池（或混合反应沉淀池）、投药槽以及污泥脱水装置等。

(1) 调节池（集水池）

调节池主要用来储存废水、调节流量和均化水质，同时也能起到初沉淀的作用，去除一部分机械杂质、悬浮物和油类物质。

间歇式处理时，调节池有效容积一般按 2～4 平均小时水量计算；当废水流量很小时，也可按 8 平均小时水量计算。连续式处理时，可适当减小调节池的有效容积。

调节池还应考虑设置撇油、清除沉渣等设施。调节池一般设于地下，采用钢筋混凝土结构，并应防腐蚀和防渗漏。防腐措施一般涂刷环氧树脂、过氯乙烯漆或贴玻璃钢。

(2) 反应池、沉淀池

在间歇式处理时，一般将混合反应与沉淀合成一个槽（池），即混合反应沉淀池，其有效容积与调节池基本相等；也可将调节池水量分几次处理，来缩小混合反应沉淀池容积，但应满足混合反应、沉淀时间和处理周期的要求。一般混合反应时间宜控制在 10～20min，混合反应后沉淀时间为 1～1.5h。

在连续式处理时，一般将分开设置混合反应池和沉淀池。由于产生的沉淀物往往不形成带电荷的胶体，因此沉淀过程较为简单，一般采用普通的平流式沉淀池或竖流式沉淀池。

废水与投加药剂混合、反应时，应进行搅拌，可采用机械搅拌、水力搅拌或压缩空气搅拌。

混合反应池和沉淀池（槽）一般设于地面，采用钢槽或塑料槽，钢槽应有防腐措施。

(3) 投药槽

投药槽一般采用塑料槽，其有效容积根据药量等具体情况确定。

25.5.1　含铬废水处理

化学法处理含铬废水的方法有：亚硫酸盐还原法、硫酸亚铁还原法、槽内清洗处理、铁氧体法等。

25.5.1.1　亚硫酸盐还原法

亚硫酸盐还原法是国内常用的处理含铬废水的方法之一，其处理方法是在酸性条件下（pH 值 2.5～3），亚硫酸盐与六价铬进行氧化还原反应，将六价铬还原为三价铬，再加入氢氧化钠溶液或碱（石灰），将 pH 值提高至 7～8 后，生成氢氧化铬沉淀除去。以亚硫酸氢钠处理为例，其化学反应如下：

$$6NaHSO_3 + 3H_2SO_4 + 2H_2Cr_2O_7 \longrightarrow 2Cr_2(SO_4)_3 + 3Na_2SO_4 + 8H_2O$$

$$2Cr_2(SO_4)_3 + 3Na_2SO_4 + 9Ca(OH)_2 \longrightarrow 4Cr(OH)_3 \downarrow + 9CaSO_4 + 6NaOH$$

亚硫酸盐还原法的还原剂有：亚硫酸氢钠、亚硫酸钠、硫代硫酸钠等。

沉淀剂有：氢氧化钙、石灰、碳酸钠、氢氧化钠等。石灰价格便宜，但反应慢、生成泥渣多，泥渣难回收。碳酸钠，投料容易，反应时会产生二氧化碳。一般常采用的沉淀剂是20%（质量分数）的氢氧化钠溶液，用量少，泥渣纯度高，容易回收，但成本较高。

(1) 处理的基本要求

采用亚硫酸盐还原法处理含铬废水，应符合下列规定。

① 废水反应的pH值宜为2.5~3，氧化还原电位宜小于300mV。

② 废水反应过程无在线自动监测和自动加药系统时，加药量可按亚硫酸盐与六价铬离子的质量比投加，加药量见表25-5。

③ 亚硫酸盐与废水混合反应时间宜为15~30min。

④ 亚硫酸盐与废水混合反应均匀后，应加碱调整pH值至7~8。

⑤ 采用亚硫酸盐间歇式处理含铬废水时，反应沉淀池的有效容积宜为3~4h的平均废水量。反应后的沉淀时间宜为1.0~1.5h，反应池应采取防止有害气逸出的封闭和通风措施。

表 25-5 亚硫酸盐与六价铬 (Cr^{6+}) 的投药量比（质量比）

亚硫酸盐：六价铬 (Cr^{6+})	理论投药比	实际投药比
亚硫酸氢钠 ($NaHSO_3$)：六价铬 (Cr^{6+})	3.0：1.0	4.0~5.5：1.0
亚硫酸钠 (Na_2SO_3)：六价铬 (Cr^{6+})	3.6：1.0	4.0~5.0：1.0
焦亚硫酸钠 ($Na_2S_2O_5$)：六价铬 (Cr^{6+})	2.74：1.0	3.5~4.0：1.0

(2) 处理流程

亚硫酸盐还原法处理含铬废水，根据废水量的大小，有两种处理形式，即间歇处理方式和连续处理方式。

① 间歇处理方式。含铬废水量小于40t/d，且含六价铬离子的浓度变化较大时，宜采用间歇处理方式，当设置两格反应池交替便用时，可不设废水调节池，其固液分离方式，宜采用静止沉淀。其处理流程见图25-2。

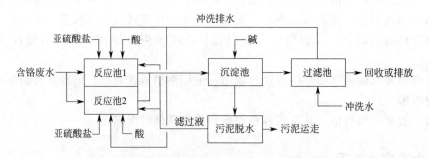

图 25-2 亚硫酸盐还原法间歇式处理含铬废水流程

② 连续处理方式。含铬废水量大于或等于40t/d，且含六价铬离子的浓度变化不大时，可采用连续处理方式，固液分离宜采用斜管（板）沉淀池、气浮等设施。采用连续处理式处理铬废水时，反应过程的pH值和氧化还原电位应采用在线自动控制。其处理流程见图25-3。

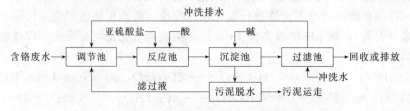

图 25-3 亚硫酸盐还原法连续式处理含铬废水流程

25.5.1.2　槽内清洗处理法

槽内清洗处理法，是镀件工艺清洗和废水处理融为一体的一种废水处理方法。它适合于镀件镀层不受处理剂影响，而且不降低镀层质量的场合。在线上回收槽后面设置化学清洗槽，再在其后设置清洗水槽。处理流程顺序：镀件从镀铬槽中出槽→回收槽清洗→化学清洗槽（一级）→化学清洗槽（二级）→清洗水槽浸洗。当化学清洗槽（一级）接近反应终点时，将其化学清洗液移至失效的清洗液处理槽（即沉淀池），把化学清洗槽（二级）清洗液移至化学清洗槽（一级），而化学清洗槽（二级）配制新的化学清洗液。在失效溶液处理槽（沉淀池）内投加氢氧化钠或石灰，调节 pH 值进行沉淀分离，沉淀物排出过滤，污泥运走。这种处理法具有投药量小，污泥量少，占地面积小，投资较少等特点。

(1) 处理流程

槽内处理法处理含铬废水的还原剂，宜采用亚硫酸氢钠或水合肼（$N_2H_4 \cdot H_2O$）。采用这种处理方法的流程应符合下列规定。

① 在酸性条件下，以亚硫酸氢钠或水合肼为还原剂时，可采用图 25-4 的基本流程。化学清洗槽宜根据还原剂失效控制的难易程度确定，可采用一级或二级。

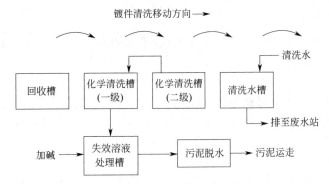

图 25-4　酸性条件下槽内处理法处理含铬废水的基本流程

② 在碱性条件下，以水合肼为还原剂时，可采用图 25-5 的基本流程。

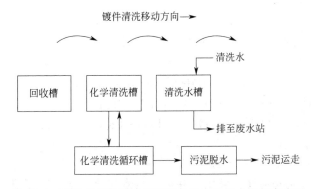

图 25-5　碱性条件下槽内处理法处理含铬废水的基本流程

(2)　化学清洗液的浓度和 pH 值

化学清洗液中的还原剂浓度、pH 值应符合下列规定。

① 当采用亚硫酸氢钠为还原剂时，化学清洗液中还原剂浓度宜为 3g/L，pH 值宜为 2.5～3.0。

② 当采用水合肼（有效浓度 40%）为还原剂时，化学清洗液中还原剂浓度宜为 0.5～1.0g/L。用于镀铬清洗时，溶液的 pH 值宜为 2.5～3.0；用于钝化清洗时，溶液的 pH 值宜

为 8~9。

(3) 化学清洗槽的有效容积

可按下式计算有效容积，且最终结果应满足镀件对槽体尺寸的要求。

$$V = \frac{DC_{o}ATM}{C_{R}}$$

式中　V——化学清洗槽的有效容积，L；

　　　D——单位面积的镀液带出量，L/dm^2；

　　　C_{o}——回收槽溶液中六价铬离子的浓度，g/L；

　　　A——单位时间清洗镀件的面积，dm^2/h；

　　　T——使用周期，当采用亚硫酸氢钠为还原剂时，不宜超过 72h；

　　　M——还原 1.0g 六价铬离子所需的还原剂量，亚硫酸氢钠宜为 3.0~3.5g，水合肼（有效浓度 40%）宜为 2.0~2.5g；

　　　C_{R}——化学清洗槽中的还原剂浓度，g/L。

(4) 失效溶液处理槽容积

失效溶液处理槽的容积，可按化学清洗槽的容积确定。

25.5.1.3　铁氧体处理法

铁氧体是复合金属氧化物中的一类。铁氧体是指具有铁离子、氧离子及其他金属离子所组成的氧化物晶体，是一种陶瓷性半导体，具有铁磁性。由于构成这类物质的主体为铁和氧，因此简称为铁氧体。

废水中各种金属离子以形成铁氧体晶粒的形式而沉淀析出的分离方法，叫做铁氧体处理法。在化学沉淀法处理废水中，铁氧体处理法是近十多年来，在硫酸亚铁处理法的基础上发展起来的一新型处理方法。

(1) 处理工艺方法

铁氧体法处理含铬废水一般有三个过程，即还原反应、共沉淀和生成铁氧体。

① 还原反应和共沉淀。在含铬废水中投加硫酸亚铁，使废水中六价铬还原为三价铬，然后加碱调节 pH 值至 7~8，使废水中三价铬离子及其他重金属离子形成氢氧化物，发生共沉淀，其反应[7]如下。

还原反应：

$$Cr_2O_7^{2-} + 6Fe^{2+} + 14H^+ \longrightarrow 2Cr^{3+} + 6Fe^{3+} + 7H_2O$$

碱调节 pH 值产生沉淀反应：

$$Cr^{3+} + 3OH^- \longrightarrow Cr(OH)_3 \downarrow$$

$$M^{n+} + nOH^- \longrightarrow M(OH)_n \downarrow \qquad (M^{n+} = Fe^{2+}、Fe^{3+})$$

$$3Fe(OH)_2 + \tfrac{1}{2}O_2 \longrightarrow FeO \cdot Fe_2O_3 \downarrow + 3H_2O$$

在共沉积过程中的反应：

$$FeO \cdot Fe_2O_3 + M^{n+} \longrightarrow Fe^{3+}[Fe^{2+} \cdot Fe_{1-x}^{3+} M_x^{n+}]O_4 \qquad (x 为 0~1)$$

② 生成铁氧体。再通入空气（氧化）并进行蒸汽加热，使铬离子进入铁氧体晶体中，并转化成类似晶石结构的铬铁氧体，其反应如下：

$$(2-x)[Fe(OH)_2] + x[Cr(OH)_3] + Fe(OH)_2 \longrightarrow Fe^{3+}[Fe^{2+}Cr_x^{3+} Fe_{(1-x)}^{3+}]O_4 + 4H_2O$$

含铬废水中的铬离子在氧化后，被镶嵌在铁氧体中，不会被水溶液及酸、碱性溶液浸出，铁氧体法处理含铬废水不会造成二次污染。

(2) 处理基本流程

铁氧体法处理含铬废水根据废水量的大小，有两种处理形式，即间歇式处理和连续式处理。

① 间歇式处理。当废水量较小（一般处理水量在 $10m^3$ 以下），六价铬离子的浓度变化较

大时，宜采用间歇式处理。其处理基本流程见图 25-6。

间歇式处理时，经混合反应后的静置沉淀时间，可采用 40～60min，相应的污泥体积约为处理废水体积的 25%～30%。

污泥转化成铁氧体的加热温度为 70～80℃，采用间歇式处理时，宜将几次废水处理后的污泥，排入转化槽后集中加热；当受条件限制时，可不设转化槽，每次废水处理后的污泥，应在反应沉淀池内加热。

铁氧体法间歇式处理含铬废水的一个处理周期宜为 2.0～2.5h。

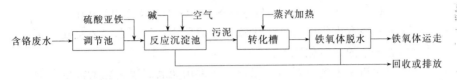

图 25-6 铁氧体法间歇式处理含铬废水的基本流程

② 连续式处理。当废水量较大（一般处理水量在 10m³ 以上），六价铬离子的浓度变化不大时，宜采用连续式处理。其处理基本流程见图 25-7。

图 25-7 铁氧体法连续式处理含铬废水的基本流程

(3) 处理的基本要求

采用铁氧体法处理含铬废水，应符合下列规定。

① 铁氧化法处理含铬废水，其废水中六价铬离子浓度宜大于 10mg/L。

② 铁氧化法处理含铬废水的还原剂，必须采用硫酸亚铁等亚铁盐（因为它是形成铁氧体的原料）。投加还原剂采用湿投。投加硫酸亚铁有两个作用：一是还原、凝聚和共沉积作用，这部分处理废水所需硫酸亚铁的量，约占总硫酸亚铁量的 60% 左右；另一作用是使沉淀的重金属氢氧化物转化形成铁氧体，这部分转化成铁氧体所需的量，约占总硫酸亚铁量的 40% 左右。

③ 还原剂硫酸亚铁的投药量，应按六价铬离子与硫酸亚铁（含结晶水）的质量比计算，投药量见表 25-6。

表 25-6 还原剂硫酸亚铁的投药量（质量比）

废水中六价铬离子浓度/(mg/L)	六价铬离子：硫酸亚铁(含结晶水)(Cr^{6+}：$FeSO_4 \cdot 7H_2O$)
<25	1：40～1：50
25～50	1：35～1：40
50～100	1：30～1：35
>100	1：30

④ 处理含铬废水中的废水 pH 值，应符合下列规定：

a. 投加硫酸亚铁前废水 pH 值，不宜大于 6；

b. 硫酸亚铁与废水混合反应后，应将 pH 值调整到 7～8。

⑤ 向废水中投加碱后，所通入空气应符合下列规定：

a. 当废水中六价铬离子浓度小于 25mg/L 时，应将废水与药剂搅拌均匀后，再停止通气；

b. 当废水中六价铬离子浓度在 25～50mg/L 时，通气时间宜为 5～10min；

c. 当废水中六价铬离子浓度大于 50mg/L 时，通气时间宜为 10～20min；

d. 每 $1m^3$ 废水所需空气量宜为 $0.1 \sim 0.2 m^3/min$。

25.5.1.4 二氧化硫还原法

此法是利用二氧化硫与水化合生成亚硫酸，在酸性条件下，将六价铬还原为三价铬，然后再投加碱提高废水的 pH 值，使三价铬生成氢氧化铬沉淀，基本反应如下：

$$SO_2 + H_2O \longrightarrow H_2SO_3$$

$$H_2Cr_2O_7 + 3H_2SO_3 \longrightarrow Cr_2(SO_4)_3 + 4H_2O$$

$$2H_2CrO_4 + 3H_2SO_3 \longrightarrow Cr_2(SO_4)_3 + 5H_2O$$

$$Cr_2(SO_4)_3 + 3Ca(OH)_2 \longrightarrow 2Cr(OH)_3 \downarrow + 3CaSO_4$$

还原剂二氧化硫来源有市售瓶装二氧化硫、硫酸厂生产的液态二氧化硫、燃烧硫黄产生的二氧化硫和利用烟道气中的二氧化硫等。

二氧化硫法处理含铬废水效果好，污泥量少，采用瓶装二氧化硫所需设备简单，处理设备占地面积小。为防止二氧化硫泄漏，设备应密封或辅以必要的通风设施。

二氧化硫法处理含铬废水流程见图 25-8。

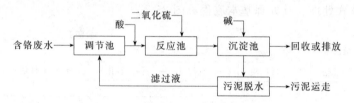

图 25-8 二氧化硫法处理含铬废水流程

处理运行工艺条件和参数如下。

① pH 值。处理中的 pH 值要求如下。

a. 还原反应的 pH 值。含铬废水的 pH 值一般为 $3 \sim 7$，为了有较高的还原反应速度，要求还原反应时的 pH 值为 $3 \sim 4$，所以在用二氧化硫还原之前，先用酸（废酸或酸工序废液）将其 pH 值调至 $3 \sim 4$。

b. 中和反应的 pH 值。用二氧化硫处理后的 pH 值一般为 $3 \sim 5$，废水中含有低毒的硫酸铬，必须加入碱液，使之生产氢氧化铬沉淀而除去三价铬，并使 pH 值保持在 $7 \sim 8$ 时才可排放。

② 二氧化硫的用量。二氧化硫用量与废水中六价铬含量有关，当废水的 pH 值小于 5，且废水中无 NO_3^- 存在的情况下，宜控制为 $Cr^{6+} : SO_2 = 1 : (3 \sim 5)$。

采用二氧化硫气体作还原剂时，宜采用反应塔在密闭情况下进行，要求气-液两相充分地接触，最好将废水从反应塔顶部，呈雾粒状喷淋下来，而二氧化硫气体则由反应塔下部通入，使废水能与二氧化硫气体充分接触，这样有利于它们之间反应完全。

25.5.1.5 硫酸亚铁还原法

硫酸亚铁还原法是一种处理含铬废水的老方法，在含铬废水中投加硫酸亚铁，在酸性条件下（pH 值 $2.5 \sim 3$），使六价铬还原为三价铬，然后再加入石灰，提高 pH 值到 $7.5 \sim 8.5$，使三价铬生成难溶于水的氢氧化铬，沉淀后除去。

硫酸亚铁与重铬酸起氧化还原反应：

$$H_2Cr_2O_7 + 6FeSO_4 + 6H_2SO_4 \longrightarrow Cr_2(SO_4)_3 + 3Fe_2(SO_4)_3 + 7H_2O$$

生成的三价铬，在加入石灰将废水的 pH 值提高到 $7.5 \sim 8.5$ 时，即生成氢氧化铬沉淀，其反应如下：

$$Cr_2(SO_4)_3 + 3Ca(OH)_2 \longrightarrow 2Cr(OH)_3 \downarrow + 3CaSO_4 \downarrow$$

处理的实际投药量一般为：

投加硫酸亚铁量，投药比为　$Cr^{6+}:FeSO_4 \cdot 7H_2O=1:(25\sim32)$（质量比）

投加石灰量，投药比为　$Cr^{6+}:Ca(OH)_2=1:(8\sim15)$（质量比）

处理方式分为间歇处理和连续处理两种：含铬废水量较小，且含六价铬离子的浓度变化较大时，宜采用间歇处理方式，处理方式及处理流程参照亚硫酸盐处理含铬废水的间歇处理方式；含铬废水量较大，且含六价铬离子的浓度变化不大时，宜采用连续处理方式，处理方式及处理流程参照亚硫酸盐处理含铬废水的连续处理方式。

该处理方法的原料来源广，价格便宜，还原能力强，操作简单，在生产中得到广泛应用。但用药量大，沉渣量大，所产生的污泥约为亚硫酸氢钠法的四倍，占地面积大，出水色度较高，如采用市售硫酸亚铁时成本比亚硫酸氢钠法高。污泥的回收利用最现实的出路是制造煤渣砖，在污泥处理困难的情况下，有被否定的趋势。

25.5.2　含氰废水处理

25.5.2.1　碱性氯化法

化学法处理含氰废水，宜采用碱性氯化法。在碱性条件下采用氯系氧化剂，将氰化物氧化破坏而除去的方法叫碱性氯化法。这种处理方法由于运行成本低、处理效果稳定等优点，是目前国内外采用较多的处理含氰废水的一种化学处理方法。

氧化剂可采用次氯酸钠、漂白粉和二氧化氯等。此法是利用活性氯的氧化作用，首先使氰化物氧化成氰酸盐（氰酸盐毒性为氰化物的千分之一），当废水中有足够氧化剂存在时，会将氰酸盐进一步氧化为二氧化碳和氮。

以次氯酸钠作氧化剂，其总体反应：

$$NaCN+NaClO \longrightarrow NaCNO+NaCl$$

$$2NaCNO+3NaClO+H_2O \longrightarrow 2CO_2\uparrow+N_2\uparrow+2NaOH+3NaCl$$

反应分两个阶段，即第一阶段（不完全氧化反应）和第二阶段（完全氧化反应）。

第一阶段（不完全氧化反应）。将氰化物氧化成氰酸盐（CNO^-），破氰不彻底，叫做“不完全氧化”。其反应如下：

$$CN^-+OCl^-+H_2O \longrightarrow CNCl+2OH^-$$

$$CNCl+2OH^- \longrightarrow CNO^-+Cl^-+H_2O$$

第二阶段（完全氧化反应）。完全氧化是在过量氧化剂和 pH 值接近中性条件下，将CNO^-进一步氧化分解成CO_2和N_2，将碳氮键完全破坏掉。其反应如下：

$$2CNO^-+3OCl^-+H_2O \longrightarrow 2CO_2\uparrow+N_2\uparrow+3Cl^-+2OH^-$$

（1）处理流程

碱性氯化法处理含氰废水，应采用二级氧化处理，当受纳水体的水质许可时，可采用一级处理。

① 采用二级氧化处理时，第一级和第二级所需氧化剂应分阶段投加。其处理流程见图 25-9。

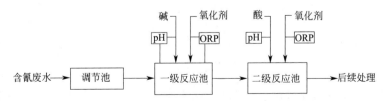

图 25-9　二级氧化处理含氰废水的基本流程

（注：ORP 为氧化还原电位监测仪）

② 采用一级氧化处理时，其处理流程见图 25-10。采用间歇式处理，当设置两格反应沉淀池交替使用时，可不设调节池。

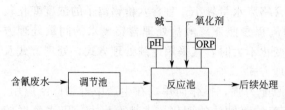

图 25-10　一级氧化处理含氰废水的基本流程
（注：ORP 为氧化还原电位监测仪）

（2）处理的基本规定和要求

① 化学法处理含氰废水时，废水中氰离子浓度不宜大于 50mg/L。

② 采用碱性氯化法处理含氰废水时，应避免铁、镍离子混入含氰废水处理系统。

③ 含氰废水经氧化处理后，应根据含其他污染物的情况，进行后续处理。

④ 氧化剂的投入量应通过氧化还原电位控制。也可按氰离子与活性氯的重量比计算确定：采用一级氧化处理时，质量比宜为 1：3～1：4；采用二级氧化处理时，质量比宜为 1：7～1：8。

⑤ 处理的反应过程 pH 值控制和处理时间：

a. 采用一级氧化处理时：当采用次氯酸钠、漂白粉作氧化剂时，反应过程 pH 值宜控制为 10～11；当采用二氧化氯作氧化剂时，反应过程 pH 值宜控制为 11～11.5。当采用次氯酸钠、二氧化氯作氧化剂时，反应时间宜为 10～15min；当采用漂白粉作氧化剂干投时，反应时间宜为 30～40min。

b. 采用二级氧化处理时：第二级反应过程 pH 值宜控制为 6.5～7.0，反应时间宜为10～15min。

⑥ 连续处理含氰废水时，反应 pH 值的控制和氧化剂的投药量，应采用在线自动监测和自动加药系统，第一级氧化阶段氧化还原电位应为 300～350mV，第二级氧化阶段氧化还原电位应为 600～700mV。

⑦ ORP 仪（氧化还原电位监测仪）应选用黄金电极[2]，不宜采用白金电极。因白金电极在氰氧化反应中极易钝化，造成 ORP 仪响应迟钝，加药控制不灵敏。

⑧ 反应池应采取防止有害气体逸出的封闭和通风措施。

25.5.2.2　槽内清洗处理法

这是在线上槽内清洗处理与镀件工艺清洗结合在一起的一种废水处理方法。它适合于镀件镀层不受氧化剂影响，而且不降低镀层质量的场合。其处理流程见图 25-11。

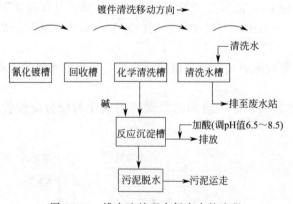

图 25-11　槽内法处理含氰废水的流程

在线上镀槽（如镀液加温时可设置回收槽）后面设置化学清洗槽，再在其后设置清洗水槽。从氰化槽出来的零件，先在回收槽中清洗（当设置回收槽时），然后在槽内清洗处理槽（化学清洗槽）中清洗（除氰净化处理），再在清洗水槽中（二级或三级逆流）清洗，清洗水槽的出水可直接排放。化学清洗槽内加入氧化剂次氯酸钠，加碱将 pH 值调至 10~12，当化学清洗槽内的重金属等杂质增加到一定量时，将处理液排入反应沉淀槽（池），沉淀污泥经脱水后运走，排水经加酸调 pH 值至 6.5~8.5 后排放。

25.5.3　含镉废水处理

化学法处理含镉废水，有氢氧化物沉淀法、硫化物沉淀法和铁氧体法。

25.5.3.1　氢氧化物沉淀法

化学法处理含镉废水，宜采用氢氧化物沉淀法处理无氰镀镉废水。向废水中投加石灰，提高废水的 pH 值到大于或等于 11，在较强的碱性条件下，离子状态的镉以氢氧化镉的形式沉淀后被去除，其化学反应如下：

$$Cd^{2+} + 2OH^- \longrightarrow Cd(OH)_2 \downarrow$$

被 EDTA 络合的镉进行下列反应：

$$CdY + Ca(OH)_2 \longrightarrow Cd(OH)_2 \downarrow + CaY$$

式中，Y 为 EDTA 负性基团 $EDTA^{2-}$ 的简称。

投加过量的氢氧化钙，使氢氧化镉沉淀的去除更趋近完全，达到良好到处理效果。

采用氢氧化物沉淀处理含镉废水，其废水中不得含有氰化物。处理的废水中镉离子浓度不宜大于 50mg/L。废水反应的 pH 值应大于 11，反应时间宜为 10~15min，反应池宜设置机械搅拌或水力搅拌。

氢氧化物沉淀法处理无氰镀镉废水基本流程见图 25-12。

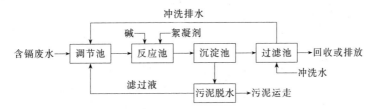

图 25-12　氢氧化物沉淀法处理无氰镀镉废水基本流程

25.5.3.2　硫化物沉淀法

硫化物沉淀法处理无氰镀镉废水，是向废水中投加硫化钠等硫化剂，使镉离子与硫离子反应，生成难溶的硫化镉沉淀，然后将其分离除去。其工艺流程见图 25-13。

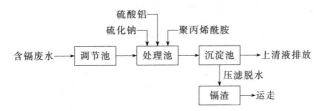

图 25-13　硫化物处理含镉废水流程

25.5.3.3　铁氧体法[7]

（1）处理方法

向含镉废水中投加硫酸亚铁，用氢氧化钠调节 pH 值至 9~10，加热并通入压缩空气进行氧化，即可形成铁氧体晶体，并使镉等金属离子进入铁氧体晶格中，经过滤分离去除。其处理流程如图 25-14 所示。

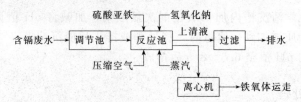

图 25-14　铁氧体法处理含镉废水流程

(2) 处理工艺条件

硫酸亚铁投加量为 $150\sim200mg/L$，pH 值为 $9\sim10$，反应温度为 $50\sim70℃$。通入压缩空气 20min 左右，澄清 30min，镉的去除率达 99.2% 以上。

25.5.4　含锌废水处理

25.5.4.1　碱性锌酸盐镀锌废水处理

锌是一种两性金属，它的氢氧化物既能溶于强酸，又能溶于强碱。利用锌的这种特性，来处理含锌废水。采用化学沉淀法处理碱性锌酸盐镀锌废水时，用酸调整 pH 值至 $8.5\sim9$，使氢氧化锌沉淀下来，再用热碱液溶解沉淀物中的锌，生成氧化锌回收使用，不溶性泥渣中含有镁、钙、铁等杂质作废渣处理。在酸性镀锌废水中加碱调整 pH 至 $8.5\sim9$，使氢氧化锌沉淀下来，沉淀物加酸溶解生成硫酸锌或氯化锌回收使用。

为提高回收化学物质的纯度，清洗水应采用纯水。处理的废水的含锌量不受限制，反应沉淀时间约 20min 左右，处理后出水可循环使用或达标排放。碱性锌酸盐镀锌废水处理流程见图 25-15。

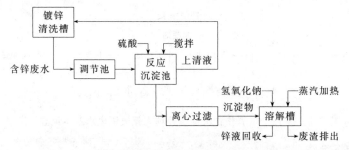

图 25-15　化学沉淀法处理碱性锌酸盐镀锌废水流程

25.5.4.2　铵盐镀锌废水处理

采用化学沉淀法处理铵盐镀锌废水的处理流程如图 25-16 所示。

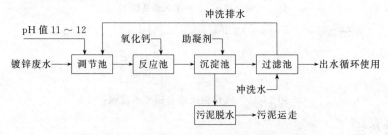

图 25-16　化学沉淀法处理铵盐镀锌废水流程

采用化学沉淀法处理铵盐镀锌废水，应满足以下技术条件和要求。

① 采用石灰处理铵盐镀锌废水时，石灰宜先调制成石灰乳后再投加。氧化钙（石灰）投加量（质量比）宜为 $Ca^{2+} : Zn^{2+} = 3:1\sim4:1$。

② 处理时可用石灰（计算量）和氢氧化钠调整废水 pH 值至 11～12，但应注意 pH 值不能超过 13。搅拌 10～20min。

③ 如废水中含有六价铬离子，宜投加硫酸亚铁，将六价铬离子还原为三价铬。硫酸亚铁的投加量根据六价铬离子浓度及水中存在的亚铁离子总量确定。助凝剂宜采用阴离子型或非离子型聚丙烯酰胺（PAM），投加量为 5～10mg/L。

25.5.5 含镍废水处理

用中和沉淀法处理含镍废水，所用的设备简单、占地小、投资少，处理工艺不复杂，可适合于大、中、小型电镀车间使用。

(1) 处理原理

镍离子在酸性溶液中溶解度比较高，当 pH 值＞6.7 时就开始生成沉淀，其反应如下：

$$NiSO_4 + 2NaOH \longrightarrow Ni(OH)_2 \downarrow + Na_2SO_4$$

$$NiCl_2 + Ca(OH)_2 \longrightarrow Ni(OH)_2 \downarrow + CaCl_2$$

Ni^{2+} 沉淀完全的 pH 值是 9.5，但在实际生产中沉淀 Ni^{2+} 往往要将废水 pH 值调至 10.5～11。

(2) 处理流程

含镍废水处理流程如图 25-17 所示。

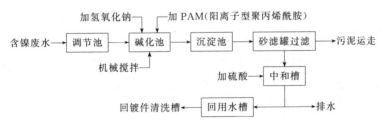

图 25-17 化学沉淀法处理含镍废水处理流程

(3) 处理工艺说明

① 将调节池的含镍废水用泵打入碱化槽内，机械搅拌，加入氢氧化钠溶液，调 pH 值到 10.5～11，加入事先充分溶化的 PAM（阳离子型聚丙烯酰胺），其加入量为 2g/t。

② 经沉淀池沉淀后，澄清的水经砂滤后流入中和槽，加入硫酸溶液，调 pH 值到 7.0～8.0，送入回用水槽作回用水或排放。

③ 碱化采用氢氧化钠溶液，操作方便，沉渣少。用石灰作碱化剂，沉淀快但沉渣多，影响镍的回收价值。

④ 要回收废水中的镍时，含镍废水应单独分流排放，处理后的沉渣中的 $Ni(OH)_2$ 的含量比较高，可以卖给废渣处理厂回收镍。

25.5.6 含铜废水处理

采用中和沉淀法处理硫酸铜镀铜的废水，由于镀液成分简单，产生的废水成分简单，其处理也较简单方便。

(1) 处理原理

向硫酸铜镀铜的废水中加入碱性物质，提高到一定的 pH 值，铜离子生成氢氧化铜沉淀除去，其反应如下：

$$CuSO_4 + 2NaOH \longrightarrow Cu(OH)_2 \downarrow + Na_2SO_4$$
$$CuSO_4 + Ca(OH)_2 \longrightarrow Cu(OH)_2 \downarrow + CaSO_4$$

（2）处理流程

硫酸铜镀铜废水化学法处理流程如图 25-18 所示。

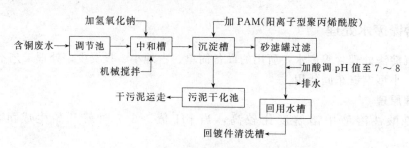

图 25-18　硫酸铜镀铜废水化学法处理流程

（3）处理工艺说明

① 用泵将调节池的含铜废水打入中和池，在机械搅拌下，加入氢氧化钠或氢氧化钠钙溶液，调 pH 值至 9～10。

② 加入 PAM（阳离子型聚丙烯酰胺）溶液于沉淀槽中，其加入量为 2g/t。

③ 经过砂滤，加酸调 pH 值至 7～8，部分水回用，部分水排放。

④ 如要回收铜，应将含铜废水分流排放，单独处理，所得到的氢氧化铜含量较高。

25.5.7　含铅废水处理

含铅废水主要来源是镀铅－锡合金镀层排出的清洗水，清洗水中主要成分是氟硼酸铅 $[Pb(BF_4)_2]$、氟硼酸锡 $[Sn(BF_4)_2]$、氟硼酸（HBF_4）、表面活性剂和添加剂。有的镀液中也含有柠檬酸、焦磷酸钾、甲基磺酸盐等。

25.5.7.1　石灰沉淀法

处理这类废水，可采用中和法处理，如采用石灰沉淀法。主要加入消石灰 $[Ca(OH)_2]$，使 $Pb(BF_4)_2$、$Sn(BF_4)_2$ 解离生成 $Ca(BF_4)_2$、CaF_2、$Pb(OH)_2$、$Sn(OH)_2$ 的沉淀去除。

Pb^{2+} 完全沉淀的 pH 值是 8.7，沉淀重新开始溶解的 pH 值为 10；Sn^{2+} 完全沉淀的 pH 值为 4.7，沉淀重新开始溶解的 pH 值 10。所以，处理这类废水时，pH 值应控制在 9～9.5。澄清后再加入硫酸，调 pH 值至 7～8。

由于消石灰溶解度低，与废水反应速度慢，因此，应采用间歇式处理，搅拌时间要达到 20～30min，反应完成后，应按 1m^3 废水加入 1～2mg 的量添加聚丙烯酰胺（PAM）。

25.5.7.2　磷酸钠沉淀法

用磷酸钠（Na_3PO_4）作沉淀剂处理含铅废水，其处理效果较其他的沉淀剂好。磷酸钠（Na_3PO_4）与废水中的 Pb^{2+} 发生置换反应，形成磷酸铅沉淀，其反应如下：

$$3Pb^{2+} + 2PO_4^{3-} \longrightarrow Pb(PO_4)_2 \downarrow$$

在给定温度下，不溶性铅盐中，磷酸铅的溶度积最小。同时在反应阶段投加聚丙烯酰胺（PAM）作助凝剂，使其产生吸附架桥作用，增大絮体的体积和沉淀速度，提高铅离子的去除效率。

磷酸钠沉淀法处理含铅废水处理流程见图 25-19。

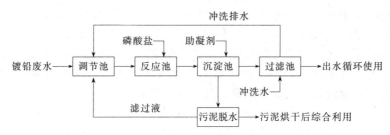

图 25-19　磷酸钠沉淀法处理含铅废水处理流程

采用磷酸钠处理含铅废水，应满足以下技术条件和要求。

① 沉淀剂磷酸钠的投加量，应根据试验确定。

② 反应时可投加助凝剂，助凝剂宜选用聚丙烯酰胺（PAM），其投加量宜控制在 5mg/L。

③ 磷酸钠和 PAM 不宜同时加入，应先加磷酸钠，0.5min 后再加入 PAM。

④ 沉淀后的沉渣经烘干脱水后，可用作塑料稳定剂。

25.5.8　含金废水处理

采用双氧水处理无氰镀金废水[8]。

(1) 处理原理

在无氰镀金废水中，金是以亚硫酸络合阴离子形式存在。双氧水对金是还原剂，对金的络合物则是氧化剂。在含金废水中加入双氧水时，亚硫酸络合阴离子被迅速破坏，同时使金得到还原。其反应如下：

$$Na_2Au(SO_3)_2 + H_2O_2 \longrightarrow Au\downarrow + Na_2SO_4 + H_2SO_4$$

(2) 处理流程和操作规范

① 双氧水用量根据废水含金量确定。投药比（质量比）为：$Au:H_2O_2 = 1:(0.2 \sim 0.5)$。

② 加热沸腾 10～15min，使双氧水反应完全，析出金。

③ 将析出的金用纯水洗涤干净。

④ 放在坩埚灰化后，在高温炉加热至 1060℃，保温 30min，即可得到纯度为 99% 的黄金。

⑤ 再经王水溶解，用 SO_2 提纯，可获得纯度为 99.9% 的黄金。

25.5.9　含银废水处理[8]

① 镀银回收槽的回收液处理。对于浓度较高的镀银回收槽的回收液，可以采用锌粉、锌板或铁屑等置换回收白银。

② 氰化镀银废水处理。先投加氯破坏氰，然后再投加 $FeCl_3$ 和石灰调节 pH 值至 8 左右，银即形成氯化银沉淀析出，去除率可达 90%～99%（处理后出水中银含量可在 0.01mg/L 以下）。将沉淀用酸进行清洗，使其他金属杂质溶解，而氯化银不溶解，可回收纯度较高的氯化银。

③ 硫代硫酸盐镀银废水处理。用 NaOH 调节 pH 值至 12 左右，再加入盐酸直至出现白色 AgCl 沉淀为止，既可以除去废水中的银，也可以回收纯度较高的氯化银。

25.5.10　含氟废水处理

含氟废水处理常用石灰沉淀法。这种处理方法适合处理高浓度的含氟废水（1000～3000mg/L）。采用石灰法处理含氟废水，处理后最终氟离子浓度可降至 20～30mg/L。如需进一步降低处理后废水中氟离子的浓度，可投加氯化钙等，经中和澄清和过滤后，pH 值为 7～8 时，废水中的氟离子浓度可降到 10mg/L 左右。石灰沉淀法的处理流程简单、操作简便、处理费用低，但污泥量大，而因泥渣沉降较慢，需要添加氯化钙或其他絮凝剂以加速沉淀。

石灰沉淀法处理含氟废水，是向氟废水中投加可溶性钙盐（常用石灰），在碱性条件下，使其形成难溶的氟化物沉淀，从而去除氟，其反应如下：

$$2HF + Ca(OH)_2 \longrightarrow CaF_2 \downarrow + 2H_2O$$

尽管氟化钙的溶解度比其他二价氟化物的溶解度小，而且在 pH 值为 8～9 时氟化钙的溶解度降到最小，但它的理论溶解度在 18℃时仍有 16mg/L（以 F^- 计为 7.8mg/L），所以采用石灰沉淀法将氟去除到 8mg/L 以下是困难的。此外，若含氟废水中有一定数量的盐类，如氯化钠、硫酸钠、氯化铵时，也会增大氟化钙的溶解度。因此，用石灰沉淀法处理后的废水中氟离子浓度一般不低于 20～30mg/L。

石灰沉淀法处理含氟废水流程如图 25-20 所示。石灰投入量一般约为含氟量的 1.5～2 倍；搅拌时间约为 30～45min；沉淀时间约为 60min。

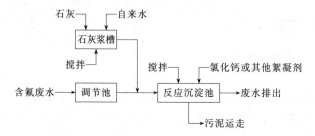

图 25-20　石灰沉淀法处理含氟废水流程

25.5.11　酸、碱废水处理

电镀车间生产排出废水，除了含铬、镉、氰化废水及需要回收金属的废水等，须单独进行处理外，一般情况下将其他废水集中进行中和处理后排放。较大规模的浸蚀间，也可将浸蚀废水单独进行中和处理。酸、碱废水中还含有重金属离子以及其他一些有机物和油类等，也应根据具体要求进行必要的处理。酸、碱废水处理方法有酸、碱自然中和法，投药中和法和过滤中和法等。为了使废水中的各种金属离子能沉淀分离，有必要投加碱性药剂，使废水达到一定的 pH 值，将重金属离子沉淀除去。

25.5.11.1　酸、碱自然中和法

将含酸、含碱废水集中到一个中和池内，使酸、碱废水自然中和后排放，可以使酸、碱废水同时得到处理。当酸、碱达到平衡时，可以达到排放标准。但在酸、碱废水排放时，由于生产上和操作等的原因，酸、碱废水在数量上和浓度上波动较大，自然中和后往往达不到排放标准。因此这种处理方法还需辅以投加药剂或其他措施，以保证获得稳定的处理效果。

酸、碱自然中和法的特点是以"废碱"处理"废酸"，设备简单，管理方便，节省中和剂。

25.5.11.2　投药剂中和法

这种处理方法是向含酸、碱废水中投加适量的中和剂，使之发生中和反应，处理达到排放标准后排放。

常用碱性中和剂有下列几类。

碱性矿物质：石灰石（$CaCO_3$）、大理石（主要成分 $CaCO_3$）、白云石（主要成分 $CaCO_3$、$MgCO_3$）、石灰（CaO）、电石渣等。

碱性废渣：炉灰渣（CaO、MgO）、耐火泥（SiO_2、MgO）等。

其他碱性药剂：氢氧化钠、碳酸钠、氨水等。

常用酸性中和剂：化工厂尾气（SO_2等）、烟道气（CO_2、CO 等）、工业废酸。

投药剂中和法根据酸碱废水的水质水量变化，可采用连续中和或间歇中和。一般当废水量大时采用连续中和处理，由酸度（pH）计自动控制投药量。当废水量较小时，可采用间歇处理。

投药剂中和法处理酸碱废水流程见图 25-21。

中和酸性废水所需中和剂的理论耗量见表 25-7，中和碱性废水所需中和剂（酸）的理论耗量见表 25-8，沉淀 1kg 重金属所需碱中和剂的理论投加量见表 25-9。在实际使用中的投药量要比表中的理论耗量要大，所以，实际投药量应根据处理运行中的验证调整确定，或通过试验（或实测）取得切合实际的使用量。

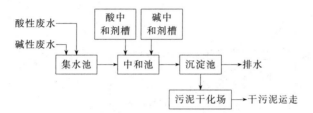

图 25-21　投药剂中和法处理酸碱废水流程

表 25-7　中和 1kg 酸所需中和剂的理论耗量

酸性物质	中和 1kg 酸所需中和剂的量/kg					
	氧化钙（CaO）	氢氧化钙[Ca(OH)$_2$]	碳酸钙（CaCO$_3$）	白云石（CaCO$_3$·MgCO$_3$）	氢氧化钠（NaOH）	碳酸钠（Na$_2$CO$_3$）
硫酸（H$_2$SO$_4$）	0.56	0.755	1.02	0.94	0.866	1.08
盐酸（HCl）	0.77	1.01	1.37	1.29	1.10	1.45
硝酸（HNO$_3$）	0.445	0.59	0.795	0.03	0.635	0.84
醋酸（CH$_3$COOH）	—	0.616	—	—	0.666	0.88
磷酸（H$_3$PO$_4$）	0.86	1.18	1.53	1.41	1.22	1.62
氢氟酸（HF,29mol/L）	0.70	0.93	1.26		1.0	1.33
硫酸铜（CuSO$_4$）	0.352	0.465	0.628		0.251	0.667
硫酸亚铁（FeSO$_4$）	0.37	0.49	—		—	—

表 25-8　中和 1kg 碱所需中和剂（酸）的量

碱性物质	中和 1kg 碱所需酸量/kg					
	硫酸（H$_2$SO$_4$）		盐酸（HCl）		硝酸（HNO$_3$）	
	100%	98%	100%	36%	100%	65%
氢氧化钠（NaOH）	1.22	1.24	0.91	2.53	1.57	2.42
氢氧化钾（KOH）	0.88	0.90	0.65	1.80	1.13	1.74
氢氧化钙[Ca(OH)$_2$]	1.32	1.35	0.99	2.74	1.70	2.62
氨（NH$_3$·H$_2$O）	2.88	2.94	2.14	5.95	3.71	5.71

表 25-9　沉淀 1kg 重金属所需碱中和剂的理论投加量[8]

重金属名称	沉淀 1kg 重金属所需中和剂的理论投加量/kg			
	CaO	Ca(OH)$_2$	NaOH	NaCO$_3$
铁（二价）	1.0	1.34	1.44	1.90
铁（三价）	1.5	2.01	2.16	2.85
铜	0.88	1.16	1.26	1.68
镍	0.96	1.26	1.36	1.81
铬	1.62	2.13	2.31	3.07
锌	0.86	1.14	1.22	1.62

25.5.11.3 过滤中和法

过滤中和法是使酸性废水流过装有碱性滤料的中和过滤池后，达到中和处理的方法。滤料必须具有一定的机械强度和透水能力。常用的碱性滤料有石灰石、大理石（前两种主要成分为 $CaCO_3$）和白云石（主要成分为 $CaCO_3 \cdot MgCO_3$）。常用的过滤中和法形式有普通过滤中和法、升流式过滤中和法和滚筒式中和法等。

① 普通过滤中和法。这种方法是在一个池子中装填大颗粒（粒径约 $30 \sim 80mm$）的碱性滤料，酸性废水以 $5m/h$ 的流速通过滤池而进行反应。若处理含硫酸废水时，由于生成的硫酸钙溶解度很小，常在滤料表面形成硫酸钙薄层，阻碍中和反应的继续进行，使处理效果下降，甚至造成滤料堵塞。这种滤池体积大，倒床困难，效果较差，应用不多。普通过滤中和池的形式见图 25-22。

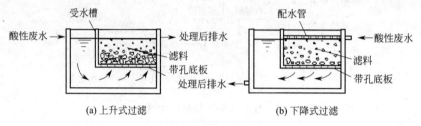

图 25-22 普通过滤中和池的形式

② 升流式过滤中和法。这种处理方法采用较小粒径（$0.5 \sim 3mm$）的滤料，当酸性废水由下而上以较高滤速（$60 \sim 70m/h$）流过过滤器（塔）时，会使滤料翻滚呈悬浮状，滤料体积发生膨胀，颗粒间相互碰撞和摩擦，从而剥离表面生成的硬壳（如 $CaSO_4$），提高了中和效果。这种处理方法具有下列优点。

a. 因滤料粒径小，反应总面积大，中和效率高，可缩短中和时间，减小过滤器（塔）体积。

b. 滤料表面不断更新，可允许废水中有较高含量的硫酸。

c. 采用升流的流动，剥离掉的硬壳易被水冲走，反应生成的 CO_2 气体不会堵塞滤床。

常用的中和过滤器（塔）的上、下直径一致，流速恒定，称为恒速式升降流过滤器（塔）。其不足之处是细小滤料会随水流失。为此，近来发展出一种变速式升降流过滤器（塔），该过滤器下部直径小，上部直径大。下部流速保持在 $60 \sim 70m/h$，而上部流速则为 $10 \sim 20m/h$，这样，可允许滤料粒径小于 $0.5mm$ 的细颗粒达 40% 以上时，也不会被水流带走。

升流式过滤处理流程见图 25-23，酸性废水流入集水池，使粗固体颗粒沉淀，再经除油池（中上部安装挡水闸板，使水由下部流过而除去浮油）进入过滤器（塔），经中和后流入曝气池，除去大部分溶解的 CO_2，进一步提高 pH 值，最后流入沉淀池，沉淀泥渣后排放。

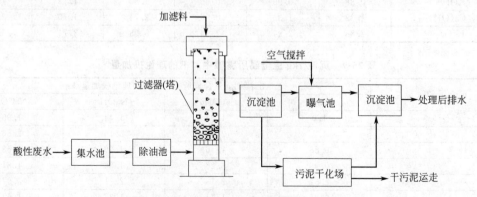

图 25-23 升流式过滤中和酸性废水流程

25.5.12　混合废水处理

电镀混合废水包括多种工序排放的废水，如前处理的除油、酸洗、中和，后处理的氧化、钝化、着色、封闭，以及退镀工序所产生的废水等。组分复杂多变，含有多种金属离子、油类、有机添加剂、络合剂等污染物。

下列废水不得排入混合废水系统：

① 含各种配位剂超过允许浓度的废水。

② 含各种表面活性剂超过允许浓度的废水。

③ 含氰废水和含铬废水不得排入混合废水处理系统，只有将氰氧化破坏，六价铬还原后，才能与混合废水一起处理。如废水 COD_{Cr} 较高，再进一步采用生化处理。

(1) 处理流程

化学沉淀法处理混合废水宜采用连续式处理，其处理基本流程见图 25-24。

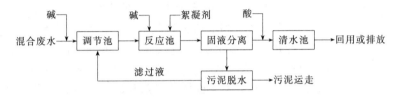

图 25-24　化学沉淀法处理混合废水基本流程

混合废水中不含有镉、镍离子时，应采用一级处理；混合废水中含有镉、镍离子时，应采用二级处理，第一级处理过程中 pH 值应控制在 8～9，第二级处理过程中 pH 值应控制在大于或等于 11。

该处理技术可简化混合废水处理的工艺和设备，节省投资、提高处理效率、降低运行成本。适用于中小型电镀点的废水处理。

(2) 处理过程控制

① 处理的控制系统。采用 pH 和 ORP（氧化还原监测仪）自动控制系统，系统内有控制、调节、显示、记录和检测等功能，处理过程中将根据出水水质的情况，及时调节投药量，不合格的处理出水将由系统控制返回集水池重新处理。废水处理自动控制系统，有助于整个废水处理的稳定性，能提高处理效率和确保出水水质。

② 处理的投加药剂。混合废水多数呈酸性，且含有多种金属离子，一般添加碱性沉淀剂，使重金属离子生成难溶的氢氧化物沉淀物去除。中和沉淀方法一般有一次中和沉淀和分段中和沉淀两种。一次中和沉淀是一次投加碱剂提高 pH 值，使各种金属离子共同沉淀去除，工艺流程简单，操作方便，但沉淀物含有多种金属，不利于金属回收。分段中和沉淀是根不同金属氢氧化物在不同 pH 值下沉淀的特性，分段投加碱剂，控制不同的 pH 值，使各种重金属分别沉淀，工艺较复杂，pH 值控制要求严格，但有利于金属的回收。

(3) 处理用的药剂

处理投加的碱剂有氢氧化钠、石灰乳、石灰石、电石渣、碳酸钠等，以石灰的应用最广，它可以同时起到中和与混凝的作用，其价格便宜、来源广，生成的沉淀物沉降性好，污泥脱水性好，因此是国内外处理重金属废水的主要中和剂。常见的氢氧化物溶度积常数及析出 pH 值见表 25-10。

(4) 处理后废水中的污泥浓度

经化学处理后废水中的污泥浓度可按下式计算：

$$C_{jS} = KC_1 + 2C_2 + 1.7C_3 + C_{SS}$$

式中　C_{jS}——废水中的污泥浓度，mg/L；

　　　K——系数；

　　　C_1——废水中六价铬离子浓度，mg/L；

　　　C_2——废水中铁离子总量，mg/L；

　　　C_3——废水中除铬和铁离子以外的金属离子浓度总和，mg/L；

　　　C_{SS}——废水进水中的悬浮物浓度，mg/L。

表 25-10　金属氢氧化物溶度积常数及析出 pH 值

金属离子	金属氢氧化物	溶度积常数	析出 pH 值	金属离子	金属氢氧化物	溶度积常数	析出 pH 值
Cr^{3+}	$Cr(OH)_3$	6.3×10^{-31}	5.7	Ni^{2+}	$Ni(OH)_2$	2.0×10^{-15}	9.0
Cu^{2+}	$Cu(OH)_2$	5.0×10^{-20}	6.8	Cd^{2+}	$Cd(OH)_2$	2.2×10^{-14}	10.2
Zn^{2+}	$Zn(OH)_2$	7.1×10^{-18}	7.9	Mn^{2+}	$Mn(OH)_2$	4.5×10^{-13}	9.2
Co^{2+}	$Co(OH)_2$	6.3×10^{-15}	8.5	Fe^{3+}	$Fe(OH)_3$	3.2×10^{-38}	3.0

上述计算式引自 GB 50136—2011《电镀废水治理设计规范》。

以硫酸亚铁为还原剂时，K 系数按下列取值：当废水中六价铬离子浓度等于或大于 5mg/L 时，K 值为 14；当废水中六价铬离子浓度小于 5mg/L 时，K 值为 16；以亚硫酸盐为还原剂时，K 值为 2。当废水中六价铬离子浓度 C_1 小于 5mg/L 时，应以 5mg/L 计算。

在混合废水化学处理过程中，可根据需要投加絮凝剂和助凝剂，其品种和投加量应通过试验确定。

（5）硫化物沉淀法

还有一种方法是投加硫化钠等硫化剂，使金属离子与硫离子反应，生成难溶的金属硫化物沉淀，并将其分离去除。金属硫化物溶度积常数见表 25-11。

表 25-11　金属硫化物溶度积常数

硫化物	溶度积常数	硫化物	溶度积常数
MnS	2.5×10^{-13}	PbS	2.5×10^{-27}
FeS	5.0×10^{-18}	CuS	6.3×10^{-36}
NiS	3.2×10^{-19}	Hg_2S	1.0×10^{-47}
ZnS	1.6×10^{-24}	Cu_2S	2.5×10^{-48}
SnS	1.0×10^{-25}	Ag_2S	6.3×10^{-50}
CdS	7.9×10^{-27}	HgS	4.0×10^{-53}

（6）电镀综合废水处理示例

电镀综合废水处理是将电镀厂或电镀车间排出的废水汇总后进行处理。一般先分流进行预处理，然后汇总进行后续处理，即将分流的含氰废水破氰，含铬废水将价铬还原为三价铬，酸碱废水调节 pH 值为 6~9，然后将这三股分流并进行过预处理的废水汇总至综合处理池，再经过后续处理达标后回用或排放。其处理流程见图 25-25。

处理流程简要说明如下。

① 含氰废水预处理。将经过过滤无悬浮物的含氰废水，排入调节池，调节 pH 值大于 8.5，然后引入含氰废水反应处理池，调节 pH 值至 10~11（根据氧化剂要求而定），投入氧化剂进行反应处理，反应达到终点（检测 CN^- 小于 0.5mg/L）后，将预处理后的水排入综合废水反应池。

② 含铬废水预处理。将经过过滤无悬浮物的含铬废水，排入调节池，再引入含铬废水反应池，加酸调节 pH 值至 2.5~3，投加还原剂，将六价铬还原为三价铬，控制六价铬含量始终保持为小于 0.5mg/L 时，加碱调节 pH 值，控制废水中 pH 值为 7~8，然后将预处理后的废水排入综合废水反应池。

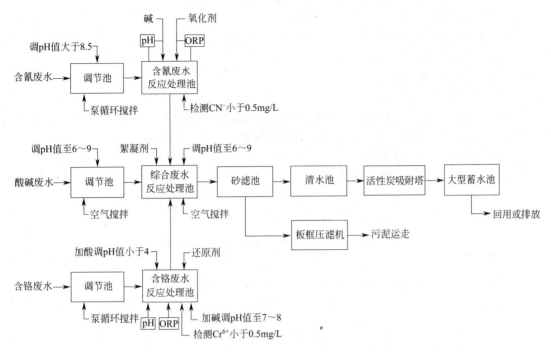

图 25-25　电镀综合废水处理流程（示例）

③ 酸碱废水预处理。将经过过滤无悬浮物的酸碱废水，排入调节池，加酸或碱调节 pH 值至 6～9，然后将预处理后的废水排入综合废水反应池。

④ 综合池、砂滤池处理。取水样检测综合池水体的 pH 值是否为 6～9，若不是加酸或碱调节 pH 值至 6～9，加絮凝剂（阴离子型聚丙烯酰胺 PAM）至综合池中，并充分搅拌，将综合处理后的污泥打入砂滤池，进行固液分离，砂滤池定期将干化的污泥清理，回收或进一步处理。从砂滤池流出的清水进入清水池，回用或排放。

25.5.13　金属捕集沉淀剂（DTCR）处理重金属废水

DTCR 是一种高分子量的重金属离子捕集沉淀剂，是二硫代氨基甲酸型螯合树脂。能在常温下与废水中的 Hg^{2+}、Ag^{2+}、Cd^{2+}、Pb^{2+}、Mn^{2+}、Cu^{2+}、Ni^{2+}、Zn^{2+}、Cr^{3+} 等各种重金属离子迅速反应，生成不溶于水的螯合盐。再加入少量有机或（和）无机絮凝剂，形成絮状沉淀，从而达到去除重金属的目的，能实现在多种重金属离子共存的情况下一次处理。是一种新的处理方法，称为螯合沉淀法。

（1）处理原理

DTCR 是一种长链的高分子螯合树脂，含有大量的极性基，螯合树脂中的硫离子原子半径较大、带负电，易于极化变形，产生负电场，捕集阳离子，同时趋向成键，生成难溶的二硫代氨基甲酸盐（DTC 盐）而析出。生成的难溶螯合盐的絮凝体积大，故此金属盐一旦在水中产生，受重力作用，便有很好的絮凝沉淀效果。

（2）处理特点

① 处理方法简单。只要向废水中投放药剂，即可除去重金属离子，处理方法简便，也可在原化学沉淀法装置上投药使用，费用低。

② 处理效果好。DTCR 与重金属离子强力螯合，生成不溶物，且形成良好的絮凝，沉降速度快，过滤性好，去除效果好。

a. 废水中的重金属离子浓度无论高低，都有较好的去除效果。

b. 多种重金属离子共存时，能同时去除。

c. 对重金属离子以络合盐［EDTA（乙二胺四乙酸）、柠檬酸等的金属盐］形式存在的情况下，也能发挥良好的去除效果。

d. 胶质重金属也能去除。

e. 不受共存盐类的影响。

③ 污泥量少，且稳定。产生的污泥量约为中和沉淀法产生污泥的 5%，污泥的重金属不会再溶出（强酸条件除外），没有二次污染，后处理简单。污泥脱水容易。

④ 本产品无毒，可安全使用。

⑤ DTCR 对金属的选择性依次为：

$$Hg^{2+} > Ag^{2+} > Cu^{2+} > Pb^{2+} > Cd^{2+} > Zn^{2+} > Ni^{2+} > Co^{2+} > Cr^{3+} > Fe^{2+} > Mn^{2+}。$$

螯合沉淀法与传统化学沉淀法的比较见表 25-12。

表 25-12　螯合沉淀法与传统化学沉淀法的比较

项　目	螯合沉淀法	传统化学沉淀法
工艺方法	重金属离子与金属捕集剂（DTCR）反应形成不溶于水的螯合盐，再利用絮凝剂使其沉淀分离	添加氢氧化物［$Ca(OH)_2$ 或 NaOH］将废水 pH 值节到碱性范围，形成水不溶性重金属氢氧化物，再利用絮凝剂使其沉淀分离
重金属去除	很好	一般
汞去除	可以处理至极低浓度	去除效果差
盐类影响	无影响	影响小
有机物影响	无影响	无影响
絮状物	絮状物粗大	絮状物细小
沉淀性	沉淀快速	沉淀速度一般
沉淀再溶出	无	碱性稳定，酸性可再溶出
连续处理	可以	可以
建设费	低	一般
处理药费	较高	低
废水处理费	比较低	低
污泥处理费	低	很高
二次公害	无	有
维护管理	容易	一般

（3）处理流程

金属捕集沉淀剂（DTCR）处理废水的一般工艺流程见图 25-26。

根据废水中的重金属离子的含量，确定 DTCR 的投放量（投加 DTCR 量见表 25-13），可以连续或分批投入废水中，处理时必须充分搅拌均匀，并适量加入有机或（和）无机絮凝剂。有机絮凝剂可采用非离子型、弱阴离子型和阴离子型，常用的是聚丙烯酰胺（PAM）；无机絮凝剂可采用铁盐和铝盐。重金属沉淀物与水分离可采用沉降、过滤等固液分离方法，清液（水）达标排放。

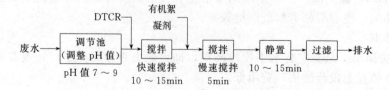

图 25-26　金属捕集沉淀剂（DTCR）处理废水的一般工艺流程

表 25-13 每 1mg/L 的重金属所使用 DTCR 原液量

重金属离子	DTCR 的用量/(g/m³)	重金属离子	DTCR 的用量/(g/m³)
汞(Hg^{2+})	0.49~1.02	铁(Fe^{2+})	1.77~3.65
银(Ag^+)	0.92~1.89	锰(Mn^{2+})	1.80~3.71
铜(Cu^{2+})	1.56~3.21	锡(Sn^{2+})	0.83~1.72
铅(Pb^{2+})	0.48~0.98	铬(Cr^{3+})	2.86~5.88
镉(Cd^{2+})	0.87~1.80	铬($Cr^{\cdot 6+}$)	5.71~11.76
锌(Zn^{2+})	1.50~3.00	砷(As^{3+})	1.32~2.72
镍(Ni^{2+})	1.68~3.46	金(Au^+)	1.02~2.10
钴(Co^{2+})	1.68~3.46	—	—

(4) 应用示例

【示例 1】 DTCR 在电镀废水处理中的应用

① 处理流程。DTCR 在电镀废水处理应用中的处理工艺流程见图 25-27，含铬废水处理系统见图 25-28。

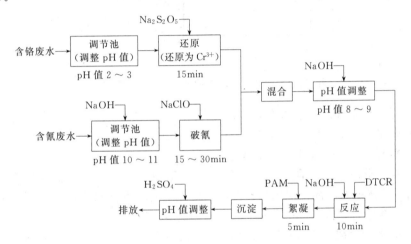

图 25-27 DTCR 在电镀废水处理应用中的处理工艺流程

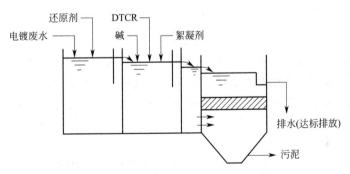

图 25-28 含铬废水处理系统示意图

② 处理运行工艺条件和参数。工艺条件和参数如下。

a. 破氰：氰化废水的破氰采用 NaClO 500mg/L，pH 值为 10~11，时间为 15~30min。

b. Cr^{6+} 还原：含铬废水采用 H_2SO_4 调 pH 值至 2~3，Cr^{6+} 还原剂采用 $Na_2S_2O_5$ 213mg/L，时间为 15min。

c. 反应：投加 DTCR 100mg/L，NaOH 444mg/L，时间为 10min。

d. 沉降：絮凝剂 1mg/L，时间为 5min。

③ 处理效果。处理效果见表 25-14。

表 25-14　废水成分及处理效果

成　分	Cu/(mg/L)	Zn/(mg/L)	Fe/(mg/L)	总 Cr/(mg/L)	Ni/(mg/L)	pH 值
原废水	70.350	79.814	1.740	33.371	44.052	3.36
处理后的水	0.012	0.235	0.005	0.002	0.182	8.35

【示例 2】　DTCR 在印制电路板电镀废水处理中的应用

① 处理流程。处理工艺流程及处理系统见图 25-29。

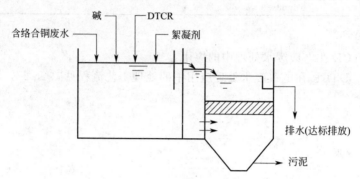

图 25-29　印制电路板电镀废水处理系统示意图

② 处理运行工艺条件。工艺条件如下：

a. 反应：投加 DTCR 120mg/L，NaOH 64mg/L。

b. 沉降：絮凝剂 2mg/L，FeCl 210mg/L。

③ 处理效果。此示例废水含有络合物 EDTA（乙二胺四乙酸），它能与铜离子形成稳定性较高的络合铜，干扰铜的沉淀，但用螯合沉淀法处理则能取得良好的效果。处理效果如下。

a. 原废水：含络合铜离子 46.37mg/L，pH 值为 4.5。

b. 处理后的水：含铜 0.12mg/L，pH 值为 7.3。

25.6　离子交换法处理废水

25.6.1　概述

离子交换法是利用一种不溶于水、酸、碱及其他有机溶剂的高分子合成树脂的具有离子交换能力的活性基团，对废水中的某些离子性物质进行选择性地交换或吸附，使废水得到净化处理，然后再将这些从废水中吸附的物质，用其他试剂从树脂上洗脱下来，达到除去或者分离回收这些物质的目的。

(1) 交换基本原理

离子交换法是离子交换树脂活性基团上的相反离子与溶液中的同性离子发生位置交换的过程。

① 阳离子交换树脂，以磺酸型强酸阳离子交换树脂为例，可以表示为：

$$R\!-\!SO_3^- H^+$$

R 为合成树脂母体，$SO_3^- H^+$ 为活性基团，活性基团上的 H^+ 为相反离子。其交换过程可表示为：

$$R\!-\!SO_3^- H^+ + Na^+ OH^- \Longrightarrow R\!-\!SO_3^- Na^+ + H_2O$$

上式中相反离子 H^+ 与带同性电荷离子 Na^+ 发生了位置的交换。

② 阴离子交换树脂，以季铵型强碱阴离子交换树脂为例，可以表示为：

$$R \equiv N^+ OH^-$$

相反离子 OH^- 也可与溶液中的同性离子发生位置的交换。即：

$$R \equiv N^+ OH^- + H^+ Cl^- \rightleftharpoons R \equiv N^+ Cl^- + H_2O$$

（2）离子交换树脂的类型

① 离子交换树脂按交换活性基团分类，可分为酸性基团离子交换树脂和碱性基团离子交换树脂。具有活泼的酸性基团的树脂能交换阳离子，称为阳离子交换树脂；具有活泼的碱性基团的树脂能交换阴离子，称为阴离子交换树脂。

这两类树脂按其引进活性基团酸、碱性的强弱等可分为下列类型。

强酸性阳离子交换树脂，含磺酸基（—SO_3H）等。

弱酸性阳离子交换树脂，含羧酸基（—COOH）、磷酸基（—PO_3H_2）等。

强碱性阴离子交换树脂，含季氨基（$\equiv$NOH）等。

弱碱性阴离子交换树脂，含伯氨基（—NH_2）、仲氨基（—NH）、叔氨基（$\equiv$N）等。

② 按树脂母体的物理结构分类，常见的有凝胶型树脂和大孔型树脂两种。

a. 凝胶型树脂。这种树脂是均相高分子凝胶结构，并具有微孔结构的离子交换树脂。

b. 大孔型树脂。具有大量的毛细孔道，树脂内部无论干、湿、收缩、溶胀，孔道都比凝胶型树脂更多、更大，因此表面积大，交换过程中，离子容易扩散，交换速度快。

（3）离子交换树脂的选择和要求

废水处理中由于废水水质的不同和要求去除的物质种类和性质的不同，对离子交换树脂的要求也不同，选择树脂及对树脂的要求如下。

① 除去废水中重金属离子，如 Cu^{2+}、Zn^{2+}、Cd^{2+}、Ni^{2+}、Hg^{2+}、Cr^{3+}、Fe^{3+} 等，选用阳离子交换树脂。

② 除去废水中酸根阴离子，如 $Cr_2O_7^{2-}$、CrO_4^{2-}、SO_4^{2-}、NO_3^-、CN^- 等，选用阴离子交换树脂。

③ 对离子交换树脂的要求如下[7]。

a. 交换容量大，选择性好。

b. 再生效果好，容易洗脱。

c. 抗氧化性强，适用 pH 值范围较广，使用寿命长。

d. 树脂胀缩性好，使用过程中体型变化不大。

常用离子交换树脂性能[7]见表 25-15。

表 25-15　常用离子交换树脂性能

类　型	强酸性阳离子	弱酸性阳离子	强碱性阴离子	弱碱性阴离子
母体	苯乙烯-二乙烯苯	甲基丙烯酸-二乙烯苯	苯乙烯-二乙烯苯	苯乙烯-二乙烯苯、环氧丙烷-四乙烯五胺
活性基团	—SO_3H	—COOH	—$N^+(CH_3)_3$	—NH_2、$=$NH、$\equiv$N
常用离子形式	Na^+	H^+	Cl^-	—OH^-、—Cl^-
外观	透明黄色球体	乳白色球体	透明黄色球体	透明黄色球体
总交换容量/(mol/L)	4.5	9.0～10.0	3.0～4.0	5.0～9.0
工作交换容量/(mol/L)	1.5～2.0	2.0～3.5	1.0～1.2	1.0～2.0
有效粒径/mm	0.3～1.2	0.3～0.8	0.3～1.2	0.3～1.2
真密度/(g/L)	1.2～1.3	1.1～1.2	1.0～1.1	1.0～1.1

续表

类　　型	强酸性阳离子	弱酸性阳离子	强碱性阴离子	弱碱性阴离子
视密度/(g/L)	0.75～0.85	0.7～0.8	0.65～0.75	0.65～0.75
含水率/%	40～50	40～60	40～50	40～60
允许 pH 值	0～14	5～14	0～12	0～9
允许温度/℃	120	120	60～100	80～100

（4）离子交换树脂的选择性

由于离子交换树脂对不同离子的亲和力有差别，所以有的离子很容易被交换，而有的离子却不容易被交换。这说明离子交换树脂对水溶液中不同的离子进行交换时，存在着不同的亲和力和选择性。树脂上可交换离子和溶液中交换势（即亲和力）大的离子先进行交换。一般在常温和低浓度条件下，多价离子比单价离子优先交换，等价离子的选择性随着原子序数的增加而增大[7]。

离子交换树脂的选择顺序见表 25-16。

表 25-16　离子交换树脂的选择顺序

离子交换树脂类型	离子交换树脂的选择顺序
强酸阳离子交换树脂	$Fe^{3+} > Al^{3+} > Cr^{3+} > Ca^{2+} > Ni^{2+} > Cd^{2+} > Cu^{2+} > Co^{2+} > Zn^{2+} > Mg^{2+} > Ag^+ > K^+ > NH_4^+ > Na^+ > H^+$
弱酸阳离子交换树脂	$H^+ > Fe^{3+} > Al^{3+} > Cr^{3+} > Ca^{2+} > Ni^{2+} > Cd^{2+} > Cu^{2+} > Co^{2+} > Zn^{2+} > Mg^{2+} > Ag^+ > K^+ > NH_4^+ > Na^+$
强碱阴离子交换树脂	$C_6H_5O_7^{3-} > Cr_2O_7^{2-} > SO_4^{2-} > NO_3^- > CrO_4^{2-} > Cl^- > HCOO^- > F^- > OH^- > HCO_3^-$
弱碱阴离子交换树脂	$OH^- > C_6H_5O_7^{3-} > Cr_2O_7^{2-} > SO_4^{2-} > NO_3^- > CrO_4^{2-} > Cl^- > HCOO^- > F^- > HCO_3^-$
备注	表中离子交换树脂的选择顺序，一般适用于溶液在常温和低浓度条件下

（5）离子交换工艺流程的主要工序

离子交换是在交换柱中进行，交换流程大致分为下列 4 个工序。

① 交换。废水从柱上部自上而下顺洗通过树脂层，交换处理后水从柱底部流出。

② 反洗。当树脂交换容量达到控制终点时（饱和），在再生前自下而上逆向进水反洗，除去树脂层中的气泡和杂质，同时疏松树脂，以利再生。

③ 再生。通入再生液顺向（或逆向）进液，通过树脂层，进行树脂的再生处理，洗脱被交换的物质，使树脂恢复交换能力。

④ 淋洗。通入清水顺向（或逆向）进水，将树脂内残余再生液洗净。

（6）离子交换柱的有关计算

① 阴（阳）离子交换树脂单柱体积，按下式计算：

$$V = \frac{Q}{\mu} \times 1000$$

式中　V——阴（阳）离子交换树脂单柱体积，L；

　　　Q——废水设计流量，m^3/h；

　　　μ——空间流速，即在单位时间内单位体积树脂所流过的水量，$L/[L(R) \cdot h]$。

② 空间流速，按下式计算：

$$\mu = \frac{E}{CT} \times 1000$$

式中　μ——空间流速，$L/[L(R) \cdot h]$；

　　　E——树脂饱和工作交换量，$g/L(R)$；

　　　C——废水中金属离子浓度，mg/L；

　　　T——树脂饱和工作周期，h。

③ 流速，按下式计算：

$$v = \mu H$$

式中　v——流速，m/h；

　　　μ——空间流速，L/[L(R)·h]；

　　　H——树脂层高度，m。

④ 交换柱直径，按下式计算：

$$D = 2\sqrt{\frac{Q}{\pi v}}$$

式中　D——交换柱直径，m；

　　　Q——废水设计流量，m³/h；

　　　π——圆周率，3.1416；

　　　v——流速，m/h。

注：离子交换柱的有关计算引自 GB 50136—2011《电镀废水治理设计规范》。

(7) 离子交换法处理废水的一般规定

① 采用离子交换法处理某种废水时，不应混入其他镀种或地上散水等废水。当离子交换树脂的洗脱回收液要求回用镀槽时，则虽属同一镀种，但镀液配方不同的清洗废水，亦不能混入。

② 进入离子交换柱的电镀清洗废水的悬浮物含量，不应超过 15mg/L，当超过时应进行预处理。

③ 清洗废水的调节池和循环水池的设置，可根据电镀生产情况、废水处理流程和现场条件等具体情况确定，其有效容积可按 2~4 平均小时的废水量计算。

用离子交换法处理废水，一般可用于处理浓度低、水量大的电镀废水，可以回收利用金属，回用大量的清洗水，处理过程不产生废渣（污泥），没有二次污染，占地面积小，但操作管理复杂，设备投资费用大。

25.6.2　含铬废水处理

离子交换法可用于处理镀铬和钝化清洗废水，经处理后出水能达到排放标准，且出水质较好，能循环使用。阴离子交换树脂交换吸附饱和后的再生洗脱液，经脱钠和净化或浓缩后，能回用于镀槽或用于钝化及其他需用铬酸的工艺槽。阳离子交换树脂的再生液等需处理达标后排放。但多年来生产实践证明，由于各种原因，例如阴柱再生剂工业烧碱（NaOH）含有较多的 Cl^- 等杂质，所获再生洗脱液杂质较多，难以回用，在这种情况下，洗脱液可通用其他渠道进行综合利用。

电镀生产排出的含铬废水，除了重铬酸根（$Cr_2O_7^{2-}$）和铬酸根（CrO_4^{2-}）外，还含有 SO_4^{2-}、Cl^-、Cr^{3+}、Fe^{3+} 等。可采用阳离子交换树脂去除废水中的阳离子（Cr^{3+}、Fe^{3+} 等）。废水中的六价铬，在酸性条件主要以 $Cr_2O_7^{2-}$ 存在，在接近中性条件主要以 CrO_4^{2-} 存在，两者有以下关系：

$$Cr_2O_7^{2-} + 2OH^- \rightleftharpoons 2CrO_4^{2-} + H_2O$$

$$2CrO_4^{2-} + 2H^+ \rightleftharpoons Cr_2O_7^{2-} + H_2O$$

废水中六价铬以阴离子状态存在，因此可用 OH 型阴离子交换树脂与废水中的阴离子（$Cr_2O_7^{2-}$、CrO_4^{2-} 等）进行交换，回收利用或去除。

用离子交换法处理含铬废水，六价铬离子含量不宜大于 200mg/L。且不宜用于镀黑铬和镀含氟铬的清洗废水。

用离子交换法处理含铬废水，应做到水循环利用和铬酸的回收利用。要做到这一点，关键要使废水中的六价铬以 $Cr_2O_7^{2-}$ 的形态存在。因此，要掌握好三个原则：首先废水进入阴柱前，必须调整 pH 值为 3～5；其次，阴离子交换树脂必须以 $Cr_2O_7^{2-}$ 基本达到动态平衡为交换终点，使树脂对 $Cr_2O_7^{2-}$ 达到全饱和；再则，增设除阴柱来调整回用水的 pH 值。

25.6.2.1 处理流程

用离子交换法处理含铬废水，宜采用酸性条件下的三阴柱串联、全饱和及除盐水循环的处理基本流程，见图 25-30。三阴柱串联全饱和流程具有水回用率高（90％以上）、出水水质好（可接近去离子水）、阳柱工作负担减轻、再生耗酸量少，但系统一次投资大，操作要求高。

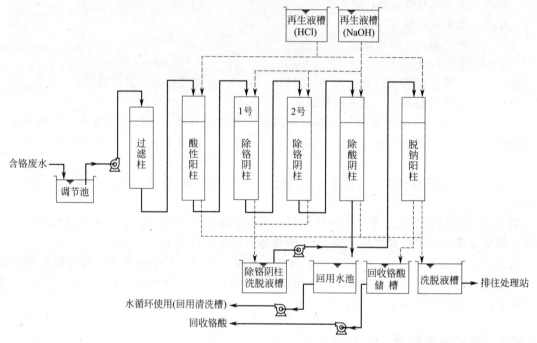

图 25-30　离子交换法处理镀铬清洗废水基本流程

25.6.2.2 处理流程简要说明

① 废水过滤。当废水经调节池初步沉淀除去部分悬浮物后，其含量仍超过 10mg/L 时，应设过滤柱，一般采用压力过滤，过滤介质可采用粒径为 0.7～1.2mm 的阳离子树脂或聚苯乙烯树脂白球。滤料层厚度为 0.8～1.0m，滤速小于 20m/h。

② 阳离子交换。由于含铬废水中含有金属阳离子，如直接进入阴离子交换柱中，就可能在 pH 值升高时，析出沉淀将树脂污染。所以一般在废水进行阴离子交换以前，先进行阳离子交换。此外，先进入酸性阳柱交换，还可达到两个目的：一是去除废水中的重金属离子，纯化出水水质，提高回收铬酸的纯度；二是在阳离子交换树脂交换过程中，置换出氢离子，调整 pH 值达到 3～3.5，使废水中六价铬离子转化成 $Cr_2O_7^{2-}$，以提高阴离子交换树脂的交换容量。

废水中的金属阳离子如 Cr^{3+}、Cu^{2+}、Fe^{3+}、Ca^{2+} 等，可用 H 型阳离子交换树脂除去，一般采用强酸型阳离子交换树脂（如 732 型等），其反应式如下：

$$3RH + Cr^{3+} \rightleftharpoons R_3Cr + 3H^+$$
$$2RH + Cu^{2+} \rightleftharpoons R_2Cu + 2H^+$$
$$3RH + Fe^{3+} \rightleftharpoons R_3Fe + 3H^+$$
$$2RH + Ca^{2+} \rightleftharpoons R_2Ca + 3H^+$$

③ 阴离子交换。由于废水中六价铬离子以阴离子状态存在，因此，可用 OH 型阴离子交

换树脂除去。含铬废水经阳离子交换柱后，进入阴离子交换柱，废水中 $Cr_2O_7^{2-}$ 与 CrO_4^{2-} 被阴离子交换树脂吸附，树脂上的 OH^- 转入废水。一般采用大孔型弱碱阴离子树脂（如 710A、710B、D370、D301 型），也可采用凝胶型强碱阴离子树脂（如 717、731 型）。但处理钝化含铬废水，一般不宜采用凝胶型强碱阴离子树脂。阴离子交换反应如下：

$$2ROH + Cr_2O_7^{2-} \rightleftharpoons R_2Cr_2O_7 + 2OH^-$$
$$2ROH + CrO_4^{2-} \rightleftharpoons R_2CrO_4 + 2OH^-$$

应当指出，废水中除了 $Cr_2O_7^{2-}$、CrO_4^{2-} 外，还存在 SO_4^{2-}、Cl^- 等其他阴离子，某些钝化清洗废水中还存在 NO_3^- 等阴离子，这些阴离子也同样与阴离子交换树脂起交换吸附作用。所以，在阴离子交换树脂的可交换位置上，除了有 $Cr_2O_7^{2-}$、CrO_4^{2-} 外，同时还有 SO_4^{2-}、Cl^-、NO_3^- 等阴离子。这样不但影响阴离子交换树脂对 $Cr_2O_7^{2-}$、CrO_4^{2-} 的交换容量，而且当阴离子交换树脂进行再生时，其他被交换吸附的阴离子也同样被洗脱下来，而影响回收液的纯度。因此，最佳的办法是在交换过程中，用六价铬阴离子来取代其他阴离子在树脂上所占据的交换基。根据离子交换树脂的选择顺序（见表 25-16），如果废水中六价铬以 $Cr_2O_7^{2-}$ 的形态存在时，无论强碱阴离子交换树脂还是弱碱阴离子交换树脂，对其都有很强的亲和力，交换容量大。因此，将废水中的 CrO_4^{2-} 转化为 $Cr_2O_7^{2-}$，不但能提高六价铬的交换容量，更主要的是 $Cr_2O_7^{2-}$ 在全饱和的交换过程中，还能将已交换在树脂上的其他阴离子（如 SO_4^{2-}、Cl^-、NO_3^- 等）排除掉，树脂最终被 $Cr_2O_7^{2-}$ 饱和，可以在再生洗脱过程中得到纯度较高的铬酸。这就要求进入阴柱的废水控制一定的酸性，对强碱阴离子交换树脂，pH 值应控制在 2～3.5；对弱碱阴离子交换树脂，pH 值应控制在 2～4。

采用双阴柱离子交换，其工作过程[8]：阳柱出水直接接入 1 号除铬阴柱去除 $Cr_2O_7^{2-}$，当处理后出水中六价铬离子泄漏达 0.5mg/L 时，再串联 2 号除铬阴柱，直至 1 号除铬阴柱基本达到 $Cr_2O_7^{2-}$ 的全饱和时从系统中断开，进行再生，此时，2 号除铬阴柱单柱运行；当 2 号除铬阴柱出水中，六价铬离子泄漏达 0.5mg/L 时，与已再生后的 1 号除铬阴柱串联，这样 1 号和 2 号除铬阴柱交替使用，以充分利用树脂对 $Cr_2O_7^{2-}$ 的交换容量。

④ 除酸阴柱。除铬阴柱出水呈现酸性（pH<4.5），所以在双阴性基础上再串联一根除酸阴柱，以除去 SO_4^{2-}、Cl^- 和过多的 H^+ 而将酸性水中和，提高水质，回用于清洗槽，达到水的循环利用。

⑤ 树脂再生。选用适当的化学药品作再生剂，将吸附在树脂上的物质洗脱下来，同时使树脂恢复吸附能力。

a. 阴离子交换树脂再生：宜采用含氯离子低的工业用氢氧化钠，作为再生剂 [4%～10%（质量分数）NaOH 溶液]，用氢氧化钠的氢氧根（OH^-）将吸附在树脂上的 $Cr_2O_7^{2-}$ 和 CrO_4^{2-} 交换下来，其反应如下：

$$R_2Cr_2O_7 + 4NaOH \rightleftharpoons 2ROH + 2Na_2CrO_4 + H_2O$$
$$R_2CrO_4 + 2NaOH \rightleftharpoons 2ROH + Na_2CrO_4$$

b. 阳离子交换树脂再生：利用酸中的氢离子（H^+）取代吸附在阳离子交换树脂上的金属阳离子（如 Cr^{3+}、Fe^{3+} 等），其反应如下：

$$R_3Cr + 3H^+ \rightleftharpoons 3RH + Cr^{3+}$$
$$R_2Cu + 2H^+ \rightleftharpoons 2RH + Cu^{2+}$$
$$R_3Fe + 3H^+ \rightleftharpoons 3RH + Fe^{3+}$$
$$R_2Cd + 2H^+ \rightleftharpoons 2RH + Cd^{2+}$$

⑥ 脱钠阳柱。为达到再生洗脱液中铬酸的回收利用，可将再生洗脱液中的重铬酸钠或铬酸钠转化成铬酸，一般通过 H 型强酸阳离子交换树脂（一般采用 732 号强酸性阳树脂），进行

脱钠,其反应如下:

$$2RH + Na_2Cr_2O_7 \rightleftharpoons 2RNa + H_2Cr_2O_7$$

$$4RH + 2Na_2CrO_4 \rightleftharpoons 4RNa + H_2Cr_2O_7 + H_2O$$

脱钠后,铬酸浓度太低,同时含有氯离子,必须经过浓缩和除氯后才能使用。

脱钠阳柱饱和失效后,用盐酸或硫酸再生,恢复其交换能力,其反应如下:

$$RNa + HCl \rightleftharpoons RH + NaCl$$

⑦ 再生时淋洗水的处置。离子交换树脂再生时的淋洗水、含有六价铬的水应返回调节池;含有酸、碱和重金属离子的水应排向处理站,处理达标后排放。

25.6.2.3　处理运行工艺条件和参数

处理运行工艺条件和参数见表 25-17。

表 25-17　处理运行工艺条件和参数

项　　目	再生和淋洗的要求
阳离子交换树脂	宜采用强酸阳离子交换树脂(如型号 732)
阴离子交换树脂	宜采用大孔型强碱阴离子交换树脂(如型号 710、D370、D301)、凝胶型强碱阴离子交换树脂(如型号 717、201)
树脂饱和工作交换容量	大孔型弱碱阴离子交换树脂　$60 \sim 70 g(Cr^{6+})/L(R)$ 凝胶型强碱阴离子交换树脂　$40 \sim 45 g(Cr^{6+})/L(R)$ 强酸阳离子交换树脂　$60 \sim 65 g$(以 CaCO 表示)$/L(R)$
树脂饱和工作周期	当废水中 Cr^{6+} 含量为 $200 \sim 100 mg/L$ 时　36h 当废水中 Cr^{6+} 含量为 $100 \sim 50 mg/L$ 时　$36 \sim 48h$ 当废水中 Cr^{6+} 含量小于 $50 mg/L$ 时　用 v(交换空间流速)$=30 dm^3/[dm^3(R) \cdot h]$ 即 30 $[L/L(R) \cdot h]$ 计算其工作周期
树脂层高度	除铬阴柱、除酸阴柱和酸性阳柱树脂层高度:$0.6 \sim 1.0m$
流速	不宜大于 20m/h
除铬阴柱饱和交换终点	应按进出水中六价铬浓度基本相同进行控制。除酸阴柱的交换终点,按出水 pH 值接近 5 进行控制
再生剂	采用含氯离子低的工业用氢氧化钠
再生液浓度	当采用大孔型强碱阴离子交换树脂时,为 $2.0 \sim 2.5 mol/L$;当采用凝胶型强碱阴离子交换树脂时,为 $2.5 \sim 3.0 mol/L$。再生液用纯水配制
再生液用量	为树脂体积的 2 倍,再生液复用。先用 $0.5 \sim 1.0$ 倍的上周期后期的再生洗脱液,再用 $1.5 \sim 1.0$ 倍的新配再生液
再生液流速	$0.6 \sim 1.0 m/h$
淋洗水水质	采用纯水
淋洗水水量	当采用大孔型弱碱阴离子交换树脂时,宜为树脂体积的 $6 \sim 9$ 倍;当采用凝胶型强碱阴离子交换树脂时,宜为树脂体积的 $4 \sim 5$ 倍
淋洗流速	开始时与再生流速相等,逐渐增大到运行时流速
淋洗终点	pH 值为 $8 \sim 10$
反冲时树脂膨胀率	50%

酸性阳柱的交换终点:按出水 pH 值为 $3.0 \sim 3.5$ 进行控制。阳离子交换树脂的淋洗水和洗脱液中含有各种金属离子及酸,应经处理符合排放标准后排放。

阳离子交换树脂的再生和淋洗,宜符合表 25-18 的要求。

脱钠柱的再生和淋洗,宜符合表 25-19 的要求。

当回收的稀铬酸中含氯离子量过高而影响回用时,可采用无隔膜电解法或其他方法脱氯。

当回收的稀铬酸量超过镀铬所需补给量时,可采取浓缩措施后回用。

表 25-18　阳离子交换树脂的再生和淋洗的要求

项　目	再生和淋洗的要求	项　目	再生和淋洗的要求
再生剂	采用工业用盐酸	淋洗水水量	为树脂体积的 4~5 倍
再生液浓度	1.5~2.0mol/L,可采用生活饮用水配制	淋洗流速	开始时与再生流速相等,逐渐增大到运行时流速
再生液用量	为树脂体积的 2 倍	淋洗终点	pH 值为 2~3
再生液流速	1.2~4.0m/h	反冲时树脂	30%~50%
淋洗水水质	可采用生活饮用水	膨胀率	

表 25-19　脱钠柱的再生和淋洗的要求

项　目	再生和淋洗的要求	项　目	再生和淋洗的要求
再生剂	采用工业用盐酸	淋洗水水质	采用纯水
再生液浓度	1.0~1.5mol/L,采用纯水配制	淋洗水水量	为树脂体积的 10 倍
再生液用量	为树脂体积的 2 倍	淋洗流速	同再生流速
再生液流速	1.2~4.0m/h	淋洗终点	应以出水中基本上无氯离子,进行控制

25.6.3　含镍废水处理

离子交换法处理含镍废水,是将废水中的镍离子与阳离子交换树脂上的钠离子进行交换而被除去。同时废水中的其他阳离子也被阳离子交换树脂交换除去。当树脂交换吸附饱和后再生,再生是利用再生剂中的阳离子(如 H^+ 或 Na^+),在浓度占绝对优势的情况,将被交换树脂吸附的镍及其他阳离子洗脱下来,使阳离子交换树脂恢复交换能力。

离子交换法处理镀镍清洗水,其进水含镍浓度一般在 50~200mg/L。

25.6.3.1　处理原理

① 采用强酸阳离子交换树脂时,其反应如下。

a. 交换过程:

$$2RSO_3Na + Ni^{2+} \Longleftrightarrow (RSO_3)_2Ni + 2Na^+$$
$$2RSO_3Na + Ca^{2+} \Longleftrightarrow (RSO_3)_2Ca + 2Na^+$$
$$2RSO_3Na + Mg^{2+} \Longleftrightarrow (RSO_3)_2Mg + 2Na^+$$

b. 再生过程(再生剂采用硫酸钠):

$$(RSO_3)_2Ni + Na_2SO_4 \Longleftrightarrow 2RSO_3Na + NiSO_4$$
$$(RSO_3)_2Ca + Na_2SO_4 \Longleftrightarrow 2RSO_3Na + CaSO_4$$
$$(RSO_3)_2Mg + + Na_2SO_4 \Longleftrightarrow 2RSO_3Na + MgSO_4$$

强酸阳离子交换树脂在处理含镍废水时采用 Na 型树脂,其原因并不是 H 型树脂不能进行交换,而是 H 型树脂处理后出水呈酸性,达不到排放和回收要求。

② 采用弱酸阳离子交换树脂时,其反应如下:

a. 交换过程:

$$2RCOONa + Ni^{2+} \Longleftrightarrow (RCOO)_2Ni + 2Na^+$$
$$2RCOONa + Ca^{2+} \Longleftrightarrow (RCOO)_2Ca + 2Na^+$$
$$2RCOONa + Mg^{2+} \Longleftrightarrow (RCOO)_2Mg + 2Na^+$$

b. 再生过程(再生剂采用硫酸):

$$(RCOO)_2Ni + H_2SO_4 \Longleftrightarrow 2RCOOH + NiSO_4$$
$$(RCOO)_2Ca + H_2SO_4 \Longleftrightarrow 2RCOOH + CaSO_4$$
$$(RCOO)_2Mg + H_2SO_4 \Longleftrightarrow 2RCOOH + MgSO_4$$

c. 转型过程:

$$RCOOH + NaOH \Longleftrightarrow RCOONa + H_2O$$

弱酸阳离子交换树脂采用 Na 型主要是受其交换选择顺序所限,因为弱酸阳离子交换树脂

的交换选择顺序中 H^+ 的交换势最强,若不转成 Na 型,会影响交换工作的正常进行。

25.6.3.2 交换树脂的选用

离子交换法处理含镍废水,采用的阳离子交换树脂一般有两种,一种是强酸阳离子交换树脂(凝胶型),常用 732 树脂;另一种是弱酸阳离子交换树脂,常用大孔型 DK110 和凝胶型 111×22、116B 等树脂。两种阳离子交换树脂的主要优缺点比较[8]见表 25-20。

表 25-20　强酸和弱酸阳离子交换树脂用于含镍废水处理的比较

树脂类型	主 要 优 点	主 要 缺 点
凝胶型强酸 阳离子交换树脂	1. 树脂粒径较大,可提高交换流速 2. 树脂不易结块 3. 交换过程不需转型 4. 树脂价格便宜	1. 再生液浓度高,耗用量大,采用硫酸钠作为再生剂时,再生液需加温 2. 交换容量较低
凝胶型弱酸 阳离子交换树脂	1. 树脂交换吸附饱和镍后,易于再生洗脱 2. 交换容量较高 3. 耗用再生剂量较少	1. 树脂粒径较小,交换流速较低 2. 树脂易结块 3. 交换过程中需转型,多一道工序 4. 树脂价格较贵

由于弱酸阳离子交换树脂易于再生,处理后出水近中性,故以往生产上采用较为普遍。而强酸阳离子交换树脂由于不需转型,价格便宜等主要优点,近年来已被重视。选用时,应根据具体生产工艺、管理水平、经济效益以及当地供应货源等情况,通过技术经济比较后确定。

25.6.3.3 处理流程

离子交换法处理含镍清洗废水,其交换床的形式一般分为固定床和移动床两种,这两种形式国内生产中都采用。当处理水量不大时,为便于操作管理,一般采用固定床;当处理水量大,浓度低,所选用的树脂价格贵时,宜采用移动床。

(1) 固定床离子交换[8]

一般采用双阳柱全饱和处理流程,即设置两个阳离子交换柱,工作过程中,当第 1 交换柱泄漏镍时,串联第 2 交换柱进行交换;当第 1 交换柱交换达到基本饱和后从系统中断开,进行再生,此时,第 2 交换柱单柱运行;待第 2 交换柱泄漏镍时,再与已再生的第 1 交换柱串联,两个交换柱就这样交替使用。固定床树脂在柱内再生。

离子交换法处理含镍清洗废水流程(固定床)见图 25-31。废水从调节池用泵直接引入废水交换处理系统,经交换处理后水循环用于镀件清洗,再生液进入各交换柱进行再生,洗脱液流入回收槽,经工艺调整和净化后送回镀镍槽(也可暂存在塑料桶内)。过滤柱反洗和阳柱再生过程中的反洗、淋洗、转型废液以及循环系统的更新水等排出的废水,应排入电镀混合废水系统经处理后排放。

(2) 移动床离子交换

它只设置一个阳离子交换柱,废水从柱底逆向进入,当底部一部分树脂交换吸附镍饱和后,将这部分饱和树脂移出柱外,在再生柱再生后从交换柱顶部返回柱内,反复运行。

离子交换法处理含镍清洗废水的总体运行中,由于在离子交换过程中同时也交换吸附了废水中的其他杂质离子如 Ca^{2+}、Mg^{2+} 等,这样不但降低了树脂对镍离子的交换容量,同时在再生洗脱液中也带入了杂质离子,影响再生洗脱液的纯度,也就是影响回收硫酸镍液的纯度,为此,循环水和补充水宜采用纯水。

强酸阳离子交换树脂再生后的洗脱液中,含硫酸镍浓度可达 230g/L 左右,可回用于镀镍槽。为防止再生液中硫酸钠结晶析出,再生液需加温,保持其溶液温度在 50℃ 左右,并应控制再生液流出柱体时的温度不低于 20℃;弱酸阳离子交换树脂的再生洗脱比强酸阳离子交换树脂容易,再生后的洗脱液中含硫酸镍浓度可达 250g/L 或更高。为防止杂质离子的混入,再

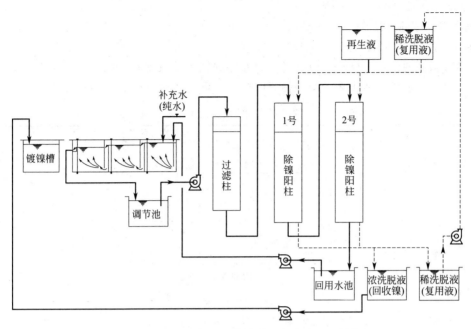

图 25-31 离子交换法处理镀镍清洗废水流程 (固定床)

生液的配制采用纯水。

离子交换树脂饱和工作交换容量：

732 强酸阳离子交换树脂 $30\sim35g(Ni^+)/dm^3(R)$

DK110 弱酸阳离子交换树脂 $30\sim35g(Ni^+)/dm^3(R)$

116B、111×22 弱酸阳离子交换树脂 $35\sim42g(Ni^+)/dm^3(R)$

离子交换空间流速：

732 强酸阳离子交换树脂 $<50L/[L(R)\cdot h]$

DK110 弱酸阳离子交换树脂 $\leqslant30L/[L(R)\cdot h]$

25.6.3.4 处理的基本规定和参数

① 离子交换法处理含镍废水，应做到水的循环利用。循环水宜定期更换新水或连续补充新水，更换或补充的新水，均应采用纯水。

② 阳离子交换剂的选用。阳离子交换剂采用凝胶型强酸阳离子交换树脂、大孔性弱酸阳离子交换树脂或凝胶型弱酸阳离子交换树脂，并应以钠型树脂投入运行。

③ 除镍阳柱设计数据。除镍阳柱设计的常用数据如下。

a. 树脂层高度可按下列规定采用：

强酸阳离子交换树脂 (钠型) 可采用 0.5～1.0m；

弱酸阳离子交换树脂 (钠型) 可采用 0.5～1.2m。

b. 树脂饱和工作周期可按表 25-21 的规定数值采用。

表 25-21 树脂饱和工作周期

树 脂 种 类	废水中镍离子含量/(mg/L)	饱和工作周期/h
强酸阳离子交换树脂	100～200	24
	20～100	24～48
	<20	48
弱酸阳离子交换树脂	100～200	24
	30～100	24～48
	<30	48

c. 废水流速按下列规定采用:

强酸阳离子交换树脂,宜小于或等于 25m/h;

弱酸阳离子交换树脂,宜小于或等于 15m/h。

④ 除镍阳柱的饱和工作终点应按进、出水中的镍离子浓度基本相等进行控制。

⑤ 除镍阳柱采用强酸阳离子交换树脂时的再生和淋洗宜符合表 25-22 的要求。

表 25-22　强酸阳离子交换树脂的再生和淋洗的要求

项　目	再生和淋洗的要求
再生剂	采用工业用无水硫酸钠
再生液浓度	1.1～1.4mol/L,并采用纯水配制,经沉淀或过滤后使用
再生液用量	树脂体积的 2 倍
再生液流出时的温度	高于 20℃
再生液流速	0.3～0.5m/h
淋洗水水质	采用纯水
淋洗水水量	树脂体积的 4～6 倍
淋洗流速	开始时宜与再生流速相等,且逐渐增大到运行时流速
淋洗终点	以淋洗时进、出水硫酸钠浓度相等进行控制
反冲时树脂膨胀率	30%～50%

⑥ 除镍阳柱采用弱酸阳离子交换树脂时的再生和淋洗宜符合表 25-23 的要求。

表 25-23　弱酸阳离子交换树脂的再生和淋洗的要求

	项　目	再生和淋洗的要求
采用再生剂时	再生剂	采用化学纯硫酸
	再生液浓度	1.0～1.5mol/L,采用纯水配制
	再生液用量	树脂体积的 2 倍
	再生液流速	顺流再生时为 0.3～0.5m/h,循环顺流再生时为 4.5～5.0m/h,循环时间为 20～30min
	淋洗终点	淋洗终点的 pH 值为 4～5
采用转型剂时	转型剂	采用工业用氢氧化钠
	转型剂浓度	1.0～1.5mol/L,并采用纯水配制
	转型剂用量	树脂体积的 2 倍
	转型剂流速	0.3～0.5m/h
	淋洗终点	淋洗终点的 pH 值为 8～9
	反冲洗时树脂膨胀率	50%

⑦ 回收的硫酸镍应经沉淀、过滤等预处理后回用于镀槽。

⑧ 再生时的前期淋洗水应排至调节池,后期淋洗水可作为循环水的补充用水。

注:处理的基本规定和参数,引自 GB 50136—2011《电镀废水治理设计规范》。

25.6.4　含铜废水处理

25.6.4.1　硫酸盐酸性镀铜废水

硫酸盐酸性镀铜溶液成分较简单,所以清洗废水中的铜离子用阳离子交换树脂除去。镀铜为常温电镀,镀液蒸发量很少,再生洗脱液量大于镀液因蒸发而损失的量,很难达到平衡,一般与电解法组合使用,从再生洗脱液中回收铜。由于只能回镀槽利用一部分的再生洗脱液,给推广使用这种处理方法带来了局限性。

(1) 处理原理[8]

一般采用 H 型强酸阳离子交换树脂,也可用 Na 型强酸阳离子交换树脂或 Na 型弱酸阳离子交换树脂。

① 用 H 型强酸阳离子交换树脂处理含硫酸铜废水时,废水中的铜离子与树脂上的 H 离子

进行交换，树脂饱和后用硫酸再生，其反应如下。

交换：$2R—SO_3H+CuSO_4 \rightleftharpoons (R—SO_3)_2Cu+H_2SO_4$

再生：$(R—SO_3)_2Cu+H_2SO_4 \rightleftharpoons 2R—SO_3H+CuSO_4$

② 用 Na 型强酸阳离子交换树脂处理含硫酸铜废水时，废水中的铜离子与树脂上的 Na 离子进行交换，树脂饱和后用硫酸钠再生，其反应如下。

交换：$2R—SO_3Na+CuSO_4 \rightleftharpoons (R—SO_3)_2Cu+Na_2SO_4$

再生：$(R—SO_3)_2Cu+Na_2SO_4 \rightleftharpoons 2R—SO_3Na+CuSO_4$

③ 当采用 Na 型弱酸阳离子交换树脂时，用硫酸再生，并用氢氧化钠转型，其反应如下。

交换：$2R—COONa+CuSO_4 \rightleftharpoons (R—COO)_2Cu+Na_2SO_4$

再生：$(R—COO)_2Cu+H_2SO_4 \rightleftharpoons 2R—COOH+CuSO_4$

转型：$R—COOH+NaOH \rightleftharpoons R—COONa+H_2O$

（2）处理流程

一般采用双阳柱全饱和处理流程，1 号除铜阳柱与 2 号除铜阳柱串联运行，当 1 号除铜阳柱交换树脂达到饱和后进行再生，此时 2 号除铜阳柱单柱进行交换，1 号除铜阳柱再生完成后串联 2 号除铜阳柱后运行，这样进行反复交替工作。处理流程见图 25-32。

过滤柱、交换柱的反洗、淋洗等的排水排入电镀混合废水系统中，处理达标后排放。

除铜交换阳柱的再生洗脱液，一部分直接返回镀槽作补充液，多余的再生洗脱液定期进行电解回收金属铜。循环水的补充用纯水。

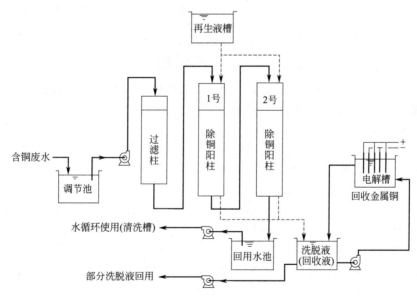

图 25-32　离子交换法处理硫酸盐酸性镀铜废水流程

（3）处理运行工艺条件和参数[8]

处理运行工艺条件和参数见表 25-24。

（4）操作管理

应考虑的事项如下。

① 当进水悬浮物浓度超过 10mg/L 时，应设置过滤柱。

② 经处理后出水 Cu^{2+} 浓度可达 1mg/L 以下，但排放时还应将出水 pH 值用碱调整到 pH＝6～9。

③ 为提高树脂交换工作容量和回收液纯度，循环水和补充水宜采用纯水。

表 25-24　处理运行工艺条件和参数

项　目		处理运行工艺条件和参数
采用 H 型（或 Na 型）强酸阳离子交换树脂时	工作交换容量	732 强酸阳离子交换树脂饱和工作交换容量： 　H 型阳离子：40g(Cu^{2+})/dm^3(R) 　Na 型阳离子：40g(Cu^{2+})/dm^3(R)
	交换空间流速	732 强酸阳离子交换树脂交换空间流速： 　H 型阳离子：≤40L/[L(R)·h] 　Na 型阳离子：≤40L/[L(R)·h]
	树脂层高度	0.6～1.0m
	交换流速	≤20m/h
	控制出水终点指标	第 1 除铜阳柱进、出水 Cu^{2+} 浓度基本相等。当水循环使用时，控制出水 Cu^{2+} 浓度不超过 20mg/L，排放时 Cu^{2+} 浓度应为 1mg/L 以下
	树脂再生	再生液浓度：再生剂采用硫酸时，其浓度为 2.0mol/L；再生剂采用硫酸钠时，其浓度为 1.0mol/L 再生液用量：树脂体积的 2 倍（其中的 1.2 倍复用 1 次后作回收液）
	淋洗	淋洗水量：树脂体积的 2.4 倍 淋洗流速：开始用再生流速，逐渐增大到交换流速 淋洗终点指标：采用 H 型离子交换树脂时，出水 pH 值到 3～4；采用 Na 型阳离子交换树脂时，出水 pH 值到 6 左右
采用 Na 型弱酸阳离子交换树脂时	交换树脂	一般采用 Na 型 116、111×22 和 116B 等弱酸阳离子交换树脂
	交换流速	一般为 7～15m/h
	处理后出水浓度	处理后出水含 Cu^{2+} 浓度可达 1mg/L 以下，pH 值为 6～7
	树脂再生	再生液浓度：再生剂采用硫酸，其浓度为 1.5mol/L 再生液用量：为树脂体积的 2 倍，其中 1 倍树脂体积量的再生洗脱液可复用 1 次，再生洗脱液中 Cu^{2+} 浓度可达 50mg/L
	转型	转型液浓度：转型剂采用氢氧化钠，其浓度为 1.5～2.0mol/L 转型液用量：为树脂体积的 1.5～2.0 倍。转型后的出水可循环使用

④ 当采用 Na 型阳离子交换树脂时，为防止硫酸钠积累，要加强水质管理，再生洗脱液不宜直接回镀槽使用，可用电解法回收金属铜。

25.6.4.2　焦磷酸盐镀铜废水

焦磷酸盐镀铜的清洗废水中铜主要以铜的络合阴离子 $Cu(P_2O_7)^{2-}$ 形态存在，采用阴离子交换树脂进行去除，其洗脱液可返回镀槽使用。

焦磷酸盐镀铜的槽液温度一般为 30～60℃，槽液有一定蒸发量，再生洗脱液可作为镀槽的蒸发补充量返槽，处理后出水能循环使用。这种处理方法设备简单，生产规模较小的可将处理装置设于镀槽旁边，操作管理较为方便。

(1) 处理原理

焦磷酸铜络合阴离子 $Cu(P_2O_7)^{2-}$ 和焦磷酸根阴离子等，采用 SO_4^{2-} 型强碱阴离子交换树脂进行处理，其反应如下：

$$3(R\equiv N)_2SO_4 + Cu(P_2O_7)_2^{6-} \rightleftharpoons (R\equiv N)_6Cu(P_2O_7)_2 + 3SO_4^{2-}$$

$$2(R\equiv N)_2SO_4 + P_2O_7^{4-} \rightleftharpoons (R\equiv N)_4P_2O_7 + 2SO_4^{2-}$$

再生液若采用碱液会产生氢氧化铜沉淀，若用氨水则再生效率低，故采用硫酸铵和氢氧化钾的混合再生液。因为在碱性条件下，$(NH_4)_2SO_4$ 会逐步分解为 NH_3，而 NH_3 与 Cu^{2+} 会结合生成铜氨络合离子 $[Cu(HN_3)_4]^{2+}$，因此，NH_3 存在有利于从树脂上将焦磷酸铜配合阴离子中的洗脱下来。

(2) 处理流程

一般采用双阴柱全饱和处理流程，1 号除铜阴柱与 2 号除铜阴柱串联运行，当 1 号除铜阴柱交换树脂达到饱和后进行再生，此时 2 号除铜阴柱单柱进行交换，1 号除铜阴柱再生完成后串联 2 号除铜阴柱后运行,这样进行反复交替工作。处理流程见图 25-33。

交换处理后出水循环使用。再生洗脱液可直接回镀槽使用。过滤柱、交换柱的反洗、淋洗等的排水排入电镀混合废水系统中,处理达标后排放。

经离子交换处理后出水含 Cu^{2+} 浓度可达 1mg/L 以下。循环水回用率一般在 80% 左右,补充水宜采用纯水。

经再生后的洗脱液中,含 Cu^{2+} 浓度平均可达 12g/L 左右,可直接回用于镀槽。

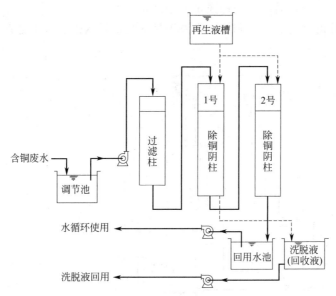

图 25-33　离子交换法处理焦磷酸盐镀铜废水流程

(3) 处理运行工艺条件和参数

处理运行工艺条件和参数见表 25-25。

表 25-25　处理运行工艺条件和参数

项　　目	处理运行工艺条件和参数
交换树脂	一般采用大孔型强碱阴离子交换树脂,如 D231 树脂,也可用如 717 凝胶型强碱阴离子交换树脂
交换容量	离子交换树脂饱和工作交换容量:12g(Cu^{2+})/dm^3(R)左右
交换空间流速	≤20L/[L(R)·h]
交换流速	≤30m/h
树脂层高度	一般采用 1.5m 左右
出水终点	交换柱控制出水终点:当交换柱进、出水 Cu^{2+} 浓度基本相等时,为树脂吸附饱和的交换终点
树脂再生	再生液浓度:采用浓度为 1.24mol/L 左右的硫酸铵和浓度为 0.55mol/L 左右的氢氧化钾混合液 再生液用量:树脂体积的 1.5 倍。 再生液流速:0.3~0.5m/h

25.6.5　含锌废水处理

25.6.5.1　钾盐镀锌废水

(1) 处理原理

钾盐镀锌清洗废水中的锌离子,采用 Na 型弱酸阳离子交换树脂进行处理去除,出水循环使用,用于清洗槽。树脂交换吸附饱和后,一般用盐酸再生后回收氯化锌,用氢氧化钠转型,使树脂转化为 Na 型,其反应如下。

交换:
$$2R-COONa + Zn^{2+} \Longrightarrow (R-COO)_2Zn + 2Na^+$$

再生： $$(R-COO)_2Zn + 2H^+ \rightleftharpoons 2R-COOH + Zn^{2+}$$

转型： $$R-COOH + Na^+ \rightleftharpoons R-COONa + H^+$$

(2) 处理流程

采用双阳柱全饱和处理流程，见图25-34。处理废水量较大或镀锌槽较多或布置分散时，应设置调节池；当处理废水量较小时，废水由清洗槽用泵直接送入处理系统。再生洗脱液可直接回镀槽使用。由于是常温镀槽，槽液蒸发量小，致使回收液与回用量有时达到不平衡，多余的回收液如没有其他用处，需进行处理或排入处理站。

过滤柱、交换柱的反洗、淋洗和转型废液等排水均应排入混合废水处理系统，处理达标后进行排放。

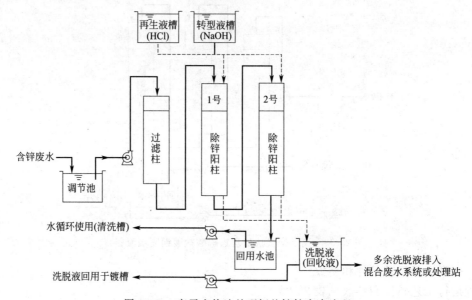

图 25-34 离子交换法处理钾盐镀锌废水流程

(3) 处理运行工艺条件和参数[8]

处理运行工艺条件和参数见表25-26。

表 25-26 处理运行工艺条件和参数

项 目	处理运行工艺条件和参数
交换树脂	离子交换树脂，一般采用 D113 大孔型弱酸阳离子交换树脂，或 DK110 大孔型弱酸阳离子交换树脂
循环水及其补充用水	处理废水含 Zn^{2+} 浓度小于或等于200mg/L，pH 值为5～8。循环水及其补充用水宜用纯水
交换容量	D113 大孔型弱酸阳离子交换树脂　55g(Zn^{2+})/dm³(R) DK110 大孔型弱酸阳离子交换树脂　46g(Zn^{2+})/dm³(R)
交换空间流速	20～40L/[L(R)·h]
交换流速	10～14m/h
树脂层高度	0.6～1.2m(Na 型时)
树脂饱和工作周期	Zn^{2+} 浓度为 200～150mg/L 时　24h Zn^{2+} 浓度为 150～100mg/L 时　24～36h Zn^{2+} 浓度为 100～50mg/L 时　24～48h Zn^{2+} 浓度<50mg/L 时　用空间流速24L/[L(R)·h]计算
出水终点	控制出水终点指标：当水循环使用时，控制出水 Zn^{2+} 浓度不超过 30mg/L；排放时出水 Zn^{2+} 浓度应在 5mg/L 以下

续表

项　　目		处理运行工艺条件和参数
树脂再生及淋洗	再生液浓度	浓度为 3.0mol/L 的盐酸(化学纯),用纯水配制
	再生液用量	树脂体积的 1.2 倍,其中 0.5 倍复用,0.7 倍配新液
	再生流速	0.3~0.5m/h
	淋洗水量	树脂体积的 3.0 倍,用纯水
	淋洗流速	开始再生流速,逐渐增大到交换流速
	淋洗终点指示	出水 pH 值 4~5
树脂转型及淋洗	转型液浓度	浓度为 1.0~1.5mol/L 的氢氧化钠,用纯水配制
	转型液用量	树脂体积的 2.0 倍
	转型流速	与再生流速相同
	淋洗水量	树脂体积的 4~6 倍
	淋洗流速	同再生后淋洗
	淋洗终点指示	出水 pH 值 8~9。树脂恢复 Na 型时体积
备　　注		由于弱酸阳离子交换树脂在改变型态时胀缩率很大,因此在设计交换柱时要考虑这个因素 再生洗脱液若复用 0.5 倍树脂体积量时,回收液中氯化锌浓度可达 90g/L 以上,基本达到镀锌槽液的浓度

25.6.5.2 硫酸盐镀锌废水

(1) 处理原理

硫酸盐镀锌清洗废水中的锌离子,一般采用 Na 型弱酸阳离子交换树脂进行处理去除,出水循环使用,用于清洗槽。树脂交换吸附饱和后,用硫酸再生后回收硫酸锌,然后用氢氧化钠转型,使树脂转化为 Na 型,其反应如下:

交换: $2R\text{—}COONa + Zn^{2+} \rightleftharpoons (R\text{—}COO)_2Zn + 2Na^+$

再生: $(R\text{—}COO)_2Zn + 2H^+ \rightleftharpoons 2R\text{—}COOH + Zn^{2+}$

转型: $R\text{—}COOH + Na^+ \rightleftharpoons R\text{—}COONa + H^+$

(2) 处理流程

一般采用双阳柱全饱和处理流程。处理基本流程与离子交换法处理钾盐镀锌废水流程相同(见图 25-34),但离子交换法处理硫酸盐镀锌废水的再生液是采用硫酸。

(3) 处理运行工艺条件和参数

处理运行工艺条件和参数见表 25-27。

表 25-27　处理运行工艺条件和参数

项　　目		处理运行工艺条件和参数
循环水及其补充用水		处理废水含 Zn^{2+} 浓度小于或等于 200mg/L,pH 值为 6~8。循环水及其补充用水宜用纯水
交换容量		树脂饱和工作交换容量:D113 大孔型弱酸阳离子交换树脂为 55g(Zn^{2+})/dm³(R)
交换空间流速		16~22L/[L(R)·h]
交换流速		3~10m/h
树脂层高度		0.6~0.8m(Na 型时)
控制出水终点指标		当水循环使用时,控制出水 Zn^{2+} 浓度不超过 30mg/L;排放时出水 Zn^{2+} 浓度应在 5mg/L 以下
树脂再生及淋洗	再生液浓度	浓度为 1.50mol/L 的硫酸(工业用硫),用纯水配制
	再生液用量	树脂体积的 1.25 倍,其中 0.5 倍复用,0.75 倍配新液
	再生流速	0.3m/h
	淋洗水量	树脂体积的 3.0 倍,用自来水
	淋洗流速	开始用再生流速,逐渐增大到交换流速
	淋洗终点指示	出水 pH 值 4~6

续表

项 目	处理运行工艺条件和参数
树脂转型及淋洗 转型液浓度	浓度为 1.0~1.5mol/L 的氢氧化钠,用纯水配制
转型液用量	树脂体积的 2.0 倍
转型流速	与再生流速相同
淋洗水量	树脂体积的 4~6 倍
淋洗流速	同再生后淋洗
淋洗终点指示	出水 pH 值 8~9。树脂恢复 Na 型时体积

25.6.6 含金废水处理

(1) 处理原理

用离子交换法处理氰化镀金时,金是以 $[Au(CN)_2]^-$ 的形式存在,用 Cl 型强碱阴离子交换树脂进行交换,其反应如下:

$$R\equiv NCl + [Au(CN)_2]^- \rightleftharpoons R\equiv NAu(CN)_2 + Cl^-$$

树脂吸附金饱和后,可送专门单位回收黄金,当地无回收单位时,可焚烧树脂回收黄金。

(2) 处理流程

一般处理装置较小,可设置在镀金槽旁边或生产线附近,直接从清洗槽将清洗废水引入离子交换柱。一般采用双阴柱串联的双阴柱全饱和流程。离子交换处理氰化镀金废水流程见图 25-35。

经交换柱处理后的出水,由于其中含有氰化物,故不能回用,必须排入含氰废水系统,经处理后排放。

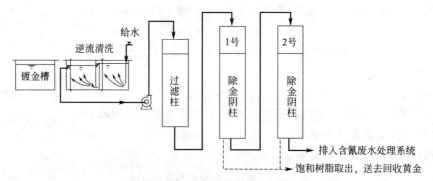

图 25-35 离子交换处理氰化镀金废水流程

(3) 处理运行工艺条件和参数

处理运行工艺条件和参数见表 25-28。

表 25-28 处理运行工艺条件和参数

项 目	处理运行工艺条件和参数	
处理废水浓度	处理废水含金离子浓度,无特殊要求	
废水含悬浮物浓度	小于或等于 10mg/L	
交换树脂	离子交换树脂采用凝胶型强碱阴离子交换树脂,或大孔型强碱阴离子交换树脂,树脂应以氯型投入运行	
树脂饱和工作交换容量	717 凝胶型强碱阴离子交换树脂	170~190 g(Au⁺)/L(R)
	711 凝胶型强碱阴离子交换树脂	160~180 g(Au⁺)/L(R)
	D293 大孔型强碱阴离子交换树脂	160~180 g(Au⁺)/L(R)
	D231 大孔型强碱阴离子交换树脂	160~180 g(Au⁺)/L(R)
树脂饱和工作周期	每年宜为 1~4 个周期	

项　目	处理运行工艺条件和参数
交换空间流速	$15\sim20L/[L(R)\cdot h]$
交换流速	$<15m/h$
树脂层高度	$0.6\sim1.0m$
除金阴柱饱和工作终点	按进、出水金离子浓度基本相等进行控制
过滤柱	一般镀金溶液及操作维护比较仔细,当废水中悬浮物含量不高时,可不设过滤柱。当悬浮物含量超过 $10mg/L$ 时,需设置过滤柱,应选用不吸附废水中金离子的滤料,一般采用塑料白球,过滤速度与交换速度相同
交换柱	由于镀金废水(或废液)的量均较小,一般交换柱不进行计算,采用直径为 $100\sim150mm$,柱高为 $1040\sim1500mm$ 的有机玻璃柱,可满足要求
水槽、水泵等零部件	水槽、水泵、管路、管件、阀门等零部件,均采用聚丙烯、聚氯乙烯等材料制作。避免采用钢铁、铜等材质的设备或零部件,因废水中的金会置换析出,而造成黄金的损失

（4）焚烧树脂法回收黄金[8]

用焚烧树脂的办法回收黄金,其工艺流程如下:

吸附饱和树脂→树脂灼烧灰化→粗金（含金 85%）→硝酸煮沸提纯（99% 纯金）→王水溶解提纯→用还原剂还原出纯金→99.9% 黄金。

在焚烧树脂回收黄金的过程中,为减少产生有腐蚀性和刺激性的气体,焚烧时可采用两步焚烧方法,即先用 $400℃$ 温度灼烧 $5h$ 左右,再升温到 $900℃$ 灼烧 $3h$ 左右,使树脂全部灰化,即可得到纯度为 85% 左右的粗金。

在灼烧过程中,温度不宜过高,因为金的熔点为 $1063.4℃$,加热到熔点以上金便挥发,为此,要严格控制灼烧温度。

在树脂灼烧过程中,要有良好的通风设施,防止有机气体、恶臭等有害气体污染环境。

一般情况下,将交换吸附饱和树脂送至专门回收单位,统一回收黄金较为经济。

25.7　电解法处理废水

25.7.1　概述

电解是利用直流电进行氧化还原的过程。在电解过程中,废水中的某些阳离子在阴极得到电子而被还原;废水中的某些阴离子在阳极失去电子而被氧化。废水进行电解反应时,其中的有害或有毒物质,在阳极和阴极分别进行氧化还原反应,结果产生新物质。这些新物质在电解过程中,或沉积于电极表面或沉淀下来或生成气体从水中逸出,从而降低了废水中有害物的浓度。用这种电解反应来处理废水的方法称为电解法。

电解法处理废水,一般可用于处理含铬废水、含铜废水、含银废水、含金废水、含氰废水、混合废水等。

电解法处理废水的主要设备是电解槽,现就电解槽的结构形式,以及电解槽的电极板与直流电源的连接方式作简要介绍。

（1）电解槽的结构形式

电解槽按水流形式分为回流式、翻腾式及竖流式三种类型。

① 回流式电解槽。这是国内最早使用的一种形式,这种电解槽的电极板在槽内安装时与电解槽的进水方向垂直。其优点是水流流程好、接触时间长,离子扩散充分对流能力好,槽的利用率高。主要缺点是槽底容易淤积污泥,当采用小极距时,极板的施工安装和维修均较困难,已逐渐被淘汰。

② 翻腾式电解槽。电解槽的电极板以悬挂或插入方式安装固定,防止极板与池壁接触。

其优点是电极板面与水流方向平行，极板间距可以减小，有利于小型化和设备化，极板安装和维修均较方便，电极板利用率较高，它的造价比回流式低。主要缺点是排污系统较复杂。

③ 竖流式电解槽。竖流式电解槽的电极板可成组插入安装固定，其特点是体积小，占地面积少，造价较低，操作管理简便，有利于设备化。主要缺点是设备高度较高，运行中表面浮渣不易带走。这种电解槽运行效果较好，故目前采用竖流式电解槽的较多。

(2) 电极板与直流电源的连接方式

电解槽的极板与直流电源的连接方式，有单极式和双极式连接两种，一般采用双极式连接的较多。

① 单极式连接。每块电极板与直流电源的正极或负极相连接，极板的两侧都是相同的极性，称为单极性电极，这种连接方式称为单极式连接，见图 25-36 中的 (a)。

② 双极式连接。电极的接线，在每组极板的第一块极板和最后一块极板与直流电源相连接，第一块和最后一块与直流电源连接的电极为单极性电极，而其中间的极板被电流"借道"通过（即此极板不与电源连接），电流从极板一端（侧）流入而从另一端（侧）流出，电流流出的一端（侧）发生阳极反应，电流流入的一端（侧）发生阴极反应。这种阴、阳两极的反应同时发生在同一极板上的现象称为双极性电极现象，而这些中间的极板就是双极性电极。这种连接方式称为双极式连接，见图 25-36 中的 (b)。

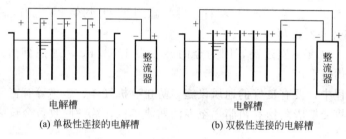

(a) 单极性连接的电解槽   (b) 双极性连接的电解槽

图 25-36　电解槽的极板连接电路

单极性极板和双极性极板的阴极和阳极界面上的电极反应相同，即阳极为氧化反应，阴极为还原反应，极板上电解析出的物质符合法拉第定律。

单极性电极需配用电流较大、电压较低的直流电源设备；而双极性电极则需配用电流较小、电压较高的直流电源设备。在同样功率的情况下，后者的价格较低。单极性连接的装置和它的检修均较复杂，双极式连接只需将每组极板的第一块和最后一块与直流电源接线，其构造和检修均比较简单，而且也可缩小极板间距。因此，单极性电极目前使用的比较少，逐渐被双极性电极所取代。

25.7.2　含铬废水处理

电解法处理含铬废水适用范围较广，可用于处理镀铬、浸蚀、钝化、铬酸阳极氧化等各种含铬废水。它便于操作管理，并具有适应性强，处理稳定，处理后水容易达到排放标准等优点。一般适用于中、小型电镀车间或电镀厂。

(1) 处理原理

① 电解产生的亚铁离子将六价铬还原成三价铬。电解法处理含铬废水，一般采用铁板作阳极和阴极，接通直流电，在电解过程中，阳极铁板不断溶解，产生亚铁离子，在酸性条件下将废水中的六价铬还原成三价铬。其主要反应如下：

阳极反应：
$$Fe - 2e \longrightarrow Fe^{2+}$$
$$Cr_2O_7^{2-} + 6Fe^{2+} + 14H^+ \longrightarrow 2Cr^{3+} + 6Fe^{3+} + 7H_2O$$

$$CrO_4^{2-} + 3Fe^{2+} + 8H^+ \longrightarrow Cr^{3+} + 3Fe^{3+} + 4H_2O$$

阴极反应：
$$2H^+ + 2e \longrightarrow H_2 \uparrow$$

另外，有少量六价铬在阴极上直接还原（这部分直接还原为三价铬的作用很微弱），其反应如下：

$$Cr_2O_7^{2-} + 6e + 14H^+ \longrightarrow 2Cr^{3+} + 7H_2O$$

$$CrO_4^{2-} + 3e + 8H^+ \longrightarrow Cr^{3+} + 4H_2O$$

② 三价铬生成氢氧化铬沉淀。随着电极反应的进行，氢离子浓度逐渐减小，pH 值则逐渐升高，使废水从酸性转变为碱性，使水中的三价铬离子生成氢氧化铬沉淀，其反应如下：

$$Cr^{3+} + 3OH^- \longrightarrow Cr(OH)_3 \downarrow$$

$$Fe^{3+} + 3OH^- \longrightarrow Fe(OH)_3 \downarrow$$

由于铁阳板溶解产生的亚铁离子使六价铬还原成三价铬，同时亚铁离子被氧化成三价铁离子，并与水中的 OH^- 形成氢氧化铁，起到了使氢氧化铬凝聚和吸附的作用，加快了废水的固液分离。因此，它不需投加处理药剂，使处理水中基本不增添其他离子和带入其他污染物，更有利于处理后水的重复使用，所产生的污泥需要进一步处置。

（2）处理流程

含铬废水进入调节池，然后用泵提升或自流进入电解槽，进行电解处理，使六价铬还原成三价铬并形成氢氧化铬，再进入沉淀池进行固液分离，去除沉淀物。出水过滤后回用。处理流程见图 25-37。

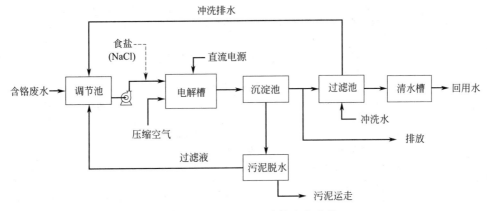

图 25-37　电解法处理含铬废水流程

处理方式一般采用间歇集水，连续电解处理的方式。即当调节池集满水后（废水均化，浓度稳定），再连续进行电解处理。因此，调节池设置两个（或分成两格）交替使用。这种处理方式可使进入电解槽的废水浓度均匀和稳定。如进入电解槽的废水浓度不均匀时，给调节电解条件带麻烦，需设置自动检控装置来调节电解条件。

（3）处理运行工艺条件和参数

处理运行工艺条件和参数见表 25-29。

表 25-29　处理运行工艺条件和参数

项　目	处理运行工艺条件和参数
处理含铬废水浓度	电解法处理含铬废水时,六价铬离子浓度不宜大于 100mg/L,pH 值宜为 4.0~6.5
处理方式	电解法处理含铬废水宜采用连续处理方式
废水的 pH 值	电解后含铬废水 pH 值的提高程度,与电解前废水中六价铬离子浓度等有关,六价铬离子浓度越高,pH 值提高的越多。一般含铬废水的 pH 值为 4.0~6.5 时,电解后 pH 值为 6~8,氢氧化铬沉淀较为完全。因此,电解法处理含铬废水一般不需调整废水的 pH 值

项　目	处理运行工艺条件和参数
电解槽结构形式	电解槽宜采用竖流式、双极性电极形式,并应对槽体、电极板框等采取防腐和绝缘措施;电解槽和电源设备应可靠接地
极板材料和极距	1. 电极极板的材料可采用普通碳素钢钢板,其厚度约为 3~5mm 2. 极板极距即阳极板与阴极板之间的距离。极板极距多数采用 10mm,也有采用 5mm 或 20mm。减小极板间净距,能降低极板间的电阻,降低电能消耗,并可不用食盐。但考虑到安装极板的方便,极距(净间距)一般采用 10mm。如安装水平较高时,可采用 5mm
极水比	即电解槽的有效阳极面积与电解槽的有效水容积之比。极水比直接影响电解时间、电能消耗和极板更换周期等。当其他条件相同时,极水比越大,电能消耗越少,极板更换周期越长。极水比与极板极距有关,极板极距越小,极水比就越大,但极板极距受制造及安装的限制,极板极距(净间距)一般为 5~10mm,极水比一般采用 1.5~2.5dm²/L
极板消耗	阳极板消耗量主要与电解时间、pH 值、食盐浓度和阳极电位等有关。当 pH 值为 3~5,Cr^{6+} 浓度为 50mg/L 时,铁板消耗量 Fe:Cr^{6+}(质量比)为(2~2.5):1。阳极板消耗量还与操作条件有关,当电流密度过高,电解历时太短,以及存在其他因素时,则极板消耗量增加,极板的利用率与极板厚度有关,利用率一般为 60%~90%,所以,实际阳极板消耗量取值为 Fe:Cr^{6+}(质量比)为(4~5):1
阳极钝化	由于极板采用普通碳素钢板,在电解过程中,水中所含的铬酸根、硝酸根、磷酸根等离子能引起极板表面发生钝化现象。为了避免阳极钝化,采取的措施有换向电流、投加食盐、降低 pH 值和提高电极间的水流速度,当电极间的水流速度≥0.03m/s,可使水流处于紊流状态。一般采用电极换向的措施来解决阳极钝化问题。电极换向还可使极板消耗均匀,延长极板寿命。因此,直流电源应具有电解换向装置,换向装置一般采用手动,也可采用自动换向。换向时间一般采用 15min 一次,也有每隔 30~60min 一次,还有的一天手动换向一次
投加食盐	用纯水作清洗水的含铬废水,在废水进入电解槽前投加食盐(NaCl),投加量为 0.5g/L。投加食盐能增加水的电导率,使电压降低,减少电能损耗,并利用活化阳极铁板,减少阳极表面钝化。但投加食盐会使水中氯离子增加,影响出水水质,不利于水的回用。投加食盐的量不能超过 0.5g/L。若采用小极距电解槽,一般可不投加食盐
压缩空气搅拌	压缩空气搅拌可加快离子的扩散,减少浓差极化,加快电解处理速度;再则,可防止沉淀物在电解槽内沉积和吸附到极板上。但空气中的氧会将 Fe^{2+} 氧化为 Fe^{3+},降低电流效率,因此通入的压缩空气量不宜过大,以不使沉淀物在电解槽内沉积为准
电解时间和阳极电流密度	电解时间(即使废水中 Cr^{6+} 全部还原为 Cr^{3+} 所需的时间)由铁阳极溶解到废水中的 Fe^{2+} 量确定,而 Fe^{2+} 量是通过废水中的电量决定的。一般情况下,当进水中 Cr^{6+} 浓度为 50mg/L,极板净距为 5mm(或 10mm)时,电解时间宜采用 5min(或 10min),阳极电流密度宜采用 0.15A/dm²(或 0.2A/dm²)
单位电耗和电源功率	电解法处理含铬废水的单位电耗见表 25-30
电解法处理含铬废水的污泥量	污泥体积可按处理废水体积的 5%~10% 计算。当六价铬离子浓度为 100mg/L 时,处理 1m³ 废水所产生的污泥干重可按 1kg 计算
备注	实际运行中废水浓度可能会有变化,选用电解槽的直流电源时,应在计算总电流和总电压的基础上,增大 30%~50% 的备用量,直流电源应带有电流换向装置(手动或自动换向)。在条件允许时,也可采取减少流量、延长处理时间的方法,处理高浓度含铬废水

表 25-30　电解法处理含铬废水的单位电耗[8]

废水中含六价铬浓度/(mg/L)	极距/mm	单位消耗/(kW·h/m³)
16~20	20	0.4~0.5
35	20	0.9
50	10	1.0
100	10	2.1
200	10	4.5
备注	表中电能的单位消耗为处理时无投加食盐时的数值	

(4) 电解槽的设计和计算

电解槽的设计和计算,包括电流、电解槽有效容积、极板面积、电压、极间电压降、电能消耗等的计算。

① 电流计算。电解处理所需电流按下式计算:

$$I = \frac{K_{Cr}QC}{n}$$

式中　I——计算电流，A；

$\quad K_{Cr}$——1g 六价铬离子还原为三价铬离子所需的电量，A·h/g(Cr^{6+})；

$\quad Q$——废水设计流量，m^3/h；

$\quad C$——废水中六价铬离子浓度，g/m^3；

$\quad n$——电极串联次数，n 值为串联极板数减 1。

K_{Cr} 值宜通过试验确定，当无条件时，可采 4~5A·h/g(Cr^{6+})。

② 电解槽有效容积计算。有效容积按下式计算，并应满足极板安装所需的空间要求。

$$V = \frac{Qt}{60}$$

式中　V——电解槽的有效容积，m^3；

$\quad Q$——废水设计流量，m^3/h；

$\quad t$——电解时间，min。

电解时间 t 与处理废水中六价铬浓度有关，按下列情况采用：

废水中六价铬浓度小于 50mg/L 时，t 值为 5~10min；

废水中六价铬浓度为 50~100mg/L 时，t 值为 10~20min。

③ 极板面积按下式计算：

$$F = \frac{I}{aM_1M_2J_F}$$

式中　F——单块极板面积，dm^2；

$\quad I$——计算电池（或采用的电流），A；

$\quad a$——极板面积减少系数，采用 0.8；

$\quad M_1$——并联极板组数（若干段为一组）；

$\quad M_2$——并联极板段数（每一串联极板单元为 1 段）；

$\quad J_F$——极板电流密度，A/dm^2。

J_F 可取 0.15~0.30A/dm^2。

④ 极间电压降按下式计算：

$$U_1 = a + bJ_F$$

式中　U_1——极间电压降，V；

$\quad a$——电极表面分解电压，V；

$\quad b$——极间电压计算系数，V·dm^2/A；

$\quad J_F$——极板电流密度，A/dm^2。

U_1 一般为 3~5V。a 值根据试验确定，当缺乏试验数据时，可采用 1V。b 值根据试验确定，当缺乏试验数据时，按表 25-31 中数值采用。J_F 可取 0.15~0.30A/dm^2。

表 25-31　极间电压计算系数 (b)

投加氯化钠浓度/(g/L)	温度/℃	极距/mm	电导率/(μS/cm)	极间电压计算系数(b)/(V·dm^2/A)
0.5	10~15	5	—	8.0
		10	—	10.5
		15	—	12.5
		20	—	15.7

投加氯化钠浓度/(g/L)	温度/℃	极距/mm	电导率/(μS/cm)	极间电压计算系数(b)/(V·dm²/A)
不投加氯化钠	13~15	5	400	8.5
			600	6.2
			800	4.8
		10	400	14.7
			600	11.2
			800	8.3

⑤ 电压按下式计算：

$$U = nU_1 + U_2$$

式中 U——计算电压，V；

    U_1——极间电压降，V；

    U_2——导线电压降，V；

    n——电极串联次数，n 值为串联极板数减 1。

    U_1 一般为 3~5V。

⑥ 电能消耗按下式计算：

$$N = \frac{IU}{1000Q\eta}$$

式中 N——电能消耗，kW·h/m³；

    I——计算电流，A；

    U——计算电压，V；

    Q——废水设计流量，m³/h；

    η——整流器效率，当无实测数据，可采用 0.8。

注：电解槽的设计和计算引自 GB 50136—2011《电镀废水治理设计规范》。

25.7.3　含铜废水处理

电解法处理含铜废水，能直接收回金属铜。处理废水的含铜浓度范围较广，尤其是对浓度较高（铜大于 1000mg/L 时）的废水有一定的经济效益。处理设备装置投资和经营费用均不高，管理操作简单，但在处理低浓度废水时，电流效率较低。

电解法处理含铜废水，主要用于硫酸盐镀铜等酸性废水，近年来通过试验研究也能用于氰化镀铜、焦磷酸盐镀铜等的废水处理。

(1) 处理原理

酸性镀铜废水中主要存在 Cu^{2+}、H^+、Fe^{2+}、Fe^{3+} 等阳离子和 SO_4^{2-}、Cl^- 等阴离子。当电流通过时，废水中的阳离子向阴极迁移，并在阴极上沉积，由于铜的电位比铁等较正，故铜能优先在阴极上析出。废水中的阴离子向阳极迁移，并在阳极上放出电子而氧化。其反应如下。

阴极反应：$\qquad\qquad\qquad Cu^{2+} + 2e \longrightarrow Cu$

$\qquad\qquad\qquad\qquad\quad 2H^+ + 2e \longrightarrow H_2 \uparrow$

阳极反应：$\qquad\qquad\qquad 4OH^- - 4e \longrightarrow 2H_2O + O_2 \uparrow$

(2) 处理流程

电解法处理含铜废水的处理流程见图 25-38。回收槽一般设置 1~2 级，根据具体情况确定。

镀件出镀铜槽后，经二级回收清洗、最后经自来水清洗，其清洗水排放。应控制最后清洗

槽排放水中的 Cu^{2+} 浓度在 1mg/L 以下，这可由镀件经回收槽后带入清洗槽的 Cu^{2+} 浓度及清洗槽用水量的平衡计算（即当镀件从回收槽带入清洗槽一定量的 Cu^{2+}，需要用多少清洗水来冲洗，使 Cu^{2+} 浓度保持在 1mg/L 以下），可计算出清洗槽的用水量。一般将清洗槽用水量确定后，控制回收槽内 Cu^{2+} 浓度在一定范围内，当超过控制浓度时，开始电解处理以降低回收槽内 Cu^{2+} 浓度和保证清洗槽的排水能达到排放标准。

回收槽需定期换水，当一级回收槽内的铜离子浓度超过控制浓度时，回收槽内的废水排入电解槽进行电解处理；二级回收槽的废水向一级回收槽递补，二级回收槽换新水。如最后经自来洗清洗的清洗水未达标时，应排至废水站经处理后排放。

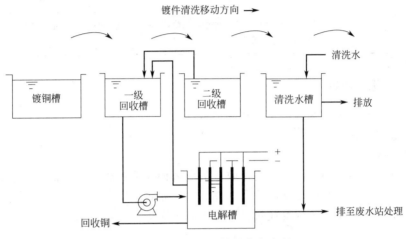

图 25-38　电解处理镀铜废水流程

(3) 处理运行工艺条件和参数

处理运行工艺条件和参数见表 25-32。

表 25-32　处理运行工艺条件和参数

项　目	处理运行工艺条件和参数
回收槽内铜离子的浓度	用电解法处理和回收时，一级回收槽内废水中铜离子的浓度一般控制在 0.5~2.0g/L。电解回收硫酸盐镀铜废液中的铜时，其含铜浓度不宜低于 10g/L
处理槽液的搅拌	搅拌处理槽液，减少电解过程中浓差极化。在电解过程中铜离子不断在阴极析出，在阴极表面附近溶液的铜离子浓度就不断下降，因来不及补充，而引起浓差极化，导致氢离子放电而逸出氢气，降低了析出铜的效率。因此，采用搅拌溶液，提高铜离子向阴极表面附近溶液的传递速度，减少浓差极化。一般采用泵将溶液进行循环搅拌
清洗槽的排水	当清洗槽排水中铜离子浓度超过排放标准时，应用化学处理法处理，或排至废水处理站
电极、极板间距和连接形式	1. 阳极板一般采用不溶性材料[8]，如钛网涂二氧化铅、钛网涂二氧化钌、铅—锑合金（含铅 5%，质量分数）、石墨等。阴极材料一般采用不锈钢，如沉积的铜要作为镀铜槽的辅助阳极时，阴极宜采用铜板。极板厚度 1~2mm 2. 平板电极的极板间的净距一般为 15~20mm 3. 极板与直流电源连接方式一般采用单极式连接
电流密度和电压	电流密度会影响电流效率和沉积铜层的质量，电流密度和电压按下列因素确定： 1. 电流密度：一般当废水中含铜离子浓度大于 700mg/L 时，阴极电流密度采用 0.5~1.0A/dm²；当废水中含铜离子浓度小于或等于 700mg/L 时，可采用 0.1~0.5A/dm² 2. 电压：电解槽的电压由极板间距、回收液导电性能和电流密度等因素确定，一般极间电压为 3~4V

续表

项　　目	处理运行工艺条件和参数
电解槽阴极析出的铜量	按下式计算： $$M_x = IC\eta$$ 式中　M_x——电解槽的阴极析出铜量，g/h； 　　　　I——采用的电流值，A； 　　　　C——铜的电化当量，g/(A·h)； 　　　　η——阴极电流效率，%。 铜电化当量为 1.185g/(A·h)。 酸性沉积铜时电流效率采用 60%～80%；氰化沉积铜时电流效率采用 30%～40%
回收铜的利用	用铜阴极直接沉积上的铜，可移入镀铜槽作为辅助阳板。沉积在不锈钢阴极上的铜箔剥下来，出售给回收公司统一利用

25.7.4　含银废水处理

电解法处理含银废水有普通电解法和旋流电解法。

25.7.4.1　普通电解法

(1) 处理流程

生产量及处理系统较小时，也可将回收银的电解槽等系统放置在镀银回收槽旁边或生产线附近。普通电解法处理镀银废水基本流程如图 25-39 所示。

当清洗水槽排水中氰离子浓度超过排放标准时，应进行处理，达标后排放。

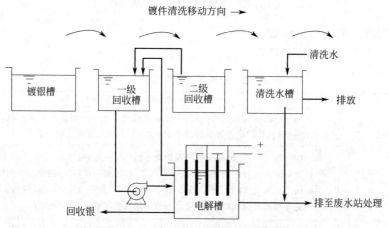

图 25-39　电解法处理含银废水流程

(2) 处理运行工艺条件和参数

处理运行工艺条件和参数见表 25-33。

表 25-33　处理运行工艺条件和参数

项　　目	处理运行工艺条件和参数
回收槽内银离子的浓度	用电解法处理和回收银时，一级回收槽内银离子浓度宜控制在 200～600mg/L
回收槽的补充水	采用纯水
电解槽	采用单极性平板电极的电解槽。电解槽和电源设备应可靠接地
电极材料	电解槽的阴极材料采用不锈钢,阳极材料采用石墨

续表

项　目	处理运行工艺条件和参数
电解槽设计参数	1. 平板电极间净距为 $10 \sim 20mm$ 2. 电解槽内废水宜快速循环，废水通过电极间的最佳流速，应根据能提高极限电流密度及降低能耗的原则确定，采用平板电极的流速为 $300 \sim 900m/h$ 3. 阴极电流密度根据废水含银离浓度等因素确定： 当废水中含银离浓度大于 $400mg/L$ 时，采用 $0.1 \sim 0.25A/dm^2$ 当废水中含银离浓度小或等于 $400mg/L$ 时，采用 $0.1 \sim 0.03A/dm^2$ 4. 电解槽的极间电压可采用 $1 \sim 3V$
电解槽阴极析出银量	按下式计算： $$M_x = I\,C\eta$$ 式中　M_x——电解槽的阴极析出银量，g/h； 　　　　I——采用的电流值，A； 　　　　C——银的电化当量，$g/(A \cdot h)$； 　　　　η——阴极电流效率，$\%$。 银电化当量为 $4.025g/(A \cdot h)$。 阴极电流效率采用 $20\% \sim 50\%$
处理用的直流电源	电解法处理和回收银用的直流电源，采用硅或可控硅整流器，或脉冲电源

25.7.4.2　旋流电解法[8]

旋流电解法处理银氰废水的工艺流程，分为回收银、破氰及深度处理等三个主要过程，其处理流程[8]见图 25-40。

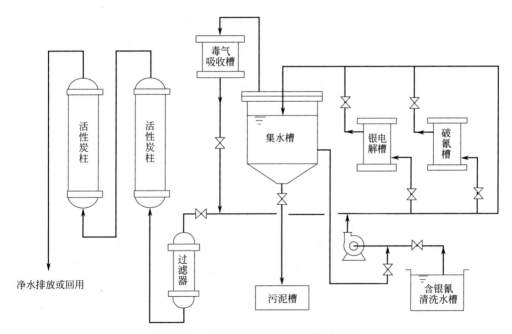

图 25-40　旋流电解法处理银氰废水流程

(1) 回收镀银清洗废水中的银

① 处理原理。在银氰废水中银是以 $[Ag(CN)_2]^-$ 络离子形式存在的，电解过程主要是银氰络离子在阴极上直接还原，其反应式如下。

阴极反应：　　　　　　$[Ag(CN)_2]^- + e \longrightarrow Ag + 2CN^-$

阳极反应：　　　　　　$CN^- + 2OH^- - 2e \longrightarrow CNO^- + H_2O$

$$4OH^- - 4e \longrightarrow 2H_2O + O_2 \uparrow$$

② 处理方法。旋流电解法处理装置，是由不锈钢（1Cr18Ni9Ti）制的内外筒组成，外筒为阳极（ϕ148mm，H280mm），内筒为阴极（ϕ138mm，H275mm）。阴、阳极间距控制在5～10mm。处理时，使银氰废水沿切线方向旋流状态通过特制电解装置，旋流电解靠强性对流来提高传质速度，使阴极附近的废水（液）不断得到更新，从而降低浓度差，提高电流效率，在工艺要求的范围内电流效率达到70%～80%。由于可以采用较大的电流密度，银的沉积速度比一般普通电解方法提高2倍。

③ 回收银工艺参数。旋流电解法回收银的工艺参数见表25-34。

表 25-34 旋流电解法回收银的工艺参数

项　目	回收银的工艺参数	项　目	回收银的工艺参数
槽电压	1.8～2.2V	银离子起始浓度	0.5～5g/L
电流密度	0.17～0.6A/dm²	银回收率	90%～97%
电流效率	70%～80%	银的纯度	>99.9%
旋流量	400～600L/h	—	—

(2) 氰化物的电解氧化

① 处理原理。电解回收银的工序完成后，向该残液投加氯化钠，将该残液配成3%的氯化钠溶液继续电解，使氰酸根电解破除，其破除率大于95%。

首先是氯离子在阳极放电后生成氯气，进一步和溶解的氧生成 ClO^-，使 CN^- 反应生成 $CNCl$。反应式如下：

$$CN^- + ClO^- + H_2O \longrightarrow CNCl + 2OH^-$$

在碱性条件下继续水解，反应如下：

$$CNCl + 2OH^- \longrightarrow CNO^- + Cl^- + H_2O$$
$$2CNO^- + 3ClO^- + H_2O \longrightarrow 2CO_2 \uparrow + N_2 \uparrow + 2OH^- + 3Cl^-$$
$$2CNO^- + 3Cl_2 + 4OH^- \longrightarrow 2CO_2 \uparrow + N_2 \uparrow + 6Cl^- + 2H_2O$$

② 电解破氰工艺参数。

槽电压：3～4V；

电流密度：10～13A/dm²；

氯化钠浓度：3%～5%（质量分数）；

氰酸根去除率：99%。

(3) 深度处理

① 镀银清洗水或老化废液经回收银、完成破氰后，一般能符合 CN^- 的排放标准，若仍超标，则进一步进行深度处理，可用枣核活性炭（枣炭）吸附除氰。先将枣核活性炭用3%的硫酸铵浸泡数小时后，滤去溶液风干后，即可装柱。炭层高度为1.6m，装9kg。

② 处理工艺参数。

线速度：6m/h；

接触时间：7～8min；

流量：50～60L/h。

③ 吸附饱和后的枣炭用1%（质量分数）的硫酸脱附，然后分别用3%（质量分数）的硫酸铵及0.2%（质量分数）的氢氧化钠再生，经再生的枣炭工作吸附容量可以恢复到80%～90%。

25.7.5　含金废水处理

金废水处理，可采用旋转阴极电解法[7]提取（回收）清洗废水中的黄金，回收率可以达到 99.9％，而且金的起始浓度低，达到 50mg/L 就可以实现提取黄金。

旋转阴极式黄金提取机，可以用于提取镀金清洗废水中的黄金，也可用于从镀金老化废液、化学浸镀金废液、氯化退金液中提取黄金。

① 提取机的不锈钢阴极是筒状、可旋转的，阳极是涂钛钌不锈钢网。一般对于含金量 1g/L 的溶液，其处理工艺规范参数如下。

极间距：5mm。

电压：起始电压 2V，待处理废水的流动方向与轴成水平方向循环，1h 后将电压升至 2.25V，直至电解结束。

工作周期处理废水量：每个工作周期处理废水 20～30L，用泵强力循环，冲刷电极以加快传质速度，可大大提高黄金的沉积速度。

② 提取机可在同一装置中电解的同时实现破氰。其工艺规范参数如下。

氯化钠投加量：根据氰的含量，投加 1％～3％（质量分数）的氯化钠。

电压：4～4.2V。

电解时间：2～2.5h。

总氰破除率：＞95％。

如果需要深度净化，也可同机实现，处理液以 150～250mL/min 的流速通过活性炭柱出水即可达标。

旋转阴极电解法回收黄金的流程见图 25-41。

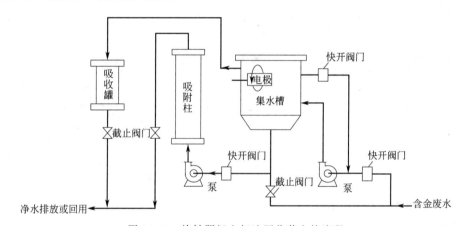

图 25-41　旋转阴极电解法回收黄金的流程

25.7.6　含氰废水处理

对于氰化电镀的清洗废水中的氰化物，由于其初始浓度低，用电解法处理不经济，而对于浓度高的废液，如氰化电镀的废液，用电解法处理就较为合适。

(1) 处理原理[8]

废水中简单的氰化物和络合氰化物通过电解，在阳极上氧化为二氧化碳和氮气而除去。

① 阳极反应

a. 对简单氰化物，其反应如下。

第一阶段反应：　　　　　　$CN^- + 2OH^- - 2e \longrightarrow CNO^- + H_2O$

第二阶段反应：　　　　$2CNO^- + 4OH^- - 6e \longrightarrow 2CO_2 \uparrow + N_2 \uparrow + 2H_2O$

$$CNO^- + 2H_2O \longrightarrow NH_4^+ + CO_3^{2-}$$

电解中产生一部分铵。

b. 对络合氰化物（以铜为例），其反应如下：

$$Cu(CN)_3^{2-} + 6OH^- - 6e \longrightarrow Cu^+ + 3CNO^- + 3H_2O$$

$$Cu(CN)_3^{2-} \longrightarrow Cu^+ + 3CN^-$$

c. 在电解的介质中投加食盐时发生下列反应：

$$2Cl^- - 2e \longrightarrow 2[Cl]$$

$$2[Cl] + CN^- + 2OH^- \longrightarrow CNO^- + 2Cl^- + H_2O$$

$$6[Cl] + Cu(CN)_3^{2-} + 6OH^- \longrightarrow Cu^+ + 3CNO^- + 6Cl^- + 3H_2O$$

$$6[Cl] + 2CNO^- + 4OH^- \longrightarrow 2CO_2\uparrow + N_2\uparrow + 6Cl^- + 2H_2O$$

② 阴极反应

$$2H^+ + 2e \longrightarrow H_2\uparrow$$

$$Cu^{2+} + 2e \longrightarrow Cu$$

$$Cu^{2+} + 2OH^- \longrightarrow Cu(OH)_2\downarrow$$

(2) 处理流程

电解法处理含氰废水流程见图 25-42。电解法处理含氰废水产生的沉淀物，比电解法处理含铬废水所产生的沉淀物要少得多。当废水浓度较低及悬浮物较少时，电解除氰后的水可不经沉淀和过滤而直接排放。

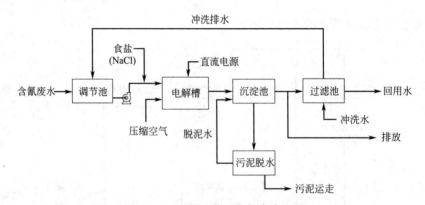

图 25-42　电解法处理含氰废水流程

(3) 处理运行工艺条件和参数

① 处理工艺参数。电解法处理含氰废水工艺参数见表 25-35。

表 25-35　电解法处理含氰废水工艺参数

含氰浓度(CN⁻)/ (mg/L)	槽电压/V	体积电流密度/(A/L)	电流密度/(A/dm²)	电解时间/min	食盐投加量/(g/L)
50	6~8.5	0.75~1.0	0.25~0.3	25~20	1.0~1.5
100	6~8.5	0.75~1.0~1.25	0.25~0.3~0.4	45~35~30	1.0~1.5
150	6~8.5	1.0~1.25~1.5	0.3~0.4~0.45	50~45~35	1.5~2.0
200	6~8.5	1.25~1.5~1.75	0.4~0.45~0.5	60~50~45	1.5~2.0
备注	处理低浓度含氰废水，现一般采用 0.4~0.7A/dm² 的阳极电流密度 体积电流密度即为单位体积溶液通入的电流强度				

② 废水的 pH 值。一般 pH 值控制在 9~10 之间。

处理应在碱性条件下进行，因为 pH 值偏低时，不利于氯对氰根的氧化，同时由于阳极表面 OH⁻ 的放电，导致阳极区的 pH 值下降，若 pH 值降至 7 以下，将会产生剧毒的氰氢酸气体逸出。若 pH 值偏高，在食盐含量较低的情况下，阳极电流效率下降，除氰效果降低。因此，pH 值一般控制在 9~10 之间。

③ 电极材料。采用不溶性电极，一般采用石墨，极板厚 25~50mm。阴极采用钢板，极

板厚 2～3mm。

④ 电极净距。阴、阳极板净距为 15～30mm.

⑤ 空气搅拌用量。用压缩空气搅拌电解液，以防止沉淀物黏附在极板表面或沉于槽底。搅拌 1m³ 废水，压缩空气用量如下。

间歇式处理：0.1～0.2m³/(min·m³)。

连续式处理：0.1～0.5m³/(min·m³)。

压缩空气压力：均力 0.05～0.1MPa。

⑥ 调节池。有效容积为 1.5～2.0h 的废水平均流量。

25.7.7　微电解-膜分离法处理混合废水处理

这种处理混合废水的方法，是采用微电解（也称内电解）与膜分离处理法相结合的处理技术。

(1) 处理流程

微电解-膜分离法处理混合废水，是经电解处理后，出水再经膜分离技术深度处理，其处理流程如图 25-43 所示。

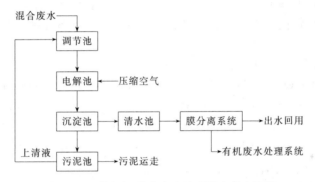

图 25-43　微电解-膜分离法处理混合废水流程

(2) 处理工艺及操作条件

① 微电解处理设备材质，宜选用不锈钢或碳钢，内壁作防腐处理。

② 电解材料采用铸铁屑，粒径大于 5mm，装填高度 1.5m。

③ 进水 pH 值为 2～5，废水与铁屑的接触时间为 20min。

④ 处理系统在运行期间，应定期向微电解处理设备通入压缩空气，通入空气量为 0.1～0.3m³/(min·m³)，压力为 0.3～0.7MPa，通气时间为 1～3min，脉冲频率宜为 2～5s，周期为 1～2h。

⑤ 微电解设备出水应用碱（或石灰乳）调 pH 值为 8～11 后，进行固液分离，为加快污泥沉淀，可适当投加助凝剂。

⑥ 当采用连续处理时，宜设置水质自动检测和投药自动控制装置。间歇循环处理废水时，内电解设备内的流速不宜低于 20m/h，填料装填高度为 1.5m，间歇循环处理以六价铬达标为终点，调整循环池内 pH 值为 8～11 后，进行固液分离。

⑦ 铁屑填料易氧化结块，须保持浸没在水下。微电解设备在检修或不运行期间，应保持设备内的水位始终浸没铁屑填料，如设备维修需将废水排空时，其设备维修和注满水的时间间隔应不超过 4h。

⑧ 微电解与膜分离联合处理电镀废水时，应根据回用水水质、水量要求，选择膜分离工艺形式。对膜分离产生的浓水，应进入有机废水生化处理系统，经处理达标后排放。

25.7.8 内电解法处理含铬和混合废水

内电解（也称微电解）法处理废水，即利用铁-碳在电解质溶液中腐蚀形成的内电解过程，来处理废水的电化学方法。

铁屑内电解处理法不但能处理含铬废水，对锌、铜、银等也有去除作用，这说明可以处理混合废水。内电解法处理废水的主要特点如下。

① 工艺流程简单，可以直接处理综合性电镀废水，并一次处理达标。

② 有一定脱盐效果和去除 COD 的能力。

③ 运行费用低，材料利用率高。消耗的主要原材料是铁屑（铸铁屑），来源广泛、价格低廉。

④ 这种原材料消耗随废水中有害物质浓度而改变，不需人工调整；而且催化、氧化、还原、置换、共沉淀絮凝、吸附等过程集于一个反应柱（池）内进行，管理操作简便。

⑤ 要消耗较多的酸（一般可用电镀车间的废酸），处理产生的污泥量也较大。

(1) 处理原理

当含有 Cr^{6+} 的废水通过铁屑时，在一定的 pH 值下，铁屑内发生原电池反应，铁被溶解形成 Fe^{2+}，使 Cr^{6+} 还原成 Cr^{3+}。随着反应的进行，有氢不断析出，使 H^+ 浓度逐渐减小，pH 值逐渐升高，使废水中的 Cr^{3+}、Fe^{3+} 生成氢氧化物沉淀而被除去，其反应如下。

① 处理含铬废水

阳极反应：
$$Fe-2e \longrightarrow Fe^{2+}$$
$$Cr_2O_7^{2-}+6Fe^{2+}+14H^+ \longrightarrow 2Cr^{3+}+6Fe^{3+}+7H_2O$$
$$CrO_4^{2-}+3Fe^{2+}+8H^+ \longrightarrow Cr^{3+}+3Fe^{3+}+4H_2O$$

阴极反应：
$$2H^++2e \longrightarrow H_2\uparrow$$
$$Cr_2O_7^{2-}+6e+14H^+ \longrightarrow 2Cr^{3+}+7H_2O$$
$$CrO_4^{2-}+3e+8H^+ \longrightarrow Cr^{3+}+4H_2O$$

生成氢氧化物沉淀：随反应的进行，H^+ 浓度逐渐减小，pH 值逐渐升高，使 Cr^{3+}、Fe^{3+} 生成氢氧化物沉淀，其反应如下：
$$Cr^{3+}+3OH^- \longrightarrow Cr(OH)_3\downarrow$$
$$Fe^{3+}+3OH^- \longrightarrow Fe(OH)_3\downarrow$$

② 处理混合废水

内电解法处理混合性电镀废水的原理为：当废水与铁屑接触时，由于微电池的电化学作用，Cr^{6+}、Cu^{2+} 等在铁屑表面进行电子转移，完成氧化还原反应，其反应式如下：
$$Fe+H_2CrO_4+2H_2O \longrightarrow Fe(OH)_3\downarrow+Cr(OH)_3\downarrow$$
$$Cu^{2+}+Fe \longrightarrow Cu+Fe^{2+}$$
$$2H^++Fe \longrightarrow Fe^{2+}+H_2\uparrow$$

另一方面由于 $Fe(OH)_3$ 属于胶体物质，能起絮凝和共沉淀的作用，改善沉淀的 pH 条件和沉淀状态，反应如下：
$$M^{x+}+xOH^- \longrightarrow M(OH)_x$$

M^{x+} 表示 Cr^{3+}、Cu^{2+}、Zn^{2+}、Ni^{2+}、Mn^{2+}、Fe^{3+}、Fe^{2+} 等离子。从上述反应可以看出，只有 Cr^{6+} 的去除完全依赖与铁屑的反应，其他重金属离子可通过中和沉淀去除。因此，循环处理时，以六价铬达标为反应终点。

(2) 处理流程

内电解法处理含铬废水，根据日处理废水量的大小，分为连续处理和间歇处理工艺。

① 连续处理。内电解法处理含铬废水，废水量大于 $40m^3/d$，宜采用连续处理工艺。其处理流程见图 25-44。

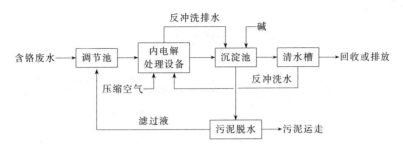

图 25-44　内电解法连续处理含铬或混合废水基本流程

a. 采用连续处理时，进入处理系统的废水水质应符合表 25-36 的要求。

表 25-36　处理系统进水水质（GB 50136—2011）

进水指标	六价铬	总铜	总锌	总镍	总铅	总磷	pH 值
限制浓度/(mg/L)	≤100	≤100	≤30	≤100	≤20	≤20	≤6

b. 连续处理系统在运行期间应定时向电解处理设备内通入压缩空气搅拌，以便及时将铸铁屑表面的沉淀物去除，保持铸铁屑的活性。压缩空气参数如下。

压力：0.3～0.7MPa；

压缩空气流量：15～20L/(m³·s)；

通气工作时间：1～3min；

脉冲频率：0.2～0.5s；

通气周期：1～2h。

c. 内电解设备的铸铁屑应定期用压缩空气和清水联合冲洗，将铸铁屑中的污泥彻底洗出。冲洗参数如下。

压缩空气流量：15～20L/(m³·s)；

冲洗水流量：7～14L/(m³·s)；

冲洗时间：5～10min；

反冲洗周期：16～32h（亦可通过试验确定）。

d. 当采用连续处理时，宜设置水质自动检测和投药自动控制装置。

e. 内电解法处理电镀废水时，铸铁屑的消耗速率按下列方法计算。

Ⅰ. 当进水的 pH 值小于或等于 5 时，铸铁屑的消耗速率按下式计算：

$$V_1 = Q_4(1.1C_1 + 0.9C_i + 2.8 \times 10^{4-pH})$$

式中　V_1——铁屑消耗速率，g/d；

　　　Q_4——日处理废水量，m³/d；

　　　C_1——废水中六价铬离子浓度，mg/L；

　　　C_i——废水中铜离子浓度，mg/L；

　　　pH——废水进入设备前的 pH 值。

Ⅱ. 当进水的 pH 值大于 5 时，铸铁屑的消耗速率按下式计算：

$$V_1 = Q_4(1.1C_1 + 0.9C_i)$$

式中　V_1——铁屑消耗速率，g/d；

　　　Q_4——日处理废水量，m³/d；

　　　C_1——废水中六价铬离子浓度，mg/L；

C_i——废水中铜离子浓度，mg/L。

② 间歇处理。内电解法处理含铬废水，废水量小于或等于 $40m^3/d$ 时，宜采用间歇处理工艺。其处理流程见图 25-45。

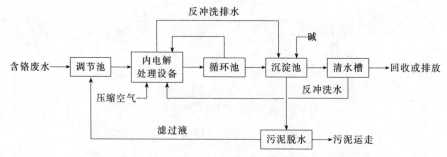

图 25-45　内电解法间歇处理含铬或混合废水基本流程

a. 采用间歇处理时，进入处理系统的废水水质应符合表 25-37 的要求。

表 25-37　处理系统进水水质 (GB 50136—2011)

进水指标	六价铬	总铜	总锌	总镍	总铅	总磷	pH 值
限制浓度/(mg/L)	≤200	≤100	≤100	≤100	≤20	≤20	≤6

b. 间歇式处理时，废水在内电解处理设备内的流速不宜低于 20m/h。

c. 间歇式处理的调节池和反应池（内电解处理设备）的有效容积，不宜小于正常情况下日排废水量的 1/2。一个处理周期为 3~4h。

d. 间歇式处理应以六价铬达到排放标准时为反应终点。

(3) 处理运行工艺条件和参数

① 处理含铬废水时，废水进水的酸度是影响六价铬还原过程及速度的重要因素，要严格控制。一般含铬废水 pH 值在 4~6，为此必须先进行酸化处理。酸化处理时最好采用钢铁强腐蚀（强浸蚀）用过的废酸。因为这种废酸含有大量的亚铁离子，对六价铬起化学还原作用。

② 处理混合废水时，应符合下列要求。

a. 含六价铬等电镀混合废水。

b. 槽液等不得直接进入处理系统。

c. 含络合剂、表面活性剂的废水，其浓度影响到重金属离子的去除效果时，应通过试验确定其最高允许浓度。

d. 含油废水进入系统前，应进行隔油处理。

e. 含氰废水应先进行破氰处理。

③ 在含有铬酸的废水中，铁屑表面容易钝化。为了使废水中存在有活化作用的、效果较好又易得到的 Cl^-，在酸化时最好采用盐酸，如用强浸蚀的废盐酸。

④ 内电解法处理废水时，废水与铁屑的接触反应时间不宜少于 20min；铸铁屑的装填高度为 1~1.5m；铸铁屑的粒径宜大于 1mm。

⑤ 内电解法处理设备停止运行时，应保持设备内的水位浸没铸铁屑，如铁屑暴露在空气中，会被氧化而结块，影响处理效果。遇到维修需排空设备内的废水时，其维修和注满水的总时间不应超过 4h。

⑥ 经内电解法处理后，废水中的污泥浓度可按下式计算：

$$C_{jS} = 4C_1 + 2C_2 + 1.6C_3 + C_{SS}$$

式中　C_{jS}——废水中的污泥浓度，mg/L；

C_1——废水中六价铬离子浓度，mg/L；

C_2——废水中铁离子总量，mg/L；

C_3——废水中除铬和铁离子以外的金属离子浓度总和，mg/L；

C_{SS}——废水进水中的悬浮物浓度，mg/L。

25.8 活性炭吸附法处理废水

活性炭是一种非极性吸附剂，使用较多的是粒状活性炭。它具有良好的吸附性能和稳定的化学性质，可以耐强酸、强碱，能经受水浸、高温、高压作用，不易破碎。活性炭具有巨大的比表面积和特别发达的微孔，粒状活性炭的比表面积高达 $950\sim1500m^2/g$，具有吸附能力强、吸附容量大的性能，可有效地吸附废水中的有机污染物和金属离子，活性炭是目前废水处理中普遍采用的吸附剂。活性炭吸附法处理电镀废水的工艺，目前主要用于含铬、含氰废水的处理。

25.8.1 含铬废水处理

(1) 处理原理[8]

用活性炭吸附法处理电镀废水，一般认为是利用它的吸附作用和还原作用。

① 吸附作用。在活性炭表面存在大量的含氧基团，如羟基（—OH）、甲氧基（—OCH₃）等（制造时引入），因此活性炭不是单纯的游离碳，而是含碳量多、分子量大的有机物凝聚体。当 pH 值为 3～4 时，由于含氧基团的存在，使微晶分子结构产生电子云，使羟基上的氢具有较大的静电引力（正电引力），因而能吸附 $Cr_2O_7^{2-}$ 或 CrO_4^{2-} 等负离子，形成一个稳定的结构，即：

$$RC-OH+Cr_2O_7^{2-} \longrightarrow RC{\rightarrow}O\cdots H^+\cdots Cr_2O_7^{2-}$$

箭头表示电子密度移动方向。可见，活性炭对 Cr^{6+} 有明显吸附效果。

随着 pH 值的升高，水中 OH^- 浓度增大，而活性炭的含氧基团对 OH^- 的吸附较强，由于含氧基与 OH^- 的亲和力大于与 $Cr_2O_7^{2-}$ 的亲和力，因此，当 pH 大于 6 时，活性炭表面的吸附位置全被 OH^- 夺取，活性炭对 Cr^{6+} 的吸附明显下降，甚至不吸附。利用此原理，用碱处理可达到再生活性炭的目的，当 pH 值降低后，可恢复其吸附 Cr^{6+} 的性能。

② 还原作用。活性炭对铬除有吸附作用外，还具有还原作用。在酸性条件下（pH<3），活性炭可将吸附在表面的 Cr^{6+} 还原为 Cr^{3+}，其反应式可能是：

$$3C+2Cr_2O_7^{2-}+16H^+ \longrightarrow 3CO_2\uparrow+4Cr^{3+}+8H_2O$$

在生产运行中亦发现，当 pH<4 时含铬废水经活性炭处理后，其出水中含 Cr^{3+}，说明在较低的 pH 值条件下，活性炭主要起还原作用，氢离子浓度越高，还原能力越强。利用此原理，当它吸附饱和后，通过酸液，将碳体吸附的铬以三价铬形式洗脱下来，达到再生的目的。

(2) 处理流程

一般采用两柱或三柱活性炭柱串联运行，当第 1 级炭柱吸附饱和后进行再生，再生后再与第 2 级（或最后一级）的炭柱串联，这样交替工作，以达到饱和流程。由于单用活性炭处理后的出水中，含三价铬浓度偏高，pH 值偏低，因此，有的处理流程在活性炭柱之后再串联 1 个硅酸钙柱，使处理后出水中三价铬浓度达到 0.5mg/L 以下，pH 值在 7 左右。

活性炭吸附法处理含铬废水流程见图 25-46。

(3) 处理运行工艺条件和参数

处理运行工艺条件和参数见表 25-38。

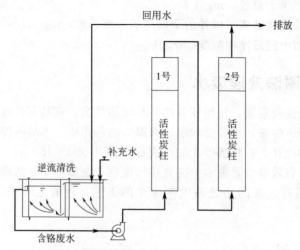

图 25-46　活性炭吸附法处理含铬废水流程
(注：活性炭吸附饱和后，用酸或碱进行再生处理后，
恢复其吸附性能。再生体系统管道未表示出)

表 25-38　处理运行工艺条件和参数

项　　目	处理运行工艺条件和参数
废水 pH 值	废水 pH 值一般控制为 3～5
废水六价铬浓度	废水六价铬浓度控制在 5～60mg/L 较好
活性炭吸附容量	在含铬废水处理中，一般采用价格较低的筛余活性炭。活性炭一般饱和吸附容量在 40g (Cr^{6+})/L 左右(湿活性炭)，工作吸附容量在 30g(Cr^{6+})/L 左右(湿活性炭)
处理后出水浓度	处理后出水含 Cr^{6+} 浓度可达到 0.5mg/L，出水 pH 值在 5 左右，但含 Cr^{3+} 浓度偏高，有时高达 20mg/L 左右
废水通过炭柱流速	废水通过炭柱流速，一般采用 10～12m/h 左右。炭层总高度为 3～3.8m，单柱炭层高度一般为 1.5m 左右
废水与活性炭接触时间	废水与活性炭接触时间为 10～30min
活性炭吸附柱形式	活性炭吸附柱一般采用固定床。为便于排气，宜采用升流式进水
活性炭预处理	先筛分去除 40 目以下的筛余物，经水洗去除附着在炭颗粒上的粉末，然后用 1.4mol/L 左右的盐酸或 0.5mol/L 左右的硫酸浸泡 8h 以上，去除活性炭微孔中的微量气体和无机杂质，并在微孔中造成酸性条件，最后用水清除过量的酸，直至出水 pH 值为 4，即可装柱待用
活性炭再生和洗脱	再生方法有两种，一种是用酸再生，另一种是用碱再生 1. 酸再生法。在强酸性溶液中，活性炭吸附的六价铬被还原为三价铬，由于在酸性条件下，活性炭不吸附三价铬，因而达到再生，而从活性炭上吸附的六价铬以硫酸铬(三价铬)形式洗脱下来 再生一般采用浓度为 10%～20%(质量分数)的硫酸，用量为炭体积(湿炭体积)的 50%，通常再生洗脱液均重复利用一次。再生一般用浸泡法，在开始浸泡 3h 内，其洗脱率可达 85% 左右，在实际使用中，都浸泡过夜。再生后活性炭用水洗去余酸，重新投入运行。再生下来的洗脱液中，主要为硫酸铬，可用作鞣革剂或制作抛光膏 2. 碱再生法。利用在碱性条件下，活性炭不吸附六价铬，并可用氢氧化钠溶液再生，将活性炭上吸附的六价铬以铬酸钠的形式洗脱下来 再生液一般采用浓度为 8%～15%(质量分数)的氢氧化钠溶液，用量为炭体积的 1～1.5 倍，通常再生洗脱液均重复利用一次。一般为碱再生液通过炭层循环和浸泡相结合的方法，再生洗脱率在 60%～80%，浸泡时间为 2～3h。用碱再生的活性炭还需用 5%～10%(质量分数)的硫酸浸泡，然后用水洗净活性炭的余酸后重投入运行。不经酸浸泡的活性炭不能恢复其吸附能力。碱再生的洗脱液为铬酸钠，可用于钝化等

25.8.2　含氰废水处理

　　活性炭不仅具有吸附特性，同时还具有较强的催化特性。活性炭催化氧化法处理含氰废

水，就是利用活性炭的这种特性。

(1) 处理原理

含氰废水流经浸铜处理过的活性炭（载铜活性炭），利用活性炭的吸附性，吸附氰在活性炭上，利用空气中的氧将其催化氧化分解成氨和碳酸根，氨气逸出，铜与碳酸根反应生成碱式碳酸铜吸附在活性炭表面上。这是一种简便高效的处理方法。它不需要投加另外的药剂，不产生二次污染，处理效率高。

(2) 处理流程

活性炭催化氧化法处理含氰废水流程见图 25-47。含氰废水排入调节池经混匀和调节 pH 值后，用泵打入气升式流化床进行吸附催化氧化反应，由于流化床有良好的传质性能，其处理效率很高，能处理掉大部分的氰，可把流化床作为高负荷处理的前置反应器，然后流入固定床，结合固定床处理实现废水达标排放。处理后出水可以回用。饱和的活性炭进行再生处理。流化床的出气口与盛有 5%NaOH 的吸收液接触，防止氨气等溢出。

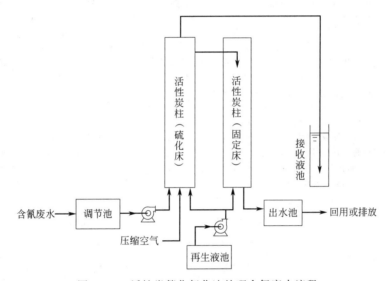

图 25-47 活性炭催化氧化法处理含氰废水流程

(3) 活性炭再生[8]

饱和的活性炭的再生，在 0.5mol/L 的 NaOH 溶液加入 H_2O_2（5%～6%，体积分数）作为再生液，浸渍已饱和的活性炭 30min 左右，滤出液体，用自来水冲洗至 pH 值 9～10，然后再用 10%（质量分数）$CuCl_2$ 溶液浸渍上述活性炭，其作用是洗脱活性炭上的沉淀物和使活性炭吸附 Cu^{2+} 作为催化剂，20h 后用水冲洗至 pH 值为 4～5。再生后活性炭可重新投入运行。

据有关文献报道，这种处理方法的成本和运行费用低于次氯酸钠法，操作管理方便、处理量大。特别适用于中高浓度含氰废水的处理，可连续工作，不使用化学药品，不会带来二次污染。处理后出水可以直接回用，有良好的环境经济效益。

25.9 反渗透法处理废水

反渗透法处理废水是属于膜分离法常用的一种处理废水的方法。膜分离是指通过特定的膜的渗透作用，借助外界能量或化学位差的推动，对两组分或多组分混合的液体进行分离、分级、提纯和富集。膜分离技术作为新的分离净化和浓缩技术，其过程大多数无相变化，常温下操作，有高效、节能、工艺简便、投资少、污染少的优点，故发展迅速，获得越来越广泛的应用。

膜分离技术是根据膜孔径大小而拥有各种用途。膜分离技术从分离精度（可截留物质粒度）上划分为四类：微滤（MF）、超滤（UF）、纳滤（NF）和反渗透（RO）。膜分离范围如表 25-39 所示。

表 25-39　膜分离范围及应用

膜 名 称	可截留物质及特性
微滤(MF)	可截留 $0.1\sim1\mu m$ 的颗粒 微滤膜能截留悬浮物、细菌及大相对分子质量的胶体等物质。允许大分子和溶解性固体(无机盐)等通过。微滤膜的运行压力一般为 $0.07\sim0.7MPa$。应用于悬浮物的分离
超滤(UF)	可截留 $0.002\sim0.1\mu m$ 的大分子物质和杂质 超滤膜能截留胶体、蛋白质、微生物乳化油、颜料和大分子有机物，一般用截留相对分子质量来表示超滤膜孔径的大小，其范围在 $1000\sim500000$。允许小分子物质和溶解性固体(无机盐)等通过。超滤膜的运行压力一般为 $0.1\sim0.7MPa$。应用于浓缩、分级、大分子溶液的净化
纳滤(NF)	可截留纳米级($0.001\mu m$)的物质 纳滤膜的工作区间介于超滤和反渗透之间，其截留有机物质的相对分子质量为 $200\sim800$ 左右，截留溶解盐的能力为 $20\%\sim98\%$，对可溶性单价离子的去除率低于高价离子，如对氯化钠及氯化钙的去除率分别为 20% 和 80%。纳滤膜的运行压力一般为 $0.35\sim3MPa$。一般用于去除地表水中的有机物和色素、地下水中的硬度以及部分溶解盐
反渗透(RO)	可截留 $0.0001\sim0.001\mu m$ 的物质 反渗透膜是最精细的一种膜分离产品。能有效截留所有溶解盐分子及相对分子质量大于 100 的有机物，同时允许水分子通过。反渗透膜的运行压力一般为 $1.2\sim7MPa$。广泛应用于海水及苦咸水淡化，制备工业纯水及高级纯水，某些废水处理和水回用等。在离子交换前使用反渗透可大幅度降低运行费用和废水排放量
膜分离范围示意图	 微滤(MF) $0.1\sim1\mu m$ 超滤(UF) $0.002\sim0.1\mu m$ 纳滤(NF) $0.001\mu m$ 反渗透(RO) $0.0001\sim0.001\mu m$ 水分子

反渗透与常规过滤相似，但实质不同。首先，常规过滤只能去除溶液中颗粒固体杂质（即粒径 $10\sim1000\mu m$），即使是微孔过滤也只能去除大分子和微粒杂质（$0.1\sim10\mu m$），而反渗透膜可以分离出溶液中的离子（约粒径 $0.0001\sim0.001\mu m$）。其次，随过滤过程的进行，固体杂质积聚在滤层（或滤芯）表面上，而影响过滤效率；而反渗透却不同，滞留在膜表面的杂质会很快被溶液冲刷流出，而保持良好的渗透性。

膜分离法处理废水的关键是要求反渗透膜具有良好的分离透过性和物化稳定性。根据分离条件选择合适的膜，选用依据如下。

① 对于酸性较强的废液，应选择在酸性环境中具有较好稳定性的芳香族聚酰胺中空纤维膜（B-9、B-10、B-15）和芳香聚酰胺-酰肼（DP-1）膜。

② 对镀镉废水及含氰等碱性较强的废液应选用耐碱性较好的分离膜。

③ 对于具有较高氧化性的 Cr^{6+} 的去除，则要求膜具有较好的抗氧化能力，一般 Cr^{6+} 的去除，选用聚苯并咪唑（PBJL）膜和聚砜酰胺（PSA）膜。

从电镀清洗水闭路循环"零排放"的概念来说，用反渗透法处理电镀废水是较理想的一种方法。因为它不产生污渣，反渗透出来的纯水又可回用于清洗槽，而浓缩液则可补充回镀槽。

反渗透法处理电镀废水时，可以反渗透单独处理，也可与离子交换联合处理。

25.9.1　含镍废水处理

(1) 处理流程

反渗透法处理含镍废水，是利用对废水施加较高压力时，作为溶剂的水透过特种半透膜，而溶质难以透过的原理对废水进行分离的方法。反渗透法处理含镍废水装置及流程见图 25-48。处理的含镍废水为普通镀镍和光亮镀镍的清洗废水。用这种处理方法时，镀件清洗方式应采用二级、三级逆流清洗，使用水量要很小，否则会造成反渗透器容量太大。第一级清洗水槽的水放入原液储槽，原液用高压泵加压后，进入稳压罐，经阀门 1 进入反渗透器装置进行分离浓缩。浓缩液经阀门 2 补充到原液槽。这样，溶液浓度越来越高，清洗水得到浓缩，可以返回镀槽使用。淡水经收集，回用于清洗镀件。

在反渗透装置的上方设一高位水箱，高压泵停止工作时，水箱中的水就自动从高位流经阀门 3 进入反渗透管膜内，使膜保持湿润，防止膜干燥而损坏。

反渗透膜在使用一定时间后，需要用自来水反冲洗，反冲洗时的流速为 1.5～2m/s，时间 30min，然后用纯水洗净。可用漂洗水槽中的水，经阀门 4 进入反渗透器进行清洗，洗净后再经阀门 3 返回漂洗水槽。

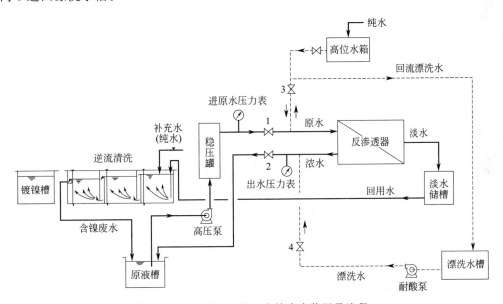

图 25-48　反渗透法处理含镍废水装置及流程

(2) 处理装置及处理效果

处理流程以两个镀镍槽（各为 800L），三级逆流清水槽（均为 350L），采用间歇式处理，第一级清洗槽中含镍浓度控制为 1～2g/L 等条件为例，说明其处理装置及处理效果，具体如下[8]。

① 处理装置。反渗透器采用内压管式醋酸纤维素膜，膜的管径为 18mm。反渗透器有三组 14 根膜管，共有膜管 42 根，总流程长 63m，膜面积为 3.5m²。高压管路及连接的阀门均采用不锈钢材料，低压部分采用塑料管材。

高压泵的流量为 280L/h，最大工作压力为 10MPa，电机功率为 2.2kW。

转子流量计共两个，分别测量浓液（浓缩液）和淡水（渗透过的水）的流量，用不锈钢阀门控制浓液、淡水的压力。高压水管路上装有安全阀门，且设有旁通管路。

② 处理效果。使用反渗透装置处理出来的淡水，回用镀件清洗，不影响清洗效果。浓液可直接返回镀镍槽，不影镀层质量。

反渗透器的工作参数：废水浓度为 $1510 \sim 2440 mg/L$，操作压力为 3MPa，水温为 $16 \sim 18℃$，水通量为 $1.67 \sim 1.76 cm^3/(cm^2 \cdot h)$。

反渗透的去除率分别为：Ni 95%～99%；SO_4^{2-} 98%；Cl^- 80%～90%；H_3BO_3 30%。

25.9.2 含镉废水处理

硫酸盐镀镉废水的反渗透法处理，对于单纯硫酸镉废水，可采用醋酸纤维素（CA）膜，进行反渗透分离，在 2.8MPa 的压力下，Cd^{2+} 分离率可达到 98% 以上，而且透水率也较高。CA 膜的透水率和分离率较高，但适用的 pH 值范围较窄（3～8），并且使用温度较低。也可采用 PSA 膜（聚砜酰胺），它具有良好的抗氧化性、抗酸性和抗碱性。PSA 膜经处理后使用，经反渗透测试，膜的脱盐率为 96.3%，透水率为 $1.5 cm^3/(cm^2 \cdot h)$。PSA 膜物化稳定性良好，可适用于处理 pH 值在 1～12 的溶液。

反渗透法处理含镉废水的处理流程见图 25-49。含镉废水排入集水槽，经过滤器后进入高压泵，经加压后（由高压针形阀调节），进入板式反渗透器，透过膜的淡水，由淡水储槽收集。未透过膜的浓液（水），经转子流量计返回集水槽，以继续进行循环浓缩。

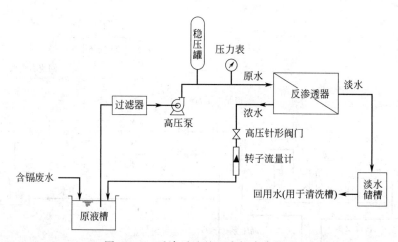

图 25-49　反渗透法处理含镉废水流程

25.9.3 反渗透膜深度处理

利用反渗透（RO）薄膜分离技术，可对经过专项实用技术处理达标的各种电镀废水进行深度脱盐处理，从而得到优质的工业用水。其工艺过程包括盘式过滤器或精密过滤器，反渗透器处理等。

反渗透系统的淡水回用于生产线，浓水可经独立处理系统处理达标后排放，也可将浓水排入生化处理系统或混合废水调节池作进一步处理。该技术工艺流程短，减少占地面积，不投加药剂，不产生污泥，全过程均属物理法，不发生相变。该技术适用于各种电镀生产线的废水资源化工程。

25.10　生物化学法处理废水

微生物处理电镀重金属废水的机理，可是依据获得的高效功能菌对重金属离子有静电吸附作用、酶的催化转化作用、络合作用、絮凝作用和共沉淀作用，以及对 pH 值的缓冲作用，使得金属离子被沉积，经固液分离，净化了废水。

采用微生物生化方法治理重金属废水，在生化处理设施的设计、废水处理工艺的选择以及微生物菌种的驯化培养等方面，必须设法创造适宜的条件，来降低溶解态的重金属浓度，以利于微生物生长和重金属的净化处理。

生化法处理重金属废水的最大特点，是在处理过程中微生物能不断地增殖，生物法去除金属离子的量，随生物数量的增加而增加。该法综合处理能力较强，既可处理单一金属废水，也可处理多种金属离子的混合废水；能有效地去除废水中的六价铬、铜、镍、锌、镉、铅等金属离子；处理方法简便实用，运行过程控制简单，污泥量少，减少二次污染。其缺点是，功能菌繁殖速度和反应速率慢，处理水难以回用。

25.10.1 含铬废水处理

生物处理含铬废水技术是利用复合菌（由具核梭杆菌、脱氮副球菌、迟钝爱得华氏菌、厌氧消化球菌组合而成）在生长过程中的代谢产物将以 $HCrO_4^-$、$Cr_2O_7^{2-}$、CrO_7^{2-} 形式存在的 Cr^{6+} 还原为 Cr^{3+}，形成氢氧化铬 $Cr(OH)_3$，并与菌体其他金属形成的氢氧化物、硫化物混凝沉淀而被除去。

该技术工艺流程：复合菌在生活污水（或啤酒、食品废水）中培养 24h；培养好的复合菌加入含铬废水净化池 1，停留 3h 后进入净化池 2，停留 13h；进入沉淀池，沉淀 8h。上清液排放，铬去除率达 99% 以上。

该技术的污泥量仅为化学法的 1%，沉淀的氢氧化铬、氢氧化铜、氢氧化镍、氢氧化锌均可回收。该技术适用于处理电镀企业含铬废水。

有文献[3]报道，中科院成都微生物研究所开发的生化法处理含铬废水，工艺中使用的微生物是厌氧菌，从最初的 SR 菌到目前使用的新一代 BM 菌（为厌氧菌），经多次优化筛选，处理含铬废水的活性已大为增加。含细菌水量与废水量的比例，从最初的 1：（2~5）提高到 1：100。生化法处理含铬废水处理流程如图 25-50 所示。

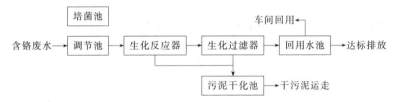

图 25-50　生化法处理含铬废水处理流程

当 BM 复合菌与电镀含铬废水混合后，通过多层生物-化学反应使各种重金属离子转化为沉降物，沉降物经过固液分离后，达到净化水质的目的。同时对废水中的有机物也具有一定降解去除作用。

BM 菌生命力强、稳定、变异性小。培养基主要成分为粮食加工工业中的副产品、下脚料，来源广泛。

处理效果：对六价铬处理有特效，处理出水不会超标。出水总铬含量可稳定低于 0.3mg/L。污泥产出量少。现在 10L 细菌水可处理 $1m^3$ 废水。本处理技术可供大型电镀厂或电镀车间的废水处理参考采用。

25.10.2 含铜废水处理

(1) 处理流程

微生物处理含铜废水处理流程见图 25-51。

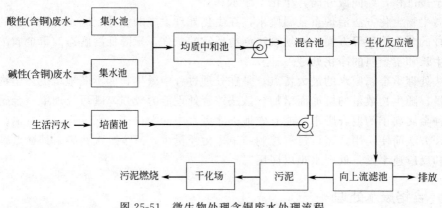

图 25-51　微生物处理含铜废水处理流程

（2）处理流程说明

① 排出的酸性（含铜）废水、碱性（含铜）废水分别流入集水池。

② 两个集水池的废水经混合流入均质中和池，调节 pH 值，均质后废水用泵打入混合池。

③ 生活污水经过培菌池的水解酸化后用泵打入混合池，与含铜废水混合。

④ 将按比例混合的废水流入生化反应池（内有高密度微生物接种物）进行生化反应。

⑤ 从生化反应池出来的水，经过向上流滤池的沉淀、过滤后将上清水排放。向上流滤池沉淀过滤的含铜污泥用泵抽出，干化后混入煤中投入锅炉燃烧。

上述各池均采用钢筋混凝土结构，并采取防腐蚀、防渗漏措施，设有取样口，耐腐蚀泵、管道、管件均采用 PVC 材质，安装转子流量计来控制流量。

此法也适合于其他重金属废水的治理。

（3）处理效果

微生物处理含铜废水处理效果（示例）见表 25-40[8]。

表 25-40　微生物处理含铜废水处理效果（示例）

废水性质	废水进口浓度	处理后排放口水质
酸性废水	Cu^{2+}：76～140mg/L　平均 78mg/L Ni^{2+}：<0.05mg/L pH 值：3.7～5.3	Cu^{2+}：0.22～0.84mg/L　平均去除率为：99.2% Ni^{2+}：<0.05mg/L COD_{Cr}：60.4～98mg/L　平均去除率为：85% BOD_5：25.5～29mg/L　平均去除率为：82%
碱性废水	Cu^{2+}：13～25mg/L　平均 20mg/L Ni^{2+}：<0.05mg/L pH 值：8～9	SS：40～68mg/L　平均去除率为：90% pH 值：7.47～8.29 　注：每天处理水量中，含铜废水 18～25m³/d 生活污水 8～15m³/d
生活污水	COD_{Cr}：300～450mg/L BOD_5：150～210mg/L SS：42～530mg/L pH 值：5～6	含铜废水与生活污水的比例约为 3:1 该数据是在上述情况下连续取样 5 天所得到的结果 经过半年的运行，各项指标均达到国家排放标准

25.10.3　混合（综合）废水处理

电镀混合（综合）废水，是指电镀生产排放的不同镀种和不同污染物混合在一起的废水，包括经过预处理的含氰废水和含铬废水。

（1）处理流程

生化处理电镀混合（综合）废水处理流程如图 25-52 所示。

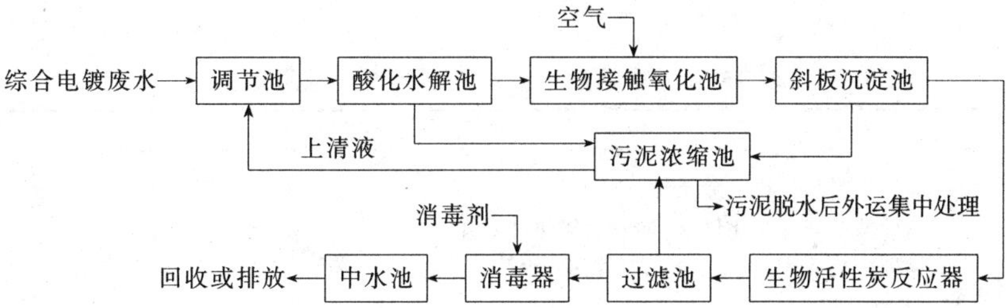

图 25-52　生化处理电镀混合（综合）废水处理流程

(2) 处理说明

① 由于铬、铅、镉、锌、铁等重金属对微生物均有毒害作用，所以进入生化处理系统的重金属应进行预处理。

② 宜根据综合电镀废水的水质，合理选用酸化水解池作为初级处理，生物活性炭作为二级处理，高效过滤器、药剂消毒作为深度处理。

③ 处理过程中所产生的污泥，经管道汇集后自流入污泥浓缩池，经浓缩脱水后外运集中处理，上清液重新流回调节池。

④ 为保证整个处理系统的安全可靠运行，生物接触氧化池和高效过滤器应设反冲洗管路，反冲洗水用自来水或该流程处理后的排水。

⑤ 生物接触氧化池宜按一级、二级两格串联布置，水力停留时间不小于 4h（一级 2.6h、二级 1.4h）。池中应设有立体弹性填料，框架为碳钢结构，内外涂防腐涂料，池底应设在微孔曝气软管布气，气水比按 （10～15）：1 考虑。

⑥ 生物活性炭的主要设计和运行参数宜满足以下要求。

a. 活性炭粒径 0.9～1.2mm，床高 2～4m，空床停留时间 20～30min。

b. 体积负荷：0.25～0.75kg(BOD)/(m³·d)；水力负荷：8～10m³/(m²·h)。

c. 生物活性炭的有效体积（活性炭体积），宜按下式算：

$$V = \frac{Q(S_D - S_C)}{N_V}$$

式中　V——活性炭有效体积，m³；

　　Q——废水平均日流量，m³/d；

　　S_D——进水 BOD 值，mg/L；

　　S_C——出水 BOD 值，mg/L；

　　N_V——容积去除负荷，g(BOD)/(m·d)。

　　N_V 一般取 0.5～1g(BOD)/(m·d)。

d. 生物活性炭的总面积，宜按下式算：

$$A = \frac{V}{H}$$

式中　A——生物活性炭总面积，m²；

　　V——活性炭有效体积，m³；

　　H——活性炭总高度，m。

25.11　电镀废水处理药剂

电镀废水处理药剂很多，下面列举九种，即两酸（硫酸和盐酸）、两碱（氧化钙和氢氧化钠）、一种还原剂（焦亚硫酸钠）、两种絮凝剂（聚丙烯酰胺 PAM 和聚氯化铝 PAC）、两种金属捕集剂（重金属捕集剂 DTCR 和电镀废水处理剂 TLA）。其性质及其用途[9]，如表 25-41

所示。

表 25-41　电镀废水处理药剂的性质及用途

处理药剂	性质及用途
硫酸	分子式:H_2SO_4　相对分子量:98.08 1. 浓硫酸是一种氧化性酸,加热后氧化性更强 2. 稀硫酸能溶解铝、铬、铜、钴、锰、镍、锌等金属,热态时溶解能力增强,但稀硫酸不能溶解铅和汞,也极难与高硅铁反应 3. 95%(质量分数)以上的冷态浓硫酸不和铁、铝反应(因铁、铝在冷浓硫酸中被钝化) 4. 浓硫酸有极强的吸水性,能使木材、棉布、纸张等碳水化合物脱水碳化,接触人体能引起严重烧伤 5. 硫酸几乎能与所有金属(除铅、汞、高硅铁)、氧化物、氢氧化物反应而生成硫酸盐(包括正盐及酸式盐) 6. 发烟硫酸[含有20%(质量分数)以上的游离 SO_3 的浓硫酸]为无色或棕色油状稠厚的发烟液体,有强烈的刺激臭味,吸水性强,可与水以任何比例混合,放出大量热量,腐蚀性和氧化性比普通硫酸更大 7. 在稀释硫酸时,只能注酸入水,切不可注水入酸,以防液表面局部过热而发生爆炸喷酸事故 用途:在水处理领域,硫酸可用作硬水的软化剂、离子交换树脂的再生剂、pH 值调节剂、氧化剂、清洗剂等
盐酸	分子式:HCl　相对分子量:36.46 性状:为无色有刺激性液体,工业盐酸中因带有铁、氯等杂质而微带黄色,相对密度为 1.187 1. 盐酸是极强的无机酸,有极强的腐蚀性,极易溶于水、乙醇和乙醚 2. 浓盐酸浓度一般为 36%(质量分数),试剂可达 38%(质量分数),在空气中发烟,遇氨气则生成白色烟雾。常用的盐酸浓度在 31%(质量分数)左右 3. 盐酸与金属作用生成金属氯化物并放出氢;与金属氧化物作用生成盐和水;与碱起中和反应生成盐和水;与盐类起复分解反应生成新的盐和新的酸 用途:在水处理领域,盐酸主要用作酸洗剂、离子交换树脂的再生剂、萃取剂、中和剂和 pH 值调节剂等
氧化钙	别名:石灰、生石灰　分子式:CaO　相对分子量:56.8 性状:氧化钙(CaO)为白色立方晶系粉末,或为略带灰色的块状物。市售产品中含有 90%~95%(质量分数)的 CaO,由于其中含有铁、镁等杂质,故有时呈浅黄色、浅褐色或暗灰色 石灰显露空气中易吸收二氧化碳和水分而变成难溶的 $CaCO_3$;石灰与水发生反应,生成 $Ca(OH)_2$,并放出热量 用途:在废水处理中用作 pH 值调节剂(可调 pH 值至 11~12)、能去除磷酸盐和大多数重金属、降低生化需氧量、杀灭细菌和病毒,以及去除水中的氨
氢氧化钠	别名:苛性钠、片碱、烧碱、火碱　分子式:NaOH　相对分子量:40.01 性状:氢氧化钠纯品为无色透明斜方晶系结晶(工业品为白色不透明状),有固体和液体两种。固体氢氧化钠呈白色,有块状、粒状、棒状、片状等,纯度在 95%(质量分数)以上;液体的为无色透明,纯度为 30%~45%(质量分数)。纯品的相对密度为 2.13,熔点为 318.4℃,沸点为 1390℃。工业用氢氧化钠常含少量氯化钠、碳酸钠及硅酸钠等杂质 1. 氢氧化钠易溶于水,溶解时放出大量的热,溶液呈强碱性;也溶于乙醇、甲醇及甘油;不溶于乙醚、丙酮 2. 吸湿性强,在潮湿空气中易吸收二氧化碳及水分而逐渐变成碳酸钠 3. 化学性质活泼,可与许多单质、氧化物、无机盐及有化合物反应,与酸发生中和反应而生成盐和水;也有皂化油脂的能力,会生成皂和甘油 4. 腐蚀性极强,对皮肤、织物、纸张等有强烈腐蚀性;遇潮时对铝、锌、锡等有腐蚀性 用途:氢氧化钠是重要的化工基本原料。在废水处理中主要用作 pH 值调节剂、中和剂、沉淀剂等
还原剂 焦亚硫酸钠	别名:偏二亚硫酸钠、二硫五氧酸钠 分子式:$Na_2S_2O_5$　相对分子量:190.09　相对密度:1.48 性状:焦亚硫酸钠为白色或微黄色结晶粉末,带有强烈的 SO_2 味,溶于水,水溶液呈酸性。溶于甘油,微溶于乙醇。遇潮易分解,露置空气中易氧化成硫酸钠。与强酸接触放出 SO_2,并生成相应的盐类。具有强还原性。严禁与酸类、氧化剂和有害有毒物质共储混运 用途:焦亚硫酸钠用于含铬废水处理

续表

处理药剂	性质及用途
絮凝剂 聚氯化铝 (PAC)	聚氯化铝又称为聚合氯化铝,简称 PAC,是介于 $AlCl_3$ 和 $Al(OH)_3$ 之间的一种水溶性无机高分子聚合物。化学通式为 $Al_2(OH)NCl_6-NL_m$,其中 m 代表聚合程度,N 表示 PAC 产品的中性程度。也称为碱式氯化铝或混凝剂等 性状:为黄色、淡黄色、深褐色或深灰色树脂状固体,有较强的架桥吸附性能,在水解过程中,伴随发生凝聚、吸附和沉淀等物理化学过程。PAC 无毒,相对密度大于 1.19,pH 值为 3.5~5,易溶于水,水解成氢氧化铝凝胶,有吸潮性,随温度升高会发生晶变 用途:PAC 絮凝沉淀速度快,适用 pH 值范围广,对设备、管道无腐蚀性,净水效果明显,能有效去除水中色质及砷、汞等重金属。广泛用于工业废水处理的絮凝剂
絮凝剂 聚丙烯酰胺 (PAM)	分子式:$(C_3H_5NO)_n$　相对分子量:$1\times10^4\sim2\times10^7$ 性状:固体密度(23℃)为 $1.3g/cm^2$,软化温度为 210℃,热稳定性好;能以任何比例溶于水,水溶液为均匀透明的液体;当溶液浓度高于 10%(质量分数)时,高分子量的聚合物因分子间氢原子的键合作用,可呈现出类似凝胶状的结构 用途:在水处理工业中,利用聚丙烯酰胺中的酰氨基与许多物质亲和、吸附,形成"桥联",产生絮团,从而加速微粒的下沉,能适应多种絮凝对象,用量少,效率高,生成的泥渣少,后处理容易
金属捕集剂 高分子 重金属捕集剂 (DTCR)	性状:DTCR 是一种液状螯合树脂,是由螯合剂 NH-CSSNa 组成的大分子量有机螯合树脂,棕红色透明液体,无限溶于水。使用时按 1%~2%(质量分数)稀释,溶液呈浅黄色,100% 的原液相对密度不小于 1.26(25℃),pH 值为 11~12,黏度为 80~100MPa·s(25℃) DTCR 能在常温下与电镀废水中的 Hg^{2+}、Cd^{2+}、Pb^{2+}、Mn^{2+}、Cu^{2+}、Ni^{2+}、Zn^{2+}、Cr^{3+}、Cr^{6+} 等重金属离子迅速反应,生成不溶于水的螯合盐,能实现在多种重金属离子共存的情况下一次处理。DTCR 处理时,加入少量有机或无机絮凝剂,形成不溶性絮状沉淀,产生污泥少,是中和沉淀法所产生污泥的 1/20 应用:金属捕集剂(DTCR),作为沉淀剂用于去除电镀废水中的重金属离子,去除效果好,是一项新技术。处理废水主要流程:电镀的含重金属混合废水→调 pH 值(3~10)→加 DTCR(投加量,质量分数 1%~2%),搅拌→加 0.5%(质量分数)絮凝剂聚丙烯酰胺(PAM),搅拌→静置分离
金属捕集剂 TLA 电镀 废水处理剂	TLA 电镀废水处理剂以螯合剂为主,添加其他药剂。以下列一种螯合剂为例加以说明 螯合剂:1,2 乙基二胺四乙酸　别名:乙二胺四乙酸、乙二胺四醋酸、EDTA 分子式:$C_{10}H_{16}N_2O_8$　相对分子质量:292.24 性状:乙二胺四乙酸为白色、无味、无臭的结晶性粉末,220℃时分解,在 25℃ 水中的溶解度为 0.5g/L,游离酸的稳定性不如盐类,加热到 150℃ 时,会出现脱掉羧基的倾向。游离态酸及其金属化合物对热非常稳定,在 240℃ 时熔化变质,几乎不溶于水(其碱金属盐能溶于水)、乙醇、乙醚及其他溶剂;溶于氢氧化钠、碳酸钠及氨的溶液中;能溶于 5%(质量分数)以上的无机酸,如果用苛性碱中和,可生成一、二、三、四碱金属盐 用途:乙二胺四乙酸(EDTA)用途很广,是螯合剂的代表物质,能与碱金属、稀土元素和过渡金属等形成稳定的水溶性螯合物。能在较宽的 pH 值范围内与金属形成稳定的络合物,特别是在碱性条件下,作为金属捕集剂,可用于水处理,除去 Ca^{2+}、Mg^{2+}、Mn^{2+}、Fe^{2+}、Fe^{3+} 等金属离子。EDTA 对金属和有机杂质具有隐蔽作用,能够促进金属离子特别是镍和铁离子共沉积,从而维持槽液杂质在正常的可接受的范围内。在镀铬电镀液中,可提高三价铬电镀的工艺范围,使三价铬电镀液能够长期稳定地投入生产使用[9]

25.12　电镀废水处理设备

国内一些环保(境)工程设备公司或制造厂家,生产不少电镀废水处理设备,其部分设备的技术性能和规格列入表 25-42~表 25-47,供参考。

表 25-42　DF、MYS 型系列电镀废水处理设备技术性能规格

设备名称	型号	处理水量/(m³/h)	设备尺寸(长×宽×高)/(mm×mm×mm)		重量/t	
			主机	配电箱	净重	工作重
DF 型系列电镀废水处理设备(脉冲电解法)	DF-B-0.5	0.5	1150×550×700	600×450×1200	0.41	1.3
	DF-B-1	1	1370×670×870	610×470×1210	0.62	1.75
	DF-B-3	3	2200×810×910	810×570×1510	1.33	2.83
	DF-B-5	5	2410×970×1070	810×570×1610	2.2	3.9

DF 型系列电镀废水处理设备(脉冲电解法)

电源:380V,三相四线,直流输出:DF-B-0.5、DF-B-1 型 0~195V,0~20A;DF-B-3、DF-B-5 型 0~200V,0~50A

处理指标		设备外观图:
处理前	处理后	
pH 值:4~6.5	pH 值:6~9	
Cr^{6+}:<50mg/L	Cr^{6+}:<0.5mg/L	
Cu^{2+}:<30mg/L	Cu^{2+}:<0.5mg/L	
Zn^{2+}:<20mg/L	Zn^{2+}:<2mg/L	
Ni^{2+}:<20mg/L	Ni^{2+}:<1mg/L	

处理方法:电解法,工艺包括电解氧化还原、气浮、脱色脱臭、絮凝等。对于氰化物配带破氰装置

用途:处理含铬、铜、锌、镍等重金属的混合废水

设备组成:由电解槽、斜板沉淀槽、过滤器、电控箱等组成

特点:占地面积小,易操作维修,运行成本低,稳定达标排放,对多种离子混合废水可同时处理

处理水量:比规格中大的水量也可生产

处理流程:

电控箱

电镀废水 → 调节池 → 电镀废水处理机 → 过滤器 → 清水排放

电解槽底部排放

沉淀槽底部排放

过滤槽底部排放

设备名称	项目	MYS-1	MYS-3	MYS-5	MYS-10
MYS 型系列脉冲电解法电镀废水处理设备 	处理水量/(m³/h)	1	3	5	10
	电解主机尺寸/(m×m×m)	3×0.5×1.3	3×0.7×1.6	3.5×0.8×1.8	3.5×2.5×1.8
	深度过滤器/(m×m)	$\phi0.5×1.3$ (1 台)	$\phi0.8×1.6$ (2 台)	$\phi1.5×1.8$ (2 台)	$\phi1.8×1.8$ (2 台)
	电解控制柜功率/kW	3~5	5~10	10~20	20~30
	主机处理温度/℃	<30~40	<45~50	<45~50	<50

生产厂:DF,MYS 系列产品,河南新乡市天盛环保工程设备有限公司

表 25-43　SBR 型系列间歇式自动化废水处理设备技术性能规格

项　目	设备型号及其技术性能规格			
	SBR-POP-1 SBR-POP-2	SBR-PO-1 SBR-PO-2	SBR-PP-1 SBR-PP-2	SBR-P-1 SBR-P-2
处理对象	含六价铬废水或含氰废水		重金属或酸碱废水	
废水浓度	Cr^{6+}<100mg/L pH=2.5~7 或 CN^-<100mg/L pH=7~11	Cr^{6+}<100mg/L pH=2.5~7 或 CN^-<100mg/L	pH=7~11 或 pH=2~12 重金属<200mg/L	pH=2~7 或 pH=7~12 重金属<200mg/L

续表

项　　目	设备型号及其技术性能规格			
	SBR-POP-1 SBR-POP-2	SBR-PO-1 SBR-PO-2	SBR-PP-1 SBR-PP-2	SBR-P-1 SBR-P-2
处理效果	$Cr^{6+}<0.5mg/L$ $pH=6\sim9$ 或 $CN^-<0.5mg/L$ $pH=6\sim9$ 重金属达标	$Cr^{6+}<0.5mg/L$ $pH=6\sim9$ 或 $CN^-<0.5mg/L$ $pH=6\sim9$	$pH=6\sim9$ 重金属达标	$pH=6\sim9$
处理能力/(cm³/h)	$1m^3/h$ $2m^3/h$ （2～4h/批）		$1m^3/h$ $2m^3/h$ （2～4h/批）	
设备尺寸 （长×宽×高)/(mm×mm×mm)	$2800\times1800\times2000$ $3200\times2200\times3000$		$800\times1800\times2000$ $3200\times2200\times3000$	
功率/kW	2	2	2	2
pH 仪表	2 台	1 台	2 台	1 台
ORP 仪表	1 台	1 台	—	—
设备性能及外形图	SBR 系列间歇式自动化废水处理设备,专为小水量(1～10m³/d)的工厂、车间而设计的,适用于电镀的含铬、含氰、重金属和酸碱的废水处理。设备集 pH 值调节、氧化还原反应、混凝、过滤、污泥浓缩和终端 pH 值调节功能于一体。废水处理全过程有 PLC 控制器和 pH/ORP 仪表控制。操作按预设的程序和参数自动进行。达标可靠,节约药剂 设备特点:将废水处理站缩聚成一套设备;节省投资、场地和运行费用;复杂的工程施工简化成设备的安装;重要的控制参数由电脑处理 生产厂:上海山青水秀环境工程有限公司			

表 25-44　SQSX-pH/ORP 型系列成套化自控废水处理设备技术性能规格

项　　目	设备型号及其技术性能规格			
	pH/ORP-S5A pH/ORP-S15A pH/ORP-S30A	pH-5A pH-15A pH-30A	pH/ORP-S5B pH/ORP-S15B pH/ORP-S30B	pH-5B pH-15B pH-30B
处理对象	含六价铬废水或含氰废水	重金属或酸碱废水	含六价铬废水或含氰废水	重金属、酸性或碱性废水
废水浓度	$Cr^{6+}<100mg/L$ $pH=2.5\sim7$ 或 $CN^-<100mg/L$ $pH=7\sim11$	$pH=2\sim11$ 重金属$<200mg/L$	$Cr^{6+}<100mg/L$ $pH=2.5\sim7$ 或 $CN^-<100mg/L$ $pH=7\sim11$	$pH=2\sim7$ 或 $pH=7\sim12$ 重金属$<200mg/L$
处理效果	$Cr^{6+}<0.5mg/L$ $pH=6\sim9$ 或 $CN^-<0.5mg/L$ $pH=6\sim9$	$pH=6\sim9$	$Cr^{6+}<0.5mg/L$ $pH=2\sim4$ 或 $CN^-<0.5mg/L$ $pH=10\sim12$	$pH=6\sim9$
处理能力/(cm³/h)	S5 型:5 S15 型:15 S30 型:30	S5 型:5 S15 型:15 S30 型:30	S5 型:5 S15 型:15 S30 型:30	S5 型:5 S15 型:15 S30 型:30
设备尺寸(长×宽×高)/(mm×mm×mm)	$3200\times3000\times2000$ $3800\times3200\times2500$ $4200\times3500\times2700$		$1600\times3000\times2000$ $1900\times3200\times2500$ $2100\times3500\times2700$	

续表

项　　目	设备型号及其技术性能规格			
	pH/ORP-S5A pH/ORP-S15A pH/ORP-S30A	pH-5A pH-15A pH-30A	pH/ORP-S5B pH/ORP-S15B pH/ORP-S30B	pH-5B pH-15B pH-30B
重量(含废水)/kg	S5A 型:6000 S15A 型:9000 S30A 型:13000		S5B 型:3500 S15B 型:5000 S30B 型:6000	
进水管径/mm; 出水管径/mm	Dg 50;125 Dg 65;150 Dg 80;125		Dg 50;125 Dg 65;150 Dg 80;125	
功率(不含水泵)/kW	S5 型:2 S15 型:4.5 S30 型:6.5		S5 型:1 S15 型:2.5 S30 型:3.5	
pH 仪表	2 台	2 台	1 台	1 台
ORP 仪表	1 台	1 台	—	—
温度条件	5～35℃	5～35℃	5～35℃	5～35℃
性能及外形图	适用于各种有机废水处理过程中 pH 自动调节及电镀、印制线路板、冶金、化工等行业的含氰、含铬、重金属(铜、镍、锌等)、酸碱废水的处理。自动监测、自动投药、节省药品、节省人力。成套化设计、模块化结构、节省场地、简化安装。处理水量为 5～30m³/h 生产厂:上海山青水秀环境工程有限公司 			

表 25-45　XG 型系列一体化废水处理设备技术性能规格

项　　目	XG-5	XG-10	XG-15	XG-20	XG-25	XG-30	XG-40	XG-50
处理能力/(m³/h)	5	10	15	20	25	30	40	50
设备尺寸/(m×m×m)	2.5×2×3.5	2.5×2.5×4	5×2.5×4	6×3×4.5	8×3×4.5	8×3.5×4.5	10×3.5×4.5	12×3.5×4.5

技术性能及设备外形

使用范围:含多种金属离子的电镀混合废水,铬、铜、铁、锌、镍等去除率均在 90% 以上,一般电镀废水经处理后均可达到排放标准

一体化废水处理设备是在斜板(管)沉淀池基础之上改进而成,将pH/ORP,自动加药装置、空气搅拌系统、污泥沉淀系统、自动控制系统有机融合在一起,保证出水的达标排放

结构:

1. 斜管、斜板材料:玻璃钢(FRP)、聚氯乙烯(PVC)、聚乙烯(PE)、聚丙烯(PP)

2. 斜管断面一般为正六边形,斜板断面可为平行板,亦可为正弦波形板

3. 斜管(板)顶部以上清水区高度为 1.0～1.5m,底部以下配水区高度不小于 1.0～1.5m。机械排泥时,配水区高度应大于 1.6m,便于安装和检修

4. 斜管设计流速为 1.0～4.0mm/s,斜板为 10～20mm/s

优点:停留时间短,处理效率高,结构简单、无易损件、运行稳定、容易操作

生产厂:上海山青水秀环境工程有限公司

表 25-46　QF 型系列成套废水气浮设备技术性能规格

项　　目	QF-3	QF-5	QF-10	QF-15	QF-20	QF-30	QF-40	QF-50
处理水量/(m³/h)	2～3	3～5	5～10	10～15	10～20	15～30	20～40	40～50
溶气水量/(m³/h)	0.5～1	1～2	2～3	3～5	5～7	6～10	10～13	15～20

续表

项　目	QF-3	QF-5	QF-10	QF-15	QF-20	QF-30	QF-40	QF-50
回流泵功率/kW	1.5	2.2	3.0	4.0	4.0	5.5	7.5	7.5
加气泵功率/kW	0.37	0.37	0.37	0.37	0.75	0.75	0.75	1.5
刮渣机功率/kW	0.12	0.25	0.25	0.25	0.25	0.25	0.37	0.37
自重/t	1.1	1.4	1.9	2.4	3.0	3.7	4.3	4.95
运行重/t	3.6	4.4	9.4	12.4	15.0	20.7	26.3	32.9

<table>
<tr><td rowspan="10">性能及设备外形</td><td>

适用重金属离子,如铬、锌、铜、铅等的去除。总含量在 50mg/L 以下,去除率均可在 70% 以上。

气浮装置由加药聚凝部分、回流水溶气释放部分、气浮部分、电器控制部分组成。

系统流程图:

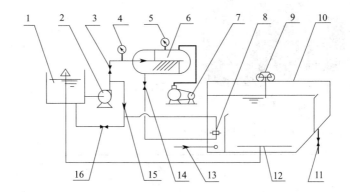

1—清水槽;2—回流水泵;3—溶气水进口控制阀;4—压力表 1;5—压力表 2;6—溶气系统;
7—空压机;8—释放器;9—刮沫机构;10—气浮池体;11—出渣控制阀;12—集水机构;
13—原水机构;14—溶气水出口控制阀;15—吸真空射流器;16—反冲洗控制阀

生产厂:上海山青水秀环境工程有限公司

</td></tr>
</table>

表 25-47　TV 型系列加药装置技术性能规格置

型　号	药剂投加量/(L/h)	投加方法	投加功率/kW	搅拌机功率/kW	溶药液槽容积/L	储药液槽容积/L	最大外形尺寸（长×宽×高）/(mm×mm×mm)
TV-0.5/0.6-1	0～200	计量泵（微型机座系列）	0.37	0.37	500	600	1460×1260×1800
TV-0.5/0.6-2	5～500	喷射器附转子流量计	—	0.37	500	600	1460×1260×1800
TV-0.5/0.6-3	5～500	重力投配附转子流量计	—	0.37	500	600	1460×1260×1800
TV-0.5/0.6-4	5～500	喷射器	—	0.37	500	600	1460×1260×1800

续表

型 号	药剂投加量/(L/h)	投加方法	投加功率/kW	搅拌机功率/kW	溶药液槽容积/L	储药液槽容积/L	最大外形尺寸（长×宽×高）/(mm×mm×mm)

性能及设备外形

基本性能:可以连续地向水处理中定时定量地投加所需的一定量的各种化学药剂,又能按需要配制这些所需的化学药剂溶液

适用范围:

1. 在水处理中投加混凝剂、助凝剂、消毒液、酸碱液

2. 在冷却水、循环水中投加阻垢剂等

选用时根据水处理及投加药剂的情况,确定投加方式,一般选用两台,其中一台备用。喷射器加药,要求冲射水进水压力>0.25MPa。设备只需放置在平整地坪上即可,不需基础与固定。设备上排放阀接口全部为活接头,排放法兰可任意调整方位。溶药槽、储药液槽如需特殊规格,可按需要制造,其外形可以改变

设备外形图

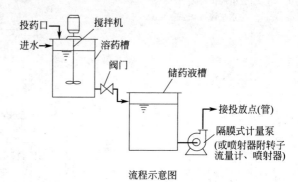

流程示意图

生产厂:扬州松泉环保科技有限公司

第26章
废气处理

26.1 概述

电镀生产过程中会产生含尘气体和大量有害气体，如前处理作业的磨光、刷光、抛光、喷砂、喷丸等产生大量的粉尘（颗粒物）；化学处理及电化学处理过程中产生的铬酸，各种酸、碱以及氰化学物等各种有害废气（无机类污染物）以及有机类污染物，如有机溶剂废气等。需要净化处理的废气，大致有粉尘废气，铬酸、三酸（硝酸、盐酸、硫酸）、氰化物、氮氧化物废气以及高浓度或高温的强碱性废气等。电镀废气主要污染物种类，见表26-1。电镀废气中的污染物及其危害性，见表26-2。电镀废气净化处理方法见图26-1。

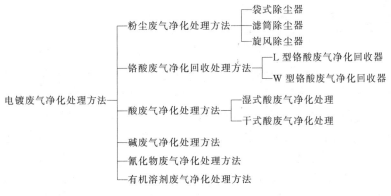

图 26-1　电镀废气净化处理方法

电镀废气污染净化治理技术的选用，应根据我国现阶段国民经济的发展水平，体现先进性、适用性、经济性、稳定性和节约能源的原则；应符合我国制定的环保法规和方针政策。实现电镀企业的清洁生产和节能减排，充分体现以防为主、防治结合、资源能源高效利用的战略思想。

表 26-1　电镀废气主要污染物种类

项　目	主要污染物
含尘废气	主要由喷砂、喷丸、磨光及抛光等工艺产生,含有砂粒、金属氧化物及纤维性粉尘等
酸碱废气	采用盐酸、硫酸等酸性物进行浸蚀、出光和化学抛光等工序所产生的酸性气体,如氯化氢、二氧化硫、氟化氢及磷酸等气体和酸雾,具有极强的刺激性气味。产生碱雾的工序有化学及电化学除油、强碱性电镀(如碱性镀锌、镀锡等)和氰化电镀等,主要是工艺中使用氢氧化钠、碳酸钠及磷酸钠等碱性物质,以及加热等所产生的碱性气体
含铬废气	包括镀铬、化学或电解抛光、表面钝化、退镀以及塑料电镀前处理粗化等工艺产生的铬酸雾废气
含氰废气	主要由氰化电镀(如氰化镀铜、锌、银、金、合金等)所产生的含氰废气,遇酸反应,能产生毒性更强的氰化氢气体
有机废气	主要是采用有机溶剂对零件进行除油所产生的有机溶剂气体

表 26-2　电镀废气中的污染物及其危害性

废气种类	有害成分	危害性
含尘废气	砂粒、金属氧化物及纤维性粉尘	对操作者咽喉、肺部造成伤害
酸碱废气	氯化氢、二氧化硫、氧化氮、氟化氢、硫化氢及磷酸等气体和酸雾;氢氧化钠、碳酸钠及磷酸钠等	腐蚀建筑物和设备,污染大气或形成酸雨;对操作者咽喉、气管、肺部刺激很大
含铬酸雾	铬	致畸、致癌及致突变
含氰化物气体	氰化氢气体	毒性大,吸入微量就可致人死亡

26.2　粉尘废气净化处理

　　电镀前处理作业的磨光、刷光、抛光、喷砂、喷丸等产生大量的粉尘,必须进行除尘净化处理。

　　手工或手动工具作业,如磨光、刷光、抛光等所产生的粉尘,其净化处理一般采用布袋式除尘器或滤筒除尘器。中小型规模作业可采用单机袋式除尘器。

　　中小型规模的喷砂、喷丸作业的粉尘净化处理,一般采用袋式除尘器;大型作业可采用旋风除尘器与袋式除尘器的联合除尘装置。

　　在选用除尘设备时,除尘设备的工作能力,应考虑风管及调节阀等构件的漏风,一般按系统计算风量时,宜附加 10%~15%。

26.2.1　袋式除尘器

(1) 工作原理

　　袋式除尘器是一种干式除尘装置,适用于捕捉细小、干燥、非纤维性粉尘。含尘气体进入布袋除尘器时,颗粒大、密度大的粉尘,在重力作用下沉降下来,落入灰斗。当粉尘的颗粒直径较滤料的纤维间的空隙或滤料上粉尘间的间隙大时,粉尘在气流通过时即被阻留下来,称为筛滤作用。一般新滤料的除尘效率是不够高的。滤料使用一段时间后,由于筛滤、碰撞、滞留、扩散等效应,滤袋表面积聚了一层粉尘,这层粉尘称为初层(成了滤料的主要过滤层)。随着粉尘在滤料表面的积聚,布袋除尘器的效率和阻力都相应的增加,使布袋除尘器效率下降,也使除尘系统的风量显著下降。因此,布袋除尘器的阻力达到一定数值后,要及时清灰。清灰时不能破坏初层,以免效率下降。

(2) 布袋除尘器的清灰

　　布袋除尘气清灰的种类及方法见表 26-3。

表 26-3　布袋除尘器清灰的种类及方法

清灰的种类	清灰的方法
气体清灰	气体清灰是借助于高压气体或外部大气反吹滤袋,以清除滤袋上的积灰。气体清灰包括脉冲喷吹清灰、反吹风清灰和反吸风清灰
机械振打清灰	分为对滤袋的顶部和中部振打清灰,是借助于机械振打装置周期性的轮流振打各排滤袋,以清除滤袋上的积灰
人工敲打清灰	用人工拍打每个滤袋,以清除滤袋上的积灰
布袋用材料	滤用的纤维有棉纤维、毛纤维、合成纤维以及玻璃纤维等,常用滤料有聚酯纤维、208 或 901 涤纶绒布,使用温度一般不超过 120℃

　　袋式除尘器很久以前就已广泛应用于各个工业部门中,用以捕捉非黏结非纤维性的工业粉尘和挥发物,捕获粉尘微粒可达 0.1μm。但是,当用它处理含有水蒸气的气体时,应避免出现结露问题。袋式除尘器具有很高的净化效率,捕捉细微的粉尘效率也可达 99% 以上。

　　几种袋式除尘器技术性能规格见表 26-4、表 26-5、表 26-6。

表 26-4 PL 型系列单机袋式除尘器技术性能规格

项 目		PL-800/		PL-1100/		PL-1600/		PL-2200/		PL-2700/		PL-3200/		PL-4500/		PL-6000/
		A	B	A	B	A	B	A	B	A	B	A	B	A	B	A	B
处理风量/(m³/h)		800		1100		1600		2200		2700		3200		4500		6000~8000
使用压力/mmH₂O		80		85		85		100		120		100		100		150~120
过滤面积/m²		4		7		10		12		13.6		15.3		21.5		30
进气口尺寸/(mm 或 mm×mm)		ϕ120		ϕ140		ϕ150		ϕ200		200×250		200×300		200×350		220×450
进气口中心离底座距离/mm		318		345		418		433		458		478		478		1295
风机电机功率/kW		1.1		1.5		2.2		3		4		4		5.5		7.5
清灰电机功率/kW		0.18		0.18		0.18		0.18		0.18		0.18		0.37		0.55
过滤风速/(m/min)		3.33		2.62		2.66		3.05		3.30		3.48		3.49		3.33~4.5
净化效率/%		>99		>99		>99		>99		>99		>99		>99		>99.5
灰箱容积/L		20	—	30	—	40	—	40	—	55	—	55	—	70	—	105	—
噪声/dB(A)		<75		<75		<75		<75		<75		<75		<75		<80
外形尺寸/mm	宽	530		700		740		720		760		790		900		1200
	深	520		580		580		660		680		700		800		900
	高 A	1300		1400		1613		1699		1798		1888		2028		3190
	B	1040		1100		1240		1330		1380		1420		1550		1740
重量/kg	A	504		578		662		767		893		1134		1302		1470
	B	483		556		703		735		650		750		960		1460

备注

该产品是根据引进的除尘器进行改进研制的一种体积小、除尘效率高的就地除尘机组。基本结构由风机、过滤器和集尘器三部分组成,各部件都安装在一个立式框架内,钢板壳体

该机组分为 A、B 等类型。A 型设灰斗抽屉;B 型不设灰斗抽屉,下部加法兰,由用户直接配接

右图为产品结构示意图,图中 1—壳体;2—检修门;3—进气口;4—出灰门;5—灰斗抽屉;6—洁净空气出口;7—电机;8—电气控制装置;9—风机;10—过滤器紧定装置;11—扁布袋;12—钢丝网;13—振打清灰电机;14—隔袋件;15—灰斗

生产厂:天津市富莱尔环保设备有限公司;扬州松泉环保科技有限公司;河北泊头市先科环保设备有限公司;北京东立银燕环保设备技术有限公司

A 型

表面打磨作业等

表 26-5 WMC24-Ⅱ型系列脉冲袋式除尘器技术性能规格

型号规格	过滤面积/m²	含尘浓度/(g/m³)	过滤风速/(m/min)	过滤风量/(m³/h)	阻力/mmH₂O	效率/%	外形尺寸(长×宽×高)/(mm×mm×mm)	重量/kg
WMC24-Ⅱ	18	<15	2~4	2160~4320	120~150	99.5	1090×1678×3667	1133
WMC36-Ⅱ	27	<15	2~4	3240~6480	120~150	99.5	1490×1678×3667	1485
WMC48-Ⅱ	36	<15	2~4	4320~8640	120~150	99.5	1890×1678×3667	1495
WMC60-Ⅱ	45	<15	2~4	5400~10800	120~150	99.5	2290×1678×3667	1730
WMC72-Ⅱ	54	<15	2~4	6480~12960	120~150	99.5	2690×1678×3667	1950
WMC84-Ⅱ	63	<15	2~4	7560~15120	120~150	99.5	3090×1678×3667	2230
WMC96-Ⅱ	72	<15	2~4	8640~17280	120~150	99.5	3650×1678×3667	2400
WMC120-Ⅱ	99	<15	2~4	10800~21600	120~150	99.5	4450×1678×3667	2870

续表

型号规格	过滤面积 /m²	含尘浓度 /(g/m³)	过滤风速 /(m/min)	过滤风量 /(m³/h)	阻力 /mmH₂O	效率 /%	外形尺寸 (长×宽×高) /(mm×mm×mm)	重量 /kg
型号	WMC24	WMC36	WMC48	WMC60	WMC72	WMC84	WMC96	WMC120
H	3420	3420	3400	3400	3400	3400	3400	3400
H_1	1000	1000	1000	1000	1000	1000	1000	1000

备注

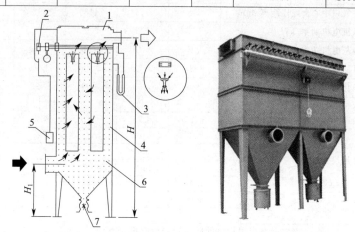

1—上箱体;
2—喷嘴清砂系统;
3—U形压力计;
4—中箱体;
5—控制仪;
6—下箱体;
7—排灰系统

WMC-Ⅱ型脉冲袋式除尘器,是在WMC-Ⅰ型基础上改进的新型高效脉冲袋式除尘器,改后的Ⅱ型保留了Ⅰ型的净化效率高、处理气体能力大、性能稳定、滤带寿命长等优点,而且从结构上和脉冲阀上进行改革,解决了露天安放和压缩空气压力低的问题

生产厂:天津市富莱尔环保设备有限公司;北京东立银燕环保设备技术有限公司(型号为MC-Ⅱ型)

表 26-6　WZC-Ⅱ系列机械回转反吹扁袋除尘器技术性能规格

型号		过滤面积 /m²	处理风量 风速 /(m/min)	处理风量 风量 /(m³/h)	袋长 /m	圈数	袋数 /条	效率 /%	阻力 /mmH₂O	外形尺寸 (直径×高) /(mm×mm)	重量 /kg
WZC-24/2	A	38	1.0~1.5	2400~4600	2.0	1	24	>99	<120	1690×4370	1916
	B	38	2.0~2.5	4800~6000	2.0	1	24	>99	<120	1690×4370	1916
WZC-24/3	A	57	1.0~1.5	3600~5400	3.0	1	24	>99	<120	1690×5370	2086
	B	57	2.0~2.5	7200~9000	3.0	1	24	>99	<120	1690×5370	2086
WZC-24/4	A	79	1.0~1.5	4800~7200	4.0	1	24	>99	<120	1690×6370	2263
	B	79	2.0~2.5	9600~12000	4.0	1	24	>99	<120	1690×6370	2263
WZC-72/2	A	114	1.0~1.5	6600~9900	2.0	2	72	>99	<120	2530×5030	4150
	B	114	2.0~2.5	10200~16500	2.0	2	72	>99	<120	2530×5030	4150
WZC-72/3	A	170	1.0~1.5	10400~15300	3.0	2	72	>99	<120	2530×6030	4868
	B	170	2.0~2.5	20400~25500	3.0	2	72	>99	<120	2530×6030	4868
WZC-72/4	A	228	1.0~1.5	18800~20700	4.0	2	72	>99	<120	2530×7030	5587
	B	228	2.0~2.5	27800~34500	4.0	2	72	>99	<120	2530×7030	5587
WZC-144/3	A	340	1.0~1.5	20400~40600	3.0	3	144	>99	<120	3530×7145	8900
	B	340	2.0~2.5	50800~51000	3.0	3	144	>99	<120	3530×7145	8900
WZC-144/4	A	450	1.0~1.5	27000~54500	4.0	3	144	>99	<120	3530×8145	11760
	B	450	2.0~2.5	54000~67500	4.0	3	144	>99	<120	3530×8145	11760
WZC-144/5	A	569	1.0~1.5	34200~68300	5.0	3	144	>99	<120	3530×9145	14280
	B	569	2.0~2.5	68490~85500	5.0	3	144	>99	<120	3530×9145	14280

续表

型　号	过滤面积 /m²	处理风量		袋长 /m	圈数	袋数 /条	效率 /%	阻力 /mmH₂O	外形尺寸（直径×高）/(mm×mm)	重量 /kg
		风速 /(m/min)	风量 /(m³/h)							

备注	本除尘器采用圆形体结构,受力均匀,抗爆性能好,结构紧凑。采用高压风机反吹清灰,不受气源条件限制,利用阻力自动控制反吹清灰,节约能源。严寒地区室内安装,其他地区都能在室外安装 对温度高、浓度大、颗粒细的粉尘应选用 A 型;反之用 B 型为宜,如浓度大于 15g/m³,前面应加一级除尘器 生产厂:天津市富莱尔环保设备有限公司	 

26.2.2　滤筒除尘器

　　滤筒除尘器是采用滤筒过滤捕捉粉尘的一种干式除尘装置。含粉尘气体从除尘器上部的入口处进入,经滤筒过滤后进入净化室出口排出。下行的气流有利粉尘的沉降,提高净化效率。当滤筒滤料表面的积尘增多需要清灰时,控制系统自动(定时或定压)对滤筒进行清灰操作,打开空气隔膜阀,高压空气反冲滤筒清灰,将捕捉在滤筒表面的粉尘吹净,粉尘则顺着气流向下落入灰斗。

　　滤筒除尘器主要由本体、风机段、过滤段、脉冲清灰段、锥形集灰器、电器控制装置等组成。

　　滤筒除尘器特点:滤筒过滤,高效利用空间;低运行阻力,节能;安装紧凑,维护方便;压缩空气反吹清灰,滤料清灰效果好;滤筒亚微米级过滤,对粒径为亚微米以上的粉尘有 99% 以上的净化效率;有多种滤料可供选择,包括耐高温型、防潮湿型、阻燃型等。

(a) 标准型滤筒　　　　　　(b) 悬挂式滤筒

图 26-2　滤筒外形图

　　滤筒的过滤材料,DTC 滤筒除尘器采用 PS(聚苯乙烯)或 PSU(聚砜)高分子涂层纤维材料。当过滤气体为常温或低于 100℃时,一般采用 PS 高分子涂层纤维滤料,如用于高温场合时则应采用 PSU 高分子涂层纤维滤料。

　　滤筒外形见图 26-2。DTC 模块组合式滤筒除尘器技术性能规格见表 26-7。

表 26-7　DTC 模块组合式滤筒除尘器技术性能规格

型号	滤芯数量 /个	L(长) /mm	H(高) /mm	W(宽) /mm	灰桶容积 /m³	处理风量 /(m³/h)	重量 /kg	H₁ /mm	H₂ /mm	W₁ /mm
DTC-2-4	4	1000	2570	1200	0.125	2500～3000	400	1200	2370	500
DTC-2-6	6	1450	2570	1200	0.15	3500～5000	480	1200	2370	500
DTC-2-8	8	1000	3000	1900	0.15	5000～6500	700	1500	2750	500
DTC-2-12	12	1450	3000	1900	0.18	7000～9500	950	1500	2750	500

续表

型号	滤芯数量/个	L(长)/mm	H(高)/mm	W(宽)/mm	灰桶容积/m³	处理风量/(m³/h)	重量/kg	H_1/mm	H_2/mm	W_1/mm
DTC-3-6	6	1000	3000	1200	0.125	3500~5000	600	1200	2800	500
DTC-3-12	12	1000	3430	1900	0.15	7000~9500	1000	1500	3180	500
DTC-3-18	18	1450	3430	1900	0.18	10000~14000	1200	1500	3180	500
DTC-3-24	24	2000	3430	1900	0.3	14000~19000	1500	1500	3180	500
DTC-3-36	36	3000	3430	1900	0.45	21000~28000	2200	1500	3180	500
DTC-4-16	16	1000	3890	1900	0.15	7000~13000	1100	1500	3640	500
DTC-4-24	24	1450	3890	1900	0.18	14000~19000	1600	1500	3640	500
DTC-4-32	32	2000	3890	1900	0.3	19000~25000	2000	1500	3640	500
DTC-4-48	48	3000	3890	1900	0.45	28000~38000	2850	1500	3640	500

设备外形尺寸

　　滤筒的过滤材料,DTC 滤筒除尘器采用 PS(聚苯乙烯)或 PSU(聚砜)高分子涂层纤维材料
　　生产厂:北京东立银燕环保设备技术有限公司

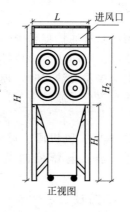
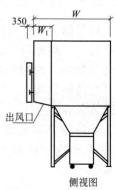

正视图　　　　　　　　　侧视图

26.2.3　旋风除尘器

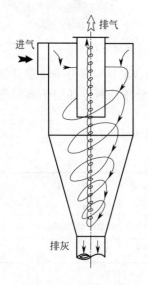

图 26-3　旋风除尘工作原理示意图

　　旋风除尘器是利用旋转的含尘气体所产生的离心力,将粉尘从气流中分离出来的一种干式气-固分离装置。其工作原理是,当含尘气流由进气管进入旋风除尘器时,气流将由直线运动变为圆周运动。密度大于气体的尘粒与器壁接触便失去惯性而沿壁面下落,进入排灰管排出。旋转下降的外旋气流在到达锥体时,因圆锥形的收缩而向除尘器中心靠拢。当气流到达锥体下端某一位置时,即以同样的旋转方向从旋风除尘器中部由下而上继续做螺旋形流动。最后净化气体经排气管排出室外。一部分未被捕集的尘粒也由此逃失。工作原理见图 26-3。

　　旋风除尘器适用于净化大于 $5\sim10\mu m$ 的非黏性、非纤维的干燥粉尘。它是一种结构简单、操作方便、耐高温、净化效率 $85\%\sim90\%$、设备费用和阻力较低(80~160mm 水柱)的净化设备,旋风除尘器在粉尘净化设备中应用得最为广泛。旋风除尘器的技术规格见表 26-8。

表 26-8　旋风除尘器的技术规格

型　号	处理风量/(m³/h)	型　号	处理风量/(m³/h)	型　号	处理风量/(m³/h)
CLT/A-3.0	670～1000	CLT/A-2×6.0	5340～8000	CLT/A-4×4.5	6000～9000
CLT/A-3.5	910～1360	CLT/A-2×6.5	6260～9400	CLT/A-4×5.0	7440～11120
CLT/A-4.0	1180～1780	CLT/A-2×7.0	7260～10880	CLT/A-4×5.5	8960～13440
CLT/A-4.5	1500～2250	CLT/A-×7.5	8340～12500	CLT/A-4×6.0	10680～16000
CLT/A-5.0	1860～2780	CLT/A-2×8.0	9500～14260	CLT/A-4×6.5	12520～18800
CLT/A-5.5	2240～3360	CLT/A-3×3.5	2730～4080	CLT/A-4×7.0	14520～21760
CLT/A-6.0	2670～4000	CLT/A-3×4.0	3540～5340	CLT/A-4×7.5	16680～25000
CLT/A-6.5	3130～4700	CLT/A-3×4.5	4500～6750	CLT/A-4×8.0	19000～28500
CLT/A-7.0	3630～5440	CLT/A-3×5.0	5580～8340	CLT/A-6×4.0	7080～10680
CLT/A-7.5	4170～6250	CLT/A-3×5.5	6720～10080	CLT/A-6×4.5	9000～13500
CLT/A-8.0	4750～7130	CLT/A-3×6.0	8010～12000	CLT/A-6×5.0	11160～16680
CLT/A-2×3.0	1340～2000	CLT/A-3×6.5	9390～14100	CLT/A-6×5.5	13440～20160
CLT/A-2×3.5	1820～2720	CLT/A-3×7.0	10890～16320	CLT/A-6×6.0	16020～24000
CLT/A-2×4.0	2360～3560	CLT/A-3×7.5	12510～18750	CLT/A-6×6.5	18780～28200
CLT/A-2×4.5	3000～4500	CLT/A-3×8.0	14250～21290	CLT/A-6×7.0	21780～32640
CLT/A-2×5.0	3720～5560	CLT/A-4×3.5	2640～5440	CLT/A-6×7.5	25020～37500
CLT/A-2×5.5	4480～6720	CLT/A-4×4.0	4720～7120	CLT/A-6×8.0	2850～42780

备注

1. CLT/A 型旋风除尘器:设备阻力为 86～195mmH₂O;除尘效率为 85%～90%

2. 除尘器由旋风筒体、集灰斗和蜗壳(或集风帽)三部分组成,按筒体个数区分,有单筒、双筒、三筒、四筒及六筒等五种组合。每种组合有两种出风形式:Ⅰ型水平出风和Ⅱ型上部出风

3. 对于Ⅰ型双筒组合,另有正中进出风和旁侧进出风两种组合形式;Ⅰ型单筒和三筒只有旁侧时出风一种形式;四筒和六筒组合则只有正中进出风形式。对于Ⅱ型,各种组合可采用上述Ⅰ型中的任意一种进风位置

4. CLT/A 型旋风除尘器具有阻力小,除尘效率高,处理风量大,性能稳定,结构简单,占地面积小,实用等特点。适用于粉尘的粗、中级净化

河北泊头市先科环保设备有限公司的产品

26.3　铬酸废气处理

　　镀铬和含有铬酸的溶液槽,在生产过程中排出大量的铬酸雾废气,其净化处理,常采用网格式铬酸雾废气净化回收器,该设备体积小、气流阻力小、结构简单、维护管理方便,净化效率在 98% 以上,是目前使用较普遍的一种净化装置。

　　网格式净化回收器的工作原理:由于铬酸雾气具有密度较大而易凝聚的特点,不同大小的铬酸雾悬浮在流动的空气中,互相碰撞而凝聚成较大的颗粒,从净化器下箱体进入至主箱体时,由于空气速度的降低,已凝聚的较大铬酸颗粒在重力的作用下从空气中分离出来,细小铬酸雾滴受多层塑料网板的阻挡,便附着在网格的表面而凝聚成液体,并顺着网板壁流入导管槽,通过导管流入回收容器内,净化了的空气从上箱体排出,经冷却、碰撞、聚合、吸附等一系列分子布朗运动后,凝成液滴并达到气液分离被回收,回收的铬酸液可用于生产。

　　铬酸废气净化回收器适用于处理镀铬、镀黑铬及钝化等工序产生的铬酸废气。

　　网格式铬酸废气净化回收器依其结构形式的不同,分为 L 型(立式)和 W 型(卧式)两种。

　　L 型的气流为下进上出,其技术规格及结构形式示意图见表 26-9。

　　W 型的气流为侧进侧出,其技术规格及结构形式示意图见表 26-10。

　　净化器的过滤器一般由 8～12 层有菱形网孔的硬聚氯乙烯塑料板网纵横交错地平铺叠成,每层网板厚 0.5mm。过滤器与主箱体之间的密封材料,采用硬聚氯乙烯泡沫塑料,过滤网格应根据污染程度定期清洗,以防堵塞。需净化气体的温度不宜超过 40℃。

　　市售的铬酸废气净化回收器的技术规格见表 26-11。

表 26-9 L 型铬酸废气净化回收器技术规格

技 术 规 格		净化回收器型号			
		L_2	L_3	L_4	L_6
额定风量/(m³/h)		2000	3000	4000	6000
使用风量/(m³/h)		1600~2400	2400~3600	3200~4800	4800~7200
净化效率/%		98~99	98~99	98~99	98~99
设备外形尺寸/mm	A	300	510	510	710
	D	250	320	390	450
	H	1246	1266	1706	1976
	H_1	326	360	480	540
	H_2	600	740	740	950
	a	260	330	350	500
	b	200	280	—	—
设备重量/kg		30	40	49	63

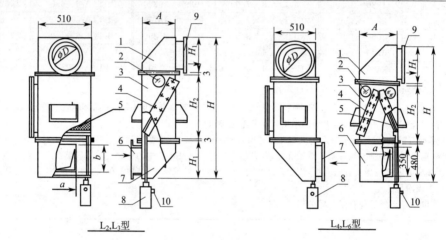

$L_2、L_3$型　　　　　　　　　　　$L_4、L_6$型

1—上箱体;2—观察窗;3—主体;4—盖板;5—过滤网格;6—进风口;
7—下箱体;8—液封器;9—出风口;10—接管(接回收容器)

上下箱体分为 a、b 两种。a 式的进、出风口方向是在箱体两侧面;b 式的在箱体的正面和背面,可根据设计情况任选一种
通过回收器过滤网格迎风面风速一般取 2~3m/s(使用范围),表中额定风量采用的风速为 2.5m/s

表 26-10 W 型铬酸废气净化回收器技术规格

技 术 规 格		净化回收器型号						
		W_2	W_3	W_4	W_6	W_8	W_{12}	W_{16}
额定风量/(m³/h)		2000	3000	4000	6000	8000	12000	16000
使用风量/(m³/h)		1600~2400	2400~3600	3200~4800	4800~7200	6400~9600	9600~14400	12800~19600
净化效率/%		98~99	98~99	98~99	98~99	98~99	98~99	98~99
设备外形尺寸/mm	A	515	765	515	765	1040	1040	1040
	A_1	595	845	595	845	1130	1130	1130
	B	404	404	620	620	802	940	1200
	B_1	484	484	700	700	892	1030	1290
	C	550	550	620	620	950	850	1130
	E	522	522	522	522	1050	795	1050
	F	100	100	500	500	130	740	965
	G	310	460	310	460	620	620	620
设备重量/kg		16	19	25	30	80	94	128

续表

技 术 规 格	净化回收器型号						
	W_2	W_3	W_4	W_6	W_8	W_{12}	W_{16}
设备示意图	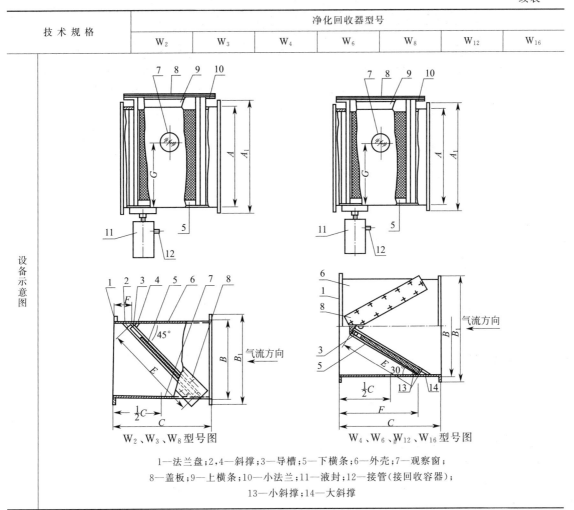 W_2、W_3、W_8 型号图　　　　　W_4、W_6、W_{12}、W_{16} 型号图 1—法兰盘;2,4—斜撑;3—导槽;5—下横条;6—外壳;7—观察窗; 8—盖板;9—上横条;10—小法兰;11—液封;12—接管(接回收容器); 13—小斜撑;14—大斜撑						

表 26-11　市售的铬酸废气净化回收器的技术规格

技 术 规 格	铬酸废气净化回收器　型号:L 型(立式)			
	L_2	L_3	L_4	L_6
额定风量/(m³/h)	2000	3000	4000	6000
使用风量/(m³/h)	1600~2400	2400~3600	3200~4800	4800~7200

技 术 规 格	铬酸废气净化回收器　型号:W 型(卧式)						
	W_2	W_3	W_4	W_6	W_8	W_{12}	W_{16}
额定风量/(m³/h)	2000	3000	4000	6000	8000	12000	16000
使用风量/(m³/h)	1600~2400	2400~3600	3200~4800	4800~7200	6400~9600	9600~14400	12800~19600

备注	生产厂: WF-3 型:天津市富莱尔环保设备有限公司 WLH-3 型:天津同益环保设备有限公司 无锡市洁明水处理设备有限公司	 L 型(立式)净化回收器外形图

26.4 酸废气净化处理

电镀生产中常用硫酸、盐酸、硝酸、氢氟酸以及混合酸对制件进行酸洗、强腐蚀。硝酸出光等工序所产生酸废气，如二氧化硫、氯化氢、二氧化氮、氟化氢等有害气体，危害很大，尤其是二氧化氮气体最为严重，需要进行净化处理。目前常用净化处理有湿法和干法两种，湿法有碱液吸收法（中和法）、氨水吸收法等；干法有催化还原法和吸附法。

26.4.1 湿式酸废气净化处理

湿式废气净化处理一般采用氢氧化钠、氢氧化铵作吸收液（即中和液），与酸废气的反应如下：

$$2NaOH + SO_2 \longrightarrow Na_2SO_3 + H_2O$$
$$NaOH + HCl \longrightarrow NaCl + H_2O$$
$$2NaOH + 2NO_2 \longrightarrow Na_2NO_3 + NaNO_2 + H_2O$$
$$NaOH + HF \longrightarrow NaF + H_2O$$
$$2NH_4OH + SO_2 \longrightarrow (NH_4)_2SO_3 + H_2O$$
$$NH_4OH + HCl \longrightarrow NH_4Cl + H_2O$$
$$2NH_4OH + 2NO_2 \longrightarrow NH_4NO_3 + NH_4NO_2 + H_2O$$

硫酸和盐酸废气也可采用水吸收。

湿式废气净化处理采用湿式废气净化塔，治理不同的有害气体采用不同的中和液。废气净化塔由塔体、液箱、喷雾系统、填料、气体分离器等构成。可选用 PVC、PP、玻璃钢、碳钢、不锈钢等制造。酸废气从净化塔底部进风口进入塔内，经填料层及中和液喷淋洗涤，然后使被净化的气体经气液分离器，由排风机排入大气。净化效率约 90%～95%。中和液循环使用，而中和液水槽定期排出废液，需排至废水处理池进行处理。湿式净化塔处理酸废气流程见图26-4，净化塔外形见图 26-5。

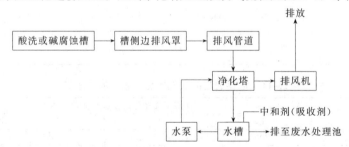

图 26-4 湿式净化塔处理酸废气流程

图 26-5 湿式净化处理酸废气净化塔

比较强的碱、处理溶液槽等排出废气的净化处理，也可采用湿式净化塔，按其排出废气的性质，采用相应的吸收液。

湿式废气净化塔在北方地区宜安置在室内，以防冬季寒冷天气对设备及吸收液的影响；南方地区设备可安置在室外。

湿式废气净化塔技术规格见表 26-12、表 26-13。

表 26-12　WGL-2 型湿法多功能废气净化塔技术规格

型号	风量 /(m³/h)	配套水泵		配套风机		液重 /kg	塔体及吸收液总重量/kg
		泵的型号	电机/kW	风机型号	电机/kW		
1	2000～2600	40FSB-15L	2.2	4-724.5A	1.2	840	1280
2	5000～10000	40FSB-20L	3	4-725 A	2.2	1820	2420
3	8000～10000	50FSB-25L	4	4-726 A	4	3200	3900
4	14000～15000	65FSB-32L	5.5	4-726C	7.5	4200	5000
5	18000～20000	80FSB-20L	5.5	4-727C	11	5400	6400
6	24000～26000	100FSB-32L	5.5	4-728C	15	6600	7800
7	30000～35000	100FSB-32	15	4-7210C	18.5	7200	8200
8	40000～45000	1000FSB-32	15	4-7210C	30	8100	12000
9	50000～60000	1000FSB-32	15	4-7212C	37	10048	15000

型号	A	B	C	D	Φ	Φ_1	设备外形示意图
1	1500	800	400	200	800	320	
2	2000	1300	600	300	1300	450	
3	2500	1800	600	400	1800	550	
4	2700	2000	800	400	2000	650	
5	3100	2400	1000	400	2400	750	
6	3400	2800	1100	500	2800	850	
7	3800	3000	1200	600	3000	1000	
8	4400	3600	1400	800	3800	1200	
9	4800	4000	1800	800	4000	1300	

备注	本净化塔适合于酸性、碱性等多种有害废气的治理。适用范围广,净化效率高(>95%),设备阻力低(400～600Pa),运行费用低。适用范围如下: 酸性气体:硫酸、盐酸、硝酸、氢氟酸等 碱性气体:氢氧化钠、氢氧化钾、氨气等 有机气体:苯类、醇类、酚类等 治理不同的有害气体,采用不同的吸收液 本净化塔宜在室内安装,以防北方地区冬季寒冷天气对设备及吸收液的影响,南方地区设备可安装在室外 生产厂:天津市富莱尔环保设备有限公司

表 26-13　VST 型系列新型垂直筛孔塔的技术规格

序号	塔径/mm	气相负荷/(m³/h)	液相负荷/(m³/h)	单板压降/mmH₂O	全塔压降/mmH₂O
1	600	2277～2965	6.8～8.9	51～65	203～245
2	700	2988～3969	9.0～11.9	53～70	209～260
3	800	3806～5074	11.4～15.2	55～72	215～275
4	1000	5655～7652	17.0～23.0	59～79	227～287

续表

序号	塔径/mm	气相负荷/(m³/h)	液相负荷/(m³/h)	单板压降/mmH₂O	全塔压降/mmH₂O
5	1200	8920~10555	28.8~32.7	62~73	236~269
6	1400	12744~13654	38.2~41.6	73~79	269~289
7	1600	15313~17372	47.4~52.1	67~74	251~272
8	1800	20839~21986	62.5~66.0	76~81	287~293
9	2000	24988~26578	75.0~79.7	80~85	290~305

设备性能	垂直筛孔塔是根据国外设备而研制的新产品,它采用了喷射型气液接触方式,目前已形成两大系列(金属制与塑料制的),每个系列有九种规格,处理风量为2500~25000m³/h 废气源从塔体下部进入,在塔中气流自下而上地通过塔板与横向流动的吸收液充分接触,完成传质过程,消除气流中的有害物,气流经除雾器除雾后排出。净化效率高,压力降小(比常规吸收塔小16%),灵活性大,可根据不同的废气源增加或减少塔层。本塔也可作为湿式除尘器,尤其适用于含尘浓度不高但含有一定毒性的气体

设备外形	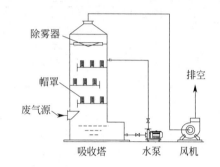

	净化废气类型	使用的吸收液(其浓度百分数均为质量分数)	净化效率
适用范围	铅烟尘	0.5%稀醋酸或5%氢氧化钠	>95%
	汞蒸气	0.3%~0.5%高锰酸钾或2%过硫酸铵水溶液	>90%
	三酸和氢氟酸	5%氢氧化钠或自来水	>95%
	二氧化硫	5%~10%碳酸钠、氢氧化钠(钙)	>90%
	氮氧化物	5%氢氧化钠或10%尿素	>90%
	有机混合气体	丙碳或轻柴油	>90%
	有毒粉尘	自来水	>95%
备注	生产厂:扬州松泉环保科技有限公司		

26.4.2　干式酸废气净化处理

干式酸废气净化处理,一般采用干式酸雾净化塔。干式酸雾净化塔是治理多种酸性废气的一种新型干法吸收净化设备,吸收效率高,净化效率达95%以上,没有二次污染,不受使用条件限制,应用范围广。主要用于治理硝酸、硫酸、盐酸、氢氟酸废气,亦可治理磷酸等废气。

干式酸雾净化塔主要由箱体、进风口、吸附段和出风口等组成。在吸附段内根据所处理酸雾种类的不同,填入不同类型的吸附剂。

含酸废气由进风口进入箱体(气流方向可以上进下出,也可以下进上出),通过吸附段时被净化,净化后的气体由排风机排入大气。

DBS新型吸附剂主要性能指标见表26-14。该吸附剂无毒,无二次污染,适用于各种环境温度、耐湿性好,成本及运行费用较低。可根据废气的浓度改变吸附层厚度。废气浓度≤1000mg/m³时吸附剂更换周期为1~1.5年。更换下的吸附剂可作为一般工业垃圾处置,不造成二次污染。

WGL-3型干式酸雾净化塔技术性能规格见表26-15。

表 26-14　DBS 新型吸附剂主要性能指标

项　　目	DBS-Ⅰ	DBS-Ⅱ		
吸附酸种类	NO_2	H_2SO_4、HCl、HF		
堆积密度/(g/cm³)	0.51～0.56	0.64～0.72		
处理酸气浓度/(mg/m³)	≤1000	≤1000		
初始吸附效率/%	NO_2	H_2SO_4	HCl	HF
	＞95	95	98	98
吸附容量/%	—	50	50	40
吸附效率/%	95～70	95～70	85～80	98～85
床层压降/Pa	0.8～1.5	0.8～1.5		
耐温性能/℃	＞300	＞350		
备　注	生产厂:天津市富莱尔环保设备有限公司			

表 26-15　WGL-3 型干式酸雾净化塔技术性能规格

型号	处理风量/(m³/h)	阻力/Pa	设备各部位尺寸/mm							设备重量/kg
			Φ	H_2	H_1	H	B_1	B	A	
1	3000	800～1500	320	600	1600	1800	1200	1770	2200	1500
2	5000		400	600	2100	2300	1200	1900	2200	1800
3	7000		450	700	2100	2300	1600	2400	2200	2200
4	10000		560	700	2100	2300	2000	3100	2600	2600
5	14000		650	800	2500	2700	2000	3200	2600	2900
6	18000		750	940	2500	2700	2400	3750	3200	3200
7	24000		800	1100	3300	3500	2400	4050	3200	3800
8	30000		950	1250	4100	4300	2400	4200	3200	4600
设备性能	净化塔主要由箱体、进风口、吸附段和出风口等组成。含酸废气由进风口进入箱体,通过吸附段时被净化,净化后的气体由排风机排入大气。在吸附段内根据所处理酸雾种类的不同,填置吸附剂 DBS-Ⅰ 或 DBS-Ⅱ 型。DBS 吸附剂的性能及选用见表 26-14。主要用于治理硝酸、硫酸、盐酸、氢氟酸,亦可治理磷酸、硼酸。适用于各种环境湿度,耐湿性好									

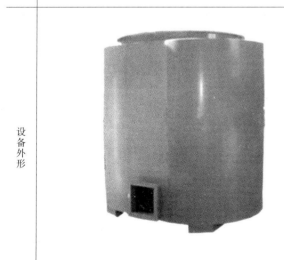
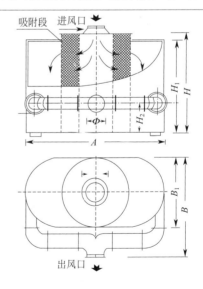

设备外形

生产厂:天津市富莱尔环保设备有限公司

26.5　氰化物废气净化处理

　　氰化物废气净化处理采用湿式处理法,即采用喷淋塔吸收处理法。吸收液采用 15% 氢氧化钠和次氯酸钠溶液或亚硫酸铁溶液。处理后生成物为氨、二氧化碳和水。

　　该技术处理氰化物废气的净化率为 90%～96%,它具有技术成熟、操作方便、氰化物去除率高的特点。适用于处理各种氰化电镀生产过程中所产生的氰化物废气。

26.6 有机溶剂废气净化处理

电镀生产中的有机溶剂废气，主要来自镀件前处理的有机溶剂除油等工序。有机溶剂废气有很多种净化处理方法，由于电镀生产在一般情况下，镀件用有机溶剂除油的工作量不是很大，可采用活性炭吸附法处理。

活性炭吸附法净化处理，是利用活性炭的吸附性能将有机溶剂废气吸附到活性炭吸附剂表面而达到净化。活性炭吸附剂饱和后可再生，实现连续使用。该技术可回收有机溶剂，处理程度可以控制，效率高，运行费用低。

市售的活性炭吸附有机废气净化装置的种类规格很多，表 26-16 中列出一种具有较简单结构形式的活性炭吸附有机废气净化器，供参考。

表 26-16　WT-3 型活性炭吸附有机溶剂废气净化器技术规格

型号	处理风量 /(m³/h)	炭层总厚度 /mm	固定床总风阻/Pa	风机风压 /Pa	外形尺寸 /(mm×mm×mm)	占地面积 /m³	设备外观
W1	1500	300	800~1000	2200~2700	1100×1100×2600	3	
W2	3000	300			1100×1600×2600	3	
W3	4000	350			1600×1600×2600	4.5	
W4	6000	350			1600×2100×2600	4.5	
W5	8000	400			2100×2100×2600	6	
W6	10000	400			2100×2600×2600	6	生产厂：天津市富莱尔环保设备有限公司
备注	净化效率：90%~99% 净化器结构简单、造价低、使用及维修方便 活性炭可在体内再生，也可在体外再生。体内再生对设备要求高，设备成本高。体外再生设备简单，价格低，该法是将饱和后的活性炭从出料孔取出，在体外再生后装入设备内继续使用。用户可提出再生方法要求						

第27章
废液、废渣及污泥的治理

27.1 概述

废液是指各种报废的槽液；废渣（也称为槽渣）是指各种槽液的废沉渣及过滤溶液的残渣；污泥主要是指处理废水过程中产生的污泥，污泥含有大量从废水中转移的氢氧化物、硫化物及重金属污染物。这些都属于危险废物。

(1) 废液、废渣及污泥的危害性

上述这些污染物都含有重金属，它具有易积累、不稳定性、易流失等特点，如不妥善处理，任意堆放，具有以下危害性：

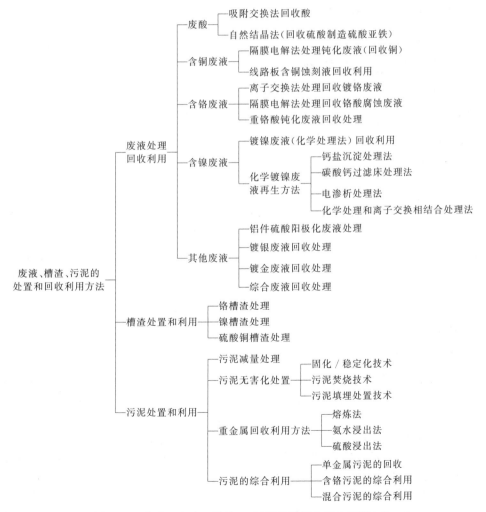

图 27-1　废液、废渣（槽渣）、污泥的处置和回收利用方法

① 废渣、污泥中的铜、锌、镉、镍、铬等重金属在雨水淋溶作用下，将沿着泥土→土壤→农作物→人体的路径迁移，造成危害。

② 可能引起地表水、土壤、地下水的污染，危及生物链，对人体造成严重的伤害。

（2）治理技术和选用原则

这些污染物的治理技术和选用原则如下。

① 治理技术的选用，应根据我国现阶段国民经济的发展水平，体现先进性、适用性、经济性、稳定性和节约能源的原则；应符合我国制定的环保法规和方针政策。

② 鼓励开发和采用新工艺和新技术，并采用自动化控制和监测，促进我国电镀企业整体污染治理技术水平的提升。

③ 实现电镀企业的清洁生产和节能减排，充分体现以防为主、防治结合、资源能源高效利用的战略思想。

④ 选用的污染治理技术的质量要达标，不产生二次污染，尽可能对有用成分加以回收使用，变废为宝，化害为利。

⑤ 电镀排出的废液、废渣及污泥等不得用渗坑、渗井或漫流等方式排放，以避免污染地下水水源。

⑥ 这些污染物的治理装置、堆放地、构筑物和建筑物均应根据其接触介质的性质、浓度和环境要求等具体情况，采用相应的防腐、防渗、防漏等措施。

（3）废液、废渣、污泥处置和回收利用方法

废液、废渣、污泥处置和回收利用方法见图 27-1。

27.2 废液处理和回收利用

废液的主要来源有以下三个方面。

① 槽液在净化处理过程中产生的一部分废弃槽液；工艺槽使用一定时间后，无法用处理方法净化回收的槽液。

② 由于槽液中有机添加剂的分解或有害金属离子的积累，需要进行较大处理，而每次大处理都要产生大约 5%～10% 的废槽液。

③ 工艺槽的抽风而产生的凝结废液。

生产过程中要尽量延长各工艺槽液的使用寿命；在生产中应经常及时调整和处理槽液，以减少废液的排放量；镀液不能再用时，应尽量经处理后回收其中的有用物质；当废液回收再生有困难或很不经济时，应采用氧化、还原、中和等方法处理，经处理后慢慢排入相应的废水处理系统，废液不允许未经处理直接排入废水系统。抽风过程中回收的废液，一般量少、浓度大、较干净，应经适当处理后回用。

27.2.1 废酸回收利用

（1）吸附交换法回收废酸

吸附交换法回收废酸技术，是利用离子交换树脂的酸阻滞特性，将废酸中的酸吸附，却使其他金属盐顺利通过，然后利用纯水解析树脂回收酸。

处理流程：第一步，去除废酸中的悬浮固体；第二步，对废酸液进行净化处理。该技术通过离子交换树脂等实现溶解的金属离子与未反应的盐分离。所使用的树脂有优异的亲酸性，当它与酸接触时，酸被吸附截留，而酸中的其他物质，例如金属离子则会流出系统。当吸酸性饱和后，再用水洗掉吸酸柱吸附的酸，得到再生酸液。该技术适用于废酸的回收利用。

（2）回收硫酸制造硫酸亚铁

从废硫酸中回收硫酸亚铁是比较普遍采用的方法。自然结晶法制造硫酸亚铁的主要流程见

图 27-2。

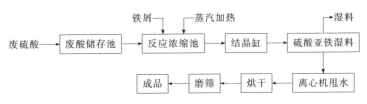

图 27-2 自然结晶法制造硫酸亚铁流程

主要原理是铁屑与废硫酸反应后生成硫酸亚铁，同时放出氢气。其化学反应如下：

$$Fe + H_2SO_4 \longrightarrow FeSO_4 + H_2 \uparrow$$

自然结晶法回收硫酸亚铁，设备简单、上马快、投资少，但只能回收硫酸亚铁，不能回收硫酸，而且劳动强度大。适用于小量废酸回收。

27.2.2　含铜废液回收利用

（1）隔膜电解法处理铜钝化废液

隔膜电解法是电解和膜技术相结合的一种具有综合功能特性的水净化处理技术和回收技术。它能将废水、废液、废渣进行净化处理和回收金属。隔膜电解法特别适用于处理高浓度废液[6]，如工艺槽液、回收槽液、退镀液、离子交换洗脱液等，几乎无二次污染，不消耗化学药品，使用设备投资少、操作简单。

使用的隔膜材料有两大类，一类是无机隔膜，常用素烧陶瓷隔膜，使用寿命长，但经处理的溶液不能直接回用，需进一步调整；另一类是有机隔膜，具有选择透过性，目前使用最多的是阳离子交换膜，在电解时只有阳离子可以穿过隔膜，而阴离子不能穿过隔膜，处理后电解液不需调整就可以直接使用。

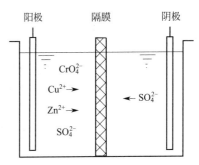

图 27-3 隔膜电解法处理铜
钝化废液装置示意图

铜及其合金钝化废液中含有大量的重铬酸钾、硫酸以及三价铬、铜、锌离子等。处理时，在阴极室内放入稀硫酸溶液，阴极为紫铜板，在阳极室内放入待处理废液，阳极使用不溶性铅锑合金板，其隔膜处理装置如图 27-3 所示。在直流电场作用下，阳极室中的 Cu^{2+}、Zn^{2+} 穿过隔膜进入阴极室，在阴极上析出铜和锌。三价铬在阳极上被氧化成六价铬。其电极反应如下：

阳极反应　　　　　　　　$2H_2O \longrightarrow 2O_2 \uparrow + 4H^+ + 4e^-$

　　　　　　　　　　　　$Cr^{3+} \longrightarrow Cr^{6+} + 3e^-$

阴极反应　　　　　　　　$2H + 2e^- \longrightarrow H_2 \uparrow$

　　　　　　　　　　　　$Cu^{2+} + 2e^- \longrightarrow Cu$

利用此法回收的铜纯度大于 99%，三价铬的转化率大于 97%，经过处理的钝化液可以返回生产中使用。

（2）线路板含铜蚀刻废液回收利用

含铜废液回收利用的主要工艺原理，是通过化学方法的中和、置换反应，使含铜废液中的铜生成硫酸铜或氢氧化铜等产品。含铜废液回收利用工艺流程[9]见图 27-4。

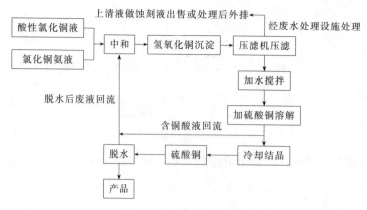

图 27-4　含铜废液回收利用工艺流程

27.2.3　含铬废液回收利用

（1）离子交换法回收镀铬废液

镀铬废液的回收利用技术，是采用强酸性阳离子交换树脂处理带出的镀铬液和受到金属污染的镀铬废液，当溶液中铬酐浓度低于 150g/L 时，使用离子交换树脂除去其中的铜、锌、镍、铁等金属杂质，再经过蒸发浓缩，即可全部回用于镀铬槽。该技术可使铬镀液及其废液中铬酸回收率达到 95% 以上。该技术适用于传统的镀铬生产线，改造和新建的镀铬生产线。

其他的含铬废液如镀锌钝化液、铜及其合金钝化液、铝的铬酸阳极化液、铝的瓷质阳极化液、塑料粗化处理液等的废液，也可采用强酸性阳离子交换树脂进行净化回收处理。

（2）特种吸附剂净化再生镀铬废液

据有关文献[3]报道，北京古林惠泰环境科技有限公司生产的一种特种吸附剂，可以去除镀铬废液中的金属杂质离子，使镀铬液得到再生可以重新使用。

① 主要原理。利用离子电性的不同，去除金属杂质离子。六价铬镀铬溶液中主要成分为 $Cr_2O_7^{2-}$、CrO_4^{2-} 和 $HCrO^-$，而杂质离子 Fe^{3+}、Ni^{2+}、Zn^{2+} 等与主要成分的电性不同，采用对金属杂质阳离子具有很强亲和力的特种吸附剂 DK12 可将金属杂质离子从镀铬废液中吸附而去除。

② 处理流程。使用特种吸附剂 DK12 去除镀铬溶液金属杂质离子的处理流程，如图 27-5 所示。

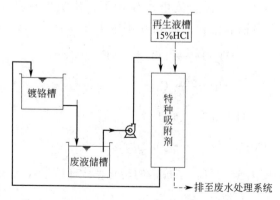

图 27-5　特种吸附剂 DK12 去除镀铬溶液金属杂质离子的处理流程

a. 积累一定金属杂质离子的镀铬液，通过装有特种吸附剂 DK12 的吸附柱，对其中金属阳离子如 Fe^{3+}、Ni^{2+}、Zn^{2+} 等的吸附，使金属杂质离子去除，消除金属杂质离子的积累。

b. 当吸附剂吸附杂质离子达到饱和后，可利用盐酸再生，恢复高分子吸附剂的吸附性能，吸附剂可重复使用。

c. 镀液中的其他添加剂等有效成分不会减少。

d. 这种吸附剂可处理铬酐浓度为 150～400g/L 的镀铬溶液。

(3) 隔膜电解法处理铬酸腐蚀废液[6]

塑料电镀前处理的化学粗化溶液中，一般含有 CrO_3 300～350g/L，H_2SO_4 360～460 g/L，随着粗化反应的进行，粗化液中 Cr^{6+} 不断被还原为 Cr^{3+}，当 Cr^{3+} 积累到 30～40g/L 时，粗化效果变差，不能继续使用。因此，需将这部分 Cr^{3+} 氧化成 Cr^{6+}，这可以采用隔膜电解法处理。把粗化液放入阳极室中，H_2SO_4 放入阴极室，Cr^{3+} 在阳极表面氧化成 Cr^{6+}，阳极室中其他金属离子穿过隔膜进入阴极室，从而达到废液再生的目的。

(4) 重铬酸钾钝化废液回收处理

用浓缩结晶法可以从钝化废液中回收大部分的重铬酸钾，不能回收的部分再进行其他处理。这种回收方法简易可行，一般车间都可以进行，回收的重铬酸钾可以重复使用。

回收方法是将钝化槽废液加热蒸发，使槽液浓缩至原体积的 1/10 左右，冷却至室温，此时重铬酸钾在槽底结晶析出（重铬酸钾在常温时溶解度较低），将废液除去，取出重铬酸钾结晶，用水洗涤 2～3 次，然后滤干或甩干，再在 100～105℃ 下干燥 2h。如因废槽液中杂质过多，回收的重铬酸钾纯度不够，则可将其溶解后重新浓缩结晶，使回收的重铬酸钾中的杂质含量降低。

27.2.4　含镍废液回收利用

(1) 镀镍废液回收利用

采用化学处理法，从镀镍废液中回收镍——制备硫酸镍。该技术以过氧化氢为氧化剂，联合使用氢氧化钠和碳酸钠，除去废液中的杂质，制成硫酸镍（$NiSO_4 \cdot 7H_2O$）。制备原理和流程如下。

① 加入过氧化氢。在废液中加入过氧化氢，使废液中的 Fe^{2+} 氧化成 Fe^{3+}，避免因 $Fe(OH)_2$ 沉淀时引起 $Ni(OH)_2$ 同时沉淀，而造成镍的损失。

② 用氢氧化钠调节 pH 值在一定范围内（pH 值约为 6.3～6.7），使废液中的铁、铜杂质生成氢氧化物沉淀而被除去，而镍仍留在废液中。部分锌因 $Fe(OH)_3$ 和 $Cu(OH)_2$ 沉淀的表面吸附作用而引起其沉淀，一同被除去。

③ 加入碳酸钠调节 pH 值在一定范围内（pH 值约为 8.6 时），使镍以碳酸镍沉淀的形式析出，而镁等杂质则留在废液中，达到镍分离的目的。

④ 加入稀硫酸使碳酸镍沉淀（滤饼）转化成硫酸镍溶液，其反应如下：

$$NiCO_3 + H_2SO_4 \longrightarrow NiSO_4 + H_2O + CO_2 \uparrow$$

⑤ 制成硫酸镍。缓慢加热浓缩硫酸镍溶液，使其出现硫酸镍微晶，自然冷却至室温，即可得到硫酸镍结晶体（$NiSO_4 \cdot 7H_2O$），该晶体可达到二级硫酸镍标准。镍回收率可达 92% 以上。

(2) 化学镀镍废液再生[7]

化学镀镍过程中，镍盐不断被还原为金属镍时，次磷酸钠不断被氧化，其中一部分生成亚磷酸钠，当其达到一定浓度时（亚磷酸钠为 25～30g/L 时），会大量生成黑色亚磷酸镍沉淀，使镀镍液失效。再则，由于镍的不断析出，需要不断添加硫酸镍，从而造成硫酸根浓度的积累，对沉积不利，因而需对化学镀镍废液进行再生。废液再生实际上是降低废液中积累的亚磷酸盐和硫酸根的过程。常用的几种废液再生方法简要介绍如下。

① 钙盐沉淀法。采用氯化钙或醋酸钙或二者混合物，使亚磷酸根生成亚磷酸钙沉淀，用氨水调 pH 值使沉淀完全。

再生处理流程：在刚镀完镍镀液还处于热的状态时加入氯化钙和醋酸钙的近饱和溶液（其中钙盐加入量应与所含亚磷酸根量相当），搅拌均匀后每升废液添加 2～5mL 的 1∶4 氨水，即出现大量白色亚磷酸沉淀，澄清 10～30min，过滤，滤出沉淀物，补加沉淀过程中损耗的镍盐和次磷酸钠后即可投入生产。

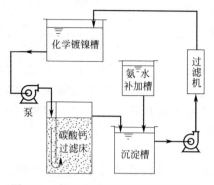

图 27-6 碳酸钙过滤床再生镀镍废液流程

② 碳酸钙过滤床法。化学镀镍废液（pH 值为 6～7）由下向上流过碳酸钙过滤床，废液中亚磷酸根与钙盐反应，使废液得到再生。其再生处理流程见图 27-6。

过滤床主要参数如下：

过滤床厚度（高度）	0.5～1m
碳酸钙粒度	0.1～0.5mm
废液流经过滤床的速度	0.2～1m/min

泵采用不锈钢或 ABS 离心泵，过滤床采用不锈钢或 ABS 材料制作，沉淀槽及氨水补加槽均采用聚丙烯（PP）材料制作。

③ 电渗析处理法。近年来，利用电渗析脱盐技术，已成功实现了稳态连续生产的化学镀镍系统。即在化学镀镍槽旁边或附近，设立镀槽槽液与电渗析装置之间的循环系统，利用电渗析脱盐技术，连续选择性地除去化学镀镍废液中的亚磷酸盐和硫酸根，从而维持镀液正常生产的组分、镀层成分及镀层性能的相对稳定性。

④ 化学沉淀和离子交换相结合处理法。此法是利用沉淀、固液分离和离子交换的方法处理化学镀镍废液。其处理流程见图 27-7[7]。

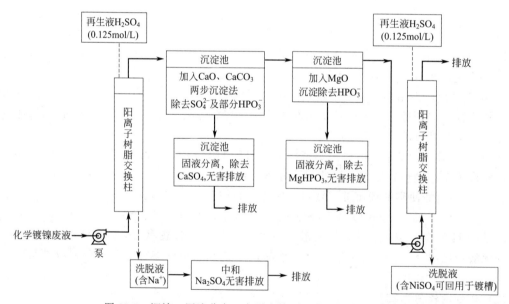

图 27-7 沉淀、固液分离、离子交换再生化学镀镍废液流程

a. 化学镀镍废液进入阳离子树脂交换柱，使树脂吸附废液中的钠离子，树脂饱和后，用 0.125mol/L 的 H_2SO_4 再生，洗脱除去 Na^+。

b. 从离子交换柱出来的废液（已除去钠离子），进入反应池，然后加入碱土金属氢氧化物或碳酸盐，以除去硫酸盐和亚磷酸盐。

c. 经过阳离子树脂交换柱回收镍离子。树脂饱和后，用 0.125mol/L 的 H_2SO_4 再生，分别将钠离子和镍离子洗脱。硫酸钠可无害排放，硫酸镍可回镀槽使用。

27.2.5　镀银废液回收处理

(1) 氰化镀银废液中银的回收

在良好的抽风条件下，向氰化镀银废液中缓缓加入盐酸，产生的氰化氢气体被强力抽风抽出，而银离子则全部生成氯化银固体而沉淀出来，静置澄清溶液后，把液体倾出，用清水洗净氯化银固体，回收再用。

(2) 无氰镀银废液中银的回收

用 20%（质量分数）氢氧化钠溶液调节废液的 pH 值至 8～9，加入硫化钠溶液，使其生成硫化银固体而沉淀出来，彻底清洗硫化银固体，洗掉各种酸根离子，滤去水分。将硫化银固体放入坩埚中，在 800～900℃下脱硫，直到全部变成金属银为止。

27.2.6　镀金废液回收处理

(1) 镀金废液电解法回收处理

将废液加热到 90℃左右，以 100mm×30mm 的不锈钢作电极，电流 20～30A，电压 5～6V，使金在阴极上沉积到一定厚度，用利器将沉积的金刮下，经过滤、洗净，炼成条状，含金量可达 85%。

(2) 无氰镀金废液中金的回收

亚硫酸镀金的溶液呈弱碱性，用过氧化氢将络合离子 $[Au(SO_3)_2]^{3-}$ 中的金还原为金属金，其反应如下：

$$[Au(SO_3)_2]^{3-} + H_2O_2 \longrightarrow Au\downarrow + SO_4^{2-} + H_2O$$

具体操作如下：在 1L 镀金废液中加入过氧化氢 70～100mL，放在电炉上慢慢加热（加热反应有时很激烈，应严加注意），使过氧化氢反应完全，如溶液不清亮应补加过氧化氢，煮沸 10～15min 取下，用滤纸过滤，再用纯水冲洗，洗至无氯，放入坩埚灰化后，在高温中加热至 1060℃，保温 30min，就能得到约 99% 左右的纯金。

(3) 加热沉淀回收

在良好的通风条件下，用盐酸将废液的 pH 值调至 1 左右，将废液加热到 70～80℃，在不断搅拌下加入锌粉至废液变成透明黄白色，且有大量金粉被沉淀下来为止。将沉淀物先用盐酸，后用硝酸煮一下，然后用纯水清洗，烘干，最好在 700～800℃温度下焙烧 30min。

(4) 从印刷电路板的冲裁边角料上回收金

利用金不溶于硝酸的特点，用硝酸将铜、铅、锡溶解后，将金镀层剥落下来加以收集。

具体操作如下：将镀金印刷电路板的冲裁下边角料，放在耐酸耐热的容器里，加进硝酸溶液（HNO_3：H_2O=1：4 或 1：5，体积比），加热 2～3h，如金镀层没有脱离，则继续加热至脱离为止；待冷却至室温，将酸倒出，取出金镀层，再用水冲洗，然后放入 1：1（体积比）的硝酸中加热煮沸 30min，使其他金属全部溶解，冷却后将金镀层取出用水洗干净，烘干或晾干，以便保存或制作三氯化金用。

27.2.7　镀钯废液回收处理

用盐酸先将钯废液酸化，并通入硫化氢气体，或加入硫化钠，使钯沉淀下来。将沉淀的钯过滤、干燥、煅烧，还原成金属钯。操作时应在排气装置下进行。

27.2.8　其他废液回收处理

(1) 铝件硫酸普通阳极化废液处理

铝件硫酸普通阳极化溶液中的杂质有 Al^{3+}、Cu^{2+}、Cl^-、Fe^{3+}、Mg^{2+}。一般情况下允许各种杂质的最大含量：Al^{3+} 为 $15\sim25g/L$，Cu^{2+} 为 $0.02g/L$，Cl^- 为 $0.2g/L$、Fe^{3+} 为 $2g/L$、Mg^{2+} 为微量。

废液中的 Cu^{2+}，可以用阴极通电处理，将阴极电流密度控制在 $0.1\sim0.2A/dm^2$，使 Cu^{2+} 在阴极析出除去。处理废液中的 Al^{3+} 时，可以将废液温度升高到 $40\sim50℃$，在不断搅拌下，缓缓加入硫酸铵 $[(NH_4)_2SO_4]$，使铝变为硫酸铝铵 $[AlNH_4(SO_4)_2]$ 的复盐沉淀在槽底。当其他离子过量时，一般是更换溶液。

(2) 综合废液回收处理

含铬、铜、镍的废液（铜、镍浓度很高）的回收处理：首先破铬，将六价铬转化为三价铬，调整 pH 值，沉淀过滤，回收氢氧化铬；然后再用低电流密度电解回收铜；最后加热，回收镍，生产硫酸镍、硫酸铜。如有铁生成，用磁铁将其吸出。

27.3　废渣处置和利用

废渣（槽渣），是指电镀溶液过滤和清槽后，在槽底沉积的沉渣。槽渣含化合物浓度很高，不允许任意排放，应及时处理回收，常用的方法以化学法为主，各种废渣的处理方法如下[6]。

27.3.1　铬废渣处理

铬废渣先用纯水浸渍回收三次，向经过水浸洗回收的废渣中加入工业用盐酸转化，然后在搅拌下加入还原剂，使六价铬转化为三价铬，加碱调整 pH 值，经沉淀后过滤，得到氢氧化铬，铬的回收率可达 90%，澄清液符合排放标准时排放。

27.3.2　镍废渣处理

镍废渣含有大量的硫酸镍，少量的铁、铜、锌、镍和有机杂质等。回收方法是将镍、铁屑用化学方法分离，用吸铁石将渣中的铁吸出，用低电流密度将铜电解去除。沉淀镍与铁离子时，先加 10% 硫酸使氢氧化物溶解，然后加双氧水使二价铁离子氧化成三价铁离子，控制 pH 值在 $4\sim5$，加温到 $40\sim50℃$，此时镍的回收率在 90% 以上，铁的去除率在 99% 以上。

27.3.3　硫酸铜废渣处理

硫酸盐酸性镀铜的废渣中含硫酸铜 $150\sim200g/L$、硫酸 $50\sim70g/L$、活性炭及其他杂质。先将废渣过滤，滤渣用水清洗后再过滤，过滤后的滤液用电解法回收铜，得到含铜 92% 的铜粉。滤渣中 60% 以上是活性炭，可与铁屑混合焚烧成灰。

27.4　电镀污泥处理要求和污泥减量处理

电镀污泥是指大量的固体悬浮物质，其绝大部分是在废水处理过程中形成的。废水的化学处理法、电解法等都要产生污泥，有些处理方法（如离子交换、活性炭吸附等）虽不直接产生污泥，但在方法的某环节（如再生液处理等）也要产生污泥。由于废水的化学处理法，是目前国内外都采用的一种主要的处理方法，因而污泥问题显得十分突出，如不进行安全处置会造成二次污染。所以，电镀污泥处理是电镀废水处理工程的一项重要环节。

国家的住房和城乡建设部、环境保护部和科学技术部在 2009 年 2 月 18 日联合颁布了《城镇污水处理厂污泥处理处置及污染防治技术政策（试行）》，指出"污泥处理处置的目标是实现污泥的减量化、稳定化和无害化；鼓励回收和利用污泥中的能源和资源。坚持在安全、环保和经济的前提下实现污泥的处理处置和综合利用，达到节能减排和发展循环经济的目的"。其中第 2.4 条规定："污水处理厂新建、改建和扩建时，污泥处理处置设施应与污水处理设施同时规划、同时建设、同时投入运行。污泥处理必须满足污泥处置的要求，达不到规定要求的项目不能通过验收"。

我国现行的污泥处理处置水平落后，综合利用率不到 50%。污泥处置问题已成为废水处理发展的"瓶颈"。一般来说，污泥处理处置费用应占废水处理总运行费用的 40%～50%，但我国废水处理行业长期存在"瓶颈"倾向，污泥处理处置设施和处置水平滞后。我国现行的污泥处理处置方式主要有以下几种[9]。

① 简单填埋：约占 30%（完全当成废物处理）。

② 土地利用：约占 45%（病原体扩散、污染物进入食物链，存在环境风险）。

③ 焚烧：约占 2%（投资高昂、生成废气造成二次污染）。

④ 随意弃置：约占 15%。

27.4.1　电镀污泥处理要求

① 废水处理厂应设置污泥处理处置设施，应按《城镇污水处理厂污泥处理处置及污染防治技术政策（试行）》的规定执行，污水处理厂新建、改建和扩建时，污泥处理处置设施应与污水处理设施同时规划、同时建设、同时投入运行。

② 运出协作处理污泥的，应降低出厂的污泥含水率。污泥含水率即污泥中所含水分的质量与污泥总质量之比。不同污泥含水率的污泥状态[9]见表 27-1。

表 27-1　不同污泥含水率的污泥状态

污泥含水率	污泥状态	污泥含水率	污泥状态
90%以上	几乎为固体液	60%～70%	成板块，几乎为固体
80%～90%	粥状物	50%	黏土状
70%～80%	柔软状	—	—

较小规模的废水处理设施或废水处理站，一般不单独设置污泥处理处置设施，污泥由专门公司处理，按以前标准规定，污泥含水率低于 80% 即可出厂。而 80% 含水率的污泥量非常大，给污泥的储存及运输等带来很多问题，如堆放占地面积大；不便于运输，导致运输成本高；渗滤液很难处理；易产生恶臭并滋生蚊蝇等，污染环境；对污泥的后续处理造成困难等。因此，建议运出厂的污泥应降低其含水率，提高污泥的脱水性能。使污泥减量化是污泥处置的关键。

③ 污泥脱水方式可根据自然条件和污泥特性、需脱水的程度、储存、运输、综合利用等要求，经技术经济比较后确定。

④ 脱水和浓缩过程的滤液（滤过液）应排至调节池。

⑤ 当处理的废水量大于 $2m^3/h$ 时，污泥进入污泥脱水设备前，其含水率不宜大于 98%，脱水污泥含水率不应大于 80%；当处理的废水量小于或等 $2m^3/h$ 时，混合液可直接进入压滤机进行脱水。

⑥ 脱水后的污泥，应堆放在具有防雨淋、防渗、防扬散、防流失的场所。并按照 GB 15562.2《环境保护图形标志-固体废物贮存（处置）场》的规定，设置明显标识；按照 GB 18597《危险废物贮存污染控制标准》的要求进行管理。

⑦ 电镀污泥含有重金属、有机污染物、废化学药剂、生物残渣等污染物，应按 GB 5085

《危险废物鉴别标准》的有关标准规定，进行危险特性鉴别。

⑧ 干污泥鉴定为一般废物的，按照 GB 18599《一般工业固体废物贮存、处置场污染控制标准》的有关规定处置；为危险废物的，按照 GB 18598《危险废物填埋污染控制标准》的有关规定处置。

27.4.2　污泥减量处理

(1) 污泥中的水分

污泥中的水分大致分为四类[9]，即空隙水、毛细水、表面吸附水和内部水。污泥中的水分分类及水分分布，见表 27-2。

表 27-2　污泥中的水分分类及水分分布

水分分类	污泥中的水分分布及去除方法	水分分布示意图
空隙水	是指污泥颗粒包围起来的水分,并不与污泥颗粒直接结合,约占总水分的 70%,这部分水可通过浓缩压滤而分离	空隙水　吸附水　内部水　毛细水
毛细水	是指颗粒间毛细管内的水,约占总水分的 20%。分离毛细水必须向污泥施加外力,如离心力、真空过滤等,以破坏毛细管表面张力和凝力的作用	
表面吸附水	是指污泥表面吸附的水分,其附着力极强,这部分水在胶体状颗粒、生化污泥等固体表面经常出现,分离它较困难,要使胶体颗粒与水分离,必须采用混凝方法,通过胶体颗粒的相互絮凝而排除附着其表面的水分	
内部水	是指污泥颗粒内部结合的水分,如生物污泥中细胞内部的水分、污泥中金属化合物所带的结晶水等。不能用机械方法分离它,可以通过生物分离或热力方法去除。内部水和表面吸附水约占总水分的 10%左右	

(2) 减量处理方法

① 污泥的浓缩。初次沉淀的污泥含水率一般在 94%～98%，一般需要进行污泥的浓缩和脱水，以缩小其体积。污泥浓缩是降低污泥含水率的一种方式，污泥浓缩主要是去除空隙水，浓缩后的污泥近似糊状，含水率降为 95%～97%，污泥仍保持其流动性，可用泵输送。

污泥浓缩常用的有三种方法，如表 27-3 所示。

表 27-3　污泥浓缩常用的方法

污泥浓缩法	污泥浓缩的原理及应用
重力浓缩法	是将污泥置于沉淀池内停留较长时间后,靠污泥本身的重力自然压缩其体积,排出澄清水的过程。常用沉淀池有平流式沉淀池、竖流式沉淀池、辐流式沉淀池、斜板(管)沉淀池等
气浮浓缩法	是依靠大量微小气泡附着于悬浮污泥颗粒上,使污泥颗粒密度减小而上浮,使污泥颗粒与水分离。气浮浓缩法适用于污泥颗粒易于上浮的疏水性污泥,或污泥悬浮液很难沉降的情况。与重力浓缩法相比,气浮浓缩法的浓缩效果显著
离心浓缩法	是利用固液相的密度差异,使其在离心浓缩机中形成不同的离心力而进行浓缩。离心浓缩法工作效率高、占地面积小,但运行费用和机械维修费用高,因此主要用于处理难以浓缩的剩余污泥或轻质污泥

② 污泥的脱水。为了便于污泥的运输、堆放、利用或做进一步处理，将浓缩后的污泥，用物理方法进一步降低其含水率，使污泥形成块状的方法称为污泥的脱水。脱水主要是去除污泥中的毛细水和表面吸附水。目前常用的脱水方法有压滤法、真空过滤法、离心法和自然干燥法等。最常用的是压滤法。污泥的脱水方法见表 27-4。

表 27-4　污泥脱水常用的方法

污泥脱水方法	污泥脱水的原理及应用
压滤法	利用过滤介质两面的压力差作为推动力,使水分强制通用过滤介质,固体颗粒被截留在过滤介质上,而达到脱水的一种方法。常用的压滤机有板框式压滤机和带式压滤机两种 　　1. 板框式压滤机构造简单,推动力大,适用于各种污泥,脱水的泥饼含水率低,滤饼剥落性能好,可以通过加减滤板方便地调整过滤面积。但只能间歇运行,滤布易损坏,操作管理麻烦。板框式压滤机有人工和自动板框式压滤机两种 　　2. 带式压滤机,常见的是滚压式带式压滤机。它由滚压轴和滤布组成,带式压滤机可连续过滤,管理方便,劳动强度低,但含水率高,调整难度较大,滤带价格高
真空过滤法	是目前广泛使用的一种机械的污泥脱水方法。主要用于初沉淀池等的污泥脱水。能连续运行、操作平稳、处理量大,能实现自动化,但附属设备多、工序复杂,运行费用高。常用的是转鼓式真空过滤机
离心法	利用离心力的作用,使泥水分离,进行脱水,其占地面积小,效率高,可连续生产和自动控制。但对污泥预处理要求高,必须使用高分子聚合电解质,设备易磨损。依离心机的形状,可分为转筒式离心机和盘式离心机等,应用较广泛的是转筒式离心机
自然干燥法 (污泥干化场)	是将污泥置于干化场进行过滤(渗滤)和水分蒸发,来降低污泥含水量。自然干燥法是一种古老而又广泛采用的污泥自然脱水方法。干化场脱水方式是:上部蒸发、底部渗透和中部泄放。一般干化期为数周至数月。待污泥表面出现裂纹,含水率降低到 75% 左右,成为固污泥。污泥干化场简单易行,污泥含水量低,但占地面积大
热力方法	采用加热或焚烧的方法脱水

(3) 污泥浓缩及脱水的方法及其效果

污泥常用的各种浓缩及脱水方法,以及热力方法等所取得的效果比较见表 27-5。

表 27-5　污泥常用浓缩、脱水方法及热力方法的效果比较

脱水方法		脱水装置	脱水污泥含水率/%	脱出污泥中水的类型	脱水污泥状态
浓缩法		重力浓缩池(平流式、竖流式、辐流式、斜板沉淀池)、气浮浓缩池、离心浓缩机	95～97	空隙水、毛细水(离心浓缩法)	糊状
自然干燥法脱水		干化场、晒砂场	70～80	空隙水、毛细水和部分表面吸附水	泥饼状
机械脱水	间歇压滤法	板框压滤机	45～80	空隙水、毛细水和部分表面吸附水	泥饼状
	连续压滤法	带式压滤机、螺旋压滤机	78～86		
	真空压滤法	真空转筒、真空转盘等	60～80		
	离心法	离心分离机、离心沉降机	80～85		
热干化法		气流干燥器、旋转干燥器、转鼓干燥器	10～40	空隙水、毛细水、表面吸附水、内部水	粉状、粒状
焚烧法		立式多段炉、回转焚烧炉、流化床焚烧炉	0～10	—	灰状

27.5　电镀污泥资源化

电镀污泥是一种未被开发的再生资源,它具有高热值、轻质地、含有多种金属的特点。目前虽然国内外对污泥处置[9]尚没有一个统一的标准,但有些方面是达成共识的,即禁止将污泥倾倒入海;有机物含量大的污泥禁止堆埋;重金属、医学化学污泥不允许在农业中随意使用。概括起来说,电镀污泥的处理和处置的目的就是减量、稳定、无害化、重金属回收和综合利用。

27.5.1　重金属回收利用

电镀污泥的重金属回收及综合利用,所遵循的基本原则如下。
① 利用方法简单,易于上马。
② 产品质量良好,销路好。

③ 在处理生产过程中不产生二次污染，有利于环保。

④ 因地制宜，利用本地区材料，结合本地区工业生产等的特点，生产出本地区需要的产品。

⑤ 提高经济效益，能调动综合利用工厂的积极性。

电镀污泥的重金属回收及综合利用有三种方法，如表 27-6 所示。

表 27-6　电镀污泥的重金属回收及综合利用方法

回收及利用方法	电镀污泥的重金属回收及综合利用的原理及应用
熔炼法	熔炼法是传统的火法冶金方法。熔炼法处理电镀污泥主要是回收其中的铜和镍。将经烘干处理的电镀污泥放入炉内，以煤炭、焦炭为燃料和还原物质，辅料有铁矿石、铜矿石、石灰石等 熔炼以铜为主的污泥时，炉温为 1300℃以上，熔出的铜称为冰铜 熔炼以镍为主的污泥时，炉温为 1455℃以上，熔出的镍称为粗镍 冰铜和粗镍可直接用电解法进行分离、提纯回收，炉渣可以达到冶金行业废弃物标准，可进行安全填埋或作为水泥生产原料 该技术适用于化学法含氰、含铬、含镍、含铜、含镉废水以及退镀废水等产生的电镀污泥
氨水浸出法	一般采用氨水溶液作浸取剂，因氨水具有碱度适中、使用方便、可回收使用等优点 氨水浸出法从电镀污泥中浸出铜和镍；再用氢氧化物沉淀法、溶剂萃取法或碳酸盐沉淀法把铜和镍分离出来。对铜和镍的浸出选择性好，浸出效率高，铜离子和镍离子在氨水中极易生成铜氨和镍氨络合离子，并溶解于浸出液中，氨浸出液如只含铜的铜氨溶液，可直接用作生产氢氧化铜或碳酸铜的原料 氨有刺激性气味，当 NH_3 的浓度大于 18％时，容易挥发，不仅造成氨的损失，而且影响操作环境，因此，对浸出装置的密封方式要求较高
硫酸浸出法	硫酸浸出法或硫酸铁法从电镀污泥中浸出铜和镍；再用溶剂萃取法或碳酸盐沉淀法把铜和镍分离出来。浸出的铜和镍以硫酸盐形式存在，该方法反应时间较短，效率较高。如果电镀污泥的硫酸浸出液富含铜，不含或只含微量的镍，若要分离镍必将增加很多不必要的费用，在这种情况下，直接采用置换反应生产金属铜是最经济的办法，通常采用与铜有一定电位差的金属如铁、铝等置换金属铜，这样可以得到 90％以上的海绵铜粉，铜的回收率达 95％。但该技术采用置换反应来回收铜，置换效率低，且对铬等金属未能有效回收，有一定的局限性。该工艺过程较简单，主要包括浸出、置换和废水净化。循环运行，基本不产生二次污染，环境效益显著 硫酸具有较强腐蚀性，对反应容器防腐要求较高；同时，浸出时温度将达到 80～100℃，产生蒸汽和酸性气体。溶剂萃取法的操作过程和设备较复杂，成本较高，工艺有待于进一步优化 该技术适用于含铜、镍等金属的废水处理过程中产生的电镀污泥

27.5.2　电镀污泥的综合利用

27.5.2.1　单金属污泥的回收

单一金属的污泥不能被看作废弃物，而应该看作一种宝贵的金属资源，其中的金属比矿石中的金属含量高得多。把重金属污泥作为资源已受到广泛重视。

含镍、铜、锌三种金属的废水，以碱性沉淀处理所形成的氢氧化物沉淀的污泥比较纯净，可采用隔膜电解法在阴极上沉积而得到金属镍、铜、锌。以其他形式处理的沉淀物，也可采用化学反应回收金属盐，经进一步处理后回用。电镀污泥中金属的回收率为镍 94％、铜 91％、锌 90％、铬 95％，这样不但减少了污泥对环境的危害，并有一定的经济效益。

27.5.2.2　含铬污泥的综合利用

(1) 制作磁性材料

制作磁性材料的含铬污泥，最适宜的是铁氧体法处理废水所产生的污泥。为了使制作的磁性材料具有较强磁性，使用铁氧体法时，必须控制好硫酸亚铁的投加量、加空气氧化的程度、加温转化的温度，并将沉渣中的硫酸钠洗脱干净。由于污泥成分很不固定且杂质成分多，制作前都要对沉渣进行分析，再调整材料成分，这给制作磁性材料带来不少麻烦。

此外，铁氧体沉渣还可用于制作远红外涂料、耐酸瓷器，以及作为制铸石的原料等。

（2）制作中温变换催化剂

在氮肥生产的合成氨工艺上要使用大量的催化剂（又称触媒），利用含铬污泥可以成功制作合成氨中温变换催化剂，如 C_{4-2}、C_6 和 B_{104}。这是一类中温变换铁铬系催化剂，其制作工艺流程如图 27-8 所示。B_{104} 催化剂的化学成分与含铬废水处理产生的含铬、含铁污泥成分对比见表 27-7。

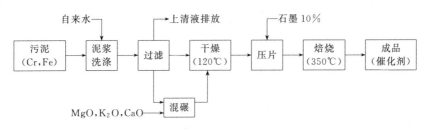

图 27-8　含铬污泥制作中温变换催化剂工艺流程

表 27-7　B_{104} 中温变换催化剂的化学成分与含铬、含铁污泥成分对比

类　　型	成分与含量（质量分数）/%				
	Cr_2O_3	Fe_2O_3	MgO	K_2O	CaO
B_{104} 中温变换催化剂	5.3～6.8	50～60	17～20	0.5～0.7	<10
含铬、含铁污泥	6～8	53～63	—	—	—

从表 27-7 中可以看出，用电解法、铁氧体法、硫酸亚铁还原法处理含铬废水后所产生的污泥，其 Cr_2O_3 和 Fe_2O_3 所占百分比符合 B_{104} 中温变换催化剂原料的化学成分，只需补充 MgO、K_2O、CaO，即可满足 B_{104} 中温变换催化剂生产的要求。污泥经洗涤、过滤，再与助催化剂 MgO、K_2O、CaO 混碾均匀，经 120℃ 烘干，加石墨 10% 压片，再经 350℃ 焙烧即可制中温变换催化剂。但这种催化剂不适于用天然气作为原料的合成氨工艺。

（3）制作制革工业用的铬鞣剂（鞣革剂）

制革工业用的铬鞣剂 $[Cr(OH)SO_4]$，是一种羟基硫酸铬，它与皮质胶原分子反应，发生质的变化，使皮变为革。即三价铬具有与兽皮（未经处理的生皮）成分中的蛋白质形成稳定复合物的能力，经铬鞣后的生皮就成为熟革，它干燥后具有弹性、有一定抗张强度。由于铁、铜等是铬鞣剂中的有害成分，因而铬鞣剂的污泥来源，最好是亚硫酸氢钠法处理含铬废水所产生的污泥。采用较纯的 $Cr(OH)_3$ 污泥制作铬鞣剂，其反应如下：

$$Cr(OH)_3 + H_2SO_4 \longrightarrow Cr(OH)SO_4 + 2H_2O$$

工艺条件必须严格控制，主要过程及工艺参数如下。

① 采用较纯的 $Cr(OH)_3$ 污泥，定性检验、分析成分（铬含量及水分）。

② 加酸酸化，硫酸投加量为 Cr^{3+} : H_2SO_4 = 1 : (1～1.5)。

③ 搅拌均匀后，加热到 90～100℃，保持 0.5h。

④ 控制 Cr_2O_3 含量为 90～100g/L，盐基度 30%～40%；pH 值 3～3.5，铬鞣革剂制成后，陈化 10～15h。

采用这种工艺对污泥纯度要求较高，污泥中除 $Cr(OH)_3$ 外，应避免含有其他金属离子，否则，只能用于低档皮革。

（4）制作抛光膏[8]

用含铬污泥可以制作绿色抛光膏和红色抛光膏。

① 制作绿色抛光膏（绿油）应采用含铁量较少的含铬污泥，如用亚硫酸氢钠法等还原法

处理含铬废水所产生的污泥。

将含 $Cr(OH)_3$ 污泥烘干，经 $650 \sim 1200℃$ 高温灼烧 12h，则 $Cr(OH)_3$ 脱水转化为绿色的 Cr_2O_3。将其球磨成粉末，然后按表 27-8 配方，制作绿色抛光膏。

表 27-8　含铬污泥制作绿色抛光膏配方

原　料	配比（质量分数）/%	原　料	配比（质量分数）/%
三氧化二铬	70	硬脂精	7
石蜡	20	煤油	适量
蜂蜡	3	—	—

将石蜡、蜂蜡、硬脂精放在容器内微焙，加入 Cr_2O_3 和煤油搅拌均匀，倒入成型模内，冷却后从模中取出即为绿色抛光膏。

② 制作红色抛光膏（红油）可用含铁量较多的含铁铬污泥，如用硫酸亚铁法、电解法处理含铬废水所产生的污泥。

将污泥干燥后粉碎，用 $180 \sim 200$ 目筛子过筛，在 $200℃$ 左右加热 0.5h。红色抛光膏配方见表 27-9，其中混合油脂配方见表 27-10。

表 27-9　含铬污泥制作红色抛光膏配方

原　料	每吨抛光膏所需质量/kg	原　料	每吨抛光膏所需质量/kg
混合油脂	200	长石粉	600（200～300 目）
抛光剂	15	石灰	10（22 目）
红丹	9	污泥	196（180～200 目）

表 27-10　混合油脂配方

原　料	配比（质量分数）/%	原　料	配比（质量分数）/%
硬脂酸	13	蓖麻油	11.5
脂肪酸	0.35	松脂	36.5
混合蜡	17.5	漆脂	12.65
矿物油	8.5	—	—

将混合油脂放入铁锅内，加热搅拌均匀，逐步放入污泥及其他成分，最后加热至 $140 \sim 165℃$，在搅拌下加入长石粉，继续搅拌 3h，倒入成型模内，冷却后取出即得红色抛光膏。

(5) 制作颜料

① 制铁红颜料。电解法处理含铬废水所得的含铬污泥，可用于制作醇酸铁红底漆中的铁红颜料。其制作工艺如下。

a. 在稀浆状污泥中加入少量 $CaCO_3$，搅拌后放置一周，当析出清水，下部呈颗粒状沉淀时，洗涤沉淀物。沉淀物干燥后在 $400 \sim 450℃$ 下焙烧几小时，使铁和铬的氢氧化物脱水转化为 Fe_2O_3（少量 Fe_3O_4）和 Cr_2O_3，即得铁铬红（棕红色）。

b. 用湿法制取 Fe_2O_3，并制备 $PbCrO_4 \cdot xBaSO_4$。

c. 按表 27-11 中各种成分的比例配成铁红颜料。

表 27-11　铁红颜料的配方

原　料	配比（质量分数）/%	原　料	配比（质量分数）/%
铁铬红（减去脱水前加入的 $CaCO_3$）	15	$CaCO_3$（包括脱水前加入的 $CaCO_3$）	43
Fe_2O_3（湿法制成的氧化铁红）	20	$PbCrO_4 \cdot xBaSO_4$	10
滑石粉	4	—	—

② 制作陶瓷颜料。氧化铬（Cr_2O_3）可用作陶瓷工业产品的绿色颜料。含铬污泥中的氢氧化铬 $[Cr(OH)_3]$ 在马弗炉内 $800 \sim 900℃$ 下焙烧 6h 左右，再置于 $1200℃$ 的高温炉内煅烧 12h，可得到氧化铬（Cr_2O_3）。制作原料污泥中，即使混入一些 Na、Ca、Zn、Pb 等也不影响

色泽。

27.5.2.3 混合污泥的综合利用

(1) 制作改性塑料制品

利用中和沉淀法、电解法和铁氧化法等处理废水后所产生的混合污泥，经过处理，掺入塑料原料中，可制成改性塑料制品，如电器圆木、泥桶、圆凳、地板等改性塑料制品。

将污泥自然干化后（使污泥含水率为 40%～60%），经 100～200℃ 烘干，使其含水率达 5% 以下，由粉碎机粉碎后，再由磨粉机磨成粉，过 100 目筛，将过筛后的污泥粉末与高压聚乙烯塑料按 1:(0.5～1) 的质量比配制成混合物，加入温度为 120～130℃ 的塑料挤出机里进行混合，即可得到用聚乙烯塑料固化了的电镀污泥改性原料。再经成型加工，可制成各种塑料制品。其机械强度、耐磨性、耐蚀性、弹性均可满足要求，而加工性能，像木材一样，可锯、刨、钉。

(2) 制煤渣砖[6]

利用煤渣蒸氧法制砖时，掺入含水率为 85%～98% 的电镀混合污泥制作煤渣砖。制煤渣砖配比（质量分数）为：

煤渣	75%
电镀混合污泥	15%
石灰	8%
磷石膏	2%

生产工艺与原制砖的工艺完全相同。由于煤渣砖原料本身呈碱性，混合污泥中的重金属多数是以氢氧化物形式存在，这些重金属污泥在砖中能稳定地固化，可以有效地防止二次污染。制成的煤渣砖可作墙体材料使用，其力学性能及其他性能均可满足墙体材料的要求。

(3) 浇筑混凝土

可将电镀混合污泥掺入水泥、砂石中浇筑混凝土使用。混合污泥一般按污泥干重占水泥质量的 2% 左右添加，按此比例掺入混合污泥浇筑的混凝土经 28d 固化强度可提高 20%～30%。采用这种处理工艺，混合污泥无需脱水、干化、磨粉等工序，直接投加湿污泥，而混凝土生产的原操作程序不需改变。

27.6 电镀污泥无害化处理

27.6.1 污泥固化/稳定化处置

这项技术是向电镀污泥中加入一些固化剂使污泥（污染源）得到固化，防止二次污染。例如：

【示例 1】 水泥固化，一般按污泥干重占水泥质量的 2% 左右，浇筑混凝土。由于混凝土呈碱性，可以使混合污泥中的各种重金属离子稳定地固化在混凝土中。

【示例 2】 水泥与粉煤灰的混合物固化重金属（含铬、镍、镉等）污泥的方法，实验得到的参数为：水泥与粉煤灰之比为 0.4，污泥与固化剂之比为 1.43，样品在室温下固化 28d 以上，粉煤灰的加入可减少固化物的渗透性。

【示例 3】 沥青固化，是将污泥与沥青混合加热蒸发而固化。用沥青固化产生的固化体空隙少、致密、不透水。沥青固化应用于重金属污泥处理时，其水分必须在 10% 以下。

【示例 4】 铁氧体固化，以亚铁离子对含有重金属离子的废水进行絮凝处理，再将沉淀的氢氧化物污泥通过无机合成技术使其成为复合铁氧体，在这个过程中所有重金属离子几乎都进入铁氧体晶格而被固化。

27.6.2 污泥焚烧处置[7]

污泥焚烧是使污泥在高温下燃烧，将污泥中所有水分和有机物全部去除的方法，是固体废物高温分解和深度氧化的综合处理过程。污泥焚烧使污泥变成灰，体积通常可以缩小到脱水污泥体积的 10% 以下。有毒物质含量高等的污泥，可与煤炭或城市垃圾混合焚烧并利用产生的热量发电。

污泥焚烧在焚烧炉内进行，影响因素有焚烧温度、空气量、焚烧时间、污泥组分等。焚烧温度不应低于 800℃，如欲消除气味，温度需达到 1000℃。燃烧时必须补充足够的空气。焚烧时间不能太短，否则焚烧不完全。

典型危险废物焚烧处理工艺流程[9]如图 27-9 所示。

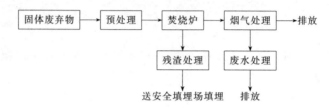

图 27-9 典型危险废物焚烧处理工艺流程

27.6.3 电镀污泥填埋处置[9]

污泥填埋是目前污泥处理的主要方法。电镀污泥填埋处置应符合 GB 18598《危险废物安全填埋污染控制标准》的有关规定，以及《危险废物安全填埋处置工程建设技术要求》《危险废物污染防治技术政策》等的要术。

(1) 填埋场场址的选择

填埋场场址的选择应符合国家及地方城乡总体规划要求，还应符合国家和省的固体废物污染防治规划。填埋场场址位置及选择应符合下列要求。

① 能充分满足填埋场基础层的要求。

② 现场或附近有充足的黏土资源以满足构筑防渗的要求。

③ 位于饮用水、水源地主要补给区范围之外，且下游无集中供水井。

④ 地下水位应在不透水层 3m 以下。如果小于 3m，则必须提高防渗设计要求，实施人工措施后的地下水水位必须在压实黏土层底部 1m 以下。

⑤ 天然地层岩性相对均匀、面积广、厚度大、渗透率低。

⑥ 地质构造相对简单、稳定，没有活动性断层。非活动性断层应进行工程安全性分析论证，并提出确保工程安全性的处理措施。

(2) 工程实例

【实例 1】 深圳市危险废物处理站。其采用的封闭水泥槽法，属沟槽法填埋工艺，建有地下式钢筋混凝土矩形槽 8 个，间距 4m，每个 2000m³，长 22.8m，宽 22.8m，高 4m，用密封层作加强防渗处理；上部投入孔，填满后封闭；设有导气孔，用于排除产生的气体。填埋库区为一废弃采石坑，填埋场采用分区填埋方案，同时套有渗沥液收集系统、防渗系统、场区防洪系统、库区排水系统、进场道路以及填埋场监测、分析化验设施和生产、生活管理系统等。

此站危险废物处置工艺按其性质可分为三类进行处置。

① 对酸、碱、重金属废液以及含氰废液等无机液体，由槽罐车收集进物化车间，通过中和、氧化还原等化学方法分解有害物或形成沉渣，再经脱水后送固化车间，经固化后填埋。

② 对无机有害污泥、工业粉尘、石棉等废物直接进固化车间固化后填埋。

③ 对有回收价值的各种废料，先进行回收，然后再处理；处理过程中有回收价值的中间物，也考虑逐步回收，然后作最终处置。

【实例 2】 珠海市鸿湾工业固废物处理中心。其采用的填埋法属于沟槽法填埋工艺，整个填埋场分为若干区，将填埋场分区建成若干填埋池，填埋池四周均由钢筋混凝土构筑成，容积不大于 $200m^3$，内空净深为 4m，具有防渗系统。填埋场为一废弃采石坑。

该中心将进场工业固体废物分为 4 类，即含低毒性有机废物、含挥发性有机废物、含低毒性无机废物和含一类污染控制金属元素废物等。

将工业固废物分类卸到中心干化场，直接晾至水分含量小于 60%。晾干后的废物转运至填埋池，逐层压紧。填埋池未填满并覆盖密封期间，其上口始终设置遮雨棚，防止雨水或地面水流入池内。当小池填满后，用混凝土制件密封小池口，形成完全密封的不渗水危险废物填埋单元，同时启动另一个填埋池。填埋池全部填满并加盖密封后，即进行覆土、绿化，直至达到使用期限。

第6篇 电镀车间工艺设计

第28章
电镀车间工艺设计概论

28.1 概述

电镀车间设计是工厂设计的一个组成部分，是一门综合性的科学技术，是一项综合的设计任务。它综合应用各种工程技术科学，系统地对工程项目（工厂）的基建、改建、扩建和技术改造等进行研究和设计。它要求全面贯彻国家的方针政策，力求按照科学性、经济性的原则，做到"先进、可靠、经济、节能、环保"，实现电镀作业的"清洁生产、优质、高产、无公害或少公害"的最佳整体设计。

由于电镀的生产特点，在生产过程中产生大量的废气、废水、废液和废渣；散发出大量腐蚀性气体及水蒸气，湿度大，作业环境属于强腐蚀或中腐蚀；车间内敷设各种管线，如供水、排水、纯水、蒸汽、凝结水、压缩空气、直流母线及电力供电线；地面设有排水明沟、地下设有地坑、管道沟及排风地沟等。而这些，增加了电镀车间设计工作的难度和复杂性。

所以电镀车间设计中除了采用先进的电镀工艺、电镀设备和合理的布置外，还必须做好清洁生产、职业安全卫生、节能减排、三废治理以及对建筑物构筑物的防腐蚀、防渗漏等各项设施的设计工作。电镀车间设计必须各有关专业（如工艺、建筑、结构、给水排水、采暖通风、热力供给、电气照明等专业）协同设计，密切配合协调，提高电镀车间综合设计质量，以达到最佳设计，并取得设计任务所期望的经济效益和社会效益。

电镀车间设计应能充分体现先进、合理、经济、安全、可靠、节能、环保的原则。为此，电镀车间工艺设计必须遵循28.2节中提出的各项工艺设计原则。

28.2 工艺设计原则

(1) 合理布点

① 电镀车间易产生大气污染。宜布置在全厂主导风向的下风侧，以避免对其他车间的影响。

② 电镀车间宜单建独立的建筑物；如与其他车间合建于一个综合性的建筑物内时，应布置在综合性建筑物靠外侧的边跨。

③ 车间位置应便于工厂组织整体工艺流程。为缩短车间之间的运输距离，本车间一般靠近机加、装配等车间。

④ 车间排风、排水设施多，有时设有地下室、半地下室，不宜布置在较低洼的地段。

（2）选择合理的电镀工艺

① 采用的生产工艺，应能充分体现先进、合理、经济、可靠的原则。应努力推广节能、无污染或低污染的生产工艺和装备，使电镀车间在各项技术、经济方面都达到较先进的水平。

② 采用清洁生产工艺，先进的成熟的生产工艺，禁止选用限制和淘汰的生产工艺。

③ 设计中所采用的生产工艺，可在工厂现行生产基础上，与工厂实际相结合加以改进、改善而确定；也可重新制定。

（3）选用的电镀设备，应先进、可靠，应与生产规模相适应

① 电镀设备的选用，应与生产规模、生产工艺相适应。大批量、大量的电镀生产规模，采用自动或半自动电镀生产线，以提高产品质量及生产效率，减轻劳动强度，改善劳动条件。

② 电镀设备的选用还应充分体现先进、合理、经济、可靠的原则。淘汰能耗大、污染严重的设备，选用节能、污染少的设备。

（4）工艺设计必须符合节能要求

① 节能是国家发展经济的一项长远战略方针。设计中应积极贯彻有关国家及地方的能源政策，降低能源消耗，积极应用节电、节水的节能技术，提高能源利用率。

② 提高材料利用率，节省资源。

③ 选用节能设备，淘汰能耗大的设备。

（5）工艺设计必须符合安全、卫生、环保的法规及标准要求

① 电镀生产应认真贯彻、执行国家及部门、行业、地方等的有关安全、卫生、环保的法律法规和职业安全卫生标准。

② 电镀生产应遵守《电镀生产安全操作规程》《电镀生产装置安全技术条件》等的有关规定。

③ 对电镀三废（废水、废气和废渣）按国家和地区环保要求进行净化处理，配置必要的净化设施。

④ 工艺设计中应积极采取如防毒、防腐蚀、防尘、电气安全、防机械伤害、防噪声等的防范措施和设施。

⑤ 电镀车间设计，必须考虑污染和腐蚀问题，对于相邻车间、厂房、建筑物等应采用合理的通风措施以及先进的防腐技术，减少对相邻车间的污染和腐蚀影响。

⑥ 电镀工艺设计人员应掌握清洁生产、节能减排技术。

（6）工艺设计必须统筹考虑各专业的综合设计

① 工艺设计的平面布置时，必须统筹考虑各种管线敷设位置、走向，留出适当的供安装、检修等的距离；留出所需的各种用室、用地，如配电室、直流电源室、送风机室、排风机室、冷冻机室、纯水制备间等，室外的排风装置及废气净化处理、废水处理等的用地。

② 在设计过程中工艺专业帮助协调综合设计中出现的问题，提高整体设计质量。

（7）改建、扩建及技术改造的电镀车间设计，应充分利用工厂现有生产条件

改建、扩建、迁建及技术改造的电镀车间设计，应充分利用工厂现有设备及生产条件，尽量减少投资，降低生产成本。

① 充分利用工厂现有设备、装置、器具、检测仪器等，淘汰能耗大、污染严重的现有设备。

② 充分利用工厂现有搬运及输送设备。对现有搬运输送设备，应作鉴定，淘汰存在隐患的、不安全的设备。

③ 充分利用现有的厂房、面积、作业场所。应对厂房作出鉴定，安全性及火灾危险性有问题的，如经改造可用的，可以利用。利用现有的厂房，应以工厂原有建筑物的实际出发，尽量避免对原有建筑物大拆和大改动。

④ 充分利用现有动力资源、三废处理装置和设施等。现有的动力供应设施，以及三废处理装置和设施，经改造可用的，应尽量利用。如三废处理装置及设施较陈旧，处理方法流程落后又耗能，可以不用。

(8) 在新建电镀车间时，根据需要，考虑其发展空间

在新建电镀车间时，根据业主需要，在设备选用、平面布置等方面，要考虑扩建和生产发展的可能性，考虑留有一定的发展空间。根据业主的要求，具体做法如下。

① 当产品的更新换代，或扩宽产品，其规格大小有所变更时，应在设备选用规格时，适当留有余地。

② 考虑产品的产量有可能增加时，在设备布置上适当留有发展面积，或考虑为工房的适当接长留有余地。

③ 当电镀车间分期建设时，考虑已建生产线的特点，并结合建设场所的具体情况，在设计时就要预计下期建设时，是将原有厂房接长，还是在边跨增加跨度，以便工厂总平面图（总图）设计时统筹安排。

28.3 工艺设计内容

电镀车间设计，分设计前期工作（编制项目建议书及可行性研究报告）、初步设计和施工图设计等三个阶段。各设计阶段的内容、深度、编写文件以及绘制图纸的深度要求及格式等，都有所不同。但总体来说工艺设计包括下列内容。

(1) 确定电镀年生产量

① 根据工厂生产的产品及产品年生产纲领，编制出电镀零件表，统计出电镀的年生产量表，以此作为电镀车间设计的基本依据。

② 若接受外来的协作生产任务时，整理出接受外协的电镀零件表，统计出电镀年生产量，加进电镀车间年生产量表中去。

(2) 确定电镀车间设计采用的生产工艺

① 根据产品及工艺技术要求，确定工艺方法，编制或选用工艺过程、工艺参数及其要求。

② 如有特殊的生产工艺，需加以说明。如设计中采用的生产工艺与原生产工艺变更较大，应说明变更理由、采用依据。

③ 若是引进项目，其生产工艺需与国内工艺比较，说明其先进水平。

④ 说明电镀车间设计所采用的生产工艺的先进性及所处水平。

(3) 选用及计算车间的各种设备

① 根据产品、被镀工件特征及生产工艺，选用各种电镀设备（包括自动线及半自动线等）。电镀及各种处理用的槽子，基本都是非标设备，确定其设备规格。

② 计算所需的各种设备的数量。

(4) 确定生产线的组织形式，进行工艺设备平面布置

① 根据电镀生产量及生产工艺，确定生产线的组织形式。

② 确定厂房结构形式。

③ 进行工艺设备平面布置，绘制布置平面图、剖面图。

④ 编写工艺设备明细表。

(5) 确定劳动量及车间人数

① 根据年产量，确定电镀作业劳动量。

② 根据劳动量计算生产工人人数，或依据电镀作业岗位配备生产工人人数。根据生产实际需要配备辅助工人人数，最后确定车间总人数。

(6) 计算确定材料消耗量

① 按工厂现行生产的产品材料消耗量，根据设计中的产品、工艺等具体情况经调整后采用。

② 如缺乏资料，按材料消耗定额经计算确定。

(7) 计算确定电镀车间动力消耗量

① 计算确定电镀车间动力消耗量，包括电、水（包括纯水）、蒸汽、压缩压气、燃油、燃气等的动力消耗量。

② 生产中的工艺设备如需要冷却的，如电泳涂漆槽、阳极氧化槽等，需进行冷却热量的计算，以供冷却装置系统的设计。

③ 电镀生产中所排出的废水等，需提出排出的废水量，废水所含各种有害物的浓度，以供废水处理装置及设施的设计。

(8) 提出车间在节能、安全、卫生及环保等方面供编写四篇的资料

① 提出车间在节能、职业安全、工业卫生、环境保护等方所采取的技术措施及所取得效果的有关资料。

② 有关专业人员根据提供的资料编写四篇（即节能篇、环境保护篇、职业安全和工业卫生篇、消防篇）。

(9) 工艺专业向建筑及公用工程等专业提出设计资料

① 工艺专业需向土建（建筑、结构）、给排水、采暖通风、热机（供热、供压缩空气等）、电气照明、技经等专业提出设计任务书，以供各专业设计用。

② 及时配合各专业的设计工作。

(10) 编写及整理设计文件

① 编写设计文件（说明书等）、整理车间设备明细表及绘制工艺设备布置平面图等。

② 提出车间工艺设计成品文件：工艺设计说明书、车间设备明细表及工艺设备布置平面图等。

此外，工艺专业还应做好对外接口和对内接口的工作。对外接口就是与建设单位（用户）取得密切配合，收集有关设计的基础资料；听取对设计的要求、意见，反映到设计中来，做出优质的、用户满意的设计。对内接口除了提出各专业设计任务书的技术接口外，还应积极配合项目设计的组织者，做好协调各专业之间的整体设计工作，从而提高综合设计质量。

28.4　工艺设计水平的评价

电镀车间的工艺设计人员及设备设计人员，应具有开拓创新、精心设计的精神，并善于总结经验教训。只有这样，才能设计出高水平的优秀的工艺设计。电镀车间工艺设计的先进性、适用性和经济性等的评价，可从将要建成或已建成投产的电镀车间的生产工艺及设备、节能、减排、三废治理、工程质量、经济性和管理等方面来进行预测和评价。

（1）生产工艺及设备方面

生产工艺及设备是反映电镀车间设计水平的关键环节，所选用工艺设备应与其建设规模（产量）相适应。优良的工艺设计，应体现下列几个方面。

① 符合用户的需求和国家法规。

② 所选用的电镀工艺、设备（包括搬运、输送设备）具有可靠性、先进性。

③ 平面布置合理，工艺有调整的灵活性，人流和物流通畅，工件运行路线短、往复少。

④ 改建、扩建及技术改造的电镀车间设计，从工厂实际出发，能充分利用工厂现有生产条件。

⑤ 安全防护措施可靠。

⑥ 在投资和现场条件许可的情况下，机械化、自动化水平尽可能高。

（2）节能方面

电镀车间的能耗是衡量电镀工艺设计节能的重要指标。应将电镀车间的能耗减少到最低程度。主要以下几方面来衡量工艺设计的先进性。

① 应符合有关节能法规及当地能源使用政策及供应状况。

② 提高材料利用率、降低资源消耗所取得的效果。

③ 工艺设计所采用的节能技术、措施是否合理得当，如是否选用低温生产工艺、节能设备和淘汰能耗大的设备等。

④ 采用的节水技术与措施，所取得的效果。

⑤ 加热设备（如加热槽液、清洗水的设备）、烘干设备及送风设备等优化加热系统设计，提高热能利用率及减少热损耗等所采取的技术措施和所取得的效果。

（3）减排和三废治理

电镀生产污染严重，减少排放污染物及对污染物的治理是否符合国家法规要求，是衡量电镀车间工艺设计及整体工程设计的重要指标之一。先进的、优良的工艺设计，应体现下列几个方面。

① 积极推行和采用电镀清洁生产并取得效果。

② 采用的清洁生产工艺、无污染或低污染工艺、节水减排技术等技术措施合理、效果好。

③ 提高电镀材料利用率（提高三废净化处理回收利用的物料，减少材料消耗等所采取的措施和所取得的效果）。

④ 积极配合有关专业做好三废净化处理，以达国家规定的排放标准。

（4）工程质量方面

这里提出的工程质量是指工艺设计质量、设备（包括搬运输送设备）设计质量、设备制造和安装质量以及建筑、公用工程等整体设计质量。建筑、公用工程等的设计质量，与工艺专业所提供给各专业的设计要求及设计技术资料等有密切关系。提高工程质量在工艺专业方面，应体现下列几点。

① 设备技术性能、规格、选型合理。

② 重视设备设计、制造和安装质量，提高设备使用寿命。设备（尤其是自动线及半自动线）要委托有资质的、技术力量雄厚的、经验丰富的制造公司来设计、制造、安装和调试。

③ 重视整体工程设计质量。工艺专业提出的对专业设计的要求及设计技术资料，要细致、慎重、认真、负责。设计中发生问题，及时协商调整解决，不留设计隐患。

（5）经济性方面

① 电镀车间的投资额度，是衡量工艺设计的经济性的重要指标。要求设计者能合理使用

投资，达到较好的项目综合经济效益。主要的技术经济指标，应达到同类工厂车间的先进水平。

② 通过比较衡量其工艺设计水平，如同样的产品在同样的规模中生产，达到同样的电镀质量的条件下，投资越少，投资回收期就越短，电镀成本就越低，表明设计水平越高。

(6) 管理方面

① 优质、高产、低成本需靠先进的科学管理来实现。

② 电镀工艺设计者应向用户提供完整的工艺设计技术文件。设计还应在相应的信息管理和必要的基本装备等方面，为工厂车间在建成投产后落实清洁生产的日常监管机制创造条件。

③ 按电镀线的建设规模及管理要求，完善管理设施。在大量生产规模的电镀线，采用计算机监视控制、信息网络、自动记录分析及统计等系统，体现出现代化电镀车间的设计和管理水平。

此外，电镀车间工艺设计必须统筹考虑及顾及各有关专业的综合设计，所以工艺设计人员还应掌握和了解有关专业设计的一般知识和常用做法。故本篇还简要介绍了有关建筑和工程等专业的设计要求、一般知识和一些常用做法。

第29章
车间平面布置

29.1 电镀车间在总图中的位置

根据工厂规模、电镀车间特点、生产量、工厂生产总工艺流程、物流及环保等因素，来确定电镀车间在工厂总平面布置图上的位置。确定车间具位置时，应考虑下列几点。

① 从工厂整体物流合理性考虑，车间位置应便于工厂组织整体生产流程。做到工序衔接紧密，生产路线及物料传送路线最短，物流量和装运次数最少。为缩短车间之间运输距离，本车间一般靠近冲焊、机加、装配等车间。

② 电镀车间生产中能产生大量有害的、腐蚀性强的气体，宜布置在厂区最小频率风向的上风侧，且地势开阔、通风条件良好的地段，并应与厂前区、精密加工车间、金属材料库、洁净厂房以及人流密集处留有一定的防护距离。

③ 不宜靠近喷砂、铸工（特别是清理工部）、木工场等散发大量尘埃的车间，以避免大量灰尘进入电镀车间污染、影响镀层质量。

④ 电镀车间排水管出口标高往往很低，有时设有地下室或半地下室，故不宜布置在低洼处。

⑤ 考虑车间位置时，应结合地形，因地制宜，避免大开大挖大填，减少土石方工程。

⑥ 本车间周围应考虑留出布置通风装置、废气处理装置、废水处理设施及其构筑物等的场地。

⑦ 若要考虑发展或分期建设，车间位置及占地面积应与后续建设统筹考虑、统一规划。

29.2 电镀车间建造及建筑物形式

29.2.1 电镀车间建造形式

电镀车间建造形式一般有下列两种。

（1）单独建筑物

根据电镀作业产生大量腐蚀性、有害的气体等特点，电镀车间一般宜采用单层的单独建筑物。

优点：自然通风及采光好，对其他车间影响较小，布置较灵活。

缺点：总图上占地相对较大。

（2）综合性建筑物

电镀车间也可与其他车间合建于一个综合性多跨度的建筑物内，电镀车间应布置在综合性建筑物的外边跨。

优点：节约用地，缩短镀件运输距离。

缺点：自然通风及采光比单独建筑物差，对相邻车间有污染和腐蚀影响。

29.2.2 电镀车间建筑物形式

（1）建筑物形式的选择

电镀车间建筑物形式的选择，一般应考虑下列几点。

① 适应工艺需要，满足生产要求。

② 建筑物内要有良好的自然通风和采光。

③ 减少对相邻车间的污染和腐蚀影响。

④ 便于设备安装及各种管道的敷设、维护和检修。

⑤ 节约建筑用地。

⑥ 降低建筑及总体工程造价。

（2）电镀车间建筑物的建造形式

电镀车间建筑物形式一般有单层建筑物、带地下室（或半地下室）的建筑、二层建筑及多层建筑等。

电镀车间建筑物形式，应根据车间规模、生产工艺需要、地质情况（如地下水水位等），结合地形、因地制宜、节省占地面积，做好经济比较，全面统一考虑确定。

建筑物形式的比较及选用意见见表 29-1。

建筑物形式示例见图 29-1。

表 29-1　建筑物形式的比较及选用意见

建筑物形式	优　点	缺　点	选用意见
单层建筑	1. 建筑结构简单、施工方便、造价低 2. 地面防腐构造较楼面简单，遭受腐蚀损坏后，比楼面易于修补 3. 地面标高可以任意变化，设置沟坑比较容易 4. 排水系统便于处理 5. 便于对地下水防护	1. 如采用地下排风沟，易积水腐蚀、遭受腐蚀损坏，难于检修 2. 各种管道敷设较为复杂，如架设不当，则不便维修 3. 当槽较深需设置较深地坑时，则管道架设等各方面难于处理	适用于各种产品的大、中、小型的电镀车间。在一般情况下，多采用单层建筑物形式
带地下室建筑（或半地室）	1. 各种管道敷设在地下室内，易于统筹安排，便于安装架设及维护检修 2. 车间内部（上部）布置整齐美观 3. 风机安装在地下室内，噪声及振动影响较小 4. 当槽子较深时，把槽子部分伸入地下设置，各方面处理较为方便	1. 建筑物结构，造价较高 2. 楼面防腐处理及防水防渗要求较严格，开沟设坑较困难 3. 地下室采光通风较差。如防水防渗及排水不当，容易造成积水	1. 当槽子较深而不便设置槽子地坑时，宜采用地下室 2. 结合地形，对设置地下室或半地室十分有利时，可采用此形式 3. 车间规模大，各种管道布置较复杂时，经各方面条件衡量比较，适当考虑采用此形式
二层建筑	1. 若能利用地形，第二层能与外面道路直通时，则物料运输较方便 2. 各种管道敷设在底层内，便于安装架设及维护检修 3. 上层布置排列整齐美观 4. 底层排水较地下室容易，不易积水 5. 底层因可开设窗户，通风及采光较地下室好 6. 当槽子较深时，把槽子部分伸入底层设置 7. 直流电源、通风机安装在底层，噪声及振动影响较小	1. 若第二层不能与外面道路直通时，则增加物料垂直运输，生产不便 2. 二层楼面防腐要求较严格，开沟设坑较困难 3. 建筑结构较复杂，造价高	1. 根据车间规模、设备设置情况（如槽子很深等）、生产工艺需要，从各方面衡量、比较，需要时可以采用此方式 2. 若第二层能与外面道路直通时或生产工艺需要时可以采用此方式

续表

建筑物形式	优　点	缺　点	选用意见
多层建筑	1. 节约用地 2. 一般将电镀车间设置在建筑物的底层	1. 有害的腐蚀性气体进入建筑物上层的其他车间,会腐蚀设备及仪器 2. 本车间自然通风及采光较差 3. 如将风机等放置在楼上,噪声及振动影响较大	宜少采用或慎用 国内不少厂因存在上述问题,将设置在三层楼底层的电镀车间搬出新建

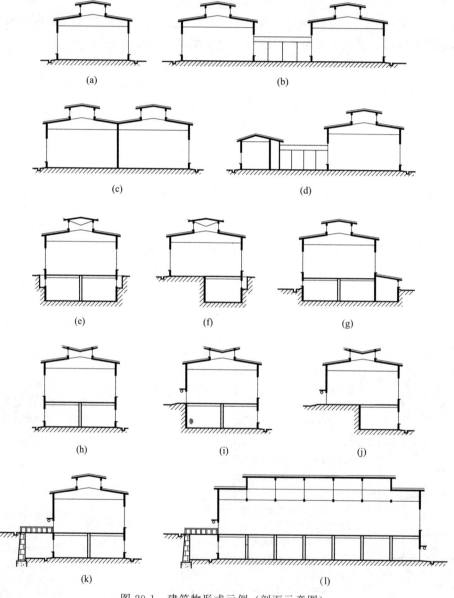

图 29-1　建筑物形式示例（剖面示意图）

（a）单层建筑物；（b）两个单层建筑物中间用走廊相连；（c）双跨度单层建筑物；（d）主建筑物与辅助间建筑物中间用走廊相连；（e）带地下室建筑物；（f）带局部地下室建筑物；（g）带半地下室建筑物；（h）二层建筑物；（i）二层建筑物（侧面靠道路）；（j）局部二层建筑物；（k）二层建筑物（侧面利用过道桥可与道路相连）；（l）二层建筑物（端头利用过道桥可与道路相连）

29.2.3　辅助间在建筑物中的位置

电镀车间辅助设施用的工作间较多，辅助间及办公室生活间占用相当大的面积，如何规划布置，是车间平面布置的关键之一。辅助间（包括部分生产隔间）及办公室生活间在建筑物中的位置，既要考虑便于生产，又要考虑不影响车间的自然通风及采光。布置位置时，一般考虑如下。

①　将辅助间布置在建筑物的两端或一端。

②　当建筑物较长时，可以在建筑物中部布置部分隔间。

③　不宜将很多隔间布置在建筑物外墙的长边，当修建坡屋时，不宜设置在建筑物的迎风面。

④　辅助间也可以与生产主体建筑物分开，在主体建筑物附近单独建立建筑物，必要时中间用走廊与主体建筑物相连接。

⑤　当车间设置地下室时，可把通风室等部分辅助间布置在地下室内。

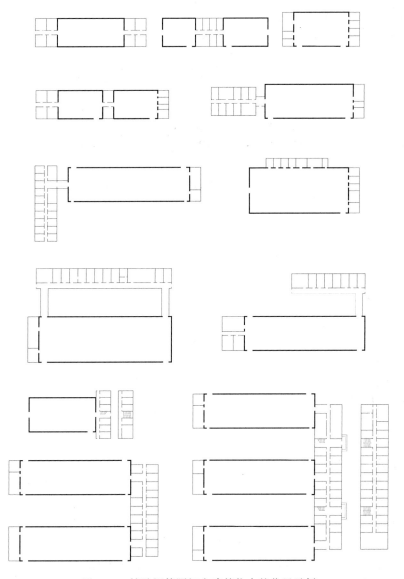

图 29-2　辅助间等隔间在建筑物中的位置示例

⑥ 辅助间也可以建成二层楼，底层布置辅助间和生活间，上层布置辅助间和办公室、化验室等。

⑦ 根据车间具体情况，部分辅助间可以利用平台等形式设置，如送风平台、排风平台等。

⑧ 辅助间及部分生产隔间的布置，力求整齐，房间高度、建筑标准应与主体建筑物区别对待。

辅助间、部分生产隔间、生活间等在建筑物中的位置示例，见图 29-2。

29.3 设备、槽子等布置间距及通道宽度

29.3.1 设备、槽子等布置间距

设备、槽子等布置间距，既要考虑便于生产操作、安装及维护修理并符合技术要求，也要节约用地。设备、槽子等布置的大约间距按下列各节中的数值采用，特殊的、大型的设备、槽子布置间距，根据具体情况而定。

(1) 磨光机、抛光机布置间距

磨光机、抛光机布置大致间距如图 29-3 所示。

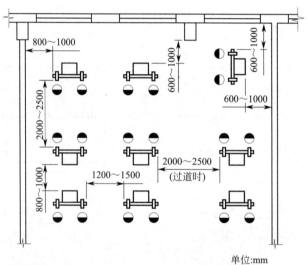

单位:mm

图 29-3 磨光机、抛光机布置间距

◑ 操作位置

(2) 中小型喷砂机布置间距

中小型喷砂机布置大致间距如图 29-4 所示。喷砂机的结构形式、装卸零件的门的位置及大小、排风装置以及是否附带净化除尘器等，由于制造厂家的不同而有所差异，所以应根据设备的具体情况，将布置间距作适当调整。

(3) 槽子布置间距

槽子布置大致间距如图 29-5、图 29-6 所示。图 29-5 中的布置间距为中小型槽子的一般布置间距，大型或特大型槽子的布置间距，宜适当加大。自动生产线上的槽子间距一般由设备制造厂家确定。

两条生产线（非操作面）之间的间距，图中仅考虑架设风管、水管道、热力管等的间距，如两条生产线之间要放置其他设备装置、设施，如溶液过滤机、整流器、冷水机组、无油风泵（即无油微型空气压缩机，供搅拌溶液用）等时，其间距按具体要求确定。

大型长槽子的生产线布置大致间距如图 29-6 所示。在布置时留出零件储存地及零件装卸

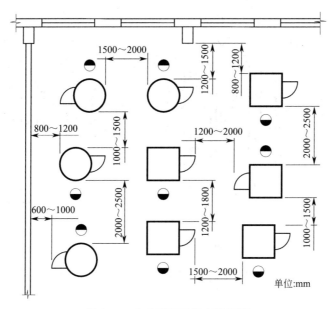

图 29-4　中小型喷砂机布置间距

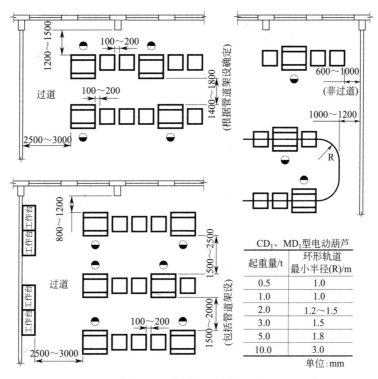

CD₁、MD₁型电动葫芦	
起重量/t	环形轨道 最小半径(R)/m
0.5	1.0
1.0	1.0
2.0	1.2~1.5
3.0	1.5
5.0	1.8
10.0	3.0

单位:mm

图 29-5　槽子布置间距（1）

工作地。

（4）自动生产线布置间距

电镀车间自动生产线形式，有直线式（程控门式行车）自动线、环形（椭圆形、U形）自动线及悬挂输送机通过式自动线（用于磷化及电泳涂漆作业）等。其布置间距根据自动线结构形式、操作位置、零件装卸位置、安装检修要求、运输过道等具体情况确定，自动生产线布

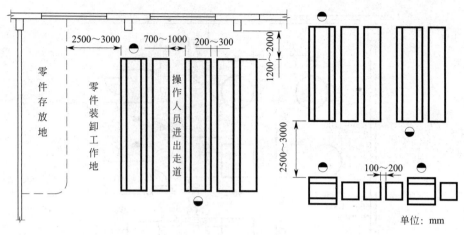

图 29-6　槽子布置间距（2）

置的大致间距，如图 29-7、图 29-8、图 29-9 所示。

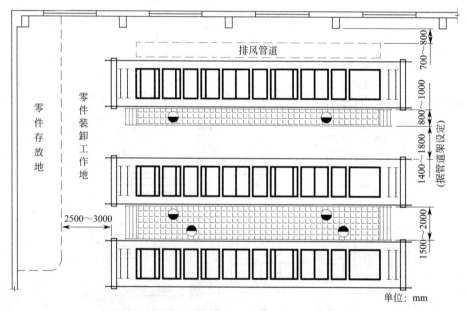

图 29-7　程序控制门式行车直线式自动线布置间距

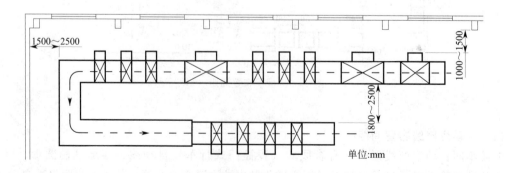

图 29-8　悬挂输送机通过式自动线布置间距

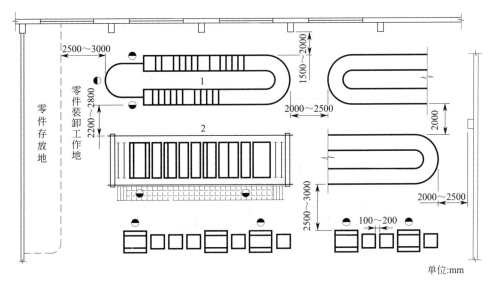

图 29-9 环形自动线布置间距
1—环形自动线；2—直线式自动线

（5）直流电源布置间距

电镀车间用的直流电源有硅整形器、可控硅整形器及电镀用高频开关电源等。由于直流电源的结构形式、柜门位置、接线方式及位置、检修位置等的不同，其布置间距也有所不同。其布置间距应根据选用的直流电源的结构形式、接线方式及要求等具体情况确定，一般直流电源的布置大致间距可参见图 29-10。布置间距应能便于安装、接线及维护检修。

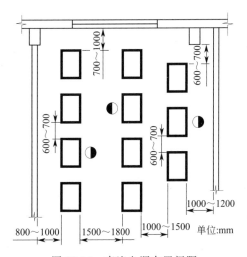

图 29-10 直流电源布置间距

（6）中小型涂装设备布置间距

电镀车间用的中小型涂装设备的布置大致间距，如图 29-11 所示。

29.3.2 通道及门的宽度

电镀车间通道宽度是根据车间规模、厂房形式和跨度、工件特征（类型、外形大小）、运输工具类型和规格、行驶状况（单向行驶、对开行驶）、车间作业特点及维修等具体情况来确定的。通道宽度要确保运输车辆、运送物料、人行等顺畅通行，并符合技术安装要求。电镀车

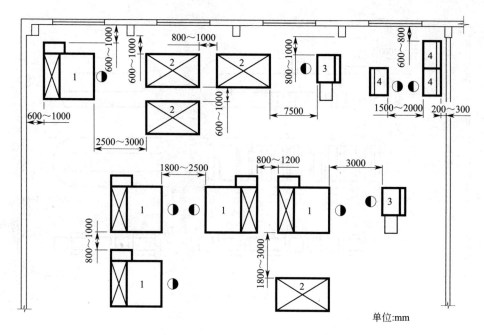

单位:mm

图 29-11   中小型涂装设备的布置间距

1—喷漆室；2—烘干室；3—浸漆槽；4—打磨工作台

注：浸漆槽与烘干室共在同厂房时，其间距不应小于 7500mm，水性涂料的浸漆槽除外（GB 6514—2008）。

间通道宽度目前尚无完整的标准规定，根据电镀作业特点等具体情况，提出电镀车间通道及门的宽度，列入表 29-2 内，供参考。

表 29-2   通道及门的宽度

过道用途或运输方式	过道宽度/mm	门的宽度(宽×高)/(mm×mm)
人行通道	700~1000	800×2100、1000×2100
设备检修通道	700~1000	800×2100、1000×2100
人工运输	1500~1800	1500×2100、1800×2100
通行手推车	1500~1800	1500×2100、1800×2100
电瓶车单向行驶	2000~2400	2100×2400、2400×2400
电瓶车对开行驶	3000~3500	2100×2400、2400×2400
通行三轮汽车	2000~2400	2100×2400、2400×2400
通行叉车或汽车	3000~3500	3000×3000、3300×3000
消防车道	净宽度不应小于 4000,净高度不应小于 4000	

29.4   生产线的组织形式

电镀生产线的组织形式，应根据车间规模、产量及生产工艺流程等具体情况确定。组织生产线时，还应考虑尽量减少生产操作的行走距离，减少零件出槽时带出溶液滴落地面，便于各种管道敷设、安装及维修等。一般情况下生产线的组织，按下列考虑。

① 对于产量较大的处理种类，组成流水生产线。

② 对于产量不大的处理种类，可将类似的处理种类，组成综合流水生产线。

③ 对于产量很小的处理种类，不需组成流水生产线，按生产具体情况排列，适当考虑生产工艺流程。

常见的生产线的组织形式见图 29-12、图 29-13、图 29-14。其中图 29-12 所示生产线适用于小批量、多镀种的生产，灵活性大。

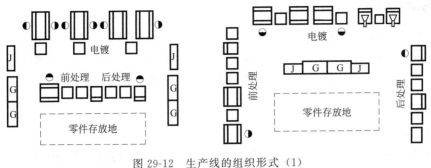

图 29-12　生产线的组织形式（1）

G—工作台；J—物料储存架

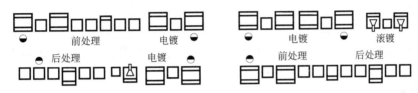

图 29-13　生产线的组织形式（2）

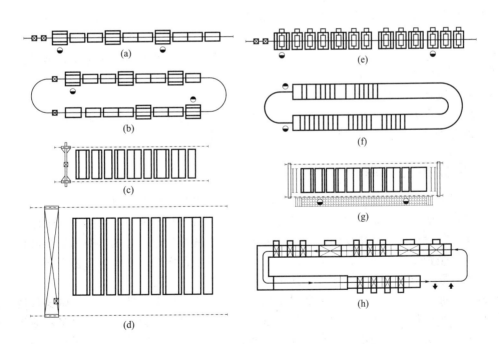

图 29-14　生产线的组织形式（3）

（a）电动葫芦直线生产线；（b）电动葫芦环形生产线；

（c）单梁悬挂起重机输送工件的生产线；（d）梁式或桥式起重机输送工件的生产线；

（e）滚镀生产线；（f）环形自动线；（g）程控门式行车直线式自动线；

（h）悬挂输送机通过式自动线

29.5 车间组成

电镀车间由生产部分、辅助部分和办公室及生活部分等组成。

电镀车间内所需设置的生产线、辅助间应根据车间规模、产品类型、电镀种类及工艺生产需要而定；办公室根据车间规模确定；生活间依据本车间的卫生特征分级确定。

(1) 生产部分

直接参与产品生产过程的工作地。

① 前处理线（间）。包括下列部分。

a. 机械前处理。包括喷丸、喷砂、手工机械除锈、刷光、滚光、磨光、抛光以及振动光饰等的工作间及作业地。

b. 化学前处理。包括有机溶剂除油间（汽油除油间）、浸蚀间（酸洗间）以及各种化学前处理（除油、除锈）作业线等。

② 电镀线（间）。包括下列部分。

a. 各种电镀线及阳极氧化处理线（间）等。

b. 化学处理线（间），如氧化处理、磷化处理等。

③ 涂装线（间）。包括刷漆、浸漆、喷漆、电泳涂漆、粉末静电喷涂等。

④ 其他生产线（间）。包括标牌制造及印制电路制造、退除镀层、直流电源间等。

⑤ 其他生产部分。包括生产区域内的检验工作地、零件存放地、运输通道及作业区内的人行通道等。

(2) 辅助部分

不直接参与产品生产过程的工作地。

辅助部分包括工艺实验室、化验室、孔厚度测定室、检验室、溶液配制室、纯水制备室、冷冻机室、工具制造及维修间、挂具库、零件库、成品库、化学品库、辅助材料库、涂装库、有机溶剂库、电泳漆库、粉末涂料库、抽风机室、送风机室、变电所、配电室、值班室及非生产区域内的通道等。

(3) 办公室及生活间部分

办公部分设有办公室、技术资料室、会议室等。生活间部分，根据电镀车间卫生特征级别为2级，设有休息室、更衣室、盥洗室、厕所、淋浴室等。

29.6 平面布置要点

电镀车间工艺平面布置，是设计中采用的电镀生产工艺、生产线组织形式、设备装置等的选用及计算结果的综合反映，并考虑各种管道的敷设方式、确定车间面积和建筑物建造形式，是电镀车间工艺设计中极其重要的环节。工艺平面布置是否合理，直接影响到生产流程是否顺畅、生产作业是否便利以及各种管道（线）架设及维修是否合理、方便。工艺平面布置往往会有几种布置方案，应进行多方案比较，从中选用最佳的布置方案。

电镀生产的特点是生产过程中会散发出大量腐蚀气体，排出大量含有酸、碱及其他腐蚀性介质的废水，对设备、建筑物等的腐蚀较严重。而且车间内各种管道（线）繁多，地沟、坑较多，敷设复杂，防腐防水防渗要求高。在设计和进行工艺平面布置时，除了考虑上述电镀生产特点外，还应考虑到便于其他各专业设计、施工、各种管道的架设和维修，应注意处理好布置及协调好各个环节，共同做好整体设计，提高综合设计水平。

电镀车间工艺设备平面布置要点如下。

(1) 认真执行项目总体设计原则

项目总体设计中的总体设计原则，对建厂（或改建、扩建、技术改造等）的生产规模、产品方案、产品工艺技术要求、建设内容、各专业的设计要求等作出指导性说明。电镀车间设计，要认真贯彻项目总体设计原则并结合本专业特点，做好平面布置的前期规划。

① 在新建车间时，工艺布置不但要考虑到生产中可能增加处理种类、局部工艺调整，并且还要考虑扩建和生产发展的可能性，考虑有一定的发展空间，以适应产品的更新换代和技术进步；当分期建设时，应使设备装置、公用设施等配合得当合理，前期和后期衔接合理，且不影响或少影响生产。

② 在利用工厂原有建筑物进行改建、扩建或技术改造时，应对原有建筑物进行鉴定，是否适合于建造电镀车间。在不影响生产的情况下，设备的选用、生产线的组织应尽量适应原有建筑物条件，应以工厂原有建筑物实际出发，尽量避免对原有建筑物大拆和大改动。

③ 生产线排列与各种管道敷设要统筹规划安排，既要方便生产，又要各种管道敷设合理。整体排列布置既要紧凑，又要便于安装及检修，合理利用建筑面积。

④ 平面布置时，工艺专业要与总图以及公共工程专业密切联系配合、协调，搞好内外技术接口，提高综合设计质量。

(2) 车间位置及内部布置力求物流、人流合理。

车间位置力求产品生产物流合理；内部布置保持工艺生产流程顺畅。

① 电镀车间在总平面布置图上的位置应合理，符合工厂生产总体物流的流动方向。

② 车间的物料（工件及材料）进出口（建筑物的大门）位置，要符合工厂生产总体物流的流动方向，尽量避免迂回、倒流。

③ 平面布置、生产线排列，应适合工艺生产流程；使零件在车间内部运输路线最短；缩短工人生产操作距离；尽量避免零件在车间内往复运输；尽可能使零件从建筑物的一端进，另一端出。

(3) 车间之间及其内部间隔的要求

① 电镀车间与其他车间共同布置在综合性联合厂房内时，电镀车间应与其他车间隔断（用墙隔到顶），应布置在综合性建筑物的外边跨（即电镀车间的长边应靠厂房边跨的外墙）。

② 若在其他车间内设置有电镀工段时（如工具镀铬间、冷挤压的中间滑润的磷化处理间等），应与其他部分隔断（用墙隔到顶），并应有一边靠厂房边跨的外墙。

③ 车间内尽量减少隔间，隔间可布置在建筑物的一端或两端，隔墙力求整齐，合理利用建筑物面积。

④ 平面布置、隔间位置还应考虑作业工位有良好的自然采光、自然通风，并有良好的作业环境，一般情况下建筑物宜设置天窗。

(4) 合理布置好辅助设施和辅助间的位置

① 车间内的辅助间尽量不布置在高度较高的主厂房内。宜布置在两端或建造坡屋，建筑高度及标准区别对待，按实际需要确定。当在建筑物长边建坡屋时，应尽量避免建在夏季主导风向的迎风面。

② 喷丸间、喷砂间及磨光抛光间等会产生粉尘，应尽量远离电镀、氧化、磷化等的生产线、涂装间、溶液配制室、化验室、工艺试验室等，以免粉尘污染。应靠外墙布置，便于除尘净化处理。可能时，将这些工作间设置在单独的建筑物内。

③ 汽油除油间宜布置在靠近生产线开始的端头，汽油除油间防火等级属于甲级，应靠外墙布置（房间的长边贴靠外墙），以利于考虑泄压面。

④ 浸蚀（酸洗）间布置在生产线端头的前部，应注意避免强腐蚀性气体进入零件库及其他房间。镀件及挂具的退镀层作业，可安置在浸蚀间内进行。浸蚀间宜靠建筑物的外墙，便于通风和采光。

⑤ 选择直流电源室的位置时，应考虑下列几点。

a. 密闭式防腐型的直流电源设备，可以直接放置在镀槽旁，如电源容量大、体积大而不便放置在镀槽旁时，可将其放置在单独的直流电源室内。非密闭式（如自然冷却、强迫风冷等）的直流电源设备，不宜直接放置在镀槽旁，应放置在直流电源室内。

b. 直流电源室应靠近镀槽、阳极氧化槽及用直流电的槽子，如供电距离太长，可在车间的两端或中部设置直流电源室。

c. 宜布置在周围腐蚀性气体少的场所，不宜靠近浸蚀间或露天酸库等强腐蚀环境的场所。

d. 环境清洁、灰尘少，不靠近喷丸间、喷砂间等。

e. 自然通风条件好，宜靠建筑物外墙，并设有窗户。

⑥ 溶液配制室应靠近电镀、氧化、磷化等的生产线。化学品库宜靠近溶液配制室。规模较大的化学品库。宜对厂房外开门，便于进料。

⑦ 工艺试验室可与化验室靠近布置，应布置在较清洁、清静处，并靠建筑物的外墙。如设有生活及办公部分的二层建筑物时，可将其布置在楼上，并靠近技术室。化验室应尽量避开振动源，以避免因振动对分析天平等仪器的影响，而造成分析结果的误差。

⑧ 油漆库、有机溶剂库应靠外墙布置（房间的长边贴靠外墙），以利于考虑泄压面。

⑨ 车间变电所及配电室的面积及位置，根据用电量及用电负荷较集中处等确定，应与电气设计人员商定。

(5) 各种管、沟、坑等应统筹规划、合理布置

① 车间内各种管、沟、坑等应统筹规划、合理布置，应避免相碰。

② 生产线上的各种管线，如供水、排水、蒸汽、冷凝水及压缩空气等的管道，一般架设在生产线非操作面的管道统一支架上，整齐排列。

③ 两条生产线的非操作面之间，可用于架设各种管线，供两条生产线使用。

④ 排水明沟也可设置在生产线的操作面处，但应设明沟格栅盖板。

⑤ 生产线上的排风支管一般宜明设，以便于安装、检修及更换，也便于生产线的调整时，重新安装风管。

⑥ 排风总管一般采用排风地沟，应避免与排水管道（或明沟）相碰。

⑦ 当设有地下室、半地下室或两层楼时，各种管线（或部分管线）敷设在底层内，底层地面应考虑排水。

(6) 布置好通风机的位置

① 排风机的设置位置。

a. 排风机应尽量靠近需局部排风的设备布置。

b. 南方地区及气候不十分寒冷的北方地区，可以放置在室外，根据具体情况，必要时，搭棚子或小屋，供遮阳挡雨。

c. 排风机设置在主体建筑物内，放置在单独隔间的排风室，为节省占地面积，充分利用空间，可放置在平台上或坡屋内。

d. 中小型排风机也可放置在建筑物的屋顶上（一般放置在坡屋的屋顶上）。

e. 小型排风机，也可考虑挂装在外墙上。

f. 当设有地下室、半地下室、两层楼建筑物时，可将排风机设置在其底层内。

② 送风机的设置位置。

a. 一般布置在主体建筑物内的单独隔间内、平台上或坡屋内。

b. 送风机与排风机一般不宜布置在同一通风室内。

(7) 其他

① 电动葫芦操作的生产线宜直线布置，可采用软电缆供电，以避免采用滑线供电时，易遭受腐蚀。如受场地限制需转弯布置时，其转弯半径应稍大些，以便于电动葫芦运行。

② 当采用 Π 形、Ш 形建筑物时，可利用两个建筑物之间的空地，放置排风机、废气处理装置、废水处理装置等。但应按防火规范要求，留出消防通道。

③ 在主建筑物外建造辅助间时，宜用廊道将主建筑物与辅助间建筑连接起来，供遮阳挡雨。

④ 生活间、办公室可布置在辅助建筑的二层楼内或坡屋内。

⑤ 车间建筑物周围附近，应留出废气处理装置位置、废水处理池及其构筑物等的场地。

⑥ 电镀车间平面布置设计应贯彻执行有关技安、防火消防、环保等的现行技术标准、规范的规定。

29.7　车间面积分类

(1) 面积分类

电镀车间面积分为生产面积、辅助面积、办公室生活间等面积。面积分类见表 29-3。

表 29-3　车间面积分类

面 积 分 类	具 体 范 围
生产面积	直接参与生产过程的作业地： 喷砂(丸)间、抛光间、振动光饰间、浸蚀间、汽油除油间、零件装卸挂具作业地、电镀间、磷化间、氧化间、阳极氧化间、涂装间、电泳涂漆间、粉末静电喷涂间、标牌和印制电路制造间、退镀层间、直流电源间、生产区域内的零件存放地、生产线上(旁)的检验地、生产区域内的人行及运输过道等
辅助面积	不直接参与生产过程的工作地： 化验室、工艺试验室、孔厚度测定室、溶液配制室、冷冻机室、纯水制备间、挂具制造及维修间、送风机室、排风机室、待验库、变电所、配电室、检验室、成品库、零件库、化学品库、氰化物库、辅助材料库、有机溶剂库、涂料库、电泳漆库、粉末涂料库、容器库、挂具库、值班室及非生产区域内的通道、楼梯间等
办公室、生活间	车间办公室包括：行政办公室、技术室、技术资料室、会议室、办公辅助用室等 车间生活间包括：休息室、更衣室、盥洗室、浴室、厕所等

(2) 面积估算

① 生产面积。生产面积按各生产线、生产工作间的实际布置确定，根据工艺设备平面布置图统计出生产面积。

② 辅助间的面积。根据车间规模实际需要等情况而定。辅助面积在概略估算时可按约占生产生面积的 30% 左右估算。应当指出，由于产品质量要求的不同、生产规模以及电镀工艺特性不同等因素，要求设置的辅助间也不同，有时差异很大，所以应根据实际需要等情况来定。

③ 车间办公室及生活间的面积。办公室及生活间的面积，工艺专业提出生产班次、车间人员编制、最大班人数、女工占工人比例数等资料，由建筑专业规划确定。工艺设计在估算面积、进行平面布置时，这部分面积按下列指标估算：

a. 车间办公室（包括行政办公室、技术室、技术资料室、会议室、办公辅助用室等）面积，根据车间规模、职工总数等，按表 29-4 确定。

表 29-4　车间办公室建筑面积指标

车间职工总数/人	150 以下	150~400
建筑面积指标/(米²/人)	1.2	1.2~0.9

b. 车间生活间（包括休息室、更衣室、盥洗室、浴室、厕所等）面积按下列估算。

Ⅰ. 更衣室：更衣室的建筑面积，应根据全车间在册工人总数和车间卫生特征等级计算确定。电镀车间卫生特征等级为 2 级，更衣室建筑面积指标为 1.2 米²/人。

Ⅱ. 浴室：浴室的设计计算人数，一般按最大班工人总数计算。卫生特征等级为 2 级的按 6 人使用一套淋浴器。浴室的建筑面积，宜按每套淋浴器 5m²（包括存衣间面积）

计算确定。

Ⅲ. 厕所：厕所的设计计算人数，一般按最大班工人总数计算。

男厕所100人以下的工作场所按25人设1个蹲位；100人以上每增50人，增设1个蹲位，小便器位数与蹲位数相同。

女厕所100人以下工作场所按15人设1~2个蹲位；100人以上每增30人，增设1个蹲位。

厕所的建筑面积，宜按每个蹲位6.0~7.0m²计算确定。

Ⅳ. 盥洗室：盥洗室设有盥洗水龙头（或洗面器）和拖布池。盥洗室宜与厕所前室相结合。盥洗室的设计计算人数，一般按最大班工人总数计算。卫生特征等级为2级的按20~30人使用一个盥洗水龙头。盥洗室的建筑面积，宜按每个盥洗水龙头2.0m²计算确定。

Ⅴ. 休息室：休息室的设计计算人数，一般按最大班工人总数计算。休息室的建筑面积，宜按每个工人约0.5m²计算确定。

29.8　车间平面布置示例

电镀车间依据产品、规模、生产工艺方法、镀层要求、工件特征以及电镀线组织形式等具体情况，其工艺设备平面布置有多种形式。电镀车间工艺设备平面布置示例见图29-15~图29-24，供参考。

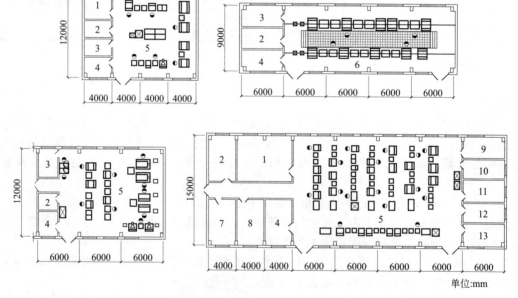

单位:mm

图 29-15　电镀车间或电镀间工艺设备平面布置示例（1）
1—浸蚀间；2—材料库；3—更衣室；4—零件库；5—电镀间；6—氧化磷化间；7—生活间；
8—化验室；9—直流电源室；10—配电室；11—挂具制造及维修间；12—抛光间；13—成品库

平面布置示例，作为生产线组织形式、布置排列方式以及生产及辅助隔间布置位置等的参考，由于产品、工艺要求及生产情况不同，对辅助设施要求也不同，故辅助间的设置应根据具体生产情况及要求而定。再则，两生产线（非操作面）的间距除架设各种管道外，有时还放置很多附属设备、设施，故间距有时相差较大，平面布置时，根据具体情况而定。

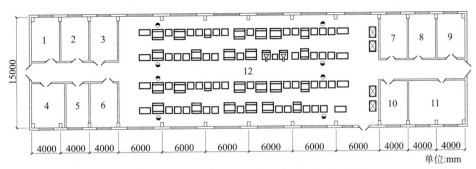

图 29-16　电镀车间或电镀间工艺设备平面布置示例（2）

1—化学品库；2—辅助材料库；3—直流电源室；4—零件库；5—抛光间；6—汽油除油间；

7—化验室；8—办公室；9—挂具制造及维修间；10—成品库；11—生活间；12—电镀间

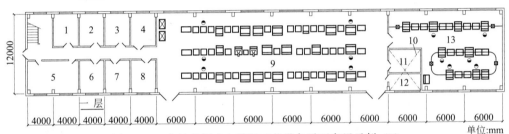

图 29-17　电镀车间或电镀间工艺设备平面布置示例（3）

1—化学品库；2—辅助材料库；3—溶液配制室；4—直流电源室；5—生活间；6—挂具制造及维修间；

7—抛光间；8—成品库；9—电镀间；10—通风平台；11—零件库；12—汽油除油间；

13—氧化磷化间；14—办公室；15—标牌制造间；16—办公室；17—化验室及工艺试验室

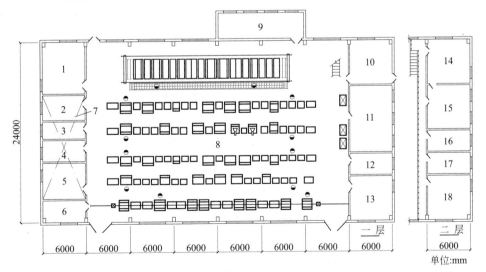

图 29-18　电镀车间或电镀间工艺设备平面布置示例（4）

1—浸蚀间；2—化学品库；3—溶液配制室；4—抛光间；5—零件库；6—汽油除油间；

7—通风平台；8—电镀间；9—直流电源室；10—挂具制造及维修间；11—生活间；12—辅助材料库；

13—成品库；14—化验室；15—工艺试验室；16—技术资料室；17—办公室；18—办公室

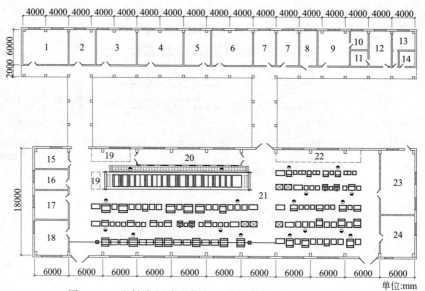

图 29-19　电镀车间或电镀间工艺设备平面布置示例（5）

1—喷砂间；2—辅助材料库；3—化学品库；4—挂具制造及维修间；5—工艺试验室；6—化验室；7—办公室；
8—配电室；9—男更衣室；10—男浴室；11—女浴室；12—女更衣室；13—男厕所；14—女厕所；15—汽油除油间；
16—溶液配制室；17—抛光间；18—零件库；19—零件装挂工作地；20—直流电源室；21—电镀间；
22—零件卸挂工作地；23—油漆间；24—成品库

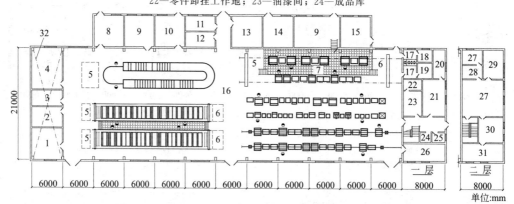

图 29-20　电镀车间或电镀间工艺设备平面布置示例（6）

1—成品库；2—冷冻机室；3—溶液配制室；4—抛光间；5—零件装挂工作地；6—零件卸挂工作地；
7—大件镀铬生产线；8—挂具制造及维修间；9—直流电源室；10—化学品库；11—汽油除油间；12—辅助材料库；
13—零件库；14—通风机室；15—变电所及配电室；16—电镀间；17—盥洗室；18—女厕所；19—男厕所；
20—男浴室；21—男更衣室；22—女浴室；23—女更衣室；24—开水房；25—值班室；26—成品库；27—办公室；
28—技术资料室；29—会议室；30—化验室；31—工艺试验室；32—通风平台

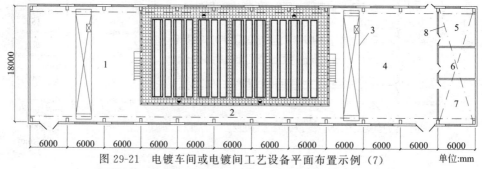

图 29-21　电镀车间或电镀间工艺设备平面布置示例（7）

1—铝板存放及装挂工作地；2—铝板阳极氧化生产线；3—桥式起重机

4—铝板卸挂及成品存放地；5—冷冻机室；6—材料库；7—生活间；8—通风平台

注：直流电源放置在平台下阳极氧化槽旁边（靠近通道处）。

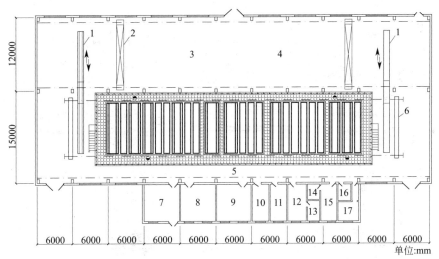

图 29-22　电镀车间或电镀间工艺设备平面布置示例（8）

1—工件移行输送机；2—梁式起重机；3—铝型材存放及装挂工作地；4—处理后成品存放
及卸挂工作地；5—铝型材阳极氧化生产线；6—程控行车输送机；7—挂具制造及维修间；

8—材料库；9—冷冻机室；10—配电室；11—办公室；12—男更衣室；13—男浴室；

14—女浴室；15—女更衣室；16—女厕所；17—男厕所

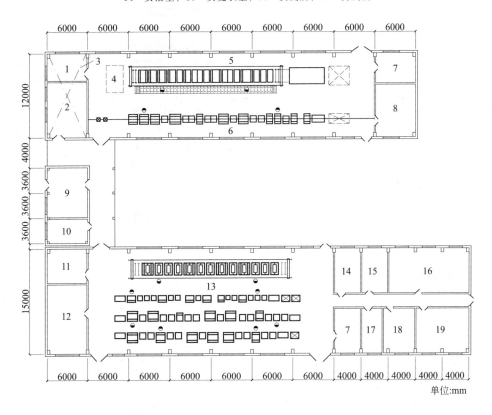

图 29-23　电镀车间或电镀间工艺设备平面布置示例（9）

1—辅助材料库；2—喷砂间；3—通风平台；4—零件装挂工作地；5—磷化电泳涂漆程控自动线；

6—钢件氧化处理生产线；7—成品库；8—挂具制造及维修间；9—零件库；10—汽油除油间；11—抛光间；

12—浸蚀间；13—电镀间；14—直流电源室；15—化学品库；16—生活间；

17—溶液配制室；18—办公室；19—化验室及工艺试验室

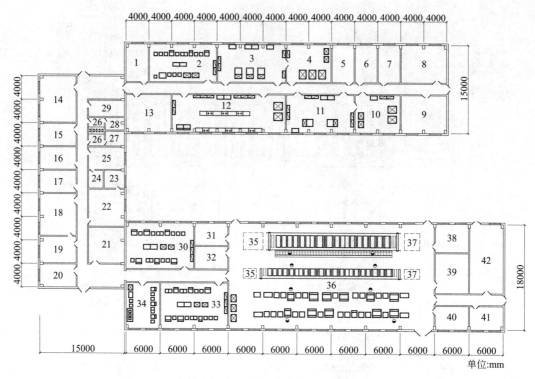

图 29-24　电镀车间或电镀间工艺设备平面布置示例（10）

1—汽油除油间；2—电泳涂漆间；3—喷底漆间；4—烘干间；5—调漆间；6—涂料库；7—有机溶剂库；8—通风机室；
9—成品库；10—烘干间；11—喷面漆间；12—刮腻子及打磨间；13—零件库；14—挂具制造及维修间；
15—辅助材料库；16—办公室；17—办公室；18—化验室；19—工艺试验室；20—化学品库；21—成品库；
22—男更衣室；23—男浴室；24—女浴室；25—女更衣室；26—盥洗室；27—男厕所；28—女厕所；29—休息室；
30—镀银间；31—溶液配制室；32—冷冻机室；33—塑料电镀间；34—镀金间；35—零件卸挂工作地；36—电镀间；
37—零件装挂工作地；38—直流电源室；39—零件库；40—汽油除油间；41—抛光间；42—喷砂间

29.9　工作间设备布置示例

　　生产工作间及辅助间的面积及设备配备布置，应根据车间规模、工艺技术要求及生产实际需要等具体情况确定。下面例举部分工作间的设备布置示例，供参考。

29.9.1　喷砂间

　　喷砂清理，灰尘大、劳动条件差，布置面积应适当宽敞些，应有良好的自然采光和人工照明。

　　喷砂间布置上要考虑零件及砂的存放地，宜靠近零件库，应便于零件及砂的运输，必要时可设置通向室外的门。喷砂间应靠建筑物外墙布置。布置位置还应考虑避免粉尘对其他工作间的影响。

　　电镀车间一般情况下，采用中小型箱式喷砂机。采用干式喷砂机时，宜选用密封性好的、配带有高效除尘器的喷砂机，或自动、半自动作业的喷砂机。采用湿式喷砂机时，必要时可在液体喷砂机内配备水枪，供喷砂后喷水（自来水）冲洗工件表面的粘砂，或在喷砂间内设置供喷砂后工件浸渍清洗（添加缓蚀剂）的槽子，以起到工件短时工序间防锈的作用。

　　中小型喷砂间设备布置示例见图 29-25。自动、半自动喷砂机或大型喷砂机，根据其结构形式、大小以及所带有的附属装置等具体情况进行布置。

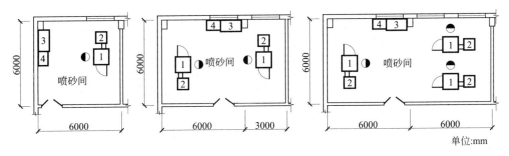

图 29-25　中小型喷砂间设备布置示例

1—喷砂机；2—喷砂机配带的除尘器；3—工作台；4—工具柜

注：由于喷砂机所带附属装置结构形式的不同，其设备外形有时相差较大，故喷砂间的大小尺寸仅供参考，应根据其所采购设备的设备结构外形确定

29.9.2　抛光间

电镀前的机械前处理设备除了喷砂（丸）外，还有磨光、刷光、滚光、抛光以及振动光饰机等多种设备，根据生产工艺实际需要配备，设置其工作间。磨光、抛光等工作间宜布置在靠外墙光线充足的地方，清理滚筒噪声大，宜单独隔间，并采取防震隔声措施。常用的小型抛光间（布轮抛光机、磨轮磨光机）设备布置示例见图 29-26。当电镀车间的装饰电镀生产量很大时，其抛光工作量大，抛光间的规较大，大型抛光间也可在电镀车间外单建，用廊道与电镀间相连。

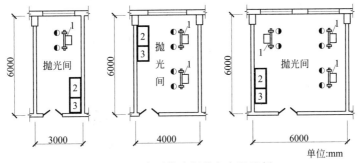

图 29-26　小型抛光间设备布置示例

1—抛光机；2—工作台；3—工具柜

29.9.3　汽油除油间

汽油除油一般在通风柜内的汽油槽中（刷洗）进行。零件装上挂具后的汽油除油，可以在带有侧边排风的汽油槽内进行。槽侧排风可采用上部排风系统。有的厂在汽油除油间内设有热水清洗槽，供除油后清洗用，一般情况下可以不设置热水清洗槽，除油后的热水清洗可在生产线上进行。

汽油除油间防火等级为甲级，应靠建筑物外墙布置，并将汽油除油间的长边贴靠外墙，以便于考虑泄压面。汽油除油间的位置宜靠近零件库和生产线起始的场合。汽油除油间设备布置示例如图 29-27 所示。

29.9.4　浸蚀间（酸洗间）

当有较大量金属在处理前需要进行强浸蚀（强酸洗）时，可设置单独的浸蚀间，承担生产线上的部分浸蚀等的工作量。对处理零件进行除油和浸蚀，黑色金属零件浸蚀与有色金属零件的浸蚀，应分别配置浸蚀槽和冷水槽。设置的防腐处理槽供浸蚀后工序间（后续工序前）防锈用。退除镀层（返修镀件及退除挂具上的镀层）及阳极棒清理等工作，可考虑在浸蚀间内进行。

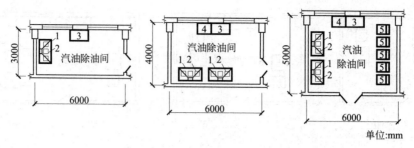

图 29-27 汽油除油间设备布置示例

1—汽油除油通风柜；2—汽油槽；3—工作台；4—工具柜；5—汽油槽

浸蚀间应靠建筑物外墙布置，应有良好的通风和采光，并靠近零件库和作业生产线，应避免浸蚀间的强腐蚀性气体进入其他的工作间。浸蚀间设备布置示例如图 29-28、图 29-29 所示。

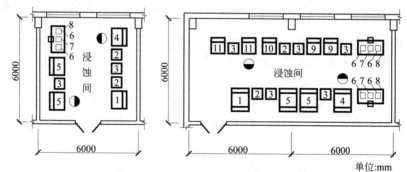

图 29-28 浸蚀间设备布置示例（1）

1,10—化学除油槽；2—热水槽；3,7—冷水槽；4—防腐处理槽；

5,9—浸蚀槽；6—混酸槽；8—混酸洗通风柜；11—退镀层槽

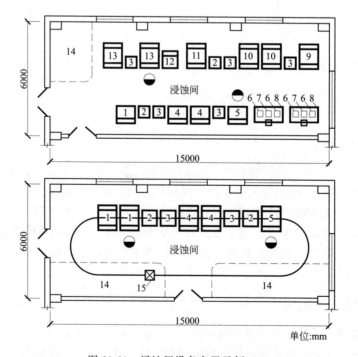

图 29-29 浸蚀间设备布置示例（2）

1,11—化学除油槽；2—热水槽；3,7—冷水槽；4,10—浸蚀槽；5—防腐处理槽；6—混酸槽；

8—混酸洗通风柜；9—防腐处理槽；12,13—退镀层槽；14—零件存放地；15—电动葫芦

29.9.5 溶液配制室

溶液配制室供配制溶液、浓缩液及校正调整溶液用。根据车间规模、工艺性质，需要时设置。在设备选用及布置上，要考虑到能灵活调整使用。溶液配制槽的排风，可采用上部排风，以便调整槽子。配制室内配备的设备有溶液配制槽（需有加温及局部排风）、溶液储存槽、冷水槽、小型容器、磅秤、工业天平、工作台、化学品柜等。如溶液的通电校正处理在配制室内进行时，还需配备直流电源。室内安装电插座，供临时加热及移动式溶液过滤器供电等使用。溶液配制室应靠近生产线，宜靠建筑物外墙，以便采光及通风。

有些也可以将溶液配制放置在生产线上，或在生产线附近设置溶液配制槽及储存槽，根据具体情况而定。

溶液配制室设备布置示例见图 29-30。

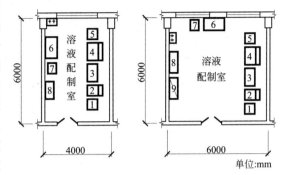

图 29-30 溶液配制室设备布置示例
1,3—溶液储存槽；2,4—溶液配制槽；5—冷水槽；
6—工作台；7—磅秤；8—化学品柜；9—储物架

29.9.6 挂具制造及维修间

挂具制造及维修间，供电镀车间制造一般的挂具、吊篮（框）以及对设备、电气及各种管道进行一般的维修。配备的设备有：工作台、钳工台、工作柜、台式钻床、立式钻床、台式砂轮机、立式砂轮机、普通车床、万能铣床、电焊机、移动式乙炔发生器（供气焊用）、塑料焊接设备等。挂具制造及维修间的设备配置应根据车间规模、挂具吊筐制造工作量、设备及管道等修理工作量的具体情况确定。一般情况下，挂具尽可能向挂具制造厂家订购。大型挂具、吊筐或比较复杂的挂具的制造，以及设备、管道的大修由厂内辅助车间协作承担。

挂具制造及维修间宜靠外墙布置。可根据建筑物周围场地的具体情况，在本工作间建筑物外搭棚子，进行一些管工、钣金、焊接等工作。

挂具制造及维修间设备布置示例见图 29-31、图 29-32。

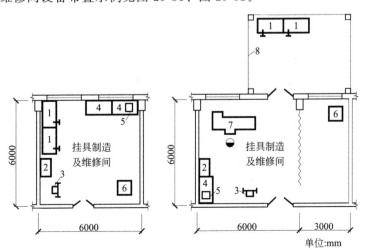

单位:mm

图 29-31 挂具制造及维修间设备布置示例（1）
1—钳工台；2—工具柜；3—立式砂轮机；4—工作台；5—台式钻床；6—电焊机；7—普通车床；8—棚子

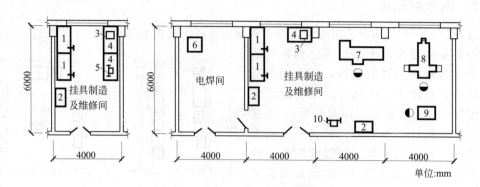

图 29-32　挂具制造及维修间设备布置示例（2）

1—钳工台；2—工具柜；3—台式钻床；4—工作台；5—台式砂轮机；

6—电焊机；7—普通车床；8—万能铣床；9—立式钻床；10—立式砂轮机

29.9.7　工艺试验室

工艺试验室供新工艺试验、改进现行生产工艺以及为生产中镀液故障找出原因等试验用。必要时可在工艺试验室对镀层进行人工加速腐蚀试验。

工艺试验室一般配备的设备和仪器有小型试验槽、直流电源、赫尔槽、通风柜、仪器、电热干燥箱、化学品柜、仪器柜、水磨石工作台（可供放置小型镀槽、仪器等用，必要时在工作台上装置局部排风罩，供试验时排气用）等。能逸出有害气体的试验工作，在通风柜内进行。小型槽也可排列放置在水泥台池上，便于排水，槽后侧设排风罩及排风管，便于排出试验中逸出的有害气体。

需要对镀层进行人工加速腐蚀试验时，还应配备盐雾腐蚀试验箱、湿热试验箱等。

工艺试验室布置位置，一般布置在靠近化验室、靠外墙、光线充足的地方。室内安装电插座，供试验时临时加热等用。工艺试验室规模，根据车间规模、处理种类、工艺性质和要求来定，规模较小的车间，可不必设置单独的工艺试验室。

工艺试验室设备布置示例见图 29-33、图 29-34。

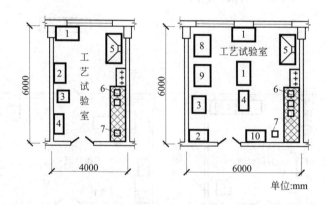

图 29-33　工艺试验室设备布置示例（1）

1—工作台；2—仪器柜；3—电热干燥箱；4—储存架；5—通风柜；6—试验槽；

7—直流电源；8—盐雾腐蚀试验箱；9—湿热试验箱；10—化学品柜

（注：带有阴影的台为水磨石工作台）

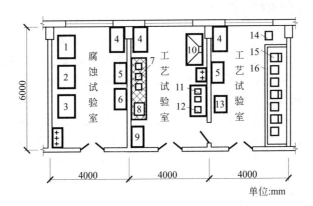

图 29-34　工艺试验室设备布置示例（2）

1—盐雾腐蚀试验箱；2—湿热试验箱；3—化工气体腐蚀试验箱；4—工作台；

5—化学品柜；6—储存架；7—试验仪器；8—电热干燥箱；9—仪器柜；

10—通风柜；11—试验槽；12，14—直流电源；13—电热干燥箱；

15—小型试验槽；16—水泥池台

（注：带有阴影的台为水磨石工作台）

29.9.8　化验室

化验室供本车间各种溶液化验分析用。化验室用的标准溶液及化验分析用的纯水由中央理化室协助提供。由于受化验室的规模及设备仪器等条件的限制，不能完成的分析项目，由中央理化室协助进行。

化验室一般配备的设备和仪器有：化验工作台、化验室用通风柜、分析天平、马弗炉、电热恒温箱、光电比色计、酸度计、分析用的玻璃器皿、工作台、化学品柜、仪器柜等。化验室的规模及所配备的设备仪器，根据车间规模、处理种类及工艺要求等确定。

规模较大的化验室，可考虑设置单独的天平分析室。化验室内安装电插座，供分析中加热及照明等用。化验室应避开振动源，布置在靠外墙、光线充足的地方。

化验室设备布置示例见图 29-35。

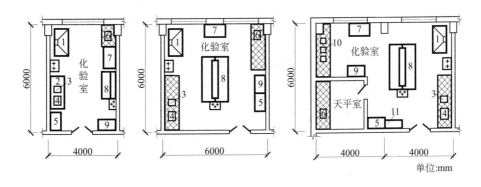

图 29-35　化验室设备布置示例

1—化验室用通风柜；2—工作台；3—马弗炉；4—电热恒温干燥箱；

5—化学品柜；6—分析天平；7—工作台；8—化验工作台（带试剂架）；

9—仪器柜；10—仪器；11—储存架

（注：带有阴影的台为水磨石工作台）

29.10 工具镀铬间设备布置

若本厂制造的工具需要镀铬时，可在工具车间设置工具镀铬间，供刀具、量具、冲具、模具等工具镀铬用。如果工具需要进行氧化处理，机械磨损件需要进行修复性镀铁，则可考虑在工具镀铬间内进行，这时应配备氧化处理、镀铁以及相应的槽子和设备。

(1) 工具镀铬间规模及设备确定

工具镀铬间规模、配备的设备及面积，根据工具车间规模、需要镀铬的工具、冲模具的生产量来确定。工具镀铬槽的规格和数量，根据需镀铬的工具、模具的量及外形大小等确定。当缺乏这方面资料时，工具镀铬生产量，按工具车间每台金属切削设备（机床），每天镀铬面积约为1dm²计算（如冲具模具镀铬量较大时，则冲具、模具的镀铬生产量按实际情况计算）。工具镀铬槽的数量及规格可参考表29-5。

表29-5 工具镀铬槽的数量及规格

工具车间金属切削设备数量/台	采用镀铬槽数量/台		镀铬槽规格（长×宽×高）/(mm×mm×mm)
	一般情况下	冲具模具镀铬量较大时	
50 以下	1	2	一般情况下选用：800×800×800 1000×800×1000 1200×800×1000
51~100	2	3	
101 以上	3	≥3	当有冲具、模具镀铬时，其规格按冲具、模具的外形尺寸大小确定
备注	1. 当冲具模具镀铬量很大时，则镀铬槽数量应按冲具模具的镀铬工作量计算 2. 当修复性镀铬量较大时，机修车间或其他车间委托本工房进行镀铬时，则镀铬槽数量应按实际具体镀铬工作量加以计算		

(2) 工具镀铬间布置示例

工具镀铬间一般布置在工具车间内，或与工具热处理间共建一个建筑物，也可以采用单独建筑物。工具镀铬挂具较多、镀铬件装卸挂具的工作量较大时，平面布置应适当宽敞些。镀件包括挂具较重时，采用单轨电动葫芦操作生产。根据工具镀铬间规模及需要，设置零件库、材料库及更衣室等。直流电源尽量采用防腐型，放置在镀槽旁，必要时设置直流电源室。

工具镀铬间设备布置示例见图29-36、图29-37、图29-38。

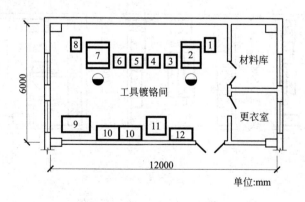

图 29-36 工具镀铬间设备布置示例（1）

1—直流电源；2—电解除油槽；3—温水槽；4—酸洗槽；5—冷水槽；

6—回收槽；7—镀铬槽；8—直流电源；9—石灰除油工作台；

10—工作台；11—电热鼓风干燥箱；12—储存柜

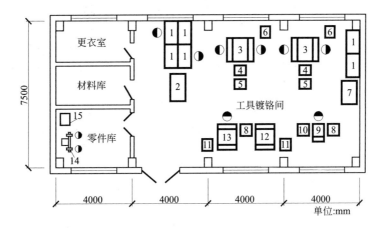

图 29-37　工具镀铬间设备布置示例（2）

1—工作台；2—石灰除油工作台；3—镀铬槽；4—回收槽；5,10—冷水槽；

6,11—直流电源；7—电热鼓风干燥箱；8—热水槽；9—酸洗槽；

12—电解除油槽；13—退铬槽；14—抛光机；15—除尘器

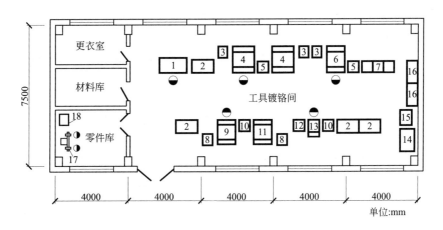

图 29-38　工具镀铬间设备布置示例（3）

1—石灰除油工作台；2—工作台；3,8—直流电源；4,6—镀铬槽；5—回收槽；

7—三格冷水逆流清洗槽；9—退铬槽；10—热水槽；11—电解除油槽；

12—冷水槽；13—酸洗槽；14,15—电热鼓风干燥箱；

16—储存架；17—抛光机；18—除尘器

29.11　管道架设

29.11.1　管道架设的要求及架设方法

（1）管道架设一般要求

① 各种管道架设不应影响生产操作、车间内的正常运输及通行。

② 管道架设要适应生产发展、工艺改革，便于调整或重新安排。

③ 各种管道架设，应便于施工安装和维护修理。

④ 通风地沟、下水道、蒸汽管道、电气线路及其他沟管，应避免相碰，并应符合安装的安全间距要求。

⑤ 管道总管引向槽子生产线时，一般沿墙或柱子敷设下来，应避免从车间建筑物中间的

上部空间直接下来引向生产线，以避免影响生产线的搬运输送设备的运行及空间管道架设零乱。

⑥ 横穿操作过道及运输通道的各种管道，不应沿地面架设，应架设在管道地沟内。

⑦ 蒸汽管道穿墙、楼板及其他构筑物处，应设置套管，套管的内径应大于所穿管道外径 20～30mm，并用石棉嵌塞。

⑧ 需穿过地基、墙、楼板、平台、屋面板的各种管道，在穿越部位需预开洞，并预埋套管，尽量避免在楼板上临时打洞，以免破坏楼面防腐层的连续性，损坏楼板及漏水。风管穿过孔洞的空隙应填实，尤其是在屋面板处，以防漏水。

⑨ 穿越楼面的管道和电缆，宜集中设置，尽量减少楼面开洞。

⑩ 防腐蚀楼面的管道穿过楼板处，均应作挡水沿，并采取与防腐蚀地面踢脚板相同的防护措施。

⑪ 设置在防腐蚀地面或楼板（面）上的管道支架底部，应固定在高出地面或楼面的混凝土垫层上，并需对此垫层的外露部分采取防腐包裹措施。

⑫ 排水明沟或暗管应考虑防腐、防渗水、耐一定水温。排水沟管连接处（排水明沟和排水暗管常在墙基附近连接后，由排水暗管将废水排出室外），应妥善处理，连接要严密，避免接头渗漏而腐蚀墙基。

⑬ 排风地沟应考虑防腐、防渗水，地沟应坡向一端，并设集水坑，坑上设检查孔，安设排水管，排除沟内积水。

⑭ 槽子通风罩的排风管与排风地沟连接时的穿地面（或楼板）处、排风地沟的检查孔等处，均应作挡水沿。

（2）管道架设方法

根据工艺设备布置、建筑物形式、地下水位标高等具体情况，来考虑管道架设，一般的管道架设方法如下。

① 槽子生产线上的各种管道，一般架设在管道支架上，管道支架设置在生产线的非操作面。

② 需要两面操作的槽子，可将蒸汽管、冷凝水管、水管等架设在带有活动盖板的地沟（或地坑）内，蒸汽管要做好保温、保证密封不漏汽。

③ 采用地下室或二层建筑物时，一般将各种管道架设在底层内，吊装在楼板下，设计时将这些管道统筹安排，避免相碰和影响通行。楼板穿孔宜少，宜集中出管，楼板穿孔处作翻边（挡水沿）。

④ 排风地沟与排水明沟相互错开排列，尽量避免相互交叉，如图 29-39 所示。

⑤ 当生产线排出的废水分别排至不同废水处理池（即废水分质排放）时，或将需要处理的废水与不需处理的废水分开排放时，一般采用单独管道分别排放；当需分别排放的废水种类不多，而排放区域比较集中时，也可采用明沟按区域分段排水，如图 29-40 所示。

⑥ 排风管的架设过去常采用排风地沟，普遍存在地沟积水、沟壁腐蚀问题，影响排风效果，也不便于生产线改造和调整，宜少用。如采用排风地沟，应加强排风地沟的防腐措施，做好排风地沟的防水与排水。目前常用的是地上明设排风管，从生产线端头至排风机室或出厂房的这一段采用排风地沟，其常用架设方法如下。

a. 排风管架设在生产线非操作面的地面上。

b. 槽子较深而设操作走道或操作平台时，排风管架设在操作走道或操作平台下面。

c. 采用地下室或二层建筑物时，排风管架设在底层内，吊装在楼板下。

d. 当生产线沿墙布置，且排风槽子数量较少时，也可采用上部排风，排风管沿墙架设在墙上。

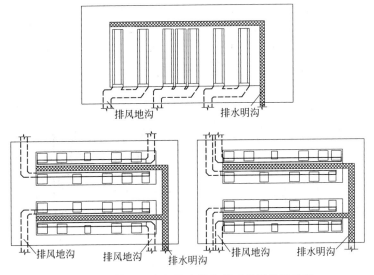

图 29-39 排风地沟与排水明沟相互错开排列示例

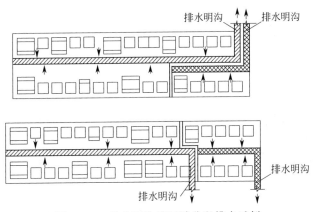

图 29-40 排水明沟按区域分段排水示例

29.11.2 管道架设示例

各种管道的一般架设方法示例见图 29-41～图 29-45。

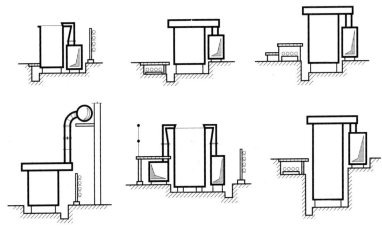

图 29-41 管道架设示例（1）

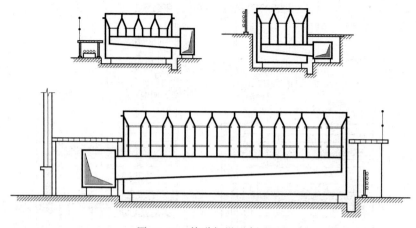

图 29-42　管道架设示例（2）

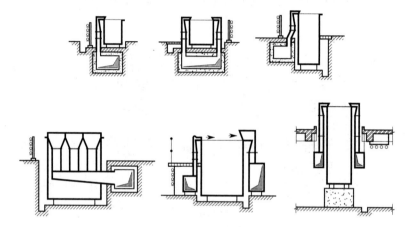

图 29-43　管道架设示例（3）

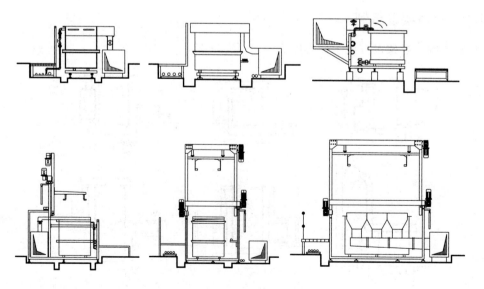

图 29-44　管道架设示例（4）

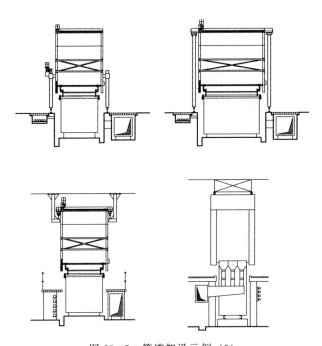

图 29-45　管道架设示例（5）

注：图 29-44、图 29-45 为国内某些电镀设备制造厂家的生产线上的管道架设示例。

第30章
车间人员组成及定员

30.1 车间人员组成

电镀车间工作人员由生产工人、辅助工人、检验工人、工程技术人员、行政管理人员及服务人员（勤杂人员）等组成。

(1) 生产工人

直接参与电镀生产作业的工人。其具体的作业内容如下。

喷丸、喷砂、手工机械清理、机械磨光刷光抛光、有机溶剂除油、镀前处理、电解抛光、电镀、氧化、磷化、阳极氧化、镀后处理、溶液配制及调整、工艺试验、零件装卸挂具以及电泳涂漆、喷漆、粉末涂装等的生产操作，自动线的控制操作等作业。

(2) 辅助工人

不直接参与电镀生产作业的工人。其具体的作业内容如下。

槽液分析化验、挂具制造、设备装置维修、水暖电维修、管道系统维修、工件搬运、起重机操作、零件收发、库房管理、材料发送、值班等作业。

(3) 检验工人

对零部件的镀层及化学、电化学转化膜进行质量检验。当车间生产过程中有较大的检验工作量，并设有较大的成品检验室，检验人员较多的情况下，检验工人应单独进行计算。当检验工作量不大而检验工人很少时，检验工人可归纳在辅助工人内统计。

(4) 工程技术人员

工程技术人员（工艺员）的职责范围和工作内容：负责电镀车间工艺技术管理，如指导生产、推行先进工艺及技术、编制及修订生产工艺、进行工艺实验、排除生产中工艺故障、解决生产中存在的工艺技术问题、人员培训、整理保存技术资料及存档等工作。

(5) 行政管理人员

行政管理人员包括车间主任、副主任、调度员、统计员、计划员等。

(6) 服务人员

服务人员包括办事员、勤杂人员等。

30.2 车间人员定员

30.2.1 生产工人定员

生产工人的人数一般按生产作业岗位配备，当有产品电镀劳动量时，按劳动量计算。

(1) 按劳动量计算生产工人人数

根据产品的电镀作业总劳动量确定生产工人，其人数按下式计算：

$$m = \frac{T}{T_w \eta}$$

式中　m——生产工人人数，人；

T——全年劳动量（总工时），h；

T_w——工人年时基数，小时/年；

η——工时利用率，％。

大量流水生产和批量生产时，η 取 80％～85％；小批量、单件生产时，η 取 70％～80％。

(2) 根据生产作业岗位确定生产工人人数

按生产作业岗位配备生产工人的人数，应根据处理种类、处理时间、零件大小形状、零件装卸挂具的复杂程度、前处理和后处理的工序要求等综合因素来确定，这是目前常用的确定电镀作业生产工人人数的方法。也可根据工厂现行生产岗位操作人员配备情况参考类似产品的生产岗位人员配备情况以及设计中对生产工艺的变更、改进等诸因素，进行综合分析比较后确定。人数配备参考数据如下。

① 电镀工人：镀槽容量在 1000L 以下，镀槽负荷率在 75％ 以下时，每一个镀槽或处理槽所需生产工人（工作内容包括化学前处理、电镀或化学处理、后处理、零件装卸挂具）按下列数值配备。

a. 装饰性镀铬、工具镀铬 2～3 人。

b. 一般电镀 1～2 人。

c. 铝件阳极氧化处理 1～2 人。

d. 当设备负荷率很低时，可以灵活调备，1 人也可兼管数槽。

e. 滚镀槽电镀时间较长时，可以虑 1 人管理数槽；如负荷很低时，可由其他生产工人兼管。

f. 电镀自动线除根据镀槽数量及零件装卸挂具工作量考虑必要数量的生产工人外，每班还应配备值班电工 1 人。半自动线还应配备控制台的控制人员 1 人。

② 氧化、磷化工人按下列生产情况配备。

a. 采用电动葫芦操作生产时，每台电动葫芦配备操作生产工人 1 人，再配备零件装料卸料工人。

b. 手工操作，处理槽容量在 1000L 以下，槽子负荷率约为 50％～75％ 左右时，每个磷化槽配备生产工人 2～3 人，每个氧化槽配备生产工人 1～2 人。工作内容包括化学前处理、磷化或氧化、后处理、零件装卸挂具。

③ 磨光、抛光工人：设备负荷率约为 50％～75％ 时，每一轴（即一端）配备生产工人 1 人；当设备负荷率较低时，人员配备应适当减少。

(3) 电镀作业工时定额

下列各表列出了与电镀及油漆有关作业的工时定额，供计算或配备生产工人时参考用。

清除铁锈及氧化皮的工时定额见表 30-1。

擦拭去油或擦净工件的工时定额见表 30-2。

刮涂腻子、打磨等的工时定额见表 30-3。

用压缩空气吹去工件上的水分或灰尘的工时定额见表 30-4。

手工喷漆的工时定额见表 30-5。

手工刷漆的工时定额见表 30-6。

表 30-1　清除铁锈及氧化皮的工时定额

采用器具名称	清理每平方米工件的所需工时/min		
	小件(0.02～0.3m²)	中件(0.3～1.5m²)	大件(＞1.5m²)
手动机械圆形钢刷	10～15	4～6	3～4
手用钢刷 2～3 号		6～10	4～6
喷砂		4～6	2～4
喷丸		3～5	2～3
滚筒清理	0.75～1.0min/m²（清理工件重 1kg 的工时）		

表 30-2 擦拭去油或擦净工件的工时定额

工件外形的复杂程度	擦净每平方米工件所需工时/min								
	工件面积/m²					工件面积/m²			
	0.1	0.25	0.5	1.0	≥2.0	1.0	2.0	3.0	≥3.0
	工件在工作台上					工件在悬挂式输送机上			
外形简单,如平板、管、角铁状	1.40	1.10	0.80	0.60	0.50	0.50	0.40	0.30	0.20
外形较复杂	1.80	1.50	1.20	1.0	0.90	0.90	0.65	0.50	0.40
外形复杂(有深孔、缝隙)	2.1~2.4	1.8~2.1	1.5~1.8	1.2~1.5	1.1~1.4	1.1~1.4	0.9~1.2	0.75~1.0	0.65~0.9
备注	用沾有有机溶剂的抹布擦拭工件表面去油,用干净抹布擦净工件表面								

表 30-3 刮涂腻子、打磨等的工时定额

工作内容	刮涂腻子和打磨每平方米工件所需工时/min		
	工件面积0.02~0.3m²	工件面积0.3~1.5m²	工件面积>1.5m²
局部刮腻子填坑	4~6	3~4	3~4
全面通刮一层腻子	15~25	10~15	8~10
全面通刮一薄层腻子	12~20	9~12	7~9
局部用1♯砂纸打磨腻子	2.4~5	1.5~2	1~1.5
全面湿打磨腻子和擦干净	30~58	20~30	16~20
全面湿打磨最后一道腻子或二道并擦干净	34~64	25~35	20~25

表 30-4 用压缩空气吹去工件上的水分或灰尘的工时定额

工件面积大小/m²	0.5	0.6~3.0	>3.0
吹每平方米工件所需工时/min	0.13~0.16	0.11~0.14	0.08~0.20

表 30-5 手工喷漆的工时定额

涂漆状况	涂覆每平方米工件所需工时/min							
	工件面积<0.1m²		工件面积0.1~0.5m²		工件面积0.5~3.0m²		工件面积>3.0m²	
	喷底漆	喷面漆	喷底漆	喷面漆	喷底漆	喷面漆	喷底漆	喷面漆
单面喷漆	0.42	0.50	0.30	0.35	0.18	0.20	0.15	0.18
喷涂时需转动工件	0.52	0.60	0.35	0.40	0.25	0.30	0.20	0.25
喷涂外形较复杂的工件	0.85	0.95	0.65	0.75	0.45	0.50	0.40	0.45

表 30-6 手工刷漆的工时定额

工作内容		刷漆每平方米工件所需工时/min		
		形状简单工件	形状较复杂工件	形状复杂工件
刷涂底漆	外表面刷漆	1.8	2.52	3.6
	内表面刷漆	2.16	3.01	4.31
刷涂面漆	外表面刷漆	3.13	4.38	6.1
	内表面刷漆	3.6	5.2	7.45

30.2.2 辅助工人定员

辅助工人一般按车间规模、实际的工作内容及生产中的实际需要来配备。一般情况下,辅助工人占生产工人的30%左右。

30.2.3 检验工人定员

检验工人定员根据处理种类、质量要求及检验工作量而定。有些细小零件产量很大,镀层质量要求很高，检验工作量很大时，检验工人人数按检验定额及年生产纲领计算。

30.2.4 工程技术人员及行政管理人员

工程技术人员及行政管理人员，按车间规模、生产性质以及工厂总体管理体制，结合实际需要配备。工程技术人员及行政管理人员一般不宜超过工人总数的 18%。

30.2.5 服务人员定员

服务人员根据车间规模配备，一般约为工人总数的 1%～3%。

第31章

材料消耗

31.1 概述

电镀车间材料消耗（一般是辅助材料）包括化学品、阳极（金属）、涂料、有机溶剂等的消耗。其各项数据是供库房设计、物流运输量和核算产品生产成本等用的。随着企业管理的不断加强，材料消耗控制已成为企业控制消耗、降低成本、提高经济效益的基本途径之一。设计中的电镀车间材料消耗量，一般在工厂现行生产中的单位产品材料消耗定额的基础上，根据设计中采用的生产工艺的实际情况进行调整后采用。如缺乏此资料时，也可按下面列出的材料消耗定额计算出所需的材料消耗量。计算材料年消耗量，是将产品的处理面积乘以材料消耗定额，应再加上材料在储存及调制时等的损耗，这部分损耗约为消耗定额的 10％ 左右，即再乘以 1.1 系数就得出材料的年消耗量。

应当指出，影响材料消耗定额的因素很多，下面的材料消耗定额，可供计算材料消耗量时参考借鉴。

31.2 阳极材料消耗

（1）可溶性阳极材料消耗定额

电镀零件表面积为 $1m^2$、镀层厚度为 $1\mu m$ 时，可溶性阳极的概略消耗定额见表 31-1。

可溶性阳极材料的消耗，除表 31-1 中的消耗定额外，还应考虑电镀挂具上的非绝缘部位、接触挂钩等造成的阳极损耗，制造阳极的损耗等，这种损耗约为可溶性阳极在电镀时消耗量的 20％～25％ 左右。

装槽时可溶性阳极材料的需要量，根据实际镀槽大小、装挂阳极数量，按实际情况进行计算。

（2）不溶性阳极材料消耗定额

不溶性阳极材料消耗，按每年更换 2～4 次左右考虑。

表 31-1　电镀零件每 $1m^2$ 表面积，镀层厚度为 $1\mu m$ 时，可溶性阳极的消耗定额

阳极材料	消耗定额/g	阳极材料	消耗定额/g
锌	7.14	铅（镀铅）	11.34
铜	8.92	银	10.5
镍	8.9	金	19.3
镉	8.65	碳钢	7.85
锡	7.28	—	—

31.3 化学品材料消耗

31.3.1 电镀的材料消耗

（1）使用可溶性阳极进行电镀时的化学品消耗

化学品的消耗包括三部分组成，即零件及挂具带出溶液的损耗、开工配槽化学品的需要

量、化学和电化学过程等的其他化学品损耗。

化学品总消耗量按下式计算：

$$Q = Q_1 + Q_2 + Q_3$$

式中　Q——化学品总消耗量，kg；

Q_1——零件及挂具带出溶液的化学品消耗量，kg；

Q_2——开工配槽化学品的需要量，kg；

Q_3——化学和电化学过程等的其他化学品消耗量，kg。

① 零件及挂具带出溶液的化学品消耗量，按下式计算：

$$Q_1 = FVC$$

式中　Q_1——零件及挂具带出溶液的化学品消耗量，g；

F——零件及挂具表面积，m^2；

V——每 $1m^2$ 工件及挂具面积的溶液带出量，L/m^2；

C——每 $1L$ 溶液中所含化学品的浓度，g/L。

V 值可采用 34.2.2 节车间废水浓度的估算中的表 34-7 中的数值。

② 开工配槽化学品的需要量，按槽子有效容积（L）乘于溶液中所含化学品的浓度（g/L）计算。

③ 化学和电化学过程等的其他化学品消耗量包括：化学和电化学过程的损耗、排风管道带出溶液的损耗、溶液调整校正的损耗、过滤溶液中的损耗、调换新溶液时的损耗等。这部分化学品消耗量按约占零件及挂具带出溶液的化学品消耗量的 50% 左右计算。

（2）使用不溶性阳极进行电镀时化学品的消耗

如镀铬时，电解液的损耗除上述使用可溶性阳极进行电镀的损耗外，应增加铬酐（CrO_3）的损耗，在镀铬层厚度为 $1\mu m$ 时，每 $1m^2$ 镀铬面积的消耗量约为 13.3g 铬酐（CrO_3）计算。

31.3.2　其他的化学处理等的材料消耗

其他的化学处理、镀前处理、镀后处理等的溶液及材料的概略消耗定额参见表 31-2。

表 31-2　化学处理、镀前及镀后处理等的溶液及材料的概略消耗定额

工 序 名 称	处理每 $1m^2$ 零件表面的材料消耗量	
	溶液/L	材料/g
碱性化学除油	0.55～0.7	—
脱脂剂(市场销售)	—	5～10
电解除油	0.4～0.5	—
轧制的钢铁件的化学浸蚀(酸洗)	0.65～0.7	—
钢铁铸件的化学浸蚀	0.55～0.7	—
钢铁冲压件在热处理后的化学浸蚀	1～1.2	—
钢铁件的电解浸蚀	0.35～0.4	—
铜及铜合金的预浸蚀	0.5～1.5	—
铜及铜合金的光亮浸蚀	0.5～1.5	—
铝件碱浸蚀	0.5～0.8	—
钢铁件的弱浸蚀	0.2～0.3	—
铜及铜合金的弱浸蚀	0.3～0.35	—

工序名称	处理每 $1m^2$ 零件表面的材料消耗量	
	溶液/L	材料/g
中和	0.25～0.3	—
出光及退镀层	0.25～0.4	—
钝化处理	0.4～0.6	
铝件在硫酸中阳极氧化	0.7～0.9	—
钢铁件氧化	0.7～0.8	—
钢铁件磷化	0.5～0.7	
表调剂(市场销售,磷化前表调用)	—	1～1.5
磷化液(市场销售)	—	30～40
磷化(磷酸锰铁盐,即与日夫盐)		90
磷化剂(市场销售,供涂漆前处理磷化用)	—	10～12
磷化、氧化后浸油		45～60
石灰擦拭除油	—	100～200
汽油擦拭除油	—	25～30
汽油洗涤除油	—	30～50
三氯乙烯除油	—	15～25

31.3.3 研磨、抛光材料消耗的平均定额

研磨、抛光材料消耗的平均定额[13]参见表 31-3。

表 31-3 研磨、抛光材料消耗的平均定额

材料名称		$1m^2$ 金属镀层上的消耗量/g					
		钢制件		黄铜件		锌合金件	
		Cu/Ni/Cr	Cu/Cr	Ni/Cr	Ni	Cu/Ni/Cr	Cu/Ni
金刚砂	80#～100#	72	72	—	—	—	—
	120#～140#	70	70	—	—	70	70
	160#～180#	108	108	108	108	108	108
	200#	54	54	90	90	90	90
	240#	36	36	—	—	150	150
木工胶		100	100	92	92	92	92
抛光膏		760	640	1000	900	1000	900

31.4 涂料等其他材料消耗

这部分材料消耗包括常用涂料（电泳涂料、粉末涂料）及涂装用的辅助材料等,其消耗定额参见表 31-4。

表 31-4　涂料等材料消耗定额

材　料　名　称	消耗定额/(g/m²)	备　　注
铁红底漆	喷涂 120～180;刷涂 50～80	形成的漆膜以 20μm 计(一道漆厚)
硝基底漆	喷涂 100～150(铸件 150～180)	形成的漆膜以 20μm 计(一道漆厚)
磷化底漆	喷涂 20	厚度为 6～8μm
黑色沥清漆	喷涂 100～120(木件 180) 浸涂、刷涂 80～100	形成的漆膜以 20μm 计(一道漆厚)
电泳底漆	电泳涂装 70～80	原漆固体分以 50% 计
硝基面漆	喷涂 120～150(铸件 150～180)	形成的漆膜以 20μm 计(一道漆厚)
醇酸面漆	喷涂 100～120;刷涂 100	形成的漆膜以 20μm 计(一道漆厚)
氨基面漆	喷涂 120～140;刷涂 80～100	形成的漆膜以 20μm 计(一道漆厚)
绉纹漆	喷涂 160～210	形成的漆膜以 20μm 计(一道漆厚)
锤纹漆	喷涂 80～160	形成的漆膜以 20μm 计(一道漆厚)
环氧粉末涂料	粉末静电喷涂 70～80	膜厚以 50μm 计
油性腻子	刮涂 180～300	
硝基腻子	刮涂 180～230	
石英砂(喷砂用)	5%～12%	按工件重量计
铁丸(喷丸用)	0.03%～0.05%	按工件重量计
砂布(2#～3#)	0.1[①]	除锈用
砂纸(0#～2#)	0.04～0.05[①]	打磨腻子用
砂纸(0#～000#)	0.01～0.025[①]	打磨腻子用
耐水砂纸(220#～360#)	0.02～0.04[①]	湿打磨腻子、中间涂层用
耐水砂纸(360#～600#)	0.05～0.06[①]	湿打磨面漆用
抹布、破布	10～15[①]	擦净用
法兰绒	0.04～0.05[①]	擦拭和抛光用
备注	表中数据除电泳涂料、粉末涂料和腻子按原漆外,其他均以调稀到工作黏度计,扣除稀释率即为原漆(油性漆的稀释率一般为 10%～15%,硝基、过氯乙烯漆为 100%左右)	

① 砂布、砂纸、抹布、法兰绒等的消耗单位以 m² 计,即打磨 1m² 漆面所消耗砂布或砂纸等的平方米（m²）。

第32章
动力消耗

32.1 概述

电镀车间的动力消耗有：生产用水、热水（生产用）、蒸汽、压缩空气、燃气（天然气、液化石油气等）、燃油、设备用电等。

车间动力消耗量可以提供给公用工程专业，供设计动力供应用；也可以提供给技经专业，供核算电镀成品成本用。动力消耗量也是电镀车间工艺设计的一个重要环节。在设计前期阶段，仅对各动力消耗做概略估算；在初步设计阶段，按各设备或各生产线的所用动力消耗进行估算；在施工图设计阶段，待设备设计或制造确定后，动力消耗较为准确，可对以前提出的动力消耗做出修正。其动力消耗量的计算确定分述如下。

32.2 水消耗量

电镀车间用水主要是清洗处理零件用水，包括：清洗槽、前处理连续线（喷淋、浸渍）、电泳涂漆线、清洗机（洗涤机）及石灰除油工作台等清洗用水。其他用水有：设备（或槽液等）冷却、喷漆室漆雾净化过滤装置、涂层湿打磨、镀铬槽夹套（加热水套）、液体喷砂机、刷光机、配制调整溶液、溶液蒸发补充用水以及冲洗地面等用水。

对供水的水质、水压等的要求见本篇第 34 章公用工程，34.1 给水中的 34.1.1 对供水的水质、水压、水温的要求。

32.2.1 清洗用水消耗量

(1) 清洗槽用水消耗量

清洗槽包括冷水槽（室温）、温水槽（50～60℃）和热水槽（70～90℃）。清洗槽（固定槽）水消耗量及直线式程控门式行车自动线清洗槽的水消耗量，按每小时消耗水槽有效容积数的水来计算。

纯水（室温或加温）消耗量略小于一般清洗水消耗量。

平均消耗量为维持生产时的用水量；最大消耗量为空水槽注水时的用水量（可供考虑供水管管径用）。

清洗槽水消耗定额列入表 32-1。

表 32-1　清洗槽水消耗定额

清洗槽名称	工作温度/℃	槽子有效容积/L					槽子有效容积/L				
		≤400	401～700	701～1000	1001～2000	2001～4000	≤400	401～700	701～1000	1001～2000	2001～4000
		平均消耗定额/(槽容积/小时)					最大消耗定额/(槽容积/小时)				
冷水槽	室温	1～3	1～2	1	0.5～1	0.3～0.5	3～4	2～3	2	1～2	1
温水槽	50～60	0.5～1	0.5	0.3	0.3	0.2～0.3	3～4	2～3	2	1～2	1

续表

清洗槽名称	工作温度/℃	槽子有效容积/L					槽子有效容积/L				
		≤400	401～700	701～1000	1001～2000	2001～4000	≤400	401～700	701～1000	1001～2000	2001～4000
		平均消耗定额/(槽容积/小时)					最大消耗定额/(槽容积/小时)				
热水槽	70～90	0.5～1	0.3～0.5	0.3	0.3	0.2～0.3	3～4	2～3	2	1～2	1
纯水槽	室温或60	0.5～1	0.3～0.4	0.2～0.3	0.2～0.3	0.1～0.3	3～4	2～3	2	1～2	0.5～1

备注	1. 表中数值为一般情况下的清洗槽水消耗定额，特殊情况另行考虑
	2. 大型水槽的水最大消耗定额，按下列情况考虑：
	  水槽有效容积为 5～10m³ 时，最大消耗定额为 0.5～1 槽容积/小时；
	  水槽有效容积为 10～15m³ 时，最大消耗定额为 0.4～0.5 槽容积/小时；
	  水槽有效容积为 >15m³ 时，最大消耗定额为 0.3～0.4 槽容积/小时；
	  特大型槽子，按具体情况确定
	3. 水平均消耗量的采用，按下列情况考虑：
	  生产量较大、设备负荷较高时，采用消耗定额的较大值；
	  生产量较小、设备负荷较低时，采用消耗定额的较小值										

采用逆流漂洗时，其水消耗量，可按下列的计算公式进行计算。

$$Q = D \sqrt[n]{\frac{C_o}{C_n K}}$$

式中　Q——水消耗量，L/h；

　　　D——每小时溶液带出量，L/h；

　　　n——逆流漂洗的清洗水槽数；

　　　C_o——镀液的原始浓度，mg/L；

　　　C_n——要求末级清洗槽中达到的浓度，mg/L；

　　　K——浓度修正系数，两个清洗水槽采用 0.8，三个清洗水槽采用 0.65。

每小时溶液带出量 D 为每小时进行处理的零件及挂具面积乘以每 1m² 零件及挂具面积的溶液带出量（每 1m² 零件及挂具面积的溶液带出量可按 34.2.2 车间废水浓度的估计中的表 34-7 中的数值采用）。

C_n 中间镀层采用 10mg/L，最后镀层采用 20～30mg/L[2]。

为简化计算，设计中常用的估计方法是：无论是双格或三格逆流漂洗槽，其水平均消耗量，均按一格槽子容积考虑；水最大消耗量按双格或三格容积考虑。

(2) 前处理连续线（喷淋、浸渍）的水消耗量

前处理连续线的喷淋清洗用水，略大于浸渍清洗用水，按设备技术规格性能说明书中的数值采用，当缺乏资料时，按下列方法进行估算。

中小型前处理连续（喷淋、浸渍）线，水槽单独补水，可按每道清洗 1m² 工件面积的水平均消耗量约为 10～15L，即按 10～15L/m² 工件面积来计算；逆流清洗（逆工序补水），清洗 1m² 工件面积的水平均消耗量约为 4～6L，即按 4～6L/m² 工件面积来计算；浸渍式清洗的水平均消耗量约为喷淋清洗的 1/2。

(3) 电泳涂漆线的水消耗量

电泳涂漆线的水及纯水消耗量，按前处理连续线（喷淋、浸渍）的水消耗量的计算方法计算。

(4) 清洗机（洗涤机）的水消耗量

清洗机（洗涤机）的水消耗量，按设备技术规格性能说明书中的数值采用。当缺乏资料时，概略用水量可按清洗 1t 零件用水 0.5～1m³ 来计算。

（5）石灰除油工作台水消耗量

石灰除油工作台水消耗量参考值列入表 32-2。

表 32-2　石灰除油工作台水消耗量

石灰除油工作台规格/(mm×mm×mm)	水 消 耗 量/(m³/h)	
	平　均	最　大
1200×800×800	0.5	0.5
1500×800×800	0.6	0.6
2000×800×800	0.8	0.8
2500×800×800	1.0	1.0
3000×800×800	1.2	1.2
3500×800×800	1.3	1.3
4000×800×800	1.4	1.4

32.2.2　设备（或槽液）冷却用水量

（1）槽液冷却用水量

铝件阳极氧化、电泳涂漆及某些电镀等的槽液需要冷却，一般采用冷冻水（制冷水，制冷设备装置提供）冷却。当这些槽的生产量小、负荷量较小，使用率又不高，而有条件时，也可采用自来水、地下水或深井水来冷却，其水温不宜超过 17℃。冷却所需水量在计算时先计算出槽液冷却冷量，再计算出冷却水用水量。

① 槽液冷却冷量的计算。以铝件阳极氧化槽液冷却为例，计算冷量时应考虑的内容及所用公式如下。

铝件阳极氧化槽液在生产过程中产生的热量，主要来源有：输入槽内的电量（电流、电压）、车间温度对槽液的影响及化学反应产生的热量等。主要是输入槽内的电量产生的热量，故一般只按槽内通过电流电压来计算，再乘上附加系数，其计算公式如下：

$$Q = 3.6VI$$
$$Q_1 = QK$$

式中　Q——槽液产生的总热量，kJ/h；

　　　Q_1——工作时的计算冷量，kJ/h；

　　　V——槽上平均工作电压，V；

　　　I——槽内工作电流，A；

　　　K——未计入热量的附加系数，即为冷量附加系数，采用 1.1~1.3。

② 冷却水量的计算。槽液冷却水量按下式计算：

$$G = \frac{Q_1}{1000rC\Delta t}$$

式中　G——冷却水量，m³/h；

　　　Q_1——工作时的计算冷量，kJ/h；

　　　r——冷却介质的重度，水的重度为 1，kg/L；

　　　C——冷却介质的热容量，水的热容量为 4.1868，kJ/(kg·℃)；

　　　Δt——冷却水进出冷却管的温差，℃。

Δt 可近似地取 2~4℃，如采用冷冻水冷却时温差可取 5℃（冷冻水进水 7℃，出水 12℃）。

（2）整流器冷却用水量

水冷整流器冷却用水量，按产品样本上注明的用水量采用。当缺乏资料时，概略用水量可按表 32-3 采用。

表 32-3　水冷整流器冷却水概略用水量

整流器技术规格		概略用水量	整流器技术规格		概略用水量
直流输出电流/A	直流输出电压/V	/m³	直流输出电流/A	直流输出电压/V	/m³
100	0～24	0.2	800	0～24	0.6
200	0～24	0.3	1000	0～24	0.7
300	0～24	0.4	2000	0～24	0.8
500	0～24	0.5	3000	0～24	0.9

32.2.3　喷漆室及涂层湿打磨的水消耗量

(1) 湿式喷漆室漆雾过滤装置用水消耗量

① 喷漆室水消耗量（即补充水量）取决于喷漆室每小时循环水量，其平均水消耗量按下列情况估算：

小型湿式喷漆室的水消耗量为每小时循环水量的 3%～5%；

中型湿式喷漆室的水消耗量为每小时循环水量的 1.5%～3%；

大型湿式喷漆室的水消耗量为每小时循环水量的 1%～2%。

喷漆室每小时循环水量按下式计算：

$$G = Qre$$

式中　G——湿式喷漆室的循环水量，kg/h；

$\quad\quad Q$——喷漆室的抽风量，m³/h；

$\quad\quad r$——含有漆雾空气的容重，kg/m³；一般取 $r=1.2$；

$\quad\quad e$——水空比，即处理 1kg 含有漆雾的空气所需水量的 kg 数，kg/kg。

喷漆室的抽风量为喷漆室操作口（或室断面）和零件进出洞口的面积之和，乘以操作口的抽风速度。抽风速度：上送风下排风形式的手工喷涂为 0.35～0.5m/s，静电或自动喷涂为 0.25～0.3m/s；侧排风形式的手工喷涂为 0.7～1.0m/s，静电或自动喷涂为 0.4～0.5m/s。水空比：上送风下排风喷漆室按 1.4～1.6，水帘式喷漆室按 1.5～2.0 选取。

水帘式喷漆室每小时循环水量也可按下式计算：

$$G_1 = 3600L\delta V r$$

式中　G_1——喷漆室水帘（瀑布）式装置的循环水量，kg/h；

$\quad\quad L$——淌水板的长度或宽度，m；

$\quad\quad \delta$——淌水板上水膜的平均厚度，m；

$\quad\quad V$——淌水板上水的流速（一般取 $V=1$），m/s；

$\quad\quad r$——水的密度，kg/m³。

一般 L 等于喷漆室的长度或宽度。一般取 $\delta=0.003～0.005$m。

② 湿式喷漆室水消耗量也可按喷漆室每排出风量 1000m³ 需消耗水量 15～20L 来估算。

(2) 涂层湿打磨用水的水消耗量

腻子层及油漆层湿打磨用水量，按湿打磨 1m² 工件表面积用水 3～4L 计算（即 3～4 L/m²）。

32.2.4　其他用水的水消耗量

(1) 镀铬槽夹套（加热水套）用水量

镀铬槽夹套（加热水套）概略用水量，按夹套容积来计算：

$$平均用水量＝0.3～0.5\ 夹套容积(m^3)/h$$

$$最大用水量＝2\ 夹套容积(m^3)/h$$

镀铬槽夹套（加热水套）概略用水量参见表 32-4。

表 32-4　镀铬槽夹套（加热水套）概略用水量

槽子内部尺寸（长×宽×高）/(mm×mm×mm)	夹套概略容积/m³	用水量/(m³/h)		槽子内部尺寸（长×宽×高）/(mm×mm×mm)	夹套概略容积/m³	用水量/(m³/h)	
		平均	最大			平均	最大
600×600×600	0.13	0.07	0.26	1000×800×2500	0.775	0.39	1.55
600×600×800	0.16	0.08	0.32	1200×600×800	0.255	0.13	0.45
600×600×1000	0.19	0.09	0.38	1200×800×800	0.295	0.15	0.69
800×600×600	0.155	0.08	0.31	1200×800×1000	0.35	0.18	0.70
800×600×800	0.19	0.10	0.38	1200×800×1500	0.475	0.24	0.95
800×600×1000	0.23	0.12	0.46	1200×800×2500	0.86	0.43	1.72
800×600×1500	0.32	0.16	0.64	1200×900×800	0.32	0.16	0.64
800×600×2500	0.595	0.30	1.19	1200×1000×2500	0.96	0.30	1.92
800×800×800	0.225	0.12	0.45	1500×600×800	0.30	0.15	0.60
1000×600×800	0.22	0.11	0.42	1500×800×800	0.35	0.18	0.70
1000×600×1000	0.26	0.13	0.52	1500×800×1000	0.41	0.21	0.82
1000×600×1500	0.365	0.18	0.73	1500×900×800	0.375	0.19	0.75
1000×600×2500	0.68	0.34	1.36	1500×1000×2500	1.10	0.35	2.20
1000×800×800	0.26	0.13	0.52	1800×800×800	0.405	0.20	0.81
1000×800×1000	0.31	0.16	0.62	2000×800×800	0.44	0.22	0.88
1000×800×1500	0.425	0.21	0.85	2500×800×800	0.525	0.26	1.05

（2）液体喷砂机用水量

液体（湿）喷砂机的用水，除配液外，还有液体喷砂机内配置的水枪的用水（自来水），供喷砂后冲洗工件表面的粘砂，外接水源管径为 G 1/2in，水平均消耗约为 $0.05～0.08m^3/h$。

（3）刷光机用水量

刷光机用水量，按每轴（即每个刷光轮）每 1h 平均用水 $0.05～0.10m^3/h$ 计算。

（4）配制、调整溶液及因溶液蒸发而补充用水的用水量

这部分用水根据实际生产工艺要求确定。一般需用纯水，则配备纯水制造设备。如部分可用城市自来水，且这部分用水量不大（与整个车用水量相比），则可以忽略不计，用水时可从旁边水槽的上水管取水，必要时可在适当位置设供水点。

（5）冲洗地面用水量

冲洗地面用水量，可按冲洗每 $1m^2$ 地面每昼夜用水 3L 计算。

32.2.5　以设备进水管管径确定其水消耗量

当无法查得设备的用水量而仅知道设备进水管管径时，按其管径的最大水流量，依据设备用水情况及使用系数，计算出水消耗量，计算式如下：

$$平均水消耗量＝最大水流量×设备使用系数$$

$$最大水消耗量＝最大水流量×设备同时使用系数$$

不同管径的水流量（钢管、水煤气管）见表 32-5。

不同管径的水流量（塑料管）见表 32-6。

表 32-5　不同管径的水流量（钢管、水煤气管）

管径/mm	流速/(m/s)	流量/(m³/h)	管径/mm	流速/(m/s)	流量/(m³/h)
8	0.99	0.18	70	1.25	15.84
10	0.96	0.36	80	1.29	23.04
15	0.99	0.612	100	1.30	40.5
20	0.93	1.08	125	1.32	63.0
25	0.94	1.80	150	1.35	91.8
32	1.0	3.42	175	1.36	115.2
40	0.99	4.50	200	1.40	154.8
50	1.18	9.0	225	1.42	201.6

表 32-6　不同管径的水流量（塑料管）

管径/mm	流速/(m/s)	流量/(m³/h)	管径/mm	流速/(m/s)	流量/(m³/h)
8	0.94	0.216	70	1.25	17.28
10	0.97	0.396	80	1.30	25.96
15	0.99	0.72	100	1.32	39.60
20	0.92	1.26	125	1.34	64.8
25	0.98	2.34	150	1.36	86.4
32	0.98	3.60	175	1.38	111.6
40	0.99	5.94	200	1.42	142.2
50	1.17	11.16	225	1.43	180.0

32.3　蒸汽消耗量

电镀车间生产蒸汽主要用于：各种溶液槽及热水槽等的加热；烘干设备加热（干燥槽、低温烘干箱等）；送风装置加热（冬季）等。

加热使用的蒸汽压力（表压）一般为 0.2～0.3MPa；若温度较高的槽液（如钢铁件氧化处理等）用蒸汽加热时，所需蒸汽压力（表压）为 0.6MPa。

32.3.1　加热方式及升温时间

(1) 加热方式

根据设备的结构形式和工艺要求确定加热方式。各种设备常用的加热方式见表 32-7。

表 32-7　各种设备常用的加热方式

设 备 名 称	加 热 方 式	设 备 名 称	加 热 方 式
温水槽	蛇管、排管、活气	镀铬槽	水套加热、蛇管
热水槽	蛇管、排管、活气	电镀槽	蛇管、排管
纯水槽	蛇管、排管	滚镀槽	蛇管、排管
化学除油槽	蛇管、排管	铬酸阳极氧化槽	蛇管
电解除油槽	蛇管、排管	磷化膜钝化槽	蛇管
碱浸蚀槽	蛇管、排管	铝阳极化膜钝化槽	蛇管
浸蚀槽	蛇管	铝阳极化膜着色槽	水浴、蛇管
电解浸蚀槽	蛇管	铝阳极化膜开水填充槽	蛇管、排管、活气
电解去残渣槽	蛇管	镀锡层老化槽	蛇管
电解抛光槽	水套加热、蛇管	脱蜡槽	蛇管
中和槽	蛇管、排管	电解退铬槽	蛇管、排管
锌酸盐处理槽	蛇管、排管	退镀层槽	蛇管
肥皂溶液槽	蛇管、排管	干燥槽	排管、热风循环
铝化学氧化槽	蛇管	干燥台	排管
磷化槽	蛇管、排管、槽外热交换器加热	干燥箱(室)	热风循环、排管
		送风装置加热(冬季)	热交换器
备注	活气加热，指蒸汽通过管道直接放进水中加热		

（2）升温时间

槽子加热升温时间的长短，除了影响设备的利用率外，还直接影响到升温时的动力消耗量（即最大消耗量），缩短加热升温时间，就会增大升温时的动力消耗量。为使最大消耗量与平均消耗量相差不至于很大，在工艺生产允许的情况下，可适当延长加热升温时间。一般情况下，槽子升温时间根据槽子容积大小等因素来考虑。升温时间较长时，应由值班人员在上班前提前加热。

溶液槽及加热水槽的升温时间见表 32-8。其他设备如烘干箱（室）等的加热升温时间一般采用 1～2h，大型的设备，加热升温时间可适当延长。

表 32-8　溶液槽、热水槽、温水槽的加热升温时间

槽子容积/L	≤720	721～1500	1501～2000	2001～3000	3001～4000	>4001
升温时间/h	1	1.5	2	2.5	3	>3

注：镀铬槽容积为 1500～3000L 时，加热升温时间为 2h。

32.3.2　加热溶液蒸汽消耗量

（1）溶液加热蒸汽消耗量的计算

① 加热时蒸汽消耗量。溶液加热到工作温度的所需热量，由两部分组成，即加热溶液从起始温度到工作温度所需热量和补充在加热过程中从槽壁及液面散热损失的热量。采用蛇管或排管加热，其蒸汽消耗量按下式计算：

$$Q_1 = \left[\frac{V\gamma c_1(t_2-t_1)}{T} + Vq_1\right]K$$

$$G_1 = \frac{Q_1}{r}$$

② 保温时蒸汽消耗量。溶液槽保温时所需的热量，为保温时需补充槽壁及液面散热损失的热量，以及加热在单位时间内放进槽内的零件（包括挂具或吊篮）使其升温到工作温度时所需的热量。这部分消耗量按下式计算：

$$Q_2 = [Vq_2 + Wc_2(t_2-t_0)]K$$

$$G_2 = \frac{Q_2}{r}$$

式中　Q_1——溶液加热到工作温度时所需的热量，kJ/h；

Q_2——溶液保温时所需的热量，kJ/h；

G_1——溶液加热时的蒸汽消耗量，kg/h；

G_2——溶液保温时的蒸汽消耗量，kg/h；

V——槽子的溶液容积，L；

γ——溶液密度，kg/L；

c_1——溶液比热容，kJ/(kg·℃)；

c_2——零件和挂具的比热容，kJ/(kg·℃)；

t_1——溶液初始温度，℃；

t_2——溶液工作温度，℃；

t_0——放进槽内之前的零件和挂具的温度，℃；

T——溶液加热的升温时间，h；

q_1——单位体积的溶液在加热过程中从槽壁及液面散热损失的热量，kJ/(L·h)；

q_2——单位体积的溶液在保温时，从槽壁及液面散热损失的热量，kJ/(L·h)；

W——每小时放进槽内零件（包括挂具或吊篮）的重量，kg/h；

r——蒸汽的潜热，kJ/kg；

K——未计入的热损失系数，有保温层槽子取 1.1～1.15，无保温层槽子取 1.2～1.3。

以上各物理量的取值可参考以下内容。

对于溶液，一般可取 $\gamma c_1 \approx 4.1868$，对于油可取 $\gamma c_1 \approx 2.09$，对于钢件氧化溶液可取 $\gamma c_1 \approx 4.61$。

钢的比热容 (c_2) 为 $0.4815 \text{kJ}/(\text{kg} \cdot ℃)$。

t_1 为槽液在停止蒸汽加热 16h 后到再加热时的温度（即加热时的起始温度），见表 32-9。

q_1、q_2 按表 32-10 中的散热量采用，其中 q_1 的温度采用平均温度，即 $(t_1 + t_2)/2$。

当蒸汽压力为 0.3MPa 时，$r = 2164 \text{kJ/kg}$；当蒸汽压力为 0.2MPa 时，$r = 2135 \text{kJ/kg}$。

表 32-9　槽液在停止蒸汽加热后的槽液温度

槽液工作温度/℃	槽液在停止蒸汽加热 16h 后的槽液温度/℃	
	槽子容积≤3000L	槽子容积>3000L
40	24	31
50	27	33
60	30	35
70	32	37
80	34	40
90	36	43
100	37	46

注：槽液在停止蒸汽加热 16h 后的槽液温度只是概略温度，供参考。因为影响槽液温度下降的因素很多，如环境温度、槽子形状大小、槽壁保温层质量以及保温效果等都会影响到槽液温度。

表 32-10　从槽壁及液面散热损失的热量

槽液工作温度/℃	槽子容积≤3000L 时的散热量/[kJ/(L·h)]	槽子容积>3000L 时的散热量/[kJ/(L·h)]
40	9	5
50	15	7.5
60	23	10
70	33.5	15
80	44.5	21
90	57	30
100	75	44

（2）不同溶液加热的蒸汽消耗量

槽液蒸汽加热，蒸汽压力（表压）一般为 0.2～0.3MPa。为计算使用方便，将 100L 不同溶液在不同加热形式下的蒸汽消耗量分别列入下列各表，供计算溶液蒸汽消耗量时用。

每 100L 溶液采用蛇管加热时的蒸汽消耗量见表 32-11。

每 100L 溶液采用水套加热时的蒸汽消耗量见表 32-12。

每 100L 钢铁件氧化溶液采用蛇管加热时的蒸汽消耗量见表 32-13。

（3）浸油槽（锭子油或机油）**加热蒸汽消耗量**

每 100L 锭子油或机油采用蛇管加热时的蒸汽消耗量见表 32-14。

表 32-11　每 100L 溶液采用蛇管加热时的蒸汽消耗量

工作温度/℃	加温时蒸汽消耗量（最大消耗量）/(kg/h)								保温时蒸汽消耗量（平均消耗量）/(kg/h)	
	≤200L 的槽子		>200~3000L 的槽子				>3000L 的槽子		<3000L 的槽子	>3000L 的槽子
	加热升温时间/h									
	0.5	1	0.5	1	1.5	2	2.5	3		
40	12.24	6.24	7.09	3.71	2.57	2.02	1.68	1.37	0.49	0.39
45	14.64	7.44	9.20	4.78	3.30	2.57	2.11	1.69	0.62	0.49
50	17.10	8.69	11.38	5.93	4.11	3.20	2.65	2.11	0.78	0.54
55	19.54	9.94	13.60	7.10	4.94	3.85	3.20	2.51	0.97	0.61
60	22.01	11.21	15.80	8.24	5.72	4.72	3.72	2.90	1.18	0.74
65	24.48	12.48	17.55	9.23	6.45	5.07	4.24	3.25	1.44	0.90
70	26.94	13.74	20.28	10.63	7.47	5.82	4.86	3.68	1.72	1.03
75	29.45	15.05	22.49	11.80	8.27	6.47	5.41	4.10	2.05	1.22
80	31.97	16.37	25.22	13.26	9.27	7.28	6.08	4.59	2.44	1.44
85	34.44	17.64	27.95	14.69	10.27	8.06	6.73	5.10	2.95	1.71
90	36.96	18.96	30.21	15.91	11.15	8.76	7.35	5.51	3.44	1.98
95	39.50	20.30	32.95	17.62	12.16	9.56	8.00	6.05	4.05	2.38
98	41.04	21.12	34.70	18.41	12.94	10.22	8.58	6.36	4.49	2.70
100	42.05	21.65	35.75	18.82	13.18	10.37	8.68	6.54	4.78	2.91

备注	1. 加热的蒸汽压力（表压）为 0.2~0.3MPa 2. 对于容积≤200L 的槽子，加温时溶液的起始温度采用 15℃ 3. 对于容积>200L 的槽子，加温时溶液的起始温度按停止供蒸汽 16h 后的溶液温度采用

表 32-12　每 100L 溶液采用水套加热时的蒸汽消耗量

| 工作温度/℃ | 加热升温时间/h | 槽子容积/L | 蒸汽消耗量/(kg/h) | |
			加温（最大消耗量）	保温（平均消耗量）
60	1	≤200	16.80	1.70
		201~450	14.64	
		451~600	13.32	
		601~720	12.60	
	1.5	721~1500	9.78	
	2	1501~3000	6.72	
	2.5	>3000	4.92	
70	1	≤200	20.64	2.47
		201~450	18.96	
		451~600	17.04	
		601~720	15.72	
	1.5	721~1500	11.40	
	2	1501~3000	7.92	
	2.5	>3000	6.36	
备注	加热的蒸汽压力（表压）为 0.2~0.3MPa			

表 32-13　每 100 钢铁件氧化溶液采用蛇管加热时的蒸汽消耗量

工作温度/℃	加温时蒸汽消耗量（最大消耗量）/(kg/h)						保温时蒸汽消耗量（平均消耗量）/(kg/h)
	≤200L 的槽子		>200~3000L 的槽子				
	加热升温时间/h						
	0.5	1	0.5	1	1.5	2	
150	73.3	38.2	61.4	32.8	23.3	18.5	14.4

备注	1. 加热的蒸汽压力（表压）为 0.6MPa 2. 对于容积≤200L 的槽子，加温时溶液的起始温度采用 15℃ 3. 对于容积>200L 的槽子，加温时溶液的起始温度采用 40℃

表 32-14　每 100L 锭子油或机油采用蛇管加热时的蒸汽消耗量

工作温度/℃	加温时蒸汽消耗量（最大消耗量）/(kg/h)						保温时蒸汽消耗量（平均消耗量）/(kg/h)
	≤200L 的槽子		>200~3000L 的槽子				
	加热升温时间/h						
	0.5	1	0.5	1	1.5	2	
120	29.4	15.7	24.8	13.8	10.1	8.3	5.9
备注	1. 加热的蒸汽压力（表压）为 0.5~0.6MPa 2. 对于容积≤200 L 的槽子,加温时溶液的起始温度采用 15℃ 3. 对于容积>200 L 的槽子,加温时溶液的起始温度采用 35℃						

32.3.3　加热清洗水槽蒸汽消耗量

热水槽、温水槽加热时的蒸汽消耗量计算，可参照溶液槽加热的蒸汽消耗量计算方法。其保温时所需的热量，由下列三部分组成。

① 保温时需补充槽壁及液面散热损失的热量。

② 加热在单位时间内放进槽内的零件（包括挂具或吊篮）使其升温到工作温度时所需的热量。

③ 清洗过程中不断放进冷水，加热冷水使其升温到工作温度时所需的热量。

热水槽、温水槽保温时所需的热量计算复杂而麻烦，一般按 100L 清洗水加热的蒸汽消耗定额来计算。

每 100L 清洗水采用蛇管或排管加热时的蒸汽消耗量见表 32-15。

表 32-15　每 100L 清洗水采用蛇管或排管加热时的蒸汽消耗量

工作温度/℃	加温时蒸汽消耗量（最大消耗量）/(kg/h)							保温时蒸汽消耗量（平均消耗量）/(kg/h)			
	≤3000L 的槽子						>3000L 的槽子	流动清洗水,水平均消耗定额/(槽容积/小时)			
	加热（升温）时间/h							1	0.5	0.3	0.2
	0.5	1	1.5	2	2.5	3					
60	21.92	11.12	7.52	5.81	4.62	3.76	11.99	6.59	4.81	3.35	
70	26.35	13.39	9.07	6.91	5.62	4.59	14.69	8.21	6.05	4.32	
80	30.89	15.77	10.65	8.15	6.63	5.35	17.45	9.89	7.37	5.36	
90	35.32	18.04	12.29	9.40	7.67	6.16	20.33	11.69	8.83	6.51	
95	37.58	19.22	13.12	10.04	8.21	6.59	21.84	12.66	9.59	7.17	
备注	1. 加热的蒸汽压力（表压）为 0.2~0.3MPa 2. 表中消耗量也适用于活汽加热（即将蒸汽直接通进槽中加热） 3. 表中数据是按加热时溶液的起始温度为 10℃ 考虑的 4. 按表中消耗定额计算出的蒸汽消耗量,当平均消耗量大于最大消耗量时,说明因产量大,槽的用水平均消耗量大,致使工作保温时的蒸汽消耗量（即平均消耗量）大于槽起始加热升温时的蒸汽消耗量（即最大消耗量）,这时按蒸汽消耗量的较大值采用,即最大消耗量也取平均消耗量的数值										

32.3.4　烘干箱（室）加热蒸汽消耗量

蒸汽烘干箱（室）包括：水分烘干室、腻子烘干室、油漆烘干室等。蒸汽烘干室一般采用热风循环加热形式。蒸汽烘干室只能用于工件的低温烘干，烘干温度不超过 90℃。其加热的蒸汽概略消耗定额列入表 32-16 内，供参考。以烘干箱（室）每次烘干装载零件的重量（含输送装置及小车的重量）乘以蒸汽概略消耗定额，即可计算出蒸汽概略消耗量。

表 32-16　蒸汽烘干箱（室）的蒸汽概略消耗定额

烘干室烘干形式	工作特点	烘干温度/℃	蒸汽压力/MPa	每吨工件烘干的蒸汽消耗量/kg
热风循环加热	间歇作业	90	0.3	80～100
	连续作业	90	0.3	50～80
备注	烘干箱(室)内零件的重量包括输送装置及小车的重量			

32.3.5　以设备进汽管径确定其蒸汽消耗量

当无法查得设备的蒸汽用量而仅知道设备进汽管管径时，按其管径的蒸汽流量，依据设备用蒸汽的情况及使用系数，计算出蒸汽消耗量，计算式如下：

平均蒸汽消耗量＝蒸汽流量×设备使用系数

最大蒸汽消耗量＝蒸汽流量×设备同时使用系数

不同管径的蒸汽流量见表 32-17。

表 32-17　不同管径的蒸汽流量表

蒸汽管径/mm	流速/(m/s)	蒸汽压力（表压）/MPa						
		0.07	0.1	0.2	0.3	0.4	0.5	0.6
		蒸汽流量/(kg/h)						
15	20	13.4	15	22.7	29.8	36.8	43.7	50.5
20	20	24.3	28.2	41.4	54.2	67.0	79.6	92
25	25	49	57.3	83.3	110	136	161	186
32	25	85.6	100	147	193	238	282	325
40	25	113	132	194	258	311	354	428
50	25	168	197	287	377	465	554	636
70	25	317	374	542	715	880	1052	1200
80	25	454	528	773	1012	1297	1480	1713
100	25	673	784	1149	1502	1856	2201	2547
125	25	1034	1205	1762	2310	2852	3380	3910
150	25	1515	1768	2584	3380	4169	4960	5737
200	35	4038	4710	6880	9020	11250	13212	15290
250	35	6300	7370	10800	14120	17450	20680	23930

32.4　压缩空气消耗量

电镀车间压缩空气用于吹净及吹干零件、喷砂（丸）、搅拌溶液及清洗槽、喷漆、粉末喷涂、气动工具、其他用压缩空气（如工件清洗机、塑料焊枪用气）等。

压缩空气质量，一般以压缩空气中所含的固体颗粒、湿度（压力露点）及含油量等级来表示。各种用途的压缩空气质量见 34.6.2 节电镀车间用压缩空气质量要求。

32.4.1　压缩空气消耗量计算

计算压缩空气平均消耗量及最大消耗量，应考虑用气设备及工具的使用系数及同时使用系数，计算式如下。

（1）平均消耗量计算

压缩空气平均消耗量按下式计算：

$$G_b = nQK_1$$

式中　G_b——压缩空气平均消耗量，m^3/min；

　　　n——设备数量，台；

　　　Q——每台设备不间断工作时自由空气的消耗量，m^3/min；

K_1——使用系数。

用气使用系数 K_1＝工作班内实际用气时间/工作班时间。

用气使用系数 K_1 不等于该用气设备的使用系数，因为在该用气设备的使用时间内，经常不是百分之百地用气。例如喷漆室的使用系数是 0.7（即 70%），而喷漆室在工作时间内，喷枪喷漆不是百分之百地工作，如喷枪有 80% 的时间在工作时，则喷漆室用气使用系数 K_1 应是 70%×80%，即是 K_1＝0.7×0.8＝0.56。其他用气设备的使用系数，按上述方法计算。

一般用气设备的使用系数的推荐值列入表 32-18 内供参考。

表 32-18　用气设备的使用系数

用气设备名称	使用系数	用气设备名称	使用系数
吹嘴	0.1～0.3	气动工具	0.2～0.6
搅拌溶液	槽子使用系数×(0.7～0.8)	喷漆室	喷漆室使用系数×(0.7～0.8)
喷砂室	喷砂室使用系数×(0.7～0.85)	粉末静电喷涂室	喷涂室使用系数×(0.7～0.8)
备注	1. 设备使用系数,根据实际具体生产情况确定 2. 自动线上的吹嘴的使用系数,根据生产线作业情况、用气实际情况确定		

（2）最大消耗量计算

压缩空气最大消耗量按下式计算：

$$G_{\max}=nQK_2$$

式中　$G_{\max}$——压缩空气最大消耗量，$\mathrm{m^3/min}$；

　　　n——设备数量，台；

　　　Q——每台设备不间断工作时自由空气的消耗量，$\mathrm{m^3/min}$；

　　　K_2——同时使用系数。

同时使用系数 K_2＝同时使用的同类用气设备数/同类用气设备总数。

同时使用系数 K_2 可根据同类用气设备数的使用系数及同类用气设备总数量概略地估计出来。

32.4.2　吹嘴压缩空气消耗量

供吹干、吹净工件等用的压缩空气吹嘴，一般采用直径 3～6mm，空气压力 0.2～0.3MPa(表压)，吹嘴的使用系数较小，一般取 0.1～0.3。根据吹嘴直径、空气压力，查表 32-19 中数值，计算出压缩空气消耗量。

表 32-19　压缩空气吹嘴不间断工作时的自由空气消耗量

吹嘴直径/mm	吹嘴断面积/mm²	压缩空气压力(表压)/MPa						
		0.2	0.3	0.4	0.5	0.6	0.7	0.8
		不间断工作时自由空气消耗量/(m³/min)						
3	7.07	0.25	0.28	0.35	0.40	0.48	0.55	0.70
4	12.57	0.42	0.50	0.58	0.75	0.92	1.00	1.17
5	19.64	0.70	0.80	1.00	1.17	1.42	1.50	1.75
6	28.27	1.00	1.17	1.42	1.67	2.00	2.33	2.50
7	38.48	1.33	1.50	1.92	2.33	2.75	3.08	3.67
8	50.26	1.75	2.00	2.50	3.00	3.50	4.00	4.50
9	63.62	2.20	2.50	3.08	3.67	4.50	5.00	5.67
10	78.54	2.70	3.17	4.00	4.67	5.50	6.33	7.00
11	95.03	3.25	3.75	4.92	5.83	6.67	7.50	8.50
12	113.10	3.93	4.50	5.67	6.83	8.00	9.00	10.00
13	132.73	—	5.33	6.67	8.00	9.33	10.50	11.67
14	153.94	—	6.00	7.50	9.00	10.67	12.00	13.50
15	176.70	—	6.33	8.33	10.50	12.67	14.83	—

32.4.3 喷砂(丸)压缩空气消耗量

喷砂（丸）用的压缩空气的压力一般为 0.3～0.6MPa（表压）。喷砂（丸）的压缩空气消耗量可按设备产品标出的实际消耗量采用。

喷砂（丸）的压缩空气消耗量与喷嘴直径，压缩空气的工作压力，空气与砂粒、弹丸的混合比等因素有关。由于喷砂（丸）时，砂粒、弹丸出喷嘴时要占去一定体积，故其压缩空气消耗量要比表 32-19 所示的消耗量，即没有砂粒、弹丸的纯压缩空气消耗量小。据有关文献资料[12]报道，当空气与砂粒、弹丸的混合比为 1：4.5 时，空气消耗量比表 32-19 中的空气消耗量要减少 30％～60％，喷嘴的直径小时，减少量就小些。所以，当缺乏产品资料时，喷砂（丸）的压缩空气消耗量，建议按表 32-19 中的空气消耗量减少约 30％来计算。考虑压缩空气供给能力时，要按喷嘴在更换前已磨损变大的直径来计算。

喷砂机的压缩空气消耗量，参见 32-20。

表 32-20　喷砂机的压缩空气消耗量

设备名称及型号	技术规格	压缩空气压力/MPa	压缩空气消耗量/(m³/min)
SS-1C、2、3 液体喷砂机	工作台直径:700mm 喷枪数量:1 支 喷嘴直径:8～12mm 外接气源管径:G1/2″	0.2～0.6	1～1.5
SS-8 滚筒式液体喷砂机	工作台直径:500mm 喷枪数量:1 支 喷嘴直径:8～12mm 外接气源管径:G1/2″	0.2～0.6	1～1.5
SS-10 半自动液体喷砂机	工作台直径:1250mm 喷枪数量:5 支(4 支摆动,1 支手动,两者可以单独控制) 喷嘴直径:8～12mm 外接气源管径:G1″	0.5～0.7	7.5
GP-1 型 吸入式干式喷砂机	工作台直径:600mm 喷枪数量:1 支 外接气源管径:13mm	0.3～0.6	1～1.5
GS-943 型 吸入式干式喷砂机	工作台直径:800mm 喷枪数量:1 支 外接气源管径:22mm	0.5～0.7	2.5
XRc-2020 型 吸入式干式喷砂机	工作台直径:1400mm 喷枪数量:4 支(自动)+1 支(手动) 外接气源管径:25mm	0.5～0.7	8+2
Gy-3 型 压入式干式喷砂机	工作台直径:700mm 喷枪数量:1 支 外接气源管径:25mm	0.5～0.7	3
Gy-963 型 压入式干式喷砂机	工作台直径:1000mm 喷枪数量:1 支 外接气源管径:25mm	0.5～0.7	3

32.4.4 搅拌溶液的压缩空气消耗量

搅拌电镀溶液、阳极氧化溶液及清洗水槽等的压缩空气消耗量取决于搅拌的强弱程度，其消耗量列入表 32-21。

表 32-21 搅拌溶液用压缩空气的消耗量

搅拌程度	空气压力/MPa	压缩空气消耗量(按溶液净面积计算,每 1 m² 液面面积每分钟所需的压缩空气量)/[m³/(m²·min)]
弱搅拌	0.1～0.2	0.4
中搅拌	0.1～0.2	0.8
强搅拌	0.1～0.2	1.0

注:有资料报导,压缩空气压力也可按每 1m 深度 0.016 MPa 计算。

32.4.5 喷涂压缩空气消耗量

(1) 喷漆喷枪压缩空气消耗量

喷漆用的喷枪种类很多,压缩空气消耗量相差较大,其概略消耗量参见表 32-22。

表 32-22 喷漆喷枪的压缩空气消耗量

喷漆用的喷枪	压缩空气压力(表压)/MPa	不间断工作时自由空气概略消耗量/(m³/min)
小型零件喷漆普通空气喷枪	0.2～0.3	0.2
中型零件喷漆普通空气喷枪	0.3～0.4	0.25～0.3
大型零件喷漆普通空气喷枪	0.4～0.5	0.3～0.4
高压无气喷涂机	0.3～0.6	0.4～1.6(高压漆泵用气量)
备注	固定式静电喷枪及手持式静电喷枪的压缩空气消耗量,按普通空气喷枪的压缩空气消耗量采用	

(2) 涂料压力桶 (罐) 压缩空气消耗量

涂料压力桶 (罐) 是给空气喷漆枪 (压送式喷枪) 供漆用的,可将涂料压送到喷枪。涂料压力桶结构大小不同,所用压缩空气的压力也有所不同,按产品所示压力采用,一般压缩空气的压力为 0.2～0.3MPa,压力桶 (罐) 的用气量较小,设置压缩空气供应点。如采用的涂料压力桶 (罐) 带有气动搅拌机,其压缩空气消耗量可根据涂料压力桶 (罐) 的容器容积,按产品技术资料提供的消耗量采用。一般气动搅拌机所需的空气的压力为 0.2～0.6MPa,压缩空气消耗量约为 0.1m³/min。

(3) 粉末涂装压缩空气消耗量

粉末涂装常用的方法有粉末静电喷涂、粉末火焰喷涂和粉末流化床涂装等,其压缩空气消耗量见表 32-23。

表 32-23 粉末涂装压缩空气消耗量

名称		技术规格	空气压力/MPa	压缩空气消耗量/(m³/min)
粉末静电喷涂	手提式喷枪	输入电压:6～24VDC 输出电压:0～100kV DC	0.4～0.7	0.1～0.25
	自动喷枪	输出电压:0～100kV DC 出粉量:500～600g/mim	0.4～0.7	0.2～0.3
	供粉器	供粉器容量:0.04m³ 供粉量:50～300g/min (可调)	0.05～0.2	0.3～0.6
		储粉量:130kg 可供 2～6 支枪使用	0.05～0.1	0.67
	手动粉末静电喷涂设备	设备包括:喷枪、供粉器、控制部分等(集于一体) 输出电压:0～100kV DC 出粉量:约 500～600g/mim 粉桶容量:40～70L	0.4～0.8	0.25～0.45
	滤袋、滤芯过滤回收器	周期脉冲,即反吹去除布袋、滤芯上的粉尘	0.4～0.6	0.1～0.7
粉末火焰喷涂设备		送粉量:300～600g/mim	0.3～0.6	0.02～0.1

续表

名称	技术规格	空气压力 /MPa	压缩空气消耗量 /(m³/min)
粉末流化床涂装设备	空气压力:0.05~0.2MPa 压缩空气消耗量约为 1~1.7 m³/(m²·min),其单位表示粉末流化床 1m² 的微孔透气隔板的面积在 1min 内所需压缩空气的消耗量		

32.4.6 气动工具压缩空气消耗量

气动工具压缩空气消耗量列入表 32-24。

表 32-24 气动工具压缩空气消耗量

工具名称及型号		技术规格	空气压力 /MPa	压缩空气消耗量 /(m³/min)
钢丝轮专用抛光机	NAG-40W	钢丝轮直径:约 90mm 最大转速:9500r/min	0.6	0.55
	NAG-70WA	钢丝轮直径:约 120mm 最大转速:6500r/min	0.6	0.9
直柄式气砂轮机	S40E	最大砂轮直径:40mm 空载转速:≤22000r/min	0.6~0.7	0.4
	S60	最大砂轮直径:60mm 空载转速:≤16000r/min	0.6~0.7	0.78
	S80	最大砂轮直径:80mm 空载转速:≤12000r/min	0.6~0.7	0.98
角式气砂轮机	S100J110	最大砂轮直径:100mm 空载转速:≤11000r/min	0.6~0.7	0.73
	S125J120、 S125J110	最大砂轮直径:125mm 空载转速:≤13000r/min	0.6~0.7	1.08
气动打磨机	942	底盘尺寸:φ45mm 转速:10000r/min	0.4~0.6	0.34
	935C、935CD (吸尘式)	底盘尺寸:φ123mm 转速:10000r/min	0.4~0.6	0.35
	803B4D (吸尘式)	底盘尺寸:93mm×176mm 转速:6000r/min	0.5~0.7	0.4
	8150C、8150D (吸尘式)	底盘尺寸:74mm×175mm 转速:7000r/min	0.4~0.6	0.35
气钻	Z6Q32	钻孔直径:6mm 空载转速:3200r/min	0.5~0.6	空载耗气量 0.53
	Z8Q27	钻孔直径:8mm 空载转速:2700r/min	0.5~0.6	空载耗气量 0.53
	Z10Q26	钻孔直径:10mm 空载转速:2600r/min	0.5~0.6	空载耗气量 0.74
	ZS15	钻孔直径:15mm 负荷转速:440r/min	0.5~0.6	负载耗气量 0.82
吹尘枪		喷嘴直径:2mm	0.35	0.145
吸尘枪		真空度:>7500Pa	0.63	0.3

32.4.7 其他用压缩空气消耗量

(1) 工件清洗机的压缩空气消耗量

工件清洗机用的压缩空气主要是用于工件经清洗、漂洗后吹干工件,所需压缩空气的压力

为 $0.3\sim0.6$ MPa，压缩空气的消耗量约为 $0.7\sim1.4\mathrm{m}^3/\mathrm{min}$。

（2）塑料焊枪的压缩空气消耗量

塑料焊枪用的压缩空气的压力为 $0.05\sim0.1$ MPa，每把焊枪的压缩空气消耗量约为 $0.2\sim0.25\mathrm{m}^3/\mathrm{min}$。

32.5　燃气、燃油消耗量

当电镀车间设置小型锅炉单独为本车间供给蒸汽时，先计算出车间蒸汽总消耗量，然后选用锅炉。一般采用燃油或燃气锅炉，锅炉型式有立式和卧式两种。其燃油、燃气锅炉的燃料消耗量分别列入表 32-25、表 32-26。

表 32-25　立式燃油（气）蒸汽锅炉的燃料消耗量

项目		单位	LSS0.1 -0.7 -Y.Q	LSS0.2 -0.7 -Y.Q	LSS0.3 -0.7 -Y.Q	LSS0.5 -0.7 -Y.Q	LSS0.75 -0.7 -Y.Q	LSS1 -1.0 -Y.Q	LSS1.5 -1.0 -Y.Q	LSS2 -1.0 -Y.Q
额定蒸汽量		t/h	0.1	0.2	0.3	0.5	0.75	1.0	1.5	2.0
额定工作压力		MPa	0.7	0.7	0.7	0.7	0.7	1.0	1.0	1.0
饱和蒸汽温度		℃	170	170	170	170	170	184	184	184
燃料消耗量	轻柴油	kg/h	6.5	13	19.5	32.5	48.8	65	98	130
	天然气	m³/h	7	12	21	35	52.5	70	105	140
	液化气	m³/h	3	6	9	15	22.5	30	45	60
	城市煤气	m³/h	17	34	51	85	127.5	170	255	340
外形尺寸	长	mm	950	1080	1350	1700	1800	1950	2050	2050
	宽	mm	1020	1180	1450	1580	1700	1800	1950	1950
	高	mm	1750	1900	2400	2520	2700	3050	3450	3900
重量		kg	380	650	730	2100	2600	3400	4500	530

表 32-26　卧式燃油（气）蒸汽锅炉的技术性能规格

项目		单位	WNS 1-0.8-Y.Q	WNS 2-1.0-Y.Q	WNS 3-1.0-Y.Q	WNS 4-1.0-Y.Q	WNS 5-1.25-Y.Q
额定蒸汽量		t/h	1	2	3	4	5
额定工作压力		MPa	0.8	1.0	1.0	1.0	1.25
饱和蒸汽温度		℃	175	184	184	184	193
燃料消耗量	轻柴油	kg/h	65	130	195	260	390
	天然气	m³/h	70	140	210	280	420
	液化气	m³/h	30	60	90	120	180
	城市煤气	m³/h	170	340	510	680	1020
外形尺寸	长	mm	3900	4300	4500	5000	7730
	宽	mm	2500	2700	2850	3000	3490
	高	mm	2300	2500	2980	3200	3560
重量		kg	4600	7100	9200	11000	1920

第**33**章
建　筑

33.1　概述

电镀车间建筑（含结构）设计，应结合电镀车间的特点，并符合工艺生产要求。电镀建筑设计的特点是技术复杂，牵涉专业多，工作量大。建筑设计，应在满足电镀生产的前提下，达到总体布局、建筑形式、结构选型合理，管沟线路协调，防腐得当等的要求。

本章介绍电镀车间工艺设计对车间建筑设计的要求和建筑（含结构）的一般做法。

(1) 电镀车间特点

电镀车间在生产过程中使用大量具有腐蚀性的化学品（酸、碱、盐等），散发出大量腐蚀性气体及水蒸气，湿度大；排出大量含有酸、碱及其他腐蚀性介质以及有害的废水；生产操作及配制调整溶液时，溶液易溅落地面，需常冲洗地面；室内温度高、湿度大，对建筑物（地面、墙体、门窗、屋架、顶棚以及地坑、排水沟、排风地沟等）及构筑物都具有较强的腐蚀性。此外，有机溶剂除油及涂装作业，散发出大量有机溶剂气体；机械前处理清理（喷丸，喷砂）以及打磨等作业，散发出粉尘；车间内部坑沟管线多，比较复杂。故对建筑物除一般要求（建筑物形式、参数、装饰等）外，还应着重考虑防腐蚀问题。

(2) 建筑特征

电镀车间一般多采用单层建筑物，有时也采用地下室、二层等建筑物。

火灾危险性级别一般为戊级（个别场所如有机溶剂除油及涂装作业等为甲级）。

车间采光标准一般为Ⅲ、Ⅳ级（作业精确度为精细、一般）。

电镀车间卫生特征级别为 2 级。

33.2　对厂房建筑的要求

33.2.1　一般要求

① 本车间建筑物形式，应适应工艺需要，满足生产使用要求，力求建筑物形式简单，并采取有效的防水、防腐蚀措施，做到安全耐用、满足生产、方便施工、便于维修、经济实用、整洁美观。

② 电镀车间应有良好的自然通风（自然通风是指利用厂房内外空气容重差引起的自然重力或室外风力，而进行的通风换气）。由于车间内温度高、湿度大、散发大量有害气体，除设有机械排风外，应考虑有良好的自然通风，所以在厂房位置、形式、朝向、高度、窗户等方面，要满足自然通风的要求。

③ 建筑物形式采用"Π"或"Ш"时，其各翼的间距一般不应小于相邻两翼高度（由地面到屋檐）和的一半，最好在 15m 以上。如建筑物内不产生大量有害物质，其间距可减至12m，但必须符合防火标准的规定。

④ 电镀车间应有良好的自然采光。在电镀过程中需要辨别镀件镀层颜色、外观、表面有

无缺陷以及观察溶液状况等，所以厂房要有充足的自然采光，采光等级要符合 GB 50033—2013《建筑采光设计标准》的要求。

⑤ 由于车间室内湿度大，故建筑物外围结构特别是屋顶应采取必要的保温措施，防止在内表面结露滴水。

⑥ 在气候炎热的南方地区，应考虑建筑物的隔热、防暑降温和朝向问题。

⑦ 冬季室外较寒冷的地区，为防止冷空气侵入室内，车间的外大门（运输零件、经常开启的门）可考虑设置门斗，门斗位置可以设在建筑物外，也可以设在建筑物内。或者设置热风幕。

⑧ 危险性较大的工作间，如涂装间、有机溶剂除油间、油漆库、有机溶剂库、氰化电镀间、氰化溶液配制室、氰化物库、变电所、配电室等，为了安全，工作间的门应向外开。

⑨ 建筑物之间的距离，应符合防火间距要求，符合 GB 50016—2014《建筑设计防火规范》的规定要求。

⑩ 根据建筑物外形及其长度，考虑设置消防车道。

a. 当建筑物长度大于 150m，当采用 Π、Ш、L 形等建筑物形式的建筑物总长度大于 220m 时，应设置穿过建筑物的消防车道。当确有困难时，应设置环形消防车道。

b. 有封闭内院或天井的建筑物，当其短边长度大于 24m 时，宜设置进入内院或天井的消防车道。

c. 在穿过建筑物或进入建筑物内院的消防车道两侧，不应设置影响消防车通行或人行安全疏散的设施。

d. 中间消防车道与环形消防车道交接处，应满足环形消防车道转弯半径的要求。

e. 消防车道的净宽度和净高度均不应小于 4m。供消防车停留的空地，其坡度不宜大于 3%。

⑪ 车间内部的通风机、清理滚筒等发出的噪声强度较高、持续时间长，一般放置在单独的隔间内，在建筑上应采取隔声、防振等措施，降低噪声的危害。

⑫ 需穿过地基、墙、平台、屋面板的各种管道，在穿越部位需预开洞。风管穿过孔洞的空隙应填实，尤其是在屋面板处，以防漏水。

⑬ 车间建筑物的室内地面标高，应高出室外地面标高，其值不应小于 0.15m。湿陷性黄土地区，建筑物的室内外地面的标高差，应根据地基的湿陷类型、等级确定，其值宜采用 0.2～0.3m。易燃、可燃液体仓库的室内地面标高，应低于仓库门口的标高 0.15m。

⑭ 对于建筑物的建造形式、厂房高度、内部隔墙位置、门及过道宽度等，以及对建筑物的其他要求，在本篇第 29 章车间平面布置章节中叙述。

33.2.2　防腐要求

电镀车间建筑物及构筑物的防腐蚀设计，应结合电镀生产工艺的特点，并遵循建设部公布的国家标准 GB 50046—2008《工业建筑防腐蚀设计规范》的有关规定。

① 电镀车间建筑防腐蚀设计，应遵循预防为主和防护相结合的原则，根据电镀生产过程中产生介质的腐蚀性、环境条件、生产操作、管理水平和施工维修条件等具体情况，因地制宜、区别对待，综合选择防腐蚀措施。对危及安全和维修困难的部位，以及重要的承重结构和构件，应加强防护。

② 车间建筑物体形力求简单，应有足够的开窗面积，并设有天窗。设备和门窗的布置位置，应有利于自然通风和天然采光，便于排除（尤其是非生产时间，抽风机停止运行时）车间

内部腐蚀性气体及水蒸气。车间平面及设备、附属装置等的布置，还应保持设备、管道与建筑构件之间必要的距离，以满足防腐蚀工程施工和维修的要求。

③ 建筑物的承重结构，除需具有足够的强度、刚度和稳定性外，还应选用抗蚀性能好的、坚固耐久的、易于防护的结构形式，并根据具体情况，采取相应的防腐措施。

④ 局部设防是为了缩小腐蚀影响，减少设防范围。气态介质和固态粉尘主要用隔墙隔开，液态介质主要在地面设置挡水沿。

⑤ 放置槽子区域（如前处理的化学除油、浸蚀，电镀、化学表面处理以及后处理等）的地面，要求耐酸、耐碱、清洁、易冲洗、不渗水、防滑并具有足够的抗冲击性能。

⑥ 电镀厂房宜采用塑钢门窗或玻璃钢门窗，提高其防腐性能。由于推拉门、金属卷帘门、提升门或悬挂式折叠门等的金属零件腐蚀后易造成无法开启，不宜采用。因此，宜采用平开门，以保持开闭灵活。

⑦ 设在地面上的钢结构件，应设置耐腐蚀支座，如地面或楼板（面）上的金属柱、支架、栏杆、铁梯等底部应固定在高出地面或楼面的混凝土垫层上，并需对此垫层的外露部分采取防腐包裹措施。

⑧ 浇筑在混凝土中并部分暴露在外的吊环、支架、紧固件、连接件等预埋件，宜与受力钢筋隔离（不应焊接在受力钢筋上）。需在梁上设置起重吊点时，应预埋耐腐蚀套管。

⑨ 防腐蚀楼面开洞及管道穿孔，必须预留洞口、预埋套管，尽量避免在楼板上临时打洞，以免破坏楼面防腐层的连续性，损坏楼板并导致漏水。

⑩ 防腐蚀楼面开洞及管道穿过楼板处，均应作挡水沿，并采取与防腐蚀地面、踢脚板相同的防护措施。

⑪ 当楼板上的管道、设备留孔有可能受泄漏液体介质或有冲洗水作用时，孔洞的边缘与孔洞边缘的距离不宜小于 200mm。

⑫ 穿越楼面的管道和电缆，宜集中设置，尽量减少楼面开洞。

⑬ 槽子地坑应根据腐蚀介质情况，采取有效的防腐措施及防渗水措施，并做好地坑内排水。

⑭ 应做好楼面的防腐及防渗水，避免漏水。地漏与楼面结合应十分严密，采取有效防腐措施，避免遭受腐蚀而漏水。

⑮ 防腐蚀地面或楼面应有适当坡度，坡向排水明沟或地漏，以便迅速排除地面或楼面上的水及腐蚀性液体。

⑯ 排水明沟或暗管应考虑防腐、防渗水、耐一定水温。排水沟管连接处（排水明沟和排水暗管常在墙基附近连接后，由排水暗管将废水排出室外），应妥善处理，连接要严密，避免接头渗漏而腐蚀墙基。

⑰ 排风地沟应考虑防腐、防渗水，抽风地沟应坡向一端，并设集水坑，安设排水管，排除沟内积水。坑上设检查孔。

⑱ 槽子通风罩的排风管与排风地沟连接时的穿地面（或楼板）处、排风地沟的检查孔等处，均应作挡水沿，并应采取与防腐蚀地面、踢脚板相同的防护措施。

⑲ 设备、管道与建筑构件之间的距离，应满足防腐蚀建筑工程施工和维修的要求。

⑳ 底层及地下室地面应设排水明沟，以排除积水，如无法排出时，则应采取其他有效措施，如采用水泵抽吸排出。

㉑ 墙裙、墙面及顶棚应根据腐蚀性介质情况、室内温度状况，采取相应的防腐措施。

㉒ 车间内所有外露金属件都应采取防腐措施，如涂覆耐腐蚀性涂料（油漆等）。

㉓ 建筑物的墙、楼板等均不应直接用作有腐蚀性介质的抽风沟、储槽等的侧壁、底面，以免腐蚀建筑物。

㉔ 生产或储存腐蚀性介质的大型设备、储罐、储槽等，宜布置在室外，并不宜靠近厂房基础。酸储罐、酸储槽的周围应设围堤。

㉕ 建筑物基础根据实际情况，采取相应的基础形式及防腐蚀等的防护措施。

㉖ 控制室和配电室不得直接布置在有腐蚀性液态介质作用的楼层下，其出入口不应直接通向有腐蚀性介质作用的场所。

33.3　电镀建筑物的建筑形式及参数

33.3.1　电镀建筑物的建筑形式

电镀车间建筑形式选择的一般原则。

① 适应工艺需要，满足生产要求。

② 建筑物内要有良好的自然通风和天然采光。

③ 减少对相邻车间的污染和腐蚀等影响。

④ 有利于对污染物的治理，减轻对环境的影响。

⑤ 减少占地面积，降低建筑造价。

电镀建筑物建造形式，有单层、多层（一般为二层）、地下室或半地下室等多种建造形式，但一般多采用单层建筑物的建造形式。电镀建筑物建造形式在第 29 章车间平面布置章节中叙述。

33.3.2　电镀建筑物参数

由于电镀车间规模、工件外形、工艺技术要求等的不同，建筑物参数（跨度、高度等）的范围相差较大。一般按下列规格和要求采用。

建筑物跨度：一般为 9m、12m、15m、18m、21m 和 24m 等，较常用的有 12m、15m 和 18m。可以采用单跨或双跨建筑。

建筑物高度：建筑物高度根据工厂所在地区的特点、镀件大小、搬运及输送设备和建筑物跨度等因素确定，建筑物高度也要与跨度相适应。一般大型电镀车间及双跨度的车间相对建筑物要高些，坡屋及辅助间高度要低些，电镀建筑物推荐高度见表 33-1。

表 33-1　电镀建筑物推荐高度

跨度/m	高度（建筑物下弦高度）/m	辅助间等的高度
6	4.5	
9	4.5～5	1. 辅助间：3.2～3.6m。通风机室根据风机大小及风管布置要求确定
12	5～6	
15	6～6.5	2. 坡屋：4～5m。根据所布置工作间的功能及要求确定
18	7～8	
21	8	3. 生活间及办公室等用房：3.2～3.6m
24	＞8	

注：1. 如有搬运及输送设备，结合该设备的架设等具体情况，确定建筑物的高度。

2. 如放置在地面上的槽较高，需设置架高的操作走道或设置平台时，其工房高度按具体要求确定。

33.4　电镀建筑物的采光等级

电镀车间应具有良好的天然采光。建筑物的采光等级根据作业精确度（识别对象的最小尺寸）来分级，分为五个等级，即 Ⅰ 级（特别精细）、Ⅱ 级（很精细）、Ⅲ 级（精细）、Ⅳ 级（一般）、Ⅴ 级（粗糙）。电镀车间建筑采光标准为 Ⅲ 级、Ⅳ 级。视觉作业场所工作面上的采光系数标准值见表 33-2。电镀车间及办公室等采光等级见表 33-3。

表 33-2　各采光等级参考平面上的采光标准值

采光等级	视觉作业分类		侧面采光		顶部采光	
	作业精确度	识别对象的最小尺寸 d /mm	采光系数标准值 /%	室内天然光照度标准值 /lx	采光系数标准值 /%	室内天然光照度标准值 /lx
Ⅰ	特别精细	$d \leqslant 0.15$	5	750	5	750
Ⅱ	很精细	$0.15 < d \leqslant 0.3$	4	600	3	450
Ⅲ	精细	$0.3 < d \leqslant 1.0$	3	450	2	300
Ⅳ	一般	$1.0 < d \leqslant 5.0$	2	300	1	150
Ⅴ	粗糙	$d > 5.0$	1	150	0.5	75

注：表中视觉作业分类引自其他资料供参考。侧面采光及顶部采光标准值引自 GB 50033—2013《建筑采光设计标准》。

表 33-3　电镀车间及办公室等采光等级

采光等级	车间、房间名称	侧面采光		顶部采光	
		采光系数标准值/%	室内天然光照度标准值/lx	采光系数标准值/%	室内天然光照度标准值/lx
Ⅲ	电镀车间	3	450	2	300
Ⅱ	设计室、绘图室	4	600	—	—
Ⅲ	办公室、视屏工作室、会议室	3	450	—	—
Ⅳ	复印室、档案室	2	300	—	—
Ⅴ	风机房、库房等	1	150	0.5	75
Ⅴ	走道、楼梯间、卫生间	1	150	—	—

注：引自 GB 50033—2013《建筑采光设计标准》。

33.5　电镀车间设置的卫生辅助设施

电镀车间设计应符合卫生要求。设计中应积极采取行之有效的综合防护措施、治理措施，同时还应配置卫生辅助设施。根据电镀车间的生产特点，本车间的卫生特征级别为 2 级。

电镀作业场所设置的生产卫生用室，应根据卫生特征级别，按 GBZ 1—2010《工业企业设计卫生标准》有关规定执行。

电镀车间设计应设办公生活用室、生产卫生用室及妇女卫生室。

办公生活用室：办公室、休息室、厕所。

生产卫生用室：根据卫生特征 2 级，车间应设盥洗室、更衣室、浴室（女浴室不得设浴池）。更/存衣室，内便服、工作服可按照同室分柜存放的原则设计，以避免工作服污染便服。

妇女卫生室：最大班女工在 100 人以上的工业企业应设置妇女卫生室；最大班女工在 100 人以下至 40 人以上的工业企业，设置简易的温水箱及冲洗器（GBZ 1—2010《工业企业设计卫生标准》）。

33.6　电镀车间建筑物的装修要求

电镀车间内的地面、墙面、墙裙及顶棚等的装修，应根据工艺性质、生产使用情况、环境腐蚀性介质状况、防腐要求、工业建筑防腐蚀设计规范、当地建筑材料供应以及施工条件等具体情况来确定。工艺生产对车间各部分的建筑装修要求及常用做法参见表 33-4。

表 33-4　电镀车间建筑装修要求及常用做法

工作间名称	地面		墙裙	墙面及顶棚
	要求	常用做法		
浸蚀间	耐酸碱、易冲洗、耐冲击、不渗水、清洁、防滑、有坡度	耐酸花岗石板、耐酸瓷砖、耐酸瓷板	1.2～1.5m 高瓷板墙裙	涂防腐涂料

续表

工作间名称	地面		墙裙	墙面及顶棚
	要求	常用做法		
电镀间、阳极化间	耐酸碱、易冲洗、耐冲击、不渗水、清洁、防滑、有坡度	耐酸花岗石板、耐酸瓷砖、耐酸瓷板等	1.2～1.5m 高瓷板墙裙或耐酸涂料墙裙等	涂防腐涂料
氧化间、磷化间	耐酸碱、易冲洗、耐冲击、不渗水、清洁、防滑、有坡度	耐酸花岗石板、耐酸瓷砖、耐酸瓷板等	1.2～1.5m 高瓷板墙裙或耐酸涂料墙裙等	涂防腐涂料
有机溶剂（汽油）除油间	清洁、易洗、耐有机溶剂、不发火	不发火地面	—	涂防火涂料
溶液配制室	耐酸碱、易冲洗、不渗水、清洁	耐酸瓷板、耐酸瓷砖等	1.2～1.5m 高耐酸涂料墙裙	涂防腐涂料
工艺试验室	耐酸碱、易冲洗、不渗水、清洁	耐酸瓷板、水磨石等	1.2～1.5m 高耐酸涂料墙裙	涂防腐涂料
化验室	耐酸碱、清洁	耐酸瓷板、水磨石、涂料面层、软聚氯乙烯板	1.2～1.5m 高耐酸涂料墙裙	涂防腐涂料
标牌及印制线路腐蚀间	耐酸、清洁、易冲洗、不渗水、有坡度	耐酸瓷板、耐酸瓷砖等	1.2～1.5m 高瓷板墙裙或耐酸涂料墙裙	涂防腐涂料
标牌修板间、涂胶间、曝光间	清洁、易洗	水磨石、压光细石混凝土、压光水泥	—	喷（刷）涂料
标牌照相间	清洁、易清扫	水磨石、压光细石混凝土、压光水泥	—	喷（刷）涂料
暗室	清洁、易清扫	水磨石、压光细石混凝土、压光水泥	—	暗色无光涂料
电泳涂漆间	易冲洗、耐冲击、有坡度	水磨石、压光细石混凝土	—	涂防腐涂料
涂装间	清洁、易清扫、易洗、耐有机溶剂	水磨石、压光细石混凝土、压光水泥、涂地面涂料	—	涂防火涂料
打腻子及打磨间	易清扫、耐冲击	压光细石混凝土、水磨石、压光水泥	—	喷（刷）涂料
粉末涂装间	平整、光滑、无缝隙、凹槽、易清扫	水磨石、压光细石混凝土、压光水泥（喷粉区：防静电地面）	—	喷（刷）涂料
喷砂间、喷丸间	—	压光细石混凝土、压光水泥	—	喷（刷）涂料
抛光间、磨光间	清洁、易清扫	压光细石混凝土、压光水泥、水磨石	—	喷（刷）涂料
直流电源间	清洁、易清扫	压光细石混凝土、水磨石、压光水泥	—	喷（刷）涂料
电泳涂漆冷冻机室	—	压光细石混凝土、压光水泥	—	涂防腐涂料
纯水制备间	易冲洗、有坡度	压光水泥、压光细石混凝土	—	涂防腐涂料
挂具制造及维修间	耐冲击	压光细石混凝土、压光水泥	—	喷（刷）涂料
成品检验室	清洁、易清扫	水磨石、压光细石混凝土、压光水泥	—	喷（刷）涂料
零件库、成品库	清洁、易清扫	压光细石混凝土、压光水泥	—	喷（刷）涂料
化学品库（不存酸）	清洁、易洗	压光细石混凝土、水磨石	—	涂防腐涂料

工作间名称	地面		墙裙	墙面及顶棚
	要求	常用做法		
油漆库	易清扫、耐有机溶剂、不发火	不发火地面	—	涂防火涂料
有机溶剂库	易清扫、耐有机溶剂、不发火	不发火地面	—	涂防火涂料
电泳漆库	易清扫、耐冲击	压光水泥、压光细石混凝土	—	喷（刷）涂涂料
粉末储存库	易清扫、耐冲击	压光水泥、压光细石混凝土	—	喷（刷）涂涂料
辅助材料库、容器库、挂具存放室	—	细石混凝土、水泥	—	喷（刷）涂涂料
待验室、废品隔离室		压光水泥、压光细石混凝土	—	喷（刷）涂涂料
值班室	易清扫	压光水泥、压光细石混凝土	—	喷（刷）涂涂料
休息室	易清扫	压光水泥、压光细石混凝土	—	喷（刷）涂涂料
排风机室、送风机室	—	混凝土、压光细石混凝土	—	喷（刷）涂涂料
变电所	—	压光水泥、压光细石混凝土	—	喷（刷）涂涂料
电控室	—	压光水泥、压光细石混凝土	—	喷（刷）涂涂料
办公室、技术室	清洁、易清扫	水磨石、压光水泥、木地板	—	喷（刷）涂涂料
技术资料室	清洁、易清扫	水磨石、压光水泥、木地板	—	喷（刷）涂涂料
会议室	清洁、易清扫	水磨石、压光水泥、木地板	—	喷（刷）涂涂料

33.7　腐蚀介质对建筑材料的腐蚀性分级

33.7.1　腐蚀性分级

　　① 腐蚀性分级，是指在腐蚀性介质长期作用下，根据其对建筑材料劣化的程度，即外观变化、重量变化、强度损失以及腐蚀速度等因素，综合评定腐蚀性等级，并划分为强腐蚀、中腐蚀、弱腐蚀、微腐蚀四个等级。

　　一般从概念上可以理解为：在强腐蚀条件下，材料腐蚀速度较快，构配件必须采取附加的防腐蚀措施，如有可能宜改用其他耐腐蚀性材料；在中等腐蚀条件下，材料有一定的腐蚀，可采用附加的防腐蚀措施；在弱腐蚀条件下，材料腐蚀较慢，可采用提高构件的自身质量的方式防腐，个别情况下也可采取简易的附加防腐蚀措施；微腐蚀条件时，材料无明显腐蚀。

　　② 腐蚀性介质按其存在形态，可分为三大类：气态介质、液态介质和固态介质。根据电镀生产工艺条件来确定腐蚀性介质的类别，参见表33-5。

表 33-5　生产部位腐蚀性介质类别举例

行业	生产部位名称	环境相对湿度 /%	气态介质		液态介质		固态介质	
			名称	类别	名称	类别	名称	类别
机械	各种金属的浸蚀	>75	酸雾、碱雾	Q12、18	酸洗液、氢氧化钠	Y1、7	—	—
	电镀	>75	酸雾、碱雾	Q12、18	酸洗液、氢氧化钠	Y1、7	—	—

注：引自 GB 50046—2008《工业建筑防腐蚀设计规范》条文说明中的表 1（摘略）。

33.7.2　建筑材料的腐蚀性等级

常温下，气态介质对建筑材料的腐蚀性等级见表 33-6；液态介质对建筑材料的腐蚀性等级见表 33-7。两表都引自 GB 50046—2008《工业建筑防腐蚀设计规范》。

经常处于潮湿状态或不可避免结露的部位，环境相对湿度应取大于 75%。

表 33-6　气态介质对建筑材料的腐蚀性等级

介质类别	介质名称	介质含量	环境相对湿度 /%	钢筋混凝土 预应力混凝土	水泥砂浆 素混凝土	普通 碳钢	烧结砖 砌体	木	铝
Q12	硫酸 酸雾	经常作用	>75	强	强	强	中	中	强
			>75	中	中	强	弱	弱	中
		偶尔作用	≤75	弱	弱	中	弱	弱	弱
Q18	碱雾	偶尔作用	—	弱	弱	弱	中	中	中

表 33-7　液态介质对建筑材料的腐蚀性等级

介质类别		介质名称	pH 值或浓度	钢筋混凝土 预应力混凝土	水泥砂浆 素混凝土	烧结砖砌体
Y1	无机酸	硫酸、盐酸、硝酸、铬酸、磷酸、各种酸洗液、电镀液、电解液、酸性水	<4.0	强	强	强
			4.0~5.0	中	中	中
			5.0~6.5	弱	弱	弱
		氢氟酸	≥2%	强	强	强
Y7	碱	氢氧化钠	≥15%	中	中	强
			8%~15%	弱	弱	强
		氨水	≥10%	弱	微	弱

注：1. 表中的浓度是指质量百分比，以"%"表示。

　　2. 建筑物和构筑物处于干湿交替环境中的部位，应加强防护。

　　3. 微腐蚀环境可按正常环境进行设计。

33.8　建筑结构选型及防护

33.8.1　结构选型的原则

电镀车间建筑结构类型、布置和构造的合理选型的原则。

① 根据电镀生产特点，合理选择结构材料，提高抗腐蚀能力。

② 应有利于提高结构自身的抗腐蚀能力，能有效地避免腐蚀性介质在构件表面的积聚或能够及时排除，便于防护层的设置和维护。

③ 设计时要考虑设备装置、搬运输送设备固定、走道、平台等设施，以及照明等的布置，以便于防护层的施工、检查和维修，不能出现无法施工和维修的区域。

④ 当某些次要构件的设计使用年限不能与主体结构的设计使用年限相同时，应设计成便于更换的构件。

⑤ 提高建筑物耐久性（使用年限），减少经常性维修防护的工作量。在设计中除应按照一

般选型原则外，还应根据电镀作业的特点，选择体型简单、抗蚀、坚固耐久、构件断面规整简洁（尽量减少构件的外表面积、棱角、缝隙）的结构形式和减少构件的拼装节点。

33.8.2 结构选型

合理选用电镀建筑物结构类型，是减轻建筑物腐蚀、延长使用寿命、减少日常维修和保障安全的重要措施。根据生产的特点，选择耐腐蚀、坚固耐用、形状简单的构件。电镀车间的生产环境腐蚀程度属于强、中腐蚀。

（1）电镀车间建筑结构

宜选用现浇钢筋混凝土框架结构。这种结构形式，具有整体性好、便于防护和耐久性较好的优点。单层建筑物屋架、屋面板等屋面主要承重构件，应优先采用预应力钢筋混凝土结构或钢筋混凝土屋面梁、天窗架等。多层建筑物宜采用整体式钢筋混凝土框架结构，当采用装配式框架结构时，应采用装配整体式节点构造。

（2）电镀车间生产环境腐蚀程度

电镀车间的生产环境腐蚀程度属于强、中腐蚀，因此，建筑物不宜采用钢结构。由于钢结构主要靠防腐涂层保护，施工时底层基体清理不易保证质量，涂层薄，易受腐蚀介质侵蚀，耐腐蚀差，日常维护工作量大，费用高，还会因维修而影响生产。如果要采用钢结构，在设计上首先要考虑增加构件的安全储备，要求构件形状简单，并符合 GB 50046—2008《工业建筑防腐蚀设计规范》有关钢结构的有关规定。

（3）小型电镀车间建筑结构

适宜采用砖石结构形式，应符合 GB 50046—2008《工业建筑防腐蚀设计规范》有关砌体结构的有关规定。承重砌体结构的设计应符合下列规定。

① 受大量易溶固态介质作用且干湿交替时，不应采用砌体结构。

② 腐蚀性等级为强腐蚀、中腐蚀时，不应采用独立砖柱。

③ 腐蚀性等级为强腐蚀、中腐蚀时，不应采用多孔砖和混凝土空心砌块。

④ 对钢的腐蚀性等级为强腐蚀、中腐蚀时，不应采用配筋砌体构件。

33.8.3 钢筋混凝土结构及其防护

电镀建筑物常用的是钢筋混凝土结构，其构件主要是屋面板、薄腹梁和承重柱等，也有采用钢筋混凝土屋架和预应力构件。实践证明，钢筋混凝土构件用于电镀建筑效果好，作为承重构件使用可靠。

（1）腐蚀性环境中的混凝土结构及构件的设计和选择

在 GB 50046—2008《工业建筑防腐蚀设计规范》中，对腐蚀性环境中的混凝土结构及构件的设计和选择，提出下列规定。

① 混凝土结构及构件的选择应符合下列规定。

a. 框架宜采用现浇结构。

b. 屋架、屋面梁和工作级别等于或大于 A4 的吊车梁，宜选用预应力混凝土结构。

c. 腐蚀性等级为强腐蚀、中腐蚀时，柱截面宜采用实腹式，不应采用腹板开孔的工形截面。

② 预应力混凝土结构的设计应符合下列规定。

a. 腐蚀性等级为强、中时，宜采用先张法或无黏结预应力混凝土结构。

b. 预应力混凝土结构应采用整体结构，不应采用块体拼装式结构。

c. 无黏结预应力混凝土结构中，无黏结预应力锚固系统应采用连续封闭的防腐蚀体系。

d. 先张法预应力混凝土构件不应采用直径小于 6mm 的钢筋和钢丝作预应力筋。用于预应力混凝土构件的钢胶线，单丝直径不应小于 4mm。

e. 后张法预应力混凝土结构，应采用密封和防腐性能优良的孔道管，不应采用抽芯形成孔道和金属套管。

f. 后张法预应力混凝土结构的锚固端，宜采用埋入式构造。

（2）腐蚀性环境下，结构混凝土的基本要求

在腐蚀性环境下，结构混凝土的基本要求应符合表 33-8 的规定。

表 33-8　结构混凝土的基本要求

项目	腐蚀性等级		
	强	中	弱
最低混凝土强度等级	C40	C35	C30
最小水泥用量/(kg/m³)	340	320	300
最大水灰比	0.40	0.45	0.50
最大氯离子含量（水泥用量的百分比）/%	0.80	0.10	0.10

注：预应力混凝土构件最低混凝土强度等级应按表中提高一级；最大氯离子含量为水泥用量的 0.06%。当混凝土中掺入矿物掺和料时，表中"水泥用量"为"胶凝材料用量"，"水灰比"为"水胶比"。

（3）混凝土结构构件的裂缝控制等级

钢筋混凝土和预应力混凝土结构构件的裂缝控制等级和最大裂缝宽度允许值，应符合表 33-9 的规定。

表 33-9　混凝土结构构件的裂缝控制等级和最大裂缝宽度允许值

结构种类	强腐蚀	中腐蚀	弱腐蚀
钢筋混凝土结构	三级　0.15mm	三级　0.20mm	三级　0.20mm
预应力混凝土结构	一级	一级	二级

注：裂缝控制等级的划分，应符合现行国家标准 GB 50010《混凝土结构设计规范》的规定。

（4）钢筋的混凝土保护层最小厚度

钢筋的混凝土保护层最小厚度应符合表 33-10 的规定。

表 33-10　钢筋的混凝土保护层最小厚度

构件类别	强腐蚀	中、弱腐蚀
板、墙等面形构件	35mm	30mm
梁、柱等条件构件	40mm	35mm
基础	50mm	50mm
地下室外墙及底板	50mm	50mm

后张法预应力混凝土构件的预应力钢筋保护层厚度为护套或孔道管外缘至混凝土表面的距离，除应符合上表规定外，还应不小于护套或孔道直径的 1/2。

（5）钢筋混凝土的其他防护措施

① 当楼板上的管道、设备留孔有可能受泄漏液态介质或有冲洗水作用时，孔洞的边梁与孔洞边缘的距离不宜小于 200mm。

② 当工艺要求必须将边梁布置在孔洞边缘时，梁底面及侧面应采用玻璃钢或树脂玻璃鳞片涂层进行防护。

③ 主要承重构件的纵向受力钢筋直径不小于 16mm。

④ 混凝土结构外露的钢制预埋件、连接件的防护，应根据腐蚀性等级、重要性和检查维修困难程度，分别采取以下措施。

　　a. 采用树脂或聚合物水泥的混凝土包裹，混凝土厚度为 30～50mm。

　　b. 采用树脂或聚合物水泥的砂浆抹面，砂浆的厚度为 10～20mm。

　　c. 采用树脂玻璃鳞片胶泥防护，胶泥的厚度为 1～2mm。

　　d. 采用防腐蚀涂层防护，涂层的厚度为 200～300μm。

　　e. 改用耐腐蚀金属制作。

　　⑤ 先张法外露的预应力筋应采用树脂或聚合水泥的混凝土进行封闭，保护套厚度不应小于 50mm。

　　⑥ 不宜在主梁和重次梁上埋设起重吊钩，当必须设置时，应预埋套管。

33.9　防腐蚀地面

　　电镀车间内放置的各种镀槽、化学处理槽等生产线区域，属于强腐蚀或中腐蚀等级。防腐蚀地面的设计，应符合工业建筑防腐蚀设计规范的有关要求和规定。

33.9.1　对电镀车间防腐蚀地面的要求

　　电镀车间防腐蚀地面的要求见表 33-11。

表 33-11　电镀车间防腐蚀地面的要求

项目	防腐蚀地面的要求
良好的防腐蚀性能	放置各种镀槽、化学处理槽等生产线的区域和部位，其地面经常受到溶液等腐蚀介质的作用。故地面需对酸、碱、盐等介质有良好的防腐蚀性能
足够的耐机械撞击强度	防腐蚀地面还经常受到处理零件、挂具、吊筐、运输小车、溶液过滤机、槽子及设备的安装维修等的机械作用。故要求地面具有足够的抗压、耐冲压和耐磨等机械强度。不产生局部沉陷和开裂；在机械冲击下或撞砸下不破碎，保持面层完整
较好的耐热性能	生产中部分槽液需要加热，并有较多热水槽。地面经常受到这些槽子的辐射热和热水排放的作用，故要求地面具有一定耐热性能。排水明沟应能在约 40～50℃ 以下水温的经常作用下和约 90℃ 的热水偶然作用下保持稳定
不渗水	防腐蚀地面（或楼面）要求面层材料具有较大的密实性能和较小的吸水率，不渗水，在隔离层配合下，可防止腐蚀性液体及水渗入地下，腐蚀地基及地下结构
清洁、易冲洗	生产操作及配制、调整槽液时，溶液经常溅(滴)落地面，要求防腐蚀地面能容易冲洗，保持清洁。地面应具适当坡度，以便能迅速和有效地排除地面污水
防滑	要求防腐蚀地面在水、碱液等作用下不致太滑，以防止工人在生产操作时滑倒
嵌缝及结合层材料应具有良好的黏结和耐热性能	黏结耐酸瓷板、瓷砖、石板等块材面层的嵌缝及结合材料，应满足耐碱、耐热、黏结力及耐压强度等的要求，以防受热老化，致使砖、板脱落。嵌缝及结合层的施工，要求黏结块材面层饱满密实、嵌缝均匀、黏结牢固
便于施工	地面构造力求简单，以便于施工、设备安装和日常的维护和检修
降低造价	地面材料的选用，应因地制宜，在满足生产使用要求的前提下，力求降低地面造价和日常维修费用
防护范围	由于防腐蚀地面的造价一般都比较高，在不影响生产的情况下，地面设计应考虑采取重点防护、区别对待的做法。重点防护应放在受腐蚀性液体经常作用和聚集的部位，如浸蚀、电镀、阳极化、氧化、磷化以及钝化等槽子生产线下部地面、地坑、排水沟以及手工操作、调配、过滤溶液时经常能触及溶液的地面

33.9.2　地面面层材料

　　地面面层材料，应根据腐蚀性介质的类别及作用情况、防护层使用年限、使用过程中对面层材料耐蚀性能和物理力学性能的要求，并结合施工、维修条件，按表33-12选用。地面面层材料还应符合下列条件。

表33-12　地面面层材料选择

| 介质 | | | 块材面层 | | | | | | 整体面层 | | | | | | | |
| 类别 | 名称 | pH值或浓度 | 块材 | | 灰缝 | | | | | | | | | | | |
			耐酸砖	耐酸石材	水玻璃胶泥或砂浆	树脂胶泥或砂浆	沥青胶泥	聚合物水泥砂浆	水玻璃混凝土	树脂细石混凝土	树脂砂浆	沥青砂浆	树脂自流平涂料	防腐蚀耐磨涂料	聚合物水泥砂浆	密实混凝土
Y1	硫酸 硝酸 铬酸	＞70% ＞40% ＞20%	√	√	√	○	×	×	√	×	×	×	×	×	×	×
Y1	硫酸 盐酸 硝酸 铬酸	50%～70% ≥20% 5%～40% 5%～20%	√	√	√	√	×	×	√	√	√	×	×	×	×	×
Y1	硫酸 盐酸 硝酸 铬酸 酸洗液、电镀液、电解液	＜50% ＜20% ＜5% ＜5% ＜1	√	√	√	√	√	○	√		√	√	√	○	○	×
Y1	酸性水	1.0～4.0	√	√	○	√	√	√	√	—	√	√	√	√	○	×
Y7	氢氧化钠	＞15%	√	√	×	√	○	○	×	×	√	○	○	○	○	○
Y7	氢氧化钠	8%～15%	—	—	×	—	—	—	×	×	√	√	√	√	√	√
Y4	氢氟酸	5%～40%	改用炭砖		√	×	×	×	×	×	√	√	○	×	×	×
Y4	氢氟酸	＜5%	○	×	√	√	√	×	×	—	√	√	○	×	×	×

注：1. 表中"√"表示可用；"○"表示少量或偶尔作用时可用；"×"表示不使用；"—"表示不推荐使用。各种酸及碱的浓度百分数均为质量分数。

2. 聚合物水泥砂浆、树脂类材料和涂料等耐腐蚀性材料，因品种和牌号的差异，耐腐蚀指标也不相同，应核对后使用。

3. 引自 GB 50046—2008《工业建筑防腐蚀设计规范》。

（1）面层材料应具有耐腐蚀性能

块材面层、整体面层材料以及块材的灰缝材料，应对介质具有耐腐蚀性能。常用面层材料在常温下的耐腐蚀性能见表33-13。

表33-13　常用面层材料在常温下的耐腐蚀性能

介质名称	花岗石	耐酸砖	硬聚氯乙烯板	氯丁胶乳液水泥砂浆	聚丙烯酸酯乳液水泥砂浆	环氧乳液水泥砂浆	沥青类材料	水玻璃类材料	氯磺化聚乙烯胶泥
硫酸	耐	耐	≤70%，耐	不耐	≤2%，尚耐	≤10%，尚耐	≤50%，耐	耐	≤40%，耐
盐酸	耐	耐	耐	≤2%，尚耐	≤5%，尚耐	≤10%，尚耐	≤20%，耐	耐	≤20%，耐
硝酸	耐	耐	≤50%，耐	≤2%，尚耐	≤5%，尚耐	≤5%，尚耐	≤10%，耐	耐	≤15%，耐
醋酸	耐	耐	≤60%，耐	≤2%，尚耐	≤5%，尚耐	≤10%，尚耐	≤40%，耐	耐	—
铬酸	耐	耐	≤50%，耐	≤2%，尚耐	≤5%，尚耐	≤5%，尚耐	≤5%，尚耐	耐	—

续表

介质名称	花岗石	耐酸砖	硬聚氯乙烯板	氯丁胶乳液水泥砂浆	聚丙烯酸酯乳液水泥砂浆	环氧乳液水泥砂浆	沥青类材料	水玻璃类材料	氯磺化聚乙烯胶泥
氢氟酸	不耐	不耐	≤40%，耐	≤2%，尚耐	≤5%，尚耐	≤5%，尚耐	≤5%，耐	不耐	≤15%，耐
氢氧化钠	≤30%，耐	耐	耐	≤20%，耐	≤20%，尚耐	≤30%，尚耐	≤25%，耐	不耐	≤20%，耐
碳酸钠	耐	耐	耐	尚耐	尚耐	耐	耐	不耐	—
氨水	耐	耐	耐	耐	耐	耐	耐	不耐	—
氯化铵	耐	耐	耐	尚耐	尚耐	耐	耐	尚耐	—
硫酸钠	耐	耐	耐	尚耐	尚耐	耐	耐	尚耐	—
5%硫酸和5%氢氧化钠交替作用	耐	耐	耐	不耐	不耐	尚耐	耐	不耐	耐
丙酮	耐	耐	不耐	耐	尚耐	耐	不耐		—
乙醇	耐	耐	耐	耐	耐	耐	耐	有渗透作用	—
汽油	耐	耐	耐	耐	尚耐	耐	耐		—
苯	耐	耐	不耐	耐	耐	耐	不耐		—

注：1. 表中介质为常温，含量百分数系指介质的质量分数。

2. 表中水玻璃类材料对氯化铵、硫酸钠的"尚耐"，仅适用于密实型水玻璃类材料。

3. 引自 GB 50046—2008《工业建筑防腐蚀设计规范》附录 A。

(2) 面层材料和厚度的选用

① 有大型设备且维修频繁、有大型零部件存在和有冲击磨损作用的地面，应采用厚度不小于 60mm 的块材面层或水玻璃混凝土、树脂细石混凝土、密实混凝土等整体面层。

② 设备较小和使用小型运输工具的地面，可采用厚度不小于 20mm 的块材面层或树脂砂浆、聚合物水泥砂浆、沥青砂浆等整体面层。

③ 无运输工具的地面，可采用自流平涂料或防腐蚀耐磨涂料等整体面层。

(3) 面层材料应满足使用环境的温度要求

树脂砂浆、树脂细石混凝土、沥青砂浆和涂料等整体面层，不得用于有明火作用的部位。

(4) 操作平台面层材料的选用

操作平台等可采用玻璃格栅地面。

(5) 电镀车间防腐蚀地面应具有的性能

电镀车间的地面除常遭受强腐蚀性介质的作用外，还要受到各种机械作用如磨损、重压、冲击等，所以要求具有耐腐蚀、抗冲击、抗渗性、耐水性、耐温性等性能。由于电镀车间的生产特点，目前防腐地面材料，采用较多的是块材地面。块材面层及整体面层结构的一般做法如图 33-1 所示。

33.9.3 地面面层厚度

防腐蚀地面面层厚度和使用年限宜符合表 33-14 的规定。块材面层的结合层材料，应符合表 33-15 的规定。两表都引自 GB 50046—2008《工业建筑防腐蚀设计规范》。

建筑物防护层的使用年限，是指在合理设计、正确施工和正常使用及维护的条件下，防腐蚀地面、涂层等防护层预估的使用年限。

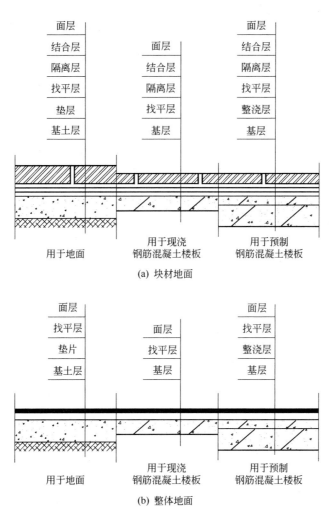

(a) 块材地面

(b) 整体地面

图 33-1　块材面层及整体面层结构的一般做法

表 33-14　地面面层厚度和使用年限

名称		厚度/mm	使用年限/a
耐酸石材	用于底层	30～100	≥15（灰缝采用树脂、水玻璃、聚合物水泥砂浆等材料） ≥10（灰缝采用沥青材料）
耐酸石材	用于楼层	20～60	
耐酸砖	用于底层	30～65	
耐酸砖	用于楼层	20～65	
防腐蚀耐磨涂料		0.5～1	≥5
树脂自流平涂料		1～2(无隔离层)	≥5
树脂自流平涂料		2～3(含隔离层)	≥5
树脂砂浆		4～7	≥10
树脂细石混凝土		30～50	≥15
水玻璃混凝土		60～80	≥15
沥青砂浆		20～40	≥5
聚合物水泥砂浆		15～20	≥15
密实混凝土		60～80	≥15

注：选用表中的使用年限时，地面构造应满足 GB 50046—2008 的有关规定。

表 33-15　块材面层的结合层材料

块材		灰缝材料	结合层材料
耐酸砖		各种胶泥或砂浆	同灰缝材料
	厚度≤30mm		
耐酸石材	厚度>30mm	水玻璃胶泥或砂浆	水玻璃砂浆
		聚合物水泥砂浆	聚合物水泥砂浆
		树脂胶泥	酸碱介质作用时,采用水玻璃砂浆或树脂砂浆
			酸碱介质交替作用时,采用树脂砂浆或聚合物水泥砂浆
			碱、盐类介质作用时,采用聚合物水泥砂浆或树脂砂浆

33.10　防腐蚀地面用的耐酸块材

电镀车间防腐蚀地面应用的耐酸块材,主要是耐酸石材和耐酸砖。

(1) 耐酸石材

耐酸石材有花岗石、石英石等天然耐酸石材。宜用于酸性介质作用的部位,也可用于碱、盐介质作用的部位,但不能用于含氟酸、熔融碱和骤冷骤热作用的部位。

① 对耐酸石材的性能要求:

a. 应组织均匀,结构细密,无风化,不得有裂纹或不耐酸的夹层。

b. 抗压强度不应小于 100MPa。

c. 耐酸率不应小于 95%。

d. 吸水率不应大于 1%。

e. 浸酸安定性应合格。

② 耐酸石材常用尺寸

天然耐酸石板应采用机械切割而成,不得有缺棱掉角等现象,其平面平整度的允许偏差应不大于 2mm。

常用尺寸为:600mm×400mm×80mm,600mm×400mm×60mm,600mm×400mm×40mm,400mm×300mm×30mm,400mm×300mm×20mm。

电镀车间防腐蚀地面常用的耐酸块材是花岗石。可以根据地面的使用情况,合理确定其厚度。由于使用机械切割,花岗石的表面平整度大大提高,不仅可减少砌筑胶泥的使用量,降低造价,而且能提高地面的质量。

(2) 耐酸砖

耐酸砖可用于酸、碱、盐介质作用的部位,但不得用于含氟酸、熔融碱作用的部位。电镀车间防腐蚀地面用的耐酸砖主要是耐酸瓷砖和耐酸瓷板。

当用于经常受液态介质作用的池槽、水沟、楼面、地面时,应采用 1 类品,其吸水率不应大于 0.5%;当用于偶尔有液态介质作用的墙裙或楼面、地面时,可采用 2 类品,其吸水率不应大于 2%。耐酸砖应选用素面砖。

① 耐酸瓷砖。抗蚀性能优良,较耐冲击,使用中碎裂现象较少。

耐酸瓷砖厚度为 65mm,常用规格为 230mm×113mm×65mm。电镀车间用的耐酸瓷砖应选用素面砖,其吸水率不应大于 0.5%。有釉的砖板表面光滑、性脆易掉釉,与胶泥黏结力差,且釉面耐蚀性差异很大(有好有差的),所以应选用素面耐酸瓷砖。

② 耐酸瓷板(也属于耐酸瓷砖一类)。抗蚀性能优良,抗冲击性能较差,容易破碎。常用于冲击负荷较小的地面及地坑、排水沟等部位。耐酸瓷板常用规格有:150mm×150mm×30mm 和 150mm×150mm×20mm。适用于较轻的小型零件的生产区,受冲击较小的地面;中小型槽子的承槽地坑、排水井及排水明沟等无冲击作用的部位,可采用耐酸瓷板复面。薄的耐酸瓷板可用作耐酸碱墙裙的贴面。耐酸瓷板应选用素面瓷板。

33.11 块材、整体地面构造

块材及整体地面的构造见表 33-16。

表 33-16 块材及整体地面的构造

面层名称及厚度(h)	整体厚度/mm	简图	构造：地面	构造：楼面
花岗石板沥青胶泥灌缝	40 厚 $D=190$ $L=150$ 60 厚 $D=210$ $L=170$ 80 厚 $D=230$ $L=190$	地面　楼面	1. 石板用沥青胶泥灌缝,缝宽 8～15 2.10～15 厚沥青砂浆结合层 3. 隔离层 a、b、c 或 d 4.20 厚 1:2 水泥砂浆找平层 5.120 厚 C20 混凝土垫层 6.0.2 厚塑料薄膜 7. 基土找坡夯实,夯实系数 ≥0.9	5.20～80 厚 C20 细石混凝土找坡层 6. 现浇楼板或预制楼板与现浇叠合层
花岗石板沥青胶泥灌缝	40 厚 $D=190$ $L=150$ 60 厚 $D=210$ $L=170$ 80 厚 $D=230$ $L=190$	地面　楼面	1. 石板用环氧胶泥灌缝,缝宽 8～15 2.10～15 厚密实水玻璃砂浆结合层 3. 隔离层 a、b、c 或 d 4.20 厚 1:2 水泥砂浆找平层 5.120 厚 C20 混凝土垫层 6.0.2 厚塑料薄膜 7. 基土找坡夯实,夯实系数 ≥0.9	5.20～80 厚 C20 细石混凝土找坡层 6. 现浇楼板或预制楼板与现浇叠合层
花岗石板沥青环氧胶泥灌缝	40 厚 $D=190$ $L=150$ 60 厚 $D=210$ $L=170$ 80 厚 $D=230$ $L=190$	地面　楼面	1. 石板用环氧沥青胶泥灌缝,缝宽 8～15 2.10～15 厚密实水玻璃砂浆结合层 3. 隔离层 a、b、c 或 d 4.20 厚 1:2 水泥砂浆找平层 5.120 厚 C20 混凝土垫层 6.0.2 厚塑料薄膜 7. 基土找坡夯实,夯实系数 ≥0.9	5.20～80 厚 C20 细石混凝土找坡层 6. 现浇楼板或预制楼板与现浇叠合层
耐酸石板沥青胶泥灌缝	20 厚 $D=170$ $L=130$	地面　楼面	1. 耐酸石板用环氧胶泥勾缝,缝宽 8～12,缝深 15～20 2.6～8 厚聚合物水泥砂浆结合层 3. 隔离层 a、b、c 或 d 4.20 厚 1:2 水泥砂浆找平层 5.120 厚 C20 混凝土垫层 6.0.2 厚塑料薄膜 7. 基土找坡夯实,夯实系数 ≥0.9	5.20～80 厚 C20 细石混凝土找坡层 6. 现浇楼板或预制楼板与现浇叠合层
耐酸石板环氧沥青胶泥勾缝	20 厚 $D=170$ $L=130$	地面　楼面	1. 耐酸石板用环氧沥青胶泥勾缝,缝宽 8～12,缝深 12～20 2.6～8 厚聚合物水泥砂浆结合层 3. 隔离层 a、b、c 或 d 4.20 厚 1:2 水泥砂浆找平层 5.120 厚 C20 混凝土垫层 6.0.2 厚塑料薄膜 7. 基土找坡夯实,夯实系数 ≥0.9	5.20～80 厚 C20 细石混凝土找坡层 6. 现浇楼板或预制楼板与现浇叠合层
耐酸砖沥青胶泥挤缝	20 厚 $D=165$ $L=125$ 30 厚 $D=175$ $L=135$ 65 厚 $D=210$ $L=170$	地面　楼面	1. 耐酸面砖用沥青胶泥挤缝,缝宽 3～5 2.3～5 厚沥青胶泥结合层 3. 隔离层 a、b、c 或 d 4.20 厚 1:2 水泥砂浆找平层 5.120 厚 C20 混凝土垫层 6.0.2 厚塑料薄膜 7. 基土找坡夯实,夯实系数 ≥0.9	5.20～80 厚 C20 细石混凝土找坡层 6. 现浇楼板或预制楼板与现浇叠合

面层名称及厚度(h)		整体厚度/mm	简图	构造	
				地面	楼面
耐酸砖环氧胶泥挤缝	20厚	$D=165$ $L=130$		1. 耐酸面砖用环氧胶泥挤缝,缝宽3~5 2. 4~6厚环氧胶泥结合层 3. 隔离层f、e或d 4. 20厚1:2水泥砂浆找平层	
	30厚	$D=175$ $L=140$		5. 120厚C20混凝土垫层 6. 0.2厚塑料薄膜 7. 基土找坡夯实,夯实系数≥0.9	5. 20~80厚C20细石混凝土找坡层 6. 现浇楼板或预制楼板与现浇叠合
	65厚	$D=210$ $L=175$			
耐酸砖环氧沥青胶泥挤缝	20厚	$D=165$ $L=130$		1. 耐酸面砖用环氧沥青胶泥挤缝,缝宽3~5 2. 4~6厚环氧沥青胶泥结合层 3. 隔离层f、e或d 4. 20厚1:2水泥砂浆找平层	
	30厚	$D=175$ $L=140$		5. 120厚C20混凝土垫层 6. 0.2厚塑料薄膜 7. 基土找坡夯实,夯实系数≥0.9	5. 20~80厚C20细石混凝土找坡层 6. 现浇楼板或预制楼板与现浇叠合
	65厚	$D=210$ $L=175$			
耐酸砖环氧胶泥勾缝	40厚	$D=185$ $L=145$		1. 耐酸面砖用环氧胶泥勾缝,缝宽6~8,缝深15~20mm 2. 3~5厚密实钾水玻璃或密实钠水玻璃胶泥结合层 3. 隔离层a、b、c或d 4. 20厚1:2水泥砂浆找平层	
	65厚	$D=210$ $L=170$		5. 120厚C20混凝土垫层 6. 0.2厚塑料薄膜 7. 基土找坡夯实,夯实系数≥0.9	5. 20~80厚C20细石混凝土找坡层 6. 现浇楼板或预制楼板与现浇叠合
耐酸砖环氧沥青胶泥勾缝	40厚	$D=185$ $L=145$		1. 耐酸面砖用环氧沥青胶泥勾缝,缝宽6~8mm,缝深15~20mm 2. 3~5厚密实钾水玻璃或密实钠水玻璃胶泥结合层 3. 隔离层f、c或d 4. 20厚1:2水泥砂浆找平层	
	65厚	$D=210$ $L=170$		5. 120厚C20混凝土垫层 6. 0.2厚塑料薄膜 7. 基土找坡夯实,夯实系数≥0.9	5. 20~80厚C20细石混凝土找坡层 6. 现浇楼板或预制楼板与现浇叠合
密实混凝土面层		$D=200$ $L=160$		1. 60厚C30密实混凝土(或1级耐碱混凝土) 2. 隔离层a、b、c或d 3. 20厚1:2水泥砂浆找平层 4. 120厚C20混凝土垫层 5. 0.2厚塑料薄膜 6. 基土找坡夯实,夯实系数≥0.9	4. 20~80厚C20细石混凝土找坡层 5. 现浇楼板或预制楼板与现浇叠合
沥青砂浆面层		$D=160$ $L=120$		1. 20厚沥青砂浆碾压成型,表面烫熨平整 2. 隔离层a、b、c或d 3. 20厚1:2水泥砂浆找平层 4. 120厚C20混凝土垫层 5. 0.2厚塑料薄膜 6. 基土找坡夯实,夯实系数≥0.9	4. 20~80厚C20细石混凝土找坡层 5. 现浇楼板或预制楼板与现浇叠合
沥青砂浆面层		$D=180$ $L=140$		1. 20厚沥青砂浆分两次碾压成型,表面烫熨平整 2. 隔离层a、b、c或d 3. 20厚1:2水泥砂浆找平层 4. 120厚C20混凝土垫层 5. 0.2厚塑料薄膜 6. 基土找坡夯实,夯实系数≥0.9	4. 20~80厚C20细石混凝土找坡层 5. 现浇楼板或预制楼板与现浇叠合

右上角：续表

面层名称及厚度(h)	整体厚度/mm	简图	构造	
			地面	楼面
聚合物水泥砂浆面层	D=160 L=120	地面　楼面	1. 20 厚聚合物水泥砂浆 2. 隔离层 e 或 d 3. 20 厚 1:2 水泥砂浆找平层 4. 120 厚 C20 混凝土垫层 5. 0.2 厚塑料薄膜 6. 基土找坡夯实,夯实系数 ≥0.9	4. 20~80 厚 C20 细石混凝土找坡层 5. 现浇楼板或预制楼板与现浇叠合
环氧砂浆面层	D=127 L=87	地面　楼面	1. 0.2 厚环氧面层胶料 2. 5 厚环氧砂浆 3. 1 厚环氧玻璃钢隔离层 4. 0.15 厚环氧打底料 2 层 5. 120 厚 C30 混凝土,强度达标后,表面打磨或喷砂处理 6. 0.2 厚塑料薄膜 7. 基土找坡夯实,夯实系数 ≥0.9	5. 20~80 厚 C30 混凝土找坡,强度达标后打磨处理 6. 现浇楼板或预制楼板与现浇叠合
环氧自流平面层	D=125 L=85	地面　楼面	1. 3~5 厚自流平环氧砂浆面层 2. 0.15 厚环氧打底料 2 层 3. 120 厚 C30 混凝土,强度达标后,表面打磨或喷砂处理 4. 0.2 厚塑料薄膜 5. 基土找坡夯实,夯实系数 ≥0.9	3. 20~80 厚 C30 混凝土找坡,强度达标后,表面打磨、喷砂 4. 现浇楼板或预制楼板与现浇叠合
聚合物水泥砂浆自流平面层	D=70 L=50	地面　楼面	1. 10 厚聚合物水泥砂浆自流平面层 2. 自流平界面剂 1 道 3. 120 厚 C25 混凝土垫层,强度达标后,表面打磨处理 4. 0.2 厚塑料薄膜 5. 基土找坡夯实,夯实系数 ≥0.9	3. 40 厚 C25 细石混凝土强度达标后,表面打磨处理 4. 钢筋混凝土楼板

注：1. 表中所注尺寸,均以 mm 为单位。如 120 厚,表示厚度为 120mm；D=210,表示 D=210mm。

2. 表中隔离层：a 为两层沥青玻璃布油毡；b 为 3 厚 SBS 改性沥青卷材；c 为 1.5 厚三元乙丙卷材；d 为 1.5 厚聚氨酯涂层；e 为 1 厚聚乙烯丙纶卷材；f 为 1 厚树脂玻璃钢。

3. 表中找坡层坡度 2%,20~80 厚（按 3m 坡长）,平均厚 50。

4. 表中地面厚度 D 值用于室内,D_1=120。

5. 引自国家建筑标准设计,统一编号 GJBJ-1048,图集号 08J333《建筑防腐蚀构造》,实行日期为 2008 年 7 月 1 日。

33.12　地面隔离层的设置

(1) 地面隔离层的设置

地面隔离层的设置应符合下列规定。

① 受腐蚀介质作用且经常冲洗的楼层地面,应设置隔离层。

② 受强、中腐蚀性介质作用且经常冲洗的底层地面,应设置隔离层。

③ 受大量易溶盐类介质作用且腐蚀性等级为强、中时,地面应设置隔离层。

④ 受氯离子介质作用的楼层地面和受苛性碱（氢氧化钠）作用的底层地面,应设置隔离层。

⑤ 水玻璃混凝土地面和采用水玻璃胶泥或砂浆砌筑的块材地面，应设置隔离层。

（2）地面隔离层的材料

地面隔离层的材料应符合下列规定。

① 隔离层材料选用，应与结合层材料相容，无不良反应。

② 当面层厚度小于 30mm 且结合层为刚性材料时，隔离层不应选择柔性材料。

③ 沥青砂浆地面和采用沥青胶泥或砂浆砌筑的块材地面，其隔离层可采用高聚合物改性沥青防水卷材或沥青基聚氨酯厚涂层等材料。

④ 树脂砂浆、树脂细石混凝土、树脂自流平涂料等整体地面和采用树脂胶泥或砂浆砌筑的块材地面，其隔离层应采用厚度不小于 1mm、含胶量不小于 45%（质量分数）的玻璃钢。

33.13 地面、地沟、地坑的排水和防护

33.13.1 地面排水

电镀车间地面经常受到水和腐蚀性液态介质作用，应具有良好的排水条件，以便迅速和有效地将水排除，防止地面积水，减轻水和腐蚀性液态介质对地面的腐蚀。地面及地沟排水设计，应符合下列要求。

① 凡有水、液体作用或有可能用水冲洗的地面，都应设有排水坡度。坡脊应设在墙、设备基础及门口等处，坡向排水明沟、排水地坑或地漏。注意避免在墙角、柱角、设备基础、地面洞口等处出现死角而积水。

② 合理设计地面排水坡面的坡度，一般按下列标准采用。

a. 一般经常有人行走及操作部位有瓷砖、瓷板的地面，排水适宜坡度为 2%～3%。

b. 花岗石地面因表面较粗糙，地面坡度根据具体情况可稍大些，坡度宜为 3%～4%。

c. 无人行走或无人操作位置的地面坡度略增大至 3%～4%。

d. 楼层地面因做坡度时有一定困难，其坡度可适当减小，但不应小于 1%。

③ 底层地面坡度宜采用基土找坡，楼层地面坡度宜采用找平层找坡。

④ 排水沟和地漏应布置在能迅速排除积水的位置，排水坡面长度不宜大于 9m，各个方向的排水坡面长度不宜相差太大。

⑤ 排水沟内壁与墙边、柱边的距离不应小于 300mm。

⑥ 地漏中心与墙、柱、梁等结构边缘的距离不应小于 400mm。地漏的上口直径不宜小于 150mm。地漏应采用耐腐蚀材料制作，与地面的连接应严密。

⑦ 有液态介质作用的地面的下列部位应设挡水。

a. 不同材料的地面面层交界处。

b. 楼层地面、平台的孔洞边缘和平台边缘。

c. 地坑四周、排风沟出口与地面交接处及变形缝两侧。

⑧ 地面与墙、柱交接处，应设置耐腐蚀的踢脚板，踢脚板高度不宜小于 250mm。

33.13.2 地沟、地坑排水和防护

① 电镀车间内部应尽量采用明沟排水，避免暗沟、暗管及地漏排水方式。明沟容易清除杂物，疏通较方便，易于维修，排水通畅。而暗沟、暗管及地漏容易堵塞，不易清除杂物，疏通较困难。从车间内部接至室外窨井的暗管、暗沟应避免拐弯，宜直线通向窨井，以便于

疏通。

② 如在楼面上设明沟有困难，而又采用地漏排水方式时，则两个相邻的地漏距离不宜大于 12m。

③ 地沟和地坑的底面应坡向集水坑和地漏。地沟底面的纵向坡度宜为 $0.5\%\sim1.0\%$；较短地沟或有条件的地方可适当加大到 $3\%\sim4\%$，以防止废渣等堵塞。地坑底面的坡度不宜小于 2%。

④ 管沟不应兼作排水沟。

⑤ 当有地下水或滞水作用时，地沟和地坑应设外防水；当位于潮湿土中时，应设置防潮层。

⑥ 建筑物的墙、柱、基础不得兼作地沟和地坑的底板和侧壁。

⑦ 为了不使水流在地面上，一般将各种处理槽和清洗水槽放置在承槽地坑内。承槽地坑内深度约为 $150\sim200$mm，承槽地坑内设置明沟排水。

⑧ 如在楼面上设承槽地坑有困难，则可采用设置围堰挡水的方法。

⑨ 地沟和地坑的材料应采用混凝土或钢筋混凝土；混凝土的强度等级，不应低于地面垫层混凝土的强度等级。

⑩ 排水沟和集水抗的面层材料和构造，除应满足防腐蚀要求外，还应满足清污工作的要求。排水沟和集水坑应设隔离层，并与地面隔离层连成整体；当地面无隔离层时，排水沟的隔离层伸入地面面层下的宽度不应小于 300mm。

⑪ 排水明沟宽度超过 300mm 时，应设置耐腐蚀的箅子板或沟盖板。

⑫ 地下排风沟应根据作用介质的性质及作用条件设防，内表面可选用涂料、玻璃钢或其他面层防护。

⑬ 地沟穿越厂房基础时，基础应预留洞孔；沟盖板与洞顶、沟侧壁与洞边，均应留有不小于 50mm 的净空。

⑭ 地沟的变形缝不得设置在穿越厂房基础的部位，离开基础的距离不宜小于 1m。

33.14　建筑构件及构筑物的防护

33.14.1　结构及构件的表面防护

在气态介质和固态粉尘介质作用下，混凝土结构、钢结构和砌体结构的表面，应涂覆防腐蚀涂料进行防护。防护的表面涂层应根据介质的腐蚀性等级和防护层使用年限等因素综合确定。

防腐蚀涂层系统应由底层、中间层、面层或底层、面层配套组成。

（1）混凝土结构的表面防护

混凝土结构的表面防护，应符合表 33-17 的规定。

表 33-17　混凝土结构的表面防护

强腐蚀	中腐蚀	弱腐蚀	防护层使用年限/年
防腐蚀涂层 厚度≥200μm	防腐蚀涂层 厚度≥160μm	防腐蚀涂层 厚度≥120μm	10～15
防腐蚀涂层 厚度≥160μm	防腐蚀涂层 厚度≥120μm	1. 防腐蚀涂层厚度≥80μm 2. 聚合物水泥砂浆两遍 3. 普通内外墙涂料两遍	5～10

续表

强腐蚀	中腐蚀	弱腐蚀	防护层使用年限/a
防腐蚀涂层 厚度≥120μm	1. 防腐蚀涂层厚度≥80μm 2. 聚合物水泥砂浆两遍 3. 普通内外墙涂料两遍	1. 普通内外墙涂料两遍 2. 不做表面防护	2～5

注：1. 防腐蚀涂料的品种，应按 33.15.2 节表 33-26、表 33-27 中的规定。

2. 混凝土表面不平时，宜采用聚合物水泥砂浆局部找平。

3. 室外工程的涂层厚度宜增加 20～40μm。

4. 表中有多种防护措施时，可根据腐蚀性介质和作用程度以及构件的重要性等因素选用其中一种。

5. 引自 GB 50046—2008《工业建筑防腐蚀设计规范》。

（2）钢结构的表面防护

电镀车间所有钢结构构件，都应涂覆防腐蚀性涂料保护。对悬挂电动葫芦单轨、悬挂吊车梁、自动线吊架、支撑等承重构件，应选用防腐性能好、黏结力强、施工方便的优良防腐蚀涂料。

钢结构的表面防护，应符合表 33-18 的规定。

钢铁基体的除锈等级，应符合表 33-19 的规定。

钢材表面用的机械清理（磨料喷射、抛射）方法除锈时，除锈方法以字母"Sa"表示，除锈质量分为四个等级，见表 33-20。

用手工和动力工具对钢材表面的清理除锈，如用铲刀、手工或动力钢丝刷、动力砂纸盘或砂轮等工具除锈时，除锈方法以字母"St"表示，除锈质量有两个等级，见表 33-21。

表 33-18　钢结构的表面防护

防腐蚀涂层最小厚度/μm			防护层
强腐蚀	中腐蚀	弱腐蚀	使用年限/年
280	240	200	10～15
240	200	160	5～10
200	160	120	2～5

注：1. 防腐蚀涂料的品种，应按 33.15.2 节表 33-26、表 33-27 中的规定。

2. 涂层厚度包括涂料厚度或金属层与涂料层复合的厚度。

3. 采用喷锌、铝及其合金时，金属层厚度不宜小于 120μm；采用热镀浸锌时，锌层厚度不宜小于 85μm。

4. 室外工程的涂层厚度宜增加 20～40μm。

5. 引自 GB 50046—2008《工业建筑防腐蚀设计规范》。

表 33-19　钢铁基体的除锈等级

防护层的底层涂料或喷镀金层	最低除锈等级
富锌底涂料	Sa 2½
乙烯磷化底涂料	
环氧或乙烯基酯玻璃鳞片底涂料	Sa 2
氯化橡胶、聚氨酯、环氧、环氧乙烯萤丹、高氯化聚乙烯、氯磺化聚乙烯、醇酸、丙烯酸环氧、丙烯酸聚氨酯等底涂料	Sa 2 或 St 3
环氧沥青、聚氨酯沥青底涂料	Sa 2
喷铝及其合金	Sa 3
喷锌及其合金	Sa 2½
热镀浸锌	Be

注：1. 新建工程重要构件的除锈等级不应低于 Sa 2½。

2. 喷射或抛射除锈后的表面粗糙度宜为 40～75μm，并不应大于涂层厚度的 1/3。

3. 引自 GB 50046—2008《工业建筑防腐蚀设计规范》。

表 33-20　钢材表面机械清理（磨料喷射抛射）的除锈质量等级

除锈等级	除锈方式	除锈质量
Sa 1	轻度的喷射清理	在不放大的情况下观察时,表面应无可见的油、脂和污物,并且没有附着不牢的氧化皮、铁锈、涂层和外来杂质等附着物
Sa 2	彻底的喷射清理	在不放大的情况下观察时,表面应无可见的油、脂和污物,并且几乎没有氧化皮、铁锈、涂层和外来杂质。任何残留物应是牢固附着的
Sa 2½	非常彻底的喷射清理	在不放大的情况下观察时,表面应无可见的油、脂、污物,并且应无氧化皮、铁锈、涂层和外来杂质。任何污染物的残留的痕迹应仅呈现为点状或条纹状的轻微色斑
Sa 3	使钢材表观洁净的喷射清理	在不放大的情况下观察时,表面应无可见的油、脂、污垢物,并且应无氧化皮、铁锈、涂层和外来杂质。该表面应具有均匀的金属色泽
备注	1. 表中,"外来杂质"术语可包括水溶性盐和焊渣残留物 2. 当氧化皮、铁锈或涂层可以金属腻子刮刀从钢材表面剥离时,均应看成附着不牢	

表 33-21　钢材表面手工和动力工具清理的除锈等级

除锈等级	除锈方式	除锈质量
St 2	彻底的手工和动力工具清理	在不放大的情况下观察时,表面应无可见的油、脂和污物,并且没有附着不牢的氧化皮、铁锈、涂层和外来杂质
St 3	非常彻底的手工和动力工具清理	同 St 2,但处理表面应彻底得多,表面应具有金属底材的光泽

注：表 33-20,表 33-21 引自 GB/T 8923.1—2011《涂覆涂料前的钢材表面处理　表面清洁度的目视评定　第 1 部分：未涂覆过的钢材表面和全面清除原有涂层后的钢材表面的锈蚀等级和处理等级》。

（3）砌体结构的表面防护

砌体结构的表面防护，应符合表 33-22 的规定。

表 33-22　砌体结构的表面防护

强腐蚀	中腐蚀	弱腐蚀	防护层使用年限/年
防腐蚀涂层 厚度≥160μm	防腐蚀涂层 厚度≥120μm	防腐蚀涂层 厚度≥80μm	10～15
防腐蚀涂层 厚度≥120μm	防腐蚀涂层 厚度≥80μm	1. 聚合物水泥砂浆两遍 2. 普通内外墙涂料两遍	5～10
防腐蚀涂层 厚度≥80μm	1. 聚合物水泥砂浆两遍 2. 普通内外墙涂料两遍	1. 普通内外墙涂料两遍 2. 不做表面防护	2～5

注：1. 防腐蚀涂料的品种,应按 33.15.2 节表 33-26、表 33-27 中的规定。

2. 混凝土砌块、烧结普通砖、烧结多孔砖等墙和柱砌体的表面,应先用 1∶2 水泥砂浆抹面,然后再做防护面层。

3. 表中有多种防护措施时,可根据腐蚀性介质和作用程度以及构件的重要性等因素选用其中一种。

4. 引自 GB 50046—2008《工业建筑防腐蚀设计规范》。

33.14.2　墙体防护

① 承重或非承重的砌体墙材料，应符合下列规定。

a. 砖砌体宜采用烧结普通砖，强度等级不宜低于 MU15。

b. 砌块砌体应采用混凝土小型空心砌块，强度等级不宜低于 MU10。

c. 砌筑砂浆宜采用水泥砂浆，强度等级不宜低于 M10。

d. 腐蚀性等级为强、中腐时，不应采用多孔砖和混凝土空心砌块。

e. 对钢的腐蚀性等级为强、中时，不应采用配筋砌体构件。

② 砌体墙的表面防护，应符合表 33-22 砌体结构的表面防护的规定。

③ 内隔墙可选用纤维增强水泥条板、轻质混凝土条板、铝合金玻璃隔墙、不锈钢玻璃隔墙、塑钢玻璃隔墙、复合彩钢板和轻钢龙骨墙板体系。纤维增强水泥条板和轻质混凝土条板的表面防护，可按 33-22 砌体结构的表面防护的规定确定。

④ 轻钢龙骨墙板体系材料的选择，应符合下列规定。

a. 轻钢龙骨应采用厚度不小于 1mm 的冷轧镀锌薄钢板。

b. 墙板应具有防水性和耐腐蚀性能，不得采用石膏板。

⑤ 电镀及前处理间的下部，有可能受腐蚀性液体作用，以及地面需经常冲洗或堆放固态介质时，墙面、柱面应设置墙裙保护。墙裙面层材料的选用，应符合下列要求。

a. 腐蚀性介质为酸性时，宜采用耐酸块材（耐酸瓷板）、玻璃钢、树脂玻璃鳞片涂层、树脂砂浆等。

b. 腐蚀性介质为碱性或中性时，宜采用聚合物水泥砂浆、防腐蚀涂料、玻璃钢等。

⑥ 厂房围护结构设计应防止结露，不可避免结露的部位应加强防护。

33.14.3 基础防护

GB 50046—2008《工业建筑防腐蚀设计规范》关于基础材料的选择及其防护作了下列的规定。

(1) 基础材料的选择

基础材料的选择应符合下列规定。

① 基础应采用素混凝土、钢筋混凝土或毛石混凝土。

② 素混凝土和毛石混凝土的强度等级不应低于 C25。

③ 钢筋混凝土的混凝土强度等级宜符合表 33-8（结构混凝土的基本要求）的要求。

(2) 基础的埋置深度

基础的埋置深度应符合下列规定。

① 生产过程中，当有硫酸、氢氧化钠、硫酸钠等能使地基土产生膨胀的介质泄漏作用时，埋置深度不应小于 2m。

② 生产过程中，当有腐蚀性介质作用时，埋置深度不应小于 1.5m。

(3) 其他基础防护要求

① 基础附近有腐蚀性溶液的储槽或储罐的地坑时，基础的底面应低于储槽或地坑的底面不小于 500mm。

② 基础应设垫层。基础与设垫层的防护要求应符合表 33-23 的规定，基础梁的防护要求应符合表 33-24 的规定。

③ 地沟穿越条形基础时，基础应留洞，洞边应加强防护。

表 33-23　基础与设垫层的防护要求

腐蚀性等级	垫层材料	基础的表面防护
强	耐腐蚀材料	1. 环氧沥青或聚氨酯沥青涂层，厚度≥500μm 2. 聚合物水泥砂浆，厚度≥10mm 3. 树脂玻璃鳞片涂层，厚度≥300μm 4. 环氧沥青、聚氨酯沥青贴玻璃布，厚度≥1mm
中	耐腐蚀材料	1. 沥青冷底子油两遍，沥青胶泥涂层，厚度≥500μm 2. 聚合物水泥砂浆，厚度≥5mm 3. 环氧沥青或聚氨酯沥青涂层，厚度≥300μm
弱	混凝土 C20 厚度 100mm	1. 表面不做防护 2. 沥青冷底子油两遍，沥青胶泥涂层，厚度≥300μm 3. 聚合物水泥浆两遍

注：1. 表中有多种防护措施，可根据腐蚀介质的性质和作用程度、基础的重要性等因素，选择其中的一种。

2. 埋入土中的混凝土结构或砌体结构，其表面应按本表防护。砌体结构表面应先用 1：2 水泥砂浆抹面。

3. 垫层的耐腐蚀材料，可采用沥青混凝土（厚 100mm）、碎石灌沥青（厚 150mm）、聚合物水泥混凝土（厚 100mm）等。

表 33-24　基础梁的防护要求

腐蚀性等级	基础梁的表面防护
强	1. 环氧沥青、聚氨酯沥青贴玻璃布，厚度≥1mm 2. 树脂玻璃鳞片涂层，厚度≥500μm 3. 聚合物水泥砂浆，厚度≥15mm

腐蚀性等级	基础梁的表面防护
中	1. 环氧沥青或聚氨酯沥青涂层,厚度≥500μm 2. 聚合物水泥砂浆,厚度≥10mm 3. 树脂玻璃鳞片涂层,厚度≥300μm
弱	1. 环氧沥青或聚氨酯沥青涂层,厚度≥300μm 2. 聚合物水泥砂浆,厚度≥5mm 3. 聚合物水泥浆两遍

注: 表中有多种防护措施,可根据腐蚀介质的性质和作用程度、基础的重要性等因素,选择其中的一种。

33.14.4 门窗

① 对钢的腐蚀性等级为强腐蚀时,宜采用平开门。不宜采用推拉门、金属卷帘门、提升门或悬挂式折叠门,因这些门的金属零件腐蚀后,容易造成无法开启。

② 对钢的腐蚀性等级为强腐蚀时,宜采用塑钢门窗。硬聚氯乙烯塑钢门窗、玻璃钢塑钢门窗,应选用防腐型的。门窗所有配套的五金,应采用防腐型的金属配件、优质工程塑料及特制紧固件。

③ 在氯、氯化氢、氟化氢、硫酸酸雾等气体或碳酸钠粉尘作用下,不应采用铝合金门窗。

④ 当生产过程中有碱性粉尘作用时,不应采用木门窗。

⑤ 钢门窗、木门窗应根据环境腐蚀性等级,涂刷防腐性涂料。

⑥ 对钢的腐蚀性等级为强、中时,侧窗、天窗的开窗机,应选用防腐型的。

33.14.5 储槽、废(污)水处理池

本节适用于常温、常压下储存或处理腐蚀性液态介质的钢筋混凝土储槽和废水处理池。

① 储槽的槽体应采用现浇钢筋混凝土。槽体不应设伸缩缝。槽体宜采用条形或环形基础架空设置,当工艺要求布置在地下时,宜设置在地坑内。

② 废水处理池的池体应采用现浇钢筋混凝土。池体不宜设伸缩缝,必须设置时,构造应严密,并应满足防腐蚀和变形的要求。

③ 储槽、废水处理池的钢筋混凝土结构,侧壁和底板的厚度不应小于 200mm。混凝土内表面应平整,侧壁可采用聚合物水泥砂浆局部抹平,底板可采用细石混凝土找平并找坡。

④ 储槽、废水处理池与土壤接触的表面,应设防水层。

⑤ 管道出入口宜设置在储槽、废水处理池的顶部。当确实需要在侧壁设置时,应预埋耐腐蚀套管,套管与管道之间的缝隙,应采用耐腐蚀材料填封。

⑥ 腐蚀性等级为强腐蚀时,储槽、废水处理池的内表面不应埋设钢制预埋件。储槽的栏杆和废水处理池内的爬梯、支架等宜采用玻璃钢型材或耐腐蚀的金属制作。

⑦ 当衬里施工过程中,可能产生有害气体时,储槽、废水处理池的顶盖应采用装配式或设置不少于两个供施工通风用的孔洞。

⑧ 储槽、废水处理池的内表面防护,宜符合表 33-25 的规定,并应符合下列的规定。

a. 块材宜采用厚度不小于 30mm 的耐酸砖和耐酸石材。砌筑材料可采用树脂类材料、水玻璃类材料,不得采用沥青类材料。

b. 水玻璃混凝土,应采用密实型材料,其厚度不应小于 80mm。

c. 玻璃钢的增强材料,应采用玻璃纤维毡或玻璃纤维毡与玻璃纤维布复合品。

d. 采用块材、水玻璃混凝土衬里时,应设玻璃钢隔离层,其厚度不应小于 1mm。

e. 采用玻璃钢或涂层防护的储槽、废水处理池,在受冲刷和易磨损的部位,宜增设块材或树脂砂浆层。

表 33-25　储槽、废水处理池的内表面防护

腐蚀性等级	侧壁和池底		钢筋混凝土顶盖和底面
	储槽	废水处理池	
强腐蚀	1. 块材 2. 水玻璃混凝土 3. 玻璃钢，厚度≥5mm	1. 块材 2. 玻璃钢，厚度≥3mm	1. 玻璃钢，厚度≥3mm 2. 树脂玻璃鳞片胶泥，厚度≥2mm
中腐蚀	1. 块材 2. 玻璃钢，厚度≥3mm	1. 玻璃钢，厚度≥2mm 2. 树脂玻璃鳞片胶泥，厚度≥2mm 3. 聚合物水泥砂浆，厚度≥20mm	1. 树脂玻璃鳞片胶泥，厚度≥2mm 2. 树脂玻璃鳞片涂层，厚度≥250μm 3. 厚浆型防腐蚀涂层厚度≥300μm
弱腐蚀	1. 树脂玻璃鳞片胶泥，厚度≥2mm 2. 聚合物水泥砂浆，厚度≥20mm 3. 玻璃钢，厚度≥1mm	1. 树脂玻璃鳞片涂层，厚度≥250μm 2. 厚浆型防腐蚀涂层，厚度≥300μm 3. 聚合物水泥砂浆，厚度≥10mm	防腐蚀涂层，厚度≥300μm

注：1. 表中有多种防护措施时，表面防护的种类可根据腐蚀性介质和作用程度以及储槽、废水处理池的重要性等因素选用其中一种。

2. 在满足防腐蚀性能要求时，腐蚀性等级为弱腐蚀的废水处理池，可采用掺入抗硫酸盐的外加剂、矿物掺和料或钢筋阻锈剂的钢筋混凝土制作，其表面可不作防护。

3. 引自 GB 50046—2008《工业建筑防腐蚀设计规范》。

33.15　防腐蚀涂料

电镀车间的建筑防护，包括混凝土结构的表面、钢结构构件的表面和砌体结构的表面等的防护。一般防腐性涂料涂层保护，根据环境介质的腐蚀性强度等级，其采用的防腐性涂料涂层体系，可由底涂层、中间涂层、面涂层或底涂层、面涂层等配套组成。

33.15.1　防腐蚀底层涂料及面层涂料的选择

（1）防腐蚀底层涂料的选择

① 锌、铝和含锌、铝金属层的钢材，其表面应采用环氧底涂料封闭；底涂料的颜料应采用锌黄类，不得采用红丹类。

② 在有机富锌和无机富锌底涂料上，宜采用环氧云铁或环氧铁红涂料，不得采用醇酸涂料。

③ 在水泥砂浆或混凝土表面上，应选用耐碱的底涂料。

（2）防腐蚀面层涂料的选择

① 用于酸性介质环境时，宜选用氯化橡胶、聚氨酯、环氧、聚氯乙烯萤丹、高氯化聚乙烯、氯磺化聚乙烯、丙烯酸聚氨酯、丙烯酸环氧和环氧沥青、聚氨酯沥青等涂料。用于弱酸性介质环境时，可选用醇酸涂料。

② 用于碱性介质环境时，宜选用环氧涂料，也可选用上述①中所列的其他涂料，但不得选用醇酸涂料。

③ 用于室外环境时，可选用氯化橡胶、脂肪族聚氨酯、聚氯乙烯萤丹、氯磺化聚乙烯、高氯化聚乙烯、丙烯酸聚氨酯、丙烯酸环氧和醇酸等涂料。不应选用环氧、环氧沥青、聚氨酯沥青和芳香族聚氨酯等涂料。

④ 用于地下工程时，宜采用环氧沥青、聚氨酯沥青涂料。

⑤ 对涂层的耐磨、耐久和抗渗性能有较高要求时，宜选用树脂玻璃鳞片涂料。

33.15.2　防腐蚀涂料的配套性

防腐蚀涂料的底层涂料、中间层涂料和面层涂料等，应选用相互间结合力良好的涂料配

套。涂层与钢铁基体的附着力不宜低于 5MPa。涂层与水泥基层的附着力不宜低于 1.5MPa。测试方法采用拉开法[GB/T 5210（色漆和清漆拉开法附着力试验）]，也可采用划格法进行测试[GB/T 9286（色漆和清漆漆膜的划格试验）]，其附着力应不低于 1 级。

在气态和固态粉尘介质作用下，常用防腐涂层配套，可按表 33-26、表 33-27 选用。当涂料用于室外时，涂料品种应符合 33.15.1 防腐蚀底层涂料及面层涂料的选择中的 （1）、（2）的规定，涂料涂层的总厚度宜增加 $20\sim30\mu m$。

表 33-26　防腐蚀涂料配套（钢铁基体）

除锈等级	底层 涂料名称	层数	厚度/μm	中间层 涂料名称	层数	厚度/μm	面层 涂料名称	层数	厚度/μm	涂层总厚度/μm	强腐蚀	中腐蚀	弱腐蚀
Sa2 或 St3	醇酸底涂料	2	60	—	—	—	醇酸面涂料	2	60	120	—	—	2~5
								3	100	160	—	2~5	5~10
	与面层同品种或环氧铁红底涂料	2	60	—	—	—	氯化橡胶、高氯化聚乙烯、氯磺化聚乙烯等面涂料	2	60	120	—	—	2~5
		2	60					3	100	160	—	2~5	5~10
		3	100					3	200	200	2~5	5~10	10~15
		2	60	环氧云铁中涂料	1	70		2	70	200	2~5	5~10	10~15
		2	60		1	80		3	100	240	5~10	10~15	>15
		2	60		1	70	环氧、聚氨酯、丙烯酸环氧、丙烯酸聚氨酯等面涂料	2	70	200	2~5	5~10	10~15
		2	60		1	80		3	100	240	5~10	10~15	>15
		2	60		2	120		3	100	280	10~15	>15	>15
Sa 2½	环氧铁红底涂料	2	60	环氧云铁中涂料	1	70	环氧、聚氨酯、丙烯酸环氧、丙烯酸聚氨酯等厚膜型面涂料	2	150	280	10~15	>15	>15
		2	60	—	—	—	环氧、聚氨酯等玻璃鳞片等面涂料	3	260	320	10~15	>15	>15
		2	60				乙烯基酯玻璃鳞片面涂料	2	260	320	>15	>15	>15
Sa2 或 St3	聚氯乙烯萤丹底涂料	3	100	—	—	—	聚氯乙烯萤丹面涂料	2	60	160	5~10	10~15	>15
		3	100					3	100	200	10~15	>15	>15
Sa 2½		2	80				聚氯乙烯含氟萤丹面涂料	2	60	140	5~10	10~15	>15
		3	110					2	60	170	10~15	>15	>15
		3	100					3	100	200	>15	>15	>15
Sa 2½	富锌底涂料	见表注	70	环氧云铁中涂料	1	60	环氧、聚氨酯、丙烯酸环氧、丙烯酸聚氨酯等面涂料	2	70	200	5~10	10~15	>15
			70		1	70		3	100	240	10~15	>15	>15
			70		2	110		3	100	280	>15	>15	>15
			70		1	60	环氧、聚氨酯、丙烯酸环氧、丙烯酸聚氨酯等厚膜型面涂料	2	150	280	>15	>15	>15

续表

除锈等级	涂层构造									涂层总厚度/μm	使用年限/年		
	底层			中间层			面层				强腐蚀	中腐蚀	弱腐蚀
	涂料名称	层数	厚度/μm	涂料名称	层数	厚度/μm	涂料名称	层数	厚度/μm				
Sa3（用于铝层） Sa2½（用于锌层）	喷镀锌、喷铝及其合金的金属覆盖层120μm,其上再涂环氧密封底涂料20μm			环氧云铁中涂料	1	40	环氧、聚氨酯、丙烯酸环氧、丙烯酸聚氨酯等面涂料	2	60	240	10~15	>15	>15
								3	100	280	>15	>15	>15
							环氧、聚氨酯、丙烯酸环氧、丙烯酸聚氨酯等厚膜型面涂料	1	100	280	>15	>15	>15

注：1. 涂层厚度是指干膜的厚度。

2. 富锌底涂料的层数与品种有关，当采用正硅酸乙酯富锌底涂料、硅酸锂富锌底涂料、硅酸钾富锌底涂料时，宜为1层；当采用环氧富锌底涂料、聚氨酯富锌底涂料、硅酸钠富锌底涂料和冷涂锌底涂料时，宜为2层。

3. 表中层数即为遍数，即涂1层表示涂1遍。

4. 引自 GB 50046—2008《工业建筑防腐蚀设计规范》

表 33-27　防腐蚀涂料配套（混凝土基体）

涂层构造									涂层总厚度/μm	使用年限/年		
底层			中间层			面层				强腐蚀	中腐蚀	弱腐蚀
涂料名称	层数	厚度/μm	涂料名称	层数	厚度/μm	涂料名称	层数	厚度/μm				
与面层同品种的底涂料	1	30	—	—	—	氯化橡胶、高氯化聚乙烯、氯磺化聚乙烯等面涂料	2	60	90	—	2~5	5~10
	2	60					2	60	120	2~5	5~10	10~15
	2	60					3	100	160	5~10	10~15	>15
	3	100					3	100	200	10~15	>15	>15
环氧底涂料或与面层同品种的底涂料	1	30	—	—	—	环氧、聚氨酯、丙烯酸环氧、丙烯酸聚氨酯、氯化乙烯萤丹等面涂料	2	60	90	2~5	5~10	10~15
	2	60					2	60	120	5~10	10~15	>15
	2	60					3	100	160	10~15	>15	>15
	3	100					3	100	200	>15	>15	>15

注：1. 涂层厚度是指干膜的厚度。

2. 表中层数即为遍数，即涂1层表示涂1遍。

3. 引自 GB 50046—2008《工业建筑防腐蚀设计规范》。

第**34**章

公用工程

34.1 给水

电镀车间生产用水，一般用于：零件清洗、补充溶液蒸发、配制及调整溶液、加热水套、溶液冷却、设备冷却、湿喷砂、喷漆室水过滤装置、油漆层湿打磨及冲洗地面等。

34.1.1 对供水的水质、水压、水温的要求

34.1.1.1 电镀车间用水的水质

电镀车间使用的有纯水和城市自来水。

(1) 电镀车间用的纯水

电镀车间生产用的纯水一般包括以下几种。

① 配制及调整溶液用水。

② 溶液蒸发补充用水。溶液蒸发补充用水根据工艺生产具体要求而定，有些溶液蒸发补充用水也可采用城市自来水。

③ 对工件清洗质量要求较高的清洗用水。

④ 当采用闭路循环逆流清洗，而清洗水又返回处理槽中使用时，则逆流清洗补充用水宜采用纯水等。

(2) 电镀车间用的自来水

其水质一般要求符合城市饮用水的标准。电镀车间生产用的自来水（城市自来水或工厂自建水源地的供水）一般包括以下几种。

① 零件清洗用水，加热水套用水。

② 溶液和设备冷却用水。

③ 湿喷砂用水。

④ 喷漆室水过滤装置用水，油漆层湿打磨用水。

⑤ 冲洗地面用水等。

(3) 水质

电镀车间对于生产用水的水质要求，依据生产过程工序的工艺要求和水的用途的不同而有所不同。一般分为三类：工艺用水（包括配制溶液、调整溶液和槽液补充水）、零件清洗工序用水、设备冷却或加热等用水。

原航空工业部制定的 HB 5472—1991《金属镀覆和化学覆盖工艺用水水质规范》，将电镀用水水质分为：A级、B级、C级（见表34-1）。HB 5472—1991 规范中提出的各种电镀工艺用水水质要求列入表34-2，供参考。表中配液用水是指槽液的配制及补充用水；清洗用水是指每道工序中最后一个清洗水槽的供水水质要求；C级水的技术指标则相当于城市自来水的水质标准。其他未列入的工艺，参照相类似工艺的要求。

水中杂质对电镀质量的影响列入表34-3，供参考。

我国城市自来水水质标准是以生活饮用水标准制定的，国标 GB 5749—2006《生活饮用水卫生标准》，见表34-4。

原苏联电镀用水水质主要标准（配制电解液用纯水）为电阻率不小于 $100000\Omega\cdot cm$，电导率 $10\mu S/cm$（引自原苏联《机械制造工厂和车间设计手册》第四分册，机械工业出版社，1982 年 12 月），可供参考。

表 34-1　电镀用水水质分级

指标名称	单位	水质的类别		
		A	B	C
电阻率（25℃）	$\Omega\cdot cm$	≥100000	≥7000	≥1200
电导率（25℃）	$\mu S/cm$	≤10	≤140	≤800
总可溶性固体（TDS）	mg/L	≤7	≤100	≤600
二氧化硅（SiO_2）	mg/L	≤1	—	—
pH 值		5.5～8.5	5.5～8.5	5.5～8.5
氯离子（Cl^-）	mg/L	≤5	≤12	—

表 34-2　电镀工艺用水水质要求

工种	配液用水	清洗用水	工种	配液用水	清洗用水
1. 镀层类			钛合金件化学铣切	C 级	C 级；干燥前清洗用 A 级
镀锌	B 级	C 级			
镀镉	B 级	C 级	光化学下料、铣切和刻型	B 级	B 级；钛合金清洗用 A 级
镀镉－钛	A 级	C 级			
镀铜	B 级	C 级	不锈钢件电解抛光	C 级	C 级
镀黄铜	B 级	C 级	镀黑铬	A 级	C 级
镀青铜	B 级	C 级	镀铁	A 级	C 级
镀镍	A 级	C 级	镀铅	B 级	C 级
化学镀镍	A 级	C 级	镀金及金合金	A 级	A 级
镀黑镍	A 级	C 级	镀银	A 级	B 级
镀铬	A 级	C 级	镀铑	A 级	A 级
2. 化学及电化学覆盖层类			镀钯	A 级	A 级
铝合金硫酸阳极氧化	A 级	B 级	镀铟	A 级	A 级
铝合金铬酸阳极氧化	A 级	B 级	镀锡	B 级	C 级
铝合金磷酸阳极氧化	A 级	C 级	镀铅-锡	A 级	C 级
铝合金硬质阳极氧化	A 级	B 级	镁合金化学氧化	B 级	C 级
铝合金瓷质阳极氧化	A 级	B 级	钢铁件磷化	A 级	B 级；干燥前洗 A 级
铝合金草酸阳极氧化	A 级	A 级	钢铁件化学氧化（发蓝）	C 级	C 级；干燥前洗 B 级
铝合金化学氧化	B 级	B 级	铜合金钝化	C 级	C 级；干燥前洗 A 级
钛合金阳极氧化	B 级	B 级	铜合金件化学氧化	C 级	C 级；干燥前洗 A 级
钛合金磷化	B 级	B 级；干燥前洗 A 级	不锈钢钝化	C 级	C 级
			钢铁件钝化	C 级	C 级
镁合金阳极氧化	B 级	C 级；干燥前洗 B 级	铝合金件焊前清洗	配酸洗液 B 级；其他 C 级	C 级；浸蚀后清洗 B 级
3. 表面准备类			钛及钛合金除油、脱氧等	配氟化氢钠液 A 级；其他 B 级	B 级；当下道工序加热＞288℃或焊接时用 A 级水清洗
黑色金属除油、脱氧等	C 级	C 级			
不锈钢除油、脱氧等	A 级	C 级			
铜及铜合金除油、脱氧等	C 级配脱氧液 C 级	C 级	钢铁件化学铣切	C 级	C 级
			钢铁件电解抛光	C 级	C 级
铝合金除油、脱氧等	B 级；其他 C 级	脱氧后清洗 B 级	铜合金件电解抛光	C 级	C 级
			铝合金件电解抛光	C 级	C 级
4. 化学及电解抛光类			铝合金件化学抛光	C 级	C 级
不锈钢化学铣切	C 级	C 级	不锈钢件化学抛光	C 级	C 级
铝合金件化学铣切	C 级	C 级			

注：1. 引自原航空工业部制定的 HB 5472—1991《金属镀覆和化学覆盖工艺用水水质规范》。

2. 由于各产业部门对产品质量要求的不同，对本部门产品电镀用的纯水水质也有所不同。作为一般电镀用的纯水水质，一般采用≥$100000\Omega\cdot cm$ 电阻率（电导率为 $10\mu S/cm$）。对于质量要求很高的或有特殊要求的，如电子产品的集成电路芯片电镀和清洗，使用高纯水（电阻率大于 $10^6\Omega\cdot cm$）。所以有特殊要求的、质量要求很高的，要按具体要求确定其采用的纯水水质。

表 34-3　水中杂质对电镀质量的影响

电镀种类	水中杂质							
	Cd^{2+}	Mg^{2+}	Na$^+$	Fe^{2+}	NO$_3^-$	Cl$^-$	有机物	硫酸盐
镀铬	—	5	5	5	—	—	7	3
酸性镀铜	—	—	—	2	—	6	—	—
氰化镀铜	1	1	—	1	—	—	10	—
硫酸镍镀镍	1	—	11	2,8,10,11	11	—	4,8	—
氰化镀银	1	1	—	12	—	13	2,8	—
碱性镀锡	1	1	—	—	—	—	—	—
酸性镀锡	—	—	—	—	—	14	—	—
氰化镀锌	1,2	1	—	—	—	—	—	—
氰化镀镉	1	1	—	4	—	—	—	—

注：表中的 1 表示镀槽内产生沉淀；2 表示镀层粗糙；3 表示硫酸盐多，改变了镀铬液中铬酸和硫酸相对比例；4 表示烟雾状镀层；5 表示降低效率；6 表示镀层带粒状；7 表示还原 Cr^{6+}；8 表示镀层有条纹；9 表示镀层光泽不好；10 表示镀层有麻点；11 表示镀层发脆；12 表示镀层有锈斑；13 表示结晶镀层；14 表示降低电流效率。

表 34-4　生活饮用水卫生标准

指标	限值	指标	限值
1. 微生物指标		浑浊度(散射浑浊度单位)/NTU	1,水源与净水技术条件限制时为 3
总大肠菌群	不得检出		
大肠埃希氏菌	不得检出	臭和味	无异臭、异味
2. 毒理指标		肉眼可见物	无
砷/(mg/L)	0.01	pH 值	≥6.5 且≤8.5
镉/(mg/L)	0.005	铝/(mg/L)	0.2
铬(六价)/(mg/L)	0.05	铁/(mg/L)	0.3
铅/(mg/L)	0.01	锰/(mg/L)	0.1
汞/(mg/L)	0.001	4. 放射性指标	指导值
硒/(mg/L)	0.01	总 α 放射性/(Bq/L)	0.5
氰化物/(mg/L)	0.05	铜/(mg/L)	1.0
硝酸盐(以 N 计)/(mg/L)	10,地下水源限制时为 20	锌/(mg/L)	1.0
		氯化物/(mg/L)	250
耐热大肠菌群	不得检出	硫酸盐/(mg/L)	250
菌落总数/(CFU/mL)	100	溶解性总固体/(mg/L)	1000
氟化物/(mg/L)	1.0	总硬度(以 CaCO$_3$计)/(mg/L)	450
三氯甲烷/(mg/L)	0.06	耗氧量(COD$_{Mn}$法,以 O$_2$计)/(mg/L)	3,水源限制,原水耗氧量>6mg/L 时,为 5
四氯化碳/(mg/L)	0.002		
溴酸盐(使用臭氧时)/(mg/L)	0.01		
甲醛(使用臭氧时)/(mg/L)	0.9		
亚氯酸盐(使用二氧化氯消毒时)/(mg/L)	0.7	挥发酚类(以苯酚计)/(mg/L)	0.002
氯酸盐(使用复合二氧化氯消毒时)/(mg/L)	0.7	阴离子合成洗涤剂/(mg/L)	0.3
3. 感官性状和一般化学指标		总 β 放射性/(Bq/L)	1
色度(铂钴色度单位)	15		

注：1. CFU 表示菌落形成单位。当水样检出总大肠菌群时，应进一步检验大肠埃希氏菌或耐热大肠菌群；水样未检出总大肠菌群，不必检验大肠埃希氏菌或耐热大肠菌群。

2. 放射性指标超过指导值，应进行核素分析和评价，判定能否饮用。

34.1.1.2　水压及水温

(1) 水压

电镀车间的供水水压，如无特殊要求，按下列数值采用。

① 槽内清洗零件，向清洗槽供水时，一般要求供水水压不低于 0.02MPa。

② 喷洗零件时，一般要求供水水压为 0.1～0.2MPa。

③ 设备冷却水，一般要求供水水压为 0.2MPa 左右。

④ 如有特殊要求时，一般设备装置上自带升压装置，只需一般供水。

（2）水温

电镀车间用水的水温，一般无特殊要求，常温即可。而铝件阳极氧化槽、电泳涂漆槽及某些镀槽等的槽液，一般采用冷冻水（制冷设备装置提供）冷却。当这些槽的负荷量较小，使用率又不高，有条件时，也可采用自来水、地下水或深井水来冷却，其水温不宜超过17℃。

34.1.2 各种设备的用水方式

（1）设备用水方式

电镀车间设备的用水方式，根据工艺生产要求的不同，有连续用水或定期用水两种方式。各种设备的用水方式见表34-5。

表 34-5　各种设备的用水方式

设备名称	用水方式	设备名称	用水方式
冷水槽	连续用水	溶液槽补充用水	定期用水
温水槽	连续用水	配制和调整溶液	定期用水
热水槽	连续用水	湿喷砂	定期用水
纯水槽	连续或定期用水	需冷却的槽子	连续用水（冷却用水）
石灰去油工作台	连续或定期用水	腻子层、油漆层湿打磨	定期用水
镀铬槽	定期用水（夹套用水）	冲洗地面用水	定期用水
喷漆室	定期用水（漆雾过滤装置用水）	水冷式硅或可控硅整流器	连续用水（冷却用水）
备注	连续用水，是指用水连续不断（如冷却用水）或用水次数比较频繁		

（2）水槽进水方式

水槽进水方式应根据清洗零件特点、槽子大小及清洗要求而定。要求达到配水均匀、换水彻底、清洗干净、节约用水。清洗水槽进水方式有下列几种。

① 采用水龙头在槽上进水，给水设置简便，但用水量大，且清洗效果不如其他方式好。

② 给水管伸至槽底进水，槽底进水再向上溢出，换水较彻底，浸洗效果较好。但当给水干管压力下降到低于水槽水面时，水槽内的水就有可能虹吸入干管，故应注意对给水的污染问题，在给水设计时，应采取必要的措施。

③ 槽上两边设置喷管进水，喷淋清洗零件。喷洗零件时给水，用毕即停水。喷管给水较均匀，喷洗效果好，节约用水。

④ 为使水槽内的水经常保持干净，换水较彻底，提高清洗效果，进水口位置应尽量远离溢流口、排水口，设置在溢流口、排水口的对面。

水槽进水方式示意图，见第4篇第23章节能减排，23.4电镀节水技术，图23-2水洗槽进水方式示意图。

34.1.3 给水管道敷设及管材

车间给水入口装置上应装设总水表，必要时，也可按生产线或工段分段安装水表，分段计量，以利于管理和节约用水。较长的给水支管上应装设阀门，以便于检修。

（1）给水管道敷设

管道的布置及敷设，应便于施工、安装及维修。

① 给水管道一般沿墙、柱及生产线非操作面明设。可安装在生产线非操作面的管道支架上。一般与动力管道统一敷设，给水管放置在蒸汽管下面，而且放在排水管、冷冻水管的上面。

② 给水管接向清洗槽的管路，应有防止停水时倒灌的措施。

③ 当车间建筑物形式采用地下室、半地下室或楼层式时，对给水管道的敷设较为方便，

一般敷设在地下室、半地下室或底层内，可吊装在楼板下面，易于检修，地面上管道较少，较为整齐美观。

④ 当采用外购的自动线或半自动线时，给水干管供水只接到生产线某一端头的设备供应商指定的供水点，生产线上各槽子给水支管由设备自带。

⑤ 设备或工序用水，如湿式喷漆室、整流器、湿打磨等的用水，给水管接到设备或工序的指定地点。

⑥ 给水管穿地坪时应设导管。

⑦ 车间内架空敷设给水管道，应采取防结露滴水措施。镀槽夹套用水的给水支管应装绝缘接头，以防漏电。

（2）给水管材

根据车间各作业区域、生产线、工作间的环境对管道的腐蚀程度来选用给水管材。

① 在电镀、阳极化、氧化磷化间等场所常用的给水管材有镀锌钢管、焊接钢管及铸铁管等。

② 浸蚀间等腐蚀性较强的场所，给水管材宜采用塑料管材。

③ 纯水的输送管道应采用塑料管。

④ 进入车间的给水管道（进户管道）常采用给水铸铁管。

⑤ 在给水管管径的计算上，应留有适当余地。

（3）管道防腐

明设给水管道及其附件的外壁宜涂覆防腐涂料（如环氧树脂漆、乙烯防腐漆、酚醛树脂漆等）。埋地铸铁管的外壁宜涂覆沥青、防腐涂料等。

34.2　排水

电镀车间排水系统的设计，应考虑下列几点。

① 电镀车间排水设计，必须为便于废水净化处理和回收利用创造条件。

② 要组织好排水系统，使其水流畅通。

③ 一般情况下，根据废水的性质分流排水，以便回收利用和废水处理。

④ 不进行回收和不进行单独处理的废水，可混合排放。

⑤ 车间内部排水方式有明沟排水和管道排水。一般明沟排水用于排除混合废水及冲洗地面的废水等；管道排水用于排除回收处理及单独处理的废水。

⑥ 为使车间排水畅通，各种处理槽及清洗槽可放置在浅的承槽地坑内，坑内用明沟排水，地面水可排向明沟，以免地面积水。

34.2.1　各种设备的排水性质、方式和温度

各种设备的排水性质、方式和温度见表 34-6。

设备及槽子的排水量，一般情况下与给水量基本相同。

表 34-6　各种设备的排水性质、方式和温度

设备名称	排水方式	排水温度/℃	排水性质
冷水槽	连续排水	室温	依据上道工序溶液性质确定
温水槽	连续排水	50～60	依据上道工序溶液性质确定
热水槽	连续排水	70～90	依据上道工序溶液性质确定
纯水槽	连续或定期排水	室温～60	依据上道工序溶液性质确定
洗涤机	连续排水	70	少量碱、油污
石灰去油工作台	连续或定期排水	室温	碱

续表

设备名称	排水方式	排水温度/℃	排水性质
镀铬槽	定期排水（夹套用水）	70	清水
水冷整流器	连续排水（冷却水）	≈40	清水
铝阳极化槽	连续排水（冷却水）	室温	清水（当用自来水冷却时）
电泳涂漆清洗槽	连续排水	室温	少量漆，COD、BOD
喷漆室	定期排水（漆雾过滤器）	室温	少量漆及溶剂
湿喷砂机	定期排水	室温	少量粉尘
化学除油槽	定期溢流排水（或不排）	80～90	碱、少量油污
电解除油槽	定期溢流排水（或不排）	80～90	碱、少量油污

34.2.2 车间废水浓度的估算

电镀车间排出的废水浓度与电镀产量、工艺条件、工件特征、生产性质、设备负荷、生产均衡性、生产操作以及用水方式等因素有关。由于影响因素较多，即使同一个车间在不同时间里排出的废水量及浓度的变化范围有时也较大。所以，对车间排出的废水浓度无法进行准确计算，只能做概略的估算。所得估算值最好与同类型产品、规模类似厂的废水浓度实测值结合起来，加以分析比较后确定。当老厂改扩建或技术改造设计时，可将老厂实际生产中排出的废水浓度实测值与估算值结合起来，加以分析比较后确定其设计中采用的数值。车间排出废水浓度按下列公式估算。

（1）镀槽后不设回收槽时的排出废水浓度估算

分两步计算，先计算出每小时有害物的带出量（g/h），再计算出排出的废水浓度（mg/L）。

① 每小时有害物带出量按下式计算：

$$A = BVC_1$$

式中　A——每小时带出溶液中某有害物或重金属的量，g/h；

　　　B——每小时进行处理的零件及挂具面积，m^2/h；

　　　V——每平方米零件及挂具面积的溶液带出量，L/m^2；

　　　C_1——槽液浓度（每升溶液中所含某有害物或重金属的量），g/L。

如 B 取值时缺乏挂具面积，可按约占零件面积的10%左右计算。由于影响 V 值的因素很多，如有实测值，按实测值采用，如缺乏数据，可按表34-7中的数值采用。

表34-7　镀件单位面积的镀液带出量

电镀方式	不同镀件形状的镀件镀液带出量/（L/m^2）			
	简单	一般	较复杂	复杂
手工挂镀	<0.2	0.2～0.3	0.3～0.4	0.4～0.5
自动线挂镀	<0.1	0.1	0.1～0.2	0.2～0.3
滚镀	0.3	0.3～0.4	0.4～0.5	0.5～0.6

注：1. 选用时可再结合镀件的排液时间、悬挂方式、镀液性质、挂具制作等情况确定。

2. 表中所列镀液带出量已包括挂具的带出量。

3. 表中所列滚镀的镀液带出量为滚筒吊起后停留25s时的数据。

4. 引自 GB 50136—2011《电镀废水治理设计规范》。

② 排出的废水浓度按下式计算：

$$C_2 = \frac{A}{Q}$$

式中　C_2——排出的废水浓度，mg/L；

A——每小时带出溶液中某有害物或重金属的量，g/h；

Q——每小时排出的废水量，m^3/h。

（2）镀槽后设有回收槽时的排出废水浓度估算

分三步计算，先计算出回收槽内有害物的概略浓度（g/L），然后计算出从回收槽内每小时有害物的带出量（g/h），最后计算出排出的废水浓度（mg/L）。

① 镀槽或化学处理槽后带有 1 个回收槽时，其回收槽内有害物浓度按下式计算：

$$C_3 = \frac{RC_1}{R+Q_1}$$

式中　C_3——单级回收槽内有害物的概略浓度，g/L；

　　　R——零件及挂具从镀槽带到回收槽的槽液量，L/h；

　　　C_1——槽液浓度（每升溶液中所含某有害物或重金属的量），g/L；

　　　Q_1——从回收槽向镀槽补充的槽液量，L/h。

由于回收槽的液面高度保持不变，所以向回收槽补充水量也等于 Q_1。

② 从回收槽内每小时有害物带出量的概略计算，按下式进行：

$$A_1 = BVC_3$$

式中　A_1——每小时从回收槽中带出某有害物或重金属的量，g/h；

　　　B——每小时进行处理的工件及挂具面积，m^2/h；

　　　V——每平方米工件及挂具面积的溶液带出量，L/m^2；

　　　C_3——单级回收槽内有害物的概略浓度，g/L。

如 B 取值时缺乏挂具面积，可按约占工件面积的 10% 左右计算。影响 V 值的因素很多，如有实测值，按实测值采用，如缺乏数据，可按表 34-7 镀件单位面积的镀液带出量数值采用。

③ 排出的废水浓度按下式计算：

$$C_2 = \frac{A_1}{Q}$$

式中　C_2——排出的废水浓度，mg/L；

　　　A_1——每小时从回收槽中带出某有害物或重金属的量，g/h；

　　　Q——每小时排出的废水量，m^3/h。

④ 简化概略计算。为了进行简化概略计算，可参考下列数据。

a. 镀槽或化学处理槽后设置一个回收槽时，则每小时有害物的带出量（g/h），相当于未设置回收槽时带出量的 1/3~1/4。

b. 镀槽或化学处理槽后设置两个回收槽时，则每小时有害物的带出量（g/h），相当于未设置回收槽时带出量的 1/10。

（3）化合物中金属含量的换算

镀槽或化学处理槽的溶液中化合物所含金属或氰的量，以铬酐（CrO_3）换算为六价铬（Cr^{6+}）为例，换算如下。

CrO_3 为 100.01g，其中 Cr^{6+} 含量为 52.01g，若 D 为溶液中 CrO_3 的含量（g/L），则换算为 Cr^{6+} 的含量为：

$$Cr^{6+} = D \times \frac{52.01}{100.01} (g/L)$$

铬化物与六价铬的换算见表 34-8。

氰化物与氰的换算见表 34-9。

表 34-8　铬化物与六价铬的换算

铬化物/g	铬化物内 Cr^{6+} 含量/g			铬化物/g	铬化物内 Cr^{6+} 含量/g		
	CrO$_3$	Na$_2$Cr$_2$O$_7$	K$_2$Cr$_2$O$_7$		CrO$_3$	Na$_2$Cr$_2$O$_7$	K$_2$Cr$_2$O$_7$
1	0.5201	0.3970	0.3535	19	9.8809	7.5434	6.7174
2	1.0401	0.7940	0.7075	20	10.4010	7.9404	7.0709
3	1.5601	1.1919	1.0606	25	13.0012	9.9255	8.8386
4	2.0802	1.5881	1.4142	35	18.2017	13.8957	12.3741
5	2.6002	1.9851	1.7677	45	23.4022	17.8659	15.9095
6	3.1203	2.3821	2.1213	55	28.6026	21.8361	19.4450
7	3.6403	2.7791	2.4748	65	33.8031	25.8063	22.9804
8	4.1604	3.1762	2.8284	75	39.0036	29.7765	26.5159
9	4.6804	3.5732	3.1819	85	44.2041	33.7476	30.0513
10	5.2005	3.9702	3.5354	95	49.4046	37.7169	33.5868
11	5.7205	4.3672	3.8890	100	52.0048	39.7020	35.3545
12	6.2405	4.7642	4.2425	120	64.4060	47.6424	42.4260
13	6.7606	5.1613	4.5961	150	78.0075	59.5530	53.0325
14	7.2807	5.5583	4.9496	180	93.6090	74.4636	63.6390
15	7.8007	5.9553	5.3032	200	104.0100	79.4040	70.7100
16	8.3208	6.3523	5.6567	220	114.4110	87.3444	77.7810
17	8.8408	6.7493	6.0103	250	130.0125	98.2550	83.3875
18	9.3609	7.1464	6.3633	280	145.6420	111.1656	98.9840

注：换算示例，1g CrO$_3$ 内含有 0.5201g 的 Cr^{6+}，1g Na$_2$Cr$_2$O$_7$ 内含有 0.3970g 的 Cr^{6+}。

表 34-9　氰化物与氰的换算

氰化物/g	氰化物内 CN$^-$ 含量/g						
	NaCN	KCN	CuCN	Cd(CN)$_2$	Zn(CN)$_2$	AgCN	AuCN
1	0.5309	0.3996	0.2905	0.3164	0.4432	0.1943	0.1167
2	1.0618	0.7991	0.5811	0.6329	0.8864	0.3886	0.2333
3	1.5927	1.1987	0.8716	0.9493	1.3296	0.5830	0.3500
4	2.1236	1.5982	1.1621	1.2658	1.7727	0.7773	0.4667
5	2.6545	1.9978	1.4526	1.5822	2.2159	0.9716	0.5833
6	3.1853	2.3974	1.7431	1.8986	2.6591	1.1659	0.7000
7	3.7162	2.7969	2.0337	2.2151	3.1023	1.3602	0.8167
8	4.2471	3.1965	2.3242	2.5315	3.5455	1.5545	0.9333
9	4.7780	3.5960	2.6147	2.8480	3.9887	1.7489	1.0500
10	5.3089	3.9959	2.9052	3.1644	4.4319	1.9462	1.1667
11	5.8398	4.3952	3.1958	3.4808	4.8750	2.1375	1.2833
12	6.3707	4.7947	3.4865	3.7973	5.3182	2.3318	1.4000
13	6.9016	5.1943	3.7768	4.1137	5.7614	2.5261	1.5167
14	7.4325	5.5938	4.0673	4.4302	6.2046	2.7025	1.6333
15	7.9634	5.9934	4.3579	4.7466	6.6478	2.9148	1.7500
16	8.6224	6.3930	4.6484	5.0630	7.0910	3.1091	1.8667
17	9.0252	6.7925	4.9389	5.3795	7.5372	3.3034	1.9833
18	9.5560	7.1921	5.2294	5.6959	7.9773	3.4977	2.100
19	10.0869	7.5917	5.5199	6.0124	8.4205	3.6920	2.2167
20	10.6178	7.9912	5.8105	6.3288	8.8637	3.8894	2.3333
25	13.2723	9.9890	7.2631	7.9110	11.0796	4.8580	2.9167
35	18.5812	13.9846	10.1683	11.0754	15.5115	6.8011	4.0833
45	23.8901	17.9802	13.0736	14.2398	19.9434	8.7443	5.2500
55	29.1990	21.9758	15.9788	17.4042	24.3752	10.6875	6.4167
65	34.5058	25.9713	18.8840	20.5686	28.8071	12.6307	7.5834
75	39.8169	29.9671	21.7893	23.7330	33.2389	14.5739	8.7500
85	45.1258	33.9627	24.6945	26.8974	37.6708	16.5170	9.9157
95	50.4347	37.9583	27.5997	30.0618	42.1027	18.4602	11.0834
100	53.0892	39.9560	29.0524	31.6440	44.3186	19.4318	11.6667

注：换算示例，1g NaCN 内含有 0.5309g 的 CN$^-$，1g CuCN 内含有 0.2905g 的 CN$^-$。

34.2.3　排水沟管的设置和布置

(1) 排水沟管的设置方式

电镀车间内的排水方式有明沟排水和管道排水。

① 明沟排水通畅、不易堵塞、易于清理、维修方便，对工艺调整、变动影响较小，但不易做到分质排水，回收处理困难。

② 管道排水，架设安装方便，便于废水分质排放和回收处理，但易堵塞，一旦堵塞，清理困难。

③ 一般采用明沟与管道相结合的排水方式，管道排除需单独处理的废水和回收处理的废水，明沟排除混合废水和冲洗地面等的废水。

④ 生产中氰、铬、镉等的含量超过排放浓度标准时，必须进行处理；酸、碱含量较大，超过规定排放标准或含量浓度变化较大时，应进行处理。需进行处理的废水，应分别单独用沟、管排至废水处理构筑物或处理池。

⑤ 含氰废水不得与含酸废水合流排泄，即使含氰废水浓度未超过允许排放标准时，在室内也不得与含酸废水混合排泄，必须单独用沟、管将含氰废水排至室外后，再与车间废水混合排放。

（2）排水沟管的布置

① 为了不使水流在地面，溶液不滴落在地面上，一般将各种处理槽和清洗水槽放置在承槽地坑内。承槽地坑内深度约为 150～200mm，承槽地坑内设置明沟排水。

② 排水明沟的位置可根据生产操作等具体情况，布置在槽前、槽后和槽子下面，如图 34-1 所示，地面、承槽地坑内均设有坡度，坡向排水明沟。

③ 明沟位置在槽前的，清理维护方便，但需设置明沟盖板（铸铁、铁格栅、玻璃钢或木盖板），而且沟内散发出的水蒸气及气味，对操作人员有影响；明沟位置在槽下的，当明沟堵塞排水不畅时不易清理；明沟位置在槽后的，两排槽之间管线较多，还能易于清理。故一般将明沟位置布置在槽前或槽后。

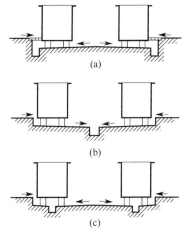

图 34-1　排水沟管的布置位置
（a）排水沟管在槽前；（b）排水沟管在槽后；（c）排水沟管在槽下

（3）排水沟管的规格确定

① 排水明沟断面一般采用矩形，明沟的大小，根据排水量确定。沟宽一般为 200～300mm，沟起点深度为 100～150mm，纵向坡度一般为 1‰～2‰，当明沟较长做上述坡度有困难时，可适当减少坡度，但不宜小于 0.5‰。

② 排水管道中各段的管径大小，由小时最大排水量来确定。其流速和最大充满度（即水在管内的高度 h 与管径 D 之比，h/D），按表 34-10 选用。排水管道水力的计算见表 34-11。

表 34-10　排水管流速与最大充满度

排水管径 /mm	管内流速 /(m/s)	最大充满度 (h/D)	充满度示意图
100	≥0.6	0.7	
150	≥0.65	0.7	h——水位高度
200	≥0.7	0.8	D——排水管管径
>200	≥0.7	0.8	

表 34-11　排水管道水力的计算

D 坡度 i/% 充满度 h/D	排水管公称管径 100mm													
	10		12		14		16		18		20		25	
	Q	v	Q	v	Q	v	Q	v	Q	v	Q	v	Q	v
0.35	1.27	0.52	1.39	0.57	1.50	0.61	1.61	0.66	1.70	0.70	1.80	0.73	2.01	0.82
0.40	1.63	0.56	1.79	0.61	1.93	2.06	2.06	0.70	2.19	0.75	2.31	0.79	2.58	0.88
0.45	2.02	0.59	2.20	0.54	2.38	2.55	2.55	0.74	2.71	0.79	2.85	0.83	3.19	0.93
0.50	2.42	0.62	2.65	0.67	2.86	3.06	3.05	0.78	3.25	0.83	3.42	0.87	3.83	0.97
0.55	2.84	0.64	3.11	0.70	3.35	0.76	3.59	0.81	3.80	0.86	4.01	0.90	4.48	1.01
0.60	3.25	0.66	3.56	0.72	3.85	0.78	4.11	0.84	4.36	0.89	4.60	0.93	5.14	1.05
0.65	3.66	0.68	4.01	0.74	4.33	0.80	4.63	0.86	4.91	0.91	5.18	0.96	5.79	1.07
0.70	4.05	0.69	4.44	0.76	4.79	0.82	5.12	0.87	5.44	0.93	5.73	0.98	6.41	1.09
0.75	4.41	0.70	4.84	0.76	5.22	0.83	5.58	0.88	5.92	0.94	6.24	0.99	6.98	1.10
0.80	4.73	0.70	5.18	0.77	5.60	0.83	5.98	0.89	6.35	0.94	6.69	0.99	7.48	1.11
0.85	5.00	0.70	5.46	0.77	5.90	0.83	6.31	0.89	6.69	0.94	7.05	0.99	7.88	111
0.90	5.17	0.69	5.65	0.76	6.10	0.82	6.53	0.88	6.92	0.93	7.29	0.98	8.15	1.10
0.95	5.20	0.68	5.70	0.74	60	0.80	6.58	0.85	6.98	0.91	7.35	0.95	8.22	1.07
1.00	4.84	0.62	5.30	0.67	5.73	0.73	6.12	0.78	6.50	0.83	6.84	0.87	7.65	0.97

D 坡度 i/% 充满度 h/D	排水管公称管径 150mm													
	6		8		10		12		14		16		18	
	Q	v	Q	v	Q	v	Q	v	Q	v	Q	v	Q	v
0.35	2.91	0.53	3.36	0.61	3.76	0.68	4.12	0.75	4.45	0.81	4.76	0.86	5.05	0.91
0.40	3.75	0.57	4.32	0.65	4.83	0.73	5.29	0.80	5.71	0.86	6.11	0.92	6.48	0.98
0.45	4.64	0.60	5.34	0.69	5.97	0.77	6.54	0.85	7.06	0.91	7.55	0.98	8.01	1.04
0.50	5.56	0.63	6.41	0.72	7.17	0.81	7.58	0.89	8.48	0.96	9.07	1.02	9.62	1.09
0.55	6.51	0.65	7.51	0.75	8.40	0.84	9.20	0.92	9.94	1.00	10.6	1.07	11.3	1.13
0.60	7.46	0.67	8.61	0.78	9.63	0.87	10.5	0.95	11.4	1.03	12.2	1.10	12.9	1.17
0.65	8.41	0.69	9.70	0.80	10.8	0.89	11.9	0.97	12.8	1.05	13.7	1.13	14.6	1.19
0.70	9.30	0.70	10.7	0.81	12.0	0.91	13.1	0.99	14.2	1.07	15.2	1.15	16.1	1.22
0.75	10.1	0.71	11.7	0.82	13.1	0.92	14.3	1.01	155	1.09	16.5	1.16	17.5	1.23
0.80	10.9	0.72	12.5	0.83	14.0	0.92	15.3	1.01	16.6	1.09	17.7	1.17	18.8	1.24
0.85	11.4	0.71	13.2	0.82	14.8	0.92	16.2	1.01	17.5	1.09	18.7	1.17	19.8	1.24
0.90	11.8	0.71	13.7	0.81	15.3	0.91	16.7	1.00	18.1	1.08	19.3	1.15	20.5	1.22
0.95	11.9	0.69	13.8	0.79	15.4	0.89	16.9	0.7	18.2	1.05	19.5	1.12	20.7	1.19
1.00	11.1	0.63	12.8	0.72	14.3	0.81	15.7	0.89	17.0	0.96	18.1	1.02	19.2	1.09

D 坡度 i/% 充满度 h/D	排水管公称管径 200mm													
	4		6		8		10		12		14		16	
	Q	v	Q	v	Q	v	Q	v	Q	v	Q	v	Q	v
0.35	5.11	0.52	6.26	0.64	7.22	0.74	8.08	0.82	8.85	0.90	9.56	0.97	10.2	1.04
0.40	6.56	0.56	8.04	0.69	9.28	0.79	10.4	0.88	11.4	0.97	12.3	1.05	13.1	1.12
0.45	8.11	0.59	9.94	0.72	11.5	0.84	12.8	0.94	14.0	1.02	15.2	1.11	16.2	1.18
0.50	9.73	0.62	11.9	0.76	13.6	0.88	15.4	0.98	16.9	1.07	18.2	1.16	19.5	1.24
0.55	11.4	0.64	14.0	0.79	16.1	0.91	18.0	1.02	19.7	1.11	21.3	1.20	22.8	1.29
0.60	13.1	0.66	16.0	0.81	18.5	0.94	20.7	1.05	22.6	1.15	24.5	1.24	26.2	1.33
0.65	14.7	0.68	18.0	0.83	20.8	0.96	23.3	1.08	25.5	1.18	27.5	1.27	29.5	1.36
0.70	16.3	0.69	20.0	0.85	23.0	0.98	25.8	1.10	28.2	1.20	30.5	1.30	32.6	1.39
0.75	17.7	0.70	21.8	0.86	25.1	0.99	28.1	1.11	30.7	1.22	33.2	1.31	35.5	1.41
0.80	19.0	0.71	23.3	0.87	26.9	1.00	30.1	1.12	32.9	1.22	35.6	1.32	38.1	1.41
0.85	20.0	0.70	24.6	0.86	28.4	1.00	31.7	1.12	34.7	1.22	37.5	1.32	40.1	1.41
0.90	20.7	0.70	25.4	0.85	29.3	0.99	32.8	1.10	35.9	1.21	38.8	1.30	41.6	1.40
0.95	20.9	0.68	25.6	0.83	29.6	0.96	33.1	1.07	36.2	1.17	39.1	1.27	41.8	1.38
1.00	19.5	0.62	23.6	0.76	27.5	0.88	30.8	0.98	33.7	1.07	36.4	1.16	38.9	1.24

D 坡度 i/% 充满度 h/D	排水管公称管径 250mm													
	4		6		8		10		12		14		16	
	Q	v	Q	v	Q	v	Q	v	Q	v	Q	v	Q	v
0.35	9.25	0.60	11.3	0.74	13.1	0.85	14.6	0.96	16.0	1.05	17.3	1.13	18.5	1.21
0.40	11.9	0.65	14.6	0.80	16.8	0.92	18.8	1.03	20.6	1.12	22.3	1.21	23.8	1.30
0.45	14.7	0.69	18.0	0.84	2.8	0.97	23.2	1.09	25.5	1.19	27.5	1.28	29.4	1.37
0.50	17.6	0.72	21.6	0.88	25.0	1.02	27.9	1.14	30.6	1.24	33.0	1.35	35.3	1.44
0.55	20.7	0.75	25.3	0.92	29.2	1.06	32.7	1.18	35.8	1.29	38.7	1.40	41.3	1.50
0.60	23.7	0.77	29.0	0.94	33.5	1.09	37.5	1.22	41.0	1.33	44.3	1.44	47.4	1.54
0.65	26.7	0.79	32.7	0.97	37.7	1.12	42.2	1.25	45.2	1.37	49.9	1.48	43.4	1.58
0.70	19.5	0.80	36.2	0.99	41.8	1.14	46.7	1.27	51.2	1.39	55.3	1.51	49.1	1.61
0.75	32.2	0.81	39.4	1.00	45.5	1.15	50.9	1.29	55.7	1.41	60.2	1.52	64.4	1.63
0.80	34.5	0.82	42.3	10	48.8	1.16	54.5	1.30	59.7	1.42	64.5	1.53	69.0	1.64
0.85	36.3	0.82	44.6	1.00	51.4	1.16	57.5	1.30	63.0	1.42	68.0	1.53	72.7	1.64
0.90	37.6	0.81	46.1	0.99	53.2	1.14	59.5	1.28	65.1	1.40	70.4	1.51	75.2	1.62
0.95	37.9	0.79	46.5	0.96	53.7	1.11	60.0	1.25	65.7	1.36	70.9	1.47	75.9	1.57
1.00	35.3	0.72	43.2	0.88	49.9	1.02	55.8	1.14	61.1	1.24	66.0	1.35	70.6	1.44

注：表中 D 为管径（mm）、Q 为流量（L/s）、v 为流速（m/s）、h 为水位高度。

（4）排水沟管的材料

① 承槽地坑及排水明沟应采取防腐蚀、防渗漏措施，一般采用耐酸花岗岩石板、耐酸瓷板或瓷砖贴面。有热水等排出的地方，应考虑耐温要求（主要是温度对面层结合材料的影响）。

② 排水管一般采用双面涂釉的陶土管、陶瓷管及铸铁管，管径不宜小于 100mm，接头材料可用耐酸水泥和沥青玛碲脂。也可用增强硬聚氯乙烯管或聚氯乙烯/玻璃钢（PVC/FRP）复合管。碱性废水和弱酸性废水，亦可用内涂刷沥青的铸铁管，管接头应严防渗漏，以免影响建筑基础和污染地下水。

③ 车间内部明设的排水管，采用钢管、硬聚氯乙烯塑料管，当温度不高时，尽量采用硬聚氯乙烯塑料管。地下室、半地下室内的排水管，主要采用钢管或铸铁管、硬聚氯乙烯塑料管。

④ 镀铬槽的夹套水管以及电镀槽的冷却水管的连接支管上应装绝缘接头，以防漏电。

⑤ 为便于清理，防止管道堵塞在排水明沟与管道连接处，应设置连接井，并采取阻挡污物的措施。

34.3　采暖

34.3.1　概述

位于集中采暖地区的电镀车间，冬季应设室内集中采暖。

位于过渡地区的电镀车间，由于电镀生产等的特点，冬季建议设室内集中采暖。其理由如下。

① 由于车间内部排风最大，室外冷空气不断进入室内，虽然车间内部加热槽及蒸汽管道等散出部分热量，但对提高室内温度的效果不大，所以冬季室内外温度相差不大。

② 由于室内湿度较大，在机械排风作用下，空气流速较大，故即使在同一温度下，本车间就比其他车间内更感寒冷。

③ 电镀生产的操作人员受生产条件限制，在冬季穿着仍较单薄，接触冷水比较频繁，温度过低，会影响手工操作生产。

采暖热媒及送风加热器的热媒，一般采用热水或蒸汽。

电镀、阳极氧化、磷化、氧化等有腐蚀气体的工作间，宜选用铸铁散热器；喷丸、喷砂、打磨间等的粉尘较多，宜选用表面光滑的散热器。

车间内的电镀、阳极氧化、磷化、氧化、浸蚀、涂装、有机溶剂去油、抛光等工作间，不应采用再循环热风采暖，以免再次污染室内空气。

冬季采暖室外计算温度等于或小于−20℃的地区，为防止车间大门长时间或频繁开放而受冷空气的侵袭，应根据具体情况设置门斗、外室或热空气幕。

设计热风采暖时，应防止强烈气流直接对人产生不良影响。送风风速一般应控制在0.1～0.3m/s，送风的最高温度不应超过70℃。

34.3.2 冬季室内采暖温度

电镀车间冬季室内采暖温度列入表34-12，供设计参考。

表 34-12　电镀车间冬季室内采暖温度

工作间名称	室内温度/℃	
	工作时间	非工作时间
浸蚀间	16～18	5～10
电镀间	16～18	5～10
阳极氧化间	16～18	5～10
磷化、氧化间	16～18	5～10
标牌及印制电路板制造间	16～18	5
溶液配制间	16～18	5～10
电泳涂漆间	16～18	5～10
油漆间、油漆配制间	14～18	5
粉末涂装间	16～18	5
有机溶剂（汽油）除油间	16～18	5～10
喷丸间、喷砂间、磨光间、抛光间	14～16	5
化验室、工艺试验室	16～18	5
孔厚度测定室	16～18	5
检验室	16～18	—
挂具制造及维修间	14～16	—
电泳涂漆冷冻机室	14～16	5
直流电源间、变电所	10	5
电控室	16～18	5～10
纯水制备间	14～16	5
零件库、成品库	5～10	—
挂具及容器库	5	—
涂料库	5	5
电泳漆库、粉末储存库	8～10	5
有机溶剂库	5	5
化学品库	5～8	5～8
辅助材料库	5	—
抽风机室、送风机室	10	—
楼梯间	12～14	—
值班室	16～18	—
办公室、会议室	18～20	—
技术资料室	20～22	—
休息室	18～20	—
盥洗室、厕所	≥14	—
更衣室、浴室的换衣室、淋浴室	≥25	—

34.4 通风

在电镀生产过程中,电镀、化学处理工艺等的大量槽液散发出有害气体;有机溶剂除油、涂料涂装等散发出有机溶剂气体;磨光、抛光、喷砂等作业,产生大量粉尘。这些有害物质,不但危害操作人员身体健康,而且还会对周围环境造成严重污染,必须进行排除净化治理。

34.4.1 通风的一般要求

① 应从生产工艺、设备和生产操作等多方面采取综合技术措施,防止和减少有害物的产生。凡能析出有害气体和粉尘的设备、装置、作业地等,应设置有组织的机械排风,排出有害污染物,使车间作业场地空中的有害物最大允许浓度符合《工业企业设计卫生标准》中的有关规定。

② 为防止气体、烟、尘等有害物质在室内逸散,应首先采用局部排风,以排出处理槽、设备及工作地产生的有害物。当不可能采用局部排风,或采用局部排风仍达不到电镀作业场所空气中有害物质不应超过所规定的最高容许浓度的要求时,应采用全面换气通风。

③ 当作业中产生气体、烟、尘等有害物质的设备及工作地无固定位置或虽有固定位置但用局部排风不能有效地排除有害物质时,宜采用全面换气通风来排除室内有害物质。

④ 散发有害物质的工艺设备和工艺工序作业地,应首先加以密闭,当无法采用密闭或半密闭的装置时,应根据生产条件和通风效果,分别采用侧吸式、伞形式、吹吸式排风罩或槽边排风罩。

⑤ 排风罩罩口吸风方向应使有害物不流经操作者的呼吸带。排风罩的形式、大小和位置应根据排出污染物的挥发性、密度以及作业方法而定。

⑥ 当排风系统排出的有害污染物浓度超过 GB 21900—2008《电镀污物排放标准》的要求时,应采取净化处理、回收或综合利用措施,使之符合国家有关大气污染综合排放标准及有关的总量排放标准后,再向大气排放。

⑦ 设有局部排风和全面排风的作业场所,应进行补风。在气候比较温暖的南方地区,一般依靠自然补风;在较寒冷的北方地区,宜采用有组织的机械送风(补风)。

⑧ 电镀生产场所处于灰尘较大的环境时,机械送风系统应设置空气过滤装置。

⑨ 在通风净化设备和系统中,易燃易爆的气体、蒸气的体积浓度不应超过其爆炸下限浓度的 25%,粉尘浓度不应超过其爆炸下限浓度的 50%。

34.4.2 局部排风

(1) 设置局部排风的一般原则

一般位置固定的产生有害物的设备、装置和作业地,必须设置局部排风。局部排风设置的一般原则如下。

① 在设置局部排风罩时,应根据排出有害物的特性和散发规律、工艺设备的结构及其操作特点,合理地确定排风罩类型和安装方式,以提高排风效果。当有害气体比空气轻时,宜考虑上部排风,可采用伞形罩排风;当有害气体比空气重,又无其他热气流影响时,宜采用侧吸罩等装置排风。

② 局部排风罩的设置,不应影响生产操作和搬运设备(起重运输设备)的正常工作。

③ 在不影响生产操作的情况下,应尽可能设置密闭排风罩,以最小的风量,最大限度地控制和排走有害物。

④ 散发有害物的生产过程和设备,工艺设计上应尽量采用机械化、自动化生产,加强密闭,减少污染。

⑤ 局部排风达不到卫生要求时,应辅以全面排风。

（2）设置局部排风的设备、装置

电镀车间内常见的局部排风有以下几种。

① 机械清理设备的局部排风，如喷砂机、喷丸机（室）、刷光磨光机、砂轮机、抛光机、手工清理的局部排风工作台等。

② 各种电镀及化学处理槽的局部排风、通风柜的局部排风。

③ 电泳涂漆的局部排风、喷漆室的局部排风。

④ 烘干室的局部排风以及其他装置的局部排风等。

34.4.3 槽子局部排风

（1）一般原则

① 根据槽内溶液性质、温度、产生有害物的性质及程度、操作特点等因素，合理地确定排气罩的型式和安装方式。

② 排气罩应保证排风口处有一定的风速，应能以最小的风量，最大限度地有效地捕集和排走有害物，不使其散发到作业环境中，使作业区环境有害物浓度达到国家卫生标准，并以较小能耗取得较好排风效果。

③ 设置槽边排气罩时，应符合下列要求。

a. 槽宽度小于或等于 600mm 时，宜采用单侧抽风。

b. 槽宽度大于 600mm 时，宜采用双侧或周边抽风。

c. 槽宽度大于 1200mm 时，有条件的应尽量采用密闭罩或用盖板遮盖全部或部分槽面，以保证其排风效果；当槽面无突出部分和放取零件不频繁的单面操作的槽子，宜采用带吹风装置的槽边排风罩。

d. 圆形槽子的直径在 600～1200mm 时，宜采用环形排风罩。

e. 槽边排风罩应设置在槽的长边一侧，沿槽边的排风速度应分布均匀。

f. 槽子长度大于 1200mm 时，槽边排风罩内应设导流板或做成楔形条缝口，也可分段设置排风罩。

g. 排风罩距槽内液面的高度，一般不宜低于 150mm。

④ 小型槽子的排风，根据具体情况，也可考虑放置在通风柜内进行排风。

⑤ 黑色金属或有色金属的混酸酸洗槽及混酸洗后的冷水槽，宜放置在通风柜内进行排风。当不便安置通风柜时，可采用槽边排风。

⑥ 车间内热水槽较多时，尤其是在气候炎热的南方地区，宜设置槽边排风，以减少水蒸气的散发，改善劳动条件。

⑦ 为减少排风量，抑制槽内有害气体外逸，在不影响生产操作的条件下，可考虑槽面加盖或液面放覆盖层。当不影响处理质量时，可考虑槽液放入抑制剂。

（2）需要设置槽边排风罩的槽子

需要设置槽边排风罩的槽子见表 34-13。

表 34-13 需要设置槽边排风罩的槽子

槽子名称	溶液组成		工作规范		产生的主要有害气体	液面排风计算风速/(m/s)
	主要成分	含量/(g/L)	溶液温度/℃	电流密度/(A/dm^2)		
1. 前处理槽						
汽油除油槽(或其他有机溶剂除油)	汽油	—	室温	—	汽油蒸气	约 0.25

续表

槽子名称	溶液组成		工作规范		产生的主要有害气体	液面排风计算风速 /(m/s)
	主要成分	含量 /(g/L)	溶液温度 /℃	电流密度 /(A/dm²)		
1. 前处理槽						
化学除油槽	氢氧化钠 碳酸钠 磷酸三钠 硅酸钠	50～100 20～60 20～50 3～15	70～100	—	碱雾	0.30
电解除油槽	氢氧化钠 碳酸钠 磷酸三钠	50～80 20～40 20～30	70～90	3～10	碱雾	0.30
冷液电解除油槽	氢氧化钠 碳酸钠	50 20～30	室温	3～10	碱雾	0.2
铝件碱液浸蚀槽	氢氧化钠	100～120	室温	—	碱雾	0.25
	氢氧化钠	50～60	60	—	碱雾	0.30
铍青铜去氧化皮槽	氢氧化钠	500	135	—	碱雾	0.35
钢件浸蚀槽	硫酸	100～200	室温	—	酸雾	0.30
	硫酸	200	60	—	酸雾	0.35
钢件浸蚀槽	盐酸	200～350	室温	—	酸雾	0.30
电解浸蚀槽	硫酸	200	室温	5～10	酸雾	0.35
不锈钢浸蚀槽	盐酸 硫酸	270 230	40～60	—	酸雾	0.40
矽钢片浸蚀槽	硫酸 硝酸	20 200	室温	—	酸雾	0.35
铜件浸蚀槽	硫酸	250	60	—	酸雾	0.35
	盐酸	350	室温	—	酸雾	0.30
铜及其合金混酸浸蚀槽	硝酸 硫酸	43%[①] 57%	室温	—	酸雾	0.40
铍钼合金混酸浸蚀槽	盐酸 硫酸	250 250	室温	—	酸雾	0.35
铸件浸蚀槽	硫酸 氢氟酸	75%[②] 25%	室温	—	酸雾	0.40
混酸浸蚀槽	硝酸 盐酸	50～100 150～200	室温	—	酸雾	0.35
磷酸浸蚀槽	磷酸	80～120	60～80	—	酸雾	0.30
电解去残渣槽	氢氧化钠	50～100	70	3～5	碱雾	0.30
镁合金铬酸处理槽	铬酐	20	60～70	—	铬酸雾	0.30
铝件出光槽	硝酸	400～600	室温	—	酸雾	0.40
铝硅合金浸蚀槽	氢氟酸	30	室温	—	酸雾	0.30
铝件锌酸盐处理槽	氢氧化钠 硫酸锌	200 200	室温	—	碱雾	0.30
汞齐化槽	氰化钾	80	室温	—	氰化氢	0.25
热水槽	—	—	90	—	水蒸气	0.20
2. 电镀及化学处理槽						
装饰性镀铬槽	铬酐 硫酸	250～350 2.5～3.5	40～50	15～30	铬酸雾	0.40
镀硬铬槽	铬酐 硫酸	180～250 1.8～2.5	55～60	30～60	铬酸雾	0.50
滚镀铬槽	铬酐 氟硅酸	300～350 6～10	30～40	约 30	铬酸雾	0.40

槽子名称	溶液组成		工作规范		产生的主要有害气体	液面排风计算风速/（m/s）
	主要成分	含量/（g/L）	溶液温度/℃	电流密度/（A/dm²）		
2. 电镀及化学处理槽						
低温镀铬槽	铬酐 氟化铵 氟硅酸	50～60 0.45～0.55 0.6～0.8	20～45	5～8	铬酸雾	0.40
低铬酸镀铬槽	铬酐 硫酸 氟硅酸	250 4～6 4～5	53～55	30～40	铬酸雾	0.40
镀黑铬槽	铬酐 醋酸	250 6～6.5	室温	25	铬酸雾	0.35～0.40
镀镍槽	硫酸镍 氯化钠 硼酸	250 20 30	40～60	1～3	溶液蒸气	0.25
化学镀镍槽	硫酸镍 次亚磷酸钠 硼酸	250 15～30 15	90～95	—	酸性溶液蒸气	0.25
碱性镀锡槽	锡酸钠 氢氧化钠	80～100 10～16	70～85	1～3	碱雾	0.25
氰化镀锌槽	氧化锌 氰化钠 氢氧化钠	40 85 60～80	室温	2～4	氰化氢	0.30
碱性镀锌槽	氧化锌 氢氧化钠 三乙醇胺	15～20 100～150 30～35	10～40	1～3	碱雾	0.25
铵盐镀锌槽	氯化锌 氧化锌 氯化铵 氨三乙酸	18～20 18～20 220～270 30～45	10～35	0.8～2	氨、溶液蒸气	0.25
铵盐镀镉槽	硫酸镉 氯化铵 氨三乙酸 乙二胺四乙酸	30～50 200～250 65～75 25～35	室温	0.5～1.5	氨、溶液蒸气	0.25
氰化镀镉槽	氧化镉 氰化钠 硫酸钠	40～45 120 50	室温	1～3	氰化氢	0.30
氰化镀铜槽	氰化亚铜 氰化钠 氢氧化钠	8～35 12～54 2～10	室温	0.2～1	氰化氢	0.30
	氰化亚铜 氰化钠 氢氧化钠	50～70 65～92 15～20	55～65	1.5～3	氰化氢	0.35
焦磷酸盐镀铜槽	焦磷酸铜 焦磷酸钾 柠檬酸铵	60～70 280～320 20～25	30～50	1～1.5	溶液蒸气	0.25
氰化镀银槽	氰化银 氰化钾	40～50 60～100	室温	0.2～0.5	氰化氢	0.25
氰化镀金槽	金（换算金属） 氰化钾	4～5 18～25	室温	0.1	氰化氢	0.25
镀铅槽	碳酸铅 氢氟酸 硼酸	130 300 106	室温	1～2	氟化氢	0.40

续表

槽子名称	溶液组成		工作规范		产生的主要有害气体	液面排风计算风速/(m/s)
	主要成分	含量/(g/L)	溶液温度/℃	电流密度/(A/dm²)		
2. 电镀及化学处理槽						
镀铁槽	氯化亚铁 氯化钠	200～500 100	96～105	5～15	溶液蒸气	0.40
低温镀铁槽	氯化亚铁	400～500	20～50	20～40	溶液蒸气	0.35
镀锡锌合金槽	锡(换算金属) 锌(换算金属) 氰化钠	25～30 25～35 27～30	65～70	1～3	氰化氢	0.35
镀铜锌合金槽	氰化亚铜 氰化锌 氰化钠 碳酸钠	22～27 3～10 54 30	25～40	0.3～0.5	氰化氢	0.30
	氰化亚铜 氰化锌 氰化钠	20 54 71～75	55～60	2	氰化氢	0.35
镀铜锡合金槽	氰化亚铜 锡酸钠 氰化钠(游离) 氢氧化钠	35～42 30～40 20～23 7～10	55～60	1～1.5	氰化氢	0.30
焦磷酸盐镀铜锡合金槽	焦磷酸钾 焦磷酸铜 锡酸钠	280～300 40～70 50～60	55～60	0.6～0.8	溶液蒸气	0.30
镀铅锡合金槽	硼氟酸铅 硼氟酸锡 硼氟酸	160～200 20～25 60～100	室温	1～2	氟化氢	0.40
镀锡铜锌合金槽	铜(换算金属) 锡(换算金属) 锌(换算金属) 氰化钠 氢氧化钠	8～11 20～30 5～7 25～32 10～15	60～65	2～4	氰化氢	0.35
铝件硫酸普通阳极氧化槽	硫酸	200	15～25	1～2	酸雾	0.30
铝件硫酸硬质阳极氧化槽	硫酸	200	−7～10	1～2	酸雾	0.30
铝件铬酸阳极氧化槽	铬酸	30～100	40	0.3～2.5	铬酸雾	0.35
铝件草酸阳极氧化槽	草酸	50～70	30±2	1～4.5	酸雾	0.20
铝件化学氧化槽	重铬酸钠 碳酸钠 氢氧化钠	15 50 50	80～100	—	酸雾	0.30
镁合金阳极氧化槽	氟氢化铵 铬酐 氢氧化钠 磷酸	200～250 35～45 8～12 55～65	60～80	2～3	溶液蒸气	0.35
镁合金化学氧化槽	重铬酸钾 硝酸 氯化铵	50 110 1	70～80	—	酸雾	0.35
铜及铜合金阳极氧化槽	氢氧化钠	100～200	70～90	0.5～1.5	酸雾	0.30

续表

槽子名称	溶液组成		工作规范		产生的主要有害气体	液面排风计算风速 /(m/s)
	主要成分	含量 /(g/L)	溶液温度 /℃	电流密度 /(A/dm²)		
2. 电镀及化学处理槽						
铜件化学氧化槽	过硫酸钾 氢氧化钠	5～15 45～55	60～65	—	溶液蒸气	0.30
黄铜化学氧化槽	碱式碳酸铜 25%氨水	80～120 500mL/L	室温	—	氨、溶液蒸气	0.30
钢件氧化槽	氢氧化钠 硝酸钠 亚硝酸钠	600～800 100 100	135～150	—	碱雾	0.35
钢件无碱氧化槽	硝酸钡 磷酸	50 10	98～99	—	酸雾	0.30
钢件高温磷化槽	马日夫盐 硝酸锰	30～40 15～25	94～98	—	酸雾	0.30
钢件中温磷化槽	磷酸二氢锌 硝酸锌	30～40 80～100	60～70	—	酸雾	0.30
钢件常温磷化槽	马日夫盐 硝酸锌	40～65 50～100	20～30	—	酸雾	0.25
3. 电解抛光及化学抛光槽						
碳钢电解抛光槽	磷酸 硫酸 铬酐	770～800 40～60 90～120	80～85	40～60	酸雾	0.40
碳钢化学抛光槽	硝酸 硫酸 磷酸 铬酐	100 300 600 5～10	120～140	—	酸雾	0.40
不锈钢电解抛光槽	磷酸 硫酸 铬酐	500 300 30	50～70	20～30	酸雾	0.40
不锈钢化学抛光槽	硫酸 盐酸 硝酸 水	227mL/L 67mL/L 40mL/L 660mL/L	50～80	—	酸雾	0.40
铝及铝合金电解抛光槽	磷酸 硫酸 铬酐	400 400 30	80	25～35	酸雾	0.40
铝及铝合金化学抛光槽	磷酸 硫酸 硝酸	75%① 20% 5%	100～120	—	酸雾	0.40
铜及铜合金化学抛光槽	硝酸 磷酸 冰醋酸 水	10%① 54% 30% 6%～10%	55～60	—	酸雾	0.40
铜及铜合金电解抛光槽	磷酸 铬酐	74%② 6%	20～40	30～50	酸雾	0.35
镍电解抛光槽	硫酸 铬酐	700～800 30～50	室温	20～40	酸雾	0.35
镍化学抛光槽	硫酸 硝酸 磷酸	20%① 20% 60%	80～85	—	酸雾	0.40

续表

槽子名称	溶液组成		工作规范		产生的主要有害气体	液面排风计算风速/(m/s)
	主要成分	含量/(g/L)	溶液温度/℃	电流密度/(A/dm²)		
4. 镀后处理槽						
肥皂溶液槽	普通肥皂	20～30	90	—	碱雾	0.25
磷化膜钝化槽	重铬酸钾	80～100	85～95	—	铬酸雾	0.35
铝阳极化膜钝化槽	重铬酸钾	100	90～95	—	铬酸雾	0.35
不锈钢钝化槽	硝酸	400～700	室温	—	酸雾	0.40
铝阳极化膜热水填充槽	纯水	—	100	—	水蒸气	0.25
铝阳极化膜着色槽	酸性染料	10～15	70～95	—	溶液蒸气	0.25
铝阳极化膜着色槽	茜素黄 茜素红	0.3 0.5	75～85	—	水蒸气	0.20
镀锌层黑色钝化槽	氨水(浓) 钼酸铵	600mL/L 300	30～40	—	氨气	0.35
铝、镁钝化槽	重铬酸钾	100～150	95	—	铬酸雾	0.35
镀锡层老化处理槽	磷酸三钠 铬酸钾	100～150 20～30	90～100	—	溶液蒸气	0.30
镀锡层防变色处理槽	氢氧化铵	28%[2]	室温	—	氨	0.25
涂油槽	锭子油或机油	—	110～115	—	油烟	约0.3
除氢油槽	锭子油或机油	—	200～250	—	油烟	约0.35
5. 退镀层槽						
电解退铬槽	氢氧化钠	80～100	70	5～15	碱雾	0.30
电解退铬槽	氢氧化钠	200～300	室温	10～20	碱雾	0.25
化学退铬槽	盐酸(1.19) 氧化锑	1L 20g	室温	—	酸雾	0.35
化学退锌槽	硫酸或盐酸	150～200	室温	—	酸雾	0.30
化学退锌槽	氢氧化钠 亚硝酸钠	200～300 100～200	100～120	—	碱雾	0.35
化学退镉槽	硝酸铵	200～250	室温	—	溶液蒸气	0.30
电解退镍槽	硫酸	50%[2]	室温	2	酸雾	0.30
电解退镍槽	铬酐 硼酸	250～300 25～30	室温	5～7	铬酸雾	0.35
化学退镍槽	间硝基苯磺酸钠 氰化钠	70～80 70～80	70～80	—	氰盐蒸气	0.30
电解退铜槽	铬酐 硫酸	100～150 1～2	室温	5～10	铬酸雾	0.30
化学退铜槽	铬酐 硫酸铵	200～300 80～120	室温	—	铬酸雾	0.30
电解退锡槽	氢氧化钠	80～100	80～100	2～10	碱雾	0.30
化学退锡槽	氢氧化钠 间硝基苯磺酸钠 柠檬钠	150～160 70～80 15	80～100	—	碱雾	0.35
化学退锡槽	盐酸(1.19) 氧化锑	1L 20g	室温	—	酸雾	0.35
电解退铅槽	氢氧化钠	100	60～70	1～3	酸雾	0.30
化学退铅槽	醋酸(96%～98%) 双氧水	75%～85%[1] 15%～25%	室温	—	酸雾	0.30

槽子名称	溶液组成		工作规范		产生的主要有害气体	液面排风计算风速/(m/s)
	主要成分	含量/(g/L)	溶液温度/℃	电流密度/(A/dm²)		
4. 退镀层槽						
电解退银槽	铬酐 硫酸	100~150 1~2	室温	5~10	铬酸雾	0.30
化学退银槽	硫酸 硝酸	95%① 5%	室温	—	酸雾	0.40
电解退金槽	氰化钾	40	室温	0.1~0.5	氰化氢	0.25
化学退金槽	硫酸(1.84) 盐酸(1.19)	80%① 20%	60~70	—	酸雾	0.40
电解退铜锡合金槽	硝酸钾	100~150	15~50	5~10	酸雾	0.30
化学退铜锡合金槽	硝酸(1.42) 氯化钠	1L 40g	60~75	—	酸雾	0.40
电解退铜锌合金槽	铬酐 硼酸	250 25	室温	5~7	铬酸雾	0.30
化学退铜锌合金槽	多硫化铵 氢氧化铵	75 310mL/L	室温	—	氨气	0.30
退钢件氧化膜槽	硫酸或盐酸	150~200	室温	—	酸雾	0.30
退铝件阳极化膜槽	氢氧化钠	50~100	60~80	—	碱雾	0.30
退镁合金件阳极化膜槽	氢氧化钠	260~310	70~80	—	碱雾	0.35
退钢件磷化膜槽	硫酸或盐酸	100~200	室温	—	酸雾	0.30

① 为体积分数（%）。

② 为质量分数（%）。

（3）槽边排气罩型式

常用的槽边排气罩型式可分为条缝式、平口式、倒置式以及吹吸式。条缝式排气罩有单侧、双侧、周边和环形等几种形式。平口式排气罩有整体式和分体式两种形式。倒置式槽边排气罩虽然排风效果较好，所需风量小，但它占据了槽内的有效宽度和高度，并影响生产操作，现在很少采用，故不做介绍。各类型槽边排风罩的优缺点比较列入表34-14。

以前常用的条缝式槽边排气罩（国标图号 T403-5 及 T451-5）等已经废止了。根据过去槽边排气罩使用情况、效果、存在问题等进行改进，做出修改，设计编制 08K106 排气罩图集。本节槽边排气罩的规格、尺寸、排风量等均引自国家住房和城乡建设部批准的 GJBJ—1087《工业通风排气罩》08K106 图集（实行日期 2008 年 12 月 1 日）。

表 34-14 各类型槽边排气罩的优缺点比较

排风罩型式	优点	缺点
条缝式槽边排气罩	液面排风气流较稳定；条缝口排风速度大，吸入的无效空气比平口罩少，排风量较省，排风效果好；罩子结构简单，施工安装方便。使用较广	排风罩截面较高，占地占空间大，对操作稍有影响
平口式槽边排气罩	排风罩截面较低，占空间较小；不影响生产操作；罩子结构简单，施工安装方便。使用较广	所需排风量较大。易受横向气流干扰，影响排风效果
倒置式槽边排气罩	所需排风量较小；不受横向气流影响；排风效果较好	排风罩要伸入槽内，需降低槽内液面高度；占去约20%的槽宽，给生产操作带来不利影响；零件出槽易碰坏排风罩边。现在很少采用
吹吸式槽边排气罩	吹风作用距离大，增加排风的有效距离；可用于槽宽度大的槽子，节省排风量，提高排风效果；仅适用于对零件放取不频繁的作业和液面上无突出部分的槽	放进、取出零件时，吹出的气流撞击零件（尤其是吊筐装零件时），使其上面的有害气体扩散至室内作业地；施工工作量较大；设备费用高（多一套送风系统）

34.4.4 条缝式槽边排气罩

(1) 条缝式槽边排气罩型式

常用的条缝式槽边排气罩按其罩口的布置形式，可分为单侧 A 型、单侧 B 型、双则 A 型、双则 B 型、周边型和环型等，其结构形式如其图 34-2 所示。为保证吸气口气流分布均匀，根据抽风口位置、条缝口的具体情况，可考虑采用楔形条缝口。

条缝式槽边排气罩的特点是槽面上排风气流较稳定，吸入的无效空气少于平口罩，结构简单，效果较好，但占据空间较大，给手工操作带来不便。排气罩制作材料有钢材和塑料两种。

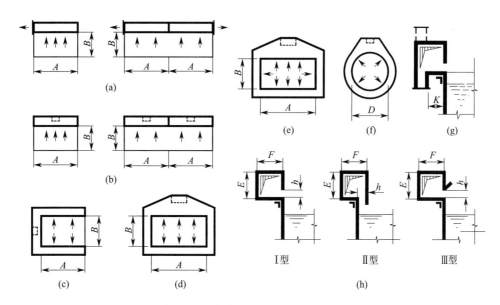

图 34-2 条缝式槽边排气罩的结构

(a) 单侧 A 型；(b) 单侧 B 型；(c) 双侧 A 型；(d) 双侧 B 型；
(e) 周边型；(f) 环型；(g) 条缝罩安装形式；(h) 条缝罩口形式
A—槽长度（或罩长度）；B—槽宽度；E—条缝罩截面高度；
F—条缝罩截面宽度；h—条缝罩口高度；K—条缝罩排风管与槽外壁之间净距

一般情况下，当条缝罩排风管向下接管时，采用 $K \geqslant 90$mm；条缝罩排风管向上接管时，采用 $K \geqslant 50$mm。

(2) 条缝式槽边排气罩的规格及排风量

条缝式排气罩单侧 A 型和 B 型的规格及排风量分别见表 34-15 及表 34-16。

条缝式排气罩双侧 A 型和 B 型的规格及排风量分别见表 34-17 及表 34-18。

条缝式周边型排气罩的规格及排风量见表 34-19。

条缝式环型排气罩的规格及排风量见表 34-20。

表 34-15 条缝式排气罩单侧 A 型规格及排风量

序号			1	2	3	4	5	6	7	8	9	10
槽长或罩长 A/mm			400				500				600	
槽宽度 B/mm			400	500	600	700	400	500	600	700	400	500
槽面控制风速 /(m/s)	0.25	排风量 /(m³/h)	475	621	773	930	568	743	924	1112	657	859
	0.30		570	779	928	1116	628	932	1109	1334	789	1078
	0.35		665	870	1082	1302	795	1040	1294	1557	920	1203
	0.40		760	994	1237	1488	909	1188	1479	1779	1052	1375
	0.50		950	1242	1546	1860	1136	1485	1848	2224	1315	1718

序号				1	2	3	4	5	6	7	8	9	10
槽长或罩长 A/mm				400				500				600	
槽宽度 B/mm				400	500	600	700	400	500	600	700	400	500
结构尺寸/mm	E			120	140	140	170	120	140	140	170	120	140
	F			120				140				160	
	h			30	40	50	60	30	40	50	60	30	40
	a			60				80				80	
	b			250	350	350	380	250	350	400	450	300	400
金属罩重量/kg				7.98	9.78	9.78	10.59	9.80	11.85	12.75	14.05	12.09	14.38
塑料罩重量/kg				2.78	3.40	3.40	3.69	3.45	4.16	4.47	4.92	4.27	5.07

序号				11	12	13	14	15	16	17	18	19	20
槽长或罩长 A/mm				600		800				1000			
槽宽度 B/mm				600	700	400	500	600	700	400	500	600	700
槽面控制风速/(m/s)	0.25	排风量/(m³/h)		1069	1280	827	1081	1346	1619	989	1293	1609	1936
	0.30			1283	1544	993	1357	1615	1943	1187	1622	1931	2323
	0.35			1497	1801	1158	1514	1884	2267	1385	1810	2253	2710
	0.40			1711	2058	1324	1730	2153	2591	1583	2068	2574	3097
	0.50			2138	2573	1655	2163	2692	3239	1978	2586	3218	3872
结构尺寸/mm	E			140	170	120	140	140	170	120	140	140	170
	F			160		180				200			
	h			50	60	30	40	50	60	30	40	50	60
	a			80		100				120			
	b			500	550	300	450	600	650	300	450	600	650
金属罩重量/kg				16.38	17.84	15.74	19.70	23.31	25.09	19.69	24.33	28.53	32.05
塑料罩重量/kg				5.27	6.28	5.61	7.00	8.27	8.90	7.06	8.71	10.19	11.45

排气罩示意图 / 平面示意图 / A—A / 单位:mm

槽长度在 1000～2000mm 的,可选用两个排气罩。金属罩用 2.5mm 钢板焊制,塑料罩用 5mm 的硬聚氯乙烯板或玻璃钢制造。条缝口按 I 型绘制。排气量已计入 1.1 的安全系数

表 34-16 条缝式排气罩单侧 B 型规格及排风量

序号				1	2	3	4	5	6	7	8	9	10
槽长或罩长 A/mm				400				500				600	
槽宽度 B/mm				400	500	600	700	400	500	600	700	400	500
槽面控制风速/(m/s)	0.25	排风量/(m³/h)		475	621	773	930	568	743	924	1112	657	859
	0.30			570	779	928	1116	628	932	1109	1334	789	1078
	0.35			665	870	1082	1302	795	1040	1294	1557	920	1203
	0.40			760	994	1237	1488	909	1188	1479	1779	1052	1375
	0.50			950	1242	1546	1860	1136	1485	1848	2224	1315	1718
结构尺寸/mm	E			120	140	140	170	120	140	140	170	120	140
	F			120				140				160	
	h			30	40	50	60	30	40	50	60	30	40
	a			60				80				80	
	b			250	350	350	380	250	350	400	450	300	400
金属罩重量/kg				7.24	8.36	8.43	9.31	8.88	10.08	10.47	11.62	10.93	12.24
塑料罩重量/kg				2.51	2.88	2.90	3.22	3.11	3.50	3.63	4.03	3.84	4.28

续表

序号		11	12	13	14	15	16	17	18	19	20
槽长或罩长 A/mm		600		800				1000			
槽宽度 B/mm		600	700	400	500	600	700	400	500	600	700
槽面控制风速 /(m/s)	0.25	1069	1280	827	1081	1346	1619	989	1293	1609	1936
	0.30	1283	1544	993	1357	1615	1943	1187	1622	1931	2323
	0.35 排风量 /(m³/h)	1497	1801	1158	1514	1884	2267	1385	1810	2253	2710
	0.40	1711	2058	1324	1730	2153	2591	1583	2068	2574	3097
	0.50	2138	2573	1655	2163	2692	3239	1978	2586	3218	3872
结构尺寸 /mm	E	140	170	120	140	140	170	120	140	140	170
	F	160		180				200			
	h	50	60	30	40	50	60	30	40	50	60
	a	80		100				120			
	b	500	550	300	450	600	650	300	450	600	650
金属罩重量/kg		12.95	14.26	14.21	15.97	16.95	18.54	17.81	19.72	20.68	22.81
塑料罩重量/kg		4.50	4.96	5.04	5.62	5.92	6.49	6.36	7.00	7.29	8.03

排气罩示意图

槽长度在 1000～2000mm 的,可选用两个排气罩。金属罩用 2.5mm 钢板焊制,塑料罩用 5mm 的硬聚氯乙烯板或玻璃钢制造。条缝口按Ⅲ型绘制。排气量已计入 1.1 的安全系数

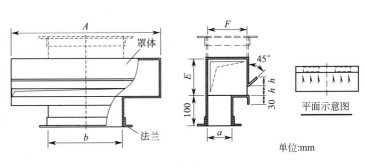

单位:mm

表 34-17　条缝式排气罩双侧 A 型规格及排风量

序号		1	2	3	4	5	6	7	8	9	10	11	12
槽长或罩长 A/mm		800				1000					1200		
槽宽度 B/mm		500	600	700	800	500	600	700	800	1000	500	600	700
槽面控制风速 /(m/s)	0.25	941	1172	1410	1655	1125	1401	1685	1978	2586	1302	1621	1950
	0.30	1130	1406	1692	1986	1351	1681	2022	2374	3103	1563	1945	2340
	0.35 排风量 /(m³/h)	1318	1640	1974	2317	1576	1961	2359	2769	3620	1823	2269	2730
	0.40	1506	1875	2256	2648	1801	2241	2696	3165	4137	2083	2593	3120
	0.50	1883	2343	2819	3309	2251	2801	3371	3956	5171	2604	3241	3900
结构尺寸 /mm	E	140	140	170	170	140	140	170	170	200	140	140	170
	F	120				140					140		
	h	25	35	35	30	30	35	35	50	50	30	40	40
	a	250	260	270	290	300	350	350	350	400	350	350	350
	b	150	140	130	120	120	120	150	200	200	150	170	170
金属罩重量/kg		31.83	32.60	36.83	38.08	37.22	38.62	45.06	48.54	56.42	43.22	45.03	50.81
塑料罩重量/kg		11.35	11.64	13.20	13.65	13.33	13.80	16.15	17.39	20.26	15.47	16.12	18.26

序号		13	14	15	16	17	18	19	20	21	22	23	—
槽长或罩长 A/mm		1200			1500				2000				—
槽宽度 B/mm		800	1000	1200	700	800	1000	1200	700	800	1000	1200	—
槽面控制风速 /(m/s)	0.25	2289	2992	3723	2331	2736	3576	4451	2934	3444	4502	5603	—
	0.30	2747	3590	4468	2797	3283	4291	5341	3521	4133	5402	6723	
	0.35 排风量 /(m³/h)	3204	4188	5212	3263	3831	5007	6231	4108	4822	6302	7844	
	0.40	3662	4786	5957	3730	4378	5722	7121	4695	5511	7203	8964	
	0.50	4578	5983	7446	4662	5472	7152	8902	5868	6888	9003	11205	

续表

序号	13	14	15	16	17	18	19	20	21	22	23	—
槽长或罩长 A/mm	1200			1500				2000				—
槽宽度 B/mm	800	1000	1200	700	800	1000	1200	700	800	1000	1200	—
结构尺寸/mm　E	170	200	200	170	170	200	200	170	170	200	200	—
F	140			160				200				—
h	40	50	55	40	60	60	60	60	55	55	60	—
a	400	450	500	400	450	500	500	450	500	600	750	—
b	200	250	200	200	200	250	300	200	250	250	250	—
金属罩重量/kg	54.14	64.88	65.73	62.96	63.73	75.72	83.16	82.60	87.52	88.43	102.1	—
塑料罩重量/kg	19.42	23.29	23.61	22.68	22.92	27.26	29.96	29.89	31.62	35.56	36.95	—

排气罩示意图

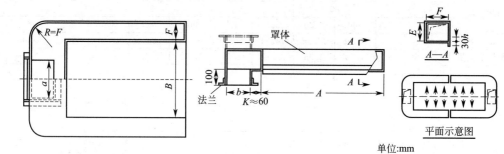

单位:mm

槽长度在1000~2000mm的,可选用两个排气罩。金属罩用2.5mm钢板焊制,塑料罩用5mm的硬聚氯乙烯板或玻璃钢制造。条缝口按Ⅰ型绘制。排气量已计入1.1的安全系数

表 34-18　条缝式排气罩双侧 B 型规格及排风量

序号	1	2	3	4	5	6	7	8	9	10	11	12
槽长或罩长 A/mm	800				1000					1200		
槽宽度 B/mm	500	600	700	800	500	600	700	800	1000	500	600	700
槽面控制风速/(m/s)　0.25　排风量/(m³/h)	941	1172	1410	1655	1125	1401	1685	1978	2586	1302	1621	1950
0.30	1130	1406	1692	1986	1351	1681	2022	2374	3103	1563	1945	2340
0.35	1318	1640	1974	2317	1576	1961	2359	2769	3620	1823	2269	2730
0.40	1506	1875	2256	2648	1801	2241	2696	3165	4137	2083	2593	3120
0.50	1883	2343	2819	3309	2251	2801	3371	3956	5171	2604	3241	3900
结构尺寸/mm　A_1	780				980					1180		
A_2	630				830					1030		
B_1	880	950	1050	1140	950	1020	1120	1210	1390	920	990	1110
B_2	410	500	600	700	410	500	600	700	890	410	510	600
E	140	140	170	170	140	140	170	170	200	140	140	170
F	120				140					140		
h	35	35	35	35	30	35	35	35	40	30	30	35
a	300	300	300	360	450	450	450	450	550	550	550	550
b	100	100	100	100	150	150	150	150	150	150	150	150
g	182	187	191	198	200	202	206	194	205	210	215	220

序号	13	14	15	16	17	18	19	20	21	22	23	—
槽长或罩长 A/mm	1200			1500				2000				—
槽宽度 B/mm	800	1000	1200	700	800	1000	1200	700	800	1000	1200	—
槽面控制风速/(m/s)　0.25　排风量/(m³/h)	2289	2992	3723	2331	2736	3576	4451	2934	3444	4502	5603	—
0.30	2747	3590	4468	2797	3283	4291	5341	3521	4133	5402	6723	—
0.35	3204	4188	5212	3263	3831	5007	6231	4108	4822	6302	7844	—
0.40	3662	4786	5957	3730	4378	5722	7121	4695	5511	7203	8964	—
0.50	4578	5983	7446	4662	5472	7152	8902	5868	6888	9003	11205	—

续表

序号	13	14	15	16	17	18	19	20	21	22	23	—
槽长或罩长 A/mm	1200			1500				2000				—
槽宽度 B/mm	800	1000	1200	700	800	1000	1200	700	800	1000	1200	—
结构尺寸/mm A_1	1180			1480				1980				
A_2	1030			1330				1780				
B_1	1210	1410	1630	1120	1210	1420	1660	1190	1310	1520	1710	—
B_2	690	870	1060	590	690	870	1050	550	650	850	1050	—
E	170	200	200	170	200	200	200	170	170	200	200	—
F	140			160				200				
h	40	50	55	40	45	50	60	60	60	60	60	
a	550	550	600	550	550	550	550	550	550	600	600	
b	150	170	200	150	150	170	200	170	250	250	250	
g	206	212	214	206	195	204	210	207	204	215	220	

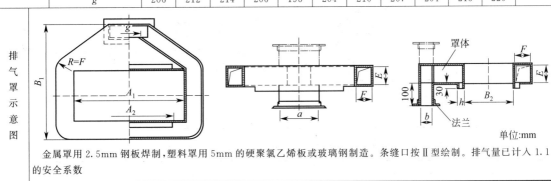

排气罩示意图

金属罩用 2.5mm 钢板焊制，塑料罩用 5mm 的硬聚氯乙烯板或玻璃钢制造。条缝口按 Ⅱ 型绘制。排气量已计入 1.1 的安全系数

表 34-19　条缝式周边型排气罩的规格及排风量

序号	1	2	3	4	5	6	7	8	9	10	11	12
槽长或罩长 A/mm	800				1000					1200		
槽宽度 B/mm	500	600	700	800	500	600	700	800	1000	500	600	700
槽面控制风速/(m/s) 0.25 排风量/(m³/h)	941	1172	1410	1655	1125	1401	1685	1978	2586	1302	1621	1950
0.30	1130	1406	1692	1986	1351	1681	2022	2374	3103	1563	1945	2340
0.35	1318	1640	1974	2317	1576	1961	2359	2769	3620	1823	2269	2730
0.40	1506	1875	2256	2648	1801	2241	2696	3165	4137	2083	2593	3120
0.50	1883	2343	2819	3309	2251	2801	3371	3956	5171	2604	3241	3900
结构尺寸/mm A_1	710	710	710	710	920	910	910	910	900	1120	1120	1110
A_2	560	560	560	560	770	760	760	760	750	970	970	960
B_1	880	950	1050	1140	950	1020	1120	1210	1390	920	990	1110
B_2	410	500	600	700	410	500	600	700	890	410	510	600
E	140	140	170	170	140	140	170	170	200	140	140	170
F	120				140					140		
h	35	35	35	35	30	35	35	35	40	30	30	35
a	300	300	300	360	450	450	450	450	550	550	550	550
b	100	100	100	100	150	150	150	150	150	150	150	150
g	182	187	191	198	200	202	206	194	205	210	215	220

序号	13	14	15	16	17	18	19	20	21	22	23	—
槽长或罩长 A/mm	1200			1500				2000				—
槽宽度 B/mm	800	1000	1200	700	800	1000	1200	700	800	1000	1200	—
槽面控制风速/(m/s) 0.25 排风量/(m³/h)	2289	2992	3723	2331	2736	3576	4451	2934	3444	4502	5603	
0.30	2747	3590	4468	2797	3283	4291	5341	3521	4133	5402	6723	
0.35	3204	4188	5212	3263	3831	5007	6231	4108	4822	6302	7844	
0.40	3662	4786	5957	3730	4378	5722	7121	4695	5511	7203	8964	
0.50	4578	5983	7446	4662	5472	7152	8902	5868	6888	9003	11205	

序号		13	14	15	16	17	18	19	20	21	22	23	—
槽长或罩长 A/mm		1200			1500				2000				
槽宽度 B/mm		800	1000	1200	700	800	1000	1200	700	800	1000	1200	
结构尺寸/mm	A_1	1100	1080	1070	1400	1390	1380	1360	1860	1860	1860	1860	—
	A_2	950	930	920	1250	1240	1230	1210	1660	1660	1660	1660	—
	B_1	1210	1410	1630	1120	1210	1420	1660	1190	1310	1520	1710	—
	B_2	690	870	1060	590	690	870	1050	550	650	850	1050	—
	E	170	200	200	170	200	200	200	170	170	200	200	—
	F	140			160				200				—
	h	40	50	55	40	45	50	60	60	60	60	60	—
	a	550	550	600	550	550	550	550	550	550	600	600	—
	b	150	170	200	150	200	170	200	170	250	250	250	—
	g	206	212	214	206	195	204	210	207	204	215	220	—

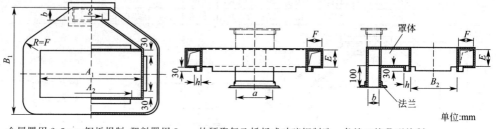

排气罩示意图

金属罩用 2.5mm 钢板焊制，塑料罩用 5mm 的硬聚氯乙烯板或玻璃钢制造。条缝口按Ⅱ型绘制

单位:mm

表 34-20　条缝式环型排气罩的规格及排风量

序号			1	2	3	4	5	6	7
直径 D/mm			600	700	800	900	1000	1100	1200
槽面控制风速/(m/s)	0.25	排风量/(m³/h)	841	1145	1495	1892	2336	2827	3364
	0.30		1009	1374	1794	2271	2804	3392	4037
	0.35		1178	1603	2093	2649	3271	3958	4710
	0.40		1346	1832	2292	3028	3738	4523	5383
	0.50		1682	2290	2991	3785	4633	5654	6729
结构尺寸/mm	A		280	300	300	390	450	500	550
	E		140	140	170	170	170	200	200
	F		100	120	120	140	140	140	140
	h		30	30	35	35	50	50	50
	a		250	270	270	350	400	450	500
	b		120	120	150	150	150	200	200
	G		900	1040	1170	1310	1410	1560	1660
	g		95	100	105	125	140	160	175
金属罩重量/kg			24.28	29.85	37.41	45.16	48.67	58.82	64.52
塑料罩重量/kg			8.94	11.05	13.91	16.80	18.10	22.27	24.02

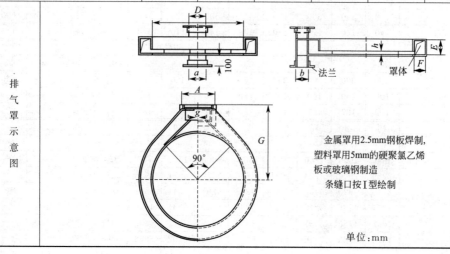

排气罩示意图

金属罩用2.5mm钢板焊制，塑料罩用5mm的硬聚氯乙烯板或玻璃钢制造
条缝口按Ⅰ型绘制

单位:mm

34.4.5　平口式槽边排气罩

平口式槽边排气罩分为整体式和分体式两种。在同样条件下其排风量比条缝式排气罩大，多用于手工操作。排气罩制作材料有钢材和塑料两种。

整体式平口式排气罩性能及结构尺寸见表 34-21。分体式平口式排气罩性能及结构尺寸见表 34-22。平口式排气罩的排风量分别见表 34-23。

表 34-21　整体式平口式排气罩性能及结构尺寸

序号	V_1 /(m/s)	V_2 /(m/s)	排风量 /(m³/h)	排气罩结构尺寸/mm							
				ζ	A	H	E	F	h	a	b
1	5.8	2.9	600	2.6	600	200	50	25	50	120	500
	9.6	4.8	1000								
2	6.8	3.2	1000	2.7	600	250	80	35	70	150	600
	12	5.6	1800								
3	7.2	3.8	800	2.9	800	200	50	20	40	120	500
	10.8	5.8	1200								
4	7.2	3.8	1200	2.7	800	250	80	30	60	150	600
	10.7	5.7	1800								
5	8.1	3.7	1800	2.6	800	300	100	40	80	200	700
	11.2	5.1	2500								
6	5.7	3.1	1000	2.6	1000	250	80	25	50	150	600
	11.5	6.3	2000								
7	8.2	4.1	2000	3.7	1000	300	100	35	70	200	700
	12.3	6.2	3000								
8	5.3	3.5	1100	4.0	1200	250	80	20	50	150	600
	10	6.6	2100								
9	7.2	4.3	2100	2.5	1200	300	100	35	70	200	700
	11.9	7.1	3400								
10	5	3.1	1300	3.5	1500	250	100	20	50	200	600
	8.8	5.5	2300								
11	6.3	4.7	2300	3.0	1500	300	100	35	70	200	700
	10.9	8.2	4000								

排气罩 重量 /kg	型号	1	2	3	4	5	6	7	8	9	10	11
	金属罩	21.66	27.09	26.76	34.31	39.21	38.91	43.03	44.67	53.27	53.82	63.45
	塑料罩	7.66	9.67	9.57	12.32	14.08	14.01	16.58	16.11	19.26	19.53	23.01

表中 ζ 表示局部阻力系数

排气罩示意图

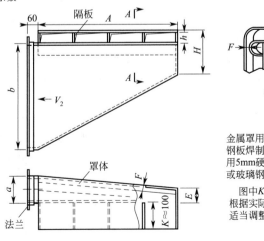

金属罩用2.5mm
钢板焊制，塑料罩
用5mm硬聚氯乙烯
或玻璃钢制造

图中K的尺寸可
根据实际情况作
适当调整

单位:mm

表 34-22 分体式平口式排气罩性能及结构尺寸

序号	V_2/(m/s)	ζ	4	5	6	7	8	9	10	11
			\multicolumn{8}{c}{排风量/(m³/h)}							
1	1.7~4.6		225	280	340	395	450	515	565	620
2	1.7~4.8		285	360	430	500	580	650	720	790
3	1.7~4.7	1.0	340	425	510	595	685	770	845	935
4	1.6~4.5		400	500	600	700	800	900	1000	1100
5	1.6~4.4		455	570	680	795	910	1020	1140	1250
6	2.2~6.1		340	425	510	590	685	770	845	930
7	2.2~6.1		425	530	640	750	855	965	1060	1160
8	2.2~6.1	1.4	510	635	765	900	1020	1150	1270	1390
9	2.1~5.8		600	750	900	1050	1200	1350	1500	1650
10	2.0~5.6		685	860	1030	1200	1370	1550	1720	1880
11	2.6~7.1		450	560	680	800	900	1030	1130	1240
12	2.6~7.1		570	720	830	1000	1160	1300	1440	1580
13	2.6~7.1	1.7	680	850	1020	1190	1370	1540	1690	1870
14	2.5~6.8		800	1000	1200	1400	1600	1800	2000	2200
15	2.4~6.6		910	1140	1360	1590	1820	2040	2280	2500

序号	\multicolumn{7}{c}{排风罩结构尺寸/mm}							\multicolumn{2}{c}{罩重量/kg}	
	A	a	b	h	F	H	H_1	金属罩	塑料罩
1	400	300						15.63	5.60
2	500	370						18.33	6.57
3	600	450	120	40	25	500	100	21.45	7.72
4	700	550						24.71	8.86
5	800	650						28.25	10.10
6	400	300						16.53	5.92
7	500	370						19.29	6.94
8	600	450	140	60	35	500	130	22.42	8.03
9	700	550						25.92	9.32
10	800	650						29.36	10.50
11	400	300						17.26	6.17
12	500	370						20.02	7.18
13	600	450	160	80	40	500	150	23.13	8.33
14	700	550						26.77	9.64
15	800	650						30.17	10.82

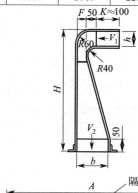

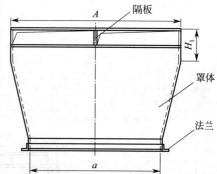

金属罩用 2.5mm 钢板、塑料罩用 5mm 的硬聚氯乙烯板或玻璃钢制造。图中 K 的尺寸可根据实际情况作适当调整。表中 ζ 表示局部阻力系数

单位:mm

表 34-23 平口式排气罩的排风量

槽长/mm	V/(m/s)	\multicolumn{3}{c}{单侧排风(槽宽 mm)}			\multicolumn{8}{c}{双侧排风(槽宽 mm)}							
		\multicolumn{3}{c}{排风量/(m³/h)}			\multicolumn{8}{c}{排风量/(m³/h)}							
		500	600	700	700	800	900	1000	1100	1200	1300	1400
600	0.20	700	900	—	—	—	—	—	—	—	—	—
	0.25	850	1125	—	—	—	—	—	—	—	—	—
	0.30	1050	1350	—	—	—	—	—	—	—	—	—
	0.40	1400	1800	—	—	—	—	—	—	—	—	—

续表

槽长/mm	V/(m/s)	单侧排风(槽宽 mm) 排风量/(m³/h)			双侧排风(槽宽 mm) 排风量/(m³/h)							
		500	600	700	700	800	900	1000	1100	1200	1300	1400
800	0.20	840	1080	1340	1050	1250	—	—	—	—	—	—
	0.25	1050	1350	1675	1310	1565	—	—	—	—	—	—
	0.30	1200	1620	2010	1576	1875	—	—	—	—	—	—
	0.40	1680	2160	2680	2100	2500		—	—	—	—	—
1000	0.20	1000	1300	1550	1250	1500	1750	2000	—	—	—	—
	0.25	1250	1625	1940	1565	1815	2185	2500	—	—	—	—
	0.30	1500	1950	2320	1875	2250	2625	3000	—	—	—	—
	0.40	2000	2600	3100	2500	3000	3600	4000	—	—	—	—
1200	0.20	1150	1450	1750	1500	1750	2000	2300	2550	2850	—	—
	0.25	1440	1810	2190	1875	2190	2500	2875	3188	3563	—	—
	0.30	1725	2175	2625	2250	2625	3000	3450	3825	4275	—	—
	0.40	2300	2900	3500	3000	3500	400	4600	5100	5700	—	—
1500	0.20	1350	1750	2100	1800	2100	2400	2700	3100	3400	3750	4200
	0.25	1690	2190	2625	2250	2620	2800	3375	3875	4250	4688	5250
	0.30	2050	2625	3150	2700	3150	3600	4050	4650	5100	5625	6300
	0.40	2700	3500	4200	3600	4200	4800	5400	6200	6800	7500	8400
1500	0.20	1600	2000	2400	2100	2450	2800	3200	3600	4000	4400	4800
	0.25	2000	2500	3000	2620	3060	3500	4000	4500	5000	5500	6060
	0.30	2400	3000	3600	3150	3675	4200	4800	5400	6000	6600	7275
	0.40	3200	4000	4800	4200	4900	5600	6400	7200	8000	8800	9700
2000	0.20	1750	2200	2650	2300	2700	3100	3500	3950	4400	4800	5300
	0.25	2190	2750	3315	2875	3375	3875	4375	4938	5500	6000	6625
	0.30	2625	3300	3975	3450	4050	4650	5250	5925	6600	7200	7950
	0.40	3500	4400	5300	4600	5400	6200	7000	7900	8800	9600	10600
2500	0.20	2150	2700	3250	2800	3300	3800	4300	4800	5300	5850	6400
	0.25	2690	3375	4070	3500	4125	4750	5375	6000	6625	7310	8000
	0.30	3225	4050	4875	4200	4925	5700	6450	7200	7950	8775	9600
	0.40	4300	5400	6500	5600	6600	7600	8600	9600	10600	11700	12800
3000	0.20	2550	3150	3800	3350	3950	4500	5100	5700	6300	6850	7550
	0.25	3240	3940	4750	4190	4930	5625	6376	7125	7875	8563	9640
	0.30	3825	4725	5700	5025	5925	6750	7650	8550	9450	10275	11325
	0.40	5100	6300	7600	6700	7900	9000	10200	11400	12600	13700	15100
3500	0.20	2900	3600	4350	3900	4600	5200	5800	6500	7250	7960	8700
	0.25	3625	4500	5440	4875	5750	6500	7250	8125	9063	9950	10840
	0.30	4325	5400	6525	5850	6900	7800	8700	9725	10875	11940	13050
	0.40	5800	7200	8700	7300	9200	10400	11600	13000	14500	15920	17400
4000	0.20	3303	4100	4900	4400	5150	5850	6600	7400	8150	8900	9700
	0.25	4125	5125	6125	5500	6438	7313	8250	9250	10188	11125	12125
	0.30	4950	6150	7350	6600	7725	8775	9900	11100	12225	13350	14550
	0.40	6600	8200	9800	8800	10300	11700	13200	14800	16300	17800	19400
4500	0.20	3650	4550	5450	4900	5750	6550	7350	8250	9100	10000	10850
	0.25	4563	5688	6813	6125	7188	8188	9188	10313	11375	12500	13563
	0.30	5475	6825	8175	7350	8265	9825	11025	12375	13650	15000	16275
	0.40	7300	9100	10900	9800	11500	13100	14700	16500	18200	20000	21700
5000	0.20	4000	5050	6000	5400	6350	7250	8150	9050	10000	10950	12000
	0.25	5000	6313	7500	6750	7938	9063	10188	11313	12500	13688	15000
	0.30	6000	7575	9000	8100	9525	10875	12225	13575	15000	16425	18000
	0.40	8000	10100	12000	10800	12700	14500	16300	18100	20000	21900	24000

槽长 /mm	V /(m/s)	单侧排风（槽宽 mm）			双侧排风（槽宽 mm）							
		排风量/(m³/h)			排风量/(m³/h)							
		500	600	700	700	800	900	1000	1100	1200	1300	1400
5500	0.20	4450	5500	6650	5900	6900	7900	8900	9950	11000	12050	13100
	0.25	5563	6875	8188	7375	8625	9875	11125	12438	13750	15063	16375
	0.30	6675	8250	9825	8850	10350	11850	13350	14925	16500	18075	19650
	0.40	8900	11000	13100	11800	13800	15800	17800	19900	22000	24100	26200
6000	0.20	4850	5950	7050	6450	7550	8600	9700	10850	11950	13100	14200
	0.25	6063	7425	8813	8063	9490	10750	12125	13563	14938	16375	17750
	0.30	7275	8925	10575	9675	11325	12900	14550	16275	17925	19650	21300
	0.40	9700	11900	14100	12900	15100	17200	19400	21700	23900	26200	28400
备注	当液面排风计算速度 $V>0.4$ m/s 时，其排风量则在 $V=0.4$ m/s 的排风量数值上再乘 1.1～1.15 的系数计算											

34.4.6 吹吸式排气罩

(1) 形式和特点

① 吹吸式排气罩是利用吹风口吹出的气流作为动力，把有害气体输送到吸风口，被吸入罩内排出。它具有风量小、控制效果好、抗干扰能力强，不影响工艺操作等优点。用于较宽槽面（槽宽大于 1200mm）的排风。

② 为适应工艺槽各种不同长度、宽度的尺寸，吹吸罩有多种规格供选择。

③ 吹吸罩的高度有两种尺寸可供选择，高度分别为高型（即 H 型）和低型（即 H′型）。

(2) 选用要点

① 当工艺槽上有对吸收气流造成较大阻碍的因素，如处理零部件、挂具（吊框等）阻挡风气流，若不能加以完善或排除，或生产过程中零件上下槽较频繁等，则慎用（或不宜选用）。

② 吹风罩设置在操作人员操作的一侧，当工艺槽靠墙布置时，吸风罩宜设置在靠墙一侧。

③ 在同一规格中吹吸罩的罩口有两种高度，当工艺槽释放有害气体较强时，或当罩口处于易被阻塞的情况下，可选用较高的罩口。

④ 如工艺槽宽度 B 介于性能表中两档槽宽尺寸之间，则按尺寸较大的一档槽宽选用。

⑤ 排气罩的高度 H 为高型，H' 为低型，也可根据实际情况确定。

⑥ 排气罩罩口长度（结构尺寸表中的图中长度 S），可根据实际情况作适当调整。

⑦ 排气罩有金属罩和塑料罩两种可供选用。金属罩用 2.5mm 钢板、塑料罩用 5mm 的硬聚氯乙烯板或玻璃钢制造。

⑧ 吹吸式排气罩的性能表中的吹、吸风量均已考虑一定的安全系数，选用时仅对吸风量进行槽长修正，将修正系数乘以表中的吸风量即可。槽长修正系数按下式计算：

$$K=1.1\times(L+h_2)/L$$

式中 K——吸风量计算的槽长修正系数；

　　L——工艺槽长度，mm；

　　h_2——吸风口高度，mm。

⑨ 吹吸式排气罩选择举例。

【例】 某溶液槽长 $L=3000$mm，槽宽 $B=2600$mm，槽液温度约 70℃。试确定总吹、吸风量，并选用吹吸式排气罩。

【解】 ① 确定总吹、吸风量：查吹吸式排气罩性能表，当 $B=2600$mm，选用序号 15，即 $B=2700$mm，取 $h_1=6$mm，$h_2=170$mm。$q_1=218$m³/(h·m)，$q_2=4098$m³/(h·m)。

则总吹风量为：$Q_1=q_1L=218$m³/(h·m)×3m=654m³/h。

总吸风量为：$Q_2=Kq_2L$

$$K=1.1\times(L+h_2)/L=1.1\times(3+0.17)/3=1.16$$
$$Q_2=1.16\times4098\,\text{m}^3/(\text{h}\cdot\text{m})\times3\,\text{m}=14261\,\text{m}^3/\text{h}。$$

② 根据槽长（$L=3000\,\text{mm}$）选择吹、吸罩型号：查吹、吸罩尺寸表，选用 5♯ 吹风罩（$A=500\,\text{mm}$，$h_1=6\,\text{mm}$）6 只；选用 26♯ 吸风罩（$A=500\,\text{mm}$，$h_2=170\,\text{mm}$）6 只。

(3) 吹吸罩的安装

吹吸式排气罩与风管的连接方式有 4 种，即将排风管设置在地面上、地下风道内、地面上操作格栅走道的底下以及地下室内，如图 34-3 所示。

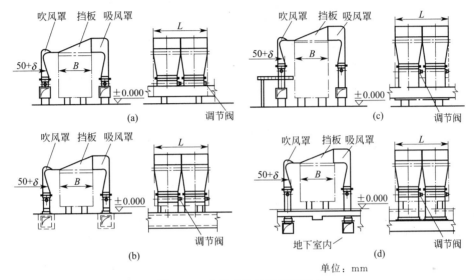

图 34-3　吹吸式排气罩安装形式
(a) 吹吸罩与槽两侧在地面上送排风管连接；(b) 吹吸罩与地沟内送排风道连接；
(c) 吹吸罩与地面上送排风管连接，送风管设置在操作格栅走道的底下；
(d) 吹吸罩与地下室内送排风管连接
L—槽子长度；B—槽子宽度；δ—槽壁厚度（包括槽壁保温层厚度）

(4) 吹吸式排气罩规格及性能

吹吸式排气罩性能参数见表 34-24。

吹风罩及吸风罩的结构尺寸见表 34-25。

表 34-24　吹吸式排气罩性能参数

序号	槽宽 B /mm	吹口高 h_1 /mm	吸口高 h_2 /mm	吹口风速 V_1 /(m/s)	吸口风速 V_2 /(m/s)	吹风量 q_1 /(m³/h·m)	吸风量 q_2 /(m³/h·m)	吹口阻力 ΔP_1/Pa	吸口阻力 ΔP_2/Pa
1	800	4	50	6.32	5.16	91	929	108	147
2	800	6	60	5.14	5.19	111	1122	71	149
3	1000	4	60	7.01	5.79	101	1252	133	185
4	1000	6	70	5.47	5.37	124	1353	89	159
5	1200	4	70	7.78	5.89	112	1483	163	192
6	1200	6	80	6.30	5.50	136	1584	107	167
7	1500	4	90	9.03	6.59	130	2135	220	240
8	1500	6	100	7.41	6.25	160	2250	148	216
9	1800	4	110	9.93	6.54	143	2589	266	236
10	1800	6	120	8.10	6.26	175	2700	177	216
11	2100	6	130	8.04	6.75	193	3158	174	252
12	2100	10	130	6.92	6.75	249	3158	129	252
13	2400	6	150	9.49	6.72	205	3630	243	249
14	2400	10	150	7.36	6.72	265	3630	169	249

序号	槽宽 B /mm	吹口高 h_1 /mm	吸口高 h_2 /mm	吹口风速 V_1 /(m/s)	吸口风速 V_2 /(m/s)	吹风量 q_1 /(m³/h·m)	吸风量 q_2 /(m³/h·m)	吹口阻力 ΔP_1/Pa	吸口阻力 ΔP_2/Pa
15	2700	6	170	10.09	6.70	218	4098	275	248
16	2700	10	170	7.83	6.70	282	4098	166	248
17	3000	6	190	10.97	6.93	237	4738	325	265
18	3000	10	190	8.50	6.93	306	4738	195	265
19	3300	6	200	11.53	7.09	249	5103	359	277
20	3300	10	200	8.89	7.09	320	5103	213	277
21	3600	6	220	12.04	7.06	260	5592	391	275
22	3600	10	220	9.28	7.06	334	5592	233	275
23	4000	6	240	12.64	7.12	273	6147	432	280
24	4000	10	240	8.81	7.12	350	6147	260	280

排气罩示意图

表 34-25　吹风罩及吸风罩的结构尺寸

项目	吹风罩结构尺寸/mm								
序号	1	2	3	4	5	6	7	8	9
A	400			500			800		
a	320			400			630		
b	120			120			120		
h_1	4	6	10	4	6	10	4	6	10
H	480			480			480		
H'	330			330			330		
F	20	20	25	20	20	25	20	20	25
隔板数	1			2			3		

排气罩示意图　单位:mm

项目	吸风罩结构尺寸/mm														
序号	1	2	3	4	5	6	7	8	9	10	11	12	13	14	15
A	400														
a	320														
b	120	120	160	160	160	200	200	200	250	250	250	320	320	320	320
h_2	50	60	70	80	90	100	110	120	130	150	170	190	200	200	240
E	100	100	100	100	100	100	110	120	130	150	160	160	160	160	160
H	630	660	670	680	690	700	720	740	760	800	830	850	860	880	900
H'	500	510	520	530	540	550	570	590	610	630	680	700	710	730	750
F	25	30	35	40	45	50	55	60	65	75	85	95	100	115	125
隔板数	1														

序号	16	17	18	19	20	21	22	23	24	25	26	27	28	29	30
A	500														
a	400														
b	120	120	160	160	160	200	200	200	250	250	250	320	320	320	320
h_2	50	60	70	80	90	100	110	120	130	150	170	190	200	200	240
E	100	100	100	100	100	100	110	120	130	150	160	160	160	160	160
H	630	660	670	680	690	700	720	740	760	800	830	850	860	880	900
H'	500	510	520	530	540	550	570	590	610	630	680	700	710	730	750
F	25	30	35	40	45	50	55	60	65	75	85	95	100	115	125
隔板数	2														

续表

序号	31	32	33	34	35	36	37	38	39	40	41	42	43	44	45
A	800														
a	630														
b	120	120	160	160	160	200	200	200	250	250	250	320	320	320	320
h_2	50	60	70	80	90	100	110	120	130	150	170	190	200	200	240
E	100	100	100	100	100	100	110	120	130	150	160	160	160	160	160
H	630	660	670	680	690	700	720	740	760	800	830	850	860	880	900
H'	500	510	520	530	540	550	570	590	610	630	680	700	710	730	750
F	25	30	35	40	45	50	55	60	65	75	85	95	100	115	125
隔板数	3														

排气罩示意图　单位：mm

34.4.7 通风柜局部排风

通风柜（橱）的工作原理与密闭罩相似，是将散发有害物的部分或设备加以密闭的排气罩。由于工艺需要，柜的一面敞开或设有可开闭的门。为防止有害物逸出，需对通风柜进行排风，使其柜内形成负压。根据柜内工作性质、有害物的性质和程度，确定其开口的吸入风速（即控制风速），来计算其排风量。

电镀车间的通风柜一般用于汽油除油、小型工艺槽、混酸洗、小件浸漆、氰化物储存及分装、化验分析及工艺试验等作业过程中产生有害物等的局部排风。

（1）通风柜型式

通风柜的排风效果取决于其结构型式、尺寸和排风口的位置。

通风柜型式有上侧排风、下侧排风、上侧下侧联合排风和上中下侧联合排风等四种型式。

① 通风柜的上侧排风。当通风柜的工作过程中散发出热量时，柜内气流上升，宜采用通风柜的上侧排风型式，如图 34-4 中（a）所示。如采用下侧排风，则热气流无法完全排除，排风效果不好。

② 通风柜的下侧排风。当通风柜的工作过程中没有散发出热量时，宜采用通风柜的下侧排风型式，如图 34-4 中的（b）所示。

③ 通风柜的上侧下侧联合排风。这种通风柜型式，如图 34-4 中的（c）所示，既适用于柜内散发出热量的上侧排风，也适用于一般的下侧排风，使用灵活，一般常采用这种型式。

④ 通风柜的上中下侧联合排风。这种通风柜型式，如图 34-4 中的（d）所示，在柜内上侧、中侧及下侧同时排风，减少涡流，工作口风速也较均匀，能提高排风效果。

（2）通风柜选用要点

① 通风柜排风效果与工作口截面风速的均匀性有关，在不影响操作的前提下，为有较好的排风效果，宜采用开启面工作口。

② 通风柜安装活动门，根据工作需要调节工作口截面的大小，但不得使活动门将工作口完全关闭。

③ 根据工艺工作性质，柜内散发有害物性质、程度等因素，选择通风柜型式，以取得良好的排风效果，并应便于操作。

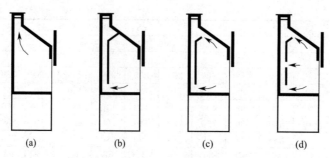

图 34-4　通风柜型式

（a）通风柜的上侧排风；（b）通风柜的下侧排风；

（c）通风柜的上侧下侧联合排风；（d）通风柜的上中下侧联合排风

④ 为提高通风柜的排风效果，保证通风柜正常工作，通风柜不宜布置在来往频繁的过道、门窗的附近或其他进风口处，同时要与送风口保持适当距离以避免外部气流干扰。

⑤ 通风柜最好单独设置排风系统，避免相互影响。当不能单独设置排风系统时，每个系统连接的通风柜不应过多。

（3）电镀车间用的通风柜结构形式

通风柜在电镀车间应用的较为普遍，一般用于汽油除油、混酸洗、小件电镀及化学处理、贵重金属电镀、小件浸漆、小件喷漆（干式）、氰化物储存分装以及化验分析和工艺实试验等过程中产生有害物的局部排风。根据不同的作业性质及产生有害物的性质、程度，采用相应的通风柜形式。电镀车间用的通风柜结构形式如图 34-5 所示。

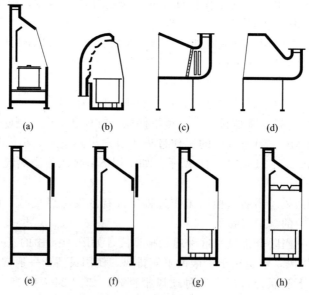

图 34-5　电镀车间用的通风柜结构形式

（a）汽油除油通风柜；（b）混酸洗通风柜；

（c）小件喷漆通风柜（干式过滤）；（d）吹风柜（吹灰尘等用）；

（e）上侧排风通风柜（柜内产生热气流等用）；（f）化验分析及工艺试验等用通风柜；

（g）小件电镀等用通风柜；（h）小件浸漆通风柜

（4）通风柜排风量计算

通风柜的排风效果与工作口截面上风速的均匀性有关。一般要求工作口任一点的风速不能小于平均风速的 80%。

① 排热、排烟通风柜的排风量按下式计算（并与表 34-26 中通风柜工作口截面排风速度进行校核）：

$$L = 2966\sqrt[3]{hQF^2}$$

式中 L——通风柜排风量，m^3/h；

　　　h——通风柜工作口高度，m；

　　　Q——通风柜内的发热量，kJ/h；

　　　F——通风柜工作口面积，m^2。

② 其他类型通风柜的排风量按下式计算：

$$L = 3600FVK$$

式中 L——通风柜排风量，m^3/h；

　　　F——通风柜工作口面积，m^2；

　　　V——工作口截面处的排风速度（见表 34-26），m/s；

　　　K——安全系数，K 一般值取 1.05～1.10。

表 34-26　通风柜工作口截面的排风速度

工序类别		有害挥发物	工作口截面的排风速度/(m/s)
1. 浸蚀及电镀			
除油	化学除油、电化学除油	碱雾、水蒸气	0.3～0.5
	汽油除油	汽油蒸气	0.3～0.5
	三氯乙烯除油	三氯乙烯蒸气	0.5～0.7
浸蚀	硝酸、混酸	酸蒸气、氧化氮	0.7～1.0
	盐酸浸蚀	酸蒸气（氯化氢）	0.5～0.7
电镀	氰化电镀（锌、铜、镉等）	氰化氢气体	1～1.5
	镀铬	铬酸雾、蒸气	1～1.5
	镀铅	氟化氢、溶液蒸气	1.5
2. 涂刷、调漆、喷漆			
苯、甲苯、二甲苯		溶剂蒸气	0.5～0.7
煤油、白节油、松节油		溶剂蒸气	0.5
有甲酸戌酯、乙酸戌酯和甲（烷）醇的漆		溶剂蒸气	0.7～1.0
无甲酸戌酯、乙酸戌酯的漆		溶剂蒸气	0.5～0.7
喷漆		溶剂蒸气	1～1.5
3. 使用松散材料的生产过程			
装料		粉尘允许浓度:4～10 mg/m³	0.7
		粉尘允许浓度:1～4 mg/m³	0.7～1.0
		粉尘允许浓度:小于 1 mg/m³	1～1.5
称重和分装		粉尘允许浓度:1～10mg/m³	0.7
		粉尘允许浓度:小于1mg/m³	0.7～1.0
4. 其他工序			
水溶液		水蒸气	0.3
柜内化学实验工作		各种蒸气允许浓度:>0.01 mg/L	0.5
		各种蒸气允许浓度:<0.01 mg/L	0.7～1
小零件金属喷镀		各种金属粉尘及氧化物	1～1.5

34.4.8　喷砂(丸)室局部排风

喷砂和喷丸的清理过程中会产生大量砂粉尘和金属粉尘，必须进行局部排风和除尘净化处理。含粉尘废气一般采用二级净化处理，一级采用旋风除尘器，二级采用袋式除尘器或滤筒除尘器。

喷丸、喷砂等的清理室排风时，室体内气流流向应使产生的粉尘能迅速有效地排除。从室体门洞、观察窗及缝隙散逸的尘，应保证其在作业场所的浓度不超过最高允许浓度。

喷砂和喷丸排风量的确定，应以既能把粉尘抽走，又能保证正常进行喷砂作业，能看清零件表面为原则。排风量一般按喷砂机（室）的室内断面面积（垂直气流流动方向的断面）的风速保持 0.3～0.7m/s 计算。断面风速的选定应考虑喷砂机（室）的密闭程度、喷嘴大小及喷室大小等因素。一般大型喷砂室的断面风速采用较小值；小型喷砂室的断面风速采用较大值。喷砂室的概略排风量也可按室内部体积来计算，参见表 34-27。

表 34-27　喷砂机（室）按室内部体积计算的概略排风量

室内部体积/m³	排风量/(m³/h)	室内部体积/m³	排风量/(m³/h)
0.5	1500	4.0	5500
1.0	2000	5.0	6000
1.5	3000	6.0	6500
2.0	3500	10	8500
2.5	4000	15	10000
3.0	4500	18	12000
3.5	5000	20	15000

34.4.9　磨光、抛光机的局部排风

金属零件在磨光、抛光作业时产生大量金属粉尘、纤维质粉尘及磨料粉尘，需设置局部排风加以排除。在排入大气前需经过除尘净化处理。

① 磨光、抛光轮的排风量按下式计算：

$$L = DK$$

式中　L——磨光轮或抛光轮的排风量，m³/h；

　　　D——磨光轮或抛光轮的直径，mm；

　　　K——每 1mm 磨轮直径的排风量，m³/(h·mm)。

K 值按表 34-28 选取。

表 34-28　每 1mm 磨光轮及抛光轮直径的排风量

磨轮	每 1mm 磨轮直径的排风量/(m³/h)
磨光砂轮	2～2.5
毛毡抛光轮	4
布质抛光轮	6

② 磨轮排风罩开口处的风速按下列选取：

磨光砂轮　　　$V > 8m/s$

毛毡抛光轮　　$V > 4m/s$

布质抛光轮　　$V > 6m/s$

34.4.10　电泳涂漆及喷漆等的局部排风

电镀车间内的电泳涂漆、喷漆及粉末静电喷涂等作业，一般都是产量不大、生产规模较小、中小型零件等的涂装生产。但在生产过程中都会产生有害污染物气体，必须进行有效的局部排风。

(1) 电泳涂漆的排风

在电泳涂漆过程中，会产生有机胺等有害气体，电泳涂漆设备应设置局部排风装置。其局

部排风设计的一般做法如下。

① 中小型的电泳涂漆槽在采用手工操作时，宜采用槽边侧吸式排风罩。

② 采用直线式程控门式行车输送工件的生产线时，电泳涂漆槽宜采用槽边侧吸式排风罩。

③ 在单件小批量生产，采用电动葫芦或自行小车输送机操作生产时，也可采用槽边侧吸式排风罩。

④ 对于连续通过式生产线（往往与前处理磷化线连接在一起），宜采用隧道密闭式或半密闭式结构形式的生产线，可在船形电泳槽的顶部（即在防尘室体上）设置排风装置，排风效果较好。排风量可按零件出入口的断面积及其流速（不宜小于 0.5m/s）进行计算。

⑤ 对于间歇式生产线，如在生产线上设置有防尘室体，则在电泳槽的防尘室体顶部上设置排风装置，其通风换气次数宜采用 15 次/小时。

（2）喷漆室的排风

① 喷漆作业一般在密闭室、半密闭室内进行。喷漆室应采用独立的排风系统。

② 喷漆室内的排风气流应能防止漆雾、溶剂蒸气向外逸散。喷漆室的排风量，应保证所喷出的有机溶剂在喷漆室内的浓度低于爆炸极限下限值的 25%。

③ 中小型喷漆室一般采用侧排风形式，应具有侧向的均匀风速。手工喷漆室的控制风速（推荐值）：中型喷漆室采用 0.7～0.75m/s，小型喷漆室采用 0.75～1m/s。根据喷漆室的开口面积及排风控制风速，确定其排风量。喷漆室排风量按下式计算：

$$L = 3600FV$$

式中　L——喷漆室排风量，m^3/h；

　　　F——喷漆室操作口（或室断面）和工件进出洞口的面积之和，m^2；

　　　V——喷漆室操作口的排风速度；m/s。

F 值采用说明：F 为侧排风（横向抽风）喷漆室操作口面积。若是通过式喷漆室，F 应为室操作口和工件进出洞口的面积之和。考虑工件进出洞口时，会堵塞一部分洞口，计算时洞口的面积应减少 20%～30%。

（3）粉末静电喷涂室的排风

① 粉末静电喷涂室应设有机械排风和粉末回收装置。

② 粉末静电喷涂室的排风量通常是为了喷粉作业时的安全与操作人员的健康而设定的，分别用安全（即按照粉末涂料的爆炸极限计算排风量）与卫生（即防止粉尘外逸，按照喷粉室开口处的空气流速计算排风量）两种方法计算排风量。由这两种计算方法计算出的排风量，取其大值。

a. 以安全角度计算排风量，即按照粉末涂料的爆炸极限计算：

$$Q_1 = \frac{Gn(1-K)K_1K_2}{0.5C} \times 60$$

式中　Q_1——按安全方式计算的喷粉室最小的排风量，m^3/h；

　　　G——单把喷枪最大出粉量，g/min；

　　　n——同时喷涂的喷枪数，把；

　　　K——粉末上粉率，一般取 0.4～0.8；

　　　K_1——工件不连续进入（工件间有空隙）积粉系数，取 1.2～1.6；

　　　K_2——粉末在喷室内的悬浮系数，一般为 0.5～0.7；

　　　C——粉末爆炸最低浓度，g/m^3。

粉末爆炸下限浓度值按表 34-29 选取。

表 34-29　各种粉末涂料的爆炸下限

粉末涂料	爆炸下限/(g/m³)	燃点/℃
聚酰胺粉末	20	500
环氧树脂粉末	53	450
铝颜料环氧粉末	36	505
聚酯粉末	60	470
丙烯酸树脂粉末	30	435

b. 以防止粉尘外逸计算排风量，即按照喷粉室开口处的空气流速计算：

$$Q_2 = 3600(A_1 + A_2 + A_3)V$$

式中　Q_2——按卫生要求计算的喷粉室最小排风量，m³/h；

　　　A_1——操作面开口面积，m²；

　　　A_2——工件进出口面积，m²；

　　　A_3——工艺及其他孔洞面积，m²；

　　　V——开口处断面风速，m/s。

一般 V 取 0.3~0.6m/s。

③ 粉末静电喷涂时，经粉末净化回收装置净化后，排放已净化的气体直接回流到作业区时，其空气含尘量不能超过 3mg/m³。

34.4.11　全面换气通风

① 当生产作业中产生有害物的设备、作业地及工作间，无固定位置或虽有固定位置，但用局部排风不能有效地排除有害物时，宜采用全面排风排除室内有害物。全面排风即全面换气通风。有些辅助间的储存物质，能散发出有害物时也应采用全面换气通风。

② 全面排风系统的吸风口，应设在有害物质浓度最大的区域。全面排风系统气流组织的流向，应避免使有害物质流经操作者的呼吸带。

③ 全面排风换气量应按空气中各种有害物质分别稀释至容许浓度所需要的空气量的总和计算。

④ 全面排风应充分利用自然排风，当自然排风不能满足要求时，则采用机械全面排风。

⑤ 散入电镀作业场所的有害气体量，在没有工艺设计资料或不可能用计算方法求得时，按房间的换气次数确定（换气次数即 1 小时内换掉室内体积空气的次数）。全面通风换气次数参照表 34-30 内数值。

表 34-30　需全面换气通风的工作间及辅助间的换气次数

工作间名称	换气次数/(次/小时)	排风位置
有机溶剂(汽油)除油间	10~20（无局部排风时）	上部、下部
油漆间	20~30（无局部排风时）	上部、下部
溶液配制室	10~15（无局部排风时）	上部
退镀间	10~15（无局部排风时）	上部
纯水制备间	5	上部
直流电源间	必要时全面通风	
工艺试验室	10~15（无局部排风时）	上部
化验室	5~10（无局部排风时）	上部
暗室	5	水池附近
蒸气管道入口间	3~5	上部
化学品库	5	上部
辅助材料库	3~5	上部
油漆库	5~10	上部、下部
有机溶剂库	5~10	上部、下部
酸类储存库	5~10	上部

注：有机溶剂（汽油）除油间内的局部排风如不能全部排除有机溶剂蒸气时，还应考虑加上全面换气通风，其换气次数可取下限值。

34.4.12　通风系统的组织

(1) 通风系统组织的一般原则

① 根据生产性质、特点、散发出的有害物的性质、工艺设备布置及建筑物建造形式等具体情况来组织排风系统。为提高排风效果、减少振动和噪声，排风系统不宜过大，应尽量减小。

② 下列生产过程的排风不能合并为一个排风系统。

a. 各类槽子与机械清理系统（如喷砂机、喷丸机等）。

b. 各类槽子与磨光机、抛光机。

c. 砂轮机、磨光机与布轮抛光机。

d. 氰化物槽与碱性槽的排风可以合并，但严禁与酸性槽的排风合并。

e. 含散发有机溶剂气体的设备，应单独设置排风系统，不与其他排风系统合并。

f. 需进行回收净化处理的废气，应单独设置排风系统，不与其他排风系统合并。

③ 通风柜最好单独设置排风系统，避免相互影响。当不能单独设置排风系统时，每个系统连接的通风柜不应过多。

④ 由于车间室内空气大量排出，必然要有空气补充，在南方地区一般依靠自然补风；在寒冷北方地区，宜采用有组织机械送风（送热风）。有特殊要求的工作间，根据具体情况，考虑机械送风。

(2) 通风系统的一般要求

① 由于风管内壁会产生冷凝水，因此风管应有不小于 0.5% 的排水坡度，并在风管的最低点和通风机的底部装排水管。

② 排风地沟应考虑防腐、防渗水，抽风地沟应坡向一端，并设集水坑，安设排水管，排除沟内积水。坑上设检查孔，并设有盖子。

③ 氰化槽、有机溶剂除油的排风系统，其风管的正压段不应穿过其他工作间或房间。

④ 为了不影响各种槽子的局部排风效果，在布置槽子区域的上部不允许设置吊扇，柱子上、墙上不应设置风扇。

⑤ 含有机溶剂气体的排风系统，应考虑防火防爆措施。

⑥ 除尘系统应符合下列要求。

a. 除尘系统的风管应采用圆形钢管（采用地沟时，也可采用矩形风管）。

b. 为减少阻力，除尘系统应力求管道短、转弯少。弯头的曲率半径一般为 1.5～2 倍的弯头直径，三通的夹角为 15°～30°。

c. 为清理积尘，风管上应装设密闭清扫孔，一般设在三通、弯头等异形件的附近。

d. 为防止粉尘泄漏，除尘器应尽可能在负压下工作，排风机安装在除尘器后面。

e. 除尘风管及除尘器等应连接严密，不得漏风。

f. 当冬季有可能使干式除尘器结露或湿式除尘器结冰时，需采取保温和防冻措施。

⑦ 通风系统的风机选用、系统组织和布置等，应考虑防振和控制噪声等措施。

⑧ 从设备中排出的有害废气、粉尘、有机溶剂气体，根据其危害程度，进行净化回收处理，使排出的气体符合国家工业废气排放标准。

⑨ 机械送风系统的布置和风口的选型，应避免将有害气体吹向工人操作地点。在槽子区域应避免高速送风。通常对于小电镀间采用上部送风；对于大中型电镀车间采用上部和下部送风，下部送风的出口风速不大于 1m/s。

⑩ 为了防止送进的空气被排出的废气污染，送风系统的进风口与排风系统的排风口之间的水平距离不应小于 20m，当水平距离小于 20m 时，进风口应比排风口至少低 6m。

⑪ 选择风机时，应考虑由于风管连接不严所造成的漏风，因此每个通风系统的计算风量和风压，应按对应系统风量和风压的附加百分率进行附加，其附加百分率见表 34-31。

表 34-31　通风系统的风量和风压的附加百分率

系统类别	风量(附加率)	风压(附加率)
一般排风	0～10%	10%～15%
除尘	10%～15%	15%～20%

34.4.13　通风机布置和风管敷设

(1) 通风机布置位置

① 排风机应尽量靠近需局部排风的设备布置，排风系统尽可能减小，并保证使用灵活、排风效果好，噪声小。

② 南方地区及气候不十分寒冷的北方地区，排风机可以考虑放置在室外，根据具体情况，可搭棚，供遮阳挡雨，大型风机也可盖小屋隔声。

③ 用于化验、工艺实验的通风柜以及小型处理槽的排风机，也可考虑挂装在外墙上。

④ 排风机布置在主体建筑物内（如隔间、平台）时，其排风机应采取防振隔声措施，平台要隔墙到顶或设置风机隔声罩。排风机也可放置在建筑物的坡屋内。

⑤ 当设有地下室、楼层式建筑物时，可将排风机设置在地下室或楼层式建筑物的底层内。

⑥ 中小型排风机也可放置在建筑物的屋顶上（一般放置在坡屋的屋顶上），但应做好排风机的防振装置。

⑦ 送风系统的送风机一般布置在主体建筑物内的单独隔间内、平台上或坡屋内。

(2) 通风管道敷设

① 通风管道敷设的一般要求。

a. 通风管道尽量直线敷设、少转弯，减少通风阻力，不应影响整个系统的通风效果。

b. 管道的架设应与设备、墙、柱等保持一定距离，以便于通风管道的施工安装和维护检修。

c. 管道的架设不应影响生产操作、搬运输送设备的运行以及车间内正常运输和通行。

d. 管道架设宜适应生产发展、工艺变更，便于调整或重新安排。

e. 通风管道应有足够防腐性能，以延长使用寿命。

f. 管道架设应紧凑、少占地和空间、与其他动力等管道协调，避免相碰，排列应整齐美观。

② 通风管道敷设方式。电镀车间的排风系统、风管的敷设一般有地面上、地面下、地沟、架空及地下室或楼层的底层敷设风管等多种形式。风管的敷设方式的优缺点及其比较列入表34-32 内，供参考。

表 34-32　风管的敷设方式的优缺点及其比较

风管敷设方式	优点	缺点
地面上敷设 	将排风管敷设在车间地坪上，排风管设置在工艺槽的非操作面的一侧	
	1. 施工安装和维护检修方便 2. 适应于工艺变动，布置调整 3. 管道布置整齐美观 4. 适用于各种形式的生产线	1. 由于排风管较大，占用较大的面积和空间 2. 一般只能放置在生产线的一侧
地面下敷设 	将排风管敷设在车间地坪下，一般设置在槽子区域的地坑内	
	1. 将其设置在承槽的地坑内，减小占地面积 2. 排风管可以设在槽子两侧 3. 地面上管道少，布置整齐	1. 施工安装和维护检修不方便 2. 仅适用于较高的槽子（较深的承槽的地坑）

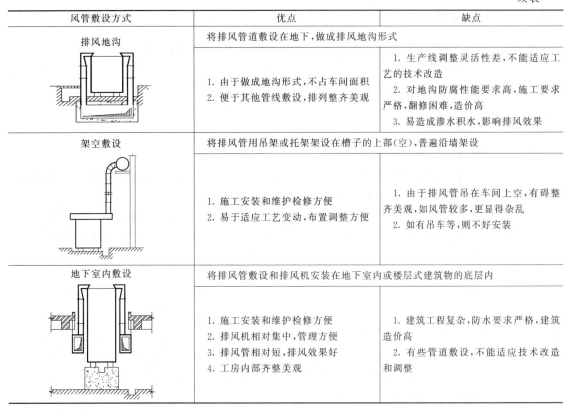

风管敷设方式	优点	缺点
排风地沟	将排风管道敷设在地下,做成排风地沟形式	
	1. 由于做成地沟形式,不占车间面积 2. 便于其他管线敷设,排列整齐美观	1. 生产线调整灵活性差,不能适应工艺的技术改造 2. 对地沟防腐性能要求高,施工要求严格,翻修困难,造价高 3. 易造成渗水积水,影响排风效果
架空敷设	将排风管用吊架或托架架设在槽子的上部(空),普遍沿墙架设	
	1. 施工安装和维护检修方便 2. 易于适应工艺变动,布置调整方便	1. 由于排风管吊在车间上空,有碍整齐美观,如风管较多,更显得杂乱 2. 如有吊车等,则不好安装
地下室内敷设	将排风管敷设和排风机安装在地下室内或楼层式建筑物的底层内	
	1. 施工安装和维护检修方便 2. 排风机相对集中,管理方便 3. 排风管相对短,排风效果好 4. 工房内部齐整美观	1. 建筑工程复杂,防水要求严格,建筑造价高 2. 有些管道敷设,不能适应技术改造和调整

(3) 通风系统的流速和阻力

① 一般工业厂房机械通风系统的常用流速参见表 34-33。

表 34-33　一般工业厂房机械通风系统的常用流速

一般机械通风系统风道内采用的流速/(m/s)			除尘通风系统风道内采用的流速/(m/s)		
风管名称	钢板、塑料风道	砖和混凝土风道	粉尘的性质	垂直管	水平管
干管	6~14	4~12	纤维粉尘	8~18	10~18
			矿物粉尘	12~17	14~20
支管	2~8	2~6	轻金属粉尘	16~18	16~20
			重金属粉尘	16~19	20~23

② 排风系统的推荐阻力见表 34-34[3]。

表 34-34　排风系统的推荐阻力

排风系统性质	推荐风速/(m/s)	风道长度/m	排风点数	管路复杂类别	推荐阻力/Pa
一般排风	≤14	30	2 个以上	弯曲不多	147~196
一般排风	≤14	30	2 个以上	弯曲多	343~392
一般排风	≤14	50	4 个以上	弯曲不多	392~441
槽子排风	8~12	50	—	—	490~588
条缝罩镀槽排风	8~12	50	—	—	588~980
全面排风	8~10	<20		带风道	98~147
全面排风	—	—		不带风道	29~98
抛丸室除尘系统	16~18	<30			784~980
抛丸室除尘系统	16~18	>30			980~1177
磨光机除尘系统	16~18		1 个以上		588~784
抛光机除尘系统	14~16		2 个以上	弯曲多	686~883
备注	均不包括净化除尘设备阻力				

34.5 蒸汽供给系统

电镀车间生产蒸汽主要用于各种溶液槽及热水槽等的加热，此外还用于低温烘干箱加热及送风装置（冬季）加热等。加热使用的蒸汽压力（表压）一般为 0.2～0.3MPa，高温槽液加热的蒸汽压力（表压）为 0.6MPa。蒸汽由厂锅炉房或热力站供给。

34.5.1 蒸汽管道敷设

(1) 车间设置蒸汽入口装置

① 管道入口总管上装有总控制阀门、压力表、安全阀、计量表，并根据需要设减压装置。入口处的阀门及仪表应设在便于操作、观察和维修的位置。

② 当室外供应的蒸汽管道为地沟敷设时，应在建筑物的墙或基础上和车间地坪处留安装洞。

③ 蒸汽入口温度较高，散热量比较大，当车间规模较大，蒸汽用量较大时，入口处宜单独隔开，也可设置蒸汽入口装置室。

(2) 蒸汽管道敷设

① 电镀车间所需的各种管道较多，需要统筹考虑敷设方式，协调各种管道架设位置、标高及共架敷设等，以求实用、安全、整齐、美观、便于安装维护和检修。

② 蒸汽总管沿墙或柱子架空敷设时，在符合安全要求的前提下，力求与其他管道共架敷设，协调位置、标高。敷设高度不应妨碍物料运输及通行，一般不低于 2.5m，并尽量减少对采光的影响。

③ 通至各生产线的蒸汽干管，可以采用地沟形式，也可采用与其他管线共用大地沟敷设方式，并需考虑防水、防腐和排水措施。

④ 蒸汽管道穿越通道而无法或不宜架空敷设时，应从地沟通过。地沟应防水、防腐，并加地沟盖板。地沟内管道（包括保温层）与沟壁距离应为 100～150mm、与沟底距离应为 100～200mm、与沟顶距离应为 50～100mm。

⑤ 槽子生产线上的蒸汽及凝结水管道，一般架设在生产线非操作面的管道联合支架上。联合支架上的管道的最低点距地面的距离，以不妨碍管道的安装维修为原则，管道的高度以不妨碍操作为宜。

⑥ 自动线及半自动线的制造厂家，已将蒸汽管道与其他管道统筹安排架设在生产线上，只需将车间蒸汽供应管道接至设备所指定的位置即可。

⑦ 接至电镀槽（使用直流电的槽子）的蒸汽及凝结水的支管上应装绝缘装置，以免漏电。

⑧ 蒸汽、凝结水管道不允许穿过风管及风沟。

⑨ 蒸汽、凝结水管道安装敷设时，应有不小于 0.2% 的坡度。

⑩ 管道穿墙、楼板和其他构筑处，应设置套管，套管的内径应大于所穿管道外径 20～30mm，并用石棉嵌塞。

⑪ 为减少蒸汽管道的热损失，蒸汽管道应包裹保温层。

⑫ 车间内部各种管道共架敷设时，其安装程序参照下列层次。

a. 裸电线安装在各类管道之上。

b. 乙炔管道敷设在电线下面。

c. 液化石油气管道敷设在乙炔管道下面。

d. 燃气管道一般敷设在液化石油气管道下面。

e. 氢气管道敷设在燃气管道的下面。

f. 热力管道敷设在上述管道的下面。

g. 上水、冷冻水管道敷设在热力管道的下面。

室内管道之间及与电气设备之间最小间（净）距见表 34-35。

表 34-35　室内管道之间及与电气设备之间最小间（净）距　　　　单位：m

名称	电线管		电缆		绝缘导线		裸母线		滑触线		连接悬挂式母线		开关插座配电箱	热力管		燃气管		上下水管		压缩空气管	
	平行	交叉	平行	交叉	平行	交叉	平行	交叉	平行	交叉	平行	交叉		平行	交叉	平行	交叉	平行	交叉	平行	交叉
热力管	1.0/0.3	0.3	1.0/0.3	0.3	1.0/0.5	0.5	1.0	0.5	1.0	1.0/0.5	1.0/0.5	0.3	0.5	0.15	0.1	0.25	0.15	0.15	0.1	0.15	0.1
燃力管	—	0.5/0.1	—	0.5/0.3	—	1.0/0.3	—	1.0/0.5	—	1.5/0.5	—	1.5/1.0	1.5	0.25	0.25/0.15	—	0.5/0.25	—	0.25/0.5	—	0.25/1.0
氧气管	0.5	0.1	0.5	0.5	0.5	0.3	1.5	0.5	1.5	0.5	1.5		1.5	0.25		0.5	0.25	0.25	0.1	0.25	0.1
乙炔管	1.0	0.25	1.0	0.5	1.0	0.5	2.0	0.5	3.0	0.5	3.0	1.0	3.0	0.25	0.25	0.5	0.25	0.25	0.25	0.25	—
压缩空气管	0.1	0.1	0.5	0.5	0.15	0.15	1.0	0.5	1.0	0.5	0.15	0.1	0.1	0.15		0.25		0.1		—	
燃气、氧气、乙炔气出口	—	—	—	—	—	—	5.0		5.0		5.0		5.0								

注：1. 上表热力管栏中，分子指电气管在上面，分母指电气管在下面；燃气管栏中，分子指垂直净距，分母指交叉净距，不注数字的无特殊要求，但要考虑施工维修方便。

2. 绝缘导线与燃气管及乙炔管不能保持上述距离时，可在导线上套以钢管或绝缘橡胶，但其间距仍不得小于 0.1m。

3. 电气管与热力管不能保持上述距离时，可在热力管或电气管外包以绝缘层，此时平行距离可减至 0.2m，交叉时只需考虑施工维修方便即可。

4. 照明灯具与其他管道设备之间最小允许距离，按上表中开关插座配电箱考虑，但燃气、乙炔、氧气管道若采用无缝钢管且接头不在灯具附近时，允许将距离适当缩短。

34.5.2　蒸汽供给及凝结水处置

（1）蒸汽供给

蒸汽一般由厂锅炉房或热力站供给，当工厂没有公共锅炉房或当地没有热力站供应蒸汽时，电镀车间可单独设置燃油或燃气锅炉生产蒸汽或热水，供车间生产用。国内有些厂电镀车间自设燃油或燃气锅炉房，这些设施一般设置在车间附近或在电镀厂房的隔间或坡屋内，其供汽管道距离短，蒸汽损耗少，使用效果好。中小型燃油、燃气锅炉的技性能规格见表 34-36～表 34-38。根据蒸汽消耗量及蒸汽使用情况选用锅炉，可以设置一台或两台，设置两台锅炉时，可依生产线开工情况灵活使用。

（2）蒸汽凝结水处置

① 电镀车间内蒸汽加热槽子等的凝结水，应尽可能返回锅炉房。

② 车间内加热酸洗槽，油槽，含氰、铬、镉等的溶液槽的凝结水，以及其他有可能受污染的耗热设备的凝结水，均不允许回收至锅炉房。

③ 不能返回锅炉房的凝结水，经过疏水器，送至附近热水槽使用，其管道连接方法如图 34-6 所示。

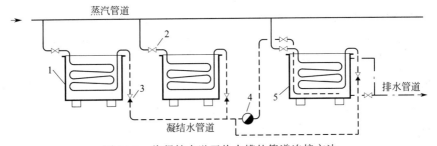

图 34-6　将凝结水送至热水槽的管道连接方法

1—加热溶液槽；2—截止阀；3—止回阀；4—疏水器；5—热水槽

表 34-36 LSS 立式燃油（气）蒸汽锅炉的技术性能规格

型号		LSS 0.1-0.7-Y.Q	LSS 0.2-0.7-Y.Q	LSS 0.3-0.7-Y.Q	LSS 0.5-0.7-Y.Q	LSS 0.75-0.7-Y.Q
额定蒸汽量	t/h	0.1	0.2	0.3	0.5	0.75
额定工作压力	MPa	0.7	0.7	0.7	0.7	0.7
饱和蒸汽温度	℃	170	170	170	170	170
燃料耗量 轻柴油	kg/h	6.5	13	19.5	32.5	48.8
天然气	m³/h	7	14	21	35	52.5
液化气	m³/h	3	6	9	15	22.5
城市煤气	m³/h	17	34	51	85	127.5
进水口径		20	20	20	25	32
主汽阀口径	(DN)	20	32	32	40	50
安全阀口径	mm	25	40	40	40	2×40
排污阀口径		20	25	25	25	40
外形尺寸 长	mm	950	1080	1350	1700	1800
宽	mm	1020	1180	1450	1580	1700
高	mm	1750	1900	2400	2520	2700
重量	kg	380	650	730	2100	2600

型号		LSS 1-1.0-Y.Q	LSS 1.5-1.0-Y.Q	LSS 2-1.0-Y.Q
额定蒸汽量	t/h	1.0	1.5	2.0
额定工作压力	MPa	1.0	1.0	1.0
饱和蒸汽温度	℃	184	184	184
燃料耗量 轻柴油	kg/h	65	98	130
天然气	m³/h	70	105	140
液化气	m³/h	30	45	60
城市煤气	m³/h	170	255	340
进水口径		32	40	40
主汽阀口径	(DN)	50	65	65
安全阀口径	mm	2×40	2×40	2×40
排污阀口径		40	50	50
外形尺寸 长	mm	1950	2050	2050
宽	mm	1800	1950	1950
高	mm	3050	3450	3900
重量	kg	3400	4500	5300

设备外形图

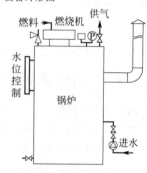

生产厂：张家港市威孚热能科技有限公司

备注	燃烧采用顶烧式，火焰自顶部向下并完全展开，燃烧充分。烟气经三个回程进行热交换，降低排烟温度。冷炉启动快，具有水位、蒸汽压力等连锁保护。立式结构紧凑，造型美观，占地小，安装方便

表 34-37 WNS 卧式燃油（气）蒸汽锅炉（Ⅰ）的技术性能规格

型号		WNS0.15 -0.7-Y.Q	WNS0.2 -0.7-Y.Q	WNS0.3 -0.7-Y.Q	WNS0.5 -0.7-Y.Q	WNS1.0 -0.7-Y.Q	WNS2.0 -1.0-Y.Q	WNS4.0 -1.0-Y.Q
额定蒸汽量	t/h	0.15	0.2	0.3	0.5	1.0	2.0	4.0
额定工作压力	MPa	0.7	0.7	0.7	0.7	0.7	0.7	1.0
饱和蒸汽温度	℃	170	170	170	170	170	170	184
燃料耗量 燃油	kg/h	10.2	13.6	20.4	34	65	120	220
燃气	m³/h	12.6	16.8	25.2	42	78	150	280
控制方式	—	全自动						

续表

型号		WNS0.15 -0.7-Y.Q	WNS0.2 -0.7-Y.Q	WNS0.3 -0.7-Y.Q	WNS0.5 -0.7-Y.Q	WNS1.0 -0.7-Y.Q	WNS2.0 -1.0-Y.Q	WNS4.0 -1.0-Y.Q
使用电压	V	220						
接口 口径	蒸汽出口 (DN) mm	30	30	40	40	65	65	65
	给水入口	15	15	15	20	20	40	40
	排污口	40	40	40	40	40	50	50
外形 尺寸	长 mm	2400	2400	2800	4330	4500	5400	6600
	宽 mm	1160	1200	1330	2100	2200	2300	2850
	高 mm	1420	1500	1730	2300	2700	2900	3400
重量	kg	710	820	1130	3110	25000	8300	12000

设备外形图

采用干背式顺流双炉胆燃烧结构,炉胆采用波纹与直段相结合的混合型炉胆。锅炉受热面布置成三回程,以降低锅炉排烟温度。锅炉采用前、后烟箱可拆式结构,可方便地对受热面进行清灰、检修和保养
　本产品对水处理的要求较低,水容积较大,对负荷变化的适应性强
　生产厂:张家港市威孚热能科技有限公司

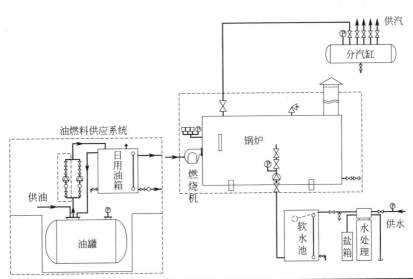

表 34-38　WNS 卧式燃油(气)蒸汽锅炉(Ⅱ)的技术性能规格

型号		WNS 1-0.8-Y.Q	WNS 2-1.0-Y.Q	WNS 3-1.0-Y.Q	WNS 4-1.0-Y.Q	WNS 5-1.25-Y.Q
额定蒸汽量	t/h	1	2	3	4	5
额定工作压力	MPa	0.8	1.0	1.0	1.0	1.25
饱和蒸汽温度	℃	175	184	184	184	193
燃 料 耗 量	轻柴油 kg/h	65	130	195	260	390
	天然气 m³/h	70	140	210	280	420
	液化气 m³/h	30	60	90	120	180
	城市煤气 m³/h	170	340	510	680	1020
进水口径		25	40	40	50	50
主汽阀口径	(DN)	65	80	80	100	125
安全阀口径	mm	50	40×2	40×2	50×2	40/80
排污阀口径		40	50	50	50	65

续表

型号			WNS 1-0.8-Y.Q	WNS 2-1.0-Y.Q	WNS 3-1.0-Y.Q	WNS 4-1.0-Y.Q	WNS 5-1.25-Y.Q
外形 尺寸	长	mm	3900	4300	4500	5000	7730
	宽	mm	2500	2700	2850	3000	3490
	高	mm	2300	2500	2980	3200	3560
重量		kg	4600	7100	9200	11000	11920

设备外形图

采用成熟的三回程全湿背结构,安全可靠。炉胆采用波形炉胆,增大了辐射传热面积、炉胆的刚度,增强传热效果,又促进了燃料在炉膛内的燃烧。结构强度牢靠,水循环系统合理

预置后吹扫功能,改善燃烧器工作条件,延长寿命。大燃烧室设计,增大了炉膛辐射受热面积,缩小了锅炉的体积,降低了NO_x的排放。具有较大的蒸汽空间,蒸汽品质好

锅炉配制结构系统参见表34-37WNS卧式燃油(气)蒸汽锅炉(Ⅰ)的技术性能规格

生产厂:张家港市威孚热能科技有限公司

(3) 蒸汽管道的保温

为减少蒸汽管道的热损失,应将蒸汽管道及附件进行保温。常见的保温材料的性能见表34-39,蒸汽管道保温层的厚度[2]见表34-40。为适应电镀车间的生产环境,在蒸汽管道保温层外包裹的密纹玻璃布表面涂覆2道过氯乙烯涂料。

表 34-39　保温材料的性能

保温材料名称	传热系数		密度	耐热度
	kJ/(m²·h·℃)	kcal/(m²·h·℃)	/(kg/m³)	/℃
玻璃棉管壳	0.172～0.243	0.041～0.058	100～160	<350
石棉硅藻土胶泥	0.632+0.00059t	0.151+0.00014t	<660	<350
矿渣棉(硅酸铝)管壳	0.172～0.293	0.041～0.07	130～350	<250
蛭石管壳	0.389～0.586	0.093～0.14	≤450	<600

注:1. 1kcal/(m²·h·℃)=4.1868 kJ/(m²·h·℃)=1.163W/(m²·℃)。

2. 石棉硅藻土胶泥传热系数中的 t,表示温度修正值,例如传热系数[kcal/(m²·h·℃)]为0.151+0.00014t,当保温温度为150℃时,其传热系数应为0.151+0.00014×150,表示其保温材料的传热系数随被保温管道的温度升高而略有增大。

表 34-40　蒸汽管道保温层的厚度

材料名称	蒸汽管道通径/mm										
	15	20	25	32	40	50	65	80	100	125	150
	管道保温层厚度/mm										
石棉硅藻土胶泥	35	35	40	45	45	50	50	55	60	65	65
玻璃棉制品	40	40	50	50	50	50	55	60	60	60	65
矿渣棉制品	45	45	45	50	50	55	60	60	65	70	70
蛭石制品	40	40	40	50	50	50	60	60	70	70	80

34.6　压缩空气供给系统

电镀车间压缩空气用于以下几种情况。

① 吹干零件、吹净零件等。

② 搅拌溶液、搅拌清洗槽。

③ 喷漆、粉末静电喷涂。

④ 喷砂、喷丸。

⑤ 气动工具（如手提砂轮机、除锈机、风钻等）。

⑥ 其他用压缩空气，如塑料焊枪用气等。

34.6.1 压缩空气质量等级

压缩空气的质量，一般以压缩空气中所含的固体颗粒、湿度（压力露点）及含油量等的等级来表示。

(1) 表示方法

压缩空气质量等级用三个阿拉伯数字表示。表示方式如下：

含油等级

湿度等级

固体颗粒等级

【示例】 质量等级 4，6，5 表示压缩空气中固体粒度和浓度为 4 级，水蒸气含量（压力露点）为 6 级，含油量为 5 级。

(2) 压缩空气质量（净化）等级

压缩空气质量（净化）等级，引用国家标准 GB/T 13277.1—2008《压缩空气 第 1 部分：污染物净化等级》中的有关规范。标准规定了压缩空气中的颗粒、水分及含油量的净化等级。

① 固体颗粒等级。固体颗粒等级分为 0、1、2、3、4、5、6、7 等 8 级，见表 34-41。

表 34-41 固体颗粒等级

等级	每立方米中最多颗粒数				颗粒尺寸 /μm	浓度 /(mg/m³)
	颗粒尺寸 d/μm					
	$\leqslant 0.10$	$0.10<d\leqslant0.5$	$0.5<d\leqslant1.0$	$1.0<d\leqslant5.0$		
0	由设备使用者或制造商制定的比等级 1 更高的严格要求					
1	不规定	100	1	0	不适用	不适用
2	不规定	100000	1000	10		
3	不规定	不规定	10000	500		
4	不规定	不规定	不规定	1000		
5	不规定	不规定	不规定	20000		
6	不适用				$\leqslant 5$	$\leqslant 5$
7	不适用				$\leqslant 40$	$\leqslant 10$

注：1. 引自 GB/T 13277.1—2008《压缩空气 第 1 部分：污染物净化等级》。

2. 颗粒浓度是在空气温度 20℃、空气压力 0.1MPa 绝对压力、相对湿度 0 状态下的值。

3. 以前常用的压缩空气中固体粒子尺寸和浓度的等级 3 级、4 级（GB/T 13277—1991），相当于现行标准（GB/T 13277.1—2008）中的 6 级、7 级。

② 湿度（水分）等级。压缩空气中水蒸气含量（湿度）以压力露点表示，湿度等级分为 0、1、2、3、4、5、6 等 7 级。湿度等级见表 34-42。压力露点与大气露点换算见图 34-7。大气露点与水分含量换算见表 34-43。

表 34-42 湿度等级

等级	压力露点/℃	等级	压力露点/℃
0	由设备使用者或制造商制定的比等级 1 更高的要求	4	$\leqslant +3$
1	$\leqslant -70$	5	$\leqslant +7$
2	$\leqslant -40$	6	$\leqslant +10$
3	$\leqslant -20$		

注：1. 当要求更低压力露点时，应明确规定。

2. 引自 GB/T 13277.1—2008《压缩空气 第 1 部分：污染物净化等级》。

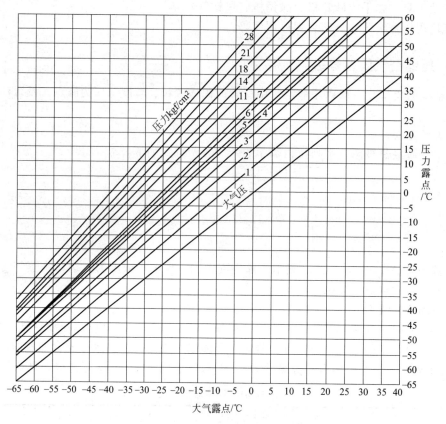

图 34-7 压力露点与大气露点换算图

表 34-43 大气露点与水分含量换算表

大气露点/℃	0	1	2	3	4	5	6	7	8	9
	水分含量/(g/m³)									
90	420.1	433.6	448.5	464.3	480.8	496.6	514.3	532.0	550.3	569.7
80	290.8	301.7	313.3	325.3	337.2	349.9	362.5	375.9	389.7	404.9
70	197.0	204.9	213.4	222.1	231.1	240.2	249.6	259.4	269.7	280.0
60	129.8	135.6	141.5	147.6	153.9	160.5	167.3	174.2	181.6	189.0
50	82.9	88.9	90.0	95.2	99.5	104.2	108.9	114.0	119.1	124.4
40	51.0	53.6	56.4	59.2	52.2	65.3	68.5	71.8	75.3	78.9
30	30.3	32.0	33.8	35.6	37.5	39.5	41.6	43.8	46.1	48.5
20	17.3	18.3	19.4	20.6	21.8	23.0	24.3	25.7	27.2	28.7
10	9.40	10.0	10.6	11.3	12.1	12.8	13.6	14.5	15.4	16.3
0	4.85	5.19	5.56	5.95	6.14	6.80	7.26	7.75	8.27	8.32
−0	4.85	4.52	4.22	3.93	3.66	3.40	3.16	2.94	2.73	2.54
−10	2.25	2.18	2.02	1.87	1.73	1.60	1.48	1.36	1.26	1.10
−20	1.067	0.982	0.903	0.829	0.761	0.698	0.640	0.586	0.536	0.490
−30	0.448	0.409	0.373	0.340	0.309	0.281	0.255	0.232	0.210	0.190
−40	0.172	0.156	0.141	0.127	0.114	0.103	0.093	0.083	0.075	0.067
−50	0.060	0.054	0.049	0.043	0.038	0.034	0.030	0.0227	0.024	0.021
−60	0.019	0.017	0.015	0.013	0.011	0.0099	0.0087	0.0076	0.0067	0.0058
−70	0.0051	—	—	—	—	—	—	—	—	—

注：查表示例，如大气露点 92℃，查表 90℃再对上横行个数度数 2℃，对应的数即得出水分含量 448.5g/m³。

③ 含油量等级。总油量包括液态油、悬浮油、油蒸气。含油等级分为 0、1、2、3、4 等 5 级。含油量等级见表 34-44。

表 34-44 含油量等级

等级	总含油量(液态油、悬浮油、油蒸气)/(mg/m³)
0	由设备使用者或制造商制定的比等级 1 更高的要求
1	≤0.01
2	≤0.1
3	≤1
4	≤5

注：1. 总含油量是在空气温度 20℃、空气压力 0.1MPa 绝对压力、相对湿度 0 状态下的值。

2. 引自 GB/T 13277.1—2008《压缩空气 第 1 部分：污染物净化等级》。

34.6.2 电镀车间用压缩空气质量要求

在国家标准 GB/T 13277.1—2008《压缩空气 第 1 部分：污染物净化等级》的标准中，没有提出也没有推荐供各工种使用的压缩空气质量等级，目前其他方面也没有统一的电镀车间用压缩空气质量标准。因此，依据车间具体用气情况、工艺特点及其要求，结合以前用气标准，提出电镀车间用的压缩空气质量（推荐）等级，列入表 34-45 内，供参考。

表 34-45 电镀车间使用的压缩空气质量等级（推荐）

用气设备及工具名称	用途	压缩空气质量等级		
		固体粒子	湿度(水)	油
吹干	各种处理后,吹干工件表面水分	6	4	2
吹灰、吹净零件等	吹去工件表面灰尘	6	4	2
搅拌溶液	电镀、阳极氧化溶液及清洗水等的搅拌	6	4	2
喷砂、喷丸	机械清理,去除锈、氧化皮及旧漆膜等	—	3	3
气动工具	气动砂轮、钻、打磨机、搅拌机等	7	5~6	4
喷漆	空气喷漆以及有压缩空气直接参与或帮助油漆雾化的空气	6	2~3	1
粉末静电喷涂	静电喷涂、粉末供粉器及控制用	6	3	1~2
粉末流化床涂覆	流化用压缩空气	6	3	1~2
气动起重机		6	3	4
输送机械设备	轨道转换岔道及气动控制等	7	3	3
车间用一般空气		7	6	4

34.6.3 压缩空气供给装置

压缩空气的供给装置由空气压缩机、过滤装置、除湿除油净化装置、调压器及输送管道等组成。

（1）电镀车间用的压缩空气气源

电镀车间常用的压缩空气气源有两种。

① 由厂集中的空压机站用管道送来的压缩空气。在空压机站进行初步的油水分离处理，到车间后根据电镀作业对压缩空气的质量要求需进行进一步的净化处理。

② 车间自备的小型空压机供气。用气量较小或工厂没有集中的空压机站时，车间自备小型空压机。根据电镀作业对压缩空气的质量要求需对压缩空气进行净化处理。

车间自备的小型空压机，用气量较小时（如小于 $1.0m^3/min$ 或 $1.0m^3/min$ 左右），多采用活塞式压缩机；用气量稍大时（大于 $1.0m^3/min$），多采用螺杆压缩机。

无油空气压缩机，因不用油润滑，故空气中含油量非常少，但压缩空气中所含的固体粒子、水分的量与普通空气压缩机一样，所以应根据电镀作业对压缩空气的质量要求，对其进行必要的净化处理。

（2）压缩空气净化系统配置

压缩空气净化系统的配置包括：过滤器、除油器、干燥器、空气净化调压器、储气罐及管道系统等。

压缩空气净化系统标准配置示意，见图 34-8。

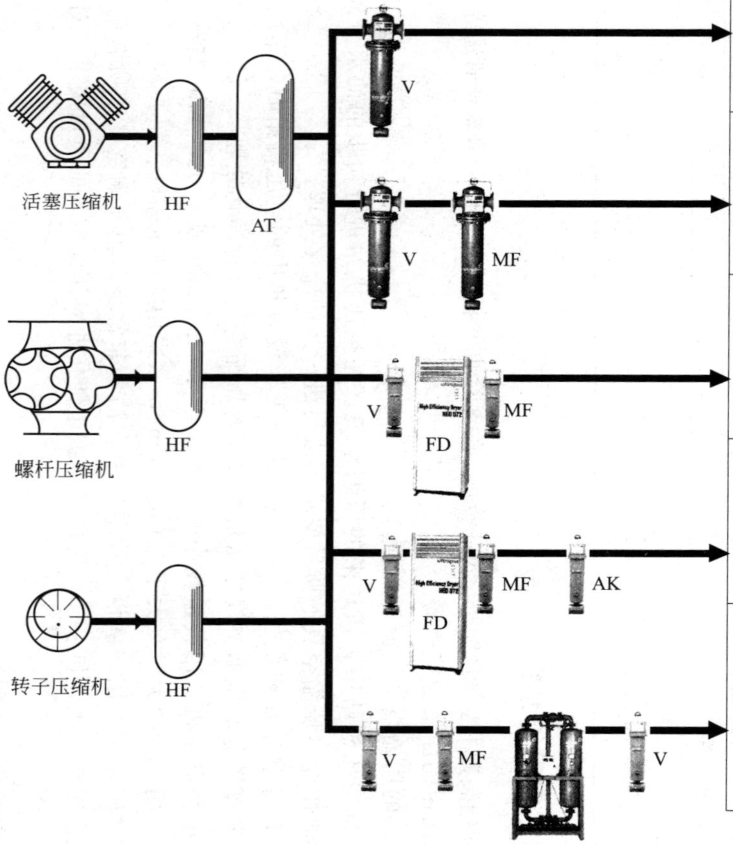

系统号	压缩空气质量	压缩空气中的不纯物			气味	应用
		水汽	颗粒	油①		
NO 1 前置（预）过滤器	有微量灰尘、水分和油存在	有微量液态水分	5μm	5 mg/m³	有较浓油味	重型气动机械、零件清洗、吹扫、一般车间用气
NO 2 前置、精密过滤器	几乎所有灰尘和液态油、水分溶胶都被去除	相对湿度100%	0.01μm	0.05 mg/m³	有油味	空气搅拌、颗粒产品输送、食品、饮料加工、一般气动元件
NO 3 前置、精密过滤器、冷冻干燥器	不含灰尘、油、水，较干燥	大气露点-17℃以下	0.01μm	0.05 mg/m³	有油味	包装和纺织机械、粉状产品输送、精密气动技术应用、粉末喷涂、喷砂、喷丸
NO 4 前置、精密过滤器、活性炭吸附器、冷冻干燥器	不含灰尘、油、水，较干燥，无气味	大气露点-17℃以下	0.01μm	0.003 mg/m³	无气味	呼吸用气药品、食品、饮料配制、罐装洁净室、高压氧舱
NO 5 精密及前置过滤器、后置过滤器、吸附式干燥器	不含灰尘、油、水，深度干燥	大气露点-40℃以下	1μm	0.05 mg/m³	略有油味	控制仪表电子、印刷、胶片工业、空气制冷、喷漆、轴承

① 过滤器进口端，油浓度低于30mg/m³，工作温度低于40℃。

图34-8 压缩空气净化系统标准配置示意图

HF—后冷却分离器；AT—缓冲罐；V—前、后置过滤器（标准PE滤芯，前置为5μm，后置为1μm）；AK—活性炭吸附过滤器；FD—冷冻式干燥器；
MF—精密除油器（还可以用FF，SMF替代）；

34.6.4　压缩空气管道及其敷设

（1）压缩空气管道的要求

压缩空气管道一般采用水煤气钢管，为保证输送到用气点的空气量和压力的稳定，应满足如下要求。

① 管道布置力求简单，管接头要少，管和接头的阻力力求最小。

② 管道接头处采用密封填料封严，防止漏气。

③ 防止经净化处理的压缩空气再次污染。

（2）压缩空气管道系统

① 由厂集中的空压机站供气的气源，其压缩空气管道系统是由空气压缩机站、室外压缩空气管道、车间压缩空气入口装置及车间内部压缩空气管道等四部分组成。

② 车间自备的小型空压机或车间空压机室供气的气源，其压缩空气管道系统是由空压机室及车间内部压缩空气管道等两部分组成。

（3）压缩空气管道的敷设

① 车间压缩空气管道入口处应设入口装置，一般装置有截止阀、安全阀、减压阀、压力表、流量计、油水分离器等。入口装置所需附件配置根据需要而定。用户需要两种压力供气时，也可并联两组减压装置。当供气压力为 0.8MPa，使用压力≤0.3MPa 时需经减压阀；使用压力为 0.4～0.6MPa 时，可用两只截止阀减压后供气。车间压缩空气管道入口装置，可放置在压缩空气净化处理室内。

② 车间内压缩空气管道一般沿墙或沿柱子架空敷设，一般不低于 2.5m，高度以不妨碍通行和吊车运行及便于检修为原则，并尽量不挡窗户。从车间主管上部引出的支管，应沿墙或沿柱子引下来，距地面 1.2～1.5m 处安装截断阀门，供用气设备使用。如供气到生产线端头，则沿生产线上的管道支架架设，供到用气点。如果一个供气点上需要多个用气接头，则可安装分气筒（配气器）或配气管。

③ 槽子生产线上的压缩空气管道一般架设在生产线非操作面的管道联合支架上。

④ 安装压缩空气管道时，应有 0.2% 的坡度。

⑤ 在车间内部管道的末端和最低点应安装集水器。

⑥ 管道穿墙、楼板及其他构筑物处，应设置套管，套管内径应大于所穿管道的外径 20～30mm，并用石棉嵌塞。压缩空气管道不得穿过风管、风道。

⑦ 在符合安全要求的前提下，可与其他管道共架敷设。室内管道之间及与电气设备之间最小间（净）距，见本章 34.5.1 蒸汽管道敷设中的表 34-35 室内管道之间及与电气设备之间最小间（净）距。

34.7　供电

电镀车间工艺设备用电主要有直流用电和交流用电。直流用电有各种电镀、阳极氧化处理、电解除油、电解浸蚀、退除退层、电泳涂漆等。交流用电有机械前处理设备、电镀设备、过滤设备、电加热设备、油漆及粉末涂装设备、检测仪器、机械修理、搬运和输送机械设备等。此外，还有通风设备装置、废气废水净化处理等设备的用电。当车间用电量较大时，可考虑设置车间变电所，车间用电量较小时，设置车间配电室。

电镀车间的直流和交流供配电系统设计，应遵照 GB 50055—2011《通用用电设备配电设计规范》的有关规定。

34.7.1　直流供电

电镀车间用的直流电源有硅整流器、可控硅整流器和高频开关电源设备。

（1）直流供电方式

直流供电方式，有单机单槽供电、单机多槽供电和双机单槽供电方式等。

① 单机单槽供电方式是一台直流电源对一台镀槽供电，目前基本上采用这种供电方式。其特点是电流调节方便，电流、电压平稳可靠，可根据镀槽规格、负载大小及电镀特性，选用适合的直流电源，以达到使用灵活、可靠、方便。

② 单机多槽供电方式。当工艺条件许可时，对电压等级相同的镀槽，亦可用一台直流电源对多台镀槽供电，这种供电虽然可以减少直流电源数量，但应在镀槽旁增设调节控制箱，其内部应装设电流调节装置和测量仪表。而且在镀件上下槽和调节电流时，会引起其他镀槽的电流波动。目前这种供电方式较少使用。

③ 双机单槽供电方式是两台直流电源对一台镀槽供电。在目前能够生产大容量直流电源的情况下，除非工艺上有特殊要求外，很少采用。

（2）直流电源间的设置要求

集中放置直流电源的电源间应符合下列要求（引自 GB 50055—2011 规范中对设置直流电源间的有关规定）。

① 宜靠近负荷中心，并宜靠外墙设置。

② 电源间不得设置在槽区下方，亦不应设置在厕所、浴室的正下方或与其贴邻。

③ 正面操作通道不宜小于 1.5m；当需在直流电源背面检修时，其背面距墙不宜小于 0.8m；与其配套的调节器距墙不宜小于 0.8m。

④ 室内夏季温度不宜超过 40℃，冬季温度不宜低于 5℃。当自然通风不能满足电源间要求时，应采用机械通风，并保持室内正压。

⑤ 镀槽排风系统管道、地沟及其他与电源间无关的管道，不得通过电源间。

（3）直流供电线路的电压降

① 按照 GB 50055—2011《通用用电设备配电设计规范》的规定，在额定负荷下，电力整流器至电镀槽的母线，电压降不应大于 1.0V。而在实际电镀生产中，电源设备布置在镀槽附近时，线路较短，镀槽供电电压降宜控制在 0.5～0.6 V。电源设备与镀槽距离较长时，一般情况下电压降不宜超过额定电压的 10%。

② 实际运行情况表明，母线接头上的接触电压降，往往在整个线路电压降中占很大比例，所以处理好接头，减少接触电阻，是整个直流母线供电中的重要环节之一。

③ 直流供电线路的电压降计算

采用负荷力矩法计算电压损失，负荷力矩即每极一条母线于 1V 电压损失时的力矩（A·m）。电压降按下式计算：

$$U = \frac{ILK}{M}$$

式中　U——母线电压损失（即电压降），V；

$\quad\quad I$——母线直流电流，A；

$\quad\quad L$——母线单线长度，m；

$\quad\quad K$——铝母线连接处等的电压损失系数，可取为 1.1；

$\quad\quad M$——每伏电压损失的负荷力矩，A·m/V。

负荷力矩 M 的具体数值见表 34-46。

（4）直流配电母线使用的载流量

① 直流供电线路的常用材料

a. 直流供电线路的常用材料有铜和铝两种，应尽量节约用铜，故在一般情况下，技术上可能时，宜尽量采用铝母线。

　　b. 铜比铝耐腐蚀性强，所以铜母线通常使用在可能有碱性液体溅射及碱性气体直接侵袭的场合；铝母线适合于没有碱液溅射及没有碱性气体直接侵袭的场合。

　　c. 对于放置在镀槽旁或附近的直流电源接至镀槽的直流导线或母线，一般常选用多股编织或绞型的铜线。

　　d. 直流线路电压小于 60V 时，宜采用铜母线、铜芯塑料线或铜芯电缆。当采用铝母线时，在母线连接处，应采用铜铝过渡板，铜端应搪锡。电源接入镀槽处，应采用铜编织线或铜母线。

　　e. 直流线路电压大于 60V 时，直流线路应采用电缆或绝缘导线（GB 50055—2011）。

　　② 直流配电母线推荐使用的载流量

　　a. 铜、铝矩形截面母线的直流持续允许负荷及相应负荷力矩列入表 34-46，铜母线的最高允许温度为 70℃/65℃/50℃时的工作电流折算值见表 34-47，供选择直流母线截面时参考。

　　裸铜绞线持续允许负荷电流列入表 34-48。

　　b. 镀槽或电解处理槽的导电杆，一般采用黄铜棒、黄铜管或紫铜管制成。除了考虑导电性能外，还应能承受镀件及挂具的重量，并具有足够的刚性强度。圆形导体的载流量、黄铜（H62）棒的许用电流、圆管形导体的载流量分别列入表 34-49、表 34-50 和表 34-51。

表 34-46　铜、铝矩形截面母线的直流持续允许负荷及相应负荷力矩（$T=70℃$）

母线规格		铜母线						铝母线					
尺寸（宽×厚）/mm	横截面积/mm²	一条1米母线的质量/kg	每极母线的条数/条				每极一条母线于1V电压损失时的力矩/(A·m)	一条1米母线的质量/kg	每极母线的条数/条				每极一条母线于1V电压损失时的力矩/(A·m)
			1	2	3	4			1	2	3	4	
			允许负荷电流（直流）/A						允许负荷电流（直流）/A				
15×3	45	0.41	210	—	—	—	1170	0.125	165	—	—	—	698
20×3	60	0.54	275	—	—	—	1560	0.162	215	—	—	—	930
25×3	75	0.68	340	—	—	—	1900	0.204	265	—	—	—	1162
30×4	120	1.23	475	—	—	—	3120	0.324	370	—	—	—	1860
40×4	160	1.44	625	—	—	—	4160	0.432	480	—	—	—	2480
40×5	200	1.80	705	—	—	—	5200	0.540	545	—	—	—	3100
50×5	250	2.55	870	—	—	—	6500	0.675	670	—	—	—	3875
50×6	300	2.70	960	—	—	—	7800	0.810	745	—	—	—	4650
60×6	360	3.24	1145	1990	2495	—	9360	0.972	880	1550	1940	—	5580
80×6	480	4.32	1510	2630	3220	—	12480	1.296	1170	2055	2460	—	7440
100×6	600	5.40	1875	3245	3940	—	15600	1.620	1455	2515	3040	—	9300
60×8	480	4.32	1345	2485	3020	—	12480	1.296	1040	1840	2330	—	7440
80×8	640	5.75	1755	3095	3850	—	16650	1.730	1355	2400	2975	—	9920
100×8	800	7.20	2180	3810	4690	—	20800	2.150	1690	2945	3620	—	12400
60×10	600	5.40	1525	2725	3530	—	15600	1.820	1180	2110	2720	—	9300
80×10	800	7.20	1990	3510	4450	—	20800	2.150	1540	2735	3440	—	12400
100×10	1000	9.00	2470	4325	5385	7250	26000	2.700	1910	3350	4160	5650	15500

备注

1. 表中数值是当周围空气温度为 25℃，竖放敷设母线时的直流电流值

2. 母线平放敷设时，应将表中数值乘以 0.95

3. 周围空气温度不同时，应乘以温度校正系数。温度校正系数如下：

周围空气温度/℃	10	15	20	25	30	35	40
温度校正系数	1.15	1.11	1.05	1.00	0.94	0.88	0.81

4. 表中负荷力矩 M 是根据下式编制的

$$M = IL = \frac{\gamma SU}{2K}$$

式中，M 为每伏电压损失的负荷力矩，A·m/V；γ 为当周围空气温度为 25℃时母线的电导率（铜为 57，铝为 33）；S 为母线截面积，mm²；U 为电压损失（$U=1V$）；K 为铝母线连接处等的电压损失系数，取 1.1；I 为母线直流电流，A；L 为母线单线长度，m

表 34-47　铜母线的最高允许温度为 70℃/65℃/50℃ 时的工作电流折算值[3]

母线尺寸 /mm	理论截面 /mm²	不同空气温度和导线温度时的铜母线载流量							
		空气温度为35℃ 导线温度为70℃		空气温度为35℃ 导线温度为65℃		空气温度为35℃ 导线温度为50℃		空气温度为25℃ 导线温度为50℃	
		工作电流/A	电流密度/(A/mm²)	工作电流/A	电流密度/(A/mm²)	工作电流/A	电流密度/(A/mm²)	工作电流/A	电流密度/(A/mm²)
15×3	45	185	4.1	172	3.8	114	2.5	156	3.5
20×3	60	242	4.0	225	3.8	149	2.5	204	3.4
25×3	75	299	4.0	278	3.7	183	2.4	251	3.3
30×4	120	418	3.5	389	3.2	257	2.1	352	2.9
40×4	160	550	3.4	512	3.2	338	2.1	463	2.9
40×5	200	616	3.1	573	2.9	378	1.9	518	2.6
50×5	250	757	3.0	704	2.8	465	1.9	637	2.5
50×6.3	315	840	2.7	781	2.5	616	1.6	706	2.2
63×6.3	397	990	2.5	920	2.3	607	1.5	832	2.1
80×6.3	504	1350	2.7	1256	2.5	826	1.6	1136	2.3
100×6.3	630	1590	2.5	1479	2.3	976	1.6	1337	2.1
63×8	504	1160	2.3	1079	2.1	712	1.4	975	1.9
80×8	640	1490	2.3	1386	2.2	915	1.4	1254	2.0
100×8	800	1830	2.3	1702	2.1	1123	1.4	1539	1.9
125×8	1000	2110	2.1	1962	2.0	1293	1.3	1774	1.8
63×10	630	1300	2.1	1209	1.9	798	1.3	1093	1.7
80×10	800	1670	2.1	1553	1.9	1025	1.3	1404	1.8
100×10	1000	2030	2.0	1888	1.9	1246	1.2	1707	1.7
125×10	1250	2330	1.9	2167	1.7	1430	1.1	1959	1.6
铜绞线	6	31	5.2	—	—	19	3.2	26	4.3
铜绞线	10	53	5.3	—	—	32	3.2	45	4.5
铜绞线	25	123	4.9	—	—	75	3.0	103	4.1
铜绞线	50	194	3.9	—	—	124	2.5	163	3.3
铜绞线	95	299	3.1	—	—	191	2.0	251	2.6
铜绞线	150	422	2.8	—	—	270	1.8	354	2.4

表 34-48　裸铜绞线持续允许负荷电流（绞线温度 $T=70℃$）

截面 /mm²	周围空气温度/℃			
	25	30	35	40
	允许负荷电流(直流)/A			
4	25	24	22	20
6	35	33	31	28
10	60	56	53	49
16	100	94	88	81
25	140	132	123	113
35	175	165	154	142
50	220	207	194	178
70	230	263	246	227
95	340	320	299	276
120	405	380	356	328
150	480	451	422	389
185	550	517	484	445
240	650	610	571	526

表 34-49　圆形导体的载流量（导体温度 $T=70℃$）

直径/mm	环境温度为25℃时的载流量(直流)/A			直径/mm	环境温度为25℃时的载流量(直流)/A		
	铜	铝	钢		铜	铝	钢
6	155	120	34	22	965	745	333
7	195	150	—	25	1165	900	—
8	235	180	80	26	—	—	422
10	320	245	108	27	1290	1000	—
12	415	320	140	28	1360	1050	—
14	505	390	174	30	1490	1150	520
15	565	435	—	35	1865	1450	—
16	615	475	212	38	2100	1620	—
18	725	560	250	40	2260	1750	—
19	785	610	—	42	2430	1870	—
20	840	655	291	45	2670	2060	—
21	905	700	—	—	—	—	—

表 34-50　黄铜（H62）棒的许用电流

直径/mm	电流(直流)/A	直径/mm	电流(直流)/A
10	120	30	750
12	150	32	900
16	240	35	1000
20	350	40	1100
25	470	50	1350
28	620	—	—

表 34-51　圆管形导体的载流量（导体温度 $T=70℃$）

铜管			铝管			钢管		
管径/mm		截流量(直流)	管径/mm		截流量(直流)	管径/mm		截流量(直流)
内径	外径	/A	内径	外径	/A	内径	外径	/A
12	15	340	13	16	295	8	13.5	138
14	18	460	17	20	345	10	17	178
16	20	505	18	22	425	15	21.3	246
18	22	555	27	30	500	20	26.8	305
20	24	600	26	30	575	25	33.5	427
22	26	650	25	30	640	32	42.3	540
25	30	830	36	40	765	40	48	644
29	34	925	35	40	850	50	60	745
35	40	1100	40	45	935	70	75.5	995
40	45	1200	45	50	1040	80	88.5	1230
45	50	1330	50	55	1145	—	—	—
49	55	1580	54	60	1340	—	—	—
53	60	1860	64	70	1545	—	—	—
62	70	2295	72	80	1770	—	—	—
72	80	2610	74	80	2035	—	—	—
75	85	3070	75	85	2400	—	—	—
90	95	3460	90	95	2925	—	—	—
93	100	3960	90	100	3540	—	—	—

34.7.2　直流供电母线的敷设

电镀车间用直流电的特点是低电压、大电流，为保证在允许的电压降条件下，使电能损耗小，节约母线，直流配电就要求线路短、母线接头少、接触电阻力小，所以直流电源应尽量靠近用直流电的设备。对直流母线敷设的要求为安装简便、可靠，耐蚀性能和绝缘性能好。

直流母线的常用敷设方法如下。

① 直流母线一般采用竖放，其敷设方式和走向应根据工艺设备平面布置、建筑物形式及各种管道架设方式等统筹安排。

② 直流母线常用夹板安装，母线夹板材料有木夹板、酚醛布板夹板及硬聚氯乙烯夹板。一般采用酚醛布板夹板及硬聚氯乙烯夹板，安装母线简便、耐蚀性能和绝缘性能好。

③ 母线沿墙、沿柱架设。母线敷设高度一般距地面 2.5m，母线交叉敷设时，相距不小于 50mm。母线在直线段敷设时每 3～6m 及转弯处应设支持夹板，在 1.5～2m 处设一个中间夹板。

④ 母线支承在槽体上，沿镀槽敷设。这种敷设方法，常用在电镀自动生产线上，母线线路短、引线方便、线路敷设整齐。缺点是镀液易溅到母线，但实践反映使用效果良好。母线也可架设在自动线沿槽子的支架上。

⑤ 母线在支架上敷设。在电镀生产线的非操作面立支架敷设母线，或与其他管道一起敷设在综合共同支架上。

⑥ 母线在地沟内敷设。母线跨越走道时应在地沟内敷设或沿槽旁地沟敷设。地沟走向应尽量短直，沟内母线宜采用焊接，地沟内需预埋固定母线的支架，地沟上设盖板，地沟坡度 1%，沟内要考虑排水，不得积水。在大型的电镀车间也有设置大地沟，供包括母线在内的各种管道敷设，在生产线端头出线再沿槽的非操作面用管道支架架设，大地沟可以进去维修或改装管线，较为方便。

⑦ 母线架空敷设。可从直流电源室将母线架空敷设至镀槽，敷设方便、线路短、节约母线。但有碍美观，也会影响搬运输送设备的运行。

⑧ 直流电源布置在地下室或楼层建筑物的底层时，母线可沿墙、楼板下敷设，穿过钢筋混凝土楼板的预留洞口引上来接至镀槽。这种敷设方法，一般所需母线短、敷设方便、车间内较整齐。

⑨ 采用防腐型直流电源直接放置在镀槽旁或附近时，可用铜绞线直接连接到镀槽。这种方法距离最短、电压降小、电损耗少、节能，但对直流电源腐蚀较严重。

⑩ 直流电源设置在直流电源间内时，在电镀槽旁应设有直流电源设备的遥控调节器，以便于对其电压、电流等输出参数进行调节。

⑪ 直流母线表面应涂漆防护，并定期维护。常涂以标色漆以示区别，一般阳极涂红色或黄色漆，阴极涂蓝色或绿色漆。

⑫ 直接安放在镀槽旁的直流电源设备，其底部应设有高出地面不小于 150mm 的底座。

34.7.3 交流供电

电镀车间除使用直流电源设备外，其他设备用电量也很大，尤其是采用电加热溶液槽时用电量更大。交流供电需要计算车间用电容量，应结合厂区电源线路走向，合理布置车间的配电干线，配置开关设备等。

① 大型电镀车间或用电量较大时，可考虑设置车间变电所，一般用电量较小时设置配电室。变电所宜布置在用电负荷较集中，且距厂总配电站（所）较近而进线较方便的和腐蚀性较轻微的地方。变电所所用变压器，近来逐渐采用干式变压器取代湿式（油浸）变压器。

② 配电支线、低压电器等，宜采用化工防腐型电器。若无防腐型电器，尽量设置在腐蚀性较轻微的场所，采取防腐措施，加强维护，以保证使用安全。

③ 在电镀间内敷设的线路，因存在腐蚀问题，故导线（尤其是铝芯导线）的截面宜放大

一级。支线截面根据用电设备的额定电流计算确定，在腐蚀环境中，导线的截面也宜放大一级。

④ 根据电镀车间生产等的需要设置各种电插座，以供临时用电用。

⑤ 考虑到车间的扩建、技术改造及发展的需要，车间的供电量应适当留有余量。如车间分期建设时，需考虑后期建设的概略用电量，统筹考虑车间变电所或配电室的规模和设备装置。

34.7.4　低压电器及线路敷设

选用低压电器及线路敷设，应考虑电镀车间生产环境的腐蚀性大、湿度大、温度高及用水点多、用水量大等特点。选用好低压电器及做好线路敷设，以保证安全及提高其使用寿命。

① 电气设备的布置位置及线路敷设，不应影响工艺设备的生产操作和日常维修，不应影响交通运输。

② 车间内低压电气设备如动力配电箱、照明分电箱、铁壳开关、磁力启动器、控制按钮等，应布置在通风良好、腐蚀较轻微且安全的地方。如通风良好的生产线端头、走廊等处。

③ 前处理浸蚀间腐蚀严重，电气设备应尽量安装在浸蚀间外，如装在浸蚀间内时，要求防腐密闭。

④ 有机溶剂除油间（如汽油去油间等）挥发出大量易燃易爆有机溶剂气体，电气设备宜布置在有机溶剂除油间外面，如布置在除油间内时，应采用防爆产品。

⑤ 车间内电气设备等不应靠近水槽、水龙头、洗手池、污水池等设备，也不宜装在可能滴水的管道和设备的下方。

⑥ 车间变电所、配电间（室）不应设置在厕所、浴室及有水工作场所的下面，也不宜与其相邻。

⑦ 各种处理生产线上的电动葫芦轨道线，尽量采用直线；单梁悬挂起重机、单梁起重机等应尽量采用软电缆供电，或采用绝缘式安全滑接输电装置供电。

⑧ 电镀车间内需要设置电插座，供临时用电用。需装有电插座的场所如下。

a. 电镀间、阳极氧化间、氧化磷化间、溶液配制室、化验室、工艺试验室、检验室、挂具制造及维修间等，需要装有 220V 及 380V 的电插座，供临时供电用。如供移动式溶液过滤器、耐酸泵、小型槽子临时加热、电炉、电热板、电动工具等用电。电插座可以设置在工作间、作业区周围的墙上，镀槽的调节盘上，工作台上，化学分析台上，化验通风柜上或其他方便的地方。

b. 在涂装间的涂漆区内一般不装电插座，如一定要装，应装防爆电插座。

c. 检验室内、检验工作台等处，如需低压的局部照明，可装有 36V 照明用电插座。

d. 在地下室、半地下室内等场所检修各种系统装置、管道而需要低压照明时，可设置 36V 照明用电插座；检修人员所处环境的导电性较良好，如在钢平台上等处检修需低压照明时，宜设置 12V 照明用电插座。

e. 办公室、技术室、会议室、休息室等房间，可能临时需要用电，如添加电器、电扇等，可装有 220V 电插座。

f. 其他场所如平台架台上下等处如需要，可考虑安装电插座。

⑨ 抛光、磨光间的配电箱宜用封闭式，供电支线一般采用穿钢管敷设或放射式钢管配线埋地敷设。

⑩ 电镀间、阳极氧化间、氧化磷化间等的配电线路，宜采用绝缘干线，一般沿墙、屋架瓷瓶明设或穿塑料套管沿柱、墙明设（不宜埋地敷设），或沿防腐电缆桥架明设，上下直立部

分穿塑料管保护。电力设备、线路及金属支架等，均应采取防腐措施。

⑪ 照明线路安装方式[3]列于表 34-52 内。

表 34-52　照明线路安装方式

作业区名称	干线	支线
浸蚀、电镀间	1. 铝芯塑料线瓷珠或瓷瓶明设 2. 铝芯塑料线穿塑料管明设 3. 铝芯塑料线沿外墙瓷瓶明设 4. 铝芯塑料线穿塑料管用钢索套软塑料管吊挂 5. 铝芯塑料线穿塑料管用综合支架吊挂	1. 铝芯塑料线瓷珠明设 2. 铝芯塑料线穿塑料管在综合支架上明设 3. 铝芯塑料绝缘护套线明设
抛光间	1. 铝芯橡皮绝缘线瓷珠或瓷瓶明设 2. 铝芯绝缘线穿钢管明设	1. 铝芯塑料护套线沿钢索明设 2. 铝芯绝缘线穿塑料管沿钢索明设和穿钢管明设或暗设
电源室、检验室	铝芯绝缘线穿钢管明设或暗设	1. 铝芯塑料护套线明设 2. 铝芯绝缘线穿钢管明设或暗设 3. 铝芯塑料线护套线沿钢索明设

⑫ 室内电气管线、电气设备与其他管道、设备之间需保持一定距离，其最小净距，见本章 34.5.1 蒸汽管道敷设中的表 34-35 室内管道之间及与电气设备之间最小间（净）距。

⑬ 在电镀间内，直流电源设备的金属外壳及配电箱、控制箱、操作箱的金属外壳，金属电缆桥架，配电槽，保护钢管等应与配电系统的保护线或保护中线可靠连接。电镀间内各种接地系统宜采用共同接地的方式。

34.8　照明

34.8.1　照度标准系列分级

根据 GB 50034—2013《建筑照明设计标准》的内容，照度标准值应按以下系列分级（单位为 lx）：0.5、1、2、3、5、10、15、20、30、50、75、100、150，200、300、500、750、1000、1500、2000、3000、5000。照度值均为作业面或参考平面上的维持平均照度值。

34.8.2　照明方式和照明种类

（1）照明方式

工厂照明方式可分为：一般照明、分区一般照明、局部照明和混合照明。

按下列要求确定照明方式。

① 工作场所通常应设置一般照明，即为照亮整个场所而设置的均匀照明。

② 同一个场所内的不同区域有不同照度要求时，应采用分区一般照明，即对某一特定区域，如进行工作的地点，设计成不同的照度来照亮该区域的一般照明。

③ 对于部分作业面照度要求较高时，只采用一般照明不合理的场所，宜采用混合照明，即由一般照明与局部照明组成的照明。

④ 在一个工作场所内，为不影响视觉作业，不应只采用局部照明，如只设局部照明往往会使亮度分布不均匀而影响视觉。

（2）照明种类

照明方式种类很多，电镀车间一般用的有正常照明、应急照明和值班照明。

① 电镀等各作业场所均设置正常照明，即在正常情况下使用的室内外照明。

② 正常照明因故障熄灭后，电镀等作业需确保后续工序的正常工作，确保人员安全疏散。在工作场所、安全疏散的出口、通道等场所，需设置应急照明。应急照明即因正常照明的电源

失效而启用的照明，也称事故照明。

　　③ 大型电镀车间、大面积场所宜设置值班照明，即非工作时，为值班所设置的照明。

34.8.3　电镀车间的照明照度

　　根据 GB 50034—2013《建筑设计照明标准》，结合电镀作业工作性质、生产要求及作业环境等具体情况，提出电镀车间的照明照度推荐值，列入表 34-53 内。表中照度值均为作业面或参考平面上的维持平均照度值。

表 34-53　电镀车间的照明照度推荐值

房间或场所		参考平面及其高度/m	照度标准值/lx	UGR	Ra	u_0	备注
机械前处理	抛丸、喷丸	0.75 水平面	200	—	60	0.6	可另加局部照明
	喷砂	0.75 水平面	200	—	60	0.6	可另加局部照明
	人工清理	0.75 水平面	300	—	60	0.6	可另加局部照明
有机溶剂(汽油)去油		0.75 水平面	300	—	80	0.6	
浸蚀、腐蚀、退镀层、清洗		0.75 水平面	300	—	80	0.6	
电镀、阳极氧化、氧化、磷化等		0.75 水平面	300	—	80	0.6	
电泳涂漆		0.75 水平面	300	—	80	0.6	
喷漆	一般	0.75 水平面	300	—	80	0.6	可另加局部照明
	精细	0.75 水平面	500	22	80	0.7	可另加局部照明
粉末涂装	一般	0.75 水平面	300	—	80	0.6	可另加局部照明
	精细	0.75 水平面	500	22	80	0.7	可另加局部照明
抛光	一般装饰性	0.75 水平面	300	22	80	0.6	防频闪
	精细	0.75 水平面	500	22	80	0.7	防频闪
检验室或作业地	一般	0.75 水平面	300	22	80	0.6	可另加局部照明
	较精细	0.75 水平面	500	19	80	0.7	
直流电源室		地面	200	25	60	0.6	
工艺实验室		0.75 水平面	500	19	80	0.6	可另加局部照明
化验室		0.75 水平面	500	19	80	0.6	可另加局部照明
变、配电站	配电装置室	0.75 水平面	200	—	60	0.7	
	变压器室	地面	100	—	20	0.6	
控制室	一般控制室	0.75 水平面	300	22	80	0.6	
	主控制室	0.75 水平面	500	19	80	0.6	
纯水制备间		地面	200	—	60	0.6	
废水处理间		地面	200	—	60	0.6	
压缩空气净化处理室		地面	200	—	60	0.6	
空压机室		地面	150	—	60	0.6	
挂具制造及维修间		0.75 水平面	300	22	60	0.6	可另加局部照明
冷冻机室		地面	150	—	60	0.6	
风机室		地面	100	—	60	0.6	
空调机房		地面	100	—	60	0.6	
泵房		地面	100	—	60	0.6	
零件库、成品库		1.0 水平面	100	—	60	0.6	
油漆库、有机溶剂库		1.0 水平面	100	—	60	0.6	
电泳漆库		1.0 水平面	100	—	60	0.6	
粉末储存库		1.0 水平面	100	—	60	0.6	
化学品库		1.0 水平面	100	—	60	0.6	
辅助材料库		1.0 水平面	100	—	60	0.6	
办公室		0.75 水平面	300	19	80	0.6	
技术室		0.75 水平面	300	19	80	0.6	
设计室		0.75 水平面	500	19	80	0.6	
文件整理、复印室		0.75 水平面	300	—	80	0.6	

房间或场所	参考平面 及其高度/m	照度标准值/lx	UGR	Ra	u_0	备注
资料、档案室	0.75 水平面	200	—	80	0.6	
会议室	0.75 水平面	300	19	80	0.6	
值班室	0.75 水平面	150	—	80	0.4	
休息室	地面	100	22	80	0.4	
门厅	地面	100	—	60	0.4	
走廊、流动区域	地面	50	—	60	0.4	
楼梯、平台	地面	30	—	60	0.4	
更衣室	地面	75	—	60	0.4	
厕所、盥洗室、浴室	地面	75	—	60	0.4	

注：1.UGR 为统一眩光值。它是度量处于视觉环境中的照明装置发出的光对人眼引起不舒适感主观反应的心理参量。其量值越低，舒适感越好。

2.Ra 为一般显色指数。显色性是指与参考标准光源相比较时，光源显现物体颜色的特性。一般显色指数，是八个一组色试样的 CIE1974 特殊显色指数的平均值，通称显色指数，其指数量值越高越好，Ra 的理论最大值为 100。

3.u_0 为照明照度均匀度。

4.可另加局部照明，包括设备本身自带的照明装置，如喷砂室、喷丸室、喷漆室、粉末静喷涂室等设备自带的照明。

34.8.4 照明灯具选用

依据电镀作业的工作环境，来选用照明灯具。

(1) 正常环境用的灯具

在正常环境中（采暖或非采暖场所）一般采用开启式灯具。

① 高大厂房的一般照明，宜选用金属卤化物灯。

② 矮小较低厂房，宜选用三基色荧光灯或普通荧光灯。

(2) 潮湿和有腐蚀性的作业场所用的灯具

前处理间（如脱脂、浸蚀、退镀等）、电镀、阳极氧化、磷化、氧化等工作间，湿度大、腐蚀性强，宜选用防潮防腐型照明灯具。其灯具选用如下。

① 潮湿和特别潮湿的场所，应采用相应防护等级的防水型灯具（灯具外壳有防护等级 IP 代码）。

② 轻微腐蚀环境的场所，宜选用普通型或防水防尘型灯具。

③ 中等、强腐蚀环境的场所，应选用防腐密闭型灯具。若采用开敞式灯具，各部分应有防腐蚀或防水措施。

(3) 含有大量粉尘的作业场所用的灯具

机械前处理如喷丸、喷砂、磨光抛光以及粉末涂装（如粉末静电喷涂等作业环境）等作业间，粉尘多，应选用与其相适应的灯具。

① 含有大量灰尘，但无爆炸和火灾危险的场所有喷丸、喷砂、打磨等场所。对于一般多尘环境，宜选用防尘型（IP5X 级）灯具；对于多尘环境或存在导电性灰尘的一般多尘环境，宜采用尘密型（IP6X 级）灯具；对于经常需用水冲洗的灯具，应选用不低于 IP65 级的灯具。

② 含有爆炸性粉尘的作业场所，如粉末静电喷涂等场所（区域等级 11 区），应选用 DT 尘密结构型的灯具。

③ 含有可燃性非导电粉尘或可燃纤维的作业场所（如抛光间），应选用 DP 防尘结构型的灯具。

④ 在有爆炸或火灾危险性粉尘的场所使用的灯具，应符合国家现行相关标准和规范的有关规定。

(4) 含有爆炸和火灾危险性的作业场所用的灯具

有机溶剂除油及喷漆等作业中，含有爆炸性气体的危险区域使用的灯具，应选用隔爆型的防爆型灯具。

34.8.5 应急照明

(1) 电镀车间设置应急照明的种类

根据电镀车间的生产性质和特点，应设置应急照明（也称事故照明）。一般需设置备用照明和疏散照明。

① 备用照明是当正常照明因故障熄灭后，为了使不能停工的作业工序继续进行而设置的。如使电镀作业中的工件出槽继续完成本工序后续作业、电泳涂漆的工件继续完成本工序后续作业以及喷漆继续完成本工序后续作业等。

② 疏散照明是为确保电镀作业人员从各个作业岗位安全疏散撤离而设置的。疏散场所一般为操作道、疏散通道、安全出口、台阶处、爬梯处、楼梯处等，这些地方都应设置疏散照明。

(2) 应急照明照度

按照 GB 50034—2013《建筑照明设计标准》的要求，应急照明照度标准值宜符合下列规定：

① 备用照明的照度值除另有规定外，应不低于该场所一般照明照度值的 10%。

② 水平疏散通道疏散照明的照度值不低于 1lx；垂直疏散区域道的照度值不低于 2lx。

(3) 应急照明转换时间和持续时间

① 转换时间。在正常供电电源终止供电后，切换到应急照明电源的转换时间，备用照明及疏散照明都为不大于 5s。

② 持续工作时间，按照明种类确定。

a. 备用照明。其持续工作时间应根据该场所的工作或生产操作的具体时间确定，一般不小于 20min。生产车间的备用照明，作为停电后进行必要的操作和处理设备停运的，可持续 20~60min。

b. 疏散照明。应急持续工作时间，一般不应小于 20min。

第35章

电镀车间设计阶段、内容和方法

35.1 概述

35.1.1 工程(工厂)设计的地位和作用

电镀车间设计是机械工程设计（习惯称为工厂设计）的一个组成部分。工程设计是一门应用科学，它以科学原理作指导，以生产实践为依据，综合应用工程技术和经济方法，为实现机械工程（工厂）建设项目的新建、迁建、改建、扩建和技术改造等，进行规划、论证、设计和编制建设需要的成套文件及图纸，以及实施项目建设计划的具体内容和步骤。

工程设计，就其学术性质是一门综合性的科学技术，它涉及工艺、建筑、结构、各种公用工程，也涉及技术、经济、能源、环保和方针政策等各个方面。工程设计是工程建设程序中不可缺少的重要和关键环节。在建设项目确定之前，它为项目立项决策提供科学依据；在建设项目确定之后，它又为工程建设提供设计文件。所以，工程设计要求全面贯彻国家的方针政策，力求按照科学性和经济性的原则做出系统合理、综合整体最佳的设计。

35.1.2 工程(工厂)设计遵循的基本原则

工程（工厂）设计应遵循的基本原则。

① 从我国国情出发，坚持项目总体设计原则，设计中正确贯彻国家的政治、技术、经济等各方面的方针政策。

② 认真贯彻国家有关的能源（节能）、环境保护（减排）、职业安全卫生、清洁生产等的方针政策、规范。

③ 采用的技术先进、安全、可靠、节能、环保；力求项目的技术、经济总体合理，以获得最大的综合效益（包括经济效益、社会效益和环境效益），做出最佳的工厂设计。

④ 为主管部门和业主决策提供正确的咨询意见和最佳设计方案，为用户提供最佳服务。

35.1.3 电镀车间整体设计组成

电镀车间设计是以工艺为主导，由建筑、结构、各种公用工程配合完成的。电镀车间整体的设计由下列部分组成。

① 工艺设计。

② 土建（建筑及结构）设计。

③ 给水排水（包括纯水制备、废水处理）设计。

④ 采暖通风（包括空气调节、废气处理）设计。

⑤ 热能动力（包括蒸汽、压缩空气、燃油、燃气等的供应）设计。

⑥ 电气（包括强电、照明、弱电、电信、自控等）设计。

⑦ 非标设备设计及搬运输送机械设备设计。

⑧ 项目整体的技经（全厂投资及经济分析）编制等。

此外，还应编写整体项目的四篇文件，即节能篇、环境保护篇、职业安全和工业卫生篇、消防篇等。

35.2　工程(工厂)建设程序和阶段

工程（工厂）建设程序是指从工程建设前期工作、建设施工到竣工投产全过程中各环节开展的顺序。电镀车间设计是工程项目设计中的一个组成部分，其程序随着工程建设程序走。工程（工厂）建设程序方框图见图 35-1。

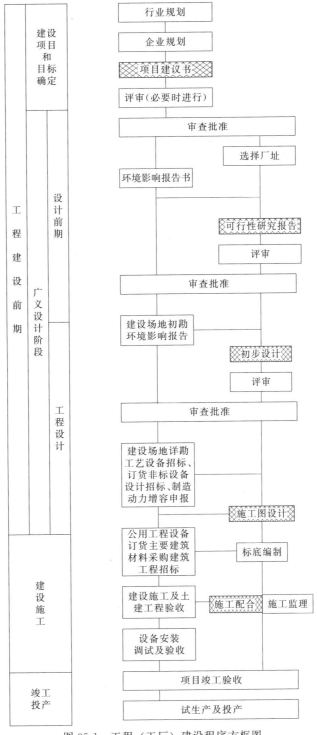

图 35-1　工程（工厂）建设程序方框图

35.3　工程(工厂)设计阶段

工程（工厂）设计工作是一个复杂工程，必须采用逐步深化、分步决策的方法，按照规定程序有步骤地进行，以便及时协调各方关系，避免返工和失误。设计工作一般主要划分的阶段有：编制项目建议书、编制可行性研究报告、初步设计和施工图设计等。

35.3.1　项目建议书

项目建议书的主要作用是建设项目的立项。

① 项目建议书是项目建设或技术改造最初阶段的文件。一般由各部门、企事业等的建设单位编制，也可委托有资质的咨询、科研、规划、设计等单位承担编制。

② 项目建议书的编制主要是根据工厂企业经管目标，市场发展需要，并结合行业、地区长远规划的要求，经过调查、预测、分析，提出对项目建设或技术改造的必要性、目标、规模、主要技术原则、建设条件和经济效益是否可行进行初步论证。它是企业根据发展规划，对项目作轮廓发展的说明，供领导层做出决策。

③ 项目建议书是上报主管部门批准立项和列入计划的依据，也是下一步进行可行性研究的依据。此阶段投资估算误差约为±15%～±20%。

④ 编制项目建议书阶段，电镀车间工艺设计不单独出文件及图纸，只是配合整体项目的编制，提出电镀车间的建设或技术改造的规模、主要生产技术与工艺、所需设备、人员、面积、材料消耗、动力消耗及工艺设备投资等资料，以及项目所需的节能、环保、技安、消防等有关资料，经汇总附在项目建议书中，并配合有关专业提供必要的资料。

35.3.2　可行性研究报告

可行性研究报告主要是提出该建设项目是否可行的结论意见。

① 可行性研究报告是在项目建议书及审批意见的基础上，对项目建设或技术改造的必要性，从市场需求、产品方案、协作关系、建设规模、物料、能源供应条件、建设条件、厂址选择以及建设方案（工艺、设备、公用工程设施）等方面进行深入的调查和论证。

② 对主要技术方案、主要设备选型进行方案比较，选择最佳方案。

③ 说明对本项目的环境保护、职业安全卫生、节能及消防等状况所采取的措施，并写出环境影响报告书（或表）。

④ 对投资估算、资金筹措和项目建成后的经济效益进行详细分析，提出项目是否可行的结论意见，编制出可行性研究报告。

⑤ 可行性研究报告供领导层对项目是否实施做出决策，并决定了是否能取得主管部门和提供资金部门的同意。

⑥ 可行性研究报告一般由有相关设计、咨询资质的单位编制。可行性研究报告也是下一步进行初步设计的依据。此阶段投资估算误差约为±10%。

⑦ 编制可行性研究报告阶段，电镀车间工艺设计虽然不单独出文件及图纸，但设计内容和深度几乎接近初步设计阶段。因为在可行性研究报告阶段中确定下的车间规模（设备、面积、人员、动力消耗及投资等），在后续设计（初步设计）中不能有较大的变动。电镀车间工艺设计在这个阶段中，要提出采用的工艺方案，确定电镀设备型式、规格及数量，面积、人员、工艺布置方案，材料消耗、动力消耗及设备投资，新增及利用现有设备的设备表，车间工艺布置区域平面图等资料，经汇总附在项目可行性研究报告中，并配合有关专业提供项目所需的节能、环保、技安、消防等有关资料。

35.3.3 初步设计

初步设计主要是确定建设项目的整体设计方案。

① 初步设计是工程项目建设程序中的重要环节。根据项目可行性研究报告、评审意见及批准文件、各项协议、签订的设计合同、确定的产品方案、生产纲领、协作关系、动力及燃料供应、现场原始资料、用户提供的有关资料等进行初步设计。

② 确定项目设计主要原则和设计标准；确定项目组成，工厂总图和物流，生产工艺，生产设备选型和平面布置，人员配备，材料、动力及燃料耗量；确定主要建筑物形式和结构选型；确定公用工程设施的规模及主要设备。

③ 提出环境保护、职业安全和工业卫生、节能、消防的措施和效果，并编写出节能篇、环境保护篇、职业安全和工业卫生篇、消防篇等供审批；编制总概算和经济分析等。

④ 初步设计阶段，电镀车间工艺设计提出的主要文件及图纸有：工艺设备明细表、初步设计工艺设备布置平面图（含剖面图）、初步设计说明书等。本阶段工艺设计的内容、深度、文件编写格式以及图纸绘制内容的表达方式等，在后面有专门章节进行叙述。

35.3.4 施工图设计

施工图设计主要是提供建设项目具体施工的实施文件及施工图纸。

① 根据批准的初步设计及对初步设计的评审意见、主管部门的批准文件、勘测资料等进行施工图设计。

② 编制厂区、各单项工程的施工图，编制总预算或单项工程预算。

③ 施工图设计中应根据初步设计的评审意见及批准文件提出的问题，对原初步设计做必要的补充和修改，并妥善解决初步设计中遗留的各项问题。

④ 施工图设计阶段，电镀车间工艺设计提出的主要文件及图纸有：工艺设备明细表、施工图设计工艺设备布置平面图（含剖面图）、施工图设计说明书等。本阶段工艺设计的内容、深度、文件编写格式、图纸绘制内容的表达方式等，在后面有专门章节进行叙述。

35.4 电镀车间工艺设计内容

电镀车间工艺设计主要为初步设计和施工图设计。整体工程项目的前期工作即编制项目建议书和可行性研究报告，电镀车间工艺设计根据整体项目在前面阶段的内容及要求，提出相应的工艺资料（在上述相应设计阶段中已提到），给整体项目汇总。故工艺设计内容主要叙述初步设计和施工图设计的设计内容。

初步设计和施工图设计的内容和要求，应符合各行业部门的具体要求，下面介绍的是一般性的初步设计和施工图设计的工作内容。

35.4.1 初步设计内容

根据上级主管部门对项目可行性研究报告的批复意见、项目可行性研究报告及其评审意见，进行初步设计。一般情况下，初步设计的工作内容如下。

① 依据收集的和用户提供的资料，编制电镀零件明细表，作为确定设备类型、规格，计算数量以及计算材料消耗等的基础资料。

② 确定车间生产任务、协作关系。如有接受外来（外单位）电镀生产任务，则应编制外协电镀零件明细表（包括零件号、零件名称、件数、外形尺寸、零件表面积及重量、电镀及化学处理种类、镀层厚度及其电镀工艺要求等），并将此生产量汇总统计于车间电镀年生产量中。

③ 根据项目的年生产纲领，确定电镀年生产量，并编制电镀年生产量表作为车间设计的基本依据资料。

④ 根据项目的总体工作制度及对设计的要求，并结合电镀作业的产量等具体情况，确定电镀车间设计中的工作制度和设备及工人的年时基数。

⑤ 根据项目总设计原则及对设计的要求，并结合电镀车间的具体情况，提出电镀车间的设计原则。

⑥ 根据产品资料、技术要求、电镀的工艺要求、工艺规程等，选用和编制电镀工艺过程。

⑦ 选择并确定电镀设备的类型、结构形式、规格，并计算出设备数量等。

⑧ 确定车间组成，进行工艺设备平面布置。做出工艺设计的多个方案，进行多方案比较，选用最佳方案，绘制工艺设备布置平面图，计算车间面积（生产面积、辅助面积和办公、生活间等的面积）。

⑨ 编制电镀车间工艺设备明细表（由于电镀工艺生产的特点，辅助槽子数量是根据其生产线组织形式及布置方式来确定的，故待平面布置后才能最后确定全部设备）。

⑩ 确定车间人员（生产工人、辅助工人、工程技术人员、行政管理人员、服务人员）组成和定员。

⑪ 计算确定电镀生产年材料消耗量，确定车间之间以及车间与工厂仓库之间的物料运输方式、运输工具及年运输量。

⑫ 计算动力消耗量（水、纯水、蒸汽、压缩空气、燃油、燃气、工艺设备电容量的消耗量等）。

⑬ 向总图、土建及公用工程（给水排水、采暖通风、热能动力、供电照明、技经等）有关专业提供各专业的设计任务资料。

⑭ 将电镀车间工艺设计中，对环境保护、职业安全和卫生、节约能源、消防等所采取的措施和所取得的效果，提给有关工程设计专业，编写四篇文件。

⑮ 提出电镀工艺非标设备的设计任务书。

⑯ 编写电镀车间工艺初步设计说明书。提出初步设计中存在问题和建议。提出在后续设计中需要进一步落实及解决的问题。

⑰ 工艺要与整体工程设计的各个专业密切配合，共同协调解决设计中的问题。

⑱ 工艺初步设计阶段提出的主要文件及图纸有：初步设计的电镀车间工艺设备明细表、工艺设备布置平面图及工艺设计说明书。

35.4.2 施工图设计内容

根据上级主管部门对项目初步设计的批复意见、初步设计及其评审意见，进行施工图设计。施工图设计工作内容如下。

① 落实初步设计中遗留的问题。

② 确定施工图工艺设计方案（结合批复意见及评审意见）。

③ 确认并落实施工图设计采用的电镀生产工艺，以及工艺设备和搬运输送设备等的结构形式、规格、数量等。

④ 进行施工图工艺设备平面布置。

⑤ 如施工图设计与初步设计有较大变动时，应对设备选型、规格及数量等重新核对及计算，并对变动的原因及处理办法在说明书中做出说明。

⑥ 向总图、土建及公用工程（给水排水、采暖通风、热能动力、供电照明、技经等）有关专业提供各专业施工图的设计任务资料。

⑦ 根据设备制造厂家提供的设备资料，向土建专业提出有关设备的基础、地坑、地沟、各种预埋件以及在墙上、屋面开洞（风管穿洞）的大小、坐标位置等资料（供土建设计的第二批资料）。

⑧ 编写电镀车间工艺施工图的设计说明书。

⑨ 工艺要与整体工程设计的各个专业密切配合，共同协调解决施工图设计中的问题。

⑩ 工艺施工图设计阶段提出的主要文件及图纸有：施工图设计的电镀车间工艺设备明细表、工艺设备布置平面图及工艺设计说明书。

35.5　初步设计文件编写内容、格式及方法

电镀车间工艺初步设计文件编写内容、格式及方法，应符合各行业部门的具体要求。根据电镀车间的规模大小、设计等具体情况，其说明书内容的章节可以合并或精减。

工艺初步设计中向总图、土建及公用工程各专业提出的设计任务书资料的内容、表格形式见本章 35.7 节。

初步设计文件的一般编写内容、格式及方法分述如下。

35.5.1　设计依据

① 本项目可行性研究报告的批复文件（文件名称、批准单位、日期、编号）。

② 本项目可行性研究报告（编写单位、日期、编号）。

③ 可行性研究报告评审（估）意见（评审单位、日期）；

④ 工厂委托设计合同书（合同全称、编号、日期）。

⑤ 与工厂签订的有关设计纪要、协议（文件名称、日期）。

⑥ 工厂提供的有关工艺设计原始资料，包括产品资料、技术条件、电镀工艺技术资料、生产协作清单、产品工时定额（劳动量）、材料消耗定额、可利用的设备及仪器清单和现有厂房设备布置（改建、扩建及技术改造项目）、建筑图（包括利用现有厂房的基础、地坑、地下管沟及其走向位置标高等）。

⑦ 其他设计依据资料及原始资料等。

35.5.2　车间现状（新建厂略）

简述本项目中电镀车间涉及到的利用工厂现有车间（或建筑物）的现状及存在的主要问题，以阐明项目本次技改或扩建的目的、内容和必要性等。主要内容如下。

① 原有车间承担的生产任务、现有生产能力，生产的主要产品、产量、生产性质、工艺水平和特点。

② 原有车间在总图上的位置、面积和使用情况。

③ 原有建筑物结构形式、长度、跨度、高度、起重设备的最大起重量、轨顶高度、预留发展情况等；建筑物的地面、基础、地坑、地下管沟等情况；建筑物的已使用年限、新旧程度；建筑物四周是否有发展余地。

④ 主要设备的配备数量、水平及新旧程度；人员定员、技术水平。

⑤ 原有车间能源利用及能耗情况；职业安全、卫生、环境保护等情况。

⑥ 原有车间的协作关系。

⑦ 原有车间的主要薄弱环节、存在的问题及在本次设计中要解决的问题；本次设计所要利用的设备、面积、动力、辅助设施等的情况。

⑧ 鉴于原有车间的状况，阐明项目本次技改或扩建的目的、内容和必要性等。

35.5.3　车间任务和生产纲领

（1）车间任务

① 说明本车间承担的产品和电镀生产任务的具体内容、范围。即说明对各种产品的零件、部件进行电镀及化学处理的种类。

② 如有协作任务时，应具体列出对内（与其他车间）对外协作承担生产的产品、零部件的电镀生产任务、生产工艺的内容及产量。

③ 根据生产纲领及产品特点，说明本电镀车间的生产性质，如属于单件、小批、中批还是大批、大量生产。

④ 若有分期建设项目或考虑今后发展新产品时，应说明分期建设的任务、生产纲领的变化、今后新老产品交替的情况及发展趋向。

（2）生产纲领

① 列表或用文字说明电镀车间生产产品的名称、型号（或代号）、生产纲领等，其中包括自用件、外供件及备品件等。

② 生产多种产品时，若要选用（或指定）某一产品作为代表产品，需列出其他产品折合为代表产品的折合系数，并计算出其折合生产纲领。

③ 承担协作电镀生产任务时，应统计出协作件的名称、件数、电镀面积及年生产量，并汇总计入电镀年生产量表中。

④ 根据产品生产纲领，经计算列出电镀车间生产量，表格形式见表 35-1。

表 35-1　电镀年生产量表

序号	产品名称	处理种类	镀层厚度/μm	每台产品电镀生产量			处理件的最重重量/kg	处理件最大外形尺寸/mm	电镀年生产量		备注
				零部件数/件	重量/kg	表面积/m²			重量/t	表面积/m²	

注：1. 如产品有备品时，将备品率（%）的年产量统计于上述表中，并加以说明。

2. 如有承担外协件电镀生产任务时，需列出承担外协件电镀生产量表，将生产量加入电镀年生产量表中，并加以说明。

3. 根据生产规模、产品特征、工艺及零件等具体情况，表格中内容可增减、表格形式可调整。

4. 若是有多种产品，则电镀等零件繁多，故电镀零件明细表一般不附在设计文件(说明书)内，只将按处理种类统计的零件数、处理表面积、重量等数据填入电镀年生产量表中。如果是单一产品、零件少而又是大量生产，根据具体情况，也可附在设计文件(说明书)内。电镀零件明细表是设计依据之一，保存好作为留底用。

5. 电镀零件表面积的计算，可见第 1 篇常用资料，第 3 章电化学及电镀基础资料，3.2.6 电镀零件面积的计算。

35.5.4　协作关系

① 简述协作原则和生产协作落实情况，说明与厂外、厂内的协作关系。

② 列表或用文字说明电镀车间承担厂外、厂内协作和委托厂外、厂内协作加工任务的内容、范围和工作量及协作单位名称，格式见表 35-2。如无协作任务，本节可省略。

表 35-2　生产协作表

序号	协作件名称	协作内容	单位	年需要量	协作单位名称	备注
	一、承担协作					
1	………					
2	………					
3	………					

续表

序号	协作件名称	协作内容	单位	年需要量	协作单位名称	备注
	二、委托协作					
1	………					
2	………					
3	………					
	………					

35.5.5　工作制度和年时基数

根据项目设计的工作制度，结合车间生产的具体情况，确定电镀车间生产制度及设备、工人年时基数，并按下列格式编写。

(1) 工作制度

全年工作日数：×××天

每天工作班次：×班

每班工作时间：×小时

(2) 年时基数

设备年时基数：××××小时

工人年时基数：××××小时

(3) 编写说明

① 若工作制度采用三班制，而且第三班的工人年时基数与第一、二班不同时，应分别列出。

② 机械工厂（包括新建、迁建、改建、扩建及技术改造）工程项目的年时基数值，按 JB/T 2—2000 J 39—2000《机械工厂年时基数设计标准》的规定采用，其工艺设备及工人年时基数分别见表 35-3、表 35-4。表中设备及工人年时基数是以全年工作日数 251 天为基准的。

表 35-3　工艺设备设计年时基数（JB/T 2—2000 J 39—2000）

设备类别及名称	工作性质	每周工作日数/d	全年工作日数/d	每班工作时间/h 一班制	每班工作时间/h 二班制	每班工作时间/h 三班制	公称年时基数损失率/% 一班制	公称年时基数损失率/% 二班制	公称年时基数损失率/% 三班制	设计年时基数/h 一班制	设计年时基数/h 二班制	设计年时基数/h 三班制
一般电镀设备	间断	5	251	8	8	6.5	2	4	6	1970	3860	5310
		5	251	6	6	6	2	4	5	1480	2890	4290
复杂设备及电镀自动线	间断	5	251	8	8	6.5	4	8	11	1930	3700	5030
	短期连续	5	251	8	8	8			11			5360

注：1. 工作性质中，间断指生产工艺过程可以间断，短期连续指除星期休假和节假日停止生产外，其余时间昼夜连续生产。

2. 公称年时基数损失，是由于设备故障、检修、保养、停机等而造成的时间损失。

表 35-4　工人设计年时基数（JB/T 2—2000 J 39—2000）

工作环境类别	每周工作日/d	全年工作日/d	每班工作小时/h 第一班	每班工作小时/h 第二班	每班工作小时/h 第三班 间断性生产	每班工作小时/h 第三班 连续性生产	公称年时基数损失率/%	设计年时基数/h 第一班	设计年时基数/h 第二班	设计年时基数/h 第三班 间断性生产	设计年时基数/h 第三班 连续性生产
二类	5	251	8	8	6.5	8	11	1790	1790	1450	1790

注：1. 工作环境类别共分为三类，电镀属于二类。二类工作环境，是指生产过程产生一定量的有害物质，经过治理后，其含量虽不超过国家规定的允许值，但对人体有可能会产生某种程度的危害，甚至会有轻度职业病发生的工作环境。

2. 公称年时基数损失，是由于职工各类休假、病事假等而造成的时间损失。

③ 由于目前国家的公休日（节假日）在增加，故在没有新的标准发布前，利用原标准年时基数值进行计算。建议工艺设备及工人年时基数按下列方法计算。

a. 设备年时基数按下式计算：

$$T_S = T_g \times (1 - \eta)$$

式中　T_S——实际全年工作日数的设备年时基数，h；

T_g——实际全年工作日数的公称年时基数，h；

η——设备的公称年时基数损失率，%。

【例】　实际全年工作日数如为 250 天，一班制生产，每班工作 8h，一般电镀设备，其设备年时基数的计算如下：

250 天的设备年时基数 $= 250 \times 8 \times (1 - 2\%)h = 1960h$

b. 工人年时基数按下式计算：

$$T_{Sg} = T_g(1 - \eta_g)$$

式中　T_{Sg}——实际全年工作日数的工人年时基数，h；

T_g——实际全年工作日数的公称年时基数，h；

η_g——工人的公称年时基数损失率，%。

【例】　实际全年工作日数如为 250 天，一班制生产，每班工作 8h，二类工作环境，其工人年时基数计算如下：

250 天的工人年时基数 $= 250 \times 8 \times (1 - 11\%)h = 1780h$

④ 设备及工人年时基数，如是外资、合资、外贸等项目，或者由于工作班时间另有规定时，或整体项目有统一规定时，按规定采用。

35.5.6　设计原则和主要工艺说明

(1) 设计原则

说明本车间设计所遵循的原则，主要内容如下。

① 专业化协作、工段、生产线划分等的原则。

② 根据产品特点、生产性质，说明生产方式、生产组织形式、车间布置、物流等的确定原则。

③ 说明为适应产品生产工艺发展、技术进步、提高产品电镀质量和劳动生产率的要求，确定的先进工艺、技术、设备的采用原则。

④ 车间建成后（工艺和设备等）所处的水平。

⑤ 原有设备、辅助设施以及原有建筑物的利用原则。

⑥ 设计中对适应生产发展、产品转换、工艺调整和提高应变能力的考虑和原则。

⑦ 说明电镀工艺设计中，对节约能源、减少污染物排放、环境保护、清洁生产、职业安全和卫生等所采取的技术措施和原则。

⑧ 其他所要考虑的原则（如本项目总体设计中所制定的总体设计原则，在本车间设计中如何贯彻、实施等）。

(2) 主要工艺说明

① 说明电镀车间设计中采用的生产工艺的依据，如采用工厂现行的生产工艺，或在现行的生产工艺基础上加以改进完善，或采用类似产品的生产工艺，或缺乏工艺，重新编制工艺等。

② 说明采用的新工艺、新技术的情况及其先进性和成熟可靠性。关键工艺方案选用的多方案技术经济比较和论证。

③ 简要说明电镀主要工艺的特点、水平，如有特殊工艺和有特殊要求时，应加以说明。

④ 说明设计中处理种类及生产工艺更改的原因、依据，以及相应采取的措施等。

⑤ 列出主要、典型零部件的工艺流程（用流程图或流程方框图表示）。

⑥ 生产工艺方面，其他所要说明的问题。

35.5.7　设备选择与计算

(1) 设备选择

① 说明设备选择的依据和原则。

② 说明主要生产工艺所选用的设备装置的结构形式、生产线的组织形式和特点等，并说明主要设备规格的确定。

③ 说明生产过程机械化、自动化程度；说明电镀及化学处理所采用的自动生产线及半自动线的结构形式、性能、技术特点和服务范围。

④ 说明引进设备装置的理由、性能特点，以及其先进性，并与国内同类设备进行比较、分析作出论证。

⑤ 关键工艺方案、重大设备、特殊装置等的选用，需进行多方案技术经济比较及论证。

⑥ 若选用设备需要考虑生产发展、产品转换及提高应变能力时，应加以说明。

⑦ 说明利用原有设备装置的情况。

(2) 设备计算

① 说明车间的主要生产设备的计算方法和确定原则。

② 分别计算确定各类生产设备的数量，列表计算或用文字表达计算。辅助设备一般按工艺生产实际需要配备。

a. 各类主要处理槽，如电镀槽、阳极化槽、氧化槽、磷化槽等槽子，其数量根据年生产量，按表 35-5 的格式计算，辅助槽按工艺生产实际需要配备。

b. 当采用悬挂输送机连续线生产时，如磷化处理连续线生产，先计算出输送机速度，然后依据各工序的工艺时间，计算出各工序工位的长度。

c. 固定式喷漆室、粉末静电喷涂室、烘干室等的设备数量，按表 35-6 的格式计算。当采用连续线生产时，先计算出输送机速度，然后依据各工序的工艺时间，计算出各工序工位的长度。

d. 当采用连续线生产时，悬挂输送机的速度按表 35-7 的格式计算。

③ 说明本车间设备总数量，其中包括利用设备数量（当有利用设备时）。详细的设备配备说明见本车间设备明细表[图(编)号：×××]。

表 35-5　固定式主要槽子数量计算表

序号	槽子名称	规格（长宽高）/mm	处理时间/h			槽子每天有效工作时间/h	槽子每天装载次数/次	槽子一次装载量/(件、米², 公斤)	槽子每天生产能力/(件、米²、公斤)	每天处理量生产量/(件、米²、公斤)	返修率/%	设备数量/台		设备负荷率/%
			工艺基本处理时间	出入槽辅助时间	合计							计算	采用	

注：本表的主要槽子数量是按每天每个镀槽能镀几槽（即槽子每天装载次数）来计算的。依据每槽一次装载量，可以计算出每槽每天的生产能力，从电镀年生产量可算出每天的生产量，就可计算出镀槽的数量。用每天为单位来计算，是由于镀槽每天镀几槽（即槽子每天装载次数），只能取整数，如算出来每天能镀 6.8 槽，只能按 6 槽来算镀槽的生产能力，这样计算稍准确些。如以年为单位计算，而 0.8 槽就被累积起来，无形中加大了镀槽的生产能力。

表 35-6　固定式涂装设备数量计算表

序号	设备名称	规格/mm	设备装载量/(件、挂或米²)	加工时间(包括辅时时间)/h	设备年时基数/h	设备年生产能力/(件、挂或米²)	年生产纲领/(件、挂或米²)	返修率/%	设备数量(台)		设备负荷率/%
									计算	采用	

注：表中设备装载量栏，如是喷漆室、粉末静电喷涂室，则表示室内喷涂时一次所装挂零件的件数或表面积数，如是烘干室则表示 1 次装载量。

表 35-7　连续生产线悬挂输送机速度计算表

序号	生产线(或工件)名称	年生产纲领/(挂/年)	挂件间距/mm	设备年时基数/h	返修率/%	输送机速度/(m/min)		设备负荷率/%	备注
						计算	采用		

注：连续生产线悬挂输送机速度按下式计算：

$$V_1 = \frac{QD}{60T} \qquad \eta = \frac{V_1}{V}$$

式中，V_1 为计算的烘干室输送机输送速度，m/min；V 为采用的烘干室输送机输送速度，m/min；Q 为全年工件装挂数（或件数），挂数或件数；D 为悬链上两个挂具吊挂（或件）之间的距离，m；T 为设备年时基数，h；η 为设备负荷率，%，设备负荷率一般为 $75\%\sim85\%$。

(3) 镀槽的装载量

镀槽的装载量按零件在生产中的实际装载量采用。如缺乏实际装载量时，可按表 35-8、表 35-9、表 35-10 的装载量指标采用。

表 35-8　镀槽的平均装载量

处理种类	每 1m 极杆长度的平均装载量(适用于宽度和高度为 800mm 的镀槽)/m²	每 1000L 容量的平均装载量(适用于宽度和高度大于 800mm 的镀槽)/m²
装饰性镀铬	0.2～0.3	0.4～0.6
镀硬铬	0.15～0.2	0.3～0.4
防渗碳镀铜	0.2～0.3	0.4～0.6
在酸性及碱性溶液内电镀	0.3～0.6	0.6～1.2
铝合金阳极氧化处理	0.3～0.6	0.6～1.2
化学处理	0.8～1.5	1.6～3.0

注：当镀槽宽度和高度大于 800mm 时，可采用 1000L 容量的平均装载量指标。

表 35-9　常用滚筒的装载量

技术规格	类型			
	全浸式			半浸式
滚筒工作尺寸(直径×长度)/mm	260×500	350×600	420×700	570×820
最大装载量/kg	20	30	50	20
最大工作电流/A	150	200	300	200

表 35-10　翻斗式滚镀机的装载量

名称	技术规格		
滚筒工作尺寸(直径×长度)/mm	250×350	330×450	390×600
装载量/kg	10	18	30
镀槽内部尺寸(长×宽×高)/mm	740×560×620	650×900×620	840×1000×800
整机外形尺寸(长×宽×高)/mm	1800×1000×10800	1950×1200×1000	2100×1300×1250

35.5.8　人员

(1) 车间人员

说明车间各类人员（生产工人、辅助工人、工程技术人员、行政管理人员及服务人员）的确定方法和依据。

① 生产工人。确定生产工人有下列两种方法。

a. 根据产品的电镀作业总劳动量确定生产工人。

b. 根据生产作业岗位确定生产工人。

② 辅助工人。辅助工人一般按车间规模、实际的工作内容及生产中的实际需要来配备。

③ 工程技术人员、行政管理人员及服务人员。一般根据车间规模以及工厂的总体管理体制来确定，一般按约占工人总数的百分数来确定。

车间工作人员的定员确定，见本篇第 30 章车间人员组成及定员，30.2 车间人员定员。

(2) 车间人员构成表

根据确定的人数，列出本车间人员构成表，格式见表 35-11。

表 35-11　车间人员表

序号	人员名称	人数/人				备注
		一班	二班	三班	合计	
1	生产工人					
	其中：……					
	……					
2	辅助工人					占生产工人数的　%
	其中：……					
	……					
	工人合计					
3	工程技术人员					占工人数的　%
4	行政管理人员					占工人数的　%
5	服务人员					占工人数的　%
	总　计					女职工占总人数的　%

注：车间规模大、人数多的情况下，生产工人及辅助工人可按工种细分其中人数；一般情况下可以不必细分其人数。

35.5.9　车间组成、面积和平面布置

① 说明本车间在总图中的位置。如一个车间分布在两个或两个以上的建筑物时，应加以说明。必要时说明本车间与四周车间的关系和联系。

② 说明建筑物编号，建筑物的结构形式、跨度、长度，吊车轨顶高度或屋架下弦高度，吊车类型及起重量等。如建有坡屋时，说明坡屋在建筑物中的位置、坡屋的宽度及高度。

③ 若本车间与其他车间布置在同一建筑物内时，则应说明本车间在建筑物中的具体位置（跨度及柱网号）。

④ 对于改、扩建车间，应详细说明对原有建筑物的利用、改造、接建等情况，以及利用原有的搬运、输送设备的类型及起重量等。

⑤ 简要说明车间生产线组织及平面布置原则、特点、物料流向、工艺路线等情况，以及对车间建筑物周围空地的利用情况，如放置排风装置、废气处理装置、废水处理构筑物等。

⑥ 若本车间规定有发展目标和分期建设时，则应说明考虑发展的预留、接建或分建等采用的具体措施。

⑦ 说明车间各部门、各工段的划分和组成情况，列表或用文字说明车间组成和面积（生产面积、辅助面积、办公及生活间面积），格式见表 35-12。

⑧ 说明车间工艺设备平面布置的详细情况见附图，见电镀车间工艺设备布置平面图（图号：××××）。

表 35-12 车间组成和面积表

序号	名称	面积/m²			备注
		原有	新建	合计	
	一、生产部分				
1	…………				
2	…………				
	合计				
	二、辅助部分				
1	…………				
2	…………				
	合计				
	三、办公、生活间部分				
	四、其他面积				
	总计				

注：1. 如全部为新建面积，则原有面积栏可以略去。

2. 工艺在统计面积时，经常按轴线面积计算。为与总图和土建的算法一致，表内各项面积均应填入建筑面积。轴线面积换算为建筑面积时，按下式计算：

建筑面积＝轴线面积×面积系数（面积系数一般取 1.05）。

35.5.10 材料消耗

列表说明本车间材料的年消耗量，格式见表 35-13。

表 35-13 材料消耗量表

序号	材料名称	单位	年消耗量	备注
1	…………			
2	…………			
	合计			

注：车间材料的年消耗量的计算及材料消耗定额见本篇第 31 章材料消耗章节。

35.5.11 物料运输

① 列表说明运入、运出本车间的物料种类（包括电镀零件、材料等）和年运输量，格式见表 35-14。

② 简要说明车间物料、在制品及成品的储存、搬运输送方式、主要搬运输送设备的选用。

③ 说明车间之间的工件搬运输送方式，以及所采用的主要搬运输送设备及装置。

表 35-14 年运输量表

序号	物料名称	单位	数量	起运地点	到达地点	备注
	一、运入					
1	………					
2	………					

续表

序号	物料名称	单位	数量	起运地点	到达地点	备注
	合计					
	二、运出					
1	………					
2	………					
	合计					

35.5.12　节能和能耗

（1）节能

说明本车间在节能方面所采取的具体措施及所取得的效果。

① 说明车间的专业化协作。

② 说明采用合理用能的新技术、新工艺、新设备、新材料。

③ 改进生产工艺，采用清洁生产工艺、低温生产及低温烘干等工艺。

④ 选用先进节能设备、提高设备运行效率和负荷系数。

⑤ 能源的选用、先进的加热技术、加热设备的有效保温技术、余热回收利用及能源综合利用等技术的应用和效果。

⑥ 节电、节水、节汽、节气技术，综合节能技术，能源管理及监测等方面所采取的措施和取得的效果及其经济效益。必要时可与改造前、同行业平均及先进水平做比较。

⑦ 在改建和扩建项目设计中，淘汰耗能大的陈旧设备。

（2）能耗

列表说明本车间所需各种能源的消耗量，格式见表 35-15。

表 35-15　动力消耗量表

序号	名称		单位	消耗量	备注
1	设备安装电容量		kW		
			kV·A		
2	生产用水量	最大	m³/h		
		平均	m³/h		
	纯水	最大	m³/h		
		平均	m³/h		
3	生产用蒸汽	最大	t/h		
		平均	t/h		
4	压缩空气用量	最大	m³/min		
		平均	m³/min		
5	燃气（如天然气）用量	最大	m³/h		
		平均	m³/h		
6	燃油（如柴油）用量	最大	kg/h		
		平均	kg/h		
	………				
	………				

35.5.13　环境保护

说明本车间在环境保护等方面所采取的措施。

① 说明生产过程中产生有害气体、废水、废液、废渣等污染物的生产部位和程度。

② 说明本车间设计中，为减少污染物的产生和排放，以达到清洁生产的目的，在采用材料、生产工艺和设备等方面所采取的措施。

③ 说明本车间的废气、废水、废液、废渣等的排放方式、治理方法及措施、处理效果，以及废弃物的处置要求及措施。

④ 由工艺本身自行治理部分所需的主要设备及环保投资，必要时加以说明或列表说明。

⑤ 说明本车间工艺设计中其他方面有关环境保护的主要防范措施和设施，或需要其他专业治理的要求。

35.5.14 职业安全和卫生

说明本车间在职业安全和卫生等方面所采取的措施。

(1) 职业安全（含消防）

① 说明在限制使用或者淘汰职业病危害严重的工艺、技术、材料等方面所采取的技术措施。

② 说明对于生产过程中尚不能完全消除的有害物、生产性毒物等所采取的排除和治理措施。

③ 采用机械化、自动化操作生产等措施，减少作业人员接触有害物，改善劳动条件，减轻劳动强度。

④ 说明有火灾和爆炸危险的设备和作业地、工作间在工艺平面布置及设备选用、工作间设置等方面所采取的技术安全措施。

⑤ 说明本车间在用电安全方面所采取的措施，如在设备安全接地、手提电动工具和灯具使用安全电压、易燃易爆场所的防静电等方面所采取的措施。

⑥ 说明本车间所设置的消防设施。

⑦ 说明本车间工艺设计中其他方面有关职业安全所采取（如防机械伤害、电气安全、防雷、事故照明、防振动等）的防范措施和设施及需要其他专业治理的要求。

(2) 职业卫生

① 说明产生有害气体、粉尘的生产部位，并说明为改善工作环境卫生，在工艺和设备选用等方面的考虑及所采取通风、除尘或密闭、隔离以及废气净化处理等措施。

② 说明在加强劳动保护、改善劳动条件、个人防护等方面所设置的必要的安全卫生防护设施。

③ 说明作为噪声源、振动源等的设备（如大型风机等）的布置考虑及所采取的吸声、隔声、消声、减振、隔振等防护措施。

④ 说明本车间辅助卫生用室的设置情况。本车间电镀生产场所卫生特征级别为2级，车间内应设置浴室、更衣室、盥洗室、厕所和休息室。

35.5.15 主要数据和技术经济指标

列表说明本车间的主要数据和技术经济指标，格式见表35-16。

表 35-16　主要数据和技术经济指标

序号	名称	单位	数据	备注
	一、主要数据			
1	电镀等年生产量	m²		
		t		
2	年总劳动量	台时		

续表

序号	名称		单位	数据	备注
			工时		
3	设备总数		台（套）		其中利用（或新增）设备××台（套）
	其中：生产设备		台（套）		其中利用（或新增）设备××台（套）
	辅助设备		台（套）		其中利用（或新增）设备××台（套）
4	人员总数		人		
	其中：生产工人		人		
	辅助工人		人		
	工程技术人员		人		
	行政管理人员		人		
	服务人员		人		
5	车间总面积		m²		建筑面积
	其中：生产面积		m²		建筑面积
	辅助面积		m²		建筑面积
	办公室生活间面积		m²		建筑面积
6	设备安装电容量		kW		
			kV·A		
7	生产用水量	最大	m³/h		
		平均	m³/h		
	纯水用量	最大	m³/h		
		平均	m³/h		
8	生产用蒸汽量	最大	t/h		
		平均	t/h		
9	压缩空气用量	最大	m³/min		
		平均	m³/min		
10	燃气用量	最大	m³/h		
		平均	m³/h		
11	燃油用量	最大	kg/h		
		平均	kg/h		
	………				
	………				
12	新增工艺设备总价		万元		设备原价
			万美元		设备原价
	二、技术经济指标				
13	每一工人年产量		台（套、件）		
			t（m²）		
14	每一生产工人年产量		台（套、件）		
			t（m²）		
15	每台主要设备年产量		台（套、件）		
			t（m²）		
16	每平方米车间总面积年产量		台（套、件）		
17	每平方米生产面积年产量		台（套、件）		
18	每台主要生产设备占车间总面积		m²		
19	每台主要生产设备占车间生产面积		m²		
20	每台（套、件）产品劳动量		台时		
			工时		
21	主要生产设备的平均负荷率		%		
22	单位产品占工艺设备投资		万元		

注：1. 设备项可在备注栏内说明利用、新增数量；面积项可在备注栏内说明利用、改造、新建面积；动力参数可在备注栏内说明本项目新增消耗量；工艺设备总价项可在备注栏内说明为设备原价。

2. 技术经济指标栏，可视车间特点选项列表填写。

35.5.16　需要说明的问题及建议

① 说明本车间设计中受客观条件或其他方面的限制而存在的主要问题，尤其是会影响车间规模、总体方案、工艺方案、设备选型、车间区域位置和投资变动等方面的重大问题，并对解决办法提出建议。

② 若有必要，可对车间的生产潜力的利用、产品转换及发展方向等提出建议。

③ 其他需要说明的问题。

附表：电镀车间工艺设备明细表　表号：××××。

附图：电镀车间工艺设备布置平面图　图号：××××。

35.5.17　设备明细表的编写内容和格式

① 初步设计的工艺设备明细表的内容包括：设备的平面图号，设备名称及型号（或非标），主要技术规格、单位、数量、安装电容量、单价、总价等。

② 设备配置的编写方法。

a. 凡以套为单位的设备应写全配套内容。

b. 以生产线、自动线为单位的设备，应写全所包含的单机及主要配套装置。

c. 如虽然是以台为单位的设备，但有包含其他设备或装置的内容，也应将所包含的其他内容写出，如抛丸室（包括除尘净化装置）、烘干室（包括废气净化处理装置）。

③ 在电容量的单台栏内，如设备有几处电容量，在单台电容量栏内应填写各分电容量。

④ 设备明细表中有特殊要求的专用设备、生产线，应标明生产厂、供应商。非标设备，可在型号栏内注明非标。

⑤ 电镀车间工艺初步设计设备明细表的编写内容和格式见表35-17。

表 35-17　电镀车间工艺设备明细表

序号	平面图号	设备名称	型号	规格	制造厂	单位	数量			电容量/kW		设备价格/(万元)		备注
							现有	新增	共计	单台	共计	单价	总价	

注：1. 制造厂栏，如是非标设备，一般在初步设计阶段还未确定制造厂，故暂不填写。

2. 型号栏，如是非标设备，填写非标。

3. 电容量中单台栏，需要按单台设备的分电量填写，如0.5t CD1电动葫芦单台电容量为0.8+0.2(kW)。

4. 设备价格栏，如有外币，应注明外币名称。

35.5.18　初步设计平剖面图的绘制内容及方法

电镀车间初步设计，工艺设备布置平面图、剖面图的绘制应表示以下内容。

(1) 平面图

平面图比例一般采用1:100，大型的车间可采用1:200比例绘制，特大型的车间，可根据具体情况采用适当比例绘制。工艺设备布置平面图，应表示出下列内容。

① 建筑物的墙、门、窗、楼梯、电梯、平台爬梯、伸缩缝、柱以及跨度、柱距、总长度、总宽度、标高、轴线和柱子编号。

② 各种工艺设备（包括各种非标设备、钢平台以及各种台、架、柜等）的布置位置；各种敞开作业地的大小及布置位置；各种工作间（各种隔断、封顶）、辅助间、中间仓库等的大小及在建筑物的位置等。

③ 各种生产线及设备等的工人操作位置。

④ 搬运起重设备的起重量、跨度、轨顶高、驾驶室位置及上下梯位置；电动葫芦的轨道架设位置、轨底高等；输送机械装置，如各种悬挂式输送机等，与工艺设备配合等的布置位置。

⑤ 公用动力（水、蒸汽、压缩空气、燃气、燃油等）的供应点，排水点和电插座的位置。

⑥ 动力设施，如变电所、控制室、动力管道入口等的用房，以及通风装置室等的布置位置。

⑦ 车间平面划分的区域（如工件存放、材料、大型吊挂具或其他用具堆放、预留面积、车间通道等），各部分位置和名称；画出各工作间的门，表示出门是向外开或向内开。

⑧ 办公室、生活间设置的位置。

⑨ 图中说明新建、扩建或原有；如是扩建指出扩建部分；如考虑今后发展时接长或接跨，需指出接长接跨的部位，并加以说明。

⑩ 当电镀车间设置在综合性联合厂房时，还需在平面图上绘制出整个厂房车间区划图，用图阴影线突出表示本车间位置，并表示整个厂房所有车间的名称和位置。

⑪ 在平面图的右上角画指北针；在平面图的右侧注出图例；剖面图可放置在平面图的右侧或适当的位置。

（2）剖面图

建筑物的剖面图，选择主要部位或要说明建筑物构造形式的部位进行剖切和绘制，必要时可绘制 2 至 3 个剖面图。剖面图应表示出下列内容：

① 标出影响建筑物高度及起重设备轨顶高度的设备和装置的最高设备外形及标高。

② 示意绘出墙、柱、屋架、天窗，标出轴线编号、跨度，屋架下弦标高，以及多层厂房的各层标高、技术夹层标高。

③ 桥式、梁式起重机的轨顶高，悬挂起重机的轨底高，屋架下弦、平台、室内外地坪等标高。

④ 标注出建筑物的地面、平台、地坑最低处等的标高。

⑤ 剖面图可与工艺平面图合并绘制；剖面图较多时也可单独绘制。

⑥ 剖面图比例一般采用 1：100 或 1：200，剖面图比例可以与平面图比例相同，也可不同于平面图比例，但需在剖面图下面注明绘制比例。

35.6　施工图设计文件编写内容、格式及方法

电镀车间工艺施工图设计文件，包括施工图设计说明书、工艺设备明细表及工艺设备布置平面图。工艺施工图设计中向土建及公用工程各专业提出的设计任务书资料的内容、表格形式见本章 35.7 节工艺提出的协作设计资料内容及表格形式。现将工艺施工图设计文件编写内容、格式及方法，分述如下。

35.6.1　说明书的编写内容、格式及方法

① 设计依据。

a. 本项目初步设计的批复文件、初步设计评审意见、工艺初步设计文件。

b. 工厂提供的有关资料。

c. 工厂指定的非标设备制造厂（商）提供的设备供施工图设计的资料。

② 当施工图设计与初步设计有变动时，说明其变动的内容、引起变动的原因及解决的办法。如由于设备数量、性能规格或结构形式、平面布置等的改变，或由于产品、产量等的变更而引起的变动，说明变动原因及解决的办法。

③ 由于电镀车间设备大部分是非标设备，当工厂委托的设备制造厂（商）无法及时提出

供施工图设计的设备资料时，应说明工艺及有关专业如何进行施工图设计及所采取的措施。

④ 有关施工或对设备安装的说明。

⑤ 其他需要说明的问题。

35.6.2 设备明细表的编写内容和格式

① 施工图设计的设备明细表的编写内容和格式，同初步设计的设备明细表类似，见本章的 35.5.17 节设备明细表的编写内容和格式及其编写说明，其表格内容和格式见表 35-17。

② 施工图设计时，如工厂已确定非标设备制造厂（商），应在设备表的制造厂栏内填写其设备制造厂（商）。

③ 施工图设计时，设备的平面图号一般不应变动，保持其设计的一贯性。当设备有增减时，其增加设备的平面图号可编在所在生产线设备的后面；当设备减少（即取消）时，可让其设备空号（即缺号），切不可用其他设备来顶号。

35.6.3 施工图设计平剖面图的绘制内容及方法

电镀车间施工图设计时，工艺设备布置平面图、剖面图的绘制，应表示出以下内容。

(1) 平面图

平面图的绘制内容及方法，一般同初步设计一样，见本章 35.5.18 节中的（1）平面图，但需增加下列内容。

① 工艺设备、各种生产线等的定位尺寸。

② 搬运设备的起重量、轨距、驾驶室及爬梯位置；地面平板车载重量、轨道、轨距及其定位尺寸。

③ 工艺地坑、地沟、预留洞的形状尺寸及定位尺寸。

④ 做单独基础的设备基础轮廓线。

⑤ 技术要求或说明。

(2) 剖面图

剖面图的绘制内容及方法，一般同初步设计，见本章 35.5.18 节中的（2）剖面图。但需增加下列内容。

① 标明工艺地坑、地沟的位置及尺寸；以及与工艺设备有关的相对位置及尺寸。

② 标明设备的基础、坑、沟、水池的位置及轮廓线。

35.7 工艺提出的协作设计资料内容及表格形式

电镀车间设计，是由工艺和相关的专业组成的一个整体设计。只有各专业的设计互相配合、协调，并能紧密地围绕和达到整体设计方案的要求时，才能做出最佳的设计。作为主导的工艺专业，向各有关专业提出的协作设计资料，必须认真、细致、负责，力求准确、无误。提出资料后，密切配合设计，当出现设计问题时，要各自站在对方的立场，协商解决问题，确保综合设计质量。由于各行业各部门的设计专业的分工不同、各级审校层次的不同，各专业协同设计的做法也不同，所以，各专业设计的分工、协同设计的做法，以及各级责任人的签字等，应按各行业、各部门的规定执行。这里介绍的是一般做法，供参考。

(1) 工艺专业提出的协作设计资料

① 电镀车间工艺初步设计和施工图设计阶段，工艺专业需向下列专业提出协作设计资料。

a. 土建（建筑及结构）。

b. 给排水（含纯水制备、废水处理）。

c. 采暖通风（含空气调节、废气处理）。

d. 热能动力（包括蒸汽、热水、压缩空气、燃油、燃气等的供应）。

e. 电气（包括强电、弱电、电信、自控等）。

f. 技经等。

向各专业提出协作设计资料（即设计任务资料）的内容，见表 35-18。

② 初步设计阶段提出的设计资料主要供各专业确定其采用的主要设备、设施等方案规模以及确定投资，故可以比下面提出的资料表格中的内容简练些、有些资料可以归纳起来提出，如各种动力需用量，可以提出总量（可不必提出各设备的分用量）。

表 35-18　工艺专业向各有关专业提出的设计资料

接受专业	工艺提出的协作设计资料内容
总图	1. 工艺设备布置平面图，如在建筑物周围室外要设置排风机装置、送风机装置、废气处理装置等的用地,需在平面图上将占地大小、位置用虚线表示 2. 总图设计任务书(内容见表 35-19)
建筑	1. 工艺设备布置平面图 2. 建筑设计任务书(内容见表 35-20) 3. 车间人员生活设施设计任务书(内容见表 35-21)
结构	1. 工艺设备布置平面图 2. 工艺设备明细表,需注明大型设备荷重、设备支承方式、支点位置等 3. 操作平台(钢筋混凝土结构的)、大的需配筋的地沟、地坑、预埋件、预留孔等的设计条件等
给排水	1. 工艺设备布置平面图 2. 工艺设备明细表 3. 供排水设计任务书(内容见表 35-22)
采暖通风	1. 工艺设备布置平面图 2. 工艺设备明细表 3. 采暖设计任务书(内容见表 35-23) 4. 通风设计任务书(内容见表 35-24)
热能动力	1. 工艺设备布置平面图 2. 工艺设备明细表 3. 蒸汽供应设计任务书(内容见表 35-25) 4. 热水供应设计任务书(内容见表 35-26) 5. 压缩空气供应设计任务书(内容见表 35-27) 6. 如需燃油、燃气供应时,需提出供给量及供气压力等设计任务书 7 工艺生产需要的冷源的特征参数、需用量、需用部位等
电气	1. 工艺设备布置平面图 2. 工艺设备明细表 3. 电照接地及避雷装置设计任务书(内容见表 35-28) 4. 弱电设计任务书(内容见表 35-29) 5. 直流供电设计任务书(内容见表 35-30)
技经	工艺设备明细表
编写四篇文件的专业	1. 供环境保护篇编写的资料 2. 供职业安全和工业卫生篇编写的资料 3. 供节能篇编写的资料 4. 供消防篇编写的资料 提出供四篇编写的资料内容,可参照工艺说明书中有关这部分的内容

③ 施工图设计是项目施工的实施阶段，提出的资料内容要详细一些，可参照下面资料表格中的内容。此外，对土建（建筑及结构）专业，由于工艺设备设计及制造的滞后，稍后还需向建筑及结构专业提出第二批设计资料，其资料内容如下。

a. 工艺设备基础资料（含预埋件），即基础构造形状、大小尺寸及定位尺寸。

b. 设备的地沟、地坑（含各种预埋件）的具体做法及定位尺寸。

c. 各种管道（如风管等）穿墙、穿屋面开洞的大小、位置、定位尺寸等。

d. 对土建（建筑及结构）专业的其他特殊要求等。

(2) 工艺专业提出设计资料的内容及表格形式

工艺专业向各专业提出的设计资料（任务书）内容及表格形式如下。

总图设计任务书见表 35-19。

建筑设计任务书见表 35-20。

车间人员生活设施设计任务书见表 35-21。

供排水设计任务书见表 35-22。

采暖设计任务书见表 35-23。

通风设计任务书见表 35-24。

蒸汽供应设计任务书见表 35-25。

热水供应设计任务书见表 35-26。

压缩空气供应设计任务书见表 35-27。

电照接地及避雷装置设计任务书见表 35-28。

弱电设计任务书见表 35-29。

直流供电设计任务书见表 35-30。

表 35-19　总图设计任务书（提给总图专业）

设计阶段：　　　　　　　　　　　　　　　　　　　　　　　　　　　　日期：

建筑物参数		车间工作班次及总人数	
建筑性质(新建、改建)：		工作班次	
车间平面 尺寸/m		总人数：	
		最大班人数	
厂房下弦或吊车轨顶高度/m		女工占百分比/%	
车间平面布置简图	注：说明，可写出特殊要求，如火灾危险性类别等。也可提供工艺设备布置平面图		
项目负责人(总师)	审核	校对	设计人

注：1. 简图中应注明跨度、长度、大门宽度及定位尺寸，画出吊车并注明其吨位。

2. 表示厂房区划，原材料、辅助材料及半成品、成品的主要进出口，注明来源去向。

3. 多层建筑应有分层的层数及高度。

表 35-20　建筑设计任务书（提给土建专业）

设计阶段：　　　　　　　　　　　　　　　　　　　　　　　　　　　　日期：

序号	车间或房间名称	火灾危险性类别	采光要求	室内净高要求/m	作用在楼板及地面上的荷重/(t/m²)		地面要求	门窗要求	隔墙材料高度/m	油漆粉刷要求	特殊要求(如：空调、防爆、防腐、防震、防雷、消音等)	备注
					集中	均布						
说明												
项目负责人(总师)		审核			校对			设计人				

注：单层厂房，地面如无大荷重，地面荷重栏可不填写。

表 35-21　车间人员生活设施设计任务书（提给土建专业）

设计阶段：　　　　　　　　　　　　　　　　　　　　　　　　　　　　　　　　　　　　　　日期：

序号	车间或工段名称	卫生特征级别	工作班次	车间人数		生产工人		辅助工人		技术人员		行政人员		服务人员		女工占百分数	最大班淋浴人数		备注
				总数	最大班	总数	最大班	总数	最大班	总数	最大班	总数	最大班	总数	最大班		男	女	

项目负责人（总师）		审核		校对		设计人	

注：车间人员供设计生活间用（更衣室、休息室、盥洗室、厕所、淋浴室等）。

表 35-22　供排水设计任务书（提给给排水专业）

设计阶段：　　　　　　　　　　　　　　　　　　　　　　　　　　　　　　　　　　　　　　日期：

序号	平面图号	设备名称	设备数量	同时使用系数	供水								排水							备注
					用水方式	水压	水温	水质	用水量/(m³/h)				排水方式	排水温度	污染物名称	污染物浓度	每台排水量/(m³/h)		
									平均		最大						平均	最大	
									每台	合计	每台	合计							

工作班次			
每班小时			说明
人数	昼夜	最大班	
总人数			
淋浴人数			

项目负责人（总师）		审核		校对		设计人	

注：1. 用水方式及排水方式，可填写连续或定期，或反映实际排水情况。

2. 污染物浓度，可以按车间或生产线的污染物浓度提出。

3. 提出车间的工作班次、总人数、最大班人数、淋浴人数及女工人数，供设计生活间供排水等设计用。

4. 提出消防要求，供消防设计用。

表 35-23　采暖设计任务书（提给采暖通风专业）

设计阶段：　　　　　　　　　　　　　　　　　　　　　　　　　　　　　　　　　　　　　　日期：

序号	房间名称	生产班次	房间空气温度/℃		采暖介质要求	每班运来金属		大门是否需要风幕	电机容量/kW	最大班次操作人数	特殊要求
			正常生产时间	停工时间		从何处来	数量/(吨/班)				

说明	

项目负责人（总师）		审核		校对		设计人	

表 35-24　通风设计任务书（提给采暖通风专业）

设计阶段：　　　　　　　　　　　　　　　　　　　　　　　　　　　　　　　　　　　　日期：

序号	房间名称	逸出有害气体的设备				有害气体		是否要局部排风及排风装置形式	最大班次操作人数	工艺设备自带排风装置的排风量 /(m³/h)	特殊要求（防尘、防震、消音、防腐、防火、防爆等）
		平面图号	名称	数量	外形尺寸或排风口尺寸	名称	设备工作温度 /℃				
说明											
项目负责人(总师)			审核			校对			设计人		

注：如工体间需要全面通风换气，提出换气次数，可在说明栏内加以说明。

表 35-25　蒸汽供应设计任务书（提给热能动力专业）

设计阶段：　　　　　　　　　　　　　　　　　　　　　　　　　　　　　　　　　　　　日期：

序号	平面图号	设备名称	数量/台	使用系数	同时使用系数	蒸汽压力(表压)/MPa	蒸汽消耗量/(kg/h)				工作班次	加热方式及加热时间/h	特殊要求
							平均		最大				
							每台	合计	每台	合计			
说明													
项目负责人(总师)			审核			校对			设计人				

表 35-26　热水供应设计任务书（提给热能动力专业）

设计阶段：　　　　　　　　　　　　　　　　　　　　　　　　　　　　　　　　　　　　日期：

序号	平面图号	设备名称	数量/台	使用系数	同时使用系数	热水温度/℃	热水消耗量/(kg/h)				工作班次	加热方式及加热时间/h	特殊要求
							平均		最大				
							每台	合计	每台	合计			
说明													
项目负责人(总师)			审核			校对			设计人				

表 35-27　压缩空气供应设计任务书（提给热能动力专业）

设计阶段：　　　　　　　　　　　　　　　　　　　　　　　　　　　　　　　　　　　日期：

序号	平面图号	用气设备名称	数量/台	气体压力（表压）/MPa	不间断工作时自由气体消耗量/(m³/min)		系数		自由气体消耗量/(m³/min)				工作班次	特殊要求（空气质量要求等）
							使用系数	同时使用系数	平均		最大			
					每台	合计			每台	合计	每台	合计		
说明														
项目负责人(总师)			审核			校对			设计人					

注：其他气体（如燃气等）的供应设计任务书，也可参照上表（表 35-27）的表格形式。

表 35-28　电照接地及避雷装置设计任务书（提给电气专业）

设计阶段：　　　　　　　　　　　　　　　　　　　　　　　　　　　　　　　　　　　日期：

序号	建筑物及房间名称	火灾危险性类别	室内介质	工作性质（加工精确程度）	建议灯具类型	需要局部照明的工作地及设备平面图号	室内设备和管道是否需接地	是否需要避雷装置	特殊要求（如事故照明等）
说明									
项目负责人(总师)		审核			校对			设计人	

表 35-29　弱电设计任务书（提给电气专业）

设计阶段：　　　　　　　　　　　　　　　　　　　　　　　　　　　　　　　　　　　日期：

序号	建筑物编号	建筑物名称	室内介质	电话数量	调度电话	电钟数量	扬声器	网络接口	火警信号	特殊要求
说明										
项目负责人(总师)		审核			校对			设计人		

注：特殊要求，如需要可燃气体浓度报警和火灾报警装置，应提出设置的具体部位和工作间以及具体要求等。

表 35-30　直流供电设计任务书（提给电气专业）

设计阶段：　　　　　　　　　　　　　　　　　　　　　　　　　　　　　　　日期：

序号	直流用电设备						直流供电设备（直流电源）				备注
	平面图号	设备名称	数量/台	每台设备所需电流/A	设备所需电压/V	特殊要求	平面图号	设备名称	数量/台	型号规格	
说明											

项目负责人（总师）		审核		校对		设计人	

注：1. 直流供电，从直流电源设备到用电设备，其线路电压降不应超过 10％。

2. 直流电源设备由工艺专业根据电工艺要求来选用，直流供电及其供电线路设计由电气专业设计。

附录

附录1 各种能源折算标准煤系数

附表 1-1 各种能源折算标准煤参考系数

能源名称		平均低位发热值	折标准煤系数
原煤		20908kJ/kg （5000 kcal/kg）	0.7143 kgce/kg
洗精煤		26344kJ/kg （6300 kcal/kg）	0.9000kgce/kg
其他洗煤	洗中煤	8363kJ/kg （2000 kcal/kg）	0.2857kgce/kg
	煤泥	8363～12545kJ/kg （2000～3000kcal/kg）	0.2857～0.4286kgce/kg
焦炭		28435kJ/kg(6800kcal/kg)	0.9714kgce/kg
原油		41846kJ/kg （10000kcal/kg）	1.4286kgce/kg
燃料油		41846kJ/kg （10000kcal/kg）	1.4286kgce/kg
汽油		43070kJ/kg （10300kcal/kg）	1.4714kgce/kg
煤油		43070kJ/kg （10300kcal/kg）	1.4714kgce/kg
柴油		42652kJ/kg （10200kcal/kg）	1.4571kgce/kg
煤焦油		33453kJ/kg （8000kcal/kg）	1.1429kgce/kg
渣油		41816kJ/kg （10000kcal/kg）	1.4286kgce/kg
液化石油气		50179kJ/kg （12000kcal/kg）	1.7143kgce/kg
炼厂干气		46055kJ/kg （11000kcal/kg）	1.5714kgce/kg
油田天然气		38931 kJ/m³ （9310 kcal/m³）	1.3300kgce/m³
气田天然气		35544 kJ/m³ （8500 kcal/m³）	1.2143kgce/m³
煤矿瓦斯气		14636～16726kJ/m³ （3500～4000 kcal/m³）	0.5000～0.5714kgce/m³
焦炉煤气		16726～17981 kJ/m³ （4000～4300kcal/m³）	0.5714～0.6143kgce/m³
高炉煤气		3763kJ/m³	0.1286kgce/m³
其他煤气	a. 发生炉煤气	5227kJ/m³ （1250 kcal/m³）	0.1786kgce/m³
	b. 重油催化裂解煤气	19235kJ/m³ （4600kcal/m³）	0.6571kgce/m³
	c. 重油热裂解煤气	35544kJ/m³ （8500kcal/m³）	1.2143kgce/m³
	d. 焦炭制气	16308kJ/m³ （3900kcal/m³）	0.5571kgce/m³
	e. 压力气化煤气	15054kJ/m³ （3600kcal/m³）	0.5143kgce/m³
	f. 水煤气	10454kJ/m³ （2500kcal/m³）	0.3571kgce/m³
粗苯		41816kJ/kg （10000kcal/kg）	1.4286kgce/kg
热力(当量值)		—	0.03412kgce/ MJ
电力(当量值)		3600kJ/(kW·h)[860kcal/(kW·h)]	0.1229kgce/(kW·h)
电力(等价值)		按当年火力发电标准煤耗计算	—
蒸汽		3763MJ/t （900 Mcal/t）	0.1286kgce/kg

注：引自 GB/T 2589—2008《综合能耗计算通则》。

附表 1-2 耗能工质能源等价值

品种	单位耗能工质耗能量	折算准煤系数
新水	2.51MJ/t(600kcal/t)	0.0857kgce/t
软水	14.23MJ/t(3400kcal/t)	0.4857kgce/t
除氧水	28.45MJ/t(6800kcal/t)	0.9714kgce/t
压缩空气	1.17MJ/m³(280kcal/m³)	0.0400kgce/m³
鼓风	0.88MJ/m³(210kcal/m³)	0.0300kgce/m³
氧气	11.72MJ/m³(2800kcal/m³)	0.0400kgce/m³
氮气(做副产品时)	11.72MJ/m³(2800kcal/m³)	0.0400kgce/m³
氮气(做主产品时)	19.66MJ/m³(4700kcal/m³)	0.6714kgce/m³
二氧化碳	6.28MJ/m³(1500kcal/m³)	0.2143kgce/m³
乙炔	243.67MJ/m³	8.3143kgce/m³
电石	60.92MJ/kg	2.0786kgce/kg

注：引自 GB/T 2589—2008《综合能耗计算通则》。

附录 2 有机溶剂蒸气特性

溶剂名称	相对分子量	引燃温度组别	闪点/℃	引燃温度/℃	爆炸极限/%		相对蒸气密度(空气=1)
					下限	上限	
苯	78	T_1	−11.1	555	1.2	8.0	2.7
甲苯	92	T_1	4.4	535	1.2	7.0	3.18
二甲苯	106	T_1	30	465	1.0	7.6	3.36
萘溶剂	128	T_1	80	540	0.9	5.9	4.42
乙酸乙酯	88	T_1	−4.4	460	2.1	11.5	3.04
乙酸丁酯	116	T_2	22	370	1.2	7.6	4.01
乙酸正戊酯	130	T_2	25	375	1.0	7.5	4.99
丙酮	58	T_1	−19	537	2.5	13.0	2.00
甲乙酮	72	T_1	−6.1	505	1.8	11.5	2.48
环己酮	98	T_2	33.8	420	1.3	9.4	3.38
乙醇	46	T_2	11.1	422	3.5	19.0	1.59
丙醇	60	T_2	15	405	2.1	13.5	2.07
丁醇	74	T_2	29	340	1.4	10.0	2.55
乙酸溶纤剂[①]	132	T_2	52	379	1.7	13.0	4.7
二氯乙烷	99	T_2	13.3	412	6.2	16.0	3.4
氯苯[①]	113	T_1	29	593	1.3	9.6	3.9
汽油	混合	T_3	−42.8	280	1.4	7.6	3.4
煤油[①]	混合	T_3	38~72	210	0.7	5.0	—
石油醚[①]	混合	T_3	<−18	288	1.1	5.9	2.50
甲基纤维剂[①]	76	T_3	39	285	1.8	14.0	2.6
乙基纤维剂(乙二醇乙醚)[①]	90	T_3	41	238	2.6	15.7	3.1
丁基纤维剂(乙二醇丁醚)[①]	118	T_3	64	244	1.1(93℃)	12.7(135℃)	4.1
松节油[①]	136	T_3	35	253	0.8	—	4.7
樟脑油[①]	152	T_1	66	466	0.6	3.5	5.2

① 数据取自 ANSI/NFPA86-2003 附录 A。

注：1. 表中数据引自 GB 14443—2007。而该数据是取自 1987 年颁发的《中华人民共和国爆炸危险场所电气安全规程(试行)》。

2. 爆炸极限的容积值(%)换算成 20℃时的单位体积空气中溶剂含量(g/m³)时，按下式计算：

$$a = 极限值 \times 相对蒸汽密度 \times 1.2 \times 1000$$

式中，a 为以单位体积空气中含有溶剂质量表示的爆炸极限值，g/m³；极限值为爆炸极限值，%，如爆炸下限为 1%，则该值为 0.01；相对蒸气密度(空气=1)为蒸气与空气的密度比值；1.2 为 20℃时单位体积空气质量，kg/m³；1000 为千克换算为克的换算系数。

3. 引自 GB 14443—2007《涂装作业安全规程 涂层烘干室安全技术规定》。

附录 3 大气环境腐蚀性分类 (GB/T 15957—1995)

腐蚀类型		腐蚀速率 /(mm/a)	腐蚀环境		
等级	名称		环境气体 类型	相对湿度 (年平均)/%	大气环境
I	无腐蚀	<0.001	A	<60	乡村大气
II	弱腐蚀	0.001~0.025	A	60~75	乡村大气
			B	<60	城市大气
III	轻腐蚀	0.025~0.050	A	>70	乡村大气
			B	60~75	城市大气
			C	<60	和工业大气
IV	中腐蚀	0.05~0.20	B	>70	城市大气
			C	60~75	工业大气
			D	<60	和海洋大气
V	较强腐蚀	0.20~1.00	C	>70	工业大气
			D	60~75	
VI	强腐蚀	1~5	D	>75	工业大气

注：在特殊场合与额外腐蚀负荷作用下，应将腐蚀类型提高等级，如：

1. 负荷：①风沙大的地区，因风携带颗粒（沙子等）使钢结构发生腐蚀的情况；

②钢结构上用于（人或车辆）或有机械重负载并定期移动的表面。

2. 经常有吸潮性物质沉积于钢结构表面的情况。

附录 4 压缩空气的饱和含湿量

温度 /℃	空气绝对压力/MPa									
	0.1	0.2	0.3	0.4	0.5	0.6	0.7	0.8	0.9	1.0
	含湿量/(g/kg)									
−50	0.0245	0.0122	0.0082	0.0061	0.0049	0.0041	0.0035	0.0031	0.0027	0.0024
−40	0.0798	0.0399	0.0266	0.0199	0.0159	0.0133	0.0114	0.0099	0.0089	0.0080
−30	0.2363	0.1181	0.0788	0.0591	0.0473	0.0394	0.0337	0.0295	0.0262	0.0236
−20	0.6426	0.3211	0.2140	0.1605	0.1284	0.1070	0.0917	0.0802	0.0713	0.0642
−10	1.6195	0.8087	0.5389	0.4041	0.3232	0.2693	0.2308	0.2020	0.1795	0.1616
−5	2.5159	1.2554	0.8364	0.6271	0.5015	0.4179	0.3582	0.3134	0.2785	0.2507
0	3.8219	1.9051	1.2688	0.9511	0.7606	0.6337	0.5431	0.4752	0.4223	0.3801
5	5.4823	2.7291	1.8168	1.3616	1.0888	0.9071	0.7773	0.6800	0.6044	0.5439
10	7.7267	3.8395	2.5544	1.9138	1.5301	1.2746	1.0922	0.9555	0.8492	0.7641
15	10.8023	5.3546	3.5595	2.6658	2.1308	1.7747	1.5205	1.3301	1.1820	1.0636
20	14.8840	7.3540	4.8834	3.6554	2.9209	2.4322	2.0835	1.8223	1.6193	1.4570
25	20.3695	10.0207	6.6448	4.9703	3.9699	3.3047	2.8305	2.4753	2.1993	1.9786
30	27.5473	13.4753	8.9191	6.6654	5.3209	4.4278	3.7914	3.3149	2.9449	2.6491
35	37.1008	18.0132	11.8939	8.8780	7.0822	5.8907	5.0423	4.4076	3.9147	3.5211
40	49.5250	23.8144	15.6762	11.6835	9.3118	7.7406	6.6230	5.7874	5.1391	4.6213
45	65.9998	31.3373	20.5465	15.2837	12.1671	10.1063	8.6425	7.5491	6.7013	6.0246
50	87.5192	40.8833	26.6712	19.7912	15.7329	13.0557	11.1571	9.7407	8.6433	7.7682

附录 5 一般使用的压缩空气质量等级 (原 GB/T 13277—91)

说明：

① 下面附表 5-1、附表 5-2 摘自原国家标准 GB/T 13277—1991《一般用压缩空气质量等级》附录中的 A1 表、A2 表。

② 2008 年 8 月 28 日发布，于 2009 年 3 月 1 日实施的国家标准 GB/T 13277.1—2008《压缩空气 第 1 部分：污染物净化等级》，部分代替 GB/T 13277—1991。现标准中没有提出也没

有推荐供使用的压缩空气质量等级，故在没有新制定出使用的压缩空气质量等级前，仍将原标准列出（表 A1、表 A2），仅供设计参考。

③ 空气质量中的固体粒子，原标准（GB/T 13277—1991）中的 3 级、4 级相当于现标准（GB/T 13277.1—2008）中的 6 级、7 级。空气中含水分即压力露点，原标准与现标准的等级及对应的压力露点一样。空气中含油量等级，原标准共有 5 级，而现标准共有 4 级，原标准的前 4 级与现标准的 4 级一样。

④ 现将压缩空气质量等级的现标准与原标准对比列入附表 5-3～附表 5-5 内，供参考。

附表 5-1　对典型应用推荐的压缩空气质量等级［原 GB/T 13277—1991（表 A1）］

应用	典型质量等级		
	固体粒子	水	油
空气搅拌	3	5	3
制鞋、制靴机	4	6	5
制砖、制玻璃机	4	6	5
零件清洗	4	6	4
颗粒产品输送	3	6	3
粉状产品输送	2	3	2
铸造机械	4	6	5
食品饮料加工	2	6	1
机床	4	3	5
采矿	4	5	5
包装和纺织机械	4	3	3～2
摄影胶片生产	1	1	1
公共土木建筑	4	5	5
凿岩机	4	5～2	5
喷砂	—	3	3
喷漆	3	3～2	1
焊机	4	6	5

附表 5-2　对典型元件推荐的压缩空气质量等级［原 GB/T 13277—1991（表 A2）］

元件类型	典型质量等级		
	固体粒子	水	油
空气轴承	2	3	3
控制仪表	2	2	3
气流动力			
气缸（往复式）	3	3	5
气缸（回转式）			
重型空气马达	4	1～6	5
轻型空气马达	3	1～3	3
空气透平	2	2	3
工业手动工具	4	5～6	4～5
方向控制阀			
射流	2	1～2	2
射流传感器	2	1～2	2
逻辑运动元件	4	6	4
气动仪表	2	3	3
精密（压力、流量）调节器	3	2	3
车间一般用空气	4	6	5

附表 5-3　固体颗粒等级对比

等级	现标准 GB/T 13277.1—2008						原标准 GB/T 13277—1991		
	每立方米中最多颗粒数				颗粒尺寸 /μm	浓度 /(mg/m³)	等级	最大粒子尺寸/μm	最大浓度/(mg/m³)
	颗粒尺寸 d/μm								
	≤0.10	0.10<d≤0.5	0.5<d≤1.0	1.0<d≤5.0					
0	由设备使用者或制造商制定的比等级 1 更高的严格要求				不适用	不适用			
1	不规定	100	1	0			1	0.1	0.1
2	不规定	100000	1000	10			2	1	1
3	不规定	不规定	10000	500			3	5	5
4	不规定	不规定	不规定	1000			4	40	10
5	不规定	不规定	不规定	20000					
6	不适用				≤5	≤5			
7	不适用				≤40	≤10			

注：原标准中的 3、4 级相当现标准中的 6、7 级。

附表 5-4　湿度（压力露点）等级对比

现标准 GB/T 13277.1—2008		原标准 GB/T 13277—1991	
等级	压力露点/℃	等级	压力露点/℃
0	由设备使用者或制造商制定的比等级 1 更高的要求	—	—
1	≤−70	1	−70
2	≤−40	2	−40
3	≤−20	3	−20
4	≤+3	4	3
5	≤+7	5	7
6	≤+10	6	10

附表 5-5　含油量等级对比

现标准 GB/T 13277.1—2008		原标准 GB/T 13277—1991	
等级	总含油量/(mg/m³)	等级	最大含油量/(mg/m³)
0	由设备使用者或制造商制定的比等级 1 更高的要求	—	—
1	≤0.01	1	0.01
2	≤0.1	2	0.1
3	≤1	3	1
4	≤5	4	5
—	—	5	25

附录 6　电镀污物排放标准（引自 GB 21900—2008）

1　适用范围

本标准规定了电镀企业和拥有电镀设施企业的电镀水污染物和大气污染物的排放限值等内容。

本标准适用于现有电镀企业的水污染物排放管理、大气污染物排放管理。

本标准适用于对电镀设施建设项目的环境影响评价、环境保护设施设计、竣工环境保护验收及其投产后的水、大气污染物排放管理。

本标准也适用于阳极氧化表面处理工艺设施。

本标准适用于法律允许的污染物排放行为；新设立污染源的选址和特殊保护区域内现有污染源的管理，按照《中华人民共和国大气污染防治法》《中华人民共和国水污染防治法》《中华人民共和国海洋环境保护法》《中华人民共和国固体废物污染环境防治法》《中华人民共和国放射性污染防治法》和《中华人民共和国环境影响评价法》等法律、法规、规章的相关规定执行。

本标准规定的水污染物排放浓度限值适用于企业向环境水体的排放行为。

企业向设置污水处理厂的城镇排水系统排放废水时，有毒污染物总铬、六价铬、总镍、总镉、总银、总铅、总汞在本标准规定的监控位置执行相应的排放限值；其他污染物的排放控制要求由企业与城镇污水处理厂根据其污水处理能力商定或执行相关标准，并报当地环境保护主管部门备案；城镇污水处理厂应保证排放污染物达到相应排放标准要求。

建设项目拟向设置污水处理厂的城镇排放水系统排放废水时，由建设单位和城镇污水处理厂按前款的规定执行。

2 水污染物排放控制要求

2.1 现有企业水污染物排放限值

现有设施自 2009 年 1 月 1 日至 2010 年 6 月 30 日起执行附表 6-1 规定的水污染物排放浓度限值。

附表 6-1 现有企业水污染物排放浓度限值及单位产品基准排水量

序号	污染物	排放浓度限值	污染物排放监控位置
1	总铬/(mg/L)	1.5	车间或生产设施废水排放口
2	六价铬/(mg/L)	0.5	车间或生产设施废水排放口
3	总镍/(mg/L)	1.0	车间或生产设施废水排放口
4	总镉/(mg/L)	0.1	车间或生产设施废水排放口
5	总银/(mg/L)	0.5	车间或生产设施废水排放口
6	总铅/(mg/L)	1.0	车间或生产设施废水排放口
7	总汞/(mg/L)	0.05	车间或生产设施废水排放口
8	总铜/(mg/L)	1.0	企业废水总排放口
9	总锌/(mg/L)	2.0	企业废水总排放口
10	总铁/(mg/L)	5.0	企业废水总排放口
11	总铝/(mg/L)	5.0	企业废水总排放口
12	pH 值	6～9	企业废水总排放口
13	悬浮物/(mg/L)	70	企业废水总排放口
14	化学需氧量(COD$_{Cr}$)/(mg/L)	100	企业废水总排放口
15	氨氮/(mg/L)	25	企业废水总排放口
16	总氮/(mg/L)	30	企业废水总排放口
17	总磷/(mg/L)	1.5	企业废水总排放口
18	石油类/(mg/L)	5.0	企业废水总排放口
19	氟化物/(mg/L)	10	企业废水总排放口
20	总氰化物(以 CN$^-$ 计)/(mg/L)	0.5	企业废水总排放口
单位产品基准排水量	多层镀	750	排水量计量位置与污染物排放监控位置一致
/(L/m² 镀件镀层)	单层镀	300	

注：现有企业指本标准实施之日前，已建成投产或环境影响评价文件已通过审批的电镀企业、电镀设施。

2.2 新建企业水污染物排放限值

自 2010 年 7 月 1 日起，现有企业执行附表 6-2 规定的水污染物排放浓度限值。

自 2008 年 8 月 1 日起，新建企业执行附表 6-2 规定的水污染物排放浓度限值。

附表 6-2　新建企业水污染物排放浓度限值及单位产品基准排水量

序号	污染物	排放浓度限值	污染物排放监控位置
1	总铬/(mg/L)	1.0	车间或生产设施废水排放口
2	六价铬/(mg/L)	0.2	车间或生产设施废水排放口
3	总镍/(mg/L)	0.5	车间或生产设施废水排放口
4	总镉/(mg/L)	0.05	车间或生产设施废水排放口
5	总银/(mg/L)	0.3	车间或生产设施废水排放口
6	总铅/(mg/L)	0.2	车间或生产设施废水排放口
7	总汞/(mg/L)	0.01	车间或生产设施废水排放口
8	总铜/(mg/L)	0.5	企业废水总排放口
9	总锌/(mg/L)	1.5	企业废水总排放口
10	总铁/(mg/L)	3.0	企业废水总排放口
11	总铝/(mg/L)	3.0	企业废水总排放口
12	pH 值	6~9	企业废水总排放口
13	悬浮物/(mg/L)	50	企业废水总排放口
14	化学需氧量(COD$_{Cr}$)/(mg/L)	80	企业废水总排放口
15	氨氮/(mg/L)	15	企业废水总排放口
16	总氮/(mg/L)	20	企业废水总排放口
17	总磷/(mg/L)	1.0	企业废水总排放口
18	石油类/(mg/L)	3.0	企业废水总排放口
19	氟化物/(mg/L)	10	企业废水总排放口
20	总氰化物(以 CN⁻ 计)/(mg/L)	0.3	企业废水总排放口
单位产品基准排水量 /(L/m² 镀件镀层)	多层镀	500	排水量计量位置与污染物排放监控位置一致
	单层镀	200	

注：新建企业指本标准实施之日起环境影响文件通过审批的新建、改建和扩建的电镀设施建设项目。

2.3　水污染物特别排放限值

根据环境保护工作的要求，在国土开发密度已经较高、环境承载能力开始减弱，或环境容量较小、生态环境脆弱，容易发生严重环境污染问题而需要采取特别保护措施的地区，应严格控制设施的污染物排放行为，在上述地区的设施执行附表 6-3 规定的水污染物特别排放限值。

执行水污染物特别排放限值的地域范围、时间，由国务院环境保护行政主管部门或省级人民政府规定。执行水污染物特别排放限值的太湖流域行政区域名单见附表 6-4。

附表 6-3　水污染物特别排放限值

序号	污染物	排放浓度限值	污染物排放监控位置
1	总铬/(mg/L)	0.5	车间或生产设施废水排放口
2	六价铬/(mg/L)	0.1	车间或生产设施废水排放口
3	总镍/(mg/L)	0.1	车间或生产设施废水排放口
4	总镉/(mg/L)	0.01	车间或生产设施废水排放口
5	总银/(mg/L)	0.1	车间或生产设施废水排放口
6	总铅/(mg/L)	0.1	车间或生产设施废水排放口
7	总汞/(mg/L)	0.005	车间或生产设施废水排放口
8	总铜/(mg/L)	0.3	企业废水总排放口
9	总锌/(mg/L)	1.0	企业废水总排放口
10	总铁/(mg/L)	2.0	企业废水总排放口
11	总铝/(mg/L)	2.0	企业废水总排放口
12	pH 值	6~9	企业废水总排放口
13	悬浮物/(mg/L)	30	企业废水总排放口
14	化学需氧量(COD$_{Cr}$)/(mg/L)	50	企业废水总排放口
15	氨氮/(mg/L)	8	企业废水总排放口
16	总氮/(mg/L)	15	企业废水总排放口

续表

序号	污染物		排放浓度限值	污染物排放监控位置
17	总磷/(mg/L)		0.5	企业废水总排放口
18	石油类/(mg/L)		2.0	企业废水总排放口
19	氟化物/(mg/L)		10	企业废水总排放口
20	总氰化物(以 CN⁻计)/(mg/L)		0.2	企业废水总排放口
单位产品基准排水量	多层镀	250		排水量计量位置与污染物排放监控位置
/(L/m² 镀件镀层)	单层镀	100		一致

附表 6-4　执行水污染物特别排放限值的太湖流域行政区域名单

省分	城市(区)名称	执行水污染物特别排放限值的范围
江苏省	苏州市	全市辖区
	无锡市	全市辖区
	常州市	全市辖区
	镇江市	丹阳市、句容市、丹徒区
	南京市	溧水县、高淳县
浙江省	湖州市	全市辖区
	嘉兴市	全市辖区
	杭州市	杭州市区(上城区、下城区、拱墅区、江干区、余杭区、西湖区的钱塘江流域以外区域)、临安市的钱塘江流域以外区域
上海市	青浦区	全部辖区

2.4　水污染物排放浓度限值适用范围

水污染物排放浓度限值适用于单位产品实际排水量不高于单位产品基准排水量的情况。若单位产品实际排水量超过单位产品基准排水量，须按公式（1）将实测水污染物浓度换算为水污染物基准水量排放浓度，并以水污染物基准水量排放浓度作为判定排放是否达标的依据。产品产量和排水量统计周期为一个工作日。

若企业的生产设施同时生产两种以上产品、可适用不同排放控制要求或不同行业国家污染物排放标准，在生产设施产生的废水混合处理排放的情况下，应执行排放标准中规定的最严格的浓度限值，并按式（1）换算水污染物基准水量排放浓度。

$$\rho_{\text{基}} = \frac{Q_{\text{总}}}{\sum Y_i Q_{i\text{基}}} \rho_{\text{实}} \tag{1}$$

式中　$\rho_{\text{基}}$——水污染物基准水量排放浓度，mg/L；

　　　$Q_{\text{总}}$——排水总量，m³；

　　　Y_i——某种镀件镀层的产量，m²；

　　　$Q_{i\text{基}}$——某种镀件的单位产品的基量排水量，m³/m²；

　　　$\rho_{\text{实}}$——实测水污染物排放浓度，mg/L。

若 $Q_{\text{总}}$ 与 $\sum Y_i Q_{i\text{基}}$ 的比值小于 1，则以水污染物实测浓度作为判定排放是否达标的依据。

3　大气污染物排放控制要求

3.1　现有企业大气染物排放限值

现有企业自 2009 年 1 月 1 日至 2010 年 6 月 30 日，执行附表 6-5 规定的大气污染物排放限值。

附表 6-5　现有企业大气污染物排放浓度限值

序号	污染物	排放浓度限值/(mg/m³)	污染物排放监控位置
1	氯化氢	50	车间或生产设施排气筒
2	铬酸雾	0.07	车间或生产设施排气筒
3	硫酸雾	40	车间或生产设施排气筒
4	氮氧化物	240	车间或生产设施排气筒
5	氰化氢	1.0	车间或生产设施排气筒
6	氟化物	9	车间或生产设施排气筒

注：现有企业指本标准实施之日前，已建成投产或环境影响评价文件已通过审批的电镀企业、电镀设施。

3.2　新建设施大气污染物排放限值

现有设施自 2010 年 7 月 1 日起执行附表 6-6 规定的大气污染物排放限值。

新建设施自 2008 年 8 月 1 日起执行附表 6-6 规定的大气污染物排放限值。

附表 6-6　新建企业大气污染物排放限值

序号	污染物	排放浓度限值/(mg/m³)	污染物排放监控位置
1	氯化氢	30	车间或生产设施排气筒
2	铬酸雾	0.05	车间或生产设施排气筒
3	硫酸雾	30	车间或生产设施排气筒
4	氮氧化物	200	车间或生产设施排气筒
5	氰化氢	0.5	车间或生产设施排气筒
6	氟化物	7	车间或生产设施排气筒

注：新建企业指本标准实施之日起环境影响文件通过审批的新建、改建和扩建的电镀设施建设项目。

3.3　现有和新建企业单位产品基准排气量

现有和新建企业单位产品基准排气量按附表 6-7 的规定执行。

附表 6-7　单位产品镀件镀层基准排气量

序号	工艺种类	基准排气量/(m³/m²镀件镀层)	排气量计量位置
1	镀锌	18.6	车间或生产设施排气筒
2	镀铬	74.4	车间或生产设施排气筒
3	其他镀种(镀铜、镍等)	37.3	车间或生产设施排气筒
4	阳极氧化	18.6	车间或生产设施排气筒
5	发蓝	55.8	车间或生产设施排气筒

3.4　对产生空气污染物的排放要求

产生空气污染物的生产工艺和装置必须设立局部气体收集系统和集中净化处理装置，净化后的气体由排气筒排放。排气筒高度应不低于 15m，排放含氰化氢的排气筒高度不得低于 25m。排气筒高度应高出周围 200m 半径范围的建筑 5m 以上。不能达到该要求的排气筒，应按排放浓度限值严格 50% 执行。

3.5　大气污染物排放浓度限值适用范围

大气污染物排放浓度限值适用于单位产品实际排气量不高于单位产品基准排气量的情况。若单位产品实际排气量超过单位产品基准排气量，须将实测大气污染物浓度换算为大气污染物基准排气量排放浓度，并以大气污染物基准气量排放浓度作为判定排放是否达标的依据。大气污染物基准气量排放浓度的换算，可参照采用水污染物基准水量排放浓度的计算公式。

产品产量和排气量统计周期为一个工作日。

4 污染物监测要求

污染物监测的一般要求如下。

① 对企业排放废水和废气采样，应根据监测污染物的种类，在规定的污染物排放监控位置进行。有废水、废气处理设施的，应在该设施后监控。在污染物排放监控位置须设置永久性排污口标志。

② 新建设施应按照《污染源自动监控管理办法》的规定，安装污染物排放自动监控设备，并与环保部门的监控中心联网，并保证设备正常运行。各地现有企业安装污染物排放自动监控设备的要求由省级环境保护行政主管部门规定。

③ 对企业污染物排放情况进行监测的频次、采样时间等要求，按国家有关污染源监测技术规范的规定执行。

④ 镀件镀层面积的核定，以法定报表为依据。

⑤ 企业应按照有关法律和《环境监测管理办法》的规定，对排污状况进行监测，并保存原始监测记录。

附录 7　我国主要城市所属的温湿度气候分区

附表 7-1　我国温湿度气候分区的标准参数

环境参数		气候分区						
		寒冷	寒温		暖温	干热	亚湿热	湿热
			Ⅰ	Ⅱ				
日平均值的年极值平均	低温/℃	−40	−29	−26	−15	−15	−5	3
	高温/℃	25	29	22	32	35	35	35
	RH>95%时最高温度/℃	15	18	6	24	—	25	26
	最大绝对湿度/(g/m³)	17	19	10	24	13	25	26
年极值的平均	低温/℃	−50	−33	−33	−20	−20	−10	5
	高温/℃	35	37	31	38	40	40	40
	RH>95%时最高温度/℃	20	23	12	26	15	27	28
	最大绝对湿度/(g/m³)	18	21	11	26	17	27	28
绝对极值	低温/℃	−55	−40	−45	−30	−30	−15	0
	高温/℃	40	40	34	45	45	45	40
	RH>95%时最高温度/℃	23	26	13	28	20	29	29
	最大绝对湿度/(g/m³)	22	25	13	28	20	29	29

附表 7-2　我国主要城市所属的温湿度气候分区

气候分区	主要城市
寒冷	漠河、呼玛、嫩江、尹春、图里河、海拉尔、满洲里、阿勒泰、清水河
寒温Ⅰ	博克图、齐齐哈尔、哈尔滨、通河、牡丹江、长春、延吉、沈阳、呼和浩特、锡林浩特、二连浩特、通辽、赤峰、多伦、包头、河曲、榆林、银川、盐池、张掖、酒泉、敦煌、北塔山、乌鲁木齐
寒温Ⅱ	刚察、大柴旦、同德、伍道梁、冷湖、托托河、茫崖、曙尔、帕里、班戈、那曲、甘孜、阿坝、理塘，以及五台山
暖温	丹东、大连、天津、北京、石家庄、太原、济南、徐州、郑州、驻马店、西安、宝鸡、天水、兰州、西宁、康定、巴塘、峨眉山、西昌、威宁、德钦、丽江、元谋、腾冲、昆明、林芝、昌都、拉萨，以及黄山、南岳等
干热	哈密、吐鲁番、库勒尔、和田、莎车、若羌、喀什
亚湿热	上海、南京、合肥、杭州、福州、台北、台中、南昌、长沙、武汉、安康、汉中、重庆、成都、雅安、贵阳、柳州、南宁、百色、龙州、桂林、北海、阳江、广州、汕头等
湿热	上川岛、元江、勐定、允量洪、湛江及雷州半岛、海南省、台湾省南部

附录8　我国主要城市和地区的冬季及夏季室外计算温度

地名	海拔/m	年平均温度/℃	室外计算(干球)温度/℃					最热月平均温度/℃	最大冻土深度/mm	极端最低温度/℃	极端最高温度/℃	统计年份
			冬季			夏季						
			采暖	空调	通风	通风	空调					
北京市	31.2	11.4	−9	−12	−5	30	33.2	25.8	850	−27.4	40.6	1951～1980
天津市	3.3	12.2	−9	−11	−4	29	33.4	26.4	690	−22.9	39.7	1955～1980
河北省												
承　德	375.2	8.9	−14	−17	−9	28	32.3	24.4	1260	−23.3	41.4	1951～1980
张家口	723.9	7.8	−15	−18	−10	27	31.6	23.2	1360	−25.7	40.9	1956～1980
唐　山	25.9	11.1	−10	−12	−5	29	32.7	25.5	730	−21.9	39.6	1957～1980
保　定	17.2	12.3	−9	−11	−4	31	34.8	26.6	550	−22.0	43.3	1955～1980
石家庄	80.5	12.9	−8	−11	−3	31	35.1	26.6	540	−26.5	42.7	1951～1980
邢　台	76.8	13.1	−8	−11	−3	31	35.0	26.7	440	−22.4	41.8	1954～1980
山西省												
大　同	1066.7	6.5	−17	−20	−11	26	30.3	21.8	1860	−29.1	37.7	1955～1980
阳　泉	741.9	10.8	−11	−13	−4	28	32.5	24.0	680	−19.1	40.2	1955～1980
太　原	777.9	9.5	−12	−15	−7	28	31.2	23.5	770	−25.5	39.4	1951～1980
运　城	376.0	13.6	−7	−9	−2	32	35.5	27.3	430	−18.9	42.7	1956～1980
内蒙古自治区												
海拉尔	612.8	−2.1	−34	−37	−27	25	28.1	19.6	2420	−48.5	36.7	1951～1980
锡林浩特	989.5	1.7	−27	−30	−20	26	30.4	20.8	2890	−42.4	38.3	1953～1980
二连浩特	964.7	3.4	−26	−30	−19	28	32.6	22.9	3370	−40.2	39.9	1955～1980
通　辽	178.5	6.0	−20	−22	−14	28	32.5	23.9	1790	−30.9	39.1	1951～1980
赤　峰	571.1	6.8	−18	−20	−12	28	32.6	23.5	2010	−31.4	42.5	1951～1980
呼和浩特	1063.0	5.8	−19	−22	−13	26	29.9	21.9	1430	−32.8	37.3	1951～1980
辽宁省												
开　原	98.2	6.5	−22	−25	−14	17	30.9	23.8	1430	−35.0	35.7	1954～1980
阜　新	144.0	7.5	−17	−20	−12	28	31.9	24.2	1400	−28.4	40.6	1951～1980
抚　顺	118.1	6.6	−21	−24	−14	28	31.6	23.7	1430	−35.2	36.9	1951～1980
沈　阳	41.6	7.8	−19	−22	−12	28	31.4	24.6	1480	−30.6	38.3	1951～1980
朝　阳	168.7	8.4	−16	−19	−11	29	33.1	24.6	1350	−31.1	40.6	1952～1980
本　溪	185.2	7.8	−19	−23	−12	28	31.1	24.3	1490	−32.3	37.3	1954～1980
锦　州	65.9	9.0	−15	−17	−9	28	31.0	24.3	1130	−24.7	41.8	1951～1980
鞍　山	77.3	8.8	−18	−21	−10	28	31.2	24.8	1180	−30.4	36.9	1951～1980
营　口	3.3	8.9	−16	−18	−10	28	30.0	24.8	1110	−27.3	35.3	1951～1980
丹　东	15.1	8.5	−14	−17	−8	27	29.0	23.2	880	−28.0	34.3	1951～1980
大　连	92.8	10.2	−11	−14	−5	27	28.4	23.9	930	−21.1	35.3	1951～1980
吉林省												
吉　林	183.4	4.4	−25	−28	−18	27	30.3	22.9	1900	−40.2	36.6	1951～1980
长　春	236.8	4.9	−23	−26	−16	27	30.5	23.0	1690	−36.5	38.0	1951～1980
四　平	164.2	5.9	−22	−25	−15	27	30.6	23.6	1480	−34.6	36.6	1951～1980
延　吉	176.8	5.0	−20	−22	−14	26	30.8	21.3	2000	−32.7	37.6	1953～1980
通　化	402.9	4.9	−24	−27	−16	26	29.1	22.2	1330	−36.6	35.5	1951～1980
黑龙江省												
伊　春	231.3	0.4	−30	−33	−24	25	29.2	20.5	2900	−43.1	35.1	1956～1980
齐齐哈尔	145.9	3.2	−25	−28	−20	27	30.6	22.8	2250	−39.5	40.1	1951～1980
鹤　岗	227.9	2.8	−24	−26	−18	25	29.0	21.2	2380	−34.5	36.2	1956～1980
佳木斯	81.2	2.9	−26	−29	−20	26	30.3	22.0	2200	−41.1	35.4	1951～1980
安　达	149.3	3.2	−26	−29	−20	27	31.1	22.9	2140	−39.3	38.3	1951～1980
哈尔滨	171.4	3.6	−26	−29	−20	27	30.3	22.8	2050	−38.1	36.4	1951～1980
鸡　西	232.3	3.6	−23	−26	−17	26	30.1	21.7	2550	−35.1	37.1	1951～19
牡丹江	241.4	3.5	−24	−27	−19	27	30.3	22.0	1910	−36.5	36.5	1951～1980

续表

地名	海拔/m	年平均温度/℃	室外计算(干球)温度/℃					最热月平均温度/℃	最大冻土深度/mm	极端最低温度/℃	极端最高温度/℃	统计年份
			冬季			夏季						
			采暖	空调	通风	通风	空调					
上海市												
崇　明	2.2	15.2	−2	−4	3	31	(32.1)	27.5	—	−10.5	37.3	1960~1980
上　海	4.5	15.7	−2	−4	3	32	34.0	27.8	80	−10.1	38.9	1951~1980
江苏省												
连云港	3.0	14.0	−5	−8	0	31	(33.5)	26.8	250	−18.1	40.0	1951~1980
徐　州	41.0	14.2	−5	−8	0	31	34.8	27.0	240	−22.6	40.6	1960~1980
淮　阴	15.5	14.0	−5	−8	0	31	33.8	26.9	230	−21.5	39.5	1951~1980
南　通	5.3	15.0	−2	−5	3	31	33.0	27.3	120	−10.3	38.2	1951~1980
南　京	8.9	15.3	−3	−6	2	32	35.0	28.0	90	−14.0	40.7	1951~1980
武　进	9.2	15.4	−3	−5	2	32	34.6	28.2	100	−15.5	39.4	1952~1980
浙江省												
杭　州	41.7	16.2	−1	−4	4	33	35.7	28.6	—	−9.6	39.9	1951~1980
舟　山	35.7	16.3	0	−2	5	30	32.0	27.2	—	−6.1	39.1	1951~1980
宁　波	4.2	16.2	0	−3	4	32	34.5	28.1	—	−8.8	38.7	1953~1980
金　华	64.1	17.3	0	−3	5	34	36.4	29.4	—	−9.6	41.2	1953~1980
衢　州	66.9	17.3	0	−2	5	33	35.8	29.1	—	−10.4	40.5	1951~1980
温　州	6.0	17.9	3	1	8	31	32.8	29.9	—	−4.5	39.3	1951~1980
安徽省												
亳　县	37.1	14.5	−5	−8	0	31	35.3	27.5	180	−20.6	42.1	1953~1980
蚌　埠	21.0	15.1	−4	−7	1	32	35.6	28.1	150	−19.4	40.7	1952~1980
合　肥	29.8	15.7	−3	−7	2	32	35.0	28.3	110	−20.6	41.0	1953~1980
芜　湖	14.8	16.0	−2	−5	3	32	35.0	28.7	—	−13.1	39.5	1952~1980
安　庆	19.8	16.5	−2	−5	4	32	35.0	28.8	100	−12.5	40.2	1951~1980
屯　溪	145.4	16.3	−1	−4	4	33	35.4	28.1	—	−10.9	41.0	1953~1980
福建省												
南　平	125.6	19.3	4	2	9	34	36.0	28.5	—	−5.8	41.0	1951~1980
福　州	84.0	19.6	6	4	10	33	35.2	28.8	—	−1.2	39.8	1951~1980
永　安	206.0	19.1	3	1	9	33	35.7	23.0	—	−7.6	40.5	1951~1980
漳　州	30.0	21.0	8	6	13	33	34.9	28.7	—	−2.1	40.9	1951~1980
厦　门	63.2	20.0	8	6	13	31	33.4	28.4	—	2.0	38.5	52~80
江西省												
九　江	32.2	17.6	0	−3	4	33	36.4	29.4	—	−9.7	40.2	1951~1980
景德镇	61.5	17.0	0	−3	5	34	36.0	28.7	—	−10.9	41.8	1952~1980
南　昌	46.7	17.5	0	−3	5	33	35.6	29.6	—	−9.3	40.6	1951~1980
上　饶	118.3	17.8	1	−2	6	[33]	[35.9]	29.4	—	−8.6	41.6	1957~1980
萍　乡	106.9	17.2	0	−2	5	33	(35.4)	29.0	—	−8.6	40.1	1954~1980
吉　安	76.4	18.3	1	−1	6	34	36.1	29.5	—	−8.0	40.2	1951~1980
赣　州	123.8	19.4	3	0	8	33	35.4	29.5	—	−6.0	41.2	1951~1980
山东省												
烟　台	46.7	12.4	−6	−9	−2	27	30.7	25.2	430	−13.1	38.0	1951~1980
德　州	21.2	12.9	−8	−11	−4	31	34.7	26.9	480	−27.0	43.4	1951~1980
莱　阳	30.5	11.2	−8	−11	−4	29	32.1	25.0	450	−24.0	38.9	1951~1980
淄　博	34.0	12.9	−9	−12	−3	31	34.7	26.9	480	−23.0	42.1	1952~1980
潍　坊	44.1	12.3	−8	−11	−3	30	34.0	25.0	500	−21.4	40.5	1951~1980
济　南	51.9	14.2	−7	−10	−2	31	34.8	27.4	440	−19.7	42.5	1951~1980
青　岛	76.0	12.2	−6	−9	−1	27	29.0	25.1	490	−15.5	35.4	1951~1980
菏　泽	49.7	13.6	−6	−9	−2	31	34.8	27.0	350	−16.5	42.0	1951~1980
临　沂	87.9	13.2	−6	−9	−2	30	33.5	26.2	400	−16.5	40.0	1951~1980

续表

地名	海拔/m	年平均温度/℃	室外计算(干球)温度/℃					最热月平均温度/℃	最大冻土深度/mm	极端最低温度/℃	极端最高温度/℃	统计年份
			冬季			夏季						
			采暖	空调	通风	通风	空调					
河南省												
安 阳	75.5	13.6	−7	−10	−2	32	35.0	26.9	350	−21.7	41.7	1951~1980
新 乡	72.7	14.0	−5	−8	−1	32	35.1	27.1	280	−21.3	42.7	1951~1980
三门峡	410.7	13.9	−5	−7	−1	31	35.2	26.7	450	−16.5	43.2	1957~1980
开 封	72.5	14.0	−5	−7	−1	32	35.2	27.1	260	−16.0	42.9	1951~1980
郑 州	110.4	14.2	−5	−7	0	32	35.6	27.3	270	−17.9	43.0	1951~1980
洛 阳	154.5	14.6	−5	−7	0	32	35.9	27.5	210	−18.2	44.2	1951~1980
商 丘	50.1	13.9	−6	−9	−1	32	35.1	27.1	320	−18.9	43.0	1954~1980
许 昌	71.9	14.7	−4	−7	1	32	35.6	27.6	180	−17.4	41.9	1953~1980
平顶山	84.7	14.9	−4	−7	1	32	35.5	27.7	140	−18.8	42.6	1954~1980
南 阳	129.8	14.9	−4	−7	1	32	35.2	27.4	120	−21.2	41.4	1953~1980
驻马店	82.7	14.8	−4	−7	1	32	35.5	27.5	160	−17.4	41.9	1958~1980
信 阳	114.5	15.1	−4	−7	2	32	35.1	27.7	80	−20.0	40.9	1951~1980
湖北省												
光 化	90.0	15.3	−3	−6	2	32	35.0	27.7	110	−17.2	41.0	1951~1980
宜 昌	130.4	16.8	0	−2	5	33	35.8	28.2	—	−9.8	41.4	1952~1980
武 汉	23.3	16.3	−2	−5	3	33	35.2	28.8	100	−18.1	39.4	1951~1980
江 陵	32.6	16.1	−1	−4	3	32	34.6	28.1	30	−14.9	38.6	1954~1980
恩 施	437.2	16.3	2	0	5	32	34.2	27.1	—	−12.3	41.2	1951~1980
黄 石	19.6	17.0	−1	−4	4	33	35.7	29.2	60	−11.0	40.3	1954~1980
湖南省												
岳 阳	51.6	17.0	−1	−4	4	32	34.1	29.2	—	−11.8	39.3	1953~1980
常 德	35.0	16.7	−1	−3	4	32	35.3	28.8	20	−13.2	40.1	1951~1980
长 沙	44.9	17.2	0	−3	5	33	35.8	29.3	50	−11.3	40.6	1951~1980
株 州	73.6	17.5	0	−2	5	34	36.1	29.6	—	−8.0	40.5	1955~1980
芷 江	272.2	16.5	0	−3	5	32	34.2	27.5	—	−11.5	39.6	1951~1980
邵 阳	248.6	17.1	0	−3	5	32	34.8	28.5	50	−10.5	39.5	1951~1980
衡 阳	103.2	17.9	0	−2	6	34	36.0	29.8	—	−7.9	40.8	1951~1980
零 陵	174.1	17.8	0	−2	6	33	35.0	29.1	—	−7.0	43.7	1951~1980
郴 州	184.9	17.8	0	−2	6	34	35.4	29.2	—	−9.0	41.3	1952~1980
广东省												
韶 关	69.3	20.3	4	2	10	33	35.4	29.1	—	−4.3	42.0	1951~1980
汕 头	1.2	21.3	9	6	13	31	32.8	28.2	—	0.4	37.9	1951~1980
广 州	6.6	21.8	7	5	13	31	33.5	28.4	—	0.0	38.7	1951~1980
阳 江	23.3	22.2	9	6	15	31	32.7	28.1	—	−1.4	37.0	1952~1980
湛 江	25.3	23.1	10	7	16	31	33.7	28.9	—	2.8	38.1	1951~1980
海南省												
海 口	14.6	23.8	12	10	17	32	34.5	28.4	—	2.8	38.9	1951~1980
广西壮族自治区												
桂 林	161.8	18.8	3	0	8	32	33.9	28.3	—	−4.9	39.4	1951~1980
柳 州	96.9	20.4	5	2	10	32	34.5	28.8	—	−3.8	39.2	1951~1980
梧 州	119.2	21.1	5	3	12	32	34.7	28.3	—	−3.0	39.5	1951~1980
南 宁	72.2	21.6	7	5	13	32	34.2	28.3	—	−2.1	40.4	1951~1980
北 海	14.6	22.6	8	6	14	31	32.4	28.7	—	2.0	37.1	1951~1980
四川省												
广 元	487.0	16.1	2	0	5	30	33.3	26.1	—	−8.2	38.9	1951~1980
甘 孜	3393.5	5.6	−10	−13	−5	19	22.9	14.0	950	−28.7	31.7	1951~1980
南 充	297.7	17.6	3	1	6	32	33.5	27.9	—	−2.8	41.3	1951~1980
万 县	186.7	18.1	4	2	7	33	36.4	23.6	—	−3.7	42.1	1951~1980

续表

地名	海拔/m	年平均温度/℃	室外计算（干球）温度/℃					最热月平均温度/℃	最大冻土深度/mm	极端最低温度/℃	极端最高温度/℃	统计年份
			冬季			夏季						
			采暖	空调	通风	通风	空调					
四川省												
成 都	505.9	16.2	2	1	6	29	31.6	25.6	—	−5.9	37.2	1951～1980
重 庆	259.1	18.3	4	2	7	33	36.5	28.6	—	−1.8	42.2	1951～1980
宜 宾	340.8	18.0	4	2	8	30	33.2	26.9	—	−3.0	39.5	1951～1980
西 昌	1590.7	17.0	4	2	9	26	30.2	22.6	—	−3.8	36.5	1951～1980
贵州省												
遵 义	843.9	15.2	−1	−3	4	29	31.7	25.3	—	−7.1	38.7	1951～1980
毕 节	1510.6	12.8	−2	−4	2	26	29.0	21.8	—	−10.9	33.8	1951～1980
贵 阳	1071.2	15.3	−1	−3	5	28	30.0	24.0	—	−7.8	37.5	1951～1980
安 顺	1392.9	14.0	−2	−4	4	25	27.3	21.9	—	−7.6	34.3	1951～1980
独 山	972.2	15.0	−2	−4	5	26	28.9	23.4	—	−8.0	34.4	1951～1980
兴 仁	1378.5	15.2	0	−2	6	25	28.6	22.1	—	−7.8	34.6	1951～1980
云南省												
昭 通	1949.5	11.6	−4	−6	2	24	27.1	19.8	—	−13.3	33.5	1951～1980
腾 冲	1647.8	14.8	6	4	8	23	25.4	19.8	—	−4.2	30.5	1951～1980
昆 明	1891.4	14.7	3	1	8	23	25.8	19.8	—	−5.4	31.5	1951～1980
蒙 自	1300.7	18.6	6	4	12	26	30.0	22.7	—	−4.4	36.0	1951～1980
思 茅	1302.1	17.7	9	7	11	25	28.6	21.7	—	−3.4	35.7	1951～1980
景 洪	552.7	21.8	13	10	16	31	34.3	25.6	—	−2.7	41.0	1953～1980
西藏自治区												
昌 都	3306.0	7.5	−6	−8	−3	22	26.3	16.1	810	−19.3	33.4	1952～1980
拉 萨	3658.0	7.5	−6	−8	−2	19	22.8	15.1	260	−16.5	29.4	1951～1980
林 芝	3000.0	8.5	−2	−4	0	20	22.7	15.1	140	−15.3	30.2	1953～1980
日喀则	3836.0	6.3	−8	−11	−4	19	22.2	14.1	670	−25.1	28.2	1955～1980
陕西省												
榆 林	1057.5	8.1	−16	−19	−10	28	31.6	23.4	1480	−32.7	38.6	1951～1980
延 安	957.6	9.4	−12	−15	−6	28	32.1	22.9	790	−25.4	39.7	1951～1980
宝 鸡	612.4	12.9	−5	−8	−1	30	33.7	25.5	290	−16.7	41.6	1955～1980
西 安	396.9	13.3	−5	−8	−1	31	35.2	26.6	450	−20.6	41.7	1951～1980
汉 中	504.8	14.3	−1	−3	2	29	32.4	25.6	—	−10.1	38.0	1951～1980
安 康	290.8	15.7	0	−2	3	31	35.6	27.5	70	−9.5	41.7	1953～1980
甘肃省												
敦 煌	1138.7	9.3	−14	−17	−9	30	34.1	24.7	1440	−28.5	43.6	1951～1980
酒 泉	1477.2	7.3	−16	−19	−10	26	30.0	21.8	1320	−31.6	38.4	1951～1980
山 丹	1764.6	5.8	−17	−21	−11	25	30.3	20.3	1430	−33.3	37.8	1955～1980
兰 州	1517.2	9.1	−11	−13	−7	26	30.5	22.2	1030	−21.7	39.1	1951～1980
平 凉	1346.6	8.6	−10	−13	−5	25	29.2	21.0	620	−24.3	35.3	1951～1980
天 水	1131.7	10.7	−7	−10	−3	27	30.3	22.6	610	−19.2	37.2	1951～1980
武 都	1079.1	14.5	0	−2	3	28	32.0	24.8	110	−8.1	37.6	1951～1980
青海省												
西 宁	2261.2	5.7	−13	−15	−9	22	25.9	17.2	1340	−26.6	33.5	1954～1980
格尔本	2807.7	4.2	−15	−18	−11	22	26.6	17.6	880	−33.6	33.1	1956～1980
共 和	2835.0	3.3	−15	−17	−11	20	23.7	15.2	1330	−28.9	31.3	1953～1980
玛 多	4272.3	−4.1	−23	−29	−17	11	15.2	7.5	—	−48.1	22.9	1953～1980
玉 树	3681.2	2.9	−23	−15	−8	17	21.5	12.5	>1030	−26.1	28.7	1954～1980
宁夏回族自治区												
银 川	1111.5	8.5	−15	−18	−9	27	30.6	23.4	1030	−30.6	39.3	1951～1980
吴 忠	1127.4	8.8	−13	−16	−8	27	30.3	22.9	1120	−24.0	36.9	1959～1980
盐 池	1347.8	7.7	−16	−19	−9	27	31.1	23.4	1280	−29.6	38.1	1954～1980
中 卫	1225.7	8.4	−13	−16	−8	27	31.1	22.5	830	−29.2	37.6	1959～1980

地名	海拔/m	年平均温度/℃	室外计算(干球)温度/℃					最热月平均温度/℃	最大冻土深度/mm	极端最低温度/℃	极端最高温度/℃	统计年份
			冬季			夏季						
			采暖	空调	通风	通风	空调					
新疆维吾尔自治区												
阿勒泰	735.3	4.0	−27	−33	−17	26	30.6	22.1	>1460	−43.5	37.6	1954~1980
克拉玛依	427.0	8.0	−24	−28	−17	30	34.9	27.4	1970	−35.9	42.9	1956~1980
伊　宁	662.5	8.4	−20	−25	−10	27	32.2	22.6	620	−40.4	37.9	1951~1980
乌鲁木齐	917.9	5.7	−22	−27	−15	29	34.1	23.5	1330	−41.5	40.5	1951~1980
吐鲁番	34.5	13.9	−15	−21	−10	36	40.7	32.7	830	−23.0	47.6	1955~1980
哈　密	737.9	9.8	−19	−23	−2	32	35.8	27.2	1270	−32.0	43.9	1951~1980
喀　什	1288.7	11.7	−12	−16	−6	29	33.7	25.8	660	−24.4	40.1	1951~1980
和　田	1374.6	12.2	−10	−14	−6	29	34.3	25.5	570	−21.6	40.6	1953~1980
台湾省												
台　北	9.0	22.1	11	9	15	31	33.6	28.6	—	−2.0	38.0	1964~1980
香港												
香　港	32.0	22.8	10	8	16	31	32.4	28.6	—	0.0	36.1	1951~1980

附录 9　电镀行业标准及相关标准

标准编号	标准名称
1. 术语及一般技术规范	
GB/T 3138—2015	金属及其他无机覆盖层 表面处理 术语
GB/T 6807—2001	钢铁工件涂装前磷化处理技术条件
GB/T 8923.1—2011	涂覆涂料前钢材表面处理 表面清洁度的目视评定 第1部分:未涂覆过的钢材表面和全部清除原有涂层后的钢材表面的锈蚀等级和处理等级
GB/T 11372—1989	防锈术语
GB/T 12611—2008	金属零(部)件镀覆前质量控制技术要求
GB/T 13911—2008	金属镀覆和化学处理标识方法
GB/T 12612—2005	多功能钢铁表面处理液通用技术条件
GB/T 18719—2002	热喷涂 术语、分类
GB/T 20019—2005	热喷涂 热喷涂设备的验收检查
2. 镀层及处理等技术规范	
GB/T 2056—2005	电镀用铜、锌、镉、镍、锡阳极
GB/T 5267.1—2002	紧固件 电镀层
GB/T 9793—2012	金属和其他无机覆盖层 热喷涂 锌、铝及其合金
GB/T 9797—2005	金属覆盖层 镍＋铬和铜＋镍＋铬电镀层
GB/T 9798—2005	金属覆盖层 镍电沉积层
GB/T 9799—2011	金属及其他无机覆盖层 钢铁上经过处理的锌电镀层
GB 9800—1988	电镀锌和电镀镉层的铬酸盐转化膜
GB/T 11373—1989	热喷涂金属件表面预处理通则
GB/T 11376—1997	金属的磷酸盐转化膜
GB/T 11379—2008	金属覆盖层 工程用铬镀层
GB/T 12332—2008	金属覆盖层 工程用镍电镀层
GB 12333—1990	金属覆盖层 工程用铜电镀层
GB/T 12599—2002	金属覆盖层 锡电镀层 技术规范和试验方法
GB/T 12600—2005	金属覆盖层 塑料上镍＋铬电镀层
GB/T 13322—1991	金属覆盖层 低氢脆镉钛电镀层
GB/T 13346—2012	金属及其他无机覆盖层 钢铁上经过处理的镉电镀层
GB/T 13912—2002	金属覆盖层 钢铁制件热浸镀锌层 技术要求及试验方法
GB/T 13913—2008	金属覆盖层 化学镀镍-磷合金镀层 规范和试验方法
GB/T 15519—2002	化学转化膜 钢铁黑色氧化膜 规范和试验方法
GB/T 16744—2002	热喷涂 自熔合金喷涂与重熔

标准编号	标准名称
2. 镀层及处理等技术规范	
GB/T 17456.1—2009	球墨铸铁管外表面锌涂层　第 1 部分:带终饰层的金属锌镀锌
GB/T 17457—2009	球墨铸铁管和管件　水泥砂浆内衬
GB/T 17459—1998	球墨铸铁管　沥青涂层
GB/T 17461—1998	金属覆盖层　铅-锡合金电镀层
GB/T 17462—1998	金属覆盖层　锡-镍合金电镀层
GB/T 18592—2001	金属覆盖层　钢铁制品热浸镀铝　技术条件
GB/T 18593—2010	熔融结合环氧粉末涂料的防腐蚀涂装
GB/T 18681—2002	热喷涂　低压等离子喷涂　镍-钴-铬-铝-钇-钽合金涂层
GB/T 18682—2002	物理气相沉积 TiN 薄膜　技术条件
GB/T 18683—2002	钢铁件激光表面淬火
GB/T 18684—2002	锌铬涂层　技术条件
GB/T 19349—2012	金属和其他无机覆盖层　为减少氢脆危险的钢铁预处理
GB/T 19350—2012	金属和其他无机覆盖层　为减少氢脆危险的涂覆后钢铁的处理
GB/T 19352.1—2003	热喷涂　热喷涂结构的质量要求 第 1 部分:选择和使用指南
GB/T 19352.2—2003	热喷涂　热喷涂结构的质量要求 第 2 部分:全面的质量要求
GB/T 19352.3—2003	热喷涂　热喷涂结构的质量要求 第 3 部分:标准的质量要求
GB/T 19352.4—2003	热喷涂　热喷涂结构的质量要求 第 4 部分:基本的质量要求
GB/T 19355—2003	钢铁结构耐腐蚀防护　锌和铝覆盖层指南
GB/T 19822—2005	铝及铝合金硬质阳极氧化膜规范
GB/T 19823—2005	热喷涂　工程零件热喷涂涂层的应用步骤
GB/T 19824—2005	热喷涂　热喷涂操作人员考核要求
GB/T 20015—2005	金属和其他无机覆盖层　电镀镍、自催化镀镍、电镀铬及最后精饰　自动控制喷丸硬化前处理
GB/T 20016—2005	金属和其他无机覆盖层　不锈钢部件平整和钝化的电抛光法
JB/T 10620—2006	金属覆盖层　铜-锡合金电镀层
QB/T 4188—2011	贵金属覆盖层饰品　电镀通用技术条件
SJ 20818—2002	电子设备的金属镀覆及化学处理
3. 镀层及镀液性能检测技术标准	
GB/T 4955—2005	金属覆盖层　覆盖层厚度测量 阳极溶解库仑法
GB/T 4956—2003	磁性基体上非磁性覆盖层　覆盖层厚度测量 磁性法
GB/T 4957—2003	非磁性基体金属上非导电覆盖层　覆盖层厚度测量 涡流法
GB/T 5270—2005	金属基体上的金属覆盖层　电沉积层和化学沉积层 附着强度试验方法评述
GB/T 6461—2002	金属基体上金属和其他无机覆盖层　经腐蚀试验后的试样和试件的评级
GB/T 6462—2005	金属和氧化物覆盖层　厚度测量 显微镜法
GB/T 6463—2005	金属和其他无机覆盖层　厚度测量方法评述
GB/T 6465—2008	金属和其他无机覆盖层　腐蚀膏腐蚀试验(CORR 试验)
GB/T 6466—2008	电沉积铬层　电解腐蚀试验(EC 试验)
GB 6808—1986	铝及铝合阳极氧化　着色阳极氧化膜耐晒度的人造光加速试验
GB/T 8642—2002	热喷涂　抗拉结合强度的测定
GB/T 8752—2006	铝及铝合金阳极氧化　薄阳极氧化膜连续性检验方法 硫酸铜法
GB/T 8753.3—2005	铝及铝合金阳极氧化　氧化膜封孔质量的评定方法 第 3 部分:导纳法
GB 8753.4—2005	铝及铝合金阳极氧化　氧化膜封孔质量的评定方法 第 4 部分:酸处理后的染色斑点法
GB/T 8754—2006	铝及铝合金阳极氧化　阳极氧化膜绝缘性的测定 击穿电位法
GB/T 9789—2008	金属和其他非有机覆盖层　通常凝露条件下的二氧化硫腐蚀试验
GB/T 9790—1988	金属覆盖层及其他有关覆盖层　维氏和努氏显微硬度试验
GB/T 9791—2003	锌、镉、铝-锌合金和锌-铝合金的铬酸盐转化膜　试验方法
GB/T 9792—2003	金属材料上的转化膜　单位面积膜层质量的测定 重量法
GB/T 10125—2012	人造气氛腐蚀试验　盐雾试验
GB/T 11374 —2012	热喷涂涂层厚度的无损测量方法
GB/T 11377—2005	金属和其他无机覆盖层　储存条件下腐蚀试验的一般规则
GB/T 11378 —2005	金属覆盖层　覆盖层厚度测量 轮廓仪法

标准编号	标准名称
3. 镀层及镀液性能检测技术标准	
GB/T 12305.6—1997	金属覆盖层 金和金合金电镀层的腐蚀方法 第6部分:残留盐的测定
GB/T 12334—2001	金属和其他非有机覆盖层 关于厚度测量的定义和一般规则
GB/T 12609—2005	电沉积金属覆盖层和有关精饰 计数抽样检查程序
GB/T 12967.1—2008	铝及铝合金阳极氧化膜检测方法 第1部分:用喷磨试验仪测定阳极氧化膜的平均耐磨性
GB/T 12967.4—2014	铝及铝合金阳极氧化膜检测方法 第4部分:着色阳极氧化膜耐紫外光性能的测定
GB/T 13744—1992	磁性和非磁性基体上镍电镀层厚度的测量
GB/T 13825—2008	金属覆盖层 黑色金属材料热镀锌层单位面积质量测定 称量法
GB/T 14293—1998	人造腐蚀试验 一般要求
GB/T 14165—2008	金属和合金 大气腐蚀试验 现场试验的一般要求
GB/T 15821—1995	金属覆盖层 延展性测量方法
GB/T 15957—1995	大气环境腐蚀性分类
GB/T 16545—2015	金属和合金的腐蚀 腐蚀试样上腐蚀产物的清除
GB/T 16745—1997	金属覆盖层 产品钎焊性的标准试验方法
GB/T 16921—2005	金属覆盖层 覆盖层厚度测量 X射线光谱方法
GB/T 17720—1999	金属覆盖层 孔隙率试验评述
GB/T 17721—1999	金属覆盖层 孔隙率试验 铁试剂试验
GB/T 18179—2000	金属覆盖层 孔隙率试验 潮湿硫(硫华)试验
GB/T 19351—2003	金属覆盖层 金属基体上金覆盖层孔隙率的测定 硝酸蒸汽试验
GB/T 19353—2003	搪玻璃釉 密封系统中的腐蚀试验
GB/T 19354—2003	铝搪瓷 在电解液作用下铝上瓷层密着性的测定(剥落试验)
GB/T 19746—2005	金属和合金的腐蚀 盐溶液周浸试验
GB/T 20017—2005	金属和其他无机覆盖层 单位面积质量的测定 重量法和化学分析法评述
GB/T 20018—2005	金属与非金属覆盖层 覆盖层厚度测量 β射线背散射法
GB/T 8014.3—2005	铝及铝合金阳极氧化膜的试验方法 第3部分:分光束显微法
JB/T 7503—1993	金属覆盖层横断面厚度扫描电镜 测量方法
JB/T 8424—1996	金属覆盖层和有机涂层 天然海水腐蚀试验方法
QB/T 3825—1999	轻工产品镀锌白色钝化膜的存在试验及耐腐蚀试验方法
QB/T 3831—1999	轻工产品金属镀层和化学处理层的抗变色腐蚀试验方法 硫化氢试验法
HB 5067.1—2005	镀覆工艺氢脆试验 第1部分:机械方法
HB 5067.2—2005	镀覆工艺氢脆试验 第2部分:测氢仪方法
4. 职业安全卫生法规及标准	
安全卫生有关法规	中华人民共和国安全生产法
安全卫生有关法规	中华人民共和国职业病防治法
安全卫生有关法规	作业场所安全使用化学品公约(第170号国际公约)
安全卫生有关法规	危险化学品管理条例(国务院344号令)
安全卫生有关法规	使用有毒物品作业场所劳动保护条件(国务院352号令)
安全卫生有关法规	作业场所安全使用化学品建议书(国际劳工组织第177号建议书)
清洁生产法规	中华人民共和国清洁生产促进法
HJ/T 314—2006	清洁生产标准 电镀行业
HJ 450—2008	清洁生产标准 印刷电路板制造业
GB 2893—2008	安全色
GB 2894—2008	安全标志及其使用导则
GB 3883.1—2014	手持或可移式电动工具和园林工具的安全 第1部分 通用要求
GB 4053.3—2009	固定式钢梯及平台安全要求 第3部分:工业防护栏杆及钢平台
GB 5083—1999	生产设备安全卫生设计总则
GB/T 11375—1999	金属和其他无机覆盖层 热喷涂 操作安全
GB/T 11651—2008	个体防护装备选用规范
GB 12158—2006	防静电事故通用导则
GB 12801—2008	生产过程安全卫生要求总则
GB 13495.1—2015	消防安全标准 第1部分:标志

标准编号	标准名称
4. 职业安全卫生法规及标准	
GB 13690—2009	化学品分类和危险性公示通则
GB/T 13869—2008	用电安全导则
GB 15603—1995	常用化学危险品储存通则
GB 15630—1995	消防安全标志设置要求
GB 17914—2013	易燃易爆性商品储藏养护技术条件
GB 17915—2013	腐蚀性商品储藏养护技术条件
GB 17916—2013	毒害性商品储藏养护技术条件
GB 18568—2001	加工中心　安全防护技术条件
AQ 4250—2015	电镀工艺防尘防毒技术规范
AQ 5202—2008	电镀生产安全操作规程
AQ 5203—2008	电镀生产装置安全技术条件
GBZ 158—2003	工作场所职业病危害警示标识
5. 其他相关标准	
GB/T 250—2008	纺织品 色牢度试验 评定变色用灰色样
GB/T 730—2008	纺织品 色牢度试验 蓝色羊毛标样 1～7 级的品质品标准
GB 3096—2008	噪声环境质量标准
GB 3805—2008	特低电压(ELV)
GB 3838—2002	地面水环境质量标准
GB 5749—2006	生活饮用水卫生标准
GB 7231—2003	工业管道的基本识别色、识别符号和安全标记
GB 12348—2008	工业企业厂界环境噪声排放标准
GB/T 13277.1—2008	压缩空气　第 1 部分:污染物净化等级
GB/T 15957—1995	大气环境腐蚀分类
GB/T 16716.1—2008	包装与包装废弃物　第 1 部分:处理与利用原则
GB 21900—2008	电镀污染物排放标准
GB 50016—2014	建筑设计防火规范
GB 50033—2013	建筑采光设计标准
GB 50034—2013	建筑照明设计标堆
GB 50046—2008	工业建筑防腐蚀设计规范
GB 50055—2011	通用用电设备配电设计规范
GB 50057—2010	建筑防雷设计规范
GB 50058—2014	爆炸危险环境电力装置设计规范
GB 50136—2011	电镀废水治理设计规范
GB 50681—2011	机械工业厂房建筑设计规范
GB 50087—2013	工业企业噪声控制设计规范
GBZ 1—2010	工业企业设计卫生标准
GBZ 2.1—2007	工业场所有害因素职业接触限值　第 1 部分:化学有害因素
GBZ 2.2—2007	工业场所有害因素职业接触限值　第 2 部分:物理因素
JBJ 16—2000　J61—2000	机械工业环境保护设计规范
JBJ 18—2000　J62—2000	机械工业职业安全卫生设计规范
JBJ/T 1—1994	机械工厂办公与生活建筑设计标准
JBJ/T 2—2000 J39—2000	机械工厂年时基数设计标准
JBJ 14—2004	机械工业节能设计规定
JBJ 35—2004	机械工业建设工程设计文件深度规定
GBJ 50140—2005	建筑灭火器配置设计规范
HJ 2002—2010	电镀废水治理工程技术规范

　　注：上面表中列出可供检查索查阅用的国家和行业等的电镀标准、规范及设计相关标准，由于标准经常在更改更新，使用时应加以核对，以便使用的是当时有效的标准。

参考文献

［1］ 沈品华．现代电镀手册：上册［M］．北京：机械工业出版社，2010.
［2］ 沈品华．现代电镀手册：下册［M］．北京：机械工业出版社，2011.
［3］ 张允诚，胡汝南，向荣．电镀手册［M］．第4版．北京：国防工业出版社，2011.
［4］ 曾华梁，吴仲达，秦月文，等．电镀工艺手册［M］．北京：机械工业出版社，1989.
［5］ 李金桂，肖定全．现代表面工程设计手册［M］．北京：国防工业出版社，2000.
［6］ 冯绍彬，等．电镀清洁生产工艺［M］．北京：化学工业出版社，2005.
［7］ 孙华，李梅，刘利亚．涂镀三废处理工艺和设备［M］．北京：化学工业出版社，2006.
［8］ 贾金平，谢少艾，陈虹锦．电镀废水处理技术及工程实例［M］．第2版．北京：化学工业出版社，2009.
［9］ 段光复．电镀废水处理及回用技术手册［M］．北京：机械工业出版社，2010.
［10］ 黎德育，李宁，邹忠利．电镀材料和设备手册［M］．北京：化学工业出版社，2007.
［11］ 北京照明学会照明设计专业委员会．照明设计手册［M］．第2版．北京：中国电力出版社，2006.
［12］ 机械工业部第四设计研究院．油漆车间设备设计［M］．北京：机械工业出版社，1985.
［13］ 刘仁志．现代电镀手册［M］．北京：化学工业出版社，2010.
［14］ 陈治良．简明电镀手册［M］．北京：化学工业出版社，2011.
［15］ 谢无极．电镀工程师手册［M］．北京：化学工业出版社，2011.
［16］ 傅绍燕．涂装工艺及车间设计手册［M］．北京：机械工业出版社，2013.
［17］ 叶扬祥，潘肇基．涂装技术实用手册［M］．北京：机械工业出版社，2001.
［18］ 刘仁志．整机电镀［M］．北京：国防工业出版社，2008.
［19］ 袁诗璞．碱性锌酸盐镀锌的生产应用［J］．涂装与电镀，2008（3）：30-35.
［20］ 安茂忠．电镀理论与技术［M］．哈尔滨：哈尔滨工业大学出版社，2004.
［21］ 王增福，关秉羽，杨太平，等．实用镀膜技术［M］．北京：电子工业出版社，2008.
［22］ 陈祝平．特种电镀技术［M］．北京：化学工业出版社，2004.
［23］ 张蕾，景璀．钕铁硼永磁材料镀Zn-Ni合金［J］电子工艺技术，2009，30（4）：230-232.
［24］ 潘继民．电镀技术1000问［M］．北京：机械工业出版社，2012.
［25］ 屠振密，胡会利，刘海萍，等．绿色环保电镀技术［M］．北京：化学工业出版社，2013.
［26］ 万小波，张林，周兰，等．电镀非晶起镍钨合金工艺研究［J］．材料保护，2006，39（12）：23-25.
［27］ 董允，张廷森，林晓娉．现代表面工程技术［M］．北京：机械工业出版社，2000.
［28］ 田微，顾云飞．化学镀银的应用与发展［J］．电镀与环保，2010，30（3）：4-7.
［29］ 徐磊，何捍卫，周科朝，等．化学镀锡工艺参数对沉积速率、镀层厚度及表面形貌的影响［J］．材料保护，2009，42（5）：32-35.
［30］ 刘海萍，李宁，毕四富，等．无氰化学镀金技术的发展及展望［J］．电镀与环保，2007，27（3）：4-7.
［31］ 电镀行业的职业卫生管理探讨．http：//www. cworksafety. com2009. 06. 19 中国电视网